Handbibliothek für Bauingenieure

Ein Hand- und Nachschlagebuch für Studium und Praxis

Herausgegeben

von

Robert Otzen

Geh. Regierungsrat, Professor an der Technischen Hochschule
zu Hannover

IV. Teil. Brücken- und Ingenieurhochbau. 4. Band:

Der Eisenbau

Erster Band

von

Martin Grüning

Berlin
Verlag von Julius Springer
1929

Der Eisenbau

Von

Martin Grüning
ord. Professor an der Technischen Hochschule
zu Hannover

Erster Band
Grundlagen der Konstruktion,
feste Brücken

Mit 360 Textabbildungen

Berlin
Verlag von Julius Springer
1929

ISBN-13: 978-3-642-89105-2 e-ISBN-13: 978-3-642-90961-0
DOI: 10.1007/978-3-642-90961-0

Reprint of the original edition 1929

Vorwort.

Von den beiden Zielen der Handbibliothek verfolgt der vorliegende Band über Eisenbau in der Hauptsache das erste, den Studierenden der Hochschulen als Lehrbuch zu dienen. Daraus entspringen Gliederung und Abgrenzung des Stoffes. An erster Stelle mußte als breite Grundlage des ganzen Gebietes die Darstellung der elementaren Mittel des Eisenbaues und die Gestaltung von Bauteilen aus den Elementen gegeben werden. Hier galt es, die Konstruktionsgedanken herauszuschälen, die Aufgabe, Eigenschaft des Baustoffes und Werkform so aufeinander abstimmen, daß Sicherheit und Wirtschaftlichkeit in gleicher Weise erzielt wird. Auf lehrhafte Beispiele in beschränkter Zahl war Wert zu legen, eine den Lernenden verwirrende Fülle von Einzelheiten dagegen zu vermeiden.

An zweiter Stelle folgen die festen Brücken, weil dieses Gebiet des Eisenbaues der systematischen Behandlung am besten zugänglich und deshalb für Lehrzwecke am geeignetsten ist. Damit hängt es wohl auch zusammen, daß die eisernen Brücken bei den Studierenden meist größeres Interesse finden als andere Gebiete des Eisenbaues.

Nach Schapers Vorgang ist Gliederung nach Bauteilen gewählt: Fahrbahn, Hauptträger, Verbände, Lager. Durchdringung der Abschnitte und auch Wiederholungen sind dabei nicht immer zu vermeiden, jedoch im Hinblick auf den Lehrzweck kein Nachteil. Ein letzter Abschnitt entwickelt Richtlinien für den Entwurf.

Sichere und wirtschaftliche Gestaltung eines Eisenbauwerks kann nur aus der Rechnung hervorgehen. Die formgebende Konstruktion geht voran und arbeitet mit Schätzung. Die maßbestimmende Konstruktion bedarf der Rechnung. Wenn auch hier der erfahrene Konstrukteur in manchen Fällen mit Recht die Rechnung durch Schätzung ersetzt, und die Rechnung da nicht am Platze ist, wo sie keinen wirtschaftlichen Nutzen bringt, so kann in einem Lehrbuch doch keine der Rechnungen der Festigkeitslehre entbehrt werden, die bei Durchbildung der Konstruktion auftreten. Sie sind in den Näherungslösungen angegeben, die in der Praxis gebräuchlich oder für die Praxis geeignet sind. Auf exakte Grundlagen zurückzugehen, erschien dem Zweck nicht angemessen und war mit dem vorgesehenen Umfang des Buches nicht verträglich.

Kenntnis der Statik ist selbstverständliche Voraussetzung. Für eine Reihe von häufiger vorkommenden Systemen sind Formeln wichtiger statischer Größen aufgestellt, die entweder die überschlägliche Ermittlung der erforderlichen Abmessungen rasch gestatten oder Aufschluß über die Größe der Durchbiegungen geben. Beides ist beim Vorentwurf von einigem Vorteil. Auf Ableitung der Formeln ist verzichtet, wo sie von jedem Ingenieur durchgeführt werden kann, der die Statik beherrscht. Beispiele beleuchten hier die Richtigkeit.

Zur Berechnung der Hängebrücken ist eine neue exakte Theorie aufgestellt. Über das grundsätzliche Ergebnis ist bereits auf dem Wiener Kongreß im September 1928 kurz berichtet. Abgesehen von Zwischenrechnungen ist die Entwicklung vollständig durchgeführt.

Fachgenossen und Werke haben mir Zeichnungen der von ihnen ausgeführten Bauwerke zur Verfügung gestellt. Bei Herstellung der Zeichnungen und Durchführung der Rechnungen hat mir der ständige Assistent meines Lehrstuhles, Herr Dr. Ing. Kohl, Privatdozent an der Technischen Hochschule Hannover, wertvolle Hilfe geleistet. Die umfangreichen Rechnungen zur Anwendung der exakten Theorie der Hängebrücken sind von Dipl.-Ing. Strote, meinem zeitweiligen zweiten Assistenten, durchgeführt. Für jede Unterstützung, die mir durch Arbeitsleistung oder Hergabe von Material zuteil geworden ist, spreche ich an dieser Stelle meinen besten Dank aus. Besondere Anerkennung schulde ich der Verlagsbuchhandlung Julius Springer für die große Sorgfalt, die sie auf die Herstellung des Buches verwendet hat.

Hannover, im September 1929.

Martin Grüning.

Inhaltsverzeichnis.

Berichtigungen.

Seite 7, Zeile 4: E statt tg E.
„ 19, vorletzte Zeile: Kernhalbmesser statt Trägheitsradius.
„ 40 ff: $l = S_k =$ Knicklänge.
„ 144, Zeile 8: unmittelbare statt mittelbare.
„ 229, Formel (83)/(84): $1 + \nu$ im Nenner statt $1 - \nu$.
„ 322, 2te Tafel: Durchbiegung z statt α.
„ 399, Gleichung (143): α statt a im letzten Glied.
„ 406, Zeile 12: $^2/_{100}$ statt $^1/_{200}$.

Einleitung.

Die Geschichte des Eisenbaues ist bis in die neueste Zeit die Geschichte der eisernen Brücken. Getrieben durch die ständig wachsenden Ansprüche des Verkehrs schreitet die Entwicklung im Streben nach höheren Werten der Werkstoffeigenschaften von Stufe zu Stufe. 3 Zeiten liegen hinter uns, gekennzeichnet durch den herrschenden Baustoff, Gußeisen, Schweißeisen, Flußeisen. Die erste Zeit beginnt mit dem Bau der ersten eisernen Brücken, Straßenbrücken über den Severn bei Coalbrookdale in England (1779) und das Striegauer Wasser (1796) in Schlesien. Beide sind Bogenbrücken aus Gußeisen. Bald folgen die ersten Hängebrücken mit Gliederketten aus Schweißeisen. Die Eisenbahn verdrängt das Gußeisen, dessen Sprödigkeit der Beanspruchungsart nicht gewachsen ist. Das Schweißeisen tritt die Herrschaft an. Nach sorgfältigen Untersuchungen durch Stephenson, Hodgkinson und Fairbairn wird es in der Bauart des Balkens bei der Britanniabrücke in England mit 3 mal 140 m Spannweite (1844—46), den Weichselbrücken bei Dirschau und Marienburg und der Rheinbrücke Köln-Deutz (1850—57) verwendet. Ungefähr gleichzeitig entsteht schon der Wettbewerber in der ersten Bessemerbirne: das Flußeisen. Jedoch trotz Erfindung des Siemens-Martin-Ofens im Anfang des 7. Jahrzehntes und der Thomasbirne in der Mitte des 8. dringt das Flußeisen zunächst nicht durch. Nur einzelne Brücken in Holland und Amerika entstehen. Da hierbei auch ungünstige Erfahrungen gemacht werden, trifft der neue Baustoff vielfach auf Mißtrauen. Erst beim Bau der Eisenbahnbrücke über den Firth of Forth (1882—89) zwingen die gewaltigen Spannweiten von 2 mal 520 m zur Wahl des Baustoffes höherer Festigkeit. Trotzdem kann man sich in Deutschland beim Bau der Weichselbrücken bei Dirschau und Marienburg, mit denen 1889 begonnen wird, noch nicht für den neuen Baustoff entscheiden. Erst die während des Baues von Mehrtens in großem Umfang und mit außerordentlicher Sorgfalt durchgeführten Versuche führen das Flußeisen in der dritten Weichselbrücke bei Fordon und danach auf der ganzen Linie zum Siege. U. a. hat Mehrtens die früher vielfach gehegte Befürchtung widerlegt, daß das Flußeisen bei großer Kälte spröde und brüchig würde.

Bis 1923 beherrscht das Flußeisen den gesamten Eisenbau. Zwar ist auch in diesem Zeitabschnitt schon hochwertiger Stahl bei Brücken besonders großer Spannweiten verwendet worden, so 1871 für eine Bogenbrücke bei St. Louis, 1897 bis 1900 in den Ketten der Elisabethbrücke in Budapest, für die großen Hängebrücken Amerikas, 1912—14 für die Hängebrücke Köln-Deutz, 1917 die Eisenbahnbrücke über den Nord-Ostseekanal bei Hochdonn und 1921—23 die Lidingöbrücke in Schweden. Doch das sind nur einzelne Werke, die trotz ihrer Größe in der gesamten Menge des verbauten Eisens verschwinden. Im Hochbau sowie in dem in dieser Zeit hochentwickelten Kranbau herrscht das Flußeisen allein[1].

Auf der Schwelle der Gegenwart steht der Stahl St 48, der zuerst Hochbaustahl genannt wird. Die wachsenden Lasten des Verkehrs, wohl nicht in geringerem Maße der aus den wirtschaftlichen Verhältnissen der Nachkriegszeit für die deutschen Werke entspringende Zwang, einen Vorsprung im Wettbewerb mit dem Ausland zu gewinnen, verhelfen dem Baustoff zu schneller Verbreitung. Schon nach wenig Jahren wird er im Brückenbau durch den noch

[1] Albrecht, Dr.: Die Flußmetalle im Brückenbau, gibt eine kurze historische Darstellung. Verlag Engelmann 1914.

vollkommeneren Silizium-Stahl verdrängt, der hier seinen Siegeszug fortsetzt. Anders im Hochbau. Wenn auch einzelne Bauwerke dieses Gebietes aus St 48 errichtet worden sind, so ist doch keine so erhebliche Gewichtsersparnis zu erzielen, daß die höheren Gestehungskosten wettgemacht würden. In den meisten Fällen wird das Flußeisen wirtschaftliche Überlegenheit behaupten. Hier ist es Aufgabe des Konstrukteurs, aus den vorzüglichen Eigenschaften des Baustoffes eine höhere Ausnutzung herauszuholen. Das wird ihm namentlich durch Erkenntnis der Vorzüge gelingen, die der statisch unbestimmten Bauweise eigen und in den wesentlichen Eigenschaften des Stahles begründet sind. Im Kranbau und dem in den letzten Jahren stark entwickelten Gerätebau wird dagegen auch der hochwertige Baustoff öfters Anwendung finden, da hier auch geringere Gewichtsersparnisse Vorteile für den Betrieb bringen. Doch meldet sich hier schon der neue Wettbewerber: das Leichtmetall.

Erster Teil.

Baustoff, Baustücke und ihre Verbindungen.

A. Der Baustoff.

1. Die Stahlsorten.

Der Baustoff ist das schmiedbare Eisen, eine Legierung des reinen Eisens mit Eisenkarbid Fe_3C. Das wichtigste Element der Legierung ist der Kohlenstoff. Mit dem Gehalt an Kohlenstoff steigt die Streckgrenze und die Festigkeit, anderseits aber auch die Härte. Dagegen sinkt die Zähigkeit. Da hohe Zähigkeit und mäßige Härte zur leichten und sicheren Bearbeitung unerläßlich sind, ist der ideale Stahl, der hohe Streckgrenze mit hoher Zähigkeit und mäßiger Härte verbindet, durch hohe Kohlung nicht zu erreichen. Legierungen mit Silizium, Chrom und Nickel erhöhen durch Bildung von Mischkristallen die Streckgrenze und die Festigkeit. Durch Zusätze dieser Elemente zu niedrig gekohltem Eisen erhält man daher den hochwertigen Baustoff, der die genannten Anforderungen erfüllt. Daneben enthält das schmiedbare Eisen Mangan, Phosphor und Schwefel. Die beiden letzten sind schädliche Elemente, weil sie den Stahl spröde und kaltbrüchig machen. Sie dürfen daher nur in geringen Mengen, die 0,06% nicht überschreiten, vorhanden sein.

Die Beschreibung einer Eisenlegierung durch Angabe der chemischen Elemente und des Verhältnisses ihrer Mengen zur gesamten Menge, die chemische Analyse, ist nicht erschöpfend. Von gleicher Wichtigkeit ist die Form und Anordnung der Elemente, das ist der Zustand des Gefüges, über welchen die Metallographie Aufschluß gibt. Das Gefüge hängt von der Wärmebehandlung, der Temperatur des flüssigen Eisenbades und dem Schrittmaß der Abkühlung ab. Da es im Eisenbau auf die Eigenschaften des Enderzeugnisses ankommt, wird praktisch die Frage nach dem Gefüge durch Feststellung der Festigkeit und Zähigkeit beantwortet.

Das schmiedbare Eisen wird aus dem Roheisen und gegebenen Falles Zusätzen von Schrott in der Bessemer- oder Thomasbirne und im Siemens-Martin-Ofen in flüssigem Zustande hergestellt und in Formen gegossen. Es wird im Eisenbau in den Arten Flußstahl, Stahlguß und Schmiedestahl verwendet.

Der Flußstahl ist schweiß- und schmiedbar, aber kaum härtbar. Durch Auswalzen der Flußstahlblöcke werden die Stücke hergestellt, aus denen der Eisenbau seine Bauwerke bildet. Folgende Sorten des Baustoffes werden in Deutschland für Bauzwecke verwendet:

St 37, das alte Flußeisen, das etwa 40 Jahre die Alleinherrschaft im Eisenbau hatte.

St 48, Hochbaustahl, der 1923 für hochbeanspruchte Bauwerke geschaffen wurde, jedoch schon jetzt dem

St Si, Siliziumstahl, das Feld räumen mußte.

St Cr-Cu, Chrom-Kupferstahl, der zuerst von der Dortmunder Union in Dortmund erzeugt und 1928 unter dem Namen „Union Baustahl“ auf den Markt gebracht wurde.

Tabelle 1 zeigt die chemische Zusammensetzung in Bruchteilen vom Hundert.

Tabelle 2 die charakteristischen Eigenschaften.

Tabelle 1.

	C	Si	Cr	Cu	Mn	P	S
St 37	0,10—0,16	—	—	—	0,50	< 0,05	< 0,05
St 48	0,25—0,30	—	—	—	0,6—0,8	< 0,05	< 0,05
St Si	0,12—0,20	0,80—1,2	—	—	0,8—1,1	< 0,05	< 0,05
St Cr-Cu	0,15	—	0,40	0,5—0,8	0,80	< 0,05	< 0,05

Tabelle 2.

	Streckgrenze kg/cm²	Bruchfestigkeit kg/cm²	Dehnung %
St 37	2400—2800	3700—4200	20—30
St 48	2900—3200	4800—5800	18—20
St Si	3500—3700	5000—6400	20—30
Cr-Cu	3600—4000	5300—6400	20—30

In Amerika wird neben dem „Mild"-Stahl, dessen Zusammensetzung etwa dem St 37 entspricht, der etwa höher gekohlte „Medium"-Stahl verwendet. Die Eigenschaften sind nach Bohny[1] folgende:

	Streckgrenze	Zugfestigkeit	Dehnung
Mild	2110	3870—4570	1055: Zugfestigkeit
Medium . .	2600	4360—4920	1055: Zugfestigkeit

Ferner ist bei einzelnen Brücken Siliziumstahl und ein Nickelstahl mit 3,25% Nickelzusatz verwendet worden (siehe Seite 361, 366). Auch in Deutschland ist vor dem Kriege in einigen Fällen ein Chrom-Nickelstahl gewählt worden (Seite 351). Das Material kommt jedoch seiner hohen Kosten wegen nicht mehr in Betracht. Siliziumstahl und Chrom-Kupferstahl werden nur im Siemens-Martin-Ofen erzeugt. Die Herstellung des Siliziumstahles muß in allen Stufen des Verfahrens mit besonderer Sorgfalt durchgeführt werden[2]. Ein guter Einsatz, aus reinem oxydfreien Schrott und genügendem Roheisen, dauernd hohe Schmelztemperatur, dagegen zwecks Bildung kleiner Lunker mäßige Gießtemperatur, gleichmäßige Durchwärmung der Blöcke im Walzwerk, namentlich Erhaltung der Temperatur während des Walzens, schließlich langsames Erkalten sind unbedingt erforderlich. Für die Höhe der Streckgrenze ist der Grad der Durcharbeitung im Walzwerk wesentlich, deshalb müssen die Chargen nach der chemischen Analyse sowie der Dicke der Profile und Bleche ausgesucht werden. Trotz sorgfältiger Herstellung ist der Ausschuß wesentlich größer als bei St 37. Die Bearbeitung in der Werkstatt ist ebenfalls schwieriger als die des St 37. Gewaltsame Behandlung der Stücke in der Blauwärme oder in kaltem Zustand muß streng vermieden werden. Die Niete müssen in hellrotem Zustand in die Nietlöcher eingeführt und maschinell so rasch geschlagen werden, daß der Nietkopf vor Eintritt der Blauwärme gebildet ist. Alle diese Erfordernisse verteuern das Material. Der Aufpreis beträgt zur Zeit 20 bis 25%.

Die Schwierigkeiten der Herstellung zu vermeiden, ist der Dortmunder Union mit dem Union-Baustahl gelungen. Sie sind nach Angabe der Erzeuger[3] nicht größer als beim St 37. Auch der Ausschuß hält sich in gleichen Grenzen. Die Höhe der Streckgrenze ist von dem Grade der Durcharbeitung und Walztemperatur wenig abhängig. Spätere Untersuchungen haben das jedoch nicht immer bestätigt. Infolgedessen sind die Gesamtkosten nicht höher als die des Siliziumstahles, trotzdem die Zusätze Chrom und Kupfer teurer sind als das Silizium.

[1] Bohny: Der hochwertige Stahl im Eisenbau. Bericht auf der 2. internationalen Tagung für Brücken- und Hochbau in Wien.

[2] Koppenberg: Herstellung, Eigenschaften und Aussichten des Si-Stahles. Bauingenieur Bd. 28, S. 313.

[3] Schulz: Zur Fortentwicklung des hochwertigen Baustahles. Stahleisen 1928, S. 849ff.

Durch Glühen wird die Streckgrenze etwas erhöht, während sie beim Siliziumstahl sinkt. Die Schwingungsfestigkeit wird a. a. O. für beide Stähle zu 3300 kg/cm² angegeben, für St 48 zu 2750 kg/cm². Die Zahlen sind jedoch durch Biegung ermittelt, also nach Seite 12 Fußnote 2 wohl etwas zu hoch. Trotzdem darf daraus geschlossen werden, daß die für den Eisenbau weit wichtigere Ursprungsfestigkeit der Streckgrenze etwa gleichkommt.

Zur Gewährleistung der Eigenschaften des Baustoffes sind Abnahmebedingungen durch die Deutschen Industrie-Normen DIN 1612 vorgeschrieben. Neben bestimmten Werten der Streckgrenze, Bruchfestigkeit und Dehnung wird der Falt- oder Biegeversuch verlangt. Streifen von bestimmtem Querschnitt müssen sich um einen Dorn bestimmten Durchmessers im kalten Zustand ohne Risse auf der konvexen Seite zusammenschlagen lassen, bis die Schenkel flach aufeinanderliegen. Für Nieteisen ist der Stauchversuch vorgeschrieben, d. i. das Stauchen eines Rundeisens auf bestimmte Länge ohne Anrisse[1].

Stahlguß ist das gleiche Material wie der Flußstahl. Es wird nach Fertigstellung in der Birne oder dem Siemens-Martin-Ofen in Formen gegossen und nicht weiter bearbeitet. Die charakteristischen Eigenschaften sind durch DIN 1681 festgelegt.

Die Festigkeit entspricht der vergossenen Schmelzung. Sie bewegt sich zwischen 3800 und 6000 kg/cm². Zur Feststellung sind an jedes Gußstück Probestücke anzugießen oder vor dem Vergießen der Schmelze zu entnehmen. Die Bruchdehnung sinkt mit zunehmender Festigkeit von 20% bis 8%. Aus Stahlguß werden alle gegossenen Stücke des Eisenbaues, wie Lager und Gelenke, hergestellt.

Schmiedstahl wird durch Kaltbehandlung, Pressen oder Schmieden des in Formen gegossenen Flußstahles hergestellt. Durch die nachfolgende Bearbeitung erhält er eine höhere Streckgrenze, Festigkeit und Zähigkeit. Die Werkstoffeigenschaften sind durch DIN 1611 festgelegt. Die Zugfestigkeit bewegt sich zwischen 3700 und 8500 kg/cm². Die Bruchdehnung zwischen 25 und 10%. Der Baustoff dient zu solchen Baugliedern, die besonders hohe örtliche Beanspruchungen erfahren, wie Wälzgelenke, Gelenkbolzen und Rollen beweglicher Lager.

Schließlich darf das **Gußeisen** nicht unerwähnt bleiben. Wenn es auch im Brückenbau keine Anwendung mehr findet, so werden im Hochbau doch noch manche Lagerteile, namentlich Lagerplatten, aus Gußeisen hergestellt. Es ist spröde, besitzt geringe Zugfestigkeit, jedoch hohe Druckfestigkeit — 8000 bis 10000 kg/cm². — Daher ist es für Bauteile geeignet, die durch wenig veränderlichen, gleichmäßig verteilten Druck beansprucht werden. Wo Stöße auftreten, darf es nicht verwendet werden.

2. Die Eigenschaften des Stahles.

a) Spannung und Dehnung unter Zug.

Die Eigenschaften des Stahles, die ihm den hohen Wert für Bauzwecke geben, sind in der Abhängigkeit zwischen Spannung (σ) und Dehnung (ε) begründet und zeigen sich an der Kurve $\sigma = f(\varepsilon)$, der Spannungs-Dehnungslinie (Abb. 1). Auf der Abszissenachse sind die Dehnungen in Bruchteilen vom Tausend, auf der Ordinatenachse die Spannungen in t/cm² oder kg/cm² aufgetragen. Man erhält die Kurve durch Zugbelastung eines Stabes von meist rechteckigem Querschnitt, die von 0 bis zum Bruch durchgeführt wird. Das gleiche Bild ergibt eine Druckbelastung, die jedoch in einem früheren Punkte abgebrochen werden muß.

[1] Die Baustofffrage behandeln noch folgende Abhandlungen: C. Wattmann u. H. Koppenberg: Herstellung und Eigenschaften von Siliziumstahl. Stahleisen 1928, S. 817ff. Roloff: Zur Frage des Baustahls in Deutschland. Bautechnik 1929, S. 89ff. Buchholz: Der Union-Baustahl, ein neuer hochwertiger Baustahl. Ebenda S. 93ff.

Bei Beginn der Belastung wachsen Spannung und Dehnung in gleichem Verhältnis. Es besteht die Abhängigkeit des Hookeschen Gesetzes

$$\varepsilon = \frac{\sigma}{E}. \qquad (1)$$

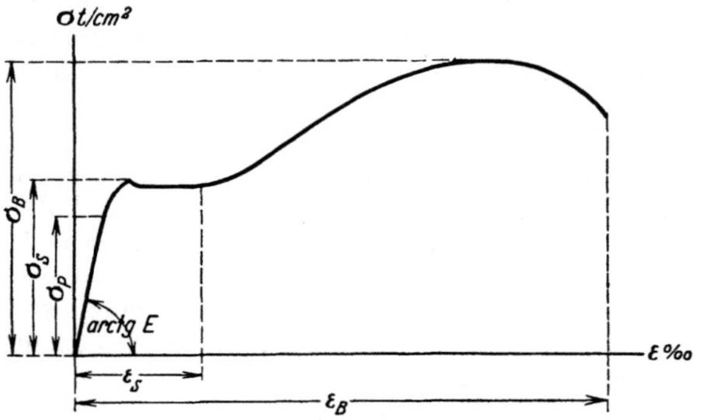

Abb. 1.

Nach Überschreitung der Proportionalitätsgrenze (σ_P) nimmt die Dehnung in stärkerem und fortschreitend verstärktem Maße zu bis zum zweiten ausgezeichneten Punkte, (σ_S) der Streckgrenze, Fließgrenze oder bei Druckbelastung auch Quetschgrenze genannt wird. Es gilt

$$\varepsilon = \frac{\sigma}{E} + f(\sigma - \sigma_P). \qquad (2)$$

Hier hört unvermittelt jede Gesetzmäßigkeit auf. Die Dehnung steigt, die Spannung bleibt unverändert oder fällt sogar etwas. Der Stahl fließt und hat jede Widerstandskraft verloren. Nachdem eine gewisse Streckung eingetreten ist, gelangt die Dehnung zum Stillstand. Die Belastung kann wieder erhöht werden. Damit nimmt auch die Dehnung zu, zunächst ziemlich linear, weiterhin in fortschreitend verstärktem Maße, bis im dritten ausgezeichneten Punkte der Bruchgrenze (σ_B) der Stahl jede weitere Lastaufnahme endgültig verweigert. Der Stab längt sich, sein Querschnitt zieht sich auf einem kurzen Stück mehr und mehr zusammen, ohne daß es möglich ist, die Belastung auf der Höhe σ_B zu halten. Schließlich tritt in der engsten Stelle der Einschnürung der Bruch, die Trennung in zwei Stücke ein. Die Dehnung im Augenblick des Bruches, d. i. der Quotient aus gesamter Änderung der Meßlänge durch ursprüngliche Länge wird „Bruchdehnung" ε_B, der Quotient aus der linearen Abmessung des verjüngten Querschnitts im Bruch durch die des ursprünglichen Querschnitts „Querkontraktion" genannt.

Danach sind fünf Stücke in der Spannungs-Dehnungslinie zu unterscheiden.

1. Die Gerade von 0 bis σ_P. Sie steigt unter dem Winkel arctg E.

2. Die Kurve von σ_P bis σ_S. Ihre Steigung gegen die Abszissenachse nimmt stetig ab.

3. Die Linie in der Streckgrenze. Sie führt nach kurzem steilen Abfall aus dem Punkte σ_S zu der sog. unteren Streckgrenze in der Wagerechten stetig oder im Zickzack zum Endpunkt der Streckdehnung. Die Form der Linie wird jedoch ebenso wie die Höhe des Punktes σ_S durch das Zeitmaß der Belastung stark beeinflußt. Schon etwas unter σ_S macht sich im Fortschritt der Dehnung eine Verzögerung bemerkbar. In der Streckgrenze wird die Verzögerung sehr beträchtlich. Nach Einstellung einer bestimmten Spannung schreitet die Dehnung noch lange Zeit fort. Man nennt das „elastische Nachwirkung". Infolge der Einrichtung der Zugmaschine geht aber die Belastung mit Zunahme der Dehnung etwas zurück, wenn die Lastkurbel nicht angezogen wird.

Durch schnelle Belastung kann daher der Punkt σ_S der Kurve leicht über die wirkliche Höhe der Streckgrenze hinausgetrieben werden. Dagegen ist wahrscheinlich, daß der Unterschied zwischen oberer und unterer Streckgrenze verschwindet, wenn die Last hinreichend langsam erhöht wird. Da der Vorgang „zunehmende Dehnung bei unveränderter oder sinkender Spannung" mehrere Stunden andauern kann, ist die genaue Aufnahme der Spannungs-Dehnungslinie in der Streckgrenze nur durch ganz allmähliche Annäherung der Spannung an die Grenze und langwierige Beobachtung möglich. Bei allen elastischen

Vorgängen, die σ_S erreichen oder überschreiten, ist die Zeit von wesentlichem Einfluß.

4. Die Kurve zwischen Streck- und Bruchgrenze. Sie steigt zuerst nahezu geradlinig, jedoch in schwächerer Neigung als tg E und geht allmählich in die Parallele zur Abszissenachse über. Das Zeitmaß der Belastung ist auch hier von

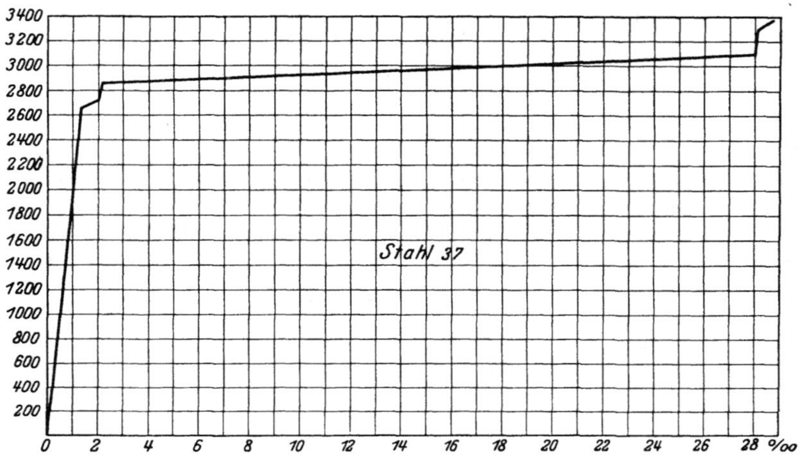

Abb. 2.

Einfluß. Wird die Belastung in Absätzen erhöht, so folgt die Dehnung jeder Laststufe mit Verzögeung. Da sie nach Einstellung der Last noch weiter fortschreitet, entsteht eine Folge von stetig ansteigenden und wagerechten Geraden. Es treten hier jedoch auch bei stetiger Laststeigerung zuweilen nochmals Fließerscheinungen auf.

5. Die fallende Linie jenseits σ_B. Die Abnahme tritt nur in der Last ein und entsteht durch die Einschnürung des Querschnittes. Wird die Spannung aus der gemessenen Last und dem kleinsten Querschnitt berechnet und als Ordinate aufgetragen, so ergibt sich eine steigende Linie. Mit dem Querschnitt ist in der Einschnürung jedoch auch die Spannung längs des Stabes veränderlich. Infolgedessen kann man die Beziehung $\sigma = f(\varepsilon)$ hier überhaupt nicht ermitteln. Es muß angenommen werden, daß die Einschnürung auch in jedem Teile eines Querschnittes eintritt, sobald in ihm die Grenze σ_B erreicht ist — z. B. am Rande eines auf Biegung beanspruchten Stabes. — Infolgedessen wird die Beziehung zwischen der auf diesen Teil entfallenden Kraft und der Dehnung durch die fallende Kurve angegeben. Man kann also die fallende Kurve als wirkliche Spannungs-Dehnungslinie benutzen, wo die Spannung aus dem ursprünglichen Querschnitt ermittelt wird.

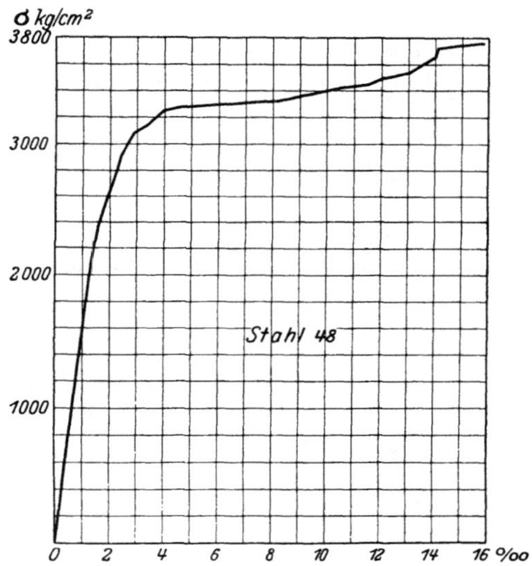

Abb. 3.

Genaue Aufnahmen der Spannungs-Dehnungslinie mit Spiegelapparaten, die eine Meßgenauigkeit von $2 \cdot 10^{-4}$ mm gestatten, zeigen die Abb. 2 und 3, erstere für St 37, letztere für St 48. Hervorzuheben ist die Größe der Streckdehnung. Sie beträgt für St 37 hier 28‰ und ist in einer Anzahl ven Versuchen zu 25 bis 30‰ ermittelt. Bei St 48 war sie kleiner, hat jedoch 12‰ stets überschritten.

Wiederholte Belastung des Stahles. Wesentliche Eigenschaften treten hervor, wenn die Belastng vor dem Bruch abgebrochen und wiederholt wird. Bei der Entlastung nimmt die Dehnung verhältnisgleich mit der Last ab.

$$\Delta\varepsilon = \frac{\Delta\sigma}{E_1}. \qquad (3)$$

Wäre $E_1 = E$, so würde bei Abbruch der Belastung in oder unterhalb σ_P die Dehnung vollständig verschwinden. Tatsächlich bleibt auch in diesem Falle ein kleiner Rest zurück. Die bleibende Dehnung ist jedoch so klein, daß sie kaum festgestellt werden kann. Sie tritt überdies nur einmal ein und wiederholt sich bei keiner folgenden Be- und Entlastung. Überschreitet jedoch die Spitze der Belastung (σ_0) die Proportionalitätsgrenze, so geht bei vollständiger Entlastung die Dehnung $\frac{\sigma_0}{E}$ zurück, dagegen bleibt $f(\sigma_0 - \sigma_P)$. Erstere wird elastische Dehnung, letztere bleibende Dehnung genannt. Demnach bezeichnet σ_P auch die Grenze zwischen der elastischen und unelastischen Formänderung, die Elastizitätsgrenze. Da man den mathematischen Charakter der Kurve oberhalb σ_P nicht kennt, läßt sich die Grenze durch Messung nur ungefähr bestimmen.

Jede wiederholte Belastung folgt dem Satz: Die Spannungs-Dehnungslinie strebt nach Überschreitung der höchsten, bei einer früheren Belastung erreichten Spannung der jungfräulichen Linie steil zu und folgt ihr, sobald sie sie erreicht hat. Hat die Spitze der ersten Belastung σ_0 die Proportionalitätsgrenze überschritten, so wachsen bei der folgenden Belastung Spannung und Dehnung verhältnisgleich zu E entweder bis σ_0 oder die Dehnung nimmt über σ_P in fortschreitend verstärktem Maße zu. Ob der erste oder zweite Verlauf eintritt, hängt von der Höhe der Spannung σ_0 ab. Liegt σ_0 noch unter der Streckgrenze, so steigt die Spannungs-Dehnungslinie nach den Versuchen Bauschingers geradlinig bis σ_0. Gleiches gilt für jede folgende Belastung. Die Proportionalitätsgrenze ist bis σ_0 gehoben, nachdem der Stab eine kleine bleibende Dehnung erfahren hat.

Hat σ_0 die Streckgrenze erreicht oder überschritten, so tritt meist der 2. Verlauf ein. Die Linie der Belastung durchschneidet die der verhergehenden Entlastung. Beide bilden eine Schleife, die sog. Hysteresisschleife. Die ursprüngliche Proportionalitätsgrenze wird in diesem Falle zunächst nicht oder nicht wesentlich gehoben.

Bauschinger[1] hat aus seinen Versuchen sogar die Lehre gefolgert, daß durch eine Belastung, welche die Streckgrenze erreicht oder überschreitet, die Proportionalitätsgrenze herabgeworfen wird, und zwar oft bis auf 0. Danach würde die Linie jeder neuen Belastung nicht geradlinig, sondern von Anfang an mit zunehmender Krümmung steigen. Nach einem oder mehreren Tagen der Ruhe findet jedoch Bauschinger die Proportionalitätsgrenze auch im Falle $\sigma_0 \geqq \sigma_S$ erhöht.

Verfasser hat die Beziehung zwischen Spannung und Dehnung bei wiederholter Belastung durch Versuche mit Stäben aus St 37 und St 48 erforscht. Ein typischer Versuch ist in der Tabelle 3a—3c, Seite 10 und 11, wiedergegeben. Die Spannungs-Dehnungslinie zeigt in allen Fällen das in Abb. 4 veranschaulichte Bild. Die Linie der Entlastung o—u fällt geradlinig mit etwas schwächerer Neigung als tg E. Die Linie der folgenden Belastung steigt bis oder über

[1] Bauschinger: Mitteilungen aus dem mechanisch-technischen Laboratorium der K. Technischen Hochschule München, 1886, H. 13.

σ_P geradlinig in der Neigung tg E, geht sodann in eine gekrümmte Kurve über und erreicht σ_0 nach Durchschneidung der Linie der Entlastung. In der Lage der Spitzen o und u zeigen sich 2 wesentliche Unterschiede. 1. Die Abstände der Spitzen Δo, ebenso die Zunahme der bleibenden Dehnungen Δu konvergieren gegen 0. Die Schleifen verflachen sich und fallen schließlich in eine Gerade. Nach einer Anzahl von Belastungen wird demnach die Formänderung vollkommen elastisch, die Elastizitäts- und Proportionalitätsgrenze ist bis σ_0 gehoben. 2. Die Abstände Δo, Δu nehmen mit der Zahl der Belastungen nicht ab. Die bleibende Dehnung steigt andauernd. Die Versuche mit St 37 haben bis zu Spitzen, die σ_S nicht unerheblich überschreiten, stets das erste Bild gezeigt. Die Elastizitätsgrenze ist demnach stets über die ursprüngliche Streckgrenze gehoben worden. Die Versuche mit St 48 haben meist den zweiten Verlauf gezeigt. Hier war, abgesehen von einem Fall, die Hebung der Elastizitätsgrenze nur bis zu einer Spannung möglich, die ziemlich tief unter σ_S liegt. Alle Versuche widersprechen indessen dem Satz Bauschingers, daß die Proportionalitätsgrenze durch Belastungen $\sigma_0 \geqq \sigma_S$ herabgeworfen wird. Bei keinem der Versuche ist unterhalb σ_P die Verhältnisgleichheit zwischen Spannung und Dehnung gestört worden.

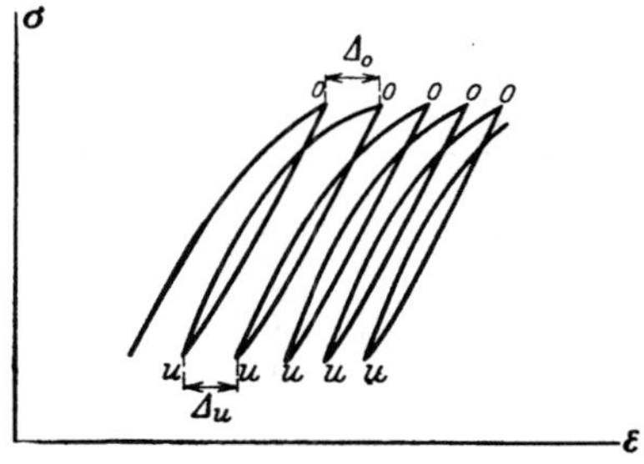

Abb. 4.

Über die Wirkung wiederholter Belastungen stellt Bauschinger den Satz auf: „Durch oftmals wiederholte Anstrengungen zwischen Null und einer oberen Spannung, welche in der Nähe oder auch mehr oder weniger über der ursprünglichen Proportionalitätsgrenze gelegen ist, wird diese gehoben, und zwar bis über manchmal weit über die obere Grenze der Anstrengungen hinaus und um so höher, je größer die Anzahl der Anstrengungen ist, ohne jedoch eine gewisse Höhe überschreiten zu können.“ Aus dem weiteren Satze: Durch Dehnen mit Belastungen, die über der Proportionalitäts-, aber noch unter der Streckgrenze liegen, wird die Proportionalitätsgrenze erhöht und sofort nach dem Entlasten und um so mehr, je höher die Belastung war. Wenn letztere in die Nähe der Streckgrenze kommt, erreicht die Proportionalitätsgrenze ein Maximum und wird bei Überschreitung der Streckgrenze herabgeworfen,“ muß geschlossen werden, daß Bauschinger die Hebung der Proportionalitätsgrenze höchstens bis zur Streckgrenze für möglich hält. Das wird durch die angeführten Versuche des Verfassers widerlegt.

Über die Streckgrenze lehrt Bauschinger: „Die Streckgrenze wird stets bis zu der Belastung hinaufgeschoben, mit welcher gestreckt wurde, und zwar schon unmittelbar nach dem Strecken.“ Der Satz beruht auf einer irrtümlichen Auffassung vom Wesen der Streckgrenze, der Streckung bei unveränderter Spannung. Hat sich die Streckdehnung einmal vollzogen, so kann sie auch bei höherer Spannung nicht nochmals eintreten. Vielmehr folgt die Spannungs-Dehnungslinie, wenn eine neue Belastung über die Streckgrenze hinausgeht, der jungfräulichen Kurve. Nur wo diese eine zweite Streckgrenze aufweist, tritt bei höherer Spannung nochmals Strecken ein. Aus der Beobachtung von Fällen dieser Art ist vermutlich Bauschingers Satz entstanden.

Folgt auf eine Belastung $\pm \sigma_o$ sofort eine Belastung des entgegengesetzten Sinnes $\mp \sigma_u$, so bleibt nach Bauschingers Lehre die Proportionalitätsgrenze für beide Richtungen unverändert, sofern σ_o und σ_u sie nicht erreichen. Geht jedoch σ_o oder σ_u über die Proportionalitätsgrenze hinaus, so wird die Proportionalitätsgrenze für die der Überschreitung entgegengesetzte Richtung bis auf 0

Tabelle

St 37. Querschnitt: $22{,}4 \times 11{,}5 = 257{,}60$ mm².

I

σ kg/cm²	1. Belastung $10^5 \cdot \Delta\varepsilon$	1. Belastung E t/cm²	1. Entlastung $10^5 \cdot \Delta\varepsilon$	1. Entlastung E t/cm²	2. Belastung $10^5 \cdot \Delta\varepsilon$	2. Belastung E t/cm²	2. Entlastung $10^5 \cdot \Delta\varepsilon$	2. Entlastung E t/cm²	3. Belastung $10^5 \cdot \Delta\varepsilon$	3. Belastung E t/cm²	3. Entlastung $10^5 \cdot \Delta\varepsilon$	3. Entlastung E t/cm²
388,2			— 19,1	2035			— 18,6	2090			— 18,6	2090
776,4	+ 19,0	2045	↑— 37,8	2055	+ 18,5	2100	↑— 37,9	2050	+ 18,3	2120	↑— 38,2	2035
1164,6	+ 19,4	2000			+ 18,8	2065			+ 19,0	2045		
1552,8	+ 19,1	2035	— 37,9	2050	+ 19,1	2035	— 37,7	2060	+ 19,2	2025	— 37,5	2070
1941,0	+ 19,1	2035			+ 19,0	2045			+ 18,9	2055		
2329,2	+ 19,2	2025	— 13,0	2090	+ 19,0	2045	— 13,0	2090	+ 19,1	2035	— 13,0	2090
2523,3	+ 9,9	1960			+ 9,7	2000			+ 9,4	2065		
2600,9	+ 4,3	1805			+ 3,9	1990			+ 3,8	2040		
$10^5 \Sigma \Delta\varepsilon$	+110,0		—107,8		+108,0		—107,2		+ 107,7		— 107,4	
Spitzen der Dehnungskurv. f. Be- u. Entlastg.	+110,0		+ 2,2		+110,2		+ 3,0		+ 110,7		+ 3,4	

[1] Elastische Nachwirkung nach 24 Stunden.

Tabelle 3b.

VII

	Belastung auf 2717,4		Entlastung auf 388,2		
	$10^5 \cdot \Delta\varepsilon$	E t/cm²	$10^5 \cdot \Delta\varepsilon$	E t/cm²	Spitzen
55.	+ 114,1	2044,06			+ 246,8
59.			— 114,7	2033,37	+ 132,1
60.	+ 114,7	2033,37			+ 246,8
64.			— 114,7	2033,37	+ 132,1
65.	+ 114,7	2033,37			+ 246,8
69.			— 114,8	2031,60	+ 132,0
70.	+ 114,8	2031,60			+ 246,8
74.			— 114,6	2035,14	+ 132,2
75.	+ 114,5	2036,92			+ 246,7
79.			— 114,6	2035,14	+ 132,1
80.	+ 114,5	2036,92			+ 246,6
84.			— 114,6	2035,14	+ 132,0
85.	+ 114,6	2035,14			+ 246,6

Tabelle

IX

σ kg/cm²	87. Belastg. $10^5 \cdot \Delta\varepsilon$	87. Entlastung $10^5 \cdot \Delta\varepsilon$ × 1,03	87. Entlastung E t/cm²	88. Belastung $10^5 \cdot \Delta\varepsilon$ × 1,03	88. Belastung E t/cm²	88. Entlastung $10^5 \cdot \Delta\varepsilon$ × 1,03	88. Entlastung E t/cm²	89. Belastung $10^5 \cdot \Delta\varepsilon$ × 1,03	89. Belastung E t/cm²	89. Entlastung $10^5 \cdot \Delta\varepsilon$ × 1,03	89. Entlastung E t/cm²
388,2	Gesamt-	↑ — 46,6	1720			↑ — 39,3	2035			↑ — 39,2	2040
1164,6	dehng. auf	— 44,1	1810	+ 38,9	2055	— 39,3	2035	+ 38,5	2080	— 39,3	2035
1941,0	100 mm	— 40,7	1970	+ 39,2	2040	— 39,0	2050	+ 39,5	2025	— 39,2	2040
2717,4	∼ 3000	— 19,4	2080	+ 39,3	2035	— 19,4	2065	+ 39,1	2045	— 19,3	2070
3105,6	= ∼ 30‰			+ 19,8	2020			+ 19,8	2020		
$1{,}03 \cdot 10^5 \cdot \Sigma\Delta\varepsilon$		— 150,8		+ 137,2		— 137,0		+ 136,9		— 137,0	
Spitzen . . .		— 150,8[1]		— 13,6		— 150,6		— 13,7		— 150,7	

[1] Neuer Nullpunkt um 3000 verschoben! Von der 87. Entlastung ab ist also zu den Spitzen

3a.

Meßlänge: 100 mm.

I | IV

4. Belastung		4. Entlastung		5. Belastung		5. Entlastung		46. Belastung		46. Entlastung	
$10^5 \cdot \Delta\varepsilon$	E t/cm²	$10^5 \cdot \Delta\varepsilon$	E t/cm²	$10^5 \cdot \Delta\varepsilon$	E t/cm²	$10^5 \cdot \Delta\varepsilon$	E t/cm²	$10^5 \cdot \Delta\varepsilon$	E t/cm²	$10^5 \cdot \Delta\varepsilon$	E t/cm²
		— 19,9	1950			— 19,1	2035			— 19,1	2035
+ 18,3	2120	↑ — 38,0	2040	+ 18,4	2110	↑ — 38,2	2035	+ 18,3	2120	↑ — 38,0	2045
+ 18,6	2090			+ 19,0	2045			+ 18,9	2055		
+ 18,6	2090	— 37,9	2050	+ 19,0	2045	— 37,5	2070	+ 18,8	2065	— 37,6	2065
+ 18,6	2090			+ 19,0	2045			+ 19,1	2035		
+ 19,0	2045	— 12,8	2120	+ 19,0	2045	— 13,2	2055	+ 18,9	2055	— 13,0	2090
+ 9,4	2065			+ 9,6	2025			+ 9,7	2000		
(+ 3,7) + 5,8[1]	1340			+ 3,9	1990			+ 3,9	1990		
+ 108,3		— 108,6		+ 107,9		— 108,0		+ 107,6		— 107,7	
+ 111,7		+ 3,1		+ 111,0		+ 3,0		+ 109,1		+ 1,4	

heruntergeworfen. Die Versuchszahlen Bauschingers bestätigen diesen Satz nicht in vollem Umfang.

Versuch IX. Schweißeisen $\sigma_P = 1900$ kg/cm². Die erste + Belastung bis 2091 hebt $+\sigma_P$ auf 2091. Die folgende Überschreitung bis + 2214 senkt $-\sigma_P$ zwar auf — 738, doch findet schon die nächste — Belastung $-\sigma_P$ auf — 1968 gehoben. Erst die folgende Überschreitung auf — 2214 wirft $+\sigma_P$ herab.

Versuch X. Schweißeisen $\sigma_P = 1900$ kg/cm². Die erste negative Belastung senkt $+\sigma_P$ auf 1425. Bei der sofort folgenden + Belastung ist $+\sigma_P$ schon wieder auf + 1663 gehoben. Erst die anschließende Überschreitung auf + 2375 wirft $-\sigma_P$ hreab.

Versuch XI. Schweißeisen $\sigma_P = 1900$ kg/cm². Nach mehreren Belastungen unter σ_P ermäßigt die Überschreitung — 2019 $+\sigma_P$ überhaupt nicht. Die folgende Überschreitung + 2138 ermäßigt $-\sigma_P$ nicht, vielmehr zeigt sich eine Hebung auf — 2138. Erst die Überschreitung — 2256 wirft $+\sigma_P$ herab.

Versuch XII. Schweißeisen $\sigma_P = 1968$ kg/cm². 3 Belastungen bis — 3384 heben $-\sigma_P$ auf — 2407, die Überschreitung — 3835 wirft $+\sigma_P$ auf + 714. Die folgende Überschreitung + 3095 wirft $-\sigma_P$ auf — 959.

Versuch XV. Bessemerstahl $\sigma_P = 2927$ kg/cm². Nach mehreren Belastungen unter σ_P wirft die Überschreitung — 3171 $+\sigma_P$ nicht herab. Auch die folgende Überschreitung + 3415 wirft $-\sigma_P$ nicht. Erst die nächste Überschreitung — 4268 ermäßigt $+\sigma_P$ auf + 1450.

3c.

IX

90. Belastung		90. Entlastung		91. Belastung		91. Entlastung		143. Entlastung		144. Belastung	
$10^5 \cdot \Delta\varepsilon \times 1{,}03$	E t/cm²	$10^5 \cdot \Delta\varepsilon \times 1{,}03$	E t/cm²	$10^5 \cdot \Delta\varepsilon \times 1{,}03$	E t/cm²	$10^5 \cdot \Delta\varepsilon \times 1{,}03$	E t/cm	$10^5 \cdot \Delta\varepsilon \times 1{,}03$	E t/cm²	$10^5 \cdot \Delta\varepsilon \times 1{,}03$	E t/cm²
		↑ — 39,7	2010			↑ — 39,2	2040	↑ — 39,1	2045		
+ 38,4	2080	— 39,1	2045	+ 38,7	2065	— 39,0	2050	— 39,1	2045	+ 38,3	2085
+ 39,4	2030	— 39,0	2050	+ 39,1	2045	— 39,3	2035	— 38,8	2060	+ 39,0	2050
+ 39,4	2030	— 19,4	2065	+ 39,4	2030	— 19,1	2090	— 19,2	2080	+ 39,2	2040
+ 19,5	2050			+ 19,7	2030					+ 19,7	2030
+ 136,7		— 137,2		+ 136,9		— 136,6		— 136,2		+ 136,2	
— 14,0		— 151,2		— 14,3		— 150,9		— 150,2		— 14,0	

die Dehnung $10^5 \cdot \varepsilon = 3000$ zu addieren.

Versuch XVI. Bessemerstahl $\sigma_P = 3722$ kg/cm². Nachdem durch — Belastungen bis $-5144 - \sigma_P$ auf -2694 ermäßigt ist, wirft die Überschreitung $-5343 + \sigma_P$ auf 967 herab und die folgende Überschreitung $+3625 - \sigma_P$ auf -1214.

Aus den angeführten Versuchszahlen ergibt sich, daß die Überschreitung $\pm \sigma_0$ der ursprünglichen Proportionalitätsgrenze $\mp \sigma_P$ zwar herabwerfen kann, jedoch nicht um mehr als $\sigma_0 - \sigma_P$, das Maß der stattgefundenen Überschreitung. Wenn eine Belastung des entgegengesetzten Sinnes $\mp \sigma_u$ die ermäßigte Proportionalitätsgrenze nicht überschreitet, kann dadurch $\pm \sigma_P$ nicht herabgeworfen werden. Da nun die Überschreitung $\pm \sigma_0$ die Proportionalitätsgrenze $\pm \sigma_P$ erhöht, jedenfalls wenn $\sigma_0 < \sigma_S$ ist, so wird die Proportionalitätsgrenze beider Richtungen um $\sigma_0 - \sigma_P$ verschoben und in der neuen Lage nicht verändert, sofern $\mp \sigma_u$ die Spannung $\mp (2\sigma_P - \sigma_0)$ nicht überschreitet. Diese Lehre ist auch nach Bauschinger von andern Forschern[1] ausgeprochen worden.

Dauerbruch. Mit der Änderung der Proportionalitätsgrenze, die durch die Belastung unter gewissen Umständen hervorgerufen wird, bringt man wichtige Festigkeitseigenschaften des Stahles in Verbindung. Seit den Versuchen Wöhlers ist bekannt, daß der Stahl auch bei Belastungen unter σ_B bricht, wenn sie nur häufig genug auftreten. Je höher die Beanspruchung, desto kleiner die Zahl der Belastungen, die zum Bruche führt. Trägt man die Beanspruchung in kg/cm² als Ordinaten die Zahl Z der zum Bruch erforderlichen Belastungen als Abszissen auf, so erhält man die in Abb. 5 veranschaulichte Kurve $\sigma = f(z)$.

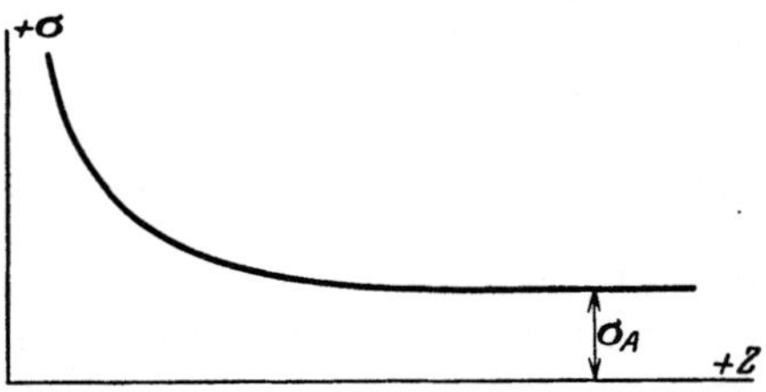

Abb. 5.

Sie fällt aus σ_B für kleine Zahlen Z steil ab und geht weiter in eine Parallele zur Abszissenachse über. Die Ordinate der Parallelen gibt die Spannung an, welche beliebig häufig ohne Bruch ertragen wird. Diese Spannung hat je nach der Höhe der unteren Beanspruchung, die beim Belastungswechsel erreicht wird, verschiedene Werte. Es kommen in erster Linie 2 Belastungsarten in Betracht. Einmal Wechsel zwischen der oberen Grenze σ_0 und 0. Die dabei beliebig häufig ohne Bruch ertragene Spannung wird „Ursprungsfestigkeit" σ_U genannt. Bei der zweiten Belastungsart wechselt die Spannung zwischen $\pm \sigma_0$ und $\mp \sigma_0$. Es folgt auf eine Belastung des einen Sinnes eine gleich große des entgegengesetzten Sinnes. Die beliebig häufig ohne Bruch ertragene Spannung heißt „Schwingungs- oder Wechselfestigkeit" σ_W. Letztere liegt natürlich niedriger als die Ursprungsfestigkeit. Beide Werte sind durch Versuche ermittelt[2], die Ursprungsfestigkeit jedoch noch nicht ausreichend, für neuere Stahlsorten überhaupt nicht[3]. Die bei Wechsel zwischen ungleichen Werten σ_o/σ_u beliebig häufig ertragene Beanspruchung wird „Arbeitsfestigkeit" σ_A genannt. Trotz ihrer großen Bedeutung für den Eisenbau sind Versuche zur Feststellung der Arbeitsfestigkeit kaum gemacht worden. Wöhler hat nur einzelne mit gleichgerichteten Spannungen $\left(\frac{\sigma_o}{\sigma_u} > 1\right)$ angestellt. Über den weit wichtigeren Fall $0 > \frac{\sigma_o}{\sigma_u} > -1$ liegen Versuchszahlen nicht vor.

---

[1] Heyn: Einige Fragen aus dem Gebiet der Metallforschung. Metall Erz Bd. 15, S. 411, 1918.

[2] Die Schwingungsfestigkeit ist meist durch den Biegeversuch bestimmt worden. Wo mit gleichem Material Zug-Druckversuche angestellt sind, haben sie meist etwas kleinere Werte ergeben. Der Grund ist bisher nicht geklärt. Es spricht dabei der Umstand mit, daß beim Biegeversuch die Spannungen sich nicht geradlinig verteilen (s. S. 33), wohl auch die Zahl der Spannungswechsel in der Zeiteinheit. Vgl. Mailänder: Ermüdungserscheinungen und Dauerversuche. Stahleisen 1924, H. 21—25.

[3] Bautechnik 1929, S. 235ff. berichtet Bühler über einige Versuche mit St Si.

Aus den Wöhlerschen Versuchen ist die Launhardt-Weyrauchsche Formel

$$\sigma_A = \sigma_U \left(1 + \frac{1}{2} \frac{\sigma_u}{\sigma_o}\right) \tag{4}$$

enstanden, in der σ_u/σ_o bei entgegengesetztem Spannungssinn negativ ist. Die Formel setzt $\sigma_W = \frac{1}{2}\sigma_U$ und $\sigma_U = \frac{2}{3}\sigma_B$ voraus. Im übrigen schaltet sie zwischen $\sigma_u = 0$ und $\sigma_u = -\sigma_0$ geradlinig ein. Danach würde σ_A schon dann unter σ_U sinken, wenn σ_u bei negativem σ_u/σ_o weit unter σ_P liegt. Z. B. ergibt $\sigma_u = -\frac{1}{2}\sigma_0$ $\sigma_A = 0{,}75\,\sigma_U$. Das bedeutet für St 37 mit $\sigma_U = 2400$ kg/cm², daß bei Wechsel zwischen $+ 1800$ kg/cm² und $- 900$ kg/cm² eine geringe Überschreitung von $\sigma_0 = 1800$ kg/cm² nach einer beschränkten Zahl von Belastungen zum Bruche führt. Dies Ergebnis steht im Widerspruch zu der Lehre Bauschingers, daß die Proportionalitätsgrenze durch Wechsel zwischen Zug und Druck nicht erniedrigt wird, wenn die Beanspruchung in keiner Richtung über die Proportionalitätsgrenze hinausgeht. Die Formel ist daher nicht haltbar. Beachtet man, daß nach dem oben aufgestellten Satze bei Spannungswechsel zwischen $\sigma_o = \pm\sigma_U$ und $\sigma_u = \mp(2\sigma_P - \sigma_U)$ im ganzen Bereich Verhältnisgleichheit zwischen Spannung und Dehnung besteht, so muß man den Schluß ziehen, daß die Arbeitsfestigkeit für die angegebenen Grenzen nicht kleiner sein kann als σ_U. Die Ursprungsfestigkeit ist also nicht nur bei Wechsel zwischen $\pm\sigma_U$ und 0, sondern auch bei Wechsel zwischen $\pm\sigma_U$ und $\mp(2\sigma_P - \sigma_U)$ die beliebig häufig ohne Bruch ertragbare Belastung. Für die Stähle St 37 und 48 gilt das, solange der absolute Wert $\frac{\sigma_u}{\sigma_o} \leqq \frac{1}{2}$ bleibt.

Der Bruch durch häufig wiederholte Belastung wird Dauer- oder Ermüdungsbruch genannt. Er unterscheidet sich äußerlich von dem Bruch infolge einmaliger Belastung durch den Wegfall der Einschnürung und die wesentlich geringere Dehnung. Der Unterschied verwischt sich desto mehr, je höher die Spannung beim Bruch war. Bauschinger gibt in seinen Versuchen Dehnungen von 0,8 bis 2,5% an. Bei andern Versuchen werden die Dehnungen als kaum meßbar bezeichnet. Eine geringe bleibende Dehnung ist jedoch vor Eintritt des Dauerbruches durch feine Meßvorrichten festgestellt worden. Meist erscheint in der Bruchfläche eine Stelle als Ausgangspunkt. Häufig treten konzentrisch um sie herum Linien auf, die den Eindruck der allmählichen Ausdehnung des Anrisses machen. In der Ausgangsstelle ist der Bruch feinkörnig, nimmt jedoch weiterhin ein mehr grobkörniges kristallinisches Aussehen an. Die Abb. 6 zeigt ein typisches Beispiel[1].

Eine Erklärung des Dauerbruches hat Bauschinger in dem Umstand gefunden, daß jede neue Anstrengung, welche die jeweilige Proportionalitätsgrenze überschreitet, eine neue bleibende Dehnung erzeugt. Es müsse daher durch eine begrenzte Zahl solcher Anstrengungen schließlich eine Größe der Dehnung entstehen, die den Bruch notwendig macht. Da nun durch wiederholte Beanspruchung die Proportionalitätsgrenze gehoben wird, jedoch höchstens bis zu einer bestimmten Spannung, so müsse die Spannung des Dauerbruches zwar höher sein als die ursprüngliche Proportionalitätsgrenze, könne aber deren Höchstlage nicht überschreiten. Demgemäß setzt Bauschinger die Ursprungsfestigkeit gleich der Spannung, bis zu der die Proportionalitätsgrenze gehoben werden kann. Auf die Summierung kleiner bleibender Dehnungen bei häufiger Überschreitung der Proportionalitätsgrenze führt Bauschinger auch den Bruch durch schwingende Beanspruchung zurück. Die Schwingungsfestigkeit müßte demnach mit der ursprünglichen Proportionalitätsgrenze zusammenfallen. Tatsächlich liegt sie nicht selten tiefer. Das veranlaßt Bauschinger zu der Annahme, daß die Proportionalitätsgrenze der Walzprofile durch die Bearbeitung gehoben sei und

[1] Oberhoffer: Das technische Eisen. Berlin 1925.

durch wiederholten Wechsel zwischen Zug und Druck wieder auf ihre „natürliche Höhe“ herabgeworfen werde. Dieser „natürlichen Proportionalitätsgrenze“ setzt er die Schwingungsfestigkeit gleich.

Die Erklärung Bauschingers erscheint nicht erschöpfend. Sie gibt keinen Grund für das Fehlen der Einschnürung und das wesentlich hinter der Bruchdehnung zurückbleibende Maß der Dehnung beim Dauerbruch. Einleuchtender ist die neuere Hypothese, daß mit den von Bauschinger bemerkten elastischen Vorgängen des Stabes eine Ungleichheit der Dehnungen im Inneren zusammenwirkt, die aus dem molekularen Aufbau der Eisenkristalle hergeleitet wird.

Abb. 6.

Zwischen den Eisenkristallen werden kleine Hohlräume mit scharfen Hohlkanten angenommen. An diesen wird die Längenänderung auf sehr kleine Strecken zusammengedrängt und die Dehnung dadurch stark erhöht. So entsteht ein Anriß und vertieft sich bei jeder folgenden Belastung, da die Erhöhung der Dehnung sich im Grunde des Anrisses wiederholen muß. Es spielen sich gleiche Vorgänge ab wie im Grunde einer Kerbe. So wird der tragfähige Querschnitt im Inneren mehr und mehr geschwächt, bis er der Beanspruchung nicht mehr gewachsen ist. Der Bruch tritt unvermittelt ein, da die nächsten Querschnitte nicht in gleichem Maße geschwächt sind. Für die Hypothese spricht die, wie schon erwähnt, meist erkennbare „Anrißstelle“, die zwar öfters aber durchaus nicht immer als Fehlstelle festgestellt ist. Die zuweilen ausgesprochene Meinung, daß jeder Dauerbruch aus einer Fehlstelle entspringe, ist deshalb kaum begründet.

Die Formänderungsfähigkeit. Die Fläche der Spannungs-Dehnungslinie

$$\int_0^\varepsilon \sigma \cdot d\varepsilon = A$$

gibt den Wert der Formänderungsarbeit an, die in der Raumeinheit bei der Dehnung von 0 bis ε aufgespeichert ist. Der Streck- und Bruchgrenze sind die Werte

$$A_S = \int_0^{\varepsilon_S} \sigma d\varepsilon\,,$$

$$A_B = \int_0^{\varepsilon_B} \sigma d\varepsilon$$

zugeordnet. A_B nennt man die Formänderungsfähigkeit oder Zähigkeit des Materiales. Durch jede bleibende Dehnung nimmt die Formänderungsfähigkeit ab. Da die Hebung der Proportionalitätsgrenze mit bleibender Dehnung verknüpft ist, sinkt mit der Verfestigung die Formänderungsfähigkeit, und zwar desto mehr, je höher die Proportionalitätsgrenze gestiegen ist. Von der Formänderungsfähigkeit ist einmal die Widerstandskraft gegen plötzliche Belastungsänderung und Stöße abhängig, da in diesen Fällen eine Arbeit der angreifenden Kraft aufgenommen werden muß. Ebenso groß ist ihre Bedeutung für den Ausgleich örtlicher Unterschiede in der Beanspruchung, die durch starken Wechsel des Querschnittes oder kleine Fehlstellen entstehen können. Ein Material von hoher Bruchfestigkeit aber geringer Bruchdehnung leistet in beiden Fällen weniger als ein solches von geringerer Festigkeit aber großer Bruchdehnung. Da im Eisenbau mit Stößen, Fehlstellen und kleinen Beschädigungen an der Oberfläche immer gerechnet werden muß, ist hohe Bruchdehnung ein unbedingtes Erfordernis. Richtiger noch wird ein hoher Wert $\sigma_B \cdot \varepsilon_B$ verlangt, der als Maß der Formänderungsfähigkeit angesehen werden kann und auch Gütezahl genannt wird.

Festigkeit und Bruchdehnung hängen bei nicht durch Zusatz veredeltem Material in hohem Maße vom Gehalt an Kohlenstoff ab. Je höher der Gehalt an Kohlenstoff, desto höher die Festigkeit, desto geringer die Bruchdehnung. Demgegenüber tritt die Gleichmäßigkeit des Gefüges zurück. Doch ist zu vermuten, daß von der Gleichmäßigkeit des Gefüges die Arbeitsfestigkeit nicht unwesentlich abhängt.

b) Knicklast und Knickfestigkeit[1].

Die durch den Zugversuch gewonnenen Erkenntnisse von den Eigenschaften des Stahles bedürfen einer Ergänzung für den Fall der Druckbelastung. Sie gelten hier nur, sofern das Gleichgewicht zwischen äußeren und inneren Kräften stabil ist. Es ist daher notwendig, die Belastung zu kennen, unter der das Gleichgewicht aus dem stabilen in den labilen Zustand übergeht. Man nennt die fragliche Last die Knicklast P_k und die durch sie erzeugte Spannung σ_k die Knickfestigkeit. Dabei wird vorausgesetzt, daß die Kraftlinie mit der Stabachse zusammenfällt — axiale Belastung. —

Unter der Voraussetzung, daß der Stab in seinen Endpunkten jede durch eine elastische Krümmung der Achse bedingte Drehung frei vollziehen kann, gilt die von Euler gefundene Beziehung

$$P_k = \pi^2 \frac{E \cdot J}{l^2} \tag{5}$$

[1] Mayer, R.: Die Knickfestigkeit gibt eine tiefschürfende Darstellung des Knickproblems. Berlin 1921.

in der J das kleinste auf der ganzen Länge unveränderliche Trägheitsmoment des Stabquerschnittes, l die Stablänge ist. Aus der Formel folgt

$$\sigma_k = \frac{\pi^2 \cdot E}{\lambda^2} \tag{6}$$

$$\lambda = \frac{l}{i}, \quad i = \sqrt{\frac{J}{F}};$$

man nennt λ die Schlankheit. Ist der Stab in einem Endquerschnitt fest eingespannt und im andern, frei beweglichen Endpunkt in der Achse belastet, so gilt

$$P_k = \frac{\pi^2 E J}{4 l^2}.$$

Man kann daher den Fall auf den ersten durch Verdoppelung der Länge zurückführen. Die Gleichung gilt nur, solange E einen unveränderlichen Wert hat, also im elastischen Bereich $\sigma_k \leqq \sigma_E$. Die Grenzlage hängt von λ ab, sie ist für St 37 mit $E = 2100$ t/cm² und $\sigma_E = 1{,}9$ t/cm² durch $\lambda = 105$, für St 48 mit $\sigma_E = 2{,}5$ t/cm² durch $\lambda = 91$ bezeichnet.

Die Knickfestigkeit im plastischen Bereich $\sigma_k > \sigma_E$ berechnet Engesser[1] aus

$$\sigma_k = \frac{\pi^2 \cdot T}{\lambda^2} \tag{7}$$

mit Hilfe des Modul $T = \frac{d\sigma}{d\varepsilon}$, der durch die Tangente der Spannungs-Dehnungslinie bestimmt ist. Da T eine Funktion von σ_k ist, kann σ_k für gegebene Werte λ nur durch Approximation berechnet werden. Engesser gelangt zu diesem Ergebnis durch den Nachweis, daß die Gleichung der elastischen Linie im plastischen Bereich

$$\frac{1}{\varrho} = \frac{M}{TJ}$$

lautet. Eine Verbesserung hat Engesser[2] später aus der Erwägung abgeleitet, daß bei der Ausbiegung der Stabachse unter mittigem Druck auf der konvexen Seite eine Abnahme der Spannung eintritt und die Dehnung in gleichem Verhältnis $\frac{1}{E}$ abnimmt, während auf der konkaven Seite die Zunahme der Spannung eine Zunahme der Dehnung gemäß $d\varepsilon \cdot T = d\sigma$ bedingt. Daraus ergibt sich eine Verschiebung der Nullachse im Querschnitt nach der konvexen Seite und eine Abhängigkeit von der Form des Querschnitts, die allerdings nur geringen Einfluß hat. Aus der gleichen Erwägung hat Kármán[3] den resultierenden Modul M abgeleitet. Für das Rechteck ist

$$M = \frac{4 E \cdot T}{(\sqrt{E} + \sqrt{T})^2}.$$

Für den I-Querschnitt bei Vernachlässigung des Steges

$$M = \frac{2 E \cdot T}{E + T}.$$

Aus der Erwägung, daß in mittelschlanken und kurzen Stäben die Größe und Form der Querschnitte mit den grundlegenden Voraussetzungen der Biegungstheorie nicht mehr verträglich sind, hat Verfasser[4] die Knickfestigkeit aus der

---

[1] Engesser: Über die Knickfestigkeit gerader Stäbe. Z. Arch. Ing.-Wes. 1889.

[2] Engesser: Knickfragen. Schweiz. Bauzg. 1895.

[3] Kármán: Untersuchungen über Knickfestigkeit. Forschungsarbeiten H. 81. Berlin 1910.

[4] Grüning: Knickung gerader Stäbe in Abhängigkeit von dem Formänderungsgesetz. Z. Arch. Ing.-Wes. S. 29ff. 1918. Bei axialer Belastung wird $\mu = 1$, wenn man die Unterschiede in den Dehnungen auf der konkaven und konvexen Seite außer acht läßt. Das ist

Änderung der Randspannungen berechnet, die bei Entstehung und Änderung der Krümmung eintritt. Dabei wird eine Querschnittform vorausgesetzt, deren Hauptflächen wie beim I-Profil 2 im Verhältnis zu ihrem Abstand dünne Gurtungen bilden, so daß gleiche Spannung in allen Punkten einer Gurtung angenommen werden darf. Aus der Spannungs-Dehnungslinie wird $D = \frac{\sigma}{\varepsilon} = f(\sigma)$ und $D' = \frac{\partial D}{\partial \sigma}$ berechnet. Nunmehr gilt

$$\cos\frac{1}{2}\varphi = \frac{-D'_k\cdot\frac{\sigma_k}{D_k}}{1-D'_k\frac{\sigma_k}{D_k}}, \quad \lambda = \varphi\sqrt{\frac{D_k}{\sigma}}\cdot\mu, \quad \mu = 1+\frac{E-D_k}{E+D_k}. \tag{8}$$

Daraus läßt sich $\lambda = f(\sigma_k)$ berechnen. Die Berechnung aus der von Kármán gefundenen Spannungs-Dehnungslinie gibt eine gute Übereinstimmung mit den Ergebnissen seiner Versuche. Da das auch von der Formel Kármáns gilt, darf vermutet werden, daß der Grad der Exaktheit in den unvermeidlichen Voraussetzungen der Theorie das Ergebnis nicht wesentlich beeinflußt.

Als erster hat Tetmayer[1] die Knickfestigkeit im plastischen Bereich durch planmäßige Versuche erforscht. Als Mittel zahlreicher Ergebnisse findet Tetmayer für Flußeisen von 3,8 bis 4,0 t/cm² Zugfestigkeit

$$\sigma_k = 3{,}1 - 0{,}0114\,\lambda. \tag{9}$$

Diese einfache und für den Gebrauch bequeme Formel hat seither in weiten Kreisen Aufnahme gefunden und ist für andere Stähle erweitert worden. Es kann jedoch keinem Zweifel unterliegen, daß sie bei einem Baustoff mit ausgeprägter Quetschgrenze nur in dem Bereich zwischen Elastizitäts- und Quetschgrenze gilt. Die Labilität des Gleichgewichts in der Quetschgrenze und ihre Erstreckung über einen beträchtlichen Dehnungsbereich können nicht ohne erheblichen Einfluß auf die Knickfestigkeit bleiben. Kármán bemerkt: „Die Fließgrenze bildet eigentlich stets einen Anlaß zur Labilität, da $\frac{d\sigma}{d\varepsilon}$ außerordentlich klein wird. Diese Labilität ist jedoch nur vorübergehend, da der Stoff bald wieder eine Festigung erfährt, so daß der Stab fähig wird, größere Lasten zu tragen.“ Das wird durch 3 seiner Versuche bestätigt, bei denen in der Quetschgrenze vorübergehend eine stärkere Verformung bei sinkender Last eintrat. Beachtet man, daß der von Kármán verwendete Stahl eine Streckdehnung von nur etwa 4‰ hatte, während die Stähle St 37 und 48 erheblich größere Werte aufweisen, so muß man erwarten, daß in diesen der Knickvorgang in der Quetschgrenze sich noch stärker ausprägt. Kurze Stäbe der genannten Baustoffe zeigen vermutlich 2 Knickvorgänge, den unteren in der Quetschgrenze. Formel (8) bringt das durch den Verlauf der Kurve $\lambda = f(\sigma)$ deutlich zum Ausdruck.

Die Vorschriften der Deutschen Reichsbahn setzen die Knickfestigkeit für kurze Stäbe gleich der Quetschgrenze und treffen nach dem oben Gesagten damit für die praktisch wichtigen Fälle zweifellos das richtige. Die neueren Knickversuche des Deutschen Eisenbauverbandes bringen eine volle Bestätigung. Erst die ganz kurzen Stäbe, $\lambda \leqq 20$, zeigen ein Ansteigen der Knickfestigkeit $\sigma_k > \sigma_S$.

Die Kurve $\sigma_k = f(\lambda)$, zerfällt in 3 Stücke, die Wagerechte $\sigma_k = \sigma_s$ von $\lambda = 0$ bis $\lambda = \lambda_S$, die Gerade nach Tetmayer von λ_S bis λ_E und die Hyperbel nach

a. a. O. geschehen. Daß es notwendig ist, den Unterschied zu berücksichtigen, ergibt sich auch daraus, daß die Übereinstimmung des Formelwertes mit dem Versuch für kleine λ eine wesentlich bessere wird.

Die Formel (8) mit $\mu = 1$ ist auch von Krohn: Bautechnik 1924, unabhängig von der Arbeit des Verfassers gefunden.

[1] Tetmayer: Die Gesetze der Knickungs- und zusammengesetzten Druckfestigkeit der technisch wichtigen Baustoffe. Leipzig 1903.

Euler für $\lambda > \lambda_E$, Abb. 7. Für St 37 ergeben sich $\lambda_S = 61{,}4$ und $\lambda_E = 105$ aus der Gleichung (9). Für St 48 findet man $\lambda_E = 91$ aus der Eulerschen Gleichung. λ_s kann aus der Annahme gefunden werden, daß $\frac{d\sigma}{d\varepsilon}$ in der Streckgrenze für beide Stähle den gleichen Wert hat. Es müßte danach $\lambda_{S_2} = \lambda_{S_1}\sqrt{\frac{\sigma_{S_1}}{\sigma_{S_2}}}$ sein, wenn *1* St 37 und *2* St 48 bezeichnet. Das ergibt für St 48 $\lambda_s = 54$ und die Formel

$$\sigma_k = 3{,}95 - 0{,}01584\,\lambda.$$

In gleicher Weise kann man die Erweiterung für Si-Stahl vornehmen. Die Knickfestigkeit des in beiden Endquerschnitten eingespannten Stabes ist im elastischen Bereich gleich der des Stabes von halber Stablänge. Das kann nach Gleichung (7) auch im plastischen Bereich angenommen werden. Da jedoch σ_k im plastischen Bereich mit fallendem λ wesentlich schwächer zunimmt als im elastischen Bereich, wird die Einwirkung der Einspannung auf σ_k desto geringer, je kürzer der Stab ist. Wenn $\sigma_k = \sigma_s$ für $\lambda < \lambda_s$ richtig ist, ist für Stäbe aus St 37 von der Schlankheit $\lambda \leqq 60$ die Einspannung ohne Wirkung.

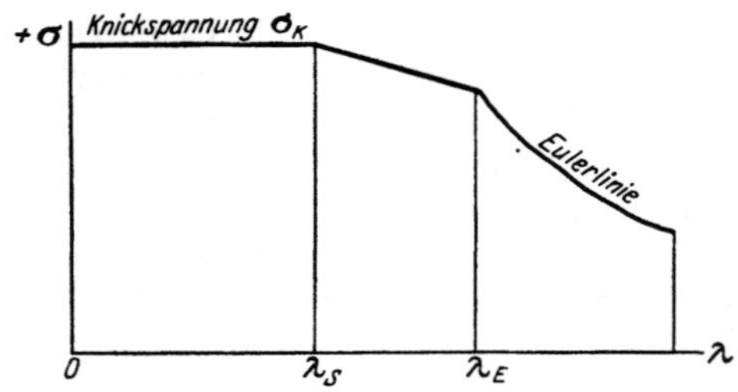

Abb. 7.

Druckbelastung außerhalb der Stabachse erzeugt von Beginn an stetige Krümmung. Die Biegung wächst zunächst verhältnisgleich der Last und nimmt später ein zunehmend beschleunigtes Schrittmaß an. Die starke Zunahme der Ausbiegung kennzeichnet das Wesen des Vorganges. Ein labiler Gleichgewichtszustand tritt nicht ein, solange die Spannung auf der konkaven Seite der Krümmung unter der Elastizitätsgrenze bleibt. Unter dieser Voraussetzung setzt die Beschleunigung der Ausbiegung in Nähe der Knicklast ein. Die gefährliche Laststufe deckt sich mit der Knicklast, ohne in ihrer Höhe gleich scharf bestimmt zu sein.

Sobald die Spannung jedoch die Elastizitätsgrenze überschreitet, sinkt die gefährliche Last unter die Knicklast und zwar desto tiefer, je größer der Abstand der Kraftlinie von der Stabachse wird. Es bildet sich nach und nach wieder eine labile Gleichgewichtslage aus, die durch eine bestimmte Grenze von der stabilen getrennt ist. Die gefährliche Last erlangt wieder die Bedeutung der Knicklast und muß durch Angabe des Abstandes zwischen Kraftlinie und Stabachse genau bezeichnet werden. Für Stäbe der auf Seite 17 erwähnten Querschnittform hat Verfasser[1] die Knicklast durch folgende Schlußfolgerung abgeleitet. Aus der Durchbiegung δ in Stabmitte

$$\frac{\delta}{1-\cos\frac{1}{2}\varphi} = \frac{2i^2}{v}\left[\left(\frac{\sigma_r}{\sigma_m}-1\right)\frac{v}{2(v+2a)} - \left(\frac{\sigma_l}{\sigma_m}-1\right)\frac{v}{2(v-2a)} + \psi\right]$$

und dem Maß des Kraftabstandes

$$e = \delta\,\frac{\cos\frac{1}{2}\varphi}{1-\cos\frac{1}{2}\varphi} - \frac{2i^2}{v}\psi$$

folgt

$$e = \frac{2i^2}{v}\left\{\left[\left(\frac{\sigma_r}{\sigma_m}-1\right)\frac{v}{2(v+2a)} - \left(\frac{\sigma_l}{\sigma_m}-1\right)\frac{v}{2(v-2a)}\right]\cos\frac{1}{2}\varphi - \left(1-\cos\frac{1}{2}\varphi\right)\psi\right\};$$

[1] Grüning: Knickung genieteter vollwandiger Druckstäbe. Z. Arch. Ing.-Wes. S. 85ff. 1917.

hierin ist

$$\psi = \frac{D_l - D_r}{D_l + D_r}$$

$$\varphi = l \sqrt{\sigma_m \frac{D_l + D_r + (D_l - D_r)\frac{2a}{v}}{2 D_e \cdot D_r}}.$$

Die übrigen Bezeichnungen sind in Abb. 8 ersichtlich, v ist der Abstand der Schwerpunkte der Gurtungen, in deren Begrenzung natürlich eine gewisse Willkür liegt.

Für $\sigma_r = \sigma_l = \sigma_m$ wird $e = 0$, mit wachsenden absoluten Werten $\sigma_r - \sigma_l$ nimmt $\cos \frac{1}{2}\varphi$ ab, dagegen ψ zu. Es gibt daher einen zweiten Punkt, in dem e verschwindet. Innerhalb des Intervalles muß ein Größtwert e_{max} bestehen. Ändert sich das Vorzeichen $\sigma_r - \sigma_l$, so ändert sich das Vorzeichen von e, dagegen nimmt mit wachsenden absoluten Werten $\cos \frac{1}{2}\varphi$ ab und ψ zu. Es gibt daher einen dritten Punkt, in dem e verschwindet und in dem Intervall 1 bis 3 besteht ein Kleinstwert e_{min}. Für die Last $F \cdot \sigma_m$ ist nur in Lagen zwischen e_{min} und e_{max} Gleichgewicht möglich. Daher ist $F \cdot \sigma_m$ die Knicklast für die Lagen e_{max} und e_{min}. Sofern der Querschnitt symmetrisch ist, ist $[e_{max}] = [e_{min}]$. Im vorliegenden Falle ist $[e_{max}] < [e_{min}]$. Die Knicklast nimmt bei Ausschlag nach der Seite des kleineren Randabstandes in wesentlich schwächerem Maße ab als bei Ausschlag nach der Seite des größeren Randabstandes.

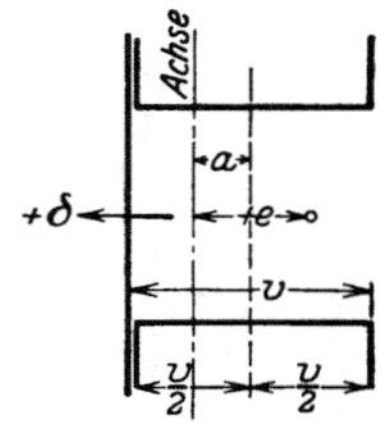

Abb. 8.

Zur Durchführung der Rechnung wählt man für einen bestimmten Wert σ_m nacheinander ansteigende Werte $\sigma_r > \sigma_m$ und ermittelt aus der Querschnittform das zugehörige σ_l. Man kann aus der Formel auch σ_l ausschalten. Nunmehr kann ψ und φ mit Hilfe der Funktion $D = \frac{\sigma}{\varepsilon} = f(\sigma)$ bestimmt und e berechnet werden. Man erhält für 2 verschiedene Werte $\sigma_r > \sigma_m$ gleiche Werte e. Es gibt also 2 Gleichgewichtslagen, eine stabile und eine labile. Im Punkte e_{max} fallen beide zusammen. Die Wiederholung der Rechnung für andere Werte σ_m ergibt eine Kurve

$$F \cdot \sigma_m = f(e_{max}),$$

ebenso läßt sich die Kurve

$$F \sigma_m = f(e_{min})$$

bestimmen. Beide müssen für $e = 0$ ineinander übergehen und hier die Knicklast P_k bestimmen. Auf diesem Wege läßt sich auch die Formel (8) ableiten.

Chwallá[1] findet das analoge Ergebnis $\lambda = f(e)$ für einen unveränderlichen Lastwert unabhängig von der Querschnittform durch eine doppelte graphische Integration. Das Verfahren besitzt den Vorzug größerer Exaktheit vor dem vorstehend dargestellten, erfordert aber weit größere Rechenarbeit. Theoretisch und empirisch ist die Frage des Einflusses der Abweichung der Kraftlinie auf die Knicklast von der Eidgenössischen Versuchsanstalt in Zürich angefaßt und gelöst[2]. Die theoretische Lösung besitzt nicht die Exaktheit des Chwalláschen Verfahrens, gibt ihr an Rechenarbeit kaum etwas nach. Desto größer ist die Bedeutung der Versuche, deren Ergebnis in Abb. 9 dargestellt ist. Die eingetragenen Kurven sind theoretisch ermittelt. Das Maß der Exzentrizität ist durch m = Kraftabstand : Trägheitsradius angegeben. Die Übereinstimmung zwischen Rechnung und Versuch ist im allgemeinen befriedigend. Vermutlich wird jede Berechnung

---

[1] Chwallá: Die Stabilität zentrisch und exzentrisch gedrückter Stäbe aus Baustahl. Sitzungsberichte d. Ak. d. Wissensch. in Wien Bd. 137, H. 8. 1928.

[2] Rôs, M.: Die Bemessung zentrisch und exzentrisch gedrückter Stäbe auf Knickung. Vorl. Abdruck d. Referate für die Internationale Tagung f. Brücken- u. Hochbau. Wien 1928.

zu ungefähr den gleichen Ergebnissen führen. Die Versuche zeigen die beträchtliche Abnahme der Knicklast bei mittelschlanken und kurzen Stäben, die jedoch für ganz kurze Stäbe wieder geringer wird. Für $\lambda = 65$ ergibt sich z. B. für

$$e = 0 \quad P_k = 81\text{ t},$$

$$e = \frac{2i^2}{v} \quad P_k = 56,$$

$$e = 3\frac{2i^2}{v} \quad P_k = 26\text{ t}.$$

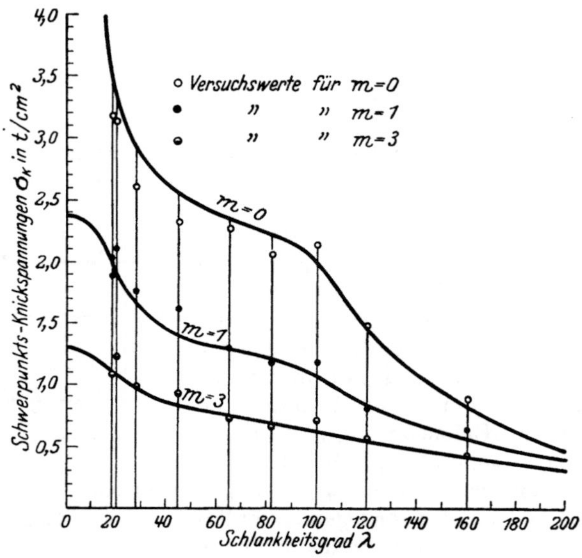

Abb. 9.

Belastungsfälle $e > \frac{2i^2}{v}$ scheiden jedoch im allgemeinen für die Knickfrage aus, da die Randspannungen dann so groß werden, daß die Lehren des Zug-Druckversuches maßgebend sind.

Weitere wichtige Ergebnisse der Versuche sind 1. der Einfluß der Abweichung auf Knickung in der zur Ebene durch Stabachse und Kraftlinie rechtwinkligen; 2. der Einfluß einer Last rechtwinklig zur Stabachse.

B. Sicherheit, zulässige Spannung und Querschnittbestimmung.

1. Grundlage der Stärkebemessung.

Die Stärke der Bauglieder soll den dauernden Bestand des Bauwerks in unveränderter Form und Lage sichern. Dies Ziel verlangt, daß die den Bestand angreifenden Kräfte in ihrer Größe nicht an jene heranreichen, die bleibende Formänderungen hervorrufen oder zum Einsturz führen. Zur Beantwortung der Frage nach der Sicherheit muß man das Verhältnis der wirkenden Kräfte in ihrer möglichen gefährlichsten Häufung zu den bezeichneten Werten gleich gestellter und gleich gerichteter Kräfte kennen. Das reziproke Verhältnis nennt man den Sicherheitsgrad ν. Es leuchtet ein, daß das Verhältnis der wirkenden Kräfte zu beiden Werten verschieden sein muß und darf. Denn der Eintritt bleibender Formänderungen ist technisch und wirtschaftlich von wesentlich geringerem Nachteil begleitet als der Einsturz. Solange die Spannung die Proportionalitätsgrenze nirgends überschreitet, besteht Verhältnisgleichheit zwischen den Spannungen und Lasten. Den Sicherheitsgrad gegen den Eintritt bleibender Formänderung kann man daher immer an dem Verhältnis von σ_P zur größten auftretenden Spannung messen. Wird die Annahme gemacht, daß die Lasten, die in einem einzigen Bauglied die bruchgefährliche Spannung erzeugen, den Einsturz herbeiführen, ferner Verhältnisgleichheit zwischen Spannung und Last im ganzen Bereich bis zum Bruch vorausgesetzt, so kann auch der Sicherheitsgrad gegen Bruch des Bauwerks an dem Verhältnis der bruchgefährlichen zur größten auftretenden Spannung gewessen werden. Er ist der gleiche wie in dem Bauglied, in dem dies Verhältnis den kleinsten Wert hat. Das Ziel der Stärkebemessung wird daher dadurch erreicht, daß man die Beanspruchung der Bauglieder, die bei ungünstigster Häufung der Lasten nicht überschritten werden darf, als Bruchteil $1/\nu$ entweder der Proportionalitätsgrenze oder der bruchgefährlichen Spannung festsetzt. Den so ermittelten Spannungswert nennt man die zulässige Spannung (σ_{zul}). Die Ableitung von σ_{zul} aus σ_P ist von Gerber, Häseler u. a. vertreten worden. Heute wird jedoch allgemein von der bruchgefährlichen Spannung ausgegangen. Im Hinblick auf die wesentlich größere Bedeutung der Sicherheit gegen Bruch sowie den schwankenden und ziemlich ungenau bestimmbaren Wert der Elastizitätsgrenze verdient die bruchgefährliche Spannung als Vergleichszahl des Sicherheitsgrades unzweifelhaft den Vorzug.

Verhältnisgleichheit zwischen Spannung und Last besteht nur dann, wenn die Lasten in einem Zeitmaß aufgebracht werden, das eine gleichzeitige Fortpflanzung der Kraft in die Auflager ermöglicht. Dabei muß der Übergang des Systems aus der spannungslosen Anfangslage in die Gleichgewichtslage so langsam vor sich gehen, daß auch jede Zwischenlage eine Gleichgewichtslage ist. Die Erfüllung dieser Bedingung ist selbst dann unsicher, wenn die Lasten stoßfrei vom Auflager her über den Träger wandern. Sie ist keinesfalls erfüllt, wenn die Last Stöße erzeugt oder in einem elastisch verschieblichen Punkt sofort mit ihrem vollen Wert einsetzt. Der letzte Punkt erfordert strenge Beachtung. Wenn auch im Brückenbau nur bei der Montage, so kommen doch an Kranen und Geräten für Erdarbeiten nicht selten Fälle der Art vor. Hier ist die statische Berechnung der auftretenden Beanspruchung unzulänglich. Die Rechnung muß nach den Gesetzen der Dynamik durchgeführt werden. Doch bewegt man sich meist auf der sichern Seite, wenn man die aus plötzlich auftretenden Lasten statisch errechneten Spannungen verdoppelt.

Wo Verhältnisgleichheit nicht besteht, wird der Mangel durch Einführung einer stoßfreien und allmählich aufgebrachten Last behoben, der man gleiche Beanspruchung beimißt wie der tatsächlich wirkenden. Der die Annahme jeweils rechtfertigende Maßstab der Erhöhung wird aus der Erfahrung und zweckdienlichen Versuchen entnommen. So gelangt man zur Festsetzung der „Stoßzahl“ φ und erhält die rechnungsmäßige Last durch Multiplikation der wirkenden mit diesem Beiwert. Natürlich kann man den Ausgleich ebensogut in den Spannkräften oder Momenten vornehmen.

Beide grundlegende Voraussetzungen treffen nach Einführung der Stoßzahl für statisch bestimmte Systeme zu. Denn hier sind die Spannungen durch die Gleichgewichtsbedingungen eindeutig bestimmt, die linear sind, solange die Formänderungen im Vergleich mit den Systemmaßen vernachlässigbar klein sind. Ferner ist die Formänderung jedes Gliedes nur von der in ihm auftretenden Beanspruchung abhängig und wird durch die Formänderung der übrigen Glieder in keiner Weise beeinflußt. Sie vollzieht sich genau nach der Lehre der Spannungs-Dehnungslinie. Anders in jedem statisch unbestimmten System. Hier sind beide Voraussetzungen nicht erfüllt. Sie werden trotzdem gemacht und damit begründet, daß der so errechnete Sicherheitsgrad kleiner ist als der wirkliche. Danach wird allgemein die Spannung in einem Bauglied als Kennzahl der Sicherheit angesehen, wo es sich um einachsige Spannungszustände handelt.

Welche Spannung ist die bruchgefährliche? In Stäben, die auf Zug beansprucht werden, zuerst σ_B. Bei der Mehrzahl aller Bauwerke treten jedoch die Lasten in unbegrenzbarer Häufigkeit auf. In jedem Bauglied ist mit beliebig häufigem Wechsel zwischen 2 Grenzwerten zu rechnen. Daraus folgt, daß die Arbeitsfestigkeit als bruchgefährliche Spannung angesehen werden muß, und zwar die Ursprungsfestigkeit, wenn der untere Grenzwert 0 nicht unterschreitet. In Fällen, in denen Zug mit Druck wechselt, den sog. Wechselstäben, sieht man heute noch meist die Arbeitsfestigkeit nach der Formel 4 als bruchgefährlich an.

Da die Voraussetzung der Formel $\sigma_W = \frac{1}{2}\sigma_U$ sich in sehr vielen Versuchen jedoch nicht bestätigt hat, hat man sie mit besserem Recht durch

$$\sigma_A = \sigma_U\left(1 - \frac{1}{3}\frac{\sigma_{\min}}{\sigma_{\max}}\right)$$

ersetzt, war $\sigma_W = \frac{2}{3}\sigma_U$ bedingt.

In Druckstäben kann als bruchgefährliche Spannung nur die Knickfestigkeit σ_k in Frage kommen, die von der Häufigkeit der Belastungen unabhängig ist. Die in solchen zulässige Spannung ($\sigma_{d\,\mathrm{zul}}$) wird von den Vorschriften der Reichsbahn in sehr zweckmäßiger Weise durch die Beziehung

$$\sigma_{d\,\mathrm{zul}} = \frac{\sigma_{\mathrm{zul}}}{\omega},$$

in welcher

$$\omega = \frac{\sigma_U}{\sigma_k} \cdot \frac{\nu_k}{\nu} = \frac{\sigma_{\mathrm{zul}}}{\sigma_k} \cdot \nu_k$$

ist und ν_k den Sicherheitsgrad gegen Knicken bezeichnet, auf den für Zug zulässigen Wert zurückgeführt. Sie ergibt durch Einführung von ω

$$\sigma_{d\,\mathrm{zul}} = \frac{\sigma_k}{\nu_k}$$

und wahrt durch den Zusammenhang mit σ_k den Charakter des Knickproblems als eines Stabilitätsproblems durchaus. Da σ_k von der Schlankheit λ abhängig ist, muß ω tabellarisch als Funktion steigender Werte λ ausgerechnet werden. Den Grad der Knicksicherheit ν_k wählt man für schlanke Stäbe größer als für kurze, mehr aus gefühlsmäßiger Meinung, denn aus sachlichen Gründen. Dem kann bei der tabellarischen Berechnung von ω leicht Rechnung getragen werden. Das Verfahren, das ω-Verfahren genannt wird, hat sich trotz mancher Widerstände durch seine Einfachheit und Zweckmäßigkeit allgemeine Geltung erobert und zum Teil auch im Ausland Eingang gefunden. Wo es nicht angewendet wird, wird der Nachweis

$$\sigma_d \leqq \frac{\sigma_k}{\nu_k}$$

verlangt und σ_k aus der Eulerschen Formel bzw. im Falle $\sigma_k \geqq \sigma_P$ aus Formeln nach Tetmayer berechnet. Die Grundlage der Rechnung ist daher überall die gleiche. Ein Unterschied besteht nur darin, daß die Knickspannung nach der durch zahlreiche Versuche des Deutschen Eisenbauverbandes bestätigten Grundlage des ω-Verfahrens die Quetschgrenze nicht überschreitet, während sie nach der Formel Tetmayers von σ_P ab geradlinig über die Quetschgrenze hinaus wächst. Allerdings ist nicht zu verkennen, daß in den Vorschriften der Reichsbahn die richtige Erkenntnis von dem Verlauf der σ_k-Linie nicht folgerichtig durchgeführt ist. Denn $\sigma_k = \text{constans}$ unterhalb λ_s bedingt $\sigma_{d\,\mathrm{zul}} = \text{constans}$. Dagegen steigt $\sigma_{d\,\mathrm{zul}}$ mit abnehmendem ν_k bis σ_{zul}. Der Knick der σ_k-Linie im Punkte λ_s ist durch diese Linie stetiger Krümmung beseitigt. Hierfür fehlt die Begründung. Die älteren Vorschriften, welche die $\sigma_{d\,\mathrm{zul}}$-Linie mit der σ_k-Linie wagerecht führten, waren richtiger.

In Baugliedern, die auf Biegung beansprucht werden, kann die bruchgefährliche Spannung auf der gezogenen Seite nur die Arbeitsfestigkeit sein im besonderen σ_U, wenn das Biegungsmoment das Vorzeichen nicht wechselt. Auf der Druckseite ist in der Trägerebene Knicken nicht möglich. In der zu jener rechtwinkligen Ebene werden im allgemeinen Querverbände vorausgesetzt, die hinreichen, um σ_k in oder über die Quetschgrenze zu heben. Mithin ist hier σ_S die bruchgefährliche Spannung. Da $\sigma_U = \sigma_S$ angenommen wird und man einen größeren Sicherheitsgrad ν_k als den für die Zugseite gewählten hier nicht für nötig hält, setzt man für Zug und Druck

$$\sigma_{d\,\mathrm{zul}} = \sigma_{\mathrm{zul}} = \frac{\sigma_U}{\nu}$$

und wo Momente verschiedener Vorzeichen auftreten

$$\sigma_{d\,\mathrm{zul}} = \sigma_{\mathrm{zul}} = \frac{\sigma_A}{\nu}\,.$$

Die Bestimmung des erforderlichen Sicherheitsgrades ν ist auf theoretischem Wege nicht möglich. Denn es sind durch ihn eine ganze Reihe von Umständen zu decken, die rechnungsmäßig nicht erfaßt werden können. Hierher gehören unvermeidliche Eigenarten der Konstruktion, wie die Zusammensetzung der Querschnitte aus mehreren Stücken, die Durchlochung und Verbindung durch Niete, geometrische Abweichungen des Bauwerks vom System und vor allem etwaige Materialfehler sowie Beschädigungen an der Oberfläche. Trotz sorgfältigster Abnahme sind kleine Materialfehler nicht ganz zu vermeiden, noch viel weniger Einkerbungen der Ränder bei der Bearbeitung und auf dem Transport. Beide Umstände müssen daher im Sicherheitsgrad zuverlässigen Ausgleich finden. In welchem Ausmaß, kann nur die Erfahrung lehren. Als das Schweißeisen durch das Flußeisen, den heutigen Stahl 37, verdrängt wurde, erhöhte man die Beanspruchung naturgemäß nur mit großer Vorsicht. Die Bewährung des Materiales in unzähligen Bauwerken ermutigte im Laufe der Jahrzehnte zu immer höherer Ausnutzung. So ist man schließlich zu $\sigma_{\mathrm{zul}} = 1200\,\mathrm{kg/cm^2}$ für gewöhnliche Handelsqualität und $1400\,\mathrm{kg/cm^2}$ für das bestimmten Abnahmebedingungen genügende Material gekommen und kann diese Zahlen auf langjährige Erfahrungen stützen. Der Sicherheitsgrad beträgt danach

$$\nu = \frac{2400}{1200} = 2 \text{ bzw. } \nu = \frac{2400}{1400} = 1{,}714\,.$$

Das für St 37 gewonnene Ergebnis wurde auf die neuen hochwertigen Stähle übertragen. So ist für St 48 aus $\sigma_S = 3100\,\mathrm{kg/cm^2}\ \sigma_{\mathrm{zul}} = \frac{3100}{1{,}714} = 1820\,\mathrm{kg/cm^2}$ und für Si-Stahl aus $\sigma_S = 3600\,\mathrm{kg/cm^2}\ \sigma_{\mathrm{zul}} = \frac{3600}{1{,}714} = 2100\,\mathrm{kg/cm^2}$ abgeleitet worden. Die Steigung der zulässigen Spannung für hochwertige Stähle in den letzten Jahrzehnten erhellt aus 2 Beispielen. Beim Bau der Brücke über den Nord-Ostseekanal bei Hochdonn 1917—18 ist ein Material von etwa der Qualität des St 48 verwendet worden. Hier hat man eine Beanspruchung von $1560\,\mathrm{kg/cm^2}$ zugelassen. Bei der 1913/14 erbauten Rheinbrücke Köln-Deutz hat man den verwendeten Nickelstahl, dessen Streckgrenze mindestens $3600\,\mathrm{kg/cm^2}$ beträgt, mit $1920\,\mathrm{kg/cm^2}$ beansprucht.

Die zulässige Spannung für Wechselstäbe folgt σ_{zul} und beträgt

$$\sigma = \sigma_{\mathrm{zul}}\left(1 - \frac{1}{2}\,\frac{\sigma_{\min}}{\sigma_{\max}}\right) \text{ bzw. } = \sigma_{\mathrm{zul}}\left(1 - \frac{1}{3}\,\frac{\sigma_{\min}}{\sigma_{\max}}\right).$$

Die genannten Werte σ_{zul} sind Grundzahlen. Es sind die Spannungsgrenzen, die Belastungen von unbegrenzter Zahl gesteckt sind. Das sind in erster Linie gleichzeitig wirkende Eigenlast und Nutzlast. Hierzu rechnet man in zu weitgehender Vorsicht meist auch etwaige Spannungen infolge Änderungen der Temperatur. In Amerika ist infolge der Erwägung, daß volle Belastung großer Straßenbrücken durch die stärkste mögliche Häufung der Verkehrslast ein außerordentlich seltener Fall ist, zwischen „gewöhnlicher“ und „gedrängter“ Verkehrslast unterschieden und für letztere eine höhere Spannung zugelassen worden. Da der Maßstab des Sicherheitsgrades, die Ursprungsfestigkeit, eine unbegrenzte Zahl von Belastungen voraussetzt, ist es wohl begründet, sie durch einen höheren Festigkeitswert zu ersetzen, wo die Zahl der Belastungen mit Sicherheit beschränkt ist. Auf Eisenbahnbrücken kehrt die größtmögliche Nutzlast im allgemeinen jeden Tag viele Male wieder. Es bedeutet daher die Wahl eines größeren Sicherheitsgrades für Straßenbrücken, wenn hier der Spannung aus gedrängter Verkehrslast die gleiche Grenze gesetzt wird. Der gleichen Erwägung wird in Deutschland durch Abstufung der Belastungsgrundzahl aus Verkehr mit der Brückenlänge Rechnung getragen. Die Minderung ist jedoch verhältnismäßig schwach, auch ist jene Unterscheidung zwischen 2 Spannungswerten die folgerichtigere Entwicklung des Grundgedankens.

Die durch Eigenlast, erhöhte Nutzlast und Temperaturänderungen erzeugten Spannkräfte werden „Hauptkräfte" genannt. Als „Zusatzkräfte" bezeichnet man die Spannkräfte aus allen sonst noch auftretenden Ursachen. Hierzu gehören Bremskräfte, Fliehkräfte in Krümmungen, Winddruck und schließlich Nachgeben der Widerlager. Mit Rücksicht darauf, daß diese Kräfte nicht regelmäßig mit der größten Nutzlast wiederkehren, ist eine Erhöhung der Beanspruchung aus Haupt- und Zusatzkräften ohne Gefahr. Wo etwa noch andere Ursachen auftreten, wie z. B. im Kran- und Werkbau, muß nach dem gleichen Grundsatz verfahren werden, der die beiden Klassen trennt, die regelmäßige oder nur gelegentliche Gleichzeitigkeit der Wirkung.

Im Geltungsbereich der Vorschriften der Deutschen Reichsbahn und der an sie angelehnten Bestimmungen beträgt die zugelassene Erhöhung $\frac{1}{7}\,\sigma_{\text{zul}}$; die Grenze der Beanspruchung für St 37 sind demnach 1600 kg/cm², für St 48 2080 kg/cm², für Si-Stahl 2400 kg/cm².

Die Bemessung der Bauglieder nach einer zulässigen Spannung begegnet Schwierigkeiten, wo zwei- oder dreiachsige Spannungszustände vorliegen. Früher hat man bei ersteren die größte Hauptspannung, bei letzteren nach Mohr die Summe der größten und kleinsten Hauptspannung benutzt und Grenzwerten unterworfen. Beide Verfahren gelten heute nicht mehr als einwandfrei. An die Stelle des Spannungsmaßstabes ist in den letzten Jahren der Energiemaßstab getreten, den die bezogene Formänderungsarbeit bietet. Die Grundlage bildet auch hier der einachsige Spannungszustand des Zugversuches in den Werten A_{zul}, A_P und A_S, die die Spannungs-Dehnungslinie liefert. Treten die Hauptspannungen σ_1, σ_2, σ_3 auf, so berechnet man die bezogene Formänderungsarbeit

$$A = \frac{1}{2E}(\sigma_1^2 + \sigma_2^2 + \sigma_3^2) - \frac{1}{mE}(\sigma_1 \cdot \sigma_2 + \sigma_1 \cdot \sigma_3 + \sigma_2 \cdot \sigma_3)$$

und verlangt $A \leqq A_{\text{zul}}$. Der Sicherheitsgrad gegen bleibende Formänderungen bzw. Bruch ist

$$\nu = \frac{A}{A_P} \text{ bzw. } \nu = \frac{A}{A_S}.$$

Für St 37 ist bei $\sigma_{\text{zul}} = 1400$ kg/cm²

$$A_{\text{zul}} = \frac{1}{2}\,\frac{1400^2}{2\,100\,000} = 0{,}46 \text{ kg/cm}^2,$$

$$A_P = \frac{1}{2}\,\frac{1900^2}{210\,000} = 0{,}86 \text{ kg/cm}^2,$$

für A_S hat Gehler[1] 2,81 kg/cm² berechnet. Dem Wert $A = A_{\text{zul}}$ entspricht daher der Sicherheitsgrad

$$\nu = \frac{0{,}86}{0{,}46} = 1{,}87 \text{ gegen bleibende Formänderungen}^{2},$$

$$\nu = \frac{2{,}81}{0{,}46} = 6{,}05 \text{ gegen Dauerbruch.}$$

Aus den Darlegungen auf Seite 12/13 über die Arbeitsfestigkeit bei Spannungswechsel zwischen $\pm\sigma_o$ und $\mp\sigma_u$ erhellt, daß die Berechnung der Wechselstäbe

[1] Gehler: Sicherheitsgrad und Beanspruchung. Vorl. Abdruck der Referate f. d. Internationale Tagung f. Brücken- und Hochbau in Wien 1928.

[2] Neuere Bedingungen für den Eintritt des Fließens sind von Huber, v. Mises und Schleicher aufgestellt. Z. ang. Math. Mech. 1926, S. 199ff.

auf der Grundlage der Formel Launhardt-Weyrauch über den notwendigen Sicherheitsgrad hinausgeht. Da die Arbeitsfestigkeit nicht unter die Ursprungsfestigkeit sinkt, solange $\sigma_u \leqq \frac{1}{2}\sigma_o$ ist, ist der Sicherheitsgrad in Wechselstäben, in denen der kleinere absolute Wert der Spannkräfte die Hälfte des größeren nicht überschreitet, entweder

$$\nu = \frac{\sigma_U}{\sigma_{\max}} \quad \text{oder} \quad \nu_k = \frac{\sigma_k}{\sigma_{\min}}.$$

Mithin liegt kein Anlaß vor, die zulässige Beanspruchung unter den Wert σ_{zul} zu ermäßigen, der Stabquerschnitt kann vielmehr wie der eines einsinnig beanspruchten Stabes aus σ_{zul} bzw. $\sigma_{d\,zul}$ berechnet werden. Für Wechselstäbe, in denen die absoluten Werte $\frac{1}{2}(\sigma_{\max}) < (\sigma_{\min}) \leqq (\sigma_{\max})$ sind, folgt daher aus

$$\sigma_A = \sigma_U\left(\frac{4}{3} - \frac{2}{3}\frac{\sigma_u}{\sigma_o}\right)$$

die zulässige Beanspruchung

$$\bar{\sigma}_{zul} = \sigma_{zul}\left[\frac{4}{3} - \frac{2}{3}\frac{(\sigma_{\min})}{(\sigma_{\max})}\right] \tag{10a}$$

und für Stäbe, in denen $\frac{1}{2}(\sigma_{\min}) < (\sigma_{\max}) \leqq (\sigma_{\min})$ ist, entweder

$$\bar{\sigma}_{zul} = \sigma_{zul}\left[\frac{4}{3} - \frac{2}{3}\frac{(\sigma_{\max})}{(\sigma_{\min})}\right] \tag{10b}$$

oder

$$\sigma_{d\,zul} = \frac{\sigma_{zul}}{\omega}.$$

Über Berechnungsweise und Beanspruchung gelten in Deutschland für Eisenbahnbrücken die von der Deutschen Reichsbahngesellschaft aufgestellten „Vorschriften für Eisenbauwerke — kurz BE“ bezeichnet — Berlin 1926, für Eisenbauwerke verschiedener Art die „Amtlichen Bestimmungen für die bei Hochbauten anzunehmenden Belastungen und über die zulässigen Beanspruchungen der Baustoffe für das Staatsgebiet Preußen“. Achte Auflage. 1927[1].

2. Maßstab der Sicherheit in statisch unbestimmten Systemen.

Die wesentlichen Eigenschaften des statisch unbestimmten Systems, die Beschränkung der Formänderung und die daraus entspringende Abhängigkeit des Gleichgewichts vom Formänderungszustand stehen in ausgesprochenem Gegensatz zu den Bedingungen des Zugversuches. Bei diesem erzeugt jede Belastung eine ganz bestimmte Dehnung, die sich ohne Rückwirkung auf die Spannung frei entfalten kann. Im statisch unbestimmten System ist dagegen die Dehnung in jedem Element durch die Formänderung aller andern Elemente, die ein stabiles System bilden, begrenzt und beeinflußt dadurch mittelbar die Spannung des Elementes. Am schärfsten tritt der Gegensatz in der Streck- und Bruchgrenze hervor. Erreicht die Spannung beim Zugversuch die eine oder andere, so vollzieht sich die Streckung bzw. die Dehnung bis zum Bruch in einer gewissen Zeitspanne ohne Hemmung. Treten die gleichen Spannungen im Element eines statisch unbestimmten Systems ein, so kann die Dehnung nicht über das Maß fortschreiten, welches sie gleichzeitig erreicht hat. Denn jede Zunahme der Dehnung würde infolge der genannten Abhängigkeit eine Abnahme der Spannung bewirken. Aus dem Zugversuch kann demnach für statisch unbestimmte Systeme nur die nicht umkehrbare Lehre gezogen werden, daß mit jeder Dehnung eine bestimmte Spannung verbunden ist. Dagegen besitzen im statisch unbestimmten System weder die Streckgrenze noch die Bruchgrenze die gefährliche Eigenart, die sie

---

[1] Eisen im Hochbau, 7. Aufl., S. 76ff. 1928, betr. Straßenbrücken S. 129ff.

beim Zugversuch zeigen. Denn der Zugversuch läßt deutlich erkennen, daß der Bruch durch einmalige wie durch wiederholte Belastung nur entstehen kann, wenn ein Fortschritt der Dehnung nach Eintritt der gefährlichen Spannung möglich ist. Bei dieser Sachlage ist es verwunderlich, daß man die Lehren des Zugversuches bisher auf statisch unbestimmte Systeme ohne Einschränkung angewendet hat. Die Zulässigkeit hätte bewiesen werden müssen. Die Dinge liegen an sich nicht so, daß es nötig wäre, die Fehler des Verfahrens aufzudecken.

Es drängt sich nun die Frage auf, unter welchen Bedingungen die Dehnung in einem Element des statisch unbestimmten Systems die gleiche Freiheit besitzt wie beim Zugversuch. In einem $n$fach statisch unbestimmten Fachwerk möge die Spannung in n Stäben, die Überzählige eines stabilen Systems sind, die Proportionalitätsgrenze überschreiten. Die Spannkräfte der Stäbe in ihrem wirklichen Sinne seien X_r $(r = a \dots n)$ bezeichnet, also auch Druckkräfte als positive Größen behandelt. Die Längenänderung der Stäbe ist

$$\Delta s_r = \frac{X_r \cdot s_r}{E \cdot F_r} + s_r f(\sigma_r - \sigma_P)$$

oder zur Abkürzung

$$\Delta s_r = X_r \cdot \varrho + r$$

eine gemäß der Festsetzung über das Vorzeichen der Spannkräfte stets positive Größe. Aus der Arbeitsgleichung für den Selbstspannungszustand $X_r = +1$, dessen Spannkräfte S_r bezeichnet sind, und den Formänderungszustand des statisch unbestimmten Fachwerks

$$\sum S_r \cdot \Delta s = 0$$

ergibt sich

$$\delta_{r0} + \sum_a^u{}^v X_r \cdot \delta_{rv} = -r. \tag{11}$$

Hierin ist

$$\delta_{rv} = \sum S_r \cdot S_v \varrho\,,$$
$$\delta_{rr} = \sum S_r^2 \cdot \varrho + \varrho_r\,.$$

Die Summen umfassen nur die Stäbe des stabilen Fachwerks.

Die Werte der Spannkräfte X_r, die bei unbeschränkter Gültigkeit des linearen Formänderungsgesetzes entstehen würden, seien X_{r0}. Sie erfüllen die Gleichungen

$$\delta_{r0} + \sum_a^n{}^v X_{v0} \cdot \delta_{rv} = 0\,.$$

Durch Subtraktion erhält man

$$\sum_a^n{}^v (X_{v0} - X_v)\,\delta_{rv} = r. \tag{12}$$

Die linke Seite der Gleichung gibt die gegenseitige Verschiebung der Ufer eines durch Stab r zwecks Bildung eines statisch bestimmten Systems geführten Schnittes infolge der Belastungen $X_{v0} - X_v$ an. Diese elastische Formänderung gibt der bleibenden Längenänderung r einen bestimmten, unveränderlichen Wert. Es bestehen n Gleichungen der gleichen Art, eine für jeden überzähligen Stab. Sie besagen, daß jede Längenänderung r einen bestimmten und unveränderlichen Wert hat. Die Werte X_v sind von dem Formänderungsgesetz $f(\sigma - \sigma_P)$ nur in den Grenzen $\sigma = \sigma_P$ bis $\sigma = \frac{X_v}{F_v}$ abhängig. Daraus folgt, daß die Art der $f(\sigma - \sigma_P)$ jenseits der genannten Grenze auf die nachgewiesene Eigenschaft ohne Einfluß ist. Die Werte r sind unveränderlich, auch wenn X_r die Spannung in die Streck- oder Bruchgrenze hebt.

In einem $n$fach statisch unbestimmten Stabwerk mögen die Randspannungen auf n verschiedenen Stabstrecken die Elastizitätsgrenze überschreiten. Das Moment des Querschnittes jeder Strecke, in dem die Randspannung den größten Wert hat, werde als statisch unbestimmte Größe X_r behandelt. Demnach wird vorausgesetzt, daß durch Gelenke in den bezeichneten Querschnitten ein statisch bestimmtes System entsteht. Für den Selbstspannungszustand $X_r = +1$, dessen Momente M_r bezeichnet sind, und den Formänderungszustand des statisch unbestimmten Systems ist die Arbeit des Stabelementes auf jeder der bezeichneten Strecken

$$dA = ds\int \sigma_r \varepsilon\, df = ds\frac{M_r}{J}\int y\,\varepsilon\, df,$$

wenn y den Abstand des Elementes df von der Schwerachse des Stabes bezeichnet. Mit $\varepsilon = \frac{\sigma}{E} + f(\sigma - \sigma_P)$ entsteht

$$dA = ds\frac{M_r \cdot M}{JE} + ds\frac{M_r}{J}\int y\cdot f(\sigma - \sigma_P)\, df.$$

Das zweite Glied ist der M_r fache Wert der bleibenden Krümmung des Elementes. Das Produkt ist positiv, wo M_r den gleichen Drehungssinn hat wie das Moment X der Strecke. Es sei auf jeder Strecke über ihre Länge integriert und

$$\int ds\frac{M_r}{J_v}\int y\, f(\sigma - \sigma_P)\, df = M_r \cdot v$$

bezeichnet. Darin ist allgemein v eine Funktion aller Momente X_r. (Sie kann von einzelnen X unabhängig sein und wird in ihrem Wert wesentlich durch X_v bestimmt.) Sie verschwindet, sobald alle X_r in Sonderheit X_v, in die Werte X_{rP} sinken, durch die die Randspannungen σ_P entstehen. Die Arbeitsgleichung lautet

$$\int\frac{M_r M}{EJ}ds + \sum_a^n M_r \cdot v = 0.$$

Mit

$$M = M_0 + \sum_a^n M_v \cdot X_v$$

erhält man

$$\delta_{r0} + \sum_a^n X_v \delta_{rv} = -\sum_a^n M_r \cdot v\,;$$

$$\delta_{rv} = \int\frac{M_r \cdot M_v}{E\cdot J}ds.$$

Die Momente X_{v0} sind durch die Gleichungen

$$\delta_{r0} + \sum_a^n X_{v0}\delta_{rv} = 0$$

als die Werte definiert, die bei unbegrenzter Gültigkeit des linearen Formänderungsgesetzes entstehen. Durch Subtraktion erhält man

$$\sum_a^n (X_{v0} - X_v)\delta_{rv} = \sum_a^n M_r \cdot v.$$

Die Auflösung der n Gleichungen nach den Größen v ergibt n Gleichungen von der Art der Gleichung (12). Aus ihnen ist wie oben für die bleibenden Krümmungen der Stabstrecken der Schluß auf bestimmte und unveränderliche Werte zu ziehen, die von der Art der $f(\sigma - \sigma_P)$ nur bis zu der Grenze abhängen, die die Größen X_v bestimmen.

Wird die Elastizitätsgrenze auch in einem Stabe des stabilen Fachwerks überschritten, dessen Spannkraft

$$F \cdot \bar{\sigma_P} + Z = S_0 + \sum_a^n Z_v \cdot X_v$$

ist, so lautet die rechte Seite der Gleichung (11) $- r - Z_r \cdot z$ und die Gleichung (12) geht in

$$\sum_a^n (X_{vo} - X_v)\, \delta_{vr} = + r + Z_r \cdot z\,.$$

über. Ist von den Größen Z_r ein Wert, der p bezeichnet sei, positiv, alle anderen negativ, so lassen sich durch Elimination von z $n - 1$ Gleichungen bilden

$$\sum_a^n (X_{v0} - X_v)\,(\delta_{vr} \cdot Z_p + \delta_{vp} \cdot Z_r) = r \cdot Z_p + p\,(Z_r)$$

Da jede linke Seite einen bestimmten Wert hat und die rechte Seite aus 2 positiven Gliedern besteht, folgt aus den Gleichungen, daß jede Größe r einen Grenzwert nicht überschreiten kann. Der gleiche Schluß ergibt sich danach auch für z aus der Gleichung p

$$\sum_a^n (X_{v0} - X_v)\, \delta_{vp} = p + Z_p \cdot z\,.$$

Da die linke Seite jeder Gleichung eine elastische Längenänderung ist, liegen jene Grenzwerte in der Größenordnung der elastischen Formänderung. Wenn eine der Größen r bestimmt ist, z. B. dadurch, daß die zugehörige Spannung unter der Streckgrenze oder der Bruchgrenze bleibt, haben alle Größen r bestimmte und unveränderliche Werte.

Sind jedoch alle Werte Z_r negativ, so steht auf der rechten Seite jeder der n Gleichungen die Differenz $r - (Z_r) \cdot z$. Durch Elimination von z erhält man Gleichungen, deren rechte Seite ebenfalls eine Differenz ist. Mithin können alle r und z beliebig große Werte annehmen, trotzdem die linke Seite jeder Gleichung einen bestimmten Wert hat.

Die analoge Schlußfolgerung ist für das Stabwerk zu ziehen, wenn in $n + 1$ Querschnitten die Elastizitätsgrenze überschritten wird. Sofern unter den Werten Z_v, die das Moment M in einem Querschnitt des stabilen Systems mit den X verbinden

$$M = M_0 + \sum_a^n Z_v \cdot X_v$$

auch nur 1 positiv ist, bestehen für die bleibenden Krümmungen Grenzwerte von der Größenordnung der elastischen Formänderungen. Sind jedoch alle Werte Z_v negativ, so können alle Krümmungen beliebig große Werte annehmen. Das Ergebnis ist: In einem $n$fach statisch unbestimmten System erhalten die Dehnungen nur dann die Freiheit des Zugversuches, wenn die Proportionalitätsgrenze in $n + 1$ Stäben bzw. Querschnitten überschritten wird, und jede der Spannkräfte bzw. Momente infolge der Gleichgewichtsbedingungen mit Zunahme jeder der n anderen Spannkräfte oder Momente abnimmt. In Sonderheit müssen die Spannungen in $n + 1$ Stäben oder Querschnitten der bezeichneten Art die Bruchgrenze erreichen, damit die Bruchdehnung möglich wird, und die Streckgrenze, damit Streckung eintreten kann.

Im Falle wiederholter Belastung gelten für die $k$te Belastung Differenzengleichungen

$$\sum_a^n (Y_{vk} - Y_{vk-1})\,\delta_{vr} = -r_k \tag{13}$$

für das Fachwerk

$$\sum_a^n (Y_{vk} - Y_{vk-1})\,\delta_{vr} = -\sum_a^n M_r v_k \tag{14}$$

für das Stabwerk, in denen $Y = X - F\cdot\sigma_P$ bzw. $Y = X - X_P$ ist und X_P das Moment bezeichnet, welches am Rande die Spannung σ_P erzeugt. Durch Addition der n Gleichungen (13) erhält man

$$\sum_a^n (Y_{vk} - Y_{vk-1})\cdot\gamma_v = -a_k - b_k - \cdots - n_k\,, \tag{15}$$

ebenso aus den Gleichungen (14)

$$\sum_a^n (Y_{vk} - Y_{vk-1})\,\gamma_v = -a_k\sum_a^n M_{va} - b_k\sum_a^n M_{vb} - n_k\sum_a^n M_{vn}\,, \tag{16}$$

hierin ist

$$\gamma_v = \delta_{va} + \delta_{vb} + \cdots \delta_{vn}\,.$$

M_{vr} bezeichnet den mittleren Wert der Momente aus $X_v = +1$ auf der Strecke r, der X_r gleich oder entgegengesetzt gerichtet ist. Die Summe $\sum_a^n M_{vr}$ ist jedoch immer X_r gleichgerichtet und somit $r\cdot\sum_a^n M_{vr}$ positiv. Aus beiden Gleichungen ergibt sich demnach die Ungleichung

$$\sum_a^n Y_{vk}\cdot\gamma_v < \sum_a^n Y_{vk-1}\cdot\gamma_v\,. \tag{17}$$

Sie gilt solange ein Wert $Y_{vk} > 0$ ist, da die rechte Seite der Gleichungen (15) und (16) erst dann verschwindet, wenn alle $Y \leqq 0$ werden. Aus der Ungleichung sind zwei Schlüsse zu ziehen. 1. Bleibt $\sum_a^n Y_{vk}\cdot\gamma_v$ immer positiv, auch wenn etwa einzelne Werte Y negativ werden, dann folgt $\sum_a^n Y_{vk}\cdot\gamma_a \to 0$, sobald alle positiven $Y_v = 0$ sind. Mithin: alle $Y_v \to 0$.

2. Kann $\sum_a^n Y_v\cdot\gamma_v$ negativ werden, so gilt nach Zerlegung in das negative Glied $-A_k$ und das positive $+B_k$ die Ungleichung

$$+A_k - B_k > A_{k-1} - B_{k-1}\,,$$

solange ein $Y_v > 0$ ist. Beide Glieder können beliebig groß werden. Wenn jedoch für den absoluten Wert A oder die Differenz $A - B$ ein Grenzwert besteht, bleibt nur die Möglichkeit $B_k \to 0$. Damit nimmt A einen bestimmten Wert an, der auch kleiner als der Grenzwert sein kann. Der Schluß ist einzelne $Y_v < 0$ alle andern $Y_v \to 0$.

Aus den Eigenschaften der δ_{rv} läßt sich nun beweisen, daß $\sum_a^n Y_v \cdot \gamma_v$ nicht negativ werden kann, wenn alle δ_{rv} positiv sind, ferner, daß die Summe $-A+B$ einen negativen Grenzwert nicht unterschreiten kann, wenn einzelne δ_{rv} negativ sind. Der Beweis ist in der unten genannten[1] Schrift gegeben. Ebenda sind weitere Folgerungen für das statisch unbestimmte Fachwerk aus Stahl abgeleitet. Durch die hier aufgestellte Gleichung (16) werden diese Eigenschaften auch für das Stabwerk gültig. Sie seien kurz wiedergegeben.

Durch wiederholte Belastung gehen die Spannungen bis in oder unter die Proportionalitätsgrenze zurück. Dabei entstehen bleibende Formänderungen D. Ihre Werte erhält man durch Addition der Differenzgleichungen für die ganze Belastungsreihe

$$\sum_a^n (X_{vo} - \sigma_P \cdot F)\,\delta_{vr} = D_r$$

oder (18)

$$\sum_a^n (X_{vo} - X_P)\,\delta_{vr} = \sum_a^n M_r \cdot D_r .$$

Die Gleichungen besagen, daß die bleibenden Formänderungen bestimmte Werte annehmen, die auch bei unbegrenzter Zahl der Belastungen nicht überschritten werden. Die Formänderung geht in eine vollkommen elastische über.

Wird die Elastizitätsgrenze außer in n Überzähligen in einem Stabe oder einem Querschnitt des stabilen Systems überschritten, so ist zu unterscheiden, ob eine Zunahme der fraglichen statischen Größe des stabilen Systems durch Zunahme einer einzigen oder durch Abnahme aller Überzähligen entsteht. Im ersten Falle, der in

$$Z = Z_0 - \sum_a^n X_v \cdot Z_v \tag{19}$$

einen einzigen negativen Wert Z_v bedingt, tritt der Rückgang der Spannungen bis in oder unter die Elastizitätsgrenze ebenfalls ein, nicht nur in allen Überzähligen, sondern auch im Stab oder Querschnitt des stabilen Systems. Das gleiche gilt, wenn die Elastizitätsgrenze in mehreren Gliedern der gleichen statischen Art überschritten wird. Im zweiten Falle, der durch lauter positive Z_v gekennzeichnet ist, findet der Rückgang der Spannungen nicht statt und die bleibenden Formänderungen wachsen unbegrenzt. Die Grenze zwischen dem Ausklang der Formänderung im elastischen Bereich und dauernder Zunahme der Dehnungen bestimmt die Belastung, die beliebig oft ohne Bruch ertragen werden kann. Die „tragbare Last“ ist dadurch gekennzeichnet, daß gleichzeitig mit n Werten $Y \rightarrow 0$ die Spannung eines $n+1$ten Gliedes der bezeichneten statischen Art in die Elastizitätsgrenze steigt. Das gilt auch für Fälle einzelner negativer δ_{rv}-Werte. Denn hier heben sich die etwa unter 0 gesunkenen Y-Werte wieder, sobald ein Z-Wert die Elastizitätsgrenze überschreitet. Infolgedessen tritt bei hinreichender Höhe der Belastung, also der X_0-Werte, weder das eine noch das andere ein.

Wirken gleichzeitig mit wiederholter Belastung Änderungen der Temperatur oder Verschiebungen der Stützen, so erhöhen sich zwar die Werte X_{v0}, die Differenzengleichungen (15), (16) und ebenso die Ungleichung (17) bleiben jedoch gültig. Mithin tritt der Rückgang $Y_v \rightarrow 0$ auch hier ein, solange die Elastizitätsgrenze

[1] Grüning: Die Tragfähigkeit statisch unbestimmter Tragwerke aus Stahl bei beliebig häufig wiederholter Belastung. Berlin 1926.

in keinem Glied des stabilen Systems von der durch positive Z_v gekennzeichneten statischen Art überschritten wird. Da die Gleichung (19) nur statische Größen enthält, entsteht mit $Y_v \to 0$ genau der gleiche Gleichgewichtszustand, der durch die Belastungen allein erzeugt wird. Die tragbare Last wird daher durch Änderungen der Temperatur und Verschiebungen der Stützen nicht verändert. Aus den Gleichungen (18) erhellt, daß diese Ursachen lediglich eine Erhöhung der bleibenden Formänderungen bewirken.

Für das $n$fach statisch unbestimmte Tragwerk gelten folgende a. a. O. aufgestellten Sätze.

1. Überschreiten die Spannungen in n Stäben eines n fach statisch unbestimmten Fachwerkes, die als Überzählige eines stabilen (statisch bestimmten) Systems aufgefaßt werden können, infolge einer Belastung die Elastizitätsgrenze, so gehen sie unter hinreichend häufig wiederholter Be- und Entlastung in und unter Umständen unter die Elastizitätsgrenze zurück, sofern die Spannung in keinem Stabe des stabilen Systems sich über die Elastizitätsgrenze hebt. Die Spannungen gehen in die Elastizitätsgrenze, wenn alle $\delta_{v r}$ positiv sind. Sind einzelne Werte negativ, so können einzelne Spannungen auch unter die Elastizitätsgrenze sinken, jedoch nur dann, wenn die Unterschreitung in keinem Stabe des stabilen Systems eine Überschreitung der Elastizitätsgrenze bedingt. Gleichzeitig mit der Abnahme der Spannungen treten in den überzähligen Stäben bleibende Längenänderungen ein. Diese erreichen einen Größtwert mit dem Rückgang aller Spannungen in die Elastizitätsgrenze und überschreiten ihn auch bei unbegrenzter Zahl weiterer Belastungen nicht. Die Formänderung nimmt die Eigenschaft vollkommener Elastizität an.

2. Überschreiten die Spannungen in n überzähligen, sowie in einzelnen Stäben des stabilen Systems infolge einer Belastung die Elastizitätsgrenze, so gehen alle Spannungen unter wiederholter Be- und Entlastung in oder unter die Elastizitätsgrenze zurück, sofern die fraglichen Spannkräfte des stabilen Systems mit den überzähligen Spannkräften durch solche Gleichgewichtsbedingungen verknüpft sind, daß beide gleichzeitig abnehmen. Die bleibenden Längenänderungen aller Stäbe, in denen die Elastizitätsgrenze während des Belastungsvorganges überschritten wird, erreichen Größtwerte mit dem Rückgang aller Spannungen in die Elastizitätsgrenze und überschreiten diese auch bei unbegrenzter Zahl weiterer Belastungen nicht.

3. Wird in einem Stabe des stabilen Systems, dessen Spannkraft mit den Spannkräften der überzähligen Stäbe durch eine solche Gleichgewichtsbedingung verknüpft ist, daß die Abnahme jeder der letzteren eine Zunahme der ersteren bedingt

$$\left(\varDelta Z = -\sum_a^n \varDelta Y_v \cdot Z_v\right),$$

die Elastizitätsgrenze überschritten, bevor der Rückgang der Spannungen in die Elastizitätsgrenze in den überzähligen Stäben sich vollendet hat, so bleiben die Spannungen sowohl in den überzähligen Stäben wie in dem fraglichen Stabe des stabilen Systems dauernd über der Elastizitätsgrenze. Die genannten Stäbe erfahren bei jeder Be- und Entlastung bleibende Längenänderungen, die bis zu jeder beliebigen Größe zunehmen können.

4. Wird eine Überschreitung der Elastizitätsgrenze von der in 1. und 2. gekennzeichneten Art durch gleichzeitige Wirkung einer Belastung, Änderung der Temperatur und Verschiebung der Stützen erzeugt, so tritt unter wiederholter Be- und Entlastung der vollständige Rückgang der Spannungen in bzw. unter die Elastizitätsgrenze ebenfalls ein.

Der nach hinreichend vielen Be- und Entlastungen entstehende Beharrungs-Spannungszustand ist genau derselbe, den die Belastung allein hervorruft, sofern diese eine Überschreitung der Elastizitätsgrenze erzeugt. Die Änderungen der Temperatur und die Verschiebungen der Stützen sind daher auf den endgültigen Spannungszustand ohne Einfluß. Die bleibenden Längenänderungen übersteigen zwar die durch die Belastung erzeugten, erreichen aber mit dem Rückgang aller Spannungen in die Elastizitätsgrenze Größtwerte, die sie bei unbegrenzter Zahl der Be- und Entlastungen nicht überschreiten. Eine unbegrenzte Zunahme der bleibenden Längenänderungen ist daher bei gleichzeitiger Wirkung einer Belastung, Änderung der Temperatur und Verschiebung der Stützen nur dann möglich, wenn die Belastung allein einen Spannungszustand erzeugt, der unbegrenzte Zunahme der bleibenden Längenänderungen zuläßt.

Von größter Bedeutung für die Vorgänge bei wiederholter Belastung ist die Tatsache, daß die Elastizitätsgrenze sich durch die Belastung hebt. Denn infolge der Hebung können die Werte der statischen Größen nicht in die ursprüngliche Elastizitätsgrenze zurückgehen, sondern nur bis zur gehobenen Grenze. Da die Beweisführung vom Wert der Größen v_k unabhängig ist und nur voraussetzt, daß sie positiv sind und mit einer bestimmten Spannung verschwinden, kann man die Y auch auf die gehobene Elastizitätsgrenze beziehen und den gleichen Schluß $Y_v \rightarrow 0$ ziehen.

Die gehobene Elastizitätsgrenze ist nach Bauschinger der Ursprungsfestigkeit gleich zu setzen. Unzweifelhaft liegt sie nach neueren Versuchen etwa in Höhe der Streckgrenze. Die Annahme „gehobene Elastizitätsgrenze = Ursprungsfestigkeit = Streckgrenze“ trifft also das richtige. Strecken ist jedenfalls in einem $n$fach statisch unbestimmten System durch wiederholte Belastung erst dann möglich, wenn in $n + 1$ Gliedern, deren statische Größen durch Gleichung (19) mit positiven Werten Z_v verbunden sind, gleichmäßig die Streckspannung besteht. Wird aus der Erfahrung die Berechtigung abgeleitet, in statisch bestimmten Systemen die Streckspannung als die gefährliche anzusehen, an der die Sicherheit gegen Dauerbruch zu messen ist, so muß folgerichtig im $n$fach statisch unbestimmten System dem genannten verbundenen Spannungszustand die gleiche Bedeutung beigemessen werden.

Änderungen der Temperatur und Verschiebungen der Stützen sind ohne Einfluß auf den Sicherheitsgrad gegen Bruch, sofern nicht die durch sie und die νfache Belastung entstehenden bleibenden Formänderungen unzulässige Werte erreichen. Es ist allerdings bei dem heutigen Stande der Versuchserfahrung nicht möglich, die hier zulässige Grenze anzugeben. Denn als solche muß das Maß der Dehnung angesehen werden, bei der Dauerbruch eintreten kann. Man kann die Grenze aber ersetzen und muß sie durch die Forderung ersetzen, daß durch die wirkenden Lasten, größtmögliche Änderungen der Temperatur und Stützenverschiebungen keine bleibenden Formänderungen entstehen. Diese Forderung deckt jene Grenze in jedem Falle, da sie max ε = etwa 1 bis 1,2‰ bedingt, während die Dehnung des Dauerbruches nicht unter dem 2fachen Werte, meist wesentlich höher — nach den Versuchen Bauschingers über 8‰ — liegt.

Die größte Spannung, die in einem Querschnitt des statisch unbestimmten Systems wirklich auftritt, gibt keinen Aufschluß über den Sicherheitsgrad. Dieser kann unmittelbar nur durch das Verhältnis der tragbaren Last zur wirkenden Last bei gleicher Stellung angegeben werden. Man kann trotzdem den Spannungsmaßstab beibehalten, wenn man den Wert einer mittleren Spannung benutzt. Da nämlich im Fachwerk der Wert Z_0 in der Gleichung

$$Z = Z_0 - \sum_{a}^{n} Z_v \cdot F_v \cdot \sigma_S = F_z \cdot \sigma_S$$

der tragbaren Last verhältnisgleich ist, so steht die Spannung aus dem Werte Z_{0p} der wirkenden Last

$$\sigma_m = \frac{Z_{0p}}{F_z + \sum_a^n Z_v \cdot F_v} \tag{20}$$

zu σ_s in dem gleichen Verhältnis wie die wirkende Last zur tragbaren Last. Die gleiche Sicherheit, die im statisch bestimmten Fachwerk durch $\nu = \sigma_s : \sigma_{\max}$ angegeben wird, besteht im statisch unbestimmten, wenn $\sigma_s : \sigma_m = \nu$ ist. Im Stabwerk läßt sich eine allgemeine Formel für die mittlere Spannung der gleichen Bedeutung nur aufstellen, wenn in den Querschnitten $a \ldots n$ und z keine Normalkräfte wirken. In diesem Falle ist

$$\sigma_m = \frac{M_{0p}}{W_z + \sum_a^n Z_v \cdot W_v} \tag{21}$$

zu berechnen und $\nu = \sigma_s : \sigma_m$ der Sicherheitsgrad. Treten Normalkräfte auf, so muß zunächst ihre Abhängigkeit von den Momenten X ausgedrückt und danach der Wert der Kernmomente eingeführt werden. So gelangt man zur gleichen Rechnung (vgl. S. 274).

Wichtige innerlich statisch unbestimmte Systeme sind der auf Biegung beanspruchte Träger und das Fachwerk mit vernieteten Knotenpunkten. In ersterem wird lineare Spannungsverteilung

$$\sigma = \pm \frac{M}{J} y$$

bis zum Bruch angenommen. Die Annahme trifft jedoch für den durch die tragbare Last erzeugten Spannungszustand nicht zu, da die Proportionalitätsgrenze mindestens in einem oder beiden Randbereiche überschritten wird. Der wirkliche Spannungszustand kann durch Verzerrung des Querschnitts bestimmt werden[1]. Ein Zustand beliebiger Zunahme der Dehnungen kann nicht eintreten. Denn die über und unter der Proportionalitätsgrenze gleich sicher begründete Annahme $\varepsilon = y \cdot C$ bedingt, daß Dehnung und Spannung in einem Teile des Querschnitts unter der Proportionalitätsgrenze bleiben. Solange die Dehnung am Rande die Bruchdehnung nicht erreicht, besteht keine Bruchgefahr. Durch Belastung über die Streckgrenze hinaus entsteht das Diagramm der Abb. 10a, durch wiederholte Belastung das geradlinig begrenzte Spannungsdiagramm der Abb. 10b. Das Moment des letzteren ist

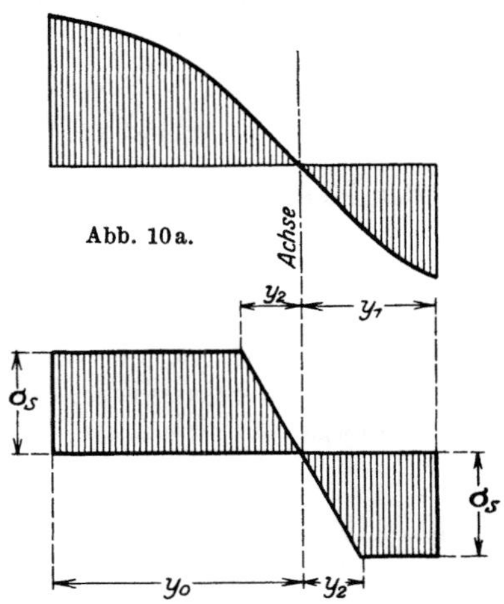

Abb. 10a.

Abb. 10b.

$$M = \sigma_s \left[\int_0^{+y_0} y\,df + \int_0^{y_1} y\,df - \frac{2}{y_2} \int_0^{y_2} y\,(y_2 - y)\,df \right].$$

Die Lage des Knickpunktes ist durch die Randdehnung bestimmt, daher gilt für die Bruchgrenze

$$\frac{y_2}{y_0} = \frac{\varepsilon_S}{\varepsilon_B}.$$

[1] Grüning: Die Statik des ebenen Tragwerks S. 153.

Da man die Bruchdehnung für wiederholte Belastung nicht kennt, muß aus Gründen der Sicherheit $\varepsilon_S/\varepsilon_B$ hoch gewählt werden, etwa $= \frac{2}{3}$. Für symmetrische Querschnitte wird zweckmäßiger die Funktion des Querschnitts

$$U = 2\int_{y_2}^{y_0} y\,df + \frac{2}{y_2}\int_0^{y_2} y^2\,df \tag{22}$$

benutzt. Berechnet man aus dem größten Moment der wirkenden Lasten $M_{\max}$ die mittlere Spannung

$$\sigma_m = \frac{M_{\max}}{U},$$

so ist $\nu = \sigma_s : \sigma_m$ der Sicherheitsgrad.

Das Fachwerk mit vernieteten Knotenpunkten ist ein hochgradig statisch unbestimmtes System. Als statisch unbestimmte Größen sind die Momente in den steifen Ecken einzuführen, die durch die Nietanschlüsse entstehen. Ihre Zahl ist in jedem Knotenpunkt um 1 kleiner als die Zahl der durch Niete angeschlossenen Stäbe. Die Stäbe werden in jedem Querschnitt durch Biegungsmomente beansprucht, die nur von den Momenten in den Endquerschnitten linear abhängen. Das statisch bestimmte Hauptsystem ist das Fachwerk mit reibungslosen Gelenken, das ideale Fachwerk. Die Spannkräfte des statisch unbestimmten Fachwerkes seien S_1, die Verschiebungen der Angriffspunkte der Lasten δ_1, die gleichartigen Größen des idealen Fachwerks S_0, δ_0. Aus dem Verschwinden der Arbeit der äußeren und inneren Kräfte ergibt sich bei beliebigem Formänderungsgesetz für das statisch unbestimmte System

$$\sum\int_0^{\delta_1} P'\cdot d\delta - \sum\int_0^{\Delta s_1} S'\cdot d\Delta s - B_1 = 0,$$

für das ideale Fachwerk

$$\sum\int_0^{\delta_0} P'\cdot d\delta - \sum\int_0^{\Delta s_0} S'\cdot d\Delta s = 0.$$

Hierin sind P', S' Zwischenwerte zwischen 0 und den Endwerten und B_1 bezeichnet den stets positiven Wert der Arbeit der Biegungsmomente. Aus der Gleichung des Prinzips der virtuellen Verrückungen

$$\sum P\cdot\delta\,\delta_0 - \sum S_0\cdot\delta\,\Delta s_0 = 0$$

folgt, daß die Variation der Funktion

$$f(\delta) = \sum\int_0^{\delta} P'\cdot d\delta - \sum\int_0^{\Delta s} S'\cdot\Delta\,ds$$

aus der Lage δ_0 bei unveränderten Lasten P negativ ist für positive $\delta\,\delta_0$ und umgekehrt. Denn da mit $\delta\,\delta_0$ Variationen $\delta\Delta s_0$ infolge der Beziehung

$$\Delta s_0 = (\Delta x_k - \Delta x_i)\cos\alpha_{ik} + (\Delta y_k - \Delta y_i)\cos\beta_{ik}$$

verbunden sind und mit Δs_0 sich auch S_0 in gleichem Sinne ändert, so verschwinden in

$$\delta f(\delta_0) = \sum P\cdot\delta\,\delta_0 - \sum S_0\cdot\delta\Delta s_0 - \sum\delta S_0\cdot\Delta s_0,$$

die beiden ersten Glieder. Daraus folgt weiter, daß

$$f(\delta) > f(\delta_0) > 0$$

für Lagen
$$\sum\int_0^{\delta} P'\cdot d\delta < \sum\int_0^{\delta_0} P'\cdot d\delta.$$

Da B_1 stets positiv ist, ist $f(\delta_1)$ ebenfalls positiv. Mithin ist

$$\Sigma\int_0^{\delta_1} P'\cdot d\delta < \Sigma\int_0^{\delta_0} P'\, d\delta$$

und weiter wegen $f(\delta_1) > f(\delta_0)$

$$\Sigma\int_0^{\Delta s_1} S'\cdot d\Delta\, s < \Sigma\int_0^{\Delta s_0} S'\, d\Delta\, s\,.$$

Die letzte Schlußfolgerung kann für ein lineares Formänderungsgesetz auch aus dem Satze Castiglianos hergeleitet werden: Die Funktion, welche die Formänderungsarbeit in den inneren Kräften ausdrückt, nimmt mit den im statisch unbestimmten System wirklich eintretenden Größen einen kleineren Wert an als mit den Größen jeder andern möglichen Gleichgewichtsgruppe.

Schließlich erkennt man noch, daß $f(\delta)$ zwischen $\delta = \delta_1$ und $\delta = \delta_0$ kein Maximum haben kann. Die Bedingung hierfür

$$\Sigma P\cdot\delta\delta - \Sigma S\cdot\delta\Delta s - \Sigma\delta S\cdot\Delta s = 0\,,$$

die mit

$$\Delta\, s = S\cdot\varrho + s\cdot f(\sigma - \sigma_p)$$

in

$$\Sigma P\cdot\delta\delta - 2\,\Sigma S\cdot\delta\Delta s + [S\cdot\delta f(\sigma - \sigma_P) - \delta S\cdot f(\sigma - \sigma_P)]\, s = 0$$

übergeht, verlangt Spannkräfte $S = \frac{1}{2}\, S_0$, wenn das letzte Glied wie im Falle $\sigma \leqq \sigma_P$ verschwindet und im übrigen wenig größere Werte. Da S zwischen S_1 und S_0 nur wenig von S_0 verschieden sein kann, ist die Bedingung unerfüllbar. Damit folgt, da $B = f(\delta)$ ist, daß in dem Intervall $\delta_1 - \delta_0$ B in der Lage $\delta = \delta_1$ seinen größten Wert B_1 besitzt und stetig bis auf 0 sinkt, wenn das System aus δ_1 nach der Lage δ_0 übergeht.

Eine Zunahme der Krümmung der Stäbe ist nur möglich, wenn die Arbeit der Lasten zunimmt. Mithin muß dabei die Arbeit B abnehmen. Das würde nur durch Abnahme der Biegungsmomente möglich sein. Dieser letzte Schluß würde selbst dann gezogen werden müssen, wenn man die Annahme einer Zunahme der Krümmung ohne Zunahme der Arbeit der Lasten machen wollte. Daraus folgt, daß die Krümmung der Stäbe, die in der Lage δ_1 mit Abschluß der Belastung erreicht ist, nicht mehr zunehmen kann. Auch wenn die Spannungen infolge der Biegungsmomente die Streck- oder Bruchgrenze erreichen, kann in keinem Element Streckung oder Fortschritt der Dehnung eintreten. Mithin erzeugen die durch die Biegungsmomente entstehenden Spannungen keine Bruchgefahr, sofern das ideale Fachwerk in allen Stäben noch bruch- und knicksicher ist. Die Höhe der Spannungen, die durch die Biegungsmomente entstehen, ist ohne Einfluß auf den Sicherheitsgrad. Dieser ist der gleiche wie im idealen Fachwerk und lediglich durch die Spannkräfte S_0 bestimmt.

Für die Arbeit B findet man einen einfachen Ausdruck, sofern die Spannungen unter der Elastizitätsgrenze bleiben. Es bestehen die Gleichungen

$$\frac{1}{2}\,\Sigma P\cdot\delta_0 - \frac{1}{2}\,\Sigma S_0^2\varrho = 0\,,$$

$$\frac{1}{2}\,\Sigma P\cdot\delta_1 - \frac{1}{2}\,\Sigma S_1^2\varrho - \frac{1}{2}\int M_1^2\frac{ds}{EJ} = 0\,.$$

In letztere wird

$$S_1 = S_0 - \sum_v^n S_v X_v = S_0 - S_x\,,$$

$$M_1 = -\sum_v^n M_v\cdot X_v = -M_x$$

eingeführt. So ergibt sich

$$\frac{1}{2}\sum S_1^2\varrho + \frac{1}{2}\int M_1^2\frac{ds}{EJ} = \frac{1}{2}\sum S_0^2\varrho - \left[\sum S_x(S_0 - S_x)\varrho + \int M_x\cdot M_1\frac{ds}{EJ}\right]$$
$$-\frac{1}{2}\sum S_x^2\varrho - \frac{1}{2}\int M_x^2\frac{ds}{EJ}.$$

Da die Spannkräfte S_x und Momente M_x einen Selbstspannungszustand des statisch unbestimmten Fachwerks bilden, verschwindet die Klammer. Es folgt

$$\frac{1}{2}\sum P\,\delta_1 - \frac{1}{2}\sum S_0^2\varrho + \frac{1}{2}\sum S_x^2\varrho + \frac{1}{2}\sum M_x^2\frac{ds}{EJ} = 0.$$

Wird die letzte Gleichung von der ersten abgezogen, so entsteht wegen $\frac{1}{2}\sum M_x^2\frac{ds}{EJ} = B$

$$\frac{1}{2}\sum P(\delta_0 - \delta_1) - \frac{1}{2}\sum S_x^2\varrho = B.$$

Diese Gleichung läßt erkennen, wie geringfügig die Arbeit der Momente ist. Weiter folgt aus der Tatsache $f(\delta) < f(\delta_1)$ für $\delta > \delta_1$, daß B einen kleineren Wert annimmt, wenn die durch die Momente erzeugten Randspannungen die Elastizitätsgrenze überschreiten. Mithin wird in diesem Falle der berechnete Wert B nicht erreicht.

3. Ausbildung und Berechnung der Stabquerschnitte.

a) Zugstäbe.

Die Querschnitte der Zugstäbe werden aus Winkeleisen, ⊐-Eisen, breitflanschigen I-Eisen, Flacheisen und Breiteisen gebildet. Man verwendet dazu alle Profile, die die Walzwerke liefern, im Brückenbau werden jedoch die kleineren Winkel unter 90,9, ⊐-Eisen unter Nr. 10 und Flacheisen unter 9 mm Stärke vermieden.

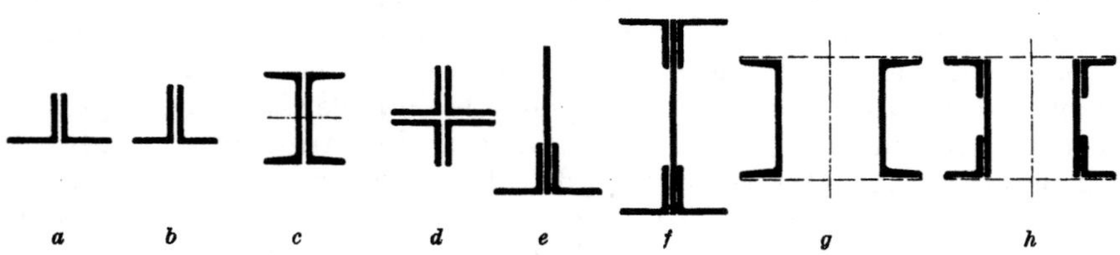

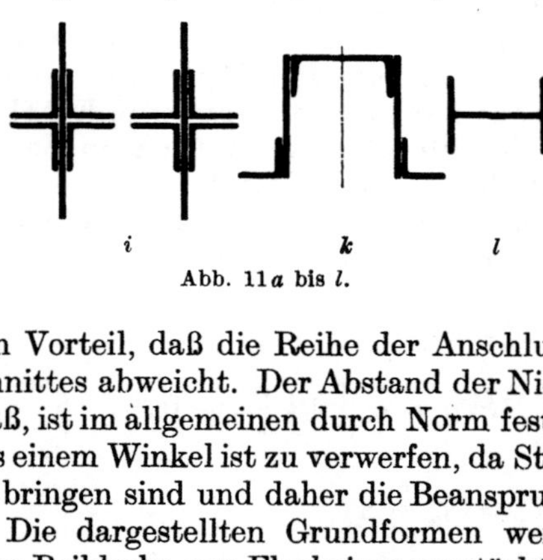

Abb. 11 *a* bis *l*.

Die Abb. 11 zeigt die gebräuchlichen Formen *a* bis *f* für einwandige, *g* bis *l* für zweiwandige Querschnitte. Die beiden Stücke der Abb. 11 *a* bis *d* werden mit Rücksicht auf die Anschlüsse mit lichtem Abstand einer Blechstärke gestellt. Die ungleichschenkligen Winkel in *b* haben vor den gleichschenkligen den Vorteil, daß die Reihe der Anschlußniete weniger von der Achse des Querschnittes abweicht. Der Abstand der Niete von der Ecke, das sogenannte Wurzelmaß, ist im allgemeinen durch Norm festgelegt. Die Ausbildung des Querschnittes aus einem Winkel ist zu verwerfen, da Stabachse und Kraftlinie nicht zur Deckung zu bringen sind und daher die Beanspruchung auf Biegung nicht zu vermeiden ist.

Die dargestellten Grundformen werden, wo erforderlich, durch Stehbleche oder Beibleche aus Flacheisen verstärkt. Man kann sie überall einbauen, wo die Grundform hinreichend Platz für Streifen hat, die mindestens 2 Nietreihen fassen. Schmalere Streifen sind zu vermeiden, da ihre gleichmäßige Mitwirkung im gesamten Querschnitt unsicher ist. Man legt die Flacheisen nach Möglichkeit parallel zu den Ebenen, in denen der Querschnitt mit Knotenblechen oder anderen Baugliedern verbunden werden soll, damit sie unmittelbar angeschlossen werden können und nicht verbindender Zwischenstücke aus Winkeleisen bedürfen. Abb. 12 zeigt eine Verstärkung der in Abb. 11 *h* dargestellten Querschnittform durch 3 Stehbleche und 1 Beiblech zwischen den am Stehblech der Grundform anliegenden Winkelschenkeln.

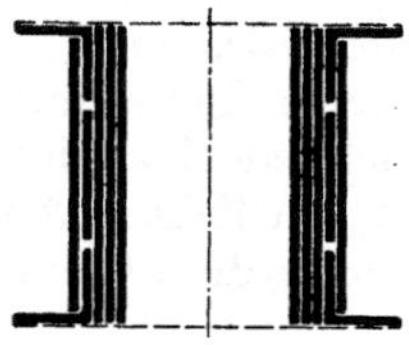

Abb. 12.

Die zweiwandigen Formen müssen durch Bindeglieder zu einem Querschnitt zusammengeschlossen werden. Dazu dienen schmale Bleche oder kleine Winkeleisen in den punktiert gezeichneten Ebenen der Abb. 11 *g* und *h*. Ferner werden in gewissen Abständen Querschotte eingebaut. Ihre einfachste Ausführung besteht aus einem kurzen ⊔-Eisenstück, dessen Flansche mit den Wänden des Querschnitts vernietet sind. In Stäben, die nur Zugkräfte aufzunehmen haben, sind die Querschotte entbehrlich. Sie können allerdings manche Vorteile beim Transport und bei der Montage haben.

Die einzelnen Stücke werden durch Niete in Reihen zum geschlossenen Querschnitt verbunden. Die Niete haben keine Kräfte zu übertragen und werden Heftniete genannt. Sie können in Abständen bis zum 12fachen Nietdurchmesser stehen.

Die Berechnung des erforderlichen Querschnittes aus der größten Spannkraft $S_{\max}$ ergibt im Falle einsinniger Beanspruchung den nutzbaren Querschnitt

$$F_n = \frac{S_{\max}}{\sigma_{\mathrm{zul}}} \tag{23}$$

und

$$F_{\mathrm{erf}} = F_n + f\,.$$

f = größter Querschnitt der Nietlöcher, die den Stab schwächen. Bei der Berechnung kann man zunächst $f = 0{,}1$ bis $0{,}15 F_n$ schätzen, muß aber die Nietschwächung nach Wahl der Profile genau bestimmen. Dabei müssen zuweilen mehrere Querschnitte mit verschiedenen Nietstellungen verglichen werden. Wo ein Profil in der maßgebenden Nietstellung etwa kein Nietloch aufweist, muß trotzdem ein solches abgezogen werden, da der Anteil des Profiles an der gesamten Fläche nicht größer sein kann als seine nutzbare Fläche. Im Fall wechselnder Beanspruchung zwischen $S_{\max}$ und $S_{\min}$ ist

$$F_n = \frac{S_{\max} + \psi \cdot S_{\min}}{\sigma_{\mathrm{zul}}} \tag{24}$$

zu berechnen. Der Beiwert ψ wird verschieden gewählt. Nach den Vorschriften der Deutschen Reichsbahn ist zur Zeit $\psi = \frac{1}{3}$ zu setzen. Weiter ist

$$F_{\mathrm{erf}} = F_n + f\,.$$

Aus den auf Seite 25 dargelegten Gründen sollten Wechselstäbe wie einsinnig beanspruchte lediglich aus $S_{\max}$ berechnet werden, sofern $[S_{\min}] \leqq \frac{1}{2} S_{\max}$ ist. Wird die Grenze überschritten, so entspricht

$$F_n = \frac{1}{2}\,\frac{S_{\max} + 2\,S_{\min}}{\sigma_{\mathrm{zul}}} \tag{25}$$

dem dort entwickelten Werte der Arbeitsfestigkeit.

b) Druckstäbe.

Gebräuchliche Formen einwandiger Querschnitte zeigen die Abb. 12 *a* bis *g*, solche zweiwandiger Querschnitte die Abb. 12 *h* bis *r*. Sie werden aus den gleichen Walzprofilen gebildet wie die Querschnitte der Zugstäbe. Die Forderung der

Knicksicherheit nach 2 Richtungen bedingt jedoch eine wesentlich andere Verteilung der Flächen innerhalb des umschriebenen Rechteckes. Bei einwandigen Querschnitten müssen 2 zueinander rechtwinklige Achsen betont sein, was in den Formen *d*, *f*, *g* deutlich ausgeprägt ist. Natürlich genügen diese nur für kleine Querschnitte. Durch geeignete Verstärkungen, wie sie *g* aufweist, lassen sich jedoch auch beträchtlichere Ansprüche erfüllen. Recht günstig sind 2 [-Eisen (*h*) im lichten Abstand einer Blechstärke. Damit sie in bezug auf die lotrechte Achse die gleiche Knicksicherheit besitzen wie auf die wagerechte, müssen sie

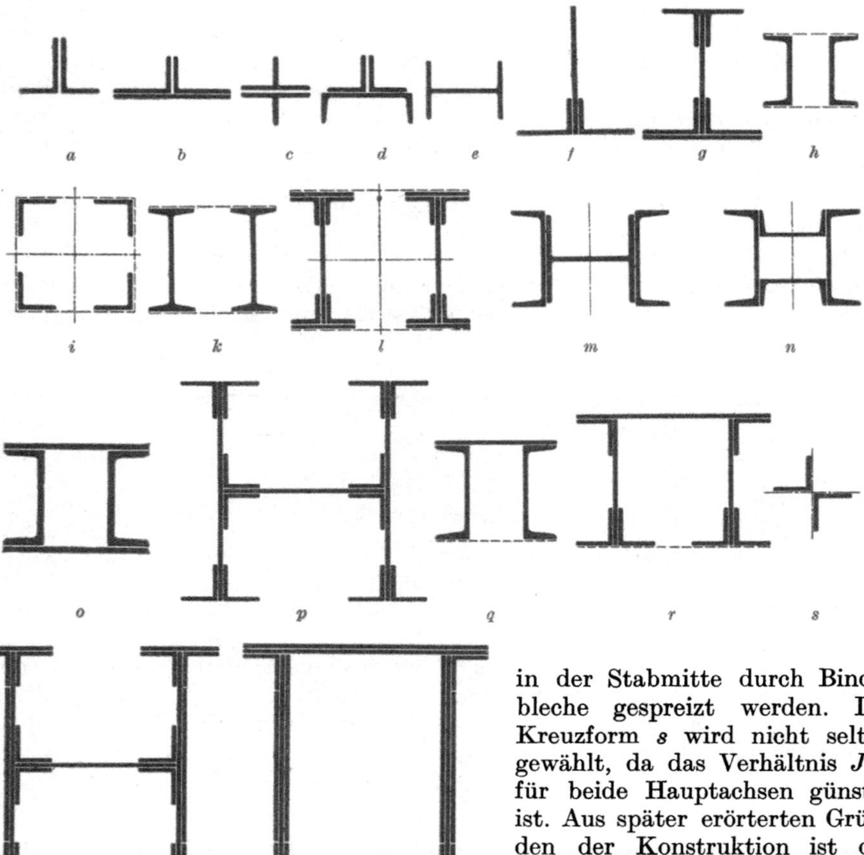

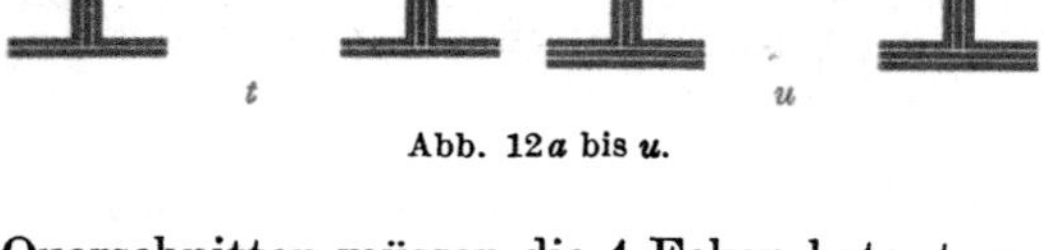

Abb. 12*a* bis *u*.

in der Stabmitte durch Bindebleche gespreizt werden. Die Kreuzform *s* wird nicht selten gewählt, da das Verhältnis *J*/*F* für beide Hauptachsen günstig ist. Aus später erörterten Gründen der Konstruktion ist die Form *a* im Schenkelverhältnis 1:1,5 vorzuziehen. Die Form 1:2 hat ungespreizt zu kleinen Trägheitsradius i_y. Bei zweiwandigen Querschnitten müssen die 4 Ecken betont werden. Die demnach in der Flächenverteilung vorteilhafteste Form doppelwandiger Querschnitte zeigt *i*. Da die notwendige Verbindung zum geschlossenen Querschnitt Material und Arbeit erfordert, das für die Tragfähigkeit ungenutzt bleibt, sind die Formen *k* und *l* jedoch günstiger.

Die Querschnitte *m* bis *o* werden namentlich für Stützen verwendet. Aus 1 breitflanschigen I-Profil und 2 [-Eisen, sowie bei Abmessungen von etwa 40 cm Breite an aus 3 Breitflansch-Profilen lassen sich sehr kräftige Druckstäbe bilden, die überdies nur 4 Nietreihen erfordern. Die Form *p* geht aus *l* durch Einbau eines Steges hervor, durch den die in *l* notwendigen Bindungen in den wagerechten Kanten vermieden oder wenigstens eingeschränkt werden. Das

Verhältnis J/F ist in bezug auf die wagerechte Hauptachse natürlich kleiner als in l, so daß beide Formen als ungefähr gleichwertig anzusehen sind.

Die für Gurtstäbe am häufigsten verwendeten Formen sind q und r, erstere aus 2]-Eisen und Kopfplatte, letztere ähnlich aus Stehblechen mit Winkeleisen und Kopfplatte gebildet. q hat den großen Vorteil billiger Herstellung und wird deshalb gewählt, soweit das größte]-Profil (Nr. 40) reicht. In der Form r wird meist am unteren Rande nur 1 Winkel in jeder Wand gewählt, so daß der Wandquerschnitt unsymmetrisch zu seiner lotrechten Achse ist. Das ist, wie Knickversuche gezeigt haben, ungünstig, und erhöht auch die Kosten der Bindung unter dem Fuß. Der der Form r anhaftende Nachteil, daß die inneren Winkel weniger einfach anzuschließen sind, ist nicht beträchtlich. Er läßt sich durch Einfügung eines schmalen Blechstreifens zwischen Stehblech und innerem Saumwinkel beheben. Deshalb ist der neuerdings mehrfach gewählte Querschnitt r unzweifelhaft vorzuziehen. Verstärkungen durch Steh- und Beibleche lassen sich in der Mehrzahl der Querschnitte ohne Schwierigkeiten einbauen. t zeigt eine Verstärkung von p, u eine solche von r.

Der Druckstab darf desto höher beansprucht werden, je größer das Trägheitsmoment seines Querschnittes ist. Mit der Steifigkeit steigt die Wirtschaftlichkeit. Bei 2wandigen Querschnitten wählt man den Abstand der Wände meist so groß, daß das Trägheitsmoment J_x in bezug auf die wagerechte Achse das kleinere ist. Für einen symmetrischen Querschnitt, der nach Abb. 13 aus dem Stehblech $h \cdot t$ und je einer Gurtung F_g besteht, ist

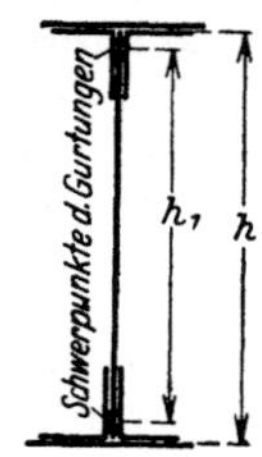

Abb. 13.

$$i_x^2 = \frac{\frac{1}{2} F_g h_1^2 + 2 J_g + \frac{h^3 t}{12}}{2 F_g + h t}.$$

i_x^2 liegt zwischen $\frac{1}{12} h^2$ und $\frac{1}{4} h^2$. Der Wert kommt der oberen Grenze desto näher, je stärker die Gurtungen betont sind. Der mittlere Wert $i_x^2 = \frac{1}{6} h^2$ entsteht bei einer Verteilung der Fläche auf Gurtungen und Steg im Verhältnis 1,20:1 bis 1,50:1. Das ist durch Anordnung von 2 Winkeln in jeder Gurtung erreichbar.

$F_g = \frac{1}{2} h t$ entspricht ziemlich genau den Querschnitten der I NP. Für diese liegt i_x zwischen $\frac{h}{2{,}49}$ und $\frac{h}{2{,}55}$. Danach ist i_x für einen symmetrischen Querschnitt etwa zwischen $\frac{h}{2{,}45}$ und $\frac{h}{2{,}55}$ zu schätzen. Für das unsymmetrische]-Profil beträgt i_x jedoch nur $\frac{h}{2{,}6}$ bis $\frac{h}{2{,}8}$, ebenso für den aus Stehblech und je einen Gurtwinkel gebildeten Querschnitt.

Es entsteht nun die Frage, ob und welche Erhöhung des Trägheitsradius i_x durch Platten auf einer Seite des Querschnitts erzielt werden kann (Form q und r). J_0, F_0 seien Trägheitsmoment und Querschnitt der symmetrischen Wandfläche, h ihre Höhe, F_1 Querschnitt, t_1 Stärke der aufgelegten Platte, e die Verschiebung der Schwerachse durch F_1. Das gesamte Trägheitsmoment und der gesamte Querschnitt ist

$$J = J_0 + F_0 e^2 + F_1 \left(\frac{h + t_1}{2} - e\right)^2,$$

$$F = F_0 + F_1.$$

Nun ist

$$e = \frac{h + t_1}{2} \cdot \frac{F_1}{F},$$

damit ergibt sich

$$J = J_0 + \frac{(h + t_1)^2}{4} \frac{F_0 \cdot F_1}{F} \qquad (26)$$

und

$$i^2 = i_0^2 \frac{F_0}{F}\left[1 + \frac{(h+t_1)^2}{4\,i_0^2}\frac{F_1}{F}\right].$$

Für $F_1 = 0$ wird $i = i_0$; ferner gibt es einen zweiten Wert

$$F_1 = F_0\left[\left(\frac{h+t_1}{2\,i_0}\right)^2 - 1\right]$$

für den $i = i_0$ wird, mithin besteht ein Größtwert i^2, der von F_1 abhängig ist. Durch $\frac{\partial i^2}{\partial F_1} = 0$ wird gefunden

$$F_1 = F_0\frac{(h+t_1)^2 - 4\,i_0^2}{(h+t_1)^2 + 4\,i_0^2}$$

und

$$i_{\max}^2 = i_0^2\left\{1 + \frac{[(h+t_1)^2 - 4\,i_0^2]^2}{16\,(h+t_1)^2\,i_0^2}\right\}.$$

Die Rechnung zeigt, daß i^2 nur ganz unerheblich größer werden kann als i_0^2. Es muß also ein möglichst großer Wert i_0^2 angestrebt werden, d. h. jede Wand muß in ihren Hauptflächen symmetrisch zur lotrechten Wandachse gestaltet werden, um möglichst große Flächen in den als Gurtungen bezeichneten Teilen unterzubringen. Eine Bestätigung des oben über die Zahl der unteren Randwinkel Gesagten.

Bei Berechnung des erforderlichen Querschnittes muß man zuerst nach einer Schätzung des erreichbaren Trägheitsradius suchen. Meist kennt man ungefähr das Maß der Stabbreite (h in vorstehenden Formeln), dann wählt man etwa $i_1 = \frac{h}{2{,}45}$. Da die Stablänge immer bekannt ist, hat man damit eine jedenfalls brauchbare Schätzung für die Schlankheit. Aus dieser wird ω berechnet und weiter

$$F_{\text{erf}} = \frac{S_{\min}}{\sigma_{\text{zul}}}\,\omega\,. \tag{27}$$

Nach Ausbildung des Querschnitts kann $i_x = i_2$ berechnet werden. Ist der geschätzte Wert i_1 nicht zu erreichen, so muß die Rechnung wiederholt werden, indem man einen Wert i_3 zwischen i_1 und i_2 wählt.

Beispiel: $P = 305\,t$, $l = 1200$ cm, $h = 40$ cm,

$$i_1 \text{ geschätzt} = \frac{40}{2{,}45} = 16{,}3\,,\quad \lambda = 74\,,\quad \omega = 1{,}47\,,$$

$$F_{\text{erf}} = \frac{305}{1{,}4}\cdot 1{,}47 = 320\ \text{cm}^2,$$

es wird gewählt

$$\begin{aligned} 2 \mid 40\cdot 12 &= 96 \\ 8 \llcorner 110\cdot 14 &= 232 \\ F &= 328 \qquad J = 2\cdot 40380\ \text{cm}^4, \end{aligned}$$

$i = 15{,}7$ cm · verbesserte Schätzung $i = 15{,}8$, $\lambda = 76$, $\omega = 1{,}51$,

$$F_{\text{erf}} = \frac{305}{1{,}4}\cdot 1{,}51 = 329\ \text{cm}^2,$$

es wird gewählt

$$\begin{aligned} 2 \mid 40\cdot 12 &= 96 \\ 8 \llcorner 130\cdot 12 &= 240 \\ F &= 336 \qquad J = 2\cdot 40410\ \text{cm}^4 \quad i = 15{,}51. \end{aligned}$$

$$\lambda = 77{,}37\,,\quad \omega = 1{,}537\,,\quad F_{\text{erf}} = 335\ \text{cm}^2.$$

Auch bei willkürlicher Schätzung von λ kommt man durch Annäherung meist schnell zum Ziele. Es sei $P = 140$, $l = 500$ und es soll ein Breitflansch-I-Profil gewählt werden. Die erste Schätzung ist aus wirtschaftlichen Gründen möglichst niedrig zu wählen. Deshalb $\lambda = 60$, $\omega = 1{,}26$

$$F_{\text{erf}} = \frac{140}{1{,}4} \cdot 1{,}26 = 126\,\text{cm}^2.$$

Dafür kommt I P 28 mit $F = 144\,\text{cm}^2$ in Betracht, da der Querschnitt von 26 unter dem erforderlichen bleibt. Es ist

$$i_{\min} = 7{,}14 \quad \text{also} \quad \lambda = 70\,, \quad \omega = 1{,}39\,,$$

$$F_{\text{erf}} = \frac{140}{1{,}4} \cdot 1{,}39 = 139\,\text{cm}^2.$$

Bei größeren Werten λ und einwandigen Querschnitten werden die Intervalle zwischen geschätztem und erforderlichem Werte größer, doch wird auch hier das Ziel schnell erreicht.

$$P = 50\,, \quad l = 500\,.$$

Die günstigste Querschnittform sind 2 in Stabmitte gespreizte]-Eisen. Es soll jedoch ein geschlossener Querschnitt ohne Spreizung gebildet werden. Zweckmäßig wäre als erste Schätzung etwa $\lambda = 100$ zu wählen. Doch soll niedriger begonnen werden mit

$$\lambda = 80\,, \quad \omega = 1{,}59\,, \quad F_{\text{erf}} = \frac{50}{1{,}4} \cdot 1{,}59 = 56{,}8\,,$$

gewählter Querschnitt 2 ⅂⌈ 100 · 150 · 14

$$F = 66{,}4\,, \qquad i_x = 4{,}73\,, \qquad i_y = 4{,}12\,, \qquad \lambda = 122\,.$$

Durch Auflage einer Platte auf die wagerechten Schenkel kann i_x nicht oder nicht wesentlich erhöht werden. Gleichung (26) gilt für unsymmetrische Querschnitte F_0, wenn $\frac{1}{2}h = z$ dem kleineren Randabstand des Schwerpunktes gesetzt wird. Daraus folgt, daß $i_x > i_0$ ist, wenn $z^2 \geqq i_0^2 F/F_0$ ist. Aus diesem Grunde ist als zweite Schätzung $\lambda = 500/4{,}73 = 105$ zu wählen. $\omega = 2{,}61$,

$$F_{\text{erf}} = \frac{50}{1{,}4} \cdot 2{,}61 = 93\,.$$

Platte 200 · 15 gibt $F = 96{,}4\,\text{cm}^2$, $i_x = 4{,}74$, $i_y = 4{,}71$, $\lambda = 106$, $\omega = 2{,}66$ ergibt $F_{\text{erf}} = 95\,\text{cm}^2$.

Da bei Werten $\lambda < 60$, ω nur noch wenig abnimmt, findet man hier meist schon durch die erste Rechnung den richtigen Wert des Querschnittes.

In den Vorschriften der Deutschen Reichsbahn ist eine Gebrauchsformel eingeführt

$$F_{\text{erf}} = \frac{P}{\sigma_{\text{zul}}} + \alpha\,K \cdot s_k^2\,.$$

$$\alpha = 0{,}577 \text{ für St 37}, \quad \alpha = 0{,}675 \text{ für St 48}.$$

Hierin ist K ein Festwert, der sog. Profilwert, der für bestimmte Formen nicht oder nicht wesentlich veränderlich ist. Die Anwendung der Formel empfiehlt sich nur in seltenen Fällen, für 2wandige Querschnitte wohl niemals. Die Rechnung gestaltet sich kaum einfacher und das Ergebnis ist nicht mal immer genau. So z. B. ergibt die Formel für das eben behandelte Beispiel $P = 140$ t, $l = 500$ cm, mit $K = 3{,}75$, $F_{\text{erf}} = 154\,\text{cm}^2$, während $139\,\text{cm}^2$ ausreichen. Wenn die ω-Werte bekannt sind, dann ist die Berechnung des erforderlichen F durch Annäherung so einfach, daß es zwecklos ist, nach einem Verfahren zu suchen, welches das Ergebnis unmittelbar liefert. Im elastischen Bereich $\lambda > 105$ bzw. 92 kann F_{erf} ebenfalls durch Annäherung berechnet werden. Da die ω-Werte hier jedoch größere Veränderlichkeit aufweisen, ist die Konvergenz weniger gut. Man wird deshalb meist die Berechnung des erforderlichen Trägheitsmomentes aus der eine 3,5 fache Sicherheit gebenden Formel

$$J_{\text{erf}} = 1{,}69\, P \cdot s_k^2 \tag{28}$$

vorziehen.

Sofern neben Druck- auch Zugbeanspruchung auftreten, muß der Querschnitt sowohl der Gleichung (27) wie

$$F_{\text{erf}} \geqq \frac{S_{\min} + \psi\, S_{\max}}{\sigma_{\text{zul}}}$$

genügen. Bezüglich des Wertes ψ gilt das über die Wechselstäbe mit überwiegender Zugbelastung Gesagte. Ebenso sollte aus den dort angeführten Gründen der Wechsel des Kraftsinnes nur da berücksichtigt werden, wo $S_{\max} > \frac{1}{2}\,(S_{\min})$ ist.

In Querschnitten von Druckstäben aus 2 oder mehreren getrennten Teilen ist eine Verbindung der Teile notwendig, die verhindert, daß alle oder einzelne Teile für sich knicken. Es muß ein System hergestellt werden, welches nur die gleiche Formänderung erfahren kann wie ein Stab von geschlossenem Querschnitt. Zu diesem Zweck werden die Teile des Stabquerschnittes in Ebenen parallel zur Stabachse durch Wandglieder (Schrägstäbe und Querstäbe) miteinander verbunden, so daß ein Parallelfachwerk entsteht, dessen Gurtungen eben die zu verbindenden

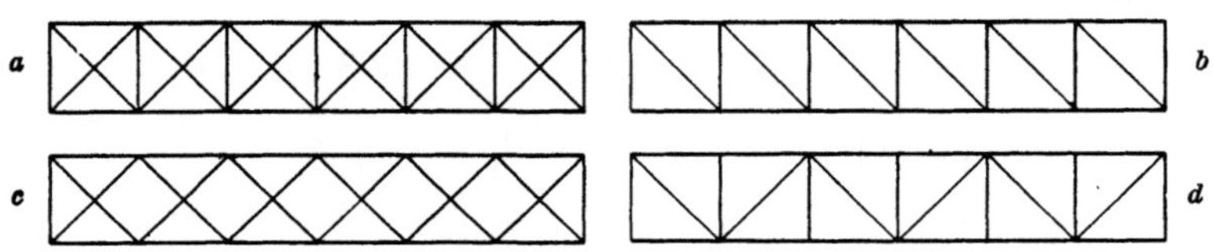

Abb. 14*a* bis *d*.

Teile bilden. Man verwendet alle möglichen Gliederungsarten, wie sie in den Abb. 14 dargestellt sind. Die Schrägstäbe werden hier hauptsächlich auf Druck beansprucht. Bei axialer Belastung des Stabes treten nur Druckkräfte auf, da die Schrägstäbe sich der Verkürzung der Gurtungen nicht durch Ausweichen ihrer Endpunkte rechtwinklig zur Stabachse entziehen können. Die Folge ist, daß die Gurtungen rechtwinklig zur Stabachse durch Kräfte beansprucht werden, die in ihnen Biegungsmomente erzeugen. Wo Querstäbe vorhanden sind, vermitteln sie zum Teil einen Ausgleich unter den Komponenten der Schrägstäbe. Das gilt für die Bauarten *a* und *b*, in denen die fraglichen Kraftwirkungen auf die Gurtungen klein sind und nur deshalb nicht ganz verschwinden, weil die Querstäbe elastisch sind. In der Bauart *d* ziehen die Querstäbe beide Gurtungen gleichmäßig zur Aufnahme der fraglichen Kräfte heran; die Folge ist, daß die Biegungsmomente hier am größten sind, weil die quergerichteten Kräfte von Punkt zu Punkt den Richtungssinn ändern. Abb. 15 zeigen die Kräfte, welche auf die Gurtungen wirken. Durch die Bindungen entsteht also alles in allem ein verwickeltes System von Nebenspannungen, dem jedoch in den Gurtungen, den tragenden Stabteilen, nur geringe Bedeutung beizumessen ist.

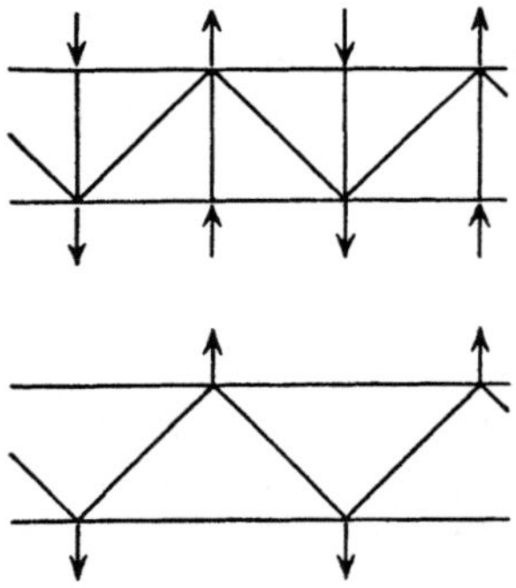

Abb. 15.

Für die Schrägstäbe ergibt sich daraus die Notwendigkeit knicksicherer Ausbildung. Flacheisen sollten nicht verwendet werden. Man nimmt ungleichschenklige Winkeleisen oder auch kleine]-Eisen. In jedem Endpunkt soll der Schrägstab durch 2 Niete nach Abb. 16 angeschlossen sein.

Wenn der Stab knickt oder unter exzentrischer Belastung eine seitliche Ausbiegung erfährt, entstehen Querkräfte im Stab, die größte im ersten Felde.

Sie müssen durch die Schrägstäbe aufgenommen werden und durch diese Notwendigkeit ist die erforderliche Stärke der Schrägstäbe bedingt. Man verfährt dabei nach der Richtlinie gleicher Sicherheit gegen Bruch in Gurtung und Schrägstab.

Eine wesentlich verschiedene Bindungsart schließt die Gurtungen durch Riegel zu einem Rahmensystem (Abb. 16a). Die Riegel, die sog. Bindebleche,

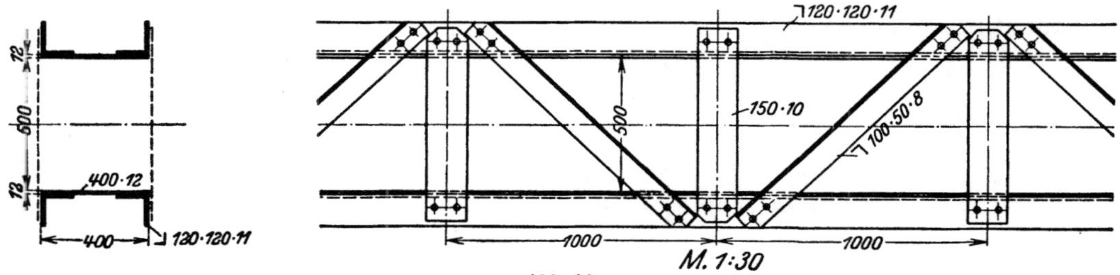

Abb. 16.

müssen dazu biegungsfest und in steifen Ecken an die ebenfalls biegungsfest auszubildenden Gurtungen angeschlossen sein. Bei axialer Stabbelastung ist das System frei von Nebenspannungen. Im Falle des Knickens und der aus der Achse fallenden Druckkraft treten auch hier Querkräfte auf, welche die Stärke der Bindebleche bedingen.

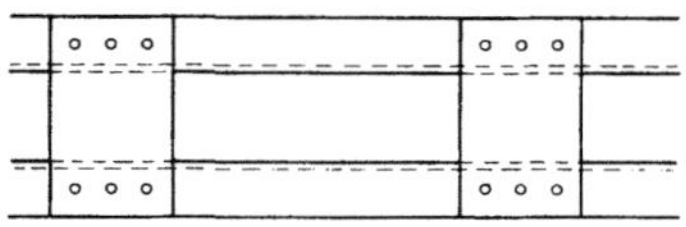

Abb. 16a.

Bei doppelwandigem Querschnitt sind meist 2 Verbände notwendig, die, wie die Abb. 16 zeigt, in den Außenflächen angeordnet werden.

Die Knicklast und demgemäß die Knickfestigkeit des gegliederten Druckstabes ist geringer, als die des Stabes von geschlossenem Querschnitt bei gleichem Trägheitsmoment[1]. Man kann, die Knicklast des geliederten Stabes in der Form

$$P_k = \frac{J_0 \pi^2 \cdot T}{s_k^2} \frac{\psi}{\varkappa} \tag{29}$$

darstellen, in welcher T der von σ_k abhängige Knickmodul und

$$J_0 = F_g \frac{v^2}{2} + 2 J_g$$

das Trägheitsmoment des geteilten Querschnittes, ψ und $\varkappa$ von der Gliederung abhängige Faktoren sind. Danach besitzt der gegliederte Stab die Knicklast und Knickfestigkeit eines Stabes von geschlossenem Querschnitt mit dem ideellen Trägheitsmoment[2] $J_0 \frac{\psi}{\varkappa}$. Es ist, wenn m die Zahl der Felder des Verbandes bezeichnet, $m\lambda = s_k$,

$$\psi = \frac{2m^2}{\pi^2}\left(1 - \cos\frac{\pi}{m}\right)$$

---

[1] Engesser, F.: Die Knickfestigkeit gerader Stäbe. Zentralbl. Bauverw. 1891, S. 483. Über die Knickfestigkeit von Rahmenstäben. Zentralbl. Bauverw. 1909, S. 136.

Krohn: Beitrag zur Untersuchung gegliederter Stäbe. Zentralbl. Bauverw. 1908, S. 559.

Müller-Breslau: Über exzentrisch gedrückte Stäbe und über Knickfestigkeit. Eisenbau. 1911, S. 339. Über Knickfestigkeit und einseitig gedrückte Stäbe. Eisenbau 1913, S. 35. Die neueren Methoden der Festigkeitslehre, 4. Aufl. 1913, S. 360ff.

Kayser: Die Knickversteifung doppelwandiger Druckquerschnitte. Eisenbau 1911, S. 141.

Grüning: Untersuchung gegliederter Druckstäbe. Eisenbau 1913, S. 403.

Mayer, R.: Zur Knickfestigkeit gegliederter Stäbe. Z. öst. Ing.-V. 1914, H. 13. Die Knickfestigkeit, S. 273ff. Berlin 1921.

[2] Grüning: Die Statik des ebenen Tragwerkes. Berlin 1925, S. 692ff bringt die Ableitung vorstehender Formeln. Die Formel (30b) stimmt im wesentlichen mit der von Müller-Breslau gegebenen überein. Dagegen weicht (30e) erheblich von der Formel Müller-Breslaus ab, deckt sich jedoch, abgesehen von Nebensächlichem, mit der von Mises und Ratzesdorfer später — Z. ang. Math. Mech. 1926, S. 197 — abgeleiteten.

eine von 1 wenig verschiedene Zahl. Ferner für die Systeme

$$\left.\begin{array}{lll} \text{a, c} & & \varkappa = 1 + \frac{1}{2}\left(\frac{F_g}{F_d}\sec^3\beta - 1\right)\left(1 - \cos\frac{\pi}{m}\right), \\ \text{b, d} & & \varkappa = 1 + \left(\frac{F_g}{F_d}\sec^3\beta - 1\right)\left(1 - \cos\frac{\pi}{m}\right), \\ \text{für den Rahmenstab} & & \\ \text{e} & & \varkappa = 1 + \frac{F_g \cdot v^2}{24\,J_g}\left(1 + 2\,\frac{J_g \cdot v}{J \cdot \lambda}\right)\left(1 - \cos\frac{\pi}{m}\right). \end{array}\right\} \quad (30)$$

Hierin sind

F_g, J_g Fläche und Trägheitsmoment einer Gurtung,

F_d Fläche eines Schrägstabes,

J Trägheitsmoment des Bindebleches $= \frac{1}{12} b^3 t$, wenn b dessen Breite und t seine Stärke ist,

β der Neigungswinkel des Schrägstabes gegen die Stabachse.

Beispiele: 2 P I-Profile 40 in 50 cm Abstand verbunden auf beiden Seiten durch Strebenzug ⌊ 100·50·8, $\beta = 45^0$

$$\varkappa = 1 + \left(\frac{208{,}5}{23}\,1{,}4^3 - 1\right)\left(1 - \cos\frac{\pi}{m}\right),$$

$l = 4\,m \quad m = 8 \quad \varkappa = 1 + 23{,}9 \cdot 0{,}076 = 2{,}816,$

$$\frac{\psi}{\varkappa} = \frac{64 \cdot 0{,}076}{4{,}93 \cdot 2{,}816} = 0{,}35,$$

$l = 5\,m \quad m = 10 \quad \varkappa = 1 + 23{,}9 \cdot 0{,}049 = 2{,}171,$

$$\frac{\psi}{\varkappa} = \frac{100 \cdot 0{,}049}{4{,}93 \cdot 2{,}171} = 0{,}46,$$

$l = 6\,m \quad m = 12 \quad \varkappa = 1 + 23{,}9 \cdot 0{,}034 = 1{,}813,$

$$\frac{\psi}{\varkappa} = \frac{144 \cdot 0{,}034}{4{,}93 \cdot 1{,}813} = 0{,}55,$$

$l = 7\,m \quad m = 14 \quad \varkappa = 1 + 23{,}9 \cdot 0{,}025 = 1{,}598,$

$$\frac{\psi}{\varkappa} = \frac{196 \cdot 0{,}025}{4{,}93 \cdot 1{,}598} = 0{,}62,$$

Derselbe Stab mit Bindeblechen 300·12 in 100 cm Abstand. $J_g = 11714$, $J = 5400$

$$\varkappa = 1 + \frac{208{,}5 \cdot 50^2}{24 \cdot 11714}\left(1 + 2\,\frac{11714 \cdot 50}{5400 \cdot 100}\right)\left(1 - \cos\frac{\pi}{m}\right),$$

$l = 4\,m \quad m = 4 \quad \varkappa = 1 + 5{,}876 \cdot 0{,}293 = 2{,}72,$

$$\frac{\psi}{\varkappa} = \frac{16 \cdot 0{,}293}{4{,}93 \cdot 2{,}72} = 0{,}35,$$

$l = 5\,m \quad m = 5 \quad \varkappa = 1 + 5{,}876 \cdot 0{,}191 = 2{,}12,$

$$\frac{\psi}{\varkappa} = \frac{25 \cdot 0{,}191}{4{,}93 \cdot 2{,}12} = 0{,}457,$$

$l = 6\,m \quad m = 6 \quad \varkappa = 1 + 5{,}876 \cdot 0{,}134 = 1{,}785,$

$$\frac{\psi}{\varkappa} = \frac{36 \cdot 0{,}134}{4{,}93 \cdot 1{,}785} = 0{,}55,$$

$l = 7\,m \quad m = 7 \quad \varkappa = 1 + 5{,}876 \cdot 0{,}099 = 1{,}58,$

$$\frac{\psi}{\varkappa} = \frac{49 \cdot 0{,}099}{4{,}93 \cdot 1{,}58} = 0{,}62.$$

Die Verminderung des Trägheitsmomentes ist beträchtlich, sie sinkt mit zunehmender Länge des Stabes. Hierin sind beide Bauarten im übrigen für den betrachteten Fall ziemlich gleichwertig. Verhältnisgleich nimmt λ^2 zu. Daß ein gleicher Unterschied in λ die Tragfähigkeit kurzer Stäbe weniger beeinflußt als in langen Stäben, mildert die Minderung des Trägheitsmomentes in ihrer Wirkung auf die Tragfähigkeit. Der von Bleich[1] ausgesprochenen Ansicht, daß der Einfluß der Bindung bei kurzen Stäben vernachlässigbar sei, kann allgemein nicht zugestimmt werden.

Den Einfluß des Abstandes v der beiden Teile zeigt folgendes Beispiel. 2 [-Eisen Nr. 24 in 20 cm Abstand verbunden durch Bindebleche 230·10 in 80 cm Teilung,

$$\varkappa = 1 + \frac{42{,}3 \cdot 20^2}{24 \cdot 248}\left(1 + 2\,\frac{248 \cdot 20}{2024 \cdot 80}\right)\left(1 - \cos\frac{\pi}{m}\right),$$

$$l = 4\,m \quad m = 5 \quad \varkappa = 1 + 3{,}017 \cdot 0{,}191 = 1{,}576\,,$$

$$\frac{\psi}{\varkappa} = 0{,}614,$$

$$l = 6{,}4\,m \quad m = 8 \quad \varkappa = 1 + 3{,}017 \cdot 0{,}076 = 1{,}229\,,$$

$$\frac{\psi}{\varkappa} = 0{,}80\,.$$

Für den Stab, dem der Einsturz des Hamburger Gasbehälters zugeschrieben wird, bestehend aus 2]-Eisen 16 in 6,2 cm Abstand von 340 cm Länge und durch Bindebleche 140·10 in 3 Teilungen verbunden, ist

$$\varkappa = 1 + \frac{24 \cdot 6{,}2^2}{24 \cdot 85{,}3}\left(1 + 2\,\frac{85{,}3 \cdot 6{,}2}{457 \cdot 113}\right)0{,}5 = 1{,}23\,,$$

$$\frac{\psi}{\varkappa} = \frac{9 \cdot 0{,}5}{4{,}93 \cdot 1{,}23} = 0{,}74\,,$$

$$i_0^2 = \frac{85{,}3}{24} + \frac{6{,}2^2}{4} = 13{,}17\,,$$

$$i_0^2\,\frac{\psi}{\varkappa} = 9{,}74 \quad i_0 = 3{,}12 \quad \lambda = 109\,,$$

$$\sigma_k = \frac{2100 \cdot 9{,}86}{109^2} = 1{,}743\,,$$

$$P_k = 48 \cdot 1{,}743 = 83{,}7\,t\,.$$

Beim Versuch im Materialprüfungsamt trat bei 84,6 t Knicken ein. Das Ergebnis der Formel ist daher recht gut.

Die Berechnung der Querkraft aus der Gleichung der Biegungslinie

$$u = f\,\frac{\cos\frac{\psi}{2}\left(1 - \frac{2x}{l}\right) - \cos\frac{\psi}{2}}{1 - \cos\frac{\psi}{2}}\,,$$

$$\psi = \pi\sqrt{\frac{P}{P_k}}\,,$$

$$Q_{\max} = P\,\frac{du}{dx}\,(x = 0)$$

ergibt

$$Q_{\max} = P\,\frac{f}{l}\,\psi \operatorname{cotg}\frac{\psi}{4}$$

[1] Bleich: Theorie und Berechnung eiserner Brücken S. 151.

f wird durch die Spannung σ_1 in der stärker gedrückten Gurtung eliminiert

$$f = v\,\frac{(\sigma_1 - \sigma)\,F_g}{P},$$

$$Q_{\max} = (\sigma_1 - \sigma)\,F_g\,\frac{v}{l}\,\psi \cdot \operatorname{cotg}\frac{\psi}{4}.$$

Hierin ist $\sigma_1 = \sigma_k'$ der Knickspannung des Einzelstabes der Gurtung, $\sigma = \sigma_k$ der Knickspannung des ganzen Stabes und $\psi \operatorname{cotg}\frac{\psi}{4} = \pi$ zu setzen. So erhält man in

$$Q_{\max} = (\sigma_k' - \sigma_k)\,F_g\,\frac{v}{l}\,\pi \tag{31}$$

die größte Querkraft des Zustandes, in dem der Einzelstab knickt. Es genügt, wenn gleichzeitig die Beanspruchung im ersten Schrägstab der Vergitterung an die Bruch- bzw. Knickgrenze gelangt. Ist diese σ_d bezeichnet und wird $\sigma_k' = 1{,}25\,\sigma_k$ gesetzt, so erhält man $F_{d\,\mathrm{erf}}$ in

$$F_d = F_g \cdot 0{,}25\,\frac{\sigma_k}{\sigma_d}\,\frac{v}{l}\,\pi\,\frac{1}{\sin\beta}. \tag{32}$$

Der Wert geht jedoch zuweilen über das wirtschaftlich vertretbare hinaus und verträgt auch ohne Gefahr für die praktische Sicherheit eine Ermäßigung. Die Frage muß im Einzelfalle geprüft werden.

Für den Rahmenstab erhält man aus derselben Überlegung das Widerstandsmoment des Bindebleches

$$W = \frac{\sigma_k' - \sigma_k}{\sigma_S}\,F_g\,v\,\frac{\pi}{2m}, \tag{33}$$

wenn σ_s als bruchgefährliche Spannung im Bindeblech eingeführt wird.

Hier muß noch der Abstand e der Niete berechnet werden, die das Bindeblech mit der Gurtung verbinden. Es bezeichnet T die Querkraft im Bindeblech, N die Tragfähigkeit eines Nietes, für die man $N = \frac{\pi d^2}{4}\,0{,}8\,\sigma_S$ setzen darf.

Erforderlich ist

$$N^2 = \frac{1}{4}\,T^2\left[1 + \left(\frac{v}{e}\right)^2\right].$$

Daraus folgt

$$e \geqq v\,\frac{T}{\sqrt{4N^2 - T^2}}, \tag{34}$$

$$T = Q_{\max}\,\frac{\lambda}{v} = (\sigma_1 - \sigma)\,F_g\,\frac{\pi}{m}.$$

Wird wieder $\sigma_1 - \sigma = 0{,}25\,\sigma_k$ gesetzt, so ist der Nietabstand damit bestimmt. Meist ist e so groß zu wählen, daß man noch 1 Niet in die Mitte setzt. Es ist jedoch ersichtlich, daß die Festigkeit der Verbindung allein auf den äußeren Nieten beruht.

c) Biegungsfeste Stäbe.

Die Aufnahme der Biegungsmomente erfordert Querschnitte von I-Form. In erster Linie sind daher die I NP-Profile zu verwenden. Bei beschränkter Höhe sind die breitflanschigen I-Profile vorteilhaft. Sie sind jedoch teurer als die NP, da sie ein kleineres Verhältnis W/F aufweisen. Einzelne]-Eisen sind nicht geeignet, da sie infolge ihrer unsymmetrischen Querschnittform eine wesentlich geringere Tragfähigkeit besitzen als I-Profile des gleichen Widerstandsmomentes[1]. Reichen Walzprofile nicht aus, oder sollen sie aus Gründen der Konstruktion

[1] Bach, C.: Versuche über die tatsächliche Widerstandsfähigkeit von Trägern mit [-förmigem Querschnitt. Z. V. d. I. 1910, S. 382. Sonntag: Biegung, Schub, Scherung 1909.

nicht gewählt werden, so ist die gleiche Form aus Stehblech, 4 Gurtwinkeln und Platten zu bilden. Die Stärke des Stehbleches t macht man, abgesehen von untergeordneten Baugliedern, nicht kleiner als 6 mm, im Brückenbau 8 mm und erhöht sie mit der Stehblechhöhe h. Für $h = 800$ ist schon $t = 10$ mm empfehlenswert. Für die Gurtwinkel können alle Profile verwendet werden, im Brückenbau sind jedoch die Profile unter ∟ 80·10 auszuschließen. Vielfach sind ungleichschenklige Winkel zweckmäßig, deren größerer Schenkel in der Wagerechten liegt. Die Platten erhalten einen Überstand von 10 bis 20 mm über den Rand der Winkel. Ihre Zahl und Stärke ist nur durch die Rücksicht auf die zulässige Nietlänge begrenzt. Die Niete, welche die Platten mit den wagerechten Winkelschenkeln verbinden, nennt man Kopfniete, die Niete zwischen Stehblech und Winkeln Halsniete. Wo die Plattenbreite von 20 mm Überstand über die Winkel nicht ausreicht, muß sie so vergrößert werden, daß eine Nietreihe neben den Winkelschenkeln gestellt werden kann. Hierzu sind etwa 80 mm Überstand erforderlich. Der Abstand der Niete vom Plattenrand soll das 2,5fache des Nietdurchmessers nicht übersteigen. Durch verschiedene Zahl der Platten an beiden Rändern werden unsymmetrische Querschnitte gebildet.

Die Stehbleche müssen die Querkräfte übertragen. Zum Schutz gegen Ausbeulen des Bleches werden Winkeleisen aufgenietet, die die volle Höhe zwischen den abstehenden Schenkeln der Gurtwinkel überdecken. Futterstücke füllen den Raum unter den Aussteifungswinkeln zwischen den am Stehblech anliegenden Schenkeln der Gurtwinkel aus.

Zur Aufnahme großer Momente wird auch der biegungsfeste Stab doppelwandig ausgebildet. Abb. 168 zeigt die Form des Kastenträgers. Herstellung und Unterhaltung verlangen Zugänglichkeit des inneren Raumes zwischen den Stehblechen. Aus diesem Grunde müssen die Platten des unteren Gurtes geteilt und in solchem lichten Abstand angeordnet sein, daß ein Mann Durchgang findet. 35 cm, äußersten Falles 30 haben sich als ausreichend erwiesen. Das bedingt einen Abstand der Stehbleche von etwa 60 cm und mehr. Durch Wahl ungleichschenkliger Profile für die inneren Saumwinkel kann man eine Einschränkung des Abstandes erreichen. Symmetrie des Querschnitts zur wagerechten Mittelachse führt entweder zu größerer Zahl oder größerer Gesamtbreite der Platten in der unteren Gurtung. Querschotte, das sind rechteckige Bleche, durch Winkeleisen mit den Stehblechen und Platten vernietet, verhindern das Ausbeulen der Stehbleche und erhalten die Teile des Querschnittes in ihrer Lage.

Bei der Berechnung des erforderlichen Querschnittes muß zwischen 2 Arten der Beanspruchung unterschieden werden, erstens Biegungsmomente und Querkräfte, zweitens Biegungsmomente, Quer- und Normalkräfte. Im ersten Falle ist das nutzbare Widerstandsmoment aus

$$W_n = \frac{M_{\max}}{\sigma_{zul}} \tag{35}$$

bei einsinniger Richtung der Momente oder

$$W_n = \frac{M_{\max} + \psi M_{\min}}{\sigma_{zul}} \tag{36}$$

im Falle von Wechselmomenten zu berechnen. Das erforderliche Widerstandsmoment kann auch hier zuerst durch Schätzung

$$W_{erf} = W_n + 15\%$$

ermittelt werden. Ist der Querschnitt gebildet, so ist das nutzbare Trägheitsmoment zu berechnen, indem die Flächen der Kopfniete in Abzug gebracht werden. Sofern die Halsniete wie zweckmäßig und gebräuchlich zwischen den Kopfnieten stehen, sind sie in den Winkeln nicht abzuziehen. Von dem Trägheitsmoment des Stehbleches wird meist im Einklang mit den Vorschriften der Reichsbahn ein

Abzug von 15% für 1 Nietreihe gemacht. Das entbehrt jedoch der Begründung. Bezeichnet nämlich J_g das nutzbare Trägheitsmoment der Winkel und Platten, h_1 den Abstand der Außenkanten und J_s das Trägheitsmoment des Stehbleches nach Abzug der Halsniete, so verteilt sich das angreifende Moment auf die Gurtungen und das Stehblech im Verhältnis $J_g : J_s$. Denn die Verteilung ist abhängig von der Formänderung beider Teile, sie ist durch gleiche Dehnungen in der Linie der Halsniete bestimmt. Da nun die Nietreihen, die das Stehblech durchsetzen, unter den Aussteifungswinkeln und in den Stößen, in verhältnismäßig großen Abständen stehen, können sie auf die Dehnung des Stehbleches in jener Linie keinen Einfluß haben. Anders in den Gurtungen. In diesen kommt auf den Abstand der senkrechten Nietreihen eine größere Zahl von Kopfnieten, so daß die gesamte Dehnung durch die Nietschwächung beeinflußt wird. Aus der Verteilung des Momentes im angegebenen Verhältnis ergibt sich die Spannung am Rande

$$\sigma = \frac{M}{J_g + J_s} \cdot \frac{h_1}{2}.$$

Mithin ist $W_n = \frac{J_g + J_s}{\frac{1}{2} h_1}$ zu rechnen. Weiter ist zu beachten, daß die Forderung $\sigma \leqq \sigma_{\text{zul}}$ für den Rand unter der Voraussetzung einer geraden Spannungslinie den biegungsfesten Stab schärferen Bedingungen unterwirft als das Fachwerk. In diesem wird die gleiche Forderung für die mittlere Spannung im Gurtungsstab gestellt und es wird mit Recht vernachlässigt, daß die Spannungen am äußeren Rande infolge der steifen Vernietung der Knotenpunkte größer sind. Es liegt kein Anlaß vor, den Sicherheitsgrad des biegungsfesten Stabes größer zu wählen als den des Fachwerks. Mithin sollte man beim biegungsfesten Stab die Forderung $\sigma \leqq \sigma_{\text{zul}}$ für den Schwerpunkt der aus Winkeln und Platten bestehenden Gurtung stellen. Der Forderung wird durch Einführung der Funktion U an Stelle des Widerstandsmomentes genügt, die auf Seite 34 aus dem Umstand abgeleitet wurde, daß die Spannungslinie unter der bruchgefährlichen Last keinesfalls gerade ist, sondern den geknickten Zug der Abb. 10b hat. Diese Spannungslinie zeigt, daß bei Annahme der geraden Linie gerade im Stehblech eine erhebliche Reserve besteht, die jedenfalls den Abzug der Nietlöcher bei Berechnung des Widerstandsmomentes entbehrlich macht.

Die wirtschaftlich vorteilhafteste Querschnittform erzielt das erforderliche Widerstandsmoment mit der kleinsten Fläche. Es bezeichne h_1 die gesamte Höhe zwischen den Außenkanten, $t = t_0 + \alpha h_1$ die Stärke des Steges, ausgedrückt durch die Konstanten t_0 und α, F_g den Querschnitt einer Gurtung nach Abzug der Kopfniete und des in den Steg fallenden Rechteckes, i den Trägheitsradius der Fläche F_g, e den Abstand ihres Schwerpunktes von der Außenkante. Die Bedingung für die vorteilhafteste Querschnittsform ist in einer Abhängigkeit zwischen F_g und $h_1 t$ auszudrücken.

Der gesamte Querschnitt ist

$$F = 2(F_g + f) + h_1 (t_0 + \alpha h_1),$$

das nutzbare Widerstandsmoment

$$W_n = F_g \frac{(h_1 - 2e)^2 + 4i^2}{h_1} + \frac{h_1^2}{6}(t_0 + \alpha h_1).$$

Die Bedingung F = Kleinstwert lautet

$$2\frac{\partial F_g}{\partial h_1} + t_0 + 2\alpha h_1 = 0.$$

Aus W_n = constans folgt

$$\frac{\partial F_g}{\partial h_1}\frac{(h_1 - 2e)^2 + 4i^2}{h_1} + F_g\left(1 - 4\frac{e^2 + i^2}{h_1^2}\right) + \frac{1}{3}h_1 t_0 + \frac{1}{2}h_1^2 \alpha = 0.$$

Durch Elimination des Differentialquotienten ergibt sich

$$F_g\left(1 - 4\frac{e^2 + i^2}{h_1^2}\right) = \frac{1}{2}h_1^2\alpha\left[1 - 8\frac{h_1 e - e^2 - i^2}{h_1^2}\right]$$
$$+ \frac{1}{6}h_1 t_0\left[1 - 12\frac{h_1 e - e^2 - i^2}{h_1^2}\right].$$

Führt man diesen Wert F_g ein, so erhält man für W_n einen Wert zwischen $0{,}6\, h_1^2 t$ und $\frac{2}{3} h_1^2 t$. Da nun eine geringe Abweichung von der Bedingung des Kleinstwertes diesen selbst kaum ändert, darf

$$W_n = \tfrac{2}{3} h_1^2 t$$

als günstigstes Widerstandsmoment angesehen werden. Dazu ist erforderlich

$$F_g = \frac{h_1 t}{2} \cdot \frac{h_1^2}{(h_1 - 2e)^2 + 4i^2}. \tag{37}$$

Der Querschnitt der Gurtung nach Abzug der Kopfniete und der in den Steg fallenden Fläche muß etwa gleich der halben Stegfläche sein.

Die günstigste Trägerhöhe, sie sei h_0 bezeichnet, erhält man nun aus

$$\frac{2}{3}h_0^3\left(\alpha + \frac{t_0}{h_0}\right) = \frac{M_{\max}}{\sigma_{\text{zul}}}$$

in der Gleichung

$$h_0 = \sqrt[3]{\frac{3 \cdot M_{\max}}{2\left(\alpha + \frac{t_0}{h_0}\right)\sigma_{\text{zul}}}} \tag{38}$$

die leicht durch Annäherung aufzulösen ist. Nach Berechnung der Höhe ist F_g aus Formel (37) zu ermitteln und $F_g + f$ aus Winkeln und Platten herzustellen. Aus der so ermittelten Breite der Platten erhält man ihre wirkliche Breite durch Addition von t. Nach Festlegung des Querschnitts ist W_n wie oben angegeben zu berechnen oder aus Tabellen zu entnehmen. Zwischen der Fläche F und dem Widerstandsmoment des günstigsten Querschnittes besteht die Beziehung

$$F = \frac{3W}{h_1}\left[1 + 2\frac{h_1 e - e^2 - i^2}{(h_1 - 2e)^2 + 4i^2}\right] + 2f.$$

Mit dieser Beziehung stimmen die Verhältnisse der I NP-Eisen ziemlich gut überein. Es ist für die Profile 20, 30, 40, 50 mit $t = 0{,}11 + 0{,}03375\, h_1$, $F \cdot h = 3{,}13 \cdot 3{,}17 \cdot 3{,}23 \cdot 3{,}27\, W$. Wird den Gurtungen ein größerer Flächenanteil zugewiesen, so steigt W. Mithin fällt die erforderliche Höhe h_1. Zahlenrechnungen zeigen, daß bis $h_1 = 0{,}87\, h_0$ die Fläche des Querschnittes den Kleinstwert nur wenig, höchstens um 1,6% übersteigt.

Beanspruchung durch Längskraft N und Biegungsmoment M.

a) Der Querschnitt ist durch einen Belastungsfall bestimmt. Hier ist unsymmetrische Form zweckmäßig. Um sie zu bilden, wird ein symmetrischer Querschnitt an dem Rande, in dem N und M gleichsinnige Spannungen erzeugen, durch eine Platte verstärkt. Die Höhe des symmetrischen Teiles sei h, die Stärke der Platte t_1, F_1 ihre Fläche. Das Trägheitsmoment ist nach Gleichung (26)

$$J = i_0^2 F_0\left[1 + \left(\frac{h + t_1}{2 i_0}\right)^2 \frac{F_1}{F}\right]$$

der Abstand des Schwerpunktes vom Rande 1

$$\eta_1 = \frac{h + t_1}{2} - e + \frac{t_1}{2} = \frac{h + t_1}{2}\frac{F_0}{F} + \frac{t_1}{2},$$

Die günstigste Form des Querschnitts weist gleiche absolute Werte der Randspannungen auf.

$$\sigma_1 = \frac{N}{F} + \frac{M \cdot \eta_1}{J}, \qquad \sigma_2 = \frac{N}{F} - \frac{M \cdot \eta_2}{J}$$

aus $\sigma_1 = -\sigma_2 = \sigma_{zul}$ ergibt sich

$$\eta_2 - \eta_1 = \frac{2N}{M} i^2, \tag{39}$$

$$\frac{J}{h + t_1} = \frac{M}{2\sigma_{zul}}. \tag{40}$$

Aus (39) folgt

$$\frac{F_1}{F} \frac{h + t_1}{i^2} = \frac{2N}{M} + \frac{t_1}{i^2} = \mu. \tag{41}$$

Hierin kann hinreichend genau $i^2 = i_0^2$ gesetzt werden. Ferner aus (40) nach Einführung von (26)

$$F_0 = \frac{M}{2\sigma_{zul}\left[1 + \frac{1}{4}(h + t_1)\mu\right]} \cdot \frac{h + t_1}{i_0^2}. \tag{42}$$

Die Gleichungen werden durch Annäherung gelöst, indem die Werte h und t_1 frei gewählt werden und $i_0^2 = \frac{1}{6} h^2$ geschätzt wird. Danach werden μ und F_0 berechnet. Wird nun F_0 gebildet, so kann die Schätzung $i_0^2 = \frac{1}{6} h^2$ durch Verteilung der Fläche auf Gurtungen und Steg meist verwirklicht werden. Andernfalls ist die Rechnung mit dem verbesserten Wert i_0^2 zu wiederholen. Die Werte μ und F_0 ändern sich nicht erheblich. Schließlich wird aus

$$F_1 = F_0 \frac{\mu \cdot i_0^2 \left[1 + \frac{1}{4}(h + t_1)\mu\right]}{h + t_1}$$

der Querschnitt F_1 berechnet und gebildet.

Der günstigste Querschnitt F_0 weist Verteilung der Fläche auf Gurtungen und Steg im Verhältnis 1:1 bis 2:1 auf. Dem entspricht ein Widerstandsmoment $W_0 = \frac{2}{3} h^2 \cdot t$ bis $h^2 \cdot t$. Wird $t/h = \alpha$ gesetzt, so kann aus Gleichung (40) h berechnet werden, indem man $J_0 = \frac{1}{3} h^4 \alpha$ bis $\frac{1}{2} h^4 \alpha$ einführt. Aus dem ersten Wert erhält man die Gleichung

$$h = \sqrt[3]{\frac{3M\left(1 + \frac{t_1}{h}\right)}{2\sigma_{zul}\left[1 + \frac{1}{4}(h + t_1)\mu\right]\alpha}},$$

die leicht durch Annäherung aufzulösen ist, indem zunächst ein geschätzter Wert h eingeführt wird.

Wo Abzug für Nietlöcher erforderlich ist, ist es empfehlenswert, mit einer entsprechend ermäßigten zulässigen Spannung zu rechnen.

Beispiel: $N = 150$ t, $M = 260$ tm, $\sigma_{zul} = 1{,}4$ t/cm².

Gewählt wird $h = 0{,}60$ m, $t_1 = 0{,}01$ m, $i_0^2 = \frac{1}{6} h^2 = 0{,}06$ m²,

$$\mu = \frac{2 \cdot 150}{260} + \frac{0{,}01}{0{,}06} = 1{,}32,$$

$$F_0 = \frac{260 \cdot 100}{2 \cdot 1{,}4\left[1 + \frac{1}{4} \cdot 0{,}61 \cdot 1{,}32\right]} \cdot \frac{0{,}61}{0{,}06 \cdot 100} = 786 \text{ cm}^2.$$

Der Querschnitt wird aus 2 I P 60 und 1 ⊐⊏ 600·15 mit 4 L 130·130·12 gebildet.

Es ist $F_0 = 788 \text{ cm}^2$, $J_0 = 474186 \text{ cm}^4$, $i_0^2 = 602 \text{ cm}^2$, was mit der Schätzung gut übereinstimmt.

$$F_1 = 788 \frac{1{,}32 \cdot 0{,}06 \left(1 + \frac{1}{4} 0{,}61 \cdot 1{,}32\right)}{0{,}61} = 123 \text{ cm}^2.$$

Der symmetrische Teil des Querschnitts wird durch eine Platte 123·10 abgedeckt. Es ergibt sich

$$J = 474186 \left(1 + \frac{61^2}{4 \cdot 602} \frac{123}{911}\right) = 573118\,,$$

$$\eta_1 = \frac{61}{2} \frac{788}{911} + 0{,}5 = 26{,}9 \text{ cm}, \quad \eta_2 = 34{,}1 \text{ cm}\,,$$

$$W_1 = 21305 \text{ cm}^3, \quad W_2 = 16807 \text{ cm}^3,$$

$$\sigma_1 = \frac{150}{911} + \frac{26000}{21305} = \quad 1{,}385 \text{ t/cm}^2\,,$$

$$\sigma_2 = \frac{150}{911} - \frac{26000}{16807} = -1{,}382 \text{ t/cm}^2\,.$$

Wenn $\alpha = \frac{1}{50}$ gewählt wird, ergibt sich die günstigste Höhe

$$h = \sqrt[3]{\frac{3 \cdot 26000 \cdot 1{,}01 \cdot 50}{2 \cdot 1{,}4 \cdot 1{,}312}} = 102 \text{ cm}\,.$$

Mit diesem Wert und $t_1 = 0{,}01$ m, $i_0^2 = \frac{1}{6} h^2 = 0{,}173 \text{ m}^2$ erhält man wie oben $\mu = 1{,}212$, $F_0 = 420 \text{ cm}^2$.

Die Bildung des Querschnitts aus 2 Wänden von]I[Form, bestehend aus 1 | 100·10, 4 L 100·100·10, 2 Platten 210·10 zeigt, daß nur $i_0^2 = 0{,}165 \text{ m}^2$ zu erreichen ist. Die mit diesem Werte wiederholte Rechnung ergibt $\mu = 1{,}2146$, $F_0 = 441 \text{ cm}^2$. Der angegebene Querschnitt hat $F_0 = 438 \text{ cm}^2$, $J_0 = 724202 \text{ cm}^4$, $i_0^2 = 1653 \text{ cm}^2$. Weiter wird wie oben $F_1 = 112 \text{ cm}^2$, $J = 960779 \text{ cm}^4$, $\eta_1 = 41{,}5$ cm, $\eta_2 = 61{,}5$ cm, $W_1 = 23152 \text{ cm}^3$, $W_2 = 15623 \text{ cm}^3$ berechnet. Die Randspannungen sind $\sigma_1 = 1{,}396 \text{ t/cm}^2$, $\sigma_2 = -1{,}391 \text{ t/cm}^2$.

b) Der Querschnitt ist durch 2 Belastungsfälle bestimmt. N_1, $M_{\max}$ und N_2, $M_{\min}$. Sofern $M_{\min}$ negativ und der absolute Wert von $M_{\max}$ nicht wesentlich verschieden ist, muß der Querschnitt symmetrisch ausgebildet werden. Man erhält

$$F = \frac{N_1 + M_{\max} \cdot \frac{1}{k}}{\sigma_{zul}}\,. \tag{43}$$

Da man den Kernhalbmesser $k = \frac{2 i^2}{h_1}$ mit guter Genauigkeit schätzen kann, sobald h_1 bekannt ist, läßt sich F durch Annäherung schnell bestimmen. Den kleinsten Querschnitt erhält man auch hier, wenn man $2 F_g$ = der ein- bis zweifachen Fläche des Steges macht.

Sind die absoluten Werte $(M_{\max})$, $(M_{\min})$ wesentlich verschieden $(M_{\max}) > (M_{\min})$ und ist $M_{\min}$ negativ, so ist eine unsymmetrische Form zu wählen und durch Platten vom Querschnitt F_1 auf der Seite zu bilden, auf der N_1 und $M_{\max}$ gleichsinnige Spannungen erzeugen. Mit dieser Festsetzung gilt folgendes auch für negative N_1, N_2, wenn beide in absoluten Werten und σ_1, σ_2 als Druckspannungen eingeführt werden. An beiden Rändern sind gleiche Spannungswerte anzustreben

$$\sigma_1 = \frac{N_1}{F} + \frac{M_{\max}}{J} \eta_1\,, \quad \sigma_2 = \frac{N_2}{F} + \frac{(M_{\min})}{J} \eta_2\,.$$

Daraus folgt

$$(N_1 - N_2)\,i^2 + \frac{1}{2}\,[M_{\max} - (M_{\min})]\,(h + t_1) = \frac{1}{2}\,[M_{\max} + (M_{\min})]\,(\eta_2 - \eta_1),$$

$$\frac{\eta_2 - \eta_1}{h + t_1} = \frac{M_{\max} - (M_{\min})}{M_{\max} + (M_{\min})} + \frac{N_1 - N_2}{M_{\max} + (M_{\min})}\,\frac{2\,i^2}{h + t_1} = \mu\,, \tag{44}$$

$$F = \frac{N_1 + N_2 + \dfrac{h + t_1}{2\,i^2}\,[M_{\max}\,(1 - \mu) + (M_{\min})\,(1 + \mu)]}{2\,\sigma_{zul}}. \tag{45}$$

$$F_1 = F\left(\mu + \frac{t_1}{h + t_1}\right). \tag{46}$$

Vorstehende Gleichungen lassen sich leicht durch Annäherung auflösen, indem wie im Falle a) h und t_1 frei gewählt und $i^2 = i_0^2 = \frac{1}{6}\,h^2$ geschätzt wird. Da i^2 etwas größer ist als i_0^2, erhält man für F einen etwas zu großen Wert. Der Unterschied ist jedoch meist vernachlässigbar. Die Rechnung setzt voraus, daß

$$M_{\max} - (M_{\min}) < (N_1 + N_2)\,\frac{i^2}{\eta_2}$$

ist. Andernfalls ist der Querschnitt wie im Falle a aus N_1 und $M_{\max}$ zu bestimmen.

Beispiel: $N_1 = -\,8000\text{ t}\ M_{\max} = +\,19000\text{ tm}$,
$N_2 = -\,7000\text{ t}\ M_{\min} = -\,13000\text{ tm}$.

Die Kräfte und Momente treten in einem Querschnitt des auf Seite 280/282 besprochenen Bogens auf. Gewählt wird $h = 6{,}0$ m, $t_1 = 0{,}10$ m, $\sigma_{zul} = 1{,}82\text{ t/cm}^2$

$$\mu = \frac{19000 - 13000}{19000 + 13000} + \frac{8000 - 7000}{19000 + 13000}\cdot\frac{2\cdot 6}{6{,}1} = 0{,}249\,,$$

$$F = \frac{8000 + 7000 + \dfrac{6{,}1}{2\cdot 6}\,[19000\cdot 0{,}751 + 13000\cdot 1{,}249]}{2\cdot 1{,}82} = 8381\text{ cm}^2\,,$$

$$F_1 = \left(0{,}249 + \frac{0{,}10}{6{,}1}\right)8381 = 2224\text{ cm}^2\,,$$

$$F_0 = 6157\text{ cm}^2.$$

Der Querschnitt F_0 wird aus 2 Wänden von ⊐⊏ Form gebildet. Stehblech $5800\cdot 22$, $4\,\llcorner\ 200\cdot 200\cdot 20$, Platten $760\cdot 100\cdot F_0 = 6203\text{ cm}^2$, $J_0 = 385786000\text{ cm}^4$, $i_0^2 = 6{,}219\text{ m}^2$. Beide Wände sind durch Platten $2220\cdot 100$ abgedeckt. So entsteht

$$J = J_0\left(1 + \frac{6{,}1^2}{4\cdot 6{,}22}\cdot\frac{2220}{8423}\right) = 538108000\text{ cm}^4\,,$$

$$\eta_1 = \frac{6{,}1}{2}\,\frac{6203}{8423} + 0{,}05 = 2{,}30\text{ m}\,,\quad \eta_2 = 3{,}80\text{ m}\,,$$

$$W_1 = 2339560\text{ cm}^3,\quad W_2 = 1416000\text{ cm}^3\,,$$

$$\sigma_1 = -\frac{8000}{8423} - \frac{1900000}{2339560} = -\,1{,}761\text{ t/cm}^2,\ \sigma_2 = -\frac{7000}{8423} - \frac{1300000}{1416000} = -\,1{,}749\text{ t/cm}^2.$$

Es beträgt $i^2 = 6{,}38\text{ m}^2$. Wiederholung der Rechnung mit dem verbesserten Wert ergibt $F = 8248\text{ cm}^2$. Werden demgemäß die Querschnitte F_0 und F_1 vermindert, so ergibt sich

$$\sigma_1 = -\,1{,}798\text{ t/cm}^2,\quad \sigma_2 = -\,1{,}792\text{ t/cm}^2.$$

Wenn $M_{\max}$ und $M_{\min}$ gleichen Sinn haben, und $N_2 > N_1$ ist, ist gleichfalls unsymmetrische Form des Querschnitts zweckmäßig. Die Spannungen aus N und M addieren sich in beiden Belastungsfällen an demselben Rande 1. Ob Belastung 1 oder 2 für die Bestimmung des Querschnitts maßgebend ist, hängt von der Größe des Kernhalbmessers $k_2 = \frac{i^2}{\eta_1}$ ab. Gleiche Randspannungen entstehen, wenn

$$\frac{W_1}{F} = \frac{M_{\max} - M_{\min}}{N_2 - N_1} = k_2 .$$

Daher ist N_1, $M_{\max}$ maßgebend, wenn k_2 den bezeichneten Wert nicht erreicht. Um den günstigsten Querschnitt zu erhalten, ist die Form wie im Falle a) aus der Bedingung $\sigma_1 = -\sigma_2$ zu bestimmen und, wenn möglich, die Höhe h so zu wählen, daß k_2 dem angegebenen Wert gleichkommt.

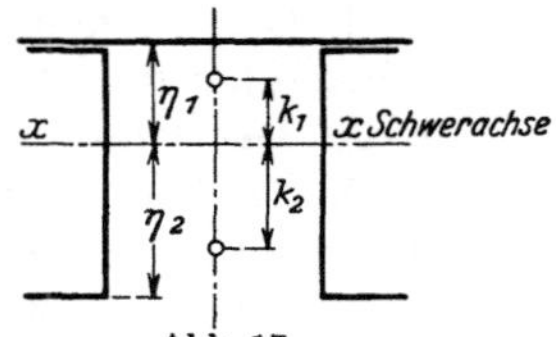

Abb. 17.

Vorstehende Formeln dienen zur Aufsuchung der Form und Größe der zweckmäßigen Querschnitte. Sind die Querschnitte aus Walzprofilen gebildet, so sind die Kernhalbmesser und Widerstandsmomente zu bestimmen und danach die Randspannungen zu berechnen (Abb. 17).

$$W_1 = k_2 \cdot F , \qquad W_2 = k_1 \cdot F ,$$

$$\left.\begin{aligned}
&\sigma_1 = \left(N - \frac{M}{k_2}\right)\frac{1}{F} , \\
\text{oder}\quad &\sigma_1 = \frac{N \cdot k_2 - M}{W_1} , \\
&\sigma_2 = \left(N + \frac{M}{k_1}\right)\frac{1}{F} , \\
\text{oder}\quad &\sigma_2 = \frac{N \cdot k_1 + M}{W_2} .
\end{aligned}\right\} \quad (47)$$

In den Teilen des Querschnitts, die Druckbeanspruchung erfahren, ist Abzug der Nietschwächung nicht erforderlich.

C. Die Stahlstücke und ihre Verbindungen.

1. Die Stahlstücke.

Der Stahl wird durch das Walzverfahren in die für Bauzwecke geeigneten Formen gebracht. Die Formen sind durch die Gestalt der Querschnitte gekennzeichnet und in allen Ländern im wesentlichen die gleichen. Unterschiede bestehen nur in den Abmessungen. Es genügt daher, hier die in Deutschland eingeführten und durch Normen festgelegten Arten anzugeben. Die für Bauzwecke wichtigen Arten zerfallen in 4 Gruppen: Formeisen, Stabeisen, Sonderprofile und Bleche.

a) Die Gruppe Formeisen umfaßt

1. Deutsche I-Eisen nach DIN 1025, Blatt 1 von 80 bis 600 mm Höhe und 4 bis 14 m Regellänge. Die gebräuchliche Bezeichnung ist I mit Angabe der Höhe in cm.

2. Deutsche Bau-[-Eisen nach DIN 1026, Blatt 1 von 80 bis 400 mm Höhe und 4 bis 12 m Regellänge. Bezeichnung [mit Angabe der Höhe in cm.

3. Deutsche Belageisen nach DIN 1023 in verschiedenen Abmessungen des Querschnittes und 4 bis 12 m Regellänge. Bezeichnung ⌐⌐ mit Angabe der Höhe und Breite in mm.

b) Die Gruppe Stabeisen umfaßt

1. Flacheisen mit rechteckigem, auf eingeschnittenen Walzen hergestellten Querschnitt von 8 bis 150 mm Breite, 3 bis 100 mm Dicke und 3 bis 12 m Regellänge. Bezeichnung ▭ mit Angabe der Breite und Dicke in mm.

2. Universaleisen mit rechteckigem, durch vierseitigen Walzendruck hergestellten Querschnitt von 151 bis 1000 mm Breite, 3 bis 40 mm Dicke und 3 bis 12 m Regellänge. Bezeichnung wie Nr. 1. Als normale Mindestdicke gilt 1% der Breite + 1 mm.

3. Z-Z-Eisen nach DIN 1027 von 30 bis 200 mm Höhe und 1 bis 10 m Regellänge. Bezeichnung Z mit Angabe der Höhe in cm.

4. Gleichschenklige L-Winkel-Eisen nach DIN 1028 von 15 bis 200 mm Schenkelbreite, jede Breite in 3 verschiedenen Stärken und 3 bis 12 m Regellänge. Bezeichnung L mit Angabe der Schenkelbreiten und der Dicke in mm.

5. Ungleichschenklige L-Eisen nach DIN 1029 von 20 : 30 bis 100 : 200 Schenkelbreiten, in Verhältnissen 1 : 1,5 und 1 : 2, jede Breite in 3 verschiedenen Dicken. Regellänge und Bezeichnung wie Nr. 4.

6. Hochstegige ⊥-Eisen nach DIN 1024 mit gleicher Steghöhe und Fußbreite von 15 bis 180 mm und 3 bis 10 m Regellänge, Bezeichnung ⊥ mit Angabe der Höhe bzw. Breite in cm.

7. Breitfüßige ⊥-Eisen nach DIN 1024 mit Fußbreite = 2facher Steghöhe von 60·30 bis 200·100 mm, Regellänge und Bezeichnung wie Nr. 6.

8. I-Eisen unter 80 mm Höhe.

9. ⊐-Eisen unter 80 mm Höhe.

c) Die Gruppe Sonderprofile umfaßt I, ⊐ und L-Eisen mit abnormalen Abmessungen. Die wichtigsten sind

1. Peiner breit- und parallelflanschige I-Eisen nach DIN 1025 Blatt 2 von 200 bis 650 mm Höhe und 4 bis 14 m Regellänge. Bezeichnung I P mit Angabe der Höhe in cm. Breite der Flansche gleich der Höhe bis zu 30 cm bei den höheren Profilen = 30 cm.

2. Differdinger Breitflanscheisen mit normalem und mit dünnem Steg von 140 bis 1000 mm Höhe. Bezeichnung I Di mit Angabe der Höhe in cm. Breite der Flansche wie unter 1.

d) Die Gruppe Bleche umfaßt Grobbleche, das sind solche von 5 mm Dicke und mehr, Feinbleche unter 5 mm Dicke und Riffelbleche.

Die L-, Z-, I P- und I Di-Eisen haben parallele Flanschen, bei den I-, ⊐-, ⊥-Eisen nimmt die Dicke vom Steg nach der Außenkante ab, ebenso die Dicke des Steges der ⊥-Eisen.

Ausführliche Tabellen aller Profile mit Angaben über Fläche, Trägheitsmomente, Widerstandsmomente und andere wesentliche Größen bringt „Eisen im Hochbau“, 7. Auflage.

2. Die Verbindungsmittel.

a) Die Niete.

Das wichtigste Mittel zur Verbindung der Stahlstücke zum Bauglied, der Bauglieder zum Bauwerk sind die Niete. Das Niet besteht im Rohzustand vor der Verwendung aus Setzkopf und Schaft, im fertigen Zustand aus Setzkopf, Schaft und Schließkopf. Der Durchmesser des Schaftes mißt im Rohzustand etwa 1 mm weniger als das Nietloch. Das Nietloch muß durch Bohren hergestellt werden, entweder in jedem einzelnen Blech oder durch eine Bohrung in den zum Paket verbundenen Stücken. Wenn die Nietlöcher sich nicht genau überdecken, ist der Mantel mit der Reibahle zur glatten Fläche aufzureiben. Das im Feuer bis zur Rotglut erhitzte Niet wird in das Nietloch eingeführt und gestaucht, bis der Schaft das Loch vollkommen ausfüllt. Schließlich wird aus dem überstehenden Schaftstück der Schließkopf gebildet. Die Länge des Schaftes im Rohzustand muß der des fertigen Nietes angepaßt sein, damit gerade die erforderliche Materialmenge vorhanden ist. Nietmaschinen, die im allgemeinen nur in der Werkstatt verwendet werden, pressen, pneumatische Werkzeuge hämmern das Niet in seine Form. Erstere halten das Niet von beiden Enden unter gleichmäßigem festen Druck bis der Schließkopf gebildet ist, und erzielen dadurch eine bessere Nietung als andere Werkzeuge. Beim Abkühlen zieht sich der Schaft zusammen und preßt die Köpfe fest gegen die vernieteten Bleche. Anderseits besteht die Gefahr, daß der kalte Nietschaft das Loch nicht mehr vollkommen ausfüllt. Aus diesem Grunde ist die größtmögliche Länge des fertigen Schaftes von dem Durchmesser abhängig. Sie soll $5d$ nicht überschreiten. Nach dem Erkalten müssen die Niete auf festen Sitz untersucht werden. Früher hielt man ein kegelförmiges Zwischenstück zwischen Schaft und Kopf für notwendig. Versuche des Deutschen Eisenbauverbandes haben es als entbehrlich erwiesen.

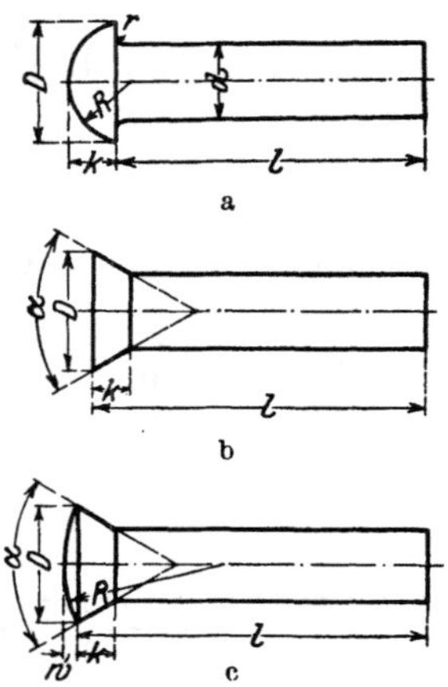

Abb. 18a bis c.

Die Nietformen und Maße sind durch Normen festgelegt. Man unterscheidet nach Abb. 18a, b, c Halbrundniete, Senkniete und Linsensenkniete und verwendet Niete der Durchmesser $d = 11$, 14, 17, 20, 23, 26, 30, 32, 35, 38, 41, 44 mm im fertigen Zustand, die letzten 6 nur in Ausnahmefällen. Nachstehend sind die

Sinnbilder für Nietdurchmesser

Durchmesser des fertig geschlagenen Nietes = Nietloch-⌀ d_1 mm	11	14	17	20	23	26	29	32	35	38	41	44
Sinnbild	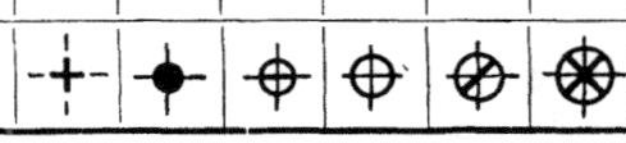							Kreis mit Maßangabe z. B.			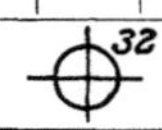	

dargestellt.

Zwei Kraftwirkungen sind es, durch die das Niet die Stücke verbindet. Die Reibung zwischen den Stücken, die durch die oben erwähnte Pressung entsteht, sodann die entgegengesetzten Drücke in den vernieteten Stücken zwischen Lochleibung und Nietschaft und ihr Ausgleich durch die Scherspannungen im Nietquerschnitt. Nicht selten ist die Meinung vertreten worden, daß die Reibung allein die Verbindung bewirkt. Nachdem Versuche gezeigt haben, daß schon verhältnismäßig kleine Belastungen gegenseitige Verschiebungen der Stücke hervorrufen, verläßt man sich nur auf Leibungsdruck und Scherkraft. Die Pressung im Lochmantel und die gleich große Scherkraft im Nietquerschnitt bestimmen daher die Größe der verbindenden Kraft. Der Leibungsdruck wird gleichmäßig über den Nietdurchmesser und die Blechstärke t verteilt angenommen. Sein Wert ist daher $= d \cdot t \cdot \sigma_l$. Die Annahme trifft jedoch nicht zu. Gleicher Druck ist weder längs der Achse noch längs des Durchmessers des Nietschaftes möglich. Der Leibungsdruck ist normal zum Mantel des Schaftes gerichtet und hat in jedem Querschnitt in der Normalen, die durch den Neigungswinkel φ gegen die Kraftrichtung bezeichnet ist, den Wert $p = p_0 \cdot \cos\varphi$, wenn p_0 dem Winkel $\varphi = 0$ entspricht. Die Komponente des Druckes in der Kraftrichtung ist somit $p_0 \cos^2\varphi$, und auf die Längeneinheit des Durchmessers entfällt $p_0 \cos\varphi$. Da man aber durch den Versuch nur die tragbare Belastung des Niets und nicht die zulässige spezifische Pressung feststellen kann, so führt die Annahme zu richtigen Schlüssen, wenn man den zulässigen mittleren Lochleibungsdruck $\sigma_{l\,\mathrm{zul}}$ aus dem Versuchsergebnis durch die gleiche Annahme berechnet.

Die im Nietquerschnitt übertragbare Scherkraft ist unter der Annahme gleicher Spannungen $= \frac{\pi d^2}{4} \sigma_{s\,\mathrm{zul}}$. Da die Gleichheit der Kräfte

$$\frac{\pi d^2}{4} \sigma_{s\,\mathrm{zul}} = d t \sigma_{l\,\mathrm{zul}}$$

im allgemeinen nicht besteht, ist entweder die zulässige Scherkraft oder der zulässige Druck im Lochmantel kleiner. Entscheidend ist die Blechstärke t. Wenn

$$t > \frac{\pi}{4} \frac{\sigma_{s\,zul}}{\sigma_{l\,zul}} d,$$

ist die zulässige Belastung des Nietes durch die zulässige Scherspannung bestimmt und

$$N_1 = \frac{\pi d^2}{4} \cdot \sigma_{s\,zul}, \tag{48}$$

im andern Falle ist der zulässige Leibungsdruck maßgebend und

$$N_1 = d \cdot t \cdot \sigma_{l\,zul}. \tag{49}$$

Vorstehendes setzt voraus, daß das Niet 2 Blechstärken verbindet, die nach Abb. 19 unmittelbar aufeinander liegen. Liegt eine dritte Blechstärke zwischen den zu verbindenden, so wird die Kraft zunächst im Querschnitt *1/3* auf *3* und

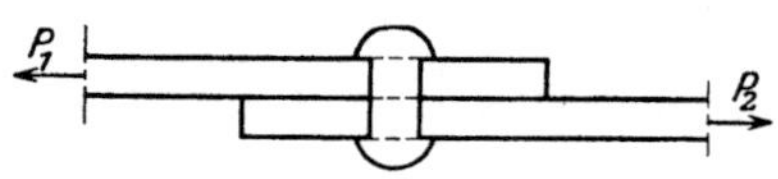

Abb. 19.

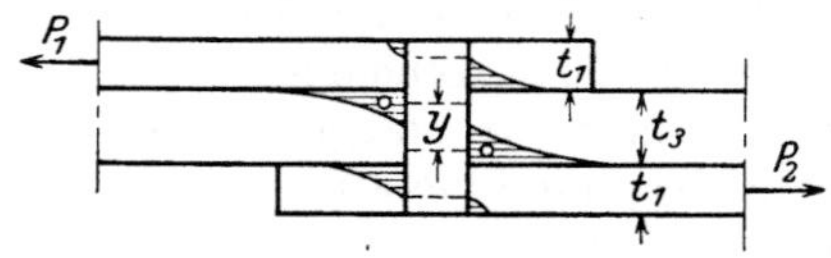

Abb. 20.

weiter im Querschnitt *3/2* auf *2* übertragen. Dadurch entsteht Biegungsbeanspruchung und eine stärkere Formänderung des Nietschaftes als im Falle unmittelbarer Verbindung *1/2*. Die auftretenden Leibungsdrücke zeigt der Linienzug in Abb. 20. Bezeichnet y den Abstand der Schwerpunkte und f den Flächeninhalt der Druckflächen in Blech *3*, ferner f_1 den Inhalt der Druckflächen in Blech *1* und *2*, so bedingt Gleichheit der Momente

$$f \cdot y = f_1 \cdot t_3.$$

Der Leibungsdruck in Blech *3* ist demnach größer als in Blech *1* und offensichtlich wesentlich größer, wenn $t_3 \sim t_1$ ist. Er nimmt jedoch mit zunehmender Dicke t_3 ab und es gibt eine Dicke, mit der die Wirkung des Nietes der von *2* getrennten Nieten gleichkommt. Die Verschiebung des Bleches *1* gegen *2* ist demnach, wenn t_3 die fragliche Dicke erreicht oder überschreitet, doppelt so groß wie im Falle unmittelbarer Verbindung, sie ist jedoch größer wenn t_3 die fragliche Dicke nicht hat.

Die Folgerungen sind: Ist der lichte Abstand zwischen Blech *1* und *2* nicht wesentlich größer als t_1, so ist ein Futterstück *3* einzulegen und nach Abb. 21 durch 1 Niet an *1*, durch ein zweites Niet an *2* anzuschließen. Das erste Niet überträgt die Kraft aus *1* auf *3*, das zweite Niet aus *3* auf *2*.

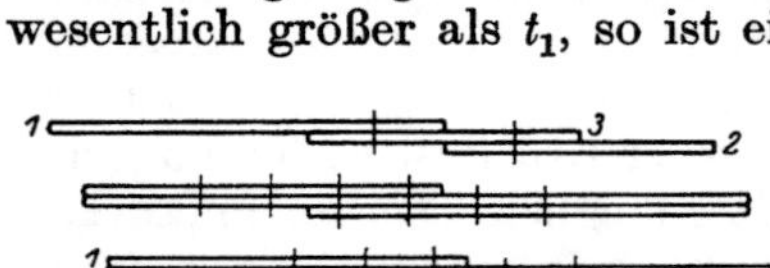

Abb. 21 bis 23.

Läuft zwischen den Blechen *1* und *2* ein drittes Blech durch, welches auf der einen Seite mit *1* auf der andern mit *2* durch Niete verbunden ist, so sind nach Abb. 22 2 Nietgruppen erforderlich, um die Wirkung unmittelbarer Verbindung durch 1 Nietgruppe zu erreichen. Bei Beschränkung auf 1 Nietgruppe — Abb. 23 — würde das durchlaufende Blech zwischen den Nieten b und c eine Zunahme der Dehnung und eine Erhöhung der Spannung erfahren.

Sofern jedoch der lichte Abstand t_3 wesentlich größer als t_1 ist, oder das Blech *3* keine Beanspruchung der gleichen Richtung aufzunehmen hat, so genügt 1 Nietgruppe, da die Größe der Verschiebung des Bleches *1* gegen *2* hier keine nachteiligen Folgen hat.

Das Gleichgewicht der Verbindungen nach Abb. 19 und 20 verlangt, daß die Kräfte P_1 und P_2 in eine Gerade fallen. Wenn die Bleche nicht durch Stege gehalten werden, die rechtwinklig auf ihnen stehen, müssen sie sich in einer S-Linie krümmen. Um das zu vermeiden, ist in allen Fällen der Art die Anordnung der Abb. 24 zu wählen, in der das Stück *1* mit den beiden Stücken *2a* und *2b* verbunden ist. Unter der Voraussetzung $t_a + t_b \geqq t_1$ ist der zulässige Druck im Lochmantel $= d \cdot t_1 \cdot \sigma_{l\,zul}$ und die zulässige Scherkraft $= \frac{\pi d^2}{2} \sigma_{s\,zul}$, da das Niet in 2 Querschnitten beansprucht wird. Mithin ist

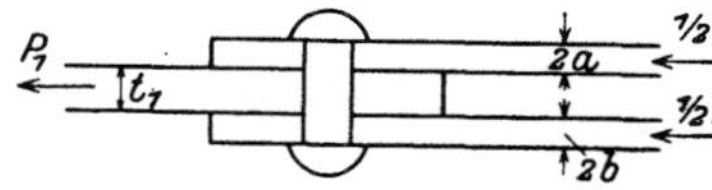

Abb. 24.

$$t = \frac{\pi}{2} \frac{\sigma_{s\,zul}}{\sigma_{l\,zul}} d$$

die Grenze, die hier beide Fälle scheidet. Ist

$$t > \frac{\pi}{2} \frac{\sigma_{s\,zul}}{\sigma_{l\,zul}},$$

so ist die zulässige Scherbeanspruchung maßgebend und die Nietbelastung

$$N_2 = \frac{\pi d^2}{2} \cdot \sigma_{s\,zul}, \tag{50}$$

im andern Falle bestimmt der zulässige Lochleibungsdruck die Nietbelastung

$$N_2 = dt \cdot \sigma_{l\,zul}.$$

Es ist danach zwischen ein- und zweischnittiger Vernietung zu unterscheiden. Auf Grund der Erfahrung ist $\sigma_{s\,zul} = 0{,}8 \sigma_{zul}$ und $\sigma_{l\,zul} = 2 \sigma_{zul}$ gewählt. Demnach bezeichnet $t = 0{,}314\, d$ für einschnittige und $t = 0{,}628\, d$ für zweischnittige Niete die Grenze zwischen beiden Fällen. Die Bedingung $t > 0{,}314\, d$ ist bei einschnittigen Nieten fast immer erfüllt, daher kommt hier meist die Scherkraft in Frage. Da die größte spezifische Pressung im Falle einschnittiger Vernietung den mittleren Wert weit mehr übersteigt als in der zweischnittigen Nietverbindung, müßte $\sigma_{l\,zul}$ hier kleiner gewählt werden und die Grenze daher höher liegen als oben angegeben ist. Da meist $t \geqq 0{,}5\, d$ ist, ist der Frage bisher keine Beachtung geschenkt worden. Auf Grund neuerer Versuche ist in B. E. $\sigma_{l\,zul}$ auf $2{,}5\, \sigma_{zul}$ erhöht worden. Damit ändern sich auch die genannten Grenzwerte. Die Erhöhung des Lochleibungsdruckes stößt noch auf manche Bedenken. Da die Spannung $2{,}5\, \sigma_{zul}$ die Quetschgrenze weit übersteigt, kann es jedenfalls nicht zweifelhaft sein, daß in einer so belasteten Nietverbindung das Nietloch durch bleibende Formänderung des Randes eine längliche Form erhält. Im Falle einseitiger Kraftrichtung in den verbundenen Stücken ist das wohl unbedenklich, vielleicht durch Ausgleich in der Belastung mehrerer Niete sogar vorteilhaft. Bei wechselnder Kraftrichtung muß die Formänderung des Loches den Sitz der Niete lockern. Daher erscheint die Wahl eines kleineren Wertes $\sigma_{l\,zul}$ für Verbindungen, die Kräfte wechselnder Richtung übertragen sollen, wohl begründet.

Die Spannung in dem durch das Nietloch geschwächten Querschnitt des Bleches hat am Lochrand ihren größten Wert. Sie nimmt mit wachsendem Abstand ab. Föppl[1] hat auf theoretischem Wege für die größte Spannung den 3fachen Wert der mittleren gefunden. Durch Versuche ist von Preuß[2] 2,1 bis 2,3, Findeisen[3] 2,1 bei offenem Loch, von Rühl[4] an dem durch den belasteten Bolzen ausgefüllten Loch 2,83 gefunden worden. Rühl hat den Spannungszustand in einem rechteckigen Blech 60·10, welches durch einen Bolzen von 20 mm Durchmesser mit 2000 kg belastet ist, durch Messungen der Verschiebun-

[1] Föppl: Vorl. über techn. Mechanik Bd. 5.
[2] Preuß. Mitteilungen über Forschungsarbeiten 1912, H. 26.
[3] Findeisen: Ebenda 1920, H. 229.
[4] Rühl: Experimentelle Ermittlung ebener Verschiebungs- und Spannungszustände. Dr.-Diss. Danzig 1920.

gen in und rechtwinklig zur Kraftrichtung in den Punkten eines quadratischen Netzes von 5 mm Maschenweite festgestellt. Abb. 25 zeigt die so ermittelten Hauptspannungslinien; Abb. 26 die Spannungslinie σ_x im Querschnitt und die Spannungslinie σ_y im Längsschnitt durch das Bolzenloch.

Das gleiche Bild zeigt die Spannungslinie in einem Querschnitt durch mehrere Niete, Abb. 27. Rudeloff hat hier für die größte Spannung den 1,3fachen Wert der mittleren gefunden. Es ist jedoch anzunehmen, daß er im allgemeinen das 2fache beträgt. Das Verhältnis hängt jedenfalls vom Nietabstand ab. Sobald die Spannung die

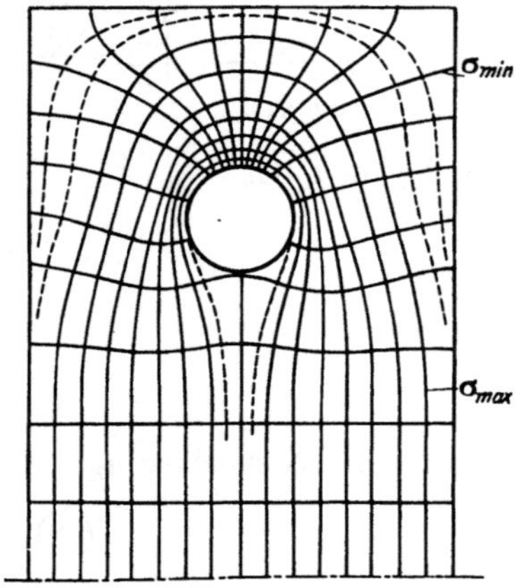

Abb. 25.

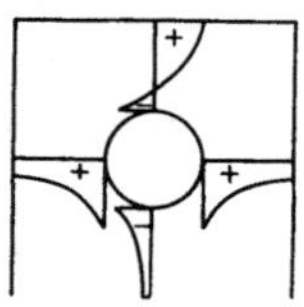

Abb. 26.

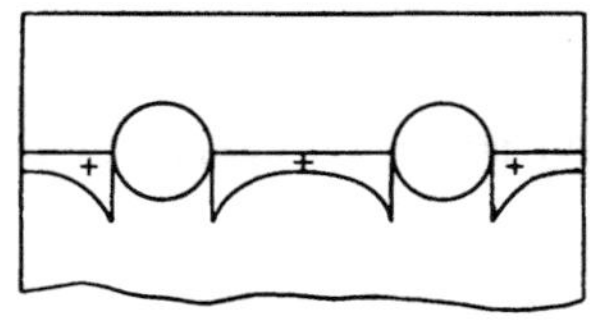

Abb. 27.

Streckgrenze erreicht, ist ihrer Zunahme jedoch durch die geometrische Abhängigkeit unter den Dehnungen ein Riegel vorgeschoben. Da die Dehnung am Lochrand auf ein vielfaches steigen muß, bevor Überschreitung der Streckgrenze möglich wird, muß die Zunahme der Last von den bis dahin schwächer beanspruchten Flächen des Querschnitts aufgenommen werden. Die Spannungslinie nähert sich mit steigender Last mehr und mehr dem Rechteck. Wenn die mittlere Spannung die Streckgrenze überschreitet, mag die Verteilung wieder ungleichmäßiger werden. Doch wiederholt sich der gleiche Vorgang des Ausgleichs, sobald die Spannung am Lochrand die Bruchgrenze erreicht. In dieser Belastungsstufe kann der Bruch noch nicht eintreten, da die Entwicklung der Bruchdehnung durch die geringer beanspruchten Teile verhindert wird. Eine Bestätigung dessen hat zuerst Föppl durch den Versuch erbracht. Eine Anzahl späterer Versuche haben zu dem gleichen Ergebnis geführt. Die aus der Bruchlast errechnete mittlere Spannung im geschwächten Querschnitt bleibt nur unwesentlich hinter der Bruchspannung des Materiales zurück. Ebenso sind wiederholte Belastungen, bei denen die mittlere Spannung im geschwächten Querschnitt die Streckgrenze nicht ganz erreichte, in Versuchen an gelochten Flacheisen beliebig oft ohne Bruch ertragen worden. Dauerbruch ist hier erst unter einer Belastung eingetreten, die die mittlere Spannung in die Streckgrenze gehoben hat[1]. Die Sicherheit des geschwächten Querschnittes gegen Bruch oder Dauerbruch ist daher nach dem Verhältnis der Bruchspannung bzw. der Arbeitsfestigkeit zum Wert der erzeugten mittleren Spannung zu beurteilen.

Den erforderlichen kleinsten Abstand e eines Nietes vom Blechrand erhält man demnach aus

$$2\left(e - \frac{d}{2}\right) t \cdot \sigma_{\text{zul}} = d \cdot t \sigma_{l\,\text{zul}}$$

zu $e = 1{,}5\,d$, wenn $\sigma_{l\,\text{zul}} = 2{,}0\,\sigma_{\text{zul}}$ ist, und $e = 1{,}75\,d$, wenn $\sigma_{l\,\text{zul}} = 2{,}5\,\sigma_{\text{zul}}$ ist.

Im Längsschnitt durch das Nietloch wirken die Zugspannungen rechtwinklig zur Kraftrichtung. Der Leibungsdruck auf den Quadranten $\varphi = 0$ bis $\varphi = \frac{\pi}{2}$

[1] Versuche von J. S. Wilson und P. Haigh: Bauing. 1924, H. 8.

Abb. 28, hat die Komponenten in und rechtwinklig zur Kraftrichtung

$$R \sin \alpha = \frac{1}{2} d \cdot t \cdot \sigma_m , \quad R \cos \alpha = \frac{d \cdot t}{\pi} \sigma_m ,$$

$$\operatorname{tg} \alpha = \frac{\pi}{2}$$

Macht man die Annahme gleicher Spannungen im Querschnitt durch das Bolzenloch, so ist die Lage ihrer Resultierenden bestimmt. Mithin läßt sich die Lage der Resultierenden der Zugspannungen im Längsschnitt berechnen. Wenn $e = 1{,}5d$ ist, beträgt ihr Abstand ζ vom Lochrand

$$\zeta = \frac{1}{2} d(\pi - 1) \sim d .$$

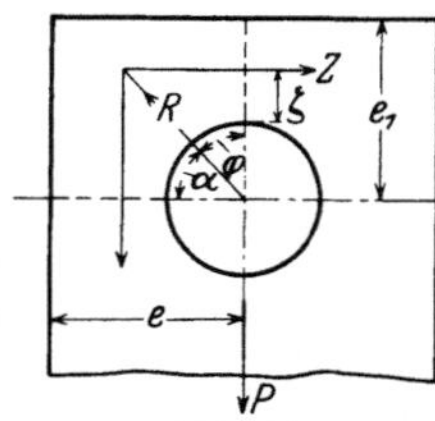

Abb. 28.

Wird für e_1 $2\,d$ gewählt, so geht die Resultierende durch den Kernpunkt des Querschnitts. Mithin entsteht am Lochrand die Spannung 0 und am Blechrand

$$\sigma = \frac{2\,R \cos \alpha}{1{,}5\,d t} = \frac{4}{3\,\pi} \sigma_m .$$

Mit $\sigma_m = \sigma_{l\,\text{zul}} = 2\sigma_{\text{zul}}$ erhält man $\sigma = 0{,}85\,\sigma_{\text{zul}}$ und mit $\sigma_{l\,\text{zul}} = 2{,}5\,\sigma_{\text{zul}}, \sigma \sim 1{,}08\,\sigma_{\text{zul}}$. Der angenommene Spannungszustand ist von der Wirklichkeit weit entfernt. Er erfüllt jedoch die Gleichgewichtsbedingungen. Wenn vor Eintritt des Bruches der wirkliche Spannungszustand im Querschnitt sich dem angenommenen nähert, so muß er im Längsschnitt in den gefundenen übergehen. Mithin darf aus der Rechnung ein Schluß auf den Sicherheitsgrad im Längsschnitt gezogen werden. Als Ergebnis der Erfahrung ist

$$e = 1{,}5 \text{ bis höchstens } 2{,}5\,d,$$

$$e_1 = 2{,}0\,d$$

festgesetzt. Wenn der zulässige Leibungsdruck auf $2{,}5\,\sigma_{\text{zul}}$ erhöht wird, ist eine Erhöhung der Randabstände e und e_1 erforderlich. Die Bestimmung einer oberen Grenze für e hat den Zweck, festen Schluß der vernieteten Bleche am Rande zu sichern, damit das Wasser nicht in die Fugen eindringen kann.

Niete einer Reihe in der Kraftrichtung erhalten den Mindestabstand $v = 3d$, in besonderen Fällen wird $2{,}5\,d$ noch zugelassen. Rechtwinklig zur Kraftrichtung wird $v_2 \geqq v$ vorgeschrieben (Abb. 29). Die obenstehende Rechnung für e zeigt, daß $v_2 \geqq 3d$ erforderlich ist. Bei Blechbreiten $b \geqq 4{,}5\,d$ sind 2 Nietreihen zu stellen und die Niete nach Abb. 30 gegeneinander zu versetzen. Der geringste Abstand zwischen 2 Nieten ist auch hier $v = 3d$.

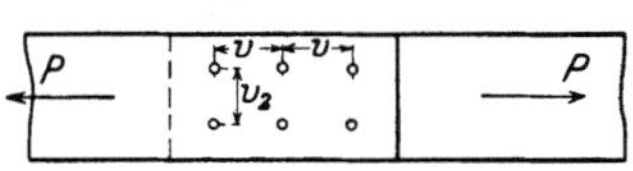

Abb. 29.

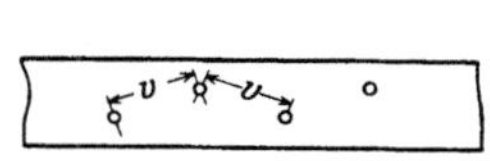

Abb. 30.

Heftniete, die keine Kraft übertragen, sondern nur die Stücke eines Querschnitts verbinden, werden in größeren Abständen gesetzt. Die Teilung soll in gedrückten Stäben $7\,d$ in gezogenen $10\,d$ nicht überschreiten.

Ergebnis der Erfahrung und durch Normen festgelegt ist auch die Stellung der Niete in L-, I- und]-Eisen. Im Schenkel der Winkeleisen unter 120 mm Breite wird eine Nietreihe angeordnet. Ihre Stellung ist durch den Abstand der Lochmitte von der scharfen Kante des Winkeleisens, das sog. Wurzelmaß w, bestimmt. Meist ist w = halbe Schenkelbreite + 5 mm. In größeren Winkeln werden die Niete in jedem Schenkel in 2 Reihen gestellt. Demgemäß bestehen für solche Winkel 2 Wurzelmaße, ein inneres und ein äußeres. Die Niete sind in beiden Schenkeln möglichst nach Abb. 31 und 32 gegeneinander zu versetzen. Die Wurzelmaße für Niete in den I- und]-Eisen sind aus Abb. 33 und 34 ersichtlich. Das Wurzelmaß der Niete in den Stegen richtet sich auch nach der Länge der angeschlossenen Winkel, die davon abhängt, ob die Winkel eingepaßt sind oder nicht. Eingepaßt nennt man solche Winkel, die so abgefräst sind, daß ihre Kante sich genau in die Querschnittsform des I- oder]-Eisens einfügt. Weitere Angaben „Eisen im Hochbau" Seite 186.

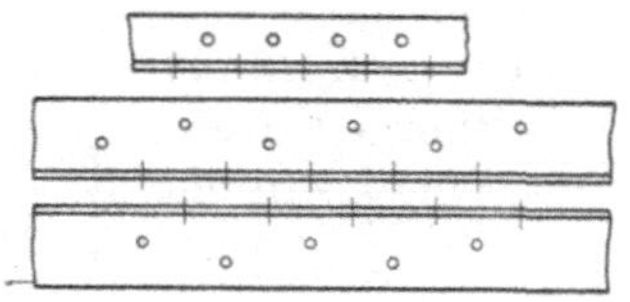

Abb. 31 und 32.

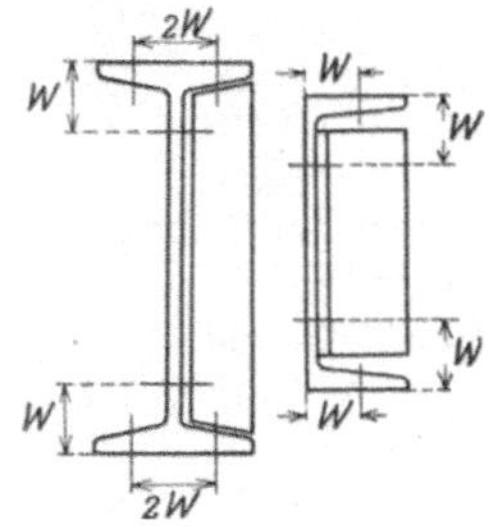

Abb. 33 und 34.

Mehrere Niete einer Reihe in der Kraftrichtung werden durch die wirkende Last nicht gleichmäßig beansprucht. Z. B. tragen von 3 und 4 Nieten gleichen Abstandes die beiden äußeren nahezu die ganze Last, wenn sie Stücke gleicher Abmessungen verbinden. Wird ein schmales Blech an ein breiteres angeschlossen, so wird das dem Rande des letzteren nächste Niet am stärksten belastet. Für die in Abb. 35 dargestellte Nietverbindung haben Versuche von Findeisen[1] die Verteilung 30,4%, 26,1%, 13,1%, 29,8% auf die Niete *1*, *2*, *3*, *4* und 42%, 12,2%, 11,6%, 29,2% auf die Niete *5*, *6*, *7*, *8* ermittelt. Der Unterschied in der Lastverteilung ist eine Folge der verschiedenen Nietteilung, die links 9 cm, rechts 14 cm beträgt. Das erste und letzte Niet der Lasche wird am stärksten beansprucht, danach kommen die Niete beiderseits des Stoßes.

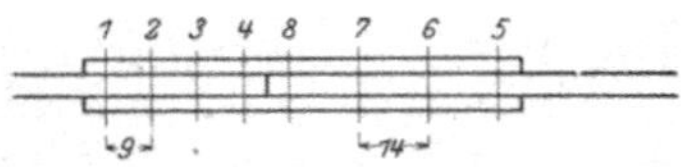

Abb. 35.

Die Verschiedenheit der Nietbelastung besteht jedoch nur solange die Streckgrenze nicht erreicht wird. In den Nietverbindungen erfüllt die Streckgrenze eine

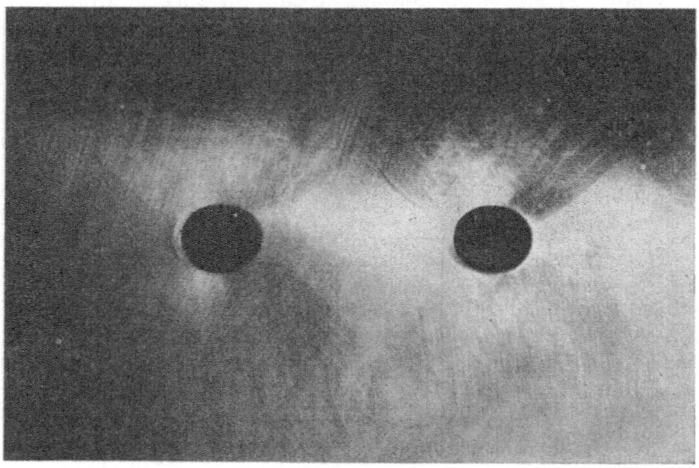

Abb. 36.

ihrer wichtigsten, vielleicht die wichtigste Aufgabe im Eisenbau, den Ausgleich der Unterschiede in der Belastung. Schachenmeyer[2] hat das durch Lichtbilder der Fließfiguren (Abb. 36) in verschiedenen Belastungsstufen klar und anschaulich

[1] Findeisen: Mitteilungen über Forschungsarbeiten, H. 229.

[2] Schachenmeyer: Die Zähigkeit der Flußeisensorten als Sicherheitsfaktor im Eisenbau. Bauing. 1921.

dargestellt. Die hellen Stellen zeigen, daß der Stahl blank geblieben ist. Die Streckgrenze ist nicht überschritten. Die Linien, die von den Löchern schräg nach dem Rande verlaufen, entstehen in der Streckgrenze. Für wiederholte Belastungen gilt das auf Seite 30, 31 bewiesene. Wo die Proportionalitätsgrenze überschritten wird, gehen die Belastungen allmählich zurück, während sie in den zuerst schwächer beanspruchten Nieten steigen. Bei ausreichender Höhe der Last gleichen sie sich unter Erhöhung der Proportionalitätsgrenze in der gehobenen Lage aus. Sofern die Gleichgewichtsbedingungen eine gleichmäßige Belastung der Niete zulassen, stellt sie sich also bei ausreichender Lastgröße nach und nach ein. Die statische Möglichkeit der gleichmäßigen Belastung ist natürlich notwendige Voraussetzung. Sie wird z. B. in dem Nietbild der Abb. 37 erfüllt. Schneidet man aber die verbundenen Stäbe in der Mittellinie durch, dann ist sie in dem Nietbild jeder Hälfte nicht erfüllt. In diesem wird das Niet a doppelt so stark belastet wie jedes Niet der Reihe b. Das gleiche gilt für den gelochten Stab der Abb. 38. Der ganze Stab darf im Querschnitt b—b als gleichmäßig beansprucht angesehen werden, nicht aber die durch einen Schnitt in der Mittellinie entstehenden Hälften.

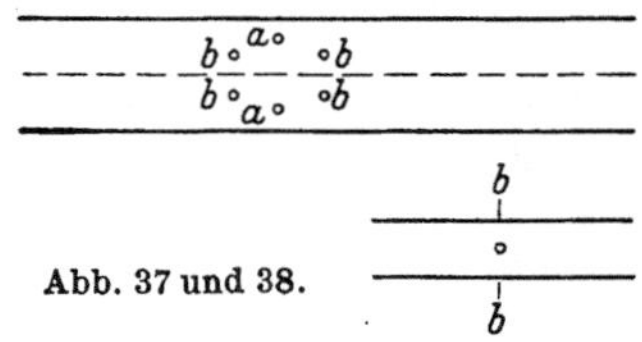

Abb. 37 und 38.

Für den Bruch unter einmaliger Belastung ist die gleichmäßige Beanspruchung der Niete durch zahlreiche Versuche bewiesen. Von den Versuchen des ,,Deutschen Eisenbau-Verbandes"[1] seien folgende erwähnt. 5 Niete einer Reihe $d = 20$ mm, $F = 15{,}70$ cm² ergaben 3510 kg/cm² Scherfestigkeit, 4 Niete $d = 23$ mm, $F = 16{,}60$ cm² 3320 kg/cm². Die Scherfestigkeit betrug somit bei 4200 kg/cm² Bruchfestigkeit 83,4% und 79% derselben. 2 Versuche mit 6 Nieten in 2 Reihen $d = 20$ mm ergaben 3340 kg/cm² und 3240 kg/cm² Scherfestigkeit, ein dritter Versuch mit 10 Nieten in 2 Reihen $d = 20$ mm 3460 kg/cm².

Demnach ist der Sicherheitsgrad eines Nietbildes gegen Bruch aus der Annahme gleichmäßiger Belastung aller Niete zu berechnen, die nach den Gleichgewichtsbedingungen gleiche Belastungen erfahren können. Die zum Anschluß eines Querschnitts erforderliche Nietzahl muß die Belastung des Stückes aufnehmen. Wo der Querschnitt aus Gründen der Konstruktion größer gewählt ist, als die Kraft erfordert, ist auch die Nietzahl entsprechend zu erhöhen und so zu bemessen, als ob der Querschnitt voll ausgenutzt würde. Der Grund liegt einmal in dem Streben nach gleicher Sicherheit aller Glieder, dem Umstand, daß eine an sich ausreichende Stärke eine Schwäche bedeutet, wenn alle andern Teile größere Tragfähigkeit besitzen. Daneben spricht die praktische Rücksicht auf die Möglichkeit einer Erhöhung der Lasten mit. Die Zahl der Niete ist aus $F_n \cdot \sigma_{\text{zul}}$ bzw. $F \cdot \sigma_{d\,\text{zul}}$ zu berechnen. Ist die Scherfestigkeit maßgebend, so erhält man die Nietzahl η für Zugstäbe bei einschnittiger Vernietung

$$\eta = \frac{F_n \sigma_{\text{zul}}}{\frac{\pi d^2}{4} \cdot \sigma_s} = \frac{F_n}{\frac{\pi d^2}{4} \cdot 0{,}8} \tag{51}$$

und bei zweischnittiger Vernietung

$$\eta = \frac{F_n}{\frac{\pi d^2}{2} \cdot 0{,}8}\,. \tag{52}$$

Für Druckstäbe gilt mit $\sigma d_{\text{zul}} \cdot \omega = \sigma_{\text{zul}}$

$$\eta = \frac{\frac{1}{\omega} \cdot F}{\frac{\pi d^2}{4} \cdot 0{,}8} \quad \text{bzw.} \quad \eta = \frac{\frac{1}{\omega} F}{\frac{\pi d^2}{2} \cdot 0{,}8}\,. \tag{53}$$

[1] Berichte des Ausschusses für Versuche im Eisenbau. Ausgabe A, H. 3. Berlin 1921.

Wenn der Leibungsdruck maßgebend ist, ist für Zugstäbe

$$\eta = \frac{F_n}{d \cdot t \cdot \alpha}, \quad \alpha = \frac{\sigma_{l\,zul}}{\sigma_{zul}} = 2 \text{ bis } 2{,}5 \tag{54}$$

und für Druckstäbe

$$\eta = \frac{\frac{1}{\omega} \cdot F}{d \cdot t \cdot \alpha}. \tag{55}$$

Die Vorschriften der Deutschen Reichsbahn nennen die Fläche $\eta \frac{\pi d^2}{4} \cdot 0{,}8$ reduzierte Scherfläche, die Fläche $\eta \cdot d \cdot t \cdot \alpha$ reduzierte Leibungsfläche und geben ihre Werte für die gebräuchlichen Nietdurchmesser und $\eta = 1$ bis 30 in Tabellen an. In ihnen ist die erforderliche Nietzahl aus den Querschnitten F_n bzw. $\frac{1}{\omega} \cdot F$ abzulesen.

Die Aufnahme von Zugkräften in Richtung des Nietschaftes darf den Nieten im allgemeinen nicht zugewiesen werden. In der Hauptsache, weil die Nietköpfe dabei auf Abreißen beansprucht werden und ihre Festigkeit gegen solche Belastung unsicher ist. Da die fragliche Anordnung aber in manchen Fällen kaum zu vermeiden ist, ist zu untersuchen, ob und welche susätzlichen Spannungen σ' aus der Zugkraft Z zu den durch das Erkalten entstehenden Vorspannungen σ_0 im Nietschaft zulässig sind. Man erkennt leicht, daß die resultierende Spannung $\sigma = \sigma' + \sigma_0 < \frac{4 \cdot Z}{\pi d^2} + \sigma_0$ ist. Denn die Vorspannungen σ_0 stehen im unbelasteten Zustand mit Druckspannungen in den durch das Niet verbundenen Blechen im Gleichgewicht. Tritt nun Z hinzu, so bedingt die Erhöhung der Dehnung im Nietschaft eine Abnahme jener Druckspannungen. Man kann σ' berechnen, wenn man die Annahme macht, daß die Druckspannungen von einem Hohlzylinder aufgenommen werden, dessen ringförmiger Querschnitt die Fläche f_1 hat. Es sei l die gesamte Dicke der Bleche vor dem Erkalten des Nietes, l_1 nach dem Erkalten = der Länge des fertigen Nietschaftes und l' ein Maß zwischen l_1 und l, ferner p_0 die Druckspannung im Querschnitt f_1 nach dem Erkalten, p' die der Länge l' entsprechende Druckspannung und $f = \frac{\pi d^2}{4}$ die Fläche des Nietquerschnittes. Dann ist

$$p_0 f_1 = \sigma_0 \cdot f, \quad p' \cdot f_1 + Z = (\sigma' + \sigma_0) f,$$

$$\frac{l - l_1}{l} = \frac{p_0}{E}, \quad \frac{l - l'}{l} = \frac{p'}{E}.$$

Für den Nietschaft gilt

$$\frac{\sigma'}{E} = \frac{l' - l_1}{l} - f(\sigma - \sigma_s),$$

wenn man dem Fall der Überschreitung der Streckgrenze durch die bleibende Dehnung $f(\sigma - \sigma_s)$ Rechnung trägt. Aus diesen Gleichungen ergibt sich

$$\frac{Z}{f \cdot E} = \frac{l' - l}{l}\left(1 + \frac{f_1}{f}\right) - f(\sigma - \sigma_s)$$

und weiter

$$\sigma' = \frac{Z}{f + f_1} - \frac{f_1}{f + f_1} E \cdot f(\sigma - \sigma_s).$$

Die durch Z erzeugte zusätzliche Spannung $\sigma' = \frac{Z}{f + f_1}$ ist desto kleiner, je größer der Ringquerschnitt f_1 ist, der von den Druckspannungen betroffen wird. Da die Annahme $f_1 = f$ auf der sichern Seite liegt, ist σ' höchstens $= \frac{1}{2} \frac{Z}{f}$. Die Spannungs-Dehnungslinie kann durch 2 Gerade ersetzt werden, unterhalb der Streckgrenze $\varepsilon = \frac{\sigma}{E}$, über der Streckgrenze

$$\varepsilon = \frac{\sigma}{E} + \frac{\sigma - \sigma_s}{\operatorname{tg} \alpha}.$$

Mit $\sigma = \sigma' + \sigma_0$ ergibt sich

$$\sigma = \frac{Z}{f + f_1} + \sigma_0 - (\sigma - \sigma_s)\frac{E}{\operatorname{tg}\alpha}\frac{f_1}{f + f_1}$$

oder

$$\sigma = \sigma_s + \left(\frac{Z}{f + f_1} + \sigma_0 - \sigma_s\right)\frac{\operatorname{tg}\alpha}{\operatorname{tg}\alpha + E\frac{f_1}{f + f_1}}\,.$$

Je kleiner $\operatorname{tg}\alpha$, desto geringer die Überschreitung der Streckgrenze. Innerhalb der Streckdehnung ist $\operatorname{tg}\alpha = 0$ also $\sigma = \sigma_s$. Die Streckgrenze wird nicht überschritten.

Vorstehende Gleichungen gelten nur solange $l' \leqq l$ ist. Wird $l' > l$, so ist $p' = 0$. Der Druck in den Blechen fällt fort, das Niet wird daher nur durch Z belastet. Die Bedingung $l' = l$ setzt einen bestimmten Wert Z voraus, der Z_1 bezeichnet sei. Aus

$$\sigma' = \frac{l - l_1}{l}E - Ef(\sigma - \sigma_s) = \sigma_0\frac{f}{f_1} - Ef(\sigma - \sigma_s)$$

ergibt sich

$$Z_1 = \sigma_0(f + f_1)\frac{f}{f_1} - fEf(\sigma - \sigma_s)\,.$$

Wenn $Z < Z_1$ ist, ist die Dehnung begrenzt. Denn gemäß

$$\sigma = \sigma_0 + \frac{Z}{f} - \frac{l' - l_1}{l}\cdot E\cdot\frac{f_1}{f}$$

nimmt die Spannung bis $\frac{Z}{f}$ ab, wenn die Dehnung zunimmt. Die Spannung $\sigma > \frac{Z}{f}$ kann daher nicht bruchgefährlich sein. Man erkennt, daß dem Nietschaft die Zugbelastung $Z = f\cdot\sigma_{\text{zul}}$ unbedenklich zugemutet werden darf. Mit Rücksicht auf die unsichere Festigkeit der Köpfe, ist es nicht ratsam, über $\frac{1}{2}f\cdot\sigma_{\text{zul}}$ hinauszugehen.

b) Schrauben.

Schrauben werden als Verbindungsmittel gewalzter Stahlstücke verwendet, wo Niete durch Notwendigkeiten der Konstruktion ausgeschlossen sind. Diese Fälle sind Unzugänglichkeit für den Niethammer, zu große Dicke der zu verbindenden Bleche, Aufnahme von Zugkräften. Im Hochbau werden Schrauben nicht selten auch in untergeordneten Baugliedern verwendet, wenn die Verbindung nicht in der Werkstatt hergestellt werden kann. Bei der Montage finden Schrauben für behelfsmäßige Verbindungen vielfache Benutzung.

Die Schraube besteht aus Kopf, Schaft oder Bolzen und Mutter. Unter der Mutter ist immer eine Unterlegscheibe erforderlich, um den Druck der fest angezogenen Mutter auf eine größere Fläche zu übertragen. Angaben der gebräuchlichen, durch Normen festgelegten Abmessungen: „Eisen im Hochbau“, S. 188ff. und B. E. Anlage 6. Der Schraubenbolzen überträgt die Kraft, wie das Niet, durch Leibungsdruck und Scherspannung. In der Berechnung des Sicherheitsgrades oder der erforderlichen Zahl besteht daher kein Unterschied. Die Art der Kraftübertragung verlangt vollkommene Ausfüllung des Loches durch den Bolzen. Dazu ist genaue Abdrehung des Bolzens und ebenso genaue Bohrung des Loches notwendig. Das Loch erhält zunächst einen etwas kleineren Durchmesser als der Bolzen. Nach Zusammenbau der Stücke wird es durch Bohren oder Aufreiben so erweitert, daß der Bolzen unter leichtem Druck eingeführt werden kann. Dabei ist mehrfaches Probieren unvermeidbar. Nach Einlegung der Unterlegscheibe wird die Mutter aufgesetzt und mit dem Schraubenschlüssel fest angezogen. Wo die Verbindung Stößen ausgesetzt ist, ist die Verwendung von Gegenmuttern ratsam. Die Herstellung einer guten Schraubenverbindung erfordert größere Sorgfalt und höhere Kosten als eine Vernietung, steht ihr aber bei wirklich guter Ausführung an Zuverlässigkeit nicht nach.

Aus der Notwendigkeit des genauen Einpassens ist eine Bolzenform entstanden, die keines Kopfes bedarf, der konische Schraubenbolzen. Der Schaft erhält Kegelform von schwacher Neigung, tg des Spitzenwinkels etwa 1 : 50. Natürlich ist auch hier genaue Abdrehung des Schaftes und genaue Bohrung des Loches notwendig. Das Einpassen ist etwas leichter, die genaue Herstellung des konischen Loches jedoch eher schwieriger als die gleichen Arbeiten beim zylindrischen Bolzen. Die Zweckmäßigkeit des konischen Bolzens wird daher verschieden beurteilt.

Wo keine Kräfte zu übertragen sind, werden die durch Maschinen hergestellten Schrauben verwendet. Für bleibende Verbindungen sollen die Löcher auch hier gut aufgerieben werden, damit möglichst fester Sitz erreicht wird.

Die Verbindung von gewalzten Stücken mit Gußstücken wird immer durch Schraubenbolzen hergestellt. Für diesen Zweck kommen auch Stiftschrauben in Betracht, deren Gewinde in das Gußstück eingedreht wird, wenn die Möglichkeit fehlt, eine Kopfschraube einzusetzen.

c) Gelenkbolzen.

Gelenkbolzen dienen zur gelenkigen Verbindung von 2 Stäben oder 2 Scheiben, die im allgemeinen aus mehreren Stahlstücken bestehen. Dabei liegen die zu verbindenden Stücke entweder unmittelbar nebeneinander oder in größerem Abstand, wenn die Stäbe zweiwandig ausgebildet sind. Im ersten Falle, Abb. 39, wird der Bolzen wie ein Niet durch Leibungsdruck und Scherkraft beansprucht. Die Dicke der Bleche wird so gewählt oder erforderlichen Falles am Bolzenloch durch aufgenietete Bleche verstärkt, daß Mantelfläche und Querschnitt gleichmäßig ausgenutzt werden. Infolge der größeren Dicke der Stücke, die aus mehreren Blechstärken bestehen, kann der Abstand der resultierenden Leibungsdrücke voneinander jedoch so groß werden, daß die Beanspruchung auf Biegung zu beachten ist. Das trifft bei zweiwandiger Ausbildung der Stäbe immer zu (Abb. 82).

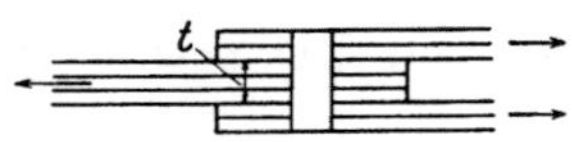

Abb. 39.

Um die Beanspruchung des Querschnitts in der Symmetrieebene zu erkennen, sei die Belastung in 2 Sonderfälle zerlegt.

1. Die Belastung der reinen Biegung, erzeugt durch Kräfte p' in allen Flächenelementen der Endquerschnitte, die parallel zur Achse gerichtet sind und die Gleichungen

$$\int p' \cdot df = 0\,,$$
$$\int p' \cdot y \cdot df = M$$

erfüllen; 2. die gegebene Belastung und Kräfte $-p'$. Die Kräfte des zweiten Belastungsfalles sind auf jeder Seite der Symmetrieebene für sich im Gleichgewicht, mithin erzeugen sie im mittleren Querschnitt keine Normalkraft und kein Moment. Die exakte Lösung des Falles, der reinen Biegung, welche die Grundgleichungen der Elastizitätstheorie erfüllt, ist bekannt, nämlich

$$\sigma_x = \frac{M}{J}\,y\,, \qquad \sigma_y = 0\,, \qquad \sigma_z = 0\,,$$
$$\tau_x = \tau_y = \tau_z = 0\,.$$

Dadurch, daß der mittlere Querschnitt eben bleibt, treten jedoch im zweiten Belastungsfall Zwängungsspannungen auf, die untereinander im Gleichgewicht sind. Infolge ihrer Entstehungsursache verhalten sie sich zu den Spannungen des ersten Falles wie die Nebenspannungen infolge vernieteter Knotenpunkte zu den Hauptspannungen des Fachwerks. Sie sind für die Sicherheit ohne jede Bedeutung.

Daraus folgt, daß die Randspannungen im mittleren Querschnitt aus $\sigma = \frac{M}{W}$ und der Durchmesser nach $W_{\text{erf}} = \frac{M}{\sigma_{\text{zul}}}$ zu bestimmen ist.

Die Gelenkbolzen werden bis zu mittleren Abmessungen des Durchmessers wie Schrauben mit Kopf, Schraubenmutter und Unterlegscheibe ausgeführt. Bolzen großer Durchmesser werden in der Länge = der Dicke der zu verbindenden Stücke glatt abgeschnitten und beiderseits durch überstehende Platten gedeckt, die durch einen den Bolzen durchdringenden Schraubenbolzen gehalten sind.

3. Die Stöße.

Baulängen, welche die Regellängen der Walzstücke überschreiten, erfordern einen Stoß. Bei Stücken zwischen 12 und 20 m kann es fraglich sein, ob die Ausbildung des Stoßes oder der erhöhte Preis der Überlänge größere Gesamtkosten verursacht. Sofern nicht andere Gründe eine Entscheidung treffen, muß die Frage in jedem Falle geprüft werden.

Die den Stoß deckenden Stücke müssen die Kräfte übertragen, die im gestoßenen Querschnitt auftreten. Sie müssen daher den gleichen nutzbaren Querschnitt erhalten. In Stäben, die durch eine axiale Zug- oder Druckkraft belastet werden, muß der Querschnitt der Deckstücke nach Möglichkeit denselben Schwerpunkt haben wie der gestoßene Querschnitt. Da die Niete nur 2 sich unmittelbar berührende Blechstärken verbinden können, ist tunlichst neben jedes Stück das Deckstück zu legen. Die Stellung der Niete muß so angeordnet werden, daß die unvermeidliche Schwächung des Querschnitts durch die Nietlöcher möglichst gering ist. Das gilt namentlich für Zugstäbe. Denn in ihnen bestimmt meist die Schwächung im Stoß den erforderlichen Querschnitt des ganzen Stabes. Von der an sich möglichen Maßnahme, den Stoß im Querschnitt zu verstärken, ist nur in ganz seltenen Fällen Gebrauch gemacht worden. Die neueren Fortschritte der Schweißtechnik können hier noch Vorteile bringen. In Druckstäben tritt durch die Niete keine Schwächung ein. Zu eng gestellte Niete geben aber zu Unstetigkeiten im Spannungsverlauf Anlaß. Deshalb hat die Nietstellung auch hier Bedeutung.

Bei der Stoßausbildung muß auf die Herstellung Bedacht genommen werden. Dabei ist zwischen dem Stoß in der Werkstatt und dem auf der Baustelle zu unterscheiden. Während in der Werkstatt ineinander greifende Stücke ohne Mühe zusammengebaut werden können, können sie auf der Baustelle die Montage ziemlich erschweren. Hier ist daher die Anordnung von Deckstücken vorzuziehen, die einzeln nacheinander von außen aufgelegt werden können. Eine solche Ausbildung vermehrt freilich öfters die Zahl der Niete, die auf der Baustelle geschlagen werden müssen. Sie bedingt also anderseits einen Nachteil, da die Baustellenniete an Billigkeit und Güte den in der Werkstatt hergestellten nachstehen. Hier muß die richtige Mitte gefunden werden.

Im einzelnen Winkeleisen deckt man den Stoß am besten durch 2 Laschen auf dem Rücken der Schenkel (Abb. 40). Die Schwerpunkte beider Querschnitte fallen nur wenig auseinander. Wo das Winkeleisen mit andern Profilen verbunden ist, werden Deckwinkel oder 2 Laschen im Inneren eingelegt (Abb. 41). Man verwendet dazu entweder das gleiche Profil oder, um den Überstand der Kanten einzuschränken, das der nächst kleineren Schenkelbreite und größeren Schenkelstärke. Die scharfe Eckkante des Deckwinkels muß nach der inneren Rundung des gestoßenen Winkels abgefräßt werden.

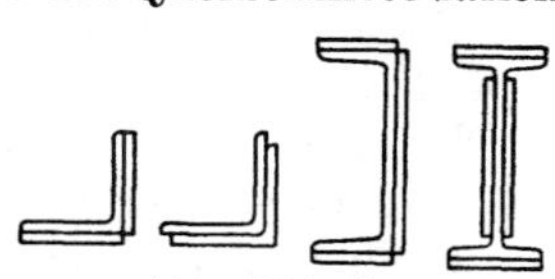

Abb. 40 bis 43.

Den Stoß eines]-Eisens durch 3 Laschen zeigt Abb. 42, den eines I-Eisens Abb. 43. Wenn der Rücken des]-Eisens nicht frei ist, wird die Steglasche auf der inneren Seite aufgelegt.

Mehrere aufeinander liegende Blechstärken sind von innen nach außen fortschreitend zu decken. Das innen liegende Blech *1* wird durch eine Lasche gestoßen, die in einer Lücke des Bleches *2* liegt. Die Länge der Lasche ist so zu bemessen, daß auf beiden Seiten des Stoßes die zur Deckung erforderliche Nietzahl untergebracht werden kann. Ist F_n der nutzbare Querschnitt des Bleches *1*, so ist, da die Niete in einem Schnitt auf Abscheren beansprucht werden,

$$\eta = \frac{F_n}{\frac{\pi d^2}{4} \cdot 0{,}8}$$

die erforderliche Zahl. Das Blech *2* wird durch eine Lasche gedeckt, die in einer Lücke in Blech *3* liegt und beide Ränder des Bleches *2* in solcher Länge übergreift, daß in jeder η Niete Platz finden. Schließlich wird Blech *3* durch eine außen liegende Lasche gedeckt, deren Länge nach dem gleichen Erfordernis bestimmt ist und mithin im ganzen $3 \cdot 2\,\eta$ Niete aufnehmen muß. Abb. 44 zeigt das Stoßschema für 3 Kopfplatten, Abb. 45 für 6 frei nebeneinander stehende Stegbleche.

Abb. 44 und 45.

Aus der beschriebenen Anordnung hat sich eine zweite entwickelt, die eine geringere Länge der außen liegenden Lasche und eine geringere Nietzahl erfordert, aber auf der Baustelle unter Umständen schwieriger herzustellen ist, der sog. Stufenstoß. Das wesentliche des Stoßes ist: Jedes Blech des einen Stabstückes überdeckt das tiefere des anderen Stabstückes um die für die Nietzahl η benötigte Länge. In Abb. 46 überdeckt Blech *2* des rechten Stückes Blech *1* des linken, Blech *3* des rechten, Blech *2* des linken. Es sind noch Blech *1* des rechten und *3* des linken miteinander zu verbinden, was unmittelbar nicht möglich ist. Dazu dient die Decklasche *4*. Erhält sie die gleiche Länge wie im Stoß der Abb. 44, so kann die Annahme gemacht werden, daß die Kraftübertragung die gleiche ist wie dort. Meist läßt man jedoch die Decklasche *4* den Stoß im Blech *1* nur um 1 bis 1,5 Nietgruppen übergreifen. Man setzt dabei die in Abb. 47 dargestellte Kraftübertragung voraus, bei der eine Nietgruppe in 2 Schnitten beansprucht wird. Der eine entlastet das Blech zwischen den Schnitten, der andere belastet es. Die Anordnung ist nicht ganz einwandfrei. Denn die in 2 Schnitten beanspruchten Niete erfahren stärkere Formänderungen als die übrigen. Das hat zur Folge, daß die elastische Verschiebung eines Querschnittes des Bleches *1* gegen den gleichen der Lasche *3* auf der Strecke, auf der sie einander überdecken, größer ist als die gleiche Verschiebung *2* gegen *3*. Der notwendige Ausgleich ist nur möglich, wenn das Blech *2* auf der Strecke über die mittlere Spannung hinaus beansprucht wird. Tatsächlich wandert im Nietschnitt *2/1* weniger Kraft aus *2* nach *1* ab als im Nietschnitt *3/2* aus *3* hinzutritt. Diese Auffassung ist auch durch Versuche des Deutschen Eisenbauverbandes bestätigt worden. Die Überanstrengung kann nur durch größere Länge der Decklasche vermieden werden, die den zu deckenden Stoß um 1,5 bis 2 Nietgruppen übergreifen sollte. Die gleiche Länge der Überdeckung genügt auch bei größerer Zahl der Bleche. Denn je größer die Zahl, desto größer die Zahl der auf der fraglichen Strecke durchlaufenden Bleche und desto größer der Querschnitt, der die Überanstrengung aufnimmt.

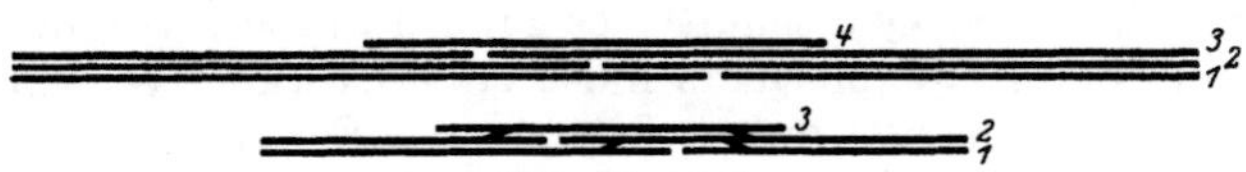

Abb. 46 und 47.

Eine andere Lösung der Aufgabe zeigt die Abb. 48, die den Stoß des Untergurtstabes der Weserbrücke bei Wehrden (S. 224) darstellt. Der Querschnitt besteht aus 4 Stehblechen 700·21, einem Beiblech 410·20 und 2 Randwinkeln 140·17 in jeder Wand. Das mittlere und die beiden äußeren Bleche sind in einem Querschnitt gestoßen, dagegen stehen das zweite und vierte Blech beiderseits

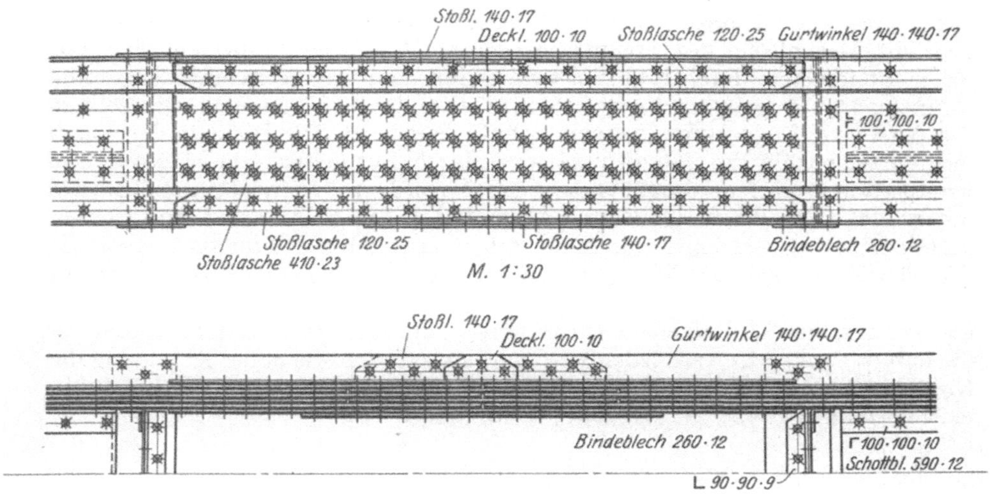

Abb. 48.

um 54 cm zurück. In die so gebildeten Lücken sind 2 Deckbleche von 700 mm Höhe eingebaut, zwei weitere, 2,50 und 1,44 m lang, liegen auf dem Rücken der Wand. Auf der äußeren Seite werden das Beiblech durch eine Stoßlasche 410·23, die anliegenden Schenkel der Randwinkel durch Laschen 120·25 und die wagerechten Schenkel durch oben bzw. unten liegende Stoßlaschen 140·17 gedeckt. Die Abb. 49 zeigt das Schema der Kraftübertragung, durch die die verschiedene Länge der Decklaschen begründet ist. Alle Niete sind als einschnittig beanspruchte zu berechnen.

Abb. 49.

Die Stoßdeckung von innen nach außen ist besonders zweckmäßig und für die Ausführung des Vollstoßes auf der Baustelle in Druckstäben geeignet, die aus mehreren rechtwinklig zueinander gestellten Platten bestehen. Der Querschnitt der Abb. 50 ist in jeder Wand aus 1 Stehblech und 2 Randwinkeln gebildet und durch

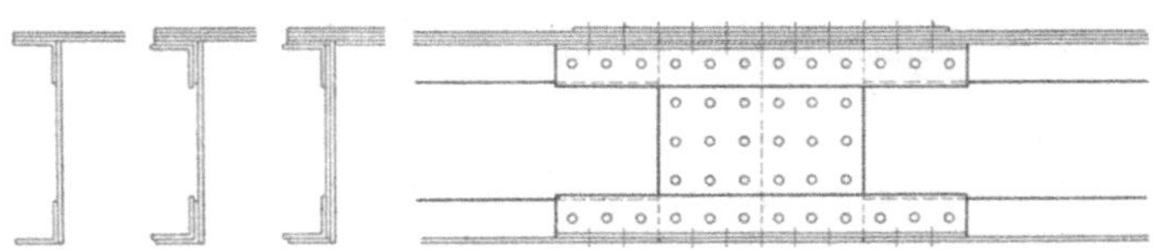

Abb. 50.

2 Kopfplatten abgedeckt. Man kann hier jedes Stehblech durch ein Blech auf seinem Rücken, die Winkel durch innen liegende Stoßwinkel und die Platten stufenartig durch eine oben liegende Stoßlasche decken. Auf die äußeren Flächen der Stehbleche wären außerdem Laschen zwischen den anliegenden Winkelschenkeln zu legen, die jedoch nicht als deckende Teile angesehen und deshalb nur mit 1 oder 2 Nietreihen angeschlossen werden. Diese Anordnung wäre geeignet, wenn der Rücken der Stehbleche frei ist. Andernfalls werden die Stehbleche auf ihren äußeren Flächen durch Bleche gleicher Höhe abgedeckt, deren Stärke gleich

der Schenkelstärke der Winkel ist. Beiderseits des Stoßes werden die Deckbleche durch Niete in lotrechten Reihen angeschlossen, deren Zahl aus der Fläche des Stehbleches auf Abscheren in einem Schnitt zu berechnen ist. Die entsprechend gekürzten Randwinkel stoßen in den lotrechten Schenkeln stumpf gegen die Deckbleche. Sie werden durch Stoßwinkel gedeckt, die in ihrem Inneren liegen und über die Deckbleche des Stehbleches durchlaufen. Die Stoßwinkel sind mit jedem Randwinkel durch Niete im senkrechten und wagerechten Schenkel, die gegeneinander versetzt sind, zu verbinden. Ihre Zahl wird aus dem Querschnitt des Winkels auf Abscheren in einem Schnitt berechnet. Die Lücke in den wagerechten Schenkeln der Randwinkel wird durch Futterstücke geschlossen. Die Kopfplatten kann man durch beiderseitig angeordnete Deckplatten stoßen. Die untere erhält die Breite des lichten Abstandes der Stehbleche und wird zu dem erforderlichen Querschnitt durch die schon erwähnten Futterstücke ergänzt. Die Nietzahl in jeder Deckplatte ist wieder aus der Fläche einer Kopfplatte auf Abscheren in einem Schnitt zu berechnen. Der Stoß der Kopfplatten und Stehbleche liegt hier in demselben Querschnitt. Soll aus Gründen der Ausführung die untere Deckplatte vermieden werden, dann werden wie in der Abbildung die Kopfplatten in 2 Stufen gestoßen, was natürlich eine entsprechend längere Deckplatte erfordert.

In Stößen von Stäben, die auf Biegung beansprucht werden, muß die Fläche des Stoßquerschnittes das nutzbare Widerstandsmoment des gestoßenen Stabes erhalten. Im einfachsten Falle eines solchen Stabes, dem I-Träger, sind die Decklaschen nach Abb. 51 anzuordnen. Bei Berechnung von W_n sind die Nietlöcher in den Deckplatten abzuziehen, in den Decklaschen des Steges genügt der Abzug der beiden äußersten Nietlöcher. Ist J_n das nutzbare Trägheitsmoment des gesamten Deckquerschnitts und W_n das zu übertragende Widerstandsmoment, so entfällt auf die Steglaschen der Anteil

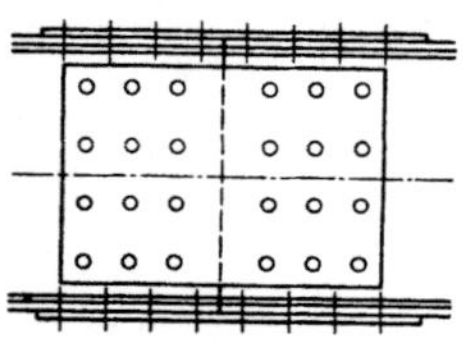

Abb. 51.

$$W_n \frac{\frac{1}{12}\, h_0^3 \cdot 2\, t_0}{J_n}\,,$$

$h_0 =$ Höhe, $t_0 =$ Stärke der Laschen.

Die Beanspruchung der Niete wird ihrem Abstand y von der Nullachse verhältnisgleich angenommen. Danach wird von einer Nietreihe das Moment $\frac{2N}{y_m}\sum y^2$ aufgenommen, worin N die auf das äußerste Niet entfallende Kraft und y_m sein Abstand von der Nullachse ist. Bei gleicher Nietteilung e in m Teilungen der Reihe und Einführung des Faktors $N' = N/\sigma_{zul}$ entfällt auf eine Nietreihe der Anteil des Widerstandsmomentes $N' \cdot e \cdot \psi$. Hierin ist $\psi = \frac{4}{m}\left[1 + 2^2 + \cdots \left(\frac{m}{2}\right)^2\right]$, falls m eine gerade und $\psi = \frac{1}{m}[1 + 3^2 + m^2]$, falls m eine ungerade Zahl ist. Die Zahl der erforderlichen Nietreihen findet man in

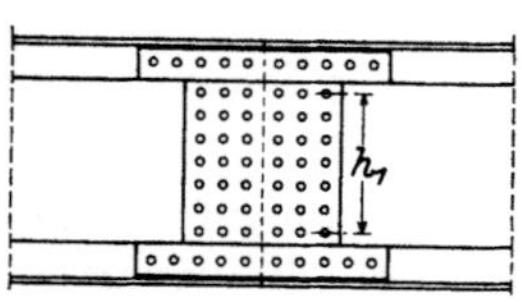

Abb. 52.

$$\eta = \frac{W_n}{J_n}\,\frac{1}{6}\,h_0^3\,t_0\,\frac{1}{N' \cdot e \cdot \psi}\,. \tag{56}$$

Da die Niete zweischnittig sind, ist $N' = \frac{\pi d^2}{2}\,\frac{\sigma_s}{\sigma_{zul}}$ oder $N' = d \cdot t\,\frac{\sigma_l}{\sigma_{zul}}$ zu rechnen, je nachdem die Stegstärke $t \gtrless 0{,}628\,d$ ist.

In genieteten Trägern ist häufig nur das Stehblech zu stoßen, während die Winkeleisen und Platten ungestoßen durchlaufen. Hier werden nach Abb. 52 die freien Flächen des Stehbleches auf beiden Seiten durch Bleche gedeckt, ferner die unzugänglichen Flächen unter den Winkelschenkeln durch schmale Laschen auf den Winkeln. Aus der Forderung gleicher nutzbarer Widerstandsmomente im Stoß- und Stabquerschnitt folgt Gleichheit der Trägheitsmomente der Deckbleche und des Stehbleches. Für die Nietberechnung gilt die Formel (56). Da die Laschen auf den Winkelschenkeln den Stoß mittelbar decken, ist hier das 1,5fache der erforderlichen Niete zu stellen.

Für den Vollstoß ist die für den gleichen Zweck im einfachen Druckstab angegebene Anordnung zweckmäßig, die in Abb. 53 dargestellt ist. Die Niete im Deckblech des Stehbleches sind nach Formel (56) zu berechnen. Durch die Zahl der Nietreihen ist die Länge des Deckbleches bestimmt. Die Niete in den Stoßwinkeln erhält man aus dem nutzbaren Querschnitt der Gurtwinkel als einschnittig auf Abscheren beanspruchte. Sie sind im senkrechten und wagerechten Schenkel mit Rücksicht auf kleine Schwächung gegeneinander zu versetzen. Für die Ausbildung des Plattenstoßes gilt das auf Seite 66 Gesagte.

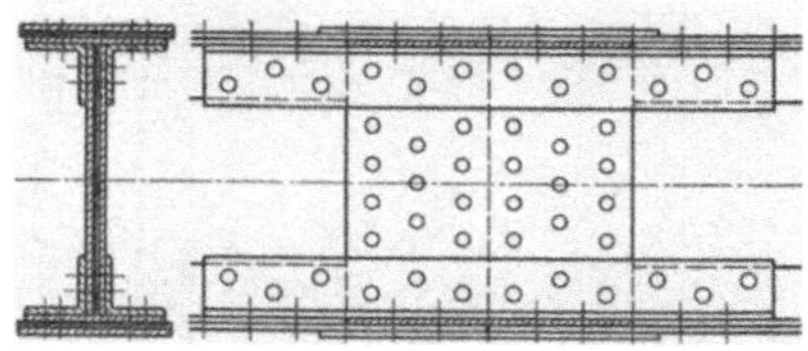
Abb. 53.

Eine andere Ausbildung des Vollstoßes ist in Abb. 54 dargestellt. Hier liegen die Stöße der Gurtwinkel und des Stehbleches in demselben Querschnitt. Die freie Fläche des Stehbleches zwischen den Gurtwinkeln wird auf beiden Seiten durch Deckbleche gedeckt. In die Gurtwinkel werden ungleichschenklige Stoßwinkel gelegt, deren größere Schenkel über den anliegenden Schenkel des Gurtwinkels überstehen und die Deckbleche in einer Nietreihe fassen. Wenn geeignete Winkelprofile fehlen, werden statt der Stoßwinkel Laschen verwendet. Das Trägheitsmoment der Stoßwinkel und Deckbleche muß gleich dem der Gurtwinkel und des Stehbleches sein. Auf die Nietverbindung zwischen Deckblech und Stehblech entfällt $\frac{W_n}{J_n}\frac{h_0^3 \cdot t_0}{6}$. Darin ist J_n das nutzbare Trägheitsmoment der Deckbleche, Stoßwinkel und Gurtplatten, h_0, t_0 die Maße der Deckbleche. Die Niete zwischen Stoßwinkeln und Gurtwinkeln werden aus dem nutzbaren Querschnitt der letzteren berechnet und in beiden Winkelschenkeln gegeneinander versetzt. Ausführung und Bemessung des Plattenstoßes unterscheidet sich nicht von den schon besprochenen Anordnungen.

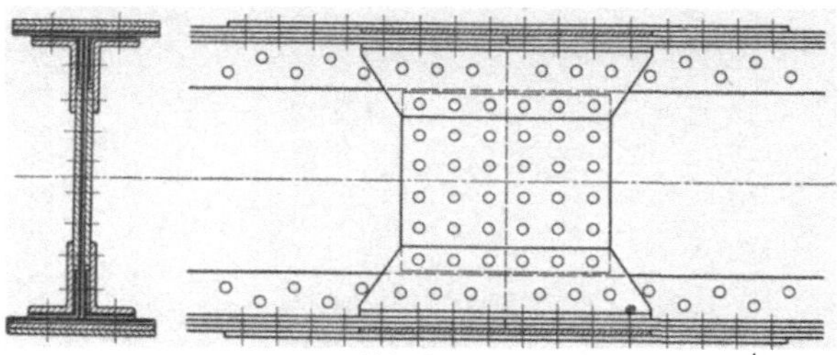
Abb. 54.

Abb. 55 zeigt den Stoß eines Stehblechträgers der Weserbrücke bei Wehrden. Das Stehblech ist durch 2 Laschen in voller Höhe überdeckt. Die anliegenden Schenkel der Gurtwinkel stoßen stumpf gegen die Laschen und sind durch Stoßwinkel verbunden, die über die Decklaschen durchlaufen. Der Stoß der ersten Platte ist durch eine in die zweite eingeschobene Lasche gedeckt, der Stoß der zweiten durch die übergreifende dritte Platte, ebenso der Stoß der dritten durch die vierte Platte. Schließlich wird die vierte Platte von der Decklasche aufgenommen. Es sind also 4 Laschen gestoßen, von denen die vierte links des Stoßquerschnittes neu hinzutritt. Um den Kraftübergang in den Nietgruppen einwandfrei zu gestalten, wäre die Decklasche rechts um eine Nietgruppe zu verlängern, so daß sie über den Stoß in der zweiten Platte mit 3 Nietgruppen greift.

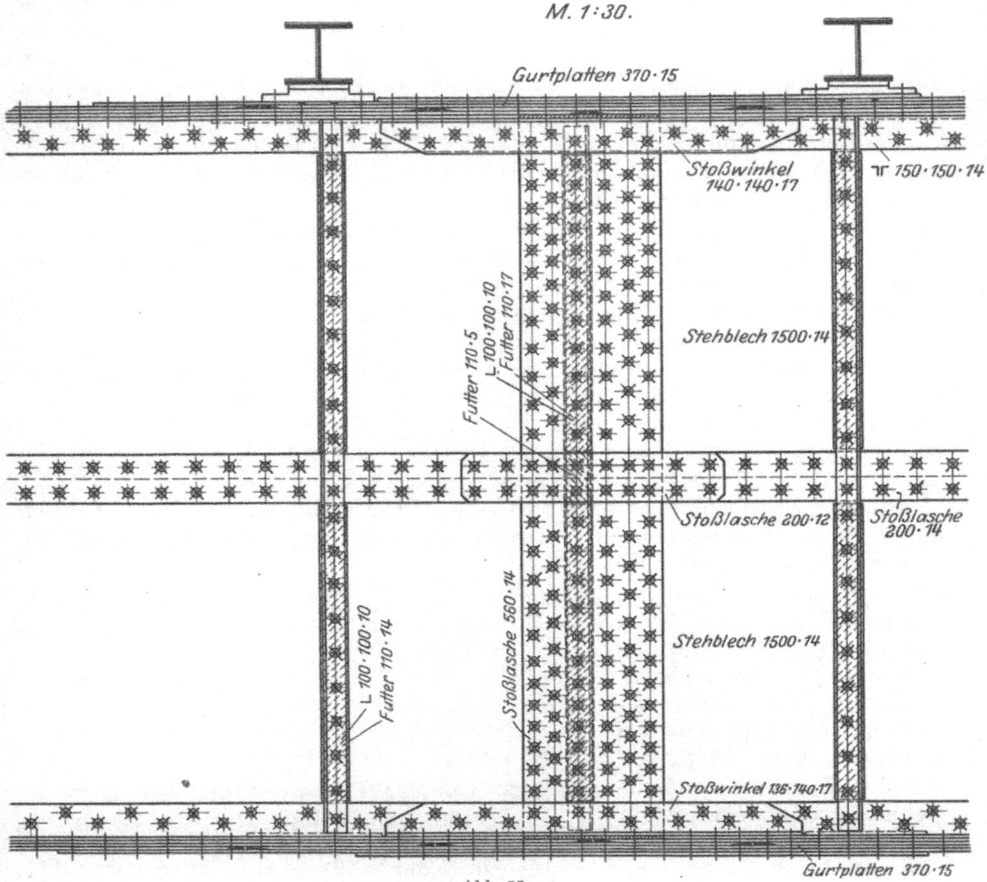

Abb. 55.

4. Die Knotenpunkte des Fachwerks.

Die Konstruktion des Knotenpunktes eines Fachwerks soll die Stäbe so miteinander verbinden, daß der sichere Ausgleich der Spannkräfte gewährleistet ist. Als Verbindungsmittel dienen in der Hauptsache Knotenbleche, an die jeder Stab durch feste Vernietung angeschlossen ist. Daneben werden Gelenkbolzen in solchen Knotenpunkten verwendet, in denen die Gliederung des Systems ein Gelenk erfordert. In Ländern außerhalb Europas werden nicht selten alle Knotenpunkte als Bolzengelenke ausgebildet.

Von der sorgfältigen und zweckmäßigen Ausbildung der Knotenpunkte hängt einerseits die Sicherheit, anderseits die Wirtschaftlichkeit jedes Tragwerkes in hohem Maße ab. Ein Überschuß des einen bedeutet häufig einen Mangel des andern Erfordernisses. Zwischen beiden muß der richtige Ausgleich gefunden werden. Dazu ist notwendig, daß der Konstrukteur das Spiel der Kräfte in der geplanten Verbindung klar erkennt, die Kosten jeder Einzelheit erwägt und richtig abschätzt. Letztere werden einerseits durch das Gewicht der verwendeten Stücke ebensosehr aber durch die in der Werkstatt und bei der Montage aufzuwendende Arbeit bestimmt. Nicht selten bedeutet geringeres Gewicht ein Mehr an Arbeit. Die richtige Mitte muß auch hier gesucht werden.

Einer Reihe von Regeln für die Ausbildung der Knotenpunkte kommt allgemeine Geltung zu.

1. Die Achsen der im Knotenpunkt verbundenen Stäbe müssen in der Ebene des Tragwerks liegen und sich im geometrischen Knotenpunkt schneiden.

2. Jedes Stück des Stabquerschnittes soll nach Möglichkeit entweder unmittelbar oder durch Laschen angeschlossen werden, welche auf den zu verbindenden Stücken unmittelbar aufliegen. Die Anschlußniete jedes Stückes müssen seinen Querschnitt voll aufnehmen.

3. Der Anschluß ist in allen einzelnen Stücken symmetrisch zur Ebene des Tragwerks auszubilden. Weist ein Knotenpunkt 2 Wandungen auf, so kann der Anschluß in jeder Wandung unsymmetrisch zur Mittelebene der Wand angeordnet werden, sofern beide Wände des angeschlossenen Stabes durch Bindebleche, die der Stabachse parallel laufen, zu einer Einheit verbunden sind. Die beiderseitige Umfassung des Knotenbleches jeder Wand durch Laschen und Futter ist auch in diesem Falle vorteilhaft, wenn durch die so erzielte Beanspruchung der Anschlußniete in 2 Schnitten eine Verminderung der Nietzahl erreicht wird.

4. Wenn ein mittelbarer Anschluß durch Futter nicht zu vermeiden ist, muß das Futter an jedes zur Kraftübertragung notwendige Stück durch je eine Nietgruppe gesondert angeschlossen werden.

5. Die Stärke der Knotenbleche ist mindestens etwa gleich der Summe der Stehblechdicken zu wählen, die in einem der anzuschließenden Stäbe vorkommen. Wenn die Wände der Stäbe aus 2 Stehblechen gebildet sind, ist im allgemeinen die Anordnung von 2 Knotenblechen in jeder Wand vorzuziehen, da sie bei gleicher Sicherheit der Verbindung ein kleineres Nietbild und geringeres Gewicht der Knotenbleche erfordert.

6. Das Nietbild jedes Stabanschlusses soll nach Möglichkeit symmetrisch zur Stabachse sein. Doch kann die auf einer Seite der Achse liegende Gruppe gegen die der andern Seite parallel zur Stabachse etwas verschoben werden, wenn das wirtschaftlich vorteilhaft ist. Im Anschluß eines das Knotenblech umfassenden Winkelpaares ist unsymmetrische Stellung der Nietreihe nicht zu vermeiden, da das Wurzelmaß größer ist als der Abstand des Schwerpunktes von der scharfen Winkelkante. Hier erhöht sich die Nietbelastung etwas, da die Kraftlinien sich nach Abb. 56 in der Stabachse schneiden.

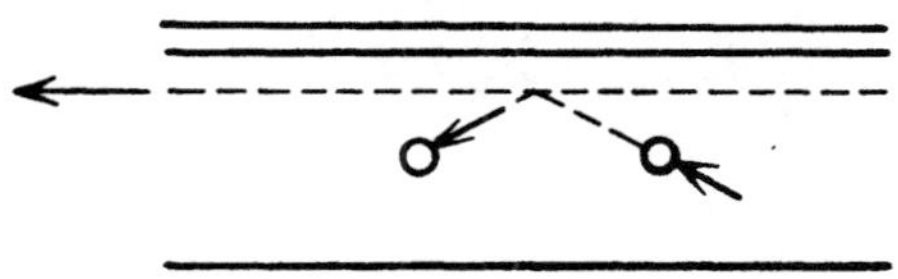

Abb. 56.

7. Das Nietbild zum Anschluß der Wandstäbe des Fachwerks ist so tief in den Knotenpunkt hineinzuführen und so gedrungen zu gestalten, als die Mindestmaße der Nietteilung und Randabstände sowie die Rücksicht auf die Herstellung der Niete zulassen. Ein Anschluß der abstehenden Winkelschenkel und Flansche der]-Eisen vermittels besonderer kurzer Winkelstücke (Anschlußwinkel) kann zur Verkürzung des Nietbildes führen. In Zugstäben muß jedoch in der dem Rand des Knotenbleches nächsten Nietreihe auf möglichst geringe Schwächung des Stabquerschnitts Bedacht genommen werden. Daraus folgt, daß etwaige Anschlußwinkel entweder vor- oder zurückgesetzt werden müssen, damit die Niete in den abstehenden Schenkeln den Stabquerschnitt nicht schwächen. Versuche des Deutschen Eisenbauverbandes[1] haben die Gefährlichkeit der Anschlußwinkel gezeigt, siehe Abb. 57, wenn die Forderung nicht erfüllt ist.

8. Die Umrandung des Knotenbleches ist auf beiden Seiten jedes voll angeschlossenen Stabes so zu führen, daß der kleinste rechtwinklig zum Rand gemessene Abstand von der Stabachse eine Überschreitung der zulässigen Spannung ausschließt. Diese Forderung muß namentlich in dem Schnitt durch das Knotenblech erfüllt sein, in dem die Stabkraft voll abgegeben ist.

[1] Versuche im Eisenbau H. 3.

9. Die Form der Knotenbleche ist so zu gestalten, daß sie mit möglichst geringem Aufwand an Arbeit aus einem möglichst kleinen Rechteck oder Trapez ausgeschnitten werden können. Zweckmäßig sind wenigstens 2 Kanten einander parallel zu führen.

10. Einspringende Ecken in den Knotenblechen sind zu vermeiden. Ist das jedoch nicht möglich, so sind die Anschlüsse so zu gestalten, daß das Knotenblech an der einspringenden Ecke keine oder nur ganz geringe Beanspruchungen erfährt. Die Ecke ist abzurunden.

11. Laufen Stücke zweier Stäbe ohne Stoß oder durch besondere Stoßlaschen gedeckt über das Knotenblech hinweg, so sind die nicht durchlaufenden und die ungedeckten Flächen jedes Stabquerschnittes voll an das Knotenblech an-

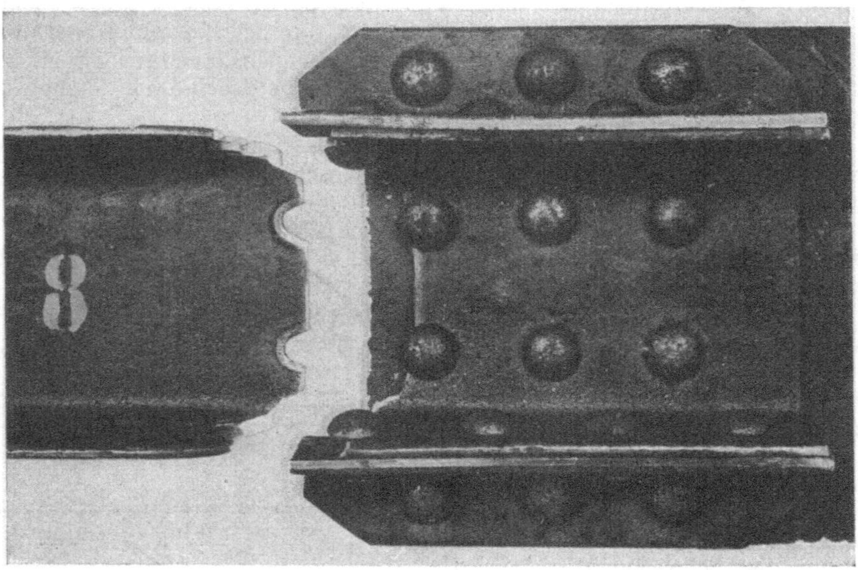

Abb. 57.

zuschließen. Die Gesamtzahl der Niete, durch welche diese Stäbe mit dem Knotenblech verbunden sind, muß mindestens dem größten vorkommenden Unterschied beider Stabkräfte gewachsen sein und der Schwerpunkt des hierfür ausreichenden Nietbildes muß in die Stabachse fallen.

12. Bei der Gestaltung aller Einzelheiten muß auf die Herstellung weitgehende Rücksicht genommen werden. Dabei kommt schon das Aufzeichnen der Werkstücke in Betracht, das durch verwickelte Bilder verteuert wird. Vor allem sind die Erfordernisse des Zusammenbaues auf der Baustelle zu beachten. Knotenbleche, Laschen und Futterstücke, die dort montiert werden müssen, sind zweckmäßig so anzuordnen, daß der Einbau von innen nach außen fortschreitend möglich ist. Die Zahl der Baustellenniete ist tunlichst klein zu halten. Besonders lange Niete sind hier, wenn angängig, ganz zu vermeiden. Der Stoß einer durchlaufenden Gurtung liegt meistens neben dem Knotenpunkt günstiger als im Knotenpunkt.

Eine Anzahl lehrhafter Beispiele möge die Konstruktion der Knotenpunkte erläutern. Dabei sind Zwischenknotenpunkte, in denen eine Gurtung geradlinig oder in schwachem Knick durchläuft, von Eckpunkten sachlich zu trennen und in beiden Arten einwandige und zweiwandige Querschnitte zu unterscheiden.

a) Vernietete Knotenpunkte.

α) Zwischenknotenpunkte.

Bei einwandigen Stabquerschnitten entsteht die einfachste Anordnung durch unmittelbaren Anschluß der Wandstäbe eines Fachwerks an die Gurtungen. Sie setzt kleine Querschnitte der Wandstäbe und gerade oder schwach gekrümmte Linienführung der Gurtungen voraus. Letztere müssen T-förmigen Querschnitt haben und können nur außerhalb der Knotenpunkte gestoßen werden. Die Wandstäbe sind aus 2 ungleichschenkligen Winkeleisen — ungleichschenklig, weil günstiger für die Vernietung — 4 gleichschenkligen in Kreuzform gestellten Winkeln oder auch aus 2]-Eisen zu bilden. Im Hochbau kommen auch über Eck gestellte Winkel vor, die jedoch meist nicht vorteilhaft sind, weil sie zu viel Material und Niete für Bindungen erfordern. In jeder Bindung müssen entweder 2 Laschen mit 8 Nieten oder 2 kurze Winkelstücke mit der gleichen Nietzahl angeordnet werden. Die symmetrisch zur Systemebene gestellten Profile werden auf das Stehblech der Gurtungen auf beiden Seiten aufgeführt. Ihr lichter Abstand ist daher der Stehblechstärke gleich zu wählen. Die Anschlußniete sind immer zweischnittig, die Dicke des Stehbleches erfordert jedoch meistens die Berechnung nach dem zulässigen Lochleibungsdruck. Die Möglichkeit der Anordnung hängt davon ab, ob die ungedeckte Höhe des Stehbleches die Stellung der erforderlichen Nietzahl in den Nietlinien der Gitterstäbe gestattet. Die Beanspruchung des Stehbleches innerhalb der Nietbilder der Schrägstäbe ist durchaus unklar. Wenn der Gurtungsquerschnitt voll ausgenutzt ist, kann eine örtliche Überschreitung der zulässigen Spannung kaum bezweifelt werden. Obgleich das bei örtlicher Begrenzung meist unbedenklich ist, so ist doch auch aus diesem Grunde die Anordnung nur im Falle kleiner Spannkräfte in den Wandstäben empfehlenswert. Die der Anordnung gesteckte Grenze kann zuweilen durch Verstärkungsbleche erweitert werden, die in Stärke der Winkelschenkel auf das Stehblech beiderseits aufgenietet werden, natürlich durch Niete außerhalb der Nietlinien der Schrägstäbe, da die Wandstäbe dann auf die anliegenden Winkelschenkel übergreifen können.

Weit überwiegend ist die Zahl der Knotenpunkte, in denen die Verbindung durch ein Knotenblech hergestellt werden muß. Infolge der Form des einwandigen Querschnittes mit Stehblech wird Symmetrie zur Systemebene nur durch 2 Anordnungen erreicht: entweder 1 Knotenblech in der Ebene des Stehbleches der Gurtungen oder 2 Knotenbleche, die beiderseits auf dem Stehblech der Gurtungen liegen. Die Abb. 58 zeigt einen Knotenpunkt der ersten Art. Der linke Gurtungsstab besteht aus einem Stehblech 480·26, 2 gleichschenkligen Winkeleisen 150·150·18 und 3 Gurtplatten 550·16. Der rechte Stab weist ein Stehblech von 650·26 und 4 Gurtplatten 550·16 auf. Der ausschließlich durch Zug beanspruchte linke Schrägstab besteht aus einem Blech 430·26 in der Systemebene und 2 über Eck gestellten Winkeleisen. Für den rechten, durch Druck beanspruchten Schrägstab sind der Knicksicherheit wegen 4 Winkeleisen in Kreuzform, die zwischen den abstehenden Schenkeln 2 Bleche 240·26 fassen, gewählt. Der lotrechte Stab hat nur die Knotenlast der Fahrbahn, die in Höhe der Obergurtung liegt, auf den Knotenpunkt zu übertragen und besteht aus 4 ungleichschenkligen Winkeln, deren kleinere, abstehende Schenkel durch ein Blech verbunden sind. Die in der Systemebene liegenden Bleche der Gurtungen und Schrägstäbe sind stumpf gegen das 26 mm starke Knotenblech gestoßen. Die Winkeleisen der Stäbe sind auf das Knotenblech aufgeführt. Zum Anschluß der Bleche jedes Schrägstabes dienen je 4 beiderseits der anliegenden Winkelschenkel aufgelegte schmale Laschen von der Stärke der Schenkel sowie 4 breitere Laschen, welche jene und die Winkelschenkel überdecken. Im linken Schrägstab sind ferner 2 Anschlußwinkel angeordnet, durch welche der Querschnitt zur Kreuzform ergänzt wird. Die Querschnitte beider Stäbe sind mehr als ausreichend gedeckt, im linken

Schrägstab auch ohne die 4 breiten Laschen. Daher dürfen alle Stücke als unmittelbar angeschlossen betrachtet werden.

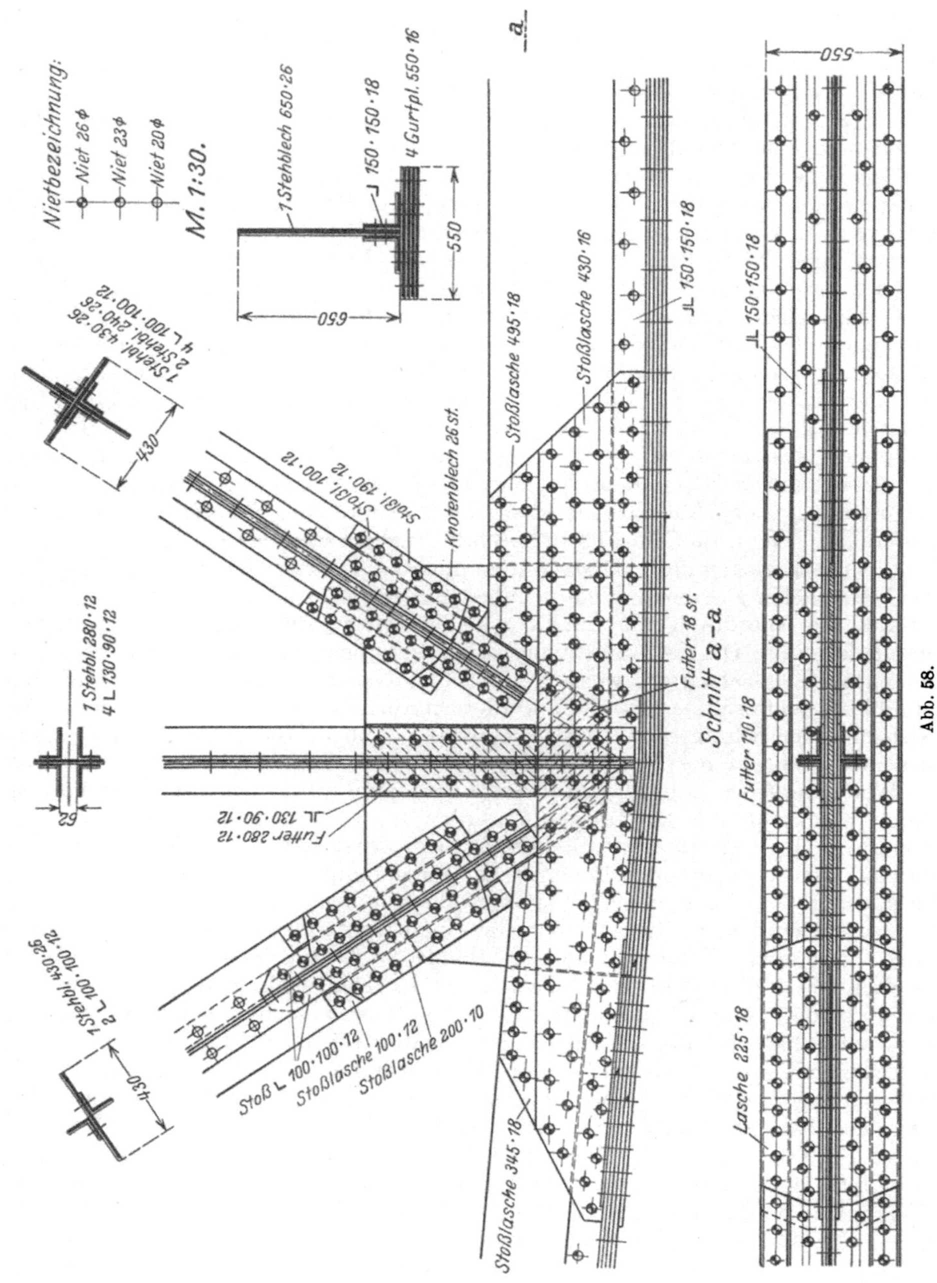

Abb. 58.

Die Größe des Knotenbleches ist durch die Nietbilder, welche die Schrägstäbe anschließen, bestimmt. Beim Entwerfen des Knotenpunktes muß daher mit diesen Bildern begonnen werden. Die Nietlinien liegen durch die Wurzelmaße der Winkel und die Breite der Blechstreifen neben den Winkeln fest. Auf der äußeren Nietlinie beider Stäbe ist die Stellung des ersten Nietes durch den Stehblechrand der Untergurtung begrenzt, und damit ist auch die Stellung des ersten Nietes auf den inneren Nietlinien festgelegt. Durch die erforderliche Nietzahl und die Teilung ist nun das Nietbild im wesentlichen gegeben. Da die Kante des Knotenbleches im Stoß gegen die Stehbleche der Gurtungen zweckmäßig rechtwinklig zu den Stabachsen geführt wird, bestimmt das Nietbild in den Schrägstäben die vollständige Form des Knotenbleches. Die Stehbleche der Gurtungen sind in der von den anliegenden Winkelschenkeln nicht bedeckten Fläche beiderseits durch Laschen an das Knotenblech angeschlossen, deren Trapezform durch die über den oberen Rand des Stehbleches übergreifenden Winkeleisen der Schrägstäbe bedingt ist. Auf diese Laschen und die gleich starken anliegenden Winkel-

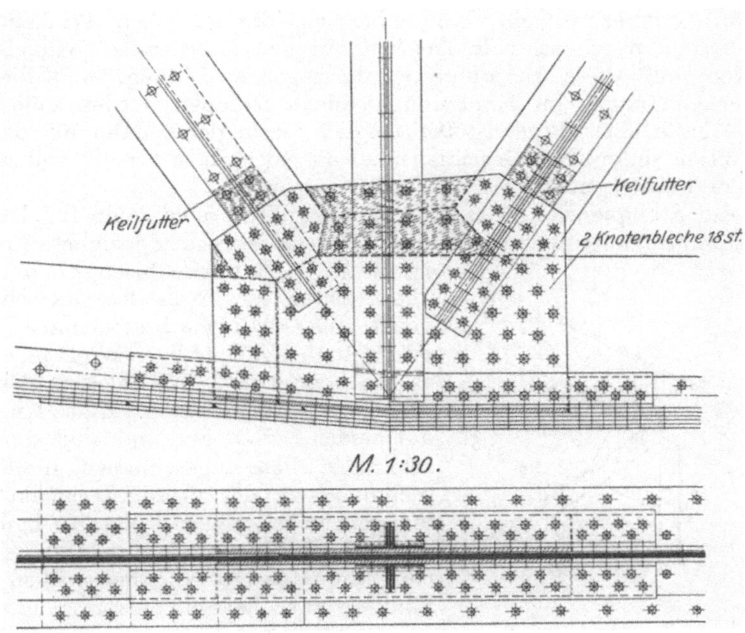

Abb. 59.

schenkel ist auf beiden Seiten je eine Stoßlasche aufgelegt, welche von einem Gurtungsstab zum anderen über das Knotenblech hinwegläuft. Diese Laschen decken einmal den Stoß der Winkeleisen im anliegenden Schenkel, außerdem bezwecken sie eine Entlastung des Knotenbleches durch unmittelbare Übertragung eines Teiles der Spannungen in den Stehblechen. Die Versuche von Wyß (S. 116) haben in einem Knotenblech der vorliegenden Art eine Überbeanspruchung im Bereich des geometrischen Knotenpunktes gezeigt. Die abstehenden Winkelschenkel und die 3, beiden Stäben gemeinsamen Kopfplatten sind gegeneinander versetzt im linken Stab gestoßen. Die vierte Kopfplatte des rechten Stabes greift über den Stoß der dritten über. Zur Stoßdeckung der Winkelschenkel dient je eine oben aufgelegte Lasche. In derselben Lage ist das Knotenblech des Windverbandes angeschlossen. Die Winkeleisen des lotrechten Stabes sind bis auf die abstehenden Schenkel der Gurtungswinkel heruntergeführt. Das ist zweckmäßig, weil in der Ebene dieser Winkel der Verband liegt, welcher die seitliche Standsicherheit erhält und die Gurtung gegen Verdrehen schützt.

Meist bei gleicher Sicherheit einfacher und daher zweckmäßiger ist die Anordnung von 2 Knotenblechen auf beiden Seiten des Stehbleches. In Abb. 59 ist diese Konstruktion für den vorstehend beschriebenen Knotenpunkt durchgeführt. Die Knotenbleche bedecken die Stehbleche der Gurtungen in voller Höhe und unterbrechen die stumpf gegen sie gestoßenen Winkeleisen. Im Innern dieser Winkeleisen sind Stoßwinkel angeordnet, die über die Knotenbleche hinweglaufen. Die in der Systemebene liegenden Bleche der Schrägstäbe werden von den Knotenblechen umfaßt. Die Winkeleisen der Schrägstäbe sind durch Keilfutter auf die äußeren Flächen der Knotenbleche aufgeführt. So erhält man Niete, die in 4 Schnitten beansprucht werden. Die verbleibenden Lücken zwischen den Knotenblechen müssen natürlich durch Futter ausgefüllt werden. Die Konstruktion weist kleinere Nietbilder, eine geringere Zahl von Stücken und kleineres Gewicht auf als die in Abb. 58 dargestellte. Sie ist daher jener überlegen.

Eine Variante der in Abb. 59 dargestellten Konstruktion besteht in durchlaufenden Gurtungswinkeln, Knotenblechen, die mit dem Winkelrande abschneiden und durch schmale Laschen mit den anliegenden Winkelschenkeln verbunden sind. Diese Anordnung ist die gegebene Lösung, wenn die Winkeleisen der Gurtungen im Knotenpunkt nicht gestoßen werden sollen. Sie ist auch im Falle eines Winkelstoßes möglich, wenngleich dann die dargestellte Konstruktion unter dem Gesichtswinkel der Sicherheit als die vollkommenere angesehen werden muß.

Wo die Stabquerschnitte zweiteilig ausgebildet sind, eine für Dachbinder häufig gewählte, aber auch für Krane und Verladebrücken geeignete Anordnung, ist die Lage des Knotenbleches in der Systemebene durch die Form des Querschnitts gegeben. Die Gurtungen bestehen aus][-Eisen oder 2 ungleichschenkligen Winkeln, die Wandstäbe meist aus 2 Winkeleisen. Die beiden Teile jedes Stabes laufen auf das Knotenblech auf beiden Seiten auf und sind durch zweischnittige Niete angeschlossen, für deren Berechnung meist der zulässige Lochleibungsdruck maßgebend ist. Ein Beispiel der Bauart zeigt Abb. 60. In Dachbindern legt die Linienführung der Untergurtung bei solchen Knotenpunkten zuweilen eine einspringende Ecke im Knotenblech nahe. Da trotz Ausrundung des Knickes hier gefährliche Spannungen auftreten, muß die einspringende Ecke vermieden und das Knotenblech mit geradem Rande geschnitten werden. Abstehende Winkelschenkel können im Knick nicht durch Platten sondern nur durch Stoßwinkel gedeckt werden.

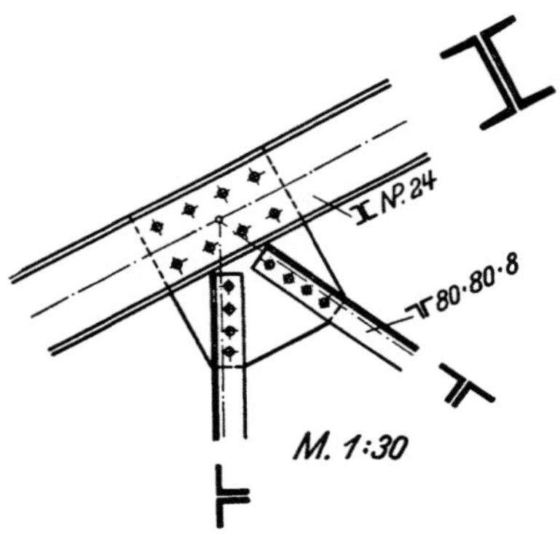

Abb. 60.

Auch bei zweiwandigen Stabquerschnitten ist unter den oben genannten Voraussetzungen der unmittelbare Anschluß der Wandstäbe an die Stehbleche der Gurtung zu wählen. An Bogenträgern mit parallelen oder sichelförmig verlaufenden Gurtungen, in deren Wandstäben verhältnismäßig kleine Spannkräfte auftreten, findet sich die Anordnung nicht selten. Die Obergurtung hat meist die][-Form, die Untergurtung die unten offene ⊥ ⊥-Form. Die Gitterstäbe bestehen aus 2 Winkeleisen in jeder Wand oder aus einem I P-Eisen. Sie können daher in einfachster Weise in die Gurtungen eingeschoben und auf die Stehbleche genietet werden. Die Konstruktion unterscheidet sich von der oben beschriebenen nur durch die Unsymmetrie des Querschnittes jeder Wandhälfte des Gitterstabes in bezug auf seine zur Systemebene parallele Hauptachse und die dadurch bedingte einseitige Aufführung auf das Stehblech der Gurtung.

Bei Balkenbrücken und Bogenbrücken von Zwickelform ist der Einbau von Knotenblechen stets erforderlich. Die infolge ihrer Zweckmäßigkeit zur Regelform gewordenen, oben dargestellten Querschnitte der Gurtungen bieten in den inneren Stegflächen reichlichen Raum für den Einbau und die Vernietung der Knotenbleche. Wenn mehr als 1 Knotenblech in jeder Wand erforderlich ist, kann eins derselben in die Ebene des inneren Stehbleches der Gurtung gelegt werden. Die Höhe des I-Querschnittes der lotrechten Stäbe wird zweckmäßig gleich dem lichten Abstand der Knotenbleche gewählt. Aus Gründen der seitlichen Steifig-

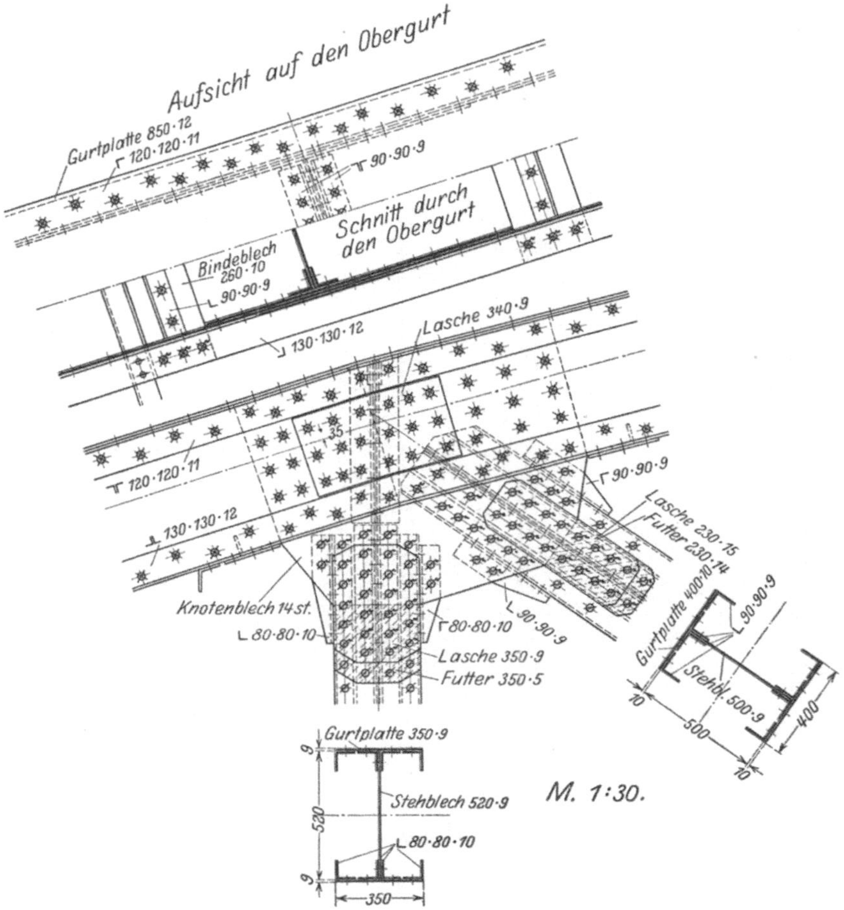

Abb. 61.

keit ist der Steg in der Obergurtung bis an die Kopfplatte, in der Untergurtung bis an das unter dem Querschnitt liegende Blech, sei es Knotenblech des Windverbandes oder lediglich Bindeblech, heranzuführen und durch 2 kurze, wagerechte Winkel anzuschließen. Häufig wird die Kopfplatte der Obergurtung mit den Knotenblechen im Innern des Querschnittes durch Anschlußwinkel verbunden, dann sind die Winkel der lotrechten Stäbe auf die dem Knotenblech anliegenden Schenkel der Anschlußwinkel durch Kröpfung aufzuführen. Für die Form der Knotenbleche sind die Nietbilder in den Anschlüssen der Schrägstäbe maßgebend. Diese müssen daher zuerst festgelegt werden.

Abb. 61 zeigt den Obergurtknoten des zwickelförmig gestalteten Bogens mit Zugband der Eisenbahnbrücke über die Norderelbe in Hamburg (S. 213, Abb. 176).

Die Gurtungen, deren Querschnitt die Regelform hat, laufen ungestoßen durch. Nur die Stehbleche sind des Knickes wegen durch einen Werkstattstoß unterbrochen. Die 14 mm starken Knotenbleche liegen auf den inneren Stegflächen. Der lotrechte Stab ist zur Erleichterung der Montage nicht, wie sonst meist geschehen, in die Gurtung eingeführt, sondern nur an die Knotenbleche angeschlossen. Zur Aussteifung der Gurtung dient ein I-förmiges Querschott in der Stabachse.

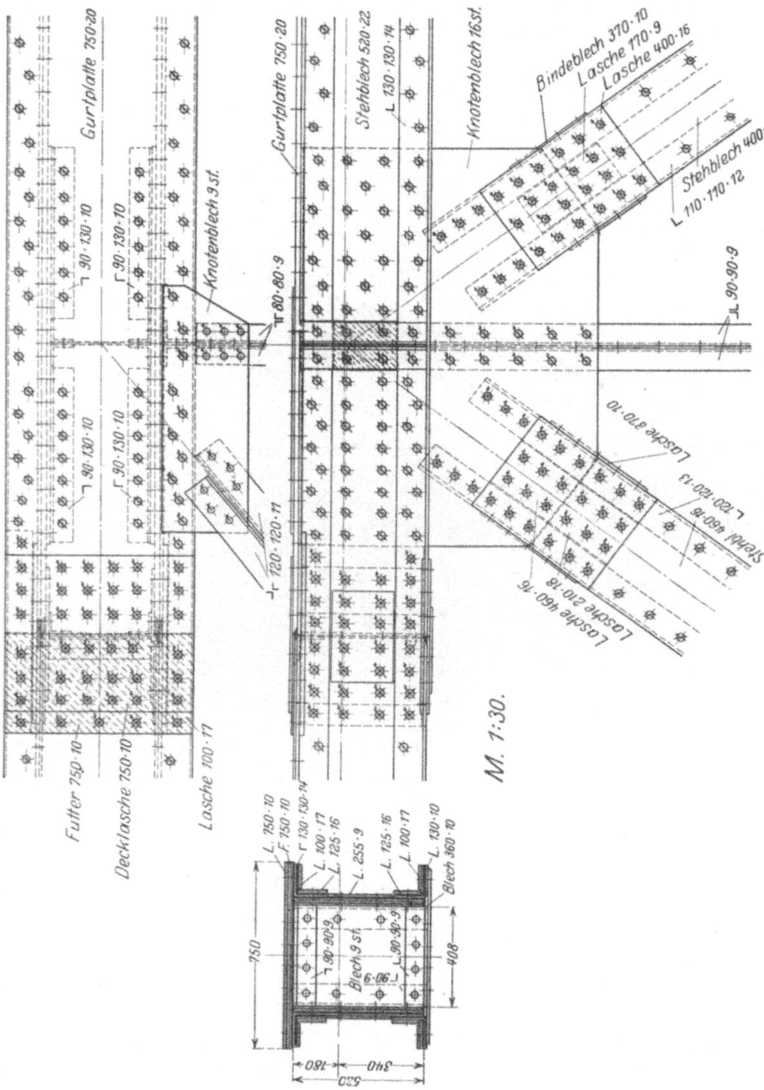

Abb. 62.

Die 9 mm starken Platten des Stabes sind stumpf gegen die Knotenbleche gestoßen und vermittels gleich starker Laschen und 5 mm starker Futter angeschlossen. Die Winkel des Stabes laufen innen auf die Knotenbleche auf. Die Randwinkel werden außerdem durch kurze Anschlußwinkel gefaßt, die mit 2 Nieten über den Rand des Knotenbleches übergreifen, um eine Schwächung des Querschnittes in der ersten Reihe des Nietbildes zu vermeiden.

Der Schrägstab ist mit vollem Querschnitt so tief in den Knotenpunkt eingeführt als das Querschott zuläßt. Die Stehbleche des Stabes liegen daher auf den inneren Flächen der Knotenbleche. Mit etwa der Hälfte ihres Querschnitts sind sie außerdem durch Laschen und Futterstücke auf die äußeren Flächen aufgeführt. Die Randwinkel des Stabes sind mittelbar durch die Stehbleche angeschlossen und werden wie im lotrechten Stab durch Anschlußwinkel gefaßt. Die Konstruktion des Knotenpunktes ist durch gedrungene Nietbilder und kleine Knotenbleche zum Vorteil der Schönheit des Bauwerkes und der Montage ausgezeichnet.

Ein Knotenpunkt der Obergurtung eines Parallelträgers[1] ist in Abb. 62 dargestellt. Der Querschnitt der Gurtungen zeigt die Regelform. Der Stoß liegt neben dem Knotenpunkt im linken Stab. Da Stehbleche und Kopfplatte ihre Stärken ändern, mußten im linken Stab Futterstücke unter die Stoßlaschen gelegt werden. Die Futter sind durch eine Nietreihe gesondert an den Stabquerschnitt angeschlossen, was bei 3 Reihen des Nietbildes nicht ganz ausreichend erscheint. Im Falle einer im Knotenpunkt geknickten Gurtung ist die hier gewählte und für die Montage zweckmäßige Stoßlage ebenfalls möglich, wenn in den Stehblechen ein Werkstattstoß im Knick vorgesehen wird.

Die auf den inneren Stegflächen der Gurtung liegenden Knotenbleche sind durch Anschlußwinkel mit der Kopfplatte verbunden und erfassen den I-Querschnitt des lotrechten Stabes in beiden Flanschen. Da die Anschlußwinkel in der Mitte geteilt sind, konnte der Querschnitt der Lotrechten ohne Kröpfung der Winkel bis an die Kopfplatte geführt werden. Beide Schrägstäbe bestehen aus 2 Stehblechen und 4 Randwinkeln. Letztere laufen auf die inneren Flächen der Knotenbleche auf. Die Stehbleche sind stumpf gegen die Knotenbleche gestoßen und durch Laschen angeschlossen, die sie außen in voller Breite überdecken. Im Inneren sind Laschen zwischen den Winkelschenkeln angebracht, um hier zweischnittige Vernietung zu erzielen. Die beiden Wände jedes Stabes sind durch je 2 Bindebleche verbunden, die in halber Länge zwischen die Knotenbleche eingreifen und eine gleichmäßige Belastung beider Wände bewirken. Der Anschluß der Schrägstäbe ist mit einfachen Mitteln sicher und zweckmäßig ausgebildet. Das Nietbild zum Anschluß des rechten Stabes könnte gedrungener sein und das Knotenblech dadurch etwas kleiner gestaltet werden. Da jedoch die Trapezform statt des Rechteckes mit etwas höheren Bearbeitungskosten in Kauf genommen werden müßte, würde ein Nutzen kaum erzielt werden.

Für einen Untergurtknoten derselben Brücke sind in den Abb. 63 und 64 2 Lösungen dargestellt. Der linke Stab der Untergurtung besteht aus 1 Stehblech 520·14 und 2 Winkeleisen, der rechte aus 1 Stehblech 520·24, 1 Stehblech 520·14, 2 Winkeleisen und 1 Beiblech zwischen den Winkelschenkeln in jeder Wand. Der Stoß der Gurtung befindet sich im linken Stab neben dem Knotenpunkt. Die Knotenbleche von 16 mm Dicke liegen auf den inneren Stegflächen des Querschnitts. In Abb. 63 sind die inneren, 14 mm starken Stehbleche des rechten Stabes am linken Rande des Knotenbleches abgeschnitten, während die stärkeren Stehbleche bis zum Stoß gegen die des linken Stabes weiterlaufen. Der I-Querschnitt des lotrechten Stabes verbindet beide Knotenbleche durch Nietreihen in den Flanschen. Der linke Schrägstab ist Zugstab und besteht aus 2 Stehblechen 480·16 und 480·10 sowie 2 Randwinkeln in jeder Wand. Das innen liegende Stehblech von 16 mm Dicke ist stumpf gegen das Knotenblech gestoßen, das 10 mm starke Stehblech ist außen, die Randwinkel sind innen auf das Knotenblech aufgeführt. Der Stoß zwischen innerem Stehblech und Knotenblech wird durch eine 16 mm starke Lasche gedeckt, die auf dem äußeren Stehblech liegt. Schließlich ist zwischen den Winkelschenkeln eine Lasche angeordnet, die jedoch ihrer Kürze wegen nur als Fugendeckung angesehen werden kann. Der rechte Schrägstab, der auf Druck beansprucht wird, ist der in Abb. 62 des Knotenpunktes der Obergurtung dargestellte Stab. Die Konstruktion des Stabanschlusses ist in beiden

[1] Eisenbahnbrücke über den Main, ausgeführt von der MAN, Werk Gustavsburg.

Knotenpunkten die gleiche. Zur Verbindung der Wände dienen in beiden Schrägstäben Bindebleche, die in halber Länge zwischen die Knotenbleche eingreifen.

Der Anschluß des linken Schrägstabes ist nicht einwandfrei, da die Lasche zur Deckung des Stoßes im innen liegenden Stehblech weder auf diesem noch auf dem Knotenblech unmittelbar aufliegt. Den Erfordernissen der mittelbaren Stoßdeckung ist die Nietzahl, die das äußere Stehblech mit dem Knotenblech

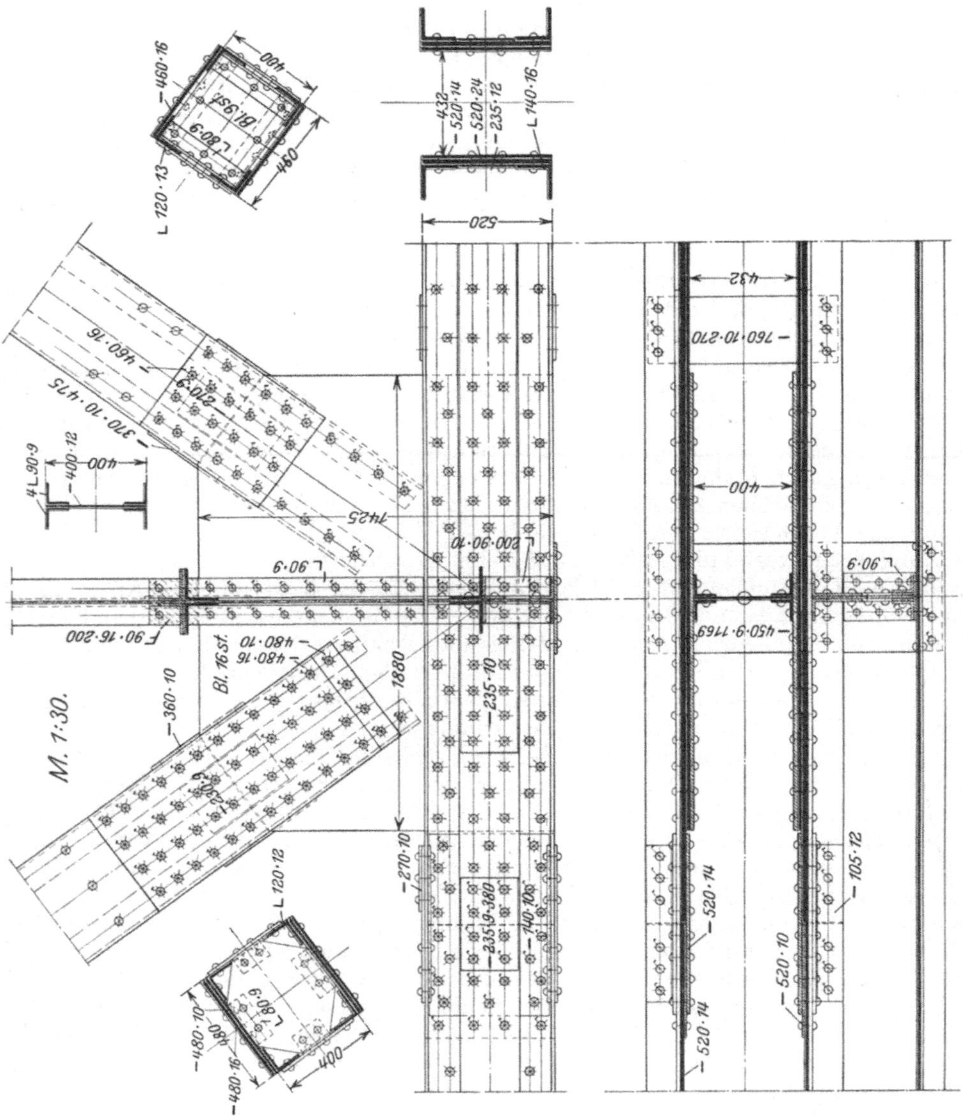

Abb. 63.

verbindet, nicht gewachsen. Jedenfalls wäre auf der inneren Wandfläche zwischen den Winkelschenkeln eine Lasche 230·18 zweckmäßig, durch welche die Hälfte des Stehblechquerschnitts unmittelbar an das Knotenblech angeschlossen wird.

Die in Abb. 64 dargestellte zweite Lösung weist ein zweites Knotenblech in jeder Wand auf, welches in der Ebene des inneren, 14 mm starken Stehbleches des rechten Untergurtstabes liegend, mit diesem durch das große Knotenblech verbunden und mit dem äußeren Stehblech unmittelbar vernietet ist. Das innen liegende Stehblech des linken Schrägstabes ist durch 2 Stoßlaschen, eine im Inneren zwischen den Winkelschenkeln angeordnete und eine äußere von 14 mm Dicke an das große Knotenblech angeschlossen. Die äußere Lasche stößt stumpf gegen das kleine Knotenblech und bricht das in gleicher Ebene liegende äußere Stehblech des Stabes ab. Eine Decklasche verbindet vermittels eines 4 mm starken Futterstückes das Stehblech mit dem kleinen Knotenblech. Da zum Anschluß jedes Winkeleisens 6 Niete ausreichen, konnte das große Knotenblech kleinere Abmessungen erhalten als bei der ersten Lösung. Auch die Zahl der Montageniete ist etwas geringer. Im Anschluß des rechten Schrägstabes ist nichts Wesentliches geändert, nur die Nietzahl auf die erforderlichen 6 vermindert. Die Lösung erreicht unmittelbaren Anschluß beider Stehbleche des linken Schrägstabes sowohl wie des rechten Gurtungsstabes an die Knotenbleche. Die Verbindung folgt dem Fluß der wesentlichen Zugkräfte aus dem linken Schrägstab in die Untergurtung.

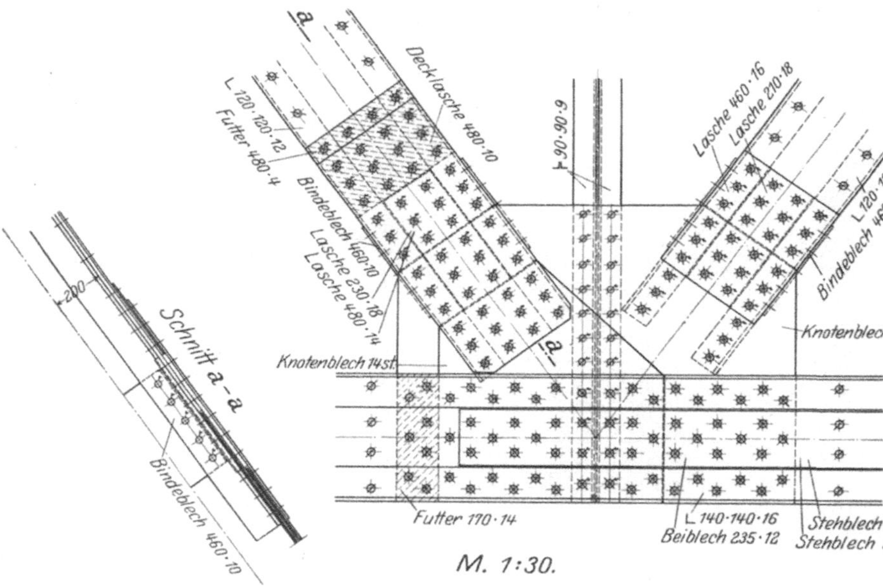

Abb. 64.

Einen Knotenpunkt der Untergurtung eines Parallelträgers geringerer Spannweite zeigt die Abb. 65. Der Querschnitt des linken Untergurtstabes hat in jeder Wand ⅃-Form und besteht aus 1 Stehblech, 1 Winkeleisen und 1 Beiblech von der Dicke des Winkelschenkels. Im rechten Stab treten zu den genannten Stücken außen 1 Stehblech, innen 1 Winkel und 1 Beiblech hinzu. Sie umfassen die beiden Stäben gemeinsamen Stücke, greifen mit 3 Nietreihen auf den linken Stab über und decken so in einfachster Weise den Stoß der senkrecht stehenden Blechstärken. Die wagerechten Winkelschenkel sind durch untergelegte Laschen gestoßen. Die 14 mm starken Knotenbleche liegen auf den inneren Stegflächen der Gurtungen in 340 mm lichtem Abstand. Sie umfassen die breitflanschigen I-Träger 34, die in beiden Schrägstäben den Kern des Querschnitts bilden. Die auf den Flanschen der Träger angeordneten Gurtplatten von 14 mm Stärke sind stumpf gegen die Knotenbleche gestoßen und durch Laschen angeschlossen. Der I-Querschnitt des lotrechten Stabes verbindet die Knotenbleche in der lotrechten Ebene durch den geometrischen Knotenpunkt. Der Steg des Stabes ist an die wagerechten Winkelschenkel der Gurtungen und die unter diesen liegende Platte, die in der Verlängerung den Querträger faßt, durch kurze Winkelstücke angeschlossen. Der Knotenpunkt ist sicher und zweckmäßig gestaltet und gestattet einen einfachen Zusammenbau.

Ein Knotenpunkt der Untergurtung der Bogenbrücke, deren Obergurtknoten die Abb. 61 zeigt, ist in Abb. 66 dargestellt. Der Querschnitt der Gurtung besteht aus 3 Stehblechen 600·14, 1 Winkel 130·130·14 am oberen Rand, 2 Winkeln des gleichen Profiles am unteren Rand und 1 Beiblech zwischen den Winkelschenkeln in jeder Wand sowie einer Kopfplatte 900·14. Die beiden 14 mm starken Knotenbleche liegen auf den inneren Stegflächen, durchdringen die Kopfplatte und nehmen beide Wandstäbe des Bogenfachwerks durch gleiche Anschlüsse auf wie im Knotenpunkt der Obergurtung. Das innere Stehblech und das Beiblech sind im Knotenpunkt in rd. 1000 mm Länge unterbrochen. In den Lücken liegen 14 mm dicke Stoßlaschen und decken den im Knick liegenden Stoß der beiden mittleren Stehbleche. Die inneren Stehbleche sind an die Knotenbleche angeschlossen, die Beibleche werden außen durch Laschen 330·14 gedeckt. Die

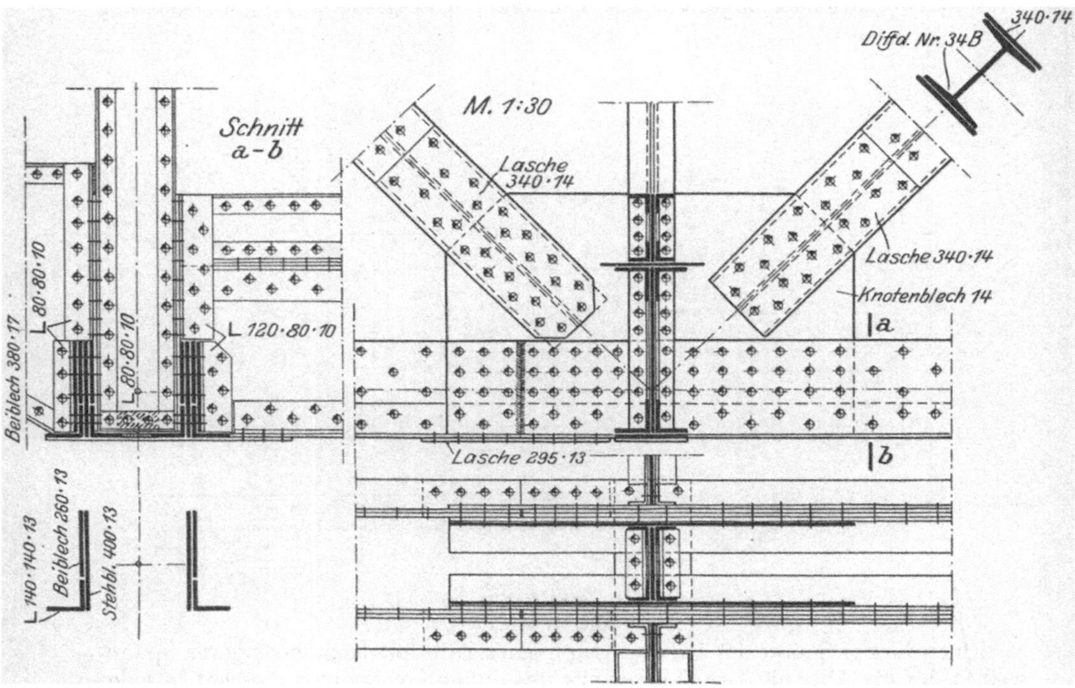

Abb. 65.

äußeren Randwinkel des linken Stabes laufen im Knick durch und sind weiterhin gegen die des rechten Stabes gestoßen. Zur Stoßdeckung dienen Laschen auf den Schenkeln. Da das äußere Stehblech der Gurtung durch die Stoßlasche in der Lücke des Beibleches nicht voll gedeckt ist, sind auf den lotrechten Winkelschenkeln Laschen nötig, die mit den Decklaschen des Winkelstoßes zu je einem Stück verbunden sind. Nimmt man einen Stoß in den senkrechten Winkelschenkeln der linken Gurtung an, so bildet das Schenkelstück zwischen diesem und dem Stoß in der rechten Gurtung die Deckung der darunter liegenden Stehblechbreite und die genannte durchlaufende Lasche 110·16 die Deckung des Winkelschenkels. Die inneren Winkel am unteren Rande der Gurtung sind durch Keilfutter auf die Knotenbleche aufgeführt und abgeschnitten. Die wagerechten Schenkel beider Randwinkel sind durch eine Lasche 320·14 unterdeckt, die in der Mitte so weit ausgeschnitten ist, daß der lotrechte Hängestab Durchgang findet. Bindebleche 260·10 unter den abstehenden Winkelschenkeln, versteift durch Winkeleisen 90·9 über den Schenkeln der inneren Winkel verbinden die Wände beider Gurtungsstäbe neben dem Knotenpunkt.

Der Stoß der Kopfplatte liegt an der Kante der Knotenbleche im rechten Stab und ist durch eine Lasche 900·14 gedeckt, die in 2 Schlitzen von den Knotenblechen durchdrungen wird. Die Kopfplatte ist in Länge der Knotenbleche auf die Breite ihres lichten Abstandes abgeschnitten. Die Lücken sind durch Laschen 176·14 geschlossen, die beiderseits durch Stoßlaschen mit der Kopfplatte verbunden sind.

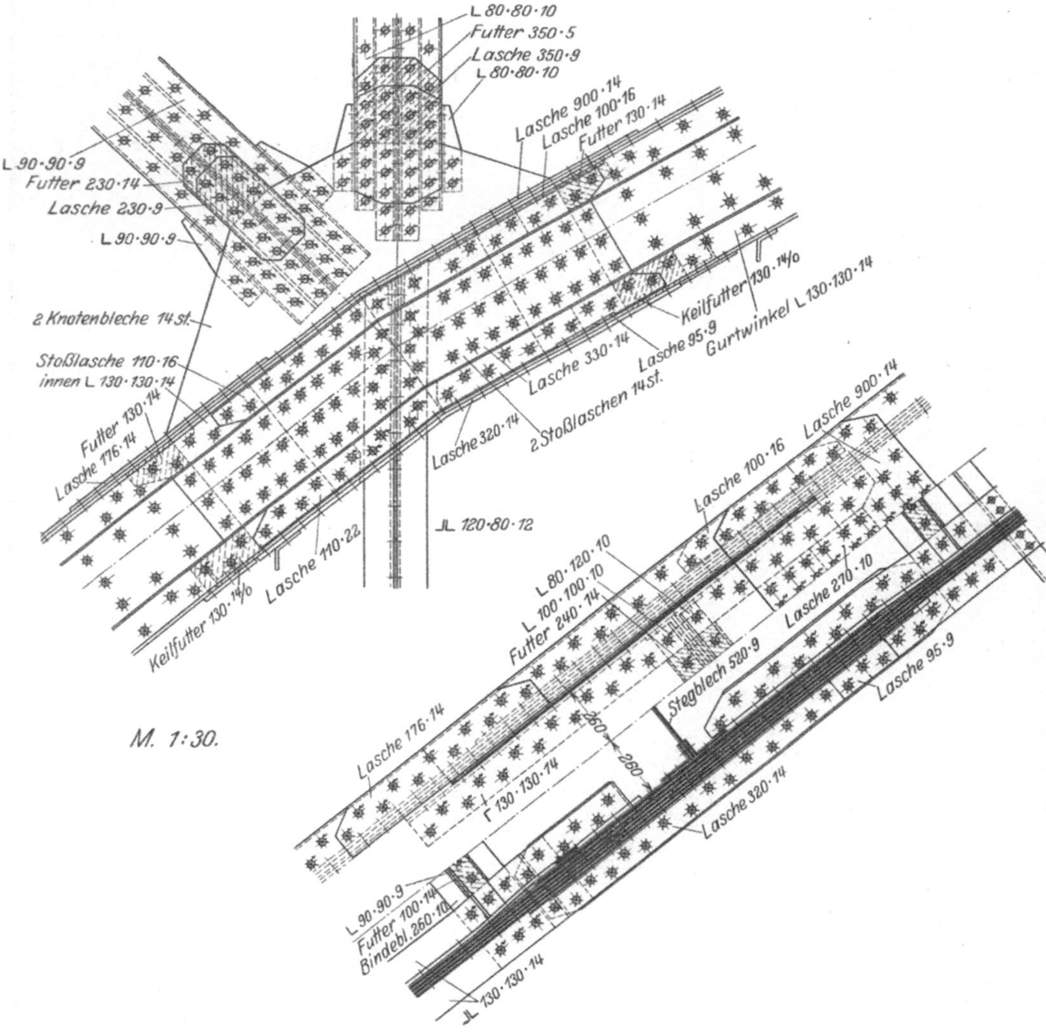

Abb. 66.

Den ersten Knotenpunkt der Obergurtung der 130 m weit gespannten Balkenbrücke über die Weichsel bei Marienwerder, die in den Jahren 1908/09 erbaut ist, zeigen die Abb. 67[1]. Der linke Gurtstab besteht aus 2 Stehblechen 900·16, 4 Winkeleisen 160·160·16 und 1 Kopfplatte. Im rechten Obergurtstab treten 2 Stehbleche 900·16 und 2 Beibleche 570·16 hinzu. Die linke auf Druck beanspruchte Strebe besteht aus 8 Stehblechen 930·16 und 4 Randwinkeln 100·100·10,

[1] Aus Bernhard: Eiserne Brücken. Z. f. B. 1910, Atlas Bl. 12.

der rechte Schrägstab aus 6 Stehblechen 610·16 und 4 Randwinkeln. In jeder Wand liegen die beiden Stehbleche des rechten Gurtungsstabes, die beiden mittleren der linken Strebe sowie das innere und mittlere Stehblech des rechten Schrägstabes in gleichen Ebenen. Sie werden auf beiden Seiten durch 2 Knotenbleche von 16 mm Stärke umfaßt. Zwischen diese greift auch das durch ein Futter verstärkte Stehblech des linken Gurtungsstabes ein. Die Stehbleche der Schrägstäbe sind parallel zum Rande der Stehbleche der Gurtung abgeschnitten. Gegen die Knotenbleche sind die Winkeleisen der Gurtungen und das Beiblech des rechten Gurtstabes, ferner die äußeren Stehbleche beider

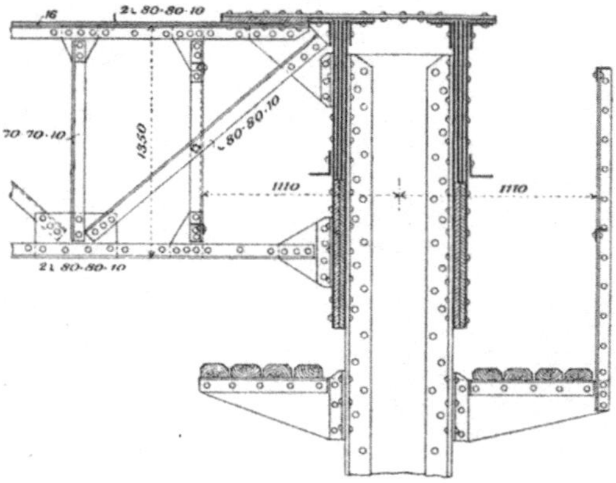

Schnitt a—b.

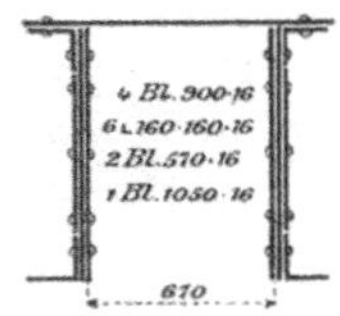

Schnitt c—d.

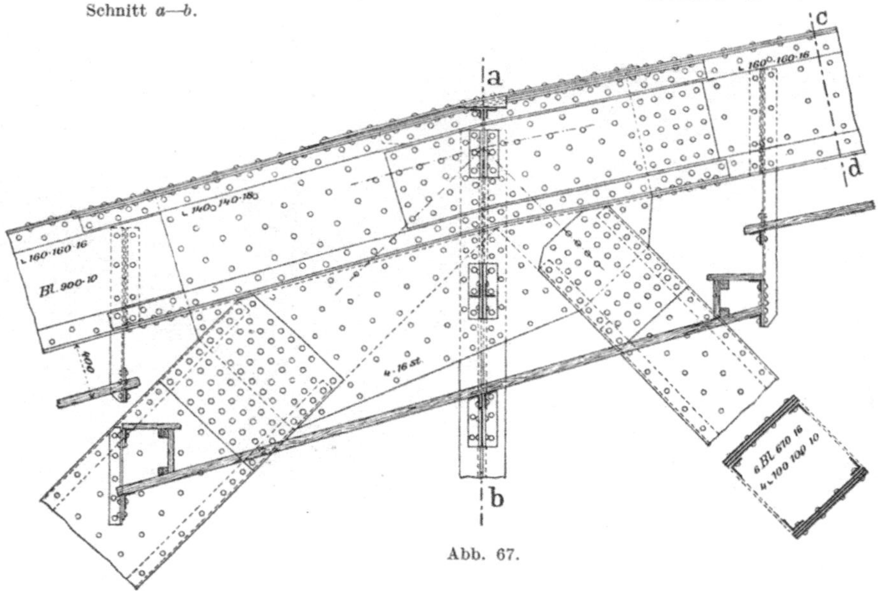

Abb. 67.

Schrägstäbe und das innere Stehblech der linken Strebe stumpf gestoßen. Der Stoß der Bleche ist durch je 1 Lasche gedeckt. Die Winkel der Gurtungen sind durch Stoßwinkel über die Knotenbleche hinweggeführt. Die Randwinkel der Schrägstäbe sind durch Keilfutter auf die Stoßlasche im linken Stab, auf das Knotenblech im rechten Stab aufgeführt. Die zwischen den Knotenblechen entstehenden Lücken sind durch Futterbleche ausgefüllt. Der Anschluß der Strebe ist nicht einwandfrei. Das unsymmetrische Nietbild im Anschluß der mittleren Stehbleche ist zu verwerfen. Da der linke Obergurtstab nur kleine Spannkräfte aufzunehmen hat, nämlich nur als Gurtungsstab des oberen Windverbandes, während die Strebe durch eine große Druckkraft beansprucht wird, wäre es richtiger, die mittleren Stehbleche der Strebe rechtwinklig zum Stab abgeschnitten, bis an die Stehbleche des rechten Gurtungstabes zu führen und das Stehblech des linken Stabes dementsprechend zu begrenzen. Außerdem ist eine Verbindung der Strebenwände auf beiden Seiten durch Bindebleche notwendig, die so tief als möglich in den Knotenpunkt eingreifen.

Während Knotenbleche gleicher Größe und Form die Stehbleche der Stäbe umfassen, werden solche von verschiedener Größe unmittelbar aufeinander gelegt, um die einzelnen Stabstücke nacheinander in Stufen zu ergreifen. Diese Bauart ist für den Überbau der großen Mittelöffnung der Eisenbahnbrücke über den Rhein unterhalb Duisburg gewählt, dessen ersten Obergurtknoten die Abb. 68 zeigt[1]. In jeder Wandung sind 3 Knotenbleche von 19 mm Stärke angeordnet. Das größte liegt im Inneren. Die beiden äußeren treten im Knotenpunkt an die Stelle der Stehbleche der Gurtungen, deren der linke Stab eins von 12 mm, der rechte 2 von 19 mm Stärke aufweist. (Der gezeichnete Querschnitt gehört zum linken Stab.) Das Stehblech des linken Stabes läuft außen auf das mittlere Knotenblech auf und stößt stumpf gegen das äußere. Die beiden Stehbleche des rechten Stabes laufen auf das innere Knotenblech auf und stoßen stumpf gegen das mittlere und äußere. An das letztere ist das äußere Stehblech in voller Höhe durch eine Lasche angeschlossen. Die Randwinkel beider Stäbe werden durch diese Lasche, deren Stärke gleich der der Winkelschenkel ist, unterbrochen und durch Stoßwinkel über die Lasche hinweggeführt. Die 22 mm starke Kopfplatte des rechten Stabes greift auf den linken Stab über und ist mit der 12 mm starken Kopfplatte des linken Stabes nur durch eine unterfütterte Fugendeckung verbunden. Dagegen ist sie durch Anschlußwinkel mit den inneren Knotenblechen vernietet. Da der linke Stab nahezu spannungslos ist, und die Kraft des rechten Gurtstabes mit den Strebenkräften im Gleichgewicht steht, ist die gewählte Anordnung durch den Kraftfluß begründet. In jeder Wandung der linken Strebe sind 2 Stehbleche 1000·19 mit 4 Randwinkeln 160·90·16 und 2 Kopfplatten zur I-Form verbunden. Auf der äußeren Stegfläche liegt ein Beiblech 660·13 zwischen den Winkelschenkeln. Ein Steg aus einem Stehblech und 4 Winkeln 160·160·19 verbindet beide Wände des Stabes. Die Stehbleche jeder Wand stoßen stumpf gegen das innere und mittlere Knotenblech, deren Ränder sich hier decken, und sind auf beiden Seiten in voller Breite durch 19 mm starke Laschen angeschlossen. Die äußere Lasche stößt stumpf gegen das äußere Knotenblech und begrenzt das Beiblech des Stabes. Dieses ist durch eine Stoßlasche, die über dem Beiblech mit 6 mm starkem Futter unterlegt ist und über die vorgenannte Lasche hinweggreift, an das äußere Knotenblech angeschlossen. Auch die Stoßlasche für das innere Stehblech greift auf dem inneren Knotenblech liegend in den Bereich des äußeren mit einem Nietbild ein. Sämtliche Winkel sind durch Keilfutter auf die Laschen aufgeführt. Der Steg des Stabes reicht nebst seinen Winkeleisen bis an den lotrechten Stab und bewirkt dadurch eine gute Aussteifung beider Wände des Knotenpunktes in der Richtung des stärksten Druckes. Die Kopfplatten der Strebe sind geschlitzt und durch kurze, zum Teil mit Futter unterlegte Winkel an die Knotenbleche angeschlossen. Im rechten Schrägstab sind die I-förmigen Wände aus gleichen Stehblechen, Winkeln und einem Beiblech gebildet wie in der Strebe. Im wesentlichen gleich ist auch der Anschluß an die Knotenbleche gestaltet. Da der Stab ausschließlich durch Zugkräfte beansprucht wird, war ein Steg zwischen den Wänden entbehrlich. Die Konstruktion des Knotenpunktes zeichnet sich durch Klarheit und Sicherheit des Kraftausgleiches aus. Bei Berücksichtigung der großen Querschnitte ist die Aufgabe der Stabverbindung mit verhältnismäßig einfachen Mitteln zweckmäßig gelöst.

Den ersten Untergurtknoten des Parallelträgers der Weserbrücke bei Wehrden (siehe Seite 224) zeigt Abb. 69. Der rechte Stab der Untergurtung besteht aus 3 Stehblechen 700·21 und 2 L 140·140·17 in jeder Wand, der linke aus 1 Steh-

[1] Gezeichnet nach Z. Bauw. 1912.

blech 700·21, 2 Beilagen 150·21 und 2 ⌞ 140·140·17. Je 2 Knotenbleche von 21 mm Stärke liegen auf den inneren Stegflächen. Mit der linken Kante des großen Knotenbleches schließt das erste Stehblech des rechten Gurtstabes ab. Das Stehblech des linken Stabes greift bis zum Stoß zwischen das erste und dritte des rechten ein. Die Winkel laufen ungestoßen durch. In jeder Wand

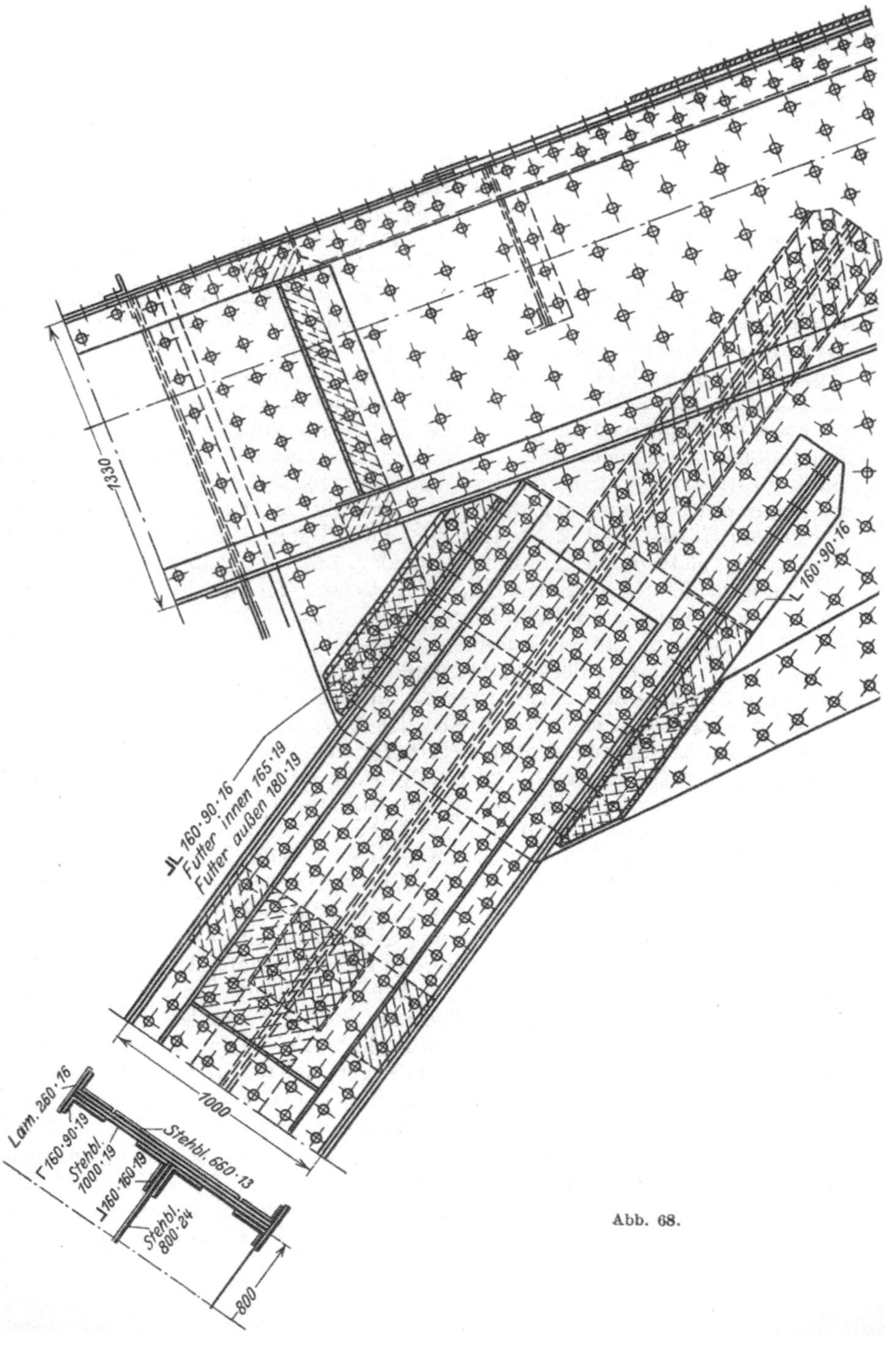

Abb. 68.

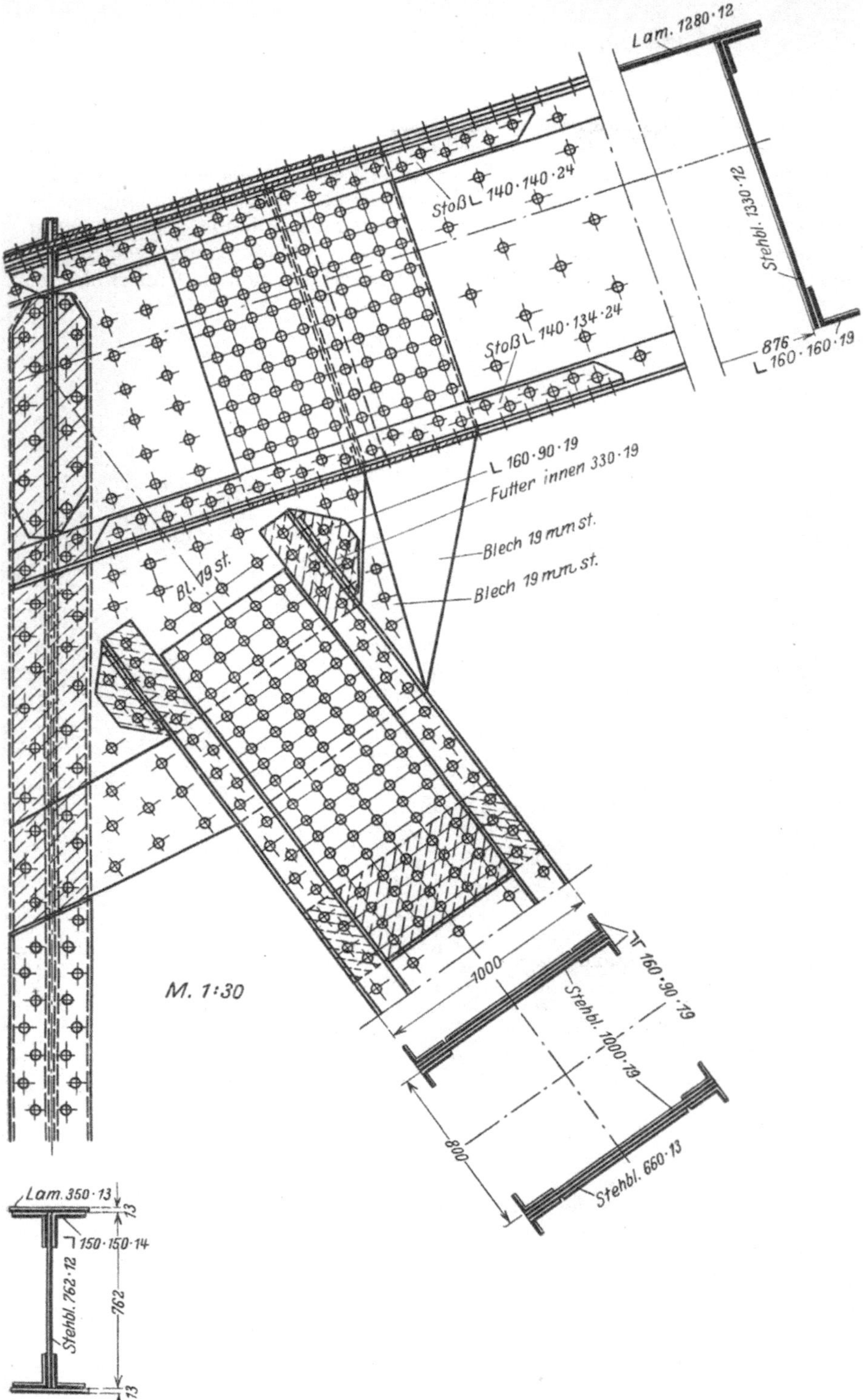
Lam. 1280·12
Stoß ∟ 140·140·24
Stehbl. 1330·12
Stoß ∟ 140·134·24
876
∟ 160·160·19
∟ 160·90·19
Futter innen 330·19
Blech 19 mm st.
Blech 19 mm st.
Bl. 19 st.
M. 1:30
1000
⌐ 160·90·19
Stehbl. 1000·19
800
Stehbl. 660·13
Lam. 350·13
13
⌐ 150·150·14
Stehbl. 762·12
762
13

Abb. 68.

sind die Knotenbleche mit der Untergurtung in der Werkstatt vernietet. Die I-Eisen der Schrägstäbe und des lotrechten Stabes werden in beiden Flanschen von den Knotenblechen gefaßt. Letzterer reicht bis zur Unterkante der Untergurtung und steift den ganzen Knotenpunkt in lotrechter Ebene aus. Auf die inneren Flächen der Knotenbleche laufen auch die Randwinkel der Schrägstäbe auf. Kurze Anschlußwinkel erfassen ihre abstehenden Schenkel. Die inneren Platten der Schrägstäbe stoßen stumpf gegen die großen Knotenbleche, die äußeren laufen auf sie auf und stoßen stumpf gegen die kleinen Knotenbleche.

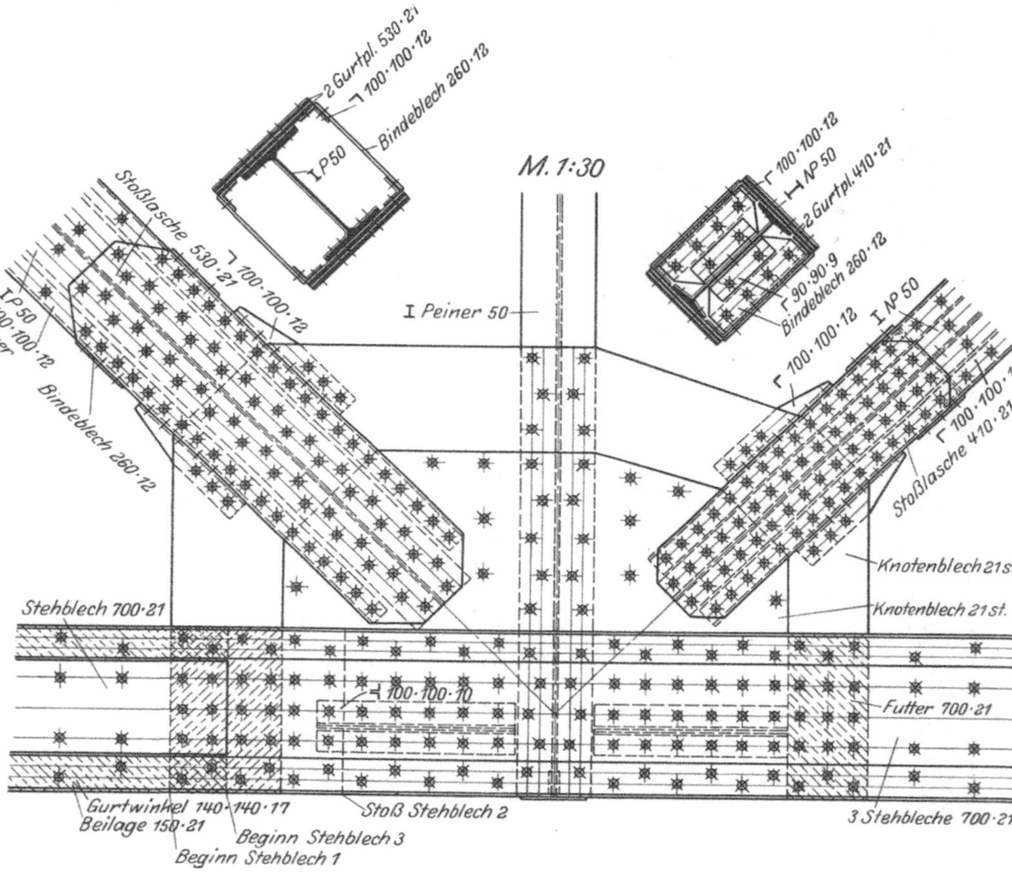

Abb. 69.

Stoßlaschen decken den Stoß der inneren Platten mittelbar. Ein wagerechter Steg in der Achse der Gurtung verbindet beide Wände.

Auch der in Abb. 70 dargestellte Knotenpunkt weist auf einander liegende Knotenbleche auf. Er schließt das Zugband eines Bogens an die Untergurtung in dem auf den Auflagerpunkt folgenden Punkte an. Die wagerechte Seitenkraft der Druckkraft des ansteigenden Gurtungsstabes muß voll von dem Zugband aufgenommen werden. Da beide Stäbe unter spitzem Winkel zusammenstoßen, ist der Ausgleich nur in den Knotenblechen möglich. Es sind 3 je 18 mm starke Knotenbleche verschiedener Größe angeordnet, an welche die Stäbe stufenförmig angeschlossen sind. In jeder Wand des Untergurtstabes sind 2 Stehbleche 460·18, 2 Randwinkel 120·120·15; 1 Beiblech 220·18 und 6 Platten 130·14 zur]-Form zusammengefügt, eine häufig gewählte, aber nicht zweckmäßige Querschnittbildung

(S. 218). Die Stehbleche laufen auf das innere und mittlere Knotenblech, die Randwinkel und das Beiblech auf das äußere auf. Zum Anschluß der Platten dienen Anschlußwinkel. Das Zugband besteht aus 4 Stehblechen 550·18 in jeder Wand. Das innere Stehblech stößt stumpf gegen das innere Knotenblech und wird auf dessen Innenfläche durch 2 Winkel 150·150·16 und beiderseits derselben liegende schmale Laschen aufgeführt. Die wagerechten Winkelschenkel fassen ein Stegblech, das beide Wände des Knotenpunktes verbindet. Das zweite, dritte und vierte Stehblech des Zugbandes läuft nacheinander auf das innere, mittlere und äußere Knotenblech auf. In der Lotrechten durch den geometrischen Knoten-

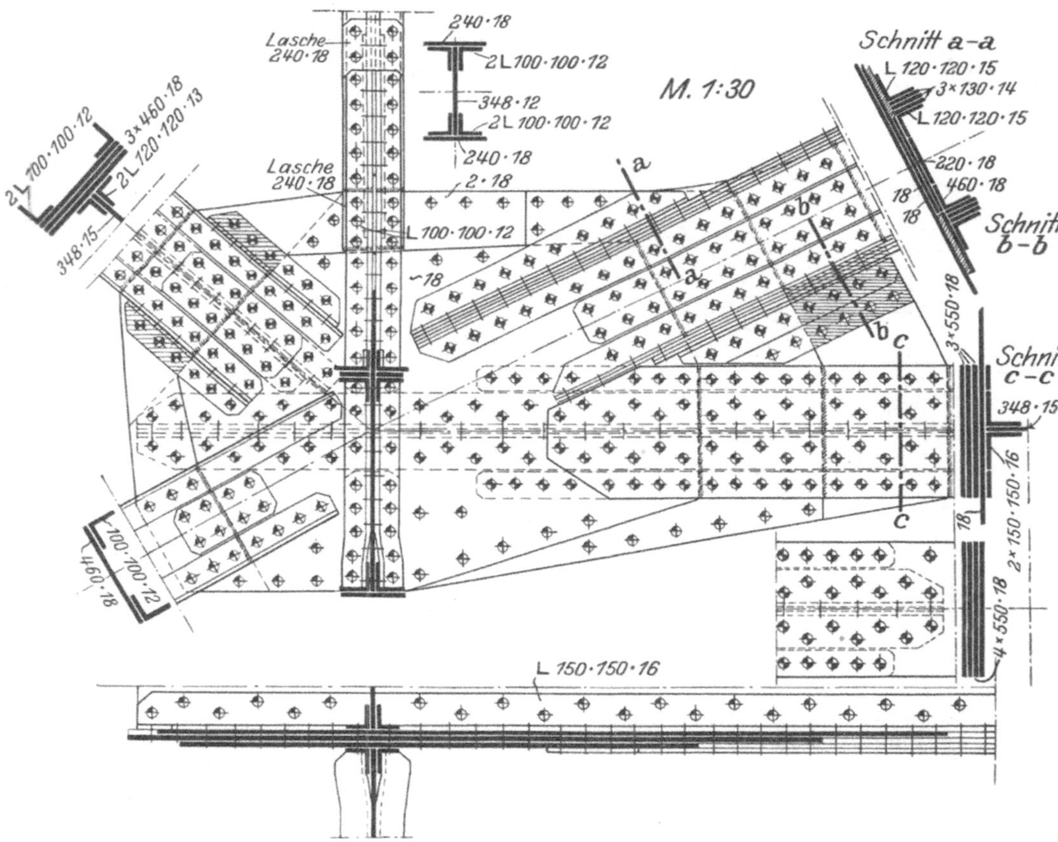

Abb. 70.

punkt verbindet der I-Querschnitt des Stabes die Wände. Auf die äußeren Flächen der Knotenbleche sind Winkeleisen zum Anschluß des Querträgers angenietet. Der nach links ansteigende Schrägstab hat eine Zugkraft aufzunehmen und besteht aus 3 Stehblechen 460·18 und 2 Randwinkeln 100·100·12 in jeder der durch einen Steg verbundenen Wände. Das mittlere Knotenblech greift hier über den Rand des inneren und äußeren über. Es wird auf beiden Seiten vom inneren und äußeren Stehblech des Stabes erfaßt, während die Randwinkel auf das äußere, die Stegwinkel auf das innere Knotenblech auflaufen. Der Stoß des mittleren Stehbleches ist nicht gedeckt, obwohl noch Anschlußwinkel und eine Lasche zwischen den anliegenden Schenkeln der Randwinkel angeordnet sind. Die Stücke des linken Untergurtstabes, 1 Stehblech und 2 Randwinkel in jeder Wand sind auf das mittlere und äußere Knotenblech genietet. Der Stab erfährt nur geringe

Beanspruchung. Die Führung der Unterkante der Knotenbleche ist hier durch die Kraft im Zugband bestimmt (S. 101). Anzahl, Form und Lage der Knotenbleche, die Aufführung der Stücke der Gurtstäbe und des Zugbandes ist richtig und zweckmäßig gewählt. In den Einzelheiten ist jedoch manches zu beanstanden. In der Achse des ansteigenden Untergurtstabes, der Richtung der stärksten Druckkraft, ist ein Steg zur Verbindung der Wände unbedingt notwendig, während er im Zugband entbehrt werden kann. Da der linkssteigende Schrägstab nur durch Zugkräfte beansprucht wird, hat der Steg auch hier nur den Zweck, die Stabwände zu einer Einheit zusammenzuschließen. Der Stabquerschnitt ist zu reichlich bemessen, daher beeinträchtigt die mangelhafte Stoßdeckung die Sicherheit nicht. Der Gleichheit der Sicherheit zuliebe ist Beseitigung des Mangels durch eine Lasche 460·18, die an Stelle der Stegwinkel an die innere Fläche der Knotenbleche angeschlossen ist, jedoch ratsam.

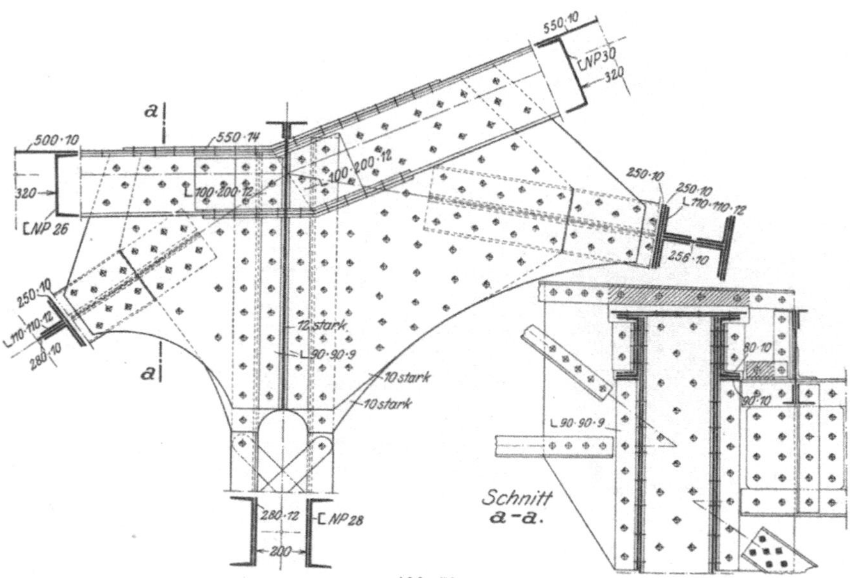

Abb. 71.

Getrennte Knotenbleche gleicher Form, in welche die Schrägstäbe fingerartig eingreifen, erfordern im allgemeinen, da die Niete in 4 Schnitten beansprucht werden, kleinere Nietbilder, kleinere Bleche und eine geringere Zahl von Stoßlaschen als die Anordnung unmittelbar verbundener Knotenbleche. Auf der anderen Seite verlangen erstere mehr Material in den Stehblechen der Gurtungen. Auf der Montage ist der Anbau von innen nach außen bei der Anordnung verbundener Knotenbleche leichter ausführbar als das Einschieben der Schrägstäbe zwischen getrennte Knotenbleche. Dagegen ist die Zahl der auf der Baustelle zu schlagenden Niete bei getrennten Knotenblechen im allgemeinen kleiner. Verbundene Knotenbleche werden vielfach vorgezogen; doch ist eine zutreffende Abwägung der Vor- und Nachteile beider Bauarten nur im Einzelfalle möglich.

Eine einspringende Ecke im Knotenblech weist der in Abb. 71 dargestellte Knotenpunkt auf. Es ist der Knotenpunkt einer Straßenbrücke vom System der Treskowbrücke (S. 248), in dem die Obergurtung über dem Flußpfeiler aus der Geraden der Seitenöffnung zum Bogen der Mittelöffnung aufsteigt. Der Querschnitt der Gurtungen besteht aus 2] 30-Eisen und 1 Kopfplatte. Auf den inneren Stegflächen liegen je 2 10 mm starke Knotenbleche. Der Rand des inneren Knotenbleches tritt gegen den des äußeren zurück. Dadurch wurde in jedem der beiden Schrägstäbe der Anschluß der außen liegenden Platten an die äußeren Knotenbleche möglich, während die übrigen Stücke zwischen die inneren Knotenbleche eingeführt sind. Die ⊐-Eisen der Gurtungen sind im Steg durch eine Lasche zwischen den Flanschen und im untern Flansch durch eine unter ihm liegende Lasche gestoßen. Der Stoß der oberen Flansche ist ungedeckt. Die Kopfplatten sind durch eine dem geknickten Linienzug folgende Lasche verbunden. Diese Verbindung der Stäbe untereinander und mit den Knotenblechen ist fehlerhaft. Die geknickte Stoßlasche auf den Kopfplatten weicht der Beanspruchung je nach der Kraftrichtung nach oben oder unten aus. Daher müssen die Knotenbleche den größten Teil der Spannungen in den Kopfplatten aufnehmen. Sie sind dem aber in der einspringenden Ecke nicht gewachsen. Es ist nicht zweifelhaft, daß die Bleche hier erhebliche Überbeanspruchungen erfahren. Wenn es nicht möglich war, die Knotenbleche geradlinig abzuschneiden, mußte der Querschnitt des einen Gurtungsstabes so geändert werden, daß er durch den des andern hindurchgeführt werden konnte. Dadurch wird eine Gestaltung der Stabanschlüsse möglich, die den Ausgleich der Kräfte im inneren Bereich der Knotenbleche und nicht gerade an der einspringenden Ecke vollzieht. Folgende Lösung erfüllt das Erfordernis. Die ⊐-Eisen des ansteigenden Stabes werden geradlinig über den Knick hinaus durchgeführt und im Steg sowie durch kräftige Anschlußwinkel auf den Flanschen angeschlossen. Die Anschlußwinkel müssen auch die Kopfplatte aufnehmen. Die ⊐-Eisen des linken Gurtungsstabes werden danach abgeschnitten. Auf ihre inneren Stegflächen werden durch Vermittlung von 20 mm starken Futterstücken gleich starke Stehbleche aufgenietet. Zwischen diesen und der Kopfplatte werden 2 Winkel 120·120·13 eingebaut. Der entstehende ┌┐-förmige Querschnitt, der den Stabquerschnitt voll ersetzt, wird zwischen den Knotenblechen so weit über den Knick hinaus geführt, daß er hier voll angeschlossen werden kann. Die dadurch notwendig werdende Änderung im Anschluß der Schrägstäbe ist ohne Schwierigkeiten ausführbar.

In Knotenpunkten der behandelten Art ist, wenn irgendmöglich, das Knotenblech gerade abzuschneiden, oder der Knick in der Gurtung auszurunden. Die Kraftübertragung in den Kopfplatten bedingt jedoch einen hinreichend großen Krümmungsradius[1].

β) Eckknotenpunkte.

In den Eckknoten verteilen sich die Stäbe auf einen Winkelsektor, der erheblich kleiner als 180° ist. Die den Rand des Fachwerks bildenden und am stärksten beanspruchten Stäbe können nicht unmittelbar ineinander überführt werden, da die Übertragung der Kräfte in den Kopfplatten und abstehenden Winkelschenkeln durch den scharfen Knick unmöglich wird. Mithin muß der Kraftausgleich durch das Knotenblech vermittelt und jeder Stab voll an es angeschlossen werden. Soll das Knotenblech nicht weit über die Randstäbe in den ausspringenden Winkel übergreifen, so ist eine Umrandung unvermeidlich, die nahe an den geometrischen Knotenpunkt herantritt. Das bedingt eine Zusammendrängung der inneren Kräfte am Rande und damit große Stärke des Knotenbleches. In den Eckknoten der Obergurtung, in denen die Endstrebe mit dem ersten Gurtstab zusammentrifft, kann die Schwierigkeit ohne unschöne Gestaltung des Knotenpunktes durch 2 Mittel gelöst werden, entweder geradlinige Verlängerung des Gurtungsstabes über den geometrischen Knotenpunkt hinaus etwa um die halbe Länge des Knotenbleches oder Überleitung des Querschnittes aus einem Stab in den andern in einer hinreichend schwachen Krümmung.

---

[1] Schaper: Eiserne Brücken, 5. Aufl., gibt in Abb. 552 eine gute Ausbildung eines Knotenpunktes der gleichen Art.

Knotenpunkte der ersten Anordnung zeigen die Abb. 72 u 73. Erstere stellt den oberen Eckknoten eines Parallelträgers von 44 m Spannweite dar. Der Obergurtstab weicht von dem Regelquerschnitt nur darin ab, daß jedes Stehblech durch 2 Randwinkel mit der Kopfplatte verbunden ist. Die Knotenbleche sind auf die lotrechten Schenkel der inneren Winkel aufgelegt und an die Stehbleche nur durch Futterbleche angeschlossen. Der mittelbare Anschluß erscheint zwar bei der großen Zahl der Niete unbedenklich, konnte aber durch Verlängerung des Futters leicht vermieden werden. Die gewählte Lage der Knotenbleche im Gurtquerschnitt ist hier durch die Querschnittgröße der mittleren Gurtstäbe einerseits und die Abhängigkeit des lichten Knotenblechabstandes von der Höhe des Querschnittes der Schrägstäbe anderseits bedingt. Wo dieser Grund nicht vorliegt, werden die Knotenbleche besser unmittelbar auf die inneren Flächen der Stegbleche aufgelegt und die inneren Winkel durch Keilfutter auf die Knotenbleche aufgeführt. Der Querschnitt der Endstrebe weist in jeder Wandung die I-Form

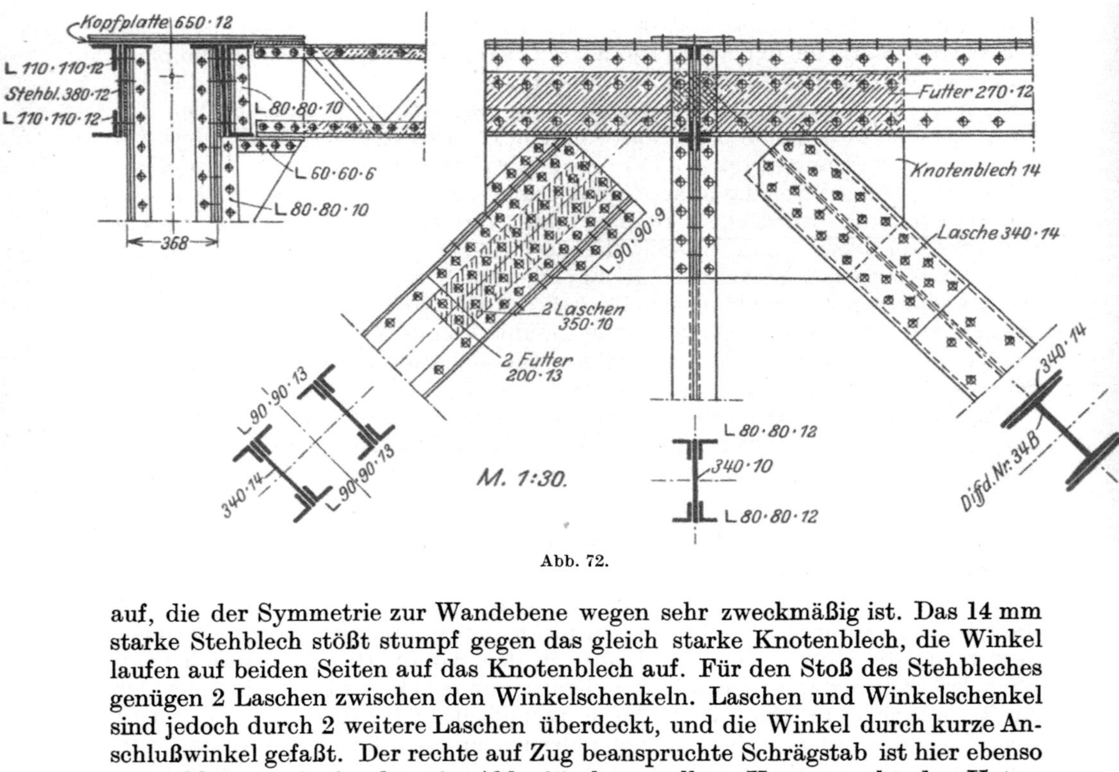

Abb. 72.

auf, die der Symmetrie zur Wandebene wegen sehr zweckmäßig ist. Das 14 mm starke Stehblech stößt stumpf gegen das gleich starke Knotenblech, die Winkel laufen auf beiden Seiten auf das Knotenblech auf. Für den Stoß des Stehbleches genügen 2 Laschen zwischen den Winkelschenkeln. Laschen und Winkelschenkel sind jedoch durch 2 weitere Laschen überdeckt, und die Winkel durch kurze Anschlußwinkel gefaßt. Der rechte auf Zug beanspruchte Schrägstab ist hier ebenso angeschlossen wie in dem in Abb. 65 dargestellten Knotenpunkt der Untergurtung.

Der Knotenpunkt einer zweigleisigen Eisenbahnbrücke von 60 m Spannweite ist in Abb. 73 dargestellt. In dem Querschnitt der parabolisch gekrümmten Obergurtung ist die Regelform am unteren Rande durch Winkel auf den inneren Stegflächen verstärkt. In der Strebe sind 1 Stehblech 500·12 und 4 Winkel 120·120·13 zur I-förmigen Wand zusammengesetzt. Ein Steg aus Stehblech und Winkeln verbindet die Wände. Der rechte Schrägstab, der ausschließlich Zugkräfte aufzunehmen hat, besteht in jeder Wand aus 2 Stehblechen 420·12 und 2 Randwinkeln 110·110·12. 2 Knotenbleche von 12 mm Stärke sind angeordnet. Stehblech der Gurtung, Stehblech der Strebe und äußeres Stehblech des rechten Schrägstabes liegen in der Ebene des äußeren Knotenbleches und sind auf das größere, innere aufgeführt. Das innere Stehblech des rechten Schrägstabes stößt stumpf gegen das innere Knotenblech und ist an dieses durch eine Lasche auf der inneren Fläche angeschlossen. Zur Entlastung des Knotenbleches in der Randlinie des kleineren muß die Lasche mit etwa einem Nietbild über den Rand greifen. Die außen liegenden Randwinkel der Stäbe und das Beiblech der Gurtung laufen auf das

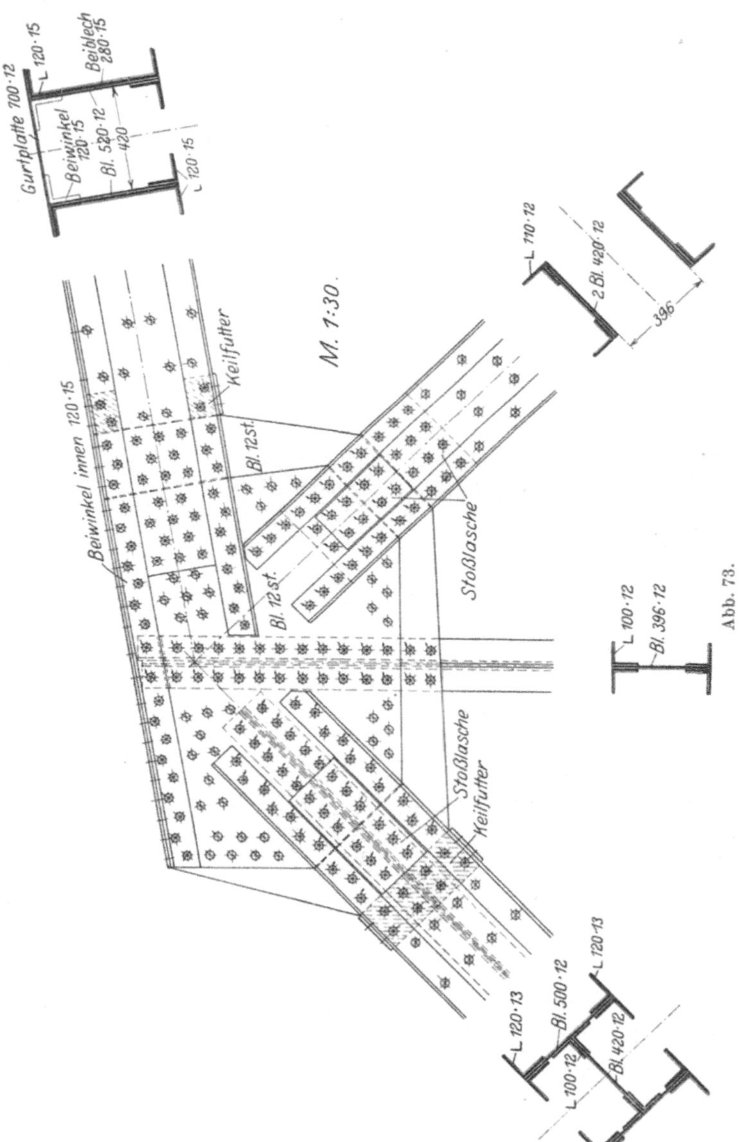

Abb. 73.

kleine Knotenblech auf. Zwischen den äußeren Winkeln der Schrägstäbe liegen Laschen, die einen Teil des Stehblechquerschnitts auf das äußere Knotenblech übertragen. Die innen liegenden Winkel der Strebe und der Gurtung sind durch Keilfutter auf die inneren Flächen des großen Knotenbleches aufgeführt. Der Steg der Strebe greift so tief als möglich in den Knotenpunkt ein. Bei Knotenpunkten der vorliegenden Art hat man sich nicht selten mit einem entsprechend starken Knotenblech begnügt. Wenn der auf Zug beanspruchte Schrägstab 2 Stehbleche in jeder Wand hat, führt das zu der Notwendigkeit, 2 übereinander liegende Blechstärken auf das Knotenblech zu nieten. Da das äußere nur mittelbar angeschlossen werden kann, so bedingt die einwandfreie Ausbildung ein längeres Nietbild und daher ein größeres Knotenblech als bei Anordnung von 2 Knotenblechen. Auch der Anschluß der Strebe gestaltet sich

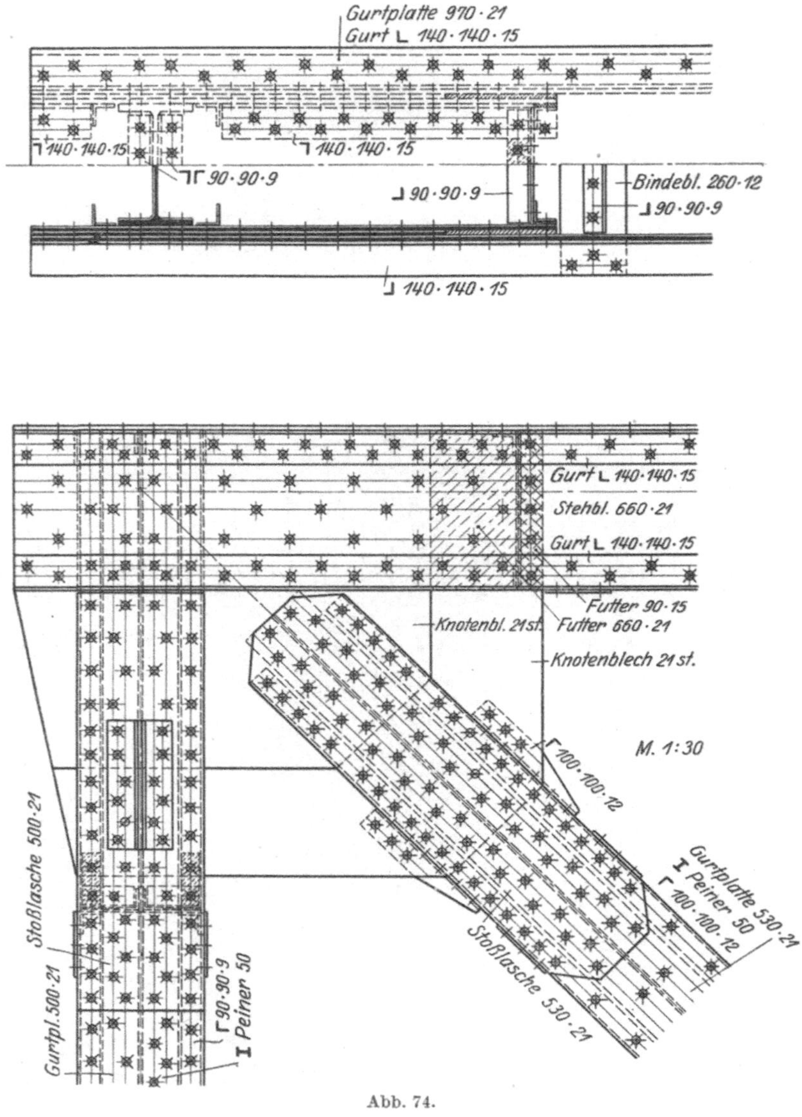

Abb. 74.

weniger einfach. Deshalb verdienen unter der genannten Voraussetzung 2 Knotenbleche als billigere Konstruktion bei gleicher Sicherheit den Vorzug.

Soll die Gurtung in einem Kreisbogen in die Strebe geführt werden, so muß letztere den unsymmetrischen Querschnitt der Gurtung erhalten. Die Knotenbleche werden auf die inneren Stegflächen genietet. Bei hinreichend großem Krümmungsradius wird die Kraft der Gurtung durch die Knotenbleche mit guter Sicherheit und durch verhältnismäßig kleine Beanspruchung der

Bleche in die Strebe abgelenkt. Die Belastung der Niete zwischen Blech und Randwinkel wirkt in der Richtung des Radius. Zwischen den gekrümmten und geraden Stabstücken muß jedoch aus Gründen der Herstellung sowohl in der Strebe wie in der Gurtung ein Stoß eingelegt werden. Die Konstruktion erfordert im ganzen wohl etwas weniger Material als die oben beschriebene, wird aber durch höhere Kosten der Herstellung teurer. Ihre Wahl ist zuweilen der Meinung entsprungen, daß die Krümmung schöner wirkt als der Knick. Das mag vielleicht für das Auge des Laien gelten, der Fachmann muß den gekrümmten Stab im Fachwerk als wesensfremdes Element und den Knick als die natürliche Lösung empfinden.

Den ersten Knotenpunkt der Obergurtung der Weserbrücke bei Wehrden zeigt die Abb. 74. Die Gurtung hat den Regelquerschnitt. Lotrechte und Schrägstab haben die gleiche Querschnittform, 2 Wände aus je 2 Gurtplatten von 21 mm Stärke und 2 Randwinkeln, sowie ein Steg aus einem Peiner I 50. In jeder Wand liegen 2 Knotenbleche von 21 mm Stärke in 500 mm lichtem Abstand auf den inneren Stegflächen der Gurtung, mit der Kopfplatte durch Anschlußwinkel verbunden. Sie umfassen die Peiner I-Eisen der Wandstäbe und sind mit jedem Flansch in 4 Reihen vernietet. Auf ihre inneren Flächen sind auch die Randwinkel aufgeführt. In der Lotrechten laufen Steg und Randwinkel bis zur Kopfplatte der Gurtung durch. Von den Gurtplatten der Wandstäbe sind die inneren gegen die großen Knotenbleche gestoßen, die äußeren auf sie aufgeführt und gegen die kleinen Knotenbleche gestoßen. Der Stoß der inneren Gurtplatten ist durch Laschen gedeckt, die auf die kleinen Knotenbleche aufgreifen. Querschotte steifen die Gurtung und die Lotrechte am Rand des großen Knotenbleches aus. Der Überstand der Knotenbleche über die linke Kante des lotrechten Stabes bezweckt eine Entlastung der Knotenbleche. Die Anordnung ist in gleichen Fällen häufig gewählt, sie entspringt mehr dem Gefühl als rechnungsmäßiger Begründung. Der Knotenpunkt vereinigt in seiner Durchbildung Einfachheit und Sicherheit in gleichem Maße.

Der Eckknoten der Obergurtung im Überbau der Hauptöffnung der Eisenbahnbrücke über den Rhein bei Duisburg-Hochfeld (S. 242) verbindet den Pfosten über dem Auflager, den ersten Stab der Obergurtung und 2 Schrägstäbe (Abb. 75). Beide Schrägstäbe werden nur durch Zugkräfte beansprucht. Der rechte führt zum Gelenk zwischen Krag- und Schwebeträger und nimmt den Auflagerdruck des letzteren auf. Im Obergurtstab treten Zug und Druck wechselnd auf. Der Querschnitt von Regelform besteht aus 2 Stehblechen 1100·18, 4 L 200·200·18, 1 Kopfplatte 1290·18. In jeder Wand sind 3 Knotenbleche von je 18 mm Stärke in 760 mm lichtem Abstand angeordnet, deren Größe von innen nach außen abnimmt. Die beiden inneren liegen auf den inneren Stegflächen der Gurtung, das äußere tritt an die Stelle ihres Stehbleches. Die Randwinkel laufen auf den äußeren Knotenblechen durch. Der Querschnitt des Pfostens hat ‡‡-Form und enthält 2 Platten 1320·18 in der geschlossenen, 2·3 Platten 440·18 in der offenen Wand. Beide Wände, deren lichter Abstand 796 mm mißt, sind durch 2 Stege aus je 3 Platten 760·1·14 + 2·10 verbunden. 16 L 150·150·14 bilden die kreuzförmig gestalteten Kanten. In die je 18 mm weiten Lücken zwischen Steg und Wänden greifen die inneren Knotenbleche ein. Die Wandplatten laufen nacheinander auf die Knotenbleche auf. Die äußere Platte der geschlossenen Wand schneidet mit der Kante des äußeren Knotenbleches ab, während die äußeren Platten der offenen Wand und ebenso die außen liegenden Kantenwinkel bis an die unteren Randwinkel der Gurtung reichen. Die Stege des Pfostens sind zwischen den Knotenblechen bis zur Kopfplatte der Gurtung hochgeführt und mit ihr durch Anschlußwinkel verbunden. Die großen Knotenbleche sind in der Pfostenachse geteilt und in der Fuge durch eine Stoßlasche gedeckt.

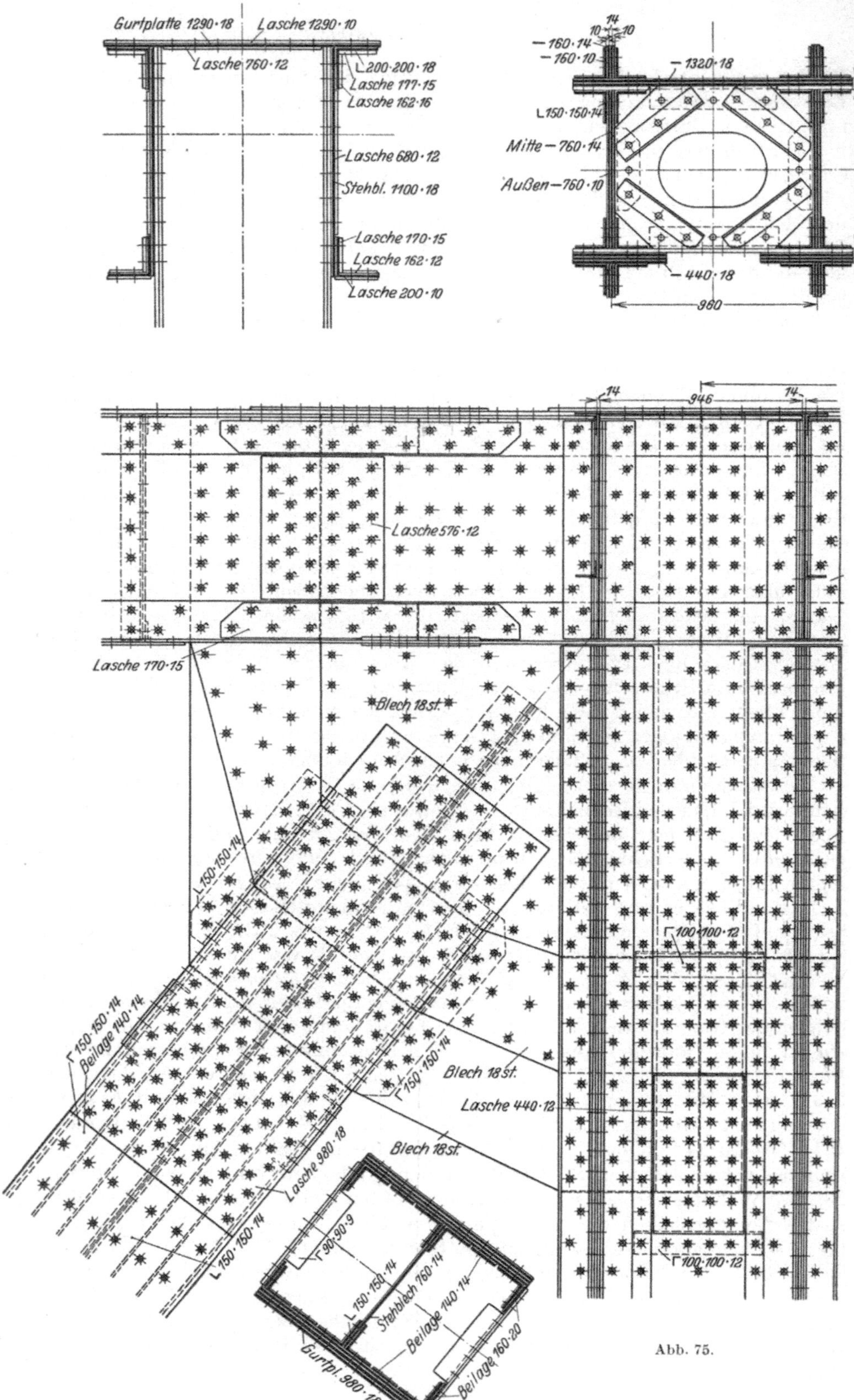
Gurtplatte 1290·18
Lasche 1290·10
Lasche 760·12
∟200·200·18
Lasche 177·15
Lasche 162·16
Lasche 680·12
Stehbl. 1100·18
Lasche 170·15
Lasche 162·12
Lasche 200·10
—160·14
—160·10
—1320·18
∟150·150·14
Mitte—760·14
Außen—760·10
—440·18
960
760
Lasche 576·12
Lasche 170·15
Blech 18st.
∟150·150·14
Beilage 140·14
Blech 18st.
Lasche 440·12
Blech 18st.
Lasche 980·18
∟150·150·14
Γ100·100·12
Γ90·90·9
Stehblech 760·14
Beilage 140·14
Beilage 160·20
Gurtpl. 980·18

Abb. 75.

Der linke Schrägstab ist aus 2·3 Platten 980·18, 1 Steg 760·14, 8 L 150 ·150·14, 4 Beiblechen 140·14 und 4 schmalen Platten auf den freien Winkelschenkeln gebildet. Der Steg greift zwischen die Knotenblechwände. Auf deren innere Fläche sind alle Winkel und Beibleche genietet. Die innere Platte jeder Wand stößt stumpf gegen das innere Knotenblech, die mittleren und äußeren Platten laufen nacheinander auf die Knotenbleche auf. Stoßlaschen, die die äußeren Knotenbleche fassen, decken den Stoß der inneren Platten. Der rechte Schrägstab weist 2 Platten 980·18 und 2 außen liegende Randwinkel 150·150·14 in jeder Wand auf. Eine Kopfplatte 1190·14 deckt den Querschnitt ab. Die Wandplatten laufen auf das innere und mittlere Knotenblech, die Winkel auf das äußere auf. Die Kopfplatte ist an jede Wand des Knotenpunktes durch

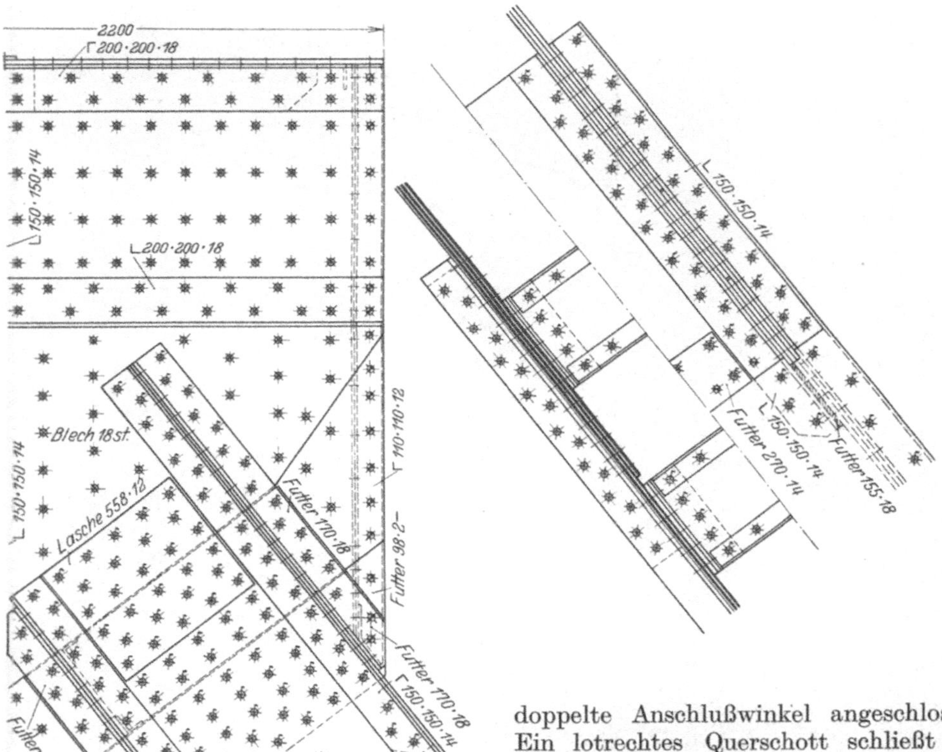

Abb. 75.

doppelte Anschlußwinkel angeschlossen. Ein lotrechtes Querschott schließt den rechten Rand des Knotenpunktes ab, ein zweites steift den Gurtungsstab dicht neben dem Knotenpunkt aus.

Die Kopfplatte der Gurtung ist etwa in Länge des Knotenpunktes durch Anschlußwinkel an die inneren Flächen der Knotenbleche angeschlossen. Dadurch wird die Kopfplatte in wirksamer Weise zur Entlastung der Knotenbleche von der Beanspruchung aus der Zugkraft im rechten Schrägstab herangezogen. Da der geometrische Knotenpunkt der Oberkante der Knotenbleche ziemlich nahe liegt, würde die genannte Kraft hier bei fehlendem oder ungenügendem Anschluß der Kopfplatte hohe Randspannungen erzeugen, die deshalb gefährlich sind, weil ein Ausgleich durch Kräfte im inneren Bereich statisch unmöglich ist. Die Berechnung ist nach dem Beispiel auf Seite 122 durchzuführen.

Knotenbleche, Pfostenstücke und die Winkel der Gurtung sind in der Werkstatt vernietet. In der Gurtung ist an der linken Kante des äußeren Knotenbleches ein Montagestoß angeordnet. Stoßlaschen decken die Winkelstöße und die Fuge zwischen Steh- und Knotenblech. Auch die Kopfplatte der Gurtung

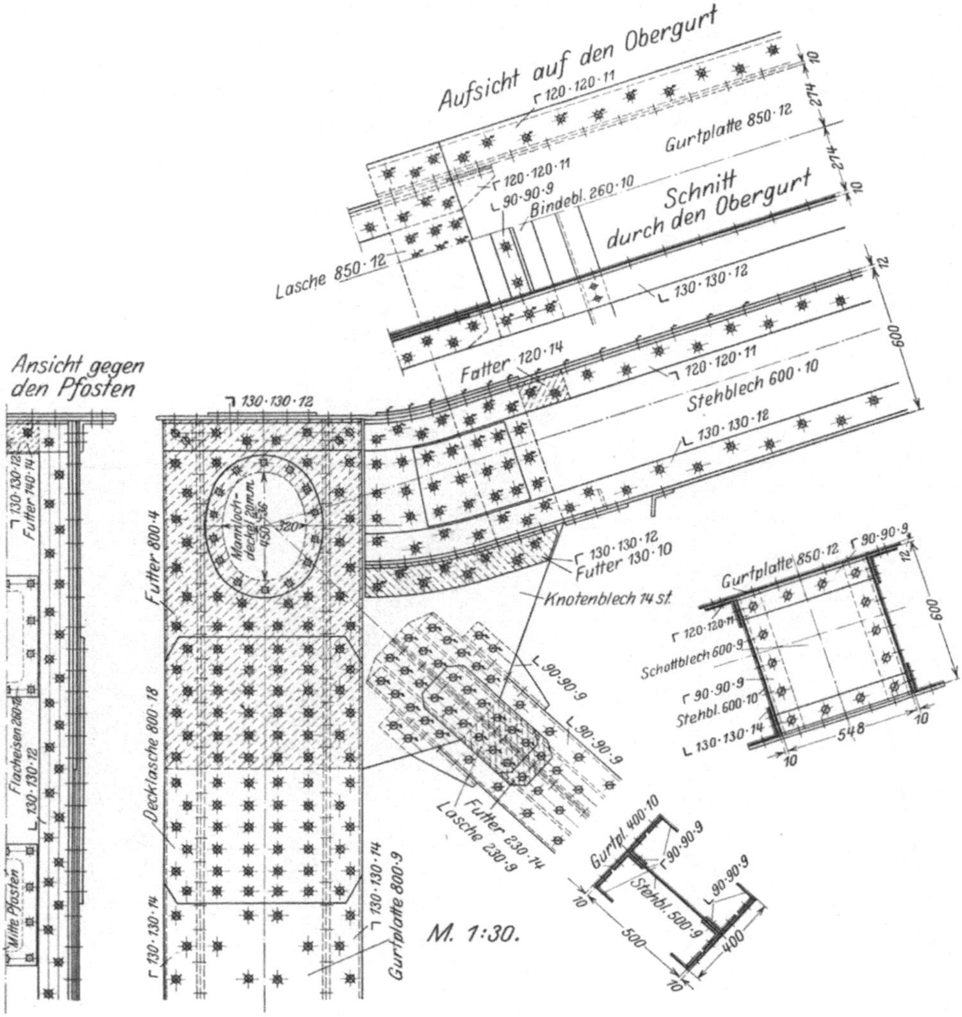

Abb. 76.

und sämtliche Stücke der Schrägstäbe sind auf der Baustelle eingebaut, wie die Montageniete erkennen lassen.

Der Eckknoten des Bogens mit Zugband der Eisenbahnbrücke über die Norderelbe ist in Abb. 76 dargestellt. Die lotrechten Endstäbe des Bogens bilden die rd. 12,5 m hohen Pfosten des zwischen den Hauptträgern eingebauten Portales. Durch die den Stäben dadurch zugewiesene zweifache Aufgabe sind die großen Abmessungen des Querschnitts bedingt, dessen kastenartige Form aus der Abb. 80 des Knotenpunktes über dem Auflager erhellt. Der Querschnitt besteht aus 2 Stegen, Stehbleche 520·12, 4 Gurtplatten 800·9, am Kopf durch 2 Platten gleicher Maße verstärkt und 4 Randwinkeln 130·130·14. Der Schönheit des Brückenbildes zuliebe ist der Abschluß des Pfostenkopfes wagerecht gestaltet und der erste Obergurtstab im Knotenpunkt in diese Richtung umgebogen. Zwei 14 mm starke Knotenbleche liegen mit 520 mm lichtem Abstand auf den inneren Stegflächen des in Regelform ausgebildeten Gurtungquerschnittes. Die Knotenbleche greifen, durch Futter 800·4 auf 18 mm verstärkt, unter die äußeren Gurtplatten der Lotrechten. Ihr Stoß gegen die beiden inneren Platten jeder Wand ist durch aufgelegte Laschen 800·18 gedeckt. Die Stege der Lotrechten sind durch Anschlußwinkel mit der Kopfplatte der Gurtung verbunden. Zum Anschluß des Schrägstabes ist die in Abb. 61 für einen Zwischenknoten derselben Brücke dargestellte Anordnung gewählt. Die in üblicher Weise durch Häkchen bezeichneten Montageniete lassen erkennen, daß die Knotenbleche in der Werkstatt mit den Pfosten vernietet sind. Der Einbau der Gurtung und des Schrägstabes ist auf der Baustelle ausgeführt.

Von den Knotenpunkten über dem Auflager können die Fälle ausgeschieden werden, in denen der Auflagerdruck voll in einen lotrechten Stab des Fachwerks übergeht. Denn hier handelt es sich nur um Stabanschlüsse ohne Kraftübertragung. Wesentlich andere Anforderungen stellen die Knotenpunkte, aus denen eine Strebe aufsteigt, gleichgültig ob sie den Abschluß des Fachwerks bildet oder ob außerdem auch ein Pfosten vorhanden ist. In Auflagerknoten dieser Art sitzen die Knotenbleche in ihrer wagerechten Unterkante auf dem Lagerkörper und übernehmen die Auflagerkraft unmittelbar durch den Druck in der Berührungsfläche. Damit der Knotenpunkt gleichmäßig aufliegt, wird die Lagerfläche der Bleche nach Herstellung der Vernietung gehobelt. Länge und Breite der Lagerfläche sind durch den Auflagerdruck und die zulässige Pressung bestimmt. Damit die Bleche infolge des Druckes nicht knicken, sind Aussteifungen in der Kraftrichtung notwendig. Bei einwandigem Querschnitt werden zu diesem Zweck 4 in Kreuzform gestellte Winkel auf die Knotenbleche genietet. Sie dienen gleichzeitig zum Anschluß der Querträger oder der Querverbindungen. Die Wände eines zweiwandigen Querschnittes werden durch das gleiche Mittel ausgesteift und untereinander durch ein von den inneren Winkeln gefaßtes Stegblech verbunden. Wo ein lotrechter Stab vorhanden ist, sitzen seine Winkel auf der Lagerfläche und werden zur Aussteifung der Knotenbleche benutzt. Jeder tragende Stab des Fachwerks muß voll an die Knotenbleche angeschlossen werden. Da es sich häufig nur um 2 Stäbe handelt, die einen verhältnismäßig spitzen Winkel einschließen, verlangt der Ausgleich der Kräfte im Knotenblech Formen, die über die Stabkanten beträchtlich überstehen.

Abb. 77 zeigt den Auflagerknoten eines Parallelträgers, der durch Streben abgeschlossen ist. In jeder Wand ist ein 14 mm starkes Knotenblech angeordnet und an die inneren Stegflächen des Untergurtquerschnittes durch ein Futterblech angeschlossen. Durch das Futter, dessen Anordnung auf den bei Besprechung des oberen Eckknotens (Abb. 72) genannten Gründen beruht, wird die Lagerfläche in günstiger Weise verbreitert. In Länge der Lagerfläche sind die Wände durch ein Blech verbunden, das unter die Schenkel der Gurtwinkel genietet ist und in den Lagerkörper eingreift. Die 14 mm starken Stehbleche der Strebe sind stumpf gegen die Knotenbleche gestoßen, die 4 Randwinkel jeder Wand sind auf die Knotenbleche aufgeführt. Laschen zwischen den anliegenden Winkelschenkeln, breitere Laschen über jenen und den Winkelschenkeln, sowie Anschlußwinkel vollenden die Verbindung. Im unteren Stück des Stabes sind die Wände durch eine Kopfplatte abgedeckt, die jedoch nicht an den Knotenpunkt angeschlossen ist. Eine Verbindung der Wände des Knotenpunktes in Richtung der Strebe durch Bindebleche auf den innen liegenden Winkeln wäre sehr ratsam. Da die untere Gurtung bis zum linken Rand der Knotenbleche mit vollem Querschnitt durchgeführt ist, konnten die Knotenbleche an der Unterkante der Gurtung abgeschnitten werden.

Den Auflagerknoten der Weichselbrücke, deren Obergurtknoten in Abb. 67 dargestellt ist, zeigt die Abb. 78. Der lotrechte Stab bildet lediglich den Pfosten des Endrahmens zwischen den Hauptträgern. Der Untergurtstab besteht in jeder Wand aus 2 Stehblechen 900·16, die am oberen Rande durch ein schmales Blech gesäumt sind, 2 Randwinkeln an der unteren Kante und 1 Gurtplatte, die Strebe aus 4 Stehblechen 930·16 und 2 Randwinkeln 100·100·10. Letztere sind um 1 Blechstärke hinter die Kanten der Stehbleche zurückgesetzt, damit die hier eingebauten Querverbindungen nicht überstehen. Die beiden mittleren Stehbleche der Strebe und die Stehbleche der Untergurtung stoßen stumpf gegen 2 gleich starke Knotenbleche und werden auf beiden Seiten von 2 gleichfalls 16 mm starken Knotenblechen umfaßt, die um die Länge des erforderlichen Nietbildes überstehen. Die äußeren Stehbleche der Strebe stoßen stumpf gegen die äußeren Knotenbleche und sind auf beiden Seiten durch Laschen angeschlossen, die über den Rand der inneren Knotenbleche um 1 Nietbild übergreifen. Die Winkeleisen beider Stäbe sind durch Keilfutter auf die Laschen bzw. Knotenbleche aufgeführt. Die Knotenbleche sind unter die Unterkante des Gurtstabes heruntergezogen. Auf diesem Streifen sind Winkeleisen aufgenietet, welche die geschlitzte Gurtplatte von unten fassen und an die Knotenbleche anschließen. Da der Untergurtstab erhebliche Teile seines Querschnitts in den wagerechten Winkelschenkeln und den Gurtplatten besitzt, ist der Überstand der Knotenbleche unter die Stabkante zur Vermeidung zu großer Randspannungen notwendig. Der Pfosten greift mit je 2 Gurtplatten zwischen die äußeren Knotenbleche, sein Steg sitzt auf der Lagerfläche und verbindet so die Wände des Knotenpunktes. Der linke Rand der Knotenbleche ist durch die Länge der Lagerfläche bestimmt. Unter dieser ist ein wagerechtes Blech angeordnet, welches durch Winkeleisen mit den Knotenblechen und dem Steg

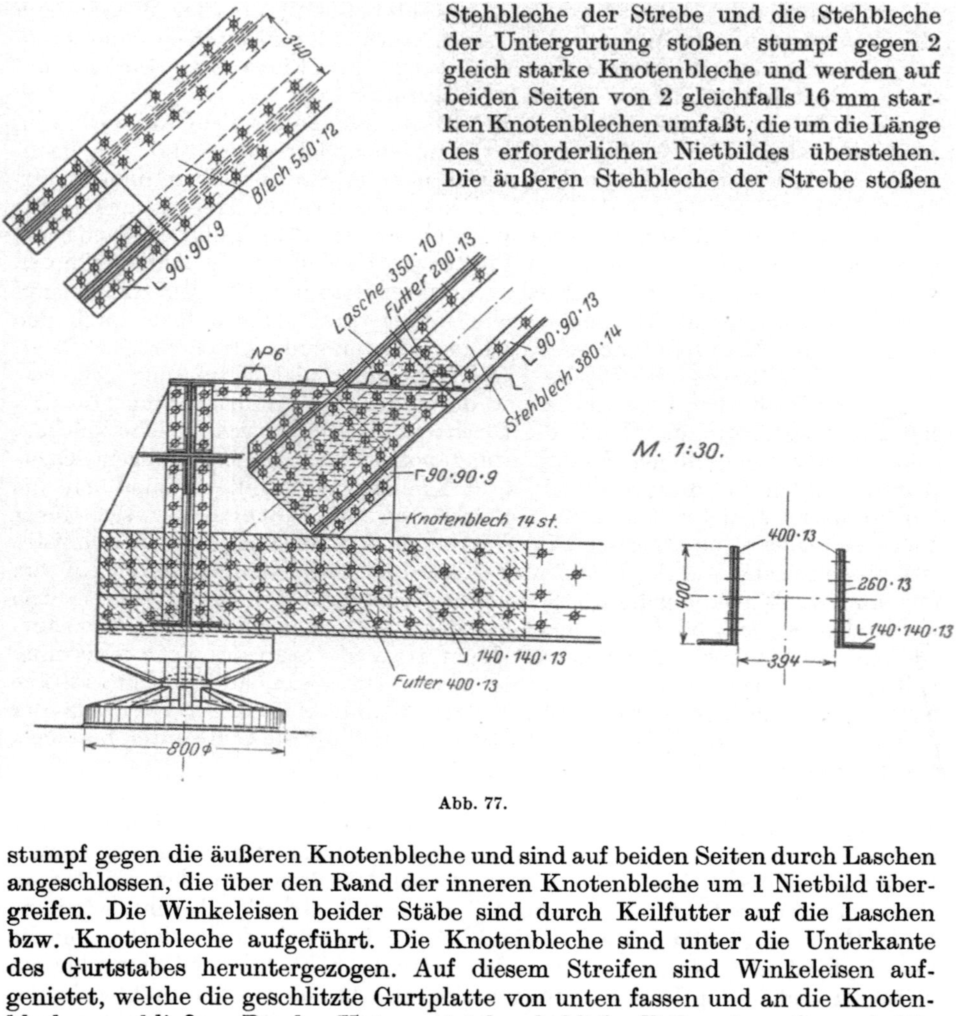

Abb. 77.

des Pfostens vernietet ist. Am Rand dieses Bleches sitzen schmale, in den Lagerkörper eingreifende Blechstreifen. Eine Aussteifung in der Richtung der Strebe durch Bindebleche auf den Kantenwinkeln wäre auch hier angebracht. Im übrigen zeichnet sich die Konstruktion durch Sicherheit und Einfachheit aus. Die Knotenbleche können mit jeder Wand des Gurtstabes in der Werkstatt vernietet werden. Dann gestaltet sich die Montage leicht und erfordert nur verhältnismäßig geringe Nietarbeit.

Ähnliche Anordnung zeigt der in Abb. 79 dargestellte Auflagerknoten[1] der Rheinbrücke bei Ruhrort. Die Stehbleche der Strebe und Untergurtung stoßen stumpf gegen 19 mm starke Knotenbleche und werden von 2 größeren Knotenblechen gleicher Stärke umfaßt, auf deren Außenflächen die übrigen Stücke der Stäbe aufgeführt sind. Der Strebenquerschnitt ist hier besser ausgebildet als bei der Weichselbrücke. Seine Wände sind auch durch den dort vermißten Steg verbunden. Ein hier im Untergurtstab eingebautes Querschott hatte Bedeutung für die Montage, bei der der Hauptträger vorübergehend unter dem Schott gestützt werden mußte.

In dem Auflagerknoten des Bogens mit Zugband der Eisenbahnbrücke über die Norderelbe, der in Abb. 80 dargestellt ist, sind in jeder Wand 3 Knotenbleche von je 14 mm Stärke in verschiedenen Größen angeordnet. Untergurtstab und Zugband haben je 3 Stehbleche 600·14, die der Reihe nach auf das innere, mittlere und äußere Knotenblech aufgeführt sind. Auf dem äußeren Stehblech des Untergurtstabes liegen 2 Randwinkel 130·130·14 und ein Beiblech. Sie sind mittelbar an das äußere Knotenblech angeschlossen. Der untere Rand hat auch auf der inneren Stegfläche ein Winkeleisen. Es ist durch Keilfutter auf das innere Knotenblech aufgeführt. Die abstehenden Schenkel der Randwinkel werden durch Anschlußwinkel gefaßt. Die den Querschnitt des Stabes deckende Kopfplatte 900·14 ist an der Kante des größten Knotenbleches auf 520 mm abgeschnitten. In dieser Breite ist sie zwischen die Knotenbleche eingeführt und durch doppelte Anschlußwinkel gefaßt. Der untere dieser Winkel greift über den Rand des Knotenbleches hinaus. Die auf beiden Seiten abgeschnittenen Streifen der Platte sind durch Laschen ersetzt, die auf die Platte genietet und durch Keilfutter zur Höhe der abstehenden Schenkel der Randwinkel heruntergezogen sind. Anschlußwinkel verbinden sie mit den mittleren und äußeren Knotenblechen.

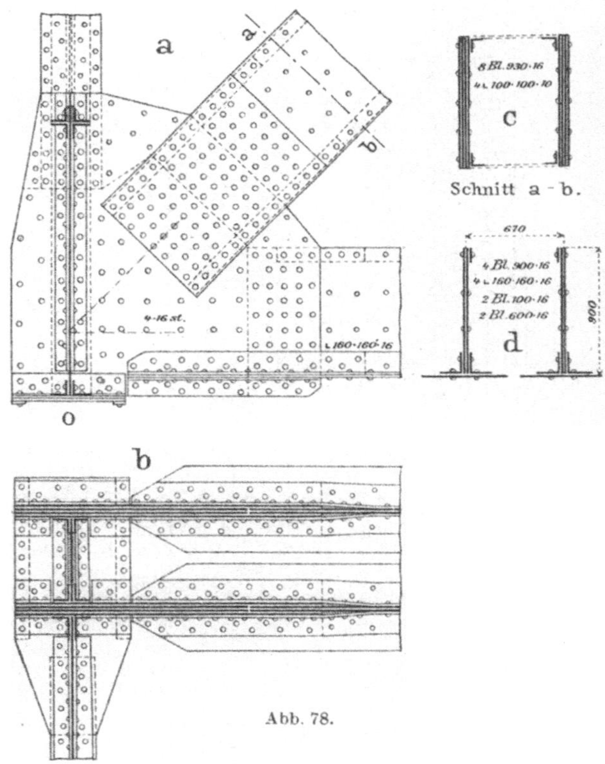

Abb. 78.

Im Zugband liegen auf dem äußeren Stehblech 1 Randwinkel 200·100·14 und ein Beiblech 390·14. Beide Stücke sind mittelbar an die äußeren Knoten-

[1] Gezeichnet nach Z. Bauw. 1912.

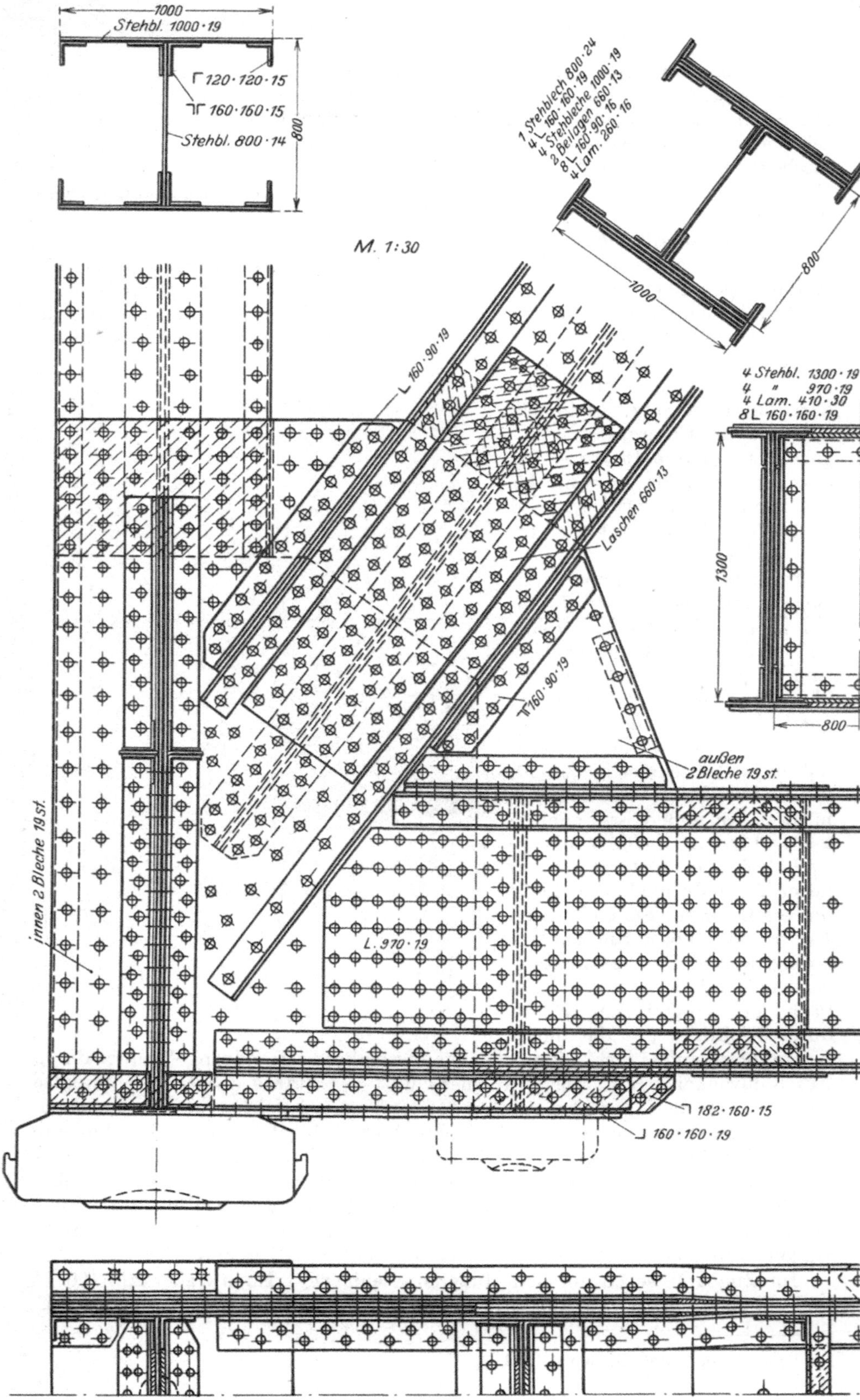
1000
Stehbl. 1000·19
120·120·15
160·160·15
Stehbl. 800·14
800
1 Stehblech 800·24
4 L 160·160·19
4 Stehbleche 1000·19
2 Beilagen 660·13
8 L 160·90·16
4 Lam. 260·16
1000
800
M. 1:30
L 160·90·19
Laschen 660·13
4 Stehbl. 1300·19
4 " 970·19
4 Lam. 410·30
8 L 160·160·19
1300
800
160·90·19
außen
2 Bleche 19 st.
innen 2 Bleche 19 st.
L. 970·19
182·160·15
160·160·19

Abb. 79.

bleche angeschlossen, der wagerechte Winkelschenkel außerdem durch Anschlußwinkel. Die Unterkante der Knotenbleche ist mit Rücksicht auf die Rand-

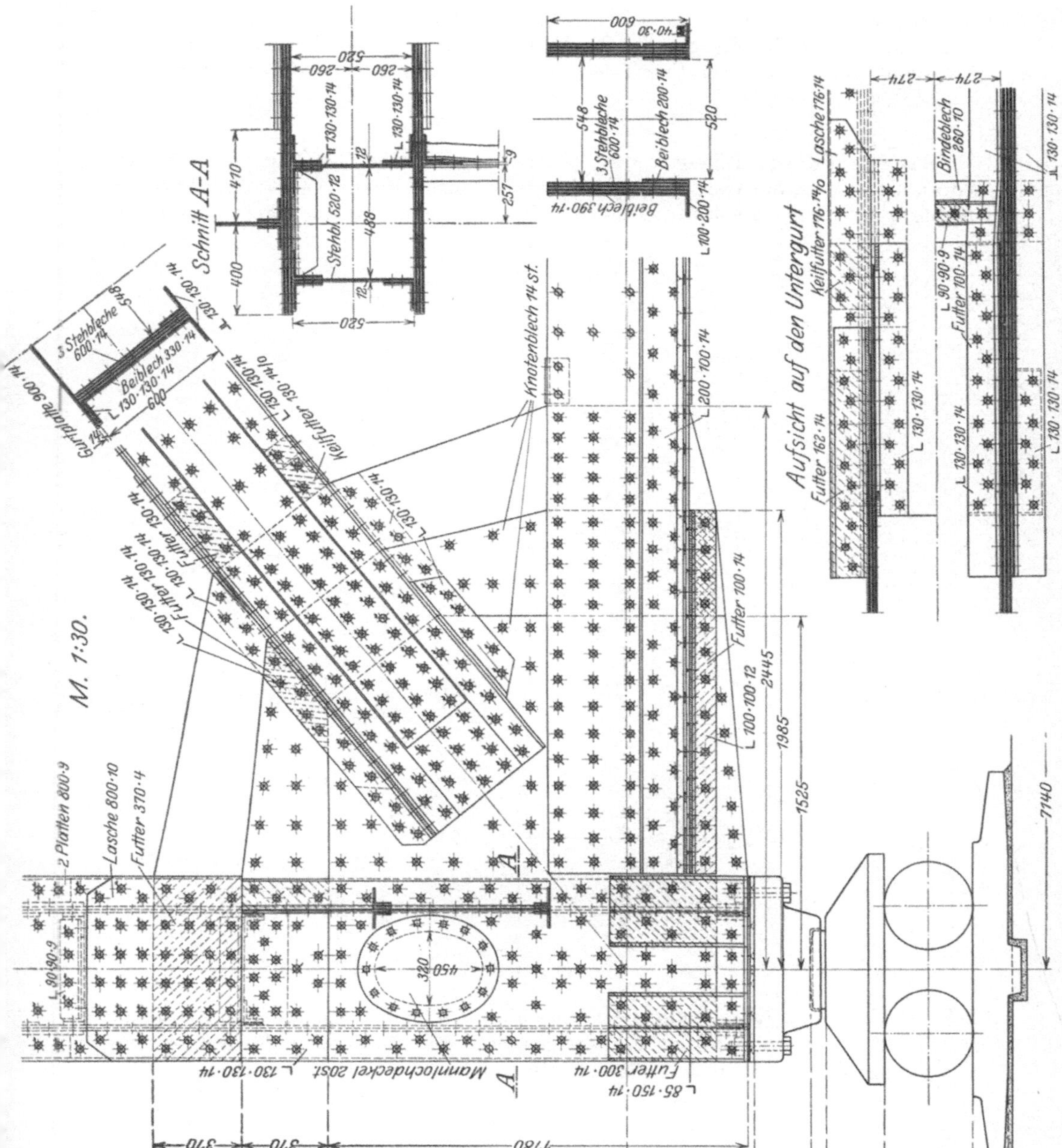

Abb. 80.

spannungen unter die Kante der Gurtung heruntergezogen. Der Pfosten hat den schon auf S. 98 angegebenen kastenförmigen Querschnitt. Die Winkel und

Stehbleche laufen zwischen den Knotenblechen bis zu ihrer Unterkante durch und verbinden die Wände in 2 Stegen. Die Gurtplatten sind gegen die inneren Knotenbleche gestoßen und an sie durch je eine, mit 4 mm starkem Futter unterlegte Lasche angeschlossen. Unter den Lagerflächen der Knotenbleche liegt eine starke Platte, die durch Winkelstücke mit den Knotenblechen und Stegen vernietet ist. Das innere des Pfostenquerschnittes ist durch Mannlöcher zugänglich.

b) Gelenke.

Wo die statische Eigenart des Systems gegenseitige Drehung von Scheiben voraussetzt, wird ein Gelenk im Knotenpunkt ausgebildet. Die Statik faßt jeden Knotenpunkt eines Fachwerks als Gelenk auf. Es besteht auch kein grundsätz-

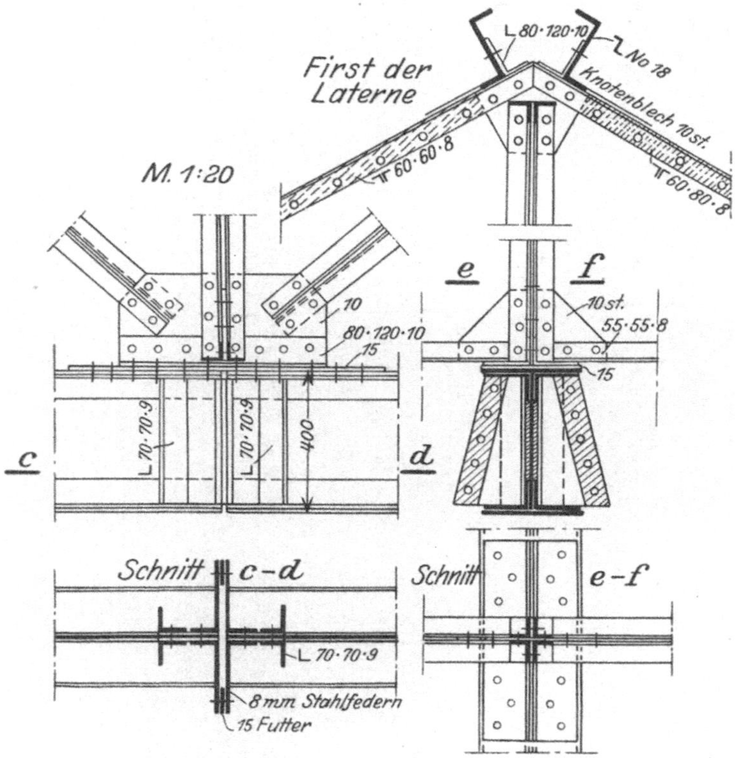

Abb. 81.

licher Unterschied zwischen dem Knotenpunkt des Fachwerks und dem Scheibengelenk. Denn in beiden Fällen sind die gegenseitigen Drehungen elastische Formänderungen. Wesentlich verschieden ist jedoch die Größe der Drehung. Im Knotenpunkt ist sie durch die Längenänderung von wenigen, meist nur 3 Stäben bedingt. Im Gelenk entsteht sie durch die Formänderung des ganzen Tragwerks oder eines großen Teiles desselben. Dem entspricht die Tragweite der nicht verwirklichten Voraussetzung. Im Knotenpunkt erstreckt sie sich nur auf wenige Stäbe, im Scheibengelenk würde sie das ganze Tragwerk erfassen.

Eine ältere Bauart, die heute vielleicht noch im Hochbau einige Bedeutung hat, während sie früher auch im Brückenbau verwendet wurde, ist das Blattgelenk. Es benutzt feste Verbindungsmittel, die in einer Richtung Kräfte übertragen können, aber bei geringer Beanspruchung eine ausreichende gegenseitige Drehung der verbundenen Teile zulassen. Das einfachste Mittel dieser Art ist das

Blech, das in seinen Endstücken mit den zu verbindenden Scheiben vernietet, im Mittelstück aber frei ist. Bei geeignetem Verhältnis der Dicke zur Länge des Mittelstückes ermöglicht es durch federnde Krümmung die Drehung, nimmt jedoch Kräfte in seiner Ebene sicher auf. Zwei sich kreuzende Bleche dieser Art verbinden zwei Scheiben in einem Gelenk, das allerdings keine in der Richtung wechselnde Belastungen aufnehmen kann, da jedes Blech nur gegen Zug widerstandsfähig ist. Durch Anordnung von 4 Blechen in 2 sich kreuzenden Ebenen hat man Gelenke für wechselnde Kraftrichtung geschaffen. Aus dem gleichen Gedanken ist das in Abb. 81 dargestellte Scheitelgelenk im Binder der Bahnsteighalle Geestemünde entstanden. Vier trapezförmige Bleche mit einer zu den Parallelen des Trapezes rechtwinkligen Kante sind in einer Parallelen zu dieser Kante um 90° gebogen, so daß auf einer Seite des Knickes ein rechteckiger Schenkel, auf der andern Seite ein trapezförmiger entsteht. Die Bleche sind in der im Querschnitt *c—d* dargestellten Stellung miteinander vereinigt; in der Wagerechten der Abbildung liegen die rechteckigen, in der Lotrechten die trapezförmigen Schenkel. Erstere sind beiderseits auf die Stehblechenden der Scheiben genietet. Die trapezförmigen Schenkel, deren schmale Seite oben liegt, sind parallel zur schrägen Kante mit Futter unterlegt und in einer Reihe vernietet. Die Breite der Schenkel ermöglicht eine elastische Verschiebung der rechteckigen Schenkelpaare gegeneinander in der Scheibenebene, deren Maß mit ihr nach unten zunimmt. Die so verbundenen Scheiben können also eine gewisse gegenseitige Drehung vollziehen, deren Achse etwa in der Oberkante der Bleche liegt. Da der Knick jedes der 4 Bleche lotrecht ist, überträgt die Verbindung lotrechte Kräfte in beiden Richtungen. Zur Aufnahme der wagerechten Kräfte dient eine auf die Kopfplatten der Scheiben genietete Platte, deren Ebene die Lage des Gelenkes festlegt.

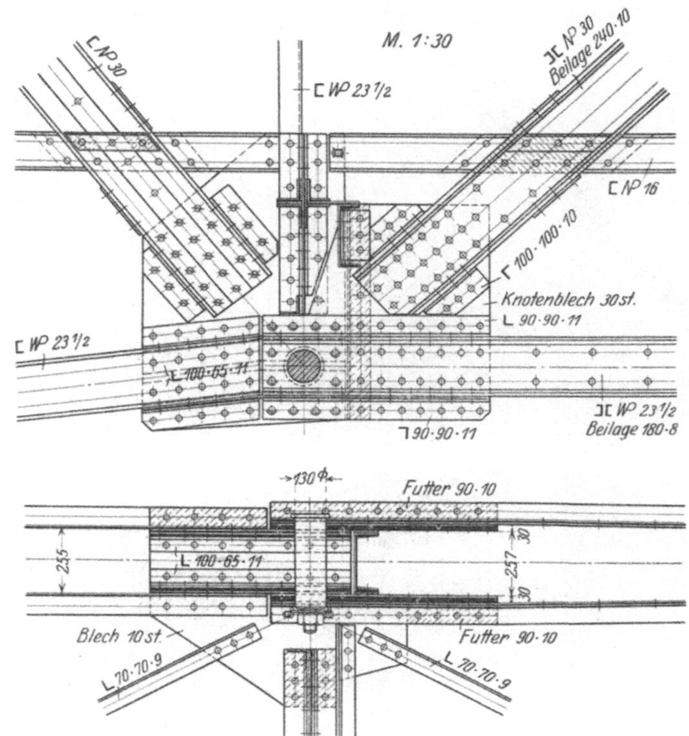

Abb. 82.

Das wichtigste und am häufigsten verwendete Mittel zur Herstellung eines Gelenkes ist der Gelenkbolzen. Die Glieder jeder Scheibe werden in einem Blech oder einem Paket von Blechen vereinigt, die in verschiedenen, zum Tragwerk parallelen Ebenen liegen. Die Pakete überdecken sich und werden vom Gelenkbolzen durchdrungen, dessen Achse durch den geometrischen Gelenkpunkt geht. Das Gleichgewicht der Kräfte am Bolzen verlangt, daß das Paket jeder Scheibe symmetrisch zur Ebene des Tragwerks ist. Es kann daher nur ein einwandiges mit einem es

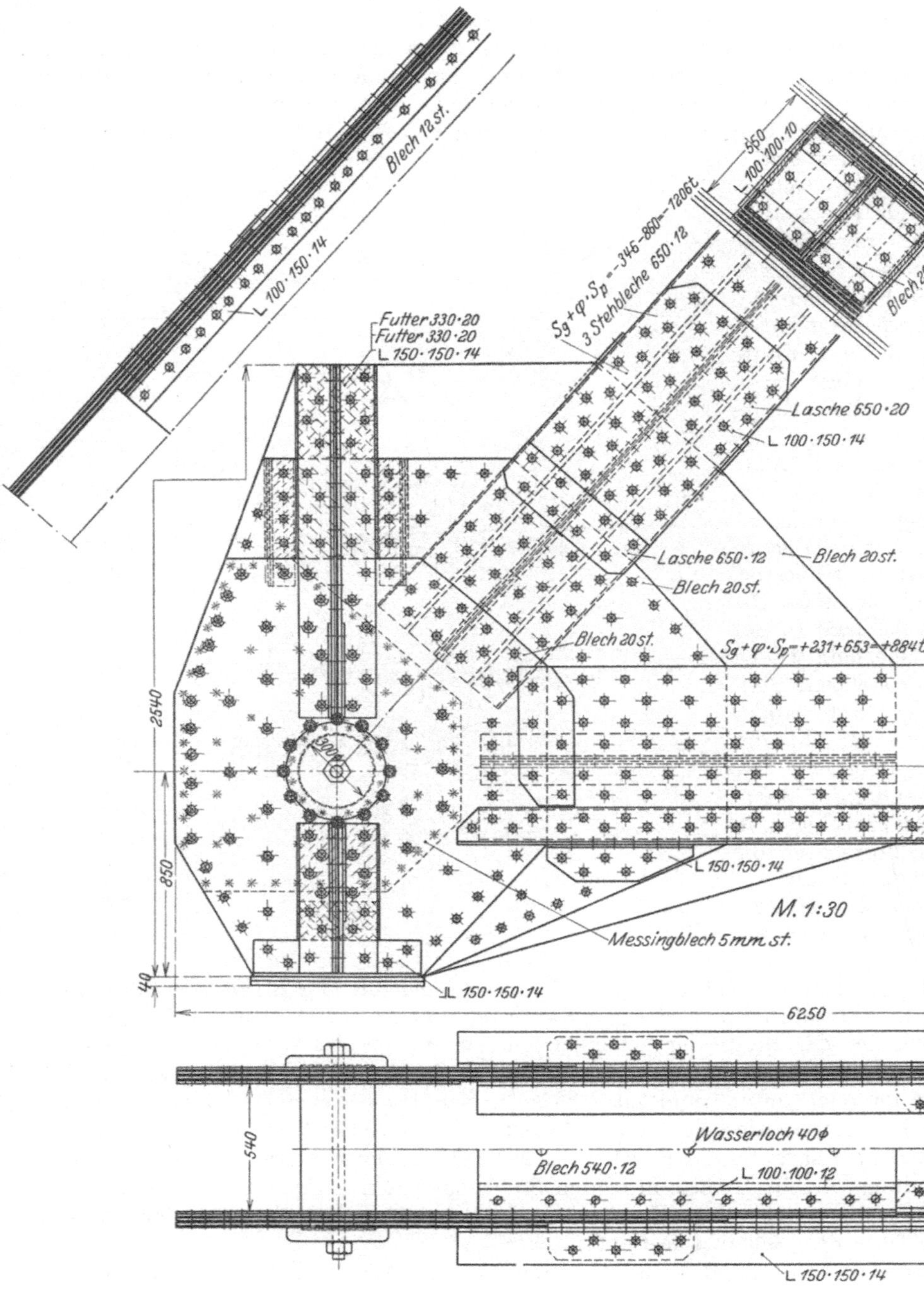

Abb. 83a.

umfassenden zweiwandigen Paket oder ein zweiwandiges mit einem ebenfalls zweiwandigen Paket verbunden werden. Eine weitere Lösung besteht in Anordnung einer Anzahl von parallelen Blechen an jeder Scheibe, die in solchen lichten Abständen gestellt sind, daß sie ineinander eingreifen können. Diese Anordnung verschärft jedoch den wesentlichen Nachteil, der der Art anhaftet, nämlich die Unzugänglichkeit in den einander berührenden Flächen. Da die Berührung nicht so dicht sein darf, daß das Wasser nicht eindringen kann, sind die Flächen der Rostgefahr ausgesetzt. Als Schutzmittel hat man Auflagen aus dünnen Messingblechen verwendet.

In Abb. 82 ist das Gelenk in der Untergurtung eines Fachwerkträgers Gerberscher Bauart dargestellt. Die doppelwandig ausgebildeten Stäbe der linken Scheibe laufen auf 2 Knotenbleche von je 30 mm Dicke auf. Der linke Schrägstab wird auf Zug, der Untergurtstab auf Druck, beansprucht. In seiner Achse sind die Bleche durch einen vom Bolzen durchbrochenen Steg ausgesteift. Die Stäbe der rechten Scheibe, der Schrägstab auf Druck der Untergurtstab auf Zug beansprucht, sind ebenfalls auf 2 30 mm dicke Knotenbleche genietet. Die ⊐-Eisen der Untergurtung nebst den ihre Flansche fassenden Anschlußwinkeln

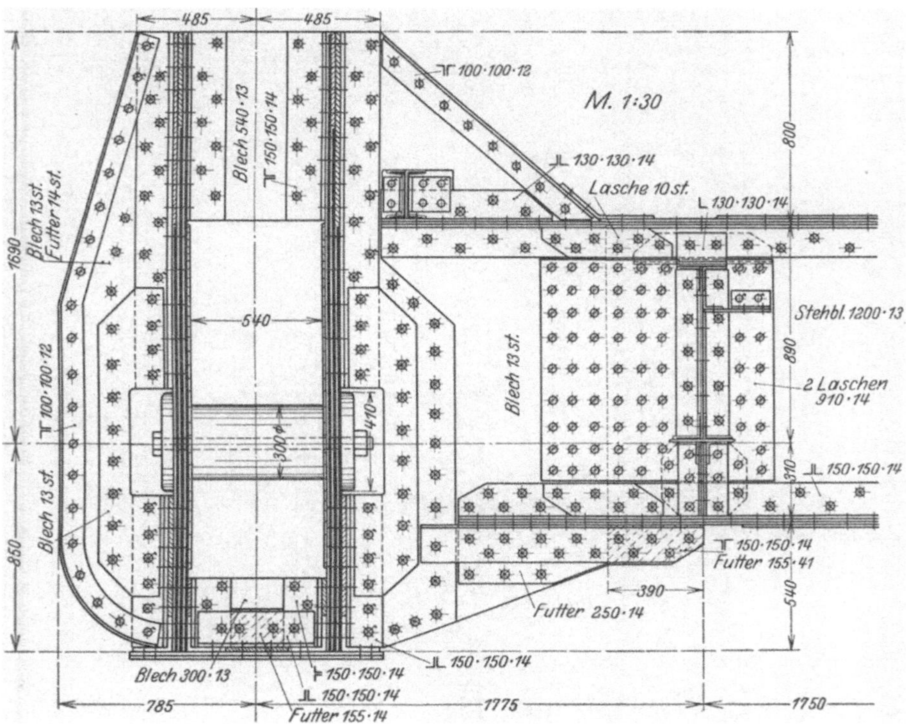

Abb. 83 b.

laufen mit den Blechen in einen Schnabel aus, der die Knotenbleche der linken Scheibe so weit umfaßt, daß der 130 mm starke Bolzen Durchgang und Halt findet. Ein in den Flanschen unterfüttertes ⊐-Eisen verbindet als lotrechtes Schott die Wände. Die Knotenbleche des Windverbandes liegen zwischen den unteren Flanschen der ⊐-Eisen und den Anschlußwinkeln. Das Blech der linken Scheibe greift in die rechte Scheibe zwischen ⊐-Eisen und Anschlußwinkel ein und wird hier durch Niete in Langlöchern gefaßt, so daß die Drehung um die Bolzenachse nicht gehemmt ist. Der Querträger ist mit dem zur linken Scheibe gehörenden lotrechten Stab verbunden.

Das Bolzengelenk, das den 100 m weit gespannten Schwebeträger einer zweigleisigen Eisenbahnbrücke stützt, zeigt Abb. 83a, b. Der Kragträger endigt in einer Konsole mit glatten lochrechten Außenwänden, der Schwebeträger in 2 Blechwänden, die die Konsole gabelartig umfassen. Beide Stücke durch-

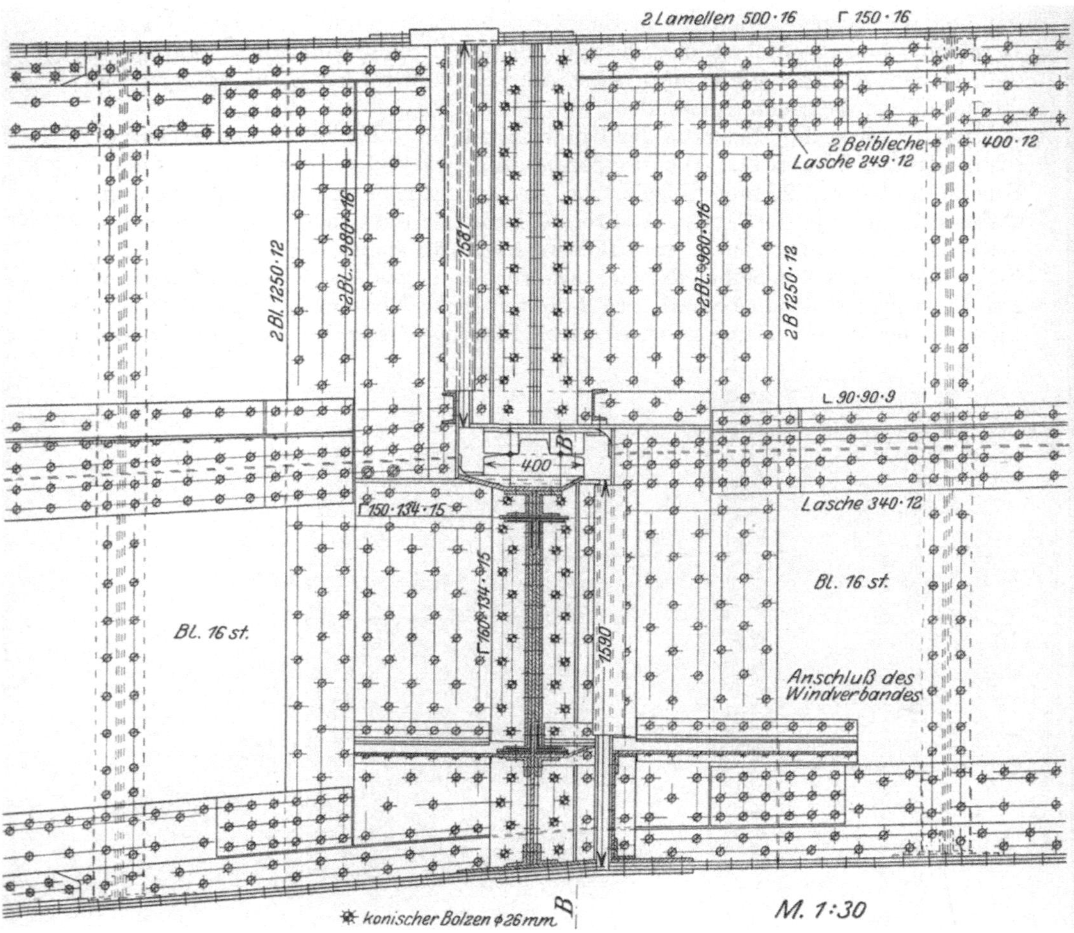

Abb. 84a.

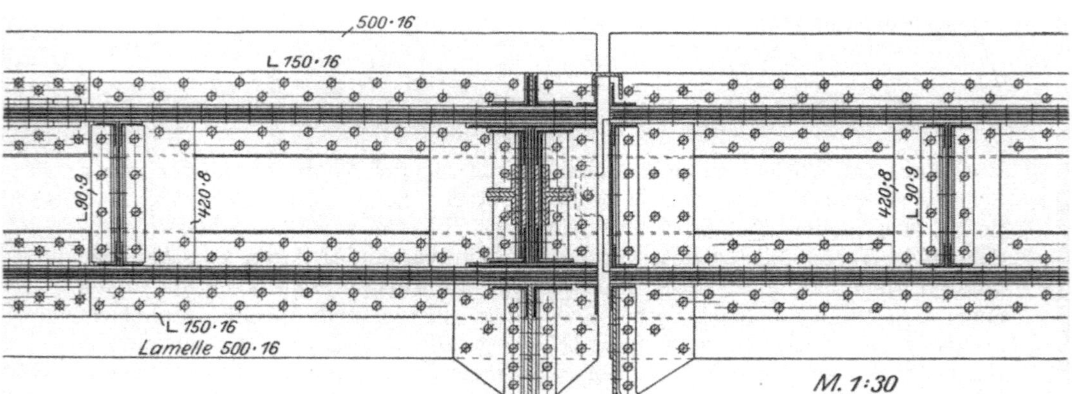

Abb. 84c.

dringt und verbindet der im Durchmesser 360 mm starke Bolzen. Er wird durch 2 kreisförmige Platten gesichert, die ein ihn durchdringender Schraubenbolzen hält. Die sich überdeckenden Flächen sind durch 5 mm starke Messingbleche gegen Rost geschützt. Jede der beiden Wände besteht aus 3 je 20 mm starken Blechen, den Knotenblechen, die Strebe und Untergurtstab des Schwebeträgers verbinden. Beide Stäbe sind in Stufen auf die Knotenbleche aufgeführt. Ein Steg in der Achse der Strebe verbindet die Wände. In der lotrechten Ebene werden sie in ihrer gegenseitigen Lage durch einen Rahmen gehalten, der das Endstück des am Schwebeträger sitzenden Querträgers bildet. Ein Bolzengelenk von 600 mm Durchmesser des Bolzens ist in der Hängebrücke Köln-Deutz zur Verbindung von Kette und Versteifungsbalken angeordnet (Abb. 296).

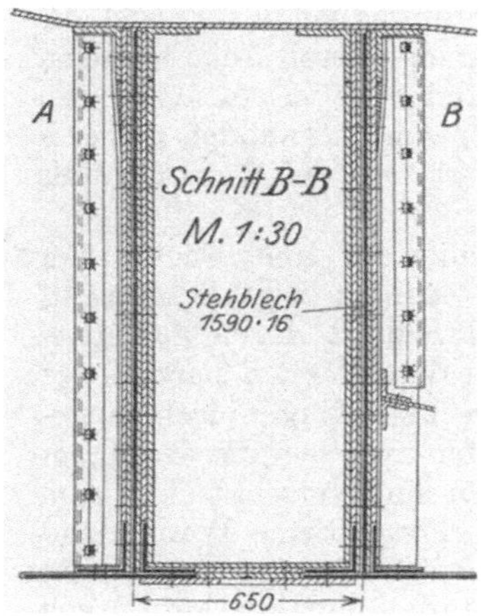

Abb. 84b.

Wenn somit auch die Ausführungsmöglichkeit des Bolzengelenkes kaum begrenzt ist, so sieht man heute doch in den Fällen, in denen lotrechte Kräfte eines Sinnes neben wagerechten Kräften wechselnden Sinnes auftreten, die Anordnung vor, die ihrem Wesen nach zur Art der Lager gehört. In Abb. 84a, b, c ist das Gelenk der als Gerberträger ausgeführten Friedrich Ebertbrücke in Mannheim (S. 206) dargestellt. Der in die mittlere Öffnung eingreifende Kragträger trägt in seinem Endpunkt den Lagerstuhl, auf dem der Schwebeträger ruht. Da Ausbildung und Gesichtspunkte die gleichen sind wie bei jedem festen Lager, wird auf Abschnitt II. E verwiesen.

Auch das im Hochbau vielfach mit Vorteil verwendete Wälzgelenk ist eine lagerartige Konstruktion. Abb. 85 zeigt die in den Bindern der Bahn-

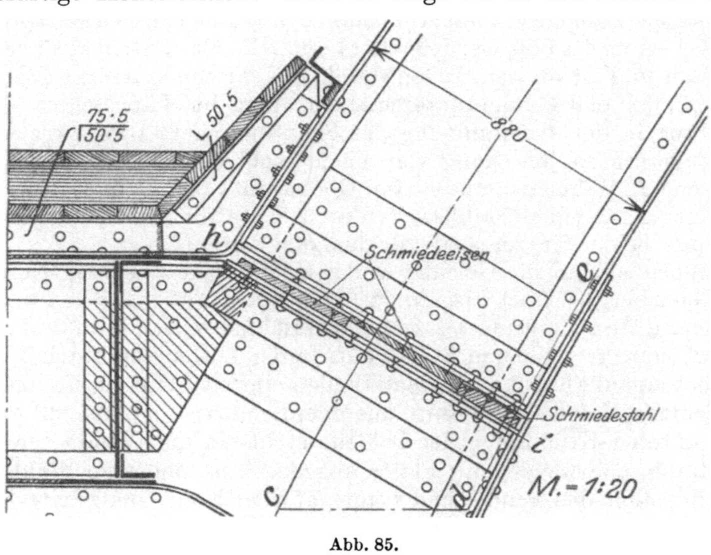

Abb. 85.

steighallen Karlsruhe gewählte Ausführung. Eine Platte aus geschmiedetem Stahl ist auf der Binderstütze durch Schrauben befestigt und trägt in gewölbter Oberfläche den Bogenschenkel. Die Drehung entsteht durch Wälzen auf der Wölbung. Zwei Platten aus Schmiedeeisen dienen zur Aufnahme der quer gerichteten Kräfte. Die äußere sitzt auf der Binderstütze, die mittlere ist mit dem

Bogenschenkel vernietet und greift zwischen die beiden andern Platten ein. Die Gurtplatte der Binderstütze greift auf den Bogenschenkel über und ist auf dessen Gurtwinkel mit Langlöchern aufgenietet. Die Anordnung ist der einfachen Aufgabe durch die Einfachheit der Mittel gut angepaßt.

In manchen Fällen ist neben der Drehung eine gegenseitige Verschiebung von Scheiben in der Wagerechten notwendig. Hier wird die Aufgabe durch ein Pendelgelenk gelöst. Das wesentliche Stück der Anordnung ist das Pendel. Es wird entweder als Zugpendel ausgebildet, hängt in seinem oberen Auge in einem Bolzen an der tragenden Scheibe und trägt im unteren Auge in einem zweiten Bolzen die gestützte Scheibe. Oder es wird ein Druckpendel verwendet, das sich mit gewölbter Fläche auf die tragende Scheibe stützt und auf dem ebenfalls gewölbten Kopf die gestützte Scheibe trägt.

Eine Anordnung der ersten Art ist für die Gelenke der Hochbrücke über den Nord-Ostseekanal bei Holtenau (S. 258) gewählt. Abb. 86 zeigt die Ansicht, Abb. 87 den Querschnitt, Abb. 88 den wagerechten Schnitt durch die Mitte des unteren Bolzens. Abb. 89 einen Schnitt zwischen den Wänden parallel zur Trägerebene. Die Stäbe beider Scheiben sind an viereckige Knotenbleche angeschlossen. Die Knotenbleche des Schwebeträgers greifen zwischen die des Kragträgers ein. Die Niete in den sich deckenden Flächen sind versenkt. Der zum Kragträger gehörende Pfosten hat innen offene ⊐⊏-Form. Seine Wände sind über den Knotenblechen durch lotrechte, unter ihnen durch eine wagerechte Platte verbunden. Stege in der Achse des Schrägstabes und der auf Druck beanspruchten Untergurtung bewirken eine weitere Verbindung zwischen den Wänden des Kragträgers. Ein Steg in der Achse der Untergurtung und zwei symmetrisch zur Pfostenachse stehende Schottbleche geben den Wänden des Schwebeträgers gegenseitigen Halt. Der Pfosten trägt in den durch kräftige Platten verstärkten Stegen den Bolzen, an dem 2 Pendel hängen. Im unteren Auge der Pendel ist der zweite Bolzen gelagert. Auf ihm ruhen (beiderseits der Pendel) die Knotenbleche des Schwebeträgers, seitlich durch überstehende kreisförmige Platten gehalten. Längliche Aussparungen in den Wänden des Kragträgers ermöglichen die Bewegung des Bolzens. Jedes der breiten Pendel besteht aus 4 vernieteten Universaleisen und ist an den Augen durch je 2 Bleche verstärkt. Kurze Stegstücke verbinden die Pendel untereinander. Der im Längsschnitt H-förmig gestaltete Steg in der Untergurtung des Schwebeträgers wird zwecks Begrenzung der wagerechten Bewegung von einem rechteckigen, am Steg des Kragträgers sitzenden Rahmen umfaßt. Im Querschnitt der Abb. 87 sind die zum Schwebeträger gehörenden Stahlstücke durch Schraffur kenntlich gemacht. Die Windverbände beider Träger sind voneinander getrennt.

Als Stützpendel sind die Gelenke in der Hochbrücke über den Nord-Ostseekanal bei Rendsburg (S. 261) ausgeführt (Abb. 90, 91). Die Gurtung und der auf Druck beanspruchte Schrägstab des Kragträgers laufen in jeder Wand auf 2 Knotenbleche verschiedener Größe und Stärke auf. In der Lotrechten durch den geometrischen Knotenpunkt hängt an beiden Wänden eine aus Winkeleisen und Blechen gebildete Schleife, deren Querschnitt aus dem Schnitt *c—c* (Abb. 92) ersichtlich ist. In der unteren Krümmung der Schleife steht ein die Wände verbindender Steg, der durch eine wagerechte Platte abgedeckt ist und eine Stahlgußplatte trägt. Auf ihr steht das Pendel und trägt auf dem Kopf eine zweite Stahlgußplatte, auf der die Knotenbleche des Schwebeträgers durch einen Steg verbunden ruhen. Durch aufgeschraubte Flacheisen greift das Pendel zahnartig in beide Gußstahlplatten ein. Der auf Druck beanspruchte Obergurtstab und der Schrägstab des Schwebeträgers sind an je 1 Knotenblech in jeder Wand angeschlossen, die Stehbleche der Gurtung auf den äußeren, die des Schrägstabes auf den inneren Flächen. Verschiebungen rechtwinklig zur Trägerebene werden durch kurze lotrechte Blechstreifen verhindert, die am oberen Rand des

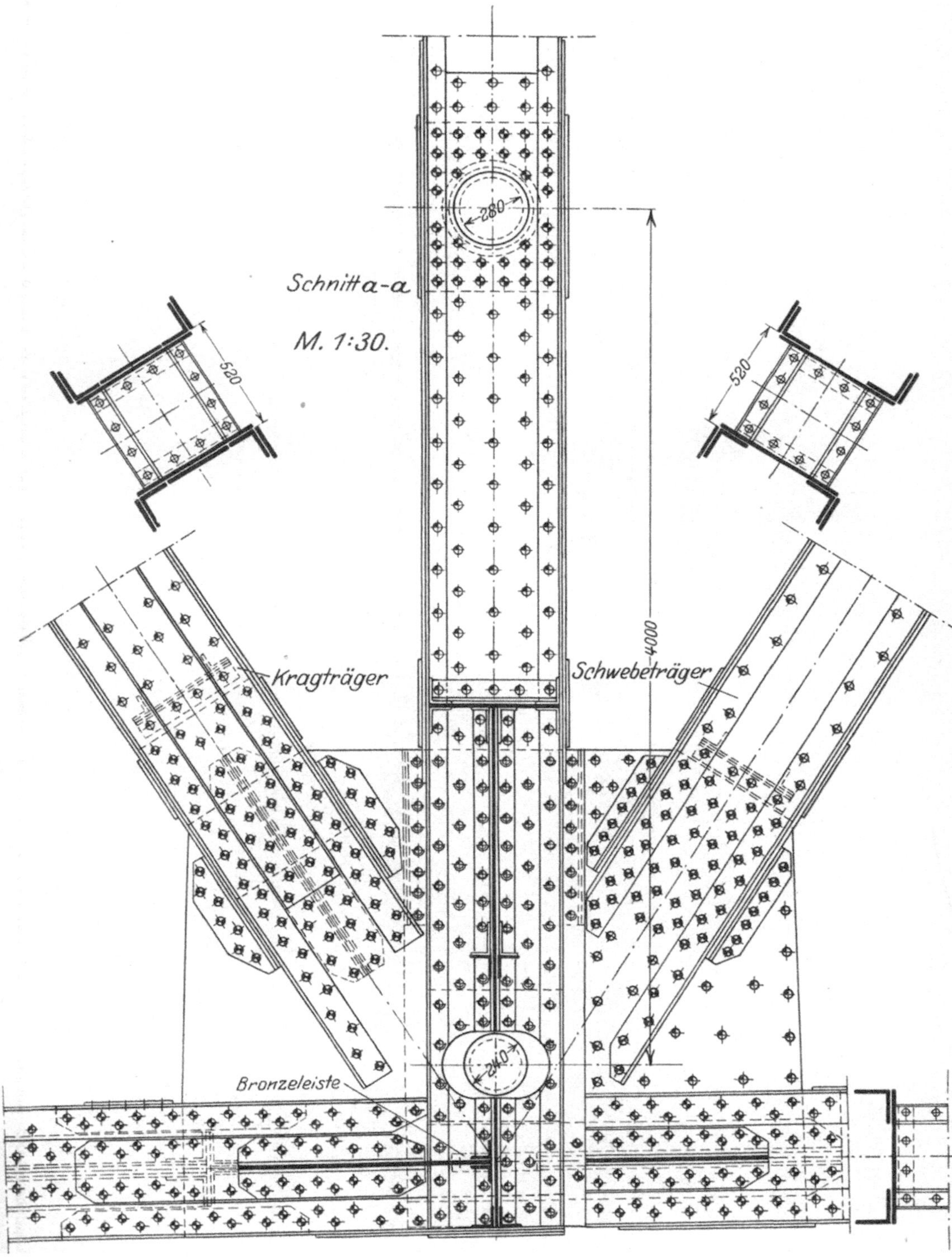
Schnitt a-a
M. 1:30.
520
520
280
4000
Kragträger
Schwebeträger
240
Bronzeleiste

Abb. 86.

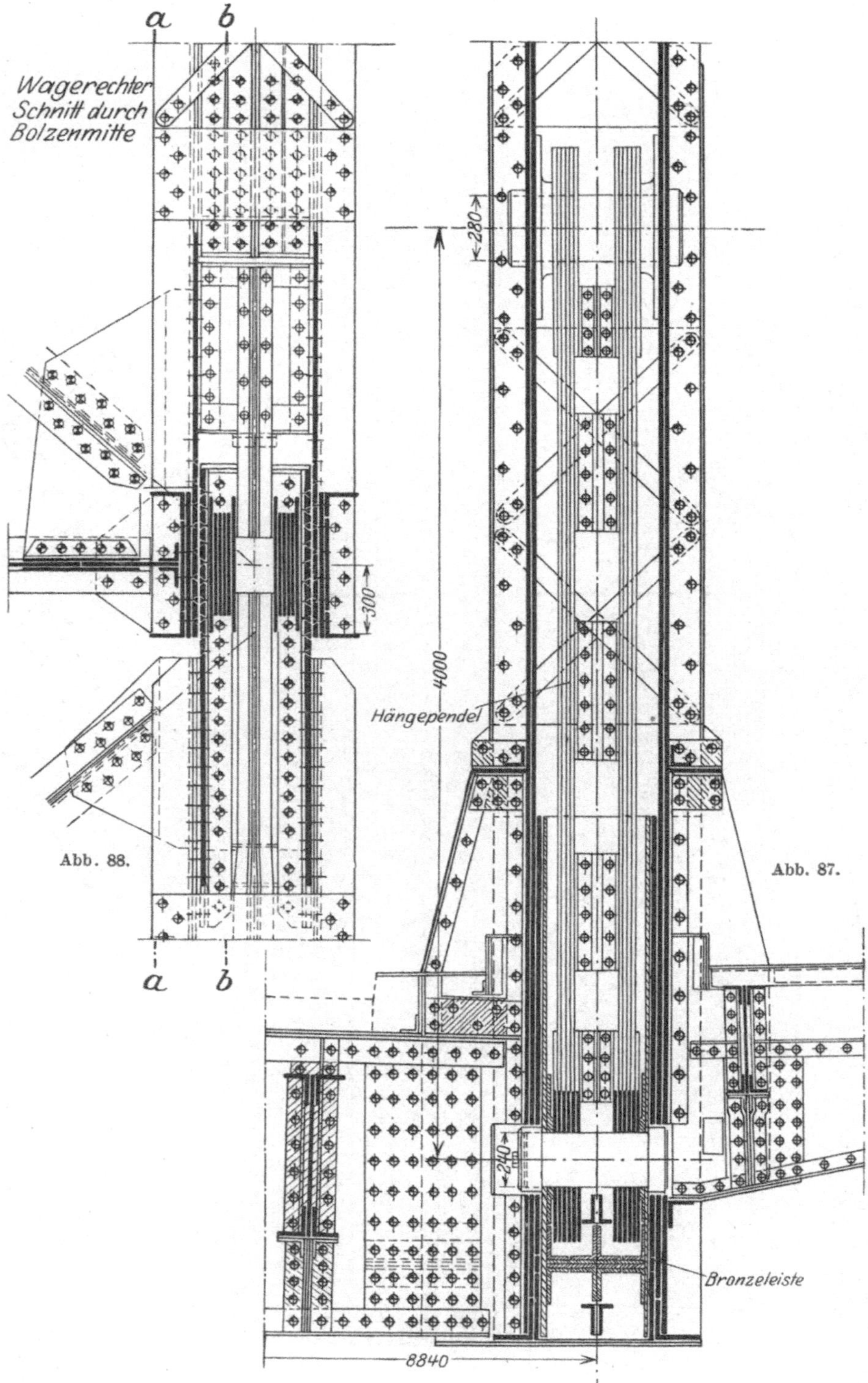
a
b
Wagerechter
Schnitt durch
Bolzenmitte
300
Abb. 88.
a
b
280
4000
Hängependel
Abb. 87.
240
Bronzeleiste
8840

Abb. 87 und 88.

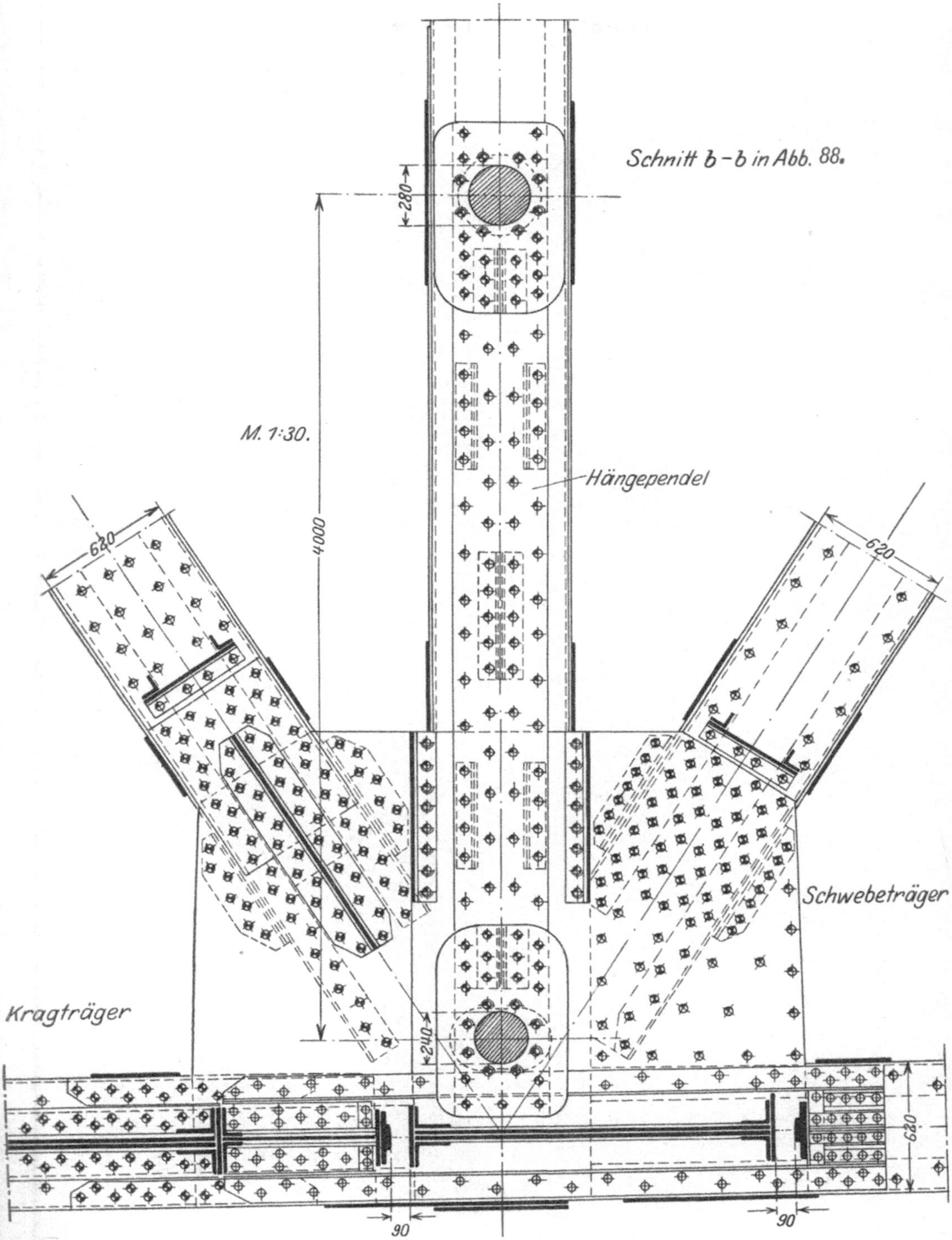
Schnitt b-b in Abb. 88.
280
M. 1:30.
4000
Hängependel
620
620
Schwebeträger
Kragträger
240
620
90
90

Abb. 89.

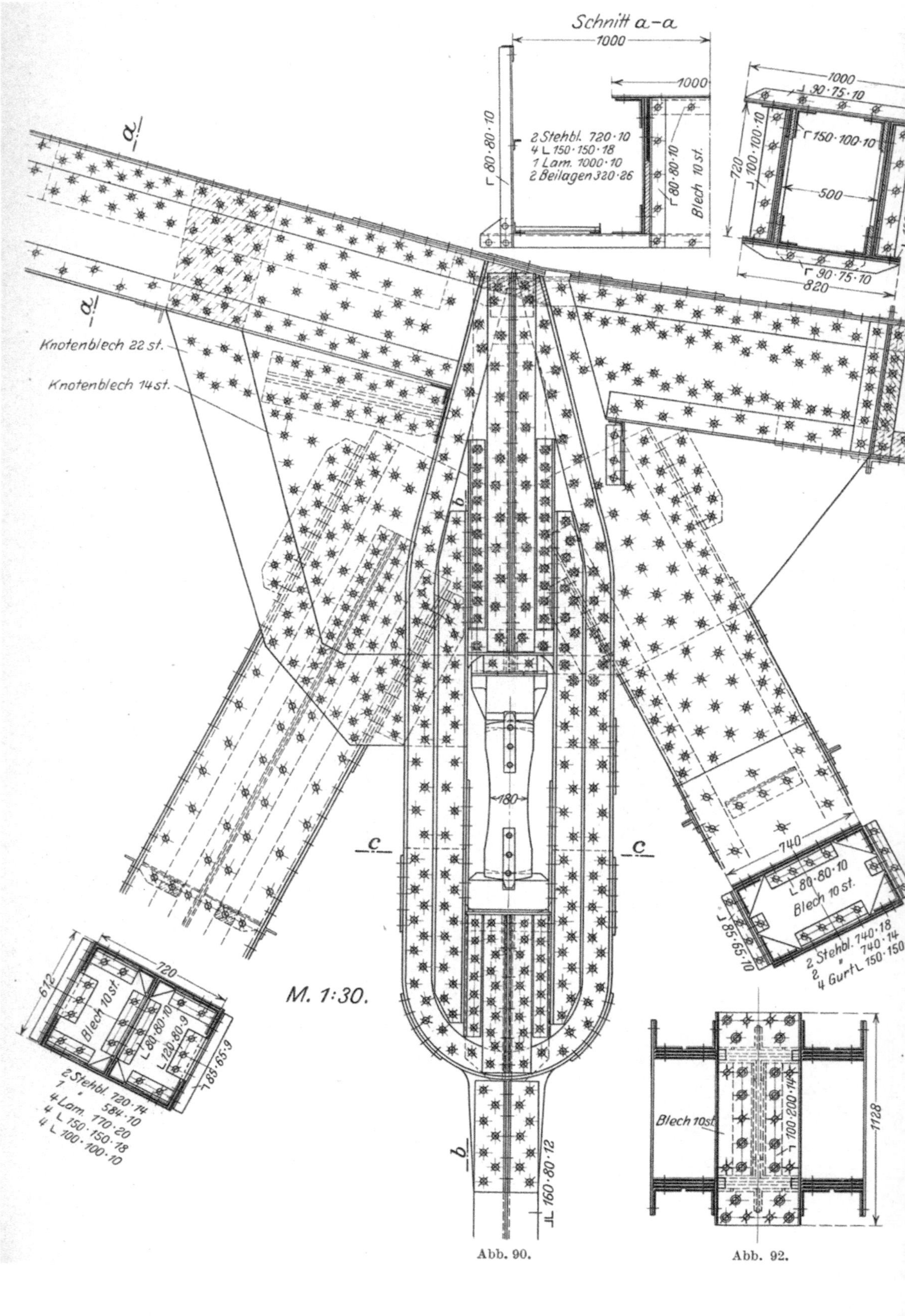
Schnitt a–a
1000
1000
2 Stehbl. 720·10
4 L 150·150·18
1 Lam. 1000·10
2 Beilagen 320·26
80·80·10
80·80·10
Blech 10 st.
1000
90·75·10
150·100·10
100·100·10
720
500
90·75·10
820
a
a
Knotenblech 22 st.
Knotenblech 14 st.
b
180
c
c
740
80·80·10
Blech 10 st.
85·65·10
2 Stehbl. 740·18
2 " 740·14
4 Gurt L 150·150
720
612
Blech 10 st.
80·80·10
120·80·9
85·65·9
2 Stehbl. 720·14
1 " 584·10
4 Lam. 170·20
4 L 150·150·18
4 L 100·100·10
M. 1:30.
b
160·80·12
Blech 10 st.
100·200·14
1128
Abb. 90.

Abb. 92.

Schwebeträgers aufgenietet sind. Im tiefsten Punkt der Schleife hängt ein lotrechter Stab, der die Knotenlast der Fahrbahn auf den Knotenpunkt des Fachwerks überträgt.

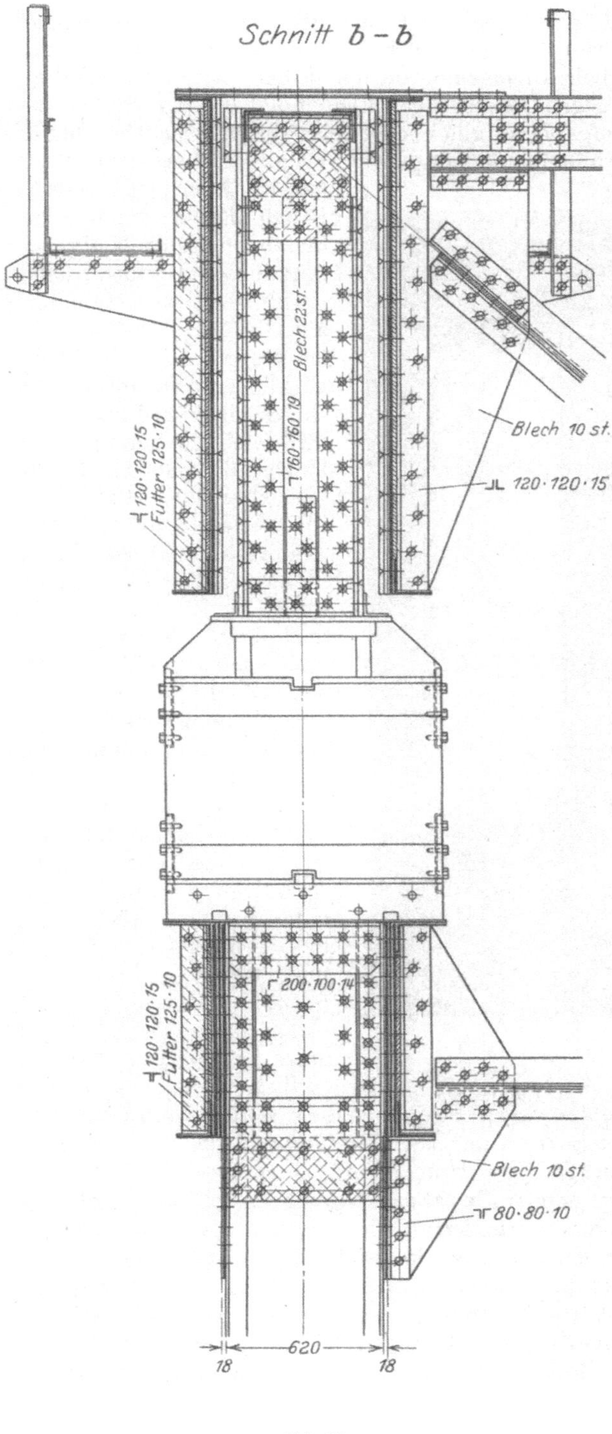

Abb. 91.

Der Nachteil der Hängependel ist völlige oder schwere Zugänglichkeit wesentlicher Stücke. Aus diesem Grunde werden heute Stützpendel vorgezogen. Hier ist der Nachteil geringer aber infolge des Eingriffs des Schwebeträgers in den Kragträger doch nicht ganz zu vermeiden. Deshalb hat man bei den neuesten Brücken den Pendelpfosten neben den festen Pfosten des Kragträgers gestellt. Er stützt sich in der Untergurtung auf den Gurtstab, der über den Knotenpunkt vorkragt und als biegungsfester Träger ausgebildet ist. Abb. 93 zeigt im Lichtbild den Pendelpfosten in der Seitenöffnung der Rheinbrücke Duisburg-Hochfeld. Hier stützt sich der Pendelpfosten auf den Knotenpunkt und trägt den Schwebeträger in einer Konsole am festen Pfosten.

c) Berechnung der Knotenpunkte.

Aus wirtschaftlichen Gründen sind die Knotenbleche so klein zu machen wie möglich. Die notwendigen Abmessungen hängen im wesentlichen von den Nietbildern zum Anschluß der Wandstäbe des Fachwerks ab. Die Berechnung ist auf die Untersuchung zu beschränken, ob die gewählte Stärke und die kleinsten Randabstände genügen, um sie erforderlichen Falles zu erhöhen. Die Ermittlung des Spannungszustandes in einem Knotenblech unter der wirklichen Belastung ist höchstens in ganz einfachen Fällen durchführbar, im allgemeinen ganz unmöglich. Von Wyß[1] ist die Aufgabe für 2 Fälle durch den Versuch gelöst. Von seinen Ergebnissen ist als wichtig hervorzuheben, daß unter der wirkenden Last erhebliche Überschreitungen der Elastizitätsgrenze eingetreten sind, die Bereiche der Überschreitung aber örtlich eng begrenzt waren. Bei jeder Berechnung von Spannungen in Knotenblechen erkennt man, daß dies Ergebnis wahrscheinlich allgemeine Gültigkeit hat. Trotzdem ist die Sicherheit der Knotenbleche gegen Bruch nicht kleiner als die der Stäbe.

Die genaue Lösung der Aufgabe ist glücklicherweise durchaus entbehrlich. In nahezu allen praktischen Fällen genügt der Nachweis des Sicherheitsgrades gegen Dauerbruch oder Bruch. Ebensowenig, wie hierzu in einer Nietverbindung die Kenntnis der wirklichen Lastverteilung auf die Niete notwendig ist, ist die Kenntnis des wirklichen Spannungszustandes in einer Platte erforderlich, um den Sicherheitsgrad angeben zu können. Hier wie dort gilt die für statisch unbestimmte Tragwerke bewiesene Tatsache, daß die Spannung im einzelnen Element keinen Maßstab der Sicherheit bietet. Auch wenn sie die Streckgrenze erreicht, kann der Sicherheitsgrad vollkommen ausreichend sein.

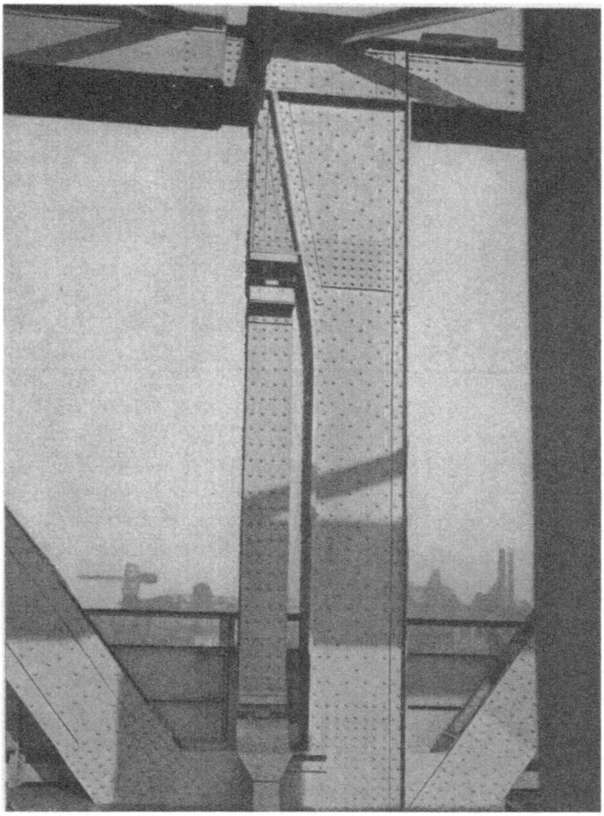

Abb. 93.

Der für das Fachwerk auf S. 30/31 gegebene Beweis ist auf das ebene und räumliche Kontinuum ohne weiteres übertragbar, wenn die von Mohr und vielen andern benutzte Auffassung des elastischen Körpers als eines Fachwerks von unendlich vielen Knotenpunkten und Stäben angenommen wird. Sie ist freilich später als unhaltbar erwiesen, da sie einen konstanten Wert der Querdehnungszahl m (Poissonsche Konstante) und daher für den Fall der Homogenität 1 elastische Konstante bedingt, während 2 vorhanden sind. Da aber, abgesehen von den Folgen dieser Unrichtigkeit, die Annahme in andern Fällen zu richtigen Ergebnissen führt, darf sie in der vorliegenden Frage zu dem Schluß benutzt werden, daß das für das Fachwerk bewiesene auch für die ebene Platte gültig ist. Unter wiederholten Belastungen geht die Spannung, wo sie die Elastizitätsgrenze überschreitet, unter Eintritt bleibender Dehnungen in die gehobene Elastizitätsgrenze zurück, sofern die Größe der Belastung einen Spannungszustand

[1] Wyß: Beitrag zur Spannungsuntersuchung an Knotenblechen eiserner Fachwerke. Forsch.-Arb. Ing. H. 262.

ohne Überschreitung der Grenze statisch zuläßt. Nur wenn ein solcher Spannungszustand statisch nicht möglich ist, kann Dauerbruch eintreten. Die

Abb. 94.

Schwierigkeit bei der Platte besteht in Bestimmung des Grenzzustandes. Offenbar darf man aber folgenden Schluß ziehen: Sofern in einer Anzahl bestimmter Schnitte, in denen der Bruch eintreten kann, ein Spannungszustand ohne Überschreitung der gehobenen Elastizitätsgrenze statisch möglich ist, konvergiert der wirkliche Spannungszustand unter wiederholter Belastung gegen eine Grenze, in der eine Überschreitung nicht stattfindet. Berechnet man nun in diesen Schnitten die größte eintretende Spannung σ_{max} aus den Gleichgewichtsbedingungen, so gelangt man zu einer jedenfalls zuverlässigen Beurteilung des Sicherheitsgrades. Er ist mindestens $\sigma_U : \sigma_{max}$. Das genügt in nahezu allen praktischen Fällen.

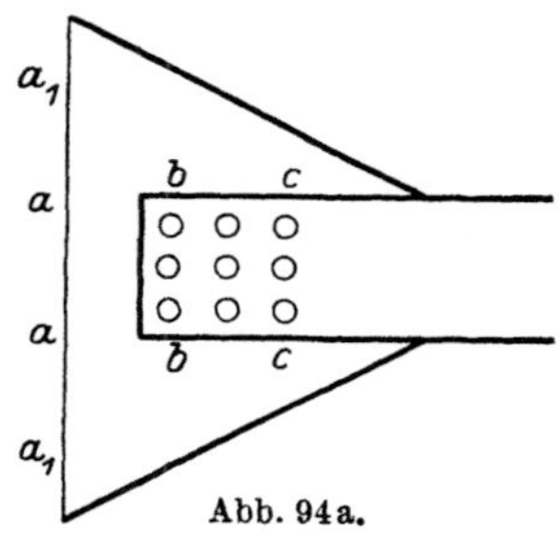

Abb. 94a.

Abb. 94b.

Eine Voraussetzung muß dabei erfüllt sein, nämlich daß die bleibenden Dehnungen, die bis zum Eintritt des Grenzzustandes entstehen, die Bruchdehnung nicht erreichen. Die Notwendigkeit dieser Voraussetzung wird bezüglich des Bruches bei einmaliger Belastung durch Versuche des Deutschen Eisenbau-Verbandes[1] beleuchtet. Bei 12 Stäben aus 2 [-Eisen, deren Enden auf Anschlußbleche genietet waren, ist der Bruch in der Nietreihe *b—b* der Anschlußbleche eingetreten, und zwar zuerst nur zwischen den Nieten (Abb. 94). In manchen Fällen hat der Riß über die Niete weitergegriffen, jedoch nicht im gleichen Querschnitt, sondern vom Niet aus etwa rechtwinklig zum schrägen Rand (Abb. 94b). Die Nutzfläche im Querschnitt beträgt 87,4 cm², in dem bezeichneten Schnitt nur etwa 70 cm². Die Bruchbelastungen ergaben in 8 Fällen für den Querschnitt Spannungen zwischen 1710 bis 2080 kg/cm², in 4 Fällen 2540 bis 2850 kg/cm². Für den Bruchquerschnitt sind die Werte 2170 bis 2600 und 3130 bis 3560 kg/cm². Die Bruchfestigkeit des Blechmaterials ist zu 4060 kg/cm² festgestellt. Die Ursache der überraschend niedrigen Bruchspannung kann nicht die bei den Versuchen eingetretene Krümmung der Bleche sein. Denn

Abb. 95.

Bleche der hier vorhandenen Dicke von 10 mm lassen sich weit stärker krümmen, ohne daß Bruch eintritt. Die Ursache ist vielmehr die, daß in dem Stück *a—b* die Dehnung nicht das Maß annehmen konnte, das geometrisch zum Eintritt gleicher Spannung im Bruchquerschnitt erforderlich war, weil sie zuvor das Maß der Bruchdehnung erreichte. Der Grund liegt in der verschiedenen Dicke des Bleches, die in der Linie *a—a* 60 mm hinter der Nietreihe *b* von 10 auf 26 mm zunimmt. Da in dem dickeren Blechstück die Spannungen nicht einmal die Elastizitätsgrenze erreicht haben, müssen die Dehnungen sich im wesentlichen in dem dünnen Blechstück vollziehen. Die gesamte Längenänderung Δl zwischen der Kante *a—a* und der dritten Nietreihe *c—c* wird in der Linie *a—b—c* nahezu in vollem Maße auf der Strecke *a—b* von 60 mm zusammengedrängt, während in der schrägen Linie c—a_1 die Längenänderung $\Delta l \cdot \cos\alpha$ sich auf die ganze Länge von etwa 240 mm verteilt. Mithin verlangt der geometrische Zusammenhang, daß in *a—b* die Dehnung das 3- bis 4fache

[1] Berichte des Ausschusses für Versuche im Eisenbau H. 3, S. 35ff.

der Dehnung in der Linie a_1—c beträgt. Nachdem in dem Stück a—b die Bruchspannung und die ihr entsprechende Dehnung erreicht ist, nimmt bei wachsender Last hier die Dehnung zu, während die Spannung mindestens konstant bleibt. Die Zunahme der Last bewirkt eine Erhöhung der Spannung in den Teilen seitlich des Nietbildes. Aus dem geometrischen Zusammenhang folgt aber, daß die Dehnung im Stück a—b auf das 3- bis 4fache des Wertes wachsen mußte, den sie bei Eintritt der größten Spannung hatte, damit in den Teilen seitlich des Nietbildes die gleiche Spannung erreicht wurde. Die gemessenen Bruchdehnungen des Materiales betragen 25 bis 30%. Der größten Spannung entspricht eine Dehnung von höchstens 50% der Bruchdehnung. Die Zunahme der Dehnung auf das 3,5- bis 4fache war daher nicht möglich. Vorher wurde die Bruchdehnung erreicht und der Bruch trat bei durchaus ungleichmäßiger Spannung ein. Den erheblichen Unterschied der eingetretenen Dehnungen kann man noch im Bruch aus dem Lichtbild Abb. 93 erkennen, in dem der Riß mehr als 1 mm erreicht. Abb. 95, die das Nietbild im]-Eisen darstellt, läßt die starke Beanspruchung des ersten Nietes erkennen.

Die gleiche Bedingung gilt auch für den Dauerbruch. Wenn man die Bruchdehnung des Dauerbruches auch nicht kennt, so ist das maßgebende Verhältnis der Bruchdehnung zur Dehnung bei Eintritt der Streckspannung — etwa 0,2‰ — hier ganz erheblich größer, mindestens 25 und mehr. Tatsächlich kann daher die Erfüllung der Bedingung im allgemeinen nicht fraglich sein, wenigstens nur in den Fällen, in denen eine scharfe Kerbe, eine einspringende Ecke ohne Ausrundung oder ein Anriß vorhanden ist. Daraus folgt, daß im vorliegenden Falle die Sicherheit der Bleche an den Versuchsstäben wohl gegen Dauerbruch aus der Annahme gleicher Spannungsverteilung über den Bruchquerschnitt berechnet werden darf, nicht aber die Sicherheit gegen Bruch aus einmaliger Belastung. Vorstehende Überlegung zeigt, daß das gleiche für die in Abb. 96 dargestellte Verbindung Geltung hat. Auch hier ist bei Zunahme der Belastung der Bruch in einer der Nietlinien b—b zu erwarten, bevor die mittlere Spannung die Bruchgrenze erreicht.

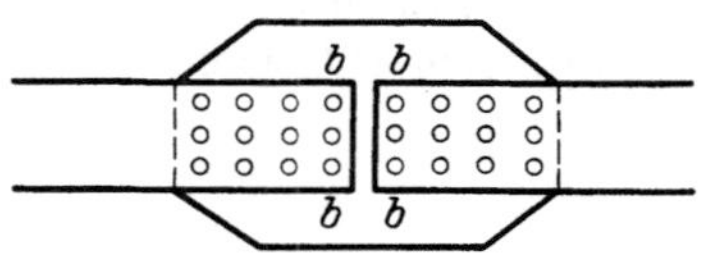

Abb. 96.

Die Versuche beleuchten eine weitere Tatsache. Nämlich, daß der Schnitt, in dem ein statisch möglicher Spannungszustand gesucht wird, nicht ohne Rücksicht auf den Blechrand rechtwinklig zur Kraftrichtung gelegt werden darf. Zur gleichen Erkenntnis kommt man auch aus der Theorie des Spannungsproblems. Diese lehrt, daß längs eines nicht belasteten Randes nur Normalspannungen parallel zum Rande die Gleichgewichtsbedingungen erfüllen. Man muß also den Schnitt so führen, daß er rechtwinklig in den Rand einmündet. Bei einem in eine Ecke auslaufenden Blech erfüllt ein Kreisbogen, dessen Mittelpunkt der Eckpunkt ist, diese Bedingung am besten.

Man kann die Spannungen längs des Bogens der bekannten Lösung des Problemes der in einer Ecke durch eine Einzelkraft beanspruchten, beliebig ausgedehnten Platte entnehmen. Abb. 97 stellt den Fall dar. Eine Lösung, welche die Spannungsgleichungen und die Kompaktibilitätsbedingungen der Elastizitätstheorie befriedigt, besteht in Normalspannungen σ radialer Richtung, ohne solche tangentialer Richtung und ohne Schubspannungen. Die Spannung σ ist eine

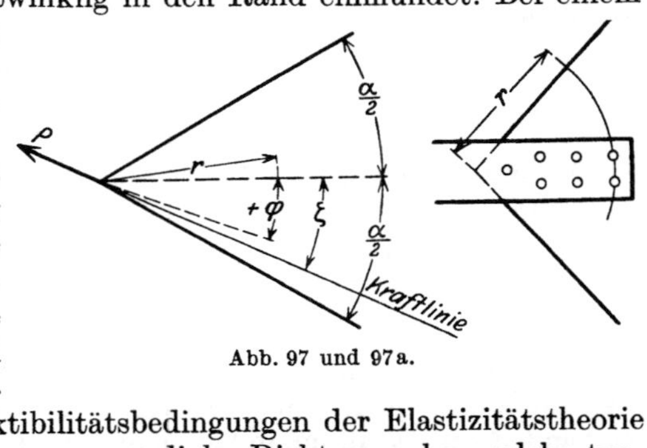

Abb. 97 und 97a.

Funktion des Abstandes r von der Ecke und des Winkels φ zwischen dem Radius und der Winkelhalbierenden.

$$\sigma_\varphi = \frac{2P}{r\cdot\alpha\cdot t}\left[\frac{\cos\zeta\cos\varphi}{1+\frac{\sin\alpha}{\alpha}} + \frac{\sin\zeta\cdot\sin\zeta}{1-\frac{\sin\alpha}{\alpha}}\right]. \tag{57}$$

Man erhält für die Komponente in und rechtwinklig zur Kraftrichtung die Integrale

$$t\int_{-\frac{\alpha}{2}}^{\frac{\alpha}{2}} \sigma_\varphi\cdot\cos(\varphi-\zeta)\,r\cdot d\varphi = P,$$

$$t\int_{-\frac{\alpha}{2}}^{\frac{\alpha}{2}} \sigma_\varphi\cdot\sin(\varphi-\zeta)\,r\cdot d\varphi = 0.$$

Infolge der unbegrenzten Ausdehnung der Platte ist das Problem nicht eindeutig bestimmt und es sind daher mehrere Lösungen möglich. Die angegebene Lösung gibt aber den Spannungszustand in der Nähe der Ecke hinreichend genau und in beliebigem Abstand in vollkommener Übereinstimmung mit den Gleichgewichtsbedingungen an. Sie erfüllt also die Bedingungen, die oben als erforderlich und ausreichend für den vorliegenden Fall aufgestellt sind. Die Anwendung zeigt das in Abb. 97a dargestellte Beispiel. Man führt einen Kreisbogenschnitt durch das letzte Niet, sein Abstand von der Ecke sei r_0. Die größten Spannungen entstehen an den Außenkanten, wenn

$$\operatorname{tg}\zeta \geqq \operatorname{tg}\frac{\alpha}{2}\,\frac{1-\frac{\sin\alpha}{\alpha}}{1+\frac{\sin\alpha}{\alpha}}$$

ist. Ihre Werte sind

$$\sigma = \frac{2P}{r_0\cdot\alpha\cdot t}\left[\frac{\cos\zeta\cdot\cos\frac{\alpha}{2}}{1+\frac{\sin\alpha}{\alpha}} \pm \frac{\sin\zeta\cdot\sin\frac{\alpha}{2}}{1-\frac{\sin\alpha}{\alpha}}\right]. \tag{58}$$

Ist $\operatorname{tg}\zeta$ kleiner als angegeben, erhält man ein $\max\sigma$ in der Richtung

$$\operatorname{tg}\varphi_0 = +\operatorname{tg}\zeta\,\frac{1+\frac{\sin\alpha}{\alpha}}{1-\frac{\sin\alpha}{\alpha}},$$

nämlich

$$\max\sigma = \frac{2P}{r\cdot\alpha\cdot t}\left[\frac{\cos\zeta\cdot\cos\varphi_0}{1+\frac{\sin\alpha}{\alpha}} + \frac{\sin\zeta\cdot\sin\varphi_0}{1-\frac{\sin\alpha}{\alpha}}\right]. \tag{59}$$

Sind Niete vom Durchmesser d abzuziehen, so ist hinreichend genau P durch den Faktor

$$u = 1 - \frac{d}{r\cdot\alpha}\sum\left[\frac{\cos\zeta\cdot\cos\psi}{1+\frac{\sin\alpha}{\alpha}} + \frac{\sin\zeta\cdot\sin\psi}{1-\frac{\sin\alpha}{\alpha}}\right]\cdot\cos(\psi-\zeta)$$

zuteilen. In den Summen bezeichnet ψ den Winkel der Nietstellung. Den Fall des am Rande durch eine Gurtung verstärkten Bleches kann man auf den vorstehenden zurückführen, indem man es als durch P und $\sigma_g\cdot F_g$ belastet behandelt. Man berechnet für den Punkt des Kreisbogens, der durch die Achse der Gurtung bestimmt ist, die Werte σ_0 aus P und σ' aus $1 \cdot F_g$. Die Bedingung $\sigma_0 - \sigma' \cdot \sigma_g = \sigma_g$ ergibt σ_g. Die sonst etwa benötigten Spannungen lassen sich durch Superposition berechnen.

Beispiel. Obergurtknoten der Abb. 73.

Linke Strebe: Druckstab $\omega = 1{,}11$,

$$\text{Winkel } 120 \cdot 13 \quad F = 29{,}7 \quad d = 26\,\text{mm} \quad \frac{\pi d^2}{4} = 5{,}30\,\text{cm}^2,$$

$$\eta = \frac{29{,}7}{1{,}11 \cdot 5{,}30 \cdot 0{,}8} = 7.$$

Die Niete im rechten Randwinkel bestimmen den Rand des kleinen Knotenbleches

1 Stehblech $500 \cdot 12$ $\quad F = 60\,\text{cm}^2$,

$$\eta = \frac{60}{1{,}11 \cdot 5{,}30 \cdot 0{,}8} = 13,$$

12 Niete schließen das Stehblech an das große Knotenblech, 6 weitere an die Decklasche.

Steg 1 L 100 · 12	$F = 22{,}7$
$\frac{1}{4}$ 420 · 12	$F = 12{,}6$
	35,3 cm²

$$\eta = \frac{35{,}3}{1{,}11 \cdot 5{,}30 \cdot 0{,}8} = 8.$$

16 Niete schließen den Steg an das Knotenblech, wenn die vom Stehblech beanspruchten nicht gezählt werden. Die ungenutzte Tragkraft der letzteren könnte durch Anschluß herangezogen werden. Da sie dann in 2 Schnitten beansprucht werden, müßte N aus Lochleibungsdruck berechnet werden.

Rechter Schrägstab: Zugstab

$$\text{Winkel } 120 \cdot 120 \cdot 13 \quad F_n = 25{,}1 - 3{,}1 = 22\,\text{cm}^2,$$

$$\eta = \frac{22}{5{,}3 \cdot 0{,}8} = 6.$$

Die Niete im rechten Randwinkel bestimmen den Rand des Knotenbleches.

$$\text{Stehblech } 420 \cdot 12 \quad F_n = 50{,}4 - 4 \cdot 1{,}2 \cdot 2{,}6 = 38\,\text{cm}^2,$$

$$\eta = \frac{38}{5{,}30 \cdot 0{,}8} = 9.$$

8 Niete schließen das äußere Stehblech an das große Knotenblech, 4 weitere an die Decklasche. 12 Niete schließen das innere Stehblech durch Decklasche an. Da letztere durch 20 Niete mit dem Knotenblech verbunden ist, ist die Nachrechnung auf Leibungsdruck entbehrlich.

Obergurtstab: Druckstab $\omega = 1{,}052$

$$\text{Winkel } 120 \cdot 15 \quad F = 33{,}9$$

$$\eta = \frac{33{,}9}{1{,}05 \cdot 5{,}30 \cdot 0{,}8} = 8.$$

$$\text{Stehblech } 520 \cdot 12, \quad F = 62{,}4,$$

$$\eta = \frac{62{,}4}{1{,}05 \cdot 5{,}30 \cdot 0{,}8} = 14.$$

14 Niete schließen das Stehblech an das große Knotenblech.

$$\text{Beiblech } 280 \cdot 15, \quad F = 42,$$

$$\eta = \frac{42}{1{,}05 \cdot 5{,}30 \cdot 0{,}8} = 10.$$

10 Niete bewirken den Anschluß an das kleine Knotenblech.

Kopfplatte $\frac{1}{2}F = 42$,

$$\eta = \frac{42}{1{,}05 \cdot 5{,}30 \cdot 0{,}8} = 10 .$$

Die oberen Gurtwinkel müssen über den Knotenpunkt hinausgeführt werden, da sonst die Knotenbleche in der Achse des Schrägstabes zu stark beansprucht würden. Zum Nachweis der Sicherheit wird der Schnitt rechtwinklig zur Oberkante links des lotrechten Stabes untersucht. Die Kraft D der Strebe wird in die Komponenten parallel und rechtwinklig zum Schnitt zerlegt. Es ist

$$N = 248\,\mathrm{t}, \quad T = 170\,\mathrm{t}.$$

Aus N entsteht

$$M = 248 \cdot 22{,}5 = 5560\ \mathrm{tcm}.$$

Der Querschnitt aus 1 Stehblech 1220·12, 1 Stehblech 1070·12, 2 Winkeln 120·15 hat $F = 343\ \mathrm{cm}^2$, $W_0 = 10000\ \mathrm{cm}^2$, $W_n = 6180\ \mathrm{cm}^2$

$$\sigma_o = -\frac{248}{343} - \frac{5560}{10000} = -1280\ \mathrm{kg/cm}^2,$$

$$\sigma_u = -\frac{248}{343} + \frac{5360}{6180} = +176\ \mathrm{kg/cm}^2,$$

$$\max\tau + \frac{170000 \cdot 3}{2 \cdot 2{,}4 \cdot 122} = 872\ \mathrm{kg/cm}^2 .$$

Da die Schubspannungen am Rande verschwinden und σ in der Mitte gering ist, ist Ermittlung der Hauptspannungen unnötig. Da die Knotenbleche zur Aufnahme des rechten Schrägstabes reichlich bemessen sind, genügt die Rechnung für den vorliegenden Fall.

Es soll die Beanspruchung des Knotenbleches der Abb. 63 aus der linken Diagonale berechnet werden. Es ist

$$D = F_n \cdot \sigma_{\text{zul}} = 150 \cdot 1{,}82 = 273\ \mathrm{t}. \quad \alpha = \frac{\pi}{2}, \quad \zeta = 9^0.$$

Der Schnitt ist hier durch die letzten Niete der mittleren Reihen zu führen. $r = 81$ cm, $\operatorname{tg}\zeta = 0{,}158$

$$\operatorname{tg}\frac{\pi}{2}\,\frac{1 - \frac{2}{\pi}}{1 + \frac{2}{\pi}} = 0{,}222.$$

Da $\operatorname{tg}\zeta < 0{,}222$, tritt die größte Spannung nicht am Rande auf

$$\operatorname{tg}\varphi_0 = 0{,}158\,\frac{1 + 0{,}636}{1 - 0{,}636} = 0{,}71 ,$$

$$\sin\varphi_0 = 0{,}580 \qquad \cos\varphi_0 = 0{,}814 ,$$

$$\max\sigma = \frac{2 \cdot 273000}{81 \cdot 1{,}6 \cdot 1{,}57}\left[\frac{0{,}988 \cdot 0{,}814}{1{,}636} + \frac{0{,}156 \cdot 0{,}580}{0{,}364}\right],$$

$\max\sigma = 1950\ \mathrm{kg/cm}^2$.

Die Randspannungen sind

$$\sigma = \frac{2 \cdot 273000}{81 \cdot 1{,}6 \cdot 1{,}57}\left[\frac{0{,}988 \cdot 0{,}707}{1{,}636} \pm \frac{0{,}156 \cdot 0{,}707}{0{,}364}\right],$$

$$\sigma_1 = 1930\ \mathrm{kg/cm}^2, \qquad \sigma_2 = 327\ \mathrm{kg/cm}^2.$$

Die Beanspruchung des Bleches ist etwas zu hoch.

In dem Auflagerknotenpunkt der Abb. 80 ist ein Schnitt rechtwinklig zur Unterkante zu führen, der durch das erste Anschlußniet des Untergurtstabes geht. Aus Gründen der Vorsicht ist öfters ein Schnitt durch das erste Niet der Strebe bei Vernachlässigung der Niete in der Untergurtung vorzuziehen. Aus dem Auflagerdruck und dem Abstand vom Schwerpunkt des Schnittes durch die Knotenbleche erhält man M, durch Zerlegung des Auflagerdruckes N und T. Die weitere Rechnung folgt obigem Beispiel. Wo die Untergurtung bis zur linken Kante des Knotenbleches durchläuft, kann man von ihrem Querschnitt den links des Schnittes durch Niete angeschlossenen Teil zu der Schnittfläche hinzufügen. In gleicher Weise wäre ein wagerechter Schnitt über der Untergurtung zu untersuchen. Schließlich ist unter Umständen ein Kreisschnitt durch das erste Niet der Strebe angebracht. In Zwischenknotenpunkten kommt man immer mit Untersuchung der Bleche in den Anschlüssen der Schrägstäbe nach dem zu Abb. 63 gegebenen Beispiel aus.

5. Die Knotenpunkte des Stabwerks

sind in der Ausbildung der Verbindungen wesentlich von denen des Fachwerks verschieden. Der Grund liegt darin, daß im Knotenpunkt des Stabwerks jeder Stab durch Biegungsmomente und Querkräfte beansprucht wird. Die zur Aufnahme von Biegungsmomenten vorwiegend geeignete I-Form des Querschnittes ist in dem Verbindungsstück nur möglich, wenn 2 Stäbe geradlinig oder mit schwacher Krümmung durch den Knotenpunkt laufen. Stoßen die Stäbe im Knick aufeinander, dann können die rechtwinklig zur Ebene des Tragwerks gestellten Flansche, Winkelschenkel und Platten nur durch geknickte Laschen verbunden werden. Diese sind aber zur Übertragung von Kräften, die nicht in die Linie des Knickes fallen, durchaus ungeeignet, da die Kräfte im Knick keinen Ausgleich finden. Die geknickte Lasche entzieht sich durch Ausweichen des Knickpunktes nach außen oder innen jeder Beanspruchung. Wenn die Gurtplatten von 2 im Knick gegeneinander stoßenden Stäben durch eine geknickte Deckplatte verbunden werden, so überträgt die Deckplatte keine Kraft. Eine gewisse Kraftübertragung kann durch geknickte Winkeleisen erzielt werden, da wenigstens ein Teil des abstehenden Schenkels durch den anliegenden gehalten wird. Die Wirkung ist aber beschränkt und der Wirkungsgrad durchaus unsicher.

Es sind nur 2 einwandfreie Lösungen der Aufgabe möglich. Die eine ist die Aufnahme des vollen Widerstandsmomentes W_n durch Deckbleche, deren Ebenen in oder parallel zur Kraftebene liegen, d. h. durch Deckbleche auf dem Steg bzw. dem Stehblech. Sind h_0, t_0 die Maße des Deckbleches im Querschnitt durch den Knick, so muß sein

$$\frac{h_0^2 \cdot t_0}{6} 0{,}85 = W_n\,,$$

wobei ein Abzug von 15% für Nietschwächung gemacht ist. Da $W_n = \sim \frac{1}{2}\, h^2 \cdot t$ und $h_0 = h$ ist, ist demnach eine Stärke des Deckbleches von dem 3/0,85fachen der Stegstärke notwendig. Abb. 98 zeigt die Verbindung von 2 I-Eisen, die rechtwinklig zu einander stehen. Das Maß h_0, das in der Diagonale zu messen ist, ist größer als die Trägerhöhe h. Da aber in der äußeren Ecke des Deckbleches ein Spannungsausgleich unmöglich ist, betrachtet man das Blech als viertelkreisförmig abgeschnitten und setzt $h_0 = h$. Tatsächlich verlaufen die Hauptspannungen durch den Mittelpunkt des Bleches und haben hier ihren größten Wert (vgl. S. 138). An der inneren Ecke ist durch beiderseits aufgenietete Winkeleisen eine wirksame Verstärkung zu erzielen. Wo genügend Platz ist, kann man auch die punktierten Winkel aufsetzen. Die Deckbleche haben an der inneren Kante eine einspringende Ecke, die gut ausgerundet sein muß, um Anrisse zu vermeiden.

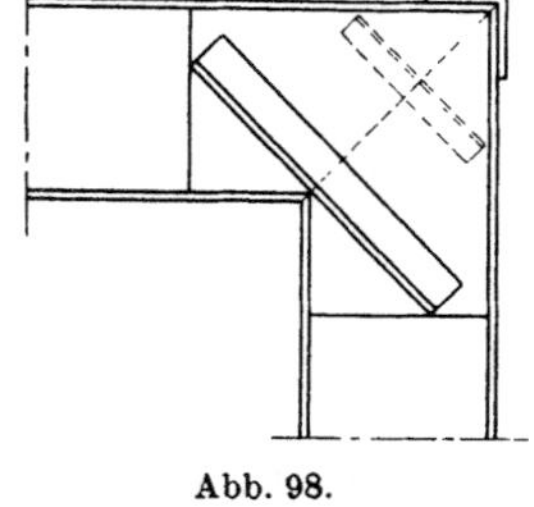

Abb. 98.

Eine günstigere Form der Deckbleche erhält man durch Abschneiden der Trägerflansche an der Innenkante, schafft dadurch freilich wieder gefährliche Stellen im Übergang vom Trägerflansch zum Steg. Jedenfalls ist hier gute Ausrundung in den Flanschen notwendig. Die zweite Form, die in Abb. 99 dargestellt ist, ist trotzdem vorzuziehen. In der ausspringenden Ecke verbindet man die Flansche

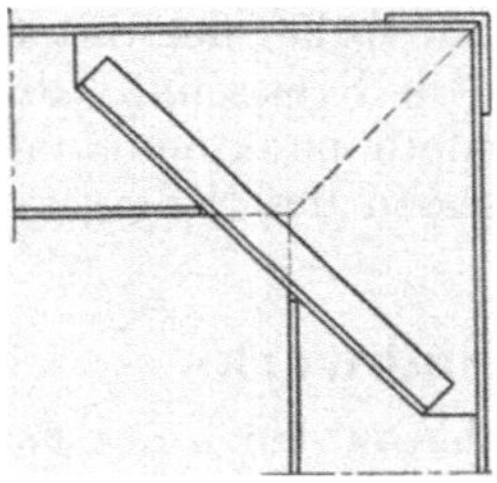

Abb. 99.

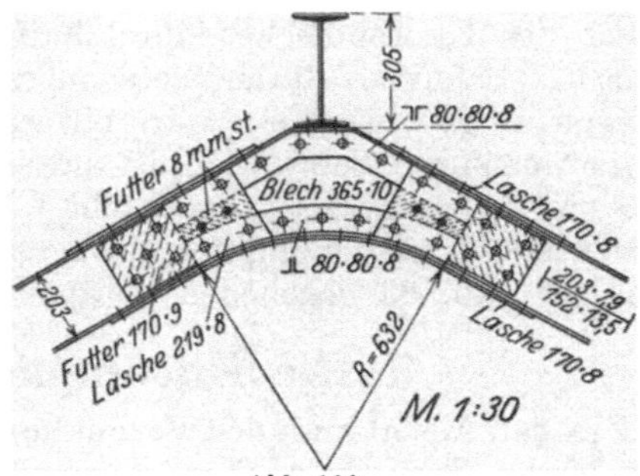

Abb. 100.

durch eine geknickte Lasche, die jedoch nur den Zweck hat, die offene Fuge zu schließen.

Die zweite Lösung besteht in der Ausrundung des Knickes. Sofern in der Ecke große Momente auftreten, ein bei Rahmenbauarten häufiger Fall, muß dieser Anordnung der Vorzug gegeben werden. Wenn die Stäbe aus Stehblechen, Gurtwinkeln und Platten bestehen und der Raum für ein Krümmungsstück von ausreichendem Halbmesser vorhanden ist, macht die Konstruktion keine sonderlichen Schwierigkeiten. Das Stehblech ist durch ein Ringstück zu ersetzen, so daß 2 Stöße desselben erforderlich werden. Das Ringstück ist als gekrümmter Stab zu berechnen[1]. Da die Randspannungen bei symmetrischem Querschnitt an der inneren Kante größer sind als an der äußeren, ist hier die Auflage einer Gurtplatte ratsam. Auch empfiehlt sich kleinere Teilung der Halsniete. Im Gegensatz zum geraden Stab treten Normalspannungen in Richtung des Radius auf, die desto größer sind, je kleiner der Krümmungsradius ist, dicht am inneren Rand einen Größtwert erreichen und den gleichen Kraftsinn haben wie die Normalspannungen am inneren Rande. Wenn letztere Druckspannungen sind,

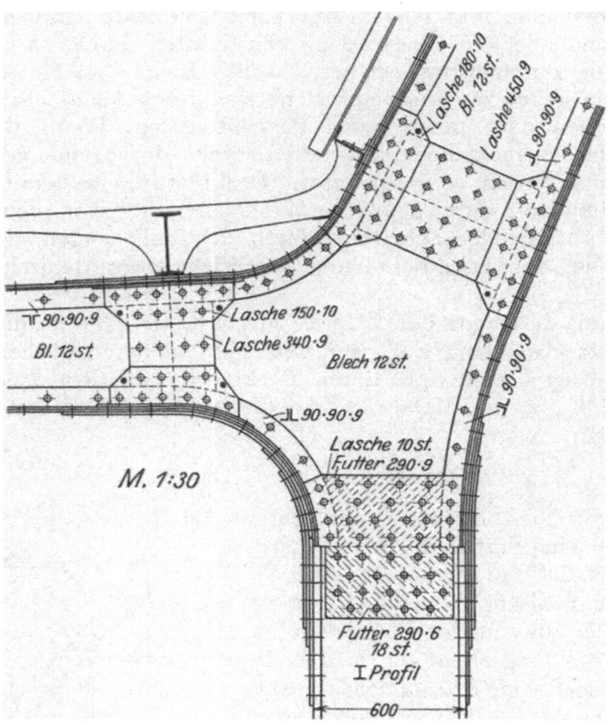

Abb. 101.

[1] Müller-Breslau: Neuere Methoden. — Grüning: Die Statik des ebenen Tragwerks. S. 157.

wird demnach der Steg in Richtung des Radius auf Druck beansprucht. Zur Verhütung einer Ausbeulung ist daher ein Aussteifungswinkel ratsam, der die Schenkel der Gurtwinkel umfaßt. Da die geraden Stabstücke aus wirtschaftlichen Gründen möglichst aus gewalzten Profilen hergestellt werden, die sich nur schwer krümmen lassen, legt man in der Ecke ein gekrümmtes Stück aus einem ringförimgen Stehblech, Gurtwinkeln und Platten ein. Hier sind 2 gerade Vollstöße notwendig. Abb. 100 zeigt eine Anordnung der beschriebenen Art. In Knotenpunkten mit 3 Stäben werden meist die inneren Randwinkel und Platten durch

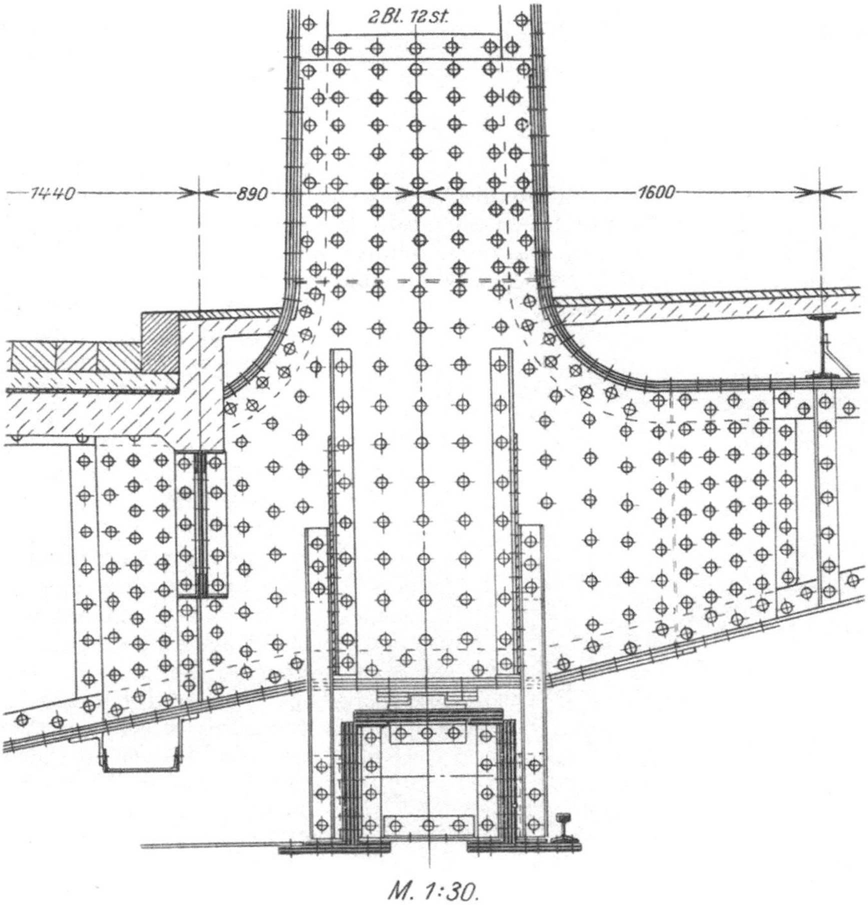

Abb. 102.

Krümmung überführt (Abb. 101 und 102). Erstere zeigt die Verbindung des Zwischenpfostens mit einem durchlaufenden Hallenbinder. Treten erhebliche Momente auf, so ist nach Abb. 102 der Steg durch Bleche zu verstärken.

Wichtige Knotenpunkte der behandelten Art sind die Ecken der Rahmen, die zwischen den Hauptträgern einer Brücke zum Zweck der räumlichen Standsicherheit eingebaut werden, mögen sie ein geschlossenes Viereck bilden — geschlossener Vollrahmen — oder auf einer Seite offen sein — Halbrahmen. Die Stäbe des Rahmens sind der Querträger als wagerechter, zwei Pfosten als lotrechte Stäbe und im Falle des Vollrahmens ein Riegel zwischen den Kopfpunkten der Pfosten. Alle Stäbe werden durch Biegungsmomente und Querkräfte in der Rahmenebene beansprucht und erhalten daher einen I-förmigen

Querschnitt, dessen Steg in der Rahmenebene liegt. Die Aufgabe ist im Grunde die oben behandelte, weicht jedoch in wesentlichen Einzelheiten ab. Da die Pfosten gleichzeitig lotrechte Fachwerkstäbe des Hauptträgers sind, müssen ihre Stücke an dessen Knotenbleche angeschlossen werden. Ferner durchdringt die Gurtung die Rahmenebene. Daher wird in der Ecke ein Teil der sonst verfügbaren Fläche von dem Querschnitt der Gurtung und der Knotenbleche in Anspruch genommen.

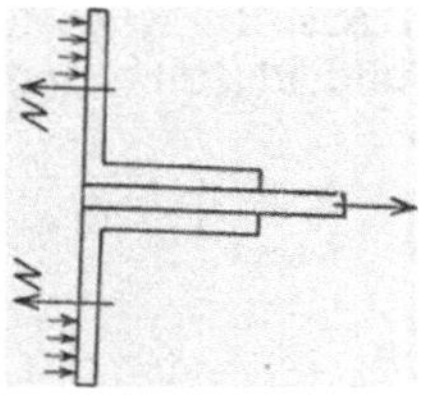

Abb. 103.

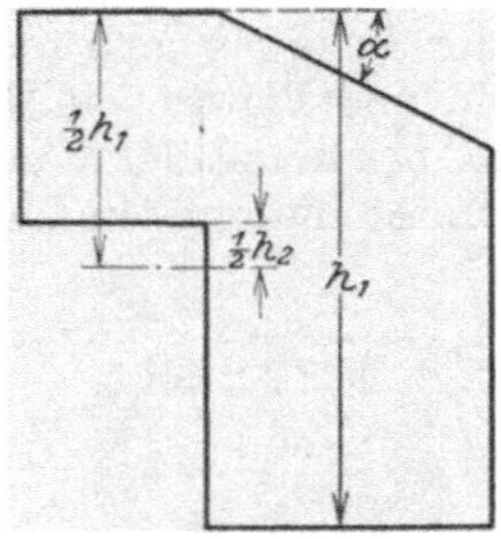

Abb. 104.

Die konstruktiv einfachste, früher nicht selten gewählte Anordnung wäre Anschluß des Stehbleches des Querträgers an die Flansche des Pfostens durch lotrecht gestellte Anschlußwinkel. Sie vermag jedoch nur sehr kleine Momente aufzunehmen, da die Anschlußwinkel dabei auf der Seite der Zugspannungen die in Abb. 103 skizzierte ungünstige Beanspruchung erfahren. Das übertragbare Moment beträgt höchstens $^1/_{10}$ der zulässigen Belastung des Stehbleches. Günstiger ist die Beanspruchung der Winkel auf der Druckseite, wo die Anschlußwinkel gegen die Flansche des Pfostens gepreßt werden. Damit die Eckverbindung größere Momente aufnehmen kann, ist eine Verbindung des Stehbleches des Querträgers mit dem des Pfostens auf der Seite der Zugspannungen durch Laschen notwendig, welche die Flansche des Pfostens durchdringen. Die gleiche Wirkung ist durch geeignete Form des Stehbleches des Querträgers

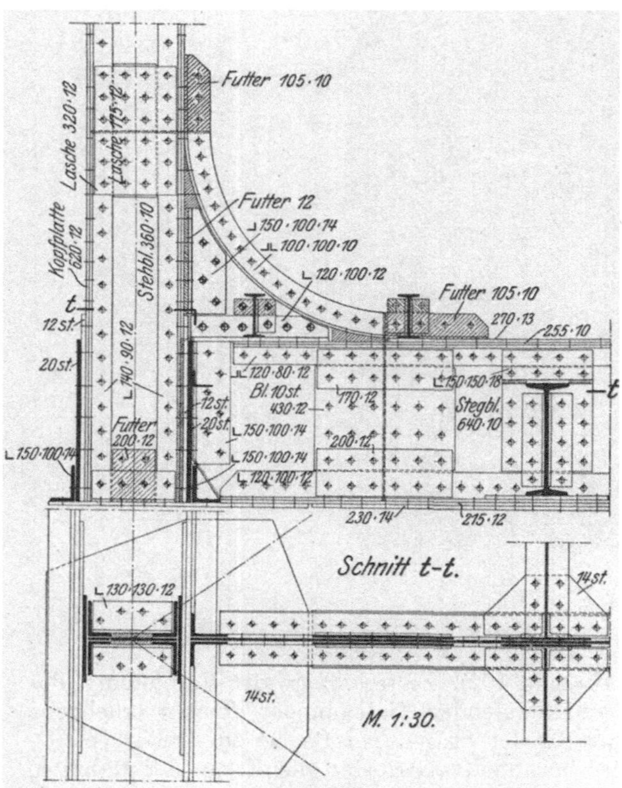

Abb. 105.

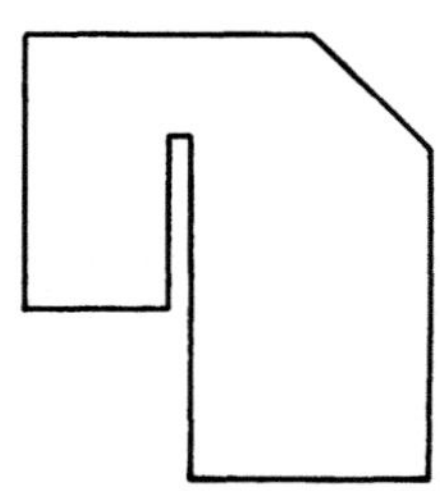

Abb. 106.

erreichbar. Man kann ihm auf der Seite der Zugspannungen einen rechteckigen Ansatz geben, der zwischen den Winkeleisen hindurch in den Pfosten eingreift und von dessen Winkeln in den anliegenden Schenkeln erfaßt wird. Die Möglichkeit der Lösung setzt nach der gegebenen Begründung voraus, daß das Moment seine Richtung nicht ändert. Da die für die Gurtung freizuhaltende Fläche über der Unterkante des Querträgers liegt, so ist weitere Voraussetzung, daß die Momente an der Oberkante Zugspannungen erzeugen, also negativ im Sinne der gebräuchlichen Bezeichnung sind. Treten auch positive Momente auf, so müssen die Laschen bzw. der Lappen am Stehblech des Querträgers entweder so hoch gemacht werden, daß ihr Widerstandsmoment allein dem größten positiven Moment gewachsen ist, oder die Stehbleche des Querträgers und Pfostens müssen oben und unten durch Laschen verbunden werden. Da unten liegende Laschen einen Eingriff in die für Durchführung der Gurtung benötigte Fläche erforderlich machen, bedingen sie hier eine Änderung des Querschnittes der Gurtung, damit die Durchdringung möglich wird.

In jedem Falle muß die Oberkante der Laschen oder des Lappens am Stehblech möglichst hoch liegen, da von dieser Höhe das übertragbare Moment abhängt. Man ersetzt deshalb das Endstück des Stehbleches des Querträgers durch ein Eckblech, dessen Oberkante so hoch gezogen ist, wie das im Innern des Rahmens frei zu haltende Profil gestattet. In Vollrahmen von Brücken treten entweder nur negative Momente auf oder die positiven Momente sind klein im Verhältnis zu den negativen. In allen diesen Fällen genügt ein Eckblech der in Abb. 104 dargestellten Form, in der die einspringende Ecke gut auszurunden ist. Die Oberkante des Lappens hängt, wie schon gesagt, vom lichten Profil ab, die Unterkante von der für Durchführung der Gurtung benötigten Fläche. Um sie tiefer herunterzuziehen, können die Knotenbleche des Hauptträgers an ihrer Oberkante kurze Schlitze erhalten.

Abb. 105 zeigt einen Knotenpunkt der Art. Das Eckblech hat die in Abb. 106 dargestellte Form. Der Stoß gegen das Blech des Querträgers ist durch Laschen gedeckt. Der in den Pfosten eingreifende Lappen unterbricht dessen Stehblech. Der Stoß wird durch Laschen entweder zwischen oder auf den Winkelschenkeln gedeckt. Im zweiten Falle sind außerdem Futter zwischen den Schenkeln notwendig. Wenn die Blechform 104 gewählt wird, sind 2 Stöße erforderlich. Die Form Abb. 106 spart einen Stoß, erschwert aber häufig die Montage. Die auf das Eckblech auflaufenden Gurtwinkel des Querträgers sind mindestens mit ihrer nutzbaren Fläche anzuschließen. Wo Gurtplatten benötigt werden, werden sie geschlitzt oder geteilt und durch oben aufgelegte Anschlußwinkel mit dem Eckblech verbunden. Eine wirksame Verstärkung der Verbindung erzielen die Winkel an der schrägen Kante des Eckbleches, wenn ihre abstehenden Flansche wie hier einerseits mit den Flanschen der Pfosten, anderseits mit denen des Querträgers vernietet sind. Namentlich wenn der Übergang aus der Lotrechten in die Wagerechte durch ein gekrümmtes Stück vermittelt wird, vermögen sie einen Teil des Momentes aufzunehmen. Die Anordnung der Abb. 105 ist die einfachste und zweckmäßigste Lösung der vorliegenden Aufgabe. Im wesentlichen gleiche Mittel verbinden die Rahmenecke im Portal der Eisenbahnbrücke Duisburg-Hochfeld (Seite 242), die in Abb. 107 und 108 dargestellt ist. Der Pfostenquerschnitt weist 3 Stehbleche auf. Das Stehblech des Querträgers 1476·14 stößt mit parallelen Kanten stumpf gegen die Knotenbleche der Hauptträger. Längs seiner Oberkante ist ein Eckblech angeschlossen, in den Pfostenquerschnitt eingebunden und hier zwischen den beiden äußeren Stehblechen vernietet. Die Fuge zwischen Eck- und Stehblech schließen 2 Konsolbleche (Abb. 108), beide Stücke in voller Höhe überdeckend. Auf sie sind die Gurtwinkel des Querträgers durch Keilfutter aufgeführt. Die schräge Kante ist durch 2 Winkeleisen gesäumt, die am Querträger in die Wagerechte am Pfosten in die Lotrechte umgebogen und mit ihren abstehenden Schenkeln auf die Platten der Stücke genietet sind. Die 25 mm starke Lagerplatte verbindet die Unterkanten des Querträgers und des Pfostens. Sie sichert die lotrechten Winkel des Pfostens gegen Abbiegen durch positive Momente.

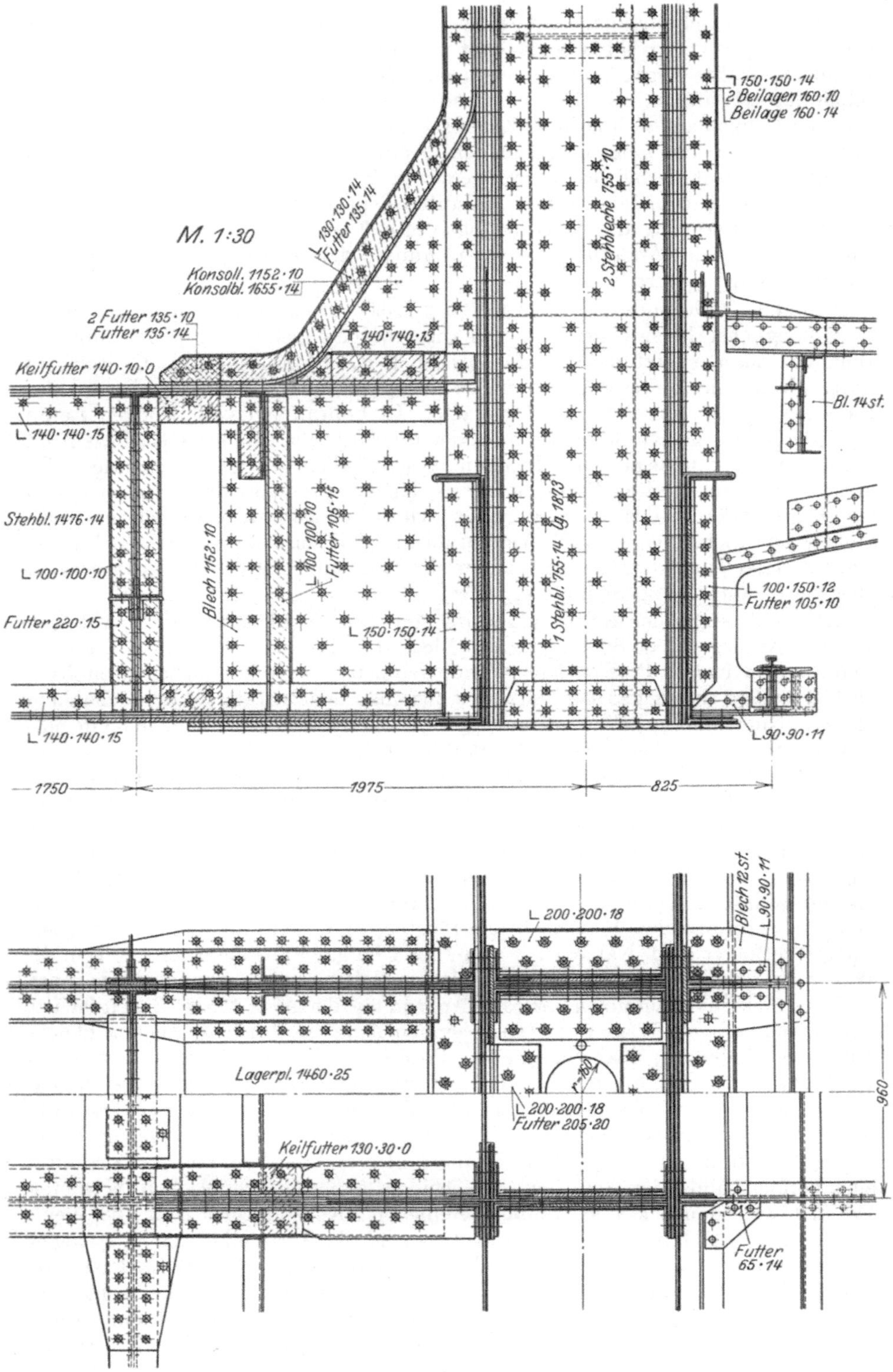
M. 1:30
└ 150·150·14
2 Beilagen 160·10
Beilage 160·14
└ 130·130·14
Futter 135·14
Konsoll. 1152·10
Konsolbl. 1655·14
2 Futter 135·10
Futter 135·14
2 Stehbleche 755·10
Keilfutter 140·10·0
T 140·140·13
└ 140·140·15
Bl. 14st.
Stehbl. 1476·14
L 100·100·10
Futter 220·15
Blech 1152·10
L 100·100·10
Futter 105·15
L 150·150·14
1 Stehbl. 755·14
L 100·150·12
Futter 105·10
└ 140·140·15
L 90·90·11
1750
1975
825
L 200·200·18
Blech 12 st.
L 90·90·11
Lagerpl. 1460·25
L 200·200·18
Futter 205·20
960
Keilfutter 130·30·0
Futter
65·14

Abb. 107.

Einfachheit und Sicherheit ist auch der in Abb. 127 dargestellten Eckverbindung eigen. Sie ist jedoch in der Führung der Randwinkel des Eckbleches weniger zweckmäßig.

Zwei verschiedene Lösungen für den Fall wechselnder Momente zeigen die Abb. 109 bis 111. Es handelt sich hier um den Rahmen zwischen den Endpfosten einer Fachwerkbrücke. Daher wird die Rahmenebene nur von den Knotenblechen des Auflagerknotens und nicht von der Gurtung durchdrungen. In diesen Knotenblechen wird der Kraftfluß durch lotrechte Schlitze in der lotrecht über dem Auflager stehenden Rahmenebene nicht gestört. Die Durchführung der unteren Laschen zur Verbindung der Stehbleche ist daher gut ausführbar. Das gleiche gilt für die Durchführung der Laschen am oberen Rand durch Schlitze in den Gurtplatten des Pfostens. Die Gurtwinkel sind auf die Laschen durch Keilfutter aufgeführt und zwischen oberer und unterer Lasche mit Futterstücken unterlegt. In dem wagerechten Schnitt durch das Eckblech in Höhe der Querträgeroberkante erfordert die Beanspruchung einige Beachtung. Wenn die Länge des Schnittes kurz ist, ist die in Abb. 111 gegebene Anordnung ratsam. Hier erfassen die an die ansteigende Kante des Eckbleches gelegten Laschen auch das Stehblech des Querträgers unmittelbar, auf das sie unter den Gurtwinkeln hindurch auflaufen. Die geringe Spreizung der Gurtwinkel wird durch Keilfutter bewirkt. Beide Anordnungen sind sicher und in Anbetracht der schwierigen Aufgabe verhältnismäßig einfach.

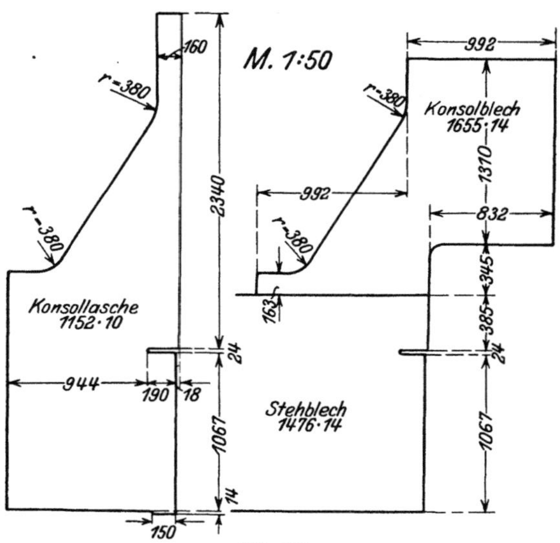

Abb. 108.

Eine hinreichend sichere Berechnung der Verbindung ist nach folgenden Formeln durchzuführen. Im Falle eines Lappens oder von Laschen auf der Zugseite wird die auf der sichern Seite liegende Annahme gemacht, daß die auf Druck beanspruchte Fläche dem gezogenen Querschnitt gleich ist und die Randspannungen gleich sind. Dann ist das Widerstandsmoment des Querschnitts längs der Kante des Pfostens mit den in Abb. 104 gegebenen Bezeichnungen

$$W = h_1^2 \frac{t}{6}\left[1 - \left(\frac{h_2}{h_1}\right)^3\right] \cos\alpha$$

und man erhält, wenn M das im Querschnitt auftretende Moment ist,

$$W_{\text{erf}} = \frac{M}{\sigma_{\text{zul}}}.$$

Die Niete in den Winkelschenkeln des Pfostens müssen gemäß der gemachten Annahme $\frac{1}{2} M$ aufnehmen. Wenn e der Abstand der Nietreihen ist, ist demnach die Nietzahl jeder Reihe aus $\eta = \frac{M}{2 \cdot e \cdot N}$ zu berechnen. Meist ist hierin $N = d \cdot t \cdot \sigma_{l\,\text{zul}}$ zu setzen. Bei kleinem Abstand der Nietreihen kann die Scherbeanspruchung im Längsschnitt zwischen den Reihen Beachtung fordern. Sie beträgt

$$\tau = \frac{3\,M}{2\,e\,(h_1 - h_2)\,t}.$$

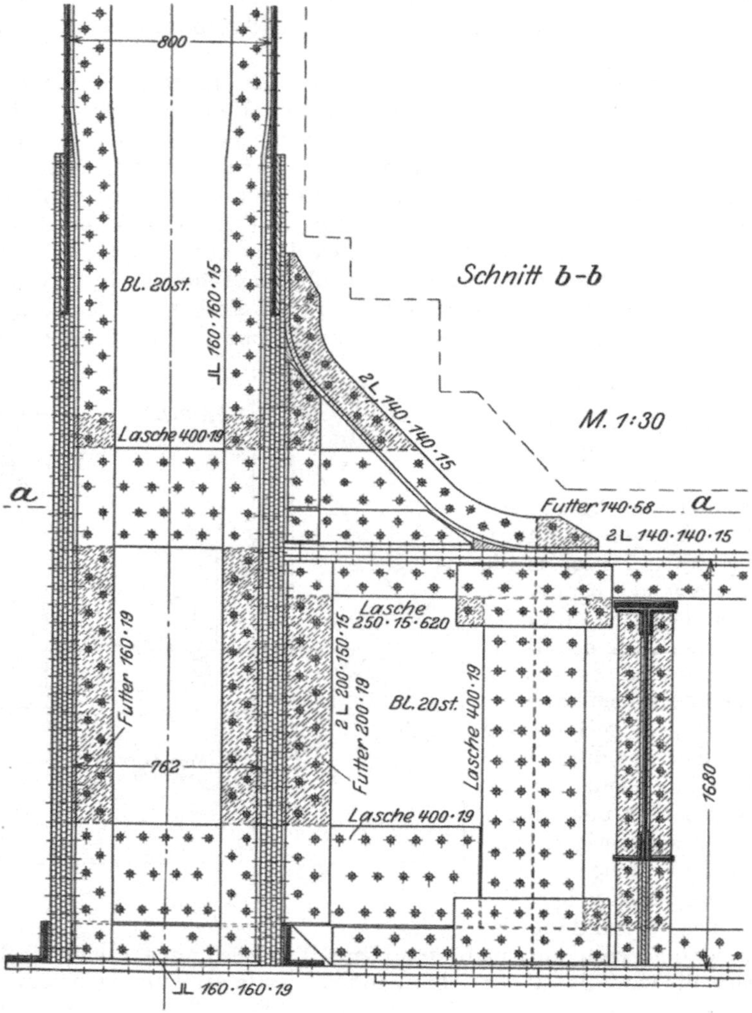

Abb. 109.

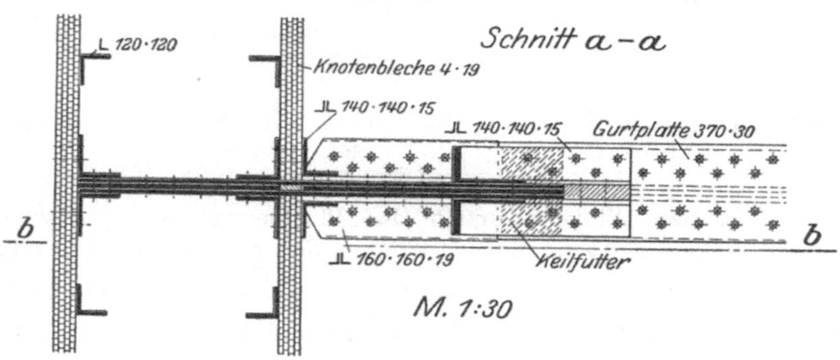

Abb. 110.

Die gleichen Formeln gelten für den in Abb. 109, 111 dargestellten Fall, wenn h_1 den Abstand der äußeren Kanten, h_2 den der inneren Kanten und t die Dicke beider Laschen bezeichnet.

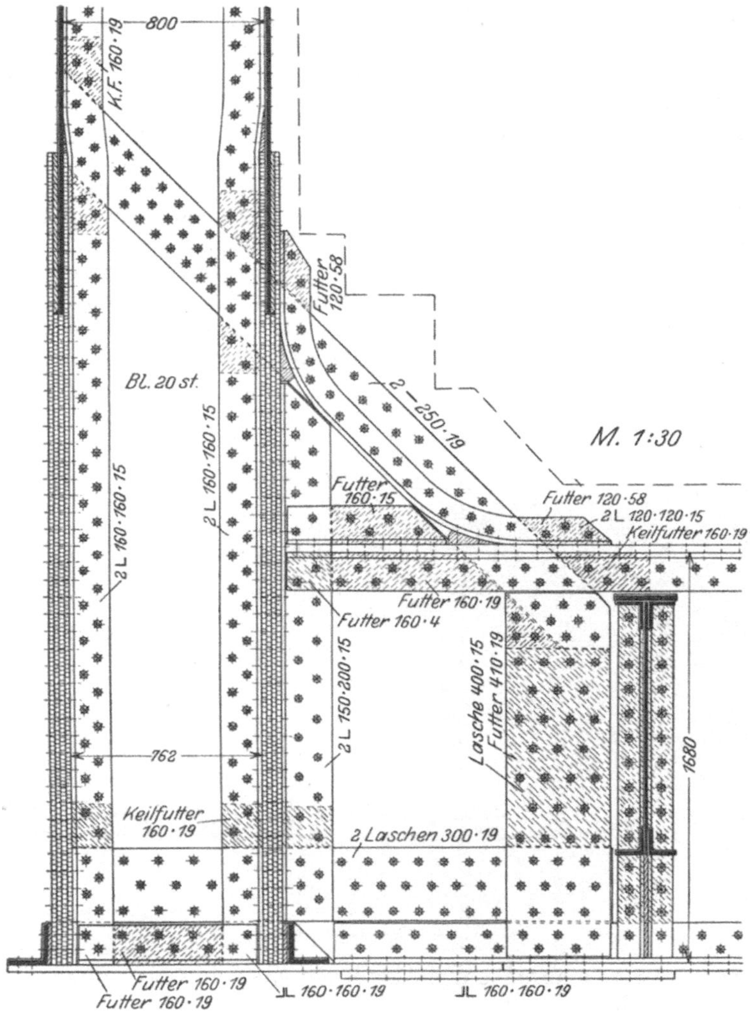

Abb. 111.

Die Ecklösung durch Krümmung des Verbindungsstückes ist auch für Brükkenrahmen geeignet, wenn keine Gurtung des Hauptträgers durchzuführen ist oder die Durchführung nur geringen Raum beansprucht. Ein Beispiel zeigt der in Abb. 140 dargestellte Querrahmen der Havelbrücke bei Pichelsdorf (Seite 169). Gurtwinkel und Platten laufen auf Kreisbögen verschiedener Halbmesser vom Querträger zum Pfosten. Aus Gründen der Herstellung liegt im Übergang zum Querträger ein Vollstoß, während gegen den Pfosten nur der Steg gestoßen ist. Der Halbmesser der inneren Gurtung ist reichlich klein. Im übrigen bietet die Anordnung mit verhältnismäßig einfachen Mitteln gute Sicherheit. Trotzdem das Ausschneiden des Steges und das Krümmen der Gurtungen Kosten verursacht, ist sie wirtschaftlich nicht ungünstig.

Eine Abart zeigt die Abb. 112. Hier ist nur die innere Gurtung durch Krümmung überführt. Die untere Gurtung des Querträgers geht in die der Konsole über, die äußere Gurtung des Pfostens ist an das Eckblech angeschlossen. Die Lösung ist beachtenswert, wenn der Anschluß der Pfostengurtung ausführbar ist. Ob der hier gewählte genügt, erscheint zweifelhaft. Doch wäre eine Verstärkung durch 2 Anschlußwinkel, die mit den Gurtwinkeln des Pfostens das Eckblech in Kreuzform fassen, leicht anzubringen.

Den einfachsten und zweckmäßigsten Anschluß von Riegeln an durchgehende Pfosten in Stockwerkrahmen zeigt Abb. 113. Die Verbindung wird durch Bleche bewirkt, die in den Pfosten und den Riegel eingebunden sind. Im Schnitt längs der Pfostenkante muß natürlich das Widerstandsmoment des Bleches allein das Moment aufnehmen. Durch diese Notwendigkeit ist die Blechhöhe bestimmt. Die Anordnung ist daher nur möglich, wenn die erforderlichen Abschnitte an den Ecken des lichten Profiles zulässig sind.

Zu den in der konstruktiven Durchbildung schwierigsten Knotenpunkten, die im Eisenbau vorkommen, gehören die Knotenpunkte der Rahmenträger, in denen eine durchlaufende biegungsfeste Gurtung mit einem biegungsfesten Pfosten verbunden ist. Eine wirklich einwandfreie Lösung der Aufgabe ist zuerst in dem

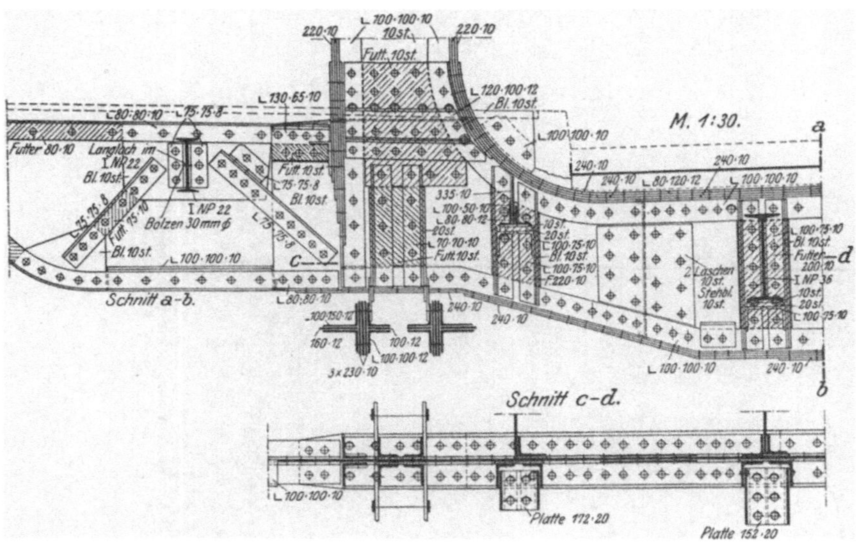

Abb. 112.

Sichelbogen der Straßenbrücke über den Hafenmund in Gelsenkirchen[1] gegeben. Die älteren Ausführungen haben meist die Randwinkel des Pfostens in kurzen Krümmungen in die inneren Randwinkel der Gurtungen überführt und die Stehbleche von Gurtung und Pfosten in einem entsprechend den Randlinien gestalteten Knotenblech vereinigt. Diese Anordnung erfordert große Stärke des Bleches. Es muß allein den Kraftausgleich vermitteln[2]. Eine Anordnung, die der genannten Lösung in den Grundzügen gleich ist, ist in Abb. 114, 115 dargestellt. Sie zeigt mit unwesentlichen Änderungen die Verbindung des Pfostens mit den Gurtungen eines Sichelbogens von rd. 222 m Stützweite aus dem Wettbewerb um die Rheinbrücke Köln—Mülheim[3]. Die obere Gurtung hat den Regelquerschnitt und besteht aus 4 Stehblechen 1600·22, 4 Randwinkeln 200·200·22, 2 Beiblechen 1200·22, 2 Kopfplatten 1480·20 und 2·3 schmalen Platten unter den Winkeln am unteren Rande. Die untere Gurtung hat in jeder Wand 2 Stehbleche 1400·22, 2 Beibleche 300·22 und 2 Randwinkel 200·200·22 auf der äußeren Fläche, einen Randwinkel

[1] Die Brücke über den Hafenmund in Gelsenkirchen. Bautechnik 1926, S. 218. Ausführung: Dortmunder Union in Dortmund.

[2] Grüning: Die Spannungen im Knotenpunkt eines Vierendeelträgers. Eisenbau 1914, S. 162.

[3] Entwurf des Werkes Flender, Benrat. Gezeichnet nach Bauingenieur 1927, S. 371.

innen am unteren Rande und Gurtplatten auf und unter den Randwinkeln. Der Pfosten hat in jeder Wand I-Querschnitt, bestehend aus Stehblech 1200·22, 4 Randwinkeln 200·200·22 und 2 Gurtplatten. Ein Steg verbindet die Wände. Der Querschnitt des Pfostens greift mit beiden Stehblechen und allen zwischen diesen liegen-

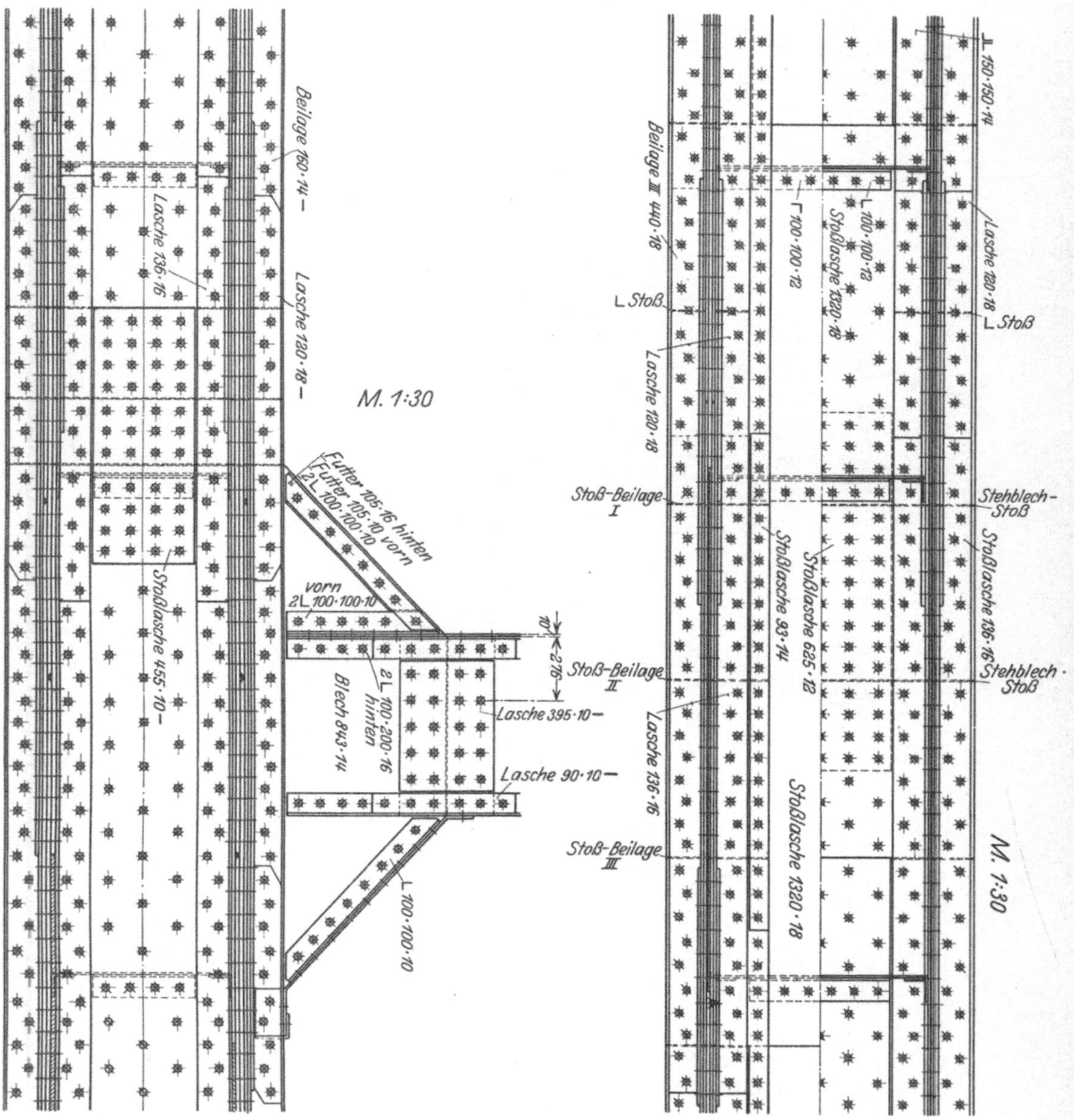

Abb. 113.

den Stücken zwischen beide Gurtungen ein. Sein Steg bildet ein lotrechtes Schott, das von der Kopfplatte der oberen Gurtung bis zu den inneren Randwinkeln der unteren Gurtung reicht. Die Stehbleche haben nur auf einem kurzen Stück in Mitte der Gurtungen unveränderte Breite, weiter laufen die Kanten nach beiden Seiten geradlinig auseinander. Jedes Stehblech besteht demnach aus

3 Stücken, die äußeren 2 von Trapezform, das mittlere von der Form des Parallelogrammes. Dadurch ist erreicht, daß die Stehbleche der Gurtungen in großen Flächen auf denen des Pfostens liegen, die reichlichen Platz für die Nietbilder gewähren. Man kann das von dem Nietbild übertragbare Moment nach der Formel (56) S. 68 berechnen, indem man die Reihen parallel zur Gurtung wählt und auf die rechtwinklig dazu gerichtete Achse ungefähr in Mitte des Nietbildes bezieht. Die inneren Randwinkel des Pfostens und die halbe Fläche der Gurtplatten greifen ebenfalls zwischen die Wände der Gurtungen, Anschlußwinkel verstärken ihre Verbindung. Die äußern Randwinkel sind im Stoß gegen die Gurtplatten der Gurtungen abgeschnitten und durch Winkelstücke, die parallel zu den Platten laufen, sowie durch geknickte Laschen auf den abstehenden Schenkeln mit den Gurtungen verbunden. Beide Verbindungen sind nicht tragfähig. Die äußeren Randwinkel des Pfostens konnten daher wohl entbehrt werden.

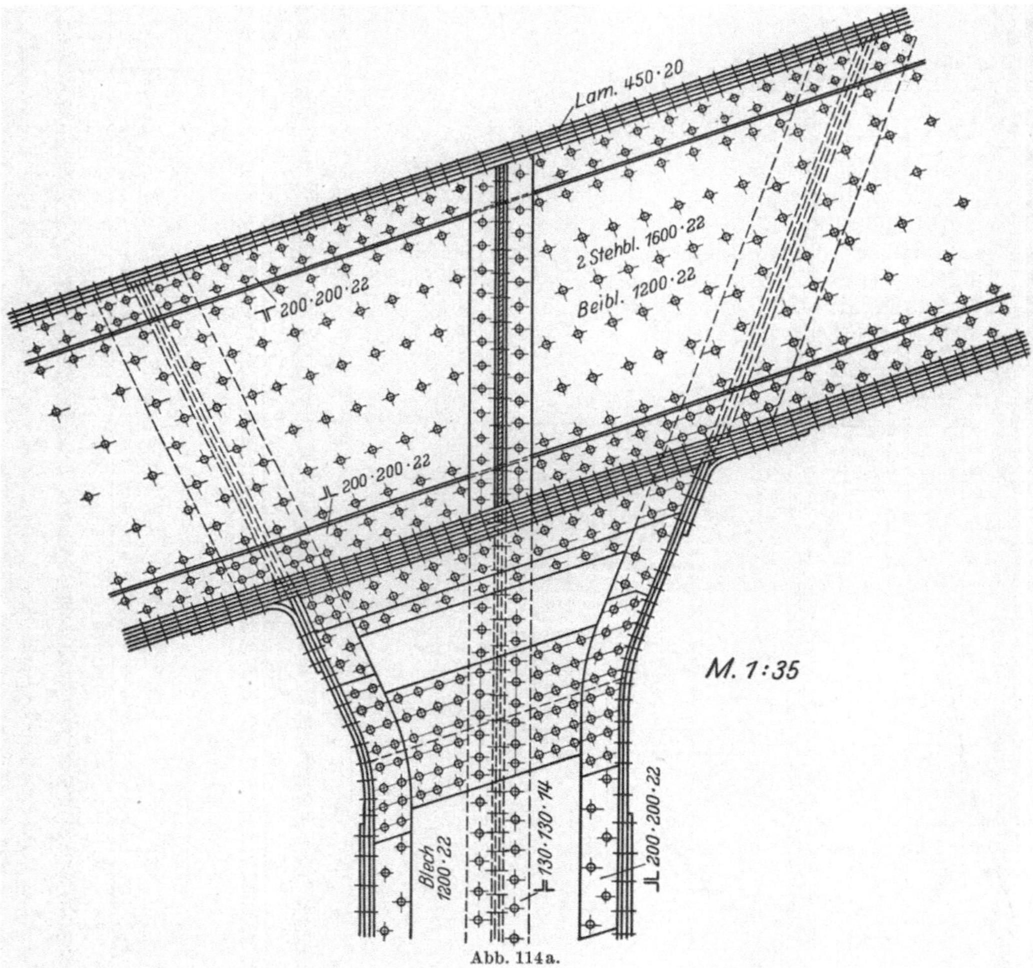

Abb. 114a.

Zur Beurteilung der Sicherheit der Verbindungen im Knotenpunkt ist die Kenntnis des Kraftflusses und der größten auftretenden Spannungswerte nötig. Das Schema des allgemeinen Belastungsfalles ist in Abb. 116 dargestellt. Die Punkte *1*, *2*, *3* sind die aus der statischen Berechnung zu entnehmenden

Momenten-Nullpunkte. Die Belastung läßt sich in die 3 Fälle Abb. 116a, b, c zerlegen. In Fall a erfahren die Gurtungsstäbe nur Druck- oder Zugkräfte in ihrer Achse, der Pfosten wird auf Schub und Biegung beansprucht, deren Moment im Knotenpunkt O ist. In Fall b wird das Stück *1—2* durch drei Kräfte in *1, 0, 2* auf Biegung beansprucht, der Pfosten wird nicht beansprucht. Es ist

$$V_1 = (Q_1 - Q_2)\frac{l_2}{l_1 + l_2}, \qquad V_2 = (Q_1 - Q_2)\frac{l_1}{l_1 + l_2}, \qquad V_0 = V_1 + V_2.$$

In Fall c wirkt das Kräftepaar

$$P = \frac{Q_1 l_1 + Q_2 l_2}{l_1 + l_2},$$

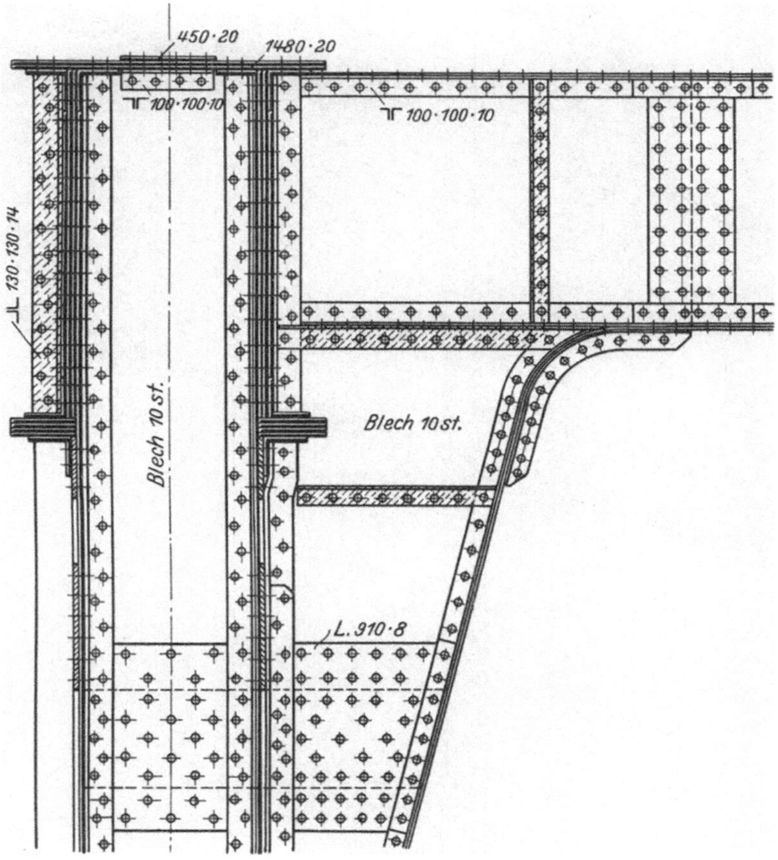

Abb. 114b.

in *1* und *2* und das Moment im Pfosten $M = P\,(l_1 + l_2)$. Die Spannungen der Fälle a und b sind leicht zu berechnen, sie sind für den Knotenpunkt nur von untergeordneter Bedeutung. Für den Fall c hat Verfasser a. a. O. (S. 132) eine Lösung gegeben, welche die Gleichgewichtsbedingungen befriedigt, die Kompatibilitätsbedingungen jedoch nicht erfüllt. Die Lösung, die dort aus der exakten Lösung eines Sonderfalles als Näherung abgeleitet ist, ist also statisch einwandfrei und besitzt für die Beurteilung des Sicherheitsgrades die gleiche Zuverlässigkeit wie die gebräuchliche Biegungstheorie, die ja im allgemeinen die Kompatibilitätsbedingungen auch nicht befriedigt. Der Pfosten wird am Rande der Gurtung in b'—c' abgeschnitten und die Komponenten der im Schnitt wirkenden Spannungen rechtwinklig zur Schnittlinie werden als äußere Kräfte am Knotenpunkt angebracht. Die etwaigen Komponenten in der Schnittrich-

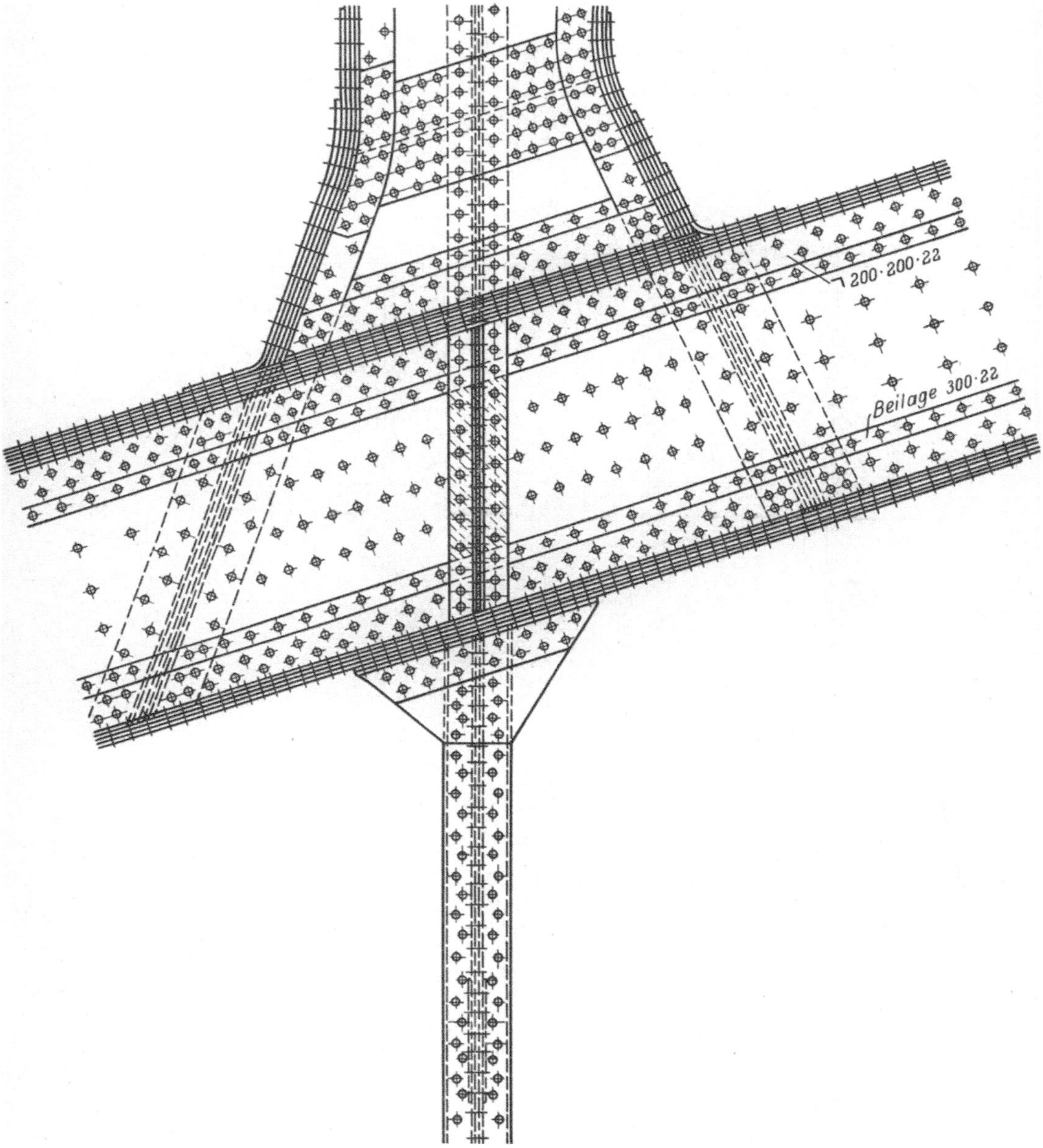

Abb. 115a.

tung heben sich gegenseitig auf. Der Knotenpunkt wird auf das Koordinatensystem X, Y bezogen, dessen X-Achse in die Achse der Gurtungen fällt, dessen Y-Achse durch den Schwerpunkt des Pfostenquerschnittes $b'c'$ (Abb. **117**) geht. Folgende Bezeichnungen werden benutzt: df Flächenelement des Querschnittes $b'-c'$, dF Flächenelement des Querschnitts durch die Gurtung

$$J_v = \int_{-a}^{+a} x^2 \cdot df\,, \quad S_v = \int_{0}^{+a} x \cdot df\,, \quad J_x = \int_{-b_1}^{+b} y^2\, dF\,, \quad S_x = \int_{0}^{+b} y \cdot dF\,,$$

$$J_1 = 2 \int_{0}^{x^0} x^2 \cdot df\,.$$

Der Zeiger x ordnet die Größen dem Querschnitt x zu.

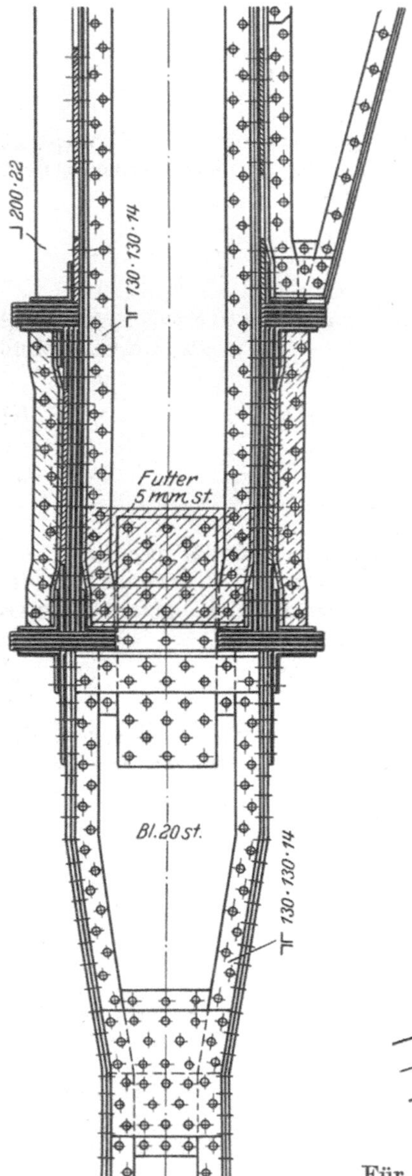

Abb. 115 b.

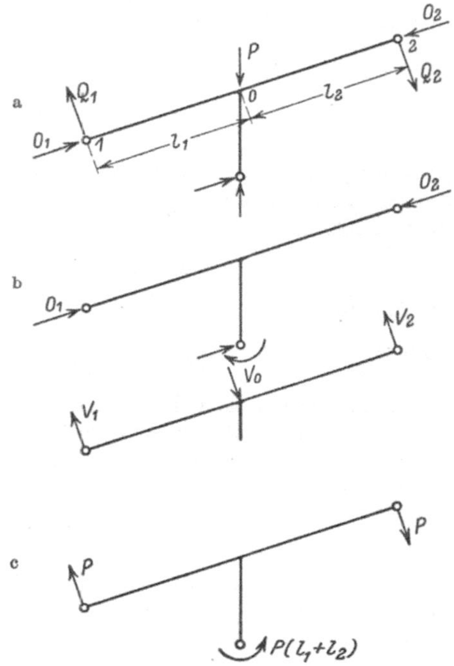

Abb. 116 a bis c.

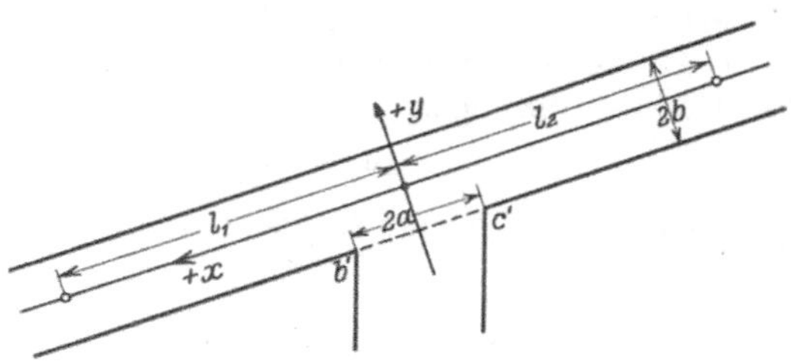

Abb. 117.

Für die oben genannten Kräfte gilt

$$p_x = P\,(l_1 + l_2)\,\frac{x}{J_v}\,.$$

Im Querschnitt x' ist das Moment der äußeren Kräfte

$$M_{x'} = P\,(l_1 - x') - \frac{P\,(l_1 + l_2)}{J_v} \int_{x'}^{a} (x - x')\, x \cdot df$$

und die Querkraft

$$Q_{x'} = -P\left[\frac{l_1+l_2}{J_v}\int\limits_{x'}^{a} x\,df - 1\right].$$

Mithin sind die Spannungen im Querschnitt x'

$$\sigma_x = M_{x'}\cdot\frac{y}{J_{x'}}\,,\qquad \tau = \frac{Q_{x'}}{J_{x'}\cdot t}\int\limits_{y'}^{b} y\cdot dF\,,$$

wenn t die Dicke des Querschnittes im Punkt y' bezeichnet. Das Moment $M_{x'}$ erreicht den Größtwert im Querschnitt x_0, in dem $Q_{x'} = 0$ ist; also ist x_0 durch die Bedingung

$$\int\limits_{x_0}^{a} x\cdot df = \frac{J_v}{l_1+l_2}$$

bestimmt. Sie wird durch 2 Werte x_0 erfüllt, einen positiven $+x_0$ und einen negativen, der bei Symmetrie des Querschnittes $b'-c'-x_0$ ist. Im Querschnitt $+x_0$ entsteht

$$\max M = \frac{1}{2}P\left[(l_1-l_2)+(l_1+l_2)\frac{J_1}{J_v}\right], \tag{60}$$

im Querschnitt $-x_0$

$$\min M = \frac{1}{2}P\left[(l_1-l_2)-(l_1+l_2)\frac{J_1}{J_v}\right].$$

Wenn l_1 nicht wesentlich von l_0 verschieden ist, ist $\max M$ positiv, $\min M$ negativ. Mithin gibt es zwischen $+x_0$ und $-x_0$ einen Querschnitt, in dem $M=0$ ist. Im Querschnitt $x=0$ wird die Querkraft zu einem Größtwert. Hier entsteht

$$\tau_{\max} = -P\left[(l_1+l_2)\frac{S_v}{J_v}-1\right]\frac{S_0}{J_0\cdot t}. \tag{61}$$

Die Anschlußniete der Gurtung müssen ihre Schubkraft auf das Stehblech übertragen. Ist S_g das statische Moment des Querschnittes der Gurtung, so ist aus

$$P\left[(l_1+l_2)\frac{S_v}{J_v}-1\right]\frac{S_g}{J}\cdot e \leqq N$$

die erforderliche Nietteilung e zu berechnen.

Wenn keine Normalspannungen auftreten, entstehen im Punkte $x=0$, $y=0$ die Hauptspannungen

$$\max\sigma = +(\tau_{\max})\,,\qquad \min\sigma = -(\tau_{\max})$$

in den unter 45^0 gegen X- und Y-Achse geneigten Richtungen. Erforderlich ist

$$\max\tau \leqq \sigma_{\text{zul}}\,.$$

Aus der Teilbelastung a treten Normalspannungen σ_x hinzu. Mithin sind die Hauptspannungen aus σ_x, $\sigma_y = 0$ und τ zu berechnen.

Zur Durchführung der Rechnung ist x_0 zu bestimmen. Wo der Querschnitt des Pfostens aus einem Stehblech von der Dicke t besteht, erhält man

$$x_0 = \sqrt{\frac{2}{t}\left[S_v - \frac{J_v}{l_1+l_2}\right]}\,.$$

Weiter findet man aus $\max M$ oder $\min M$, je nachdem $l_1 \gtrless l_2$, die größten Werte der Randspannung und in $\tau_{\max}$ die größte Spannung im Blech. Ist der für $\tau_{\max}$ gefundene Werte zu groß, so läßt sich durch beiderseits aufgenietete Bleche leicht eine Verstärkung erreichen. In der Richtung der negativen Hauptspannungen muß unter Umständen eine Aussteifung zur Sicherung gegen Ausbeulen auf das Blech genietet werden. Der Kraftfluß zeigt folgendes Bild. Die Normalspannungen nehmen in beiden Gurtungen der Gurtstäbe bei Fortschritt aus den Momenten-Nullpunkten gegen den Knotenpunkt bis zu den Querschnitten x_0 zu, zwischen diesen wandern sie von der oberen — unteren — Gurtung des linken zur unteren—oberen—Gurtung des rechten Stabes durch das Knotenblech etwa in Richtung der Diagonalen. Erforderlich ist ein so kräftiger Anschluß der Winkel und Gurtplatten des Pfostens, daß die in ihnen auftretenden Kräfte in das Knotenblech übertragen werden. In der in Abb. 114 dargestellten Anordnung ist diese Bedingung nur für die innen liegenden Winkel und die halbe Gurtung erfüllt.

Zweiter Teil.

Die festen Brücken.

A. Die Brückenbahn

schließt die Lücke eines unterbrochenen Verkehrsweges. In ihrer Oberfläche sind daher die technischen Mittel zu verwenden, die das glatte Abrollen des Verkehres auf dem unterbrochenen Wege bewirken: in einer Eisenbahnlinie das Gleis, in einem Straßenzug die Straßendecke. Das von den Schwellen getragene Gleis erfüllt den genannten Zweck in vollkommener Weise. Nicht selten ist jedoch mit der Aufgabe der Überführung des Verkehrs über die Brücke die Notwendigkeit verbunden, den Raum unter der Brücke gegen unerwünschte Einwirkungen dieses Verkehrs zu schützen. Sie liegt immer vor, wenn die Brücke eine Straße von einiger Bedeutung überschreitet. Aus dieser Verschiedenheit der Anforderungen entspringen die beiden gebräuchlichen Bauarten der Brückenbahn: das Gleis auf Quer- oder Langschwellen und das Gleis in der Bettung. Die zweite Bauart ist erheblich schwerer und teurer als die erste. Wo die Rücksicht auf den Verkehr unter der Brücke nicht zwingend ist, wird daher aus wirtschaftlichen Gründen das Gleis auf Schwellen (Schwellenbau) gewählt, obwohl es jener auch in anderer Hinsicht nachsteht. Die Stöße der rollenden Fahrzeuge werden durch den Bettungskörper stark gedämpft und erzeugen im Stahlbau der Brücke geringere Schwingungen als bei unmittelbarer Schwellenlagerung. Die Stoßzahl muß daher für Brücken mit Schwellenbau höher angesetzt werden. Dem geringeren Eigengewicht steht eine größere rechnungsmäßige Verkehrslast gegenüber.

In einer Straße muß neben der Decke auch die Unterlage über die Brücke geführt werden, welche die Erhaltung der Decke in gleichmäßiger Lage sichert und die Raddrücke auf eine Fläche von ausreichender Größe verteilt. Beide Teile bilden die Fahrbahndecke. Diese Bezeichnung umfaßt neben dem Fahrdamm auch den Fußweg.

Die Bettung des Gleises sowie die Fahrbahndecke einer Straßenbrücke bedürfen einer flächenhaften Lagerung und eines Abschlusses auf beiden Seiten. Diesem Zweck dient die Fahrbahntafel. Das von den Schwellen getragene Gleis und ebenso die Fahrbahntafel ruhen auf einem Gerippe von Längs- und Querträgern, dem Fahrbahnrost. Erstere laufen parallel zur Brückenachse und stützen sich auf die Querträger. Zuweilen sind zwischen den Längsträgern kurze Träger quer zur Brückenachse notwendig, die Querträger 2. Ordnung genannt werden. Die Querträger liegen im allgemeinen rechtwinklig zu den Hauptträgern und werden von ihnen getragen. Wenn die Brückenachse die überschrittene Öffnung unter spitzem Winkel schneidet, kommen in den Endfeldern auch schräggestellte Querträger vor.

Die konstruktive Gestaltung der Brückenbahn, namentlich die des Fahrbahnrostes. wird durch ihre Höhenlage zu den Hauptträgern wesentlich beeinflußt. Es sind hier zwei Lagen zu unterscheiden: Fahrbahn über und zwischen den Hauptträgern. Zur letzten Art ist die große Zahl von Brücken zu rechnen, deren Fahrbahn etwa in Höhe der Untergurtung der Hauptträger liegt und meist in der Unterkante mit der Untergurtung abschneidet.

1. Schwellenbau der Eisenbahnbrücken.

Die Eisenbahnbrücken, deren Gleise auf Schwellen ohne Bettung überführt werden, nehmen in der konstruktiven Ausbildung der Fahrbahn eine Sonderstellung ein, die zur gesonderten Darstellung zwingt. Einmal stellt die Auflagerung des Gleises auf dem Fahrbahnrost durch die Schwellen eine mit verhältnismäßig einfachen Mitteln lösbare Aufgabe. Des andern entspringt aus der Tatsache, daß die maßgebenden Lasten durch die Lage der Schienen an ihren Ort im Querprofil gebunden sind, eine eindeutige und klare Beanspruchung aller Träger des Fahrbahnrostes, die der Konstruktion zustatten kommt. An sich können sowohl Langschwellen wie Querschwellen, sowohl eiserne wie hölzerne gewählt werden. Die in früheren Zeiten nicht selten verwendeten Langschwellen haben jedoch den Querschwellen weichen müssen. Für letztere spricht die bessere Sicherung der Spurweite und die stärkere Dämpfung der Stöße der Fahrzeuge. Entscheidend ist aber wohl der Umstand gewesen, daß die Querschwellen sich gerade durch ihre Lage in den konstruktiven und statischen Aufbau der Brücke als natürliches Glied einfügen. Unter diesem Gesichtswinkel muß die Querschwelle als das gegebene technische Mittel angesehen werden. Meist wird der Querschwelle aus Holz der Vorzug gegeben; doch wird auch der Flußstahl verwendet und ist unter bestimmten Voraussetzungen dem Holz überlegen. Er besitzt vor allem den Vorzug der Feuersicherheit, der auf langen Brücken von erheblichem Gewicht ist. Eine Erfahrung der letzten Jahre auf der Rheinbrücke bei Remagen hat die Gefahren der hölzernen Querschwellen aufgedeckt. Das Feuer hat nicht nur den Fahrbahnrost, sondern auch Stäbe der Hauptträger so stark beschädigt, daß Auswechselung notwendig wurde.

Von den Holzarten verdient die Eiche durch ihre Festigkeit und Lebensdauer vor der Buche und Kiefer den Vorzug. Die Abmessungen des Schwellenquerschnitts sind durch die auftretenden Beanspruchungen auf Grund einer zulässigen Spannung von 120 kg/cm² für Eiche und Buche und 100 kg/cm² für Kiefer bestimmt. Maßgebend ist die Beanspruchung auf Biegung durch die Hauptkräfte ohne Stoßzahl. Die Verteilung des Raddruckes auf mehrere Schwellen durch die Schiene wird nicht berücksichtigt. Gebräuchliche Schwellenquerschnitte sind in Höhe/Breite angegeben 26/24, 24/24 und 24/22. Der erstere genügt bis 1,90 m Abstand der Schwellenträger unter 12,5 t Raddruck bei 100 kg/cm² zulässiger Spannung. Der über der Schwelle stehende Raddruck belastet sie jedoch höchstens mit 60%. Im normalen Betrieb wird die Schwelle daher nicht höher als mit 60 kg/cm² beansprucht.

Die Querschwellen werden auf den Längsträgern des Fahrbahnrostes aufgelagert und in deren Flansch 1 bis 2 cm tief eingekämmt. Der Abstand der Längsträger wird größer gewählt als die Spurweite, damit die Schienen nicht über den Längsträgern liegen. Üblicher Abstand war früher 1,80 m, heute ist bei der Deutschen Reichsbahn 1,75 m als Regelmaß eingeführt. Die Schwellen werden auf Biegung beansprucht und arbeiten federnd. Man erreicht so eine gewisse Dämpfung der Stoßwirkung auf den Stahlbau.

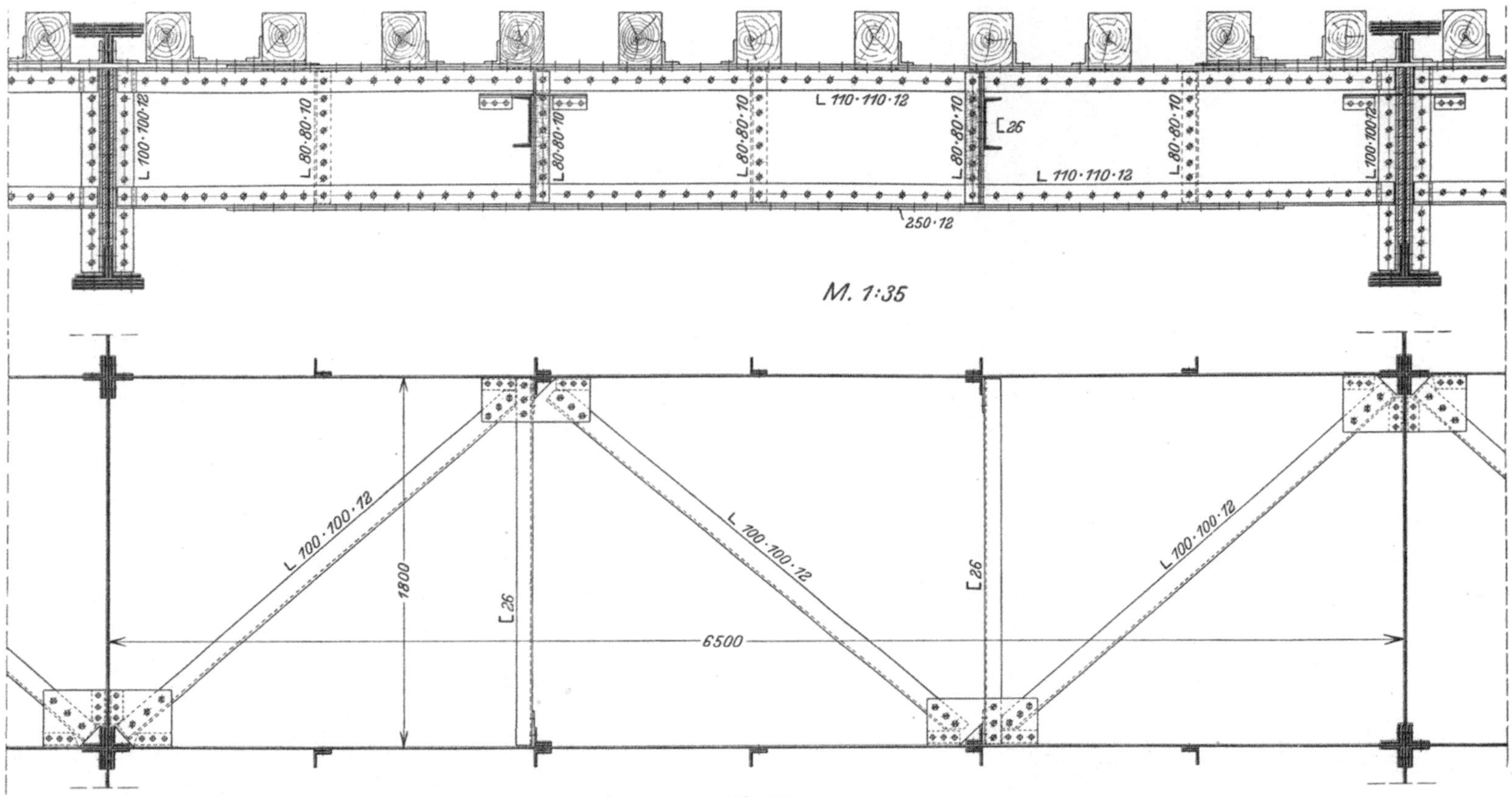

L 100·100·12
L 80·80·10
L 80·80·10
L 80·80·10
L 110·110·12
L 80·80·10
[26
L 110·110·12
L 80·80·10
L 100·100·12
250·12
M. 1:35
L 100·100·12
1800
[26
L 100·100·12
[26
L 100·100·12
6500

Abb. 118.

Zur Befestigung der Schwellen auf den Längsträgern werden am zweckmäßigsten ungleichschenklige Winkeleisen, etwa 120·80·10 verwendet (Abb. 118, 119). Der kleinere Schenkel wird auf den wagerechten Flansch der Träger durch 2 Niete genietet und die Schwelle mit dem lotrechten Schenkel durch einen Bolzen verschraubt. Um die beim Anfahren und Bremsen entgegengesetzt gerichteten Reibungskräfte durch die Schwellenbefestigung in gleicher Weise aufzunehmen, werden die Winkel an 2 benachbarten Schwellen auf verschiedenen Seiten angebracht. Daneben werden auch Bolzen verwendet, die durch Haken oder Klemmplatte unter den Flansch greifen. Sie sparen Nietarbeit, doch ist an Sicherheit gegen Kanten und Verschieben der Schwellen das erste Befestigungsmittel allen andern überlegen.

Der Abstand der Schwellen von Mitte zu Mitte soll 60 cm nicht übersteigen. Diese Grenze ist festgesetzt, damit die Räder bei einer Entgleisung nur wenig zwischen den Schwellen einsinken. Bis zu dem genannten Grenzmaß ist der Schwellenabstand t von dem Abstand der Querträger a abhängig. Es wird $n \cdot t = a$, $t \leqq 60$ cm gemacht, und die beiden äußersten Schwellen jedes Feldes werden im Abstand $\frac{1}{2}t$ von den Querträgern gestellt. Die Schwellenlänge beträgt 2,2 bis 2,5 m, sofern Schutzvorrichtungen gegen Entgleisen vorhanden

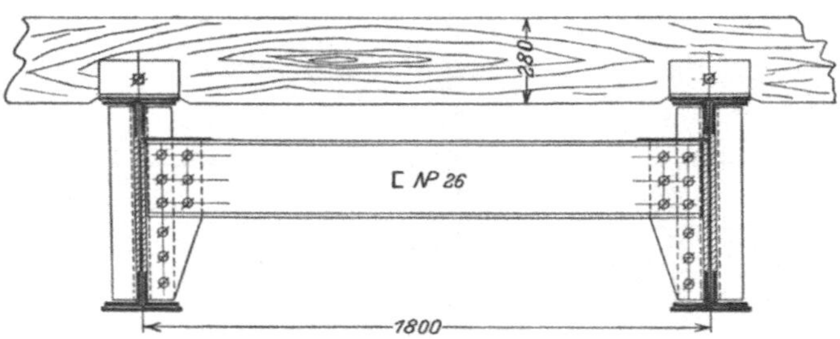

Abb. 119.

sind. Wo diese fehlen, wird aus Rücksicht auf Entgleisungen die ganze Bahnbreite zwischen den Ecksteifen, die Quer- und Hauptträger verbinden, durch Schwellen abgedeckt. Zur Durchführung des Betriebes und zur Ausführung der Unterhaltungsarbeiten muß die Brücke begehbar sein. Zu diesem Zweck wird sie mit Bohlen von etwa 5 cm Stärke abgedeckt. Um die Abdeckung leicht aufnehmen zu können, werden die Bohlen durch Querleisten zu Tafeln von etwa 2,5 m Länge verbunden und an den Enden durch Kopfschrauben auf den Schwellen befestigt. Für die Lagerung der Bohlen genügt ein Schwellenabstand von 1,20 m. Auf beiden Seiten der Schienenträger kann daher jede 2. Schwelle gekürzt werden, soweit das die Rücksicht auf Entgleisungen zuläßt. In diesem Falle versetzt man Schwellen gleicher Länge quer zur Brückenachse gegeneinander, so daß sie abwechselnd links und rechts bis zur Außenkante der Abdeckung reichen. Eine andere Bauart verwendet beiderseits des Gleises kurze Schwellenstücke schwächeren Querschnittes, die einerseits auf die Köpfe der Gleisschwellen aufgesetzt und verbolzt, anderseits auf Längsträgern aus ⊐-Eisen gelagert werden.

Eiserne Querschwellen haben infolge ihrer Höhe von nur 8 bis 12 cm den Vorteil geringerer Bauhöhe. Ihr Abstand soll gleichfalls 60 cm nicht überschreiten, wird aber häufig auch erheblich enger gewählt. Besonders geeignet sind Belageisen und liegende ⊐-Eisen. Sie werden auf die Längsträger genietet und tragen außer dem Gleis die Brückendecke, die aus Bohlen oder besser aus Riffelblech besteht. Neben geringerem Gewicht und kleinerer Bauhöhe besitzen die eisernen Schwellen, wie schon erwähnt, den Vorzug der Feuersicherheit. Ein Nachteil gegen die hölzernen Schwellen ist die geringere Stoßdämpfung und damit zusammenhängend ein sehr geräuschvoller Betrieb.

Die Überhöhung der äußeren Schiene in der Krümmung kann bei großem Krümmungsradius durch keilförmig geschnittene Schwellen erreicht werden. Wo größere Überhöhung notwendig ist, sind Schienenträger verschiedener Höhe nach der in Abb. 122 dargestellten Anordnung vorzuziehen. Eine nicht unzweck-

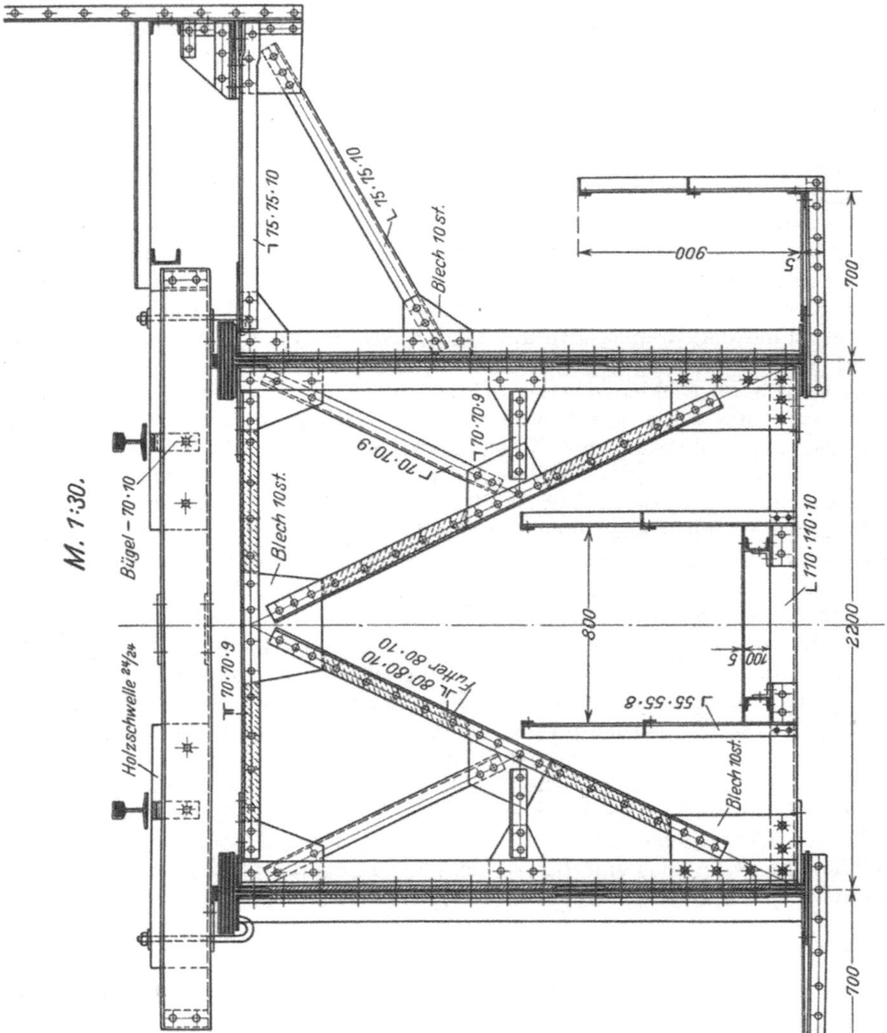

Abb. 120.

mäßige Lösung ist Neigung des Fahrbahnrostes bei gleicher Höhe der Schienenträger. Die Beanspruchung der Schienenträger rechtwinklig zum Steg durch die Fliehkräfte wird dadurch erheblich gemildert oder ganz beseitigt.

Zum Schutz gegen Entgleisungen werden auf Brücken in der Krümmung und auf langen Brücken mit oben liegender Fahrbahn besondere Vorrichtungen angebracht. Als zweckmäßigstes Mittel gelten Leitschienen, die den Rädern entgleister Fahrzeuge eine Führung geben und dadurch den Absturz verhindern. Der lichte Abstand zwischen Leit- und Fahrschiene muß der Radbreite reichlich

Platz gewähren. Meist werden 2 Leitschienen zwischen den Fahrschienen angeordnet. Auf den Strecken der früheren preußischen Staatsbahnen ist vielfach je eine Leitschiene beiderseits jeder Fahrschiene verlegt worden. Zu den Leitschienen wurden hölzerne, an der gefährdeten Kante durch Winkel oder ⊐-Eisen bewehrte Balken verwendet. Bei der in Abb. 127 dargestellten Anordnung mit doppelten Leitschienen ist die innere aus einem ⊥-Eisen gebildet.

Wenn die Bauhöhe ausreicht und die Hauptträger Stehblechträger sind, ist die mittelbare Lagerung hölzerner Querschwellen auf den Hauptträgern die wirtschaftlichste Bauart. Sie spart den Fahrbahnrost gänzlich und erfordert nur verhältnismäßig leichte Querverbände zwischen den Hauptträgern. Wo aus Rücksicht auf Stützweite und Trägerhöhe (siehe II F. 1) ein größerer Abstand der Hauptträger als etwa 2,0 m gewählt wird, ist die in Abb. 120 dargestellte Bauart aus eisernen Querschwellen recht zweckmäßig. Jede Schwelle besteht aus 2 ⅂⅃-Eisen, zwischen denen unter jeder Schiene eine kurze Holzschwelle liegt. Die Schwellen erhalten durch eine schmale, in Mitte der Träger mit versenkten Nieten befestigte Platte eine genau zentrische Lagerung. Sie sind vermittels Hakenschrauben befestigt, die unter die Gurtwinkel des Hauptträgers greifen. Kurze Blechknaggen verhindern eine Querverschiebung. Jede 4. Schwelle wird zur Aufnahme der Bremskräfte auf beiden Seiten durch Winkeleisen gehalten.

Der Fahrbahnrost einer Eisenbahnbrücke mit Schwellenlagerung besteht aus den Längsträgern (Schienen- oder Schwellenträgern) und den Querträgern. Bei Anordnung eines Fußweges außerhalb der Hauptträger sind außerdem leichte Längsträger zur Stützung des Bohlenbelages notwendig. Beide Trägerarten des Rostes werden aus gewalzten I-Trägern, normalen und breitflanschigen Profilen, oder aus Stehblechträgern hergestellt. Die gewalzten Träger erfordern keine Werkstattarbeit zur Herstellung der Stücke. Das Fehlen der Hals- und Kopfniete sowie der Längsfugen beeinflußt auch die Kosten der Unterhaltung vorteilhaft. Die Ausbildung der Trägeranschlüsse gestaltet sich jedoch beim Stehblechträger etwas einfacher und günstiger. Der gewalzte Träger ist dem Stehblechträger bei gleichem Gewicht wirtschaftlich unbedingt überlegen. Erst bei einem um etwa 25% höheren Gewicht sind beide gleichwertig. Daher ist der gewalzte Träger das gegebene Konstruktionsmittel für die Längs- und Querträger. Da die Normalprofile bei gleichem Widerstandsmoment leichter sind als Breitflanschträger, kommen letztere nur da in Betracht, wo die Bauhöhe eine Einschränkung der Trägerhöhe notwendig macht. Stehblechträger sind zu wählen, wenn das Widerstandsmoment der Walzträger nicht ausreicht.

Für den Längsträger genügt unter Lastenzug N der Deutschen Reichsbahnen I NP 55 mit $W = 3607\,\mathrm{cm}^3$ bis zu dem Querträgerabstand $a = 5{,}18$ m. Drei Achsen in symmetrischer Stellung erzeugen

$$M_{\max} = 12{,}5\,(1{,}5 \cdot 2{,}59 - 1{,}6) = 28{,}56\,\mathrm{tm}$$

$$M_g = \frac{1}{8}\,0{,}49 \cdot 5{,}18^2 = 1{,}65\,\mathrm{tm}$$

daher mit der Stoßzahl $\varphi = 1{,}71$

$$\sigma = \frac{28{,}56 \cdot 1{,}71 + 1{,}65}{3607} = 1{,}40\,\mathrm{t/cm^2}\,.$$

Abzug für Nietlöcher ist nicht erforderlich, da im oberen Flansch Druck auftritt und im unteren Flansch Niete im Querschnitt des größten Moments vermeidbar sind.

Die Durchbiegung beträgt, wenn b den Abstand der Lasten bezeichnet,

$$f_{\max} = \frac{P}{48 \cdot EJ}\,[a^3 + 2\,(a - 2\,b)\,(a^2 + 2\,a\,b - 2\,b^2)]\,,$$

$$f_{\max} = 0{,}362\,\mathrm{cm} \quad \text{oder} \quad \frac{f}{a} = \frac{1}{1433}\,.$$

Ungefähr die gleiche Tragfähigkeit besitzt I P 45 mit $W = 3743$ cm³. Die Durchbiegung beträgt hier $\frac{f}{a} = 1:1218$. Das Gewicht ist um 14,6 kg/m höher. Werden die Schienenträger über den Querträgern durchlaufend gebaut, so reichen die genannten Profile bis $a = 7{,}8$ m aus. Da diese Feldweite nur bei großen Spannweiten überschritten wird, können die Schienenträger im allgemeinen aus gewalzten Trägern hergestellt werden. Für die Querträger reichen dagegen die oben genannten Walzprofile selbst bei eingleisigen Brücken für den Lastenzug G nur bis $a = 1{,}5$ m aus. Daher müssen meist Stehblechträger verwendet werden.

Die gebräuchliche Höhe der Längsträger beträgt $^1/_8$ bis $^1/_{10}$ der Feldweite a, die Höhe der Querträger $^1/_6$ bis $^1/_{10}$ der Stützweite, d. i. des Abstandes der Hauptträger. Für Brücken ohne oberen Windverband muß aus Gründen der Rahmensteifigkeit (S. 399ff.) die größte mögliche Höhe für die Querträger gewählt werden. Die wirtschaftlich günstigste Höhe erhält man nach S. 49 aus

$$h = \sqrt[3]{\frac{3 \cdot M_{\max}}{2\alpha \cdot \sigma_{zul}}}$$

worin für Längsträger $\alpha = \frac{1}{50}$ bis $\frac{1}{80}$ für Querträger $\alpha = \frac{1}{80}$ bis $\frac{1}{100}$ zu setzen ist.

Die Trägerhöhe ist nach unten durch die Forderung einer größten zulässigen Durchbiegung begrenzt. Die Durchbiegung in Trägermitte kann durch das größte Moment der Verkehrslast ausgedrückt werden

$$f = \frac{M_p \cdot l^2 \cdot \mu}{E J}. \tag{62}$$

Der Faktor μ hängt von der Zahl und Stellung der Lasten ab. Er beträgt für die Fälle

a) 1 Last in Mitte . . . . $\mu = \frac{1}{12}$,

b) 2 Lasten im Abstand $2b$. . . . $\mu = \frac{1}{12}\left[1 + 2\frac{b}{l} - 2\left(\frac{b}{l}\right)^2\right]$,

c) 3 Lasten in gleichem Abstand $\mu = \frac{19}{4 \cdot 48}$,

d) gleichmäßig verteilte Last . . . $\mu = \frac{5}{48}$.

Bei mehr als 3 Lasten gleichen Abstandes kann daher mit gleichmäßig verteilter Last nach Fall d) gerechnet werden. Für den Querträger einer zweigleisigen Brücke von der Stützweite l, dem Gleisabstand $2a$ und dem Abstand der Schienenträger b ist

$$\mu = \frac{1}{8}\left[1 - \left(\frac{b}{l}\right)^2 - \frac{1}{3}\left(1 - \frac{2a}{l}\right)^2\right].$$

Bei abgestuftem Trägheitsmoment J in Mitte auf $(l - 2d_1)$, J_1 auf den Strecken $(d_1 - d_2)$ und J_2 auf den Strecken d_2 ist zu μ

$$\mu' = \frac{l}{3(l-2a)}\left[\left(\frac{d_1}{l}\right)^3\left(\frac{J}{J_1} - 1\right) + \left(\frac{d_2}{l}\right)^3\left(\frac{J}{J_2} - \frac{J}{J_1}\right)\right]$$

zu addieren, was hinreichend genau ist, wenn

$$d_1 \leqq \frac{l}{2} - a \quad \text{und} \quad d_2 \leqq \frac{l}{2} - a - \frac{b}{2} \quad \text{ist.}$$

Setzt man $M_p = \frac{1}{\varphi}(M_{\max} - M_g)$ und $W_n \cdot \sigma_{zul} = M_{\max}$, $W_n \cdot \sigma_g = M_g$, so ergibt die Bedingung $f \leqq \frac{l}{n}$ für die Trägerhöhe h die Grenze

$$\frac{h}{l} \geqq 2(\sigma_{zul} - \sigma_g)\frac{\mu \cdot n}{E \cdot \varphi} \cdot \frac{W_n}{W}. \tag{63}$$

Der vorstehende Grenzwert h darf nicht unterschritten werden, wenn die größte Durchbiegung bei Ausnutzung der zulässigen Spannung den vorgeschriebenen Wert l/n nicht überschreiten soll. Macht die gegebene Bauhöhe eine kleinere

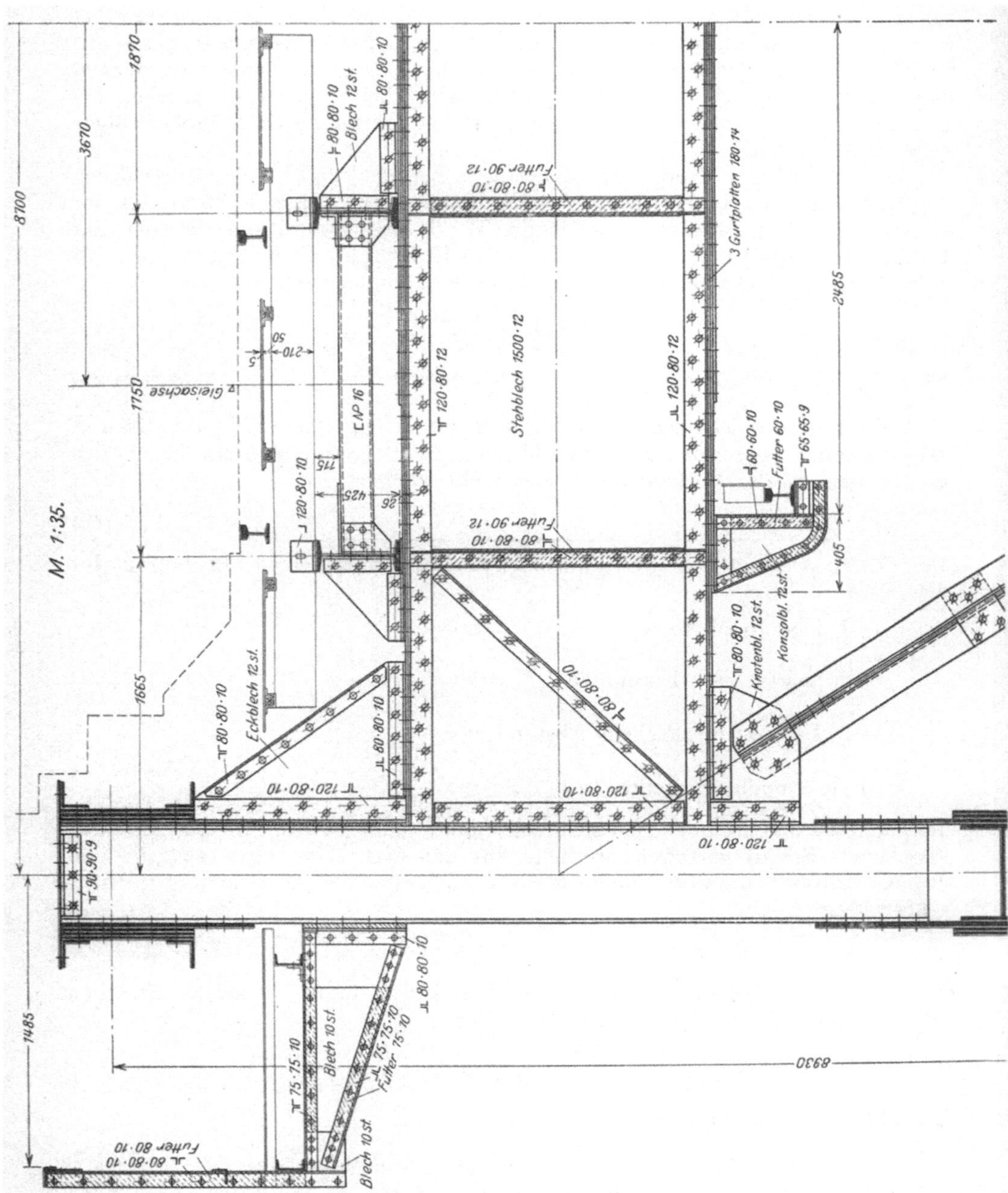

Trägerhöhe notwendig, dann kann der Grenzwert der Durchbiegung nur durch Ermäßigung der zugelassenen größten Spannung unter σ_{zul} eingehalten werden. Aus der Formel ist der Spannungswert $\sigma_{max} - \sigma_g$ nach Einführung der möglichen Trägerhöhe und weiter das erforderliche Widerstandsmoment aus σ_{max} zu berechnen.

Die Schienenträger werden entweder auf die Querträger gelegt oder durch Winkeleisen an ihren Steg genietet. Die erste Bauart ist in der Ausbildung wesentlich einfacher und billiger als die zweite. Sie verdient daher den Vorzug,

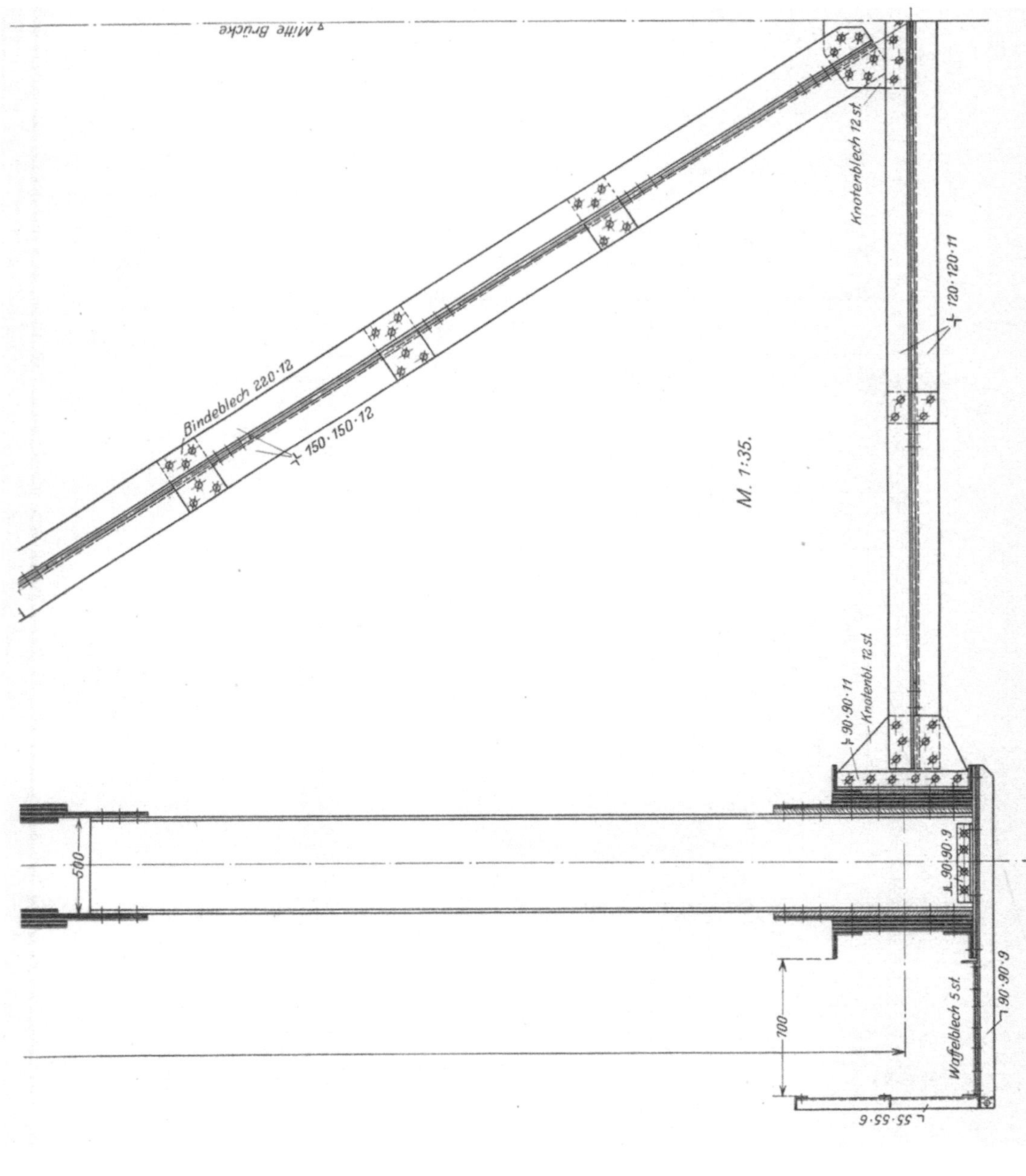

Abb. 121.

wenn sie mit der gegebenen Bauhöhe vereinbar ist. Abb. 121 und 122 zeigen die Anordnung. Die Längsträger liegen unmittelbar auf der Oberkante der Querträger und sind in ihren Flanschen mit deren Gurtwinkeln vernietet. Zur Sicherung gegen Kippen wird über jedem Querträger eine Aussteifung zwischen den Längsträgern eingebaut, die aus einem ⊏-Eisen besteht und durch ungleichschenklige Winkel mit den Stegen der Längsträger vernietet ist. In den beiden dargestellten Fällen sind die Längsträger durch Eckstützen auf den Querträgern befestigt. In Abb. 122 ist das zur Aufnahme der Fliehkräfte notwendig. In gerader Strecke können die Eckstützen fortfallen. Die Niete zwischen Längs- und Quer-

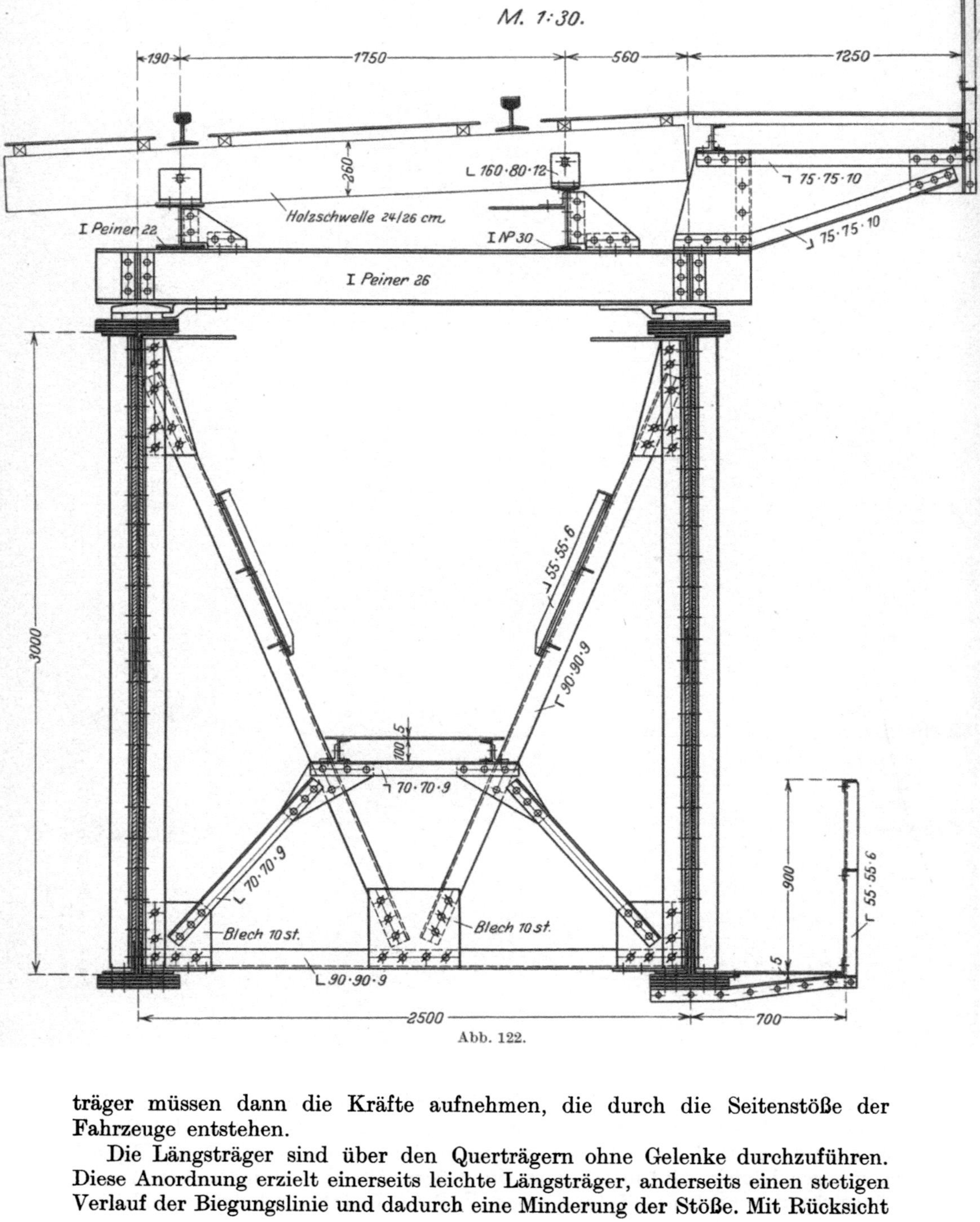

Abb. 122.

träger müssen dann die Kräfte aufnehmen, die durch die Seitenstöße der Fahrzeuge entstehen.

Die Längsträger sind über den Querträgern ohne Gelenke durchzuführen. Diese Anordnung erzielt einerseits leichte Längsträger, anderseits einen stetigen Verlauf der Biegungslinie und dadurch eine Minderung der Stöße. Mit Rücksicht auf die Größe der Stützenmomente werden die Stöße der Längsträger, die in Stücken von 8 bis 12 m verwendet werden können, nicht über den Querträgern, sondern im Felde ungefähr in dem Punkt des kleinsten Momentes angeordnet. Wenn die Übertragung der Querkräfte hier auch stärkere Mittel erfordert als über den Querträgern, so ist sie doch durch Verlaschung der Stege billiger zu erreichen als die Aufnahme der Stützenmomente durch eine Stoßdeckung dort. Die im Querschnitt des Stoßes auftretenden Momente müssen natürlich voll

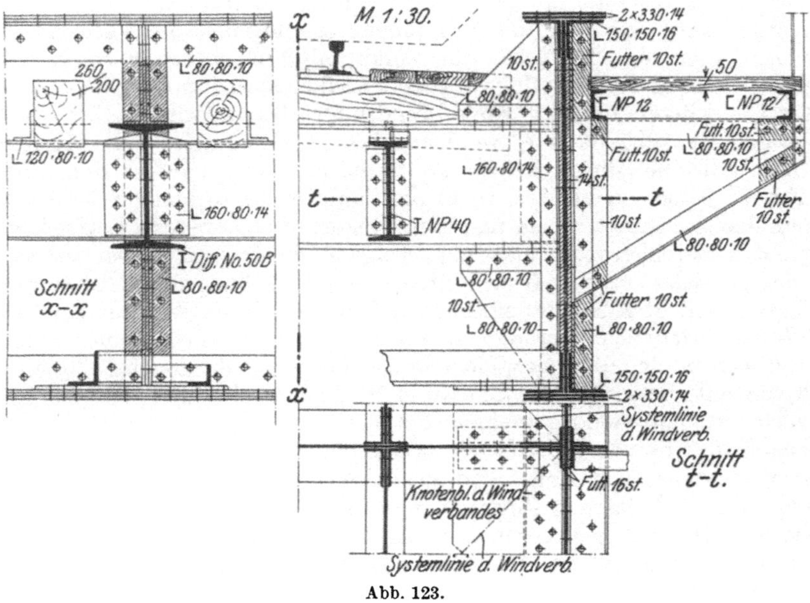

Abb. 123.

aufgenommen werden. Auch wenn etwa die Verlaschung der Stege hierfür ausreicht, sollte auf Stoßdeckung der Flansche nicht verzichtet werden. Selbstverständlich ist, daß man einen Schienenstoß nicht über einen Stoß der Längsträger legt. Zuweilen hat man genau zentrische, in der Längsrichtung verschiebliche Lagerung der Längsträger auf den Querträgern für zweckmäßig gehalten und durch Einbau schmaler Unterlagsplatten ohne feste Vernietung zwischen den Trägerflanschen angestrebt. Der Nutzen der Anordnung ist jedoch zweifelhaft. Die Frage steht im übrigen im Zusammenhang mit der Frage nach der Zweckmäßigkeit von Unterbrechungen im Längsträgerstrang, die auf S. 382/83 erörtert ist.

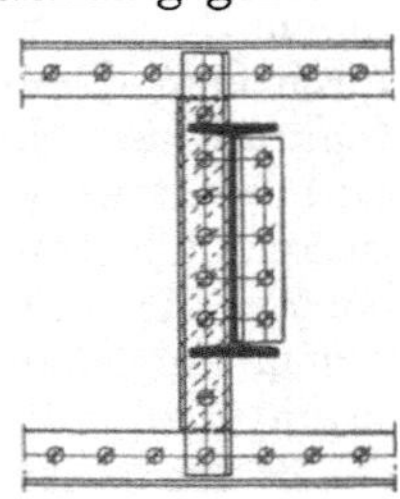

Abb. 124.

Einen Anschluß der Längsträger an den Querträger durch Anschlußwinkel zeigt die Abb. 123. Zwei Anschlußwinkel fassen mit je einer Nietreihe den Steg des Querträgers und verbinden ihn durch 2 Nietreihen mit dem Steg des Längsträgers. Die Winkel und die Niete im Querträger vermögen nur Querkräfte, keine Momente zu übertragen. Die Winkel sollen gleichzeitig den Steg des Querträgers aussteifen. Deshalb muß mindestens ein Winkel zwischen den Innenkanten der Gurtwinkel durchlaufen. Sind die Längsträger Walzträger, so müssen die Flanschen dazu auf einer Seite abgeschnitten werden. Auf der andern Seite wird das durch einen Anschlußwinkel von der Länge der Steghöhe vermieden (Abb. 124). Das Abschneiden der Flansche begünstigt die Bildung von Rissen zwischen Flansch und Steg und ist daher nicht unbedenklich. Jedenfalls ist die entstehende einspringende Ecke gut auszurunden. Das Abschneiden der Flansche kann durch Kürzung der Längsträger um die Breite der Anschlußwinkel und Bleche, die auf den Steg genietet werden, vermieden werden.

Günstiger gestaltet sich der Anschluß von Stehblechträgern. Beide Anschlußwinkel können zwischen den Schenkeln der Gurtwinkel durchlaufen. Sie fassen zwischen ihren vom Querträger abstehenden Schenkeln das Stehblech des Längsträgers, dessen Gurtwinkel auf sie durch Kröpfung auflaufen.

Die Anschlußwinkel sind früher häufig gekröpft worden, um sie vom Stehblech des Querträgers auf die anliegenden Schenkel der Gurtwinkel aufzuführen. Heute vermeidet man hier die Kröpfungen, namentlich bei Verwendung des St 48. Zu diesem Zweck müssen die Winkel mit Futterstücken von der Stärke der Gurtwinkelschenkel unterlegt werden. Die Beanspruchung der Niete zwischen den Anschlußwinkeln und dem Stehblech des Querträgers wird dadurch natürlich ungünstig beeinflußt. Es wäre wohl angebracht, das Futter auf beiden Seiten der Anschlußwinkel durch je eine Nietreihe an das Stehblech anzuschließen. Darauf wird jedoch verzichtet, wenn die Zahl der Niete hier größer ist als die zwischen den Anschlußwinkeln und dem Steg des Längsträgers. Letztere müssen den größten Auflagerdruck des Längsträgers übertragen. Dabei ist meistens die zulässige Belastung der Niete durch den Lochleibungsdruck bestimmt. Wo eine Nietreihe nicht ausreicht, sind häufig 2 Reihen durch Wahl ungleichschenkliger Winkel ermöglicht worden. Das Mittel verfehlt jedoch seinen Zweck, da die Kraft sich infolge der Durchbiegung des Trägers nicht gleichmäßig auf beide Reihen verteilt. Besser ist der Einbau einer Eckkonsole unter dem Längsträger nach Abb. 134, bestehend aus einem Eckblech und wagerechten Winkelstücken, auf die sich der untere Flansch des Längsträgers legt.

Die Vernietung der Längs- und Querträger durch Anschlußwinkel hat die Wirkung, daß die Belastung Einspannungsmomente erzeugt, denen die Mittel der Verbindung oft nicht gewachsen sind. Auch wenn die Nietzahl um 20 bis 25% höher bemessen wird, als zur Aufnahme des größten Auflagerdruckes erforderlich ist, wird die Schwäche der Konstruktion nicht beseitigt. Denn diese ist infolge ihrer Bauart durchaus ungeeignet, die Zugkräfte aufzunehmen, die an der Oberkante durch das Einspannungsmoment entstehen. Es ist deshalb versucht worden, den Anschluß der Längsträger als Gelenk auszubilden. Das Verfehlte dieser Anordnung ist bald erkannt worden. Auf der andern Seite weisen die oben schon angegebenen Vorzüge eines kontinuierlichen Längsträgerstranges auf eine Konstruktion hin, die den auftretenden Momenten wohl gewachsen ist. Zu diesem Zwecke werden die Obergurte der Längsträger in 2 benachbarten Feldern durch eine Kopfplatte verbunden, deren Stärke so bemessen wird, daß sie die Zugkraft des Momentes aufnehmen kann. Die Druckkraft an der Unterkante wird durch den Flächendruck zwischen den am Querträger anliegenden Anschlußwinkeln übertragen. Die Kopfplatte wird über den Querträger hinweggeführt, wenn es die Höhenlage des Längsträgers gestattet. Dabei können geringe Unterschiede der Höhe durch Futterbleche überwunden werden, die natürlich stufenförmig anzuschließen sind. Eine solche Anordnung zeigt Abb. 133. In den meisten Fällen übersteigt die Oberkante des Querträgers die des Längsträgers erheblich. Hier wird die Verbindungsplatte durch einen Schlitz im Stehblech des Querträgers hindurchgesteckt. Die Anschlußwinkel müssen unter der Platte abgeschnitten werden. Über der Platte wird eine Verbindung mit den Gurtwinkeln des Querträgers durch kurze, wagerecht liegende Winkelstücke geschaffen. Da die Verbindungsplatte auf der Baustelle eingebaut werden muß, ist sie nur so lang zu bemessen, daß die zum sicheren Anschluß an jeden Längsträger erforderlichen Niete gestellt werden können. Abb. 118 zeigt die beschriebene Anordnung.

Eine andere Konstruktion zu gleichem Zwecke zeigt die Abb. 125. Hier sind in jeder Gurtung des Längsträgers beide Winkel und eine Platte durch das Stehblech des Querträgers gesteckt, so daß das Moment voll aufgenommen wird. Die Konsolen auf beiden Seiten des Querträgers werden mit dem Querträger in der Werkstatt vernietet. Die wagerechten Winkel unter der Unterkante des Längsträgers ragen so weit über die Kante des Konsolbleches, daß der Flansch des Längsträgers an sie angeschlossen werden kann. Daneben soll so ein Auflager für die Längsträger bei der Montage geschaffen werden. Die Querkräfte werden durch die Verlaschung des Steges mit dem Stehblech der Konsole aufgenommen. Die Anordnung macht die Montage der Querträger von den übrigen Stücken des Fahrbahnrostes unabhängig und ermöglicht den Einbau der Längsträger nach Herstellung der Querträger.

Bei Einbau der Längsträger ist folgendes Verfahren gebräuchlich. Die Anschlußwinkel werden mit dem Längsträger in der Werkstatt vernietet. Nach Einbau eines Querträgers werden die Längsträger des neuen Feldes vorgestreckt. An sie wird der folgende Querträger angesetzt und danach die Vernietung der Anschlußwinkel mit dem vorhergehenden Querträger vorgenommen. Bei Verwendung gewalzter Träger wird die Zahl der Baustellenniete kleiner, wenn der

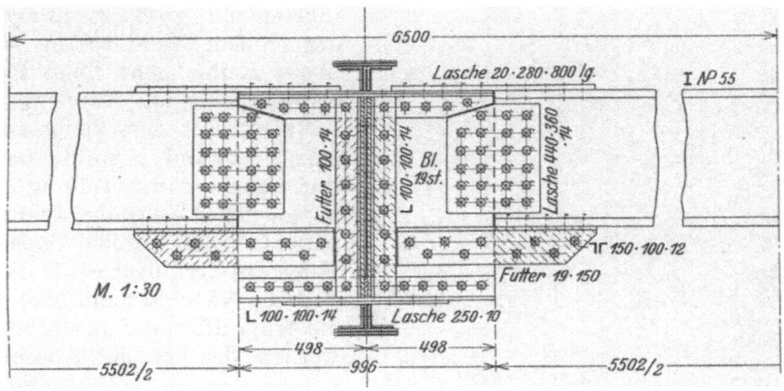

Abb. 125.

lange Anschlußwinkel mit dem Querträger in der Werkstatt vernietet und der kurze auf der Baustelle eingebaut wird. Der Einbau der Längsträger kann auch durch Eindrehen um eine lotrechte Achse zwischen die in endgültiger Lage befindlichen Querträger vorgenommen werden. In diesem Falle wird in jedem Anschluß ein Winkel mit dem Querträger in der Werkstatt vernietet.

Ein Fahrbahnrost, dessen Querträger aus Breitflanschträgern bestehen, ist in Abb. 123 dargestellt. Ein gleichschenkliger Winkel zum Anschluß der Querträger an die Hauptträger erstreckt sich über die ganze Höhe des letzteren, der zweite ungleichschenklige nur über den Steg des Querträgers. Die Ecken zwischen dem Querträger und den Anschlußwinkeln sind durch Eckbleche ausgesteift, die durch wagerechte Winkelstücke mit den Trägerflanschen verbunden sind. Die Konstruktion hat den Zweck, den Hauptträger gegen Kippen und namentlich die gedrückte obere Gurtung gegen Knicken zu sichern. Der Fußsteg ist durch 2 ⊐-Eisen auf Konsolen an den äußeren Seiten des Hauptträgers abgestützt..

Der als Stehblechträger gebaute Querträger besteht aus einem ohne Stoß durchlaufenden Stehblech, 4 Gurtwinkeln aus je einem Stück und Kopfplatten in der erforderlichen Zahl und Länge. Zur Aussteifung des Stehbleches gegen Ausbeulen dienen die Anschlußwinkel der Längsträger. Wo die Längsträger auf dem Querträger stehen, sind hierfür besondere Winkel notwendig, die am besten lotrecht unter die Längsträger gestellt werden.

Stöße des Stehbleches sind nur etwa im Anschluß an die Hauptträger erforderlich. Sind diese Stehblechträger, so wird das Stehblech des Querträgers bis an die Hauptträger geführt und durch Anschlußwinkel mit deren Stehblech verbunden. Die Gurtwinkel des Querträgers werden meist auf die Schenkel der Anschlußwinkel durch Kröpfung aufgeführt. Die Unterkante der Querträger liegt im allgemeinen bei beschränkter Bauhöhe immer bündig mit der Unterkante der Hauptträger. Höhenunterschiede von 1 bis 2 Blechstärken können der Anschlüsse des Windverbandes wegen zweckmäßig sein. Die Anschlußwinkel laufen im Hauptträger zwischen den Innenflächen der Gurtwinkel durch. Um Kröpfungen zu vermeiden, werden Futterbleche zwischen den Gurtwinkeln eingelegt. Die Ecke zwischen der Oberkante des Querträgers und dem Kopfende der Anschlußwinkel wird zur Sicherung der oberen Gurtung gegen Knicken durch ein dreieckförmiges Blech ausgesteift, das von den Anschlußwinkeln gefaßt, anderseits durch wagerechte Winkelstücke auf die obere Gurtung des Querträgers genietet wird. Die Niete, die das Stehblech des Querträgers mit den Anschlußwinkeln verbinden, müssen den größten Auflagerdruck aufnehmen. Nicht selten haben in dieser Reihe mehr Niete Platz als erforderlich sind. Dann werden sie trotzdem mit dem kleinsten zulässigen Abstand gestellt, den man durch gleichmäßige Teilung der Höhe zwischen den Nietreihen in den Gurtwinkeln erhält. Reicht dagegen die Höhe des Stehbleches für die erforderliche Nietzahl nicht aus, so muß ein trapezförmiges Blech eingebaut werden, das von den Anschlußwinkeln in ganzer Höhe gefaßt, zum Querträger in schräger Kante heruntergezogen und gegen das entsprechend gekürzte Stehblech gestoßen wird. Die Vernietung der Stoßlaschen muß natürlich der Querkraft gewachsen sein.

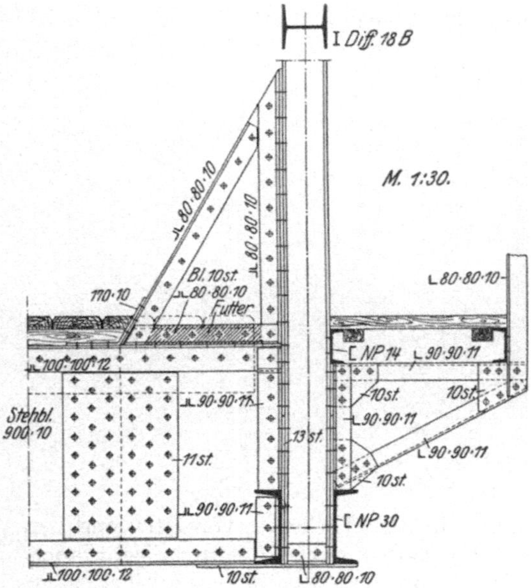

Abb. 126.

Anschlüsse der Querträger an Fachwerkträger zeigen die Abb. 126 und 127. Die Querträger liegen im allgemeinen in der Ebene eines lotrechten Fachwerkstabes und werden mit diesem verbunden. In Abb. 126 besteht der Pfosten des Hauptträgers aus einem Breitflanschträger. Die Verbindung mit dem Querträger vermittelt ein trapezförmiges Eckblech, das bündig mit dem Stehblech des Querträgers liegend, gegen es gestoßen ist. Zwei Laschen decken den Stoß. Die Gurtwinkel laufen auf das Blech auf, die des Obergurtes bis an die Stücke des Hauptträgers. Sie unterbrechen hier die Winkel, die das Eckblech mit dem Flansch des Pfostens verbinden. Zwischen diesem und den Anschlußwinkeln liegt das Knotenblech des Hauptträgers. Über dem Knotenblech ist ein Futterblech zwecks Vermeidung einer Kröpfung der Winkel eingefügt. Die schräge Kante des Eckbleches ist durch Winkeleisen gesäumt, welche mit den Obergurtwinkeln des Querträgers durch eine geknickte Lasche verbunden sind. Die Saumwinkel sind notwendig, wenn die Brücke keinen oberen Windverband besitzt. In diesem Falle treten infolge positiver, den Pfosten nach innen biegender Momente Druckspannungen in der schrägen Kante auf, so daß der Blechrand gegen Knicken gesichert werden muß. Die geknickten Laschen sind jedoch für die Festigkeit der Konstruktion ohne Bedeutung, da sie infolge des Knickes keine Kräfte übertragen können. Unter den Untergurtwinkeln des Querträgers und dem Untergurt des Hauptträgers liegt das Knotenblech des Windverbandes. Dieses bewirkt so eine Verbindung des Querträgers mit dem Pfosten, die gegen positive Momente widerstandsfähig ist.

Anders gestaltet, weil vorwiegend durch negative Momente beansprucht, ist die Konstruktion der Abb. 127. Die Brücke hat einen oberen Windverband. Seine Riegel bilden mit den Pfosten des Hauptträgers und dem Querträger einen steifen Rahmen. In den Ecken zwischen Querträger und Pfosten treten neben kleineren positiven größere negative, die Pfosten nach außen biegende Momente auf.

Wie auf S. 126 begründet, mußte zur Aufnahme der Momente ein Eckblech angeordnet werden, welches sowohl in den Querträger wie in den Pfosten eingreift. Die Fläche, die zur Durchführung der Untergurtung und etwaiger Knotenbleche des Hauptträgers nötig ist, muß aus dem Blech ausgeschnitten

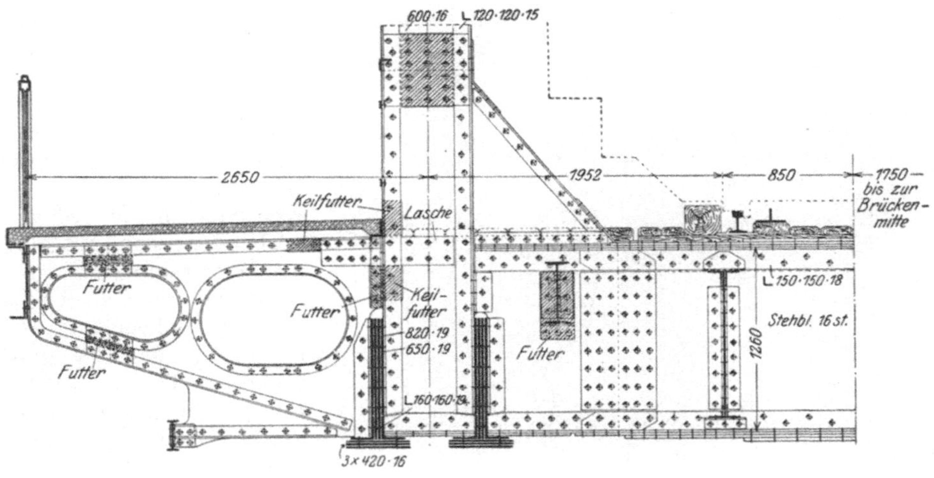

Abb. 127.

werden. Wo hohe Knotenbleche vorhanden sind, können kurze Schlitze in der Querträgerebene eingeschnitten werden, um den Eingriff des unteren Lappenrandes möglichst tief zu legen. In der dargestellten Konstruktion sind keine Knotenbleche vorhanden. Deshalb ist in das Eckblech nur ein lotrechter Schlitz eingeschnitten, durch den die rechte Wandung des Untergurtes dringt. Der so entstehende Lappen zwischen den Gurtwänden könnte auch wegfallen und durch das Stehblech des Pfostenquerschnittes ersetzt werden, da er an dem Ausgleich der Spannungen im Eckblech keinen Anteil hat. Der Stoß des Eckbleches gegen das Stehblech des Querträgers ist durch Laschen beiderseits des Steges, außerdem durch schmale Bleche auf den anliegenden Winkelschenkeln gedeckt. Die Gurtwinkel laufen auf das Eckblech auf. An die Wand des Untergurtes und ein kurzes Stück des Pfostens ist das Eckblech durch lotrecht gestellte Winkel angeschlossen. Der Stoß gegen das Stehblech des Pfostens ist durch 2, die Winkelschenkel und untergelegte Futter überdeckende Laschen gestoßen. Das Blech der den Fußweg tragenden Konsole ist an seiner Oberkante mit dem Eckblech auf beiden Seiten durch Laschen verbunden, welche die hier auftretenden Zugspannungen aufnehmen sollen. Die linken Winkel des Pfostens mußten durch Keilfutter über diese Laschen hinweggeführt werden. Die schräge Kante des

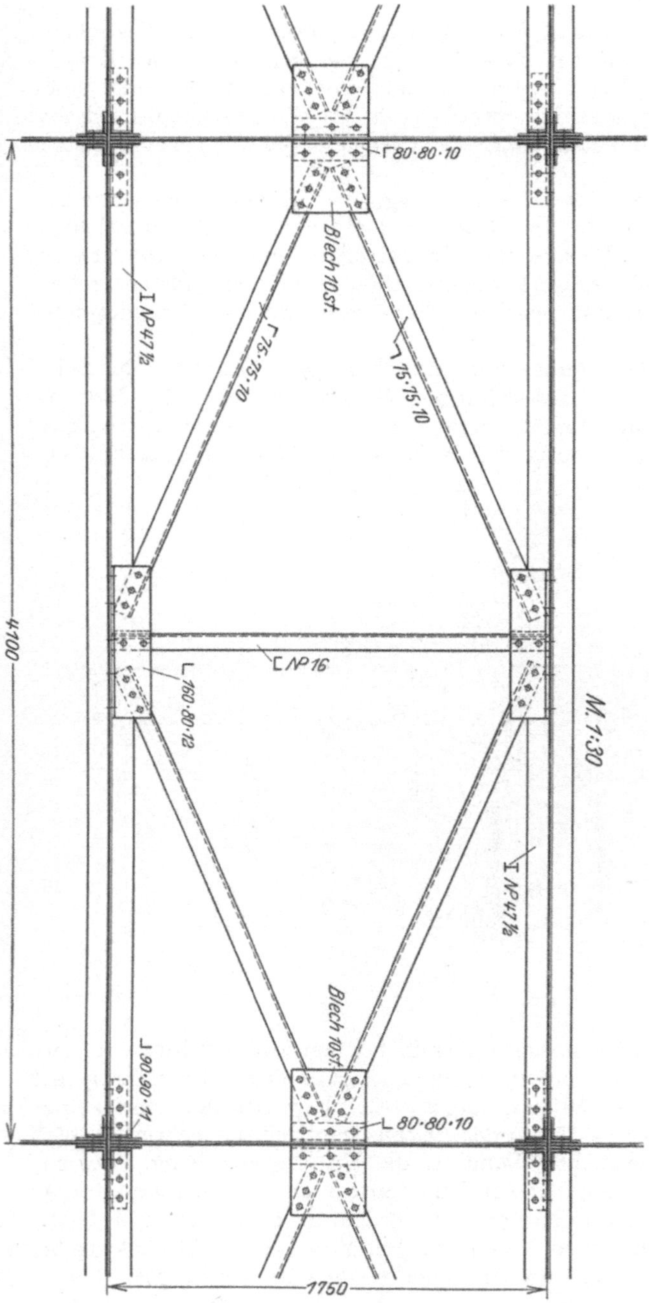

Abb. 128.

Eckbleches ist durch Winkel gesäumt, die sowohl mit dem Pfosten, wie dem Obergurt des Querträgers durch geknickte Laschen verbunden sind. Diese sind, wie schon oben bemerkt, für die Festigkeit der Anordnung ohne Bedeutung. Auf die Kopfplatten des Querträgers sind Winkelstücke aufgelegt, deren senkrechte Schenkel das Eckblech fassen. Sie sind überflüssig, wenn die Niete in den Obergurtwinkeln vom Stoß der Bleche ab zum Anschluß der Winkel ausreichen. Schließlich sind die Untergurtwinkel des Querträgers mit den Winkeln der Gurtung des Hauptträgers durch ein Knotenblech des Windverbandes verbunden. Für die Übertragung der Momente kommt dies Blech nicht in Betracht, da es nicht auf den Pfosten übergreift. Die Konstruktion zeichnet sich durch große Sicherheit aus.

Ein Eckblech gleicher Form ist in dem Querträgeranschluß der Abb. 105 eingebaut. Hier greift es durch einen kurzen Schlitz am Rande des Knotenbleches in der rechten Gurtwand. Besonders zweckmäßig sind die gekrümmten Saumwinkel, deren abstehende, auf dem äußeren Bogen liegende Schenkel unten mit der Kopfplatte des Querträgers, oben mit den Winkeln des Pfostens vernietet sind. Durch diesen Anschluß werden die Winkel bei hinreichend schwacher Krümmung befähigt, Zug- und Druckspannungen zu übertragen. Auch die Stoßdeckung zwischen Eckblech und Stehblech des Querträgers ist durch den Übergriff der Laschen von den Winkelschenkeln auf die Steglaschen bemerkenswert. Die Konstruktion muß um ihrer Sicherheit und Einfachheit willen als mustergültige Lösung der vorliegenden Aufgabe angesehen werden.

Ein wichtiges Glied des Fahrbahnrostes ist der Schlingerverband. Er verbindet die Schienenträger jedes Stranges in wagerechter Ebene und hat den Zweck, die durch Seitenstöße der Fahrzeuge entstehenden wagerechten Kräfte in die Querträger zu leiten, aus denen sie in den Windverband übergehen. Da das Widerstandsmoment des I-Querschnittes in bezug auf die lotrechte Achse klein ist, ist der einzelne Schienenträger wagerechten Kräften nur bei kleiner Länge gewachsen. Bei Feldweiten über 2 bis 2,5 m verbindet man beide Träger durch Riegel und Schrägstäbe zu einem Fachwerk. Die fraglichen Kräfte wirken durch die Schwellen auf die oberen Flansche der Träger. Der Verband müßte also in der Ebene der Flansche liegen. Da er hier infolge Behinderung durch die Schwellen nicht eingebaut werden kann, wird er so dicht wie möglich unter der Oberkante angeordnet. Die Systemstäbe werden durch kleine Knotenbleche und Winkelstücke an den Trägersteg angeschlossen. Für die Riegel ist die Verwendung von [-Eisen zweckmäßig, da ihnen als zweite Aufgabe die Sicherung der Träger gegen Kippen zufällt. Zu ihrem Anschluß sind deshalb ungleichschenklige Winkeleisen zu wählen, die in dem breiten Schenkel 2 lotrechte Nietreihen ermöglichen, da 1 Nietreihe nur geringe Momente aufnehmen kann. Natürlich werden diese Winkel zwischen den inneren Flächen der Flansche durchgeführt. Abb. 118 und 128 zeigen Schlingerverbände.

2. Die Fahrbahndecke.

Auf Eisenbahnbrücken mit durchlaufender Bettung ruht das Gleis auf normalen, 16 cm starken Querschwellen aus Holz. Bei beschränkter Bauhöhe ist die Verwendung eiserner Querschwellen zweckmäßig. Die Stärke der Bettung zwischen der Unterkante der Schwellen und der Oberkante der Fahrbahntafel soll im allgemeinen 20 cm betragen. In Fällen sehr geringer Bauhöhe hat man sie jedoch bis auf 15 cm ermäßigt. Die Breite der Bettung muß so bemessen sein, daß die Schwellen unterstopft werden können. Bei 2,70 m Schwellenlänge hat sich hierfür eine Bettbreite von 3,30 m als ausreichend erwiesen.

Die Decke der Straßenbrücken besteht aus Holz oder Stein, zuweilen auch aus Asphalt. Holz hat den Vorteil geringeren Gewichtes. Der Wagenverkehr rollt auf der Holzdecke geräuschloser ab und erzeugt schwächere Stöße als auf Stein. Dagegen hat die Steindecke bei geringeren Unterhaltungskosten größere Lebensdauer. Unter ihren verschiedenen Bauarten steht das Kleinpflaster der Holzdecke hinsichtlich der Vorzüge am nächsten.

Bohlen aus Eichen-, Buchen- oder Kiefernholz sind das technische Mittel der einfachsten und in der Anlage billigsten Holzdecke. Eine Bohlenlage von 5 bis 8 cm Stärke wird rechtwinklig zur Brückenachse mit Quergefälle nach den Bordkanten verlegt. Sie nimmt den Fahrverkehr auf und wird ziemlich schnell und ungleichmäßig abgenutzt. Daher ist eine häufige Auswechselung einzelner Bohlen oder die Erneuerung der ganzen Decke unvermeidbar. Da dieser Nachteil auch durch stärkere Bohlen nicht behoben wird, ist ihre Verwendung unwirtschaftlich. Zum Belag der Fußsteige dienen Bohlen von 5 bis 6 cm Stärke, die nicht selten auch parallel zur Brückenachse verlegt werden. Sie werden zweckmäßig gegen den Fahrdamm durch einen Balken abgeschlossen, dessen Schrammkante durch ein Winkeleisen bewehrt ist. Unter dem Balken muß für Abfluß des Tagewassers Sorge getragen werden.

Die Decklage des Fahrdammes ruht auf einer zweiten Lage von stärkeren Bohlen, die, mit schmalen Fugen verlegt, als Fahrbahntafel die Raddrücke auf den Rost überträgt. Je nach der Bauart des Rostes laufen die Bohlen der unteren Lage quer oder parallel zur Brückenachse. Ihre Stärke hängt von der Größe

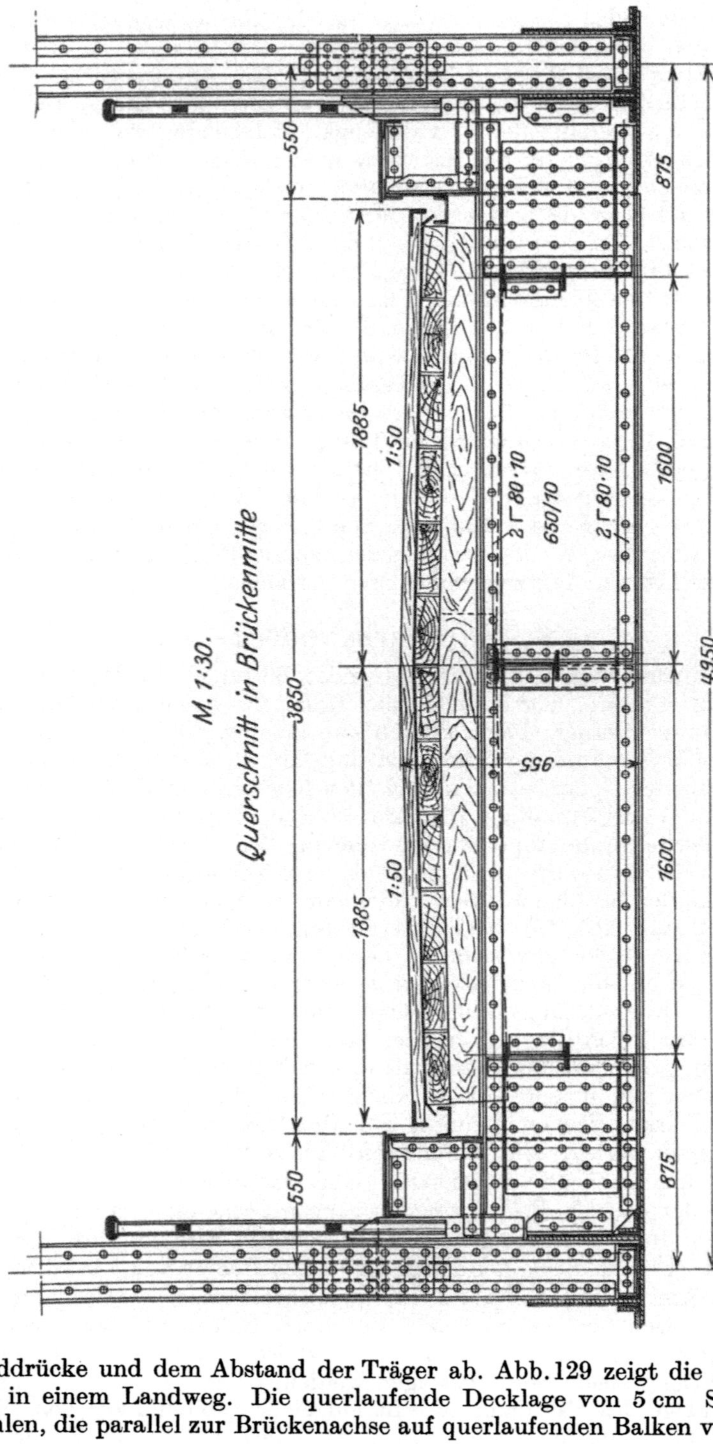

Abb. 129.

der Raddrücke und dem Abstand der Träger ab. Abb. 129 zeigt die Bahn einer Brücke in einem Landweg. Die querlaufende Decklage von 5 cm Stärke ruht auf Bohlen, die parallel zur Brückenachse auf querlaufenden Balken verlegt sind.

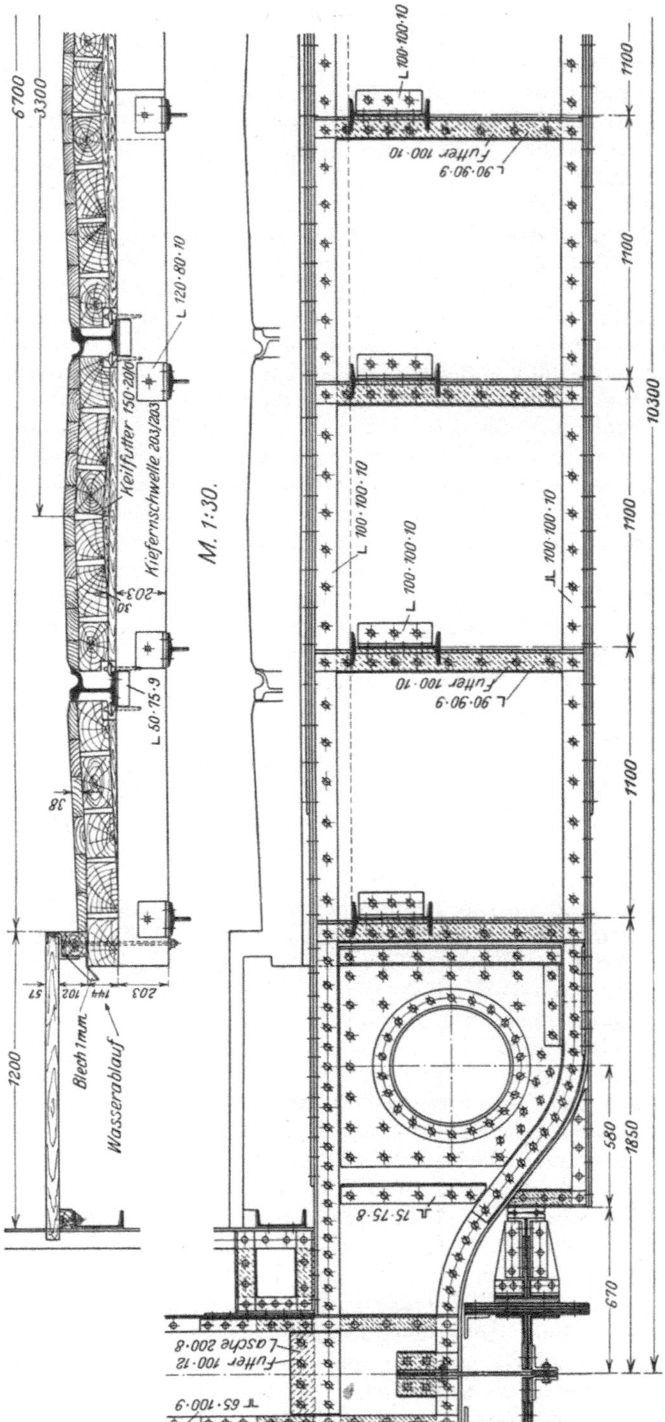

Abb 130. Fahrbahndecke und Rost der Lidingöbrücke.

Zwecks Herstellung des Quergefälles nimmt die Höhe der Balken von der Mitte nach den Bordkanten ab. Zur Abführung des Wassers dient auf beiden Seiten der Fahrbahn eine aus einem ⊔-Eisen gebildete Rinne.

Eine bemerkenswerte Konstruktion einer Holzdecke ist für die Lidingö-Brücke in Schweden gewählt worden (Abb. 130). Die in Richtung der Brückenachse laufende Decklage von 3,8 cm Stärke ruht auf 11,4 cm starken Bohlen gleicher Richtung. Letztere werden von hölzernen Balken getragen, die in 2 längslaufenden Bahnen auf einem Rost von Längsträgern verlegt sind. Jede Bahn nimmt die Hälfte der Fahrdammbreite ein, und ihre Balken sind gegen die der andern versetzt. Durch diese Anordnung wird die Auswechselung der Holzdecke in halber Breite des Fahrdammes ohne Störung des Verkehrs auf der andern Hälfte ermöglicht. Die Brücke trägt 2 Straßenbahngleise. Die Schienen liegen unmittelbar auf den Tragbalken. Die zur Entwässerung notwendige Wölbung der Decke zwischen den Schienen wird durch dachförmig geschnittene Futterstücke hergestellt, die auf die Balken aufgeschraubt sind und die untere Bohlenlage tragen. Keilförmige Futter geben auf beiden Seiten der Gleise dem Bohlenbelag Quergefälle. Die Decke des Fußweges besteht aus querlaufenden Bohlen. Sie liegen an der Außenkante auf einem ⊐-Eisen, an der Bordkante auf einem Balken, der durch eine Bohle der unteren Lage auf die Tragbalken abgestützt ist. Das Wasser wird in kurzen Blechrinnen durch die Balken der Bordkante hindurch abgeführt.

In Straßenzügen größerer Bedeutung, namentlich in städtischen Straßen, wird das Holz in der Form des Holzpflasters zur Fahrbahndecke verwendet. Das Holzpflaster ist hier bei hinreichendem Längsgefälle besonders geeignet, weil seine glatte, etwas elastische Oberfläche einen geräuschschwachen und stoßfreien Fahrbetrieb bewirkt. Die Holzklötze erhalten 12 bis 15 cm Höhe, 8 bis 10 cm Stärke in der Fahrrichtung und bis zu 25 cm Breite. Sie werden in Reihen quer zur Brückenachse ohne Fugen verlegt. Zwischen den Reihen laufen Fugen von etwa 6 bis 8 mm, die mit Zementmörtel vergossen werden. Zwischen Pflasterdecke und Bordkante muß eine breitere mit Ton auszufüllende Fuge angeordnet werden, damit die Decke sich nicht von ihrer Unterlage abhebt. Im Querprofil erhält die Oberfläche gewölbte Form, damit auch nach stärkerer Abnützung Gefälle nach den Bordkanten bleibt. Die Erhaltung des Pflasters ist von der Tragfähigkeit der Unterlage abhängig. Diese wird aus Kiesbeton in 2 Schichten hergestellt. Die untere Schicht ist die tragende. Sie wird in den Mischungen 1 : 8 bis 1 : 10 ausgeführt, erhält in der Oberfläche das Profil der Decke und soll an der Bordkante mindestens 6 cm Stärke über der Eisenkonstruktion aufweisen. Zum Schutz der Fahrbahntafel gegen Wasser wird die Oberfläche der tragenden Betonschicht mit Asphaltfilzplatten oder einer anderen wasserdichten Schicht abgedeckt. Diese Isolierschicht ist hinter dem Bordkantenstein hochzuführen. Über ihr liegt die zweite Betonschicht, die in fetter Mischung gleichmäßig 3 bis 4 cm stark hergestellt und in der Oberfläche abgestrichen wird, um eine glatte Lagerfläche für das Holzpflaster zu schaffen. Zuweilen ist für die untere Schicht auch Asphaltbeton verwendet worden. Auf die Isolierschicht hat man dann verzichtet, weil dem Asphaltbeton hinreichende Wasserundurchlässigkeit zugeschrieben wird. Die Bauweise ist jedoch teurer als die erste. Auch erscheint es zweifelhaft, ob sie der Fahrbahntafel genügenden Schutz gegen Wasser bietet. Deshalb wird die erste Bauweise meist vorgezogen.

Die wichtigsten Steindecken bestehen aus Pflastersteinen auf einer Bettung. Steine von 12 bis 17 cm Höhe, die in der Oberfläche und den oberen Teilen der Seitenflächen sorgfältig behauen sind, werden auf einer Bettung von feinkörnigem Kies verlegt. Die Kiesschicht erhält an der schwächsten Stelle eine Stärke von mindestens 12 cm über der Oberkante der Fahrbahntafel. Letztere ist gegen das Wasser nicht geschützt, es ist deshalb für Abfluß Sorge zu tragen. Bei einer zweiten Bauart werden niedrige Steine von etwa 8 cm Höhe verwendet, die vollkantig und auf allen Seiten sorgfältig behauen sind. Die Bettung besteht wie beim Holzpflaster in einer tragenden, wasserdicht abgedeckten Betonschicht. Über dieser liegt hier jedoch eine Sandschicht von etwa 3 bis 4 cm Stärke. Die Fugen der Pflastersteine werden mit Zementmörtel vergossen. Die erste Bauweise ist billiger in der Anlage, aber erheblich schwerer. Die zweite billiger in der Unterhaltung und der ersten an Glätte und Bestand der Oberfläche erheblich überlegen. Für Straßenbrücken mit starkem Verkehr verdient sie daher den Vorzug.

Zu den Steindecken ist schließlich auch die Schotterdecke zu zählen, die in der Art der Chaussierung ausgeführt wird. Sie kommt natürlich nur für Brücken im Zuge einer Landstraße mit gleicher Decke in Betracht.

Decken aus Stampfasphalt teilen mit dem Holzpflaster die Vorzüge leichten Gewichtes und glatter Oberfläche. Sie können jedoch nur bei sehr schwachem Längsgefälle hergestellt werden und stoßen vielfach ihrer bei Regenwetter für den Verkehr gefährlichen Glätte wegen auf Ablehnung. Die Asphaltschicht erhält eine gleichmäßige Stärke von 5 cm. Sie ruht auf einer Unterlage von Kiesbeton, deren Oberfläche nach dem Profil des Fahrdammes abgeglichen ist. Die Höhe der Betonschicht über der Eisenkonstruktion beträgt an der Bordkante etwa 8 bis 10 cm. Eine wasserdichte Schicht über dem Beton ist entbehrlich, da der Asphalt kein Wasser durchläßt.

Für die Decke der Fußwege wird Holz nur dann verwendet, wenn die Decke des Fahrdammes aus Bohlen besteht. Bei massiver Ausführung des Fahrdammes werden für die Fußwegdecke Zementstrich, Gußasphalt oder auch Granitplatten gewählt. Estrich und Asphalt werden in 2 bis 2,5 cm Stärke auf einer Betonunterlage hergestellt. Heute wählt man häufig Eisenbetonplatten als Unterlage, um eine eiserne Fahrbahntafel entbehrlich zu machen. Die Anordnung hat den Vorteil einer einfachen und billigen Montage sowie geringer Unterhaltungskosten. Sie ist daher wohl als die wirtschaftlichste Bauweise anzusehen. Granitplatten werden für die Fußwegdecke nur in Großstädten verwendet. Sie werden etwa 12 bis 13 cm stark gemacht und ruhen bis 1,3 m freitragend auf Trägern. Um ein gleichmäßiges Auflager zu erreichen, werden Streifen von Asphaltfilz untergelegt.

3. Die Fahrbahntafel und der Fahrbahnrost.

Für die Konstruktion der Fahrbahntafel sind die gebräuchlichen und bewährten Mittel: Buckelplatten, Tonnenbleche, Flachbleche, Belageisen und Eisenbeton. Die Ausbildung des Rostes hängt in der Zahl, Stellung und Höhenlage der Träger wesentlich von der Fahrbahntafel ab und in dieser Hinsicht bestehen nicht unerhebliche Unterschiede zwischen den Bauarten. Dagegen weicht die konstruktive Gestaltung der Träger und ihrer Verbindungen nur in Einzelheiten von der des Rostes für unmittelbare Schwellenlagerung ab.

a) Die Buckelplatten

sind rechteckige Bleche mit einem ebenen Rande von 5 bis 7 cm Breite auf den 4 Seiten. Die Fläche im Inneren des Randes wölbt sich zwischen je 2 parallelen Seiten in der Form eines Zylindersegmentes. Die beiden so entstehenden Wölbungen schneiden sich in den Diagonalen. Der Stich der Wölbung beträgt $^1/_{12}$ bis $^1/_{10}$ der größeren Rechteckseite. Die Wölbung wird durch Pressen der erhitzten Bleche auf einem Modell hergestellt. Für die Endfelder schiefer Brücken werden auch Buckelplatten von Trapez- und Dreieckform verwendet. Die gebräuchlichen Abmessungen der Buckelplatten liegen zwischen $1{,}20 \cdot 1{,}00\ m^2$ und $2{,}00 \cdot 1{,}80\ m^2$, doch können auch größere gewählt werden. Kleine Platten sind infolge des größeren Gewichtes des Rostes und der größeren Zahl der Niete teurer. Große erschweren durch unbequeme Handhabung das Verlegen. Die Stärke der Platten beträgt in der Regel bei Straßenbrücken 6 bis 8 mm, bei Eisenbahnbrücken 8 mm, für große Platten auch 10 mm. Sie wird nicht durch Rechnung bestimmt, sondern durch praktische Rücksichten, unter denen auch die Sicherheit gegen Rosten von Belang ist. Es wird daher nicht als Mangel empfunden, daß eine brauchbare Formel für die Berechnung fehlt. Meist werden die Buckelplatten zum Schutz gegen Rost verzinkt. Wo Abführung des Wassers aus dem Buckel notwendig ist, wird jede Platte an der tiefsten Stelle durchbohrt. In die Öffnung wird ein kurzes Rohrstück eingesetzt, welches in eine Rinne unter der Fahrbahntafel mündet. Um das Rohr gegen Verstopfung durch das Bettungsmaterial zu schützen, wird eine siebartig durchlöcherte Haube aufgesetzt. Vertiefungen in der Oberfläche der Tafel, namentlich die Fugen zwischen zwei Platten sind durch Asphaltmasse so zu überdecken, daß das Wasser nirgends stehen bleiben kann. Wo eine wasserdicht abgedeckte Betonschicht auf den Buckelplatten liegt, hält man meist die Entwässerung der Buckel nicht für erforderlich.

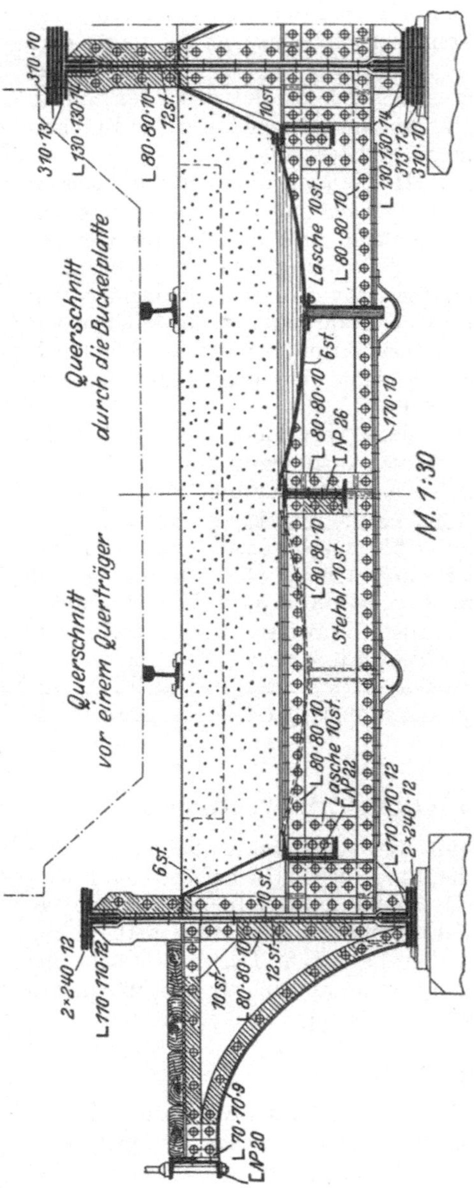

Abb. 131.

Die 4 Ränder jeder Platte finden auf den Trägern des Rostes eine ebene Auflage und werden hier durch Niete von 13 und 17 mm Durchmesser befestigt. Die Niete werden ziemlich dicht gestellt, häufig mit der halben Teilung der Kopfniete in den Trägern. Da abgesehen vom Rande der Fahrbahn auf jedem Träger 2 Buckelplatten liegen, sind von den normalen I-Trägern die Profile unter Nr. 24 ihrer unzureichenden Flanschbreite wegen nicht brauchbar. Man hat deshalb, wenn kleinere Profile ausreichten, ⊐-Eisen genommen und 2 Plattenränder übereinander gelegt. Dabei ist nicht beachtet worden, daß die Tragfähigkeit des ⊐-Eisens nur $^2/_3$ bis $^3/_4$ der eines I-Trägers von gleichem Widerstandsmoment beträgt. Ferner erfordert die Überdeckung der 2 Ränder eine um die Randbreite größere Platte, sowie zur Ausgleichung der unebenen Lagerfläche 2 sonst entbehrliche Futterstücke. Bei Beachtung dieser Tatsachen wird man meist das geringe Mehrgewicht des NP 24 in Kauf nehmen. Stehblechträger ohne Gurtplatten kommen bei Straßenbrücken vor, werden aber bei Eisenbahnbrücken nicht verwendet. Man befürchtet, daß Gurtwinkel ohne

Kopfplatte durch den Druck der Buckelplatte vom Steg abgebogen werden. Ob diese Befürchtung begründet ist, erscheint zweifelhaft. Denn die Buckelplatte setzt der fraglichen Verformung durch ihre Form und die allseitige Auflagerung eigenen Widerstand entgegen. Auf jeden Fall würden einzelne schmale Laschen, die 2 Platten über ihrem Rande miteinander verbinden, das Abbiegen der Winkel sicher verhindern. Eine einzige Kopfplatte erhält meist die Breite der Gurtwinkel zuzüglich eines Überstandes von etwa 2,5 mm. Die Kopfniete des Trägers fassen dann gleichzeitig den Plattenrand und müssen auf der Baustelle geschlagen werden. Im Falle mehrerer Kopfplatten ist die unterste so breit zu machen, daß sie auf jeder Seite über die oberen Platten und die Gurtwinkel um die Breite des Buckelplattenrandes übersteht. Der Überstand bietet der Buckelplatte eine allseitig ebene Lagerfläche (siehe Abb. 133). Die Kopfniete des Trägers können in der Werkstatt geschlagen werden. Dieser Vorteil ist so wesentlich, daß die gleiche Anordnung auch dann vorzuziehen ist, wenn nur eine Kopfplatte nötig ist. Sie erfordert kaum größeres Gewicht.

Der Fahrbahnrost besteht aus Längs- und Querträgern, wenn der Abstand der letzteren nicht größer ist als etwa 2,20 m. Da eine größere Feldweite 2 Buckelplatten bedingt, muß ein Zwischenquerträger eingebaut werden, der auf die Längsträger abgestützt ist. Bei Feldweiten, die etwa 4,2 m übersteigen, erhöht

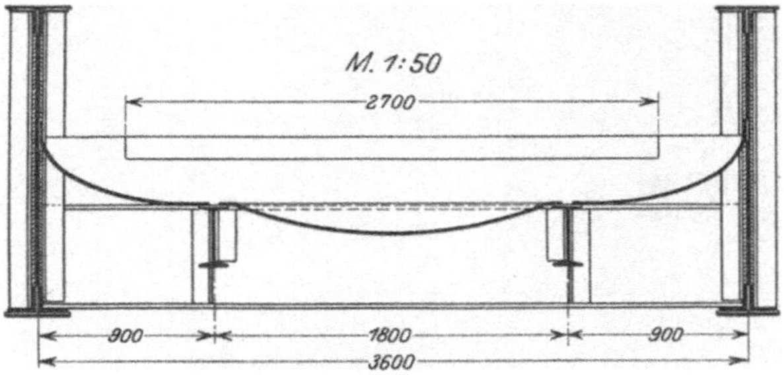

Abb. 132.

sich mit der Zahl der Buckelplatten auch die der Zwischenquerträger. Die Oberflächen aller Träger, welche den Buckelplatten als Lagerfläche dienen sollen, müssen in einer Ebene liegen, und zwar bei Eisenbahnbrücken im allgemeinen der wagerechten. Bei Straßenbrücken schließt sich diese Ebene jedoch immer dem Längsgefälle an, in manchen Fällen zwecks Minderung des Gewichtes der Fahrbahndecke auch dem Quergefälle. Die Längsträger stehen im letzten Falle meist im Querschnitt geneigt gegen die Lotrechte. Zahl und Stellung der Längsträger hängt von den Lasten des Verkehrs ab. Sie ist nach Möglichkeit so zu treffen, daß alle Längsträger gleiche Belastung erfahren und ohne Zugabe an Material gleichen Querschnitt erhalten.

Abb. 131 zeigt eine für eingleisige Eisenbahnbrücken häufig gewählte Bauart. Ein Längsträger in Gleismitte und 2 schwächer belastete Träger auf beiden Seiten tragen 2 Reihen von Buckelplatten. Den seitlichen Abschluß der Bettung bilden schräggestellte Flachbleche. Ihre Ränder sind in die Wagerechte abgebogen, unten auf den Rand der Buckelplatte genietet und oben vermittels eines Winkels an das Stehblech des Hauptträgers. Die Querträger sind durch trapezförmige Eckbleche mit den Hauptträgern verbunden. Auf älteren Brücken der Bauart sind die Buckelplatten zwecks Ersparung der beiden äußeren Längsträger vielfach bis an das Stehblech der Hauptträger geführt und durch wagerechte Winkel mit ihm vernietet worden. Die Bettung legt sich hier gegen die Stehbleche der Hauptträger. Die Erfahrung hat jedoch gezeigt[1], daß Eisenteile,

[1] Hoifmann: Rostbildung und Rostverhütung bei eisernen Brücken. Dr.-Diss. Hannover 1921.

die etwas unter der Oberfläche der Bettung liegen, dem Rostangriff besonders stark ausgesetzt sind. Es lag daher nahe, wichtige tragende Teile des Bauwerks dieser Gefährdung zu entziehen. Die beschriebene Bauweise ist heute aufgegeben. Man ordnet stets einen seitlichen Abschluß der Bettung an, der sie den Haupt-

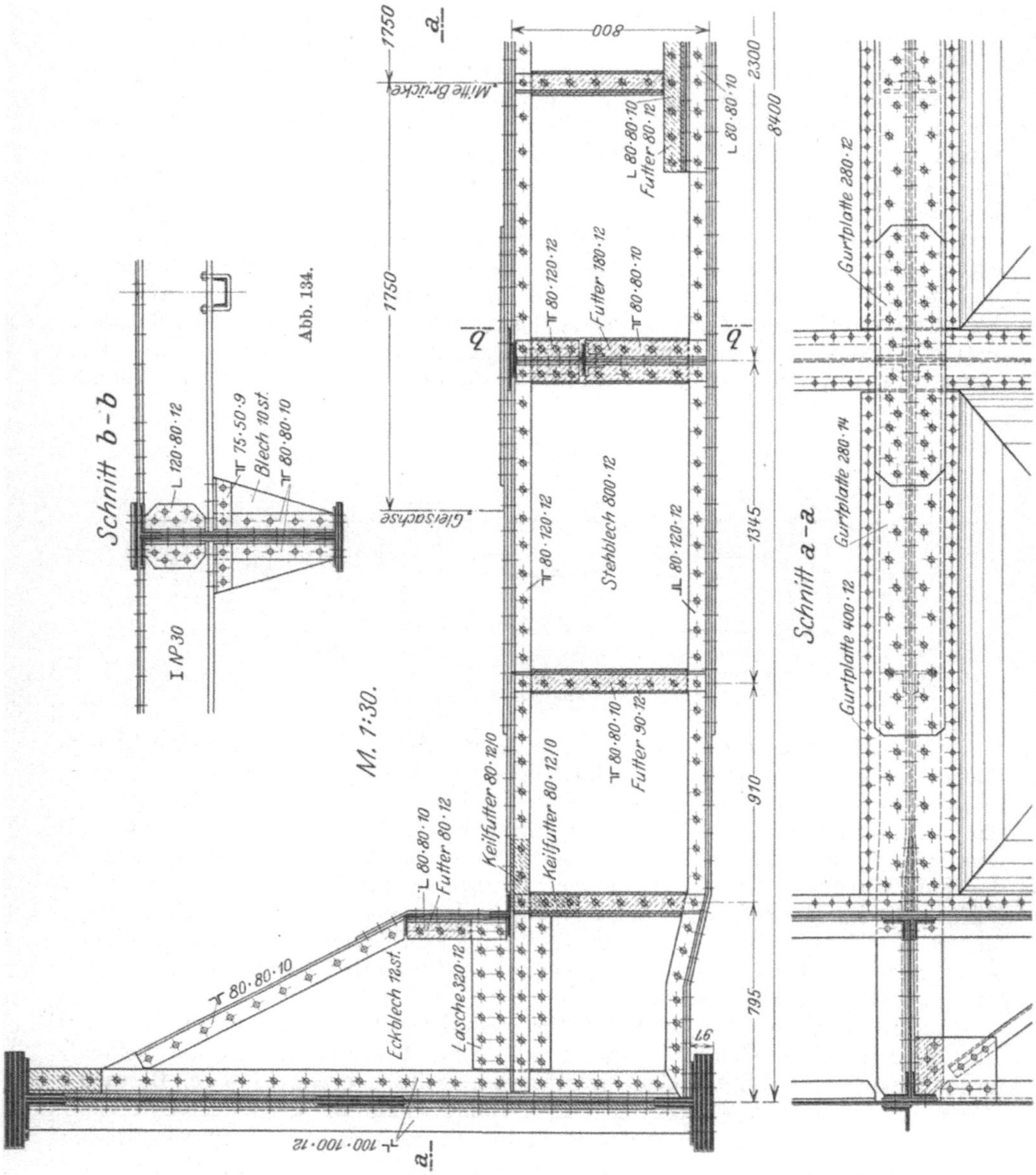

Abb. 134.

Abb. 133.

trägern fernhält. Er muß so gestaltet werden, daß alle Teile für die Unterhaltung zugänglich sind.

Den Nachteil ungleich beanspruchter Längsträger vermeidet die Anordnung der Abb. 132. Zwei Längsträger im Abstand von 1,80 m tragen eine Reihe Buckelplatten, sowie den Rand je eines nach außen bis über die Bettung steigenden Tonnenbleches. Der obere Rand des Tonnenbleches ist mit dem Stehblech des Hauptträgers vernietet. Liegen die Hauptträger, wie im Falle einer Bogenbrücke, unter der Fahrbahn, so wird das Tonnenblech am oberen Rande mit dem Steg eines ⊏-Eisens vernietet, welches auf eine Konsole abgestützt ist und den Belag des Fußweges trägt. Die Konstruktion spart Material und Nietarbeit.

Die Fahrbahn einer zweigleisigen Eisenbahnbrücke zeigt Abb. 133. Die Hauptträger sind Stehblechträger in 8,4 m Abstand. Die in 2,185 m Abstand stehenden Querträger sind Stehblechträger, deren erste Kopfplatte auf beiden Seiten um 60 mm über die oberen Platten übersteht. Die Fahrbahntafel besteht aus 3 Reihen Buckeplatten gleicher Größe. Sie ruhen auf 4 Längsträgern in 2,300 m Abstand. Die beiden mittleren (Abb. 134) sind I NP 30 mit einer Kopfplatte 250·12, welche über den Querträgern durchläuft und in der Mitte der Längsträger gestoßen ist. Sie liegt bündig mit der unteren Kopfplatte der Querträger. Letztere ist daher im Zuge der Längsträger unterbrochen. Zur Deckung des Stoßes dient eine Lasche auf der zweiten Kopfplatte. Die Längsträger sind mit den Querträgern durch Anschlußwinkel und Eckkonsolen unter ihrem Flansch verbunden. Die beiden äußeren Längsträger, die auch den Seitenabschluß der Bettung bilden, bestehen aus 1 Stehblech, 2 Gurtwinkeln unten und 1 Gurtwinkel oben. Sie laufen ebenfalls über den Querträger durch und sind

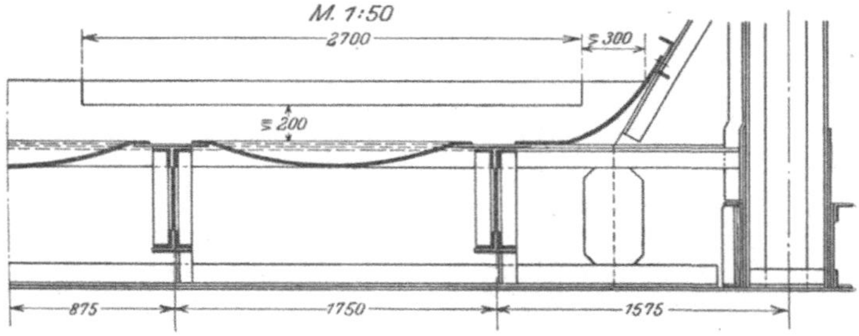

Abb. 135.

auf dessen obere Gurtwinkel abgestützt. Das Stehblech des Querträgers läuft in einem Stück zwischen den Hauptträgern durch.

Die in Abb. 135 dargestellte Fahrbahn einer zweigleisigen Eisenbahnbrücke von 3,5 m Gleisabstand weist ebenfalls 3 Reihen Buckelplatten auf. Die Längsträger stehen jedoch nur in 1,75 m Abstand. Durch diese Stellung wird gleichmäßige Belastung aller Träger erzielt, während bei der Anordnung nach Abb. 133 die mittleren stärker belastet sind als die äußeren. Den Seitenabschluß der Bettung bilden nach außen steigende Tonnenbleche. Ihr oberer Rand ist mit dem Steg eines ⅂_-Eisens vernietet, welches auch den Belag des Fußsteges trägt.

Vollwandige Bögen tragen die in Abb. 136 dargestellte Fahrbahn einer zweigleisigen Eisenbahnbrücke. Jedes Gleis ruht auf 2 Hauptträgern in 1,75 m Abstand. Die Querträger jedes Gleises sind in 1,85 m Feldweite auf die Hauptträger abgestützt und kragen nach beiden Seiten über. Sie tragen 3 Längsträgerstränge von 2·1,5 m Abstand, auf denen 2 Reihen Buckelplatten liegen. Quer- und Längsträger bestehen aus gewalzten I-Trägern. Von den Längsträgern hat der mittlere der größeren Belastung wegen ein höheres Profil erhalten als die äußeren. Lotrecht gestellte Bleche schließen die Bettung der beiden Gleise gegeneinander ab, ein schräg ansteigendes, durch eine Konsole gestütztes Flachblech begrenzt die Bettung nach außen. Auf der Fahrbahntafel ruht eine starke, wasserdicht abgedeckte Betonschicht, deren Oberfläche durch Längsgefälle über die Widerlager hinweg entwässert wird. Gegen Beschädigung bei Gleisarbeiten wird die Isolierschicht durch eine Flachschicht aus Steinen geschützt.

Bei Straßenbrücken ist die Lage der Randlängsträger stets durch die Breite des Fahrdammes gegeben. Um die Träger als Rückenstütze der Bordkantensteine zu benutzen, muß ihr Abstand um die doppelte Breite der letzteren größer sein

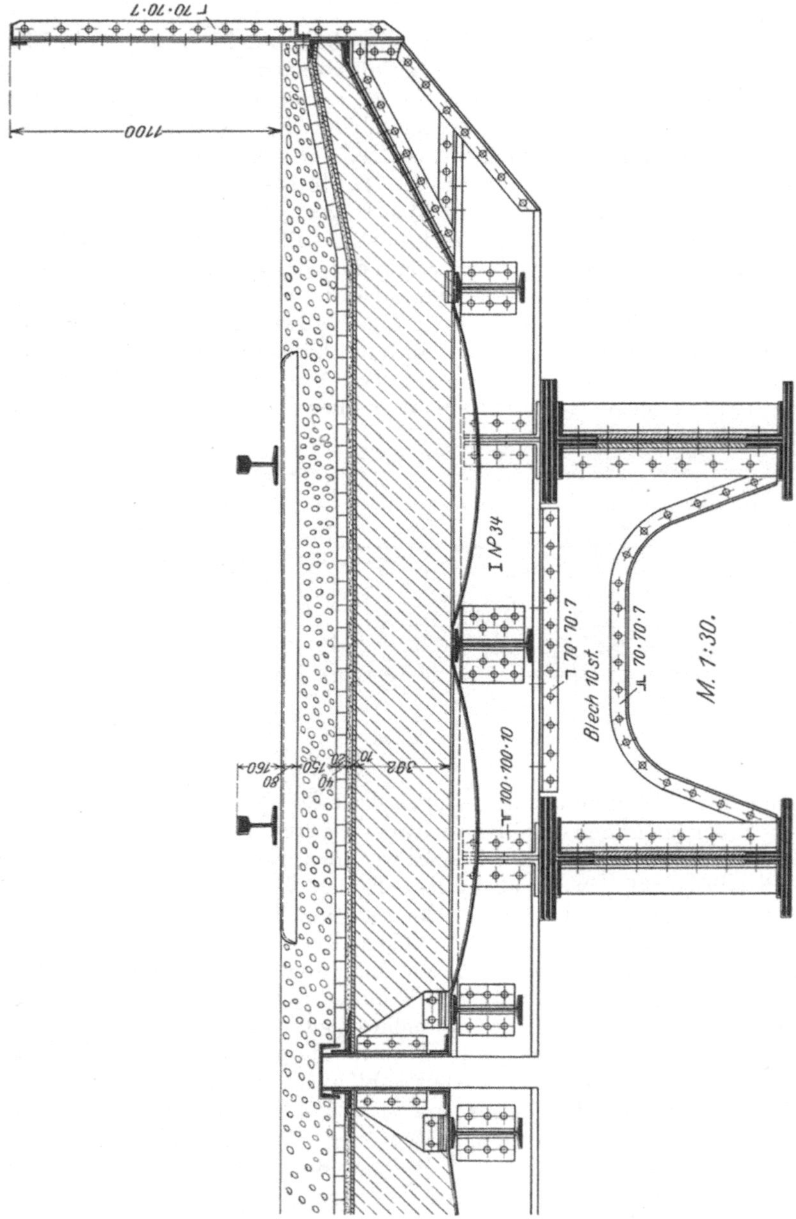

Abb. 136. Zweigleisige Bogenbrücke. Querschnitt.

als die Breite des Fahrdammes. Den Abstand der Randlängsträger teilt man in gleiche Teile, die der Spurweite der schwersten Wagen möglichst nahekommen, im allgemeinen etwa zwischen 1,40 bis 1,60 m. Kurze, an die Längsträger genietete Träger unterteilen, falls nötig, das Feld zwischen den Querträgern. Gleiche Größe aller Buckelplatten ist aus wirtschaftlichen Gründen erwünscht.

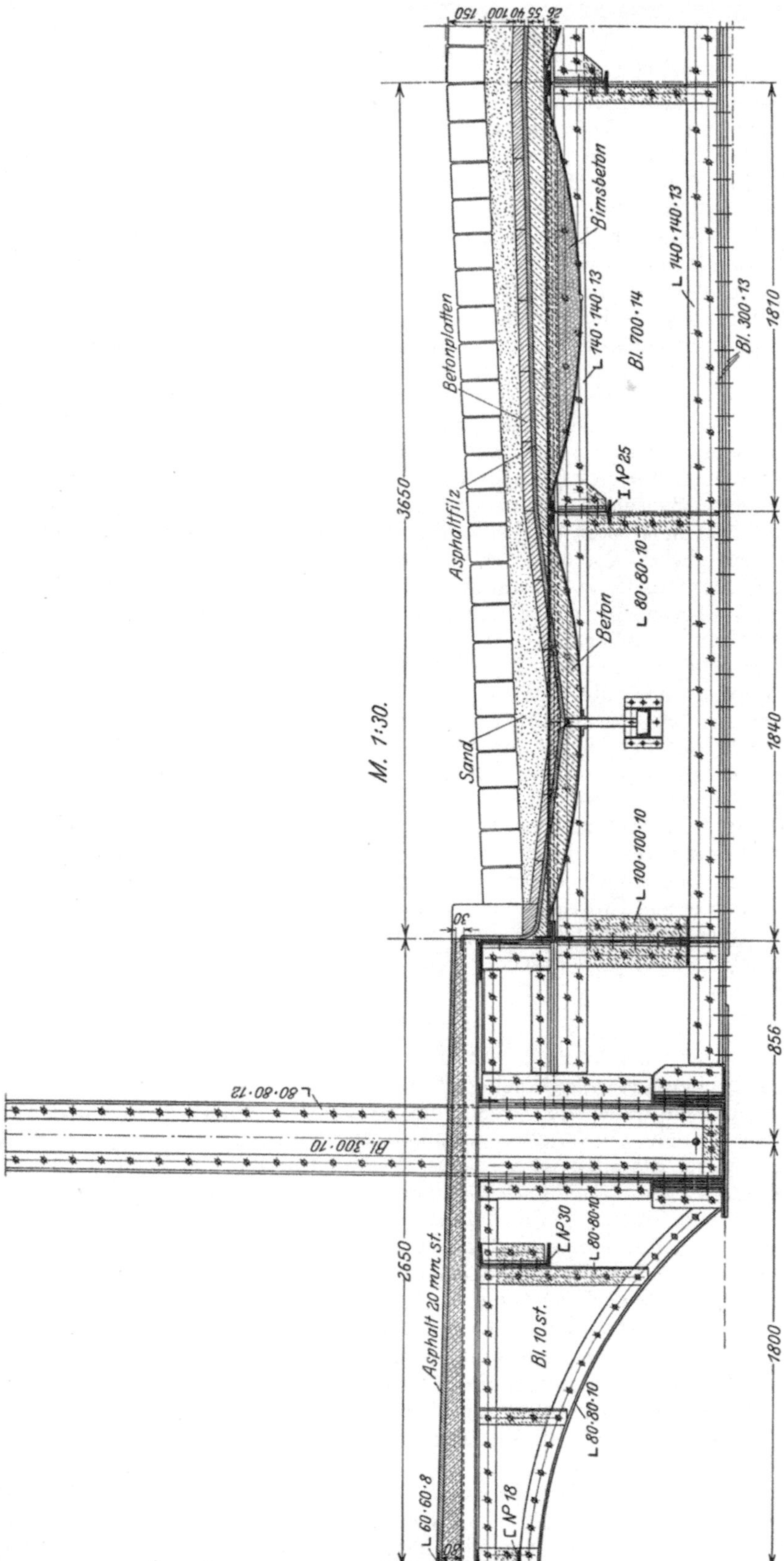
M. 1:30.
150
100
40
55
26
Betonplatten
Asphaltfilz
Sand
Bimsbeton
Beton
L 140·140·13
Bl. 700·14
L 140·140·13
Bl. 300·13
I NP 25
L 80·80·10
L 100·100·10
3650
1810
1840
856
30
L 80·80·12
Bl. 300·10
C NP 30
L 80·80·10
Bl. 10 st.
L 80·80·10
C NP 18
L 60·60·8
Asphalt 20 mm st.
2650
1800

Abb. 137.

Die Fahrbahn einer Straßenbrücke, deren Decke aus Steinpflaster von 15 cm Höhe mit Rücksicht auf besonders schwere Lasten stark ausgebildet ist, zeigt die Abb. 137. Der Fahrdamm ist durch 5 Längsträger in 4 Streifen aufgeteilt, die durch je eine Reihe von Buckelplatten abgedeckt sind. Der Abstand der Querträger von 5,43 m bedingt den Einbau von 2 Zwischenquerträgern in jedem Felde. Abweichend von der oben beschriebenen üblichen Bauweise überspannen hier nur die beiden Randlängsträger das Feld zwischen 2 Querträgern. Sie stützen 2 Zwischenquerträger, deren Stützweite also gleich dem Abstand der Randträger ist. Dadurch ergibt sich für die 3 mittleren Längsträger eine Dreiteilung. Die Anordnung ergibt leichtere Hauptquerträger als die übliche, da $^2/_3$ der Feldbelastung durch die Randlängsträger übertragen wird und in geringem Abstand von dem Auflager des Querträgers in den Hauptträgern angreift. Ebenso werden die 3 mittleren Längsträger leichter. Erheblich schwerer werden dagegen die Zwischenquerträger und die beiden Randlängsträger. Im ganzen kann die Anordnung bei großer Feldweite wirtschaftlich sein. Ob sie es hier ist, erscheint zweifelhaft. Für die Zwischen-, Quer- und Längsträger sind I-Träger gewählt, für erstere NP 55, für letztere NP 25. Die Hauptquerträger sind Stehblechträger mit 1 Gurtplatte. Die obere steht über die Winkel um die Breite des Buckelplattenrandes über. Die Randlängsträger bestehen aus 1 Stehblech, 2 unteren und 1 oberen Gurtwinkel. Ihre Oberkante übersteigt die Oberkante des Querträgers um rd. 30 cm. Am Steg angenietete Winkel bilden die Lagerfläche der Buckelplatten. Die Anordnung zweier Winkel entspringt der Befürchtung, daß 1 Winkel durch die Belastung des wagerechten Schenkels abgebogen wird. Das obere Stück des Stehbleches bildet den Seitenabschluß der Fahrdammdecke und bietet dem Bordkantenstein eine feste Rückenstütze. Zwischen Stein und Stehblech ist die Isolierschicht aus Asphaltfilz hochgeführt. Der nach außen gestellte Gurtwinkel trägt die aus Belageisen gebildete Tafel des Fußweges. Die hier gewählte Ausbildung des Randlängsträgers zeigt die gebräuchliche und bewährte Lösung der vorliegenden Aufgabe. Bei der üblichen Anordnung von Querträger zu Querträger gespannter Längsträger kann der Randlängsträger zuweilen auch aus einem]-Eisen gebildet werden, dessen unterer Rand durch ein Winkeleisen gesäumt ist. Dieser Träger wird auf die Gurtwinkel des Querträgers aufgesetzt, und der wagerechte Winkelschenkel bildet die Lagerfläche der Buckelplatte.

b) Die Tonnenbleche

haben wie die Buckelplatten rechteckige Grundrißform, jedoch nur auf 2 parallelen Seiten ebene Ränder von 6 bis 7 cm Breite. Die Fläche zwischen den Rändern ist das Segment eines Zylindermantels. Der Stich der Wölbung beträgt $^1/_{10}$ bis $^1/_8$ der Breite, die Blechstärke 8 bis 10 mm. Die Tonnenbleche werden in Stücken bis etwa 3,0 m Länge und 2,5 m Breite hergestellt. Der Stoß zwischen 2 Tonnenblechen wird durch ein Flacheisen, öfters auch durch ein gekrümmtes ⊥-Profil gedeckt. Die Ränder werden meist auf die Längsträger, seltener auf die Querträger gelegt. Bei der ersten Anordnung wird der Anschluß an die Oberkante der Querträger durch eine halbe Buckelplatte hergestellt. Wenn die Bauhöhe ausreicht, ist es einfacher und zweckmäßiger, die Querträger so tief zu legen, daß das Tonnenblech sie überschreiten kann. Die Auflagerung der Tonnenbleche auf den Querträgern kann bei größerem Abstand der Hauptträger zweckmäßig sein. Für den Abschluß der Bettung auf beiden Seiten genügt hier ein leichter Randlängsträger, mit dessen Steg das Tonnenblech durch ein gekrümmtes Winkeleisen vernietet ist.

Am günstigsten gestaltet sich die Bauart der Tonnenbleche, wenn Abstand und Höhenlage der Hauptträger ihre unmittelbare Auflagerung auf den Hauptträgern gestatten. Das trifft zuweilen bei Stehblechträgern und Bogenträgern unter der Fahrbahn zu. Die Querträger können ganz gespart werden und es sind nur wagerechte Steifen zwischen den Hauptträgern notwendig, die den wagerechten Zug der Tonnenbleche ausgleichen. In Fällen dieser Art sind die Tonnenbleche das gegebene Mittel für die Fahrbahntafel, da sie durch Wegfall des Rostes Material wie Arbeit in der Werkstatt und auf der Baustelle sparen. Dieser Vorteil wird auch durch das etwas größere Gewicht der Bettung nicht aufgehoben. Liegt die genannte Voraussetzung nicht vor, so verdienen Buckelplatten den Vorzug. Zur Abführung des Wassers erhält die Sohle bei nicht zu langen Brücken Längsgefälle von der Brückenmitte bis über die Widerlager. Bei langen Brücken sind mehrere Rücken und Entwässerung der Mulden durch die Tafel hindurch notwendig. Das gleiche gilt natürlich, wenn die Tonnenbleche auf den Querträgern liegen.

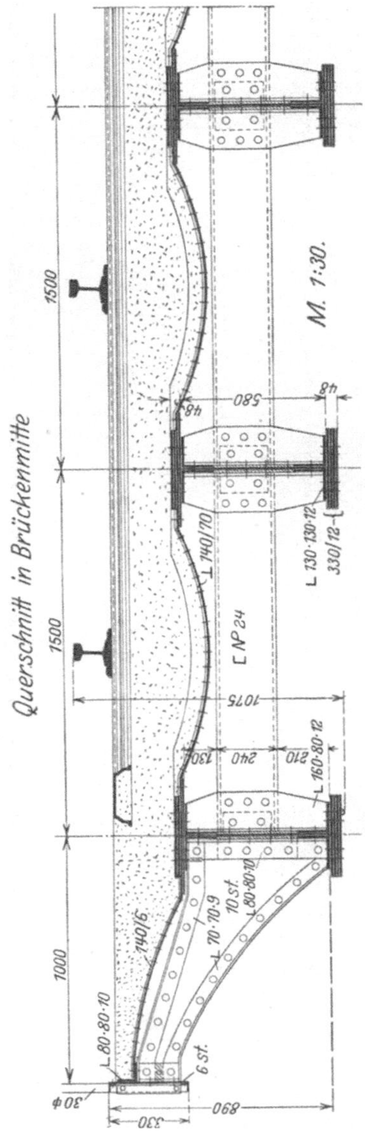

Abb. 138.

Die Fahrbahn einer Eisenbahnbrücke der oben genannten Art zeigt die Abb. 138. Es handelt sich um die Überführung von Gleisen in 4,5 m Abstand am Ausgang eines Bahnhofes. Die Hauptträger sind Stehblechträger unter der Fahrbahn und liegen aus dem in II F 1 genannten Grunde in 1,5 m Abstand. Die erste Kopfplatte steht um die Breite des Tonnenblechrandes über die Gurtwinkel und die oberen Platten über. Auf den Überstand sind die Tonnenbleche genietet. Um ihnen eine gewisse Steifigkeit zu geben, sind einzelne gekrümmte ⊥-Eisen aufgenietet. Die Aussteifung zweier Hauptträger gegeneinander bewirken [-Eisen, die durch ungleichschenklige Winkel mit den Stehblechen der Hauptträger verbunden sind. Da der Zug der Tonnenbleche auf die Oberkante der Träger wirkt, müssen die [-Eisen mit den Anschlußwinkeln steife Bügel bilden, welche Biegungsmomente aufnehmen können. Deshalb sind die [-Eisen mit den Anschlußwinkeln durch mindestens 2 lotrechte Nietreihen zu verbinden. Den Seitenabschluß der Bettung bildet ein steigendes Tonnenblech, welches an der Außenkante durch einen niedrigen genieteten Träger auf Konsolen am Hauptträger abgestützt ist.

c) Die Flachbleche

werden auf die Träger des Rostes über mehrere durchlaufend aufgenietet. Der Seitenabschluß der Bettung wird ebenso ausgeführt wie bei Fahrbahntafeln aus Buckelplatten oder Tonnenblechen. Sie haben den Vorteil einfacher Herstellung und geringen Bettungsgewichtes. Die Bleche erhalten Quergefälle von der Mitte der Fahrbahn nach beiden Rändern. Hier führt entweder eine Rinne das Wasser über die Widerlager ab oder einzelne Rohre bewirken den Abfluß durch die Tafel hindurch. Der Vorteil der Billigkeit einer Fahrbahntafel aus Flachblechen wird durch die enge Stellung der Rostträger wettgemacht, die man für nötig hält. Wenn die Forderung gestellt wird, daß die Tafel in jedem Punkte ein entgleistes Lokomotivrad aufnehmen kann, ist allerdings ein geringer Trägerabstand unvermeidlich. Beschränkt man diese Forderung jedoch auf die Träger des Rostes und rechnet für die Tafel mit der Druckverteilung, die im normalen Betrieb durch die Schwellen und Bettung bewirkt wird, so wird der Rost nicht oder nicht erheblich schwerer als bei Anordnung von Buckelplatten. Unter dieser Voraussetzung weist die Fahrbahntafel aus Flachblechen entschiedene Vorzüge auf.

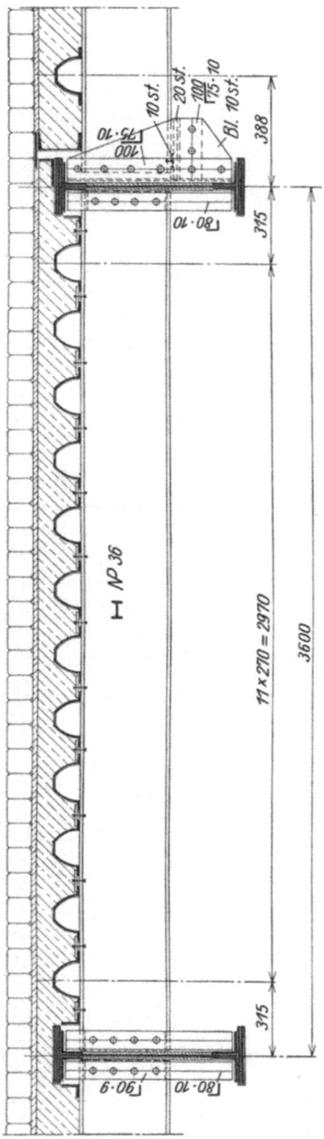

Abb. 139.

d) Belageisen

werden meist quer, seltener parallel zur Brückenachse auf dem Fahrbahnrost verlegt. In der Querlage laufen sie über die Längsträger ohne Stoß oder höchstens einmal in Brückenmitte gestoßen durch. Zur Befestigung auf den Trägern dient eine Platte, die, durch 2 den Trägerflansch umfassende Hakenschrauben befestigt, 2 Belageisen ergreift und deren Ränder festklemmt (Abb. 139). Eine Befestigung dieser Art auf jedem 2. oder 3. Träger hat sich als ausreichend erwiesen. Mit dem Randlängsträger werden die Belageisen jedoch häufig vermittels eines unterlegten Winkels vernietet. Sie werden entweder enggestellt mit einem Zwischenraum von nur 1 bis 2 cm oder mit größeren Lücken, die durch flachgelegte Ziegel- oder Hohlsteine überdeckt werden (Abb. 152 und 153). Auf Eisenbahnbrücken wird über den Belageisen eine 6 bis 8 cm starke Betonschicht aufgebracht und durch eine wasserdichte Schicht etwa aus Asphaltfilz abgedeckt. Auf dieser ist zum Schutz der Isolierung gegen Beschädigung bei Gleisarbeiten eine Flachschicht aus Ziegeln oder Betonplatten zu verlegen. Zur Abführung des Tageswassers muß die Oberfläche Quer- und Längsgefälle erhalten. Auf der beschriebenen Abdeckung liegt die Gleisbettung in der üblichen Stärke. Die Anordnung erfordert große Bauhöhe und hat ein beträchtliches Gewicht. Infolge dieser Nachteile hat die Fahrbahntafel aus Belageisen bei Eisenbahnbrücken keine Verbreitung gefunden. Mit Recht werden hier Buckelplatten oder unter den dafür günstigen Bedingungen Tonnenbleche vorgezogen.

Anders ist die Sachlage bei Straßenbrücken. Hier hat das Belageisen ein weites Anwendungsgebiet gefunden. Die Mehrzahl der neueren Straßenbrücken weist Fahrbahntafeln aus Belageisen auf. Der Grund liegt in geringerem Eisengewicht und namentlich in der Verbilligung der Montage durch Wegfall der Nietarbeit. Die Betonschicht ist als Unterlage des Pflasters bei jeder Bauart der Tafel in ungefähr gleichem Gewicht notwendig. Als geringfügiger Nachteil in der Unterhaltung ist vielleicht die schlechte Zugänglichkeit der unteren Eisenfläche anzusehen.

Der Fahrbahnrost besteht aus Längs- und Querträgern. Die bei Buckelplatten erforderlichen Zwischenquerträger nebst ihren Anschlüssen werden gespart. Der durch die Breite des Fahrdammes gegebene Abstand der Randlängsträger wird in gleiche Längen zwischen 1,2 und 1,6 m geteilt. Wenn etwa auf Straßenbahngleisen erheblich schwerere Raddrücke auftreten als die sonst anzunehmende größte Einzellast, kann engere Stellung der Längsträger unter den Gleisen zweckmäßig sein, um gleiche Belastung aller Träger zu erzielen. Die Belageisen Nr. 11 reichen mit 0,30 m Abstand verlegt bei schweren Lasten bis etwa 1,40 m, bei leichteren bis 1,60 m Trägerabstand. Um an Bauhöhe zu sparen, legt man die Längsträger so tief, daß die Oberkanten der Belageisen und der Querträger ungefähr bündig sind.

Abb. 139 zeigt im Längenschnitt der Fahrbahn die Ausbildung des Rostes und die Lagerung der Belageisen. Für die Längsträger sind I NP 36 verwendet, für die Querträger Stehblechträger. Bemerkenswert ist der in Abb. 112 S. 132 dargestellte Anschluß des Querträgers an den Hauptträger. Letzterer ist ein Bogen über der Fahrbahn, dessen Horizontalzug durch das unter der Fahrbahn liegende Zugband aufgenommen wird. Der Querträger ist durch die Pfosten in den Knotenpunkten des Bogens aufgehängt. Außerhalb des Pfostens ist an das Eckblech eine Konsole zur Unterstützung des Fußweges angeschlossen. Da die äußersten Querträger fest in Knotenpunkten der Hauptträger angeschlossen sind und das Zugband pendelnd aufgehängt ist, ist eine Unterbrechung der Längsträger und eine Fuge in der Fahrbahn notwendig. Die Längsträger stützen sich hier längsverschieblich auf Konsolen am Querträger und werden seitlich zwischen den Konsolblechen geführt.

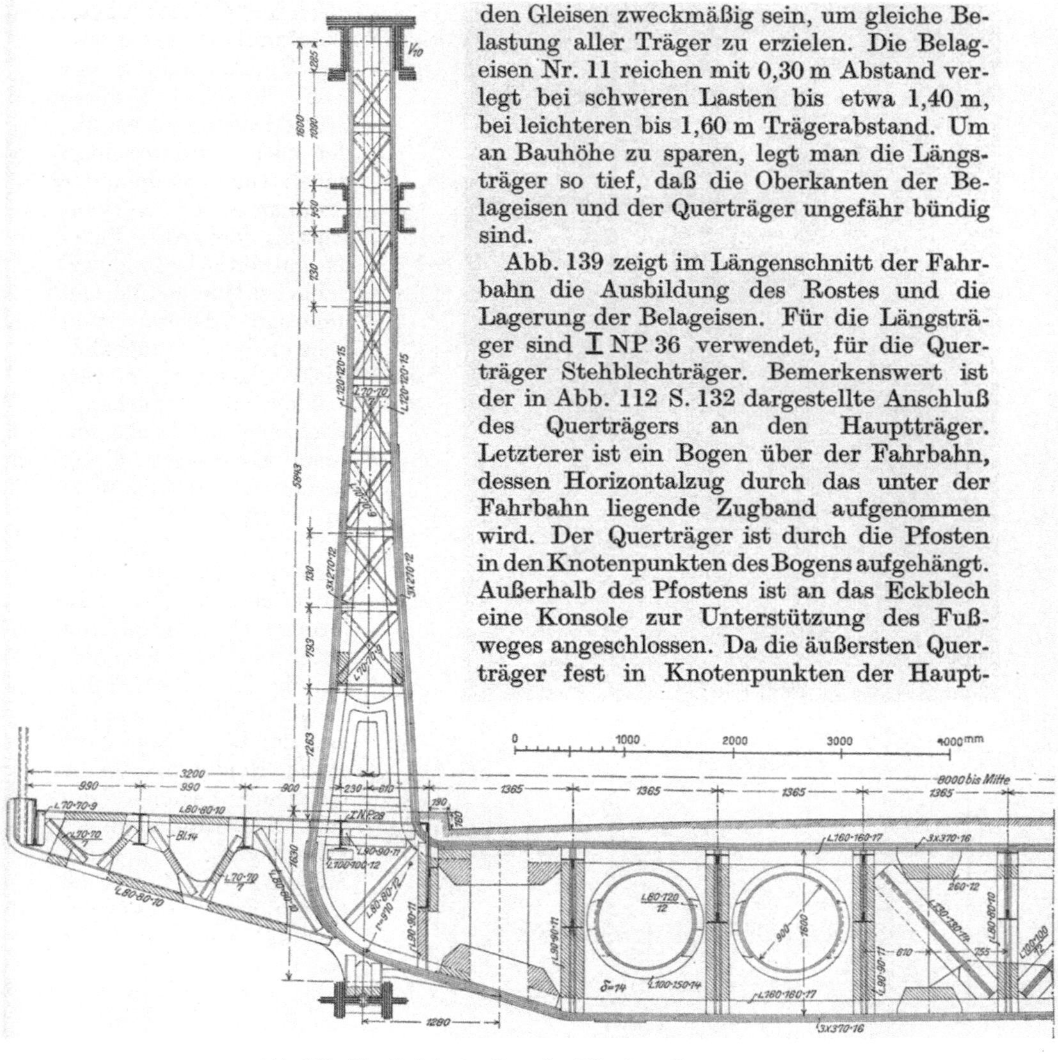

Abb. 140. Havelbrücke im Zuge der Döberitzer Heerstraße.

Auch die Abb. 140 stellt die Fahrbahn einer Bogenbrücke mit Zugband dar, die in den Knotenpunkten der Hauptträger hängt[1]. Der Fahrdamm weist die ungewöhnliche Breite von 16 m auf. Mit der Breite der Bordkanten

[1] Aus Bernhard: Eiserne Brücken.

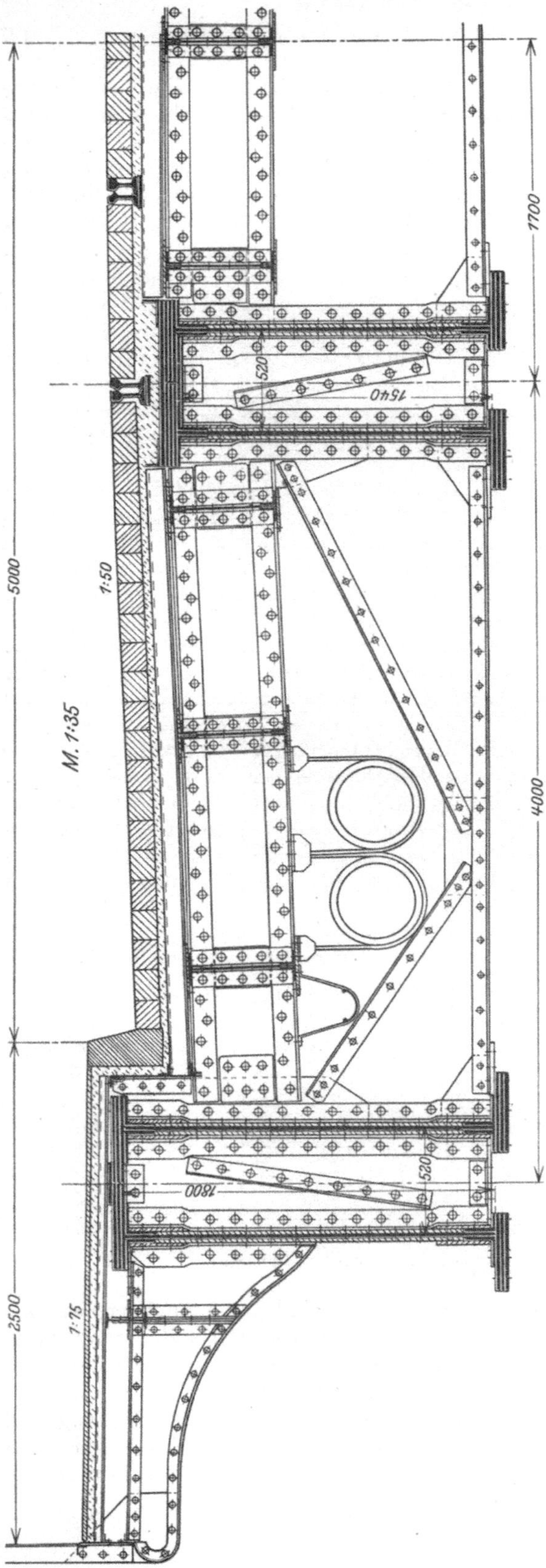

Abb. 141. Bogenbrücke über den Neckar in Mannheim. Querschnitt.

ergibt sich daher ein Abstand der Randlängsträger von 16,38 m. Er ist in 12 Teile von je 1,365 m geteilt. Die Längsträger bestehen aus einem Stehblech und 4 Gurtwinkeln. Die Randlängsträger weisen die Ausbildung der Abb. 137 auf. Das obere Stück des Stehbleches bildet den Seitenabschluß der Bettung und dient der Bordkante als Rückenstütze. Die große Fahrdammbreite bedingt erhebliches Quergefälle. Um unnötige Dicke und Schwere der Fahrbahndecke in der Mitte zu vermeiden, hat die Fahrbahntafel eine der Decke folgende Steigung von der Bordkante nach der Mitte zu erhalten. Ihr ist die Höhenlage der Längsträger angepaßt. Da sie lotrecht stehen, sind keilförmige Unterlagsplatten unter den Belageisen notwendig. In andern Fällen steigender Belagseisen hat man den Längsträgern die gleiche Neigung gegen die Lotrechte gegeben und auch die Obergurtung des Querträgers in gleicher Steigung geführt. Für die Querträger, die in 6,3 m Abstand stehen, ist die Bauart des Stehblechträgers gewählt. In den 4 mittleren Feldern ist jedoch das Stehblech durch Gitterstäbe ersetzt worden, eine kaum zweckmäßige Maßnahme, die heute nicht getroffen würde. Die Rücksicht auf normale Walzlängen würde die Anordnung eines Stoßes im 2. Felde bedingen. Die Montage dagegen verlangt den Stoß im ersten Feld. Zur Vermeidung von Überlängen mußten deshalb die Gurtungen in den mittleren Feldern nochmals gestoßen werden. Die kreisförmigen, durch Winkeleisen gesäumten Aussparungen im zweiten und dritten Felde dienen zur Unterbringung von Rohrleitungen. Der Stoß im ersten Feld hat im wesentlichen die Bauart des Vollstoßes. An die Stelle des Stehbleches tritt das Eckblech. Beide Gurtungen sind auf Kreisbögen in die Gurtungen des Pfostens überführt. Die Platten der äußeren Gurtung sind vom Stoß ab zweiteilig ausgebildet. Dadurch werden überstehende Lappen am Eckblech ermöglicht, wo sie zum Anschluß der Konsole des Fußsteiges und des Zugbandes des Hauptträgers nötig sind.

Die Fahrbahn der Bogenbrücke über den Neckar in Mannheim ist in Abb. 141 dargestellt. Die Hauptträger, deren 4 angeordnet sind, sind doppelwandige Blechbögen unter der Fahrbahn. Die Fahrbahntafel bilden Belageisen. Sie steigen mit dem Straßenprofil von der Bordkante bis $^1/_3$ der Dammbreite und liegen in der Mitte wagerecht. 9 Längsträger aus einem Stehblech und 4 Gurtwinkeln tragen die Fahrbahntafel. Entsprechend deren Steigung stehen sie geneigt gegen die Lotrechte. Am Rande des Fahrdammes kragen die Belageisen über die Längsträger über und legen sich an den Enden auf die Untergurtwinkel niedriger Randträger, welche zum Abschluß der Bettung und als Rückenstütze des Bordkantensteines dienen. Der Randträger bildet mit 2 weiteren Längsträgern, die auf Konsolen ruhen, den Rost des Fußweges, dessen Tafel aus querliegenden Belageisen besteht. Im Bogenscheitel greifen die Hauptträger der beschränkten Bauhöhe wegen in die Fahrbahn ein. Ihre Oberkante erhebt sich nahezu bis zur Oberkante der Belageisen. Diese sind daher hier unterbrochen und die Betonschicht der Decke legt sich unmittelbar auf die Gurtplatte der beiden mittleren Bögen. Eine Brücke aus einem Flachblech wäre vorzuziehen. Die Querträger sind in 3 getrennte Stücke unterteilt, die durch Eckbleche mit den Stehblechen der Bögen verbunden sind. Wo die Bögen unter der Fahrbahn bleiben, laufen die Querträger in 3 zusammenhängenden Stücken von einem äußeren Bogen bis zum andern und endigen in Konsolen für die Fußwege. Der Stoß über den mittleren Bögen besitzt beschränkte Gelenkwirkung. Die durchlaufende Konstruktion ist bei größerer Sicherheit einfacher und billiger. Sie verdient deshalb den Vorzug.

Die Fahrbahn der Hängebrücke Köln-Deutz zeigt die Abb. 142. Der Fahrdamm von 11,2 m Breite ruht auf 10 Längsträgern von 1,30 m Abstand. Die in 7,78 m Teilung gestellten Querträger sind Stehblechträger aus Nickelstahl. Die Höhe des Stehbleches beträgt in der Mitte 1,90 m bei 12 mm Stärke. Die Fahrbahntafel aus querlaufenden Belageisen, ebenso die Oberkante des Querträgers steigt mit dem Dammprofil. Die Längsträger stehen normal zu dieser Steigung.

e) Kappen und Platten aus Eisenbeton.

Kappen aus Beton oder Eisenbeton zwischen gewalzten I-Längsträgern bilden eine für Eisenbahnbrücken kleiner Spannweiten öfters gewählte Bauweise. Um Längsrisse zu vermeiden, die namentlich zwischen dem Beton und den Trägern zu befürchten sind, werden kräftige Querverspannungen aus Rundeisen eingebaut und mit den Stegen verbunden. Sie müssen sowohl oben wie unten liegen, da in beiden Zonen Zugkräfte auftreten. In einzelnen Fällen mittlerer Spannweiten ist die Fahrbahn von Eisenbahnbrücken auch aus Beton zwischen eng gestellten gewalzten I-Querträgern hergestellt worden. Der verhältnismäßig große Eisenverbrauch und ihre Schwere machen die Bauart jedoch teuer. Da die Träger im Beton der Beobachtung und Unterhaltung entzogen sind, ist die wasserdichte Abdeckung sowie die Entwässerung der Oberfläche mit großer Sorgfalt auszuführen. Neuerdings haben die Eisenbetondecken bei Überführungen über stark befahrene Eisenbahngleise größere Beachtung gefunden. Die Erfahrung hat gezeigt, daß Fahrbahntafeln aus Eisen durch die Rauchgase ziemlich schnell

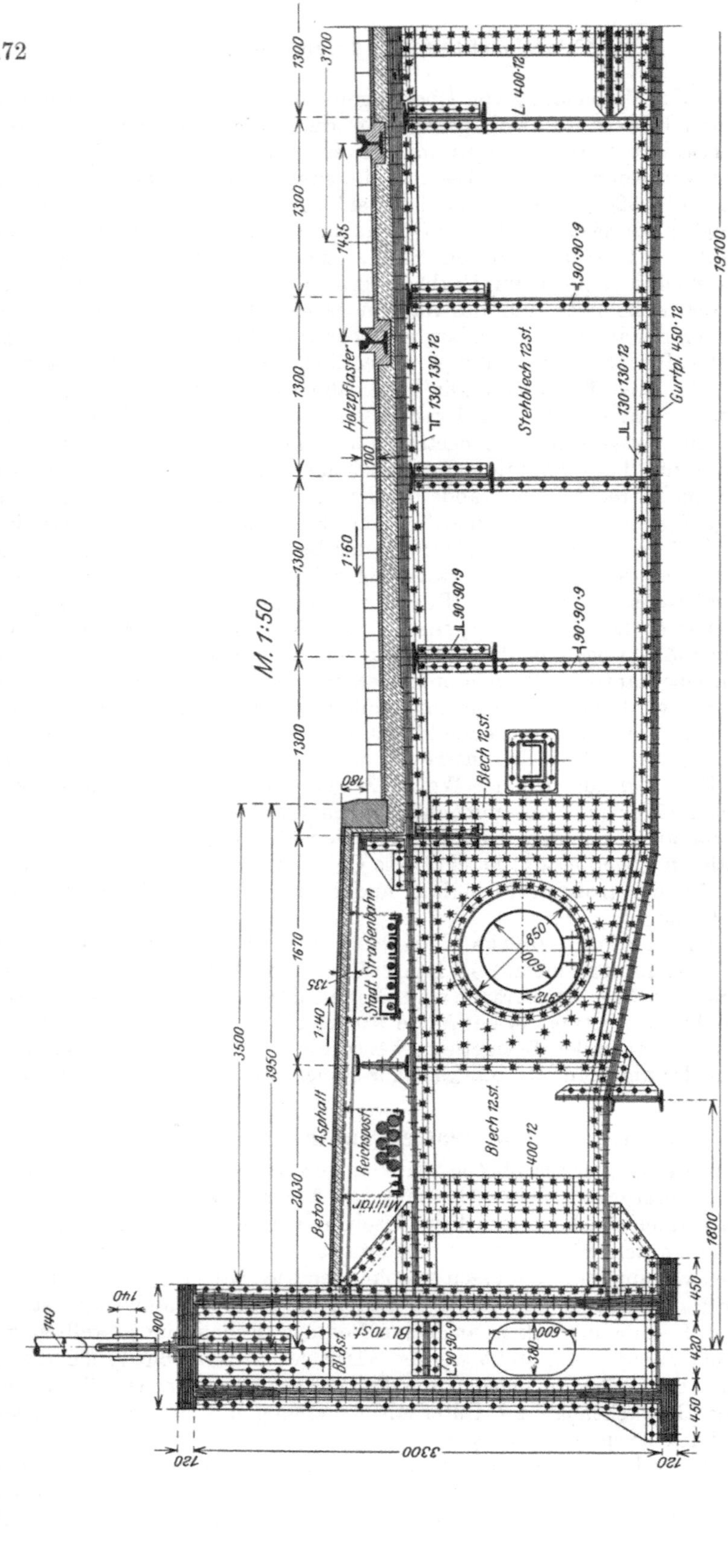

Abb. 142. Kettenbrücke über den Rhein Köln-Deutz. Querschnitt.

zerstört werden. Infolgedessen sind in solchen Fällen massive Fahrbahnen auch bei höheren Herstellungskosten wirtschaftlich. Die aus dem Beton vorstehenden Eisenteile werden zweckmäßig mit einer

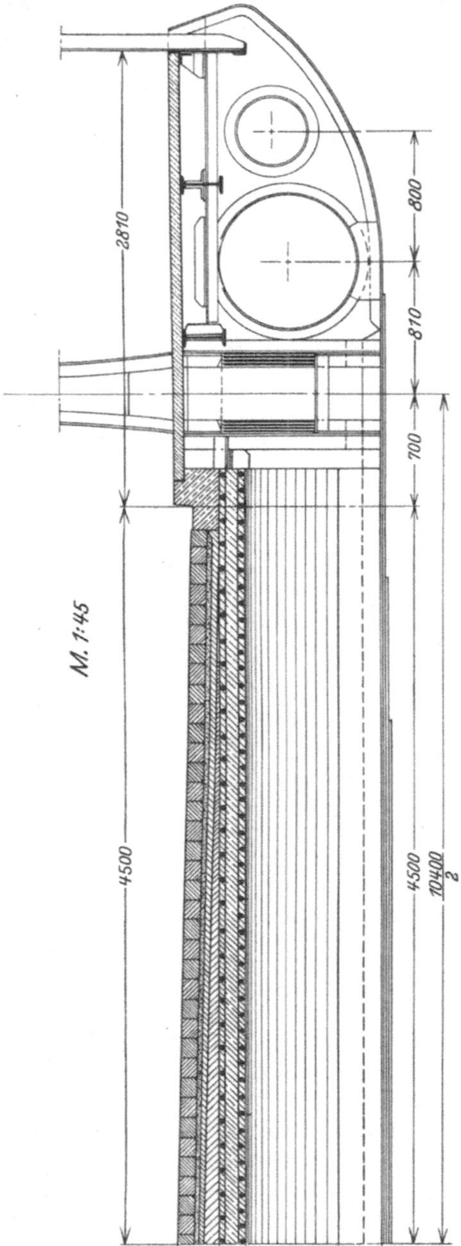

Abb. 143. Fahrbahn der Straßenüberführung über Bahnhof Heidelberg.

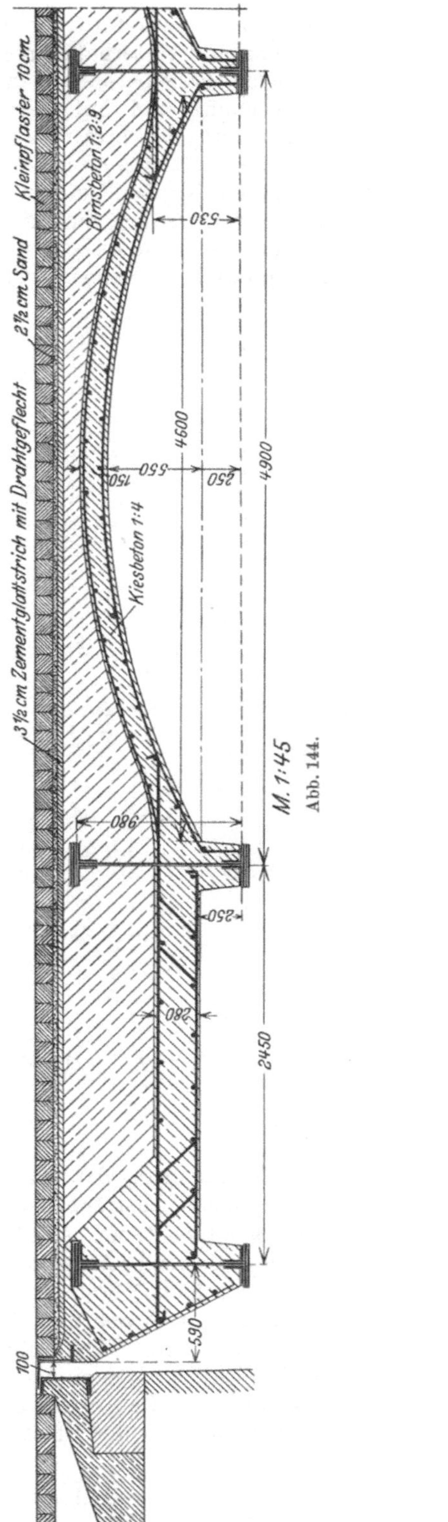

Abb. 144.

Betonschutzschicht umgeben. Das Verfahren der Torkretierung hat sich hierfür als geeignet erwiesen.

Bei mittleren und großen Spannweiten beschränkt sich die Verwendung des Eisenbetons für

die Fahrbahn auf Straßenbrücken. Hier tritt sie, begünstigt durch den Vorzug geringer Unterhaltungskosten, mit den Belageisen in aussichtsreichen Wettbewerb. Eisenbetonkappen werden als Gewölbe zwischen den Querträgern eingespannt und auf deren unteren Flansch gelagert[1]. Zur Aufnahme des Horizontalschubes in den Endfeldern wird dort die Kappe durch eine plattenartige Konstruktion ersetzt. Da über den Stützen Zugspannungen an der Oberkante der Kappen auftreten, müssen benachbarte Kappen durch Eiseneinlagen verbunden werden, die entweder über die Querträger hinweggeführt werden oder sie durchdringen. Zwecks Minderung des großen Gewichts können die Zwickel mit leichterem Bimsbeton ausgefüllt werden. Gute Abdeckung durch eine Isolierschicht

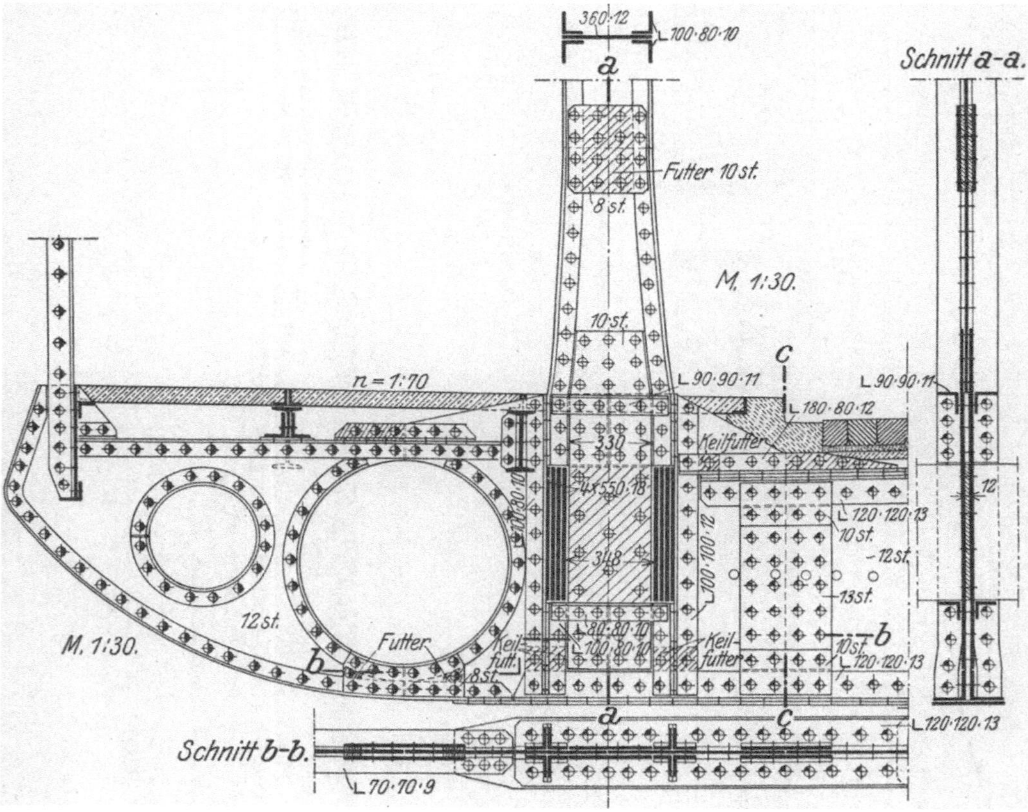

Abb. 145.

und Entwässerung der Oberfläche sind selbstverständliche Maßnahmen. Die Konstruktion spart beträchtlich an Eisen. Die Montage wird jedoch durch die erforderliche Schalung teuer. Abb. 143 und 144 zeigen eine Fahrbahn der beschriebenen Art in Quer- und Längsschnitt. Die Decke besteht aus 10 cm hohem Kleinplaster auf Sandschicht. Von den Eisenteilen des Querträgers tritt nur die Gurtplatte des Untergurtes aus dem Beton heraus. Die Querträger sind Stehblechträger, die Hauptträger Bögen über der Fahrbahn. Der Horizontalschub wird durch ein Zugband aufgenommen, welches etwas über der Unterkante der Querträger liegt und diese im Anschluß an die Pfosten durchdringt (Abb. 145). Das Eckblech besteht aus 2 in der Pfostenachse gestoßenen Stücken. In jedem Stück ist die

[1] Zuerst ist diese Konstruktion von Grüning und Reißner in einem Wettbewerbsentwurf für die Straßenbrücke über die Elbe bei Harburg 1897 vorgeschlagen. Zentralbl. d. Bauverw. 1897.

für das Zugband erforderliche Fläche ausgeschnitten. Die beiden Stöße zwischen den Stücken des Eckbleches sind durch Laschen gedeckt. Die Laschen zur Deckung des oberen Stoßes erfassen gleichzeitig das Stehblech des Pfostens. Beiderseits des ausgesparten Rechteckes laufen Winkel über die volle Höhe des Eckbleches. Sie ergreifen über dem Zugband die Gurtwinkel des Pfostens, die mit dem Eckblech außerdem in den anliegenden Schenkeln vernietet sind, und sind am unteren Blechrand auf die hier durchlaufenden Gurtwinkel des Querträgers durch Keilfutter aufgeführt. Die Konsole des Fußweges ist an das Eckblech durch ihre Gurtwinkel und oben noch durch 2 Stoßwinkel angeschlossen. Sie weist 2 kreisförmige Aussparungen zur Aufnahme von Rohrleitungen auf. Die Brücke führt eine Straße über die Gleise des Bahnhofs Heidelberg. Für die Wahl der Fahrbahntafel ist jedenfalls die Absicht maßgebend gewesen, die ungeschützten Eisenteile in der Unterfläche mit Rücksicht auf die Rauchgase auf ein Kleinstmaß zu beschränken. Diese Absicht ist bis zur äußersten Möglichkeit erreicht.

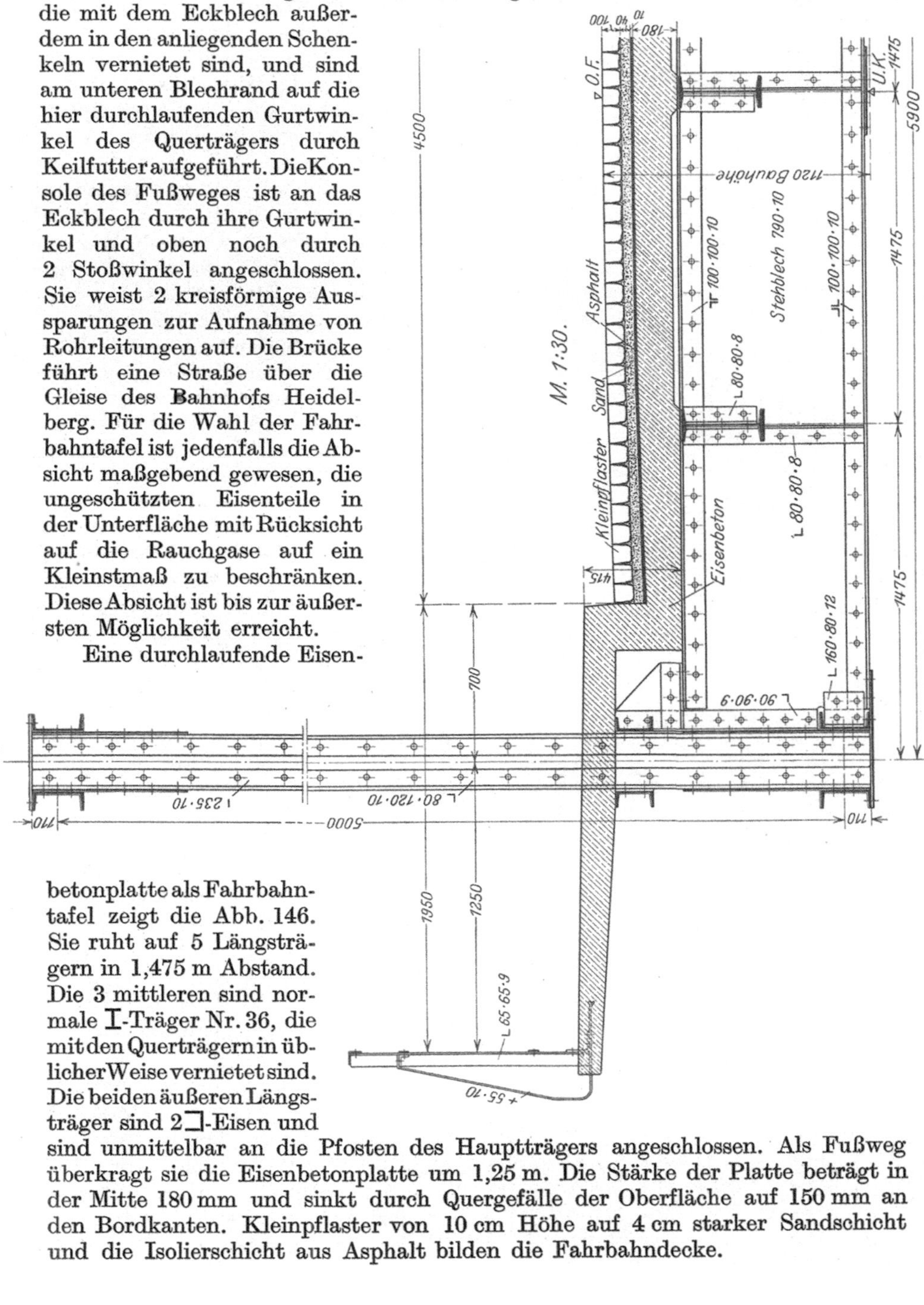

Abb. 146. Straßenbrücke über die Weser. Querschnitt.

Eine durchlaufende Eisenbetonplatte als Fahrbahntafel zeigt die Abb. 146. Sie ruht auf 5 Längsträgern in 1,475 m Abstand. Die 3 mittleren sind normale I-Träger Nr. 36, die mit den Querträgern in üblicher Weise vernietet sind. Die beiden äußeren Längsträger sind 2]-Eisen und sind unmittelbar an die Pfosten des Hauptträgers angeschlossen. Als Fußweg überkragt sie die Eisenbetonplatte um 1,25 m. Die Stärke der Platte beträgt in der Mitte 180 mm und sinkt durch Quergefälle der Oberfläche auf 150 mm an den Bordkanten. Kleinpflaster von 10 cm Höhe auf 4 cm starker Sandschicht und die Isolierschicht aus Asphalt bilden die Fahrbahndecke.

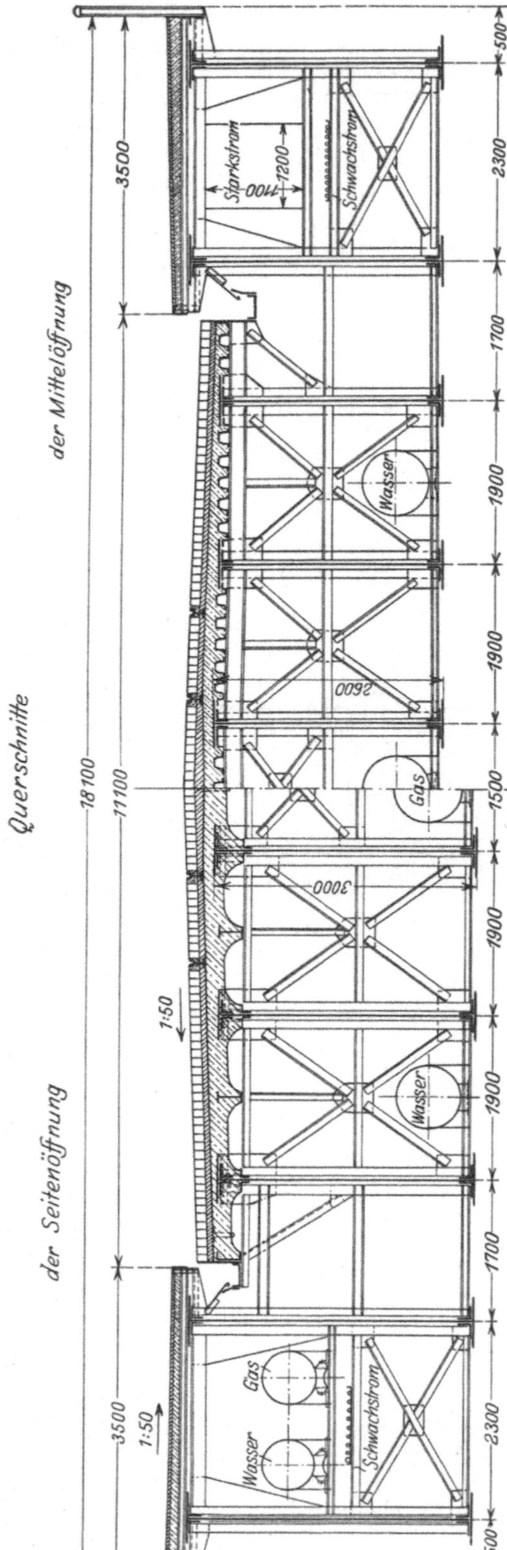

Abb. 147. Straßenbrücke über den Neckar in Mannheim. Entwurf Bonito. M. 1:85.

Eine in wesentlichen Punkten anders gestaltete, bemerkenswerte Fahrbahntafel aus Eisenbeton zeigt die Abb. 147. Die Hauptträger sind über 3 Öffnungen durchlaufende Stehblechträger. Aus statischen Gründen ist die Fahrbahntafel der Seitenöffnungen schwerer ausgebildet als in der Mittelöffnung. In den Seitenöffnungen sind Voutenplatten verwendet, die unmittelbar auf 6 in 1,9 m Abstand stehenden Hauptträgern und 4 Zwischenlängsträgern ruhen. Die Vouten stützen sich an den Hauptträgern auf Winkeleisen, die an das Stehblech angenietet sind, an den Zwischenlängsträgern auf die unteren Flansche. Sie umhüllen sowohl die Obergurtungen der Hauptträger wie die I-Längsträger vollständig. Die Stärke der Platte beträgt 20 cm, im mittleren Feld der größeren Spannweite wegen 25 cm. Ihre Oberfläche besitzt 10 cm Quergefälle. Da die Lagerfläche der Vouten in wagerechter Ebene liegt, nimmt ihre Höhe dem Quergefälle entsprechend ab. Die Fahrbahndecke besteht aus Holzpflaster.

Für die Fahrbahntafel der Bürgersteige sind Belageisen verwendet. Sie ruhen unmittelbar auf 2 Hauptträgern in 2,3 m Abstand. Fahrdamm und Fußweg sind durch die Wasserrinne vollständig getrennt. Die Fahrbahntafel der mittleren Öffnung besteht aus längslaufenden Belageisen, die auf Querträgern zwischen den Hauptträgern ruhen.

4. Übergang zum Widerlager.

Bei Eisenbahnbrücken mit Schwellenlagerung ist ein Abschluß der Bettung des Bahnkörpers über dem Widerlager notwendig. Die letzte Schwelle vor der Brücke darf nicht auf der Stirnmauer liegen, da die Stöße der Fahrzeuge diese sehr hart treffen und schnell zerstören würden. Da ferner der Abstand zwischen der letzten Schwelle vor der Brücke und der ersten Schwelle auf der Brücke 60 cm nicht überschreiten darf, kann die Stirnmauer zum Abschluß der Bettung nur in geringer Stärke ausgeführt werden. Von den massiven Bauweisen kommt daher nur Eisenbeton in Betracht (Abb. 148). Die erste Schwelle auf der Brücke legt man der Stirnmauer möglichst nahe. Über dem festen Widerlager genügt ein lichter Abstand von wenigen Zentimetern. Über dem beweglichen Widerlager muß der lichte Abstand die größte mögliche Verschiebung um einige Zentimeter überschreiten. Man lagert die Schwelle auf Konsolen am letzten Querträger im Zuge der Längsträger. Die letzte Schwelle in der Bettung soll vom Rücken der Stirnmauer 20 cm lichten Abstand haben. Für die Stärke der Stirnmauer bleiben daher höchstens 10 bis 14 cm. Die von der Deutschen Reichsbahn bevorzugte Ausführung in Eisenbeton ist in Abb. 148[1] dargestellt. Daneben wird vielfach der in Abb. 149 dargestellte Abschluß ausgeführt. Ein [-Eisen Nr. 30 liegt auf dem Mauerwerk und ist durch Winkeleisen mit einem Flachblech verbunden.

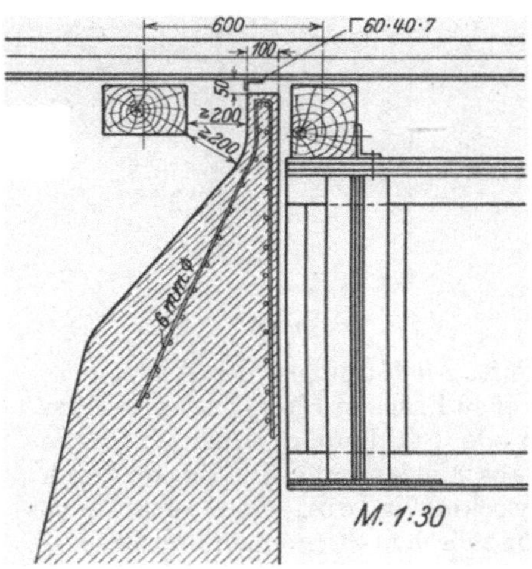

Abb. 148.

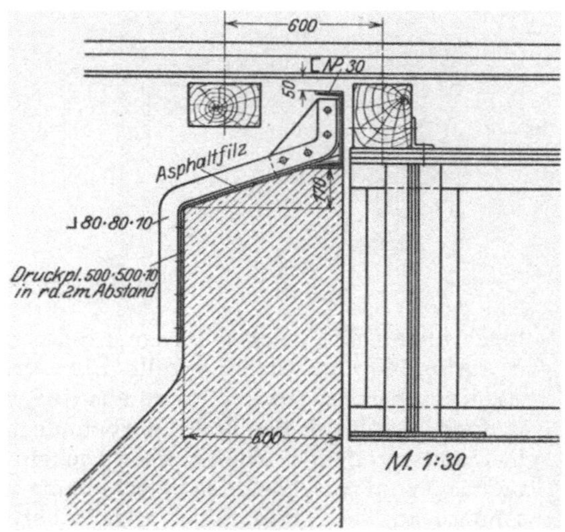

Abb. 149.

Dieses legt sich gegen den Rücken der Stirnmauer und wird durch den Druck der Hinterfüllung in seiner Lage gehalten. Die Anordnung ist dem Rost natürlich ziemlich stark ausgesetzt, läßt sich aber leicht unterhalten und erforderlichen Falles erneuern. Aus Rücksicht auf die Unterhaltung ist jedoch einem gut ausgeführten Betonabschluß der Vorzug zu geben.

Wo die Bettung über der Brücke durchläuft, greift die Fahrbahntafel nebst den seitlichen Abschlußblechen in Form eines offenen Kastens von rechteckigem oder trapezförmigem Querschnitt in das entsprechend ausgesparte Mauerwerk des Widerlagers ein. Der Boden besteht aus einem Flachblech, das am äußeren Rande durch ein Winkeleisen ausgesteift ist, und liegt auf dem mit Zementmörtel abgeglichenen Mauerwerk ohne Befestigung auf. Es muß in 10 bis 15 cm lichtem Abstand vom Mauerwerk durch ein I-Profil unterstützt werden, welches auf Konsolen am Endquerträger ruht, und wird am zweckmäßigsten auf den Endquerträger genietet. Die Verschiebung über dem beweglichen Auflager tritt durch Schleifen des Bleches auf dem Widerlager ein.

In derselben Weise wird der Übergang zum Widerlager bei Straßenbrücken über dem festen Auflager ausgeführt (Abb. 150). Über dem beweglichen Auflager

[1] Abb. 148 und 149 gez. nach „Grundsätze für die bauliche Durchbildung eiserner Eisenbahnbrücken“ 1925, S. 16.

kann die Anordnung ebenfalls gewählt werden, wenn die Bauart der Decke und geringes Maß der möglichen Verschiebung erwarten lassen, daß sich die Bewegung im Material ausgleicht. Bei einer Betondecke trifft das natürlich nur für kleine Stützweiten zu. Doch sind Brücken von 50 bis 60 m in dieser Weise ausgeführt, ohne daß sich Nachteile in der Decke gezeigt haben. Bei größeren Spannweiten muß die Fahrbahndecke über dem beweglichen Auflager unterbrochen werden. Die Fahrbahntafel wird durch ein senkrechtes, quer zur Brücke laufendes Blech abgeschlossen. Ein gleichartiger Abschluß begrenzt die Straßendecke vor der Brücke. Der Zwischenraum zwischen beiden wird durch ein Riffel-

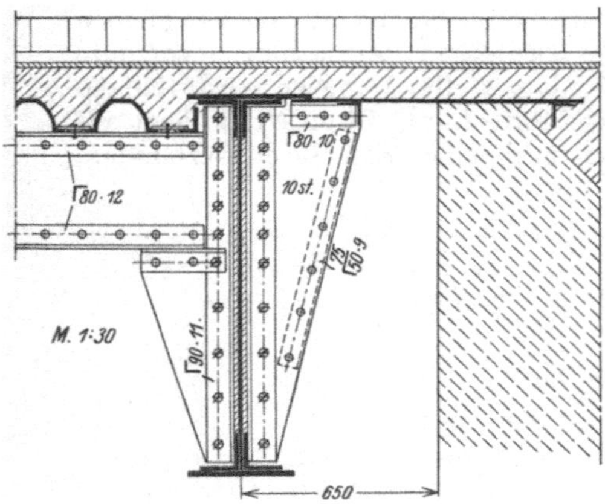

Abb. 150.

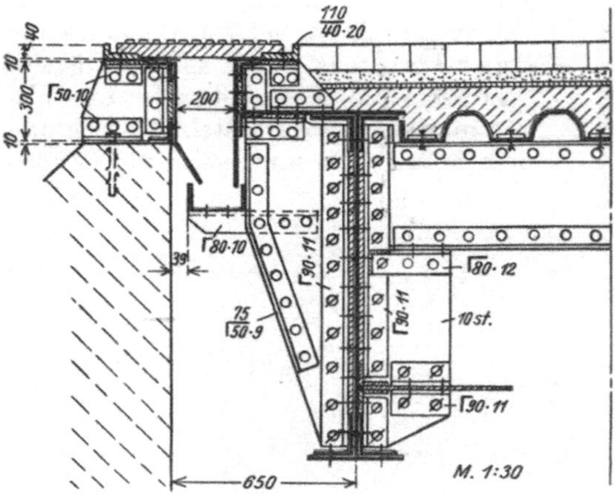

Abb. 151.

blech überdeckt, welches auf einer Seite schleift. Ausführungen der Art sind in den Abb. 144 und 151 dargestellt. Eine auf großen Brücken öfters gewählte Konstruktion besteht aus 2 Körpern aus Gußeisen oder Stahlguß, die quer zur Straße laufend Straßendecke und Fahrbahndecke abschließen und die Lücke durch ineinandergreifende Finger überbrücken. Zweckmäßig wird eine solche Vorrichtung zum Ausgleich der Verschiebung nicht zwischen Stirnmauer und Brücke, sondern auf dem Widerlager angeordnet.

5. Bauhöhe und Eigengewicht der Fahrbahn.

Die Bauhöhe ist der Höhenunterschied zwischen Schienenoberkante bzw. Fahrbahnkrone und Unterkante des eisernen Überbaues in Mitte der Brücke. Sie steht in allen Fällen, in denen die Fahrbahn zwischen den Hauptträgern liegt, in engem Zusammenhang mit der Stärke der Fahrbahn. Da man die Unterkante des Rostes nahezu in die gleiche Ebene legen kann wie die Unterkante der Hauptträger, bestimmt die geringste mögliche Stärke der Fahrbahn die erforderliche Bauhöhe. Die Stützweite der Hauptträger hat nur mittelbaren Einfluß, wenn die durch sie bedingte Höhe der Hauptträger deren Abstand bestimmt.

Bei Schwellenlagerung hängt die Bauhöhe einer Eisenbahnbrücke von der Höhe der Längsträger oder der Querträger ab. Der Lastenzug N erzeugt, wenn die Feldweite $a = 1{,}6$ m, der Abstand der Hauptträgerebenen, d. i. die Stützweite der Querträger, $b = 3{,}3$ m ist, die Momente

$$M_p \cdot \varphi + M_g = 5{,}0 \cdot 1{,}78 + 0{,}01 = 8{,}91 \text{ tm}$$

im Längsträger und

$$M_p \cdot \varphi + M_g = 9{,}38 \cdot 1{,}75 + 0{,}36 = 16{,}72 \text{ tm}$$

im Querträger. Mit guter Genauigkeit kann $W_n = 0{,}85\, W$ gesetzt, also

$W = \frac{M}{\sigma_{zul} \cdot 0{,}85}$ errechnet werden. Bei Verwendung von St 37 ist I NP 32 mit $W = 782\ \mathrm{cm}^3$ für den Längsträger und I NP 40 mit $W = 1461\ \mathrm{cm}^3$ für den Querträger erforderlich. Die Bauhöhe ist durch den Längsträger bestimmt. Mit Rücksicht auf den Anschluß legt man die Unterkante der Längsträger um $\Delta_1 = 2$ bis 3 cm höher als die der Querträger und letztere um etwa $\Delta_2 = 1$ bis 2 cm höher als die Unterkante der Hauptträger. Dazu tritt die Höhe der Nietköpfe im Hauptträger Δ_3 mit etwa 1,5 cm. Mithin ergibt sich die Bauhöhe aus folgender Rechnung:

Schiene	14,4
Unterlagsplatte	1,2
Schwelle 2 cm eingekämmt	22,0
Längsträger	32
$\Delta_1 + \Delta_2 + \Delta_3$	5,4
	$h_b = 75{,}0$ cm

Zwischen Querträgeroberkante und Schienenunterkante verbleibt ein Spiel von

$$\Delta = 1{,}2 + 22 + 32 + 2{,}4 - 40 = 17{,}6\ \mathrm{cm}\ ,$$

Bei Verwendung des Breitflanschträgers I P 24 mit $W = 974\ \mathrm{cm}^3$ für die Längsträger ermäßigt sich die Bauhöhe auf 67,5 cm. Die kleinste mögliche Höhe von 19 cm besitzt der durch 2 Platten 200·15 verstärkte Träger I P 16, dessen $W = 762\ \mathrm{cm}^3$ ist. Die Bauhöhe beträgt daher nur 62,5 cm, sie kann noch um 2 bis 3 cm ermäßigt werden, wenn die Höhenunterschiede $\Delta_1 + \Delta_2$ eingeschränkt werden.

Wesentlich kleinere Bauhöhe läßt sich nur durch die Wahl eiserner Querschwellen erreichen. Bei Längsträgern aus I P 24, $W = 974$, und Querträger I P 28, $W = 1480$, erbgit sich

Schiene	14,4
Schwelle Belageisen 11	11,0
Längsträger	24,0
$\Delta_1 + \Delta_2 + \Delta_3$	6,6
	$h_b = 56{,}0$ cm

Das Spiel zwischen Querträgeroberkante und Schienenunterkante beträgt $\Delta = 11 + 24 + 2{,}6 - 28 = 9{,}6$ cm. Die kleinste Bauhöhe erreicht man durch eiserne Schwellen der in Abb. 120 dargestellten Bauart, die durch Winkel mit dem Steg der Längsträger vernietet sind. Die Bauhöhe beträgt:

Schiene	14,4
Unterlagsplatte	1,2
Holzschwelle	22,0
Flanschstärke	1,4
$\Delta_1 + \Delta_2 + \Delta_3$	6,0
	$h_b = 45{,}0$ cm

$\Delta = 1{,}2 + 22 + 1{,}4 + 2{,}0 - 24 = 2{,}6$ cm. Die Konstruktion besitzt die Vorzüge der Holzschwellen.

Bei größerem Abstand der Hauptträger ist die Höhe der Querträger für die Bauhöhe maßgebend. Ein Gleis zwischen den Hauptträgern erfordert $b = 4{,}8$ m. Bei $a = 5{,}3$ m erzeugt der Lastenzug N das größte Moment im Querträger

$$M_p \cdot \varphi + M_g = 66 \cdot 1{,}71 + 3{,}14 = 116\ \mathrm{tm}\ .$$

Die vorteilhafteste Trägerhöhe h_0 errechnet sich mit $\alpha = \frac{1}{80}$ aus

$$h_0 = \sqrt[3]{\frac{3 \cdot 11\,600 \cdot 80}{2 \cdot 1{,}4 \cdot 0{,}85}} = 1{,}06\ \mathrm{m}\ .$$

Gewählt sei ein Stehblechträger aus 1 Stehblech 100 · 12, 4 Gurtwinkeln 100 · 100 · 10, 4 Platten 240 · 10 mit $W_n = 8700\ \text{cm}^3$. Damit ergibt sich:

Schiene	14,4
Spiel Δ	4,6
Trägerhöhe	104,0
$\Delta_2 + \Delta_3$	2,5
	$h_b = 125{,}5$ cm

Die ungefähr kleinste mögliche Höhe weist der durch 6 Gurtplatten 350 · 15 verstärkte Träger I P 45 mit 54 cm auf. Die kleinste mögliche Bauhöhe beträgt daher etwa $h_b = 75{,}5$ cm.

Zwei Gleise zwischen den Hauptträgern erfordern $b = 8{,}5$ m. Bei $a = 6{,}4$ m erzeugt der Lastenzug N das größte Moment im Längsträger

$$M_p \cdot \psi + M_g = 40 \cdot 1{,}7 + 2{,}5 = 70{,}5\ \text{tm}\,,$$

im Querträger

$$M_p \cdot \psi + M_g = 250 \cdot 1{,}66 + 15{,}5 = 430{,}5\ \text{tm}\,.$$

Mithin ist für ersteren $W_n = 5040\ \text{cm}^3$, für letzteren $W_n = 30700\ \text{cm}^3$ erforderlich. Für die Längsträger ist

$$h_0 = \sqrt[3]{\frac{3}{2}\,5040 \cdot 80} = 0{,}84\ \text{m}\,.$$

Gewählt wird Stehblech 800 · 10, 4 Winkel 100 · 100 · 10, 2 Platten 256 · 10, $W_n = 5071\ \text{cm}^3$.

Für den Querträger ist

$$h_0 = \sqrt[3]{\frac{3}{2}\,30\,700 \cdot 100} = 1{,}66\ \text{m}\,.$$

Gewählt wird Stehblech 150 · 15, 4 Winkel 160 · 160 · 15, 2 Platten 360 · 18, 2 Platten 360 · 15 $W_n = 30710$. Der niedrigste Querträger ist aus 1 Stehblech 85 · 15, 4 Winkel 200 · 200 · 16,4 Platten 500 · 30 zu bilden. Er hat $W_n = 30\,800\ \text{cm}^3$, Danach ergeben sich folgende Bauhöhen:

Schiene	14,4
Spiel Δ	5,8
Trägerhöhe	156,0
$\Delta_2 + \Delta_3$	2,8
	$h_b = 179{,}0$ cm

Die niedrigste mögliche Bauhöhe ist

Schiene	14,4
Spiel Δ	5,0
Trägerhöhe	97,0
$\Delta_2 + \Delta_3$	2,6
	$h_b = 119{,}0$ cm

Bei Überführung des Gleises in der Bettung hängt die Bauhöhe von der Höhe der Querträger ab, da die Oberkanten beider Trägerarten des Rostes im wesentlichen in derselben wagerechten Ebene liegen müssen. Für $b = 3{,}3$ m, $a = 1{,}6$ m entsteht durch Lastenzug N

$$M_p \cdot \psi + M_g = 9{,}38 \cdot 1{,}49 + 2{,}04 = 16{,}11\ \text{tm}\,.$$

Mithin ist infolge $W = \frac{16{,}11}{1{,}4 \cdot 0{,}85} = 1350\ \text{cm}^3$ I NP 40 mit $W = 1460\ \text{cm}^3$ erforderlich. Die Bauhöhe beträgt:

Schiene	14,4
Unterlagsplatte	1,2
Schwelle	16,0
Bettung	20,0
Buckelplatte	0,8
Trägerhöhe	40,0
$\Delta_2 + \Delta_3$	3,6
	$h_b = 96{,}0$ cm

Wenn Einschränkung notwendig ist, kann der durch 2 Platten 260·15 verstärkte Träger I P 20 mit $W_n = 1025$ gewählt werden. Aus der Trägerhöhe von 23 cm ergibt sich bei Minderung der Bettung auf 15 cm als kleinste mögliche Bauhöhe $h_b = 74$ cm. Durch Verwendung eiserner Schwellen von 10 cm Höhe ist eine weitere Ermäßigung auf 67 cm zu erreichen.

Bei Straßenbrücken tritt zur Stärke der Decke das Quergefälle hinzu.

Kleinpflaster auf Buckelplatten, 7,5 m Dammbreite:

Pflaster	10,0
Sand	3,0
Asphaltschicht	1,0
Betonstärke an d. Bordkante	5,0
Quergefälle 1 : 60	6,2
Buckelplatte	0,8
	26,0 cm

$$h_b = 26{,}0\text{ cm} + \frac{b}{6} \text{ bis } \frac{b}{8} + 3{,}5\text{ cm}.$$

Holzpflaster auf Belageisen 10,0 m Dammbreite:

Pflaster	13,0
obere Betonschicht	3,0
Asphaltschicht	1,0
Betonstärke an d. Bordkante	5,0
Quergefälle 1 : 50	10,0
	32,0 cm

$$h_b = 32{,}0\text{ cm} + \frac{b}{6} \text{ bis } \frac{b}{8} + 3{,}5\text{ cm}.$$

Die Bauhöhe ist im übrigen bei Straßenbrücken nicht so scharf begrenzt wie bei Eisenbahnbrücken, da eine Hebung des Straßendammes um 10 bis 20 cm im allgemeinen ohne Schwierigkeiten und erhebliche Kosten durchzuführen ist. Nur in Großstädten ist sie zuweilen infolge der Einwirkung auf die Höhe der Hauseingänge von erheblichem Einfluß auf die Gesamtkosten.

Bei Lage der Fahrbahn über den Hauptträgern hängt die Bauhöhe im wesentlichen von der Trägerhöhe ab. Das Mindestmaß besteht aus der zwischen den Außenkanten gemessenen Trägerhöhe und der Stärke der Fahrbahndecke. Das Gleis auf Holzschwellen und 20 cm starker Bettung mißt 0,52 m. Durch eiserne Schwellen und schwächere Bettung kann die Stärke auf 0,40 m ermäßigt werden. Zur Bauart obenliegender Fahrbahn sind auch die Eisenbahnbrücken mit Schwellenbau zu rechnen, deren Schienenoberkante gegen die Oberkante der Hauptträger versenkt ist. Je nach dem Abstand der Hauptträger kann der Höhenunterschied 0,38 bis 1,0 m betragen. Dies Maß ist von der Trägerhöhe abzuziehen. Die Möglichkeit der Bauart „Fahrbahn über den Hauptträgern" ist häufig eine der Grundfragen des Entwurfs.

Das Eigengewicht der Fahrbahn ist die Grundlage, auf der die statische Berechnung jeder Brücke aufgebaut werden muß. Da die verschiedenen Bauarten hierin erhebliche Unterschiede aufweisen, muß das Gewicht der gewählten Fahrbahn in jedem Falle ermittelt werden. Dabei sind Näherungswerte für einzelne Teile der Konstruktion mit der erforderlichen Genauigkeit wohl verträglich. Einen Anhalt geben folgende Beispiele.

Eisenbahnbrücke mit Schwellenlagerung.

1. Ein Gleis, Feldweite $a = 1{,}6$ m, Hauptträgerabstand $= 3{,}30$ m.

Schienen	130
Schwellen 22/24, 2,9 m lang, $53 \cdot \frac{2{,}9}{0{,}53}$	290
Bohlen, 5 cm stark, 50·3,30	165
	585

Übertrag:	585
2 Längsträger NP 32 2·61 . . . . =	122
Schwellenwinkel $\frac{6}{0,53}$ . . . . =	11
Querträger I NP 40 zuzüglich 12% für Anschlußwinkel	
$92,63 \cdot \frac{3,3}{1,6} \cdot 1,12$ . . . . =	214
Gewicht für 1 m Gleis:	932 kg.

2. Gleiche Verhältnisse wie 1., jedoch beschränkte Bauhöhe.

Schienen	130
Belageisen 11 als Schwellen, zuzüglich 20% für Befestigungsmittel $19,0 \frac{2,9}{0,53} 1,2$ . . . . =	125
Riffelblech als Belag 47·3,3 . . . . =	155
2 Längsträger I P Nr. 24 87,4·2 . . . . =	175
Querträger I P Nr. 28, zuzüglich 12% für Anschlußwinkel	
$112,7 \frac{3,3}{1,6} \cdot 1,12$ . . . . =	260
Gewicht für 1 m Gleis:	845 kg.

3. Ein Gleis, Feldweite 5,5 m, Hauptträgerabstand 4,8 m.

Schienen	130
Schwellen 22/24, 3,7 m lang, $53 \cdot \frac{3,7}{0,55}$ . . . . =	353
Bohlen, 5 cm stark, 50·4,4 . . . . =	220
Geländer	67
2 Längsträger NP 55, 2·167 . . . . =	334
Schlingerverband und Schwellenwinkel 18% der Längsträger.	60

Querträger α) wirtschaftlichste Höhe h_0

Stehblech 100·12 = 120
4 L 100·10 = 76
4 Platten 240·10 = 96

$W_n = 8700\ \text{cm}^3$ $F = 292\ \text{cm}^2$, $g = 229$ kg/m

nebst 15% Zuschlag für Anschlußwinkel und Niete

$229 \frac{4,8}{5,5} \cdot 1,15$ . . . . =	230
Gewicht für 1 m Gleis:	1394 kg.

β) Querträger geringerer Höhe

Stehblech 800·10 = 80
4 L 100·12 = 91
6 Platten 260·10 = 156

$W_n = 8700\ \text{cm}^3$ $F = 327\ \text{cm}^2$ $g = 257$

nebst 15% Zuschlag $257 \frac{4,8}{5,5} \cdot 1,15$ . . . . =	258
Gewicht für 1 m Gleis:	1422 kg.

γ) kleinste Bauhöhe

P 45	181,84
6 Platten 350·15 = 315 cm²	
315·0,785 . . . . =	247,28
	429,12

$429 \cdot \frac{4,8}{5,5} 1,15$ . . . . =	430
Gewicht für 1 m Gleis:	1594 kg.

4. Zwei Gleise, Feldweite 6,4 m, $b = 8,4$ m.

Schiene	130
Schwelle 3,5 m lang, $53 \frac{3,5}{0,58}$ . . . . =	320
Bohlen 50·4 . . . . =	200
Längsträger I NP 55 mit 2 Platten 300·16 2·243 . . . . =	486
Schlingerverband und Schwellenwinkel	60
	1196

Übertrag: 1196

α) Querträger. Wirtschaftlichste Trägerhöhe 1,56 m
Stehblech 150 · 15 225
4 L 160 · 15 184
2 Platten 360 (18 + 15) 237
$F = 646$ cm², $g = 508$ kg/m

nebst 15% Zuschlag $508 \frac{8,4}{6,4} 1,15$ . . . . = 764

Gewicht für 1 m Gleis: 1960 kg.

β) niedrigste Querträgerhöhe $h = 0,97$ m
Stehblech 85 · 15 127,5
4 L 200 · 16 247,2
4 Platten 500 · 30 600
F 974 cm², $g = 765$ kg/m

$765 \frac{8,4}{6,4} 1,15$ . . . . = 1155

Gewicht für 1 m Gleis: 2351 kg.

Eisenbahnbrücken mit überführter Bettung.

5. Ein Gleis, Feldweite 1,6 m, Hauptträgerabstand 3,3 m.

Schienen 130
Schwellen 16/20, 2,5 m lang $\frac{80}{0,67}$ 120
Schotterbett 0,36 · 3,3 · 2000 . . . . = 2376
Desgl. im Buckel $\frac{4}{9}$ 0,15 · 1,7 · 2000 . . . . = 238
Bohlen des Fußweges 2 · 50 · 0,6 . . . . = 60
Geländer 66
Buckelplatten 8 mm stark (3,3 · 1,03 + 2 · 0,06) 62,8 . . . . = 221
3211

2 Längsträger:
der Fahrbahn NP 32 2 · 61 . . . . = 122
der Fußstege ⊐ 12 2 · 13,35 . . . . = 27
Querträger NP 38, zuzüglich 15% für Anschlüsse und Niete
$84 \cdot \frac{3,3}{1,6} 1,15$ . . . . = 200
Konsolen der Fußstege 50

Gewicht für 1 m Gleis: 3610 kg.

6. Gleiche Verhältnisse wie 4., jedoch beschränkte Bauhöhe.

Längsträger I P 22 2 · 71,5 . . . . = 143
Querträger I P 22 71,54
Kopfplatte 320 · 13 = 41,6
Fußplatte 240 · 16 = 38,4
= 80,0 · 0,785 = 62,80
134,3

nebst 15% Zuschlag $134 \frac{3,3}{1,6} 1,15$ . . . . = 318

Gewicht für 1 m Gleis: 3749 kg.

7. Zwei Gleise, Fahrbahn der Abb. 133.

Schienen 260
Schwellen 240
Schotterbett 6,9 · 0,36 · 2000 4968
Schotter im Buckel $3 \cdot \frac{4}{9}$ 0,23 · 2,04 · 2000. 1251
Buckelbleche 10 mm stark 1,03 · 6,9 · 78,5 . . . . = 558
Längsträger
NP 30 . . . . = 54,24
1 Platte 250 · 12 = 30
1 Stehblech 480 · 10 = 48
78 · 0,785 = 61,23
3 L 80 · 10,3 · 11,85. . . . . . . = 35,55
151,02 · 2 . . . . . . = 302
7579

Übertrag: 7579

Querträger
Stehblech 800·12 . . . . = 96
4 ⌊ 120·80·12 . . . . = 90,8
1 Platte 400·12 . . . . = 48
3 Platten 280·14 . . . . = 117,6

$F = 352{,}4\ \mathrm{cm}^3 \cdot g = 276$ kg/m

nebst 15% für Anschlußwinkel und Niete $276 \cdot \frac{8{,}4}{2{,}125} \cdot 1{,}15 = 1255$

Gewicht für 1 m Doppelgleis: 8834 kg.

Straßenbrücken.

8. Decke aus Holzbohlen nach Abb. 130.

2 Bohlenlagen 3,8 und 11,4 cm stark (3,8 + 11,4) 10	152
4 Schienen $2 \cdot \frac{130}{6{,}7}$	39
Tragbalken 20,5·20,5 mit Futter 20,5·3 in 0,70 m Abstand $\frac{0{,}205 \cdot 0{,}235}{0{,}7} \cdot 1000$ . . . . =	69
Gewicht für 1 m² Decke und Tafel:	260 kg.

9. Steinpflaster auf Buckelplatten nach Abb. 137.

Pflaster 15 cm hoch = 0,15·2700 . . . . =	405
Sand 0,05·2200 . . . . =	110
Asphalt 0,01·1500 . . . . =	15
Betonschicht $\frac{0{,}05 + 0{,}13}{2}$ stark $\frac{1}{2}(0{,}05 + 0{,}13) \cdot 2200$ . . . =	198
Bimsbeton im Buckel 0,07·1100 . . . . =	77
Buckelplatten 8 mm 1,03·62,8 . . . . =	65
Gewicht für 1 m² Decke und Tafel:	870 kg.

10. Kleinpflaster auf Buckelplatten, Feldweite 5,4 m, Fahrbahnbreite 7,5 m.

Pflaster 10 cm 0,10·2700 . . . . =	270
Sand 0,03·2200 . . . . =	66
Asphalt 0,01·1500 . . . . =	15
Beton 0,08·2200 . . . . =	176
Bimsbeton im Buckel 0,07·1100 . . . . =	77
Buckelplatten 8 mm 1,03·62,8 . . . . =	65
Gewicht für 1 m² Decke und Tafel	669 kg/m²
Längsträger NP 42½ in 1,6 m Abstand $103{,}6 \cdot \frac{1}{1{,}6} \cdot \frac{6}{5}$ . . =	77,8
Zwischenträger 2 Stück in 1,8 m Abstand NP 26 $41{,}9 \cdot 2 \cdot \frac{1}{5{,}4}$ =	15,5
Anschlußwinkel und Niete 15% der Träger	14,0
Gewicht für 1 m² Fahrbahn ausschließlich der Querträger:	776 kg.

11. Kleinpflaster auf Belageisen, Feldbreite 5,5 m, Fahrbahnbreite 7,5 m.

Pflaster 10 cm 0,10·2700 . . . . =	270
Sand 0,03·2200 . . . . =	66
Asphalt 0,01·1500 . . . . =	15
Beton 0,08·2200 . . . . =	176
Bimsbeton zwischen Belageisen $0{,}11 \frac{0{,}21 + 0{,}14}{2} \cdot \frac{1}{0{,}3} \cdot 1100$. =	71
Belageisen Nr. 11 in 0,3 m Abstand nebst 3% Zuschlag für Klemmplatte $\frac{19}{0{,}3} \cdot 1{,}03$ . . . . =	66
	664 kg/m²
Längsträger NP 40 in 1,333 m Abstand $92{,}63 \frac{1}{1{,}333} \cdot \frac{7}{6}$ . . =	81
Gewicht für 1 m² Fahrbahn ausschließlich Querträger:	745 kg.

Mindergewicht an Eisen gegen Buckelplatten 24 kg/m².

12. Kleinpflaster auf Eisenbetonkappen nach Abb. 143, 144

Pflaster 10 cm hoch 0,10·2700 . . . . = 270
Sand 0,04·2200 . . . . = 88
Asphalt 0,01·1500 . . . . = 15
Bimsbeton 1/3 0,72·1100 . . . . = 264
Eisenbeton 0,18·2400 . . . . = 432

Gewicht für 1 m² Decke und Tafel: 1069 kg.

13. Kleinpflaster auf Eisenbetonplatte nach Abb. 146.

Pflaster 10 cm hoch 0,10·2700 . . . . = 270
Sand 0,04·2200 . . . . = 88
Asphalt 0,01·1500 . . . . = 150
Eisenbeton 1/2 (0,15 + 0,18) 2400 . . . . = 396

Gewicht für 1 m² Decke und Tafel: 904 kg.

14. Holzpflaster auf Belageisen[1] nach Abb. 152.

Pflaster 13 cm hoch 0,13·1000 . . . . = 130
Asphalt 0,01·1500 . . . . = 15
Beton 0,08·2200 . . . . = 176

Bimsbeton zwischen den Belageisen

½ (0,27 + 0,20) 0,11 $\frac{1}{0,36}$ 1100 . . . . = 79

Belageisen Nr. 11 in 0,36 m Abstand zuzüglich 3% für Klemmplatten 19·$\frac{1}{0,36}$ 1,03 . . . . = 54

Gewicht für 1 m² Decke und Tafel: 454 kg.

15. Asphalt auf Belageisen[1] nach Abb. 153.

Asphalt 5 cm stark 0,05·1300 . . . . = 75
Beton 0,09·2200 . . . . = 198

Bimsbeton ½ (0,21 + 0,14) 0,11 $\frac{1}{0,3}$ 1100 . . . . = 71

Belageisen Nr. 11 in 0,3 m Abstand, zuzüglich 3% für Klemmplatten 19 $\frac{1}{0,3}$ 1,03 . . . . = 65

Gewicht für 1 m² Decke und Tafel: 409 kg.

16. Fußwegdecke aus Asphalt auf Belageisen[1].

Asphalt 3 cm stark 0,03·1500 . . . . = 45
Beton i. M. 6 cm stark 0,06·2200 . . . . = 132
Poröse Lochsteine zwischen den Belageisen 36
Belageisen Nr. 6 in 0,333 m Abstand 7,32 $\frac{1}{0,333}$ . . . . . = 22

Gewicht für 1 m² Decke und Tafel: 235 kg.

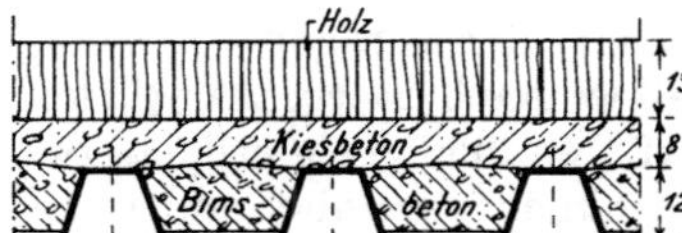

Abb. 152.

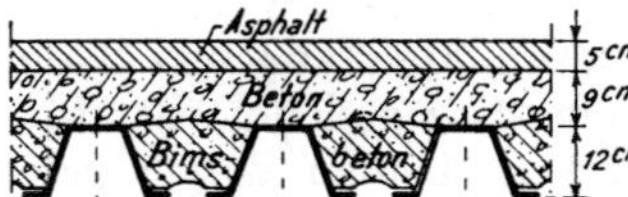

Abb. 153.

6. Berechnung der Fahrbahn.

Buckelplatten und Tonnenbleche werden nicht berechnet. Die Belastung der Belageisen in Straßenbrücken wird unter der Annahme ermittelt, daß der Raddruck in der Fahrbahndecke nach beiden Seiten unter 45° ausstrahlt. Wenn b die Radbreite, t die Dicke der Fahrbahn über Unterkante der Belageisen und e der Abstand der Belageisen ist, entfällt danach auf das Stück die Last $P \frac{e}{b + 2t}$. Die Belageisen werden meist als Balken auf 2 Stützen berechnet. Laufen sie

[1] Nach Bernhard: Eiserne Brücken S. 55.

quer zur Brücke über den Längsträgern zusammenhängend durch, so genügt es jedoch, als größtes Moment 0,75 des größten Momentes des einfachen Balkens einzuführen.

Die Längsträger der Eisenbahnbrücke sind unter der Annahme unmittelbarer Belastung durch die Räder der Fahrzeuge zu berechnen. Die gleiche Annahme ist auch bei Straßenbrücken ratsam. Von dem Eigengewicht entfällt auf jeden Längsträger ein Streifen von der Breite des Trägerabstandes. Die Belastung etwaiger Zwischenquerträger als Einzellast im Angriffspunkt anzusetzen, ist eine überflüssige Feinheit. Im allgemeinen werden die Längsträger als Balken auf 2 Stützen berechnet. Wo Kontinuitätsplatten angeordnet sind, darf nach B. E. das größte Feldmoment mit 80%, das Stützenmoment mit 75% des größten Momentes des einfachen Balkens (M_0) eingesetzt werden.

Im durchlaufenden Träger hängen die Momente von der Steifigkeit des Quer- und Längsträgers ab. Bei konstantem Trägheitsmoment J des Längsträgers, konstantem Querträgerabstand a und kongruent ausgebildeten Querträgern sind die Ordinaten der Einflußlinien für Feld- und Stützenmomente der Längsträger durch die Zahl

$$\mu = \frac{12\,E \cdot J \cdot \delta}{a^3}$$

bestimmt, in der δ die Durchbiegung des Querträgers im Angriffspunkt des Längsträgers ist, die durch Lasten *1* in den Angriffspunkten aller belasteten Längsträger entsteht[1]. Im Falle eines Längsträgers, der die Stützweite l des Querträgers vom Trägheitsmoment J_q in die Strecken a_1 und b teilt, ist demnach

$$\delta = \frac{a_1^2\, b^2}{3\, E J_q l}.$$

Bei 2 Längsträgern in symmetrischer Stellung und im Abstand e

$$\delta = \frac{(l-e)^2\,(l+2e)}{24\,E \cdot J_q},$$

$$\mu = \frac{J}{J_q}\,\frac{(l-e)^2\,(l+2e)}{2a^3}.$$

Für jede Zahl μ lassen sich die Einflußlinien unabhängig von der Feldweite a als Zahlen η berechnen, indem man die Feldweite *1* in gleiche Teile, zweckmäßig 10, teilt. Für eine bestimmte Feldweite erhält man dann das Moment in $P \cdot \eta \cdot a$. Die Rechnung ist mit einer Reihe von Zahlen μ durchgeführt[2], und zwar für Feldmoment und Stützenmoment mittlerer Felder, die mehr als 4 Felder vom Endquerträger abstehen, und für das Feldmoment und Stützenmoment im ersten Feld. Die Werte des durchlaufenden Längsträgers der eingleisigen Brücke kann man aus den Tafeln unmittelbar nach Berechnung der Zahl μ entnehmen. Das gleiche trifft für die Längsträger der zweigleisigen Brücke zu, wenn man die beiden Träger jedes Gleises zu einem vereinigt und nur den Fall gleichzeitiger Belastung beider Gleise durch gleich große und gleichgestellte Lasten berücksichtigt. Die Einflußlinien für getrennte Belastung der Gleise erhält man durch Superposition. Man entnimmt die Zahl η aus der Reihe für

$$\mu = \frac{J}{J_q}\,\frac{(l-e)^2\,(l+2e)}{2a^3}$$

und die Zahl η_1 aus der Reihe für

$$\mu_1 = \frac{J}{J_q}\,\frac{(l-e)^2\,e^2}{2a^3 \cdot l}$$

und erhält die Einflußlinie längs des betrachteten Trägers in

$$\frac{1}{2}\,\eta + \frac{1}{2}\,\eta_1$$

---

[1] Grüning: Die Statik des ebenen Tragwerks, S. 599ff.

[2] Witt: Berechnung eines Systems gekreuzter Träger. Diss. Hannover 1923.

und längs des zweiten Trägers in

$$\frac{1}{2}\eta - \frac{1}{2}\eta_1 .$$

Nach dem a. a. O. im Abschnitt „Der Balkenrost" angegebenen Verfahren kann man so auch die Einflußlinien für eine größere Zahl von Trägern durch Superposition ermitteln.

Für eine Reihe von Feldweiten der ein- und zweigleisigen Eisenbahnbrücke sind aus den Tabellen Witts die genannten Momente in Bruchteilen vom Hundert des größten Momentes M_0 des einfachen Balkens ausgerechnet. Nebenstehende Tabelle gibt die Werte an.

Für

$J_q = 30800 \cdot 79, \quad l = 8{,}4, \; e = 3{,}5,$

$J = 5040 \cdot 42 \quad a = 6{,}4$

ergibt sich $\mu = 0{,}058$.

Bei kleinstmöglicher Höhe des Querträgers von 0,98 m wird $\mu = 0{,}094$. Die Reihen $\mu = 0{,}2$ und 0,3 haben kaum praktische Bedeutung. Das Feldmoment eines mittleren Feldes überschreitet daher 66% nicht, das Stützenmoment 74% nur in wenigen Fällen. Man erkennt, daß das Stützenmoment stets größer ist als das Feldmoment. Im ersten Felde bewegt sich das Feldmoment zwischen 75 und etwa 84%.

Die über den Querträgern durchlaufenden Längsträger bilden ein hochgradig statisch unbestimmtes System, auf das die Schlüsse der auf S. 29/30ff. entwickelten Theorie vornehmlich anzuwenden sind. Man darf daher Feldmoment = Stützenmoment setzen und erhält bei konstantem Trägheitsmoment der Längsträger mit

$$\text{erf}\, W_n = \frac{M_0}{2\sigma_{zul}}$$

die gleiche Sicherheit, die im statisch bestimmten Balken im Falle $\max\sigma = \sigma_{zul}$ besteht. Im ersten Felde wird unter der Annahme einer praktisch möglichen M_0-Fläche die Bedingung größtes Feldmoment = Stützenmoment durch $M = 0{,}69\, M_0$ erfüllt. Die Querträger sind stets als Balken auf 2 Stützen zu berechnen. Das Eigengewicht der Fahrbahn kann man als gleichmäßig verteilte Last $g \cdot a$ behandeln.

	Stützmoment in der Mitte							Feldmoment in der Mitte							Moment im ersten Feld						
Zahl μ	0,02	0,04	0,06	0,08	0,1	0,2	0,3	0,02	0,04	0,06	0,08	0,1	0,2	0,3	0,02	0,04	0,06	0,08	0,1	0,2	0,3
l = 12,0 m N	−79,5	−77,8	−76,3	−74,2	−71,0	−71,6	−73,8	59,8	61,0	62,0	63,3	64,6	68,7	72,5	75,8	77,1	78,3	79,4	80,7	85,4	89,0
l = 9,0 m N	−73,25	−73,8	−74,3	−74,2	−74,2	−74,8	−77,2	59,3	60,6	61,8	63,6	65,2	70,3	74,8	77,2	78,4	79,4	80,8	82,2	87,1	91,6
l = 8,0 m N	−67,0	−69,0	−70,0	−70,5	−71,0	−75,0	−77	62,3	62,9	63,2	64,4	65,2	68,0	73,6	76,8	78,2	79,0	79,3	80,5	85,4	89,0
l = 7,0 m N	−72,6	−69,6	−66,4	−66,4	−68,3	−75,8	−79,8	52,9	54,8	55,8	57,6	59,3	65,2	70,7	77,6	78,7	79,8	81,0	82,3	87,3	92,2
l = 7,0 m E	−63,8	−58,5	−55,0	−55,1	−55,8	−60,6	−62,8	57,3	58,8	60,0	61,5	63,0	68,2	73,0	75,5	76,5	77,6	79,6	80,2	85,8	90,5
l = 6,0 m N	−78,4	−75,8	−73,3	−70,2	−69,4	−74,8	−81,2	47,6	48,8	52,2	52,4	54,0	59,7	65,3	80,0	81,3	82,4	83,7	85,0	90,0	94,2
l = 6,0 m E	−74,1	−67,6	−66,6	−63,3	−59,8	−63,4	−68,44	56,9	58,4	59,8	61,5	63,2	71,1	74,6	81,5	82,9	84,1	85,3	86,6	91,6	96,1
l = 5,0 m N	−74,8	−73,5	−72,0	−70,3	−68,3	−69,0	−71,0	39,0	40,0	41,0	42,8	44,3	49,2	53,6	75,0	76,0	77,0	78,0	79,8	85,3	90,0
l = 5,0 m E	−76,6	−73,8	−71,2	−68,0	−65,0	−55,0	−47,0	60,0	62,2	63,0	64,4	65,4	69,0	72,0	78,6	79,6	81,0	82,0	83,0	87,6	91,0
Stetige Last in ungünstigster Stellung . . .	−86,2	−83,4	−81,4	−73,6	−76,5	−76,3	−81,2	66,8	67,0	67,3	67,9	68,7	71,1	74,8							
Über d. ganzen Balken gleichmäß. vert. Last	−66,8	−67,0	−66,8	−66,4	−67,0	−68,2	−70,2	33,7	34,6	34,1	34,2	33,5	32,7	30,0							

B. Die Hauptträger.

1. Der Stehblechträger

ist in der Konstruktion die einfachste in der Anlage und Unterhaltung die wirtschaftlichste Bauart. Er besteht aus dem Stehblech, 4 Gurtwinkeln und einer Anzahl Gurtplatten. Unentbehrliche Konstruktionsteile sind außerdem Aussteifungswinkel, die das Stehblech gegen Ausbeulen sichern. Als kleinste Höhe des Stehbleches ist etwa 0,4 bis 0,5 m anzusehen. Das größte Maß beträgt beim Balken auf 2 Stützen heute 3,0 bis 3,5 m. Für Versteifungsträger von Stabbögen oder Hängebrücken sind Höhen bis 5,5 und 6,0 m bei doppelwandigem Querschnitt ausgeführt und wirtschaftlich vertretbar. Ob mit den genannten Höhenmaßen die Entwicklung des letzten Jahrzehntes bereits abgeschlossen ist, muß in Anbetracht ihres entschiedenen und schnellen Schrittes fraglich erscheinen. Die geringste Blechstärke ist 10 mm. Von 1,0 bis 1,5 m Höhe ist $^1/_{100}$ derselben zweckmäßig. Darüber hinaus nimmt die Stärke in schwächerem Verhältnis zu. Bei 3 m Höhe sollte man sie nicht kleiner als 20 mm wählen. Je dünner das Stehblech, desto enger die Stellung der Aussteifungswinkel, welche zur Tragfähigkeit des Querschnittes selbst nichts beitragen. Die Formel

$$t = 1{,}5 + \frac{h - 150}{300}$$

gibt einen Anhalt für die Blechstärke bei Trägerhöhen $> 1{,}2$ m

Als Gurtwinkel werden in erster Linie die gleichschenkligen Profile von 100·100·10 ab aufwärts verwendet. Bei niedrigen Trägern bis 0,8 m Höhe kommen auch die Profile von 80 und 90 mm Schenkelbreite in Betracht. Für schwere Träger ist die Wahl ungleichschenkliger Winkel vorteilhaft, deren breiter Schenkel natürlich wagerecht gestellt wird. Ein Querschnitt von 2 breiten Platten mit ungleichschenkligen Winkeln ist bei gleichem Widerstandsmoment meist etwas leichter als ein solcher von 3 Platten und gleichschenkligen Winkeln. Außerdem hat er den Vorteil kürzerer Niete.

Blechträger ohne Gurtplatten sind nicht wirtschaftlich. Die Breite der Platten ist im allgemeinen so zu bemessen, daß sie auf beiden Seiten um 10 bis 30 mm über den Winkelrand überstehen. Der Abstand der Kante von der äußeren Nietreihe soll zur Erzielung eines dichten Schlusses der Platten das 2,5fache des Nietdurchmessers nicht übersteigen. Zuweilen werden auch Platten von solcher Breite gewählt, daß beiderseits der Gurtwinkel 1 Nietreihe gestellt werden kann. Die Anordnung ist jedoch nicht zu empfehlen, solange Platten unter 480 mm Breite ausreichen. Denn die Lasten gehen meist durch das Stehblech auf den Hauptträger über. Dessen wichtigste, tragende Teile sind die Gurtplatten. In jedem Falle vermittelt das Stehblech den Ausgleich zwischen den Kräften in beiden Gurtungen. Deshalb müssen diese möglichst eng an das Stehblech angeschlossen werden, was durch Winkel, die auch den Rand der Platten fassen, besser bewirkt wird als bei freiem Rande. Nur wenn Buckelplatten oder Tonnenbleche unmittelbar auf den Hauptträgern liegen, erhält wie beim Querträger die unterste Platte einen Überstand von der Randbreite der Buckelplatte. Die Plattenstärke soll nicht zu schwach gewählt werden. Es ist zweckmäßig, die Zahl der Platten in jeder Gurtung durch größere Stärke einzuschränken. Mit 3 Platten wird man in den meisten Fällen auskommen.

Die Gurtungen werden im allgemeinen auf der ganzen Trägerlänge einander parallel durchgeführt. Das Stehblech erhält also die Form des Rechtecks. Es weicht von dieser nur so weit ab, als zur Ausbildung einer Überhöhung in der Mitte notwendig ist. An den Trägerenden wird jedoch in manchen Fällen die untere Gurtung in einem Knick hochgezogen, um die Trägerhöhe am Auflager zu mindern. Diese Ausbildung ist namentlich bei hohen Blechträgern unter einem Eisenbahngleis angebracht. Sie verringert das Kippmoment, welches durch Winddruck und Seitenstöße der Fahrzeuge entsteht und entlastet dadurch auch die Hauptträger in ihrer Ebene. Sie wirkt ferner auch deshalb wirtschaftlich, weil sie die Länge der Aussteifungswinkel gerade an den Stellen der größten Querkräfte kürzt. Materialersparnis am Stehblech entsteht nur in seltenen Fällen, weil die Abschnitte verloren sind.

Wo die Querträger mit dem Steg der Hauptträger vernietet sind, ist das Stehblech durch die Anschlußwinkel hinreichend ausgesteift, sofern die Feldweite 2,0 m nicht übersteigt. Die Feldweiten bis 3,2 m stehen in den Kosten der von 1,6 m bei Eisenbahnbrücken ziemlich gleich. Es liegt daher meist kein Anlaß vor, über das genannte Maß hinauszugehen. Bei Lage der Querträger über den Hauptträgern müssen Aussteifungswinkel aufgenietet werden. Sie laufen ebenso wie die Anschlußwinkel der Querträger zwischen den abstehenden Schenkeln der Gurtwinkel durch. Da man heute Kröpfungen gern vermeidet, sind Futterstücke beiderseits des Stehbleches zwischen den inneren Kanten der anliegenden Winkelschenkel notwendig. Über dem Auflager macht man die Futter so breit, daß auf beiden Seiten der Anschluß- oder Aussteifungswinkel mindestens je eine Nietreihe gestellt werden kann. Die abstehenden Schenkel der lotrechten Winkel sind hier in die wagerechten Schenkel der Gurtwinkel genau einzupassen. Diese Maßnahme ist am Obergurt auch in den Fällen angebracht, in denen Querträger oder Schwellen unmittelbar auf den Gurtplatten liegen. Die Aussteifungswinkel, die keinen Querträger fassen, müssen auf Knicken berechnet werden, wo größere Querkräfte auftreten. Als Druckkraft ist die halbe Querkraft, als Knicklänge der lotrechte Abstand zwischen den Halsnieten beider Gurtungen einzusetzen. Das ergibt sich aus folgender Überlegung. Schneidet man das Stehblech eines Feldes in rechteckiger Form durch Schnitte aus, die durch die Halsniete der Gurtungen und senkrecht durch die Nietreihen der Aussteifungswinkel laufen (Abb. 154), so wirkt in jedem wagerechten Schnitt eine gleichmäßig verteilte Schubkraft $\tau_1 = Q/h_1$ für die Längeneinheit. Denn die Zunahme der Gurtkraft ΔS auf der Längeneinheit ist $\Delta S = Q/h_1$. Das Gleichgewicht am Flächenelement des Bleches verlangt in den Ecken $\tau_2 = \tau_1$. Daraus folgt, daß die Druckkraft der lotrechten Steife verhältnisgleich dem Abstand y von der unteren, wagerechten Nietreihe in das Blech abwandert und in halber Höhe noch $\frac{1}{2} Q$ beträgt. Wenn man die Schwierigkeit einer genauen Rechnung durch Annahmen nach der sichern Seite umgeht, so kommt entweder ganze Querkraft bei $\frac{1}{2} h_1$ Knicklänge oder halbe Querkraft bei ganzer Höhe h_1 in Betracht. Weil ungünstiger, ist der letztere Fall zu wählen. Als Querschnitt der Steifen dürfen die Winkelquerschnitte nebst den eingeschlossenen Blechstreifen eingesetzt werden, sofern nicht die Winkel allein größere Knicklast besitzen.

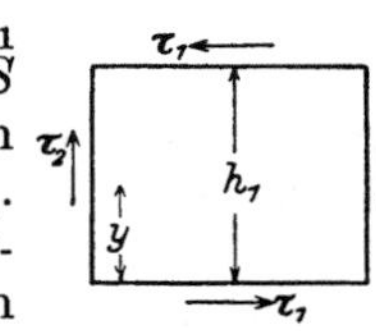

Abb. 154.

Der Abstand der Steifen muß so gewählt werden, daß der Spannungszustand im Stehblech den labilen Gleichgewichtszustand nicht erreicht, in dem Ausbeulen eintritt. Da das Ausbeulen den Träger jedoch nicht gefährdet, wenn die Winkel nach vorstehenden Richtlinien bemessen sind, so genügt der Sicherheitsgrad 1,5 vollkommen. Die Theorie des Problems ist von Timoschenko[1] aufgestellt. Der Sicherheitsgrad kann an der kritischen Schubspannung τ_k gemessen werden und beträgt $\frac{\tau_k \cdot h \cdot t}{Q_{max}}$ Aus dem Ergebnis Timoschenkos ist von Bleich[2] die Näherungsformel

$$\tau_k = \left[11000 + 7500 \left(\frac{b}{a}\right)^2\right] \left(\frac{t}{b}\right)^2 \text{ in t/cm}^2$$

[1] Timoschenko: Über die Stabilität versteifter Platten. Eisenbau 1921, S. 147.
[2] Bleich: Theorie und Berechnung der eisernen Brücken, S. 285.

abgeleitet worden, die für den praktischen Gebrauch geeignet ist. Hierin ist a die größere, b die kleinere Seite des Rechtecks der Abb. 154. Man kann aus der Formel auch die Mindeststärke des Stehbleches berechnen. Mit dem Sicherheitsgrad 1,5 ist sie

$$t > 0{,}1 \sqrt[3]{\frac{1{,}5\, Q_{\max} \cdot b^2}{\left[11 + 7{,}5\left(\frac{b}{a}\right)^2\right] h}}.$$

Im allgemeinen ist die Nachrechnung nicht erforderlich.

Die Halsniete müssen die Schubkräfte zwischen Stehblech und Gurtung aufnehmen. Ihre Teilung darf daher das Maß

$$e = \frac{J_x N}{S_g \cdot Q} \qquad N = d \cdot t \cdot 2{,}0 \cdot \sigma_{\text{zul}}$$

nicht überschreiten. Hierin bezeichnet J_x das Trägheitsmoment des ganzen Querschnittes, S_g das statische Moment der Gurtung, bezogen auf die Nullachse, N die zulässige Belastung eines Nietes. Bei genügender Blechstärke ist also $N = \frac{\pi d^2}{2} \cdot 0{,}8\, \sigma_{\text{zul}}$ einzuführen. Als Annäherung kann auch $\frac{J}{S_g} = h_1$ dem Abstand der Nietreihen gesetzt werden. Die Nietteilung wird am kleinsten, wo Q seinen größten Wert erlangt, beim Balken auf 2 Stützen also am Auflager. Bei niedrigen Trägern kann $t < 3d$ erforderlich sein. Es müssen dann so breite Winkel gewählt werden, daß 2 Nietreihen möglich sind. Die Nietteilung ist hier anch Angabe der Abb. 155 zu messen. Falls vorstehende Formel kein kleineres Maß verlangt, wird die Nietteilung $\sim 4{,}5d$ gewählt. Die an Stelle der größten Querkraft erforderliche Teilung wird meist gleichmäßig durchgeführt. Dabei ist indessen der genaue Nietabstand von den Querträgeranschlüssen abhängig. Diese legen in jedem Feld die beiden äußersten Niete fest, zwischen denen man mit dem jeweils gebotenen Maß gleichmäßig durchteilt. Bei Feldweiten verschiedener Größe ist natürlich auch eine Änderung der Nietteilung unvermeidlich.

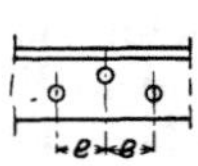

Abb. 155.

Die Zahl und Lage der Stöße richtet sich nach den normalen Walzlängen der verwendeten Profile. Auch die Stücklängen, die befördert werden können, kommen dabei in Betracht. Die normalen Walzlängen reichen etwa bis 12 m. Ist der Träger nur wenig größer, so wird man den Stoß sparen und den Überpreis in Kauf nehmen. Schon von 14 bis 15 m an ist jedoch im allgemeinen ein Stoß vorzuziehen. Er ist als Gesamtstoß auszuführen, doch ist er möglichst seitlich der Mitte in solcher Lage anzuordnen, daß 1 oder 2 Gurtplatten ungestoßen bleiben können. Träger über 24 m Länge müssen 2 Stöße erhalten, die symmetrisch zur Mitte gelegt werden. Wenn möglich, ist die Länge des Mittelstückes nach der Länge der oberen Platten zu bemessen, damit ein Teil derselben ohne Stoß bleibt.

Im Falle einer Überhöhung des Trägers ist meist ein Stehblechstoß in der Mitte billiger als das Ausschneiden der geknickten Blechform. Die Gurtungen werden hier natürlich ohne Stoß durchgeführt. Das Stehblech wird in seiner freien Fläche auf beiden Seiten durch Laschen von der Stärke der Winkelschenkel gedeckt. Die Stücke unter den Winkeln werden durch Laschen auf den anliegenden Winkelschenkeln gestoßen, die zweckmäßig nach der in Abb. 54 dargestellten Anordnung mit einer Nietreihe auf die Laschen in der Mitte übergreifen.

In Trägern über etwa 2,0 m Höhe ist ein Stoß des Stehbleches auch in einer längslaufenden Fuge ratsam. Er wird in halber Höhe angeordnet und auf beiden Seiten durch Flacheisen gedeckt. Die Niete im Stoß müssen die Schubspannungen aufnehmen. die hier ihren größten Wert erreichen. Die Teilung darf daher nicht kleiner sein als

$$e = \frac{J_x N}{S \,.\, Q}\,. \tag{64}$$

Hierin ist S das statische Moment des halben Querschnittes in bezug auf die Nullachse. Da J/S von der Größenordnung h ist, ist e jedoch häufig größer als die Nietteilung aus praktischen Gründen gewählt werden kann. Man wählt dann die Nietstellung der Halsniete.

Die erforderlichen Abmessungen des Trägerquerschnittes sind in jedem Punkte aus den größten auftretenden Momenten zu berechnen.

$$W_n = \frac{\max M}{\sigma_{\text{zul}}}\,.$$

In dem nutzbaren Widerstandsmoment sind die Löcher der Kopfniete abzuziehen. Natürlich versetzt man die Kopf- und Halsniete gegeneinander. Unter dieser Voraussetzung ist ein Abzug für die Halsniete nicht erforderlich. Wie auf S. 48 begründet, sollten die Nietlöcher im Stehblech in keinem Falle abgezogen werden. Wo aber die B. E. maßgebend sind, muß 15% der Stehblechstärke hierfür in Abzug gebracht werden. Nachdem der größte erforderliche Querschnitt bestimmt ist, handelt es sich im wesentlichen um die Längen der Gurtplatten. Gebräuchlich ist hierfür das durch Abb. 156 erläuterte graphische Verfahren.

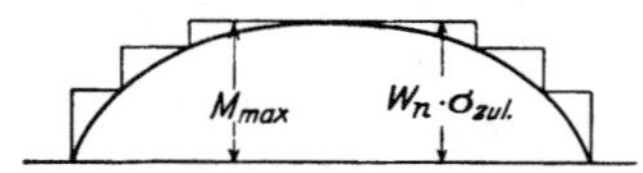

Abb. 156.

Wenn W_0, W_1, W_2, W_3 die 4 Widerstandsmomente eines Querschnittes von 3 Gurtplatten bezeichnen, so trägt man in die Kurve der größten Momente Wagerechte mit den Ordinaten $W_0 \cdot \sigma_{\text{zul}}, \ldots W_3 \cdot \sigma_{\text{zul}}$ ein. Die Schnittpunkte mit der Momentenkurve geben sofort die Längen an. Hat man die größten Momente in Punkten genügend kleinen Abstandes berechnet, so ist die Auftragung der Kurve jedoch entbehrlich. Man kann die Schnittpunkte mit ausreichender Genauigkeit aus den Werten der Momente ablesen. Da der Plattenquerschnitt erst dann voll wirksam ist, wenn er durch die erforderliche Nietzahl angeschlossen ist, muß die Platte mindestens um 1 Niet über den theoretischen Punkt überstehen. Gebräuchlich ist eine Überlänge von der halben Nietzahl.

Die Querschnittbestimmung des Blechträgers aus dem erforderlichen Widerstandsmoment gesteht dieser Bauart nicht die gleichen Spannungen zu wie dem Fachwerk. Denn die Spannung σ_{zul} tritt in dem Blechträger nur in den äußersten Randfasern auf und wird in allen andern Teilen des Querschnitts nicht erreicht. Beim Fachwerk herrscht dieser Spannungswert im Schwerpunkt der Gurtung. Da die Gurtungen des Fachwerks in den Knotenpunkten ohne Gelenke durchlaufen, erfahren die Gurtungen beider Bauarten Krümmungen, die ungefähr konzentrisch mit der elastischen Linie der Achse sind. Die dadurch bedingten Biegungsspannungen sind in den aus $\frac{M}{W}$ berechneten Randspannungen voll enthalten, dagegen fehlen sie in den Stabspannungen $\frac{S}{F_g}$ des Fachwerks. Mithin verlangt die Berechnung im Blechträger Spannungen unter der Grenze σ_{zul}, läßt dagegen im Fachwerk eine Überschreitung am äußeren Rande der Gurtungen zu. Ist diese Ungunst gegen den Blechträger in der Bauart begründet? Antwort geben die Vorgänge bei Überschreitung der Belastung, welche die maßgebenden Spannungen beider Bauarten in die Streckgrenze hebt. Es erzeuge das Moment M_s im Blechträger die Randspannung $\sigma_s = \frac{M_s}{W}$ und im Fachwerk die Stabspannung $\sigma_s = \frac{M_s}{h \cdot F_g}$. Nimmt nun M_s um einen kleinen Wert ΔM zu, so steigt die Spannung im Fachwerkstab um $\Delta \sigma = \frac{\Delta M}{h \cdot F_g}$. Die Dehnung der Stabachse unterliegt keiner Beschränkung.

Mit Überschreitung der Streckspannung tritt daher in der Stabachse sofort die beträchtliche Dehnung der Streckgrenze von mindestens 15 bis 25% ein. Anders beim Blechträger. Hier bleibt die Dehnung in jedem Punkte des Querschnitts an die Krümmung der Stabachse gebunden, also proportional dem Abstand des Punktes von der Nullachse. Daher kann die Dehnung am Rande durch ΔM nur in demselben Verhältnis zunehmen wie in den der Nullachse näherliegenden Punkten. $\frac{\Delta \varepsilon}{\varepsilon} =$ constans. Da aber die Spannung über die Streckspannung erst dann hinausgehen kann, wenn die volle Dehnung der Streckgrenze eingetreten ist, muß die Randspannung zunächst unverändert in der Streckgrenze bleiben. Das Spannungsdiagramm geht aus der Geraden in eine gekrümmte oder geknickte Linie über (vgl. Abb. 10). Durch die Spannungen zwischen der gekrümmten Linie und der Geraden, die ihre Randpunkte verbindet, wird das Moment ΔM aufgenommen. Daraus folgt: Das Moment $M_s + \Delta M_s$ erzeugt im Fachwerk eine Überschreitung der Streckspannung, im Blechträger nicht. Der Blechträger vom Widerstandsmoment $W = \frac{M}{\sigma_{zul}}$ besitzt tatsächlich größere Tragfähigkeit als das Fachwerk mit dem Gurtungsquerschnitt $F_g = \frac{M}{h \cdot \sigma_{zul}}$. Einen Querschnitt des Blechträgers, dessen Tragfähigkeit die des Fachwerks nicht übertrifft, erhält man aus der durch Gleichung (22) Seite 34 definierten Funktion $U = \frac{M}{\sigma_{zul}}$, indem man $y_0/y_2 =$ dem Quotienten aus der Streckdehnung im Endpunkt durch die Dehnung im Anfangspunkt der Streckgrenze setzt.

Bei gleicher zulässiger Spannung ist die Sicherheit des Trägers vom Widerstandsmoment W gegen Überschreiten der Streckgrenze gleich der $\frac{U}{W}$-fachen des Fachwerks.

Als wirtschaftliche Trägerhöhe gilt etwa $^1/_{10}$ der Stützweite. Diese Meinung muß jedoch mit Vorbehalt aufgenommen werden. Unter allen Umständen ist h_0 von der Belastung nicht unabhängig. Berechnet man die Querschnittform des kleinsten Flächeninhaltes bei konstantem Widerstandsmoment, so muß der Aufwand für Aussteifungswinkel berücksichtigt werden. Man kann ihn verhältnisgleich der Höhe setzen, also durch $\frac{1}{\alpha_1} h_0$ ausdrücken. Die Stehblechstärke sei für Träger über h_1 Höhe

$$t_0 = t + \frac{h_0 - h}{\alpha} = t_1 + \frac{h_0}{\alpha}.$$

Demnach ist als Fläche des Steges

$$h_0 t_1 + h_0^2 \left(\frac{1}{\alpha} + \frac{1}{\alpha_1}\right)$$

einzusetzen, während im Widerstandsmoment $h_0^2 \frac{1}{\alpha_1}$ natürlich wegfällt. F sei der Querschnitt der Gurtung nach Abzug der in den Steg fallenden Fläche und c der Abstand seines Schwerpunktes vom Rande. Dann erhält man aus der Bedingung

$$F_0 = 2F + h_0 t_1 + h_0^2 \left(\frac{1}{\alpha} + \frac{1}{\alpha_1}\right) = \text{Minimum}$$

nach der auf S. 48/49 durchgeführten Rechnung angenähert

$$F = \frac{h_0 t_1}{6} + \frac{h_0^2}{2\alpha} + \frac{h_0^2}{\alpha_1} - 4c\left[h_0\left(\frac{1}{\alpha} + \frac{1}{\alpha_1}\right) + \frac{t_1}{2}\right].$$

Da eine geringe Änderung ohne nennenswerten Einfluß auf die Größe F_0 ist, wird der etwas größere Wert

$$F = \frac{h_0^2}{2}\left(\frac{1}{\alpha} + \frac{2}{\alpha_1} + \frac{t_1}{3h_0}\right)\frac{h_0}{h_0 - 4c}$$

gewählt. Mit diesem wird

$$W = \frac{2}{3} h_0^3 \left(\frac{1}{\alpha} + \frac{3}{2\alpha_1} + \frac{t_1}{2h_0}\right).$$

Aus $W_{\text{erf}} \cdot \sigma_{\text{zul}} = M$ ergibt sich

$$h_0 = \sqrt[3]{\frac{3M}{\sigma_{\text{zul}}\left(\frac{2}{\alpha} + \frac{3}{\alpha_1} + \frac{t_1}{h_0}\right)}}. \tag{65}$$

Die Gleichung wird durch Approximation gelöst, indem etwa von $\frac{t_1}{h_0} = \frac{10 t_1}{l}$ ausgegangen wird. Als Beispiel sei die Trägerhöhe einer eingleisigen Eisenbahnbrücke von 30 m Spannweite unter Lastenzug N berechnet. Es wird $t_1 = 0{,}6$ cm, $\alpha = 200$, $\alpha_1 = 600$ gewählt, womit $\frac{t_1}{h_0} = \frac{1}{500}$ wird. Das größte Moment beträgt

$$M_p \cdot \varphi + M_g = 768 \cdot 1{,}49 + 125 = 1269 \text{ tm}.$$

Zur Berücksichtigung des Nietlochabzuges wird für St 37 $\sigma_{\text{zul}} = 0{,}85 \cdot 1{,}4 = 1{,}19 \text{ t/cm}^2$ gesetzt.

$$h_0 = \sqrt[3]{\frac{3 \cdot 126900}{1{,}19\left(\frac{1}{100} + \frac{1}{200} + \frac{1}{500}\right)}} = 266 \text{ cm}.$$

Durch Einführung des verbesserten Wertes $\frac{t_1}{h_0} = \frac{0{,}6}{266}$ ergibt sich $h_0 = 265$ cm.

Mit der Schätzung $c = 4$ cm erhält man

$$F = \frac{265^2}{2}\left(\frac{1}{200} + \frac{1}{300} + \frac{1}{1325}\right)\frac{265}{249} = 339 \text{ cm}^2.$$

Gewählt werden

2 ∟ 200·100·16 mit	91
Platten 460·5,6 mit (46 — 1,9) 5,6	= 247
	$F = 338 \text{ cm}^2$

Stehblech 2538·19, da $t_0 = 0{,}6 + 265 \cdot 0{,}005$ ist. $F_0 = 1180 \text{ cm}^2$.

Die Rechnung ist natürlich nur eine Näherung und muß durch genaue Ermittlung des Widerstandsmomentes ergänzt werden. Die Näherungswerte zeigen indessen recht gute Übereinstimmung mit den genauen.

Der Querschnitt hat $J = 14094000 \text{ cm}^4$, $W = 106380 \text{ cm}^3$, $W_n = 96990 \text{ cm}^3$. Mithin ist $\sigma = \frac{126900}{106380} = 1{,}190 \text{ t/cm}^2$ bzw. $\frac{126900}{96990} = 1{,}350 \text{ t/cm}^2$.

Für St 48 ergibt die Rechnung mit

$$\sigma = 1{,}82 \cdot 0{,}85 = 1{,}55 \text{ t/cm}^2,$$

$$h_0 = 242 \text{ cm}, \quad F = 287 \text{ cm}^2, \quad \text{Stehblechstärke } 18 \text{ mm},$$

Winkel 200·100·16, Platten 460·44, Stehblech 2332·18 ergeben

$$F = 286 \text{ cm}^2, \quad J = 100050000 \text{ cm}^4, \quad W = 82680 \text{ cm}^3, \quad \sigma = 1{,}54 \text{ t/cm}^2.$$

$$F_0 = 1010 \text{ cm}^2, \text{ Ersparnis } \frac{1180 - 1010}{1180} = 14{,}8\% \text{ gegen St 37}.$$

Die Durchbiegung aus der Verkehrslast beträgt bei St 37

$$f = \frac{5 \cdot 76\,800 \cdot 30^2 \cdot 100^2}{48 \cdot 2100 \cdot 14{,}09 \cdot 100^3} = 2{,}43\ \text{cm}\,,$$

das ist

$$f = \frac{l}{1350}\,;$$

für St 48

$$f = \frac{5 \cdot 76\,800 \cdot 30^2 \cdot 100^2}{48 \cdot 2000 \cdot 10 \cdot 100^3} = 3{,}42\,;$$

$$f = \frac{l}{910}\,.$$

Für eine Straßenbrücke von 5,0 m Breite des Fahrdammes und 2 je 2,5 m breite Fußsteige sei

$$M_p \cdot \varphi + M_g = 748\ \text{mt}\,,$$

$$\alpha = 200\,, \quad \alpha_1 = 450\,,$$

$$h_0 = \sqrt[3]{\frac{3 \cdot 74\,800}{1{,}19\left(\frac{1}{100} + \frac{1}{200} + \frac{1}{400}\right)}} = 220\ \text{cm}\,.$$

$$F = \frac{220^2}{2}\left(\frac{1}{200} + \frac{1}{300} + \frac{0{,}6}{3 \cdot 220}\right)\frac{220}{204} = 241\ \text{cm}^2\,.$$

Gewählt werden

2 Winkel 160·15	92
3 Platten 376·15 (376 — 1,7) 4,2	= 151
	F = 243 cm²

Stehblech 2116·17.

Das volle Widerstandsmoment des Querschnitts beträgt $W = 63\,400\ \text{cm}^3$, also $\sigma = \frac{148}{634} = 1{,}18\ \text{t/cm}^2$. Bis zu $\sqrt[3]{\frac{2}{3}} = 0{,}814$ der wirtschaftlichen Höhe ändert sich die Größe des erforderlichen Querschnitts nur wenig, weiterhin nimmt sie mit abnehmender Höhe stärker zu.

Eine untere Grenze ist der Trägerhöhe durch die Forderung gesteckt, daß die Durchbiegung aus der Verkehrslast ohne Stoßzuschlag ein größtes, der Stützweite verhältnisgleiches Maß nicht überschreitet. Bei Berechnung der Durchbiegung eines Hauptträgers darf als Momentenkurve eine Parabel eingeführt werden, deren Pfeil gleich dem größten Moment der Verkehrslast ist. Also nach Gleichung (62)

$$f = \frac{5 \cdot \max M_p \cdot l^2}{48\,E\,J}\,\mu\,. \tag{66}$$

μ hängt von der Abstufung des Trägheitsmomentes ab. Beträgt es J in Trägermitte auf der Strecke $l - 2\,d_1$, J_1 auf den Strecken $d_1 - d_2$ und J_2 auf den Strecken d_2, so ist

$$\mu = 1 + \frac{48}{5}\left\{\left(\frac{d_1}{l}\right)^3\left[\frac{4}{3} - \frac{d_1}{l}\right]\left(\frac{J}{J_1} - 1\right) + \left(\frac{d_2}{l}\right)^3\left[\frac{4}{3} - \frac{d_2}{l}\right]\left(\frac{J}{J_2} - \frac{J}{J_1}\right)\right\}.$$

Bei größerer Zahl der Platten ist μ entsprechend dem letzten Glied zu erweitern.

Mit $W_n = \nu \cdot W$ erhält man

$$\max M_p = \frac{W \cdot \nu\,(\sigma_{\text{zul}} - \sigma_g)}{\varphi}\,,$$

$$f = \frac{5 \cdot W \cdot \nu\,(\sigma_{\text{zul}} - \sigma_g)\,l^2}{48\,E \cdot J \cdot \varphi} \cdot \mu\,.$$

Daraus folgt

$$\frac{h_0}{l} = \frac{10 \cdot \nu\,(\sigma_{\text{zul}} - \sigma_g)}{48 \cdot \varphi \cdot E} \cdot \frac{l}{f} \cdot \mu\,.$$

Ist z. B.

$$\sigma_{zul} = 1{,}4\,, \quad \sigma_g = 0{,}15\,, \quad \frac{l}{f} = 900\,, \quad \mu = 1\,, \quad \nu = 0{,}85\,, \quad \varphi = 1{,}49\,,$$

so ergibt sich

$$\frac{h}{l} = \frac{8{,}5 \cdot 1{,}25}{48 \cdot 1{,}49 \cdot 2100} \cdot 900 = \frac{1}{15{,}7}\,.$$

Ist diese Höhe unter den vorliegenden Verhältnissen nicht ausführbar, so muß die Forderung $f \leqq \frac{l}{900}$ durch Ermäßigung der Spannung σ_{zul} erfüllt werden. Es ist also

$$\sigma_{zul} = \frac{h}{l}\,\frac{4{,}8 \cdot \varphi \cdot E}{\nu \cdot \mu}\,\frac{f}{l} + \sigma_g$$

in die Berechnung des erforderlichen Widerstandsmomentes einzuführen.

Wesentliche Einzelheiten der Konstruktion sind in den Abb. 157 und 158 dargestellt. Erstere zeigt ein Stück eines Stehblechträgers aus St 48 von 33,56 m

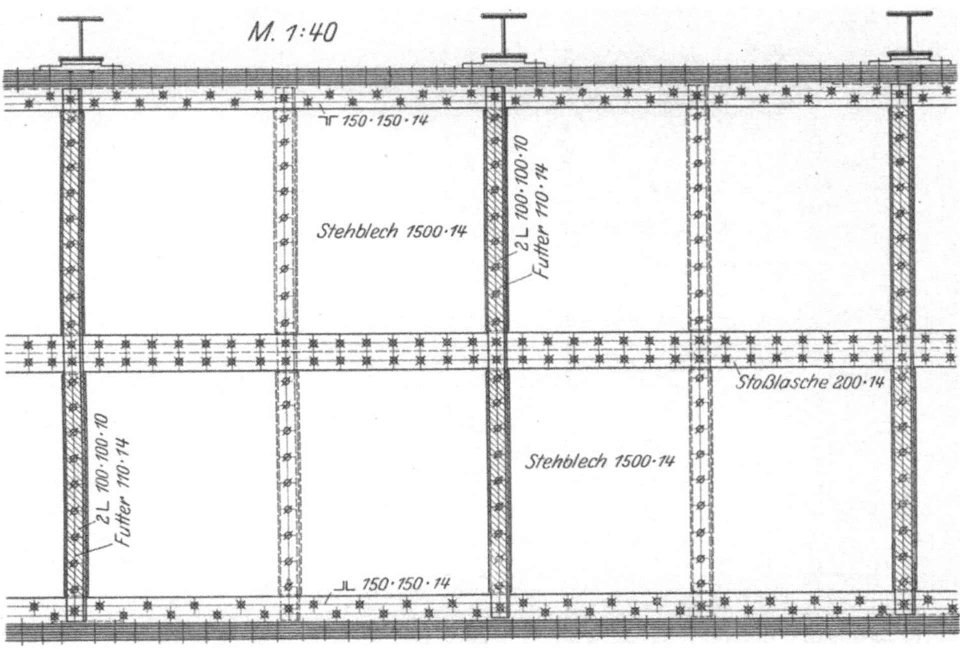

Abb. 157.

Stützweite. Die in der Krümmung liegenden Gleise ruhen auf je 2 Hauptträgern in 2,5 m Abstand. Das Stehblech von 3000 mm Höhe und 14 mm Stärke ist in einer wagerechten Längsfuge gestoßen. Gleichschenklige Winkeleisen 150·14 und 2 bis 5 Platten 380·15 bilden die Gurtungen. 2 Vollstöße, deren Ausbildung in Abb. 55 dargestellt ist, teilen den Träger in 1 längeres Mittelstück mit einem Werkstattstoß in der Mitte und 2 Endstücke. Letztere haben der schiefen Pfeilerstellung wegen auf beiden Seiten verschiedene Längen. Die Querträger, Beitflanschträger 26, liegen durch Platten unterstützt auf der Gurtung. Der Querschnitt der Brücke ist in Abb. 122 dargestellt.

Die Endstücke von Stehblechträgern gleicher Bauart zeigt Abb. 158. Die Brücke überführt eine Eisenbahn über mehrere Öffnungen von 27 bis 29 m Stützweite. Die Stehblechhöhe des Mittelstückes mit parallelen Gurtungen beträgt 2800 mm bei 15 mm Stärke. Nach den Auflagern zu sind die Untergurtungen bis 1920 mm Stehblechhöhe hochgezogen. Die Endstücke laufen in Schnäbel aus, die, übereinandergreifend, die Auflager von 2 benachbarten Öffnungen in eine Lotrechte stellen. Dadurch wird genau zentrische Belastung

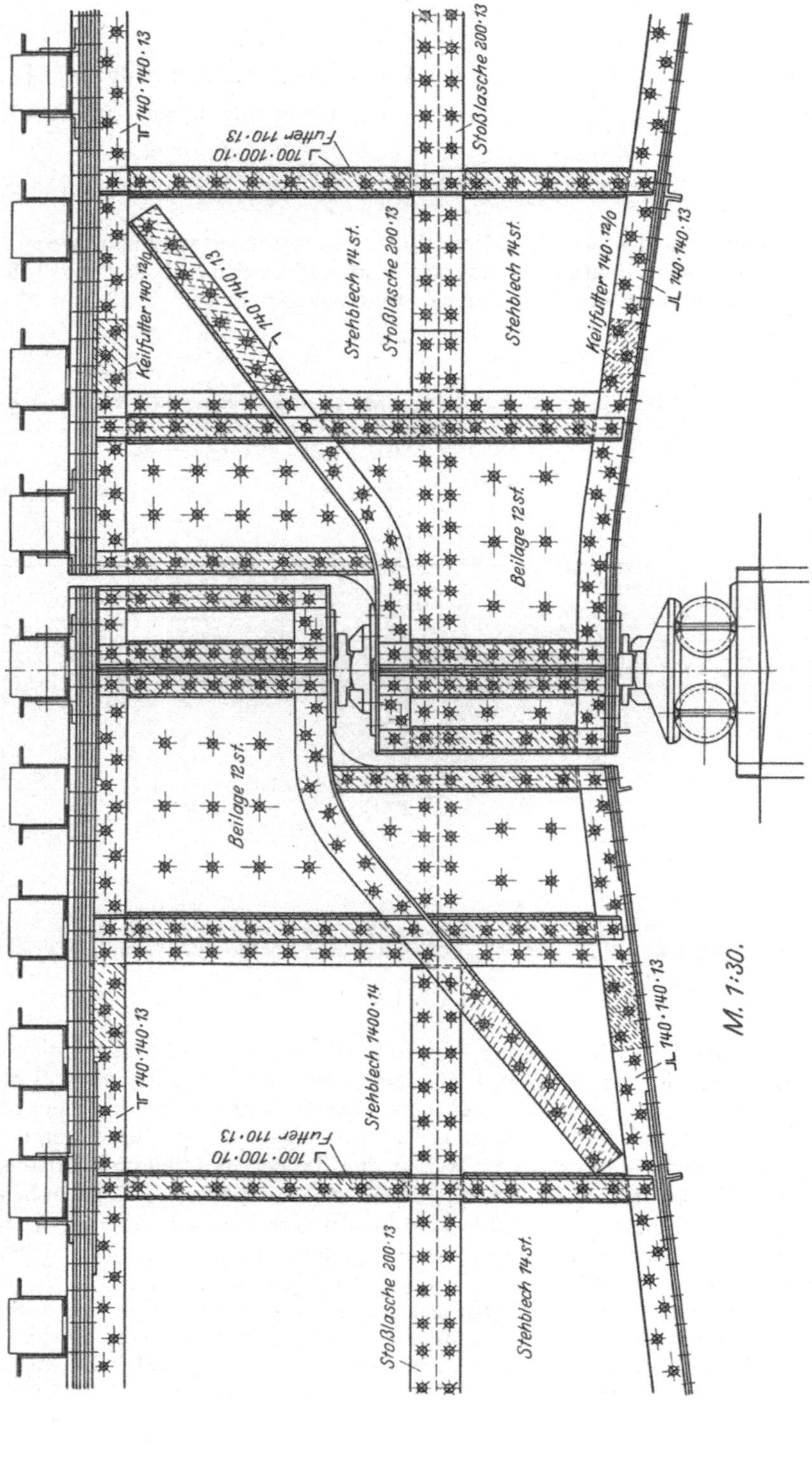

Abb. 158.

der Pfeiler bei jeder Laststellung erreicht. Im letzten Feld ist das Stehblech in voller Höhe durch 2 Deckbleche verstärkt. Die Gurtwinkel sind durch Keilfutter auf die Bleche aufgeführt. Gekrümmte Winkel auf dem Steg folgen der Ausstrahlung der Auflagerkräfte und vermitteln die Überleitung in die Gurtung. Die Aussteifungswinkel sind oben in die Gurtwinkel eingepaßt. Eiserne Querschwellen stützen das Gleis unmittelbar auf die Hauptträger. Abb. 120 zeigt den Querschnitt der Brücke.

Blechträger auf mehreren Stützen sind zu gliedern in Gelenkträger und zusammenhängend durchlaufende Balken. Wirtschaftlich überlegen ist der durchlaufende Balken, weil er die kostspielige Gelenkkonstruktion spart. Vor dem Balken mit Gelenken über den Stützen hat er auch den Vorzug geringeren Materialbedarfes, den er natürlich mit dem Gerberbalken teilt. Aus diesen Gründen sollte, wenn irgend möglich, der durchlaufende Balken gewählt werden. Hierbei spricht nach der herrschenden Meinung die Tragfähigkeit des Baugrundes das entscheidende Wort. Die Senkung der Mittelstützen durch Nachgeben des Baugrundes ist von einigem Einfluß auf die Spannungen im Träger. Da das Ausmaß einer Senkung schwer zu schätzen ist, bedeutet die Wahl des durchlaufenden Trägers bei nicht völlig zuverlässigem Baugrund allerdings einen Schritt ins Ungewisse. Die Gefahren dieses Schrittes sind jedoch sehr überschätzt worden. Der Bestand des Bauwerks ist in keinem Falle bedroht, in dem nur eine gewisse Nachgiebigkeit des Baugrundes, nicht eine Unterhöhlung etwa durch Bergbau vorliegt. Starke Senkungen, die im Gebiet des Bergbaues oder bei Erdbeben möglich sind, können auch einem Gelenkträger verderblich werden. Auf der andern Seite ist die Frage noch keineswegs entschieden, ob nicht in diesem Falle die Größe des entstehenden Schadens durch Wahl durchlaufender Träger gemildert wird.

Bei 3 Stützen ist die Anordnung des durchlaufenden Trägers fast immer vorzuziehen. Für eine überschlägliche Ermittlung der erforderlichen Widerstandsmomente sind folgende Formeln geeignet. Der Querschnitt sei über der Mittelstütze verstärkt, sein Trägheitsmoment sei hier auf der Strecke $(l_1 - a_1)$ der linken, $l_2 - a_2$ der rechten Öffnung J_0, auf den Strecken a_1, a_2 sei es J_1 und J_2. Dann ist das Stützenmoment

$$M_a = -\frac{q_1 l_1^3 \mu_{01} + q_2 l_2^3 \mu_{02}}{8(l_1 \mu_1 + l_2 \mu_2)}. \tag{67}$$

Hierin ist q_1, q_2 gleichmäßige Belastung der linken bzw. rechten Öffnung. Der größte Wert entsteht durch volle Belastung $q = g + p$. Ferner ist

$$\mu_0 = 1 + \frac{J_0 - J}{J}\left(\frac{a}{l}\right)^3\left(4 - 3\frac{a}{l}\right),$$

$$\mu = 1 + \frac{J_0 - J}{J}\left(\frac{a}{l}\right)^3.$$

Die Zeiger *1* und *2* ordnen jeden Faktor der linken oder rechten Seitenöffnung zu. Das Feldmoment erreicht den größten Wert

$$\max M = q\frac{x^2}{2} \tag{68}$$

im Querschnitt

$$x = \frac{1}{2} l + \frac{M_a}{q l}$$

der größeren Öffnung bei der Belastung $p + g$ in dieser und g in der kleineren Öffnung. Für gleiche Stützweiten und konstantes Trägheitsmoment ist

$$x = \frac{l}{2}\left[1 - \frac{p + 2g}{8(p + g)}\right].$$

Die Senkung δ der Mittelstütze erzeugt

$$\varDelta M_a = \frac{3\delta\left[\frac{1}{l_1}+\frac{1}{l_2}\right]E J_0}{l_1\cdot\mu_1 + l_2\mu_2}.$$

Das größte Moment nimmt um

$$\varDelta M_{\max} = \frac{1}{2}\varDelta M_a\left[1+\frac{1}{q l^2}(2 M_a + \varDelta M_a)\right] \tag{69}$$

zu. $\frac{1}{q l^2}(2 M_a + \varDelta M_a)$ ist negativ und ziemlich klein gegen 1. Der Fehler ist gering und erhöht die Sicherheit, wenn man

$$\varDelta M_{\max} = \frac{1}{2}\varDelta M_a$$

setzt. Wenn aus Hauptkräften + Stützenverschiebungen eine um $\frac{1}{7}$ höhere Spannung zugelassen ist, so kann nun die Senkung δ angerechnet werden, die eintreten darf, ohne daß die Spannung mehr als $\frac{1}{7}\sigma_{\mathrm{zul}}$ steigt. Es sei $\nu W = W_n$. Aus

$$\frac{1}{7}\nu\cdot W\cdot\sigma_{\mathrm{zul}} \leqq \frac{3\delta\left(\frac{1}{l_1}+\frac{1}{l_2}\right)E\cdot W\frac{J_0}{J_1}h}{4(l_1\mu_1 + l_2\mu_2)}$$

ergibt sich

$$\delta \leqq \frac{4\nu l_1\cdot l_2(l_1\mu_1 + l_2\mu_2)}{21(l_1+l_2)h}\cdot\frac{J_1}{J_0}\cdot\frac{\sigma_{\mathrm{zul}}}{E}.$$

Z. B. sei $l_1 = l_2 = 16\,\mathrm{m}$, $\mu_1 = 1$, $\mu_2 = 1$, $\frac{J_0}{J_1} = 1$, $h = 1{,}0\,\mathrm{m}$,

$$\sigma_{\mathrm{zul}} = 1{,}4\,\mathrm{t/cm^2},\quad \nu = 0{,}85,$$

$$\delta \leqq \frac{4\cdot 16^2\cdot 0{,}85}{21\cdot 1}\,\frac{1{,}4}{2100} = 2{,}76\,\mathrm{cm}.$$

Ein Setzen der Fundamente um mehr als 2,5 cm kann bei leidlich tragfähigem Baugrund durch zuverlässige Gründung verhindert werden. Anderseits kann der Einfluß einer größeren Senkung durch Verstärkung der Kopfplatten ausgeglichen werden. Die Bauart des durchlaufenden Trägers bleibt immer noch billiger als die Ausbildung eines Gelenkes. Aus den Formeln erhellt: Je größer die Stützweiten und je niedriger die Trägerhöhe, desto kleiner der Einfluß der Stützensenkung. In der Theorie der tragbaren Last statisch unbestimmter Systeme ist nachgewiesen, daß die Stützensenkung die Sicherheit des Bauwerks gegen Bruch nicht mindert. Versuche von Maier-Leibnitz[1] haben das für den vorliegenden Fall bestätigt. Eine Verstärkung des Querschnittes mit Rücksicht auf die Möglichkeit von Stützensenkungen ist daher durchaus unnötig. Nach der genannten Theorie entlasten sich der Querschnitt des größten Feldmomentes und der Stützquerschnitt wechselseitig. Daher dürfen die für die Bestimmung der Querschnitte aus σ_{zul} maßgebenden Momente aus der Annahme gleicher Randspannungen in beiden Querschnitten berechnet werden. Bezeichnen W und W_a die Widerstandsmomente und $\mu = W_a : W$, so ist

$$-M_a = \mu\cdot M_{\max}$$

zu setzen. Bei gleichmäßiger Belastung $q = p + g$ in der größeren Öffnung führt das zu folgender Rechnung. Aus

$$M_{\max} = \frac{q}{2}\left[\frac{1}{4}l^2 + \frac{M_a}{q} + \frac{M_a^2}{(q l)^2}\right]$$

---

[1] Maier-Leibnitz: Beitrag zur Frage der tatsächlichen Tragfähigkeit einfacher und durchlaufender Balkenträger. Bautechnik 1928, S. 11 u. 274.

erhält man

$$M_{\max} = \frac{q l^2}{2}\left[\frac{2+\mu}{\mu} - \sqrt{\left(\frac{2+\mu}{\mu}\right)^2 - 1}\right] \cdot \frac{W}{W_a}. \tag{70}$$

Wenn $\mu = 1$ ist, ergibt sich $M_{\max} = q l^2 \cdot 0{,}086$, $M_a = -\, q l^2 \cdot 0{,}086$. Das Widerstandsmoment

$$W_n = \frac{M_{\max}}{\sigma_{\text{zul}}}$$

verbürgt die gleiche Sicherheit gegen Bruch, die im statisch bestimmten Balken mit $\sigma_{\max} = \sigma_{\text{zul}}$ erreicht wird.

Der kleinste Wert des Stützenmomentes entsteht bei voller Belastung beider Öffnungen. Zwischen dem größten Feldmoment der größeren Öffnung und dem Stützenmoment besteht auch in diesem Falle Gleichung (68). Setzt man mit Rücksicht auf die Entlastung des Stützquerschnittes durch den Feldquerschnitt

$$M_{\max} = -\frac{M_a}{\mu},$$

so erhält man wieder

$$M_a = -\frac{q l^2}{2}\left[\frac{2+\mu}{\mu} - \sqrt{\left(\frac{2+\mu}{\mu}\right)^2 - 1}\right]. \tag{71}$$

Wo keine Stützensenkungen zu befürchten sind, ist aus Gründen der Konstruktion $\mu = 1$ zweckmäßig. Im andern Falle muß der Querschnitt im Felde so bestimmt werden, daß die Randspannung aus dem wirklichen Wert des Momentes $M_{q\max}$ und der größten möglichen Stützensenkung die Elastizitätsgrenze nicht überschreitet.

Die größte Durchbiegung aus voller Belastung einer Öffnung liegt in geringem Abstand von der Mitte. Sie ist im Punkte x mit $z = \frac{x}{l}$ zu berechnen aus

$$f = \frac{p \cdot l_1^4}{24 E J_1} z(1-z)\left[(1+z-z^2)\nu_0 - \frac{l_1 \mu_{01} \cdot \nu_1}{2(l_1\mu_1 + l_2\mu_2)}(1+z)\right], \tag{72}$$

$$\nu_0 = 1 - \frac{J_0 - J_1}{J_0} \frac{\left(1 - \frac{a}{l_1}\right)^3\left(1 + 3\frac{a}{l_1}\right)}{(1-z)(1+z-z^2)},$$

$$\nu_1 = 1 - \frac{J_0 - J_1}{J_0} \frac{\left(1 - \frac{a}{l_1}\right)^2\left(1 + 2\frac{a}{l}\right)}{1 - z^2},$$

dabei ist Voraussetzung $x < a$. Man kann mit guter Genauigkeit $z = \frac{1}{2}$ setzen. Für gleiche Stützweiten l und $J_0 = J_1$ ergibt sich

$$\max f = \frac{q l^4}{24 E J} \cdot 0{,}219.$$

Blechbalken auf 4 Stützen überbrücken meist eine große Mittelöffnung und 2 kleinere auf beiden Seiten. Am häufigsten dient die Bauart zur Überführung einer Eisenbahn über eine städtische Straße. Pendelstützen am Rand der Bürgersteige bilden die Mittelstützen. Auch hier ist die Frage: Gelenkträger oder durchlaufender Träger. Als Gelenkträger kommt dabei nur der Gerberträger mit Gelenken in der Mittelöffnung in Betracht. Gelenke über den Mittelstützen sind zwar ausgeführt, doch steht die Bauart dem Gerberträger in jeder Hinsicht nach. Das gilt namentlich, wenn die Lage der Gelenke so gewählt wird, daß die Auflagerdrücke über den Endstützen bei jeder Belastung positiv bleiben. Am günstigsten ist auch hier der durchlaufende Balken.

Folgende Formeln gestatten eine angenäherte Berechnung des durchlaufenden Balkens auf 4 Stützen für den Fall der in Abb. 159 angegebenen Trägheitsmomente

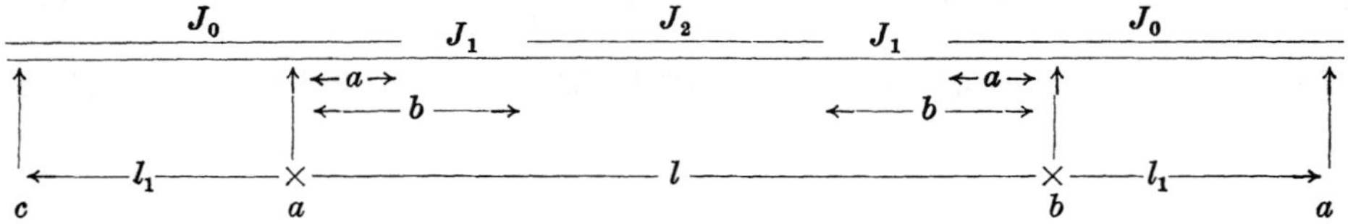

Abb. 159.

Stützenmoment M_a

1. Mittelöffnung belastet

$$M_a = -\frac{q\,l^3}{4}\,\frac{\mu_0}{2\,l_1 + l\,(2\,\mu + \mu_1)}, \tag{73a}$$

2. beide Seitenöffnungen belastet

$$M_a = -\frac{q\,l_1^3}{4}\,\frac{1}{2\,l_1 + l\,(2\,\mu + \mu_1)}, \tag{73b}$$

3. linke Seitenöffnung belastet

$$M_a = -\frac{q\,l^3}{4}\,\frac{2\,(l_1 + l\,\mu)}{[2\,l_1 + l\,(2\,\mu + \mu_1)]\,[2\,l_1 + l\,(2\,\mu - \mu_1)]}, \tag{73c}$$

$$\mu_0 = 1 + \frac{J_0 - J_1}{J_1}\left[1 - 6\left(\frac{a}{l}\right)^2 + 4\left(\frac{a}{l}\right)^3\right] - \left(\frac{J_0}{J_1} - \frac{J_0}{J_2}\right)\left[1 - 6\left(\frac{b}{l}\right)^2 + 4\left(\frac{b}{l}\right)^3\right],$$

$$\mu = 1 + \frac{J_0 - J_1}{J_1}\left(1 - 2\,\frac{a}{l}\right)\left[1 - \frac{a}{l} + \left(\frac{a}{l}\right)^2\right] - \left(\frac{J_0}{J_1} - \frac{J_0}{J_2}\right)\left(1 - \frac{2b}{l}\right)\left[1 - \frac{b}{l} + \left(\frac{b}{l}\right)^2\right],$$

$$\mu_1 = 1 + \frac{J_0 - J_1}{J_1}\left(1 - 2\,\frac{a}{l}\right)\left[1 + 2\,\frac{a}{l} - 2\left(\frac{a}{l}\right)^2\right]$$
$$- \left(\frac{J_0}{J_1} - \frac{J_0}{J_2}\right)\left(1 - \frac{2\,b}{l}\right)\left[1 + 2\,\frac{b}{l} - 2\left(\frac{b}{l}\right)^2\right].$$

max M der Seitenöffnung

$$M = \frac{1}{2}\,q\,x^2, \quad x = \frac{1}{2}\,l_1 + \frac{M_a}{q\,l_1}. \tag{74}$$

Belastung: $q = p + g$ in beiden Seitenöffnungen, $q = g$ in Mitte.

max M in Mittelöffnung

$$\max M = \frac{q\,l_2}{8} + M_a. \tag{75}$$

Belastung: $q = p + g$ in Mittelöffnung, $p = g$ in beiden Seitenöffnungen.

Eine Senkung δ jeder Mittelstütze erzeugt

$$M_a = \frac{6\,\delta\,.\,E\,J_0}{l_1\,[2\,l_1 + l\,(2\,\mu + \mu_1)]} = \varDelta_{\max} M, \tag{76}$$

d. i. die Zunahme des größten Momentes. Mit $W_n = W \cdot \nu$ erhält man das Maß der Senkung, welches eintreten darf, ohne die Spannung um mehr als $\frac{1}{7}\,\sigma_{zul}$ zu steigern, in

$$\delta = \frac{\sigma_{zul}}{E}\,\frac{J_2}{J_0}\,\frac{l_1\,[2\,l_1 + l\,(2\,\mu + \mu_1)]\,\nu}{21\,h}. \tag{77}$$

Setzt man $L = l + 2l_1$, $l_1 = \frac{1}{2}\,(L - l)$, so erkennt man: Je größer L, desto kleiner der Einfluß, je größer l bei konstantem L, desto größer der Einfluß der Stützensenkung.

Größte Durchbiegung in der Mitte aus Verkehrslast

$$\max f = \frac{5\,p\,l^4}{8 \cdot 48\,E\,J_2}\left[\nu_0 - \frac{12}{5}\,\frac{l \cdot \mu_0 \cdot \nu_a}{2\,l_1 + l\,(2\,\mu + \mu_1)}\right], \tag{78}$$

$$\nu_0 = 1 + \frac{16}{5}\left(\frac{J_2 - J_1}{J_1}\right)\left(\frac{b}{l}\right)^3\left(4 - 3\,\frac{b}{l}\right) - \frac{16}{5}\left(\frac{J_2}{J_1} - \frac{J_2}{J_0}\right)\left(\frac{a}{l}\right)^3\left(4 - 3\,\frac{a}{l}\right),$$

$$\nu_a = 1 + \frac{1}{2} \cdot \frac{J_2 - J_1}{J_1} \cdot \left(\frac{2\,b}{l}\right)^3 - \frac{1}{2}\left(\frac{J_2}{J_1} - \frac{J_2}{J_0}\right)\left(\frac{2\,a}{l}\right)^3.$$

Nach der Theorie der tragbaren Last ist für den Querschnitt in Mitte der mittleren Öffnung und den Stützquerschnitt

$$W_a + W = \frac{M_{0\,\max}}{\sigma_{zul}} \tag{79}$$

erforderlich und ausreichend, um die gleiche Sicherheit zu erhalten, die im statisch bestimmten Balken bei $\sigma_{\max} = \sigma_{zul}$ besteht. $M_{0\,\max}$ ist das größte Moment des einfachen Balkens von der Stützweite l aus $p+g$. Die Wahl des Verhältnisses $W_a : W$ ist nach den gleichen Richtlinien zu treffen wie im Falle des Balkens auf 3 Stützen. Das für den Querschnitt in der Seitenöffnung maßgebende Moment ist sodann durch Gleichung (74) mit $M_a = -W_a \cdot \sigma_{zul}$ bestimmt.

In Abb. 160 ist der Hauptträger einer Eisenbahnbrücke dargestellt, der ein Balken auf 4 Stützen ist[1]. Die Hauptträger stehen in 1,5 m Abstand und tragen auf der Obergurtung die aus Tonnenblechen bestehende Fahrbahntafel. Abbildung 138 zeigt den Querschnitt. Die Mittelöffnung hat 12,5 m, jede Seitenöffnung 4,9 m Stützweite. Die Endstützen sind massive Pfeiler. Zur Aufnahme der negativen Auflagerdrücke sind die Träger im Pfeiler verankert. Ein Querbalken aus 2 ⊐-Eisen 26 ist in der Ebene der Auflagerpunkte zwischen je 2 Trägern eingebaut und wird von 2 Ankerbolzen erfaßt. Zwei auf Pendelstützen in 3,0 m Abstand ruhende Unterzüge bilden die Mittelstützen. Die Gurtungen des Unterzuges laufen durch. Die obere Gurtung durchdringt das Stehblech der Hauptträger, und die Untergurtung des Hauptträgers das Stehblech des Unterzuges. Abb. 161 zeigt den Unterzug, Abb. 162 den Träger an der Durchdringung. Die Unterkante der Hauptträger verläuft in den Seitenöffnungen wagerecht, in der Mittelöffnung schwach bogen-

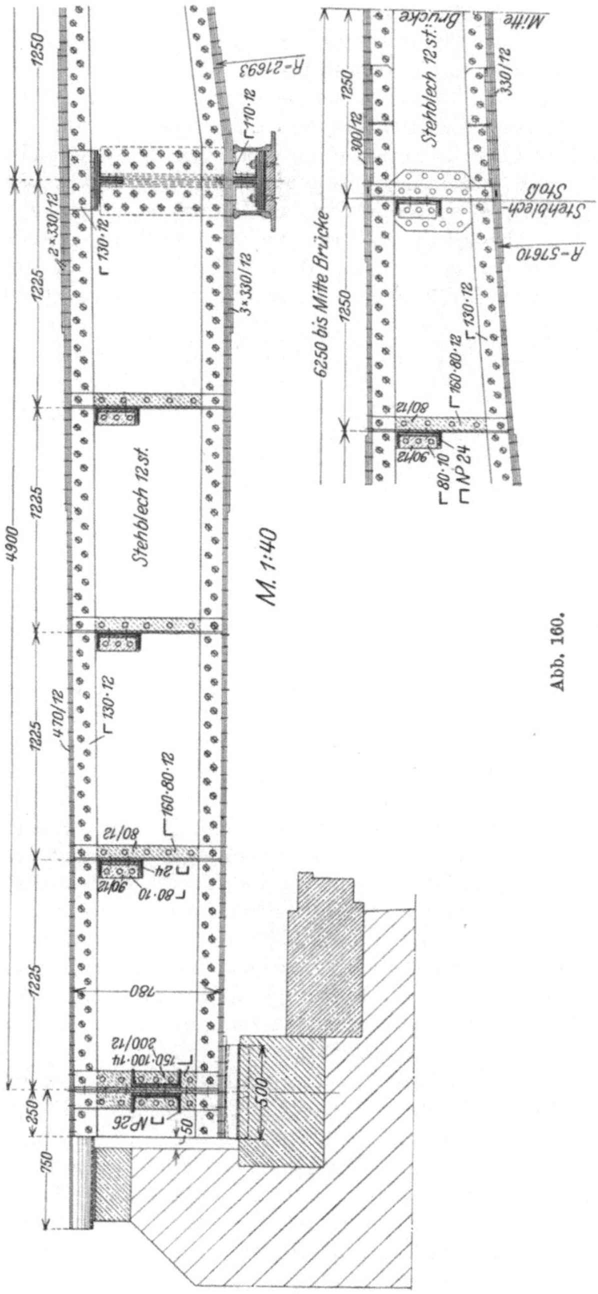

Abb. 160.

[1] Erbaut von der Eisenbahndirektion Hannover.

förmig gekrümmt. Die Oberkante fällt mit 1 : 80 von der Mitte nach den Endpunkten. Das gleiche Gefälle hat die Sohle der Tonnenbleche zur Abführung des Wassers über die Widerlager. Die Konstruktion der Brücke ist in der Anlage und den Einzelheiten zweckmäßig. Die oben beschriebene Form der Hauptträger gibt dem Brückenbild eine gute Wirkung.

Die Entwicklung des Eisenbaues im letzten Jahrzehnt zeigt zielbewußtes Streben nach vollwandiger Gestaltung der Bauglieder. Das tritt besonders augenfällig in den Blechträgerbrücken hervor. Hat man vor 8 bis 10 Jahren diese Bauart auf Stützweiten bis höchstens 25 m verwiesen, nur als Laufbahn für Stahlwerkskrane finden sich schon früher Blechträger von größeren Stützweiten, so scheut man heute auch erheblich größere Längen nicht. Ein bemerkenswertes Beispiel dieser Art ist die Überführung von 4 Eisenbahngeleisen über den Stern in Altona[1] durch 2 zweigleisige Überbauten. Abb. 163 zeigt Ansicht des nördlichen Hauptträgers, Abb. 164 den Grundriß des nördlichen Überbaues, Abb. 133 den Querschnitt durch Hauptträger und Fahrbahn. Die Hauptträger sind Steh-

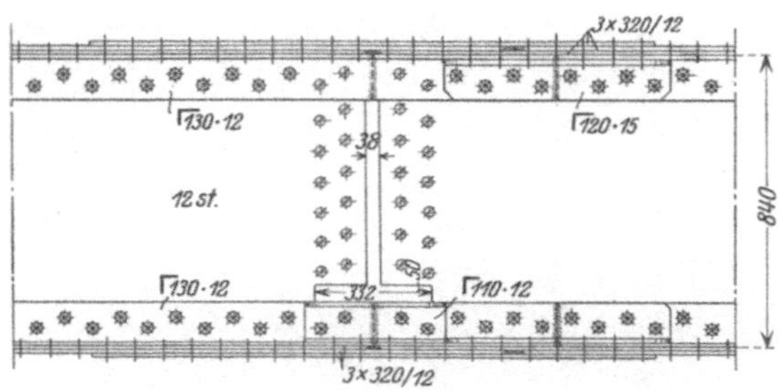

Abb. 161.

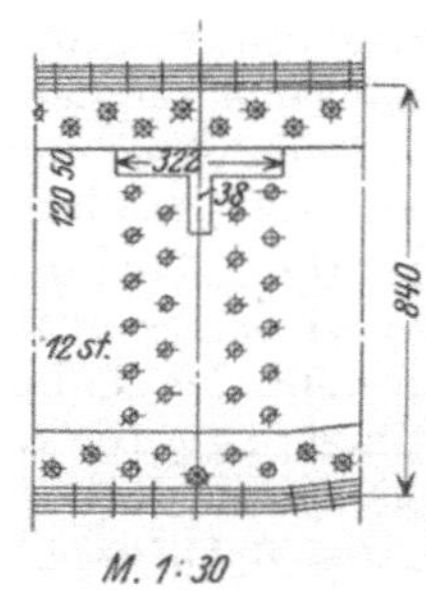

Abb. 162.

blechbalken auf 4 Stützen. Die durch die Ortslage vorgeschriebene Stellung der Stützen machte für die einzelnen Träger Stützweiten verschiedener Länge notwendig. Die des nördlichen Hauptträgers messen 22,0 m, 34,0 m, 19,0 m. Über die Endstützen kragen die Träger um Stücke von 2,25 bis 3,25 m über und tragen hier Gegengewichte zur Aufnahme der negativen Auflagerdrücke. Dadurch wird die Notwendigkeit der Verankerung im Widerlager, das Abheben des Trägers vom Auflager vermieden. Die ganze Länge der Hauptträger mißt etwa 80 m. In der Mitte der Mittelöffnung haben sie eine Überhöhung von 38 mm erhalten. Der Querschnitt besteht aus einem in der Mitte gestoßenen Stehblech 2700·16, 4 Gurtwinkeln 160·160·17 und 1 bis 5 Platten 400·20 in jeder Gurtung. Die Länge der Stücke zwischen den Stößen hält sich an die normale Walzlänge. Jeder Stoß ist in der Mitte zwischen 2 Querträgern angeordnet. Da der Querträgerabstand beiderseits der Mittelstützen infolge der verschiedenen Stützweiten verschieden gewählt werden mußte, ergeben sich auch Trägerstücke verschiedener Länge. Für die Lage der Montagestöße waren die möglichen Transportlängen maßgebend. Die Stöße sind so angeordnet, daß keiner mehr als 2 Gurtplatten oben und unten erfaßt. In den Feldern über dem Auflager ist mit Rücksicht auf die hier auftretenden Querkräfte das Stehblech auf beiden Seiten durch 2 Bleche von voller Trägerhöhe verstärkt.

In dem Bauwerk ist eine vorbildliche Lösung der vorliegenden schwierigen Aufgabe geschaffen. Jeder Fachwerkträger würde das Stadtbild schädigen, der Vollwandträger fügt sich in glücklicher Weise ein. Seine Wucht wird durch die große Länge gedämpft. Eine besondere Erschwerung für die Ausführung erwuchs aus der Notwendigkeit, den Umbau in einer Betriebspause von wenigen

[1] Entwurf und Ausführung: Werk Louis Eilers, Hannover.

Stunden durchzuführen. Um ihr zu genügen, wurde der ganze zweigleisige Überbau nach Fertigstellung neben dem alten Bauwerk durch 2 Portalkrane eingefahren und abgesetzt. Abb. 165 zeigt den Überbau in den Kranen hängend.

Einen bemerkenswerten Fortschritt in der oben genannten Richtung brachte der Wettbewerb um die Friedrich Ebert-Brücke über den Neckar in Mannheim. Hier ist in erster Linie der Entwurf Bonito[1] zu nennen, der einen durchlaufenden Blechträger auf 4 Stützen vorschlägt (Abbildung 166). Die Mittelöffnung überbrückt den Fluß in 80 m Stützweite, die Seitenöffnungen das Vorflutgelände mit je 58,5 m. Der Träger hat über dem Mittelpfeiler 3,80 m, in der Mitte der Mittelöffnung 2,50 m Höhe. Die Obergurtung folgt der Steigung der Straße. Die Untergurtung liegt in der Seitenöffnung wagerecht, senkt sich um 0,30 m auf die Mittelstützen und steigt in der Mittelöffnung um etwa 1,90 m zu einem flachen Bogen auf. Die geringe Trägerhöhe ermöglicht die Anordnung der Hauptträger in größerer Zahl unter der Fahrbahn. Abb. 147 zeigt den Querschnitt durch Mittel- und Seitenöffnung. Die Hauptträger der Fußwege sind rd. 0,30 m höher gewählt. Abb. 166 zeigt die Ansicht des äußeren. Die Stellung der Hauptträger ist reichlich eng gewählt. Eine zweite Lösung, die nur 8 Träger in 2,5 m Abstand vorsieht, ist vorzuziehen. Um die Momente aus Eigenlast in Mitte der Mittelöffnung möglichst klein zu machen, ist die Fahrbahn hier leichter ausgebildet als in den Seitenöffnungen, wo zur Erhöhung des Stützenmomentes größeres Gewicht vorteilhaft war. Verankerung der Endstüt-

[1] Verfasser: Vereinigte Stahlwerke, Dortmunder Union.

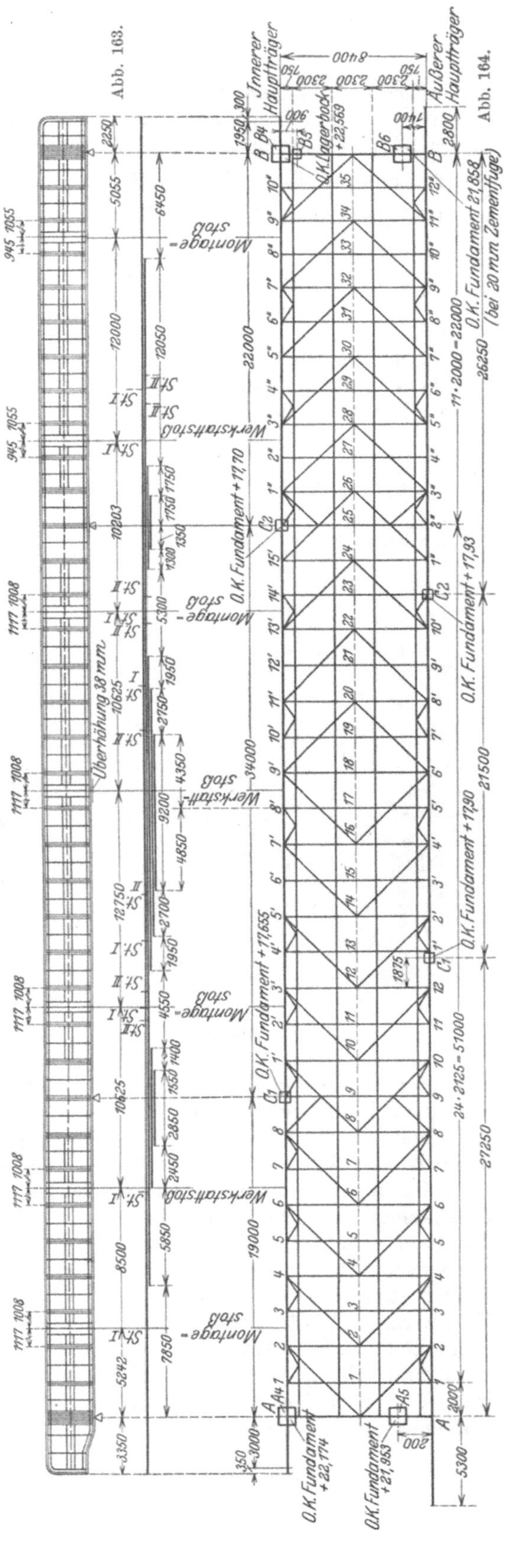

Abb. 163 und 164.

zen ist nicht nötig, da der Auflagerdruck auch bei voller Belastung der Mitte positiv ist. Die Durchbiegung unter der Verkehrslast bleibt in zulässigen Grenzen $^1/_{900}$ bei Verwendung von St 37 und $^1/_{700}$ bei St 48. Über den Einfluß einer Stützensenkung gibt die Formel (77) Aufschluß. Es kann $J_1 = J_2$, $\frac{J_2}{J_0} = \frac{1}{2,2} a \sim \frac{1}{6} l$, $\nu = 0,85$ gesetzt werden. Damit wird $\mu = 1,92$, $\mu_1 = 2,17$

$$\delta = \frac{1,82}{2100} \frac{1}{2,2} \frac{58,8 \cdot 80 \left(\frac{2 \cdot 58,8}{80} + 3,84 + 2,17\right)}{21 \cdot 2,5} \cdot 0,85 = 0,23 \text{ m} .$$

Die Rechnung zeigt, daß die Spannungen bei Senkung der Mittelstützen bis zu 23 cm dank der geringen Trägerhöhe in der Mitte nicht über die zulässige Grenze gehen. So starke Setzungen der Pfeiler können durch gute Gründung ausgeschlossen werden. Schon mit Rücksicht auf das lichte Raumprofil unter der Brücke müssen sie auch bei einem Balken mit Gelenken unbedingt vermieden werden. In Fällen, in denen der Einfluß der Stützensenkung größer ist als hier, schafft der von Kayser[1] gemachte Vorschlag, Montagegelenke vorzusehen und erst nach Aufbringung der Fahrbahn zu schließen, wirksame Abhilfe. Wenn der Baugrund nachgibt, vollzieht sich der Vorgang als unmittelbare Folge der Belastung. Man schaltet also durch die Maßnahme den Einfluß der Eigenlast auf die Senkung aus. Die Verkehrslast kann nur geringere Wirkung haben, weil ihr Höchstwert im allgemeinen hinter der Eigenlast zurückbleibt, nur in seltenen Fällen auftritt und ziemlich schnell vorübergeht.

Abb. 165.

Offenkundige Nachteile des Gerberträgers sind die Kosten der Gelenke, deren Konstruktion mit der Größe des Querschnitts an Schwierigkeit zunimmt. Bedenklicher noch ist die Notwendigkeit, die ganze Fahrbahn in der lotrechten Gelenkebene zu unterbrechen. Dadurch entsteht nicht nur eine weitere Erhöhung der Baukosten, auch die Unterhaltungskosten wachsen und der Verkehr hat gelegentlich Störungen zu erwarten. Da im vorliegenden Falle der durchlaufende Balken statisch einwandfrei ist, verdient er ohne Zweifel den Vorzug vor dem Gerberträger. Der Träger besitzt trotz seiner geringen Höhe durchaus genügende Steifigkeit. Daher verdunkelt kein Schatten seine Leistung: Vollkommen freie Bahn und offener Ausblick. Wohl zum ersten Male ist das hier bei 80 m Stützweite und etwa 5 m Höhenunterschied zwischen Oberkante der Fahrbahn und Auflagerpunkt gelungen.

[1] Zentralbl. Bauverw. 1925, S. 487ff.

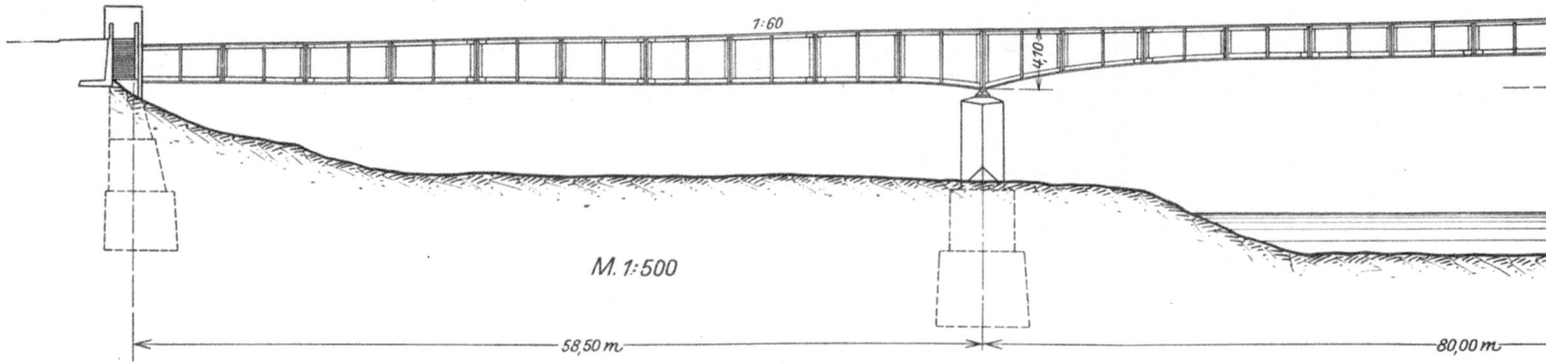

Abb. 166.

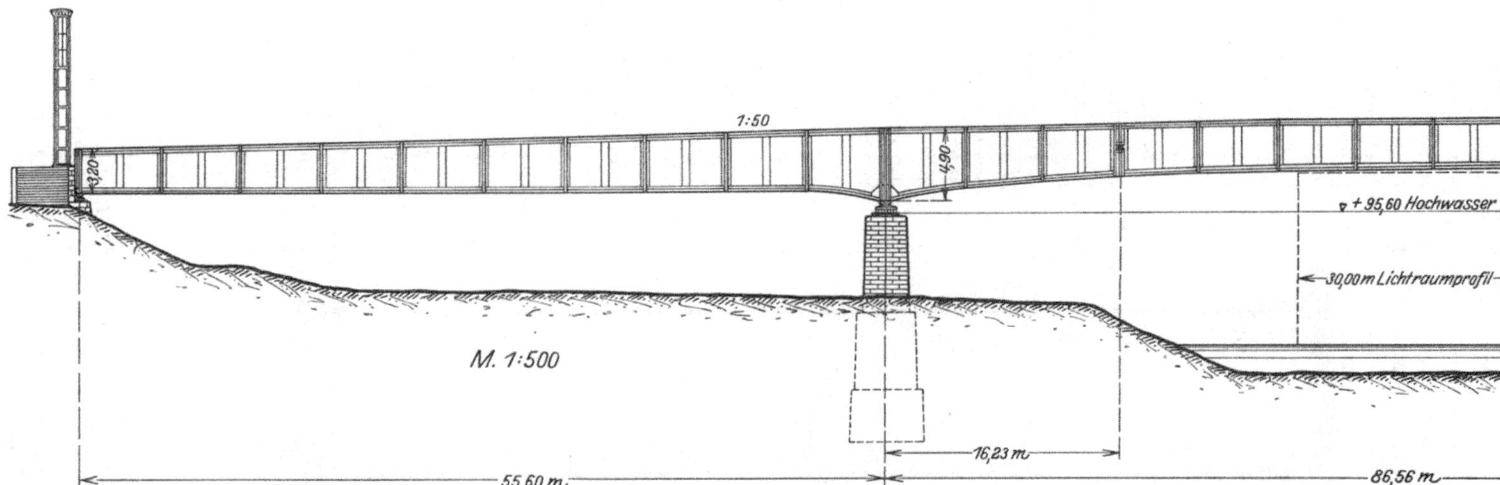

Abb. 167.

In dem zur Ausführung gelangten Entwurf ist ein durchlaufender Balken mit 2 Gelenken in der Mittelöffnung gewählt. Abb. 167 zeigt die Ansicht[1]. Die Kragträger in den Seitenöffnungen von 55,60 m Stützweite kragen um 16,23 m in die Mittelöffnung vor. Der eingehängte Träger hat eine Länge von 54,10 m, die gesamte Stützweite der Flußöffnung beträgt daher 86,56 m. Die Trägerhöhe mißt über den Endwiderlagern 3,20 m, über den Mittelpfeilern 4,90 m in der Mitte des Schwebeträgers 3,65 m. Der Querschnitt hat die in Abb. 168 dargestellte Kastenform. Der lichte Abstand zwischen den Stehblechen beträgt 65 cm. Die lichte Weite zwischen den unteren Gurtplatten muß so bemessen werden, daß das Innere zugänglich bleibt. Dazu sind 30 bis 35 cm notwendig. Querschotte steifen den Querschnitt im Innern aus. In ihren Blechen sind Mannlöcher ausgeschnitten, um den Durchgang zu ermöglichen. Die Linienführung der Gurtungen verläuft fast gleich wie in dem Entwurf Bonito. Die Hauptträger liegen jedoch nicht vollständig unter der Fahrbahn. Die Obergurtung ragt etwa 1,10 m über den Fußweg und noch höher über den Fahrdamm. Es konnten daher nur 2 Hauptträger angeordnet werden, die zwischen Fahrbahn und Bürgersteig liegen. Die Gelenke sind lagerartig ausgebildet (Abb. 84). Eine vorspringende Konsole des Kragträgers trägt den Lagerkörper. Auf diesen setzt sich der eingehängte Träger mit dem in Hakenform auslaufenden Endstück auf. Da beide Endwiderlager feste Auflager haben, mußte der eingehängte Träger in einem Gelenkpunkt längsverschiebliche Lagerung erhalten. Der schönen Linienführung der Gurtungen, der langgestreckten niedrigen Trägerform verdankt das Bauwerk den Einklang zwischen Gestalt und Zweck, auf dem seine künstlerische Wirkung beruht. Dagegen ist die Vertiefung der Fahrbahn zwischen den Hauptträgern ein offenkundiger Nachteil. Auch geht dadurch ein Streifen von 2·1,0 m für die nutzbare Brückenbreite verloren.

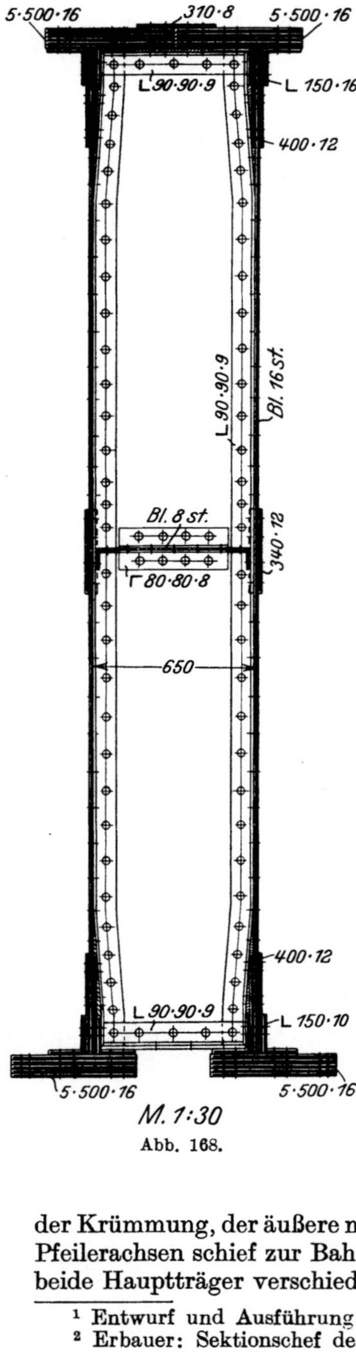

Abb. 168.

Während in Deutschland der durchlaufende Träger ohne Gelenke für Eisenbahnbrücken bisher nur in seltenen Fällen zur Ausführung gelangt ist, ist die Bauart von den Schweizerischen Bundesbahnen schon häufiger gewählt worden. Ein bemerkenswertes Beispiel ist die Aarebrücke bei Olten[2], die das Gleis der vorläufig eingleisig ausgebauten Strecke in einer Kurve von 305 m Radius in 3 Öffnungen über den Fluß führt. Abb. 169 zeigt den Grundriß der linken Hälfte, Abb. 170 den Querschnitt der Brücke. Beide Hauptträger folgen der Krümmung, der äußere mit 306,8 m, der innere mit 303,2 m Halbmesser. Da die Pfeilerachsen schief zur Bahnachse und nicht parallel zueinander stehen, mußten beide Hauptträger verschiedene Stützweiten erhalten, 34,95 m, 35,22 m, 34,95 m

[1] Entwurf und Ausführung: MAN, Werk Gustavsburg.
[2] Erbauer: Sektionschef der Bundesbahnen Bühler.

mit 105,54 m Trägerlänge außen, 35,05 m, 35,32 m, 35,05 m mit 105,84 m Trägerlänge innen. Die normalen Feldweiten von 1,530 m und 1,512 m verhalten sich wie die Halbmesser. Die Querträger stehen daher normal zu den Hauptträgern. Anormale Felder gleichen die durch die Pfeilerstellung entstehenden Unterschiede aus.

Infolge der Krümmung und der Fliehkräfte wird der äußere Hauptträger stärker belastet als der innere und ist deshalb höher ausgebildet. Sein Querschnitt besteht aus 1 Stehblech 3000·15, 4 Gurtwinkeln 160·160·15 und 1 bis 6 Platten 500·15 in jeder Gurtung. Der des inneren Hauptträgers hat 1 Stehblech 2750·15 und im wesentlichen gleiche Gurtungen. Die Stehbleche sind ohne Längsstoß ausgeführt, dagegen liegen die Querstöße mit rd. 6,0 m Abstand ziemlich eng. Die Krümmung der Gurtungen erfordert seitliche Stützung. Deshalb sind die Stehbleche in den Ebenen der Querträger durch ⊐-Eisen ausgesteift, deren Steg rechtwinklig zum Stehblech steht und zwischen den inneren Flächen der Gurtwinkel durchläuft. Querverbände der in Abb. 170 dargestellten Bauart liegen in jedem zweiten Feldknoten. Dazwischen sind die gekreuzten Stäbe des Windverbandes angeordnet, dessen Ebene gleich den Querträgern die Neigung des Gleises hat. Die Knotenbleche sind auf die oberen Flansche der aus I NP 47½ bestehenden Querträger genietet. Es sind die zwischen dem Querträger und den Eckaussteifungen gezeichneten Bleche. Die Schrägstäbe greifen über 2 Felder und werden im Kreuzungspunkt durch den Querträger gestützt. Die Fahrbahntafel ist eine Eisenbetonplatte, die den Kopf der Querträger umschließt. Durch die Stege gesteckte Armierungseisen verbinden die Plattenstücke beiderseits des Querträgers. Auch der ganze Windverband liegt in der Platte. Seitlich legt sie sich gegen die Stehbleche

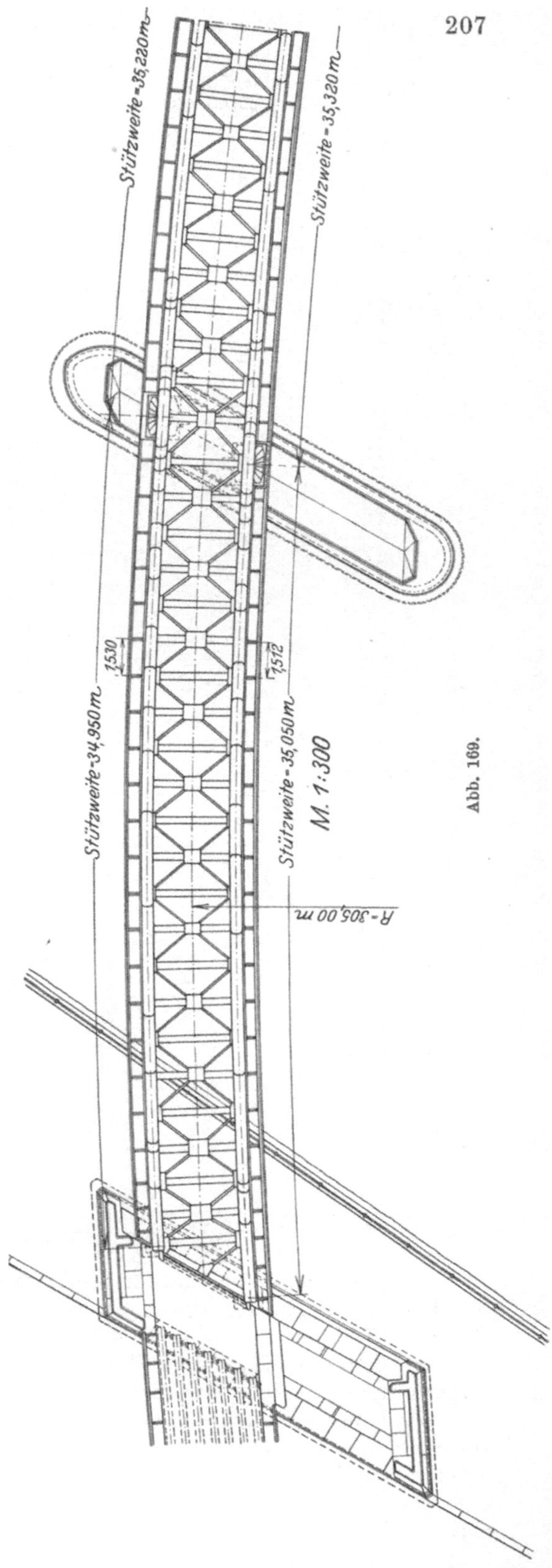

Abb. 169.

der Hauptträger, der obere Rand ist durch wagerechte ⅂-Eisen abgedeckt. Ein Windverband in der Ebene der Untergurtung ist nicht vorhanden.

Die Konstruktion der Brücke erfüllt in allen Einzelheiten die Aufgabe, die aus der Eigenart des Bauwerks als räumliches Tragwerk erwächst. Die Wirtschaftlichkeit ist durch vergleichende Rechnung dargetan.

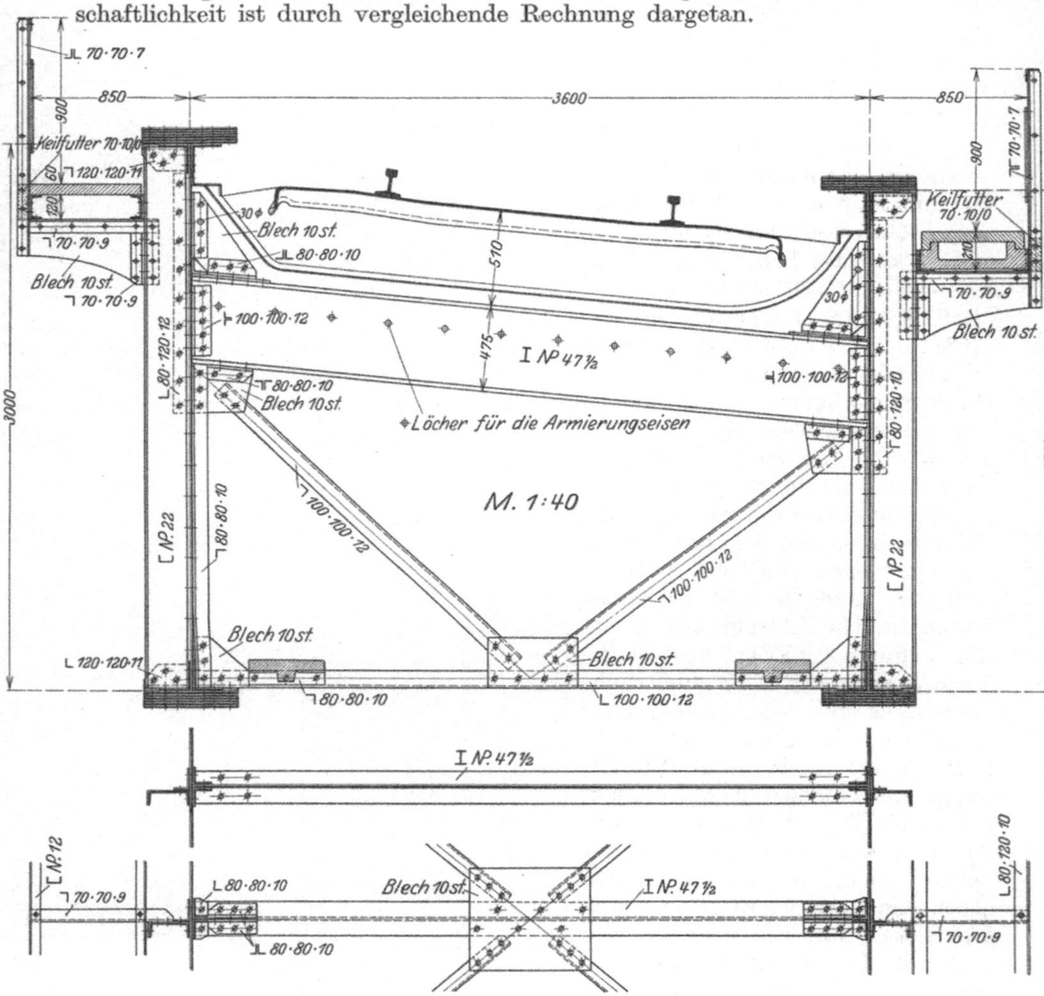

Abb. 170.

2. Der Fachwerkbalken.

Die Bauglieder des Fachwerks sind Stäbe, die je 2 Knotenpunkte miteinander verbinden. Die Theorie des Fachwerks faßt die Knotenpunkte als Gelenke auf, die ohne Reibung arbeiten. Sie setzt also voraus, daß die Stäbe jede Drehung um die Knotenpunkte ohne Widerstand vollziehen, die durch Änderung des Fachwerknetzes infolge der elastischen Längenänderung der Stabachsen bedingt ist. Wäre diese Voraussetzung durch die Konstruktion voll erfüllt, so würden die Stäbe nur durch Spannkräfte, das sind Zug- oder Druckkräfte in ihrer Achse, beansprucht werden. Die Voraussetzung ist jedoch nicht erfüllbar. Auch wenn die Knotenpunkte als Bolzengelenke ausgebildet werden, entsteht durch den Druck zwischen Auge und Bolzen ein so beträchtlicher Widerstand gegen die fragliche Drehung, daß sie nicht oder nur in beschränktem Maße eintreten kann. Im neuzeitlichen Eisenbau werden Bolzengelenke nur in einigen besonderen Fällen verwendet. Die vorherrschende Verbindung der Stäbe in den Knotenpunkten ist die feste Vernietung. Da somit die Drehung um die Knotenpunkte nicht möglich ist, müssen die Stäbe sich bei der Netzänderung krümmen. Die Krümmung aber ist mit Biegungsspannungen verbunden, welche die gleichmäßig über den Stabquerschnitt verteilten Spannungen aus den Spannkräften an einem Rande erhöhen, am andern mindern. Diese Biegungsspannungen werden bekanntlich Nebenspannungen genannt. Richtiger bezeichnet man sie Zwängungsspannungen. Denn sie entstehen durch die den Stäben aufgezwungene Krümmung. Der Zwang wird durch axiale Stabkräfte ausgeübt, die die Spannkräfte vermindern und mit einem Bruchteil der Lasten im Gleichgewicht stehen. Nach dem auf S. 35 geführten Beweis, sind dem Ausmaß der Krümmung bestimmte enge Grenzen gesteckt und die Biegungsspannungen sind von dem Widerstand der Stäbe gegen Krümmen in der Weise abhängig, daß sie abnehmen, wenn der Widerstand abnimmt. Sie sind einer einen Stab in seiner Achse beanspruchenden Zugkraft vergleichbar, die mit zunehmender Dehnung abnimmt und bei einem bestimmten Dehnungswert auf 0 sinkt. Wie die Zugkraft den Stab nicht zerreißen kann, sind jene Biegungsspannungen nicht imstande, den Bruch herbeizuführen. Mithin haben sie auf die Tragfähigkeit des Fachwerks, seine tragbare Last, keinen Einfluß. Die tragbare Last ist vielmehr ausschließlich durch die Werte der Spannkräfte bestimmt, die den Bruch eines gezogenen oder das Knicken eines gedrückten Stabes erzeugen. Daraus folgt weiter, daß der Querschnitt jedes gezogenen Stabes aus $F_n = \frac{S_{\max}}{\sigma_{zul}}$, jedes gedrückten Stabes aus $F = \frac{S_{\min}}{\sigma_{zul}} w$ zu berechnen ist. In dem so bemessenen statisch bestimmten Fachwerk steht die tragbare Last in jeder Laststellung, die ein $S_{\max}$ oder $S_{\min}$ erzeugt, zur wirkenden Last der gleichen Stellung in dem Verhältnis der Bruch- bzw. Knickspannung zu σ_{zul}. Das gleiche gilt für statisch unbestimmte Fachwerke, wenn dem Spannungsausgleich nach Gleichung (20) Rechnung getragen wird.

Die Stäbe des Fachwerks sind zu gliedern in Gurtungstäbe und Wand- oder Füllstäbe. Die Gurtungstäbe bilden die Umrandung des Fachwerks. Man unterscheidet die obere Gurtung von der unteren. In manchen Fällen ist eine dritte Gurtung vorhanden, die zwischen der Ober- und Untergurtung liegend das ganze Fachwerk von Auflager bis Auflager durchläuft. Die Wandstäbe verbinden die Knotenpunkte der oberen Gurtung mit den Knotenpunkten der unteren. Sie stehen teils lotrecht, Lotrechte oder Vertikale genannt, teils geneigt, Schrägstäbe genannt. In einem Fachwerk von 3 Gurtungen verbindet ein durchlaufender Zug von Wandstäben die mittlere Gurtung mit der oberen oder der unteren, während zwischen der mittleren und 3. Gurtung nur lotrechte Stäbe vorhanden sind. Nach der Linienführung der Gurtungen sind zu unterscheiden: Träger mit parallelen Gurtungen, Parallelträger, von Trägern mit gekrümmten Gurtungen. Meist ist nur eine Gurtung krumm, Halbparallelträger. In vereinzelten Fällen kommen 2 gekrümmte Gurtungen vor, Fischbauchträger.

Die Wandstäbe des Parallelträgers bestehen aus Lotrechten und Schrägstäben oder nur aus Schrägstäben. Abb. 171a zeigt einen Parallelträger der ersten Art. In diesem ist der erste und letzte Untergurtstab ohne Spannung, aus Gründen der Stabilität kann er natürlich nicht entbehrt werden. Abb. 171b zeigt einen Parallelträger, den Trapezträger, dessen Schrägstäbe abwechselnd aus den Knotenpunkten der Untergurtung nach rechts und links steigen. Die Querträger greifen hier in den Knotenpunkten der Untergurtung an. Die Lotrechten sind nicht eigentlich Stäbe des Systems. Die ausgezogenen dienen lediglich zur Unterteilung der Felder und übertragen die Knotenlast auf die Knotenpunkte der Obergurtung. Die dünn gezeichneten Lotrechten werden nur ausgeführt, wenn die Knicklänge der

Obergurtstäbe geteilt werden soll. Abb. 171c zeigt dasselbe System für den Fall oben liegender Fahrbahn. Die schrägen Endstäbe müssen als Randstäbe zu den Gurtungstäben gerechnet werden. Sie werden jedoch meist Endstreben genannt, weil sie sich in den Strebenzug einfügen. Als wesentlichen Unterschied des Fachwerks der Abb. 171a gegen die beiden andern erkennt man die um 4 größere Zahl der Stäbe und die größere Zahl der Knotenpunkte. In ersterem werden die Schrägstäbe in den Endfeldern nur durch Zugkräfte beansprucht. In den mittleren Feldern treten daneben auch kleinere Druckkräfte auf. Die lotrechten Stäbe erfahren im allgemeinen Beanspruchung auf Druck, in der Mitte daneben kleinere Zugkräfte. Wo nur Schrägstäbe vorhanden sind, werden in der linken Balkenhälfte die linkssteigenden auf Zug, die rechtssteigenden auf Druck beansprucht. In den mittleren Feldern treten auch hier Kräfte entgegengesetzter Richtung auf. Da die auf Druck beanspruchten Wandstäbe bei der Gliederung *b* größere Länge haben als die Druckstäbe der Gliederung *a*, werden die Wandstäbe bei jener um ein geringes schwerer. Der Nachteil wird jedoch durch die kleinere Stabzahl wettgemacht. Wesentlich ist die Zahl der Knotenpunkte. Diese beanspruchen einen erheblichen Anteil der Herstellungskosten. Wenn man bedenkt, daß die Anschlüsse der Lotrechten allein an je eine Gurtung nicht als Knotenpunkte im Sinne der Konstruktion zu bewerten sind, ist die Zahl im Falle b nur etwa halb so groß als im Falle a. Es leuchtet daher ein, daß die Gliederung *b* billiger ist. Die Höhe h erhält aus wirtschaftlichen Gründen das Maß $\frac{1}{8}\,l$. Die zweckmäßigste Fachzahl ist dann 8, also $a = h$. Die Schrägstäbe sind unter 45° geneigt. Bei Eisenbahnbrücken zwischen etwa 40 und 56 m Stützweite wählt man die Höhe jedoch so groß, daß der Einbau eines wagerechten Verbandes zwischen den Hauptträgern in der Ebene der Obergurtung ohne Eingriff in das lichte Bahnprofil möglich ist. Bei Stützweiten unter 40 m verzichtet man auf diesen Verband und kann dann $h = \frac{1}{8}\,l$ wählen. Man könnte das unbedenklich bis mindestens 50 m Stützweite tun.

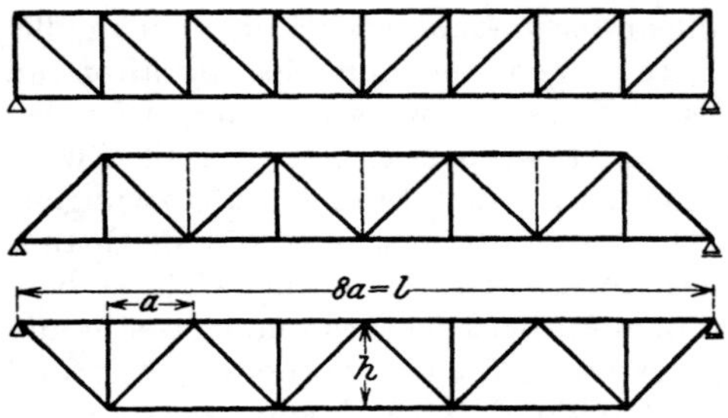

Abb. 171a bis c.

Eine dritte Gliederung der Parallelträger zeigen die Abb. 172a und 172b, das Rautenfachwerk. Sie hat die zweifache Zahl der Schrägstäbe der Gliederung b und fast die doppelte Zahl der Knotenpunkte in den Gurtungen. Außerdem müssen die Kreuzungspunkte der Schrägstäbe als Knotenpunkte konstruiert werden. Die Spannkräfte in den Schrägstäben sind jedoch nur halb so groß, ebenso mißt unter gewissen Voraussetzungen die Knicklänge der Druckstäbe nur die Hälfte der Gliederung b. Da bei gleicher Länge 1 Stab billiger ist als 2 Stäbe der halben Spannkraft, ist der Aufwand an Material, namentlich aber an Werkstattarbeit für die Wandglieder des Rautenfachwerks größer. Dazu treten noch die Mehrkosten der Knotenpunkte. Infolgedessen kann die Anordnung sich in wirtschaftlicher Hinsicht mit jener nicht messen. Wo man sie gewählt hat, sind die ihr vom Erbauer beigemessenen Schönheitswerte entscheidend gewesen. Aus statischen Gründen ist die Stützung der Querträger in den Kreuzungspunkten der Schrägstäbe dem Anschluß in den Knotenpunkten der Untergurtung vorzuziehen. Bei

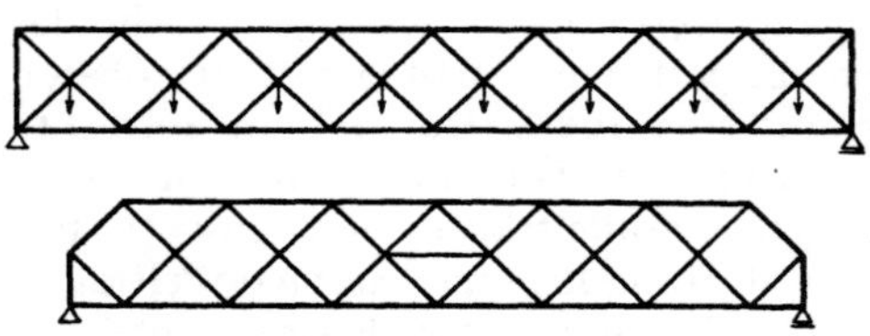

Abb. 172a und b.

langen Trägern muß man jedoch beide Knotenpunkte benutzen, um zu große Feldweite zu vermeiden.

Als Nachteil der Gliederungen 171b, c und 172 wird zuweilen die Tatsache angeführt, daß sie mit größeren Nebenspannungen verknüpft sind. Die Gliederung 171b trifft dieser Einwand schon deshalb nicht, weil diese Nebenspannungen nur in der gezogenen Untergurtung auftreten. Für beide Fälle aber trifft zu, daß mehr oder weniger hohe Nebenspannungen den Wert einer Bauart nicht beeinflussen.

Träger mit einer gekrümmten Gurtung, Halbparallelträger, zeigen die Abb. 173a und b. In dem ersten ist die Fahrbahn in den Knotenpunkten der unteren Gurtung, im zweiten in den Knotenpunkten der oberen Gurtung gelagert. Die ausgezogenen Lotrechten dienen zur Unterteilung der Felder, die gestrichelten im Falle unten liegender Fahrbahn zur Teilung der Knicklänge im Obergurt. Im Falle oben liegender Fahrbahn sind sie als völlig zwecklos nicht auszuführen.

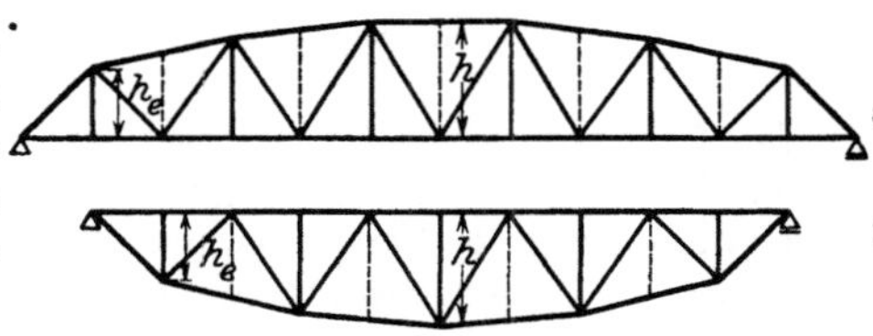

Abb. 173a und b.

Die Trägerhöhe, d. i. die Höhe in Trägermitte, wählt man größer als die des Parallelträgers. Gebräuchlich ist $h = \frac{1}{7}\, l$, es liegt jedoch kein Grund vor, über dies Maß bis $\frac{1}{6}\, l$ noch hinauszugehen. Die Höhe am Ende h_e ist aus wirtschaftlichen Gründen möglichst gleich der Feldweite zu nehmen, da die Neigung von 45° den kleinsten Materialverbrauch der Endstrebe ergibt. Wenn jedoch der Einbau eines Windverbandes eine größere Höhe notwendig macht, ist das kleinste hierfür ausreichende Maß zu nehmen. Die Feldweite kann ziemlich willkürlich gewählt werden. Kleine Maße sind keinesfalls wirtschaftlich. Die Baukosten des Hauptträgers drängen auf möglichst große Feldweite, weil die Zahl der Stäbe und Knotenpunkte verringert wird. Die Kosten der Fahrbahn steigen jedoch, wenn auch nicht erheblich, wenn man über gewisse Abstände der Querträger hinausgeht, die von dem durchschnittlichen Gewicht der gewählten Konstruktion abhängig sind. Entscheidung kann im Einzelfalle nur die vergleichende Rechnung bringen. Die Wahl wird im übrigen dadurch erleichtert, daß meist nur einige Möglichkeiten bestehen. Bei einer Spannweite von 60 m z. B. kommen nur 8 oder 10 Felder in Betracht. 12 Felder würden $a = 5$ m ergeben, was sicher unwirtschaftlich ist. $a = 7{,}5$ m führt mit $h_e = 7{,}5$ m, $h = 10$ m zu einem geeigneten Systemnetz. Die Länge der Gurtstäbe von 15 m überschreitet jedoch die normalen Walzlängen. Von dem Überpreis der Walzprofile und den Mehrkosten der Fahrbahn, die etwa durch größere Feldweite entstehen, hängt es ab, ob $a = 6$ m und zur Ermöglichung eines oberen Windverbandes $h_e = 7$ m vorzuziehen ist. Bei 90 m Spannweite stehen 10 Felder von $a = 9$ m, $h_e = 9$ m oder 12 Felder von $a = 7{,}5$ m, $h_e = 7{,}5$ m und in beiden Fällen $h = 13$ bis 15 m in Frage. Im ersten Falle müssen die Obergurtstäbe in jedem Zwischenknoten gestoßen werden, im zweiten kann man den Stoß durch Überlängen der Profile vermeiden. Man wird meist die zweite Möglichkeit zu wählen haben auch mit Rücksicht auf die geringere Endhöhe. Die Schrägstäbe erhalten in der Mitte 63° 50′ Steigung gegen die Wagerechte. Gründe der Konstruktion oder Wirtschaftlichkeit gegen eine steile Strebenstellung liegen nicht vor, wenn die größere Steigung nicht eine größere Länge der Stäbe bedingt. Für 120 m Spannweite kommen bei 18 bis 20 m Trägerhöhe 12 Felder von 10 m $h_1 = 10$ m oder 14 Felder von 8,572 m, $h_e = 8{,}572$ m in Betracht. Der Träger wird bei der ersten Anordnung trotz der reichlich großen Länge der Endstrebe von rd. 14 m meist billiger. Bei 180 m Spannweite mit 26 bis 30 m Trägerhöhe können 20 Felder mit $a = 9{,}0$ m $h_e = 9{,}0$ m oder 24 Felder mit $a = 7{,}5$ m $h_e = 7{,}5$ m gewählt werden. In beiden Fällen ist Unterteilung des Strebenzuges nach Abb. 174 Voraussetzung. Die Lotrechten in den Hauptknoten der unteren Gurtung sind zur Stützung und Teilung der Obergurtstäbe zweckmäßig. In den Zwischenknoten sind jedoch Lotrechte, die bis zur Obergurtung aufsteigen, konstruktiv und daher auch wirtschaftlich nicht begründet. Sie stören überdies das Brückenbild empfindlich. Die Längen der Gurtstäbe sind geeignet. Die Schrägstäbe der äußeren Felder können in oder dicht neben den Teilungsknoten gestoßen werden. Die der mittleren Felder erfordern jedoch 2 Stöße, wenn Überlängen der Stücke vermieden werden sollen.

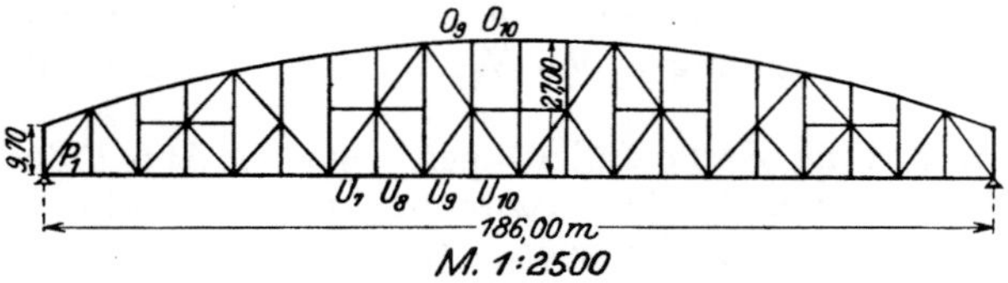

Abb. 174. Eisenbahnbrücke über den Rhein bei Duisburg-Ruhrort. Hauptöffnung.

Es dürfte wohl der Überlegung wert sein, ob nicht Vermeidung der Lotrechten in den Hauptknoten der Untergurtung bei höheren Querschnitten der Obergurtstäbe vorzuziehen ist. Um die Schlankheit $\lambda = 50$ zu erreichen, ist die Querschnitthöhe $h_g = \sim \frac{1}{20}$ der Stablänge erforderlich. Stablängen von 18 bis 20 m sind daher durchaus einwandfrei. Selbst Stäbe von 30 m Länge mit $h_g = 1{,}50$ m sind wohl ausführbar. Die Lotrechten müssen infolge ihrer großen Länge steif ausgebildet werden, trotzdem sie keine Spannkräfte aufzunehmen haben. Sie kosten Geld, sind für die Tragfähigkeit des Systems nutzlos und beeinträchtigen die Schönheit des Brückenbildes. Das Streben der Brückenbauer ist heute mit Recht auf klare und einfache Trägerformen gerichtet. Hiermit steht auch die Unterteilung des Strebenzuges nicht im Einklang. Wo der Forderung des Auges genügt werden soll, muß einfacher Strebenzug gewählt werden. Die Schrägstäbe werden dabei infolge ihrer großen Länge allerdings teuer. Die Rücksicht auf die Länge der Felder kann nicht erheblich mitsprechen. Es ist sehr wahrscheinlich, daß die Längsträger der Fahrbahn in ihren Stützweiten eine ähnliche Entwicklung durchmachen wie die Hauptträger mit voller Wand, namentlich wenn sie als durchlaufende Träger konstruiert werden. Dann wird man bei großen Stützweiten auch vor Feldweiten von 15 bis 18 m nicht zurückschrecken. Natürlich ist hinreichende Bauhöhe Vorbedingung.

Der Trapezträger ist bei kleinen und mittleren Stützweiten, der Halbparallelträger bei großen die gegebene Bauart für Balkenbrücken, wo wirtschaftliche Rücksichten ausschlaggebend entscheiden. Die Grenze zwischen beiden festzulegen ist gewagt. Vor 8 bis 10 Jahren sah man sie bei etwa 40 bis 45 m. Heute wird ein Halbparabelträger unter 60 m kaum gebaut werden. Die geraden Gurtungen sind ein erheblicher Vorteil, wenn die Gurtstäbe so kurz sind, daß die Stöße einen Knotenpunkt überspringen können. Fällt jedoch die Stoßlänge mit der Stablänge zusammen, dann bleibt zugunsten des Parallelträgers nur die Möglichkeit, die Stäbe neben dem Knotenpunkt zu stoßen. Dieser Vorteil ist nicht von erheblichem Gewicht. Dagegen ist die große Höhe in den Endfeldern des Parallelträgers ein wesentlicher Nachteil. Die Querschnitte der Gurtungen können aus Gründen der Konstruktion hier meist nicht so klein gewählt werden, daß das Material ausgenutzt wird. Dagegen müssen die Streben eine durchaus unzweckmäßige Länge gerade in den Feldern der größten Querkräfte erhalten. Überdies entbehren sie der Entlastung durch die geneigte Gurtung und haben die volle Querkraft aufzunehmen. Dieser Nachteil der Höhe der Endfelder ist der Grund, aus dem die Trägerhöhe des Parallelträgers niedriger gewählt wird als die des Halbparabelträgers, etwa zu $^1/_8$ der Stützweite. Die Gurtungen des Parallelträgers werden daher in der Mitte schwerer. Neuerdings wird eine dritte Trägerform in Erwägung gezogen, die nur 2 Knicke in der Obergurtung aufweist: in den mittleren Feldern wagerechte Gurtung, aus den Knickpunkten geradlinig nach den Enden fallend. Das System ist entschieden beachtenswert.

Bei großen Stützweiten hat man früher eine Minderung der Feldweite durch mehrteilige Fachwerke angestrebt. Die Schrägstäbe überschneiden hier 1 oder 2 Lotrechte und laufen durch 2 bzw. 3 Felder. Die konstruktiven und wirtschaftlichen Nachteile der Anordnung treten offen zutage. Die Bauarten dieser und ähnlicher Gliederung haben keine Bedeutung mehr.

Träger mit 2 gekrümmten Gurtungen (Abb. 175) sind wirtschaftlich vertretbar. Die Schrägstäbe werden in den Endfeldern durch die Gurtungen wirksam entlastet und sind überdies kurz. Wenn man die Fahrbahn in halber Höhe durchführen kann, ist die Bauart billiger als der Halbparabelträger. Meist liegt jedoch die Fahrbahn unter oder über dem Träger und muß aufgehängt oder aufgeständert werden. Damit verschwindet der wirtschaftliche Vorteil. Die wenig schöne Form des Trägers wird jedoch noch erhöht. Dieser Umstand hat die Bauart im Brückenbau fast ganz verdrängt.

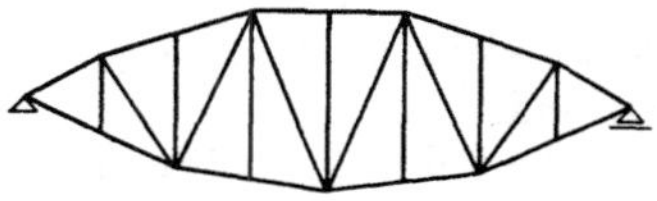

Abb. 175.

Zu den Balkenbrücken müssen auch 2 Trägerarten gezählt werden, die man Bogenträger nennt: der Bogen mit aufgehobenem Horizontalschub und der versteifte Stabbogen — Langerscher Träger. Beide Bauarten sind aus dem Bestreben entstanden, die langen Füllstäbe zu vermeiden, die bei größerer Höhe und Spannweite erforderlich sind. Abb. 176 zeigt einen Bogen mit aufgehobenem

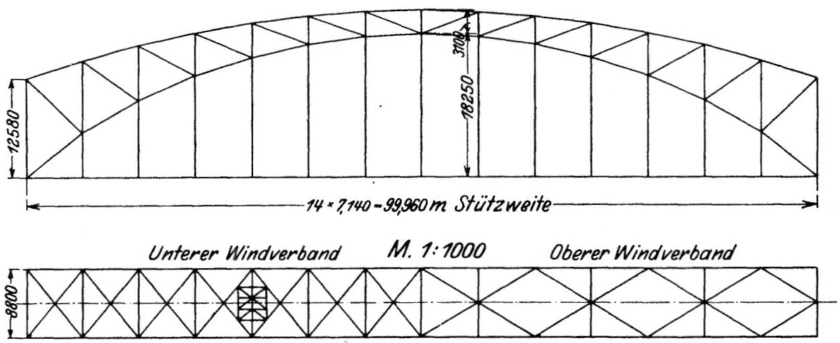

Abb. 176. Eisenbahnbrücke über die Norderelbe.

Horizontalschub. Das sogenannte Zugband ist nichts anderes als die Untergurtung, der Bogen die biegungsfest ausgebildete Obergurtung eines Fachwerkbalkens. In dem das Wesen eines Tragwerks bestimmenden Punkt, den äußeren Stützkräften, unterscheidet sich das System nicht von dem Balkenträger, dagegen sehr erheblich von dem Bogen. Deshalb gehört es hierher. Ein Tragwerk von der Form des Zwickelbogens, seltener der des Sichelbogens (S. 271), ist in 2 Punkten seiner unteren Gurtung durch einen geraden Stab, das Zugband, verbunden. Es ist in einem festen und einem in gerader Bahn verschieblichen Auflager gestützt. Die Fahrbahn ist durch lotrechte Hängestangen in den Knotenpunkten der unteren Bogengurtung aufgehängt. Um die Trägerhöhe möglichst groß zu machen, ist das Zugband möglichst tief zu legen. Die Rücksicht auf die Bauhöhe zwingt die Unterkante des Zugbandes meist in die Unterkante der Fahrbahn. In vereinzelten Fällen ist eine etwas höhere Lage des Zugbandes gewählt worden, weil sich die Konstruktion des Querträgers dadurch günstiger gestaltet (Abb. 145). Die Höhenlage der Fahrbahn sowie die der Auflagerpunkte bestimmen die Knotenpunkte der Untergurtung, in denen das Zugband angreift. In der Mehrzahl der Fälle sind es die Auflagerknoten. Wo das lichte Profil unter der Brücke erlaubt, die untere Gurtung am Auflager unter die Fahrbahn herunterzuziehen, wird der zweite oder auch dritte Knotenpunkt als Angriffspunkt des Zugbandes gewählt (Abb. 177). Zu diesem Zweck kann das Zugband, wenn erforderlich, aus der Wagerechten auch in einem schwachen Knick nach dem tiefer liegenden Knotenpunkt abgelenkt werden. Wo Straßenbrücken eine Steigung der Fahrbahn vom Widerlager nach der Mitte erhalten, wird die gleiche Steigung des Zugbandes aus Gründen der Konstruktion gewählt. Nicht selten ist in neuerer Zeit Ersatz des Fachwerks durch einen in Bogenform gekrümmten, biegungsfesten Stab vorgeschlagen. Die Zugehörigkeit zur Bauart der Balkenträger wird in diesen Fällen durch das Trägerbild deutlich zum Ausdruck gebracht. Die Trägerhöhe, d. i. der Abstand der äußeren Gurtungen, wird zu $^1/_7$ bis $^1/_6$ der Spannweite gewählt, und es liegt kein Grund vor, noch größere Höhen zu vermeiden.

Die Feldweite sollte man möglichst groß wählen, 6 m ist als kleinstes, 7,5 bis 9 m als mittleres Maß anzusehen. Für die Scheitelhöhe des Fachwerks ist $\frac{1}{30}$ bis $\frac{1}{40}\,l$ gebräuchlich. Etwa $\frac{1}{40}$ ist auch als Stehblechhöhe im Scheitel des vollwandigen Stabes zweckmäßig. Die Endhöhe h_e ist im Falle der Zwickelbogenform durch praktische Rücksichten nur dann bestimmt, wenn ein Windverband in der Fläche der oberen Gurtung bis zum Auflager durchgeführt werden soll. Die Höhenlage und Höhe des lichten Straßenprofiles sind hier bestimmend. Gegen eine Überschreitung der hierfür erforderlichen Höhe sprechen sowohl wirtschaftliche wie schönheitliche Gründe. Es ist im allgemeinen auch sehr wohl möglich, den genannten Verband schon vor dem Auflager in den wagerechten Verband in der Ebene der Fahrbahn einzuführen. Dann erhält man freie Hand in der Wahl der Endhöhe. In der Mehrzahl aller Fälle entscheidet das Formgefühl des Erbauers über die Endhöhe, wie über die mittlere Höhe des Bogenfachwerkes und die Feldweite. Da die Bauart nur in den Fällen in Betracht kommt, in denen der Wirkung des Brückenbildes ein wesentlicher Einfluß eingeräumt wird, ist das natürlich. Für beide Gurtungen gibt parabolische Linienführung gute Lösungen. In statischer Hinsicht sind gerade Stäbe günstiger. Weit gefälliger wirken stetig gekrümmte Gurtungen. Die Wandglieder bestehen stets aus Lotrechten in den Geraden der Hängestangen und einseitig nach den Enden zu steigenden Schrägstäben. Der Abstand der Gurtungen und die Feldwerte machen häufig eine Unterteilung der Gliederung notwendig, um zu flache Neigung der Schrägstäbe zu vermeiden.

Fachwerk von der Form des Sichelbogens weist in der Untergurtung parabolische Linienführung auf. Gleichartige Linienführung der Obergurtung ist ungeeignet, wenn die Gurtungen in einem Endpunkt einlaufen. Man wählt hier besser den Kreisbogen oder die Ellipse. Auch 2 Gurtungen von Kreisbogenform sind möglich. In jedem Falle muß eine zu scharfe Spitze der Endstäbe vermieden werden. Die Gliederung der Wandstäbe wird ebenso ausgebildet wie im Falle des Zwickelbogens. Auch im übrigen bestehen keine wesentlichen Unterschiede im Systemnetz. In statischer Hinsicht ist die Form des Sichelbogens günstiger. Die Gurtungen folgen hier besser dem Zug der Kräfte, die im Auflagerpunkt durch die lotrechte Auflagerkraft und das Zugband zusammengedrängt werden. Die äußersten Obergurtstäbe des Zwickelbogens erfüllen die statischen Erfordernisse nur mangelhaft. Die Wirkung der günstigeren Form des Sichelbogens macht sich in den Spannkräften der Wandglieder bemerkbar. Sie sind erheblich kleiner als im Zwickelbogen und machen dadurch auch die Konstruktion der Knotenpunkte billiger. Diese Vorzüge bestehen jedoch nur, wenn das Zugband in den Auflagerknoten angreift. Muß der Angriff in den ersten oder gar zweiten Knotenpunkt der Untergurtung gehoben werden, so wird der Sichelbogen in den Endstäben der Gurtungen infolge der geringen Höhe ungünstig beansprucht. Die Form kommt deshalb für solche Fälle kaum in Betracht. Trotz der aus den statischen entspringenden wirtschaftlichen Vorzüge wird die Form des Sichelbogens weit seltener gewählt als die des Zwickelbogens. Der Grund liegt in der herrschenden Ansicht, daß der Zwickelbogen in dem besprochenen System jenem an Schönheit der Trägerform überlegen ist. Namentlich befriedigt die Lösung des Sichelbogens im Auflagerknoten, die in Höhe der Fahrbahn beide Gurtungen und das Zugband in spitzem Winkel vereinigt, wenig. Weit besser wirkt der Zwickelbogen, wenngleich auch die freistehende Lotrechte nicht immer vollkommen befriedigt. Ganz unmöglich ist der Sichelbogen für mehrere Öffnungen. Dagegen bietet hier der Zwickelbogen ein schönes Brückenbild, besonders wenn die Mittelöffnung größer ist als die Seiten. Abb. 117 zeigt ein Beispiel in der Eisenbahnbrücke über den Rhein bei Worms.

Das Zugband erfährt durch die Verkehrslast elastische Längenänderungen. Wenn es durch die Konstruktion mit den Querträgern fest verbunden ist, muß die Fahrbahn daran teilnehmen. Die Spannkraft wird also von der Fahrbahn und dem Zugband gemeinsam aufgenommen. Für den Hauptträger ist das kein Nachteil, wohl aber bei der üblichen Konstruktion für die Fahrbahn, da die Anschlüsse der Längsträger an die Querträger Zugkräften nicht gewachsen sind. Diese Anschlüsse dürften allerdings durch Verbiegung der Winkel so weit nachgeben, daß die tatsächliche Belastung gering ist. Trotzdem hat man häufig für nötig gehalten, sie durch Beseitigung des Zusammenhanges zwischen Zugband und Fahrbahn ganz auszuschließen. Zu diesem Zweck ist das Zugband durch Pendel an den Hängestangen aufgehängt worden. Die Frage hat verschiedene Beurteilung gefunden. Heute überwiegt mit Recht die Ansicht, daß die Mitbelastung der Fahrbahn unschädlich ist oder wenigstens durch zweckdienliche Maßnahmen leicht unschädlich gemacht werden kann.

Der Langersche Träger besteht gleichfalls aus 3 Gurtungen, von denen die mittlere und untere durch Wandstäbe zu einem tragfähigen Balken verbunden sind. Die Stützung ist von der Art des Balkens. Die obere Gurtung ist bogenförmig gestaltet und verläuft von einem Endpunkt des Versteifungsbalkens zum andern in einer Parabel. Ihre durch lotrechte Stäbe mit dem Versteifungsbalken verbundenen Knotenpunkte werden als Gelenke aufgefaßt. Die obere Gurtung wirkt hier als solche eines Balkens. Sie unterscheidet sich von ihr nur dadurch, daß die wagerechten Seitenkräfte der Bogenkraft in allen Stäben den gleichen Wert haben. Der Versteifungsbalken tritt an die Stelle der Untergurtung eines Balkenfachwerks. Durch seine Steifigkeit macht er die Schrägstäbe entbehrlich. Die Höhe des Versteifungsbalkens wird zu $\frac{1}{25}\,l$ bis $\frac{1}{33}\,l$ gewählt, die Trägerhöhe, d. i. der Abstand der äußeren Gurtungen, $\frac{1}{5}$ bis $\frac{1}{6}\,l$. Die Feldweiten sind hier kleiner zu machen, weil der Träger im allgemeinen nur für Straßenbrücken kleiner Stützweiten bis höchstens 60 m in Betracht kommt. Seine Verwendung ist an Voraussetzungen hinsichtlich der Bauhöhe und der Anforderungen des Verkehrs gebunden, die nicht häufig vorliegen. Wo er für Eisenbahnbrücken ausgeführt ist, ist er oft durch Aufsetzen der Bogengurtung auf einen Parallelträger zwecks Verstärkung entstanden. Neuerdings hat man ihn vereinzelt auch aus schönheitlichen Gründen gewählt. Ob

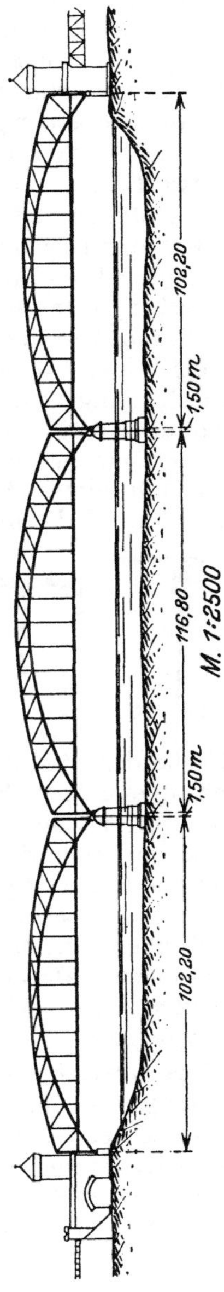

Abb. 177. Eisenbahnbrücke über den Rhein bei Worms.

mit Erfolg ist zweifelhaft. Die Gliederung des Versteifungsbalkens kann sägeförmig oder steigend-fallend ausgebildet werden. Das Strebenfachwerk gestaltet das Trägerbild etwas klarer, weil in der meist notwendigen Unterteilung der Felder die Bedeutung der Feldknoten durch die Lotrechte stärker betont wird.

Bei Wahl der Stabquerschnitte muß bedacht werden, daß aus den Stäben ein in den Knotenpunkten zusammenhängender Träger gebaut werden soll. Diese Verbindung macht die Formen und Grundmaße der einzelnen Querschnitte von einander abhängig. Maßgebend für die Form und ihre Grundmaße sind die Stäbe der gedrückten Gurtung, also beim Balken die der Obergurtung. Denn die Knicksicherheit dieser am stärksten beanspruchten Druckstäbe erfordert gewisse Höhen- und Breitenmaße, denen sich die erforderlichen Zugquerschnitte stets einfügen lassen. Die Höhe der Gurtungsquerschnitte, zu denen auch die Endstrebe zu rechnen ist, ist im allgemeinen größer, keinesfalls kleiner zu wählen als die der Wandstäbe, weil die Betonung der Gurtungen im Einklang mit ihrer statischen Bedeutung das Trägerbild belebt. In der Druckgurtung ist zur größtmöglichen Ausnutzung des Materiales die Schlankheit > 60 anzustreben. Meist läßt sich hier $\lambda = 50$ und kleiner ohne Zwang erreichen. Als erste Frage steht zur Entscheidung: ein- oder zweiwandige Form. Sie hängt von den Werten der Spannkräfte, in zweiter Linie von den Stablängen ab. Letztere sind deshalb von geringerem Gewicht, weil sie bei kleineren Gurtktäften meist ziemlich kurz sind. Für einwandige Querschnitte der Obergurtung kommt die in Abb. 178 dargestellte T-Form in Betracht, gebildet aus Stehblech, 2 Winkeln und Gurtplatte. Die untere Kante des Stehbleches ist der Gefahr der Ausbeulung am stärksten ausgesetzt. Deshalb darf die von den Winkelschenkeln nicht bedeckte, freie Höhe das 15fache der Stehblechstärke, zweckmäßig auch das 3fache der Schenkelbreite nicht übersteigen. Erwünscht ist das Trägheitsmoment J_y mindestens gleich J_x. Das führt zu ungleichschenkligen Winkeln und Platten, deren Breite ungefähr gleich der Höhe des Stehbleches ist bei etwa 2facher Stärke. Der Querschnitt, bestehend aus Stehblech 340·16, 2 Winkeleisen 160·80·14, 2 Platten 340·16 ergibt mit $F = 226$ cm² $i_x = 7{,}70$, $i_y = 7{,}76$, und genügt demnach, wenn $\lambda = 60$ nicht überschritten werden soll, bis zu einer Stablänge von 4,60 m. Verstärkungen des Querschnitts sind durch Beibleche und Platten zu erreichen. Eine günstige Form erhält man durch Verwendung von ⊏-Eisen an Stelle der Platten (Abb. 179).

Abb. 178.

Abb. 179.

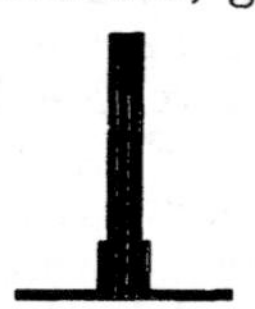
Abb. 180.

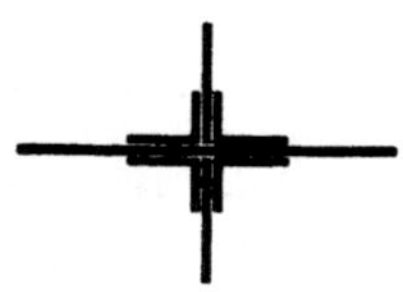
Abb. 181.

Die Querschnitte der Zuggurtung unterscheiden sich von denen der Druckgurtung im allgemeinen nur durch die Breite und Stärke der Gurtplatten. Ist die Linie der Gurtung geknickt, so verzichtet man zum Vorteil der Anschlüsse an die Knotenbleche, die parallel zur Trägerebene liegen, besser ganz auf Platten, wählt mehrere Stehbleche und versteift den Querschnitt nur durch Winkel, die man auch gleichschenklig nehmen kann. Geknickte Platten übertragen im Knick nur geringe Kräfte. Der in Abb. 180 gezeigte Querschnitt entspricht in seinen Abmessungen etwa dem oben angegebenen Druckquerschnitt. Bei gerader Gurtung sind Gurtplatten einwandfrei, da man sie nur zum Teil an die Knotenpunkte anschließen muß.

Für die auf Druck beanspruchten Wandglieder ist die Kreuzform der Abb. 181 zweckmäßig. Wenn einer Spreizung der Stäbe nichts im Wege steht, kann man durch 2 ⊐-Eisen sehr günstige Querschnittformen erhalten. Der erforderliche Abstand der ⊐-Eisen muß durch Bindebleche erhalten werden. Die für kleine

Spannkräfte nicht selten gewählten, über Eck gestellten Winkel sind, wie auf S. 73 begründet, nicht günstig. 2 ungleichschenklige Winkel nebeneinander sind vorteilhafter. Für die Zugstäbe sind 2 ⊏-Eisen oder die I-Form, bestehend aus einem Stehblech in der Trägerebene nebst 4 Winkeln zweckmäßig.

Bei Wahl der Stabquerschnitte ist auch zu überlegen, welche Anordnung die Knotenbleche erhalten sollen. Es kommen hierfür 2 Möglichkeiten in Betracht: 1 Knotenblech in der Ebene der Stehbleche der Stäbe oder 2 Knotenbleche auf beiden Seiten der Stehbleche. Daraus folgt, daß die Stehbleche der Gurtungen gleiche Stärke erhalten müssen. Zweckmäßig wird die gleiche Stärke auch für die Wandstäbe gewählt. Doch ist das nicht unbedingt notwendig, da hier ein Ausgleich durch Futterbleche möglich ist. Wird 1 Knotenblech gewählt, so ist es in den Knotenpunkten zwischen die entsprechend abgeschnittenen Stehbleche der Stäbe einzuschieben. Mit Rücksicht auf die Beanspruchung der Knotenbleche ist die Anordnung auf die Fälle kleiner Spannkräfte zu beschränken. Zwei Knotenbleche überdecken in den Knotenpunkten die Stehbleche in voller Höhe. Weist die Zuggurtung 3 Stehbleche auf, so werden die Knotenbleche zwischen die äußeren Stehbleche eingeschoben.

Die Gurtquerschnitte einer Eisenbahnbrücke mit oben liegender Fahrbahn[1], wagerechter Obergurtung und gekrümmter Untergurtung von 74,4 m Stützweite (Lastenzug E) zeigen die Abb. 182 und 183. Die Stäbe haben 4,65 m Länge. Um Ausbeulung des Stehblechrandes zu vermeiden, sind in der Obergurtung 2 Saumwinkel angeordnet. Die kleineren Querschnitte sind durch Verminderung der Plattenzahl und geringere Stehblechhöhen gebildet.

1 | 650 · 26 = 169
2 L 150 · 18 = 102
2 L 100 · 10 = 38
3 550 · 26 = 429
$F = 738\ \text{cm}^2$

Abb. 182.

1 | 650 · 26 = 169
2 L 150 · 18 = 102
5 550 · 16 = 440
711

Abb. 183.

Der Querschnitt des am stärksten beanspruchten Schrägstabes ist in Abb. 184 dargestellt. Die Stablänge beträgt 5,97 m. Für die Zugstreben ist die Form

1 | 500 · 26 = 130
2 — 240 · 26 = 124,8
4 L 140 · 13 = 140
$F = 395\ \text{cm}^2$

Abb. 184.

1 | 450 · 26
4 L 110 · 12

Abb. 185.

der Abb. 185 gewählt, die den Stab der größten Spannkraft zeigt. Einen Knotenpunkt der Brücke zeigt Abb. 58. Die hier gewählten Querschnitte sind für einwandige Form ungewöhnlich groß. Meist wird man schon bei etwa 250 bis 300 cm² Fläche zu der zweiwandigen Ausbildung übergehen.

Für gedrückte Gurtungstäbe zweiwandiger Ausbildung kommen nur die in Abb. 186 und 187 dargestellten Formen in Betracht. Die erste ist unsymmetrisch zur wagerechten Hauptachse, besitzt aber gerade dadurch gewisse Vorzüge für den durchlaufenden Stabzug der oberen Gurtung. Sie ermöglicht einfachen und sicheren Einbau der Knotenbleche, die man ohne Eingriff in Teile des Querschnittes auf die inneren Stegflächen legen kann, und günstige Ausbildung der Stöße. Schließlich schützt die Abdeckung durch die Kopfplatte Knotenpunkte und Gurtung gegen Wasser, während im symmetrischen Querschnitt leicht Wassersäcke entstehen. Aus diesen Gründen hat der unsymmetrische Querschnitt in

[1] Erbaut vom Werk Gustavsburg der M. A. N.

der Obergurtung die zweite Form heute mit Recht verdrängt. Letztere, ebenso die in Abb. 188 dargestellte Abart verdient dagegen in der Endstrebe den Vorzug. Der Grund liegt in ihrer Symmetrie. Denn bei gleicher Höhe und Flächengröße hat der symmetrische Querschnitt größeren Trägheitsradius, was infolge der Länge der Endstrebe häufig wertvoll ist. Die Wände beider Querschnitte werden soweit als möglich aus ⊐-Eisen gebildet, um Nietarbeit zu sparen. Mit 2 ⊐-Eisen Nr. 40 und 2 Platten 600·15 erreicht man 363 cm² Querschnittfläche. Hier liegt etwa die Grenze. Einen günstigen Querschnitt der zweiten Form erhält man aus 2 ⊏-Eisen und 1 breitflanschigem I-Profil. Die Profile Nr. 40 ergeben 393 cm² Fläche. Für die Strebe noch geeigneter, im Anschluß aber unbequemer sind 2 normale I-Profile in den Wänden.

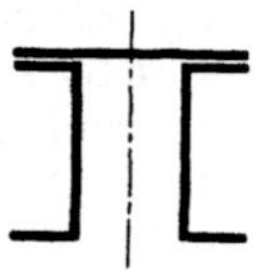
Abb. 186.

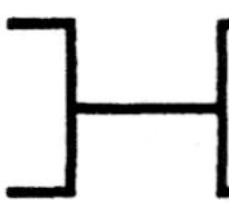
Abb. 187.

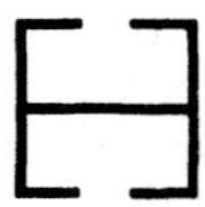
Abb. 188.

Zu Gurtstäben großer Querschnitte muß jede Wand der Regelform aus Stehblech und Winkeln zusammengebaut werden. Durch die Zahl der Stehbleche, durch Beibleche zwischen den anliegenden Winkelschenkeln und schließlich die Zahl der Kopfplatten kann der Grundquerschnitt in jedem notwendigen Maße verstärkt werden. Es ist jedoch zweckmäßig, schon der Grundform solche Abmessungen zu geben, daß die notwendigen Verstärkungen möglichst mit mittleren Plattendicken erreicht werden. Große Plattendicke erhöht durch lange Niete die Kosten. Schmale Platten unter den wagerechten Schenkeln der Saumwinkel des unteren Randes sind durchaus verfehlt. Dieser Teil des Querschnitts ist durch örtliche Verformung am stärksten gefährdet. Das gilt namentlich von dem wagerechten Winkelschenkel. Eine Platte auf dem Schenkel ist mit dem Querschnitt nur durch die Winkelecke zwischen den Nietreihen und die Nietreihe im lotrechten Schenkel verbunden. Diese Nietreihe fällt erheblich aus der Achse der Platte heraus. Die Kraft, welche die Platte aufnehmen soll, muß aus den Knotenblechen eingeleitet werden und durch die Niete sowie die Winkelecke hindurchgehen. Die Beanspruchung der Platte ist der eines stark exzentrisch gedrückten Stabes ähnlich. Die Anordnung ist daher sowohl im Hinblick auf Knicksicherheit, wie auf Gleichmäßigkeit der Spannung durchaus bedenklich. Äußerst zweckmäßig ist dagegen die Anordnung eines zweiten Saumwinkels auf der inneren Stegfläche nach Abb. 189. In diesem Falle ist auch eine Gurtplatte, die beide Winkelschenkel verbindet, vorteilhaft. Sie erschwert allerdings die Anschlüsse an die Knotenbleche. Da das lichte Maß zwischen den Winkelkanten nicht unter 25 cm gehen darf, ist die Anordnung nur bei größeren Querschnitten möglich. Für sehr große Querschnitte sollte man sie immer wählen. Sie ist bei den Eisenbahnbrücken über den Rhein bei Remagen und die Norderelbe bei Hamburg ausgeführt worden. Zur Erleichterung der Anschlüsse an die Knotenbleche dient eine unter die inneren Saumwinkel gelegte Lamelle von der Stärke der Knotenbleche, die stumpf gegen die Knotenbleche stößt und ohne unmittelbaren Anschluß bleiben kann. Die Knotenbleche sind zweckmäßig in allen Knotenpunkten in dieselben Ebenen zu legen. Dadurch sind die lichten Abstände der Wände in Ober- und Untergurt voneinander abhängig. Bestimmend für lichten Abstand der Wände und die Höhe des Querschnitts, angegeben durch die des Stehbleches, sind in erster Linie die Spannkräfte und Längen der Obergurtstäbe. Es handelt sich darum, aus dem erforderlichen Flächeninhalt F des Querschnitts eine Form von möglichst großem Trägheitsradius $i_x = \sqrt{\frac{J_x}{F}}$ zu bilden. Wie auf S. 40 gezeigt, läßt sich der Wert i_0 des zur wagerechten Mittelachse symmetrischen Teiles durch oben liegende Kopfplatten nur unwesentlich erhöhen. Daher muß i_0 möglichst groß gemacht werden, was zur Wahl großer Winkel führt. Hierfür spricht

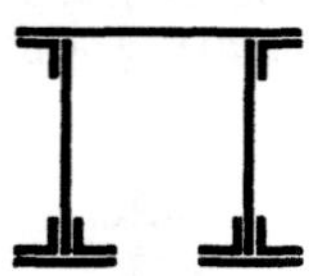
Abb. 189.

auch der Umstand, daß die einzelnen Stücke durch die Winkel zum einheitlichen Querschnitt zusammengeschlossen werden. Für die Winkelquerschnitte

$$F_w = \frac{1}{10} h_g t\,, \quad F_w = \frac{1}{4} h_g t\,, \quad F_w = \frac{1}{2} h_g t$$

erhält man etwa

$$i_0 = \frac{h_g}{3{,}2}\,, \quad i_0 = \frac{h_g}{2{,}9}\,, \quad i_0 = \frac{h_g}{2{,}60}\,.$$

Man kann danach den Trägheitsradius i hinreichend genau schätzen. Da in den Gurtungen möglichst $\lambda \leqq 50$ erreicht werden muß, ist $h_g = \frac{1}{16}$ bis $\frac{1}{18}\, s$ zu wählen. Die Zahl der Kopfplatten ist zu beschränken; dadurch wird einmal der Trägheitsradius erhöht, sodann der Unterschied zwischen den verschiedenen Querschnitten einer Gurtung in der Lage der Achse vermindert. Aus diesen Gründen erhalten die Kopfplatten nicht mehr als 20% der Gesamtfläche. Die Verteilung auf Winkel und Steg hängt von der Zahl der Winkel und der Flächengröße ab. Wenn der untere Rand mit 2 Winkeln besetzt wird, kann am oberen Rande 1 Winkel gestellt werden. Der 2. wird im symmetrischen Teil des Querschnitts durch ein entsprechendes Stück der Platte ersetzt. Das Teilungsverhältnis 1:1, was günstig ist, läßt sich nur bei kleinen und mittleren Flächen erreichen bis etwa 700 cm². Bei größeren Flächen muß man sich mit 1:2 bis 1:4 begnügen. In sehr großen Querschnitten sinkt der Anteil der Winkel auf 1:6, wenn nicht Fußplatten nach Abb. 198 angeordnet werden. Der Querschnitt der Obergurtung über die Norderelbe (S. 227) zeigt mit 16% in der Kopfplatte, 132 cm² in jedem Steg, 138,8 cm² in den Winkeln jeder Wand und $i_0 = h_g/2{,}66$ vorteilhafte Verhältnisse. Ungünstiger ist der Querschnitt 198, der 17% in der Kopfplatte, 416 cm² in jedem Steg und nur 80 cm² in den Winkeln aufweist. Der Trägheitsradius beträgt daher nur $h_g/3{,}13$. Durch 4 Winkel in jeder Wand ließe sich $i_0 = h_g/2{,}92$ erreichen. Der Einfluß des Verhältnisses zwischen dem Winkelquerschnitt und der Fläche des Steges auf den Trägheitsradius zeigt daß die Besetzung des unteren Randes mit 2 Winkeln auch auf die Größe des erforderlichen Querschnitts günstig einwirkt.

Die gesamte Stegstärke einer Wand ist je nach den erforderlichen Stufen in 1 bis 3 Blechen auszubilden. Dabei ist die Wahl gleicher Dicken ratsam. Beibleche zwischen den Winkelschenkeln sind weniger wirksam, da sie den Trägheitsradius verkleinern. Die äußeren Stehbleche, auf denen die Winkel liegen, werden in der ganzen Gurtung durchgeführt. Ihr lichter Abstand ist als Grundmaß b_g zu benutzen. Auf den inneren Flächen dieser Stehbleche liegen zweckmäßig die Knotenbleche, wenn nicht mehr als 2 Stehbleche vorhanden sind. In Knotenpunkten, die mehr als 1 Knotenblech erforderlich machen, wird das zweite Knotenblech zwischen die äußeren Stehbleche eingeschoben und erhält deren Stärke. Man kann aber auch die Knotenbleche um 1 bis 2 Blechdicken nach innen rücken, bei 3 Stehblechen zum Vorteil der Konstruktion in den mittleren Knotenpunkten, zum Nachteil im Endknoten.

Die Endstrebe erscheint dem Auge als Fortsetzung der oberen Gurtung. Die Höhe der Wandstehbleche darf daher nur wenig von h_g abweichen. Mit Rücksicht auf den Stabanschluß im Knotenpunkt der Obergurtung ist lichter Abstand und Dicke der Stehbleche wie im ersten Gurtstab zu wählen. Die Randwinkel müssen aus kräftigen Profilen gebildet werden, da von ihrer Größe die Trägheitsmomente abhängen. Sind in der Obergurtung starke Winkel verwendet, dann nimmt man hier das gleiche Profil. Der Steg des Querschnitts ist möglichst leicht zu gestalten, da der Trägheitsradius i_x desto kleiner wird, je größer die Fläche des Steges ist. Man wählt deshalb die Stegstärke 10 mm und ein kleines Profil für die Winkel, die Steg und Wände verbinden. Die

Steghöhe ist $= b_g$ der Gurtung. Durch Auflagen auf die Stehbleche der Wände muß die erforderliche Querschnittsfläche gedeckt werden. Dazu dienen die punktierten Platten der Abb. 190.

Ein kleines Breitenmaß des Querschnittes der Obergurtung ist vorteilhaft, wenn ein oberer Windverband angeordnet wird. Denn dies Maß ist auch für die gleiche Abmessung der Wandglieder bestimmend. In allen Fällen, in denen die Obergurtung nicht unter das lichte Profil eintaucht, beeinflußt die Dicke der Wand den Abstand der Hauptträger und damit die Stützweite der Querträger. Eine untere Grenze ist durch den größten erforderlichen Querschnitt der Druckstreben und durch die Abmessungen des Pfostens des Rahmens, der den oberen Windverband auf den unteren stützt, gesteckt. In der Strebe ist mindestens Gleichheit der Trägheitsmomente für beide Hauptachsen erforderlich. Dazu genügt $\frac{1}{2}(b_g + t) = \sqrt{i_x^2 - i_2^2}$. Hierin ist i_2 der Trägheitsradius des Wandquerschnittes, einschließlich eines solchen Teiles des Steges, daß der Schwerpunkt der Fläche in die Mitte des Wandstehbleches fällt, bezogen auf die lotrechte Schwerachse. Die Forderung kann bei $b_g = 0{,}66 - 0{,}75\, h_g$ durch geeignete Querschnittform stets erfüllt werden. Ob das Maß für den Rahmenpfosten genügt, kann nur durch Rechnung entschieden werden, die daher schon hier durchgeführt werden muß, wenn man möglichst kleine Breite anstrebt. Mit $b = 0{,}7 - 0{,}8\, h$ kommt man erfahrungsgemäß meist aus.

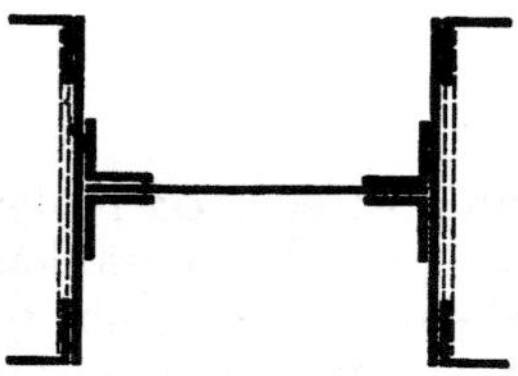

Abb. 190.

Im Falle von Zwischenstreben, welche die Knicklänge in der Trägerebene unterteilen, muß jedoch $J_y \geqq 4\, J_x$ sein. Hier muß untersucht werden, welches Maß b_g durch den erforderlichen Wert J_y der ersten Strebe bedingt ist.

Wo kein Windverband im Zuge der Obergurtung eingebaut wird, muß der Querschnitt der Gurtung mit Rücksicht auf ihre seitliche Knicksicherheit breit gemacht werden. Das Verhältnis $\frac{J_y}{J_x} = 1{,}6$ bis 2 ist erwünscht (siehe S. 402). Das erreicht man mit $b_g = 1$ bis $1{,}5 h_g$. An sich sind auch noch größere Maße ausführbar. Bei zu breiter Form erscheint jedoch die Geschlossenheit des Querschnitts zweifelhaft, es könnten Verdrehungen eintreten. Ferner spricht der Einfluß der Breite des Querschnitts auf die Brückenbreite gegen ein unnötig großes Maß. Die Frage ist daher zweckmäßig in Verbindung mit der Querschnittbestimmung des Halbrahmens zu entscheiden.

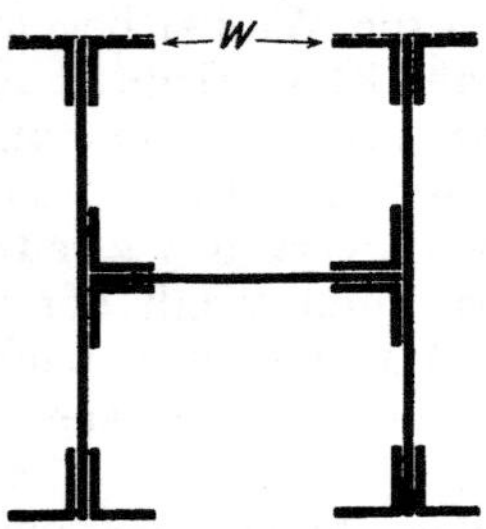

Abb. 191.

Für größere Strebenquerschnitte, die $b_g \geqq 45$ bis 50 cm notwendig machen, ist symmetrische Ausbildung der Wände in bezug auf ihre lotrechte Achse dringend anzuraten (vgl. den zweckmäßig ausgebildeten Strebenquerschnitt der Rheinbrücke Duisburg-Ruhrort, S. 225). Dazu werden Randwinkel auch auf den inneren Flächen angeordnet (Abb. 191). Der lichte Abstand w muß mindestens 25 bis 30 cm betragen, damit das Innere für die Nietarbeit und Unterhaltung zugänglich bleibt. Kann man $w = 25$ cm mit den Winkeln der Obergurtung nicht erreichen, dann ist symmetrische Form mit 2 kleineren Randwinkeln der unsymmetrischen mit großen Winkeln vorzuziehen. Der Vorteil der symmetrischen Wandgestaltung für die Knicksicherheit ist so erheblich, daß man im gegebenen Falle nicht auf ihn verzichten sollte. Auch Platten auf den Schenkeln der Saumwinkel wirken günstig. Zur Verminderung der Wanddicke wird nicht selten der in

Abb. 192 dargestellte Querschnitt mit 1 oder mehreren Stehblechen in jeder Wand gewählt. Des lichten Abstandes zwischen den Saumwinkeln wegen kommt er nur in Betracht, wenn $b_g > 45$ bis 50 cm ist. Um an Nietarbeit zu sparen, nimmt man für den Steg heute häufig breitflanschige I-Eisen. Die Anordnung verlangt jedoch unter Umständen eine größere Fläche des Querschnittes, da die Dicke des Steges den Trägheitsradius mindert. Der Anschluß an die Knotenpunkte gestaltet sich günstig, wenn man die Stehbleche im lichten Abstand der Knotenbleche anordnet. Man kann dann alle Winkel auf die inneren Flächen der Knotenbleche aufführen und die Stehbleche durch Decklaschen an die äußeren Flächen anschließen. Verschiedene Dicken der Stehbleche und Knotenbleche lassen sich leicht durch Futter ausgleichen. Die Querschnittform hat entschiedene Vorzüge.

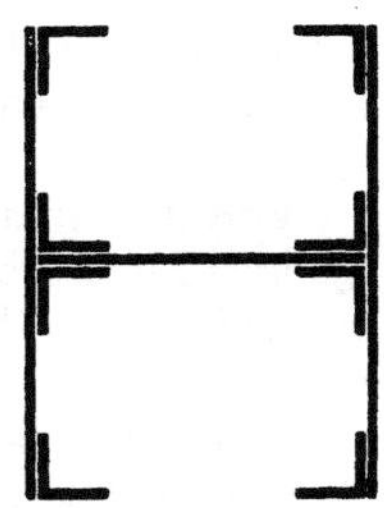
Abb. 192.

Für die Zuggurtung ist die Doppel-]-Form nach Abb. 193, die zuweilen am unteren Rande auch 2 Saumwinkel erhält, oder die Doppel-⊥-Form nach Abb. 194 geeignet. Beide Grundformen erhalten durch die Zahl der Stehbleche die erforderlichen Verstärkungen. Die Doppel-]-Form wird aus]-Eisen und Stehblechen gebildet, wo in der Druckgurtung die Wände aus]-Eisen hergestellt werden. Größere Querschnitte setzt man aus Stehblechen und Winkeleisen zusammen. Zur Verstärkung können auch Beibleche zwischen den Winkeln eingebaut werden. Durchgehende Platten unter den Winkeln müssen vermieden werden, da sie Wassersäcke bilden.

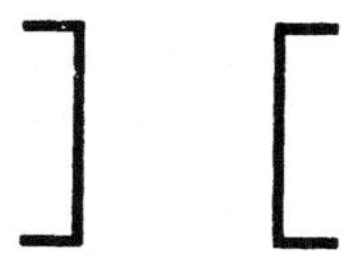
Abb. 193.

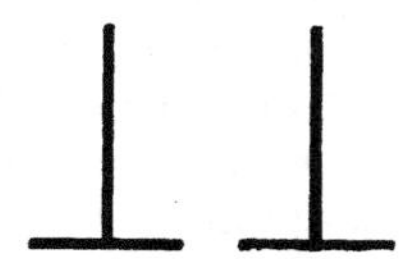
Abb. 194.

Da die Stäbe der Untergurtung einer Balkenbrücke im Flächeninhalt der Querschnitte von denen der Obergurtung nicht wesentlich verschieden sind, durchgehende Gurtplatten hier aber vermieden werden müssen, fallen die Wandflächen größer aus. Eine etwas größere Höhe schädigt das Brückenbild nicht, wenn die Fahrbahn in der Untergurtung liegt. Jedoch nimmt mit der Höhe der Untergurtung auch die Größe der Knotenbleche zu, da die Anschlüsse der Wandstäbe weiter von der Achse der Gurtung abrücken. Nicht selten werden durch größere Knotenbleche auch die Anschlüsse der Querträger erschwert. Aus diesen Gründen ist es meist zwekmäßig, in der Höhe des Querschnittes nicht über das Maß der Obergurtung hinauszugehen und die Fläche durch größere Zahl der Stehbleche herauszuholen. Ein Stehblech jeder Wand wird in der Ebene der äußeren Stehbleche der Obergurtung und in gleicher Stärke angeordnet. Es ist durch alle Stäbe durchzuführen, weil die ersten Stäbe beider Gurtungen durch die Endstrebe verbunden sind. Ein zweites Stehblech und gegebenen Falles weitere werden auf die inneren Stegflächen aufgelegt. Die Knotenbleche werden wie in der Obergurtung auf die inneren Flächen des durchgehenden Stehbleches gelegt, also zwischen die nach innen folgenden Stehbleche eingeschoben. Für die Winkel andere Profile zu wählen, als in der Obergurtung, liegt meist kein Anlaß vor. Hier kommt auch die Materialbeschaffung in Betracht, die häufig für gleiche Profile spricht. Die etwa weiter erforderliche Fläche wird durch Steh- und Beibleche nach Abb. 195a, b gedeckt. Die Frage: symmetrische oder unsymmetrische Form ist von untergeordneter Bedeutung. Für die unsymmetrische Form wird geltend gemacht, daß die Spannungserhöhung durch die Nebenspannungen geringer ist, weil sich Haupt- und Zusatzspannungen in ihren größten Werten an der Unterkante addieren und letztere infolge des geringeren Abstandes von der Stabachse hier kleiner sind als im sym-

Abb. 195a und b.

metrischen Querschnitt. Wie oben begründet, kann dieser Tatsache jedoch keinerlei Gewicht beigemessen werden. Durch Wegfall der oberen Saumwinkel der unsymmetrischen Form entstehen kleine Vereinfachungen in den Anschlüssen der Querträger. Dagegen rücken die Anschlüsse der Wandstäbe weiter von der Stabachse der Untergurtung ab und bedingen größere Knotenbleche. Bei Abwägung aller Umstände dürfte meist ein kleines Übergewicht zugunsten der symmetrischen Form bestehen.

Von den Wandgliedern erhalten die auf Druck beanspruchten Stäbe größeren Querschnitts die Grundform der Endstrebe. Sie werden in den Wänden leichter ausgebildet, während die Maße des Steges nicht verringert werden können. Die Steghöhe muß auch der Anschlüsse wegen unverändert bleiben. In den mittleren Druckstreben, die geringere Kräfte aber im Träger mit gekrümmter Gurtung größere Länge aufweisen, ist der Steg unwirtschaftlich. Denn in Stäben, deren Schlankheit 100 für St 37 und 92 für St 48 übersteigt, ist die Querschnittfläche des Steges ohne Einfluß auf die Knicklast. Der Steg fällt aus. Daher lassen sich die mittleren Druckstreben ohne Steg leichter herstellen. Am geeignetsten sind 2 Wände von I-Form, namentlich IP-Eisen. Gitterwerk auf beiden Flanschen verbindet sie zum einheitlichen Querschnitt. Die]-Form ist der mangelnden Symmetrie wegen jener nicht gleichwertig. Sie verlangt auch engere Teilung des Gitterwerks auf den Flanschen. Trotzdem wird sie um des einfacheren Anschlusses willen häufig gewählt. Bei kleinem Grundmaß b_g etwa bis 36 cm ist die Anordnung eines Steges auch in den Druckstreben der mittleren Felder vertretbar. Sie erhöht zwar stets die Fläche des Stabquerschnittes, macht aber das Gitterwerk der steglosen Form entbehrlich. Das ist ein Vorteil, der mit geringem Mehraufwand von Material wohl erkauft werden darf.

Den ausschließlich auf Zug beanspruchten Wandstäben gibt man zweckmäßig die Doppel-]-Form mit nach außen oder innen stehenden Flanschen. Sie mit einem Steg auszustatten, ist nicht zweckmäßig. Der Notwendigkeit, den Stabquerschnitt in den Knotenpunkten voll anzuschließen, wird am einfachsten durch Flächen genügt, die parallel zu den Knotenblechen liegen, weil sie auf die Knotenbleche aufgelegt oder durch Decklaschen aufgeführt werden können. Stegflächen müssen dagegen zuvor durch Winkeleisen aus einem Schenkel in den andern überführt werden. Für Breitflanschträger gilt das natürlich nicht, da das Material zwischen Steg und Flansch die Kraft sicher überträgt. Wo man mit einem solchen und erforderlichen Falles 1 oder 2 Gurtplatten auskommt, ist der Querschnitt der Arbeitsersparnis wegen vorteilhaft. Die Doppel-]-Form bildet man durch [-Eisen soweit die Profile genügen. Darüber hinaus erfüllen Stehbleche und Winkeleisen jede Forderung der Querschnittgestaltung. In Zahl und Stärke der Wandbleche paßt man sich der geplanten Anordnung der Knotenbleche an.

In sämtlichen Stäben müssen die freistehenden Kanten beider Wände untereinander durch Gitterwerk verbunden werden. Zum Vorteil der Konstruktion und ohne Nachteil für die Sicherheit werden dazu am besten Bindebleche verwendet. In jedem Stab ist ein Bindeblech unmittelbar an die Kanten der Knotenbleche zu stellen. Wo innere Winkel zwischen die Knotenbleche eingreifen, sind sie nach Abb. 62 durch längere Bleche miteinander zu verbinden. Die Zwischenstrecke des Stabes ist in Abstände l_1 einzuteilen, so daß in Druckstäben $l_1 \leqq$ dem n-fachen Wert des kleineren Trägheitsradius des Wandquerschnittes wird. Es genügt vollständig, $n = \frac{2}{3}\,\lambda$ des ganzen Stabes zu machen. Für Gurtungsstäbe, deren λ fast immer $\leqq 50$ ist, wird damit $n \leqq 30$ erreicht. In Wandstäben, deren λ etwa 80 oder 100 ist, hat es keinen Zweck, eine Bindung mit $n = 30$ bis 40 anzuordnen, da die dadurch erzielte Knicksicherheit der Stabhälften zwischen den Bindeblechen bei weitem nicht ausgenutzt wird. Über $n = 50$ oder 60 wird man allerdings nicht hinausgehen. Die Wahl kann ziemlich willkürlich getroffen werden. Ein Vorteil der symmetrischen Wandgestaltung zeigt sich vielfach in der Zulässigkeit größeren Abstandes der Bindebleche. Eine weitere Maßnahme zum Zusammenschluß der Teile zum einheitlichen Querschnitt bilden Querschotte, die in Druckstäben im doppelten bis 3fachen Abstand der Bindebleche anzuordnen sind. Sie bestehen in einem rechteckigen Blech, welches durch kurze Winkelstücke mit den Stegen und gegebenen Falles der Kopfplatte vernietet wird. Bei Wandabständen $\leqq$ 40 cm wählt man hierfür kurze]-Eisenstücke. In Zugstäben wird auf Bindungen nicht verzichtet. Sie können hier jedoch in erheblich größerem Abstand angeordnet werden als in den Druckstäben. Wenn kräftige Bindebleche an den Stabenden eine gleichmäßige Verteilung der Spannkraft auf beide Wände sichern, ist ein Zweck der Zwischenbindung in Stäben mittlerer Länge nicht vorhanden. Bei langen Stäben werden jedoch die Querschwingungen durch die Bindungen erheblich gemildert.

Die Stabachsen, bestimmt durch den Schwerpunkt des Querschnitts, sollen sich im geometrischen Knotenpunkt schneiden. Diese Forderung ist in der Obergurtung infolge der unsymmetrischen Querschnittform bei verschiedenen Flächengrößen schwer oder gar nicht zu erfüllen. Denn mit der Fläche verändert sich der Abstand der Achse von der Oberkante. Legt man die Achsen in die Netzlinien, so werden bei geknickter Gurtung die Schnittpunkte der Kanten desto weiter aus den Knotenpunkten verschoben, je schwächer der Knick ist. Bei gerader Linienführung müßten die Stehbleche gegeneinander in der Höhe versetzt werden. Man muß daher auf Deckung der Stabachsen und Netzlinien verzichten. Gebräuchlich ist der Ausgleich zwischen den beiden äußersten Lagen der Stabachse. Dazu wird die Netzlinie in die Mitte gelegt. Das hat jedoch folgenden Nachteil: Die Stäbe werden exzentrisch beansprucht, und die Knicklast sinkt (siehe S. 20). In einem Teil der Stäbe weicht die Kraft aus der Achse nach oben in dem andern Teil nach unten ab. Zur Druckkraft tritt im ersten Falle ein positives, im zweiten ein negatives Moment. Ersteres erzeugt eine Erhöhung der mittleren Spannung an der Oberkante, letzteres an der unteren Kante. Das Maß der Erhöhung ist an der oberen bei gleicher Exzentrität kleiner als an der unteren, entsprechend den Unterschieden in den Randabständen. Die am stärksten gefährdeten Teile des Querschnitts bilden die unteren Randwinkel. Sie müssen daher vorzugsweise vor Überbeanspruchung bewahrt werden. Bei Abweichung der Kraftlinie nach oben sinkt die Knicklast kaum merkbar, dagegen ziemlich beträchtlich im Falle der Abweichung nach unten. Erstere belastet den oberen Rand, entlastet aber in stärkerem Maße den schwächern unteren Rand und mindert die Knicklast nur wenig. Die Abweichung nach unten entlastet den oberen Rand, belastet aber viel mehr den unteren und senkt die Knicklast stärker. Wenn daher die erste als unschädlich angesehen werden darf, muß die zweite vermieden werden. Die Stabachsen müssen so gelegt werden, daß sie in keinem Stab über der Netzlinie liegen. Bei geknickter Gurtung kann man da, wo durch Querschnittsänderung eine Verschiebung der Stabachse nach unten eintritt, den höher liegenden Schwerpunkt in den Knotenpunkt legen und die Stabachse durch Neigung gegen die Netzlinie im nächsten Knotenpunkt in sie zurückführen.

Die Stöße in den Gurtungen werden nach Möglichkeit zwischen die Knotenpunkte gelegt. Der Abstand richtet sich nach den normalen Walzlängen. Um an Montagearbeit zu sparen, das Schlagen langer Niete auf dem Bau tunlichst einzuschränken, werden die Knotenpunkte soweit wie irgend möglich in der Werkstatt zusammengebaut. Dazu gehört die Vernietung der Gurtung mit den Knotenblechen, die nur in beschränktem Maße möglich ist, wenn der Stabstoß im Knotenpunkt liegt. In einer geknickten oberen Gurtung werden die Stöße mit Rücksicht auf den Knick jedoch häufig in die Knotenpunkte gelegt.

Abb. 196 zeigt das System einer eingleisigen Eisenbahnbrücke aus St 48 von 71 m Stützweite. Die Höhe des Trägers mißt in Brückenmitte 9,89 m, die Endhöhe 7,22 m, die Feldweite 5,917 m. Für die Wahl dieser Maße ist die Absicht bestimmend gewesen, die Form des Trägers einem älteren Bauwerk anzupassen. Andernfalls wäre die Höhe in der Mitte größer, am Ende um ein Geringes kleiner zu wählen. Die Durchführung der Obergurtung bis zur Lotrechten über dem Auflager ist aus dem gleichen Grunde gewählt worden. Der Obergurtquerschnitt von Regelform besteht aus 2 Stehblechen 500·14, 4 Winkeln 110·12, 1 Kopfplatte 100·12. Im ersten Stab ist die Kopfplatte 2 mm schwächer, im übrigen sind in allen Stäben der Obergurtung gleiche Profile verwendet worden. Stöße liegen in den Hauptknotenpunkten. Die Untergurtung von Doppel-]-Form besteht aus 2 Stehblechen 600·14, 2 Stehblechen 600·11 und 4 Winkeln 110·12. Im ersten Stab sind nur die 14 mm starken Stehbleche vorhanden. Die Stöße mußten ziemlich eng gelegt werden, einerseits aus Rücksicht auf normale Walzlänge anderseits um die Knotenpunkte stoßfrei auszubilden. Die Endstrebe besteht aus einem Stegblech 400·10, 4 Winkeln 200·100·14, 2 Gurtplatten 450·16. Die auf Zug beanspruchte zweite Strebe ist aus dem gleichen Stehblech, 4 Winkeln 120·80·12 und 2 Gurtplatten 260·12 gebildet. Beide Querschnitte sind aus den oben angegebenen Gründen nicht ganz geeignet. Die 16 mm starken Knotenbleche sind in 400 mm lichtem Abstand angeordnet. Sie liegen auf den inneren Stegflächen der Obergurtung, die 432 mm lichten Abstand haben. Die Brücke ist für Lastenzug *N* berechnet. Sie zeigt die geringe Veränderlichkeit des Halbparabelträgers in den Querschnitten der Gurtungen.

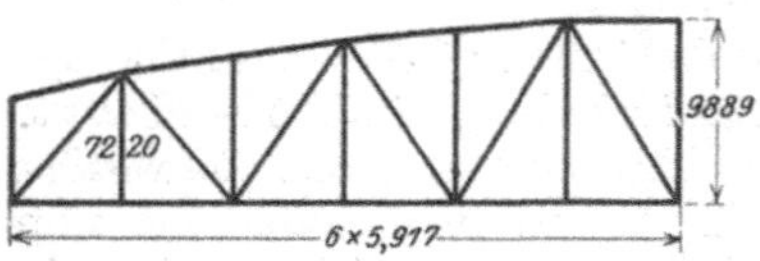

Abb. 196.

Das System des mit parallelen Gurtungen in St 48 ausgeführten Hauptträgers der zweigleisigen Eisenbahnbrücke über die Weser bei Wehrden[1] ist in Abb. 197 dargestellt. Die Stützweite beträgt 90,2 m, die Höhe etwa $^1/_{10}$ der Stützweite. Der Strebenzug der Wandglieder teilt die Obergurtung in 5 Hauptstäbe. Zwischenstreben und Lotrechte unterteilen jede Länge in 4 Felder von je

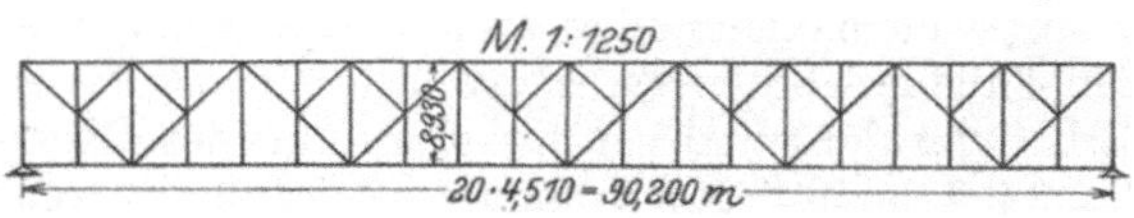

Abb. 197. Eisenbahnbrücke über die Weser bei Wehrden. Hauptöffnung.

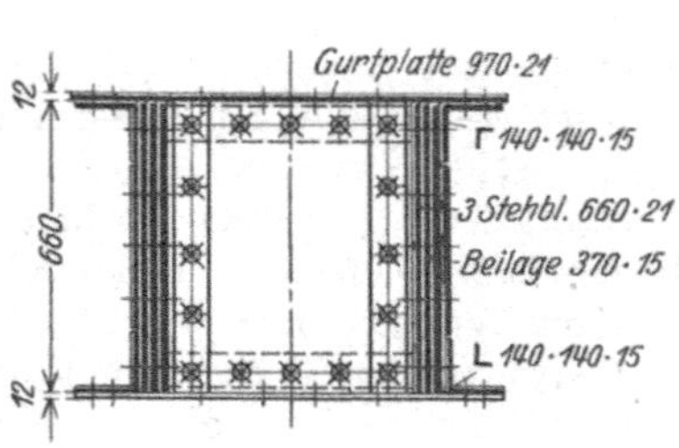

Abb. 198.

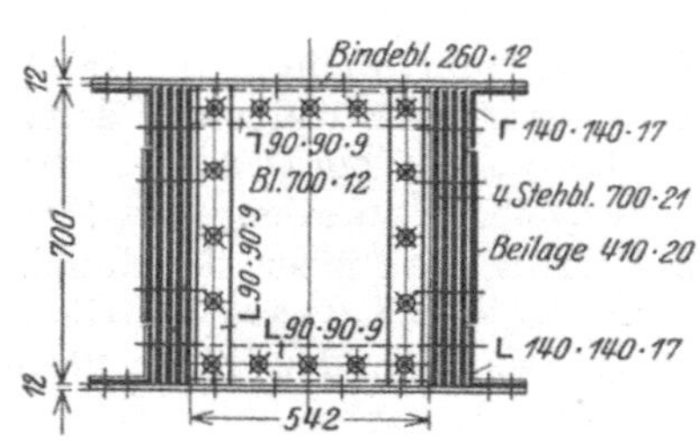

Abb. 199.

4,51 m. Die Fahrbahn liegt in Höhe der Obergurtung. Die Abb. 121 zeigt den Querschnitt der Brücke. Der erste Obergurtstab von der Regelform besteht aus 2 Stehblechen 660·21 in 584 mm lichtem Abstand, 4 Winkeln 140·140·15 und 1 Kopfplatte 970·21. Im zweiten Hauptstab treten 4 Stehbleche beiderseits

[1] Entwurf und Ausführung: Werk Louis Eilers, Hannover.

der durchlaufenden Stehbleche hinzu. Die Randwinkel rücken daher um 1 Blechstärke nach außen. Der mittelste Hauptstab ist durch 2 zwischen die Winkelschenkel eingelegte Beibleche verstärkt. Abb. 198 zeigt den Querschnitt. Von seiner Fläche entfallen 85% auf die Wände, 15% auf die Kopfplatte. Die Konstruktion der Schotte und Bindebleche unter den wagerechten Schenkeln der unteren Randwinkel ist aus der Abb. 74 ersichtlich. Die Knotenbleche von 21 mm Stärke liegen in 500 mm lichtem Abstand auf den inneren Stehblechen. Im ersten Knotenpunkt sind 2 Knotenbleche der gleichen Stärke eingebaut, die sich in den lichten Raum zwischen den beiden Stehblechen des ersten Stabes einfügen. Die Konstruktion des Knotenpunktes ist in Abb. 74 dargestellt. Der erste Stab der Untergurtung besteht aus 2 Stehblechen 700·21 in 626 mm lichtem Wandabstand, 4 Beilagen 150·21 und 4 Winkeln 140·17. Im zweiten Hauptstab treten an Stelle der Beilagen 2 Stehbleche und im Innern weitere 2 von gleichen Abmessungen, im dritten Hauptstab nochmals 2 Stehbleche und 2 Beibleche zwischen den Winkeln hinzu. Abb. 199 zeigt den stärksten Querschnitt. Die Knotenbleche von 21 mm Stärke liegen auf den inneren Stegflächen und in denselben Ebenen wie in der Obergurtung. Das vierte Stehblech des Stabes *3—5* stößt jedoch im Knotenpunkt der Mitte stumpf gegen das Knotenblech. Im Knotenpunkt *1*, in dem die Spannkräfte in die Untergurtung eintreten, sind 2 Knotenbleche in jeder Wand mit 500 mm lichtem Abstand angeordnet. Die Konstruktion zeigt die Abb. 69. Die Stöße der Gurtungen fallen durchweg zwischen 2 Knotenpunkte. Der Stoß des Untergurtstabes *5—5'* ist in Abb. 48 dargestellt.

Die erste Hauptstrebe wird auf Zug beansprucht. Ihren Querschnitt zeigt Abb 69. Die Knicklänge der Druckstreben in der Systemebene ist durch die Zwischenknoten geteilt. Infolgedessen genügt $J_x = \frac{1}{4} J_y$. Der Querschnitt der ersten Druckstrebe konnte daher verhältnismäßig schmal gestaltet werden. Die übrigen Streben sind aus Peiner Trägern ⊢⊣ P 50 hergestellt. Gurtplatten verstärken die Querschnitte, wo es erforderlich ist. In den Zwischenknotenpunkten laufen die Peiner Träger durch. Die unmittelbar auf ihren Flanschen liegenden Gurtplatten sind durch Knotenbleche unterbrochen. Wo eine zweite Gurtplatte vorhanden ist, läuft sie über das Knotenblech hinweg. Die Konstruktion des Trägers ist in ihrer einfachen Gestaltung und klaren Kraftübertragung mustergültig.

Die größte in Deutschland ausgeführte Stützweite einer Balkenbrücke hat der mittlere Überbau der zweigleisigen Eisenbahnbrücke über den Rhein bei Duisburg-Ruhrort[1]. Das System zeigt die Abb. 174. Den stärksten Querschnitt der Ober-

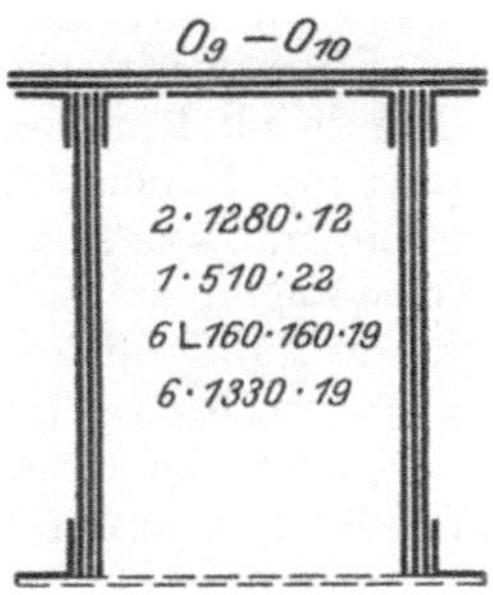

Abb. 200.

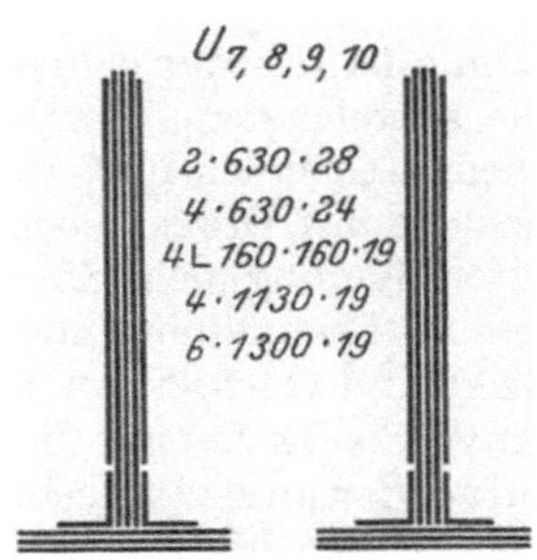

Abb. 201.

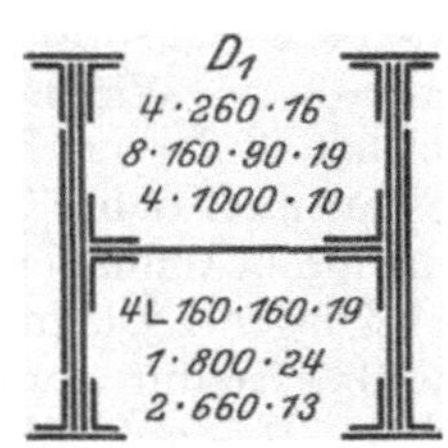

Abb. 202.

gurtung $F = 2536$ cm² gibt Abb. 200, den stärksten Querschnitt der Untergurtung $F = 3528$ cm² Abb. 201 und den Querschnitt der Endstrebe $F = 1302$ cm² Abb. 202. Der Baustoff ist St 37. Wichtige Knotenpunkte sind in Abb. 68 und 79 dargestellt.

[1] Schaper: Zweigleisige Eisenbahnbrücke über den Rhein unterhalb Duisburg-Ruhrort. Z. Bauw. 1911, S. 555; 1912, S. 71ff.

Im Bogen mit Zugband wirkt das Fachwerk durch den geringen Abstand der Gurtungen und die kurzen Stäbe schwerer als im Halbparabelträger. Um diese Wirkung zu mildern, gibt man den Gurtungen eine etwas geringere Höhe. Der zweckmäßigste Querschnitt der Obergurtung ist auch hier die Regelform, mag der Bogen zwickel- oder sichelförmig ausgebildet sein. Infolge der ziemlich kurzen Stäbe sind hohe Werte der Trägheitsradien nicht erforderlich. Für die Winkel ist trotzdem ein starkes Profil zu wählen, weil sie die Stücke des Querschnitts verbinden. Nach Möglichkeit ist $4\,F_w = 0{,}25$—$0{,}30\,F$ zweckmäßig. Dem Steg ist ein größerer Flächenanteil als im Halbparabelträger zuzuweisen. Die Verteilung des ganzen Querschnitts mit $^4/_5$ auf Winkel und Stege und $^1/_5$ auf die Kopfplatten ist auch hier angebracht. Steghöhe gleich dem 3,5- bis 4fachen der Breite der Winkelschenkel, lichte Weite zwischen den Stegen b_g etwa $= 0{,}75$ bis $0{,}90\,h_g$. Die Querschnittgestaltung der Wandstäbe spricht hier nicht mit. Die Spannkräfte in den Obergurtstäben nehmen im zwickelförmigen Bogen an den Enden stark ab. Bei Wahl des stärksten Querschnitts in der Mitte muß man daher zwecks Anpassung an die schwächeren die Dicke der Stege und Kopfplatten in geeigneter Weise aufteilen. Wenn die lichte Weite hinreichend groß gewählt werden kann, etwa 50 cm und größer, ist ein Querschnitt mit 8 Randwinkeln anzuraten. In diesem Falle können etwas schwächere Winkelprofile genommen werden und die inneren Winkel in den ersten Stäben wegfallen. Die Steghöhe ist dann gleich dem 4- bis 5fachen der Schenkelbreite zu machen. Bindebleche und Schotte sind selbstverständlich notwendige Stücke der Konstruktion.

In der Untergurtung tritt die stärkste Druckkraft im ersten Stab über dem Angriffspunkt des Zugbandes auf. In der Mitte nehmen die Kräfte erheblich ab. Für den Querschnitt ist die Doppel-]-Form gebräuchlich, aber nicht günstig. Der Grund für die häufige Wahl dieser Form liegt in ihren Vorteilen für die Ausbildung der Knotenpunkte. Man legt die Knotenbleche in der Obergurtung auf die inneren Stegflächen, ordnet sie in der Untergurtung in den gleichen Ebenen an und umschließt sie von außen durch die Wände der Doppel-]-Form. Die Wandstäbe werden so ausgebildet, daß sie sich in den lichten Raum zwischen den Knotenblechen einfügen. Lotrechte und Hängestangen können aus einem Stück hergestellt werden, welches durch den Knotenpunkt der Untergurtung durchläuft und in den Querschnitt der Obergurtung bis zur Kopfplatte eingreift. So günstig die Doppel-]-Form in der Untergurtung für die beschriebene Ausbildung der Knotenpunkte ist, so kann sie doch nur in den mittleren Stäben als einwandfrei angesehen werden, in denen der erforderliche Querschnitt durch Stehbleche und Randwinkel ohne Gurtplatten ausgebildet werden kann. In den ersten Stäben der Untergurtung ist das nur selten möglich. Hier werden meist schmale Gurtplatten auf die abstehenden Schenkel der Randwinkel aufgelegt. Aus den auf S. 218 angegebenen Gründen muß diese Anordnung durchaus verworfen werden. Wie die Versuche mit Druckstäben klar erkennen lassen, besitzt ein solcher Stab auch bei guter Bindung nicht die rechnungsmäßige Knicksicherheit. Man muß daher in diesen Stäben mindestens den unteren Rand auf beiden Seiten durch Winkel besetzen und Gurtplatten unter die wagerechten Winkelschenkel legen. Die inneren Winkel laufen auf die inneren Flächen der Knotenbleche über Keilfutter auf und werden an sie angeschlossen. Die Gurtplatten werden geschlitzt. Das außenliegende Stück wird durch eine Lamelle gleicher Breite ersetzt, das innere durch Anschlußwinkel mit den Knotenblechen verbunden. Legt man die Stöße zwischen die Knotenpunkte, so wird die Montage durch die beschriebene Form nicht erschwert. Die geringe Mehrarbeit in der Werkstatt, die durch die Anschlüsse entsteht, kann bei der erheblichen Überlegenheit des Querschnitts nicht ins Gewicht fallen. Ein Vorteil der Form ist die Ersparnis an Bindeblechen.

Für die Wandglieder ist die I-Form geeignet. Hier ist die Verwendung von Peiner Trägern für hochbeanspruchte Stäbe zweckmäßig. Die Stäbe mit geringeren Spannkräften werden aus Stehblech und 4 Winkeleisen billiger hergestellt. Die Steghöhe ist so zu wählen, daß die Stäbe gerade zwischen die Knotenbleche passen, deren lichter Abstand durch die lichte Weite b_g der Gurtung und ihre Stärke bestimmt ist. Auch die Doppel-]-Form, deren Flansche nach innen gestellt sind, ist der geringen Nietung wegen geeignet, soweit]-Eisen ohne Verstärkungsbleche ausreichen. Für die Hängestangen kommt nur der genietete I-Querschnitt in Betracht. Wo er in den Lotrechten des Bogens nicht ausreicht, ist er leicht durch Gurtplatten zu verstärken.

Für den Querschnitt des Zugbandes ist die zweiwandige Kreuzform, bestehend aus Stehblechen und 4 Winkeln, geeignet. Wagerechte Platten zwischen den Winkeln sind entbehrlich und des Anschlusses an die Untergurtung wegen besser zu vermeiden. Die Winkel sind ohne Fuge anzuordnen und die Bindebleche zwischen den Wänden auf die Schenkel zu legen. Die erforderliche Fläche des Querschnitts muß zum größten Teil aus den Stehblechen gebildet werden. Mit der Dicke des Steges nimmt das durch Nietlöcher verlorene Material zu, ebenso die Kosten der Nietung durch die Nietlänge. Auf der anderen Seite wird die Höhe des Zugbandes durch die Konstruktion der Querträger in allen Fällen begrenzt, in denen der Fußsteg auf Konsolen außerhalb der Hauptträger gelagert ist. Die günstige Mitte ist oft ein Überstand der Stehbleche über die Winkel von der Breite einer Nietreihe, deren Abstand vom Rande das 2,5- bis 3fache des Nietdurchmessers beträgt. Auch unsymmetrische Form mit 2 Winkeln am unteren Rand ist geeignet. Ein kleiner Vorteil des unsymmetrischen Querschnittes ist die etwas größere Systemhöhe bei unveränderter Gesamthöhe des Trägers. Aus diesem Grunde können hier auch wagerechte Gurtplatten unter den Winkeln angebracht sein. Ihr Anschluß an die Untergurtung des Bogens durch Anschlußwinkel bereitet nach Abb. 80 keine erheblichen Schwierigkeiten, weil die Knotenbleche hier unter die Unterkante des Zugbandes heruntergezogen werden müssen, um die Spannung am unteren Blechrand in zulässigen Grenzen zu halten. Ein in konstruktiver Hinsicht häufig schwieriger Knotenpunkt ist die Verbindung des Zugbandes mit der Untergurtung. Hier sind 2 bis 3 Knotenbleche erforderlich. Verschiedene Ausbildungen des Knotenpunktes sind in den Abb. 70 und 80 dargestellt.

Eine bemerkenswerte Ausbildung zeigen die Stabquerschnitte des Hauptträgers der zweigleisigen Eisenbahnbrücke über die Norderelbe[1], deren Netz in Abb. 176 dargestellt ist. Für die Obergurtung ist die oben schon als günstig bezeichnete Form gewählt. Der in Abb. 76 dargestellte Querschnitt besteht aus 2 Stehblechen 600·22, 4 Winkeln 130·130·14 am unteren Rand, 4 Winkeln 120·120·11 oben und einer Kopfplatte 850·12. In den ersten Stäben fehlen die inneren Randwinkel. Den Querschnitt der Untergurtung zeigt Abb. 80. Er ist aus 6 Stehblechen 600·14, 2 Beiblechen 330·14 und 6 Winkeln 130·130·14 gebildet und durch eine Kopfplatte 900·14 abgedeckt. Die Zahl der Stehbleche nimmt nach der Mitte bis auf 2 im mittelsten Stabe ab. Der Querschnitt des Zugbandes, dessen unsymmetrische Form ebenfalls aus Abb. 80 ersichtlich ist, besteht aus 6 Stehblechen 600·14, 2 Beiblechen 390·14, 2 Beiblechen 200·14 und 2 Winkeln 200·100·14. Die Stöße der Stehbleche und Winkel liegen in den Knotenpunkten, deren wichtigste in den Abb. 61, 66, 76 und 80 dargestellt sind. Die Querschnitte der Gurtungen sind vorbildlich für Bogenträger mit Zugband.

Der Langersche Träger erhält in der Obergurtung, dem Stabbogen, am besten den Regelquerschnitt. Die Hängestangen von I-Form werden zwischen die Stege eingeschoben. Knotenbleche sind meist entbehrlich, die beiden Nietreihen in den anliegenden Flanschen genügen. Für die obere Gurtung des Balkens ist die in Abb. 203 dargestellte Querschnittform geeignet. Die Knotenbleche sind auf die äußeren Stegflächen zu legen. Die untere Gurtung, die meist größere Quer-

[1] Entwurf und Ausführung: Louis Eilers, Hannover.

schnitte erfordert als die obere, wird nach Abb. 204 aus Stehblechen, 4 Saumwinkeln und Gurtplatten ausgebildet. Die Knotenbleche werden auf die äußeren Stegflächen gelegt und in der Untergurtung bis zur Unterkante der Stehbleche

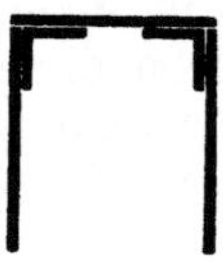

Abb. 203.

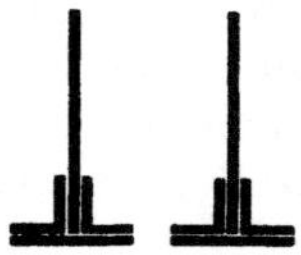

Abb. 204.

durchgeführt. Die Saumwinkel müssen entweder durch Keilfutter aufgeführt oder gegen die Knotenbleche gestoßen und durch Deckwinkel übertragen werden. Die Breite beider Gurtungen zuzüglich der Knotenblechstärken ist gleich der Höhe des I-Querschnittes der Hängestangen zu machen. Diese setzen sich auf die Gurtplatten der Obergurtung auf. Auf die Flansche der Hängestangen werden auf beiden Seiten 2 Winkel aufgenietet. Sie umfassen die Knotenbleche der Obergurtung und laufen auf die der Untergurtung so tief wie möglich auf. Mit ihren abstehenden Schenkeln fassen sie die Stehbleche des Querträgers und der Konsole, die den Fußweg trägt.

Für die Schrägstäbe des Balkens sind Breitflanschträger recht geeignet, sofern das durch den Abstand der Knotenbleche vorgeschriebene Profil die erforderliche Querschnittsfläche nicht wesentlich überschreitet. Eine geringe Materialzugabe wird durch geringe Arbeit ausgeglichen. Wo sie zu schwer werden, wählt man Winkeleisen oder 2 [-Eisen, deren Wände durch Bindebleche verbunden werden müssen. Bei der Ausbildung ist die Zugänglichkeit des inneren Raumes zu wahren.

Die Bauarten des Bogens mit Zugband und des Langerschen Trägers sind zuerst für Straßenbrücken gewählt worden, um die Lage der Hauptträger zwischen Fahrbahn und Fußweg zu ermöglichen, ohne den Querverkehr durch Eingriff von Schrägstäben in das Profil zu erschweren. Dabei sprach die Absicht mit, die Wirkung des Brückenbildes durch Vermeidung langer Schrägstäbe zu heben. Unzweifelhaft besitzen beide Bauarten schönere Form als der Halbparabelträger und Parallelträger. Diese Überlegenheit wird auch dadurch nicht gemindert, daß die statische Eigenart der Träger sich dem Auge weniger klar offenbart. Das Streben nach Schönheit der Form hat später in manchen Fällen auch bei Eisenbahnbrücken für den Bogen mit Zugband entschieden.

Der Langersche Träger kommt für Straßenbrücken nur dann in Frage, wenn der Balken unter der Fahrbahn Platz findet. Er wird in etwa 50 cm lichtem Abstand von der Bordkante eingebaut und in der Oberfläche des Bürgersteiges durch Riffelbleche abgedeckt. Zwischen der Oberkante des Balkens und der Abdeckung genügt ein Spielraum von wenigen cm. Bei einer Stützweite von 50 m ist mindestens die Systemhöhe 1,60 m notwendig. Dazu tritt die Gurthöhe mit etwa 30 cm, so daß 2,0 m Höhe bis Oberkante Bürgersteig und eine Bauhöhe von 1,90 bis 1,94 m erforderlich ist. Beim Bogen mit Zugband ist der Hauptträger auf die Bauhöhe ohne Einfluß, da das Zugband in der Dicke der Fahrbahnkonstruktion immer untergebracht werden kann. Die Bedingungen für die Verwendung des Langerschen Trägers sind daher ungünstiger. Dieser Ungunst ist es zuzuschreiben, daß die Bauart nur in seltenen Fällen gewählt worden ist, trotzdem ihr die leichtere Gestaltung der Bauglieder, welche die Fahrbahn übersteigen, ein entschiedenes Übergewicht gibt.

Abb. 205.

Empfehlenswert ist die Ausbildung des Langerschen Balkens mit vollen Wänden in der Querschnittsform der Abb. 205. Meist ist ein unsymmetrischer, in der Untergurtung stärkerer Querschnitt erforderlich. Die Zugänglichkeit des inneren Raumes erfordert allerdings einen lichten Wandabstand von mindestens 45 cm, wenn man gleichschenklige Winkel wählt. Durch ungleichschenklige Winkel 100·65 zwischen den Wänden kann man den lichten Wandabstand auf etwa 40 cm ermäßigen. Die Konstruktion ohne innere Saumwinkel muß aus den gleichen Gründen verworfen werden, wie in der Untergurtung des Bogens mit Zugband.

In letzter Zeit ist auch im Bogen mit Zugband der Ersatz des Fachwerks durch volle Wand vorgeschlagen worden. Dabei hat man parallele Gurtungen gewählt. Der Bogen muß meist kastenförmigen Querschnitt von der in Abb. 233 dargestellten Bauart erhalten. Die Querschnitte werden durch negative Normalkraft und Momente beider Drehungssinne beansprucht, von denen im allgemeinen die positiven überwiegen. Daher erfordert hier die gleichzeitige Wirkung von Druckkraft und Momenten einen unsymmetrischen Querschnitt, der an der oberen Kante stärker ist. Im Versteifungsbalken des Langerschen Trägers ist die Normalkraft positiv. Daher muß die Unterkante stärker ausgebildet werden. Die größten Querschnitte beider Bauarten sind zwischen $\frac{1}{4}\,l$ und $\frac{1}{3}\,l$ erforderlich. Für den Fall einer parabolisch gekrümmten Bogenachse können folgende Formeln zur überschläglichen Ermittlung der Momente verwendet werden:

$$H_g = \frac{g\,l^2}{8\,f\,(1+\nu)}, \qquad \nu = \frac{15}{8}\frac{J_b}{f^2}\left(\frac{1}{F_b} + \frac{1}{F_z}\right) \tag{80}$$

$$M_g = \frac{g\,x\,(l-x)}{2}\,\frac{\nu}{1+\nu}, \tag{81}$$

$$\text{in } \frac{1}{4}\,l \quad M_g = \frac{3\,g\,l^2}{32}\,\frac{\nu}{1+\nu}.$$

Aus einseitiger Verkehrslast p

$$\begin{aligned} M_{p\,\max} &= \frac{p\,l^2}{64}\left[\frac{1+4\,\nu}{1+\nu} + \frac{1}{32}\left(\frac{1{,}375-8\,\nu}{1+\nu}\right)^2\right], \\ M_{p\,\min} &= -\frac{p\,l^2}{64}\left[\frac{1-2\,\nu}{1+\nu} + \frac{1}{32}\left(\frac{1{,}375-8\,\nu}{1+\nu}\right)^2\right], \\ H_p &= \frac{p\,l^2}{16\,f\,(1+\nu)}\left[1 \mp \frac{1}{16}\,\frac{1{,}375-8\,\nu}{1+\nu}\right]. \end{aligned} \tag{82}$$

Die Normalkraft in $\frac{1}{4}\,l$ ist

$$N = -\left[H_g + H_p + \frac{1}{2}\left(g + \frac{1}{2}\,p\right)f\right] l \sqrt{\frac{1}{l^2 + 4\,f^2}}. \tag{83}$$

Im Bogenscheitel kommen im allgemeinen nur positive Momente in Betracht. Aus Eigenlast entsteht

$$\begin{aligned} M_g &= \frac{g\,l^2}{8}\,\frac{\nu}{1-\nu}, \\ H_p &= \frac{p\,l^2}{128\,f}\,\frac{1+4\,\nu)\,(7+4\,\nu)}{1+\nu}, \end{aligned} \tag{84}$$

aus Verkehrslast

$$\max M_p = \frac{p\,l^2}{128}\,\frac{(1+4\,\nu)^2}{1+\nu}.$$

Für den Querschnitt im Bogenscheitel kommen 2 Belastungsfälle in Betracht:

1. volle Belastung durch $g + p$ erzeugte Normalkraft $N_{\max}$ und Moment M_1;
2. volle Belastung durch g, symmetrische Teilbelastung durch p erzeugt Normalkraft N_2 und $M_{\max}$. Der Rechnungsgang zur Bestimmung der Querschnitte ist auf S. 49—52 dargestellt, ein Beispiel auf S. 272.

Sind durch überschlägliche Rechnung geeignete Querschnitte gefunden, so ist die genaue Rechnung am zweckmäßigsten mit Hilfe der Kernmomente durchzuführen. Dabei sind die Kernhalbmesser aus den ermittelten Querschnitten zu entnehmen.

Die Durchbiegungen in $l/4$ und $\frac{3}{4}\,l$ aus einseitiger Belastung durch p können angenähert aus folgenden Formeln berechnet werden:

$$f_1 = \frac{p\,l^4}{64\cdot 192\,E\,J}\,\frac{5+62\,\nu}{1+\nu}, \tag{85}$$

$$f_2 = \frac{p\,l^4}{64\cdot 192\,E\,J}\,\frac{5-52\,\nu}{1+\nu}. \tag{86}$$

Sie lassen den erheblichen Einfluß des Zugbandes in dem von ν abhängigen Glied erkennen.

Ein Nachteil beider Bauarten ist die verhältnismäßig große Durchbiegung in $\frac{1}{4}l$ bei einseitiger Belastung. Beim Zwickelbogen wird sie allerdings durch die hier verhältnismäßig große Höhe des Fachwerks so gemildert, daß sie nicht nachteilig empfunden wird. Beim vollwandigen Bogen aber und beim Langerschen Träger macht sich die Größe der Durchbiegung stark bemerkbar. Ihr Wert ist auch für den Langerschen Träger aus den Formeln zu berechnen, wenn für J das Trägheitsmoment des Balkens eingeführt wird. Wenn der Balken als Fachwerk ausgebildet ist, kann die Formel natürlich nur einen Näherungswert ergeben.

Da die große Durchbiegung bei einseitiger Belastung dadurch entsteht, daß der Bogenscheitel sich wagerecht nach der unbelasteten Seite verschiebt, bietet Festlegung des Scheitels gegen die Balkenmitte in der Wagerechten wirksame Abhilfe. Zu diesem Zweck ist in Balkenmitte ein Pfosten aufzusetzen, der biegungsfest auszubilden und steif an den Balken anzuschließen ist. Die Verbindung zwischen Pfostenkopf und Bogen kann gelenkartig sein. So ent-

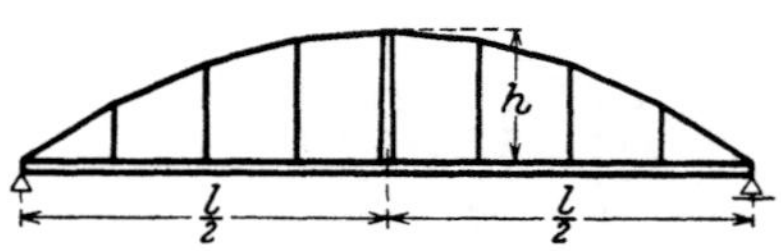

Abb. 206.

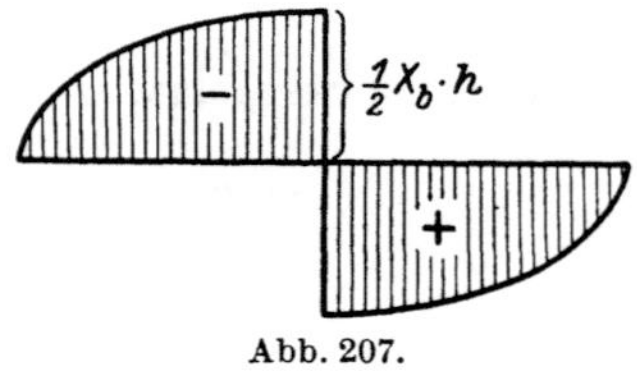

Abb. 207.

steht die in Abb. 206 dargestellte Bauart. Bezeichnet X die Differenz der Horizontalschübe in beiden Bogenhälften, so ist bei voller Belastung p der linken Hälfte angenähert

$$X = \frac{7\,p l^2}{8 \cdot 32\,h\left[1 + \frac{5\,h'}{2\,l} + \mu_1\right]}, \qquad \mu_1 = \frac{15}{8}\,\frac{J_t}{F_t h^2}\left[1 + \frac{F_t}{F_b}\left(1 + \frac{16}{3}\left(\frac{h}{l}\right)^2\right)\right] \qquad (87)$$

$$h' = h\,\frac{J_t}{J_v}.$$

J_t = Trägheitsmoment, F_t Querschnitt des Balkens,
J_v = Trägheitsmoment des Pfostens,
F_b = Querschnitt des Bogens im Scheitel,

wenn der Querschnitt mit der sec. des Neigungswinkels zunimmt. Die Momente im Balken aus X haben den in Abb. 207 dargestellten Verlauf. Die absoluten Werte der Momente des Balkens ohne Pfosten nehmen daher in $l/4$ und $\frac{3}{4}l$ um

$$\varDelta M = \frac{3}{8} X_b\,h$$

ab. Es tritt eine gleichmäßigere Verteilung der größten Werte der Momente über die Balkenlänge ein. Der Balken wird etwas leichter. Da die erforderlichen Querschnitte im Pfosten nach oben hin rasch abnehmen, wird der gesamte Materialbedarf keinesfalls erhöht. Die Durchbiegung vermindert sich um

$$\varDelta f = \frac{119\,p l^4}{6 \cdot 256^2\,E J\left[1 + \frac{5\,h'}{2\,l} + \mu_1\right]}. \qquad (88)$$

Der Vergleich mit den Formeln (85), (86) zeigt den erheblichen Einfluß des Pfostens.

Das Gewicht der Balkenträger kann nach folgendem Verfahren überschläglich ermittelt werden: Nachdem das Gewicht der Fahrbahn g_1 genau berechnet ist, wird das Hauptträgergewicht g_2 zunächst roh geschätzt. Sodann

$M_g = \frac{1}{8}(g_1 + g_2)\,l^2$ berechnet. Das Moment M_p in Mitte des Trägers ist bekannt. Man berechnet weiter

$$F_g = \frac{M_g + \varphi\, M_p}{h \cdot \sigma_{\text{zul}}}\,.$$

Das Gewicht der Schrägstäbe ist gleich einer Gurtung zu setzen. Dazu kommen 25% Zuschlag für Knotenbleche, Stöße und anderes. Da das spezifische Gewicht des Stahles 7,85 beträgt, berücksichtigt man den Zuschlag am einfachsten, indem man es gleich 10 setzt. Somit erhält man

$$g = 3\,F_g\ \text{kg/m}\,,$$

wenn man F_g in cm² einsetzt. Ist nun Δg der Unterschied zwischen errechnetem und geschätztem Gewicht und ferner

$$\alpha = \frac{\frac{3}{8}\,l^2}{1000 \cdot h \cdot \sigma_{\text{zul}}}$$

so ergibt sich das Gewicht aus der Reihe

$$g_2 = g + \Delta g(\alpha + \alpha^2 + \alpha^3 + \cdots)\,, \tag{89}$$

die sehr schnell konvergiert, da α eine kleine Zahl ist. Hierin ist l in m, h in m, σ_{zul} in t/cm² einzusetzen.

Beispiel: Halbparabelträger für 2 Gleise, Lastenzug N, $l = 100$ m, $h = 16$ m, $\sigma_{\text{zul}} = 1{,}4$.

$$\alpha = \frac{\frac{3}{8}\,100^2}{1000 \cdot 16 \cdot 1{,}4} = 0{,}191\,.$$

Je Gleis ist:

$$M_p \cdot \varphi = 13178 \cdot 1{,}34 = 17658$$

$$\begin{aligned} g_1 &= 1{,}4 \\ g_2 &= 3{,}0 \text{ geschätzt} \\ \hline g &= 4{,}4 \qquad M_g = \frac{4{,}4 \cdot 100^2}{8} = \underline{\ 5500\ } \\ &\qquad\qquad\qquad\qquad\quad 23158\ \text{tm}\,, \end{aligned}$$

$$g = \frac{23158}{16 \cdot 1{,}40} \cdot 3 = 3101\ \text{kg/m}\,,$$

$$\Delta g = 101\,,$$

$$g_2 = 101\,(0{,}167 + 0{,}028 + 0{,}005 + 3101\ \text{tm})\,,$$

$$g_2 = 3121\ \text{kg/m}\,.$$

Eisenbahnbrücke über die Weser bei Wehrden. $l = 90{,}20$ m, $h = 8{,}93$ m, St 48

$$\begin{aligned} g_1 &= 1{,}50 \\ g_2 &= 3{,}10 \text{ geschätzt} \\ \hline g &= 4{,}60\ \text{t/m} \quad M_g = \frac{4{,}6^2 \cdot 90{,}2^2}{8} = \ \ 4669 \\ &\qquad \varphi \cdot M_p = 1{,}35 \cdot 10959 = \underline{14795} \\ &\qquad\qquad\qquad\qquad\qquad\quad 19464\ \text{tm} \end{aligned}$$

$$g = \frac{3 \cdot 19464}{8{,}93 \cdot 1{,}82} = 3591\ \text{kg/m}\,,$$

$$\alpha = \frac{3 \cdot 90{,}2^2}{8 \cdot 1000 \cdot 8{,}93 \cdot 1{,}82} = 0{,}188\,, \quad \alpha + \alpha^2 + \alpha^3 + = 0{,}230\,,$$

$$\Delta g = 490\,,$$

$$g_2 = 3591 + 490 \cdot 0{,}23 = 3704\ \text{kg/m}\,.$$

Das Gewicht der Ausführung beträgt 330230 kg je Hauptträger, das ist 3669 kg/m.

Die so erhaltenen Zahlen ergeben für die statische Berechnung brauchbare Werte des Trägergewichts. Der Bogenträger mit Zugband sowie der Langersche Balken sind nicht unwesentlich schwerer als ein Halbparabelträger gleicher Höhe. Dazu trägt neben der dritten Gurtung die größere Zahl der Knotenpunkte wesentlich bei. Man kann den Nachteil jedoch durch größere Höhe mildern. Beim Parabelträger, in noch höherem Grade beim Parallelträger nimmt das Gewicht der Wandglieder mit der Trägerhöhe zu, und zwar nicht geradlinig, sondern parabolisch. Das Gewicht der Gurtungen nimmt hyperbolisch ab. Infolgedessen wird das Trägergewicht bei einer bestimmten Höhe zu einem Kleinstwert. Beim Bogen mit Zugband wächst das Gewicht der Wandglieder nur durch die zunehmende Länge der Hängestangen, also nicht einmal verhältnisgleich zur Höhe. Das Gewicht der Gurtungen dagegen nimmt in gleichem Maße ab wie beim Parabelträger. Daraus folgt, daß hier die wirtschaftlich günstige Höhe größer ist. Für die in Abb. 176 dargestellte Eisenbahnbrücke über die Norderelbe ist $g = 4{,}4$ tm.

$$M_g + \varphi \cdot M_p = 23154 \text{ tm},$$

$$F = \frac{23154}{21{,}35 \cdot 1{,}82} = 596 \text{ cm}^2.$$

Da $g_1 = 2925$ kg/m beträgt, ist hier $g = 4{,}88\, F$ kg/m zu rechnen.

Melan gibt im Eisenbau 1914, S. 272 für das Gewicht des Parallelträgers die Formel

$$G = c \cdot k \cdot \frac{g + p}{\sigma_{zul}} l^2 \cdot \gamma. \tag{90}$$

Hierin ist k die Konstruktionszahl, der Beiwert c drückt die Unterschiede der Wandgliederung aus und $\gamma = 7{,}85$ t/m³ ist das Einheitsgewicht. Für Fachwerk aus Lotrechten und Schrägstäben ist, wenn n die Zahl der Felder bezeichnet,

$$c = \frac{n^2 - 1}{6 n^2}\left(1 + \frac{3}{n}\right)\frac{l}{h} + \frac{7}{24}\left[2 n \frac{h}{l}\left(1 + 3\frac{h}{l}\right) + \frac{l}{n h}\right], \tag{90a}$$

für den Strebenfachwert

$$c = \frac{4 n^2 - 1}{24 n^2}\left(1 + \frac{3}{n}\right)\frac{l}{h} + \frac{7}{12}\left[n \frac{h}{l} + \frac{1}{4}\frac{l}{n h}\right]\left(1 + 3\frac{h}{l}\right). \tag{90b}$$

Für Eisenbahnbrücken ist

$$p = \frac{8 \cdot \varphi \cdot M_{max}}{l^2}$$

auszurechnen.

Das Gewicht der Träger mit gekrümmter oder geknickter Obergurtung ist leichter, der Unterschied beträgt etwa 5 bis 10%. Einige Beispiele[1] beleuchten die Brauchbarkeit der Formel

1. Überbau V der 2gleisigen Eisenbahnbrücke Duisburg-Hochfeld (Parallelträger) $l = 51{,}8$ m, $h = 7{,}5$ m, $\frac{h}{l} = \frac{1}{6{,}9}$, $n = 8$; Baustoff St 48. $\sigma_{zul} = 1{,}82$ t/cm², $k = 1{,}22$, $c = 2{,}387$ nach der von Melan im Eisenbau gegebenen Tabelle

$$G = 2{,}783 \cdot 1{,}22 \frac{21{,}35}{18200} 51{,}8^2 \cdot 7{,}85 = 84 \text{ t}.$$

Gewicht des ausgeführten Trägers 78 t.

2. Überbau I derselben Brücke $l = 88{,}6$ m, $h = 10$ m, $\frac{h}{l} = \frac{1}{8{,}86}$, $k = 1{,}24$, $g = 6{,}3$ t/m, $p = 14{,}6$ t/m, $n = 12$,

$$c = \frac{12^2 - 1}{6 \cdot 12^2}\left(1 + \frac{3}{12}\right) 8{,}86 + \frac{7}{24}\left[2 \cdot 12 \frac{1}{8{,}9}\left(1 + \frac{3}{8{,}9}\right) + \frac{8{,}9}{12}\right] = 3{,}10,$$

$$G = 3{,}10 \cdot 1{,}24 \cdot \frac{209}{18200} \cdot 88{,}6^2 \cdot 7{,}85 = 271 \text{ t}.$$

---

[1] Verfasser verdankt die Beispiele Herrn Reichsbahnoberrat Dr. Ing. Tills.

Gewicht des ausgeführten Trägers = 267 t.

3. Hauptträger einer 2gleisigen Eisenbahnbrücke mit geknickter Obergurtung $l = 78$ m, $h = 11{,}0$, $h_e = 7{,}0$, $\frac{h}{l} = \frac{1}{7{,}1}$, $k = 1{,}2$, $g = 4{,}03$ t/m, $p = 15{,}2$ t/m, $n = 12$.

c aus der Formel berechnet = 3,05.

$$G = 3{,}05 . 1{,}20 \frac{19{,}23}{18200} 78^2 \cdot 7{,}85 = 184 \text{ t}.$$

Gewicht der Ausführung = 167 t. Das Mindergewicht zufolge der Abschrägung beträgt 9%.

4. Entwurf einer zweigleisigen Eisenbahnbrücke von 310 m Stützweite mit geknickter Obergurtung. $l = 310$ m, $h = 39$ m, $\frac{h}{l} = \frac{1}{7{,}95}$, $k = 1{,}23$, $g = 14$ t/m, $p = 12{,}1$ t/m, $n = 14$. Baustoff St Si $\sigma = 2{,}10$ t/cm².

c aus der Formel berechnet = 3,18.

$$G = 3{,}18 \cdot 1{,}23 \frac{26{,}1}{21000} 310^2 \cdot 7{,}85 = 3670 \text{ t}.$$

Das Gewicht beträgt nach genauer Rechnung 3450 t, das Mindergewicht infolge der Abschrägung 6%. Die Genauigkeit des Ergebnisses ist natürlich von k abhängig. Die Beispiele zeigen, daß man mit $k = 1{,}2$ bis 1,25 Werte erhält, die dem wirklichen Gewicht sehr nahe kommen.

3. Gegliederte Balken auf mehreren Stützen.

Wie beim Vollwandträger sind zu unterscheiden: Gelenkträger — Gerberträger — und durchlaufender Balken. Die bei weitem häufigste Bauart ist der Gelenkträger. Die Überlegenheit des durchlaufenden Balkens wurde nicht hoch genug bewertet, um der gefürchteten, aber stark überschätzten Gefahr der Stützensenkungen Trotz zu bieten. In dem wichtigsten Falle von 4 Stützen steht an erster Stelle die Frage zur Entscheidung: 2 Gelenke in der Mittelöffnung oder je 1 Gelenk in jeder Seitenöffnung. Die erste Anordnung führt zu Kragträgern in den Seitenöffnungen, die in die Mittelöffnung mit dem Kragarm eingreifen. Ihre Endpunkte tragen den Schwebeträger. Ist jeder Kragträger in 1 festen Auflager gestützt, so muß der Schwebeträger auf einem Kragarm längsverschieblich gelagert werden. Unverschiebliche Lagerung des Schwebeträgers bedingt 2 bewegliche Auflager eines der beiden Kragträger. Der Zweck der Gerberträger ist Ersparnis an Gewicht durch Minderung der größten Momente. Je länger die Kragarme, desto kürzer der Schwebeträger, desto kleiner das Moment in Trägermitte, desto leichter das Gewicht, desto größer aber das Moment über den Stützen, desto schwerer die Kragträger. Es gibt demnach ein Längenmaß für die Kragarme, welches das Gewicht zu einem Kleinstwert macht. Gleichheit der größten Momente, d. i. des Momentes in Mitte des Schwebeträgers und des Stützenmomentes, die etwa bei $d = 0{,}15\,l$ entsteht, bedingt nicht das kleinste Gewicht, weil das Stützenmoment nach beiden Seiten stärker abnimmt als das Feldmoment. Ein zuverlässigeres Merkmal gibt der kleinste Inhalt der Fläche der größten Momente, die für die Querschnittbestimmung maßgebend sind. Aus

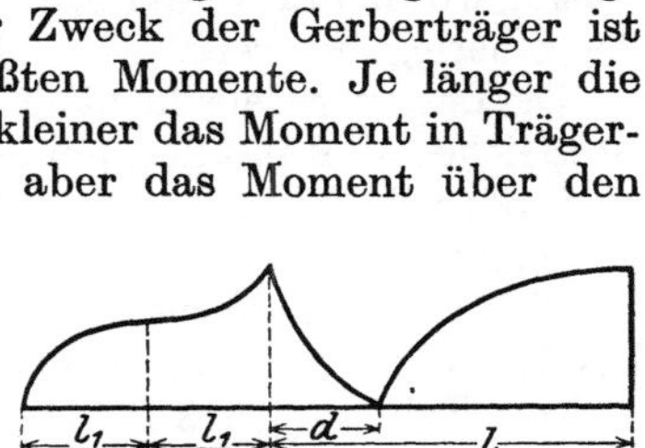

Abb. 208.

$$F = \frac{p\,l_1^3}{24} + (p+g)\left[\frac{3\,(l-d)\,d \cdot l_1}{16} + d^2\left(\frac{l}{4} - \frac{d}{3}\right) + \frac{(l-2\,d)^3}{24}\right] - g\,\frac{(l-d)\,d \cdot l_1}{16}$$

(Abb. 208) erhält man den Kleinstwert für

$$d = 0{,}25\, l \left[1 - 0{,}75 \frac{l_1}{l} \left(1 - \frac{g}{p+g}\right)\right].$$

Auch dieses Maß kann jedoch nicht mehr als einen Anhalt geben, da die praktischen Möglichkeiten der Konstruktion, wie Feldteilung, Trägerhöhe, Anpassung der Querschnitte an die erforderlichen Werte von erheblichem Einfluß sind. Wesentlich ist auch die Beanspruchung der Wechselstäbe, da Zahl und Unterschiede in den Spannkräften von der Lage der Gelenke abhängig sind. Da $\frac{g}{p+g}$ für Eisenbahn- und Straßenbrücken sehr verschieden ist, bestehen auch erhebliche Unterschiede in der zweckmäßigen Länge. Für erstere wird $\frac{g}{p+g} = \frac{1}{3}$ erst bei beträchtlichen Stützweiten ($l > 100$ bis 140 m) erreicht. Damit wird, wenn $\frac{l_1}{l} = 0{,}6$ ist, $d = 0{,}175\, l$. Bei Straßenbrücken dagegen ist $\frac{g}{p+g} = 0{,}6$ kein seltener Wert. Das ergibt $d = 0{,}205\, l$. Es spricht jedoch noch ein zweiter Umstand entscheidend mit, nämlich der Auflagerdruck in den Endstützen. Wird dieser negativ, so müssen die Auflager verankert werden. Die Verankerung verursacht erhebliche Kosten, die den Vorteil des längeren Kragarmes unter Umständen zunichte machen. Sie ist schwer zu unterhalten und mit dem Nachteil verbunden, daß der Träger sich unter der Belastung infolge der Dehnung der Anker vom Lager abhebt. Ein angehängtes Gegengewicht oder ein Pfeileraufbau ist zwar von den technischen Nachteilen frei, verursacht aber ebenfalls Kosten. Deshalb ist die Vermeidung negativer Auflagerdrücke vorzuziehen. Wenn das Eigengewicht nicht groß ist im Verhältnis zur Verkehrslast, sind dann der Länge der Kragarme enge Grenzen gesteckt, nämlich

$$d \leqq \frac{l}{2} \left[1 - \sqrt{1 - \frac{4 g_1}{p+g} \left(\frac{l_1}{l}\right)^2}\,\right].$$

Hierin ist g_1 das Eigengewicht der Seitenöffnung, g das der Mittelöffnung. Für die oben benutzten Werte $\frac{l_1}{l} = 0{,}6$, $\frac{g}{p+g} = \frac{1}{3}$ und 0,6 ergibt sich

$$d \leqq 0{,}146\, l\,, \quad d \leqq 0{,}315\, l\,.$$

Im ersten Falle setzt die Rücksicht auf den Auflagerdruck, im zweiten die Wirtschaftlichkeit der Länge des Kragarmes eine Grenze. Wo der Auflagerdruck maßgebend war, ist zuweilen in den Seitenöffnungen eine schwerere Fahrbahn eingebaut worden als in der Mittelöffnung. Diese Maßnahme ist im gegebenen Falle der Überlegung wert.

Die Lage der Gelenke hängt weiter von der Feldweite ab. Falls irgend angängig, ist gleiches Maß in allen Feldern zu wählen, wenn auch eine abweichende Weite in 1 oder 2 Feldern nicht als beträchtlicher Nachteil anzusehen ist. Werden 12 Felder gewählt, so ergibt die Teilung 2 : 8 : 2 in $d = 0{,}166\, l$ ein Maß, welches für eine Eisenbahnbrücke häufig zu groß, für eine Straßenbrücke zu klein ist. Bei 14 Feldern ist die Teilung 2 : 10 : 2, $d = 0{,}143\, l$ für die Eisenbahnbrücke und die Teilung 3:8:3 für die Straßenbrücke geeignet. Je größer die Zahl der Felder, desto leichter kann man sich der zweckmäßigen Länge der Kragarme anpassen. Auf der andern Seite erhöht kleinere Feldweite die Kosten durch größere Zahl der Knotenpunkte. Es muß also nach der günstigsten Mitte gesucht werden.

Hinsichtlich der Linienführung der Gurtungen ist in den Fällen, in denen nicht lediglich nach der billigsten Bauart gefragt wird, das Formgefühl des Konstrukteurs entscheidend. Schönheit der Form hat man zuweilen durch Anpassung der Trägerhöhe an die Kurve der größten Momente angestrebt.

Nicht immer mit Glück. Die Momente der Statik sind dem Auge des Laien fremde Begriffe. Die Betonung der Gelenke durch Überschneidung der Gurtungen in den Gelenkpunkten wird dem Formgefühl des Beschauers kaum verständlich werden. Wohin dies Streben geführt hat, zeigt der im Wettbewerb um die Straßenbrücke Ruhrort-Homberg mit dem ersten Preis ausgezeichnete Entwurf (Abb. 209), der im übrigen durch die Kühnheit seiner Linien besticht. Als natürliche Lösung erscheint die Betonung der Mittelstützen durch Aufsteigen der Obergurtung zur Spitze. Auch fallende Linie der Untergurtung zum Stützpunkt erreicht ähnliche Wirkung. Zwischen den Gelenken aber kann die Linienführung nur entweder die Gerade oder die stetige Fortsetzung des über dem Pfeiler begonnenen Zuges sein. Bei sehr großen Stützweiten mag große Trägerhöhe über den Pfeilern wirtschaftlich günstig sein. Bei Brücken mittlerer Stützweiten ist ein nennenswesser wirtschaftlicher Vorteil durch Spitzen der Gurtung nicht zu

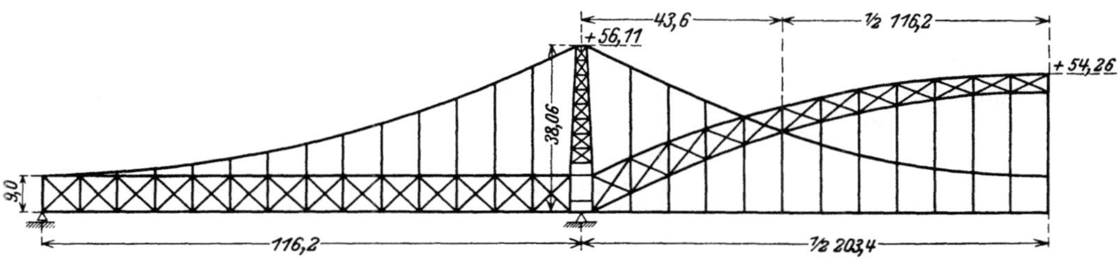

Abb. 209.

erreichen. Wenn auch in den Gurtungen dadurch Material gespart wird, so werden dagegen der Pfosten und zum Teil auch die Streben infolge der größeren Länge schwerer. Da die Wandstäbe in den Feldern der größten Querkräfte einen wesentlichen Beitrag zum Gewicht des Trägers liefern, stehen Vorteil und Nachteil sich ziemlich gleichwertig gegenüber. Für mittlere Stützweiten ist der Parallelträger eine wirtschaftlich günstige Bauart. Hier handelt es sich noch darum, die richtige Höhe zu finden. Für den Schwebeträger ist das $^1/_8$ seiner Länge. Wenn die Spannweite der Mittelöffnung das 1,3fache der Länge des Schwebeträgers nicht überschreitet, ist das genannte Höhenmaß für den ganzen Träger geeignet, da das Stützenmoment nicht größer ist als das Moment in Mitte des Schwebeträgers. Andernfalls ist eine geringe Erhöhung bis $^1/_{10}$ der Spannweite angebracht. In Fällen großer Spannweite (etwa $l > 120$ m) wird durch parabolische Steigung der Obergurtung des Schwebeträgers bis zur Trägerhöhe von $^1/_6$ bis $^1/_7$ der Länge eine Materialersparnis erzielt. Wenn der Ansatz der Steigung über dem Gelenk unbegründet wirkt, kann man ihn über die Stützpunkte legen. Die Schönheit der Träger wird freilich durch die gekrümmte Linienführung nicht gehoben, trotzdem sie seiner statischen Eigenart entspricht.

Bei Anordnung der Gelenke in den Seitenöffnungen ruht der Kragträger auf den beiden Mittelstützen und greift mit den Kragarmen in die Seitenöffnungen ein. Negative Auflagerdrücke sind hier nicht zu befürchten. Die größten Stützenmomente sind $M_s = (p + g_1)\frac{l_1 d}{2}$. Um die größten Momente in Mitte des Kragträgers möglichst klein zu machen, muß die Länge der Kragarme groß gewählt werden. Der Kleinstwert der Fläche der größten Momente ist mit

$$d = l_1\left[1 - \sqrt{\frac{1}{2} + \frac{p-g}{p-g_1}\,\frac{l_1}{6\,l}}\right] = \sim 0{,}3\,l_1$$

verbunden. Das entlastende Stützenmoment ist daher $M_s = 0{,}15\,g l_1^2$. Es mindert das Feldmoment $(p + g)\frac{l^2}{8}$ nur in solchen Fällen nennenswert, in denen die Seitenöffnungen nahezu die gleiche Stützweite haben wie die Mittelöffnung. Ist dagegen die Stützweite der Seitenöffnung klein im Verhältnis zur Mittelöffnung, etwa $l_1 \leqq \frac{1}{2} l$, so wird ein wirtschaftlicher Vorteil durch Anordnung von Gelenken in den Seitenöffnungen nicht erzielt. Der Gerberträger wird nicht leichter als drei einzelne Balken. Da die Bauart jedoch die erforderliche Höhe der Schwebeträger ermäßigt, ist sie da von Vorteil, wo durch die geringere Höhe die Senkung der Obergurtung unter die Fahrbahn ermöglicht wird. Gründe der Schönheit haben auch in solchen Fällen für ihre Wahl entschieden, in denen die Anordnung der Fahrbahn über den Hauptträgern nicht möglich war.

Der Gerberträger mit Gelenken in den Seitenöffnungen wird hier stets durch wesentlich kleinere Momente beansprucht als in der Mittelöffnung. Die Wahl verschiedener Höhen ist daher durch die Eigenart des Trägers begründet. Die wirtschaftlich günstigste Form bietet der Halbparabelträger für den Kragträger und der Parallelträger für die Schwebeträger. Ersterem gibt man eine Höhe von $^1/_6$ bis $^1/_7$ der Stützweite, den letzteren $^1/_8$ ihrer Länge und das gleiche Maß dem Kragträger über den Gelenken. Diese Linienführung wird jedoch als unschön empfunden. Dem Brückenbild zuliebe hat man 3 Parallelträger verschiedener Höhen vorgezogen. Für die Höhe des Kragträgers ist hier etwa $\frac{1}{8} l$ zu wählen. Seine Obergurtung wird im Knotenpunkt über der Stütze auf die Höhe der Schwebeträger in einer Parallelen zu den Schrägstäben heruntergeführt. Die Verlängerung des Stabes bis zur Untergurtung bestimmt die Lage des Gelenkes. Wird genau nach diesen Richtlinien konstruiert, so erhält man für den Schwebeträger die halbe Höhe des Kragträgers. Gleiche Strebenneigung in beiden Trägern führt zu gleichen Feldweiten. Wo diese mit den Stützweiten nicht verträglich sind, läßt sich genaue Parallelität der Streben nicht erreichen. Es muß die Mitte gesucht werden, die dem Auge am besten zusagt. Da hier in erster Linie die schöne Trägerform gesucht wird, dürfen die wirtschaftlichen Bedingungen, die für die wesentlichen Abmessungen bestehen, unberücksichtigt bleiben.

Ein Bild der verschiedenen Lösungen gibt das in den folgenden Abbildungen dargestellte Beispiel. Die Systeme sind für den Lastenzug *N* berechnet und die Querschnitte nach gleichen Forderungen bestimmt. Die Gewichte sind aus dem Stabgewicht der Längeneinheit und den Systemlängen errechnet. Für Knotenbleche, Stöße, Bindungen und Niete ist in allen Fällen der gleiche Zuschlag von 25% gemacht.

Abb. 210a zeigt das System der zweigleisigen Eisenbahnbrücke über die Elbe bei Hämerten. Hier ist $\frac{l_1}{l} = 0{,}63$. Das ermittelte Gewicht beträgt 585 t. Ein Hauptträger der ausgeführten Brücke wiegt 602 t.

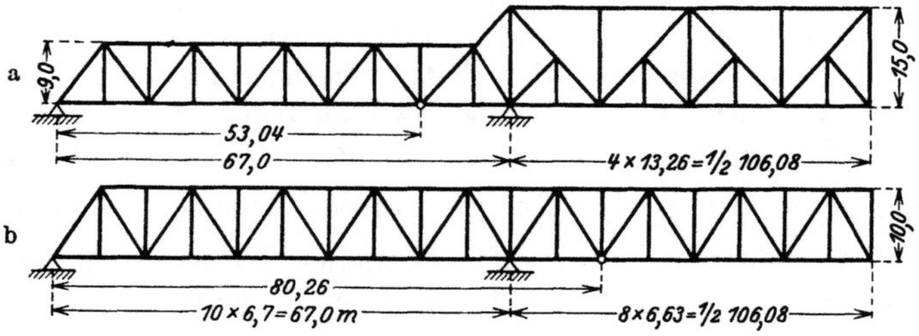

Abb. 210 a und b.

In dem System der Abb. 210b sind die Gelenke in die Mittelöffnung gelegt. Die Feldweite ist nicht verändert. Zur Vermeidung negativer Auflagerdrücke mußte die Länge des Kragarmes auf 2 Felder beschränkt werden. Die Höhe beträgt rd. $^1/_8$ der Länge des Schwebeträgers. Die Abb. 211a und b zeigen die

Bauarten für die Stützweite der Mittelöffnung von 120 m, die der Seitenöffnungen vermindert sich daher auf 60 m. $\frac{l_1}{l} = 0{,}5$. Das erste System mit den Gelenken in der Seitenöffnung ist dem ausgeführten Träger nachgebildet. Das

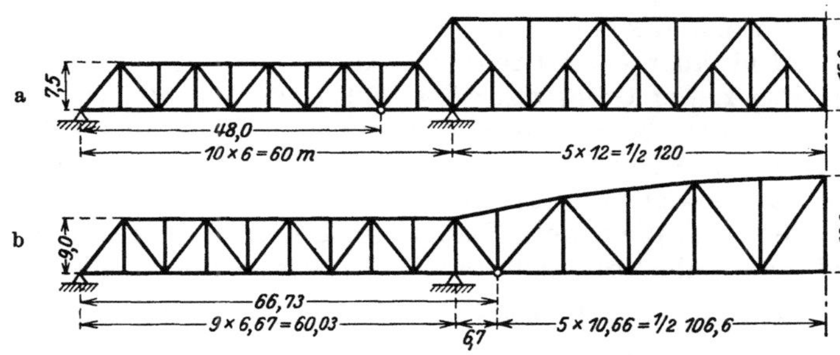

Abb. 211a und b.

zweite System, dessen Gelenke in der Mittelöffnung liegen, hat parabolisch gekrümmte Obergurtung erhalten. Die Steigung setzt in den Knotenpunkten über den Stützen ein. Für die mittlere Trägerhöhe ist $\frac{1}{6{,}6}$ der Länge des Schwebeträgers gewählt. In den Systemen der Abb. 212a und b ist die Stützweite der Mittelöffnung kleiner gewählt worden. Es ist $\frac{l_1}{l} = \frac{5}{6}$. Das System, dessen Gelenke in der Mittelöffnung liegen, ist als Parallelträger mit 9,0 m Höhe, d. i. $^1/_7$ der

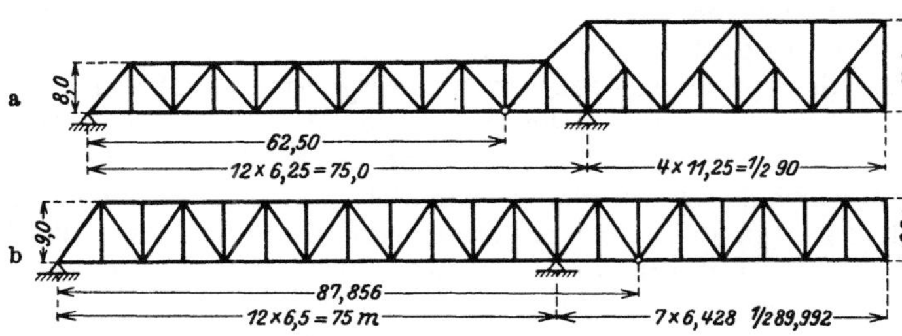

Abb. 212a und b.

Länge des Schwebeträgers oder $^1/_{10}$ der Stützweite ausgebildet. Nachstehend sind die ermittelten Gewichte zusammengestellt. Die Spalte *a* gilt für Gelenklage in den Seitenöffnungen, Spalte *b* für Gelenklage in der Mittelöffnung.

l	$\frac{l_1}{l}$	a	b
106,08	0,63	585	550
120	0,5	630	598
90	0,833	540	545

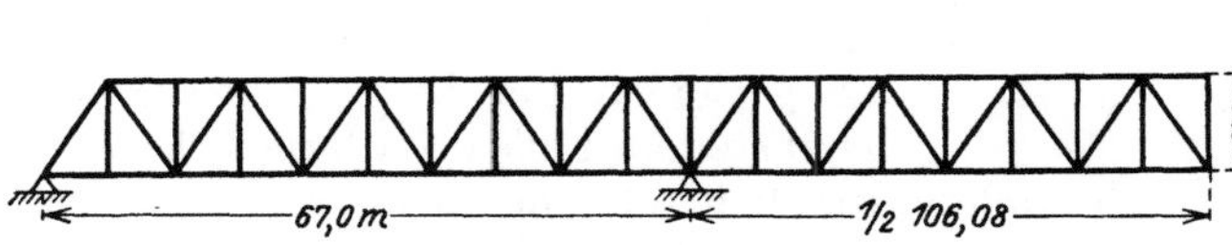

Abb. 213.

Schließlich ist das System der Abb. 213 mit der Stützweite der ausgeführten Brücke als durchlaufender Träger berechnet worden. Das ermittelte Gewicht beträgt 524 t. Beim Vergleich mit den Bauarten der Gelenkträger gleicher Stützweite ist zu jenen noch ein Zuschlag für die Stahlgußstücke der Gelenke zu machen. Dasselbe System ergibt ein Gewicht von 484 t, wenn die Querschnitte nach den Gesichtspunkten der Theorie des Spannungsausgleichs bestimmt werden.

Das Beispiel bestätigt die Schlüsse, die aus den oben dargelegten Erwägungen über die wirtschaftliche Seite gezogen werden müssen. Unter einem gewissen

Grenzwert des Verhältnisses $\frac{l_1}{l}$ ist die Gelenklage in der Mittelöffnung günstiger. Die Überlegenheit wächst mit abnehmendem Wert $\frac{l_1}{l}$. Für Werte $< 0{,}5$ wird jedoch die ohne negativen Auflagerdruck mögliche Länge des Kragarmes so klein, daß die Vorteile des Gelenkträgers vor 3 einfachen Balken verschwinden. Liegt das Verhältnis über jenem Grenzwert, so wird die Gelenklage in den Seitenöffnungen günstiger. Der Grenzwert selbst läßt sich nicht allgemein bestimmen. Es spricht dabei auch die Querschnittbestimmung der Wechselstäbe mit. Erfolgt diese nach den Vorschriften der Reichsbahn, so erhöht der Einfluß der Wechselstäbe das Gewicht der Systeme mit Gelenken in der Mittelöffnung in stärkerem Maße als für die andere Bauart. Ohne Berücksichtigung der Wechselstäbe ist die Überlegenheit dieses Systems also größer als die angegebenen Zahlen zeigen. Für Werte $\frac{l_1}{l} = \sim 1$ dürfte das Gegenteil zutreffen. Bei Eisenbahnbrücken spricht bei der Wahl der Gelenklage auch die Aufnahme der Bremskräfte mit (siehe S. 383).

Für die Ausbildung der Stabquerschnitte gelten die Gesichtspunkte, die oben für die Fachwerkbalken auf 2 Stützen entwickelt sind. Ein Unterschied entsteht nur dadurch, daß hier gezogene Stäbe in der Obergurtung und geknickte in der Untergurtung eine wichtige Rolle spielen. Für die gedrückten Stäbe der Obergurtung ist die Regelform die zweckmäßigste. Es liegt kein Grund vor, sie in den gezogenen Stäben durch eine andere zu ersetzen. Der oben gedeckte Querschnitt ist immer günstig. Etwaige Verstärkungen sind nach Möglichkeit durch Stehbleche, nicht durch Kopfplatten herzustellen, um die Schwerachse möglichst wenig aus der Mitte zu verschieben. Für die gezogenen Untergurtstäbe bleibt die Doppel-]-Form geeignet. Einigen Schwierigkeiten begegnet die Ausbildung der gedrückten Stäbe der Untergurtung, weil hier Verstärkungen der Flansche notwendig werden. Die Wahl eines unsymmetrischen Querschnittes ist nicht angebracht. Sie hat eine Abweichung der Kraftlinie der Stabachse nach der Seite der schwächeren Stabkante zur Folge, eine Anordnung, die aus den auf S. 223 dargelegten Gründen verworfen werden muß. Häufig ist die Doppel-]-Form mit Gurtplatten auf den abstehenden Winkelschenkeln verwendet worden. Auch diese Form kann, wie oben begründet, nicht als einwandfrei bezeichnet werden. Die günstigste Lösung bietet in jeder Wand die I-Form, aus Stehblechen, Winkeln und Gurtplatten gebildet. Die Knotenpunkte der Eisenbahnbrücke über die Norderelbe (Abb. 66) zeigen, daß die Anschlüsse der inneren Saumwinkel und der Gurtplatten an die Knotenbleche einwandfrei und ohne erhebliche Schwierigkeiten auszubilden sind. Für die Streben der Felder, die den Mittelstützen zunächst liegen, ist die Form der Abb. 214 durchaus geeignet. Der Steg ist zweckmäßig aus Breitflanschprofilen herzustellen. Falls erforderlich, kann man auch hier den Wänden durch äußere Randwinkel eine symmetrische Form geben. Diese ist für die Ausbildung sehr großer Stabquerschnitte günstig. Die gleiche Form ist für den

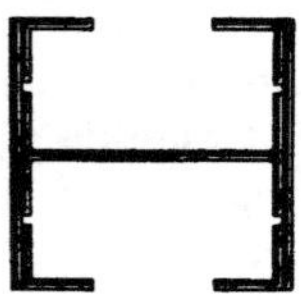

Abb. 214.

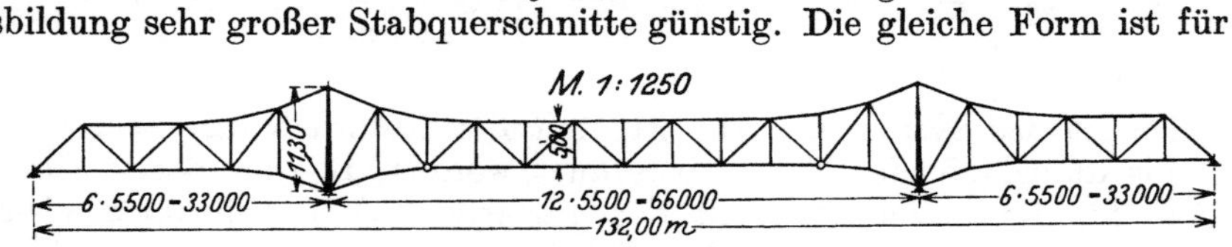

Abb. 215. Weserbrücke bei Eisbergen.

Pfosten über der Mittelstütze geeignet. Bei Brücken, deren Obergurtung zu einer Spitze ansteigt, erreicht der Pfosten eine so beträchtliche Länge, daß die bei einem Steg mögliche Wandbreite einen zu schlanken Stab ergibt. Hier hat man zur Anordnung von 2 und 3 Stegen gegriffen. Um den inneren Raum zugänglich zu erhalten, muß in einer Wand auf eine durchgehende Platte verzichtet werden. Die Abb. 219 zeigt einen Querschnitt der Art. In diesen Fällen ist auch die geschlossene Kastenform vorteilhaft, deren Innenraum durch Mannlöcher zugänglich ist.

Gekrümmte Linienführung der Gurtungen zeigen die Straßenbrücke über die Weser bei Eisbergen[1] (Abb. 215) und die Straßenbrücke über den Rhein bei Wesel (Abb. 216). Bei der Weserbrücke überspannen Kragträger die 33 m weiten Seitenöffnungen und greifen 11 m in die Mittelöffnung von 66 m Stützweite ein. Je 2 Felder auf beiden Seiten der Mittelstütze bilden ein zum Pfosten über dem Stützpunkt symmetrisches Trägerstück mit steigender Untergurtung und fallender Obergurtung. 4 anschließende Felder verlaufen mit wagerechter Untergurtung bis zu den Endstützen. Die bis zum dritten Felde ebenfalls wagerecht liegende Obergurtung geht im vierten Felde in die steigende Linie über. Der Schwebeträger von 8 Feldern ist als Parallelträger mit 5,0 m Höhe — d. i. etwa $\frac{1}{8,8}$ seiner Länge — ausgebildet. Beide Gurtungen haben eine Überhöhung um 6 cm erhalten, so daß die Durchbiegung der belasteten Brücke nicht sichtbar wird. Die Gelenke in den 2ten Punkten der Untergurtung sind Bolzengelenke (siehe Abb. 82). Von den Auflagern mußten daher 3 längsverschieblich ausgebildet werden. Die Stabquerschnitte sind durchweg in den Wänden aus]-Eisen hergestellt, in der Obergurtung durch eine Kopfplatte gedeckt, in den gedrückten Stäben der Untergurtung durch Stehbleche verstärkt. Der Querschnitt des Stützpfostens zeigt geschlossene Kastenform, 2]-Eisen mit Gurtplatten auf beiden Flanschen. Zum Vorteil der Erscheinung verjüngt sich der Pfosten vom Auflager bis zur Spitze.

Die Rheinbrücke bei Wesel[2] überspannt den Strom in 3 Öffnungen von 97,5, 150, 97,5 m Weite und in Öffnungen von 55,0 m auf beiden Seiten das Vorland. Die Kragträger über den beiden seitlichen Flußöffnungen greifen mit 37,5 m langen Armen in die Mittelöffnung ein

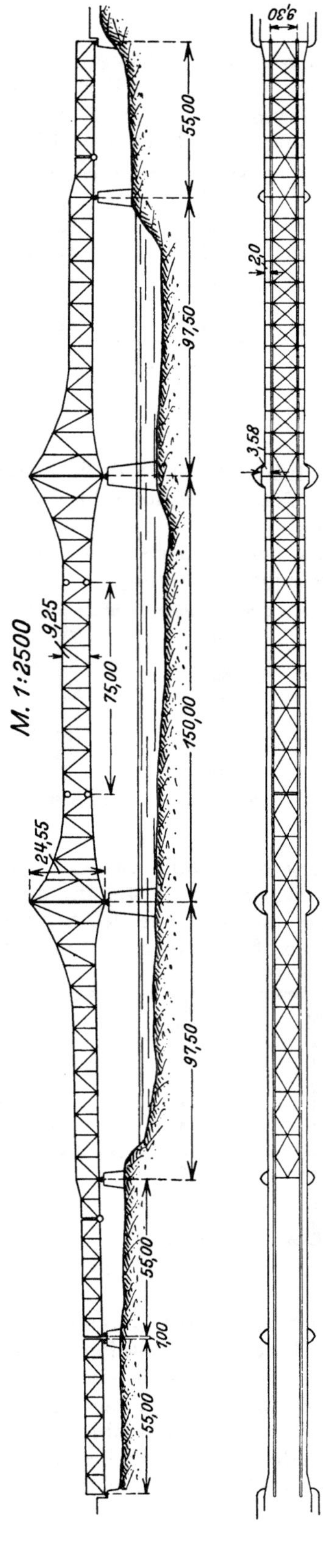

Abb. 216. Straßenbrücke über den Rhein bei Wesel.

[1] Entwurf und Ausführung: Werk Louis Eilers, Hannover.

[2] Entwurf und Ausführung: Gutehoffnungshütte Sterkrade, Bohny: Die Straßenbrücke über den Rhein bei Wesel. Bautechnik 1926, S. 533ff.

und tragen den 75 m langen Schwebeträger. Sie kragen außerdem um 13,75 m in die anstoßenden Vorlandöffnungen über. So entsteht ein Gerberträger mit 5 Öffnungen. Die verhältnismäßig große Länge der Kragarme in der Mittelöffnung wird durch den Eingriff der Kragträger in die Vorlandöffnungen er-

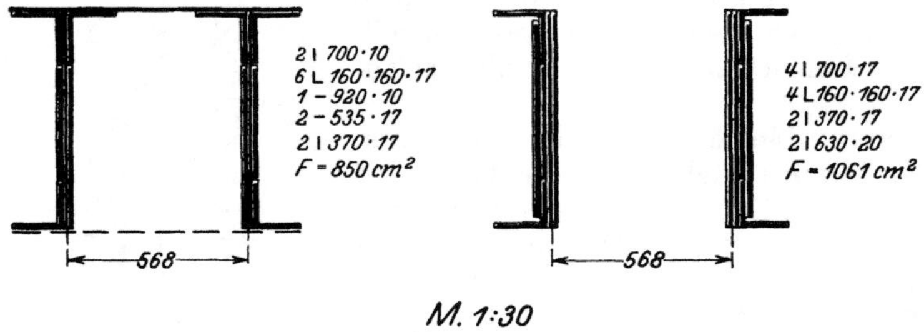

Abb. 217.

möglicht. Es ist jedoch zweifelhaft, ob die Länge nicht das wirtschaftlich günstigste Maß überschreitet. Die Feldweite beträgt in den Hauptöffnungen 7,5 m. Die Untergurtung steigt aus den Auflagern auf den Strompfeilern nach beiden Seiten in 2 Feldern sanft an, verläuft sodann in den Seitenöffnungen geradlinig, in der Mittelöffnung in schwacher Krümmung. Die

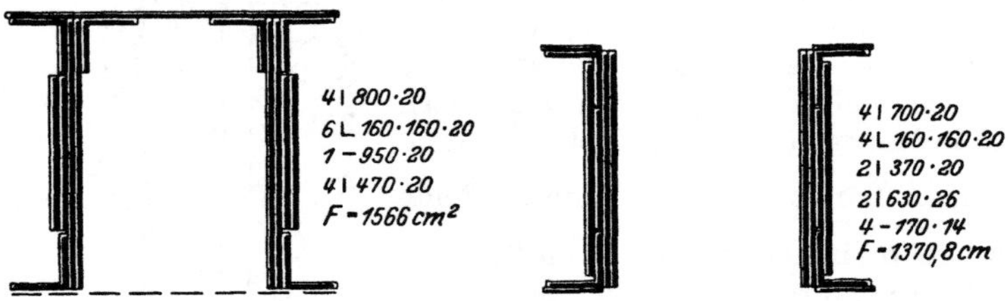

Abb. 218.

Obergurtung fällt aus den Stützpunkten steil in die Seitenöffnungen, etwas schwächer zur Mittelöffnung, und mündet in die Parallelen zur Untergurtung ein. Die Höhe des Schwebeträgers mißt 9,25 m, d. i. etwa $^1/_8$ der Länge, die des Kragträgers in den Seitenöffnungen 8,0 m. Beide Gelenke der Mittelöffnung sind als Pendelgelenke mit Pendelpfosten ausgebildet und lassen Längsverschiebung zu. Die Pendel stützen sich auf die Untergurtknoten der Kragträger, stehen in den kastenartig geschlossenen Endpfosten des Schwebeträgers und tragen auf ihrem Kopf dessen Lager. Die wagerechte Bewegung des Schwebeträgers auf den Pendeln wird durch Stahlfedern geregelt, die im Gelenkpunkt zwischen die Untergurtstäbe eingebaut sind. Bei dieser Anordnung konnte jeder Kragträger ein festes Auflager erhalten. Bei der älteren Rheinbrücke Ruhrort-Homberg, die dasselbe System des Gerberträgers über 5 Öffnungen aufweist, ist der Schwebeträger durch Gelenkbolzen an langen Stahlpendeln im Endpunkt des Kragträgers aufgehängt. Die Stücke im Eingriff der Pendel zwischen die Knotenbleche entziehen sich der Aufsicht und Unterhaltung. Deshalb ist hier die beschriebene Anordnung vorgezogen, die in allen Teilen zugänglich ist. Die wichtigsten Querschnitte zeigen die Abb. 217 und 218, erstere

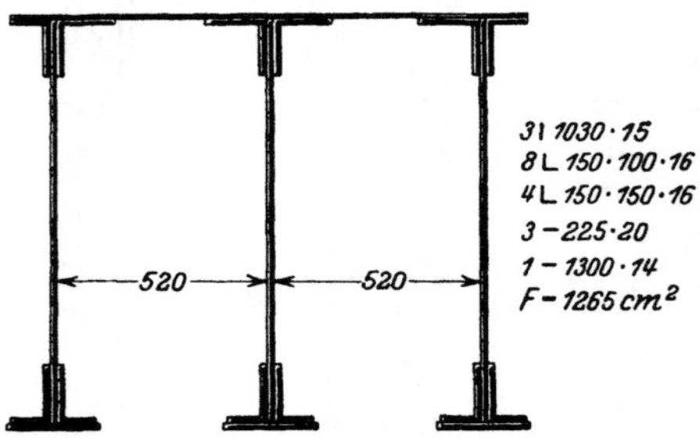

Abb. 219.

die der Gurtungsstäbe des Schwebeträgers, letztere die der gleichen Stäbe des Kragträgers im Feld neben dem Stützpfosten. Der Stützpfosten selbst hat die in Abb. 219 dargestellte, 3 Stege aufweisende Form erhalten. Die Hauptträger sind aus St 37 hergestellt, nachdem der vom Erbauer vorgeschlagene hochgekohlte Siemens-Martin-Stahl aus Rücksicht auf die zur Zeit der Herstellung durch den Krieg herbeigeführte Lage der Stahlerzeugung abgelehnt worden ist.

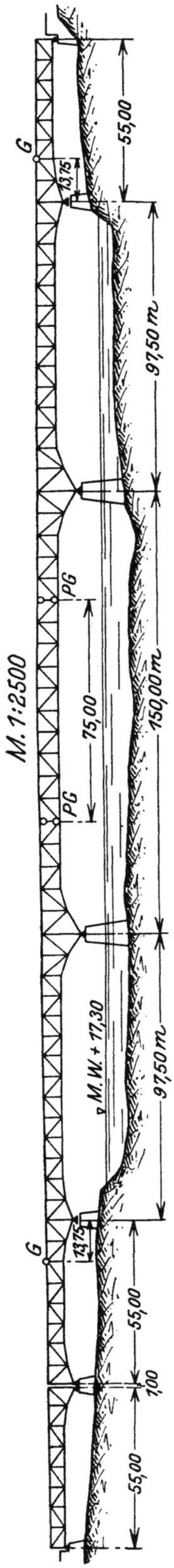

Abb. 220. Straßenbrücke über den Rhein bei Wesel (Entwurf).

Einen wertvollen Vergleich bietet der in Abb. 220 dargestellte Entwurf der Gutehoffnungshütte für dasselbe Bauwerk, der in den Stützweiten und Längen der einzelnen Träger mit der ausgeführten Brücke übereinstimmt. Die Obergurtung folgt hier der Steigung der Straße in 1,2 m Höhe über dem Bürgersteig. Die Untergurtung verläuft in Mitte der Öffnungen parallel zur Obergurtung und fällt mit stumpfer Spitze in die Auflagerpunkte. Die Höhe des Schwebeträgers mißt nur 7,5 m. Der Entwurf besitzt den Vorzug der freien Bahn, der für eine Straßenbrücke nicht hoch genug eingeschätzt werden kann. Seine Linienführung fügt sich auch in die flache Landschaft des Niederrheins ausgezeichnet ein. Offenbar ist er durch die höhere Lage der Fahrbahn (Abb. 221) zu Fall gekommen.

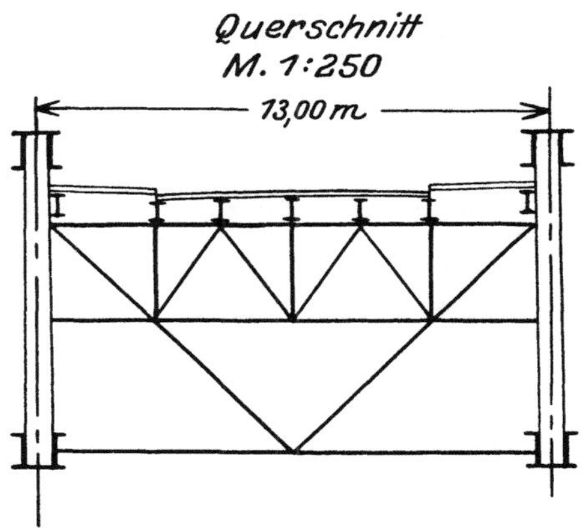

Abb. 221.

Parallelträger verschiedener Höhe und Gelenke in den Seitenöffnungen sind das Kennzeichen der zweigleisigen Eisenbahnbrücke über die Elbe bei Hämerten[1] (Abb. 210a). Über der Mittelöffnung von 106,0 m Stützweite liegt ein 15 m hoher Kragträger. Seine Arme greifen in die Seitenöffnungen 13,96 m ein und stützen die 53,04 m langen, 9 m hohen Schwebeträger. Aus dem Knotenpunkt über der Mittelstütze senkt sich der Obergurtstab des Kragarmes zum Gelenk. Seine Länge ist in Höhe der Obergurtung des Schwebeträgers durch einen Knotenpunkt unterteilt, dessen statischer Zweck lediglich die Zerlegung des Kragarmes in 2 Felder ist. Ein Blindstab verbindet den Knotenpunkt mit der Obergurtung des Schwebeträgers. Eine äußerlich gleichgestaltete Gliederung verbindet die Schwebeträger mit den Parallelträgern der Flutbrücken. Sie hat jedoch keinerlei statische Bedeutung, da die Flutbrücke auf dem Pfeiler unmittelbar gelagert ist, und ist lediglich der Harmonie des Brückenbildes zuliebe geschaffen worden. Die Wandstäbe des Kragträgers bilden einen Strebenzug von 5 Feldern, deren jedes durch Zwischenstreben und Lotrechte in 4 Felder von 6,63 m Weite unterteilt ist. Der Zug der

[1] Bautechnik 1926, S. 39.

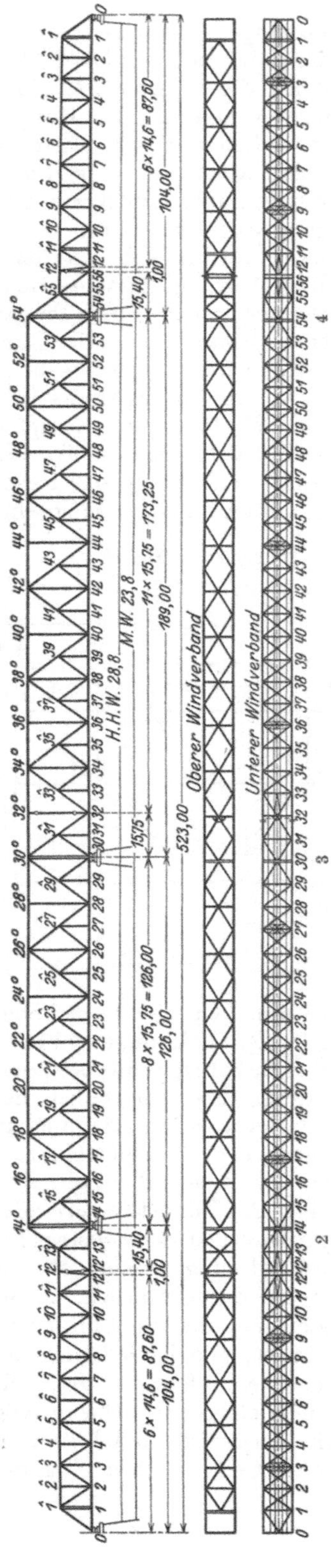

Abb. 222. Eisenbahnbrücke über den Rhein bei Duisburg-Hochfeld.

Zwischenstreben setzt sich in den Wandstäben der Schwebeträger mit 1,5 m größerer Höhe fort. Der Höhenunterschied tritt kaum in die Erscheinung. Beeinflußt durch die größere Höhe des Kragträgers folgt das Auge unwillkürlich dem Zuge der Hauptstreben, die durch den Gegensatz in der Flächengröße der Gliederung unter und über ihnen scharf hervortreten. Dieser Gegensatz befriedigt allerdings in der Wirkung des Brückenbildes nicht vollkommen. Ebensowenig erfüllt der stufenförmige Aufbau der Obergurtung in dem fertigen Bauwerk die Erwartungen, die man für die Schönheit der Brücke aus der Systemzeichnung geschöpft hatte. Namentlich in der Verkürzung betrachtet, wo die Unterschiede der Stützweiten zurücktreten, würde ein in gleicher Höhe durchlaufender Parallelträger besser wirken. Die Gelenkwirkung wird durch Pendelstützen erreicht. Sie ruhen freistehend in Gelenken auf den Untergurtknoten der Kragarme und tragen auf dem Kopf das Lager der Schwebeträger, auf das der Obergurtstab seitlich des Endpfostens aufgesetzt ist. Da die Stützlinie nicht in die Achse des Endpfostens fällt, muß der Obergurtstab das Moment aus Stützkraft und Abstand der Kraftlinien aufnehmen. Biegungsfeste Querschnittform war erforderlich. Da die Pendel Längsverschiebung des Schwebeträgers gegen den Kragträger gestatten, konnte jeder Schwebeträger auf dem Uferpfeiler ein festes Auflager erhalten, ebenso der Kragträger auf einem Flußpfeiler. Die Stabquerschnitte haben in der Obergurtung die Regelform, in der Untergurtung bestehen sie aus 2 Stegen, die am unteren Rand außen und innen durch Winkel gesäumt sind und zum Teil Gurtplatten tragen. Die Streben haben die Form der Abb. 214. Das Material ist St 48.

Ein Gerberträger verwandter Bauart ist die zweigleisige Eisenbahnbrücke über den Rhein Duisburg-Hochfeld[1]. Abb. 222 zeigt das System. Der Kragträger überbrückt die zweite, 126 m weite Öffnung und kragt mit je einem Hauptfeld 15,40 m in die erste, 15,75 m in die dritte Öffnung über. In der Spitze des Kragarmes ruht auf einer Pendelstütze der Hauptträger der dritten, 189 m weiten Öffnung und kragt in die vierte Öffnung wiederum mit einem Hauptfeld 15,40 m über. Auf dem mittelsten und dem rechten Strompfeiler sind feste Auflager

[1] Entwurf: Reichsbahndirektion Köln, Oberbaurat Dr. Tills. Ausführung: G. Harkort und Fr. Krupp.

angeordnet. Krag- und Schwebeträger sind Parallelträger von 20 m Höhe, 8 Hauptfeldern in der zweiten und 12 Hauptfeldern in der dritten Öffnung von je 15,75 m Weite. Die unter rd. 51° geneigten Hauptstreben sind durch Zwischenstreben gleicher Neigung unterteilt. Durch Hängestäbe in den Zwischenknotenpunkten zerfällt die Fahrbahn in Felder von 7,875 m Weite.

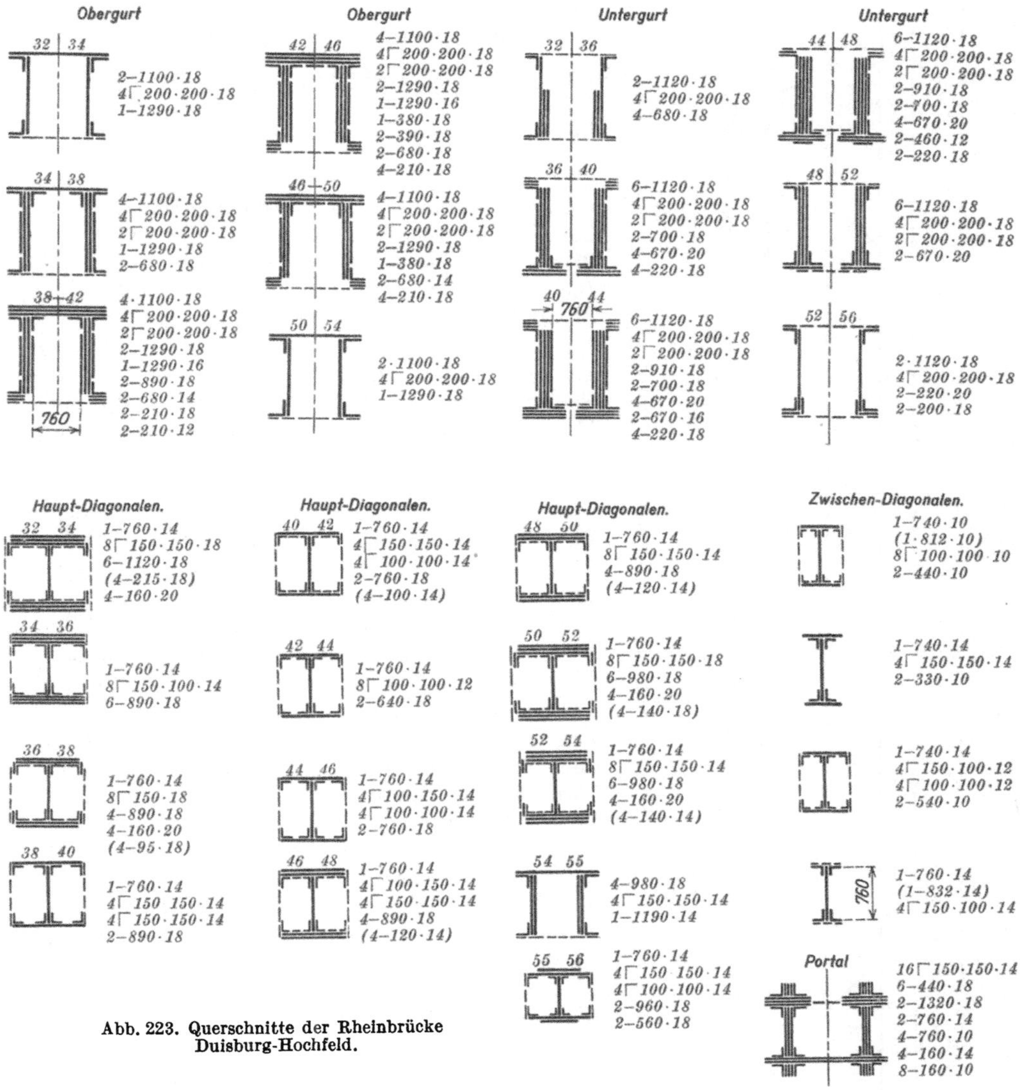

Abb. 223. Querschnitte der Rheinbrücke Duisburg-Hochfeld.

Die aus Strebe und Untergurtung gleich ausgebildeten Kragarme in der ersten und vierten Öffnung tragen auf Pendelstützen in ihrer Spitze Schwebeträger von 88,60 m Stützweite, die auf den Landpfeilern in festen Auflagern ruhen. Die Schwebeträger sind 10 m hohe Parallelträger mit 12 je 7,3 m weiten Feldern. Die Knotenpunkte *12* sind 1 m von den Endknoten der Kragarme abgestellt, um Raum für die Ausbildung der Pendel neben den Pfosten zu schaffen. Die Spannweite der Seitenöffnungen beträgt demnach 104 m. Ein einfacher Strebenzug bildet die Wandgliederung, er erscheint als Fortsetzung des Zuges der Zwischenstreben in den beiden hohen Überbauten. Die gewählten Stabquerschnitte haben gebräuchliche Formen, sie sind in der Abb. 223 zusammengestellt.

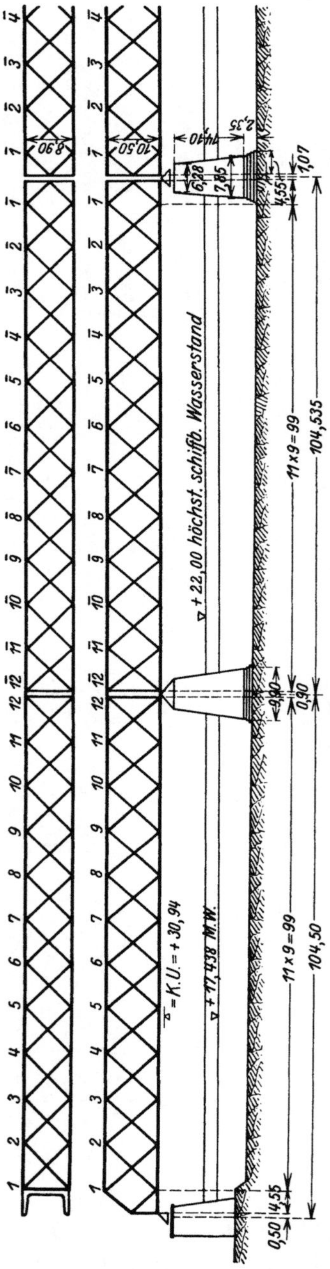

Abb. 224. Eisenbahnbrücke über den Rhein bei Wesel.

Die Trägerhöhe der beiden Hauptöffnungen mußte dem erheblichen Unterschied der Spannweiten angepaßt werden. Das führte zu einem Mittelwert, der verhältnismäßig hoch — $\frac{1}{6,3}$ —, in der kleinen jedoch niedrig — $\frac{1}{9,48}$ — in der großen Öffnung erscheint. Durch Aufstellung mehrerer Entwürfe mit verschiedenen Höhen ist 20 m als günstigstes Maß ermittelt, da 18 und 22 m ansteigendes Gewicht ergeben haben. Der Baustoff ist St 48. Das gesamte Stahlgewicht der Brücke beträgt 6300 t.

Verschiedene Vorentwürfe[1] in St. 37, die sich auf die beiden Hauptöffnungen und die linke Seitenöffnung beschränken, zeigen auffallende Unterschiede im Gewicht. Von den Entwürfen mit den Spannweiten der Ausführung 104, 126, 187 m am leichtesten ist die Überbrückung mit Gelenken in der ersten und dritten Öffnung durch Bogen mit Zugband, deren Höhe —33,0 m, 23,5 m, 20 m — der Spannweite angepaßt ist. Gewicht 7200 t. Bei gleicher Gelenklage und längeren Kragarmen ergibt die Überbrückung durch Parallelträger gleicher Höhe von 16,0 m 9300 t. Kragträger über der ersten und dritten Öffnung mit 18,0 m langen Kragarmen, die in der ersten und zweiten Öffnung als 14 m hohe Parallelträger, in der dritten als Halbparabelträger von 27,0 m Höhe ausgebildet sind, erfordern 8000 t. Danach ist die Anordnung der Gelenke in der ersten und dritten Öffnung am günstigsten. Ferner zeigt sich die Abstufung der Trägerhöhe dem Träger gleicher Höhe überlegen. Ein Schluß auf die durch St 48 erzielte Gewichtsersparnis kann nicht gezogen werden.

Die Stützung der Schwebeträger in den Knotenpunkten *12* und *56* zeigt Abb. 93 im Lichtbild. Lotrecht über dem Endknoten des Kragträgers steht das I-förmig ausgebildete und mit Randwinkeln gesäumte Pendel auf einem Kipplager und trägt auf dem Kopf in einem Lager gleicher Art den Endpfosten des Schwebeträgers in einer Konsole. Da die Stützlinie des Pendels vom Untergurtknoten des Schwebeträgers 1,0 m absteht, wird der Pfosten auf Biegung beansprucht. Dem entspricht die unsymmetrische Ausbildung seines Querschnittes. Zwei Wände von]-Form sind

[1] Tils: Die neue Eisenbahnbrücke über den Rhein bei Duisburg-Hochfeld. Bautechnik 1926, S. 136.

an der dem Pendel zugekehrten Kante durch innere Winkel verstärkt und durch eine Platte gedeckt. Die unten lotrecht stehende Kante geht im oberen Stück in schwacher Krümmung in die Außenkante der Konsole über, die sich mit der Kante des Pendels deckt. Der Obergurtstab des Kragträgers greift als Blindstab längsverschieblich in den Schwebeträger ein. Ähnlich ist das Pendel in Knotenpunkt *32* ausgebildet. Abb. 75 zeigt die Konstruktion des Obergurtknotens über Pfeiler *4*. Die Windverbände und Rahmen sind auf S. 374 und 389 besprochen. Die einfache Linienführung der Gurtungen, die klare und leichte Gliederung der Wand gibt dem Brückenbild eine gute Wirkung. Sie steht der des Rautenfachwerks, das durch die größere Zahl von Stäben schwerer aussieht, keineswegs nach. Zur Zeit wird das Bild allerdings durch die dicht daneben stehende alte Bogenbrücke noch gestört.

In klarer Erkenntnis der Vorzüge des durchlaufenden Balkens ist die Bauart für den Überbau der Eisenbahnbrücke über den Rhein bei Wesel[1] gewählt worden, die den Strom in 4 Öffnungen von je 104 m überschreitet. Je 2 Öffnungen werden von einem Fachwerkbalken auf 3 Stützen überbrückt. Das Netz der Hauptträger zeigt Abb. 224. Die Systemhöhe beträgt 10,50 m, die normale Feldweite 9,0 m, die des Endfeldes am Landwiderlager 4,55 m. Das gesamte Stahlgewicht ist um rd. 2% höher ermittelt als das eines Gerberträgers. Die Ursache wird in den Wärmespannungen gefunden, die als Hauptspannungen nach den Vorschriften der Reichsbahn Einfluß auf die Größe der Querschnitte haben.

Aus Gründen der Schönheit sollten Pfosten vermieden werden. Deshalb ist für die Gliederung Rautenform gewählt worden. Nur über den Mittelpfeiler ist ein Pfosten gestellt, der aus Rücksicht auf den Bauvorgang zweiteilig ausgebildet ist. Die Stäbe haben die gebräuchlichen Querschnittformen erhalten. Im Kreuzungspunkt der Schrägstäbe laufen die Stege der gedrückten Stäbe und beiderseits die nach außen gestellten Randwinkel der steglos ausgebildeten Zugstäbe durch. Die Platten in den Wänden sind

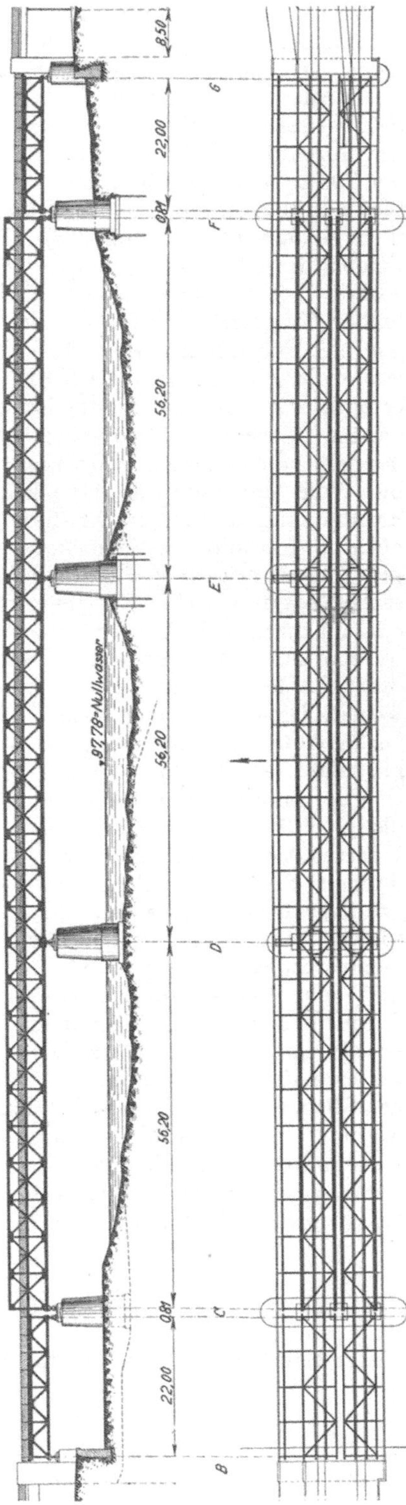

Abb. 225. Elbebrücke bei Meißen.

[1] Krabbe: Erneuerung der Eisenbahnbrücke. Bautechnik 1927, S. 662.

durch ein Knotenblech in ihrer Ebene verbunden. Die Wirkung des Brückenbildes ist gut, die abgehackte Trägerform über den Landpfeilern allerdings ein entschiedener Mangel. Die große Zahl der Knotenpunkte macht die Bauart jedoch so teuer, daß sie wirtschaftlich dem Strebenfachwerk unterlegen ist.

Für den durchlaufenden Balken auf 4 Stützen hat man sich bei der Eisenbahnbrücke über die Elbe bei Meißen[1] entschieden. Gleiche Weite der 3 Öffnungen war durch die Pfeiler der alten Brücke unabänderlich gegeben. Da die Gründung der Pfeiler sehr zuverlässig ist — ein Flußpfeiler steht auf Fels —, so ist der durchlaufende Balken die gegebene Bauart. Er ist als Parallelträger von 5,62 m Höhe in St 48 ausgeführt (Abb. 225). Pfosten in gleichem Abstand und gekreuzte Streben in jedem Felde bilden die Wandglieder. Beide Streben sind knicksicher gestaltet, jede nimmt daher die halbe Querkraft auf. Die Fahrbahn liegt in halber Trägerhöhe, sie schneidet also die Streben im Kreuzungspunkt. Die parallele Führung der Gurtungen trifft hier das Richtige. Sie befriedigt in gleichem Maße die Forderungen des Konstrukteurs wie das Auge des Betrachters. Sogenannte Anpassung an die Momente entspricht hier keineswegs den Bedingungen sicherer und wirtschaftlicher Gestaltung. Denn da die Momente eine doppelt geschwungene Gurtung in der Mittelöffnung verlangen, wäre schon die Wahl der bogenförmig gekrümmten Gurtung mit dem Grundsatz nicht im Einklang. Ferner macht diese Linienführung Stöße in jedem Knotenpunkt nötig und erhöht die Strebenquerschnitte über der Stütze. Beachtet man, daß die Querschnitte der Gurtungsstäbe ohnehin klein sind — der des Obergurtstabes hat nur 297 cm² Fläche, der des Untergurtstabes noch weniger —, so erkennt man, daß eine beachtliche Materialersparnis in den Stäben nicht erzielt werden kann. Auf der andern Seite erfordert die doppelte Zahl der Stöße und die verschiedene Form der Knotenpunkte erhöhten Aufwand an Material und Arbeit. Dem Auge mag wohl eine im schwachen Bogen von Stütze zu Stütze verlaufende Untergurtung gefällig erscheinen. Da aber im Strebenzug die Ungleichheit der Neigung stört, so wird keine voll befriedigende Wirkung erzielt.

Die Anordnung gekreuzter Streben in jedem Felde kann dagegen kaum als glückliche Lösung angesehen werden. Den Bedingungen wirtschaftlicher Konstruktion widerspricht sie, weil sie die Zahl der Knotenpunkte fast verdoppelt. Sie spart auch in den Streben nicht wesentlich an Material. Denn ein Stab für die zweifache Spannkraft und doppelte Knicklänge fällt hier nur wenig schwerer und kaum teurer aus als zwei Stäbe gleicher Länge für die einfache Kraft. Denn es ist zu beachten, daß 2 Stäbe mehr Material in den Bindungen, mehr Niete und mehr Werkstattarbeit erfordern. Wenn der zweifache Strebenzug vielleicht durch die Form seiner Flächen schöner wirkt, so verstärkt er auf der andern Seite gerade das erheblich, was an einer eisernen Brücke vom Auge des Beschauers — sei er Laie oder Fachmann — am störendsten empfunden wird, die Unruhe der Gliederung. Trotz dieses Mangels muß die Schönheit des Bauwerkes anerkannt werden. Ob die gewählte Lösung die beste ist, erscheint jedoch zweifelhaft. Der vollwandige Stehblechträger mit wagerechter oder schwach gekrümmter Untergurtung besitzt hier unverkennbare Vorzüge[2]. Bei konstanten Trägheitsmoment ist das größte Feldmoment aus voller Belastung der Mittelöffnung.

$$M_{\mathfrak{p}} = M_{o\mathfrak{p}}\left(1 - \frac{2}{5}\right) = 0{,}6\, M_{o\mathfrak{p}}\,.$$

Unter Lastenzug N entsteht für 1 Hauptträger

$$\varphi\, M_{\mathfrak{p}} = 1{,}4 \cdot 2361 \cdot 0{,}6 = 1983\,\mathrm{tm}\,.$$

[1] Karig: Die Eisenbahn-Elbbrücke in Meißen. Bauingenieur 1925, S. 845.

Aus Eigenlast ($g = 2{,}0$ tm)

$$M_g = \frac{2 \cdot 56^2}{40} = \underline{157 \;,,}$$

$$\max M = 2140 \text{ tm}$$

$$W = \frac{214\,000}{1{,}82 \cdot 0{,}85} = 132\,000 \text{ cm}^3 .$$

Das größte Feldmoment entsteht in der Seitenöffnung bei unbelasteter Mittelöffnung im Querschnitt $x_0 = \frac{l}{2} - \frac{M_s}{l\,p}$. Das Stützenmoment ist $M_s = -\frac{1}{20} p\, l^2$, also $x_0 = \frac{l}{2} 0{,}9$ und

$$\max M_p = \frac{p\, l^2}{8} \cdot 0{,}81 = M_{op} \cdot 0{,}81 ,$$

$$\varphi \cdot \max M = 2361 \cdot 0{,}81 \cdot 1{,}4 = 2669 \text{ tm} .$$

Ferner ist

$$M_g = \frac{g\, l^2}{8} 0{,}9\,(1{,}1 - 0{,}4) = \underline{494 \;,,}$$

$$3163 \text{ tm}$$

$$W_{\text{erf}} = \frac{316\,300}{1{,}82 \cdot 0{,}85} = 205\,000 \text{ cm}^2 .$$

Der Querschnitt aus einem Stehblech 430·18, 4 Winkeln 200·100·16, 2 Platten 450·24 mit $W_n = 123\,000$ cm³, $J = 0{,}303$ m⁴ genügt für die Mittelöffnung. Mit den Gurtplatten 1·450·24, 2·450·18 oben und unten ist $W_n = 177\,000$ cm³, $J = 0{,}459$ m⁴. In den Seitenöffnungen ist demnach Verstärkung durch 2 Gurtplatten notwendig. Die Durchbiegung beträgt in Mitte der Mittelöffnung

$$f = \frac{M_{po}}{E\,J}\left(\frac{5}{48} - \frac{2}{40}\right) l^2 = \frac{13}{240} \frac{M_{po} l^2}{E\,J} ,$$

$$f = \frac{13}{240} \frac{2361 \cdot 56^2}{21 \cdot 0{,}303 \cdot 100^3} = 0{,}062 \text{ m} < \frac{l}{900} ,$$

in Mitte der Seitenöffnung

$$f = \frac{M_{po}}{E\,J}\left(\frac{5}{3} - \frac{4}{10}\right) \frac{l^2}{16} = \frac{19}{240} \frac{M_{po} l^2}{E\,J} ,$$

$$f = 0{,}062 \frac{19 \cdot 0{,}303}{13 \cdot 0{,}459} = 0{,}060 \text{ m}.$$

Das etwas größere Stützenmoment läßt sich durch weitere Gurtplatten oder größere Stehblechhöhe leicht aufnehmen. Nach der Theorie tragbarer Last statisch unbestimmter Systeme ist eine Verstärkung des Querschnitts jedoch entbehrlich. Die überschlägliche Rechnung zeigt, daß man mit einem einwandigen Stehblechträger von 4,40 m Höhe, d. i. $\frac{l}{13{,}5}$, auskommt.

Die Brücke hat in der Obergurtung den Regelquerschnitt, in der Untergurtung offenen Doppel-]-Querschnitt erhalten. Die gekreuzten Schrägstäbe sind aus 4 Winkeln und, soweit nötig, Platten ausgebildet. Die Winkel sind abwechselnd nach innen und außen gestellt, damit die Durchdringung stoßfrei gestaltet werden konnte.

Zur Bauart der durchlaufenden Balken auf 4 Stützen müssen auch die Träger gerechnet werden, deren System zuerst von Bernhard für die Treskowbrücke über die Spree verwendet worden ist. Das System überbrückt die Mittelöffnung durch einen Fachwerkbogen mit Zugband, die Seitenöffnungen durch Fachwerkbalken. Balken und Bogen bilden ein über 3 Öffnungen ohne Gelenke durchlaufendes Tragwerk. Zu seinen 2 statisch unbestimmten Größen tritt im Zugband eine dritte hinzu. In verschiedenen Fällen ist an Stelle des Fachwerks auch vollwandige Gestaltung für Balken und Bogen gewählt worden.

Das System der Treskowbrücke zeigt Abb. 226. Das Fachwerk der mittleren Öffnung zeigt Verjüngung der Gurtungen von den Pfeilern nach der Mitte. Die Obergurtung sinkt über dem Flußpfeiler unter die Fahrbahn und läuft in den Balken der Seitenöffnungen geradlinig im Gefälle der Straße bis zu den Uferpfeilern. Das Zugband deckt sich in der Unterkante mit der der Fahrbahn und greift im ersten Knotenpunkt der Untergurtung am Fachwerk an. Der Auflagerpunkt liegt so tief wie der Stand des höchsten Hochwassers gestattet. Aus ihm steigt die Untergurtung der Seitenöffnungen im flachen Bogen bis zum Stützpunkt auf dem Uferpfeiler an. Um dem Balken der Seitenöffnungen eine möglichst schlanke Form zu geben, ist die Trägerhöhe am Ende sehr niedrig gewählt. Sie mißt etwa 1,5 m bei 37,5 m Stützweite.

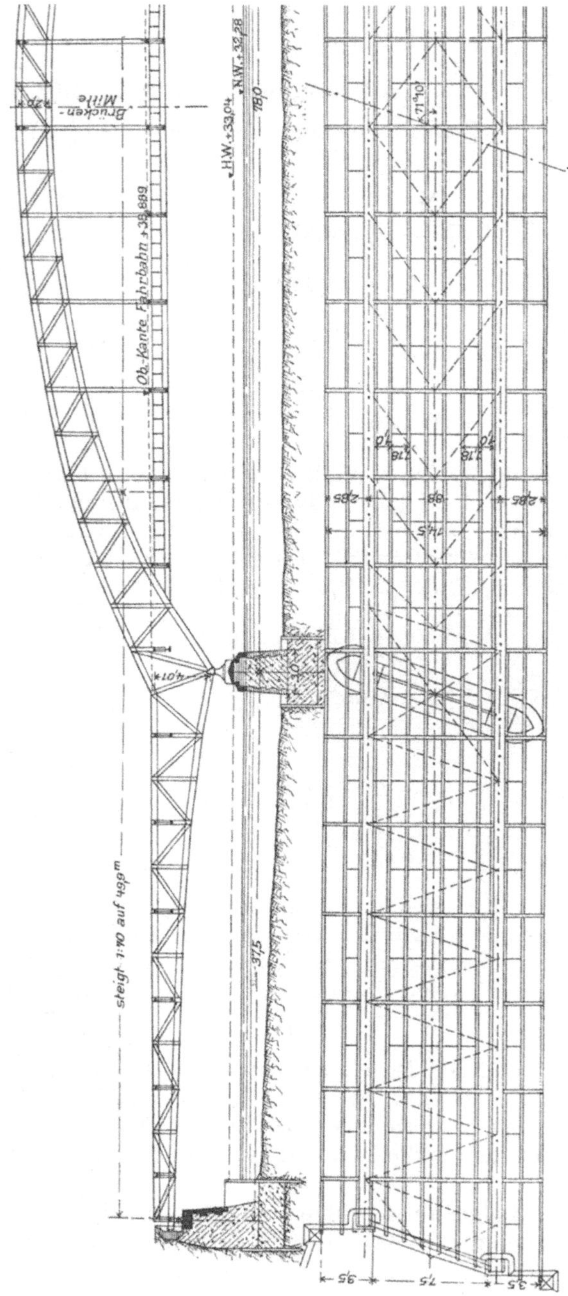

Abb. 226. Treskowbrücke über die Spree.

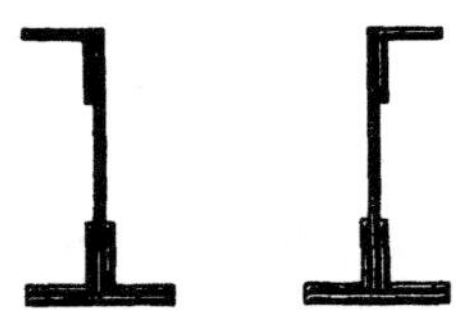

Abb. 227.

Die Stabquerschnitte der Mittelöffnung sind nach den Richtlinien auszubilden, die oben für die Gestaltung des Zwickelbogens mit Zugband gegeben sind. Das dort über den Querschnitt der Untergurtung im Anschlußknoten des Zugbandes Gesagte gilt auch für die aus dem Stützpunkt aufsteigenden Stäbe, die hier stark auf Druck beansprucht werden. Für die Stäbe der Seitenöffnungen ist in der Obergurtung zweckmäßig die gedeckte Doppel-]-Form — in der Untergurtung die Form der Abb. 227 — angebracht, die durch ihre Unsymmetrie eine etwas größere Systemhöhe ermöglicht. Für die Schrägstäbe sind Breitflanschträger, erforderlichen Falles mit Gurtplatten, günstig. Die Strebe des ersten

Feldes erfordert natürlich ziemlich starke Abmessungen. Einige Schwierigkeiten macht die Konstruktion des Knotenpunktes der Obergurtung über der Mittelstütze. Ein Beispiel zeigt die Abb. 71, das einer Straßenbrücke über die Havel bei Spandau entnommen ist. Der Auflagerknotenpunkt desselben Bauwerks ist in Abb. 351 dargestellt. Der Bogen der Mittelöffnung beherrscht das Brücken-

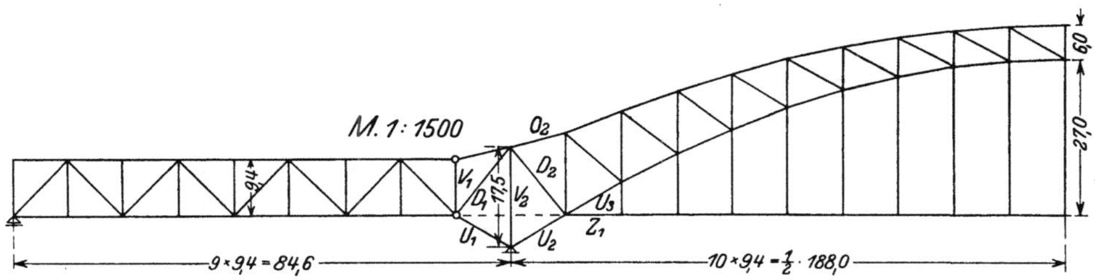

Abb. 228. Eisenbahnbrücke über den Rhein bei Engers.

bild. Schlanke Träger in den Seitenöffnungen heben die Wirkung. Ein wesentliches Merkmal der Bauart ist die freie Bahn der Seitenöffnungen. Diesen unleugbaren Vorzügen ist es zu verdanken, daß das System in Wettbewerben häufig vorgeschlagen ist. Zur Ausführung ist es jedoch nur in einigen Fällen gelangt. Nicht immer mit dem gleichen Erfolg wie bei der Treskowbrücke.

Für die Eisenbahnbrücken über den Rhein bei Engers[1] und Rüdesheim ist das System als Gerberträger verwendet worden (Abb. 228). Die Hauptöffnung

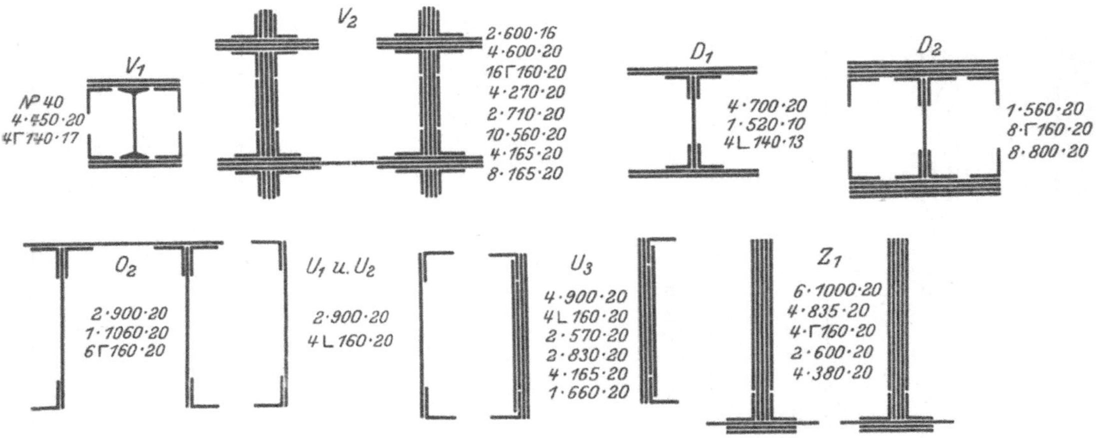

Abb. 229.

von 188 m Spannweite wird durch den Kragträger überbrückt. Die Kragarme greifen mit 1 Feldweite in die 84,6 m weiten Seitenöffnungen ein und stützen hier den als Parallelträger von 8 Feldern ausgebildeten Schwebeträger. Die Kragarme sind zu kurz, sie konnten unbedenklich die dreifache Länge erhalten. Die Hauptträger liegen in den Seitenöffnungen über der Fahrbahn, die gute Wirkung der Treskowbrücke wird daher nicht erreicht. Die Querschnitte der wichtigsten Stäbe über dem Strompfeiler zeigt Abb. 229.

In dem Wettbewerb für eine Eisenbahnbrücke über die Arstabucht in Stockholm[2] ist die Bauart ebenfalls als Gelenkträger von dem Werk Gustavsburg der MAN vorgeschlagen und mit dem ersten Preis ausgezeichnet worden (Abb. 230).

[1] Entwurf und Ausführung: Gutehoffnungshütte.
[2] Schaper: Der zwischenstaatliche Wettbewerb für Entwürfe zu einer Eisenbahnbrücke über die Arstabucht bei Stockholm. Bauing. 1920, S. 3.

Die Gelenke sind hier in die Mittelöffnung gelegt, was durch die Stützweiten 73 m, 144 m, 73 m, begründet ist. Die Länge des Schwebeträgers konnte so auf 112 m beschränkt werden. Seine beträchtliche Höhe von etwa $\frac{1}{5}\,l$ ist für den Bogen mit Zugband günstig. Die Kragträger, deren Höhe etwa $^1/_{11}$ der Stützweite mißt, liegen in den Seitenöffnungen unter der Fahrbahn. Das bringt den hoch ansteigenden Bogen der Mittelöffnung besonders vorteilhaft zur Geltung. Eine etwas kleinere Höhe zwischen den Gurtungen im Scheitel würde noch besser wirken.

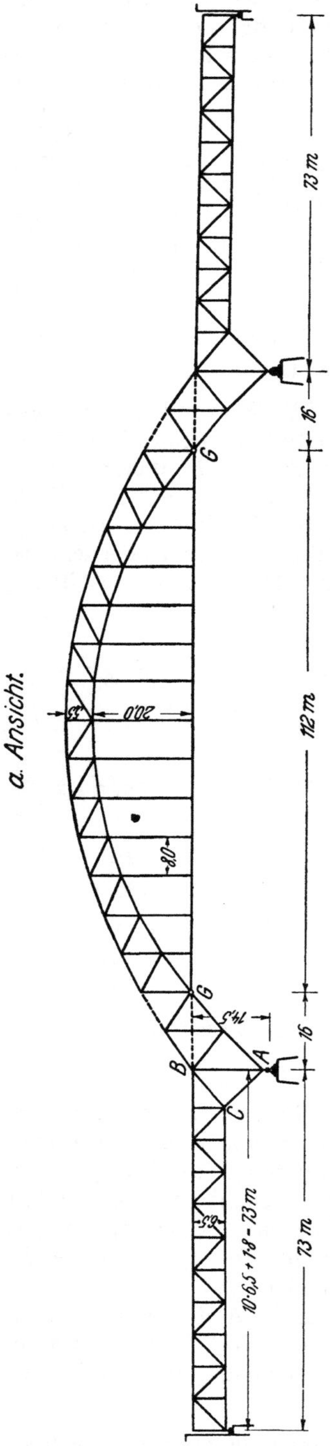

Abb. 230. Eisenbahnbrücke über die Arstabucht in Stockholm (Entwurf).

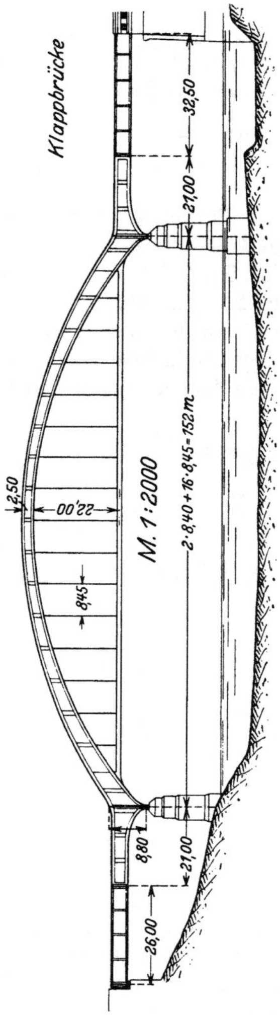

Abb. 231. Eisenbahnbrücke über die Arstabucht in Stockholm (Entwurf).

Mehrfach ist das gleiche System in vollwandiger Ausbildung bei Wettbewerben vorgeschlagen worden. So die in Abb. 231 und 232 dargestellten Träger, ersterer im Wettbewerb für die Arstabrücke in Stockholm vom Werk Fr. Krupp, letzterer im Wettbewerb für die Friedrich Ebert-Brücke in Mannheim vom Werk Gustavsburg. Beide Entwürfe haben Gelenke in den Seitenöffnungen. Die Querschnitte des Bogens und der Schwebeträger sind kastenförmig ausgebildet. Abb. 233 zeigt den Querschnitt durch den Bogen der Neckarbrücke. Beide Entwürfe weisen ein vorteilhaftes Verhältnis der Stützweiten auf. Das System verlangt in der Mittelöffnung mindestens die zweifache Stützweite der Seiten, damit der Bogen die beherrschende Stellung und die Träger der Seitenöffnungen genügende Schlankheit erhalten. Günstiger noch ist das Verhältnis $l : l_1 > 2$. Bei der Arstabrücke beträgt es 152 : 47, bei der Friedrich Ebert-Brücke 105 : 47,5. Die Kragarme der ersten sind 21 m lang, die der zweiten 9,92 m. Größere Länge der letzteren wäre günstiger.

Wie der Langersche Träger zum Bogen mit Zugband, so steht zu der besprochenen Bauart eine zweite gleicher Form. In Höhe der Fahrbahn läuft ein Balken mit oder ohne Gelenke über 3 Öffnungen durch. Über den Mittelpfeilern steigt ein Stabbogen auf, der den Balken durch Hängestangen trägt. Der Bogenschub wird vom Versteifungsbalken aufgenommen. Das Brückenbild gewinnt durch die leichtere Gestaltung des Bogens. Dabei muß allerdings das entgegengesetzte Extrem vermieden werden, den Bogen als ziemlich nebensächliches Anhängsel des Balkens erscheinen zu lassen. Die Bauart ist in dem Entwurf Baustahl 48 des Wettbewerbes für die Friedrich Ebert-Brücke gewählt worden (Abb. 234) und hat einen zweiten Preis erhalten. Der Entwurf unterscheidet sich von den oben erwähnten in vorteilhafter Weise noch durch den Fortfall aller Gelenke. Er kehrt damit zu dem Grundsatz der Treskowbrücke zurück, der ohne zwingenden Grund bei der Bauart nicht aufgegeben werden sollte.

Ein durchlaufender Balken über 3 Öffnungen von 33,36 m, 119,01 m, 33,36 m, in der mittleren am Stabbogen aufgehängt, ist für die zweigleisige Eisenbahnbrücke über die Weser bei

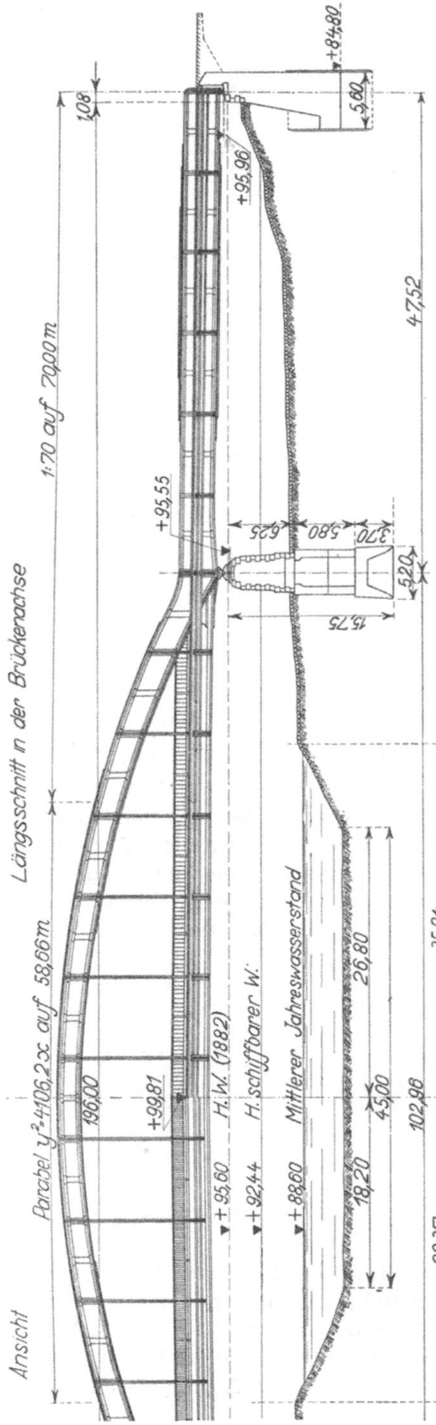

Abb. 232. Straßenbrücke über den Neckar in Mannheim (Entwurf).

Corvey[1] gewählt worden (Abb. 235). Die Pfeiler stehen schief zur Brückenachse. Um schiefe Stellung der Stabbogen zueinander zu vermeiden, sind sie um $^1/_2$ 3,39 m in Richtung der Achse verschoben worden, so daß sie unsymmetrisch zur Mitte der Hauptträger stehen. Der Ansatz des Bogens in der

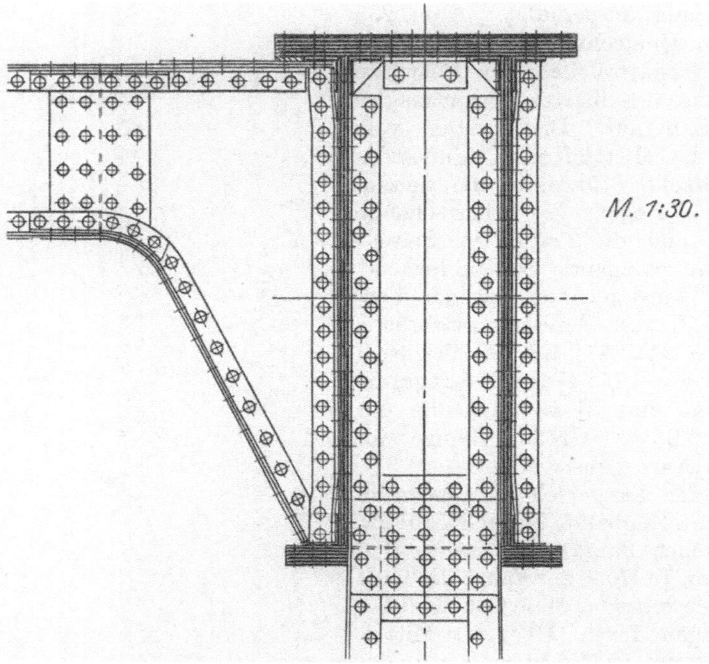

Abb. 233.

Oberkante des Balkens verschiebt sich auf einer Seite um 3,39 m gegen die Pfeilerachse, der Schnittpunkt der Bogen- und Pfeilerachse liegt hier entsprechend tiefer als über dem andern Flußpfeiler. Die Höhe des Bogens über der Balkenachse beträgt 15,50 m. Die Hängestangen teilen die Spannweite in 13 gleiche Feldweiten von 8,94 m neben dem anormalen Endfeld.

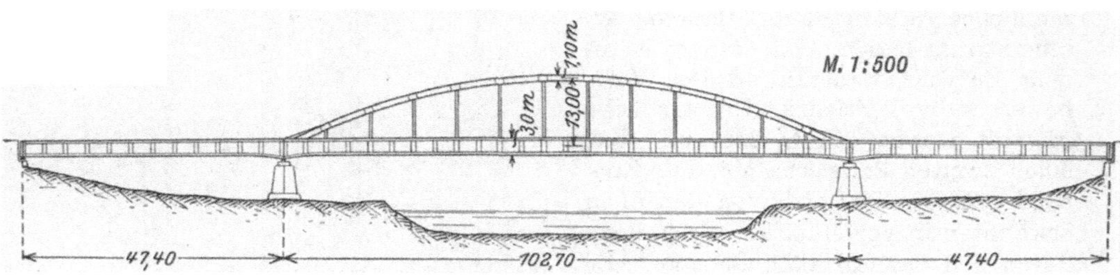

Abb. 234. Straßenbrücke über den Neckar in Mannheim (Entwurf).

Der Balkenquerschnitt hat die in Abb. 236 dargestellte Kastenform. Die Stehblechhöhe beträgt in der Mittelöffnung 3400 mm, steigt über den Flußpfeilern auf 4800 mm und fällt auf 3200 mm in den Seitenöffnungen. Die Oberkante liegt auf der ganzen Brücke wagerecht. Die Unterkante steigt aus den Lagern über den Flußpfeilern in flachen Bögen zu den Wagerechten in den Strecken

[1] Entwurf: Werk Louis Eilers, Hannover. Ausführung: Derselbe und A. G. Flender, Benrat.

mit unveränderter Stehblechhöhe. Die Zahl der Kopfplatten bewegt sich zwischen 1 bis 5 Stück 1200·16, die der Fußplatten zwischen 0 bis 4·2 Stück 550·16.

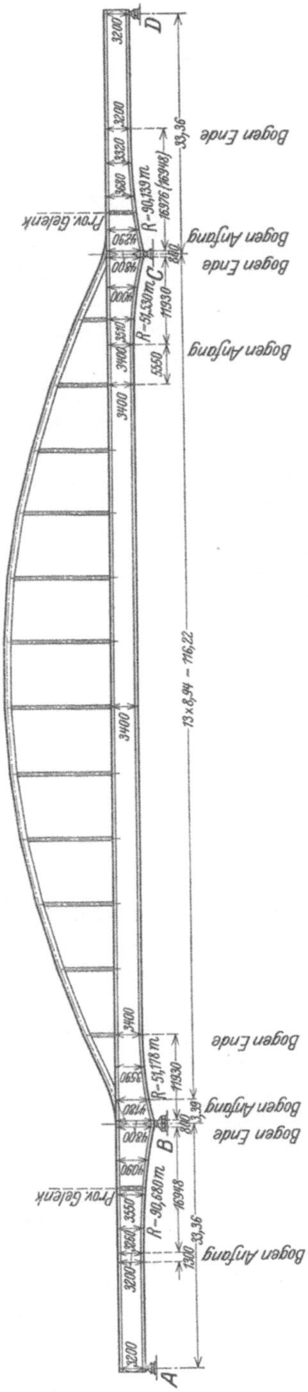

Abb. 235. Eisenbahnbrücke über die Weser bei Corvey.

Abb. 237 zeigt den Verlauf der Momente und die Stufen der Querschnitte in dem üblichen Maßstab $W\cdot\sigma_{zul}$ in tm. In den Seitenöffnungen treten nur Momente, keine Normalkräfte auf. Die Momente sind hier daher auf die Balkenachse bezogen. Die größten Werte haben in allen Querschnitten die Wechselmomente max M_p + 0,3 min M_p bzw. 0,3 max M_p + min M_p. In der Mittelöffnung tritt zu den Momenten die positive Normalkraft H. Aus diesem Grunde sind die Momente M_u, M_o für den unteren und oberen Kernpunkt des Querschnitts berechnet. Erstere sind über der Achse aufgetragen, da sie für die Spannung an der Oberkante maßgebend sind. Infolge der unsymmetrischen Stellung des Bogens sind die Momente nicht symmetrisch zur Mitte des Balkens. Das größte Stützenmoment $M_g + \varphi\cdot\min M_p$, bezogen auf den unteren Kernpunkt, beträgt links 8869 tm, rechts 9859 tm. Die größten Werte M_u haben in der Mitte die Wechselmomente etwa zwischen den Feldern 1 bis 11,5, auf beiden Seiten die Momente $M_g + \varphi\cdot\min M_p$.

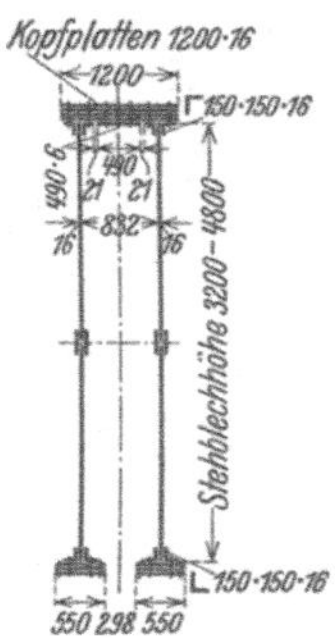

Abb. 236.

Von den Momenten M_o haben umgekehrt die Momente $M_g + \varphi\cdot\max M$ in der Mitte zwischen den Feldern 2 und 7, und die Wechselmomente auf beiden Seiten die größten Werte. Die Stufen der Querschnitte sind in der Abbildung durch die Zahl der Platten bezeichnet, z. B. $\frac{3}{2}$ 3 Kopfplatten 2·2 Fußplatten. Die verschiedene Größe der Momente M_u, M_o zwang zu unsymmetrischer Ausbildung der Querschnitte. Das Verhältnis $\frac{M_u}{M_o}$ hat den größten Wert über den Stützen. Demgemäß finden sich hier Querschnitte $\frac{4}{1}$, $\frac{5}{2}$. Am kleinsten ist $\frac{M_u}{M_o}$ in der Mitte der mittleren Öffnung. Dem entsprechen die Querschnitte $\frac{2}{4}$, $\frac{1}{4}$. Man erkennt an dem Beispiel, daß die Wirtschaftlichkeit zu unsymmetrischer Querschnittform drängt, wenn $\frac{M_u}{M_o} \gtrless 1$ ist.

Zur überschläglichen Berechnung beider Systeme sind folgende Formeln geeignet (Abb. 238).

Es bezeichne:

H den Horizontalschub des Bogens, M_1, M_2 die Stützenmomente,

H_0 den Horizontalschub des einfach statisch unbestimmten Systems,

J das konstant angenommene Trägheitsmoment des Balkens der Mittelöffnung bzw. das des Scheitelquerschnitts im Bogen unter der Annahme $J_x \cos\varphi = J$,

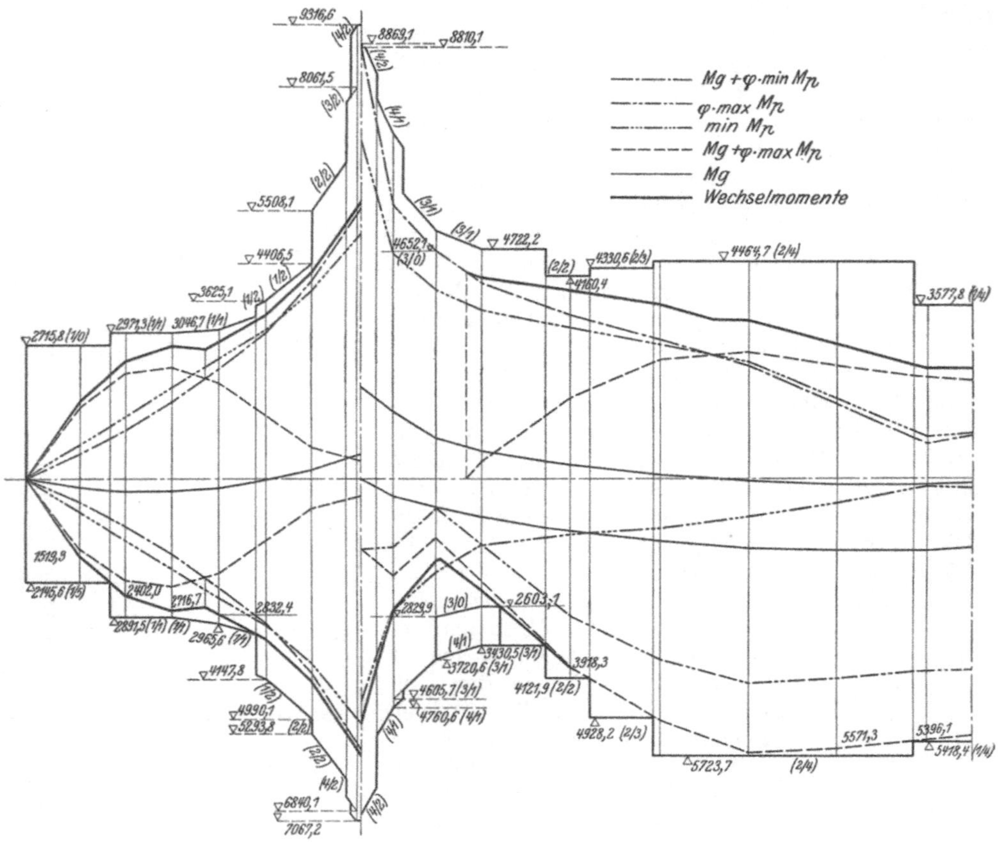

Abb. 237.

J_1 das Trägheitsmoment des Balkens in den Seitenöffnungen,
F_t den Querschnitt des Balkens bzw. des Zugbandes,
F_b den Querschnitt im Scheitel des Bogens unter der Annahme $F_x \cos\varphi = F_b$

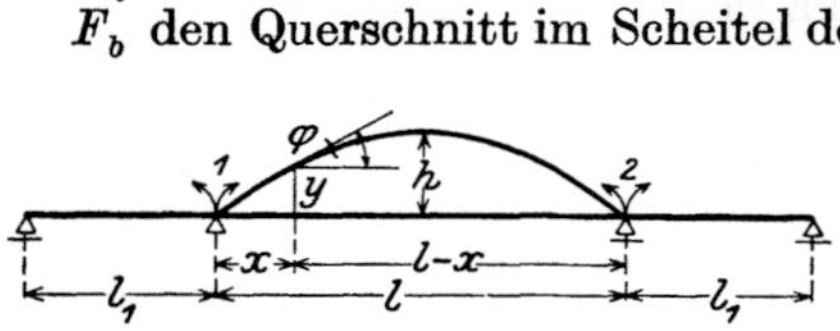

Abb. 238.

$$\nu = \frac{15}{8}\,\frac{J}{F_t \cdot h^2}\left[1 + \frac{F_t}{F_b}\left(1 + \frac{16}{3}\left(\frac{h}{l}\right)^2\right)\right],$$

$$l_1' = l_1 \frac{J}{J_1}.$$

Allgemein gilt

$$H = H_0 + (M_1 + M_2)\,\frac{5}{8\,h\,(1+\nu)}. \qquad (91)$$

a) Belastung der linken Hälfte der Mittelöffnung durch p

$$H_0 = \frac{p\,l^2}{16\,h\,(1+\nu)}, \qquad (92)$$

$$\left.\begin{aligned} M_1 + M_2 &= -\frac{p l^2}{2}\,\frac{\nu}{1 + 6\nu + 4(1+\nu)\dfrac{l_1'}{l}}, \\ M_1 - M_2 &= -\frac{p l^2}{32}\,\frac{1}{1 + 2\dfrac{l_1'}{l}}. \end{aligned}\right\} \qquad (93)$$

M_2 wird psoitiv. Es entstehen die Momente

$$\left.\begin{aligned} &\text{in } \tfrac{1}{4}\,l \qquad M = \frac{p\,l^2}{64}\,\frac{1+4\,\nu}{1+\nu} + (M_1+M_2)\,\frac{1+16\,\nu}{32\,(1+\nu)} + \frac{1}{4}\,(M_1-M_2)\,, \\ &\text{in } \tfrac{3}{4}\,l \qquad M = -\frac{p\,l^2}{64}\,\frac{1-2\,\nu}{1+\nu} + (M_1+M_2)\,\frac{1+16\,\nu}{32\,(1+\nu)} - \frac{1}{4}\,(M_1-M_2)\,. \end{aligned}\right\} \tag{94}$$

b) volle Belastung der Mittelöffnung durch p

$$H_0 = \frac{p\,l^2}{8\,h\,(1+\nu)}\,, \tag{95}$$

$$M_1 = M_2 = -\frac{p\,l^2}{2}\,\frac{\nu}{1+6\,\nu+4\,(1+\nu)\,\frac{l_1'}{l}}\,. \tag{96}$$

Im Querschnitt x von Stütze *1* ab gemessen entsteht

$$M_x = \frac{p}{2}\,x\,(l-x)\,\frac{\nu}{1+\nu} + \frac{M_1+M_2}{2}\left[1 - \frac{5}{1+\nu}\,\frac{x\,(l-x)}{l^2}\right].$$

c) volle Belastung der linken Seitenöffnung durch p_1

$$H_0 = 0\,,$$

$$\left.\begin{aligned} M_1 + M_2 &= -\frac{p_1\cdot l_1^2}{2}\,\frac{l_1'}{l}\,\frac{1+\nu}{1+6\,\nu+4\,(1+\nu)\,\frac{l_1'}{l}}\,, \\ M_1 - M_2 &= -\frac{p_1\,l_1^2}{4}\,\frac{l_1'}{l}\,\frac{1}{1+2\,\frac{l_1'}{l}}\,. \end{aligned}\right\} \tag{97}$$

Die Einflußlinie für M_1 weicht von der des durchlaufenden Balkens auf 4 Stützen durch den Nullpunkt in der Mittelöffnung und das negative Vorzeichen in der rechten Seitenöffnung ab. Das größte Moment in der linken Seitenöffnung entsteht im Querschnitt x von der Endstütze ab gemessen

$$x = \frac{1}{2}\,l_1 + \frac{M_1}{p_1\,l_1}\,,$$

$$M_{\max} = \frac{1}{2}\,p_1\,x^2.$$

d) Belastung der Mittelöffnung von $\frac{1}{4}\,l$ bis $\frac{3}{4}\,l$ durch p

$$H_0 = \frac{361}{64^2}\,\frac{p\,l^2}{h\,(1+\nu)}\,, \tag{98}$$

$$M_1 = M_2 = -\,p\,l^2\,\frac{-9+352\cdot\nu}{32^2\left[1+6\,\nu+4\,(1+\nu)\,\frac{l_1'}{l}\right]}\,, \tag{99}$$

In $\frac{1}{2}\,l$ entsteht

$$M_{\max} = \frac{p\,l^2}{128}\,\frac{(1+4\,\nu)^2}{1+\nu} - \frac{M_1+M_2}{8}\,\frac{1-4\,\nu}{1+\nu}\,. \tag{100}$$

Beispiel:

$$l_1 = 40\,\text{m}\,,\quad l = 120\,\text{m}\,,\quad h = 15\,\text{m}\,,\quad \frac{J}{J_1} = 1{,}5\,,$$

$$\frac{J}{F_t\cdot h^2} = \frac{1}{100}\,,\quad \frac{F_t}{F_b} = 2\,,\quad \text{man erhält } \nu = \sim 0{,}06\,,\quad \frac{l_1'}{l} = 0{,}5\,,$$

$$g_1 = 4{,}0\,\text{tm}\,,\quad g = 6{,}0\,\text{tm}\,,\quad p = 14\,\text{tm}.$$

Belastung a) erzeugt

$$M_1 = M_2 = -\frac{14\cdot 120^2}{2}\,\frac{0{,}06}{1+0{,}36+4\cdot 1{,}06\cdot 0{,}5} = -1728\,\text{tm},$$

$$M_1 - M_2 = -\frac{14\cdot 120^2}{32}\,\frac{1}{1+2\cdot 0{,}5} = -3150\,\text{tm},$$

$$M_1 = -2439\,\text{tm}, \quad M_2 = +711\,\text{tm},$$

in $\frac{1}{4}l$ $$M_{\max} = \frac{14\cdot 120^2}{64}\,\frac{1{,}24}{1{,}06} - 1728\,\frac{1{,}96}{32\cdot 1{,}06} - \frac{3150}{4} = +2798\,\text{tm}.$$

Belastung d) erzeugt in $\frac{1}{2}l$

$$M_{\max} = \frac{14\cdot 120^2}{128\cdot 1{,}06}\left[1{,}24^2 + \frac{12\cdot 0{,}76}{4\cdot 8\cdot(1{,}36+4\cdot 1{,}06\cdot 0{,}5)}\right] = 2407\,\text{tm}.$$

Belastung $a+c+c$ ergibt, wenn im Fall c) $M_1 = M_1 + M_2$ gesetzt wird, volle Belastung der linken Hälfte der Mittelöffnung und volle Belastung beider Seiten, also

$$M_1 \min = -2439 - \frac{14\cdot 40^2}{2}\cdot 0{,}5\,\frac{1{,}06}{1{,}36+4\cdot 1{,}06\cdot 0{,}5} = -4141\,\text{tm}.$$

Belastung c) und a) ergibt, wenn M_1 und M_2 in Fall a) vertauscht wird, $M_{\max}$ in linker Seitenöffnung

$$M_1 = -\frac{14\cdot 40^2}{4\cdot 2}\,0{,}5\left[\frac{1{,}06\cdot 2}{1{,}36+4\cdot 1{,}06\cdot 0{,}5} + \frac{1}{1+2\cdot 0{,}5}\right] + 711 = -843\,\text{tm},$$

$$x = 20 - \frac{843}{14\cdot 40} = 18{,}48$$

$$M_{\max} = \frac{14\cdot 18{,}48^2}{2} = 2391\,\text{tm}.$$

Aus Eigenlast in Mitte entsteht

$$M_1 = M_2 = -\frac{6\cdot 120^2}{2}\,\frac{0{,}06}{1{,}36+4\cdot 1{,}06\cdot 0{,}5} = -743\,\text{tm}$$

aus Eigenlast in beiden Seiten

$$M_1 = M_2 = -\frac{4\cdot 40^2}{2}\cdot 0{,}5\,\frac{1{,}06}{1{,}36+4\cdot 1{,}06\cdot 0{,}5} = -486,$$

$$\sum M_1 = -1229\,\text{tm}.$$

Moment im Querschnitt $x = 18{,}48$ der Seite

$$M = 2\cdot 18{,}45\left(21{,}55 - \frac{1229}{40}\right) = +227\,\text{tm}$$

in $\frac{1}{4}l$ der Mittelöffnung

$$M = \frac{6\cdot 30\cdot 90}{2}\,\frac{0{,}06}{1{,}06} - 1229\,\frac{1{,}96}{16\cdot 1{,}06} = +316\,\text{tm};$$

in $\frac{1}{2}l$ $$M = \frac{6\cdot 60^2}{2}\,\frac{0{,}06}{1{,}06} + 1229\,\frac{1-0{,}24}{4\cdot 1{,}06} = +833\,\text{tm}.$$

Größter Horizontalschub entsteht aus voller Belastung der Mittelöffnung durch $p+g$

$$H_{\max} = \frac{(14+6)\,120^2}{8\cdot 15\cdot 1{,}06} - 2\,(1728+1229)\,\frac{5}{8\cdot 15\cdot 1{,}06} = 2022\,\text{t}.$$

	$x = 18{,}45$	Stütze 1	$\frac{1}{4}l$	$\frac{1}{2}l$
M_p	$+ 2391$	$- 4141$	$+ 2798$	$+ 2407$
M_g	$+ 227$	$- 1229$	$+ 316$	$+ 833$
$\max M$	$+ 2618$	$- 5370$	$+ 3114$	$+ 3240$

Zur Verminderung der Durchbiegung in $\frac{1}{4}l$ der Mittelöffnung aus einseitiger Belastung ist auch für die besprochene Bauart die Anordnung eines biegungsfesten Pfostens in der Mitte zweckdienlich. Im Falle des durchlaufenden Balkens ist er biegungsfest auf den Balken aufzusetzen und mit dem Stabbogen durch ein Gelenk zu verbinden. Der Unterschied der Horizontalschübe in dem linken und rechten Stück des Bogens sei X bezeichnet. Belastung der linken Hälfte des Balkens durch p erzeugt

$$X = \frac{p l^2}{8 h} \frac{13 + 56 \frac{l_1'}{l}}{83 + 256 \frac{l_1'}{l} + 320 \left(\frac{h'}{l} + 0{,}4 \nu\right)\left(1 + 2 \frac{l_1'}{l}\right)}, \qquad (101)$$

$$h' = h \frac{J}{J_h}.$$

J_h = Trägheitsmoment des Pfostenquerschnitts. Daraus entstehen die Stützenmomente

$$M_1 = - M_2 = H \frac{3 h}{8 \left(1 + 2 \frac{l_1'}{l}\right)}$$

und im Querschnitt x der Mittelöffnung

$$M_x = \mp X h \left[2 \frac{x (l - x)}{l^2} - \frac{3 (l - 2 x)}{8 l \left(1 + 2 \frac{l_1'}{l}\right)}\right]. \qquad (102)$$

Das negative Vorzeichen gilt für die belastete, das positive für die unbelastete Seite.

Für das obenstehende Beispiel ergibt sich

$$X = \frac{14 \cdot 120^2}{8 \cdot 15} \frac{13 + 56 \cdot 0{,}5}{83 + 256 \cdot 0{,}5 + 320 (0{,}125 + 0{,}024)\, 2} = 225\,\text{t}.$$

Das Moment am Pfostenfuß beträgt

$$X \cdot h = 3375\,\text{tm}.$$

Es kommt indessen nur mit dem Wert in Betracht, der an der Oberkante des Balkens auftritt. Der Pfosten muß hier eine beträchtliche Breite erhalten. Da

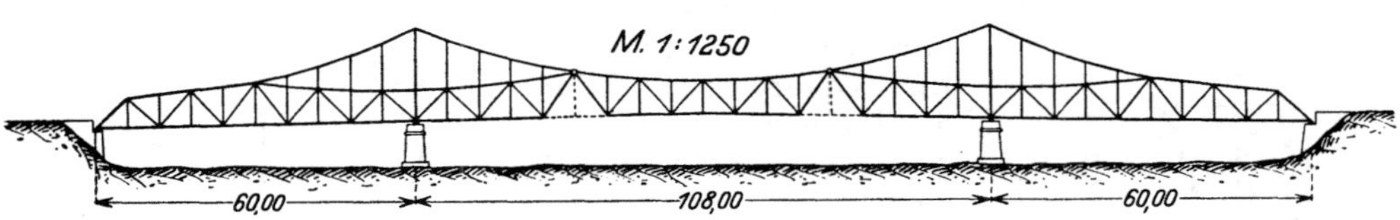

Abb. 239.

das Moment nach oben hin abnimmt, gibt man ihm eine spitz zulaufende Form. So erhält er schlanke Linien, deren Gegensatz zu den dünnen Hängestangen das Bild der Brücke wirkungsvoll belebt.

Das Moment in $\frac{1}{4}l$ ist

$$M = - \frac{3}{16} 225 \cdot 15 \frac{1 + 4 \cdot 0{,}5}{1 + 2 \cdot 0{,}5} = - 950\,\text{tm}.$$

Wie das Bogenfachwerk mit Zugband und der Langersche Träger, so ist die in Abb. 239 dargestellte Bauart aus dem Wunsche entstanden, lange Schrägstäbe ohne Störung der günstigen Höhenentwicklung zu vermeiden. Sie ist also vorwiegend dem Streben nach Schönheit der Trägerform entsprungen.

Das Ziel ist bei großen Bauwerken, wie dem dargestellten, wohl erreicht worden. Wo die Flächen zwischen den Stäben jedoch zu klein werden, wirkt die engmaschige Gliederung verwirrend und störend.

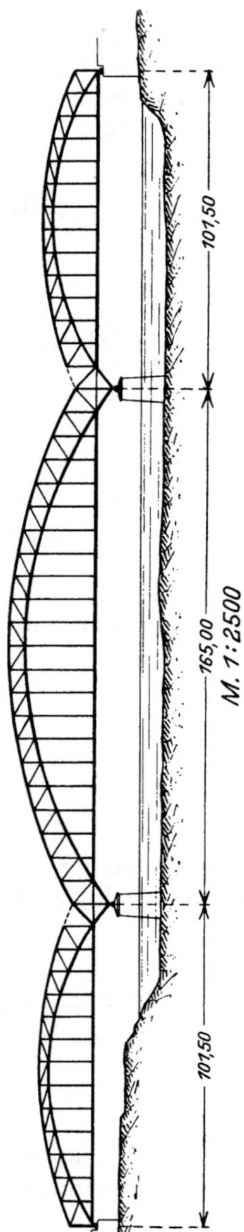

Abb. 240. Eisenbahnbrücke über den Rhein in Köln. Südbrücke.

Auch diese Bauart muß sich zur Vermeidung der Streben einer dritten Gurtung bedienen, die als Zuggurtung über die Spitzen der Pfeiler führt. Nicht selten wird sie deshalb als Hängebrücke bezeichnet. Sie hat aber mit dieser Trägerart nur die Form der Obergurtung gemeinsam. Sie gehört zur Art der Gelenkträger oder der durchlaufenden Balken, je nachdem sie mit oder ohne Gelenke in der Mittelöffnung ausgeführt ist. Infolge der dritten Gurtung und der ungünstigen Linienführung in der Mittelöffnung ist die Bauart in wirtschaftlicher Hinsicht nicht vorteilhaft.

Ein Gerberträger über 3 Öffnungen, der als Bogenbrücke erscheint, ist die in Abb. 240 dargestellte Südbrücke über den Rhein bei Köln. Die Mittelöffnung wird durch einen Bogen mit Zugband überspannt, der mit kurzen Kragarmen in die Seitenöffnungen eingreift. Die hier gestützten Schwebeträger sind gleichfalls Bögen mit Zugband. Ihre Untergurtung bildet die Fortsetzung der Untergurtung der Kragarme. Da die Obergurtung über dem Gelenk als Blindstab durchläuft, tritt die statische Eigenart des Systems nicht in die Erscheinung.

Als Gelenkträger sind die in den Jahren 1910 bis 1918 von Dr.-Ing. E. h. Voss erbauten Hochbrücken über den Nord-Ostseekanal ausgeführt. Die erste derselben, die Hochbrücke bei Holtenau, ist in Abb. 241 dargestellt. Die Kragträger in den Seitenöffnungen ruhen am Land auf hohen Stützen dreieckiger Form in festen Auflagern

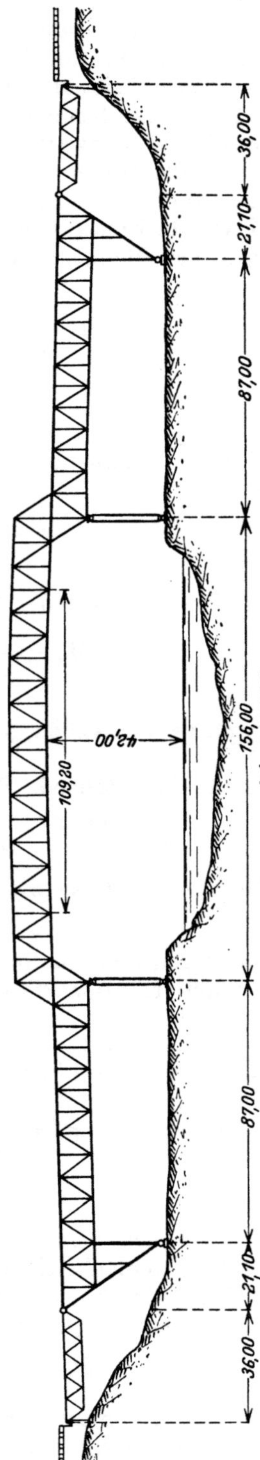

Abb. 241. Straßenbrücke über den Nord-Ostseekanal bei Holtenau.

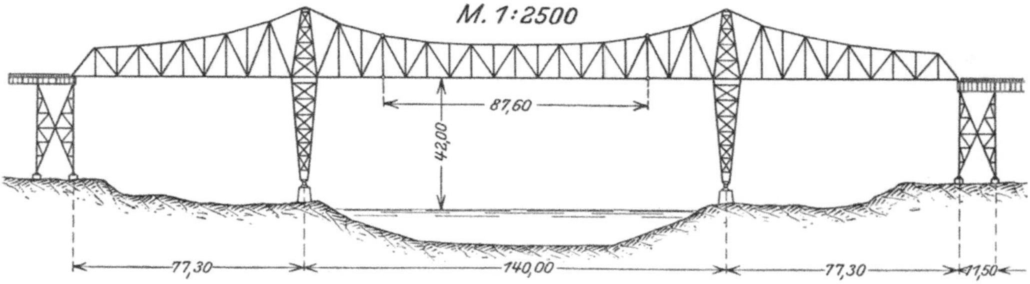

Abb. 242. Eisenbahnbrücke über den Nord-Ostseekanal bei Rendsburg.

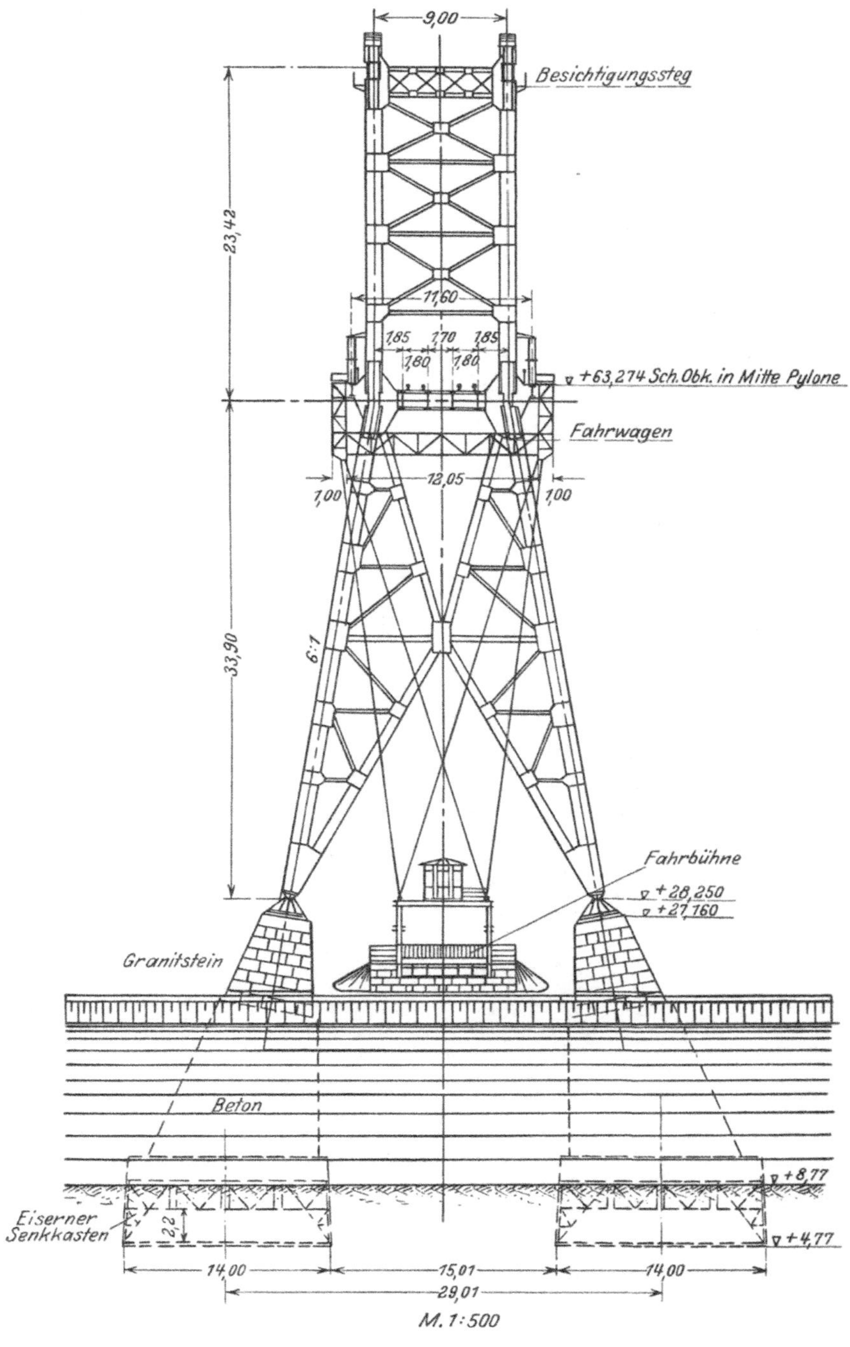

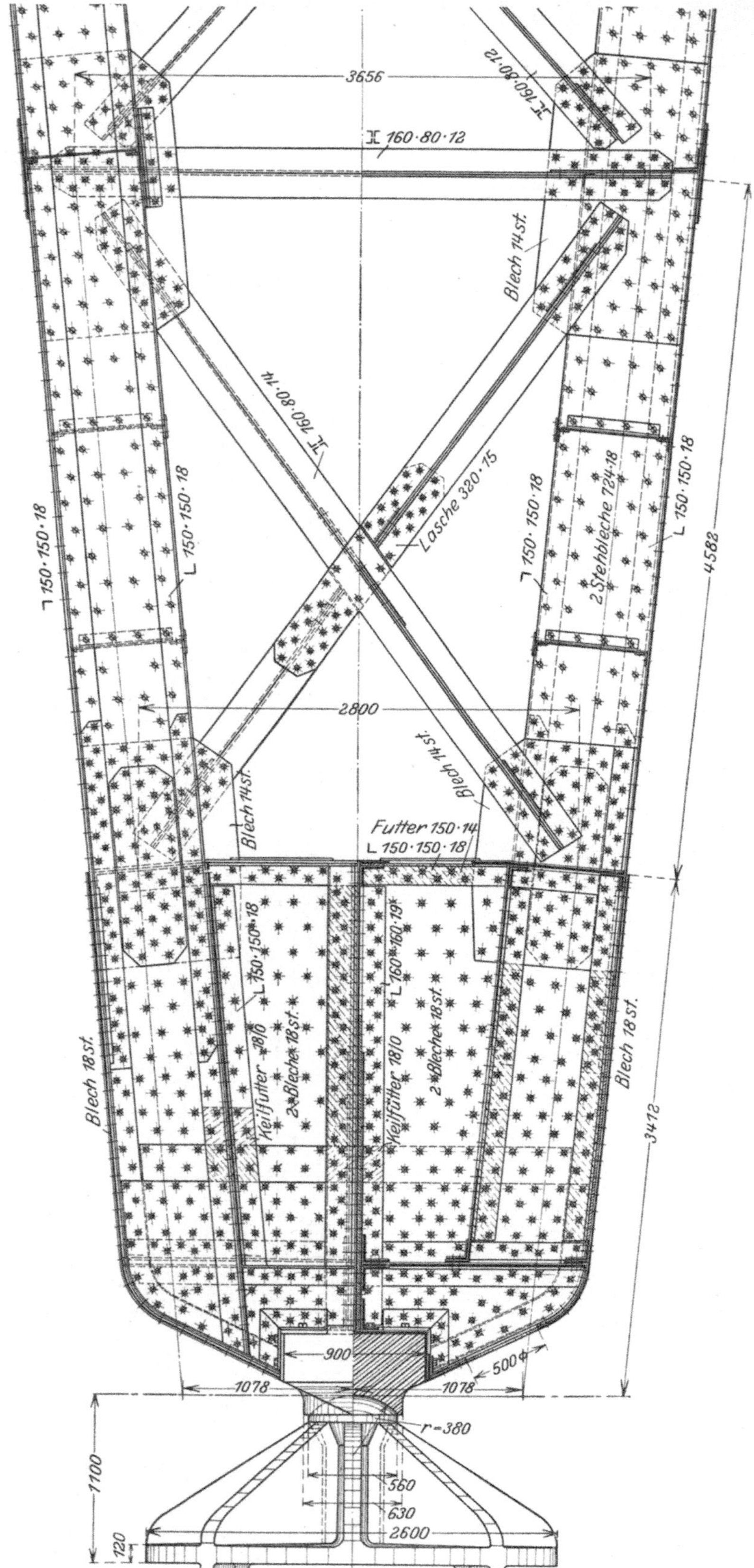
3656
160·80·12
160·80·12
Blech 14 st.
160·80·14
Lasche 320·15
150·150·18
150·150·18
150·150·18
2 Stehbleche 724·18
150·150·18
4582
2800
Blech 14 st.
Blech 14 st.
Futter 150·14
150·150·18
150·150·18
160·160·19
Keilfutter 18/0
2 Bleche 18 st.
Keilfutter 18/0
2 Bleche 18 st.
Blech 18 st.
Blech 18 st.
3412
900
500 ϕ
1078
1078
r=380
1100
560
630
2600
120

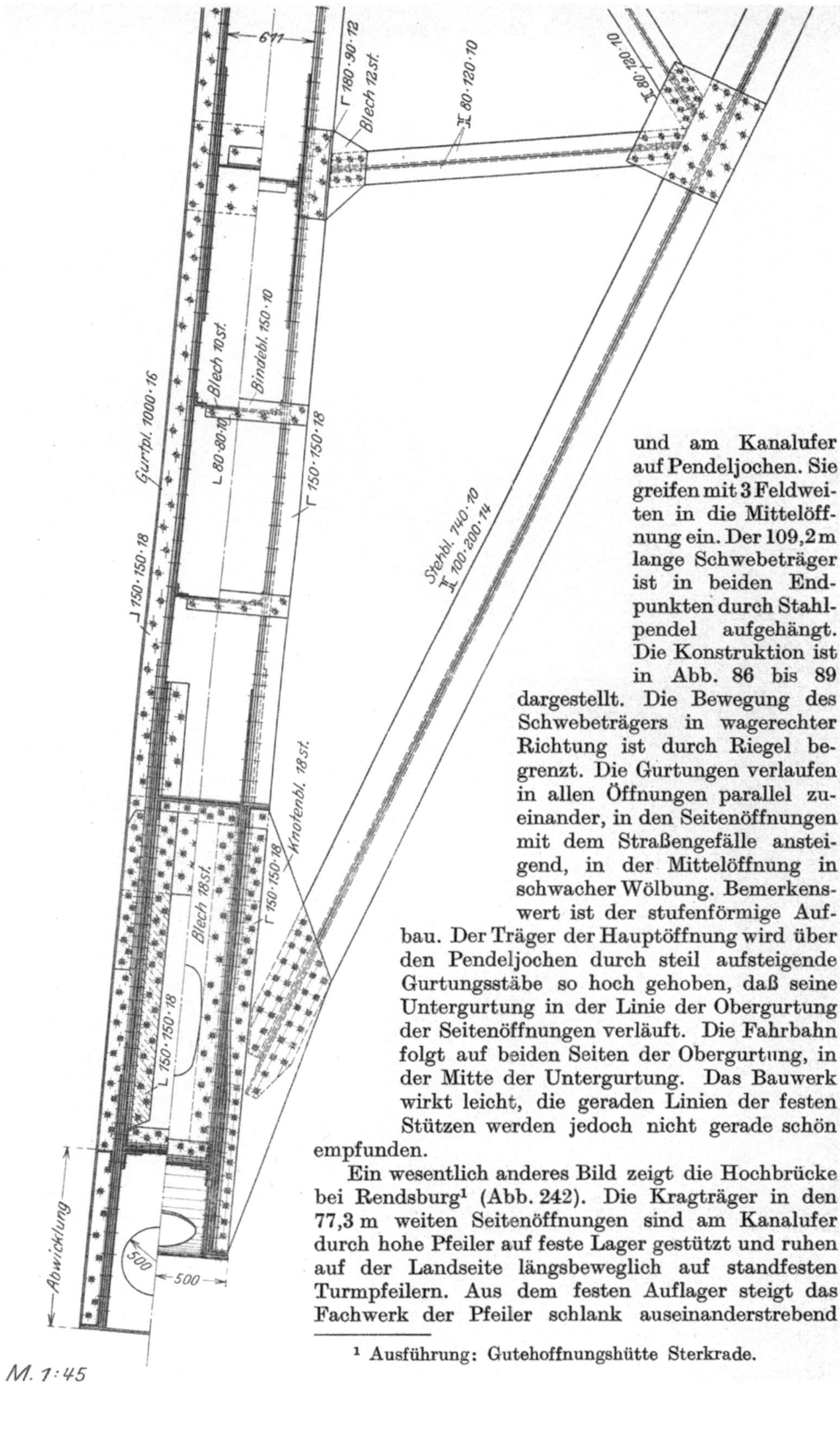

und am Kanalufer auf Pendeljochen. Sie greifen mit 3 Feldweiten in die Mittelöffnung ein. Der 109,2 m lange Schwebeträger ist in beiden Endpunkten durch Stahlpendel aufgehängt. Die Konstruktion ist in Abb. 86 bis 89 dargestellt. Die Bewegung des Schwebeträgers in wagerechter Richtung ist durch Riegel begrenzt. Die Gurtungen verlaufen in allen Öffnungen parallel zueinander, in den Seitenöffnungen mit dem Straßengefälle ansteigend, in der Mittelöffnung in schwacher Wölbung. Bemerkenswert ist der stufenförmige Aufbau. Der Träger der Hauptöffnung wird über den Pendeljochen durch steil aufsteigende Gurtungsstäbe so hoch gehoben, daß seine Untergurtung in der Linie der Obergurtung der Seitenöffnungen verläuft. Die Fahrbahn folgt auf beiden Seiten der Obergurtung, in der Mitte der Untergurtung. Das Bauwerk wirkt leicht, die geraden Linien der festen Stützen werden jedoch nicht gerade schön empfunden.

Ein wesentlich anderes Bild zeigt die Hochbrücke bei Rendsburg[1] (Abb. 242). Die Kragträger in den 77,3 m weiten Seitenöffnungen sind am Kanalufer durch hohe Pfeiler auf feste Lager gestützt und ruhen auf der Landseite längsbeweglich auf standfesten Turmpfeilern. Aus dem festen Auflager steigt das Fachwerk der Pfeiler schlank auseinanderstrebend

[1] Ausführung: Gutehoffnungshütte Sterkrade.

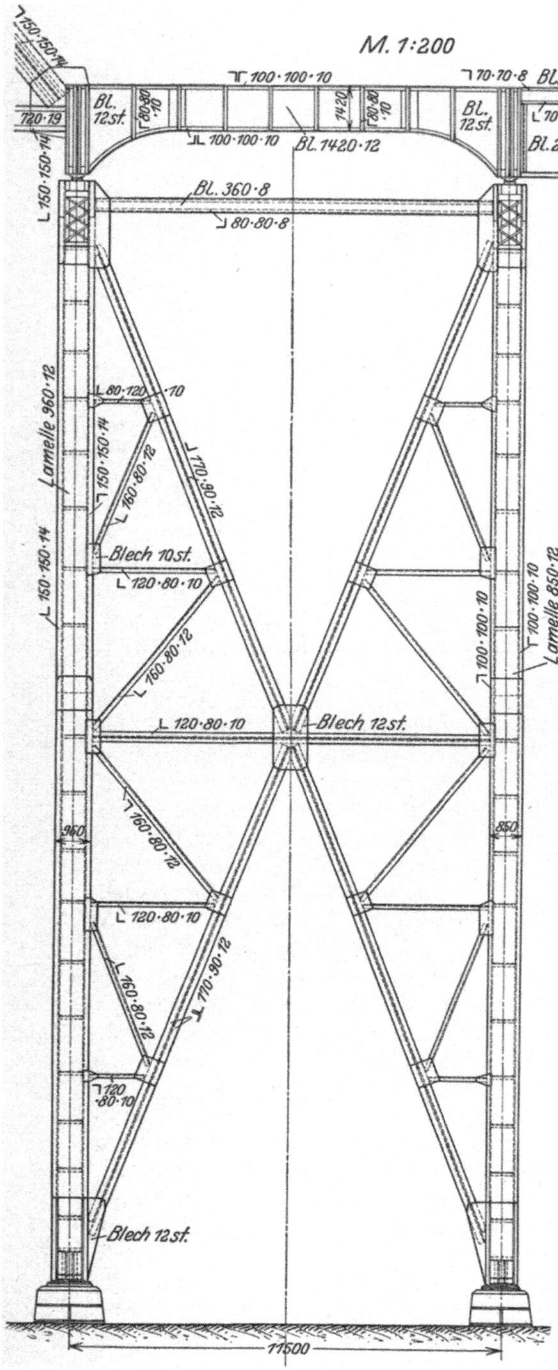

Abb. 245a.

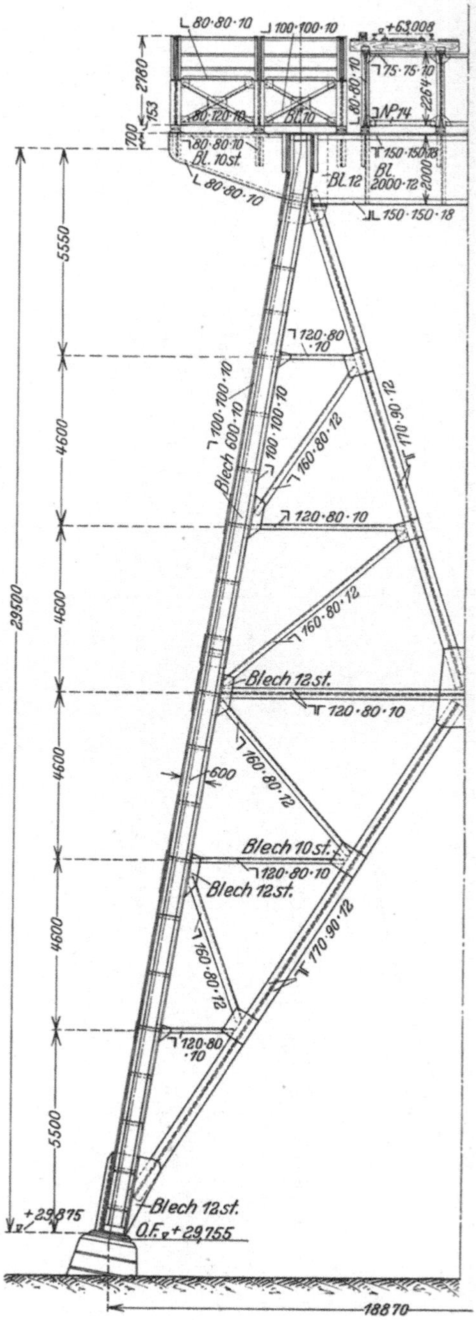

Abb. 245b.

Abb. 245a und b. Eisenbahnbrücke über den Nord-Ostseekanal bei Rendsburg. Gerüstpfeiler.

bis zur Untergurtung des Kragträgers auf und läuft, sich nach oben verjüngend, in eine Spitze aus. Unter der Untergurtung sind die Pfeilerwände in geneigte Ebenen gestellt. Abb. 243 zeigt die Bauart der Uferpfeiler im Querschnitt durch die Brücke. In der Spitze der Pfeiler greift die Obergurtung des Trägers an.

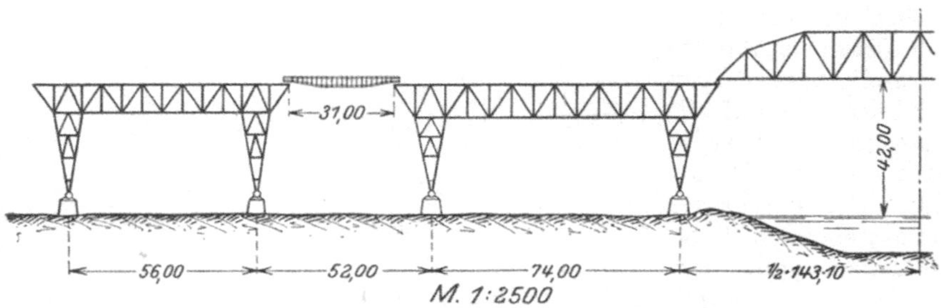

Abb. 246. Eisenbahnbrücke über den Nord-Ostseekanal bei Hochdonn.

Sie senkt sich in Form der Kettenlinie nach beiden Seiten ziemlich gleichmäßig und verläuft in der Mittelöffnung als Obergurtung des Schwebeträgers in stetigem Zuge bis zur Pfeilerspitze des andern Ufers. Die Untergurtung folgt in allen Öffnungen der Wagerechten. In der Mittelöffnung ist die wagerechte Linie durch den Einbau einer Fähre bedingt, deren Schienen von der Untergurtung getragen werden. Fortsetzung der Geraden in den Seitenöffnungen ist die natürliche Lösung.

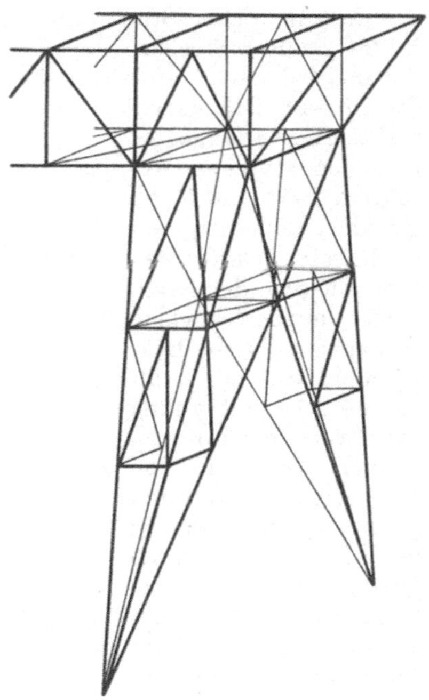

Abb. 247.

Kragträger und Pfeiler bilden ein geschlossenes stabiles Fachwerk, dessen Arme 21,30 m in die Mittelöffnung ragen. Sie stützen den 97,60 m langen Schwebeträger im zweiten Hauptknoten der Obergurtung in beiden Punkten durch Pendel wagerecht verschieblich. Die Untergurtung läuft ohne Unterbrechung durch. Die Gelenkpunkte sind daher die Punkte der Untergurtung, die lotrecht unter den Achsen der Pendel liegen. Da sie infolge der Bauart der Untergurtung feste Gelenke sind, ist das System einfach statisch unbestimmt. Die eigenartige Anordnung verfolgt zweifachen Zweck. Einmal soll sie das Abheben der Kragträger aus den äußeren Lagern verhindern. Belastung des Schwebeträgers würde im reinen Gerberträger bei der Länge der Kragarme negative Auflagerdrücke erzeugen. Da Kippen um die Stützpunkte der festen Pfeiler infolge der durchlaufenden Gurtung nicht möglich ist, kann der Auflagerdruck nicht unter 0 sinken. Daneben gilt es, die Bremskräfte gleichmäßig durch beide Stützpfeiler in die festen Auflager zu leiten. Schwankungen der Temperatur erzeugen infolge der großen Pfeilerhöhe von etwa 36 m nur geringe Spannungen. Die Ausbildung und Aufhängung der Pendel ist in Abb. 90, 91 dargestellt. In dem vom Obergurtstab und Strebe gebildeten Knotenpunkt des Kragarmes hängt eine doppelwandig gestaltete Schleife. In ihrer unteren Windung ruht die Lagerplatte, welche das aus Stahlguß hergestellte Pendel trägt. Auf dieses setzt sich der

Schwebeträger auf, der dazu mit dem Endknoten zwischen die Wände der Schlinge eingreift. Die Ausbildung des Pfeilerfußes und des festen Lagers ist in der Abb. 244 dargestellt. Jeder Pfeiler bildet eine auf die Spitze gestellte 4 seitige Pyramide. Die beiden Pfosten der in schräger Ebene stehenden Tragwand haben doppel⊐förmigen, außen durch eine Platte abgedeckten Querschnitt. 2 Blechwände verbinden die Pfosten im Fuß zu einem Kastenträger, der auf dem Stahlgußlager sitzt. Den Anforderungen der räumlichen Stabilität genügen Streben, die die Pfeilerfüße durch die in Abb. 243 dargestellten Verbände gegeneinander stützen. Abbildung 245a und b zeigen die Ausbildung des standfesten Gerüstpfeilers, auf dem der Kragträger in beweglichem Auflager ruht. 4 Eckpfosten, die zur Aufnahme der rechtwinklig zur Brückenachse wirkenden Kräfte in den Querebenen nach unten gespreizt sind, sind in den 4 Wänden durch Diagonalstreben verbunden. Die zur Brückenachse gleichgestellten Pfosten tragen auf dem Kopf 2,0 m hohe Querträger, auf denen einerseits das bewegliche Lager der Kanalbrücke, anderseits die Blechträger der anschließenden Rampenbrücke ruhen. Die Brücke ist durch freien Vorbau der Mittel-

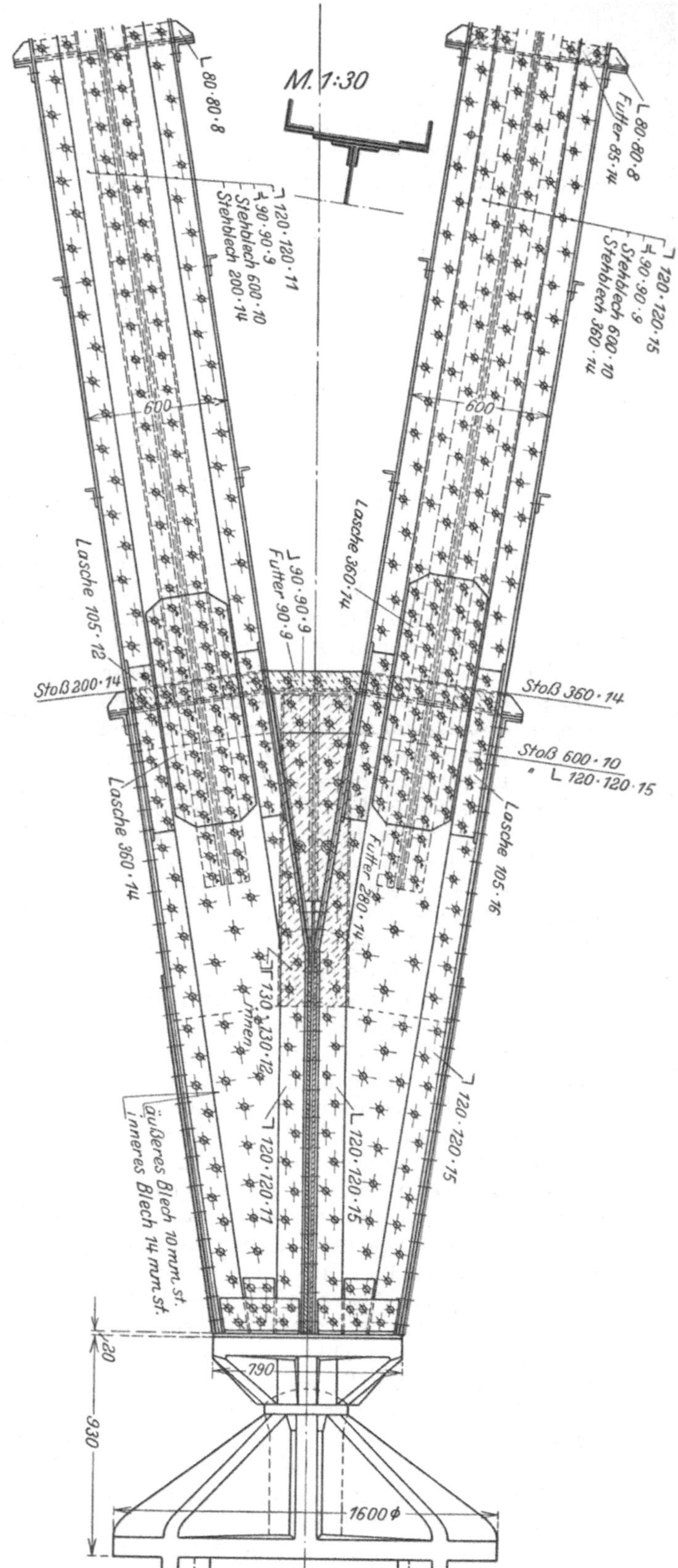

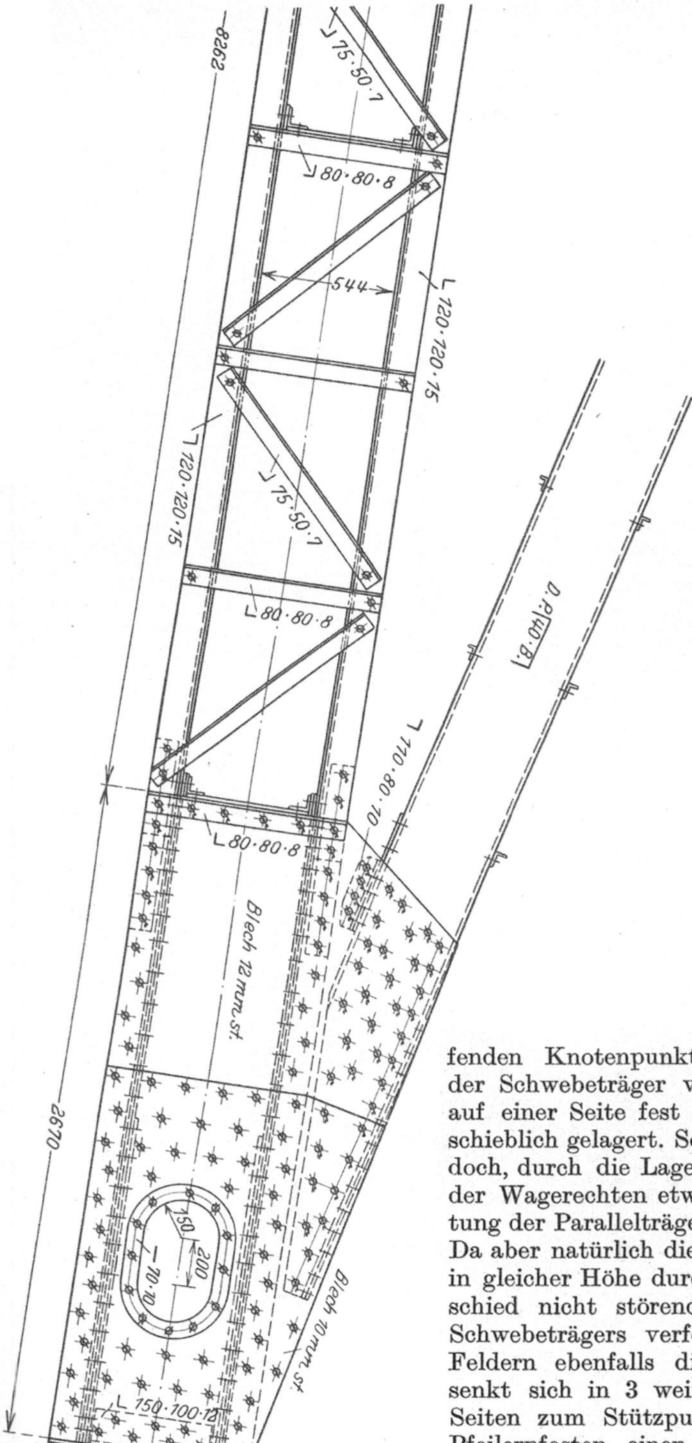

öffnung errichtet. Die Stäbe der Obergurtung über den Gelenken waren dabei behelfsmäßig miteinander verbunden.

Zum andern Male neue wirkungsvolle Formen hat der Erbauer für die Hochbrücke bei Hochdonn[1] gefunden (Abb. 246). Über den Seitenöffnungen stehen portalartig gestaltete Brückenjoche von 74 m Stützweite. Aus festen Lagern streben die Pfeiler mit steil ansteigenden Pfosten der Untergurtung des Parallelträgers zu, der die Fahrbahn trägt. Träger und Pfeiler sind zu einem geschlossenen Fachwerk verbunden, das einfach statisch unbestimmt ist. Die Obergurtung ragt nach beiden Seiten um 1 Feld über und ist auf den letzten Knotenpunkt der Untergurtung durch eine Strebe abgestützt, die als Fortsetzung des äußeren Pfeilerpfostens erscheint. Auf dem in die Mittelöffnung greifenden Knotenpunkt der Obergurtung ruht der Schwebeträger von 121,10 m Stützweite, auf einer Seite fest auf der andern längsverschieblich gelagert. Seine Untergurtung liegt jedoch, durch die Lagerkonstruktion bedingt, in der Wagerechten etwas höher als die Obergurtung der Parallelträger in den Seitenöffnungen. Da aber natürlich die Oberkante der Fahrbahn in gleicher Höhe durchläuft, wirkt der Unterschied nicht störend. Die Obergurtung des Schwebeträgers verfolgt in den 8 mittleren Feldern ebenfalls die wagerechte Linie und senkt sich in 3 weiteren Feldern auf beiden Seiten zum Stützpunkt. Sie bildet mit den Pfeilerpfosten einen geschlossenen Linienzug, der von einem Stützpunkt zum andern in gut gelungenem Sprung über den Kanal setzt. Die Fahrbahn und die in ihr liegende Gurtung

[1] Ausführung Werk Louis Eilers, Hannover.

Abb. 248b.
über den Nord-Ostseekanal bei Hochdonn.

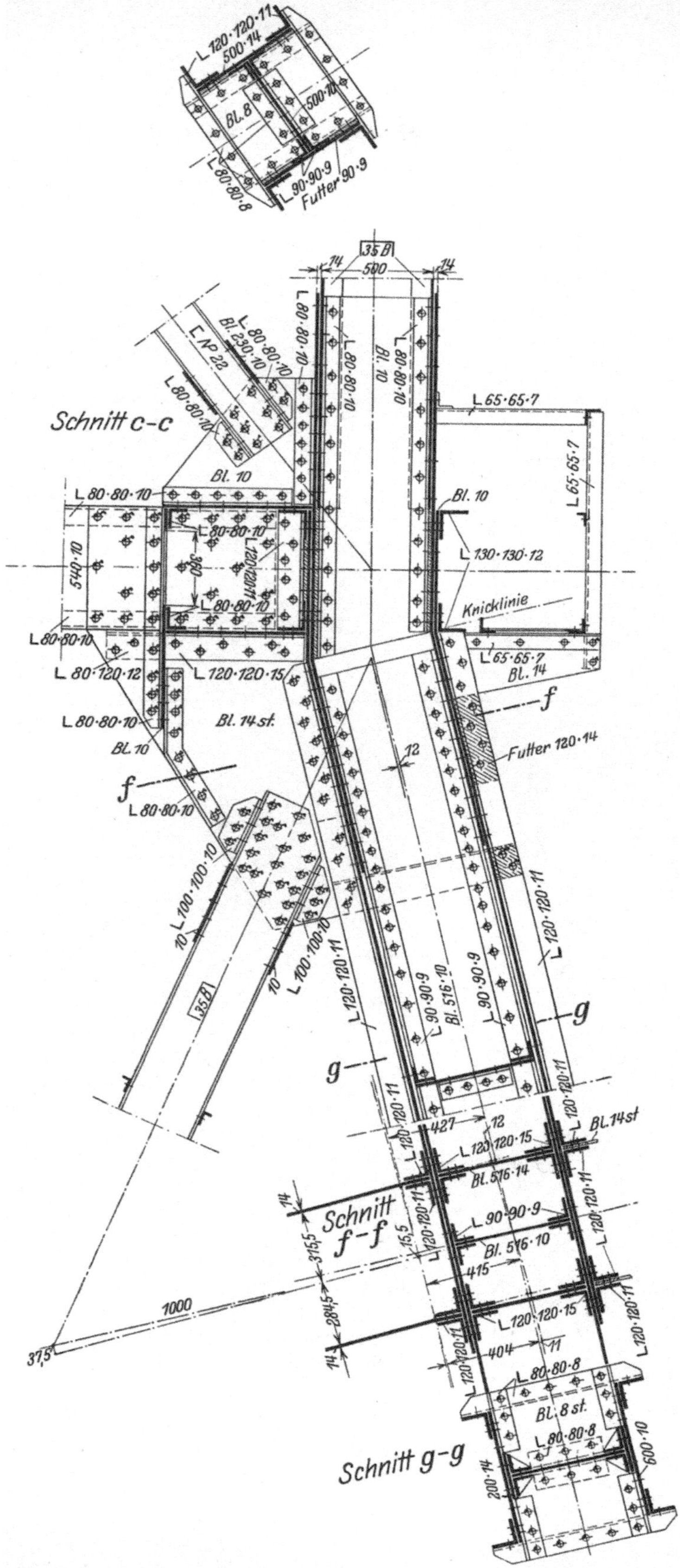
L 120·120·11
500·14
Bl. 8
500·10
L 80·80·8
L 90·90·9
Futter 90·9
35 B
14
500
14
L 80·80·10
Bl. 10
L 80·80·10
L NP 22
Bl. 230·10
L 80·80·10
Schnitt c-c
L 65·65·7
Bl. 10
L 80·80·10
540·10
L 80·80·10
360
L 120·120·11
L 130·130·12
Knicklinie
L 80·80·10
L 80·120·12
L 120·120·15
L 65·65·7
Bl. 14
f
Futter 120·14
L 80·80·10
Bl. 14 st.
Bl. 10
12
L 80·80·10
L 100·100·10
L 100·100·10
L 120·120·11
L 120·120·11
L 90·90·9
Bl. 516·10
L 90·90·9
g
427
12
L 120·120·15
Bl. 14 st
Bl. 516·14
Schnitt
f-f
L 90·90·9
Bl. 516·10
415
375,5
15,5
284,5
1000
37,5
L 120·120·15
404
11
L 80·80·8
Bl. 8 st.
L 80·80·8
Schnitt g-g
600·10
200·14

Abb. 319 c

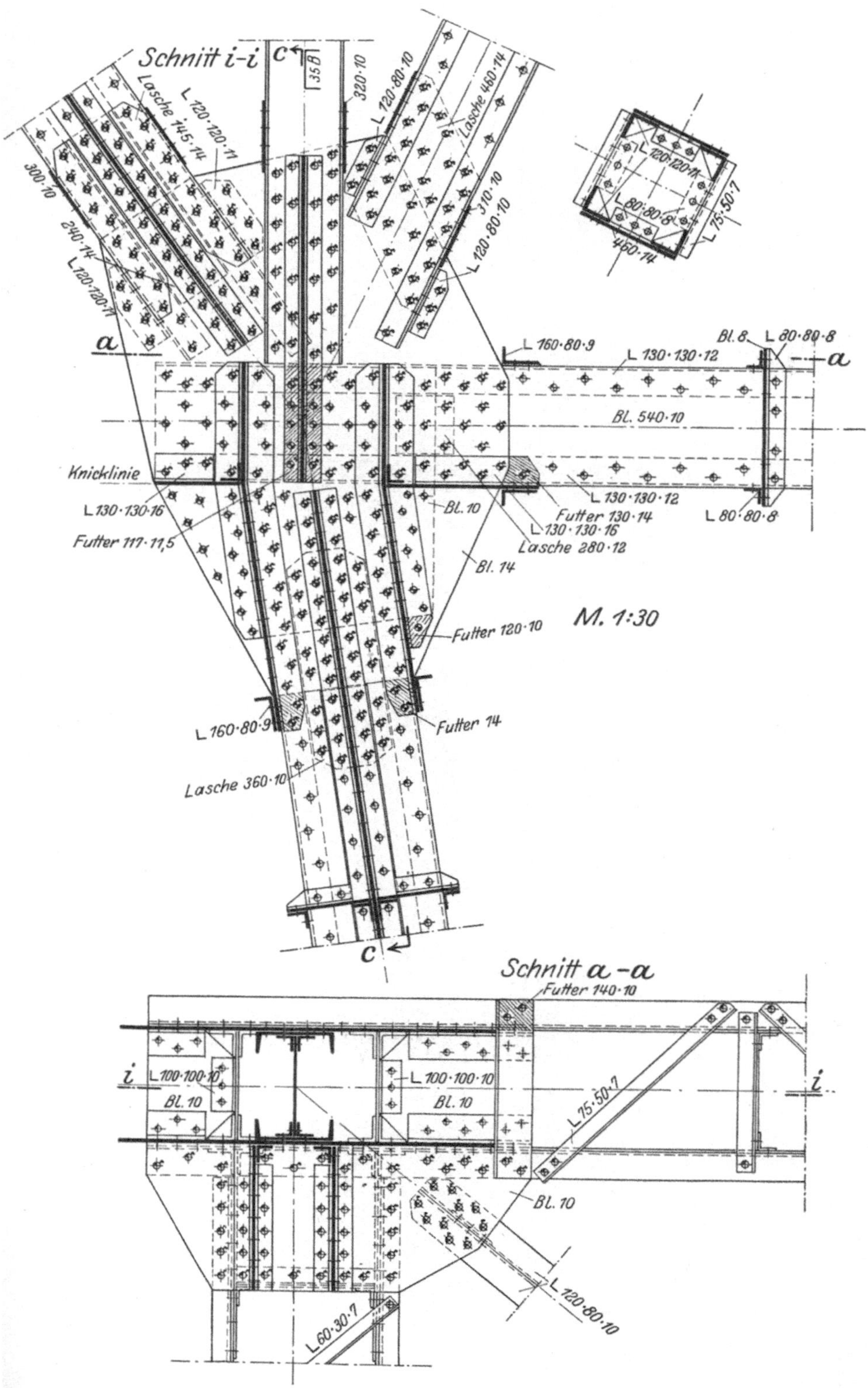
Schnitt i-i
c
35 B
320·10
L 120·80·10
Lasche 460·14
Lasche 145·14
L 120·120·11
300·10
240·14
L 120·120·11
310·10
L 120·80·10
L 120·120·11
L 80·80·8
L 75·50·7
460·14
a
L 160·80·9
L 130·130·12
Bl. 8
L 80·80·8
a
Bl. 540·10
Knicklinie
L 130·130·16
Futter 117·11,5
Bl. 10
Futter 130·14
L 130·130·12
L 130·130·16
Lasche 280·12
L 80·80·8
Bl. 14
M. 1:30
Futter 120·10
L 160·80·9
Futter 14
Lasche 360·10
c
Schnitt a-a
Futter 140·10
i
L 100·100·10
Bl. 10
L 100·100·10
Bl. 10
L 75·50·7
i
Bl. 10
L 120·80·10
L 60·30·7

Abb. 249 b.

bilden einen zweiten Linienzug. Jener bringt die tragende Aufgabe des Bauwerkes, dieser die Uferverbindung zum Ausdruck. Das System der Pfeiler ist in Abb. 247 perspektivisch dargestellt. Abb. 248 zeigt die Konstruktion des Fußes mit dem

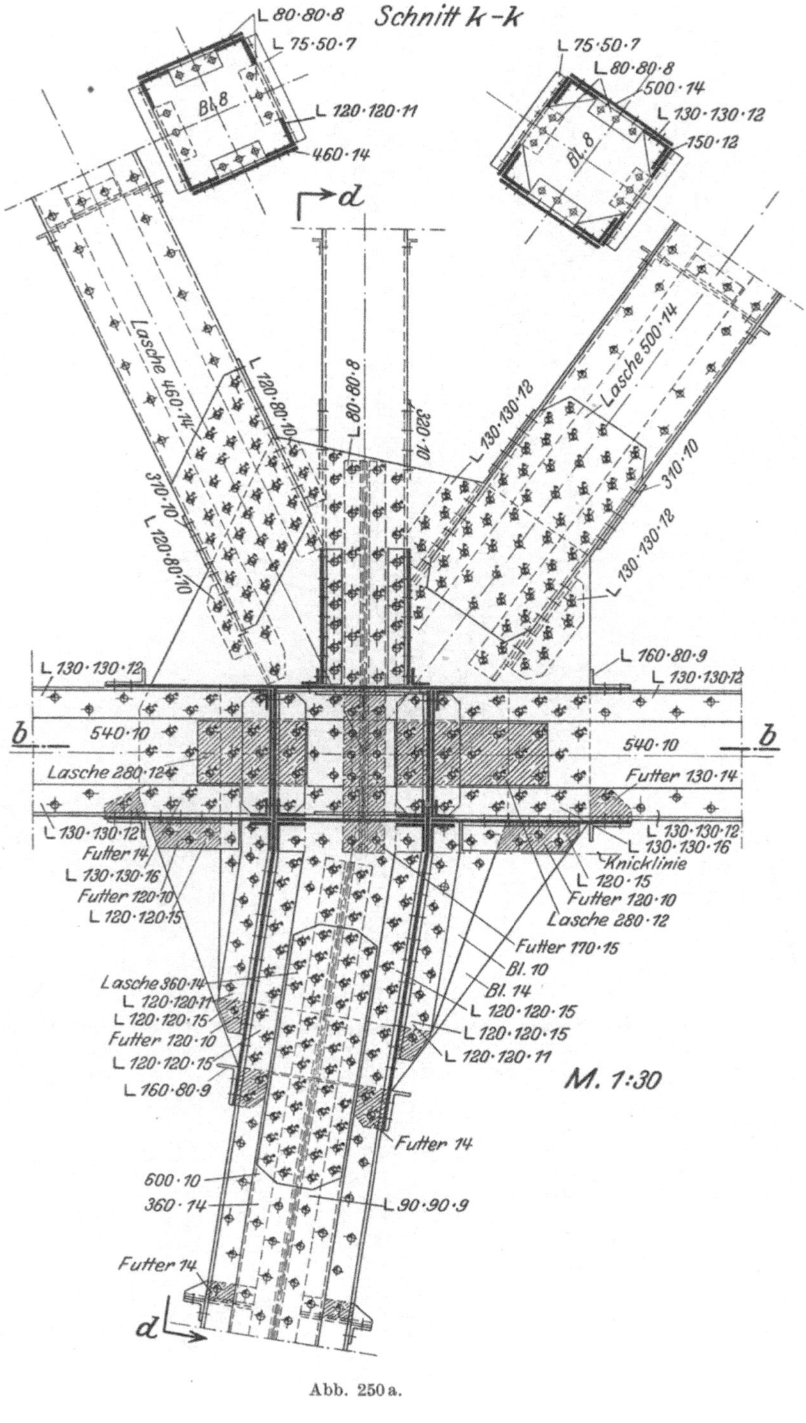

Abb. 250 a.

festen Auflager. In den Abb. 249 ist die räumliche Konstruktion des Knotenpunktes, in dem Stütze, Träger und Endstrebe verbunden sind, dargestellt, in den Abb. 250 der Knotenpunkt, in dem der Parallelträger der Seitenöffnung auf dem Pfeiler sitzt. In beiden ist die Verbindung der in verschiedenen Ebenen liegenden Stäbe vorbildlich gestaltet. Der Schwebeträger ist auf dem südlichen Kragträger um einige Felder nach dem Kanal zu überstehend zusammengebaut und sodann auf schwimmender Rüstung unter dem vorstehenden Ende über den Kanal gezogen worden. Der Baustoff ist hochwertiger Stahl von 2900 kg/cm² Streckgrenze.

Die Rampenbrücke der beiden letztgenannten Hochbrücken sind Balken auf vielen Stützen. Bei der Rendsburger Brücke stehen standfeste Gerüstpfeiler von der Bauart des in Abb. 245 dargestellten in Abständen von etwa 40 m und tragen je 4 Stehblechträger von 28,5 m Stützweite auf ihren äußeren Pfosten. Die Rampe zur Hochbrücke bei Hochdonn besteht in einer Kette von Portalen der in Abb. 246

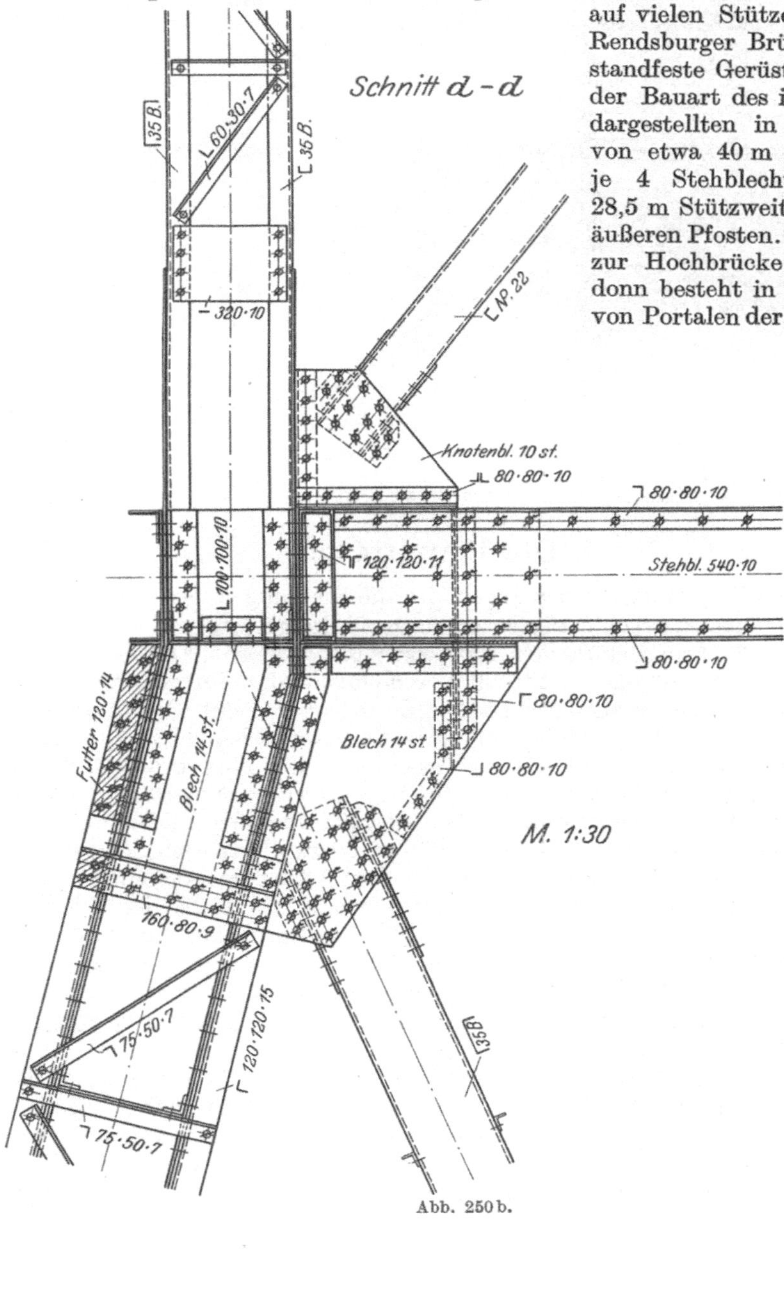

Abb. 250 b.

für die Seitenöffnungen dargestellten Bauart. Die Stützen stehen in verhältnismäßig großen Abständen von 56 und 52 m. Zwischen 2 Portalbrücken liegen Schwebeträger von 31,0 m Länge, die als Stehblechträger mit geknickter Untergurtung ausgebildet sind.

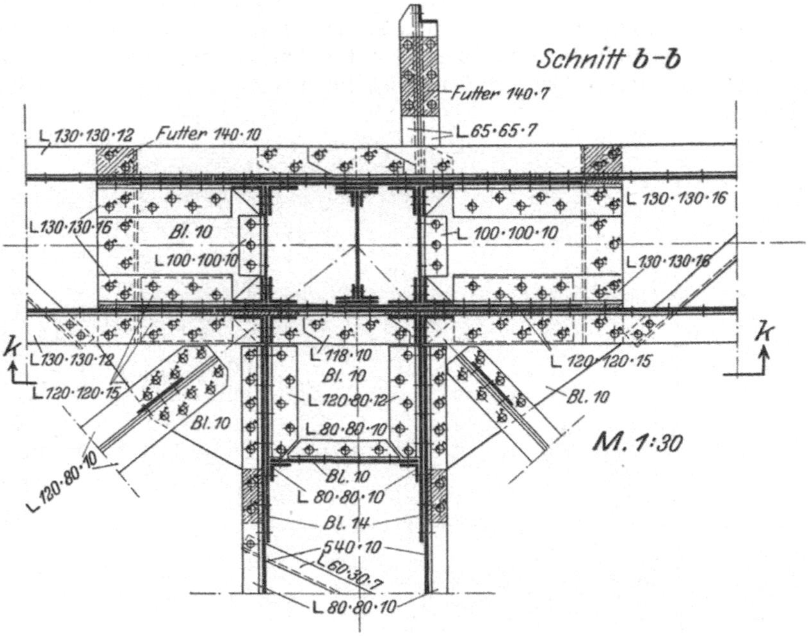

Abb. 250 c.

4. Die Bogenträger.

Das wesentliche Merkmal des Bogens ist die Stützung in festen Lagern, den Kämpfergelenken. Lotrechte Lasten erzeugen in jedem Lager einen Kämpferdruck, dessen Richtung stark von der Lotrechten abweicht. Dadurch wird im Tragwerk die Entwicklung der Stützlinie ermöglicht, d. i. der geknickte Kraftlinienzug, der die Lasten aus ihrer Lage in die Kämpfer leitet. Sofern die Achse des Tragwerkes der Stützlinie folgt, nimmt es die Lasten allein durch Druckkräfte ohne Biegungsspannungen auf. Da die Lage der Stützlinie von der Größe und Stellung der Lasten abhängt, ist sie nur für Eigenlast unveränderlich. Aus dieser weicht sie infolge der Verkehrslasten im allgemeinen nach beiden Seiten ab. Jede Abweichung hat die Wirkung, daß im Tragwerk zu den Druckkräften Biegungsspannungen hinzutreten, deren Moment gleich dem Moment aus der Druckkraft und dem Ausschlag der Stützlinie aus der Achse des Tragwerks ist. Es läßt sich demnach auch im Bogen die Beanspruchung durch Momente nicht vermeiden. Doch ist offensichtlich, daß die Momente ganz wesentlich kleiner sein müssen als die von Lasten gleicher Größe im Balkenträger gleicher Stützweite erzeugten. Der Bogen erfordert daher nicht die gleichen Querschnitte wie der Balken.

Die Bauarten des Bogens für eine Öffnung sind in statischer Hinsicht nach der Zahl der Gelenke zu gliedern, die das Tragwerk aufweist. Der Bogen mit 3 Gelenken hat 2 Kämpfer- und 1 Scheitelgelenk. Letzteres hat den Nachteil, daß die Fahrbahn unterbrochen werden muß, wenn die Gelenkwirkung gesichert sein soll. Außerdem verursacht die Konstruktion des Gelenkes Kosten. Man wählt daher die Bauart nur, wenn zwingende Gründe vorliegen.

Der Bogen mit 2 Gelenken, den Kämpfergelenken, ist die häufigste und meist vorteilhafteste Bauart. Sie ist einfach statisch unbestimmt. Änderungen der Temperatur und wagerechte Verschiebungen der Kämpfer durch Nachgeben der Widerlager beeinflussen daher den Spannungszustand, mindern jedoch die Tragfähigkeit des Bauwerks nicht. Der Bogen mit 1 Gelenk besitzt ein Scheitelgelenk, während die Kämpfer in den Widerlagern fest eingespannt sind. Das System ist zweifach statisch unbestimmt. Es hat keinerlei praktische Bedeutung und ist nur gelegentlich vorgeschlagen worden, ohne zur Ausführung zu gelangen.

Der eingespannte Bogen besitzt kein Gelenk. Seine Kämpfer sind in den Widerlagern fest eingespannt. Das System ist dreifach statisch unbestimmt. In den Querschnitten am Kämpfer treten erhebliche Biegungsmomente auf, sowohl durch die Lasten wie durch Änderungen der Temperatur. Es ist daher eine starke Verankerung der Kämpfer im Widerlager und ein sehr schwerer Widerlagerkörper notwendig. Diese Tatsache erhöht die Kosten der Gründung so erheblich, daß die am Tragwerk durch die Einspannung erzielte Ersparnis wieder verloren geht. Nur wenn die Widerlager unmittelbar auf Fels gestellt werden können, ist die Bauart vorteilhaft. Zur Gattung des Zweigelenkbogens gehört in statischer Hinsicht auch der versteifte Stabbogen. Das tragende Bauglied ist ein auf 2 Kämpfergelenke gestützter Stabzug gerader oder auch schwach gekrümmter Druckstäbe. Seine Knotenpunkte liegen auf einer Bogenlinie und tragen die Fahrbahn durch lotrechte Pfosten. Infolge der geringen Höhe der Stabquerschnitte müssen die Knotenpunkte als Gelenke aufgefaßt werden, auch wenn die Stäbe ohne Stoß durchlaufen. Der Stabzug ist daher nur standfest, wenn die Stützlinie in seine Achse fällt. Zur Aufnahme veränderlicher Lasten wird er durch den Versteifungsbalken befähigt, der in den Endpunkten auf die Kämpfergelenke abgestützt ist und in den Zwischenknoten auf dem Kopf der Pfosten ruht. Der Versteifungsbalken muß in sich die Lasten so ausgleichen, daß die Stützlinie der in die Pfosten übergehenden Kräfte in die Achse des Stabzuges fällt. Zur Aufnahme wagerechter Kräfte muß der Versteifungsbalken entweder eine wagerechte Stützung erhalten oder mit dem höchsten Knotenpunkt des Stabzuges fest verbunden werden. Zuweilen ruht der Versteifungsbalken in besonderen Lagern auf den Pfeilern, dann fällt die Abstützung auf die Kämpfergelenke fort. Statisch hat die Anordnung den Vorzug, das Pfeilverhältnis f/l um ein geringes zu vergrößern, da als Kämpfergelenk der Schnittpunkt des letzten Bogenstabes mit der Lotrechten durch das Auflager des Versteifungsbalkens anzusehen ist.

Die Linienführung der Gurtungen gibt dem Bogen die Form. Verjüngung der Gurtungen vom Scheitel bis zur Spitze in den Kämpfern kennzeichnet den Sichelbogen. Aus einander strebende Linien bis zur größten Bogenhöhe über dem Kämpfer zeigt der Zwickelbogen. Durch Krümmen um gleiche Mittelpunkte entsteht der Bogen mit parallelen Gurtungen. Wie beim Balken steht neben der vollwandigen Gestaltung die Gliederung des Fachwerks. Ursprünglich wurde der Bogen mit voller Wand nur für kleinere Stützweiten gewählt, etwa bis 30 m. In paralleler Entwicklung mit dem Bau der Balken haben aber die Vorzüge der vollen Wand auch beim Bogen das Fachwerk mehr und mehr zurückgedrängt. Heute wird vielfach selbst bei den größten Stützweiten der vollwandigen Ausbildung der Vorzug gegeben. Nur wo die Form des Zwickelbogens gewählt wird, behauptet sich das Fachwerk. Vielleicht hat aber der Gang der Entwicklung die Grenze des Richtigen schon überschritten. Es erscheint jedenfalls fraglich, ob für Bogenhöhen von 4 bis 6 m die volle Wand wirtschaftlich noch günstig ist.

Für die überschlägliche Berechnung des vollwandigen Zweigelenkbogens sind die auf S. 229 angegebenen Formeln geeignet. In dem Beiwert ν fällt jedoch das zweite Glied mit dem Zugband fort. Es ist also

$$\nu = \frac{15}{8}\frac{J}{F_b f^2} = \frac{15}{8}\left(\frac{i_b}{f}\right)^2,$$

Der Unterschied ist beträchtlich, da der Querschnitt des Zugbandes stets wesentlich kleiner ist als der des Bogens. Der Trägheitsradius läßt sich angenähert durch die Höhe h_b des Bogenquerschnittes ausdrücken. Sein Wert liegt etwa in den Grenzen $i^2 = \frac{1}{7}h_b^2$ und $i^2 = \frac{1}{5}h_b^2$. Als mittlerer Wert kann also $i^2 = \frac{1}{6}h_b^2$ gesetzt werden. Damit erhält man

$$\nu = \frac{5}{16}\left(\frac{h_b}{f}\right)^2.$$

Für $h_b = \frac{1}{40}l$, $f = \frac{1}{8}l$ ergibt sich

$$\nu = 0{,}0125\,.$$

Bei der unten besprochenen Straßenbrücke über den Neckar ist $h_b = 1{,}60$, $f = 7{,}3$ m, also $\nu = 0{,}018$. Beim Bogen mit Zugband ist $\nu = 0{,}05$ und größer. Da die Momente aus voller Belastung

$$M_x = \frac{1}{2}\,p\,x\,(l - x)\,\frac{\nu}{1+\nu},$$

ν verhältnisgleich sind, erreichen sie beim Zweigelenkbogen nicht $\frac{1}{2}$ der Werte der Bauart mit Zugband. Geringer ist der Unterschied der maßgebenden größten Momente in $\frac{1}{4}l$ und $\frac{3}{4}l$, die nach den Formeln (82) Seite 229 zu berechnen sind. In $l/4$ sind die Momente des Zweigelenkbogens um 8 bis 12%, in $l/2$ um 24 bis 30% kleiner.

Beispiel: $l = 100$ m, $f = 12{,}5$, $g = 4{,}0$ tm, $p = 12{,}0$ tm, $\nu = 0{,}02$

$$H_g = \frac{4\cdot 100^2}{8\cdot 12{,}5\cdot 1{,}02} = 3{,}92\ \text{t},$$

in $\frac{l}{2}$ $\quad M_g = \frac{4\cdot 100^2}{8}\cdot\frac{0{,}02}{1{,}02} = 98$ tm, in $\frac{l}{4}$ $M_g = 73{,}5$ tm,

in $\frac{l}{4}$ $\quad M_p = \frac{12\cdot 100^2}{64}\left[\frac{1{,}08}{1{,}02} + \frac{1}{32}\left(\frac{0{,}84}{1{,}02}\right)^2\right] = +\,2020$ tm,

in $\frac{3}{4}l$ $\quad M_p = -\frac{12\cdot 100^2}{64}\left[\frac{0{,}96}{1{,}02} + \frac{1}{32}\left(\frac{0{,}84}{1{,}02}\right)^2\right] = -\,1760$ tm,

$$H_p = \frac{12\cdot 100^2}{16\cdot 12{,}5\cdot 1{,}02}\left(1 \mp \frac{3}{16}\frac{0{,}84}{1{,}02}\right) = 498 \text{ bzw. } 696\ \text{t},$$

$$\max M = 2020 + 74 = +\,2094, \quad \min M = -\,1760 + 73 = -\,1687\ \text{tm}.$$

$$N = -\left(392 + \frac{498}{966} + \frac{1}{2}(4+6)\,12{,}5\right)\frac{1}{\sqrt{1+\frac{4}{8^2}}} = -\frac{922}{1116}\ \text{t}.$$

gewählt wird $h = 1{,}80$ m, $t_1 = 0{,}01$ m, $i_0^2 = \frac{1}{6}h^2 = 0{,}54$ m²; nach Gleichung (44) und (45) ist

$$\mu = \frac{2094 - 1687}{2094 + 1687} + \frac{922 - 1116}{2094 + 1687}\,\frac{2\cdot 1{,}8^2}{6\cdot 1{,}81} = 0{,}07703,$$

$$F = \frac{1}{2\cdot 1{,}82}\left[922 + 1116 + \frac{1{,}81\cdot 6}{2\cdot 1{,}8^2}(2094\cdot 0{,}9230 + 1687\cdot 1{,}0770)\right] = 2286\ \text{cm}^2,$$

$$F_1 = 2286\left(0{,}07703 + \frac{0{,}01}{1{,}81}\right) = 189\ \text{cm}^2, \quad F_0 = 2097\ \text{cm}^2,$$

zweiwandiger Querschnitt je Wand

1 Stehblech 1724 · 18	310
4 ∟ 200 · 200 · 20	305
2 Platten 540 · 38	410
$\frac{1}{2}F_0 =$	1025 $\quad i_0^2 = 0{,}5798$ m².

Da den Gurtungen mehr als $^2/_3$ der Fläche zugewiesen werden muß, ist i_0^2 zu niedrig geschätzt. Daraus folgt, daß der berechnete Querschnitt F_0 zu groß ist. Er ist deshalb etwas kleiner ausgebildet. Der berechnete Wert i_0^2 übersteigt den geschätzten um 0,0398. Die Verbesserung ergibt

$$\Delta\mu = -\frac{194}{3781}\cdot\frac{0{,}0398\cdot 2}{1{,}81} = -0{,}00226\,,$$

$$\mu = 0{,}07477\,,$$

$$\Delta F = -\frac{3750}{2\cdot 1{,}82}\,\frac{1{,}81}{2}\left(\frac{1}{0{,}54} - \frac{1}{0{,}5798}\right) = -119\,,$$

$$F = 2286 - 119 = 2167\ \text{cm}^2,$$

$$F_1 = 2167\left(0{,}07477 + \frac{0{,}01}{1{,}81}\right) = 152\ \text{cm}^2, \quad F_0 = 2015\ \text{cm}^2;$$

gewählt werden Stehblech und Winkel wie angegeben und 2 Platten $520\cdot 38 = 395\ \text{cm}^2$, damit wird

$$\frac{1}{2}F_0 = 1010\ \text{cm}^2,$$

$$i_0^2 = 0{,}5768\ \text{m}^2.$$

Der Querschnitt wurd durch 1 Platte $152\cdot 10$ abgedeckt.

$$J = J_0\left(1 + \frac{1{,}81}{4\cdot 0{,}5768}\cdot\frac{152}{2172}\right) = 11650652\cdot 1{,}099\,,$$

$$J = 12808354\ \text{cm}^4,$$

$$\eta_1 = \frac{1{,}81}{2}\,\frac{2020}{2172} + 0{,}05 = 0{,}847\ \text{m}, \quad \eta_2 = 1{,}81 - 0{,}847 = 0{,}963\ \text{m},$$

$$W_1 = 151220\ \text{cm}^3, \quad W_2 = 133000\ \text{cm}^2,$$

$$\sigma_1 = -\frac{922}{2172} - \frac{209400}{151220} = -1{,}81\ \text{t/cm}^2,$$

$$\sigma_2 = -\frac{1116}{2172} - \frac{168700}{133000} = -1{,}78\ \text{t/cm}^2.$$

Abzug für Nietlöcher ist unnötig, da die größten Spannungen Druckspannungen sind. Am gezogenen Rande ist die Erhöhung der Spannungen im Querschnitt durch die Nietreihe zulässig, da σ_{zul} nicht erreicht wird.

In $\frac{1}{2}l$ ist aus symmetrischer Teilbelastung

$$M_p = \frac{12\cdot 100^2}{128}\,\frac{1{,}08^2}{1{,}02} = 1070\ \text{tm},$$

$$H_p = \frac{12\cdot 100^2}{128\cdot 12{,}5}\,\frac{1{,}08\cdot 7{,}08}{1{,}02} = 561\ \text{tm}$$

aus voller Belastung

$$M_g = 294\ \text{tm}, \qquad H_p = 1176\ \text{t},$$

$$N_1 = 1176 + 392 = 1568\ \text{t}, \quad M_1 = 294 + 98 = 292\ \text{tm},$$

$$N_2 = 561 + 392 = 953\ \text{t}, \quad M_2 = 1070 + 98 = 1168\ \text{tm}.$$

Die Höhe wird im Scheitel auf 1,50 m ermäßigt und $t_1 = 0{,}038$ gewählt. Da die Gurtungen des symmetrischen Querschnitts geringeren Flächenanteil als ½ erhalten müssen, wird $i_0^2 = \frac{1}{7}h^2 = 0{,}32\ \text{m}^2$ geschätzt. Nach Formel (41) und (42) ist

$$\mu = \frac{2\cdot 953}{1168} + \frac{0{,}038\cdot 7{,}0}{1{,}50^2} = 1{,}751\,,$$

$$F_0 = \frac{1168\cdot 1{,}538}{2\cdot 1{,}82\left(1 + \frac{1}{4}1{,}538\cdot 1{,}751\right)0{,}32} = 922\ \text{cm}^2.$$

Jede Wand wird gebildet aus

1 Stehblech	1500·18	270
4 ∟	160·160·17	207
	$\frac{1}{2} F_0 =$	477.

$$J_0 = 2 \cdot 1538000 \text{ cm}^4, \quad i_0^2 = 0{,}322 \text{ m}^2,$$

$$F_1 = 922 \frac{1{,}735 \cdot 0{,}32 \left(1 + \frac{1}{4} 1{,}538 \cdot 1{,}751\right)}{1{,}538},$$

$$F_1 = 562 \text{ cm}^2.$$

Der Querschnitt F_1 wird gebildet aus

2 Platten	530·8	88
1 Platte	1580·30	474
	$F_1 =$	562 cm².

$$J = J_0 \left(1 + \frac{1{,}538^2}{4 \cdot 0{,}322} \frac{562}{1484}\right),$$

$$J = 5204700 \text{ cm}^4,$$

$$\eta_1 = \frac{1{,}538}{2} \frac{922}{1484} + 0{,}019 = 0{,}497 \text{ m},$$

$$\eta_2 = 1{,}538 - 0{,}497 = 1{,}041 \text{ m},$$

$$W_1 = 104700 \text{ cm}^3,$$

$$W_2 = 50000 \text{ cm}^3,$$

$$\sigma_1 = -\frac{943}{1484} - \frac{116800}{104700} = -1{,}760 \text{ t/cm}^2,$$

$$\sigma_2 = -\frac{943}{1484} + \frac{116800}{50000} = +1{,}697 \text{ t/cm}^2.$$

Nach der Theorie des Spannungsausgleiches entlasten die Querschnitte in $\frac{1}{4} l$ und $\frac{3}{4} l$ einander. Es sei σ_I die größte Druckspannung in $\frac{1}{4} l$ an der äußeren Kante, σ_{II} die Spannung in $\frac{3}{4} l$ an der inneren Kante, die durch die gleiche Belastung entsteht. Dann darf der Querschnitt aus

$$\sigma_I = \sigma_{II} = \sigma_{\text{zul}}$$

bestimmt werden. y_u und y_o bezeichnen den Abstand des unteren und oberen Kernpunktes von der Kraftlinie des Horizontalschubes, M_{01}, M_{02} die Momente des einfachen Balkens für dieselben Punkte

$$\sigma_I = -\frac{M_{01} - H \cdot y_u}{W_1}, \qquad \sigma_{II} = \frac{M_{02} - H \cdot y_o}{W_2}.$$

Daraus erhält man in

$$\sigma_{\text{zul}} = -\frac{M_{01} \cdot y_o - M_{02} \cdot y_u}{W_1 \cdot y_o + W_2 \cdot y_u}$$

die Bedingung für die Bestimmung des Querschnitts. Sie ergibt jedoch nur unwesentlich kleinere Querschnitte als die Forderung, daß die wirkliche Spannung σ_I nicht über σ_{zul} hinausgeht. Von wesentlicher Bedeutung ist, daß H verschwindet. Daraus folgt, daß Änderungen der Temperatur und Verschiebungen der Widerlager keinen Einfluß auf die Größe der Querschnitte haben.

Bei der Belastung, die die größte Spannung an der Oberkante des Scheitelquerschnitts erzeugt, wird der Scheitelquerschnitt durch den Querschnitt in etwa $\frac{1}{8} l$ entlastet. Gleichheit der Spannung an der Oberkante im Scheitel und der Unterkante in $\frac{1}{8}l$ führt zu einer der obigen analogen Gleichung. Der Horizontalschub verschwindet.

Auch wenn in dem belasteten Bogen die Stützlinie in die Bogenachse fällt, ist ein labiler Zustand des Gleichgewichtes möglich. Während im stabilen Zustand nur eine elastische Linie möglich ist, die im symmetrischen Bogen bei symmetrischer Belastung symmetrische Form hat, können im labilen Zustand auch 2 unsymmetrische Formen eintreten. Sie sind durch Hebung über die symmetrische Linie auf einer Seite des Scheitels und Senkung unter sie auf der andern Seite gekennzeichnet. Der Grenzübergang aus dem stabilen in den labilen Zustand ist an den Eintritt eines kritischen Wertes des Druckes in der Bogenachse gebunden, der durch den größten Wert, d. i. der Kämpferdruck K, angegeben wird. Es bezeichne b die Bogenlänge, r den Halbmesser des Kreises durch Scheitel- und Kämpferpunkte und J das konstante Trägheitsmoment. Mit hinreichend genauer Annäherung gibt

$$K_k = E \cdot J \frac{\frac{4\pi^2}{b^2} - \frac{1}{r^2}}{1 + \frac{4\pi^2 \cdot i^2}{b^2}}, \tag{103}$$

den kritischen Wert des Kämpferdruckes an[1]. Im Nenner kann das 2. Glied auch vernachlässigt werden.

Eine Verschiebung der Widerlager, bei der die Stützweite um Δl zunimmt, erzeugt eine Abnahme des Horizontalschubes um

$$\Delta H = \frac{15 E J_b}{8 f^2 l (1 + \nu)} \Delta l.$$

Die Druckspannung an der Oberkante des Scheitelquerschnittes nimmt zu um

$$\Delta \sigma = \frac{15 E (f - k_u) \eta_0}{8 f^2 l (1 + \nu)} \Delta l,$$

worin k_u der untere Kernhalbmesser und η_0 der Abstand der Oberkante von der Achse des Querschnitts ist. Wie nachgewiesen, ist die Erhöhung der Spannung ohne Einfluß auf die Sicherheit. Es müssen jedoch bleibende Formänderungen ausgeschlossen werden. Unter der Voraussetzung, daß die Beanspruchung aus den Hauptkräften Winddruck und Wärmeschwankungen 1,125 σ_{zul} nicht überschreitet, darf daher $\Delta\sigma = 0{,}30\, \sigma_{zul}$ werden. Es würde auch ein höherer Wert bis etwa 0,45 σ_{zul} unbedenklich sein, da eine geringe Überschreitung der Elastizitätsgrenze nur mit sehr kleinen bleibenden Dehnungen verbunden ist, auf der andern Seite aber die Elastizitätsgrenze sofort hebt. Man erhält mithin das Maß der nach obiger Definition unschädlichen Stützenverschiebung aus

$$\Delta l = \frac{0{,}3 \cdot \sigma_{zul} \cdot 8 f \cdot l (1 + \nu)}{15 E \cdot \eta_0}, \tag{104}$$

wenn k_u gegen f vernachlässigt wird. Für das oben behandelte Beispiel ergibt sich

$$\Delta l = \frac{0{,}3 \cdot 1{,}82 \cdot 8 \cdot 12{,}5 \cdot 100 \cdot 1{,}02}{15 \cdot 2100 \cdot 0{,}49} = 0{,}36 \text{ m}.$$

Aus der Formel ergibt sich folgender Schluß: Die unschädliche Stützenverschiebung nimmt in gleichem Verhältnis mit der Stützweite zu, wenn l, f und η_0 verhältnisgleich wachsen. Sie nimmt stärker als im gleichen Verhältnis zu, wenn f/l zunimmt.

Die Größe der zu erwartenden Stützenverschiebung kann nur geschätzt werden. Neben der Beschaffenheit des Baugrundes kommt der Richtung des

[1] Mayer, R: Die Knickfestigkeit, S. 139. Berlin 1921.

resultierenden Druckes in der Widerlagersohle maßgebende Bedeutung zu. Die Größe des Horizontalschubes hat nur mittelbaren Einfluß. Sofern nicht Schichten im Baugrund vorhanden sind, die eine Bewegung in den Trennungsflächen befürchten lassen, ist ein Nachgeben der Widerlager durch Pressung des Bodens nur in der Richtung des Druckes möglich. Die wagerechte Komponente der Bewegung beider Widerlager bildet Δl. Man kann also aus dem beobachteten Maß des Setzens lotrecht belasteter Fundamente auf gleichem Baugrund einen ziemlich sichern Schluß auf die Verschiebung des Widerlagers in der Druckrichtung und weiter auf Δl ziehen. Weit verbreitet ist auch heute noch die Meinung, daß der Zweigelenkbogen vollkommen unverschiebliche Widerlager erfordere. In nicht seltenen Fällen hat lediglich die Möglichkeit kleiner Verschiebungen gegen den Bau des Zweigelenkbogens entschieden. Diese Meinung ist irrig. Meist dürfen Verschiebungen in nicht ganz geringem Ausmaß eintreten, ohne bleibende Dehnungen im Bogen hervorzurufen. Da sie in keinem Falle eine Gefahr für die Standsicherheit des Bauwerkes bedeuten, ist kaum größere Vorsicht bei der Gründung geboten als bei jedem andern Brückenpfeiler. Die jeweils erforderliche Steilheit des resultierenden Druckes läßt sich durch die Stärke des Widerlagers stets erreichen. Letzten Endes muß also die Entscheidung von der Kostenfrage abhängig gemacht werden. Das gilt aber in gleicher Weise für den Dreigelenkbogen. Deshalb kann die Frage nur lauten: Bogen oder Balken.

Die Bogenachse erhält die Form der Parabel oder des Kreises. Häufiger ist die erste. Das Pfeilverhältnis f/l des vollwandigen Bogens bewegt sich in weiten Grenzen $^1/_6$ bis $^1/_{16}$. Je größer es ist, desto günstiger ist der Bogen in wirtschaftlicher Hinsicht. Falls möglich, unterschreitet man daher $^1/_{10}$ nicht. Die Höhe h_b ist $^1/_{40}$ bis $^1/_{60}$ der Stützweite zu wählen. Vereinzelt kommen noch niedrigere Querschnitte vor. Für Eisenbahnbrücken soll möglichst $^1/_{40}$ nicht unterschritten werden. Trauer[1] hat $h_b = \frac{1}{43}\,l$ als wirtschaftlich günstigstes Maß ermittelt. Für Straßenbrücken kann man unbedenklich die genannten kleineren Zahlen wählen. Der Grund für den Unterschied liegt in dem Verhältnis der Eigenlast zur Verkehrslast. Bei Eisenbahnbrücken ist dieses meist klein. Die Abweichungen der Stützlinie aus der mittleren Lage für volle Belastung sind groß. Bei der Querschnittbestimmung überwiegen daher die Momente über die Normalkräfte. Das bedingt große Kernhalbmesser und große Widerstandsmomente. Bei Straßenbrücken ist das Verhältnis selten kleiner als 1, meist größer. Die Stützlinie schlägt weniger stark aus der mittleren Linie aus. Die Normalkräfte sind daher hier von größerem Einfluß auf die Querschnitte.

Der Querschnitt des Bogens erhält soweit als möglich die I-Form, bestehend aus Stehblech, 4 Winkeln und Gurtplatten. Da in den Gurtungen ein verhältnismäßig großer Anteil der erforderlichen Fläche untergebracht werden muß, werden die Platten ziemlich breit. Aus diesem Grunde sind ungleichschenklige Gurtwinkel häufig zweckmäßig. Wenn die Gurtplatten zu breit werden, wird die oben gedeckte Kastenform gewählt. Der lichte Wandabstand muß mindestens 50 cm betragen, damit in der Untergurtung nach Abzug der Randwinkel ein freier Spalt von 30 cm bleibt, der die Zugänglichkeit des Innenraumes wahrt.

Die Stärke des Stehbleches darf nicht zu gering gewählt werden, bei Höhen unter 1000 mm nicht kleiner als 10 mm. Bei größerer Höhe ist $t = \frac{1}{100}$ bis $\frac{1}{150}\,h_b$ angebracht. Da die Stehbleche Ringstücke sind, müssen die Kanten aus dem Rechteck ausgeschnitten werden. Von manchen Werken wird das rechteckige Blech auch in kaltem Zustand zwischen Walzen in die Ringform gebogen. Bei jeder Herstellungsart sind verhältnismäßig kurze Stücke unvermeidbar. Das Stehblech muß daher in kleinen Abständen gestoßen werden. Die Gurtwinkel und Platten dagegen erhalten zur Ersparung von Stößen Längen bis zur normalen

[1] Trauer: Der günstigste Gurtabstand sowie die Gewichte gegliederter flußeiserner Zweigelenkbogenträger mit nahezu parallelen Gurtungen. Dr.-Diss. Dresden 1907.

Walzlänge. Man legt den Stoß der Gurtungen zweckmäßig mit einem Stehblechstoß zusammen und bildet ihn in der Art des Vollstoßes nach Abb. 53 oder 54 aus.

Winkel zur Aussteifung des Stehbleches sowie Schotte in doppelwandigen Querschnitten sind ebenso erforderlich wie beim Stehblechträger. Sie können lotrecht oder normal zur Krümmung gestellt werden. Die lotrechte Stellung wirkt besser, da sie sich in den gleichgerichteten Zug der Pfosten gut einfügt. Die Halsniete müssen mit Rücksicht auf die Krümmung eng gestellt werden, obwohl die Größe der Querkräfte größere Nietteilung zuläßt. Die Kopfniete stehen am günstigsten zwischen den Halsnieten.

Lage der Fahrbahn über dem Bogen entspricht dem Wesen der Bauart. Der Fahrbahnrost wird durch Pfosten auf den Bogen abgestützt. Ein durchlaufender Längsträger, der Streckgurt heißt, wird meist in der Bogenebene angeordnet und auf den Bogenscheitel aufgesetzt. Der spitz zulaufende Spalt zwischen der geraden Unterkante des Streckgurtes und der gekrümmten Oberkante des Bogens muß durch ein gleichgestaltetes Futterstück ausgefüllt werden. Bei beschränkter Bauhöhe macht die Durchführung des Streckgurtes über den Scheitel gewisse Schwierigkeiten. Die Lösung ist von der Bauhöhe abhängig. Man kann die Höhe des aus Stehblech und 4 Winkeln gebildeten Streckgurtes über dem Scheitel auf die zweifache Schenkelbreite einschränken, in die man aus der normalen Höhe durch Krümmung der unteren Randwinkel nach der Form der Oberkante des Bogens übergeht. Der gekrümmte Rand des Streckgurtes legt sich unmittelbar auf den Bogen. Die Höhe des Bogens verträgt meist im Scheitel ebenfalls eine Einschnürung. Mit beiden gleichzeitig angewendeten Mitteln läßt sich die Bauhöhe recht erheblich einschränken. Die Vereinigung des Bogens mit dem Streckgurt durch ein Stehblech, dessen Oberkante der des Streckgurtes folgt, während die Unterkante in der inneren Bogenlinie liegt, ist eine Lösung für den Fall sehr kleiner Bauhöhe. Die untere Gurtung des Bogens läuft durch, ebenso die obere Gurtung des Streckgurtes, die im Scheitel an Stelle der oberen Gurtung des Bogens tritt. Die untere Gurtung des Streckgurtes und die obere Gurtung des Bogens werden auf das Blech aufgeführt. Der Anschluß der Bogengurtung ist hier schwierig und nicht immer in wirklich einwandfreier Weise ausführbar. Deshalb ist eine neuere Lösung vorzuziehen, bei der der Streckgurt unterbrochen und durch 2 Längsträger ersetzt wird, die auf beiden Seiten neben dem Bogen liegen. Die Lösung ist konstruktiv einfach, hat jedoch den Nachteil, die Zugänglichkeit einzelner Teile zu erschweren. Die erstgenannte Anordnung ist daher bei genügender Bauhöhe die beste.

Die Pfosten erhalten Kreuzquerschnitt aus 4 Winkeln oder bei genügender Breite der Bogengurtung besser I-Querschnitt mit rechtwinklig zur Bogenebene stehendem Steg. Zum Anschluß an den Bogen dienen Bleche, die durch Anschlußwinkel auf die Platten des Bogens aufgenietet sind (Abb. 261).

Wo das lichte Profil in Brückenmitte die Lage des Bogens unter der Fahrbahn nicht zuläßt, durchdringt der Bogen die Fahrbahn möglichst in einem Feldknoten und erhebt sich über die Fahrbahn bis zum Scheitel. In den äußeren Feldern wird die Fahrbahn durch Pfosten abgestützt, in der Mitte durch Hängestäbe am Bogen aufgehängt. Im Falle des doppelwandigen Bogenquerschnittes werden die Hängestäbe in ihn eingeführt und auf die inneren Stegflächen genietet. Sie erhalten dazu I-Querschnitt und werden zum Vorteil des Anschlusses der Fahrbahn meist nicht aus einem gewalzten Profil, sondern aus Stehblech und 4 Winkeleisen gebildet. Der Bauart ist zuweilen die innere Berechtigung bestritten worden, weil das Wesen des Bogens ihn nur zur Stützung der Fahrbahn befähige. Dabei wird der Bogen als eine aus dem Steingewölbe entstandene Bauart aufgefaßt. Dieser Ansicht kann nicht zugestimmt werden. Die stützende Eigenart des Bogens bleibt gewahrt, wenn die Lasten nicht auf ihm ruhen, sondern angehängt sind. Auch wenn man den Bogen aus dem Steingewölbe herleitet,

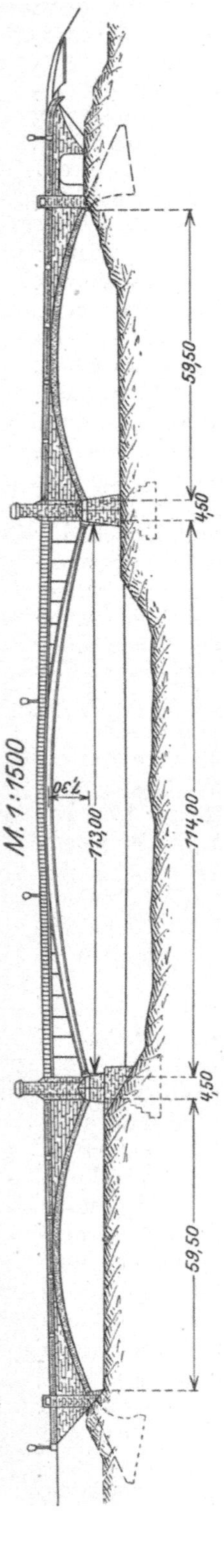

Abb. 251. Straßenbrücke über den Neckar in Mannheim.

ist jede Weiterentwicklung begründet, die den Eigenschaften des neuen Materials entspringt. Bei Verwendung von Stein ist nur die Stützung möglich, dem Stahl wird jedoch ebenso die Aufhängung gerecht.

Ein vorbildliches Beispiel für die Bauart des Bogens unter der Fahrbahn ist die in Abb. 251 dargestellte Neckarbrücke in Mannheim[1]. Der Fluß wird durch einen Bogen von 113 m Stützweite und 7,3 m Pfeilhöhe überspannt. Das Pfeilverhältnis 1 : 15,5 ist außerordentlich niedrig, es wird nur bei der Alexanderbrücke in Paris — 1 : 17,12 — unterschritten. Wie der in Abb. 141 dargestellte Querschnitt der Brücke zeigt, sind 2 Hauptträger unter dem Fahrdamm und 2 unter den Fußwegen angeordnet. Bogenachse, Ober- und Unterkante liegen auf Kreisen um denselben Mittelpunkt. Die Bogenhöhe mißt 1,80 m, bei den mittleren Bögen ist sie im Scheitel durch Einschnürung der Obergurtung auf 1,60 m erniedrigt. Der Querschnitt des Bogens hat Kastenform mit 2 Stehblechen in 0,65 m lichtem Abstand. Die Gurtplatten haben oben und unten gleiche Flächen, so daß der Querschnitt symmetrisch zur Mitte ist. Folgen der niedrigen Pfeilhöhe sind großer Horizontalschub und beträchtlicher Einfluß der Normalkraft auf die erforderlichen Querschnitte. Die symmetrische Form ist im Scheitel trotzdem wohl nicht die günstigste, während sie in den Bogenschenkeln durch das Auftreten entgegengesetzter Momente wohl begründet sein mag. Die Abb. 252 zeigt die Ausbildung des Bogens am Auflager. Jedes Stehblech ist auf beiden Seiten durch je 2 Bleche verstärkt. Das innere liegt zwischen den anliegenden Winkelschenkeln, das äußere überdeckt sie. Die so auf 5 Blechdicken verstärkten Stege sind durch Winkeleisen mit dem Lagersattel verbunden. In der Bogenachse ist ein kurzes Stegstück zwischen den Wänden eingebaut. Aus der Abbildung des Querschnitts *1* ist die Gestaltung der Querschotte ersichtlich, sie liegen in rd. 2 m Abstand. Die Pfosten in 4,12 m Abstand teilen den Bogen in 26 normale Felder und 2 2,94 m lange Endfelder. Sie bestehen aus 4 Winkeleisen, die in I-Form gestellt und durch gekreuzte Gitterstäbe verbunden sind. Auf den Bögen ist der Pfosten durch ein quer zur Trägerebene gestelltes Blech befestigt, welches durch 2 gleichlaufende Winkel auf die Gurtplatten genietet ist. Durch die Konstruktion wird eine Gelenkwirkung beabsichtigt. Dem entspricht auch die Auflagerung der Fahrbahn. In Stahlgußgelenken ruhen die Querträger auf den Pfosten. Ein Streckgurt ist nicht vorhanden. Der Nutzen der nicht ganz billigen Gelenke erscheint zweifelhaft.

Der vollwandige Bogen über der Fahrbahn ist in neuerer Zeit in Wettbewerben vielfach vorgeschlagen worden, jedoch nur in wenigen Fällen zur Ausführung gekommen. So hat sich leider auch der in Abb. 253 dargestellte Entwurf „aus einem Guß“[2] für die Rheinbrücke Köln-Mülheim nicht

[1] Entwurf und Ausführung: MAN-Werk Gustavsburg.
[2] Entwurf: Fr. Krupp, Friedrich-Alfredhütte, Rheinhausen.

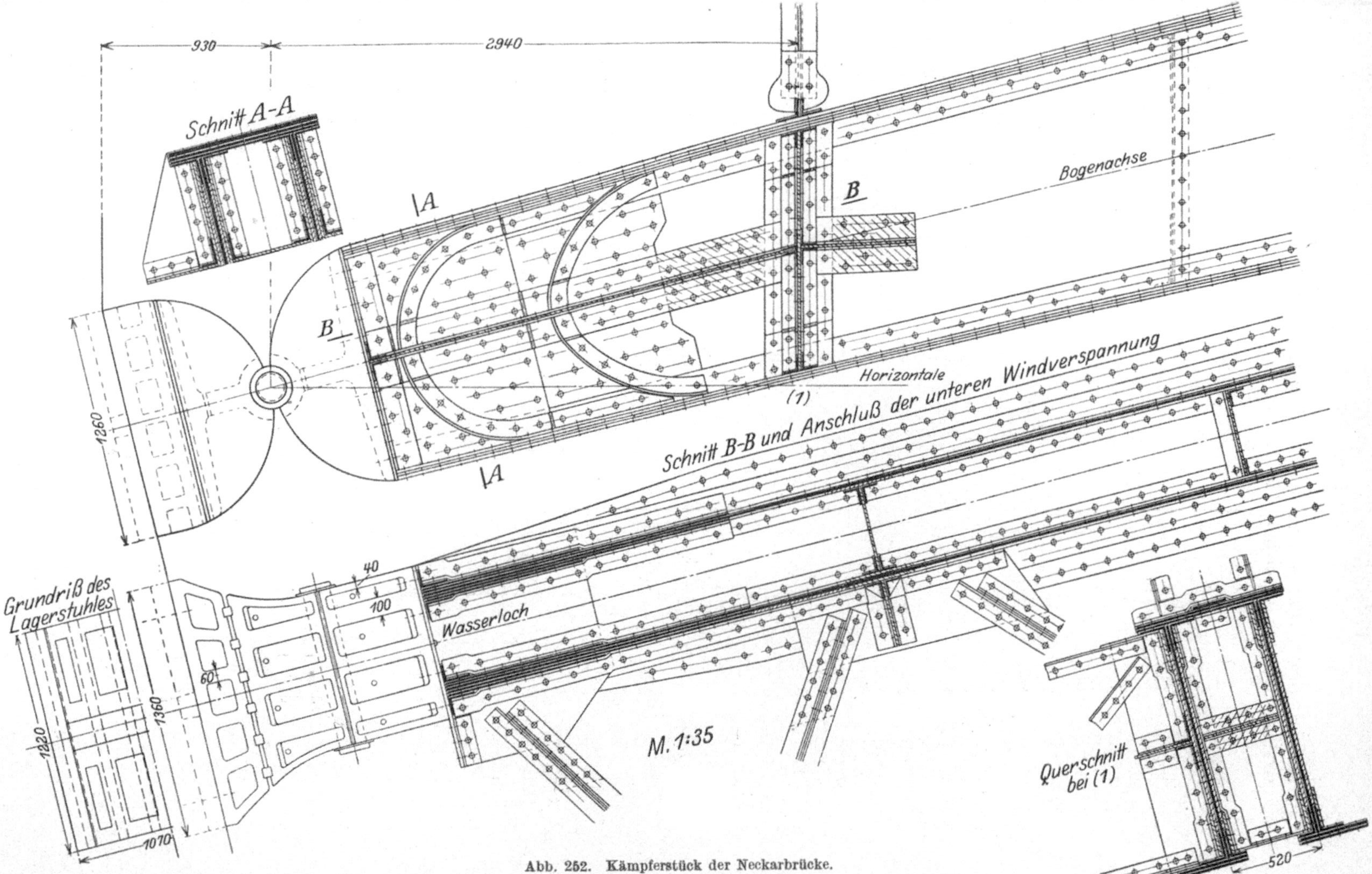

Abb. 252. Kämpferstück der Neckarbrücke.

durchgesetzt, dessen Errichtung den Rheinstrom um ein hervorragendes und einzigartiges Bauwerk bereichert hätte.

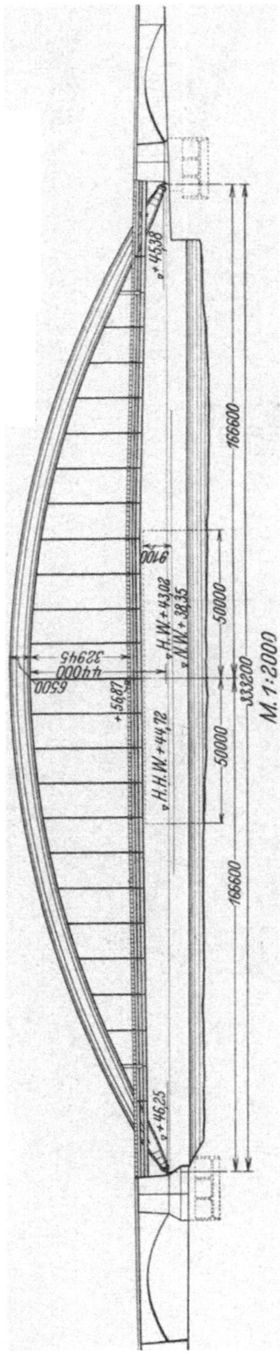

Abb. 253 a.

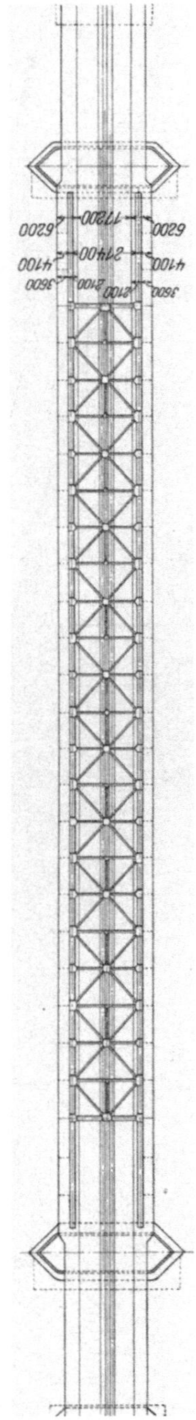

Abb. 253 b.

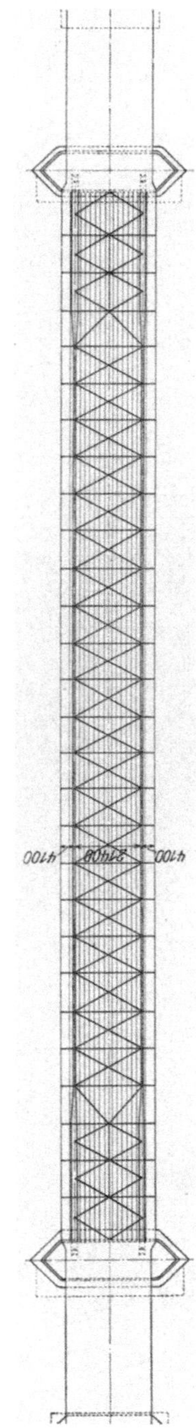

Abb. 253 c.

Abb. 253 a bis c. Straßenbrücke über den Rhein Köln-Mülheim. Entwurf: „Aus einem Guß“.

Ein kühner Bogen von 333,2 m Stützweite und 47,25 m Pfeilhöhe überspannt den Strom. Aus den Kämpfern, die 0,66 m über dem höchsten Hochwasser

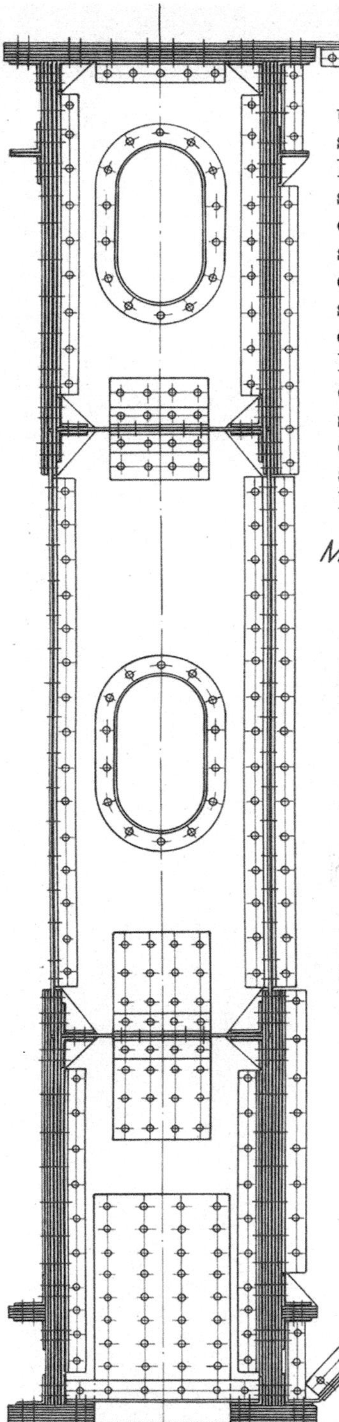

Abb. 254. Querschnitt des Bogens „aus einem Guß".

und 8,09 m unter der Straßenkrone liegen, erhebt sich der Bogen auf einem Kreis von 317,33 m Halbmesser rd. 36 m über die Straße. Hängestangen in 11,9 m Abstand tragen die zwischen den Hauptträgern liegende Fahrbahn und teilen sie in 28 Felder. Auf das Stahlgußlager setzt sich der Bogen mit 2,4 m Stehblechhöhe auf, verstärkt sich sichelförmig auf 6,5 m lotrechte Höhe im dritten Knotenpunkt und läuft mit unveränderter Höhe bis zum Scheitel. Die Hängestangen ergreifen die Fahrbahn in den Querträgern. Ihre Fußpunkte sind durch eine Gurtung verbunden, die auch an den Bogen angeschlossen ist, aber keine Kraft aufnehmen kann. Der Querschnitt des Bogens hat Kastenform (Abb. 254). 2 Stehbleche 6500·28 in 1,00 m Abstand, 4 Beibleche 2000·14,8 Grutwinkel 150·14,

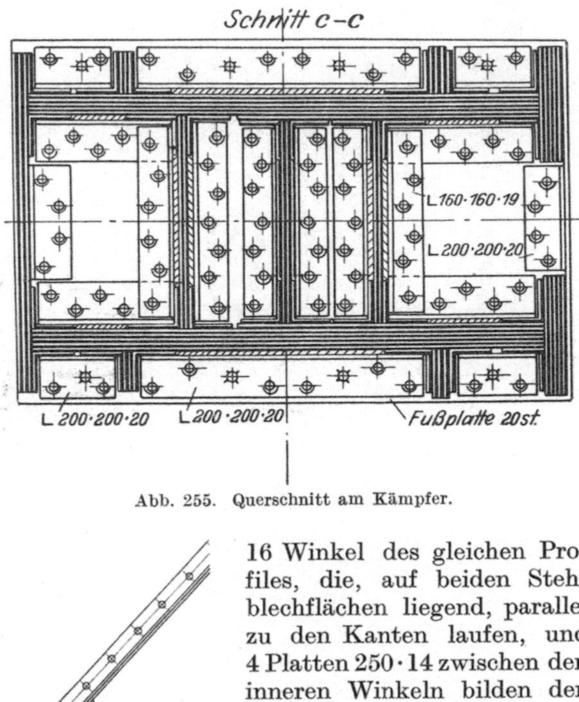

Abb. 255. Querschnitt am Kämpfer.

16 Winkel des gleichen Profiles, die, auf beiden Stehblechflächen liegend, parallel zu den Kanten laufen, und 4 Platten 250·14 zwischen den inneren Winkeln bilden den symmetrischen Teil des Grundquerschnittes in Feld *3*. Der volle Querschnitt ist durch 4 Gurtplatten 1480·14 abgedeckt. In jeder Wand treten in der unteren Gurtung 3 Beibleche 2000·14, 1 Beiblech 1520·14, 6 Gurtplatten 400·14 und 4 Platten 170·14 zwischen den Winkeln auf den äußeren Stegflächen hinzu. Die Fläche des vollen Querschnitts beträgt 9660 cm², das Trägheitsmoment 522000000 cm⁴. Am Auflager sind die Beibleche

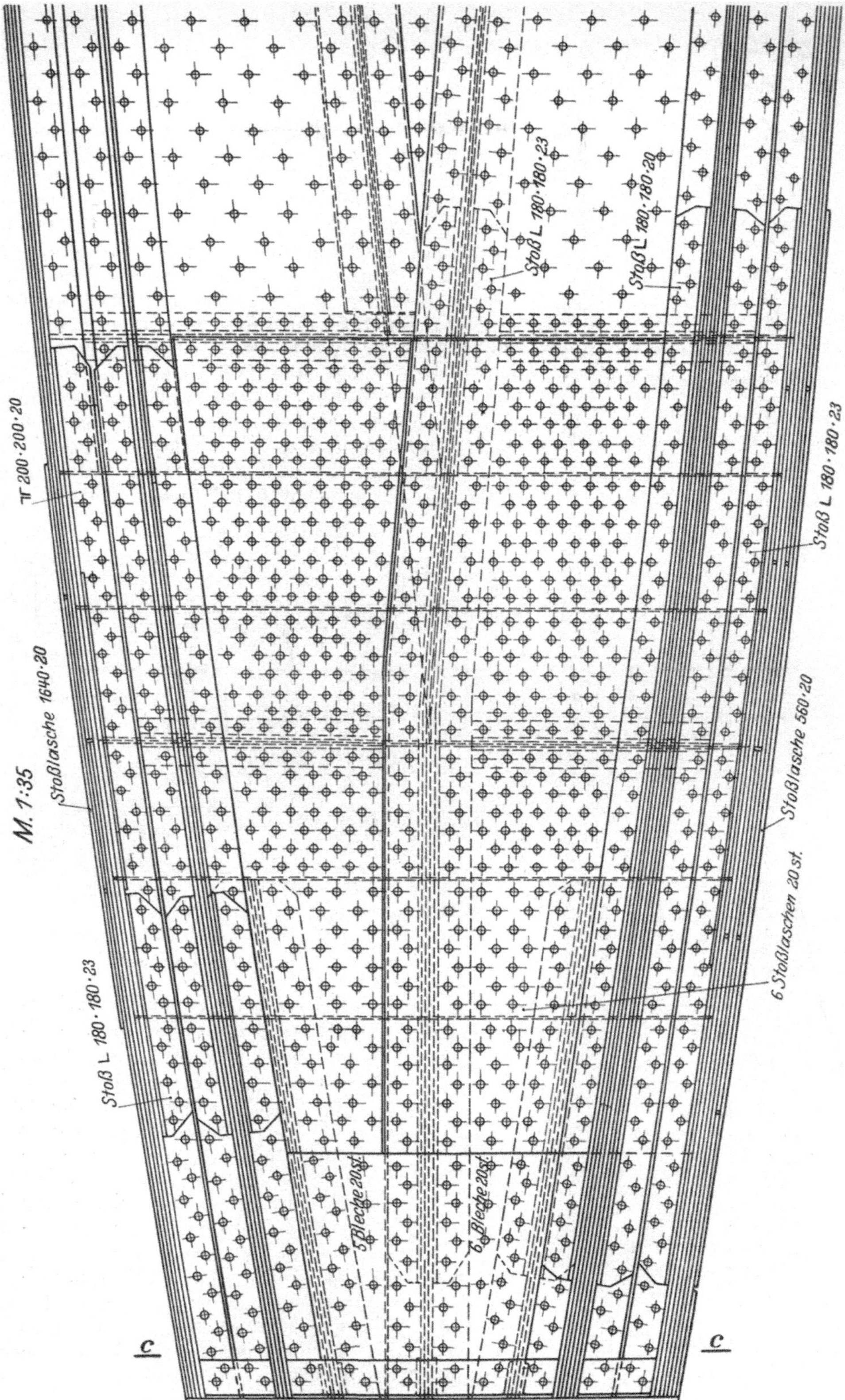

Abb. 256. Kämpferstück des Bogens „aus einem Guß“.

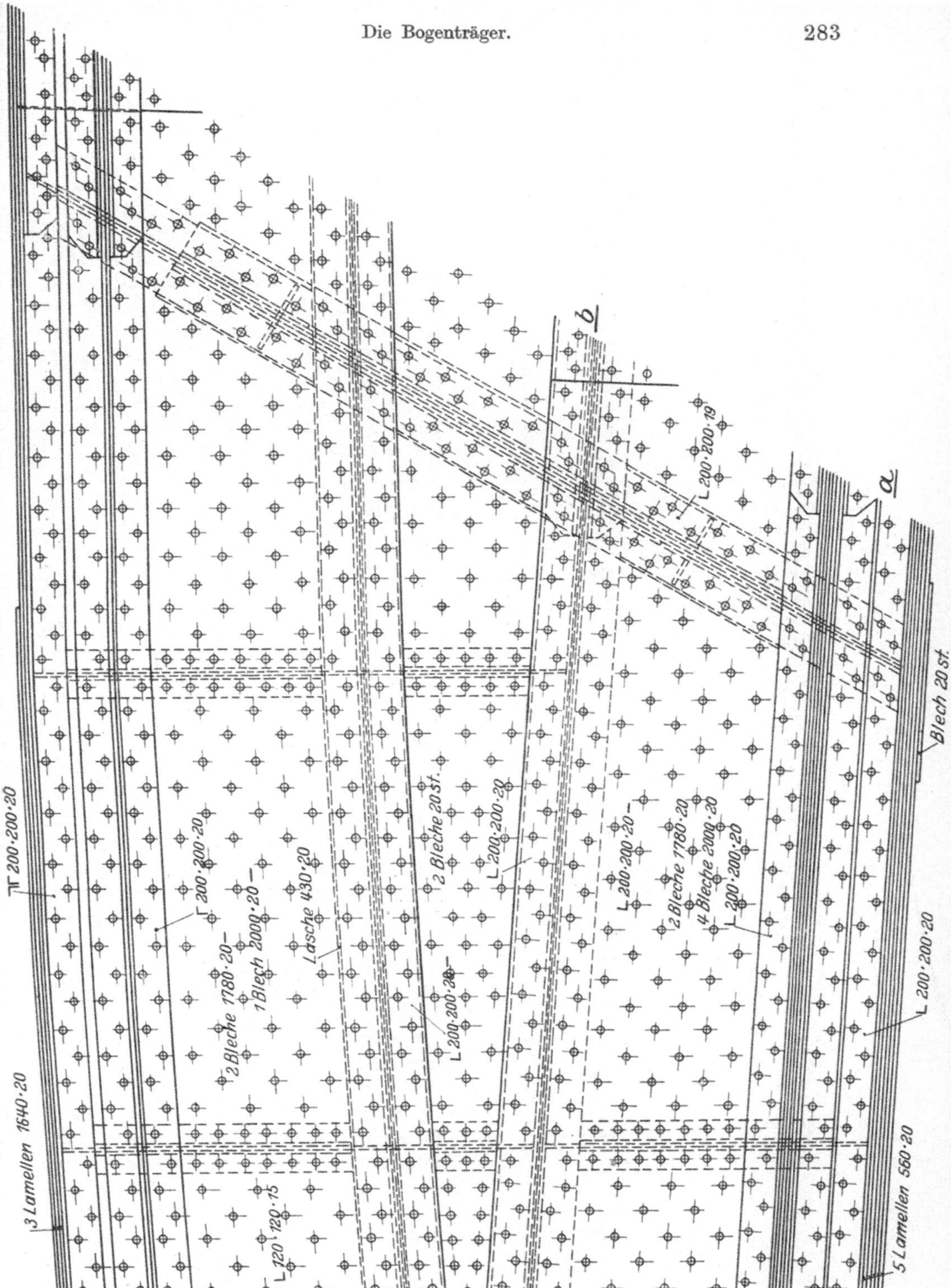

Abb. 256. Kämpferstück des Bogens „aus einem Guß“.

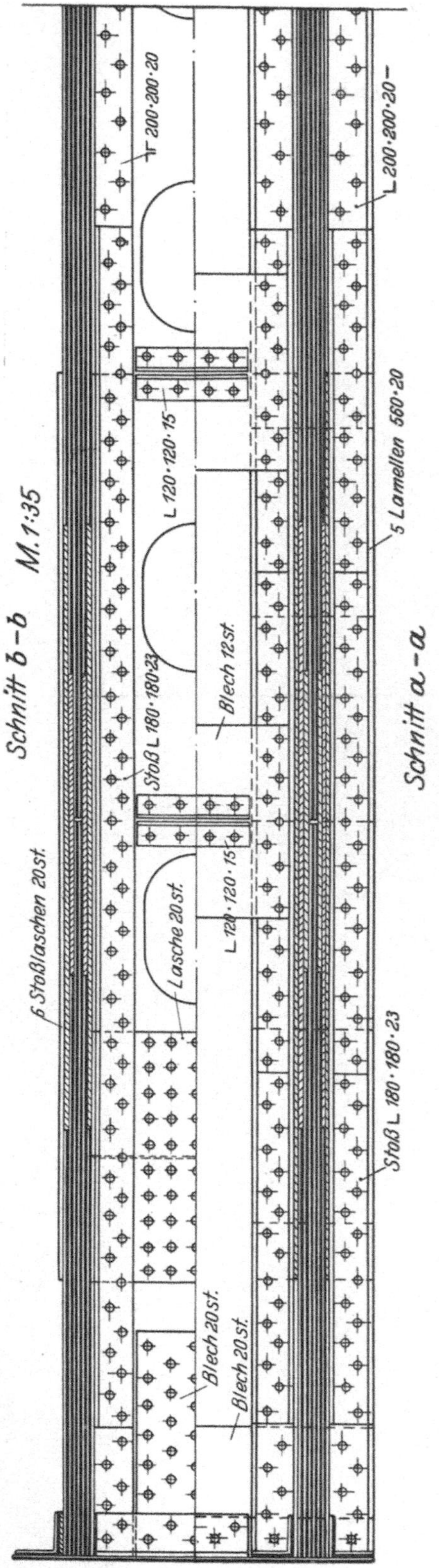

Abb. 256a.

durch volle Stehbleche 10·2400·14 ersetzt. Ferner sind zwischen den Wänden 3 Stege aus Blechen 1000·14 eingebaut, deren äußere der Form der Gurtungen folgen. Abb. 255 zeigt die Ausbildung. Die Fläche des Querschnittes beträgt hier 6500 cm². In den folgenden Feldern ist der Querschnitt so geändert, daß die Randspannungen an Ober- und Unterkante gleich groß werden. Die Abstufung ist im wesentlichen durch die Zahl der Kopfplatten und Beibleche in beiden Gurtungen erreicht. Der stärkste Querschnitt liegt in Punkt 7, also in $\frac{1}{4}\,l$. Hier treten 2 Kopfplatten 1480·14 und in jeder Wand 2 Beibleche 2000·14 in der Obergurtung, 1 Gurtplatte 400·14 und 2 Beibleche in jeder Wand der Untergurtung zum Grundquerschnitt hinzu. Der Flächeninhalt steigt auf 11681 cm², das Trägheitsmoment auf 677000000 cm⁴. Vom Knotenpunkt 7 bis zum Scheitel nimmt der Querschnitt wieder ab. Die Zahl der Beibleche in der Untergurtung vermindert sich von Feld zu Feld bis auf 1 Stück im Scheitel. Hier hat der Querschnitt noch 7970 cm² Fläche und 458000000 cm⁴ Trägheitsmoment. Die Schwerachse des Querschnittes, die im dritten Knotenpunkt unter der Mitte liegt, rückt entsprechend dem Verhältnis der Kernmomente durch die beschriebene Ausbildung mehr und mehr nach oben. Das Stehblech ist in 3 Stücke geteilt. Die Längsstöße sind so angelegt, daß sie von den Beiblechen der Gurtungen überdeckt werden. Normal zur Achse gestellte Querschotte in 2,7 m Abstand und zwei den Gurtungen gleichlaufende Längsschotte steifen den Bogen aus. Lotrechte Schotte sind in den Achsen der Hängestangen angeordnet. Sie nehmen durch Laschen ihre Zugkraft auf. In jedem Feld liegt ein Stoß des Bogenquerschnittes. Die Länge der Stücke mißt etwa 12,0 m. Die Ausbildung des Kämpferstückes ist in Abb. 256 in Ansicht und Schnitt dargestellt. Abb. 356 zeigt das Lager. Die Ausführung war in Siliziumstahl und in St 48 angeboten. Die obengenannten Querschnitte sind die des Entwurfs aus Siliziumstahl. Bei Verwendung des St 48 war ein größter Querschnitt von 12594 cm²

Fläche und 760000000 cm^4 Trägheitsmoment bei gleicher Bogenhöhe erforderlich.

Eine Bogenbrücke von der genannten Abmessung, die noch bei keinem Bauwerk der Erde erreicht ist, erfordert gewaltige Widerlager. Von der Gründung hängt die Standsicherheit des Bogens in hohem Grade ab. Für die technische Möglichkeit und Wirtschaftlichkeit hat die Zuverlässigkeit der Gründung entscheidende Bedeutung. Ohne Kenntnis des Widerlagers und des Baugrundes ist ein abschließendes Urteil über das Bauwerk nicht möglich. Es muß hier deshalb kurz auf die Gründung eingegangen werden.

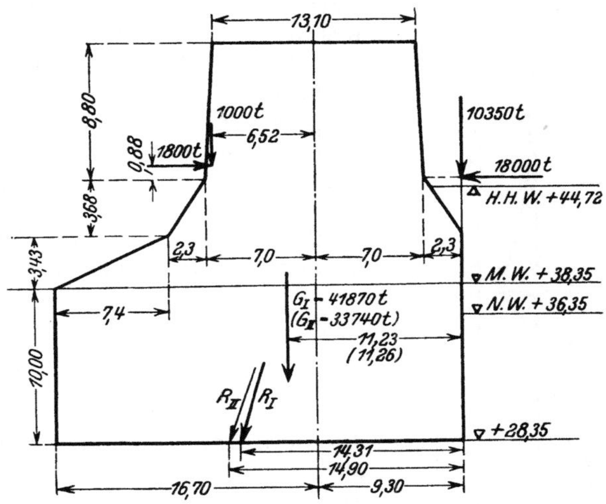

Abb. 257.

In Abb. 257 ist das Widerlager auf dem linken Rheinufer im Querschnitt dargestellt. Die Länge beträgt 52 m. Es greift in eine Schicht von grobem festgelagertem Kies ein, die unter der Sohle noch 3 m dick ist. Unter dem Kies liegt feiner, aber festgelagerter Sand. Kleine und große Bogenbrücken gleicher Bauart stehen am unteren Rhein auf gleichem Baugrund und haben sich als standfest erwiesen. Die Seitenkräfte des Kämpferdruckes aus Eigenlast, Nutzlast und Wärmeschwankungen von $\pm 35^0$ sind in der Wagerechten $13294 + 4613 + 68 = \sim 18000$ t, in der Lotrechten 10380 t. Durch den Bogen der anschließenden Seitenöffnung erfährt der Pfeiler eine wagerechte Belastung von 1800 t, eine lotrechte von 1000 t. In der Sohle des Widerlagers beträgt die Summe der lotrechten Last 53220 t bei Niedrigwasser und 45090 t bei höchstem Hochwasser. Da die wagerechte Seitenkraft der Resultierenden 16200 t beträgt, ist die Druckkraft hier unter

$$\operatorname{tg} \varrho = \frac{16200}{53220} = 0{,}304$$

bei Niedrigwasser und

$$\operatorname{tg} \varrho = \frac{16200}{45090} = 0{,}335$$

bei höchstem Hochwasser gegen die Lotrechte geneigt. Die Reibungsziffer für Beton auf grobem Kies beträgt nach neueren Versuchen von Franzius und Möller mindestens $\operatorname{tg} \varrho = 0{,}5$. Die Sicherheit gegen Gleiten der Widerlager in der Sohle ist daher größer als 1,4. Der Erddruck gegen den 10 m hohen Rücken des Widerlagers ist zur Sicherheit der Rechnung mit dem Wert des aktiven Druckes einzusetzen. Er beträgt demnach etwa

$$E = \frac{4}{5} \frac{2 \cdot 10^2}{2} \cdot 52 = 4200\,\text{t}$$

bei Niedrigwasser und mindestens

$$E = \frac{1 \cdot 10^2}{2} \cdot 52 = 2600\,\text{t}$$

bei höchstem Hochwasser. Die wagerechte Seitenkraft des Druckes in der Sohle vermindert sich auf 12000 t bzw. 13600 t. Durch den aktiven Erddruck erhöht sich somit die Sicherheit gegen Gleiten im ungünstigeren Falle mit

$$\operatorname{tg} \varrho = \frac{13600}{45090} = 0{,}3\,, \quad \text{mindestens auf} \quad \frac{0{,}5}{0{,}3} = 1{,}67\,.$$

Man wird jedoch noch die Frage stellen: Welche Folgen treten ein, wenn etwa die Reibungsziffer zu klein sein sollte, um das Gleiten des Widerlagers in der Sohle zu verhindern. Bei einer solchen Bewegung wird der hinter dem Widerlager liegende Erdkörper zusammengepreßt. Es setzt also nach geringer Verschiebung der passive Erddruck ein, dessen Größe mit fortschreitender Bewegung rasch auf den 3- bis 4fachen Wert des aktiven ansteigt. Der kleinste Wert der Reibungsziffer der Bewegung ist mit 0,28 nicht zu hoch geschätzt. Die wagerechte Seitenkraft der Last ohne Erddruck übersteigt dann den kleinsten Reibungswiderstand um 16200 — 0,28·45000 = 3600 t. Da der aktive Erddruck mindestens 2600 t beträgt, erreicht der passive Erddruck schon nach geringer Verschiebung die Größe der bewegenden Kraft. Die Bewegung kann nur ganz geringes Ausmaß annehmen.

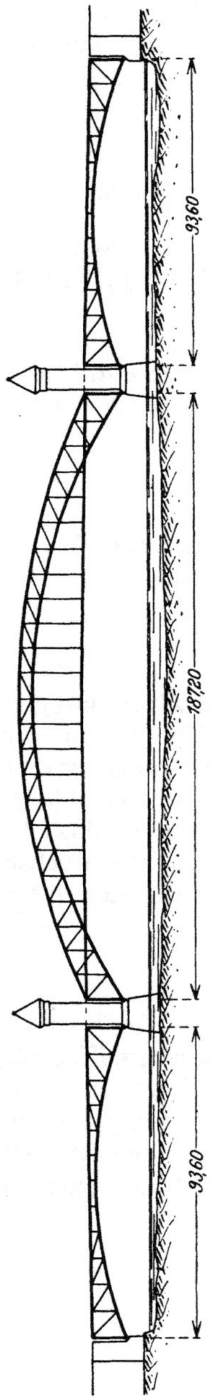

Abb. 258. Straßenbrücke über den Rhein Bonn-Beuel.

Der resultierende Druck weicht bei N. W. um 1,31, bei H. H. W. um 1,90 m von der Mitte der Sohle ab. Die Pressung an der Hinterkante beträgt dann

$$p = \frac{53220}{26 \cdot 52}\left(1 + \frac{6 \cdot 1,31}{20}\right) = 57,3\ \mathrm{t/m^2},$$

$$p = \frac{45000}{26 \cdot 52}\left(1 + \frac{6 \cdot 1,92}{20}\right) = 47,9\ \mathrm{t/cm^2}.$$

Die Belastung des Baugrundes ist gering. Sollte eine Pressung des Baugrundes eintreten, so kann sie nur in der Druckrichtung erfolgen. Schätzt man sie hoch auf 20 cm, so tritt eine wagerechte Verschiebung um 20·0,3 = 6 cm ein. Zur Beurteilung der Frage muß das Maß der unschädlichen wagerechten Änderung der Stützweite berechnet werden. Es ist für Siliziumstahl nach Gleichung (104)

$$\Delta l = \frac{8}{15}\frac{\Delta\sigma}{E}\frac{f^2 l\,(1+\nu)\,W_0}{y_u \cdot J},$$

$$= \frac{8}{15}\frac{1,0}{2100}\frac{47,25^2 \cdot 333,2 \cdot 1,61}{47 \cdot 4,57} = 140\ \mathrm{cm}.$$

Jedes Widerlager kann sich um 70 cm verschieben, ohne daß die Spannungen im Scheitel die Elastizitätsgrenze überschreiten. Die Möglichkeit solcher Verschiebungen ist ausgeschlossen. Bei der Untersuchung ist der ungünstigste Fall voller Verkehrslast bei höchstem Hochwasser vorausgesetzt. In Wirklichkeit ist das Zusammentreffen beider Umstände kaum möglich. Die Sicherheit der Gründung kann daher nicht zweifelhaft sein.

Fachwerkbögen in Zwickelform zeigt die von Krohn erbaute Straßenbrücke Bonn-Beuel (Abb. 258). Die Mittelöffnung überspannt ein Bogen von 187 m Stützweite. Er setzt im Kämpfer rd. 11 m unter der Fahrbahn an, durchdringt sie zwischen dem zweiten und dritten Knotenpunkt der Untergurtung und steigt hoch über die Straße hinaus. Die Obergurtung setzt in Höhe der Fahrbahn an und erhebt sich im Scheitel 22,32 m über sie. Die Höhe des Fachwerks mißt 10,5 m über dem Kämpfer und verjüngt sich bis zur Mitte auf 5 m. 24 Felder gliedern Bogen und Fahrbahn. Die beiden Seitenöffnungen überspannen Bögen gleicher Bauart. Sie liegen jedoch vollständig unter der Fahrbahn. Die Obergurtung läuft daher parallel zur Steigung der Straße. Die Wandstäbe der Bögen bilden Lotrechte und nach außen steigende Schrägstäbe. Die hier getroffene Wahl ist in dem Verhältnis der Spannweiten und Höhen, in der Linienführung der Gurtungen und der Betonung der Mittelöffnung außerordentlich glücklich. Das ganze Bauwerk ist von vollendeter Schönheit. Der heutigen Anschauung sagen freilich die Türme auf den Strompfeilern nicht zu. Ob diese Ansicht hier richtig ist, erscheint zweifelhaft. Die Bögen sind in festen Kämpfergelenken gelagert. Der Kämpferdruck der Mittelöffnung ist erheblich größer als der der Seitenöffnung. Die Ablenkung in die Lotrechte ist ein notwendiges Erfordernis. Schwere Aufbauten sind daher durch die Bauart begründet. Sie sind nicht Schmuck, sondern wesentliche und innerlich berechtigte Bauteile. Wenn Pfeileraufbauten ohne technischen Zweck unzweifelhaft verfehlt sind, so kann ihnen doch die Berechtigung nicht bestritten werden, wo sie der Eigenart des Bauwerks entspringen.

Die konstruktive Durchbildung des Zwickelbogens mit Kämpfergelenken unterscheidet sich nicht wesentlich von der des Bogenfachwerks gleicher Form mit Zugband. Im Scheitel überwiegen die Spannkräfte in der Obergurtung, am Kämpfer in der Untergurtung. Die Obergurtstäbe der ersten Felder werden verhältnismäßig schwach, die Schrägstäbe dagegen ziemlich stark. Die Form des Zwickelbogens ist daher aus statischen Gründen nicht gerade günstig. Wo der Bogen die Fahrbahn durchdringt, hat man sie gewählt, um die Durchschneidung auf eine Gurtung zu beschränken. Diese Begründung läßt sich vertreten. Wo jedoch der Bogen ganz unter der Fahrbahn liegt, hat die Bauart nur dann eine gewisse Berechtigung, wenn, wie hier, die Gliederung der Hauptöffnung in den Seitenöffnungen beibehalten werden soll. Liegt ein solcher Grund nicht vor, dann verdient der vollwandige Bogen mit Pfosten zur Stützung der Fahrbahn den Vorzug, weil er wirtschaftlicher und schöner ist.

Wo die Gliederung des Fachwerks gewählt werden soll, ist die Form des Sichelbogens die zweckmäßigste. Sie folgt dem Lauf der Kräfte in der Linienführung der Gurtungen, wenngleich auch hier die Spannkraft der Obergurtung im Scheitel, die der Untergurtung am Kämpfer überwiegt. Die Wandstäbe erfahren verhältnismäßig geringe Spannkräfte. Man bildet sie aus Lotrechten und nach außen steigenden Schrägstäben. In vielen Fällen ist zur Vermeidung zu schwacher Strebenneigung eine Unterteilung der Felder angebracht. In der Obergurtung ist die gedeckte Doppel-]-Form des Querschnittes, in der Untergurtung die in Abb. 227 dargestellte zweckmäßig. Untere Gurtplatten sind hier mindestens in den Feldern am Kämpfer immer notwendig. Deshalb darf man auch auf innere Gurtwinkel an der Unterkante nicht verzichten. In den Schrägstäben kommt man meist mit 4 Winkeleisen aus. Infolge der kleinen Kräfte können sie öfters ohne Knotenbleche auf die Wandstege genietet werden.

Sichelbogen mit Kämpfergelenken sind die Hauptträger der in Abb. 259 dargestellten Straßen- und Eisenbahnbrücke über den Nord-Ostsee-Kanal bei Grünenthal. Der Bogen überspannt den Kanal mit 156,5 m Stützweite und erhebt sich zu einem Pfeil von 22,50 m. Das Pfeilverhältnis ist günstig und durch die hohe Lage der Fahrbahn begründet. Die Gurtungen steigen in scharfer Spitze aus dem Kämpfer auf. Dadurch erhält der Bogen eine außerordentlich schlanke Form, die gefällig wirkt, den in $\frac{1}{4}\,l$ auftretenden Kräften jedoch kaum gerecht wird. Da die Brücke bereits 1894 erbaut ist, soll in den Einzelheiten ein neueres Beispiel besprochen werden, ein Entwurf des Werkes Gustavsburg im Wettbewerb um eine Straßenbrücke über den Neckar bei Mannheim. Abb. 260 zeigt das System, Abb. 261a, b die Ausbildung des Kämpferstückes in Ansicht und Längenschnitt. Die Hauptöffnung und zwei Seitenöffnungen sind durch Sichelbogen überbrückt. Nach dem Vorbild der Bonner Rheinbrücke setzt der Bogen der Mittelöffnung im Kämpfer tief unter der Fahrbahn an und steigt in der Mitte über sie hinaus, während die Seitenöffnungen ganz unter

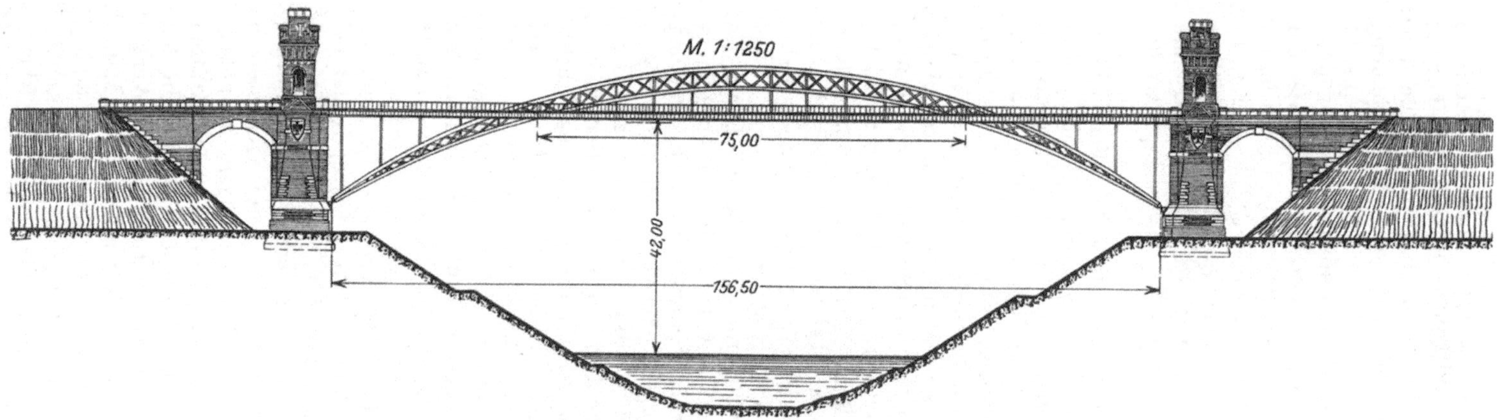

Abb. 259. Brücke über den Nord-Ostsee-Kanal bei Grünenthal.

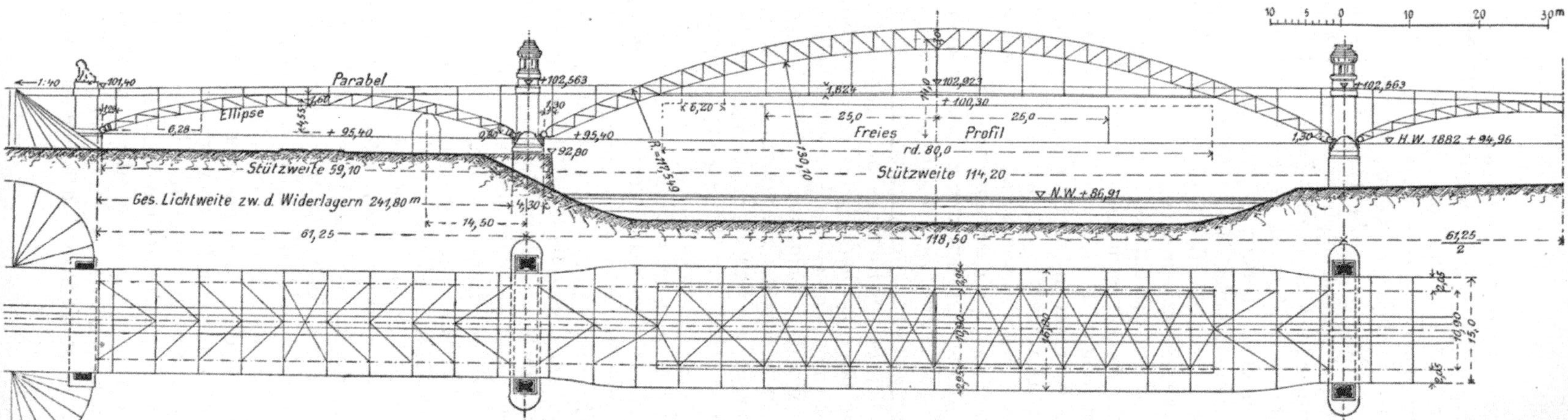

Abb. 260. Straßenbrücke über den Neckar in Mannheim (Entwurf).

der Fahrbahn liegen. Ersterer hat 114,2 m Stützweite und 14 m — $\sim \frac{1}{8} l$ — Stich. Die Höhe des Bogens im Scheitel beträgt 3,0 m. Beide Gurtungen liegen auf Kreisen, der Mittelpunkt der Obergurtung 4,5 m höher als der der Untergurtung. Dadurch ist eine zu große Schärfe der Spitze am Kämpfer vermieden. Im zweiten Knotenpunkt mißt das System noch 1,88 m Höhe, von hier ab sind die Gurtungen in entgegengesetzter, zunächst schwacher, dann stärkerer Krümmung im Kämpfer vereinigt. In den Bögen der Seitenöffnung von 59,1 m Stützweite, 4,5 m Pfeil- und 1,6 m Scheitelhöhe liegt die obere Gurtung auf einer Parabel, die untere auf einer Ellipse. Der Zweck der verschiedenen Krümmung ist die Vermeidung scharfer Spitzen am Kämpfer. Der Bogen der Mittelöffnung ist in 18 Felder von 6,2 m Weite geteilt. Daraus ergibt sich die Stellung des ersten Pfostens in 1,30 m Abstand vom Kämpfer. Im Bogen ist jedes Feld durch 1 Lotrechte unterteilt. Nach außen steigende Schrägstäbe vollenden die Gliederung. Die Gurtungen haben die für Sichelbögen zweckmäßige Form der Querschnitte. Die Obergurtung 2 Stehbleche 600 · 20 mit 580 mm lichtem Abstand, 1 Kopfplatte 900 · 18, 4 Winkel 120 · 120 · 14, 2 untere Gurtplatten 150 · 8. Letztere sind besser durch größere Winkel zu ersetzen. Die Untergurtung besteht aus 2 Stehblechen 600 · 20,

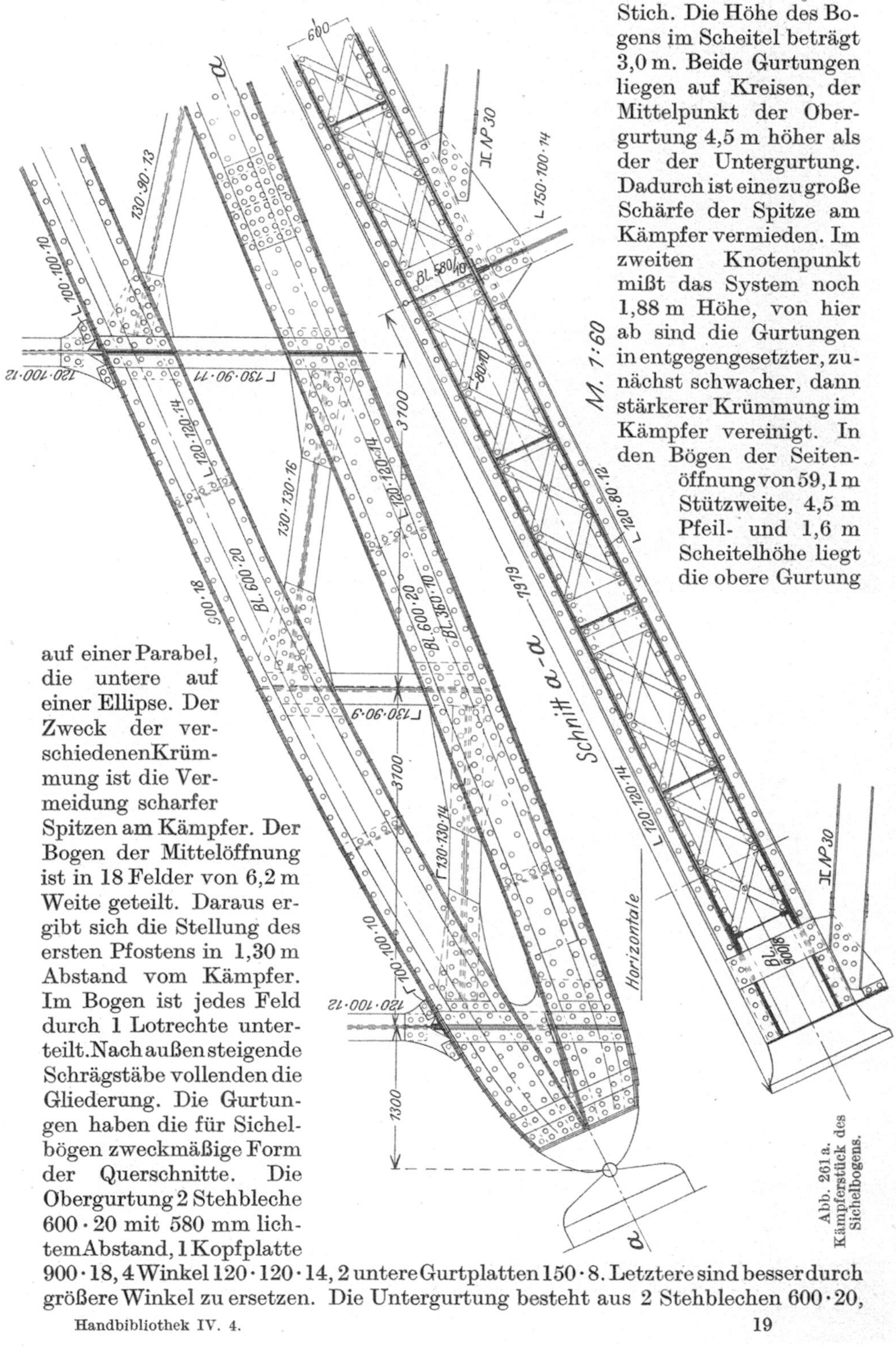

Abb. 261 a. Kämpferstück des Sichelbogens.

4 Winkeln 120·120·14, 2 Winkeln 120·80·12, 2 Beiblechen 360·10 und 2 Gurtplatten 160·12 oben, 4 Gurtplatten 230·12 unten. Die Lotrechten und Schrägstäbe sind aus 4 Winkeleisen verschiedener Profile gebildet, die durch gekreuzte Flacheisen vergittert sind. Sie sind so tief wie möglich in die Gurtungen eingeführt, so daß die Knotenbleche kaum hervortreten. Am Kämpfer sind die Stehbleche beider Gurtungen auf ein Knotenblech aufgeführt. In der äußeren

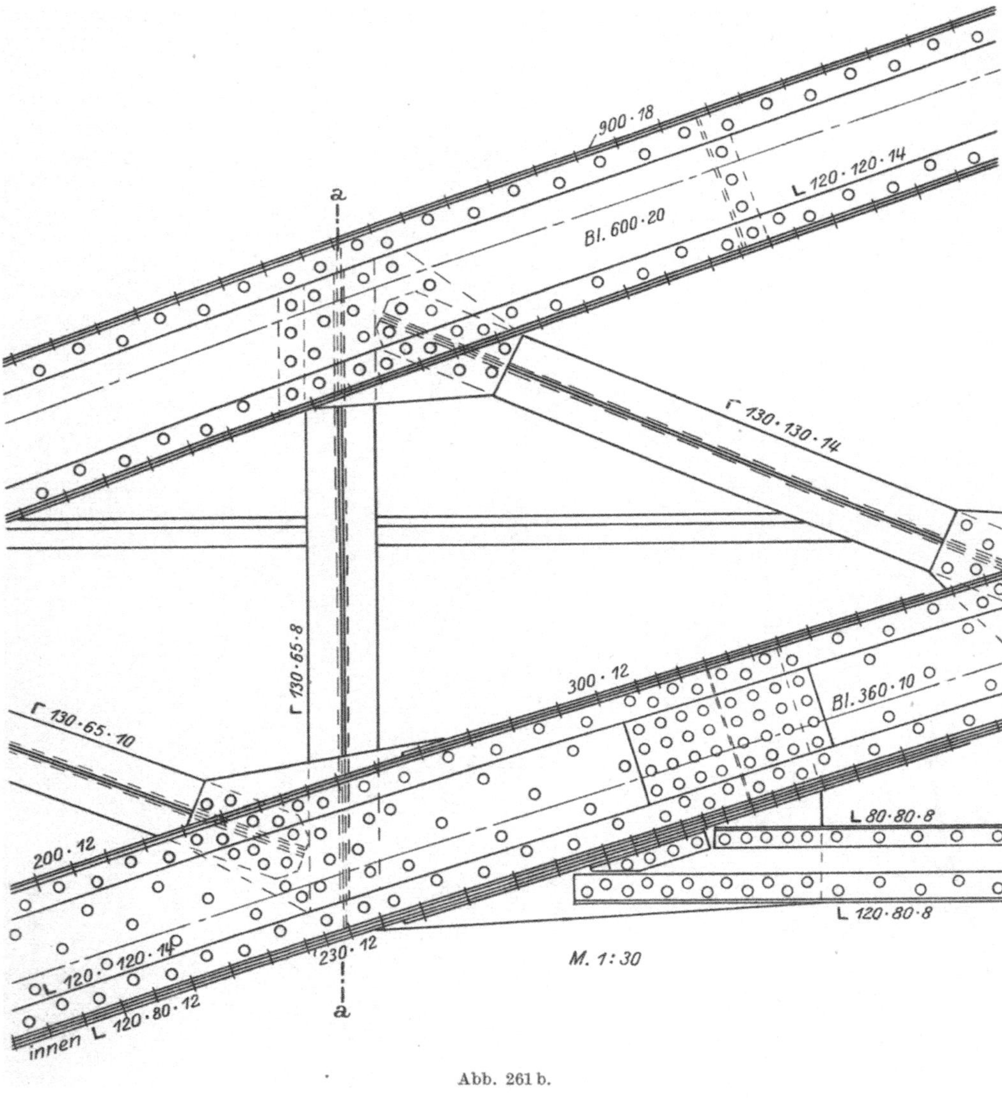

Abb. 261 b.

Fläche ist der Steg durch Futterstücke und Bleche verstärkt, die diese und die anliegenden Winkelschenkel überdecken. Ungleichschenklige Winkel verbinden die Konstruktion mit dem Lagersattel.

Die Pfosten, aus 4 Winkeln in I-Form gebildet, sind durch Blechstücke, welche die Flansche fassen und sich am unteren Rand der Bogengurtung anschmiegen, aufgenietet. Wie bei dem ausgeführten vollwandigen Bogen, ruht die Fahrbahn in Gelenken auf dem Pfostenkopf. Ungünstig ist die Vergitterung der Untergurtung durch gekreuzte, mit je 1 Niet angeschlossene Flacheisen. Bindebleche wären zuverlässiger und billiger. Solche müßten auch auf den Winkeln des oberen Randes angeordnet werden. Am besten wird zwischen 2 Lotrechten ein Bindeblech oben und unten eingebaut und durch ein Querschott verbunden.

Fachwerkbögen in Sichelform tragen die in Abb. 262 dargestellte Straßenbrücke über den Rhein bei Worms. Die Gliederung bildet ein engmaschiger doppelter Strebenzug. Auf den Bögen liegen durch Pfosten abgestützt Balken mit parallelen Gurtungen, welche die Fahrbahn tragen. Das Bauwerk erzielt durch Schönheit der Linie und die trotz der engmaschigen Gliederung klare Form eine gute Wirkung.

Eine für den Sichelbogen besonders geeignete Wandgliederung ist die der Rahmen. Biegungssteife Pfosten in der Achse der Hängestangen und 1 bis 2 weitere in jedem Feld verbinden die Gurtungen, deren Querschnitt gleichfalls widerstandsfähig gegen Biegung gestaltet ist. Die geringe Höhe des Bogens und die aus der gegenseitigen Neigung der Gurtungen entspringende Kleinheit der Wandkräfte beseitigen die Gründe, die beim Balken gegen die Rahmengliederung sprechen: die Schwere der Pfosten und die konstruktive Schwierigkeit der Verbindung von Pfosten und Gurtung. Da ferner in jedes Feld mehrere Zwischenpfosten gestellt werden können, so kann man einerseits die Biegungsmomente in den Gurtungen in erwünschten Grenzen halten, anderseits der Ausfachung schöne Form geben. Man erhält ein Trägerbild, das durch die Ruhe seiner Linien und die Klarheit seiner Bauart eine gute Wirkung erzielt. Zum ersten Male sind die Vorzüge dieser Gliederung des Sichelbogens bei der 1909 erbauten Festhalle in Frankfurt a. M.[1] hervorgetreten. Späterhin sind ihr einige wohlgelungene Straßenbrücken zu verdanken. Zu diesen ist auch die Straßenbrücke über den Hafenmund in Gelsenkirchen zu zählen, obwohl hier die Form der Sichel nur schwach ausgeprägt ist. Eine Lösung von großer Schönheit gibt der Entwurf „Bogen"[2] des Wettbewerbes um die Rheinbrücke Köln-Mülheim. Die Schwere des vollwandigen Bogens wird hier durch die Ausfachung in glücklicher Weise gemildert (Abb. 263). Der Bogen überspannt eine Stromöffnung von 222 m Stützweite mit $^1/_7$ Stich. Der Querschnitt hat in der Obergurtung gedeckte Doppel-⊐-Form, in der Untergurtung offene Form mit 4 Randwinkeln und Gurtplatten am unteren Rand. Der auftretenden Biegungsmomente wegen sind die Querschnitte hoch gestaltet. Die doppelwandigen Pfosten haben in jeder Wand den I-Querschnitt, gebildet aus Stehblech und Winkeln und sind am Rande durch Winkel gesäumt. Aus dem mittleren lotrechten Pfostenstück spreizen sich die Kanten nach den Gurtungen zu und

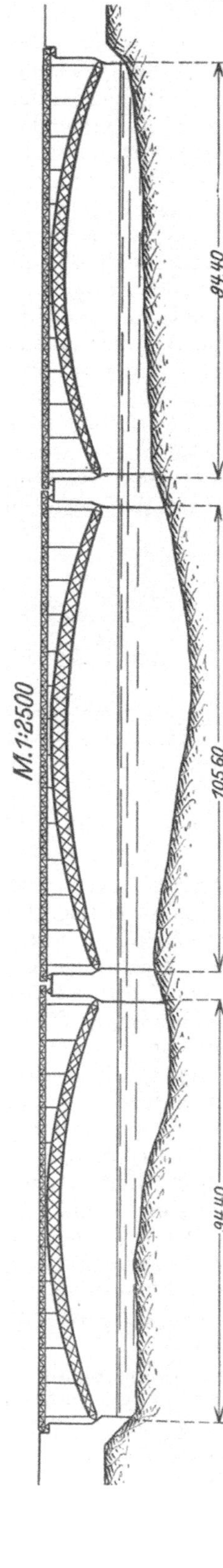

Abb. 262. Straßenbrücke über den Rhein bei Worms.

[1] Entwurf und Ausführung: MAN Werk Gustavsburg.
[2] Entwurf: A. G. Flender, Benrath.

schrägen so die Ecken der Fache ab. Form und Kräftespiel stimmen überein. Die schwierige Verbindung der Gurtungen und Pfosten ist konstruktiv gut gelöst. Die Gurtungen laufen ohne Stoß durch. Der Übergang der großen Druckkrafte wird daher nirgends gestört. Die Abb. 114 und 115 auf S. 134/37 zeigen das Wesentliche der Konstruktion in Ansicht und Querschnitt.

Aus der Forderung einer Fahrbahn von 2 Stockwerken ist für eine Brücke über den Dnjepr der in Abb. 264 dargestellte Entwurf[1] entstanden. Höhenlage der zu überführenden Verkehrswege, einer Eisenbahn und einer 10 m höher liegenden Straße, und der Baugrund weisen auf eine Bogenbrücke hin. Ein vollwandiger Bogen erschien bei der großen Spannweite von 240 m aus wirtschaftlichen Gründen nicht zweckmäßig. Ein Fachwerkbogen hätte zu 4 durchlaufenden Linien geführt. Auch wäre die tragende Bedeutung des Bogens durch die schwere Wirkung der Fahrbahnbänder unterdrückt worden. Es lag daher nahe, die Fahrbahnen zur Entwicklung der Gurtungen eines Balkens zu benutzen, der auf einen Stabbogen abgestützt ist. Dem Brückenbild zuliebe sollten Schrägstäbe im Balken vermieden werden. Es mußte daher Rahmenbauart gewählt werden. Ihre breiten wuchtigen Formen stimmen gut zu dem schweren Tragwerk des Bogens. Der Bogen hat rund 27 m Pfeil- und 1,8 m Stehblechhöhe. Sein doppel-

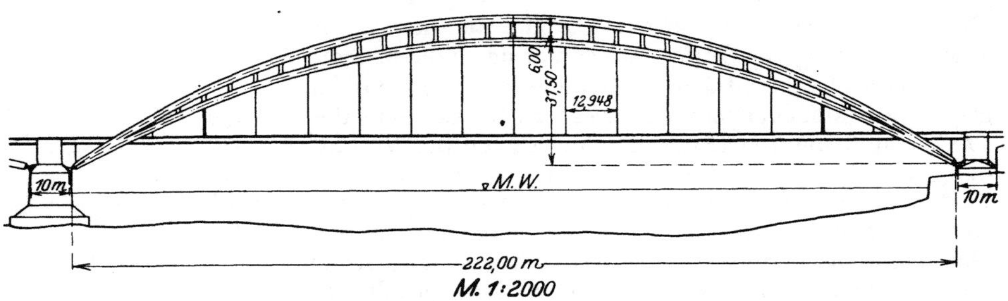

Abb. 263. Straßenbrücke über den Rhein, Köln-Mülheim (Entwurf).

wandiger Querschnitt ist in jeder Wand symmetrisch gestaltet und durch Kopfplatten abgedeckt. Der Balken ist in jedem Feldpunkt auf den Bogen abgestützt. Im Scheitel sitzt die Untergurtung unverschieblich auf. Für die Querschnitte beider Gurtungen ist die oben gedeckte, unten offene Doppel-I-Form gewählt, während in den Pfosten die gleiche Form auf beiden Seiten geschlossen ist. Die Verbindung der Pfosten mit den Gurtungen ist der in Abb. 114, 115 dargestellten Anordnung ähnlich gestaltet. In den schrägen Ecken sind jedoch die Kanten so kräftig ausgebildet worden, daß sie als Eckstäbe wirken, welche Pfosten und Gurtungen verbinden. Solche Stäbe übertragen die Momente sicherer als breite Bleche gleichmäßiger Stärke. Diese Anordnung erlaubt die Schwächung des Pfostenquerschnitts zwischen Eckstrebe und Knotenpunkt. Der Bogen wird im wesentlichen durch axiale Druckkräfte beansprucht, nimmt jedoch daneben auch einen kleinen Anteil der Momente auf. Mit durchaus genügender Genauigkeit kann der gesamte Betrag der Momente auf Balken und Bogen im Verhältnis der Trägheitsmomente der Querschnitte verteilt werden. Es entfallen danach auf den Bogen 4%. Das gesamte Stahlgewicht der Hauptträger ist nicht größer als das eines zum Vergleich durchgearbeiteten Sichelbogens in Fachwerkausbildung.

In der seltenen Bauart des Bogens mit eingespannten Kämpfern sind 2 große und hervorragende Bauwerke geschaffen: die Kornhausbrücke in Bern (Abb. 265) und die Kaiser-Wilhelm-Brücke bei Müngsten. Letztere überspannt das tief

[1] Entwurf: Werk Louis Eilers.

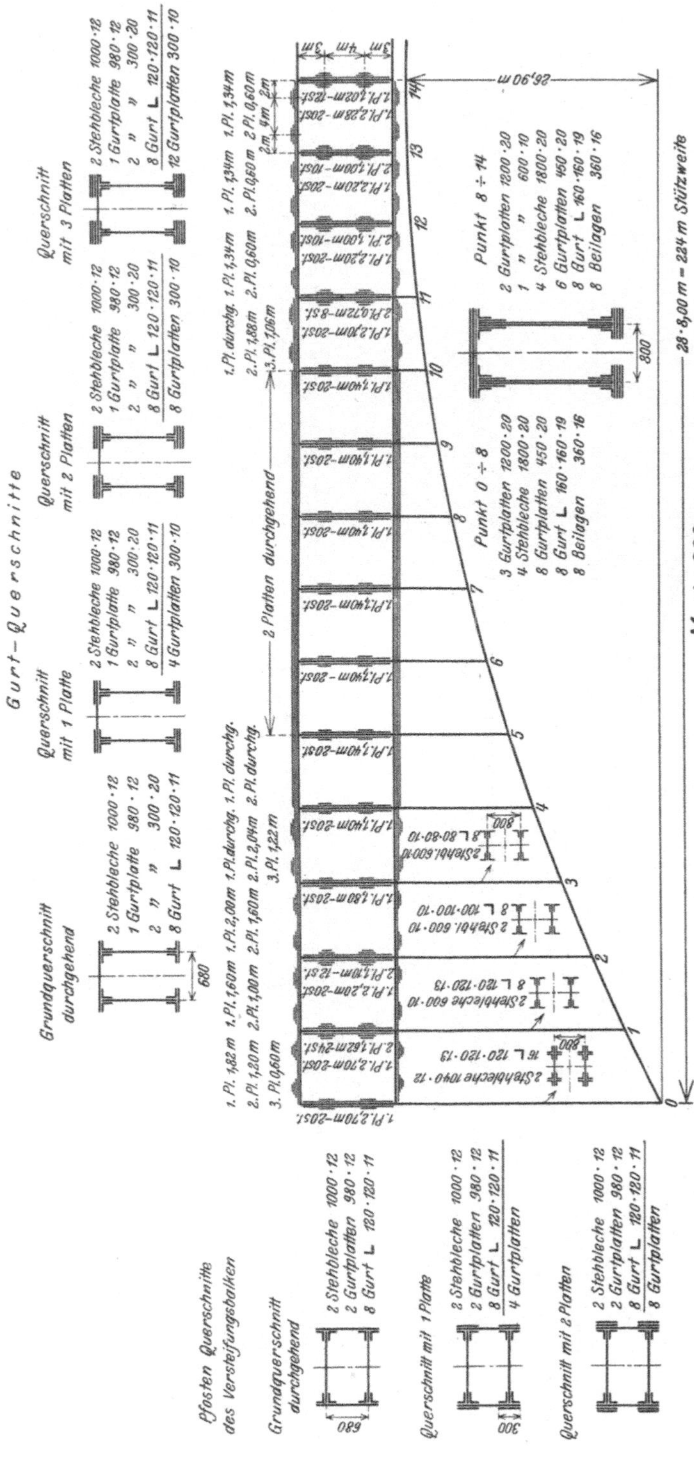

Abb. 264. Eisenbahn- und Straßenbrücke über den Dnjepr (Entwurf).

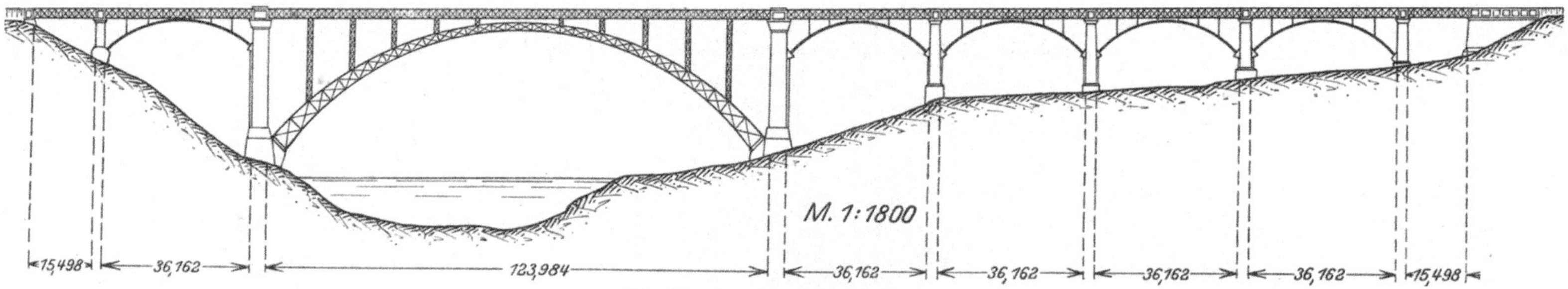

Abb. 265. Kornhausbrücke in Bern.

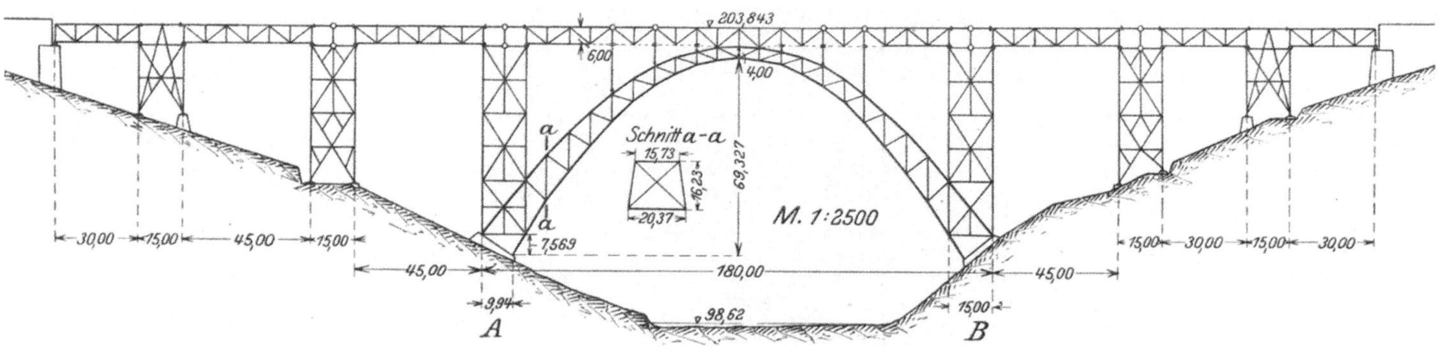

Abb. 266. Kaiser-Wilhelm-Brücke bei Müngsten.

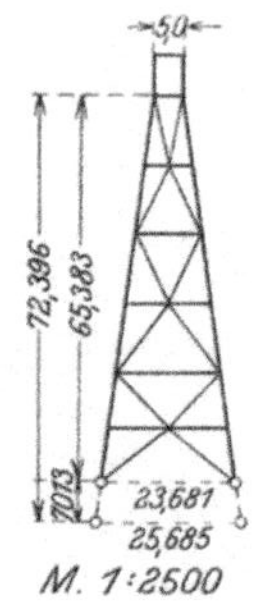

Abb. 268.

eingeschnittene Tal mit einem Fachwerkbogen von 150 m Stützweite und 69,327 m Stich der unteren Gurtung (Abb. 266). Der Abstand der Gurtungen mißt im Scheitel 4 m und steigt bis zum Kämpfer auf 12 m. Die obere Gurtung ist rd. 6 m über der unteren in den Felsen der Talhänge gestützt. Lotrechte Stäbe in 7,5 m Abstand und nach außen steigende Schrägstäbe in jedem Feld verbinden die Gurtungen. Beide Gurtungen sind in den Stützpunkten durch lotrechte und wagerechte Bolzen verankert, die zangenartig den Knotenpunkt umfassen. Zur Erhöhung der seitlichen Standsicherheit sind die Bögen in geneigte Ebenen gestellt. Der im Scheitel der Obergurtung 5,0 m messende Abstand vergrößert sich auf 25,685 m in den Stützpunkten der Untergurtung. Das Tragwerk bildet daher ein räumliches System. Ein Verband gekreuzter Schrägstäbe verbindet beide Untergurtungen sowie Querverbände gleicher Art die 4 Gurtungen in der Ebene jedes lotrechten Bogenstabes. Abb. 267 zeigt den Grundriß des Systems in der wagerechten Projektion. Ein durchlaufender Gelenkträger mit parallelen Gurtungen trägt die Fahrbahn. Auf den Bogen ist er durch Pfosten abgestützt, über den Kämpfern und in den Talhängen ruht er auf Gerüstpfeilern. Das System des Pfeilers über den Kämpfern der Bogen zeigt die Abb. 268. Der Querschnitt der Untergurtung besteht aus 2 Wänden von I-Form, deren jede aus 2 Stehblechen 900 · 14, 4 Winkeln 160 · 160 · 14 und 1 Gurtplatte 310 · 10 am unteren Rande gebildet ist. In den ersten Stäben treten bis zu 6 Gurtplatten 500 · 20 hinzu. Der Verband zwischen den Untergurtungen ist in Stegmitte durch Knotenbleche angeschlossen, die den Steg durchstoßen. Die Obergurtung weist in den ersten Stäben die gleiche symmetrische Querschnittsform mit geringerer Zahl von Gurtplatten auf. In der Mitte geht sie in die Doppel-]-Form über. Die gewählten Formen der Querschnitte sind vorteilhaft. Infolge der räumlichen Bauart und der stetigen Krümmung der Gurtungen treten Torsionsmomente auf, denen die Wände durch die Breite von 34,8 cm bei 90 cm Höhe wohl gewachsen sind.

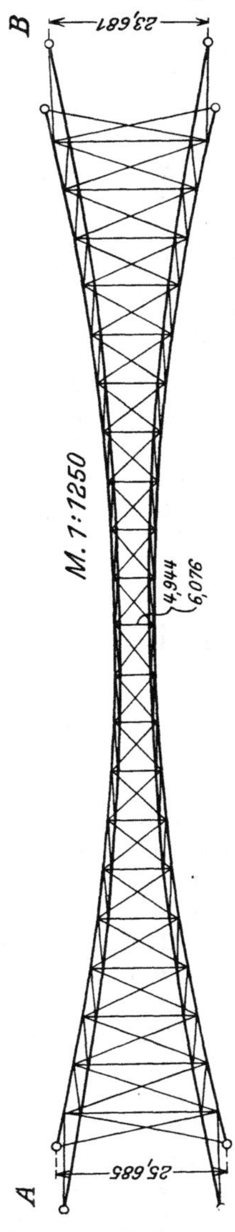

Abb. 267. Kaiser-Wilhelm-Brücke. Aufsicht auf den Bogen.

5. Die Hängebrücken.

a) Bauarten und Theorie.

Die wichtigste Bauart der Hängebrücken ist die durch einen Balken versteifte Kette. Die in Form der Parabel über der Hauptöffnung hängende Kette ruht auf dem Kopf von Pfeilern (Pylonen) und ist durch die Rückhaltketten im Widerlager verankert. Auf dem Pfeilerkopf vereinigen sich das erste Glied der Tragkette und die Rückhaltkette in einem Punkte der Pfeilerachse. Die Stücke bestimmen die Linien der Kräfte, die hier im Gleichgewicht stehen. Damit der Pfeilerdruck bei jeder Belastung lotrechte Richtung hat, muß der Stützpunkt der Kette in der Wagerechten verschieblich sein. Zu diesem Zweck wird das Lager entweder als Rollenlager auf standfestem Pfeiler ausgebildet oder als festes Lager auf dem Kopf eines Pendelpfeilers, dessen Fuß in einem Gelenk ruht. Ein Balken auf 2 Stützen, der Versteifungsbalken, ist durch Hängestangen an der Kette aufgehängt. Er erhält ein festes und ein bewegliches Lager. Die Fahrbahn ruht im Versteifungsbalken. Aus ihm gehen die

Lasten durch die Hängestangen in die Kette, das tragende Bauglied ein. Die Kette verändert ihre Form nur dann nicht, wenn das Verhältnis der Zugkräfte in den Hängestangen unverändert bleibt. Wenn die Kette der Parabel folgt, ist diese Voraussetzung bei nicht versteifter Kette nur durch gleichmäßig über die ganze Öffnung verteilte Belastung erfüllt. Die Kette kann demnach die Eigenlast ohne Mitwirkung des Versteifungsbalkens aufnehmen.

Der Versteifungsbalken muß die Änderung der Kettenform im Falle beliebiger Verkehrslasten verhindern. Er erfüllt diese Aufgabe dadurch, daß er die nach Lage und Größe veränderlichen Lasten gleichmäßig auf die Hängestangen verteilt. Eine tragende Aufgabe ist ihm nicht zugewiesen. Da er jedoch ein stabiles Tragwerk ist, läßt es sich nicht verhindern, daß er einen kleinen Anteil der Lasten auf die Widerlager überträgt.

Wenn die Hängestangen lotrecht gestellt werden, was fast stets der Fall ist, bedingt das Gleichgewicht in den Knotenpunkten der Kette gleiche Größe der wagerechten Seitenkraft des Kettenzuges, die Horizontalzug — H — genannt wird. Denselben Wert hat infolge der Gleichgewichtsbedingung für den Stützpunkt der Kette auf dem Pfeilerkopf auch die wagerechte Seitenkraft des Zuges in der Rückhaltskette. Der Zug in jedem Kettenstab, dessen Achse unter dem Winkel φ gegen die Wagerechte geneigt ist, beträgt daher

$$Z_n = H \cdot \sec \varphi_n$$

und in der unter dem Winkel α geneigten Rückhaltkette

$$R = H \cdot \sec \alpha .$$

Der Pfeilerdruck ist

$$V = H\,(\operatorname{tg} \alpha + \operatorname{tg} \varphi_0) .$$

Die Stützweite des Versteifungsbalkens l ist für die Kräfte des Tragwerks maßgebend. Der Durchhang der Kette (Pfeil oder Stich) f ist daher der lotrechte Abstand des Kettenscheitels von der durch die Lotrechten durch die Auflagerpunkte des Versteifungsbalkens auf der Kette bestimmten Schlußlinie. Als wirtschaftlich und technisch günstigstes Maß gilt $f = \frac{1}{9}$ bis $\frac{1}{10}\,l$. Bei diesem Pfeilverhältnis weicht die Kettenlinie nur wenig von der Parabel ab. Daher darf vernachlässigt werden, daß das Gewicht der Kette die Kettenlinie und nicht die Parabel als Gleichgewichtslage bedingt.

Die Kette wird entweder aus einzelnen Stäben oder aus einem durchlaufenden Kabel hergestellt. Im ersten Falle kann der Querschnitt jedes Stabes der auftretenden Zugkraft angepaßt werden. Es ist also $F_n \cdot \cos \varphi_n = \text{constans} = F_k$: dem Querschnitt im Scheitel. Die Rückhaltkette erhält $F_r = F_k \cdot \sec \alpha$. Im Falle des Kabels ist ein unveränderlicher Querschnitt mindestens in der Tragkette unvermeidlich. Seine Größe muß aus der größten Kettenkraft, die im ersten Glied auftritt, berechnet werden. In vielen Fällen bestehen Trag- und Rückhaltsketten aus einem Stück. Gleicher Zug in der Rückhaltkette und im ersten Glied der Tragkette bedingt

$$\operatorname{tg} \alpha = \frac{4f}{l} .$$

Wird $\operatorname{tg} \alpha > \frac{4f}{l}$ gewählt, so ist die Kraft in der Rückhaltkette maßgebend für den Querschnitt des ganzen Kabels. In der Tragkette wird dabei der Querschnitt nicht ausgenutzt. Um das zu vermeiden, kann man in der Rückhaltkette einen kleineren Strang neben das Hauptkabel legen und in dem Lagerkörper auf dem Pfeiler verankern. Der Zug im Rückhaltkabel wird durch den des Tragkabels erzeugt. Da das Rückhaltkabel ein schlaffes Seil ist, kann es, in seinen Endpunkten gestützt, nur in der Form der Kettenlinie hängen. Es verläuft daher nicht geradlinig, sondern mit dem Durchhang, der durch den Horizontalzug H und sein Eigengewicht bedingt ist.

Für die Höhe des Versteifungsbalkens wurde früher $h = \frac{1}{25}$ bis $\frac{1}{40}\,l$ für erforderlich gehalten. Heute bindet man sich hier an kein Maß. Wie unten gezeigt wird, kann man h/l beliebig klein wählen.

Abb. 269 zeigt die Kettenbrücke mit einer Öffnung. Aus dieser entsteht das Tragwerk für 3 Öffnungen, eine große in der Mitte, 2 kleine auf beiden Seiten, durch Entwicklung des Balkens zum durchlaufenden Balken auf 3 Stützen (Abb. 270). Ein weiterer Schritt führt die Aufhängung des Balkens in den Seitenöffnungen an der Kette hinzu, die dadurch auch hier zur Tragkette wird (Abb. 271). Die Schlußlinie ist in jeder Öffnung durch die Stützen des Balkens bestimmt. Um die Ankerblöcke zu sparen und die gefürchtete Wirkung einer

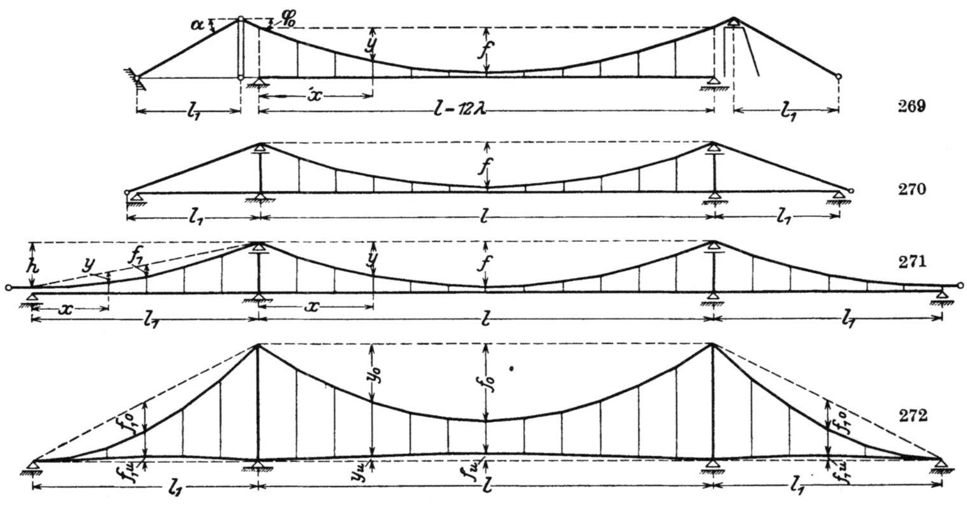

Abb. 269 bis 272.

Verschiebung der Verankerung zu vermeiden, hat man die Rückhaltkette in den Endpunkten des Versteifungsbalkens verankert, so daß der Horizontalzug durch eine gleich große Druckkraft im Versteifungsbalken aufgenommen wird. Die Endstützen des Versteifungsbalkens bedürfen dann nur einer lotrechten Verankerung zur Aufnahme negativer Auflagerkräfte. Der Versteifungsbalken wird hier außer durch die Biegungsmomente durch die Druckkraft $-H-$ beansprucht. Diese Beanspruchung erfordert daher einen wesentlich größeren Querschnitt und erhöht dementsprechend das Eigengewicht der Brücke nicht unbeträchtlich. Infolge des größeren Eigengewichtes wird wiederum der Horizontalzug größer. Einen gewissen Ausgleich hierin bietet allerdings die Vergrößerung des Maßes, von dem die Kräfte wesentlich abhängen, des Pfeiles f der Kette. Man gibt hier dem Versteifungsbalken eine leichte Krümmung nach oben, deren Stich dem Durchhang der Kette hinzuzuzählen ist. Natürlich hat die Krümmung den Nachteil, daß auch die Fahrbahn entsprechend gehoben wird. Abb. 272 zeigt das System. Bei der Ausführung werden Montagegelenke über oder in nächster Nähe der Mittelstützen und in Mitte der mittleren Öffnung angeordnet, damit die Kette allein das gesamte Eigengewicht aufnimmt. Die Gleichheit des Horizontalzuges in Mittel- und Seitenöffnungen verlangt infolge

$$\frac{g_1 l_1^2}{8 f_1} = \frac{g\, l^2}{8 f}, \qquad f_1 = f \frac{g_1}{g} \left(\frac{l_1}{l}\right)^2.$$

Die Kettenbrücke über einer Öffnung ist einfach statisch unbestimmt. Die beschriebenen Bauarten für 3 Öffnungen sind 3fach statisch unbestimmt. Zur überschläglichen Ermittlung des größten Horizontalzuges der ersteren kann die Formel

$$H = \frac{g\,l^2}{8\,f} + \frac{p\,l^2}{8\,f\,(1+\nu)}$$

benutzt werden, in der

$$\nu = \frac{15}{8}\frac{J_b}{F_k\,f^2}(1+a)$$

ist. Der Faktor a hängt davon ab, ob $F = F_k =$ constans oder $F_n \cos\varphi_n = F_k$ $=$ constans ist. Im ersten Falle ist

$$a = 8\left(\frac{f}{l}\right)^2 + \frac{2\,l_1}{l}\sec^3\alpha,$$

im zweiten

$$a = \frac{16}{3}\left(\frac{f}{l}\right)^2 + \frac{2\,l_1}{l}\sec^2\alpha\,.$$

Bei gleichmäßig über l verteilter Last p wird der Versteifungsbalken im Punkte x durch das Moment

$$M = p\,\frac{x\,(l-x)}{2}\,\frac{\nu}{1+\nu}$$

beansprucht. Es wird also die Last $p\,\frac{1}{1+\nu}$ von der Kette und $p\,\frac{\nu}{1+\nu}$ vom Balken aufgenommen. Die größten und kleinsten Momente im Versteifungsbalken infolge einer Teilbelastung p können aus den Formeln (82) S. 229 berechnet werden.

Die Elastizitätstheorie berechnet die Hängebrücke, indem sie den Einfluß des Kettenzuges auf den Versteifungsbalken durch das zusätzliche Moment

$$M = -H \cdot y$$

zum Ausdruck bringt. Wie in allen Rechnungen der Statik gebräuchlich, vernachlässigt sie in den Gleichgewichtsbedingungen die Abweichungen der Gleichgewichtslage von der spannungslosen Anfangslage. In Wirklichkeit biegt sich der Balken durch. Wird die Längenänderung der Hängestangen vernachlässigt, so erfährt die Kette in den Knotenpunkten die gleiche lotrechte Verschiebung wie der Balken. Mithin ist, wenn z die Durchbiegung des Balkens bezeichnet, für die Bauarten, deren Kette im Widerlager verankert ist, exakt

$$M = -H\,(y+z)$$

anzusetzen. Während die Lagenänderung in den meisten Rechnungen der Statik von so geringem Einfluß ist, daß die gebräuchliche Vernachlässigung unschädlich ist, hat sie bei der Hängebrücke erheblichere Bedeutung. Wo der Horizontalzug vom Versteifungsbalken aufgenommen wird, ist z ohne Einfluß auf die Momente, da das zusätzliche Moment hier

$$M = -H\,(y_o + z + y_u - z) = -H\,(y_o + y_u)$$

ist.

Es muß deshalb die genaue Theorie aufgestellt werden. Sie soll für den Fall des durchlaufenden Versteifungsbalkens auf 3 Stützen, der in allen 3 Öffnungen an der Kette aufgehängt ist, entwickelt werden. Die beiden andern Bauarten, durchlaufender Balken ohne Aufhängung in den Seitenöffnungen und Balken auf 2 Stützen, ergeben sich aus den Gleichungen des ersten Falles durch Streichung der entsprechenden Glieder.

Die Hängebrücke sei als statisch bestimmtes System so montiert, daß die gesamte Eigenlast von der Kette aufgenommen wird und die mit dem Horizontalzug

$$H_g = \frac{g l^2}{8 f}$$

gespannte Kette in Parabeln hängt. Die Gleichung in der Mittelöffnung ist

$$y = \frac{4 f}{l^2} x (l - x),$$

in den Seitenöffnungen bezogen auf die gleiche x-Achse (Abb. 271)

$$y = \bar{y} + h \frac{l_1 - x}{l_1},$$

$$\bar{y} = \frac{4 \bar{f}}{l_1^2} x (l_1 - x),$$

$$\bar{f} = f \frac{g_1}{g} \left(\frac{l_1}{l}\right)^2.$$

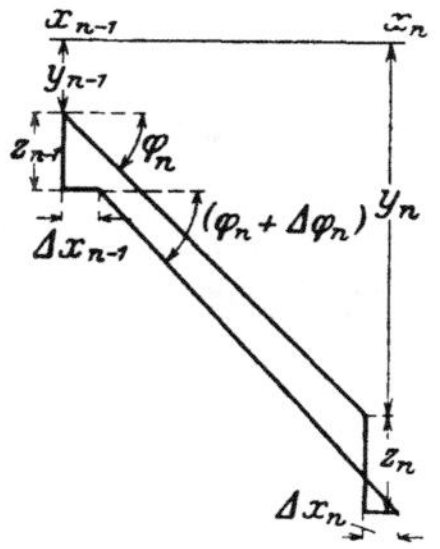

Abb. 273.

Die Grundlage der Berechnung des Horizontalzuges

$$H = H_g + H_p,$$

der durch die Verkehrslast entsteht, ist die Beziehung zwischen der Längenänderung der Kette und den lotrechten Verschiebungen der Knotenpunkte, die durch z_n bezeichnet seien. Dabei ist H_p nicht der Horizontalzug, der in der spannungslosen Kette gleicher Abmessungen durch p entsteht. H_p kann daher nicht gesondert berechnet werden. Das Ziel der Rechnung kann vielmehr nur H bzw. $H_p = H - H_g$ sein.

Der Kettenstab n ändere seine Länge s_n um Δs_n, den Neigungswinkel φ_n um $\Delta\varphi_n$. Dann ist nach Abb. 273

$$\begin{aligned}\Delta x_n - \Delta x_{n-1} &= (s_n + \Delta s_n) \cos(\varphi_n + \Delta\varphi_n) - s_n \cdot \cos\varphi_n \\ &= s_n \cdot \cos\varphi_n (\cos\Delta\varphi_n - 1) - s_n \sin\varphi_n \cdot \sin\Delta\varphi_n \\ &\quad + \Delta s_n \cdot \cos(\varphi_n + \Delta\varphi_n), \\ z_n - z_{n-1} &= (s_n + \Delta s_n) \sin(\varphi_n + \Delta\varphi_n) - s_n \sin\varphi_n \\ &= s_n \sin\varphi_n (\cos\Delta\varphi_n - 1) + s_n \cdot \cos\varphi_n \sin\Delta\varphi_n \\ &\quad + \Delta s_n \sin(\varphi_n + \Delta\varphi_n).\end{aligned}$$

Aus beiden Gleichungen folgt

$$\begin{aligned}(\Delta x_n - \Delta x_{n-1}) \cos\varphi_n + (z_n - z_{n-1}) \sin\varphi_n &= s_n (\cos\Delta\varphi_n - 1) \\ &\quad + \Delta s_n [\cos(\varphi_n + \Delta\varphi_n) \cos\varphi_n + \sin(\varphi_n + \Delta\varphi_n) \cdot \sin\varphi_n].\end{aligned}$$

$\cos\Delta\varphi_n - 1 = -2 \sin^2 \frac{\Delta\varphi_n}{2}$ darf als kleine Größe zweiter Ordnung vernachlässigt werden. Daher ergibt sich

$$\begin{aligned}&\Delta x_n - \Delta x_{n-1} + (z_n - z_{n-1}) \operatorname{tg}\varphi_n \\ &\quad = \Delta s_n (\cos\varphi_n + \Delta\varphi_n) [1 + \operatorname{tg}(\varphi_n + \Delta\varphi_n) \cdot \operatorname{tg}\varphi_n].\end{aligned}$$

Die Kettenkraft wächst um

$$\frac{H_g + H_p}{\cos(\varphi_n + \Delta\varphi_n)} - \frac{H_g}{\cos\varphi_n},$$

mithin ist

$$\Delta s_n \cdot \cos(\varphi_n + \Delta\varphi_n) = \frac{s_n}{E_k F_n} \left[H_p + H_g \left(1 - \frac{\cos(\varphi_n + \Delta\varphi_n)}{\cos\varphi_n}\right)\right].$$

Weiter ist

$$1 - \frac{\cos(\varphi_n + \varDelta\varphi_n)}{\cos\varphi_n} = 1 - \cos\varDelta\varphi_n + \operatorname{tg}\varphi_n \sin\varDelta\varphi_n\,,$$

hierin darf $1 - \cos\varDelta\varphi_n$ wieder vernachlässigt und $\sin\varDelta\varphi_n = \operatorname{tg}\varDelta\varphi_n$ gesetzt werden. Weiter ist

$$\operatorname{tg}\varDelta\varphi_n = \frac{\operatorname{tg}(\varphi_n + \varDelta\varphi_n) - \operatorname{tg}\varphi_n}{1 + \operatorname{tg}(\varphi_n + \varDelta\varphi_n)\cdot\operatorname{tg}\varphi_n}.$$

Damit ergibt sich

$$\varDelta x_n - \varDelta x_{n-1} + (z_n - z_{n-1})\operatorname{tg}\varphi_n = \frac{H_p\cdot s_n}{E_k\cdot F_n}[1+\operatorname{tg}(\varphi_n+\varDelta\varphi_n)\cdot\operatorname{tg}\varphi_n]$$

$$+ \frac{H_g\cdot s_n}{E_k F_n}\operatorname{tg}\varphi_n[\operatorname{tg}(\varphi_n+\varDelta\varphi_n) - \operatorname{tg}\cdot\varphi_n]\,;$$

hierin wird

$$\operatorname{tg}(\varphi_n + \varDelta\varphi_n) = \frac{y_n - y_{n-1}}{\lambda} + \frac{z_n - z_{n-1}}{\lambda}, \qquad \operatorname{tg}\varphi_n = \frac{y_n - y_{n-1}}{\lambda}$$

eingeführt.

$$\varDelta x_n - \varDelta x_{n-1} + (z_n - z_{n-1})\operatorname{tg}\varphi_n = \frac{H_p\cdot s_n}{E_k\cdot F_n}\left[1 + \left(\frac{y_n - y_{n-1}}{\lambda}\right)^2\right]$$

$$+ \frac{H\cdot s_n}{E_k\cdot F_n}\operatorname{tg}\varphi_n\cdot\frac{z_n - z_{n-1}}{\lambda}$$

oder

$$\varDelta x_n - \varDelta x_{n-1} + (z_n - z_{n-1})\operatorname{tg}\varphi_n\left(1 - \frac{H\cdot\sec\varphi_n}{E_k F_n}\right) = \frac{H_p\cdot s_n}{E_k F_n}\left[1 + \left(\frac{y_n - y_{n-1}}{\lambda}\right)^2\right].$$

Die Addition über alle Kettenstäbe ergibt die Änderung $\varDelta l$ des Abstandes der Lager der Kette auf den Pfeilern

$$\varDelta l + \sum_1^m (z_n - z_{n-1})\operatorname{tg}\varphi_n\left(1 - \frac{H\cdot\sec\varphi_n}{E_k\cdot F_n}\right) = \frac{H_p}{E_k}\sum_1^m \frac{s_n}{F_n}\left[1 + \left(\frac{y_n - y_{n-1}}{\lambda}\right)^2\right].$$

a) Kette $F_n\cos\varphi_n = F_k$

$$\sum_1^m (z_n - z_{n-1})\operatorname{tg}\varphi_n = \frac{1}{\lambda}\sum_0^m z_n(-\,y_{n-1} + 2\,y_n - y_{n+1}),$$

da $z_0 = 0$, $z_m = 0$ ist. Mit der Parabelgleichung $y_n = \frac{4f}{m^2}n(m-n)$ entsteht

$$\sum_1^m (z_n - z_{n-1})\operatorname{tg}\varphi_n\left(1 - \frac{H\cdot\sec\varphi_n}{E_k F_n}\right) = \left(1 - \frac{H}{E_k F_k}\right)\frac{8f}{m\,l}\sum_0^m z_n$$

$$\sum \frac{s_n}{F_n}\left[1 + \left(\frac{y_n - y_{n-1}}{\lambda}\right)^2\right] = \frac{\lambda}{F_k}\left[m + \frac{16}{3}\frac{f^2}{l^2}\frac{m^2-1}{m}\right] = \frac{l}{F_k}\left[1 + \frac{16}{3}\left(\frac{f}{l}\right)^2\frac{m^2-1}{m^2}\right].$$

b) Kabel $F_n = F_k$.

Hinreichend genau kann $\frac{H\sec\varphi_n}{E_k F_n} = \frac{H}{E_k\cdot F_k}$ gesetzt werden, namentlich da der Einfluß dieses Gliedes meist verschwindend klein ist. Ferner ist

$$\sum \frac{s_n}{F_n}\left[1 + \left(\frac{y_n - y_{n-1}}{\lambda}\right)^2\right] = \frac{\lambda}{F_k}\sum\left[1 + \left(\frac{y_n - y_{n-1}}{\lambda}\right)^2\right]\left[1 + \frac{1}{2}\left(\frac{y_n - y_{n-1}}{\lambda}\right)^2\right]$$

$$= \frac{\lambda}{F_k}\left[m + 8\frac{f^2}{l^2}\frac{m^2-1}{m} + \frac{128}{15}\frac{f^4}{l^4}\frac{(m^2-1)(3\,m^2-7)}{m^3}\right].$$

Das letzte Glied kann vernachlässigt werden. Für beide Fälle erhält man demnach

$$\left(1 - \frac{H}{E_k\cdot F_k}\right)\frac{8f}{l\,m}\sum_0^m z_n = \frac{H_p\cdot l}{E_k\cdot F_k}\nu - \varDelta l\,;$$

hierin ist ν

im Falle a $\qquad \nu = 1 + \frac{16}{3}\left(\frac{f}{l}\right)^2 \frac{m^2-1}{m^2}$,

im Falle b $\qquad \nu = 1 + 8\left(\frac{f}{l}\right)^2 \frac{m^2-1}{m^2}$.

Die gleiche Entwicklung ergibt für die Seitenöffnung, wenn die Knotenpunkte hier von 0 bis $\bar{m}$ gezählt werden und die Durchbiegung durch $\bar{z}$ bezeichnet wird

$$\left(1 - \frac{H}{E_k F_k}\right)\frac{8\bar{f}}{l_1 \bar{m}} \sum_0^{\bar{m}} \bar{z}_n = \frac{H_p l_1}{E_k \cdot F_k}\,\bar{\nu} - \Delta l_1,$$

$$\bar{\nu} = 1 + \left(\frac{h}{l_1}\right)^2 + \frac{16}{3}\left(\frac{\bar{f}}{l_1}\right)^2 \frac{\bar{m}^2-1}{\bar{m}^2} \qquad \text{im Falle } a,$$

$$\bar{\nu} = \left[1 + \left(\frac{h}{l_1}\right)^2 + \frac{16}{3}\left(\frac{\bar{f}}{l_1}\right)^2 \frac{\bar{m}^2-1}{\bar{m}^2}\right]\cdot\sqrt{1 + \left(\frac{h}{l_1}\right)^2} \qquad \text{im Falle } b.$$

Die Addition über 3 Öffnungen ergibt

$$\left(1 - \frac{H}{E_k \cdot F_k}\right)\frac{8f}{l\,m}\left[\sum_0^m z_n + \frac{\bar{f}}{f}\,\frac{l\,m}{l_1 \bar{m}}\left(\sum_0^{\bar{m}} \bar{z}_n + \sum_0^{\bar{m}} \bar{\bar{z}}_n\right)\right] = \frac{H_p\,l}{E_k \cdot F_k}\left[\nu + 2\,\bar{\nu}\,\frac{l_1}{l}\right] - \Delta; \quad (105)$$

hierin ist Δ die Zunahme des Abstandes der Kettenpunkte über den Endstützen, die etwa durch Verschiebungen der Ankerblöcke eintritt.

Am Versteifungsbalken bezeichnen

M_n das Moment im Querschnitt n der Mittelöffnung,

M_{on} das Moment im Querschnitt n des einfachen Balkens auf 2 Stützen, das durch die Verkehrslasten erzeugt wird,

M_a, M_b die Momente über den Stützen *1* und *2*.

In der Mittelöffnung ist

$$M_n = M_{on} + \frac{1}{2}\,g n (m-n)\lambda^2 + M_a \frac{m-n}{m} + M_b \frac{n}{m} - (H_g + H_p)(y_n + z_n)$$

und infolge

$$\frac{1}{2}\,g n (m-n)\lambda^2 - H_g \cdot y_n = 0\,.$$

$$M_n = M_{on} + M_a \frac{m-n}{m} + M_b \frac{n}{m} - H \cdot z_n - H_p \cdot y_n\,. \quad (106)$$

Die Momente in der linken Seitenöffnung seien $\bar{M}_n$, $\bar{M}_{on}$, in der rechten $\bar{\bar{M}}_n$, $\bar{\bar{M}}_{on}$ bezeichnet. In der linken ist

$$\bar{M}_n = \bar{M}_{on} + M_a \frac{\bar{m}-n}{\bar{m}} - H\,\bar{z}_n - H_p \cdot \bar{y}_n\,, \quad (107\text{a})$$

in der rechten

$$\bar{\bar{M}}_n = \bar{\bar{M}}_{on} + M_b \frac{\bar{m}-n}{\bar{m}} - H\bar{\bar{z}}_n - H_p \cdot \bar{\bar{y}}_n\,, \quad (107\text{b})$$

wenn die Knotenpunkte von 0 bis m in der Mittelstütze beginnend gezählt sind.

Als Arbeitsgleichung für die angenommene Belastung $\frac{2}{\lambda}$ in n — $\frac{1}{\lambda}$ in $n-1$ und $n+1$ und den Formänderungszustand des statisch unbestimmten Systems erhält man, wenn das Trägheitsmoment im Felde n konstant J_n und im Felde $n+1$ J_{n+1} ist

$$-z_{n-1} + 2\,z_n - z_{n+1} = \frac{\lambda^2}{6E}\left[\frac{M_{n-1}}{J_n} + 2\,M_n\left(\frac{1}{J_n} + \frac{1}{J_{n+1}}\right) + \frac{M_{n+1}}{J_{n+1}}\right]. \quad (108)$$

Hierin wird Gleichung (106) eingeführt und die Bezeichnung $\alpha_n = \frac{H\lambda^2}{6EJ_n}$ benutzt.

$$- z_{n-1}(1-\alpha_n) + 2z_n(1+\alpha_n+\alpha_{n+1}) - z_{n+1}(1-\alpha_{n+1})$$
$$= \frac{1}{H}\left[M_{on-1}\cdot\alpha_n + 2M_{on}(\alpha_n+\alpha_{n+1}) + M_{on+1}\cdot\alpha_{n+1}\right]$$
$$- \frac{H_p}{H}\left[y_{n-1}\cdot\alpha_n + 2y_n(\alpha_n+\alpha_{n+1}) + y_{n+1}\cdot\alpha_{n+1}\right]$$
$$+ \frac{M_a}{H}\left[\frac{3(m-n)}{m}(\alpha_n+\alpha_{n+1}) + \frac{1}{m}(\alpha_n-\alpha_{n+1})\right]$$
$$+ \frac{M_b}{H}\left[\frac{3n}{m}(\alpha_n+\alpha_{n+1}) - \frac{1}{m}(\alpha_n-\alpha_{n+1})\right].$$

Die Gleichungen bestehen für $n = 1$ bis $m-1$. Da $z_0 = 0$, $z_m = 0$ sind, stimmt ihre Zahl mit der Zahl der z_n überein. Sie sind vom Typus der dreigliedrigen Elastizitätsgleichungen und können nach dem Leweschen Verfahren des Zahlenrechtecks aufgelöst werden[1]. Die Auflösung bedeutet die Berechnung der Faktoren λ_{rk} in der Gleichung

$$z_r = N_1\lambda_{1r} + N_2\lambda_{2r} + \cdots N_{m-1}\cdot\lambda_{m-1,r}.$$

Sie werden in folgender Weise berechnet, wenn

$$i = \tfrac{1}{2}m,\quad i-2=g,\quad i-1=h,$$
$$i+1=k,\quad i+2=l$$

bezeichnet, bzw. $i = \frac{1}{2}(m-1)$, falls m ungerade ist.

$$\beta_1 = 2(1+\alpha_1+\alpha_2) \qquad \overline{ba} = \frac{1-\alpha_2}{\beta_1},$$
$$\beta_2 = 2(1+\alpha_2+\alpha_3) - \frac{(1-\alpha_2)^2}{\beta_1} \qquad \overline{cb} = \frac{1-\alpha_3}{\beta_2},$$
$$\beta_3 = 2(1+\alpha_3+\alpha_4) - \frac{(1-\alpha_3)^2}{\beta_2} \qquad \overline{dc} = \frac{1-\alpha_4}{\beta_3},$$

usw. bis

$$\beta_h = 2(1+\alpha_h+\alpha_i) - \frac{(1-\alpha_h)^2}{\beta_g} \qquad \overline{ih} = \frac{1-\alpha_i}{\beta_h},$$
$$\beta_i = 2(1+\alpha_i'+\alpha_k) - \frac{(1-\alpha_i)^2}{\beta_h} \qquad \overline{ki} = \frac{1-\alpha_k}{\beta_i}.$$

Weiter erhält man

$$\lambda_{ii} = \frac{1}{\beta_i(1-\overline{ki}\cdot\overline{ih})},$$
$$\lambda_{hh} = \frac{1}{\beta_h} + \lambda_{ii}\cdot\overline{ih}^2$$

und nach der letzten Formel der Reihe nach alle Werte in der Diagonalen des Zahlenrechtecks von λ_{ii} bis λ_{aa}. Infolge der Symmetrie der Zahlen α kann man das Zahlenrechteck auf die Zeilen a bis i beschränken. Die λ-Werte in der Diagonalen ii bis $m-1a$ berechnet man

$$\lambda_{kh} = \lambda_{ii}\cdot\overline{ih}^2,$$
$$\lambda_{lg} = \lambda_{kh}\cdot\overline{hg}^2$$

usw. bis

$$\lambda_{m-1a} = \lambda_{m-2b}\cdot\overline{ba}^2.$$

---

[1] Grüning: Die Statik des ebenen Tragwerks S. 343.

						$\overline{ih}$		$\overline{hg}$		$\overline{cb}$	$\overline{ba}$	
	a	b		g	h	i	k	l		$m-2$	$m-1$	
a	λ_{aa}										$\lambda_{m-1\,a}$	$\overline{ba}$
b		λ_{bb}								$\lambda_{m-2\,b}$		$\overline{cb}$
c												
			↖						↗			
g			←	λ_{gg}				λ_{lg}	→			$\overline{hg}$
h					λ_{hh}		λ_{kh}					$\overline{ih}$
i			←	—	—	λ_{ii}	—	—	→			
	$\overline{ba}$	$\overline{cb}$		$\overline{hg}$	$\overline{ih}$							

In bekannter Weise findet man nun aus den Werten der Diagonale $aa - ii$ die Werte links der Diagonale durch Multiplikation mit den unten zwischen den Spalten stehenden Festwerten und aus den Werten der Diagonale $ii - m - 1, a$ die Werte rechts der Diagonale durch Multiplikation mit den Festwerten, die oben zwischen den Spalten stehen. Die Pfeile geben die Richtung des Rechnungsganges an. Damit sind alle Werte gefunden, da die Quadrate $aa - i$ und $i - m - 1, a$ symmetrisch zu den Diagonalen sind.

Weiter wird berechnet

$$A_r = M_{o\,r-1} \cdot \alpha_r + 2 M_{o\,r} (\alpha_r + \alpha_{r+1}) + M_{o\,r+1} \cdot \alpha_{r+1},$$

$$\eta_r = y_{r-1} \cdot \alpha_r + 2 y_r (\alpha_r + \alpha_{r+1}) + y_{r+1} \cdot \alpha_{r+1},$$

$$r_a = 3 \frac{m-r}{m} (\alpha_r + \alpha_{r+1}) + \frac{1}{m} (\alpha_r - \alpha_{r+1}),$$

$$r_b = 3 \frac{r}{m} (\alpha_r + \alpha_{r+1}) - \frac{1}{m} (\alpha_r - \alpha_{r+1})$$

$$\text{für } r = 1,2 \text{ bis } m-1;$$

dann erhält man

$$z_n = \frac{1}{H} \sum_1^{m-1} {}^r A_r \cdot \lambda_{rn} - \frac{H_p}{H} \sum_1^{m-1} {}^r \eta_r \cdot \lambda_{rn} + \frac{M_a}{H} \sum_1^{m-1} {}^r r_a \cdot \lambda_{rn} + \frac{M_b}{H} \sum_1^{m-1} {}^r r_b \cdot \lambda_{rn}. \tag{109}$$

Die λ werden in den Spalten addiert

$$L_r = \sum_1^{m-1} {}^n \lambda_{rn},$$

dann wird

$$\sum_0^m z_n = \frac{1}{H} \sum_1^{m-1} {}^r A_r \cdot L_r - \frac{H_p}{H} \sum_1^{m-1} {}^r \eta_r \cdot L_r + \frac{M_a}{H} \sum_1^{m-1} {}^r r_a \cdot L_r + \frac{M_b}{H} \sum_1^{m-1} {}^r \cdot r_b \cdot L_r. \tag{110}$$

Auf gleichem Wege findet man für die linke Seitenöffnung die Gleichungen

$$-\bar{z}_{n-1}(1-\bar{\alpha}_n)+2\bar{z}_n(1+\bar{\alpha}_n+\bar{\alpha}_{n+1})-\bar{z}_{n+1}(1-\bar{\alpha}_{n+1})$$

$$=\frac{1}{H}[\bar{M}_{o\,n-1}\cdot\bar{\alpha}_n+2\bar{M}_{o\,n}(\bar{\alpha}_n+\bar{\alpha}_{n+1})+\bar{M}_{o\,n+1}\bar{\alpha}_{n+1}]$$

$$-\frac{H_p}{H}[\bar{y}_{n-1}\cdot\bar{\alpha}_n+2\bar{y}_n(\bar{\alpha}_n+\bar{\alpha}_{n+1})+\bar{y}_{n+1}\cdot\bar{\alpha}_{n+1}]$$

$$+\frac{M_a}{H}\left[\frac{3(\bar{m}-n)}{\bar{m}}(\bar{\alpha}_n+\bar{\alpha}_{n+1})+\frac{1}{\bar{m}}(\bar{\alpha}_n-\bar{\alpha}_{n+1})\right].$$

Die Berechnung der Werte $\bar{\lambda}$ ist ebenso durchzuführen wie in der Mittelöffnung. Da jedoch die Symmetrie fehlt, müssen die β von β_1 bis $\beta_{\bar{m}-1}$ und die Festwerte $\overline{ba}$, $\overline{cb}$ ... bis $\overline{\bar{m}-1,\bar{m}-2}$ nach dem angegebenen Schema berechnet werden. Man findet die Werte in der Diagonale

$$\lambda_{\bar{m}-1,\,\bar{m}-1}=\frac{1}{\beta_{\bar{m}-1,\,\bar{m}-1}},$$

$$\lambda_{\bar{m}-2,\,\bar{m}-2}=\frac{1}{\beta_{\bar{m}-2,\,\bar{m}-2}}+\lambda_{\bar{m}-1,\,\bar{m}-1}\cdot\overline{\bar{m}-1,\bar{m}-2}$$

und nach dieser Formel alle andern in der Reihenfolge $\bar{m}-1$, $\bar{m}-1$ bis a, a. Aus den Diagonalwerten erhält man die unter der Diagonale durch Multiplikation mit den unten zwischen den Spalten stehenden Festwerten. Die Pfeile geben die Richtung des Rechnungsganges an.

	a	b	c		$\bar{m}-2$	$\bar{m}-1$
a	$\bar{\lambda}_{aa}$					
b	←					
c		←				
				↖		
$\bar{m}-2$			←		↘	
$\bar{m}-1$			←			$\bar{\lambda}_{\bar{m}-1,\,\bar{m}-1}$

$\overline{ba}$ $\overline{cb}$ $\overline{dc}$ $\overline{\bar{m}-2,\bar{m}-3}$ $\overline{\bar{m}-1,\bar{m}-2}$

Damit sind alle $\bar{\lambda}$ gefunden, da Symmetrie zur Diagonale besteht. Man berechnet noch die Summe der Spalten

$$\bar{L}_r=\sum_{1}^{\bar{m}-1}{}_n\,\bar{\lambda}_{rn}$$

und erhält nach Berechnung der Größen

$$\bar{A}_r=\bar{M}_{or-1}\cdot\bar{\alpha}_r+2\bar{M}_{or}(\bar{\alpha}_r+\bar{\alpha}_{r+1})+\bar{M}_{or+1}\cdot\bar{\alpha}_{r+1},$$

$$\bar{\eta}_r=\bar{y}_{r-1}\cdot\bar{\alpha}_r+2\bar{y}_r(\bar{\alpha}_r+\bar{\alpha}_{r+1})+\bar{y}_{r+1}\cdot\bar{\alpha}_{r+1},$$

$$\bar{r}_a=\frac{3(\bar{m}-r)}{\bar{m}}(\bar{\alpha}_r+\bar{\alpha}_{r+1})+\frac{1}{\bar{m}}(\bar{\alpha}_r-\bar{\alpha}_{r+1}).$$

$$z_n = \frac{1}{H}\sum_{1}^{\bar m - 1}\bar A_r \cdot \bar\lambda_{rn} - \frac{H_p}{H}\sum_{1}^{\bar m - 1}\bar\eta_r \cdot \bar\lambda_{rn} + \frac{M_a}{H}\sum_{1}^{\bar m - 1}\bar r_a \cdot \bar\lambda_{rn}. \qquad (111)$$

$$\sum_{0}^{\bar m}\bar z_n = \frac{1}{H}\sum_{1}^{\bar m - 1}\bar A_r \cdot \bar L_r - \frac{H_p}{H}\sum_{1}^{\bar m - 1}\bar\eta_r \cdot \bar L_r + \frac{M_a}{H}\sum_{1}^{\bar m - 1} r_a \cdot \bar L_r. \qquad (112)$$

In der rechten Seitenöffnung werden die Knotenpunkte von der Mittelstütze nach außen gezählt. Man erhält für $\bar{\bar z}_n$ und $\Sigma \bar{\bar z}_n$ die gleichen Formeln, wenn M_a durch M_b ersetzt wird. Bei gleichen Stützweiten und Querschnitten in gleichen Feldern haben die $\bar\lambda$ und $\bar L$ dieselben Werte.

Die Stützenmomente müssen die Bedingungen für die Stetigkeit der elastischen Linie über den Stützen erfüllen. Sie lauten, wenn $m - 1$ durch q bezeichnet ist,

$$-\bar z_1 + 2z_0 - z_1 = \frac{\lambda^2}{6E}\left[\frac{\bar M_1}{\bar J_1} + 2M_a\left(\frac{1}{\bar J_1} + \frac{1}{J_1}\right) + \frac{M_1}{J_1}\right],$$

$$-z_q + 2z_m + \bar{\bar z}_1 = \frac{\lambda^2}{6E}\left[\frac{M_q}{J_1} + 2M_b\left(\frac{1}{\bar J_1} + \frac{1}{J_1}\right) + \frac{\bar{\bar M}_1}{\bar J_1}\right]$$

oder nach Einführung der Zahlen α, $\bar\alpha$, da $z_0 = 0$, $z_m = 0$,

$$-\bar z_1(1 - \bar\alpha_1) - z_1(1 - \alpha_1) = \frac{\bar M_{01}}{H}\cdot\bar\alpha_1 + \frac{M_{01}}{H}\cdot\alpha_1 - \frac{H_p}{H}(\bar y_1\bar\alpha_1 + y_1\alpha_1)$$

$$+ \frac{M_a}{H}\left[3(\bar\alpha_1 + \alpha_1) - \frac{\bar\alpha_1}{\bar m} - \frac{\alpha_1}{m}\right] + \frac{M_b}{H}\frac{\alpha_1}{m},$$

$$-\bar{\bar z}_1(1 - \bar\alpha_1) - z_q(1 - \alpha_1) = \frac{\bar{\bar M}_{01}}{H}\cdot\bar\alpha_1 + \frac{M_{0q}}{H}\alpha_1 - \frac{H_p}{H}(\bar y_1\cdot\bar\alpha_1 + y_1\cdot\alpha_1)$$

$$+ \frac{M_b}{H}\left[3(\bar\alpha_1 + \alpha) - \frac{\bar\alpha_1}{\bar{\bar m}} - \frac{\alpha_1}{m}\right] + \frac{M_a}{H}\frac{\alpha_1}{m}.$$

Werden nun die z_1, z_q, $\bar z_1$, $\bar{\bar z}_1$ durch die oben gefundenen Gleichungen (109) und (111) ausgedrückt, so ergeben sich zur Berechnung von M_a, M_b folgende Gleichungen

$$-\bar K - K_1 + H_p\cdot\varkappa = M_a\cdot a + M_b\cdot b,$$

$$-\bar{\bar K} - K_2 + H_p\cdot\varkappa = M_a\cdot b + M_b\cdot a.$$

Hierin ist

$$\bar K = (1 - \bar\alpha_1)\sum_{1}^{\bar m - 1}\bar A_r\cdot\bar\lambda_{r1} + \bar M_{01}\cdot\bar\alpha_1,$$

$$\bar{\bar K} = (1 - \bar\alpha_1)\sum_{1}^{\bar m - 1}\bar{\bar A}_r\cdot\bar\lambda_{r1} + \bar{\bar M}_{01}\cdot\bar\alpha_1,$$

$$K_1 = (1 - \alpha_1)\sum_{1}^{q} A_r\cdot\lambda_{r1} + M_{01}\cdot\alpha_1$$

$$K_2 = (1 + \alpha_1)\sum_{1}^{q} A_r\cdot\lambda_{rq} + M_{0q}\cdot\alpha_1,$$

$$\varkappa = (1 - \overline{\alpha}_1) \sum_1^{\overline{m}-1} \overline{\eta}_r \cdot \overline{\lambda}_{r1} + (1 - \alpha_1) \sum_1^{q} \eta_r \cdot \lambda_{r1} + \overline{y}_1 \cdot \overline{\alpha}_1 + y_1 \cdot \alpha_1,$$

$$a = (1 - \overline{\alpha}_1) \sum_1^{\overline{m}-1} \overline{r}_a \cdot \overline{\lambda}_{r1} + (1 - \alpha_1) \sum_1^{q} r_a \cdot \lambda_{r1} + 3(\alpha_1 + \overline{\alpha}_1) - \frac{\overline{\alpha}_1}{\overline{\overline{m}}} - \frac{\alpha_1}{m},$$

$$b = (1 - \alpha_1) \sum_1^{q} r_b \cdot \lambda_{r1} + \frac{\alpha_1}{m}.$$

Mit
$$\varkappa_1 = \frac{a}{a^2 - b^2}, \quad \varkappa_2 = \frac{b}{a^2 - b^2}, \quad \varkappa_3 = \frac{\varkappa}{a + b}$$

ergibt die Auflösung

$$\left. \begin{aligned} M_a &= -\overline{K} \cdot \varkappa_1 + \overline{\overline{K}} \cdot \varkappa_2 - K_1 \varkappa_1 + K_2 \varkappa_2 + H_p \cdot \varkappa_3, \\ M_b &= \overline{K} \varkappa_2 - \overline{\overline{K}} \varkappa_1 + K_1 \varkappa_2 - K_2 \varkappa_1 + H_p \cdot \varkappa_3. \end{aligned} \right\} \tag{113}$$

Durch Einführung von M_a und M_b in die Σz_n erhält man diese durch 2 Glieder ausgedrückt. Das erste enthält nur die Momente M_0, das zweite H_p.

$$\sum_0^m z_n = \frac{1}{H} \sum_1^q [A_r - (\overline{K} + K_1)(\varkappa_1 \cdot r_a - \varkappa_2 r_b) + (\overline{\overline{K}} + K_2)(\varkappa_2 r_a - \varkappa_1 r_b)] L_r,$$

$$- \frac{H_p}{H} \sum_1^q [\eta_r - 3\varkappa_3(\alpha_r + \alpha_{r+1})] L_r$$

$$\sum_0^{\overline{m}} \overline{z}_n + \sum_0^{\overline{m}} \overline{\overline{z}}_n = \frac{1}{H} \sum_1^{\overline{m}-1} [\overline{A}_r + \overline{\overline{A}}_r - (\varkappa_1 - \varkappa_2)(\overline{K} + \overline{\overline{K}} + K_1 + K_2)] \overline{L_r}$$

$$- \frac{H_p}{H} 2 \sum_1^{\overline{m}-1} (\overline{\eta}_r - \varkappa_3 \cdot \overline{r}_a) \overline{L}_r.$$

Diese Ausdrücke werden in Gleichung (105) eingeführt und die H_p enthaltenden Glieder zusammengefaßt. Aus der so entstehenden Gleichung ist H_p zu berechnen. Da H_p in $H = H_g + H_p$ enthalten ist, und die Zahlen α von H abhängig sind, läßt sich die Berechnung von H_p nur durch Approximation durchführen. Da H_p von erheblichem Einfluß auf die Momente in den Versteifungsbalken ist, ist ein genaues Ergebnis erforderlich. Es sind höchstens Abweichungen bis 0,5% vom genauen Wert zulässig. Der erste Wert muß nach einer überschläglichen Rechnung geschätzt und erforderlichen Falles die Rechnung mit dem gefundenen Wert H_p wiederholt werden. Man könnte das Verfahren der Iteration einschlagen. Da die Wiederholung nur die λ-Werte erfaßt, ist sie jedoch nicht sonderlich umständlich und mechanisch durchführbar, während die Iteration erhebliche Aufmerksamkeit verlangt. Deshalb ist die Wiederholung vorzuziehen. Ist H_p gefunden, so lassen sich die Stützenmomente M_a, M_b nach den Gleichungen (113), die Durchbiegungen z_n nach den Gleichungen (109) und (111) sowie schließlich die Momente M_n, $\overline{M}_n$, $\overline{\overline{M}}_n$ nach den Gleichungen (106), (107) berechnen. Die der Rechnung zugrunde liegenden Werte J kann man durch die Balkenhöhe verwirklichen. Dabei ist der Umstand wesentlich, daß die Momente mit abnehmenden Werten J gleichfalls abnehmen. Man rechnet daher sicher, wenn man die Trägheitsmomente der Querschnitte etwas kleiner macht als die geschätzten Werte. Hierin liegt ein bemerkenswerter Vorteil des Systems für die Sicherheit der Rechnung.

Das dargestellte Verfahren läßt beliebige Belastung und beliebige Veränderlichkeit des Balkenquerschnittes von Feld zu Feld zu. Es ist also ganz allgemein. Ist das Trägheitsmoment für jede Öffnung konstant und die Belastung auf einzelnen Strecken gleichmäßig, so läßt sich die Rechnung dadurch vereinfachen, daß man die Gleichungen (108) als Differenzengleichungen auflöst.

a) Mittelöffnung in jedem Knotenpunkt von 0 bis r durch P belastet, von $r+1$ bis m unbelastet.

Für $0 < n \leqq r+1$ gilt

$$\begin{aligned} M_n &= \frac{P\cdot\lambda}{2}\frac{n}{m}[(m-r)(r+1)+m(r-n)] - H_p\frac{4f}{m^2}n(m-n) \\ &\quad - H\cdot z_n + M_a\frac{m-n}{m} + M_b\frac{n}{m}, \qquad (114) \\ \Delta^2 M_n &= -P\lambda + H_p\frac{8f}{m^2} - H\,\Delta^2 z_n. \end{aligned}$$

Gleichung (108) lautet als Differenzengleichung

$$-\Delta^2 z_n = M_n\frac{\lambda^2}{EJ} + \Delta^2 M_n\frac{\lambda^2}{6EJ},$$

also für die gegebene Belastung mit der Bezeichnung

$$\alpha = \frac{H\lambda^2}{E\cdot J},$$

$$\begin{aligned} \Delta^2 z_n\left(1-\frac{1}{6}\alpha\right) &= \alpha\cdot z_n - \frac{P\lambda}{2}\cdot\frac{\alpha}{H}\left\{\frac{n}{m}[(m-r)(r+1)+m(r-n)] - \frac{1}{3}\right\} \\ &\quad + H_p\cdot\frac{\alpha}{H}\cdot\frac{4f}{m^2}\left[n(m-n)-\frac{1}{3}\right] - M_a\frac{\alpha}{H}\frac{m-n}{m} - M_b\frac{\alpha}{H}\frac{n}{m}. \end{aligned}$$

Die Lösung muß die Bedingung $z=0$ für $n=0$ erfüllen. Sie lautet

$$\begin{aligned} z_n &= C(k^n-k^{-n}) + P\lambda\frac{1}{H}\left\{\frac{n}{2m}[(m-r)(r+1)+m(r-n)] - \frac{1}{\alpha}(1-k^{-n})\right\} \\ &\quad - H_p\frac{1}{H}\frac{4f}{m^2}\left[n(m-n)-\frac{2}{\alpha}(1-k^{-n})\right] + \frac{M_a}{H}\left[\frac{m-n}{m}-k^{-n}\right] + \frac{M_b}{H}\frac{n}{m}, \end{aligned}$$

hierin ist

$$k = 1 + \frac{\alpha}{2\left(1-\frac{1}{6}\alpha\right)} + \sqrt{\frac{\alpha}{1-\frac{1}{6}\alpha}\left[1+\frac{\alpha}{4\left(1-\frac{1}{6}\alpha\right)}\right]}.$$

Für $r \leqq n \leqq m$ gilt

$$\begin{aligned} M_n' &= \frac{P\lambda}{2}\frac{r}{m}(r+1)(m-n) - H_p\frac{4f}{m^2}n(m-n) - Hz_n \\ &\quad + M_a\frac{m-n}{m} + M_b\frac{n}{m}, \qquad (115) \\ \Delta^2 M_n' &= H_p\frac{8f}{m^2} - H\,\Delta^2 z_n, \end{aligned}$$

$$\begin{aligned} \Delta^2 z_n'\left(1-\frac{1}{6}\alpha\right) &= \alpha\cdot z_n' - \frac{P\lambda}{2}\cdot\frac{\alpha}{H}\cdot\frac{r}{m}(r+1)(m-n) \\ &\quad + \frac{H_p\cdot\alpha}{H}\frac{4f}{m^2}\cdot\left[n(m-n)-\frac{1}{3}\right] - \frac{M_a\cdot\alpha}{H}\frac{m-n}{m} - \frac{M_b\cdot\alpha}{H}\frac{n}{m}. \end{aligned}$$

Die Lösung muß die Bedingung $z=0$ für $n=m$ erfüllen. Sie lautet

$$\begin{aligned} z_n' &= C_1(k^{m-n}-k^{n-m}) + \frac{P\cdot\lambda}{H}\frac{r}{2m}(r+1)(m-n) \\ &\quad - \frac{H_p}{H}\frac{4f}{m^2}\left[n(m-n)-\frac{2}{\alpha}(1-k^{m-n})\right] + \frac{M_a}{H}\frac{m-n}{m} \\ &\quad + \frac{M_b}{H}\left(\frac{n}{m}-k^{n-m}\right). \end{aligned}$$

Die Konstanten C und C_1 müssen folgende Bedingungen für $n = r$ erfüllen:

1. $z_r = z'_r$,
2. die Stetigkeitsbedingung

$$+ z_{r-1} - 2 z_r + z'_{r+1} + M_r \frac{\lambda^2}{EJ} + (M_{r-1} - 2 M_r + M'_{r+1}) \frac{\lambda^2}{6EJ} = 0 .$$

Aus ihr folgt, da nach Gleichung (114) und (115) $M_{r+1} = M'_{r+1}$ ist,

2. $$z_{r+1} = z'_{r+1} .$$

So erhält man

$$\left.\begin{aligned} z_n = \frac{P \cdot \lambda}{H} \Big\{ & \frac{1}{\alpha} \left[\frac{k^{m-n} - k^{n-m}}{k^m - k^{-m}} + \frac{(k^{m-r} + k^{-m+r+1})(k^n - k^{-n})}{(k^m - k^{-m})(k+1)} - 1 \right] \\ & + \frac{n}{2m} [(m - r)(r + 1) + m(r - n)] \Big\} \\ & - \frac{H_p}{H} \frac{8f}{m^2} \left[\frac{n(m-n)}{2} - \frac{1}{\alpha} \left(1 - \frac{k^n + k^{m-n}}{k^m + 1} \right) \right] \\ & + \frac{M_a}{H} \left[\frac{m-n}{m} - \frac{k^{m-n} - k^{n-m}}{k^m - k^{-m}} \right] + \frac{M_b}{H} \left[\frac{n}{m} - \frac{k^n - k^{-n}}{k^m - k^{-m}} \right] . \end{aligned} \right\} \quad (116)$$

$$z'_n = \frac{P\lambda}{H} \left\{ \frac{1}{\alpha} \frac{k^{m-n} - k^{n-m}}{k^m - k^{-m}} \left(1 - \frac{k^{r+1} + k^{-r}}{k+1} \right) + \frac{r}{2m} (r+1)(m-n) \right\} - \cdots, \quad (117)$$

dazu treten die gleichen von H_p, M_a, M_b abhängigen Glieder wie in (116). Führt man z_n, z'_n in die Gleichungen (114) und (115) ein, so erhält man

$$M_n = + \frac{P \cdot \lambda}{\alpha} \left\{ 1 - \frac{k^{m-n} - k^{n-m}}{k^m - k^{-m}} - \frac{(k^{m-r} + k^{-m+r+1})(k^n - k^{-n})}{(k^m - k^{-m})(k+1)} \right\} + \cdots, \quad (118)$$

$$M'_n = - \frac{P \cdot \lambda}{\alpha} \frac{k^{m-n} - k^{n-m}}{k^m - k^{-m}} \left(1 - \frac{k^{r+1} + k^{-r}}{k+1} \right) + \cdots, \quad (119)$$

in beiden Gleichungen treten hinzu

$$- H_p \frac{8f}{m^2} \frac{1}{\alpha} \left(1 - \frac{k^n + k^{m-n}}{k^m + 1} \right) + M_a \frac{k^{m-n} - k^{n-m}}{k^m - k^{-m}} + M_b \frac{k^n - k^{-n}}{k^m - k^{-m}} .$$

Die linke Seitenöffnung sei durch $\overline{P}$ in allen Knotenpunkten belastet. Das Trägheitsmoment sei J_1 und es bezeichne $\overline{\alpha} = \frac{H \cdot \lambda^2}{EJ_1}$. Die Knotenpunkte seien von 0 in der äußeren Stütze bis $\overline{m}$ in der Mittelstütze gezählt. Durch die gleiche Rechnung wie oben erhält man

$$\left.\begin{aligned} \overline{z}_n = & \left(\overline{P} \cdot \lambda - H_p \frac{8\overline{f}}{\overline{m}^2} \right) \frac{1}{H} \left[\frac{1}{\overline{\alpha}} \left(\frac{\overline{k}^n + \overline{k}^{\overline{m}-n}}{\overline{k}^{\overline{m}} + 1} - 1 \right) + \frac{n(\overline{m} - n)}{2} \right] \\ & + \frac{M_a}{H} \left[\frac{n}{\overline{m}} - \frac{\overline{k}^n - \overline{k}^{-n}}{\overline{k}^{\overline{m}} - \overline{k}^{-\overline{m}}} \right], \end{aligned} \right\} \quad (120)$$

$$\overline{M}_n = + \left(\overline{P} \lambda - H_p \frac{8\overline{f}}{\overline{m}^2} \right) \frac{1}{\overline{\alpha}} \left(1 - \frac{\overline{k}^n + \overline{k}^{\overline{m}-n}}{\overline{k}^{\overline{m}} + 1} \right) + M_a \frac{\overline{k}^n - \overline{k}^{-n}}{\overline{k}^{\overline{m}} - \overline{k}^{-\overline{m}}} . \quad (121)$$

$\overline{k}$ unterscheidet sich von k nur durch $\overline{\alpha}$ statt α. Dieselben Gleichungen gelten für die rechte Seitenöffnung, wenn M_a durch M_b, $\overline{P}$ durch $\overline{\overline{P}}$ ersetzt wird.

M_a und M_b sind aus den Stetigkeitsbedingungen für die Stützpunkte zu bestimmen. Sie lauten mit der Bezeichnung $m - 1 = q$

$$- \overline{z}_q - z_1 = + \frac{\overline{M}_q \cdot \overline{\alpha}}{6H} + \frac{M_a}{3H} (\overline{\alpha} + \alpha) + \frac{M_1 \cdot \alpha}{6H} ,$$

$$- z'_q - \overline{\overline{z}}_q = + \frac{M'_q \cdot \alpha}{6H} + \frac{M_b}{3H} (\alpha + \overline{\alpha}) + \frac{\overline{\overline{M}}_q \cdot \overline{\alpha}}{6H} .$$

Durch Einführung der Funktionswerte nach (116) bis (121) ergeben sich die Gleichungen

$$\overline{P}\cdot\lambda\left[\left(\frac{1}{\overline{\alpha}}-\frac{1}{6}\right)\left(\frac{\overline{k}+\overline{k}^{\overline{m}-1}}{\overline{k}^{\overline{m}}+1}-1\right)+\frac{\overline{m}-1}{2}\right]$$

$$+P\lambda\left[\left(\frac{1}{\alpha}-\frac{1}{6}\right)\left\{\frac{k^{m-1}-k^{1-m}}{k^m-k^{-m}}+\frac{(k^{m-r-1}+k^{r-m})(k-1)}{(k^m-k^{-m})}-1\right\}+\frac{r}{2m}(2m-r-1)\right]$$

$$-H_p\left\{\frac{8\overline{f}}{\overline{m}^2}\left[\left(\frac{1}{\overline{\alpha}}-\frac{1}{6}\right)\left(\frac{\overline{k}+\overline{k}^{\overline{m}-1}}{\overline{k}^{\overline{m}}+1}-1\right)+\frac{\overline{m}-1}{2}\right]+\frac{8f}{m^2}\left[\left(\frac{1}{\alpha}-\frac{1}{6}\right)\left(\frac{k+k^{m-1}}{k^m+1}-1\right)+\frac{m-1}{2}\right]\right\}$$

$$+M_a\cdot a+M_b\cdot b=0.$$

$$\overline{\overline{P}}\,\lambda\left[\left(\frac{1}{\overline{\alpha}}-\frac{1}{6}\right)\left(\frac{\overline{k}+\overline{k}^{\overline{m}-1}}{\overline{k}^{\overline{m}}+1}-1\right)+\frac{\overline{m}-1}{2}\right]$$

$$+P\lambda\left[\left(\frac{1}{\alpha}-\frac{1}{6}\right)\frac{k-k^{-1}}{k^m-k^{-m}}\left(1-\frac{k^{r+1}+k^{-r}}{k+1}\right)+\frac{r(r+1)}{2m}\right]$$

$$-H_p\left\{\frac{8\overline{f}}{\overline{m}^2}\left[\left(\frac{1}{\overline{\alpha}}-\frac{1}{6}\right)\left(\frac{\overline{k}+\overline{k}^{\overline{m}-1}}{\overline{k}^{\overline{m}}+1}-1\right)+\frac{\overline{m}-1}{2}\right]+\frac{8f}{m^2}\left[\left(\frac{1}{\alpha}-\frac{1}{6}\right)\left(\frac{k+k^{m-1}}{k^m+1}-1\right)\right.\right.$$

$$\left.\left.+\frac{m-1}{2}\right]\right\}+M_a\cdot b+M_b\cdot a=0.$$

$$a=\frac{\overline{m}-1}{\overline{m}}+\frac{m-1}{m}+\frac{1}{3}(\overline{\alpha}+\alpha)-\left(1-\frac{1}{6}\overline{\alpha}\right)\frac{\overline{k}^{\overline{m}-1}-\overline{k}^{1-\overline{m}}}{\overline{k}^{\overline{m}}-\overline{k}^{-\overline{m}}}$$

$$-\left(1-\frac{1}{6}\alpha\right)\frac{k^{m-1}-k^{1-m}}{k^m-k^{-m}},$$

$$b=\frac{1}{m}-\left(1-\frac{1}{6}\alpha\right)\frac{k-k^{-1}}{k^m-k^{-m}}.$$

Die Auflösung wird in der Form

$$\begin{aligned}M_a&=-\overline{P}\lambda\varkappa_1-P\lambda\zeta+\overline{\overline{P}}\lambda\varkappa_2+H_p\varrho,\\ M_b&=+\overline{P}\lambda\varkappa_2-P\lambda\vartheta-\overline{\overline{P}}\lambda\varkappa_1+H_p\varrho\end{aligned}\tag{122}$$

durchgeführt. Man kann nun die Σz bilden. Es entsteht

$$\sum_0^m z_n=\frac{P\cdot\lambda}{H}\left\{\frac{1}{\alpha}\left[\frac{(k^{m-r}+k)(k^r-1)}{(k^m+1)(k-1)}-r\right]+\frac{r(r+1)(3m-2r-1)}{12}\right\}$$

$$-\frac{H_p}{H}\frac{8f}{m^2}\left\{\frac{m(m^2-1)}{12}-\frac{1}{\alpha}\left[m-\left(1-\frac{2}{k^m+1}\right)\frac{k+1}{k-1}\right]\right\}$$

$$+\frac{M_a+M_b}{H}\left[\frac{m+1}{2}-\frac{k^{m+1}-1}{(k^m+1)(k-1)}\right].$$

$$\sum_0^m \overline{z}_n+\sum_0^{\overline{m}}\overline{\overline{z}}_n=\frac{(\overline{P}+\overline{\overline{P}})\lambda}{H}\left\{\frac{1}{\overline{\alpha}}\left[\left(1-\frac{2}{\overline{k}^{\overline{m}}+1}\right)\frac{\overline{k}+1}{\overline{k}-1}-\overline{m}\right]+\frac{\overline{m}(\overline{m}^2-1)}{12}\right\}$$

$$-\frac{H_p}{H}\frac{16\overline{f}}{\overline{m}^2}\left\{\frac{\overline{m}(\overline{m}^2-1)}{12}-\frac{1}{\overline{\alpha}}\left[\overline{m}-\left(1-\frac{2}{\overline{k}^{\overline{m}}+1}\right)\frac{\overline{k}+1}{\overline{k}-1}\right]\right\}$$

$$+\frac{M_a+M_b}{H}\left[\frac{\overline{m}+1}{2}-\frac{\overline{k}^{\overline{m}+1}-1}{(\overline{k}^{\overline{m}}+1)(\overline{k}-1)}\right].$$

Hierin werden M_a, M_b durch die Gleichungen (122) ausgedrückt, sodann die Σz in Gleichung (105) eingeführt. In dieser kann man die von den Lasten P, $\overline{P}$, $\overline{\overline{P}}$ abhängigen Glieder und die H_p enthaltenden zusammenfassen. So erhält man

$$P\cdot\lambda\cdot\beta_r+(\overline{\overline{P}}+\overline{P})\,\lambda\cdot\beta=H_p\left[\gamma+\frac{H}{E_k\cdot F_k-H}\cdot\frac{l^2 m}{8f}\left(\nu+2\overline{\nu}\frac{l_1}{l}\right)\right]. \quad (123$$

Die Gleichung ist durch Approximation leicht aufzulösen. Häufig führt schon der erste Schritt mit einem geschätzten Werte H zum Ziele. Die Wiederholung ergibt immer einen Wert von genügender Genauigkeit, obwohl die Unterschiede keinesfalls größer als 5‰ sein dürfen.

Die Rechnung geht folgenden Gang: Man schätzt H nach der Elastizitätstheorie, wählt J sowie J_1 geeignet und berechnet k ferner a und b. Es folgt

$$\varkappa_1 = \left[\frac{\bar{m} - 1}{2} - \left(1 - \frac{\bar{k} + \bar{k}^{\bar{m}-1}}{\bar{k}^{\bar{m}} + 1}\right)\left(\frac{1}{\bar{\alpha}} - \frac{1}{6}\right)\right]\frac{a}{a^2 - b^2},$$

$$\varkappa_2 = \left[\frac{\bar{m} - 1}{2} - \left(1 - \frac{\bar{k} + \bar{k}^{\bar{m}-1}}{\bar{k}^{\bar{m}} + 1}\right)\left(\frac{1}{\bar{\alpha}} - \frac{1}{6}\right)\right]\frac{b}{a^2 - b^2},$$

$$\mu_1 = \frac{r}{2m}(2m - r - 1) - \left[1 - \frac{k^{m-1} - k^{1-m}}{k^m - k^{-m}} - \frac{(k^{m-r-1} + k^{r-m})(k-1)}{k^m - k^{-m}}\right]\left(\frac{1}{\alpha} - \frac{1}{6}\right),$$

$$\mu_2 = \frac{r(r+1)}{2m} + \frac{k - k^{-1}}{k^m - k^{-m}}\left(1 - \frac{k^{r+1} + k^{-r}}{k+1}\right)\left(\frac{1}{\alpha} - \frac{1}{6}\right),$$

$$\zeta = \mu_1 \frac{a}{a^2 - b^2} - \mu_2 \frac{b}{a^2 - b^2},$$

$$\vartheta = \mu_2 \frac{a}{a^2 - b^2} - \mu_1 \frac{b}{a^2 - b^2},$$

$$\varrho = \left\{\frac{8\bar{f}}{\bar{m}^2}\left[\frac{\bar{m} - 1}{2} - \left(1 - \frac{\bar{k} + \bar{k}^{\bar{m}-1}}{\bar{k}^{\bar{m}} + 1}\right)\left(\frac{1}{\bar{\alpha}} - \frac{1}{6}\right)\right]\right.$$
$$\left. + \frac{8f}{m^2}\left[\frac{m-1}{2} - \left(1 - \frac{k + k^{m-1}}{k^m + 1}\right)\left(\frac{1}{\alpha} - \frac{1}{6}\right)\right]\right\}\frac{1}{a+b},$$

$$\beta_r = \frac{r(r+1)(3m - 2r - 1)}{12} - \frac{1}{\alpha}\left[r - \frac{(k^{m-r} + k)(k^r - 1)}{(k^n + 1)(k - 1)}\right]$$
$$- (\zeta + \vartheta)\left\{\frac{m+1}{2} - \frac{k^{m+1} - 1}{(k^m + 1)(k - 1)} + \frac{g_1}{g}\left[\frac{\bar{m} + 1}{2} - \frac{\bar{k}^{\bar{m}+1} - 1}{(\bar{k}^{\bar{m}} + 1)(\bar{k} - 1)}\right]\right\},$$

$$\beta = \left\{\frac{\bar{m}(\bar{m}^2 - 1)}{12} - \frac{1}{\bar{\alpha}}\left[\bar{m} - \left(1 - \frac{2}{\bar{k}^{\bar{m}} + 1}\right)\frac{\bar{k} + 1}{\bar{k} - 1}\right]\right\}\frac{g_1}{g}$$
$$- (\varkappa_1 - \varkappa_2)\left\{\frac{m+1}{2} - \frac{k^{m+1} - 1}{(k^m + 1)(k - 1)} + \frac{g_1}{g}\left[\frac{\bar{m} + 1}{2} - \frac{\bar{k}^{\bar{m}+1} - 1}{(\bar{k}^{\bar{m}} + 1)(k - 1)}\right]\right\},$$

$$\gamma = \frac{8f}{m^2}\left\{\frac{m(m^2 - 1)}{12} - \frac{1}{\alpha}\left[m - \left(1 - \frac{2}{k^m + 1}\right)\frac{k+1}{k-1}\right]\right\}$$
$$+ \frac{16\bar{f}}{\bar{m}^2}\left\{\frac{\bar{m}(\bar{m}^2 - 1)}{12} - \frac{1}{\bar{\alpha}}\left[\bar{m} - \left(1 - \frac{2}{\bar{k}^{\bar{m}} + 1}\right)\frac{\bar{k} + 1}{\bar{k} - 1}\right]\right\}$$
$$- 2\varrho\left\{\frac{m+1}{2} - \frac{k^{m+1} - 1}{(k^m + 1)(k - 1)} + \frac{g_1}{g}\left[\frac{\bar{m} + 1}{2} - \frac{\bar{k}^{\bar{m}+1} - 1}{(\bar{k}^{\bar{m}} + 1)(\bar{k} - 1)}\right]\right\}.$$

Ist H_p gefunden, so sind M_a, M_b aus den Gleichungen (122), weiter die Momente M_n, M'_n in allen Knotenpunkten der Mittel- und Seitenöffnungen nach den Gleichungen (118), (119), (121) zu berechnen. Die Durchbiegungen findet man dann am einfachsten aus

$$\left.\begin{aligned} z_n &= \frac{P\lambda}{H}\frac{n}{2m}\Big[(m - r)(r + 1) + m(r - n)\Big] - \frac{H_p}{H}\frac{4f}{m^2}n(m - n) \\ &\qquad + \frac{M_a}{H}\frac{m - n}{m} + \frac{M_b}{H}\frac{n}{m} - \frac{M_n}{H}, \\ z'_n &= \frac{P\lambda}{H}\frac{r}{2m}(r + 1)(m - n) - \frac{H_p}{H}\frac{4f}{m^2}n(m - n) \\ &\qquad + \frac{M_a}{H}\frac{m - n}{m} + \frac{M_b}{H}\frac{n}{m} - \frac{M'_n}{H}. \end{aligned}\right\} \quad (124)$$

Gleichartige Formeln ergeben sich aus (120) und (121) für $\bar{z}_n$.

Mit Hilfe der vorstehenden Formeln lassen sich behandeln

1. einseitige Belastung der Mittelöffnung,

a) volle Belastung einer Seitenöffnung,

b) volle Belastung beider Seitenöffnungen,

c) unbelastete Seitenöffnungen.

2. volle Belastung der Mittelöffnung a) b) c) wie unter 1.

b) Es fehlt noch der Fall symmetrischer Teilbelastung der Mittelöffnung bei unbelasteten Seiten. In den Knotenpunkten r bis $m - r$ stehe die Last P. Die Momente sind

$$0 \leqq n \leqq r \quad \text{und} \quad m - r \leqq n \leqq m$$

$$M'_n = P\lambda \frac{n}{2}(m + 1 - 2r) - H \cdot z_n - H_p \frac{4f}{m^2} n(m - n) + \frac{1}{2}(M_a + M_b).$$

$$r \leqq n \leqq m - r$$

$$M_n = P\lambda \frac{1}{2}[(m - n)n - r(r - 1)] - H \cdot z_n - H_p \frac{4f}{m^2} n(m - n) + \frac{1}{2}(M_a + M_b).$$

Aus Symmetriegründen ist $M_a = M_b$. In den Lösungen der Differenzengleichungen sind die Konstanten aus den Bedingungen zu bestimmen:

1. $n = 0$, $z'_0 = 0$; 2. $z_n = z_{m-n}$ in der Gleichung für $r \leqq n \leqq m - r$; 3. $n = r$, $z'_r = z_r$ und schließlich folgt wie oben aus der Stetigkeitsbedingung in r 4. $z'_{r-1} = z_{r-1}$. So erhält man

$$0 \leqq n \leqq r$$

$$\begin{aligned} z'_n = {} & \frac{P\lambda}{H}\left[\frac{n}{2}(m + 1 - 2r) - \frac{1}{\alpha}\frac{(k^n - k^{-n})(k^{m-r+1} - k^r)}{(k^m + 1)(k + 1)}\right] \\ & - \frac{H_p}{H}\frac{8f}{m^2}\left[\frac{n(m - n)}{2} - \frac{1}{\alpha}\left(1 - \frac{k^n + k^{m-n}}{k^m + 1}\right)\right] \\ & + \frac{M_a + M_b}{2H}\left[1 - \frac{k^n + k^{m-n} - k^{-n} - k^{n-m}}{k^m - k^{-m}}\right] \end{aligned} \tag{125}$$

$$\begin{aligned} M'_n = {} & P\lambda \frac{(k^n - k^{-n})(k^{m-r+1} - k^r)}{\alpha(k^m + 1)(k + 1)} - H_p \cdot \frac{8f}{m^2}\frac{1}{\alpha}\left(1 - \frac{k^n + k^{m-n}}{k^m + 1}\right) \\ & + \frac{1}{2}(M_a + M_b)\frac{k^n + k^{m-n} - k^{-n} - k^{n-m}}{k^m - k^{-m}} \end{aligned} \tag{126}$$

$$r \leqq n \leqq m - r.$$

$$\begin{aligned} z_n = {} & \frac{P\lambda}{H}\left\{\frac{1}{2}[n(m - n) - r(r - 1)] - \frac{1}{\alpha}\left[1 - \frac{(k^n + k^{m-n})(k^r + k^{-r+1})}{(k^m + 1)(k + 1)}\right]\right\} \\ & - \frac{H_p}{H}\frac{8f}{m^2}\left[\frac{n(m - n)}{2} - \frac{1}{\alpha}\left(1 - \frac{k^n + k^{m-n}}{k^m + 1}\right)\right] \\ & + \frac{M_a + M_b}{2H}\left[1 - \frac{k^n + k^{m-n} - k^{-n} - k^{n-m}}{k^m - k^{-m}}\right]. \end{aligned} \tag{127}$$

$$\begin{aligned} M_n = {} & P\lambda \frac{1}{\alpha}\left[1 - \frac{(k^n + k^{m-n})(k^r + k^{-r+1})}{(k^m + 1)(k + 1)}\right] \\ & - H_p \frac{8f}{m^2}\frac{1}{\alpha}\left(1 - \frac{k^n + k^{m-n}}{k^m + 1}\right) + \frac{1}{2}(M_a + M_b)\frac{k^n + k^{m-n} - k^{-n} - k^{n-m}}{k^m - k^{-m}}. \end{aligned} \tag{128}$$

Für die Seitenöffnungen gelten die Gleichungen (120), (121) nach Streichung der von $\bar{P}$ und $\bar{\bar{P}}$ abhängigen Glieder. Aus den Stetigkeitsbedingungen für die Mittelstützen folgt

$$\frac{1}{2}(M_a + M_b) = -P\lambda \frac{\zeta + \vartheta}{2} + H_p \cdot \varrho \tag{129}$$

$$\frac{1}{2}(\zeta + \vartheta) = \left[\frac{1}{2}(m + 1 - 2r) - \left(\frac{1}{\alpha} - \frac{1}{6}\right)\frac{(k - 1)(k^{m-r} - k^{r-1})}{k^m + 1}\right]\frac{1}{a + b}.$$

In der Mittelöffnung ist

$$\sum_0^m z_n = \frac{P\lambda}{H}\left\{\frac{m-2r+1}{12}\left[m(m+2r-1)-2r(r-1)\right] - \frac{1}{\alpha}\left[m-2r+1-2\frac{k^{m-r+1}-k^r}{(k^m+1)(k-1)}\right]\right\}$$

$$-\frac{H_p}{H}\frac{8f}{m^2}\left\{\frac{m(m^2-1)}{12}-\frac{1}{\alpha}\left[m-\left(1-\frac{2}{k^m+1}\right)\frac{k+1}{k-1}\right]\right\}\cdot$$

$$+\frac{M_a+M_b}{H}\left[\frac{m+1}{2}-\frac{k^{m+1}-1}{(k^m+1)(k-1)}\right].$$

Für die Seitenöffnungen gilt die Gleichung des Falles a) nach Streichung des von $\overline{P}$ und $\overline{\overline{P}}$ abhängigen Gliedes. Durch Einführung von $\sum_0^m z_n$ und $\sum_0^{\overline{m}} \overline{z}_n + \sum_0^{\overline{m}} \overline{\overline{z}}_n$ in die Gleichung (105) erhält man zur Berechnung von H_p wieder die Gleichung (123), in der $\overline{P} + \overline{\overline{P}} = 0$ und

$$\beta_r = \frac{m-2r+1}{12}\left[m(m+2r-1)-2r(r-1)\right]$$

$$-\frac{1}{\alpha}\left[m-2r+1-2\frac{k^{m-r+1}-k^r}{(k^m+1)(k-1)}\right]$$

$$-(\zeta+\vartheta)\left[\frac{m+1}{2}-\frac{k^{m+1}-1}{(k^m+1)(k-1)}+\frac{g_1}{g}\left(\frac{\overline{m}+1}{2}-\frac{\overline{k}^{\overline{m}+1}-1}{(\overline{k}^{\overline{m}}+1)(\overline{k}-1)}\right)\right]$$

ist. Nach Ermittlung von H_p erhält man $\frac{1}{2}(M_a + M_b)$ aus Gleichung (129) die Momente und Durchbiegungen in der Mittelöffnung aus (125) bis (128), in den Seitenöffnungen aus (120) und (121).

Durchlaufender Versteifungsbalken allein in der Mittelöffnung an der Kette aufgehängt (Abb. 270). Die Belastung der Seitenöffnungen wirkt nur durch die Stützenmomente auf die Kette ein.

a) Mitte von 0 bis r durch P, linke Seite durch $\overline{P}$, rechte durch $\overline{\overline{P}}$ belastet. In den Seitenöffnungen ist

$$\left.\begin{aligned}\overline{M}_n &= \overline{P}\lambda\frac{n(\overline{m}-n)}{2}+M_a\frac{n}{\overline{m}},\\ \overline{\overline{M}}_n &= \overline{\overline{P}}\lambda\frac{n(\overline{m}-n)}{2}+M_b\frac{n}{\overline{m}}.\end{aligned}\right\} \qquad (130)$$

$$\begin{aligned}\overline{z}_n &= \left\{\frac{\overline{P}\lambda\cdot\overline{\alpha}}{24H}\left[\overline{m}^2-1+n(\overline{m}-n)\right]+\frac{M_a\cdot\overline{\alpha}}{6H}\frac{\overline{m}+n}{\overline{m}}\right\}n(\overline{m}-n)\\ \overline{\overline{z}}_n &= \left\{\frac{\overline{\overline{P}}\lambda\cdot\overline{\alpha}}{24H}\left[\overline{m}^2-1+n(\overline{m}-n)\right]+\frac{M_b\cdot\overline{\alpha}}{6H}\frac{\overline{m}+n}{\overline{m}}\right\}n(\overline{m}-n).\end{aligned} \qquad (131)$$

In die Stetigkeitsbedingungen, die zur Berechnung von M_a, M_b dienen, sind danach $\overline{z}_q$, $\overline{M}_q$, $\overline{\overline{z}}_q$, $\overline{\overline{M}}_q$ einzuführen. Für die Mittelöffnung gelten die Gleichungen (116) bis (119). Die Auflösung ergibt M_a, M_b in der Form der Gleichungen (122). Die Beiwerte sind

$$a = \frac{m-1}{m}+\frac{\overline{\alpha}\,\overline{m}+\alpha}{3}-\left(1-\frac{\alpha}{6}\right)\frac{k^{m-1}-k^{1-m}}{k^m-k^{-m}},$$

$$b = \frac{1}{m}-\left(1-\frac{\alpha}{6}\right)\frac{k-k^{-1}}{k^m-k^{-m}}$$

$$\varkappa_1 = \frac{\overline{\alpha}}{24}\overline{m}(\overline{m}^2-1)\frac{a}{a^2-b^2}, \qquad \varkappa_2 = \frac{\overline{\alpha}}{24}\overline{m}(\overline{m}^2-1)\frac{b}{a^2-b^2}.$$

ζ und ϑ bleiben in der Form unverändert, doch sind für a und b die vorstehenden Formeln einzusetzen.

$$\varrho = \frac{8f}{m^2}\left[\frac{m-1}{2} - \left(1 - \frac{k + k^{m-1}}{k^m + 1}\right)\left(\frac{1}{\alpha} - \frac{1}{6}\right)\right]\frac{1}{a+b}.$$

In Gleichung (105) fällt $\Sigma\bar{z} + \Sigma\bar{\bar{z}}$ fort. Durch Einführung von Σz erhält man

$$P\lambda\cdot\beta_r + (\bar{P} + \bar{\bar{P}})\,\lambda\cdot\beta = H_p\left[\gamma + \frac{H}{E_k F_k - H_p}\,\frac{l^2 m}{8f}\left(\nu + 2\frac{l_1}{l}\,\frac{F_k}{F_r}\sec^3\alpha\right)\right] \quad (132)$$

Die Beiwerte sind

$$\beta_r = \frac{r(r+1)(3m-2r-1)}{12} - \frac{1}{\alpha}\left[r - \frac{(k^{m-r}+k)(k^r-1)}{(k^m+1)(k-1)}\right]$$
$$- (\zeta + \vartheta)\left[\frac{m+1}{2} - \frac{k^{m+1}-1}{(k^m+1)(k-1)}\right],$$

$$\beta = -(\varkappa_1 - \varkappa_2)\left[\frac{m+1}{2} - \frac{k^{m+1}-1}{(k^m+1)(k-1)}\right],$$

$$\gamma = \frac{8f}{m^2}\left\{\frac{m(m^2-1)}{12} - \frac{1}{\alpha}\left[m - \left(1 - \frac{2}{k^m+1}\right)\frac{k+1}{k-1}\right]\right\}$$
$$- 2\varrho\left[\frac{m+1}{2} - \frac{k^{m+1}-1}{(k^m+1)(k-1)}\right].$$

Im Beiwert der Größe H_p bezeichnet F_r den Querschnitt, α den Neigungswinkel der Rückhaltkette. Nach Ermittlung von H_p erhält man M_a und M_b aus Gleichung (122), die Momente und Durchbiegungen in der Mittelöffnung aus den Gleichungen (116) bis (119), in den Seitenöffnungen aus (130), (131).

b) Belastung der Mittelöffnung durch P in den Knotenpunkten r bis $m - r$ bei unbelasteten Seiten. Für $\frac{1}{2}(M_a + M_b)$ gilt Gleichung (129) mit den Werten a und b der vorliegenden Bauart. Man erhält für H_p die Gleichung (132) nach Streichung von $\bar{P}$, $\bar{\bar{P}}$. Der Beiwert β_r ist

$$\beta_r = \frac{m-2r+1}{12}\left[m(m+2r-1) - 2r(r-1)\right]$$
$$-\frac{1}{\alpha}\left[m - 2r + 1 - 2\frac{k^{m-r+1} - k^r}{(k^m+1)(k-1)}\right] - (\zeta + \vartheta)\left[\frac{m+1}{2} - \frac{k^{m+1}-1}{(k^m+1)(k-1)}\right]$$

$\zeta + \vartheta$ ist der in Gleichung (129) gegebene Ausdruck, in welchen die Werte a, b der vorliegenden Bauart einzuführen sind. Nach Berechnung von H_p erhält man $\frac{1}{2}(M_a + M_b)$ aus Gleichung (129), die Momente und Durchbiegungen der Mittelöffnung aus den Gleichungen (125) bis (128), in den Seitenöffnungen aus den Gleichungen (130), (131).

Die einfach statisch unbestimmte Hängebrücke, die durch einen einfachen Balken in der Mittelöffnung versteift ist, ist nach Gleichung (132) zu berechnen, indem $\beta = 0$, $\zeta = 0$, $\vartheta = 0$, $\varrho = 0$ gesetzt wird.

Nachgeben der Widerlager, in denen die Kette verankert ist, mindert den Horizontalzug H. Die Ankerpunkte mögen sich einander um die Strecke c nähern, dann ist in Gleichung (105) $\Delta = -c$ zu setzen. Man erhält

$$P\lambda\beta_r + (\bar{P} + \bar{\bar{P}})\,\lambda\beta - c\,\frac{l\cdot m}{8f}\,\frac{H\cdot E_k\cdot F_k}{E_k F_k - H} \quad (133)$$
$$= H_p\left[\gamma + \frac{H}{E_k F_k - H}\,\frac{l^2 m}{8f}\left(\nu + 2\bar{\nu}\frac{l_1}{l}\right)\right]$$

in welcher für die Bauart B $\bar{\nu} = \dfrac{F_k}{F_r}\sec^3 x$ zu setzen ist. Da die Gleichung für H transzendent und c kein gegebener Wert ist, löst man sie zweckmäßig nach c auf. Man berechnet also die Strecke c, welche gleichzeitig mit den Lasten einen vorgegebenen Horizontalzug H erzeugt. Ist der Wert H_p berechnet, den die

Lasten allein erzeugen, so nimmt man $H < H_g + H_p$ geeignet an. Nach Ermittlung von β_r, β, γ ergibt Gleichung (133) den Wert c. Die Wiederholung der Rechnung für 2 abnehmende Werte H gibt 2 zunehmende Werte c. Für die Werte H sind sodann die Momente und Durchbiegungen zu berechnen. Die so durch 3 Werte H ermittelte Kurve läßt die Grenze der Stützenverschiebung bestimmen, welche die Spannungen im Versteifungsbalken bis zu der als zulässig erachteten Höhe hebt.

Die Verschiebung c_1 auf einer Seite in der Wagerechten, nämlich des Endpunktes der Kette über dem äußeren Stützpunkt für die Bauart mit Aufhängung der Seitenöffnungen bzw. des Kettenpunktes in der Pylonenachse für die Bauarten ohne Aufhängung, ist von der Neigung der Rückhaltkette τ in Abb. 274 und den Verschiebungen des Ankerpunktes in der Wagerechten δ_w und der Lotrechten δ_h abhängig.

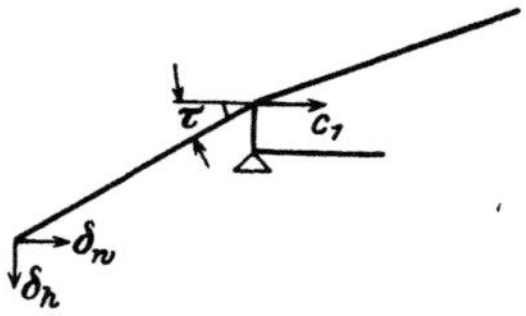

Abb. 274.

$$c_1 = \delta_w - \delta_h \operatorname{tg} \tau .$$

In folgendem sind Formeln für eine überschlägliche Berechnung angegeben. Die Grundlage ist Gleichung (105). Die Durchbiegungen sind aus den Differenzengleichungen (108) berechnet, jedoch ist dabei in den Momenten M_n die Durchbiegung z_n vernachlässigt. Die so entwickelten Formeln gelten auch für die Hängebrücke, deren Kette in den Endpunkten des Versteifungsbalkens verankert ist. Wenn hier der Versteifungsbalken bogenförmig mit dem Pfeil f_u gekrümmt ist und f_o den Pfeil der Kette bezeichnet, ist

$$f = f_o + f_u$$

zu setzen. In Gleichung (105) ist jedoch $f = f_0$ zu setzen.

a) Mittelöffnung von 0 bis r belastet, von $r + 1$ bis m unbelastet. Seitenöffnungen durch $\overline{P}$ bzw. $\overline{\overline{P}}$ belastet.

Für $0 < n \leqq r$ ist

$$M_n = \frac{P\lambda}{2}\left[n(m-n) - \frac{n}{m}(m-r)(m-r-1)\right] - H_p \frac{4f}{m^2} n(m-n) + M_a \frac{m-n}{m} + M_b \frac{n}{m},$$

$r \leqq n \leqq m$,

$$M'_n = \frac{P\lambda}{2}\frac{r}{m}(r+1)(m-n) - H_p \frac{4f}{m^2} n(m-n) + M_a \frac{m-n}{m} + M_b \frac{n}{m}.$$

Durch Integration der Differenzengleichung und Bestimmung der Konstanten durch die Bedingungen

1.	$n = 0$	$z_0 = 0$	3.	$n = r + 1$	$z_{r+1} = z'_{r+1}$
2.	$n = r$	$z_r = z'_r$	4.	$n = m$	$z'_m = 0$

erhält man für $0 < n \leqq r$

$$z_n = \frac{P\lambda}{24}\alpha\left[\frac{r(r+1)}{m}(2m-r)(2m-r-1) + n(1+n^2) - 2\frac{m(2r+1) - r(r+1)}{m} n^2\right] n,$$

$$- H_p \frac{4f}{m^2}\frac{\alpha}{12} n(m-n)\left[m^2 - 1 + n(m-n)\right],$$

$$+ M_a \frac{\alpha}{6}(2m-n)\frac{n(m-n)}{m} + M_b \cdot \frac{\alpha}{6}(m+n)\frac{n(m-n)}{m},$$

$$z'_n = \frac{P\lambda}{24}\alpha\frac{r(r+1)}{m}\left[2n(2m-n) - r(r+1)\right](m-n) - \cdots$$

$$\alpha = \frac{\lambda^2}{EJ},$$

die folgenden 3 Glieder bleiben unverändert.

Linke Seitenöffnung

$$\overline{M}_n = \frac{\overline{P}\lambda}{2} n(\overline{m} - n) - H_p \frac{4\overline{f}}{\overline{m}^2} n(\overline{m} - n) + M_a \frac{n}{\overline{m}},$$

$$\overline{z}_n = \left(\frac{\overline{P}\lambda}{24} - \frac{H_p}{12}\frac{4\overline{f}}{\overline{m}^2}\right)\overline{\alpha}\,[\overline{m}^2 - 1 + n(\overline{m} - n)]\,n(\overline{m} - n)$$

$$+ M_a \frac{\overline{\alpha}}{6}\frac{n}{\overline{m}}(\overline{m}^2 - n^2),$$

$$\overline{\alpha} = \frac{\lambda^2}{EJ_1},$$

analoge Gleichungen gelten für die rechte Seitenöffnung, in denen M_a durch M_b, $\overline{P}$ durch $\overline{\overline{P}}$ zu ersetzen ist. Aus den Stetigkeitsbedingungen für die Stützen erhält man

$$M_a = -\overline{P}\lambda\varkappa_1 - P\lambda\zeta + \overline{\overline{P}}\lambda\cdot\varkappa_2 + H_p\cdot\varrho,$$

$$M_b = +\overline{P}\lambda\varkappa_2 - P\lambda\vartheta - \overline{\overline{P}}\lambda\varkappa_1 + H_p\cdot\varrho.$$

Hierin ist

$$a = \frac{1}{3}(\overline{m}\,\overline{\alpha} + m\alpha), \qquad b = \frac{1}{6}m\alpha,$$

$$\varkappa_1 = \frac{1}{24}\overline{\alpha}\,\overline{m}(\overline{m}^2 - 1)\frac{a}{a^2 - b^2}, \qquad \varkappa_2 = \frac{1}{24}\cdot\overline{\alpha}\,\overline{m}(\overline{m}^2 - 1)\frac{b}{a^2 - b^2},$$

$$\mu_1 = \frac{1}{24}\alpha\frac{r(r+1)}{m}(2m - r)(2m - r - 1),$$

$$\mu_2 = \frac{1}{24}\alpha\frac{r(r+1)}{m}[2m^2 - r(r+1)],$$

$$\zeta = \mu_1\frac{a}{a^2 - b^2} - \mu_2\frac{b}{a^2 - b^2},$$

$$\vartheta = \mu_2\frac{a}{a^2 - b^2} - \mu_1\frac{b}{a^2 - b^2},$$

$$\varrho = \left(\frac{1}{3}f\cdot\alpha\cdot\frac{m^2 - 1}{m} + \frac{1}{3}\overline{f}\,\overline{\alpha}\frac{\overline{m}^2 - 1}{\overline{m}}\right)\frac{1}{a + b}.$$

Für die Bauart ohne Aufhängung des Versteifungsbalkens in den Seitenöffnungen gelten die gleichen Formeln, wenn in den Gleichungen für $\overline{M}$ und $\overline{z}$ sowie in ϱ die von $\overline{f}$ bzw. $\overline{f}_0$ abhängigen Glieder gestrichen werden.

Weiter erhält man

$$\Sigma\overline{z}_n + \Sigma\overline{\overline{z}}_n = (\overline{P} + \overline{\overline{P}})\lambda\frac{\overline{\alpha}\cdot\overline{m}}{24\cdot 30}(\overline{m}^2 - 1)(3\overline{m} - 2)$$

$$- H_p\frac{8\overline{f}\cdot\overline{\alpha}}{12\cdot 15}\frac{(\overline{m}^2 - 1)(3\overline{m}^2 - 2)}{\overline{m}}$$

$$+ (M_a + M_b)\frac{\overline{\alpha}}{24}\overline{m}(\overline{m}^2 - 1).$$

$$\Sigma z_n = P\lambda\cdot\alpha\frac{r(r+1)}{24\cdot 30}\{(2r+1)(3r^2 + 3r + 4) + 15m[m^2 - 1 - r(r+1)]\}$$

$$- H_p\frac{4f\cdot\alpha}{12\cdot 15}\cdot\frac{(m^2 - 1)(3m^2 - 2)}{m}$$

$$+ (M_a + M_b)\frac{\alpha}{24}m(m^2 - 1).$$

Durch Einführung in Gleichung (105) entsteht

$$P\lambda\cdot\beta_r+(\overline{P}+\overline{\overline{P}})\lambda\beta=H_p f\left[\gamma+\frac{EJ\,m^3}{8\,(E_kF_k-H_p)\,f^2}(\nu+\psi)\right], \qquad (134)$$

$$\beta_r=\frac{r(r+1)}{24\cdot 30}\{(2r+1)(3r^2+3r+4)+15m\,[m^2-1-r(r+1)]\}$$

$$-(\zeta+\delta)\frac{1}{24}\left[m(m^2-1)+\overline{m}(\overline{m}^2-1)\frac{\overline{\alpha}}{\alpha}\frac{g_1}{g}\right],$$

$$\beta=\frac{1}{24\cdot 30}\overline{m}(\overline{m}^2-1)(3\overline{m}-2)\frac{\overline{\alpha}}{\alpha}-(\varkappa_1-\varkappa_2)\frac{1}{24}\left[m(m^2-1)+\overline{m}(\overline{m}^2-1)\frac{\overline{\alpha}}{\alpha}\right],$$

$$\gamma=\frac{1}{45}\left[\frac{(m^2-1)(3m^2-2)}{m}+\frac{2(\overline{m}^2-1)(3\overline{m}^2-2)}{\overline{m}}\frac{\overline{\alpha}\cdot\overline{f}}{\alpha f}\frac{g_1}{g}\right]$$

$$-\frac{\varrho}{12f}\left[m(m^2-1)+\overline{m}(\overline{m}^2-1)\frac{\overline{\alpha}}{\alpha}\frac{g_1}{g}\right].$$

$\psi=2\overline{\nu}\frac{l_1}{l}$ gilt für die Bauart mit aufgehängten Seitenöffnungen. Für die Bauart ohne Aufhängung der Seitenöffnungen ist $\psi=2\frac{l_1}{l}\frac{F_k}{F_r}\sec^3\alpha$, ferner fallen in β_r, β und γ die Glieder fort, die $\overline{\alpha}$ enthalten.

Die entwickelten Formeln gelten unmittelbar für die Hängebrücke, deren Kette in den Endpunkten des Versteifungsbalkens verankert ist. In diesem Falle ist zu ψ das Glied

$$\left(\frac{E_k\cdot F_k}{E\cdot F_b}+2\frac{l_1}{l}\frac{E_k\cdot F_k}{E\cdot F_{b1}}\right)$$

zu addieren, worin F_b, F_{b1} die Querschnitte des Versteifungsbalkens der Mittel- bzw. der Seitenöffnungen bezeichnen. Im Nenner des letzten Gliedes der Gleichung (134) ist f^2 durch $f\cdot f_0$ zu ersetzen.

Mitte von r bis $m-r$ belastet, Seiten unbelastet.

$$0<n\leqq r,$$

$$M'_n=P\lambda\frac{n}{2}(m-2r+1)-H_p\frac{4f}{m^2}n(m-n)+M_a,$$

$$r\leqq n\leqq m-r,$$

$$M_n=P\lambda\frac{1}{2}[(m-n)n-r(r-1)] \quad \text{— usw.}$$

Aus den Differenzengleichungen ergibt sich nach Bestimmung der Konstanten aus

$$1)\ n=0,\quad z'_n=0,\quad 2)\ n=r,\quad z'_r=z_r,\quad 3)\ n=r-1,\quad z'_{r-1}=z_{r-1},$$

$$4)\ z_n=z_{m-n}\ \text{ für } r\leqq n\leqq m-r.$$

$$z'_n=\frac{P\lambda}{24}\alpha(m-2r+1)[m(m+2r-1)-2r(r-1)-2n^2]\,n+\cdots,$$

$$z_n=\frac{P\lambda}{24}\alpha\{[m^2-6r(r-1)-1+n(m-n)]\,n(m-n)+r^2(r-1)^2\}+\cdots$$

Hinzutreten in beiden Gleichungen

$$-H_p\frac{\alpha}{12}\frac{4f}{m^2}n(m-n)[m^2-1+n(m-n)]$$

$$+M_a\frac{\alpha}{2}n(m-n).$$

Die von P abhängigen Glieder ergeben

$$\sum z_n=P\lambda\frac{\alpha}{24\cdot 15}\{m(m^2-1)(3m^2-2)-r(r-1)[15m(m^2-1-r^2+r)$$

$$+(2r-1)(3r^2-3r+4)]\},$$

a und b und ϱ haben die oben gegebenen Werte

$$\zeta = \vartheta = \frac{\alpha}{24}\left[m(m+2r-1) - 2r(r-1)\right](m-2r+1)\frac{1}{a+b},$$

$$M_a = M_b = -P\lambda\zeta + H_p\varrho.$$

Mit

$$\beta_r = \frac{1}{15\cdot 24}\{m(m^2-1)(3m^2-2) - r(r-1)[15m(m^2-1-r^2+r)$$
$$+ (2r-1)(3r^2-3r+4)]\},$$
$$-\frac{1}{12}\zeta\left[m(m^2-1) + \overline{m}(\overline{m}^2-1)\frac{\overline{\alpha}}{\alpha}\frac{g_1}{g}\right],$$

$\beta = 0$ und dem obenstehenden Wert γ

erhält man für H_p die Gleichung (134). Nach Berechnung von H_p lassen sich die Momente und Durchbiegungen aus den vorstehenden Gleichungen ermitteln.

Die Berechnung der Hängebrücke unter Berücksichtigung der Durchbiegung z erweist eine starke Abhängigkeit des Momentes M im Versteifungsbalken vom Trägheitsmoment. Es ist ratsam, die Rechnung zur Ermittlung des für die Querschnittbestimmung maßgebenden Momentes für 3 bis 4 verschiedene Werte des Trägheitsmomentes durchzuführen, aus denen M mit genügender Genauigkeit als Funktion von J ermittelt werden kann,

$$M = f(J).$$

Nun ist die Trägerhöhe

$$h_t = \frac{2J}{W} = \frac{2J}{W_n}\cdot\frac{W_n}{W},$$

$$W_n\cdot\sigma_{\text{zul}} = M,$$

$$h_t = \frac{J}{f(J)}2\sigma_{\text{zul}}\frac{W_n}{W}. \tag{135}$$

Da $\frac{J}{f(J)}$ ebenfalls eine Funktion von J ist und $2\sigma_{\text{zul}}\frac{W_n}{W}$ als konstant angenommen werden kann, erhält man so eine Abhängigkeit zwischen der Balkenhöhe und dem Trägheitsmoment. Man kann aus der Abhängigkeit das Trägheitsmoment entnehmen, wenn man eine bestimmte Höhe des Versteifungsbalkens wählen will, und weiter aus $W = \frac{2J}{h_t}$ das erforderliche Widerstandsmoment. Man kann so die Höhe ermitteln, die den kleinsten Querschnitt erfordert, man kann auch die Höhe bestimmen, bei der die Durchbiegung bei Ausnutzung des Baustoffes eine bestimmte Grenze nicht überschreitet. Die Rechnung schafft daher die Grundlage für eine Querschnittbestimmung nach vorgesteckten Zielen.

Als Beispiel ist die Hängebrücke durchgerechnet, deren durchlaufender Versteifungsbalken nur in der Mittelöffnung an der Kette hängt. Die gewählten Abmessungen entsprechen den Entwürfen des Wettbewerbes Köln-Mülheim[1], die den Strom in einer Öffnung überspannen.

$$l = 330\text{ m},\quad \lambda = 13{,}75\text{ m},\quad m = 24,$$
$$l_1 = 90\text{ m},\quad \overline{\lambda} = 11{,}25\text{ m},\quad \overline{m} = 8,$$
$$f = 36{,}6\text{ m},\quad h = 45\text{ m},\quad E_k = 2100\text{ t/cm}^2,$$

Eigenlast $g = g_1 = 18$ t/m, Verkehrslast $p = 8$ t/m,

$$P = 8\cdot 13{,}75 = 110\text{ t},\quad \overline{P} = 8\cdot 11{,}25 = 90\text{ t},$$

[1] Kommerell u. Rein: Engerer Wettbewerb um Entwürfe für eine feste Straßenbrücke über den Rhein in Köln-Mülheim. Bauing. 1927.

gewählt wird

$$J = 1{,}31\ \mathrm{m}^4, \quad \bar{y} = 5{,}634\ \mathrm{m}^4, \quad F_k = 0{,}297\ \mathrm{m}^2,$$

$$H_g = \frac{18 \cdot 330^2}{8 \cdot 36{,}6} = 6695\ \mathrm{t}.$$

1. Moment in $\frac{1}{4}l$. Die Näherungstheorie ergibt als ungünstigste Belastung P in Mittelöffnung von Knoten 1 bis $r = 10$ und volle Belastung der rechten Seite H_p wird etwa 5% geringer geschätzt als der Wert der Näherungstheorie

$$H_p = 1049\ \mathrm{t},$$

$$H = 7744\ \mathrm{t},$$

$$\alpha = \frac{7744 \cdot 13{,}75^2}{2100 \cdot 100^2 \cdot 1{,}31} = 0{,}05322065, \quad 1 - \tfrac{1}{6}\alpha = 0{,}991129892,$$

$$\bar{\alpha} = \frac{7744 \cdot 11{,}25^2}{2100 \cdot 100^2 \cdot 5{,}634} = 0{,}00828389, \quad \frac{1}{\bar{\alpha}} = 18{,}7897002,$$

$$k = 1 + \frac{0{,}05322065}{2 \cdot 0{,}991129892} + \sqrt{\frac{0{,}05322064}{0{,}991129892}\left(1 + \frac{0{,}05322065}{4 \cdot 0{,}991129892}\right)} = 1{,}2601243,$$

$$k^m - k^{-m} = 256{,}98916,$$

$$\frac{k^1 - k^{-1}}{k^m - k^{-m}} = \frac{0{,}466552}{256{,}98916} = 0{,}001815,$$

$$\frac{k^{m-1} - k^{1-m}}{k^m - k^{-m}} = \frac{203{,}937717}{256{,}98916} = 0{,}793565,$$

$$a = \frac{23}{24} + \frac{8 \cdot 0{,}00828389 + 0{,}05322065}{3} - 0{,}99112989 \cdot 0{,}7935654,$$

$$a = 0{,}211637,$$

$$b = \frac{1}{24} - 0{,}99112989 \cdot 0{,}00181545 = 0{,}039867,$$

$$\frac{a}{a^2 - b^2} = 4{,}898903, \quad \frac{b}{a^2 - b^2} = 0{,}922836,$$

$$\varkappa_1 = \frac{0{,}00828389}{24} \cdot 8 \cdot 63 \cdot 4{,}898903 = 0{,}852221,$$

$$\varkappa_2 = \frac{0{,}00828389}{24} \cdot 8 \cdot 63 \cdot 0{,}9228355 = 0{,}160538,$$

$$k^{m-r-1} = k^{13} = 20{,}201056, \quad k^{r-m} = k^{-14} = 0{,}039284,$$

$$k^{r+1} = k^{11} = 12{,}721763, \quad k^{-r} = k^{-10} = 0{,}099053,$$

$$\mu_1 = \frac{10 \cdot (48 - 11)}{48} - \left[1 - 0{,}7935654 - \frac{(20{,}201056 + 0{,}039284)\, 0{,}260143}{256{,}98916}\right] \cdot 18{,}623034$$
$$= 4{,}245431,$$

$$\mu_2 = \frac{10 \cdot 11}{48} + 0{,}001815\left(1 - \frac{12{,}7217632 + 0{,}0990526}{1{,}2601243 + 1}\right) 18{,}623034 = 2{,}133689,$$

$$\zeta = 4{,}2454305 \cdot 4{,}898903 - 2{,}133689 \cdot 0{,}922836 = 18{,}828907,$$

$$\vartheta = 2{,}133689 \cdot 4{,}898903 - 4{,}245430 \cdot 0{,}922836 = 6{,}534903,$$

$$\zeta + \vartheta = 25{,}363810,$$

$$\varrho = \frac{8 \cdot 36{,}6}{24^2}\left[\frac{23}{2} - \left(1 - \frac{1{,}260124 + 203{,}942620}{256{,}9930572 + 1}\right) 18{,}623034\right] \frac{1}{0{,}251505} = 15{,}541507,$$

$$k^{m-r} = k^{14} = 25{,}455842, \quad k^{m+1} = k^{25} = 323{,}843112,$$

$$k^r = k^{10} = 10{,}095641,$$

$$\beta_r = \frac{10 \cdot 11\,(3 \cdot 24 - 20 - 1)}{12} - 18{,}7897 \left[10 - \frac{(25{,}4558 + 1{,}2601)\,(10{,}0956 - 1)}{(256{,}99305 + 1)\,0{,}26012}\right]$$
$$- 25{,}3638 \left[12{,}5 - \frac{323{,}8431 - 1}{(256{,}99305 + 1)\,0{,}26012}\right],$$

$$\beta_r = 152{,}60689,$$

$$\beta = -\,(0{,}85222 - 0{,}16054) \left[12{,}5 - \frac{323{,}8431 - 1}{(256{,}99305 + 1)\,0{,}26012}\right],$$

$$\beta = -\,5{,}31860,$$

$$\gamma = \frac{8 \cdot 36{,}6}{24^2} \left\{\frac{24\,(24^2 - 1)}{12} - 18{,}7897 \left[24 - \left(1 - \frac{2}{256{,}9931}\right) \frac{2{,}2601}{0{,}26012}\right]\right\}$$
$$- 2 \cdot 15{,}54151 \left[12{,}5 - \frac{323{,}8431 - 1}{(256{,}99305 + 1)\,0{,}26012}\right],$$

$$\gamma = 198{,}68566,$$

$$\gamma = 1 + \frac{8}{3} \left(\frac{36{,}6}{330}\right)^2 \frac{575}{576} = 1{,}032745,$$

$$l_1 \frac{F_k}{F_r} \sec^3 \alpha = 90 \left(\frac{100{,}62}{90}\right)^3 = 125{,}7788,$$

$$\frac{l^2 m}{8 f} \left(\nu + 2 \frac{l_1}{l} \frac{F_k}{F} \sec^3 \alpha\right) = \frac{330^2 \cdot 24}{8 \cdot 36{,}6} \left(1{,}032745 + 2 \frac{125{,}7788}{330}\right) = 16022{,}9497.$$

Gleichung (123) lautet:

$$110 \cdot 13{,}75 \cdot 152{,}60689 - 90 \cdot 11{,}25 \cdot 5{,}31860$$
$$= H_p \left[198{,}68566 + \frac{7744 \cdot 16022{,}9497}{21 \cdot 100^3 \cdot 0{,}297 - 7744}\right],$$

$$H_p = 1031{,}23 \text{ t}.$$

Fehler des geschätzten Wertes 1,8%

$$H = 6695 + 1031 = 7726 \text{ t},$$

$$M_a = -\,110 \cdot 13{,}75 \cdot 18{,}8289 + 90 \cdot 11{,}25 \cdot 0{,}1601 + 1031 \cdot 15{,}5415,$$

$$M_a = -\,12288 \text{ tm},$$

$$M_b = -\,110 \cdot 13{,}75 \cdot 6{,}5349 - 90 \cdot 11{,}25 \cdot 0{,}8522 + 1031 \cdot 15{,}5415,$$

$$M_b = +\,5282 \text{ tm}.$$

M_6 wird nach Gleichung (118) berechnet:

$$k^{m-r} = k^{14} = 25{,}45584,$$

$$k^{-m+r+1} = k^{-13} = -\,0{,}0495023,$$

$$\frac{k^{m-n} - k^{n-m}}{k^m - k^{-m}} = \frac{64{,}1861074 - 0{,}0155797}{256{,}98916} = 0{,}24970,$$

$$\frac{k^n - k^{-n}}{k^m - k^{-m}} = \frac{4{,}00387 - 0{,}24976}{256{,}98916} = 0{,}014608.$$

$$M_6 = \frac{110 \cdot 13{,}75}{0{,}05322} \left[1 - 0{,}24970 - \frac{25{,}45584 + 0{,}04950}{2{,}26012} \cdot 0{,}01461\right]$$
$$- 1031 \frac{8 \cdot 36{,}6}{24^2} 18{,}78970 \left[1 - \frac{4{,}00387 + 64{,}18611}{256{,}99305 + 1}\right]$$
$$- 12288 \cdot 0{,}24970 + 5282 \cdot 0{,}01461 = 6399{,}905 \text{ tm}$$

nach Gleichung (124)

$$Z_6 = \frac{110 \cdot 13{,}75}{7726} \frac{6}{2 \cdot 24} (14 \cdot 11 + 24 \cdot 4) - \frac{1031}{7726} \frac{4 \cdot 36{,}6}{24^2} 6 \cdot 18$$
$$- \frac{6399{,}905}{7726} - \frac{12288 \cdot 18 - 5282 \cdot 6}{24 \cdot 7726} = +\,0{,}602 \text{ m},$$

2. Das kleinste Moment in $\frac{3}{4}\,l$ entsteht nach der Näherungstheorie durch Belastung P von Punkt *1* bis $r = 13$ und Belastung $\overline{\overline{P}}$ in allen Knoten der rechten Seite. Danach wird $H_p = 1670$ t geschätzt.

$$H = 6695 + 1670 = 8365\,\text{t},$$

$$\alpha = \frac{8365 \cdot 13{,}75^2}{2100 \cdot 100^2 \cdot 1{,}31} = 0{,}05748847, \qquad \bar{\alpha} = \frac{8365 \cdot 11{,}25^2}{2100 \cdot 100^2 \cdot 5{,}634} = 0{,}00894818\,.$$

Die weitere Rechnung ergibt wie unter 1.

$$\begin{aligned}
k &= 1{,}2716885\,, & k^m - k^{-m} &= 319{,}520687\,,\\
a &= 0{,}222541\,, & b &= 0{,}040162\,,\\
\varkappa_1 &= 0{,}872820\,, & \varkappa_2 &= 0{,}157519\,,\\
\zeta &= 23{,}511132\,, & \vartheta &= 11{,}415030\,,\\
\varrho &= 15{,}180923\,, & &\\
\beta_r &= 248{,}991097\,, & \beta &= -5{,}6118200\,,\\
\gamma &= 207{,}638523\,. & &
\end{aligned}$$

Die Gleichung für H_p lautet

$$\begin{aligned}
&110 \cdot 13{,}75 \cdot 248{,}9919 - 90 \cdot 11{,}25 \cdot 5{,}6118\\
&= H_p \left[207{,}6385 + \frac{8365 \cdot 16022{,}950}{2100 \cdot 100^2 \cdot 0{,}297 - 8365}\right],
\end{aligned}$$

$$\begin{aligned}
H_p &= 1618{,}62\,\text{t}, & &\\
M_a &= -10826\,\text{tm}\,, & M_b &= +6426\,\text{tm}\,,\\
M_{18} &= -5501{,}892\,\text{tm}\,, & Z_{16} &= -0{,}29\,\text{m}\,.
\end{aligned}$$

Die Rechnung ist mit dem gefundenen Wert $H_p = 1618{,}6$ wiederholt. $H = 8313$. Sie ergibt

$$\begin{aligned}
\alpha &= 0{,}0571311\,, & \bar{\alpha} &= 0{,}0088925\,,\\
k &= 1{,}27073285\,, & k^m - k^{-m} &= 314{,}266280\,,\\
a &= 0{,}221641\,, & b &= 0{,}040142\,,\\
\varkappa_1 &= 0{,}871124\,, & \varkappa_2 &= 0{,}157771\,,\\
\zeta &= 23{,}553045\,, & \vartheta &= 11{,}441568,\\
\varrho &= 15{,}210069\,, & &\\
\beta_r &= 448{,}039439\,, & \beta &= -5{,}587643\,,\\
\gamma &= 206{,}9153\,, & &
\end{aligned}$$

$$H_p = 1618{,}49\,\text{t}\,,$$

$$\begin{aligned}
M_a &= -10844\,\text{tm}\,, & M_b &= +6433\,\text{tm}\,,\\
M_{18} &= -5518{,}85\,\text{tm}\,, & Z_{18} &= -0{,}288\,\text{m}\,.
\end{aligned}$$

Die gefundenen Werte sind als genaue anzusehen. Die Abweichung des aus geschätztem Werte H mit 3% Fehler erhaltenen Ergebnisses beträgt für H_p 0,008%, M_{18} 0,3%, Z_{18} 0,7%.

3. Das größte Moment in der Mitte, $n = 12$, entsteht nach der Näherungstheorie bei Belastung durch P in den Knoten 8 bis 16 und unbelasteten Seiten. $H_p = 1670$ t geschätzt.

$$H = 8365\,\text{t}\,.$$

Die Faktoren α, $\bar{\alpha}$, k, a, b, $\varkappa_1$, $\varkappa_2$, ϱ, β, γ bleiben die gleichen wie unter 2, es folgt nach Gleichung (129)

$$\zeta = \vartheta = 14{,}8317601\,,$$

$$\beta_r = 249{,}7252672\,.$$

Die Gleichung für H_p lautet

$$110 \cdot 13{,}75 \cdot 249{,}72527 = H_p \left[207{,}6385 + \frac{8365 \cdot 16022{,}95}{2100 \cdot 100^2 \cdot 0{,}293 - 8365}\right],$$

$$H_p = 1648{,}26\,\text{t}\,.$$

Die Abweichung des geschätzten Wertes beträgt 1,38 %.

$$M_a = M_b = +\,2592\,\text{tm}\,,$$

$$M_{12} = +\,4569\,\text{tm}\,, \qquad Z_{12} = 0{,}508\,\text{m}\,.$$

Wiederholung der Rechnung mit dem gefundenen $H = 8343$ t ergibt $M_a = M_b = +\,2588$ tm, $M_{12} = +\,4583$ tm. Der Fehler beträgt also wieder nur 0,32 %.

4. Moment in Mitte der Seitenöffnung $\bar{n} = 4$. Der größte Wert entsteht durch volle Belastung beider Seiten und unbelastete Mitte $r = 0$. $H_p = -\,59$ t, geschätzt $H = 6695 - 59 = 6636$ t.

$$\alpha = \frac{6636 \cdot 13{,}75^2}{2100 \cdot 100^2 \cdot 1{,}31} = 0{,}0456059\,, \qquad \bar{\alpha} = \frac{6636 \cdot 11{,}25^2}{2100 \cdot 100^2 \cdot 5{,}634} = 0{,}0070986\,,$$

$$k = 1{,}238577\,, \qquad k^m - \bar{\alpha}^{-m} = 169{,}878712\,,$$

$$a = 0{,}191239\,, \qquad b = 0{,}039148\,,$$

$$\varkappa_1 = 0{,}813598\,, \qquad \varkappa_2 = 0{,}166548\,,$$

$$\mu_1 = 0\,, \quad \mu_2 = 0\,, \qquad \zeta = 0\,, \quad \vartheta = 0\,,$$

$$\varrho = 16{,}246875\,, \qquad \beta = -\,4{,}764479\,,$$

$$\gamma = 181{,}171123\,.$$

$$-\,2 \cdot 90 \cdot 11{,}25 \cdot 4{,}7645 = H_p \left[181{,}1711 + \frac{6636 \cdot 16022{,}95}{2100 \cdot 100^2 \cdot 0{,}297 - 6636}\right]$$

$$H_p = -\,48{,}67\,\text{t}\,, \quad H = 6695 - 49 = 6646\,\text{t}\,,$$

$$M_a = M_b = -\,1446\,\text{tm}\,,$$

$$M_4 = \tfrac{1}{2}\,90 \cdot 11{,}25 \cdot 4^2 - 1446\,\tfrac{1}{2} = 7377\,\text{tm}\,,$$

$$Z_4 = +\,0{,}051\,\text{m}\,.$$

In gleicher Weise ist die Rechnung für fallende Werte des Trägheitsmomentes der Mittelöffnung

$$J = 0{,}855 - 0{,}584 - 0{,}260 - 0{,}05\,\text{m}^4$$

durchgeführt, während J_1 der Seitenöffnung unverändert beibehalten ist. Das Ergebnis ist in umstehender Tafel zusammengestellt. Spalten a geben die Ergebnisse der genauen Theorie, Spalten b die der Näherungstheorie.

Die Tafel zeigt die beträchtliche Abnahme der Momente in der Mittelöffnung mit fallendem J, der eine Zunahme der Durchbiegung gegenübersteht. Momente und Durchbiegung bleiben hinter den Werten der Näherungstheorie zurück. Die Unterschiede wachsen mit fallendem J beträchtlich. Die Spalte h_{erf} enthält die Höhen nach Gleichung (135) berechnet aus den größten positiven Momenten in $\frac{1}{4}\,l$, $\sigma_{\text{zul}} = 1{,}82\,\text{t/cm}^2$, $W_n/W = 0{,}85$ und der Stoßzahl 1,1. Graphische Auftragung $h = f\,(J)$ zeigt eine fast gerade Linie. Die Querschnitte sind zweiwandig

Momente in tm

$J\,m^4$	$\frac{1}{2}l_1$ a	$\frac{1}{2}l_1$ b	$\frac{1}{4}l$ a	$\frac{1}{4}l$ b	$\frac{1}{2}l$ a	$\frac{3}{4}l$ a	$\frac{3}{4}l$ b
1,31	7377	7446	6400	8718	4607	– 5502	– 8185
0,855	7562	—	5411	—	3752	– 4697	—
0,584	7701	7779	4528	8162	3084	– 3943	– 7921
0,260	7900	7948	2779	7876	1882	– 2415	– 7806
0,050	809	—	649	—	558	– 572	—

Durchbiegung α in m

$J\,m^4$	$\frac{1}{2}l_1$ a	$\frac{1}{2}l_1$ b	$\frac{1}{4}l$ a	$\frac{1}{4}l$ b	$\frac{1}{2}l$ a	$\frac{3}{4}l$ a	$\frac{3}{4}l$ b
1,31	0,051	0,051	0,656	0,785	0,504	– 0,29	– 0,475
0,855	0,052	—	0,743	—	0,575	– 0,44	—
0,584	0,052	0,053	0,883	1,494	0,643	– 0,539	– 1,169
0,260	—	0,054	1,201	2,988	0,822	– 0,844	– 2,754
0,050	0,054	—	1,619	—	1,067	– 1,223	—

H_p in t

$J\,m^4$	$\frac{1}{2}l_1$ a	$\frac{1}{2}l_1$ b	$\frac{1}{4}l$ a	$\frac{1}{4}l$ b	$\frac{1}{2}l$ a	$\frac{3}{4}l$ a	$\frac{3}{4}l$ b	h_{erf}	F_{erf}
1,31	– 48,7	– 44	1031	1068	1648	1619	1703	5,78	2748
0,855	– 37	—	1055	—	1671	1649	—	4,46	2658
0,584	– 28	– 22	1073	1105	1681	1670	1769	3,65	2550
0,260	—	– 10	1103	1135	1666	1692	1803	2,63	2117
0,050	—	—	1161	—	—	1706	—	2,17	724

auszubilden, 2 Stehbleche, 8 Winkel, durchgehende Kopfplatten, geteilte Fußplatten. Aus den erforderlichen Widerstandsmomenten sind die Profile und die Flächen der Querschnitte bestimmt. Die Rechnung zeigt, daß die erforderlichen Flächen mit fallendem J abnehmen. Es gibt hier also keine Höhe des kleinsten Materialbedarfes. Die Wahl der Höhe des Versteifungsbalkens muß von der Größe der Durchbiegung abhängig gemacht werden, die zugelassen werden darf.

Auf Grund der günstigen Erfahrungen bei der Brücke Köln-Deutz hat man mit Recht beim Wettbewerb Köln-Mülheim 0,8 bis 0,9 m bei 330 m Stützweite für unbedenklich gehalten. Danach würde 4,0 m Höhe zu wählen sein, welche 0,80 m Durchbiegung in $\frac{1}{4}l$ und 0,60 m in $\frac{1}{2}l$ bedingt.

In Mitte der Seitenöffnung beträgt

$$M_g = \frac{18 \cdot 90^2}{8} = 18230 \text{ tm}$$
$$\varphi \cdot M_p = 1{,}1 \cdot 7500 = \underline{8250 \text{ tm}}$$
$$M_{\max} = 26480 \text{ tm}$$

Ein zweiwandiger Querschnitt von 6,90 m Höhe erfordert für $W_n = 1{,}458$ m³ 0,712 m² Fläche. Die Spannung beträgt 1,81 t/cm².

Zwecks überschläglicher Ermittlung der Gewichte und Kosten sind noch die größten Momente in den Feldern der Seitenöffnung und der absolut größte Wert des Stützenmomentes berechnet worden. In der Mittelöffnung ist der in 6 erforderliche Querschnitt von 2 bis 12 durchgeführt. Hier konnte deshalb auf die Berechnung weiterer Momente verzichtet werden. Aus den berechneten Werten sind sodann die Querschnitte und aus Querschnitt mal Länge die Gewichte errechnet. Das Trägheitsmoment der Mittelöffnung ist = 0,858 m² mit $h = 4{,}5$ gewählt worden. Die Querschnitte sind

a) von 2 bis 12 der Mittelöffnung

2 Stehbleche 4500 · 14	= 1260
8 ⌊ 100 · 150 · 14	= 266
4 Platten 1420 · 18	= 1025
	F = 2551 cm²

$$J = 0{,}868\ \mathrm{m}^4, \quad W_n = 331\,000\ \mathrm{cm}^3.$$

b) Stützquerschnitt

2 Stehbleche 6000 · 14	= 1850
8 ⌊ 200 · 200 · 16	= 494
6 Platten 1520 · 18	= 1640
	F = 3984 cm²

$$J = 3{,}00\ \mathrm{m}^4, \quad W_n = 762\,000\ \mathrm{cm}^3.$$

c) In Mitte der Seitenöffnung

2 Stehbleche 3600 · 14	= 1850
8 ⌊ 200 · 200 · 16	= 494
8 Beibleche 1430 · 18	= 2060
10 Platten 1700 · 16	= 2720
	F = 7104 cm²

$$J = 5{,}63\ \mathrm{m}^4, \quad W_n = 1\,438\,000\ \mathrm{cm}^3.$$

Durch Verminderung der Platten und Beibleche sind in der Seitenöffnung 2 Stufen gebildet. So ergibt sich

	Feld	M tm	F cm²	λ m	G t
Seite	0— 1	11750	3439	11,25	30,4
	1— 2	20080	5074	11,25	44,8
	2— 6	26530	7104	45,0	255,0
	6— 7	1985	5074	11,25	44,8
	7— 8	13104	3984	11,25	35,2
Mitte	0— 1	13104	3984	13,75	43,1
	1— 2	—	3270	13,75	35,3
	2—12	5654	2551	137,5	275,0
					763,6

Der Konstruktionszuschlag ist mit 20% anzusetzen. Daher ergibt sich für

1 Versteifungsbalken 2 · 763,6 · 1,2	= 1833 t
2 Pylone	= 750 t
Gesamtgewicht je Hauptträger:	2583 t

Das Gewicht der Kette von 2970 cm² Querschnitt beträgt 2,33 t/m. Demnach ist bei 542 m Länge der Trag- und Rückhaltketten und 2 · 25 m Länge in den Ankerblöcken das Gewicht der Kette

$$592 \cdot 2{,}33 = 1380\ \mathrm{t}.$$

Die Wirtschaftlichkeit der Bauart hängt von den Kosten des Ankerblockes ab, der den Kettenzug aufnimmt. Auf den Block wirken sein Gewicht und die Kettenkraft. Die Resultierende beider Kräfte belastet den Baugrund. Sie soll bei größtem Kettenzug rechtwinklig zur Rückhaltkette gerichtet sein, damit Setzen des Blockes keine Verschiebung des Stützpunktes auf dem Pfeilerkopf erzeugt. Obwohl Verschiebungen innerhalb gewisser Grenzen unschädlich sind, ist die Erfüllung der Forderung ratsam. Ferner muß die Neigung der Resultierenden gegen die Lotrechte zur Sohle des Blockes so klein sein, daß genügende Sicherheit gegen Gleiten in der Sohle besteht. Als Widerstand gegen Gleiten wirkt nur die Reibung zwischen Beton und Baugrund. Sie ist für Kies und Sandboden nach Versuchen von Franzius und Möller zu 0,5 anzunehmen. Um aber eine etwaige Unsicherheit der Reibungsziffer unschädlich zu machen, ist es ratsam, den Sicherheitsgrad hoch, etwa 1,8 bis 2, zu wählen. Die Sicherheit gegen Gleiten wird durch eine nach hinten geneigte Sohle erhöht. Zum Vorteil der Gründung wird der Ankerblock vom Landwiderlager vollkommen getrennt. Das Landwiderlager, das nur mäßige lotrechte Kräfte aufzunehmen hat, wird zuerst ausgeführt. Die Gründungstiefe wird den Bedingungen des Baugrundes angepaßt. Die Sohle des Blockes darf dann in geringerer Tiefe ansetzen, wenn sie sich genügend nach hinten senkt. Wenn die Richtung der Resultierenden aus Blockgewicht und Kettenkraft die genannten Forderungen erfüllt, ist ein besonders zuverlässiger Baugrund unter dem Block durchaus nicht erforderlich. Die Belastung des Baugrundes ergibt sich ganz von selbst ziemlich niedrig.

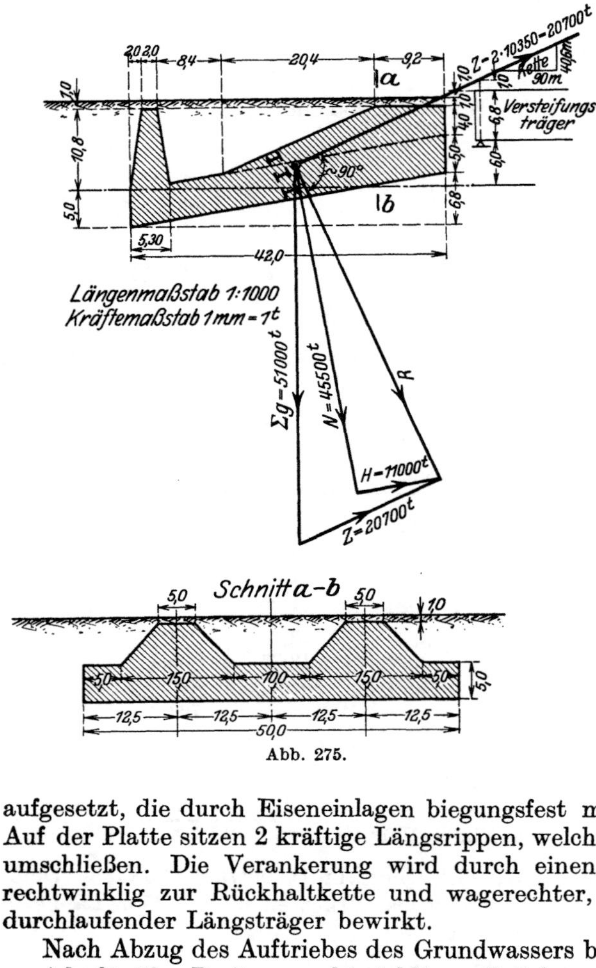

Abb. 275.

Der Ankerblock wirkt nur durch sein Gewicht. Massive Ausführung ist daher nicht notwendig. Er kann als Platte ausgebildet werden, welche den aufgefüllten Boden trägt. Für die Auffüllung ist möglichst schweres Material, am besten Kies, zu nehmen. Vorstehenden Anforderungen genügt die in Abb. 275 dargestellte Bauart. Eine Platte aus Beton mit Eiseneinlagen zwischen Spundwänden ruht auf einer 1:6 geneigten Sohle. Auf den Rand ist eine Stirnwand aufgesetzt, die durch Eiseneinlagen biegungsfest mit der Platte verbunden ist. Auf der Platte sitzen 2 kräftige Längsrippen, welche die Verankerung der Kabel umschließen. Die Verankerung wird durch einen Rost geneigter Querträger rechtwinklig zur Rückhaltkette und wagerechter, die ganze Breite der Platte durchlaufender Längsträger bewirkt.

Nach Abzug des Auftriebes des Grundwassers beträgt das lotrechte Gesamtgewicht für 50 m Breite — rechtwinklig zur Brückenachse gemessen — $G = 51\,000$ t. Die Resultierende aus G und $2\,Z$ weicht um $2'$ von der Normalen zur Rückhaltkette ab. Sie beträgt 46000 t. Die Zerlegung nach der Normalen und Parallelen zur Sohle ergibt $N = 45\,500$ t, $H = 11\,000$ t

$$\operatorname{tg} \varrho = \frac{11\,000}{45\,500} = 0{,}242.$$

Der Sicherheitsgrad gegen Gleiten ist bei 0,5 Reibungsziffer 2,07. Abgesehen von den Kosten der Fahrbahn sowie denen der Fluß- und Landpfeiler, die für andere Bauarten der Hängebrücke die gleichen sind, sind die Kosten überschläglich zu schätzen

5200 t Stahl je 550 M	2860000 M
2760 t Kabel je 1050 M	2898000 M
28300 m^3 Beton der Ankerblöcke je 25 M	700000 M
1400 t Eiseneinlagen je 300 M	420000 M
56000 m^3 Bodenausheben und zum Teil wieder verfüllen je 3,00 M	168000 M
360 m Spundwand je m 400 M	144000 M
Gesamtkosten:	7190000 M

Zum Vergleich ist die Bauart der im Versteifungsbalken verankerter Kette durchgerechnet. Der Versteifungsbalken erhält in der Mittelöffnung eine Wölbung von 3,4 m Stich in den Seitenöffnungen von 1,4 m. Die Eigenlast erhöht sich in der Mittelöffnung auf 22 t/m in den Seitenöffnungen auf 21 t/m.

In Mitte der Seitenöffnungen entsteht bei voller Belastung der Seiten und unbelasteter Mitte

$$M_{\max} = 16694\ \text{tm}, \quad N = -7357\ \text{t}.$$

Folge der Balkenwölbung ist, daß das Moment kleiner ist als in der im Widerlager verankerten Kette. Der Querschnitt beträgt

2 Stehbleche 6700·18	= 2410
8 L 200·200·16	= 494
8 Beibleche 1900·18	= 2740
10 Platten 1900·18	= 3420
	$F = 9064\ \text{cm}^2$

$$J = 6{,}95\ \text{m}^4, \quad W_n = 1785000\ \text{cm}^3.$$

In $^1/_4$ der Hauptöffnung beträgt der Querschnitt

2 Stehbleche 6700·18	= 2410
8 L 200·200·16	= 494
8 Beibleche 1900·18	= 2740
8 Platten 1900·18	= 2736
	$F = 8380\ \text{cm}^2$

Folgende Zusammenstellung gibt die Normalkräfte, Momente, Querschnitte und Gewichte an.

	0—	N t	M tm	F cm^2	W_n $10^{-3}\cdot\text{cm}^3$	λ m	G t
Seite	0— 1	7357	7594	7071	1170	11,25	62
	1— 2	7357	12900	8380	1560	11,25	74
	2— 6	7357	16694	9060	1785	45,0	322
	6— 7	7357	11344	8380	1560	11,25	74
	7— 8	8046	− 17150	9060	1785	11,25	79
Mitte	0— 1	8046	− 17150	9060	1785	13,75	98
	1— 5	8384	10150	7693	1365	55	332
	5—12	9954	7910	8380	1560	96,25	632
							$F = 1673$ t

Gewicht des Versteifungsbalkens 2·1673·1,2	4015 t
2 Pylone	900 t
Gesamtgewicht je Hauptträger	4915 t

Das Gewicht der Kette von 3200 cm^2 Querschnitt beträgt 2,51 t/m, also bei 542 m Länge 542·2,51 = 1360 t.

Den oben berechneten Kosten der im Widerlager verankerten Kette stehen gegenüber

9830 t Stahl je 550 M	5406500 M
2720 t Kabel je 1050 M	2850000 M
	8202500 M.

Die Kosten der Bauart sind um 1 Million höher. Dazu treten noch Mehrkosten für die stärker belasteten Flußpfeiler und die Uferpfeiler, die den negativen Auflagerdruck aufnehmen müssen. Ein beträchtlicher Vorzug der Bauart der im Widerlager verankerten Kette ist die um 2,20 m geringere Höhe des Versteifungsbalkens. Dadurch gewinnt nicht nur die Brücke an Schönheit. Es kann auch die Straßenkrone um mindestens 1,70 m tiefer gelegt werden, wobei der größeren Durchbiegung infolge Erhöhung der Temperatur Rechnung getragen ist. Die tiefere Lage der Straße verkürzt die Rampen und bringt so weitere Minderung der Baukosten. Als einziger Vorzug der im Versteifungsbalken verankerten Kette ist die geringere Durchbiegung in $\frac{1}{4}l$ zu erwähnen, die eine Folge der großen Balkensteifigkeit ist. In Balkenmitte ist auch dieser Vorzug nicht vorhanden. Alles abwägend muß man den Schluß ziehen, daß die im Widerlager verankerte Hängebrücke in wirtschaftlicher Hinsicht und an Schönheitswerten an überragender Stelle steht.

Den Einfluß des veränderlichen Trägheitsmomentes des Versteifungsbalkens zeigen folgende Rechnungsergebnisse. Eine Hängebrücke, deren Abmessungen der Brücke Köln-Deutz, entsprechen — 184,46 m Spannweite der mittleren Öffnung 18,5 m Pfeil, je 92,23 m Spannweite der Seitenöffnungen mit durchlaufendem, in Mitte und beiden Seiten aufgehängtem Versteifungsbalken — ist für $g = 11{,}0$ t/m Eigenlast und $p = 5{,}5$ t/m Verkehrslast durchgerechnet. a und b unveränderliche Trägheitsmomente

a) $\overline{J} = 0{,}5$ m^4, $J = 0{,}25$ m^4,

b) $\overline{J} = 0{,}371$ m, $J = 0{,}15$ m^4,

c) Veränderliche Trägheitsmomente, nach dem auf S. 301/305 ff. gegebenen Verfahren. Seiten 12 Felder: 0,185, 0,201, 0,301, 0,391, 0,391, 0,410, 0,410, 0,410, 0,377. 0,334, 0,334, 0,334. Mitte 2·12 Felder: 0,304, 0,227, 0,152, 0,149, 0,149, 0,149, 0,148, 0,135, 0,117, 0,105, 0,099, 0,092 m^4.

d) Näherungstheorie $J = 0{,}4$ m^4 = constans..

Folgende Zusammenstellung zeigt die Ergebnisse in Mitte der Seitenöffnung und $\frac{1}{4}l$ der Mitte.

	M in tm				Durchbiegung f in m		
	a	b	c	d	a	b	c
$\frac{1}{2}l_1$	+ 4227 − 3917	+ 4024	+ 3980	+ 5050 − 5120	+ 0,36	+ 0,44	+ 0,43
$\frac{1}{4}l$	+ 1907 − 1681	+ 1553	+ 1493	+ 3168 − 2775	+ 0,30	+ 0,39	+ 0,42

Abnahme der Momente mit abnehmendem Trägheitsmoment zeigt auch dieses Beispiel. Die Veränderlichkeit des Trägheitsmomentes macht sich nicht wesentlich bemerkbar.

Der Nachteil der versteiften Hängebrücke ist die Größe der Durchbiegung, in der Mitte durch volle Belastung p und in $\frac{1}{4}l$ durch einseitige Teilbelastung. Die Hängebrücke ist daher für Eisenbahnbrücken nur bei sehr großen Spannweiten — vielleicht von 500 m an — geeignet. Die Durchbiegung in der Mitte läßt sich durch kein wirtschaftliches Mittel herabsetzen. Sie könnte nur durch Ermäßigung der Spannung in der Kette gemildert werden. Sie ist daher in einer Kette aus Flußstahl wesentlich kleiner als im Kabel und im Paralleldrahtkabel infolge des größeren Elastizitätsmoduls kleiner als im Spiraldrahtkabel, wenn man in beiden gleiche Beanspruchung zuläßt. Sofern nicht auf Ausnutzung des Materiales verzichtet werden soll, ist sie durch den Unterschied $\sigma_{zul} - \sigma_g$, also das Verhältnis $p:g$, und die Abmessungen der Kette bestimmt. Insonderheit hat die Höhe des Versteifungsbalkens nur geringen Einfluß auf die Durchbiegung in der Mitte. Sie mindert zwar den Horizontalzug H_p, damit aber auch den

Querschnitt F_k, mithin nicht die Spannung σ_p. Eine gewisse Milderung ist durch das Pfeilverhältnis zu erreichen. Bei kleineren Werten f/l erhält man eine etwas kleinere Durchbiegung. Da jedoch volle Belastung der Brücke kaum vorkommt, ist hier die Größe der Durchbiegung nicht von wesentlicher Bedeutung. Schwerer fällt die Durchbiegung in $\frac{1}{4}\,l$ und die Aufbiegung in $\frac{3}{4}\,l$ ins Gewicht, die durch einseitige Belastung mit p in nicht kleinerem Ausmaß entstehen. Wenn auch volle Belastung einer Hälfte kaum wahrscheinlicher ist als volle Belastung der ganzen Brücke, so hat doch der genannte Wechsel der Verschiebungsrichtung die Folge, daß ein über die Brücke fahrender Lastenzug sie abwechselnd senkt und hebt und so in schwingende Bewegung setzt. Die Größe der Verschiebungen entsteht dadurch, daß der Scheitel der Kette sich in der Wagerechten nach der belasteten Seite hin verschiebt. Man kann das Maß daher durch Festhalten des Scheitels wesentlich mildern. Das ist durch ein zweites Seil zu erreichen, das den Scheitel des Tragkabels mit den Pendelpfeilern verbindet und in der Wagerechten oder auch in schwacher Krümmung an den Hängestangen aufgehängt ist. Abb. 276 zeigt das System. In den Pfeilern ist es entweder zu verankern oder nach unten in die Widerlager abzubiegen. Das Seil wird nur auf der unbelasteten Seite beansprucht und verursacht einen Unterschied in den Horizontalzügen der beiden Hälften des Tragkabels. Die Durchbiegung wird so in $\frac{1}{4}\,l$ nahezu auf das Maß in der Mitte einer vollbelasteten Brücke der halben Spannweite herabgesetzt. Durch den Unterschied der Horizontalzüge wird auch das positive Moment des Versteifungsbalkens in $\frac{1}{4}\,l$ wie das negative Moment in $\frac{3}{4}\,l$ ermäßigt. Die Anordnung spart daher Material im Versteifungsbalken. Der erforderliche Querschnitt des Seiles ist klein. Die Seilkraft erreicht den Grenzwert $\frac{pl^2}{32f}$ nicht, das ergibt mit $p = 8$ t/m $l = 330$ $\frac{l}{f} = 10825$ t oder nicht $^1/_{10}$ des Horizontalzuges im Tragkabel.

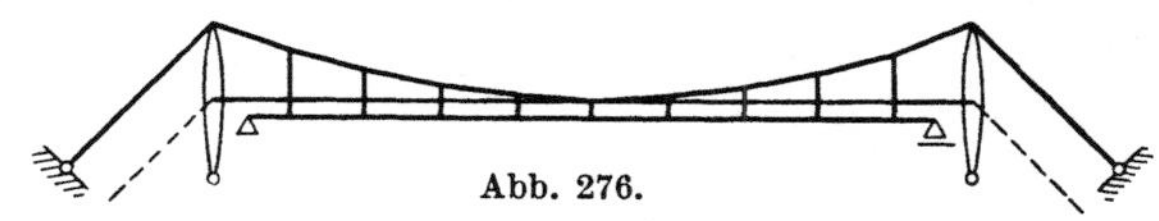

Abb. 276.

Die Bauart der versteiften Kette stößt in 2 nebeneinanderliegenden Hauptöffnungen auf folgende Schwierigkeit. Wenn der Verkehr nur eine Öffnung belastet, gibt die Kette in der unbelasteten Öffnung nach, da der Versteifungsbalken mit dem vollen Moment $-H_p \cdot y$ — nach oben durchgebogen wird. Die Belastung nimmt daher die Kette nur schwach in Anspruch. Angenähert ist

$$H_p = \frac{p\,l^2}{16f(1+\nu)},$$

worin in ν statt a $\frac{1}{2}\,a$ zu setzen ist. Mithin ist das Moment im Versteifungsbalken

$$M = \frac{p}{4}\,x\,(l-x)\,\frac{1+2\nu}{1+\nu}.$$

Von dem Moment des einfachen Balkens aus der Belastung p entfällt also mehr als die Hälfte auf den Versteifungsbalken, während bei einer Öffnung nur der $\frac{\nu}{1+\nu}$-fache Anteil auftritt. Das System ist daher für 2 Hauptöffnungen unbrauchbar. Man kann es jedoch durch Einbau eines schwach gekrümmten Stabbogens unter dem Versteifungsbalken jeder Öffnung geeignet machen, der in der Mitte gegen den die Kette tragenden Pendelpfeiler, in beiden Seiten gegen die Widerlager gestützt ist. Die Montage ist so auszuführen, daß die Kette das ganze Eigengewicht trägt und die Stabbögen nur an der Aufnahme der Verkehrslast teilnehmen. Die Horizontalzüge der Kette sind hier in beiden Öffnungen verschieden groß. Der Unterschied belastet den Zwischenpfeiler auf Biegung. Der Pfeiler muß daher kräftig ausgebildet werden, und ein standfester Pfeiler ist besser geeignet als ein Pendelpfeiler. Dem Mittelpfeiler kann größere Höhe gegeben werden als den Endpfeilern. Dadurch werden die Rückhaltketten kürzer und billiger. Auch ergibt ungleiche Höhe ein schöneres Brückenbild als 3 gleich hohe Pfeiler. Abb. 277 stellt das System dar.

Neben der versteiften Hängebrücke ist schließlich die als Fachwerk ausgebildete Hängebrücke zu erwähnen. Eine Fachwerkscheibe mit wagerechter

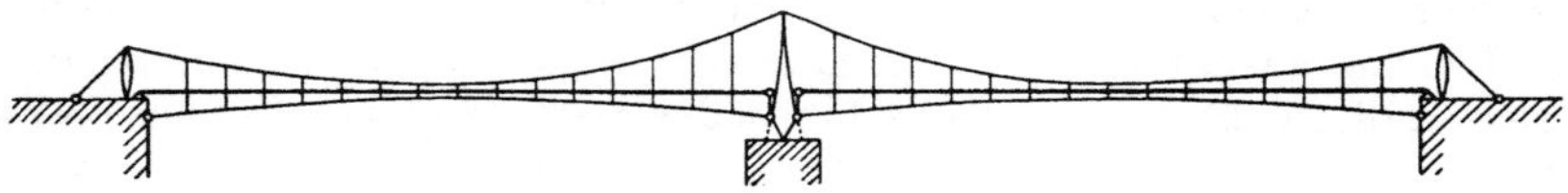

Abb. 277.

oder gekrümmter Untergurtung und parabolisch durchhängender Obergurtung ruht auf einem festen und auf einem wagerecht verschieblichen Auflager. Im ersten und letzten Obergurtknoten greifen Rückhaltketten an, welche die hängende

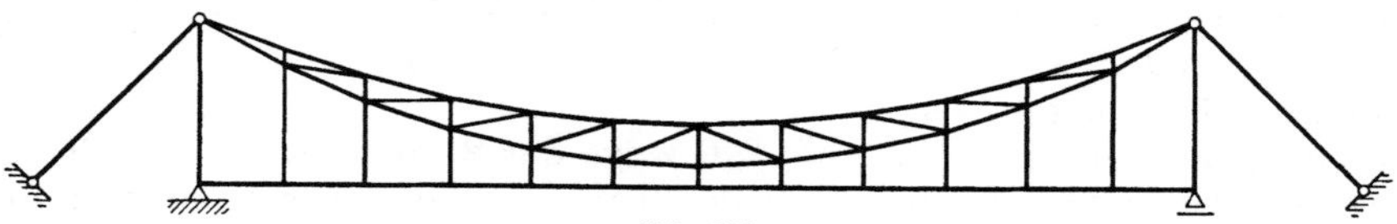

Abb. 278.

Obergurtung in den Widerlagern verankern. Abb. 278 zeigt ein derartiges System. Verschiedene Bauarten unterscheiden sich in der Linienführung der unteren Gurtung und der Gliederung der Wandstäbe. Praktische Bedeutung ist der Bauart kaum beizumessen.

b) Konstruktive Durchbildung.

Das wesentliche Merkmal der Hängebrücken ist der Baustoff und die durch den Baustoff bedingte Bauart der Kette. Hochwertiger Flußstahl in Form der Gliederkette aus Walzeisen und Tiegelgußstahl in Form des Kabels. Hier eine Bruchfestigkeit von 5500 bis 7000 kg/cm², eine Streckgrenze von 3600 bis 4000 kg/cm und 2100 kg/cm zulässige Spannung, dort eine Bruchfestigkeit von 15000 bis 18000 kg/cm², ohne ausgesprochene Streckgrenze, und eine zulässige Beanspruchung von 4000, 5000, ja 5500 kg/cm². Das Gewicht der Kette aus Flußstahl ist daher 2- bis 2,6 mal so groß als das des Kabels. Die Materialpreise verhalten sich etwa wie 6 : 10,5. Wenn auch die Verankerung der Kabel kostspieligere Konstruktionen erfordert als die der Kette, so ist das Kabel der Kette doch wirtschaftlich überlegen. Dazu kommt, daß die Montage einer Kabelhängebrücke ohne Gerüste möglich ist, ein Vorteil, der desto mehr ins Gewicht fällt, je größer die Spannweite ist. Verhältnisgleich der Beanspruchung ist aber die elastische Längenänderung der Kette. Durch diese wird der erforderliche Querschnitt des Versteifungsbalkens beeinflußt. Je größer die Formänderung der Kette, desto größer die Momente, die der Versteifungsbalken aufnehmen muß, desto größer sein Querschnitt und sein Gewicht. Der Versteifungsbalken der Kabelbrücke wird daher etwas schwerer als der der Kettenbrücke mit Flußstahlkette.

Bei einer Hängebrücke hat ferner neben der Kostenfrage die Durchbiegung Bedeutung. Es ist offensichtlich, daß in dieser Hinsicht die Wagschale sich nach der Seite der geringer beanspruchten Kette neigt. Beide Einflüsse sind in ihrem Ausmaß von dem Verhältnis des Eigengewichtes zur Verkehrslast abhängig. Je größer dies Verhältnis, desto kleiner ist die elastische Längenänderung aus der Verkehrslast, desto geringer also die Unterschiede im Gewicht des Versteifungsbalkens und in der Durchbiegung, die durch Verschiedenheit der Kettenbeanspruchung entstehen. Bei Abwägung aller Umstände verdient bei großer Spannweite das Kabel den Vorzug, während die Kette aus Flußstahl bei mittlerer Spannweite mit dem Kabel in Wettbewerb tritt.

Gerade Glieder aus Flußstahl von der Länge der Systemstäbe bilden die Kette. Jedes Glied besteht aus einer Anzahl von Stäben rechteckigen Querschnittes, die in den Knotenpunkten zwischen die Stäbe der benachbarten Glieder eingreifen. Die Zahl der Stäbe ist daher abwechselnd gerade und ungerade. Ein Bolzen durchdringt und verbindet in jedem Knotenpunkt die Stäbe beider Kettenglieder, ebenso die Backen des Bügels, in dem der Hängestab sitzt.

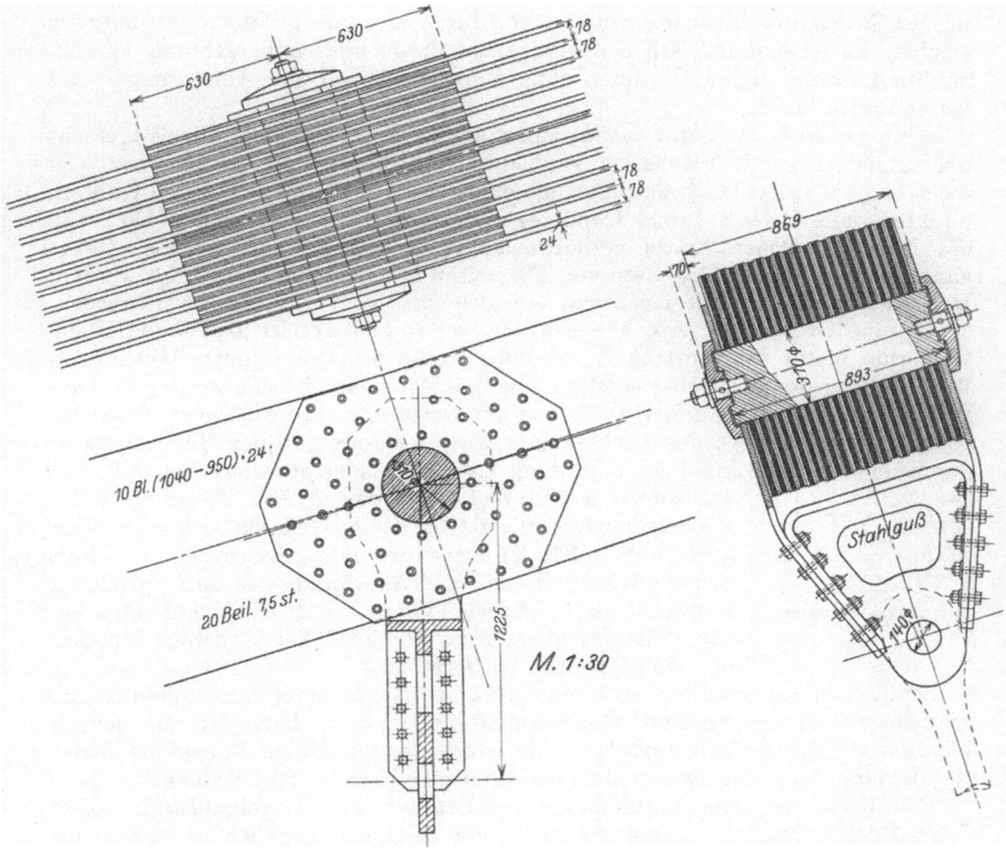

Abb. 279. Hängebrücke Köln-Deutz. Gelenk der Kette.

Aus der Notwendigkeit, die Schwächung des Stabquerschnittes durch das Bolzenloch auszugleichen, sind 2 Bauarten entstanden, der Augenstab und der durch Platten verstärkte Flacheisenstab. Der Augenstab wird durch Anpressen der Endstücke für die Augen in der Rotglut, Bohren der Augenlöcher und nochmaliges Ausglühen hergestellt. Aus Mißtrauen gegen die Festigkeit in den verschweißten Querschnitten hat man später ein anderes Verfahren gewählt, das Ausschneiden des Stabes aus einem einzigen Stück von der im Auge erforderlichen Breite. Dabei entsteht natürlich ein erheblicher Materialverlust. Auch ist das Hobeln beider Kanten auf der ganzen Stablänge zwischen den Augen kostspielig. Trotzdem verdient das Verfahren um der größeren Sicherheit willen den Vorzug.

Die Schwierigkeiten der Herstellung der Augenstäbe vermeidet die zweite Bauart, die bei der Hängebrücke Köln-Deutz (Abb. 279) gewählt worden ist.

Auf Flacheisenstäbe gleicher Breite sind an den Enden auf beiden Seiten Platten genietet. Natürlich schwächen die Nietlöcher den Querschnitt. Durch ein spitz zulaufendes Nietbild kann man den Verlust jedoch auf 1 oder 2 Nietlöcher beschränken. Die Vernietung kann auch durch Punktschweißung ersetzt und so jeder Querschnittverlust vermieden werden. Neben dem wirtschaftlichen Vorteil hat die Bauart den Vorzug größerer Sicherheit. Wie auf S. 58 dargelegt, tritt in dem Querschnitt durch die Mitte des Bolzens die stärkste Beanspruchung am Lochrand auf. Sie übersteigt die Spannung an der Stabkante erheblich. Durch die Platten wird also der Querschnitt in den am höchsten beanspruchten Teilen verstärkt, während beim Augenstab das Material gerade in den Teilen der kleinsten Spannungen liegt, also die geringste Ausnutzung erfährt. Es ist lediglich auf den Mangeleiner brauchbaren Berechnung zurückzuführen, wenn dieser Umstand ohne Einwirkung auf die Abmessungen des Querschnitts bleibt.

Eine zweite Kettenform aus Walzprofilen ist die Flachbandkette. Wagerecht übereinanderliegende Flacheisen sind durch Vernietung zu einem Band von rechteckigem Querschnitt zusammengeschlossen. Das Band läuft in den Knotenpunkten ohne Gelenk durch. Damit es die erforderliche Biegsamkeit hat, muß die Höhe des Querschnitts verhältnismäßig niedrig gewählt werden. Daher kann nur eine beschränkte Zahl von Flacheisen in einem Band vereinigt werden. Der Bandbreite setzt die Rücksicht auf gleichmäßige Verteilung der Beanspruchung eine Grenze, die jedoch wesentlich weiter gesteckt ist als für die Höhe. Immerhin bleibt die konstruktiv mögliche Größe des Querschnitts beschränkt. Durch Abzug der Nietlöcher entsteht überdies ein ziemlich bedeutender Verlust. Diese Umstände zwingen zur Auflösung der Kette in mehrere Bänder. Je größer aber die Bandzahl ist, desto schwieriger wird der Anschluß der Hängestangen, durch den eine gleichmäßige Verteilung auf die Bänder gesichert sein soll. Bei 4 Bändern ist dies Ziel durch das in Abb. 280 dargestellte Wagebalkensystem erreicht, dessen Gedanke sich schließlich auch auf 8 Bänder erweitern läßt. Es erscheint jedoch kaum zweifelhaft, daß die Anordnung bei einer größeren Bandzahl als 4 keinerlei Vorzüge vor der Gelenkkette besitzt. Die Flachbandkette kommt daher höchstens für kleinere Spannweiten in Betracht.

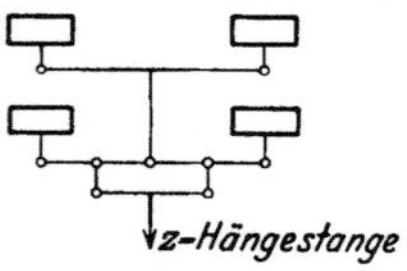

Abb. 280.

Schließlich sei erwähnt, daß man auch die Wahl einer aus steifen Walzprofilen zusammengesetzten Querschnittform erwogen hat, für die jedoch keinerlei triftige Gründe sprechen. Als einzige zweckmäßige Bauart ist daher die Gliederkette in den beiden oben beschriebenen Formen der Glieder anzusehen.

Das Kabel ist eine Verbindung von Drähten aus Tiegelgußstahl, denen durch Recken im kalten Zustand eine hohe Festigkeit gegeben ist, 15000 bis 18000 kg/cm². Eine bestimmte Anzahl von Drähten ist zu einer Litze verbunden. Die Drähte haben Kreisquerschnitt von 4 bis 7 mm Durchmesser. Um den in Mitte der Litze liegenden Draht, den Seelendraht, legt sich der erste Ring von 6 Drähten, es folgt der zweite mit 12, der dritte mit 18 Drähten und weitere Ringe, deren jeder 6 Drähte mehr enthält als der vorhergehende. Ist n die Zahl der Ringe, so enthält die Litze also $1 + 3n(n + 1)$ Drähte. Aus den Litzen wird das Kabel nach dem gleichen Schema aufgebaut. Um die mittlere Litze legt sich ein Ring von 6 Litzen, in jedem folgenden Ring steigt die Zahl der Litzen um 6. Der Umriß des so gebildeten Kabels hat die Form des regelmäßigen Vielecks.

Durch Unterschiede in der Führung der Drähte entstehen 2 Bauarten des Kabels, die auch in ihren Eigenschaften wesentlich verschieden sind: das Paralleldrahtkabel und das Spiraldrahtkabel. Die Namen kennzeichnen den Lauf der Drähte. In der älteren und auch heute noch wichtigsten Bauart laufen die Drähte parallel zum Seelendraht, die Litzen parallel zur Mittellitze. Im Spiraldrahtkabel winden sich die Drähte jedes Ringes, abgesehen von den beiden innersten, in Spiralen um den von ihnen eingeschlossenen Kern. Meist wechselt die Richtung der Windung von Ring zu Ring. In manchen Fällen sind auch die Litzen in gleicher Weise in Spiralen geführt. Bei neueren Ausführungen hat man jedoch mit Recht für die Litzen parallele Führung gewählt. Aus den beschriebenen Anordnungen entspringen wesentliche Unterschiede in der Beanspruchung, Dehnung und Biegsamkeit. Im Paralleldrahtkabel kann die Beanspruchung als nahezu gleichmäßig gelten, weil alle Drähte die gleiche elastische Längenänderung erfahren. Die Dehnung des Kabels ist die gleiche wie die Dehnung des einzelnen Drahtes. Der Elastizitätsmodul des Kabels ist daher der des Materiales 2050 bis 2150 t/cm². Im Spiraldrahtkabel ist die Dehnung der in Spiralen steigenden Drähte kleiner als die des Kernes, der aus parallelen Drähten besteht. Bezeichnet φ den Steigungswinkel eines Drahtes, so verhalten sich die Dehnungen wie $\cos^2\varphi : 1$. Die Drähte erhalten im allgemeinen gleichen Steigungswinkel. Bezeichnet F_1 den Querschnitt des Kernes, F_2 den aller Ringe, in denen gewundene Drähte liegen, so ist $F_2 \cos\varphi$ der Querschnitt dieser Drähte und $F_2 \cdot \sigma_2 \cos^2\varphi$ ihre Kraftkomponente in Richtung der Kabelachse. Daraus folgt die Spannung im Kern

$$\sigma = \sigma_m \frac{F_1 + F_2}{F_1 + F_2 \cdot \cos^4\varphi}$$

wenn σ_m die mittlere Spannung bezeichnet. Im gleichen Sinne wirkt auch der elastische Vorgang der Querkontraktion. Bei positiver Dehnung der Kabelachse nimmt der Durchmesser der Ringe infolge der Querkontraktion ab. Die Spiralen jedes Ringes müssen daher der Zusammenziehung des eingeschlossenen Kernes folgen, bevor sie elastische Dehnungen erfahren können. Das bedingt eine Vorspannung im Kern. Die in Spiralen gewundenen Drähte beteiligen sich also noch schwächer an der Kraftaufnahme als vorstehende Formel angibt.

Gleichmäßige Beanspruchung wäre nur durch Verwendung von Drähten verschiedener Dehnungszahl zu erreichen. Der Elastizitätsmodul müßte mit dem Ringdurchmesser abnehmen. Da diese Bedingung nicht zu erfüllen ist, sind die Spiraldrahtkabel durch ihre Bauart mit dem unvermeidlichen Nachteil behaftet, daß das Material nur im Kern voll ausgenutzt werden kann. Beim Zugversuch zeigt sich die ungleichmäßige Spannung darin, daß der Elastizitätsmodul des Kabels kleiner ist als der des einzelnen Drahtes. Da man die Spannung aus $\sigma_m = \frac{P}{F}$ als mittleren Wert errechnet, der im Kern überschritten, in den Drähten der Spiralringe nicht erreicht wird, anderseits die Längenänderung Δl in allen Punkten der Endquerschnitte gleich groß ist, so findet man $E = \frac{\sigma_m}{\varepsilon}$ kleiner als den Modul des Materiales, den man erhalten müßte, wenn man die Spannung im Seelendraht bestimmen würde. Mit der Zahl der Ringe muß der Elastizitätsmodul des Kabels abnehmen. Messungen, die vom Werk Eilers beim Bau der Schwebefähre in Rio de Janeiro gemacht sind, haben einen mit der mittleren Spannung fallenden Wert des Elastizitätsmoduls ergeben. Nach mehreren Belastungen bis $\sigma = 0{,}60 - 1{,}34 - 3{,}42 - 6{,}70$ t/cm² sind die Werte 1750 — 1670 — 1630 — 1625 t/cm² gemessen worden. Sofern die volle Eigenlast der Brücke vom Kabel getragen wird, wird man in die Berechnung des Einflusses der Verkehrslast etwa den Wert $E_k = 1600$ t einführen müssen. Aus dem oben Gesagten erhellt, daß die Spannung im Seelendraht den $\frac{E}{E_k}$-fachen Wert der mittleren Spannung hat. Da zweckmäßig mit der mittleren Spannung gerechnet wird, darf als *zulässige Spannung im Kabel* nur der $\frac{E_k}{E}$-fache *Wert der für den einzelnen Draht zulässigen Spannung* eingeführt werden. Tatsächlich erreicht beim Zerreißversuch die Bruchfestigkeit des Kabels nicht die Bruchfestigkeit des Drahtes. Bei den genannten Versuchen wurden 93,6% erreicht. Daß dies Verhältnis größer ist als $E_k : E$ deutet auf Ausgleich der Unterschiede in der Spannung beim Bruch durch die Bruchdehnung, trotzdem diese für Stahldraht nur 3 bis 4% beträgt.

Ein wesentlicher Unterschied beider Bauarten besteht schließlich in der Biegsamkeit. Das Paralleldrahtkabel ist ziemlich starr, ein als gerades Stück hergestelltes Kabel kann nur durch starke Verformung unter entsprechenden Biegungsspannungen gekrümmt und ausgehängt werden. Es ist kaum möglich, eine als gerades Stück hergestellte Kabellitze in einer Öffnung auf den Pfeilerköpfen aufzuhängen, noch weniger sie über den Sattel des Lagers in die Rückhaltkette umzubiegen. In Amerika ist die Behebung der Schwierigkeit durch das von Röbling ersonnene Luftspinnverfahren gelungen, bei dem jeder Draht einzeln ausgehängt und die Litze durch Bündelung der ausgehängten Drähte hergestellt wird. Dagegen besitzt das Spiraldrahtkabel gute Biegsamkeit, da die einzelnen Drähte durch die Spiralen von der Konvexen in die Konkave übergehen und schließlich die Fugen zwischen den Drähten auf der konvexen Seite klaffen können. Am biegsamsten sind die Kabel, deren Spiralen von Ring zu Ring die Richtung der Windung wechseln. Dem Vorteil der größeren Biegsamkeit haben die Spiraldrahtkabel die Verwendung im Brückenbau zu verdanken. Sie bieten der Verlegung auf den Pfeilern keine Schwierigkeiten, ebensowenig der Verlegung von Anker bis Anker über die Pfeilerköpfe hinweg. Die Montage des Spiraldrahtkabels ist daher einfacher und billiger als die Herstellung des Paralleldrahtkabels. Die oben genannten technischen Vorzüge des Paralleldrahtkabels sind jedoch so bedeutend, daß es trotz des kostspieligen Luftspinnverfahrens bei großen Spannweiten vom Spiraldrahtkabel nicht verdrängt werden kann. In Deutschland kommt das Spiraldrahtkabel neuerdings hauptsächlich in der Bauart zur Verwendung, die „patentverschlossen“ genannt wird. Bei dieser haben die Drähte, abgesehen von einem 2 bis 3 Ringe enthaltenden Kern, Querschnittformen, durch die sie sich in jedem Ring zu einem lückenlos geschlossenen zusammenfügen, in den inneren Ringen Trapez-, in den äußeren Z-Form. Bei gleichem Durchmesser besitzt dies Kabel einen größeren nutzbaren Querschnitt als das aus runden Drähten gebildete. Infolge des Wegfalls der Lücken schreibt man ihm auch eine größere Sicherheit gegen Rostangriff zu. Die Nachteile des Spiraldrahtkabels haften natürlich auch dieser Bauart an.

Im Spiraldrahtkabel hat jeder Draht die Länge, die durch die Kabellänge und seine Windung in der Spirale bedingt ist. Er kann daher meist in einem Stück gewalzt werden. Im Paralleldrahtkabel bestehen alle Drähte einer Litze aus einem einzigen Stück. Jeder Draht läuft im Kabelende in einer Schleife über den Kabelschuh in das Kabel zurück. Da die Walzlänge der Drähte beschränkt ist, müssen die einzelnen Stücke vor Herstellung der Litze untereinander verbunden — verspleißt — werden. Die Drahtenden werden in schräg abgeschnittenen Flächen aufeinandergelegt und in diesen verlötet. Die Festigkeit der Spleißstellen beträgt 95% der Drahtfestigkeit. In gleicher Weise wird nach Herstellung der Litze Anfang und Ende des Drahtes verbunden. Die fertige Litze besteht also aus einem Draht ohne Ende. Da die Spleißstellen in der fertigen Litze gegeneinander versetzt sind, ist die Abminderung der Festigkeit der Litze verschwindend klein. In Amerika ist in neuerer Zeit die Verbindung der Drähte durch Muffen bewirkt worden, die mit entgegengesetztem Gewinde auf die Drahtenden geschraubt sind. Zum Schutz gegen Rost werden die Drähte im Feuer oder galvanisch verzinkt. Bei der Brooklinbrücke hat eine Untersuchung nach 47 Jahren ergeben, daß die Verzinkung noch völlig unversehrt war. Man hat daraus den Schluß gezogen, daß die Verzinkung dauernden Rostschutz gewährt. Vielfach hat man auch die einzelnen Drähte mit Mennige umhüllt.

Ein Kabel für jeden Hauptträger oder Aufteilung in eine Anzahl kleinerer ist eine beim Bau jeder Kabelbrücke von neuem erörterte Frage. Meist hat man sich für 2 oder mehr Kabel entschieden. Bestimmend waren hierfür namentlich 2 Gründe: In erster Linie die Ansicht, daß durch geeignete Konstruktion der Aufhängung die gleichmäßige Lastverteilung auf den gesamten Querschnitt besser gesichert sei als bei einem Kabel von verhältnismäßig großem Durchmesser. An zweiter Stelle sprach die Überlegung mit, daß mehrere Kabel kleineren Durchmessers eine geringere Biegungssteifigkeit besitzen als ein Kabel von großem Durchmesser und daher die Nebenspannungen vermindert werden, die dadurch entstehen, daß das Kabel der Durchbiegung des Versteifungsbalkens folgen muß. In einzelnen Entwürfen der Wettbewerbe für die Rheinbrücken Köln-Deutz und Köln-Mülheim haben diese Gründe sogar zur Auflösung in 15 und 16 einzelne Kabel geführt. Die erstgenannte Ansicht muß deshalb als irrig bezeichnet werden, weil die von Knotenpunkt zu Knotenpunkt möglichen Unterschiede in der Dehnung niemals so erheblich sind, daß wesentliche Spannungsunterschiede entstehen können. Wird ein Kabel großen Durchmessers in jedem Knotenpunkt von einer Schelle fest umfaßt, so müssen alle einzelnen Litzen den Durchbiegungen des Versteifungsträgers in gleicher Weise folgen. Verschiedene Dehnungen in den Systemseiten sind nicht möglich, wenn die einzelnen Drähte in gleichen Kurven ausgehängt sind. Sie können nur durch fehlerhafte Ablängung und Bündelung der Drähte bei der Montage entstehen. Das Ausmaß der dadurch etwa verursachten Spannungsunterschiede erhellt aus folgender Rechnung. Es mag eine Litze bei 300 m Spannweite und 33 m Pfeil einen um 10 cm kleineren Durchhang haben als eine zweite. Beide seien durch Belastung in den Knotenpunkten in dieselbe Lage gezwungen. Die erste gelangt in die spannungslose Anfangslast der zweiten durch eine Längenänderung

$$\Delta s = \frac{8}{3}\,\frac{33{,}0^2 - 32{,}9^2}{300} = \frac{8}{3}\,\frac{65{,}9 \cdot 0{,}10}{300}\,.$$

Da

$$s = l\left[1 + \frac{8}{3}\left(\frac{32{,}9}{300}\right)^2\right] = 300 \cdot 1{,}03208$$

ist, entsteht die Dehnung

$$\varepsilon = \frac{\Delta s}{s} = \frac{8 \cdot 65{,}9 \cdot 0{,}10}{3 \cdot 300^2 \cdot 1{,}03208} = \frac{0{,}189}{1000}\,.$$

Sie bedingt die Spannung

$$\sigma = \frac{0{,}189 \cdot 2100}{1000} = 0{,}397\ \mathrm{t/cm^2}.$$

Es würde also in dem angenommenen extremen Fall in der fraglichen Litze eine Zusatzspannung von nur 400 kg/cm² entstehen. Die zugelassene Spannung würde also um 200 kg/cm² überschritten werden, was bei $\sigma_{\mathrm{zul}} = 4000$ bis 5000 kg/cm² bedeutungslos ist. Daraus folgt, daß selbst grobe Mängel der Montage keine bedenklichen Unterschiede in der Spannung erzeugen. Erheblicher sind die Spannungsunterschiede, die durch die Durchbiegung des Versteifungsträgers entstehen. Namentlich in der ersten Kabelseite am Pfeiler treten bei einseitiger Belastung der Brücke recht erhebliche Änderungen der Krümmung auf. Die dadurch bedingten zusätzlichen Biegungsspannungen sind desto größer, je größer die Biegungssteifigkeit des Querschnitts ist. Sie werden daher durch Auflösung des Kabels zweifellos vermindert. Es ist jedoch zu beachten, daß die Biegungsspannungen nur bei einseitiger Belastung beträchtlich sind. Ihr Größtwert trifft daher nicht mit dem Größtwert der mittleren Spannungen zusammen, vielmehr mit einem Wert, der nicht unerheblich hinter dem Größtwert zurückbleibt, da der Horizontalzug aus Verkehrslast nur mit etwa der Hälfte seines vollen Wertes wirkt. Die Überschreitung der zulässigen Spannung an der Außenkante geht daher auch in einem geschlossenen Kabelquerschnitt nicht über die Grenze hinaus, die im Fachwerk für Haupt- und Nebenspannungen allgemein als unbedenklich anerkannt ist. Ferner gilt auch für die Nebenspannungen im Kabel das auf S. 35 über ihre Bedeutung für die Sicherheit Gesagte. Es sind Spannungen, welche die Tragfähigkeit des Kabels in keiner Weise mindern. Diese Tatsache verliert ihre Gültigkeit nicht etwa deshalb, weil der Stahl der Kabel keine ausgesprochene Streckgrenze besitzt und seine Bruchdehnung nur 3 bis 4% beträgt. Die Nebenspannungen sind bei konstantem Querschnitt dem Faktor $E \cdot \frac{J}{W}$ proportional. Nach Überschreitung der Elastizitätsgrenze geht E in die veränderliche Funktion $\frac{d\sigma}{d\varepsilon}$ über, die stetig abnimmt und mit der Bruchspannung zu 0 wird. Daraus folgt ein gleicher Verlauf der Nebenspannungen. Da sie mit der Bruchspannung verschwinden und das Material immerhin eine gewisse Bruchdehnung besitzt, können die Nebenspannungen den Eintritt des Bruches nicht beschleunigen. Der absolute Wert der Spannung in einem Punkt bildet auch hier keinen Maßstab für die Sicherheit.

Wenn die Größe der Nebenspannungen die Tragfähigkeit nicht beeinträchtigt, hat ihre Minderung durch eine geeignete Konstruktion nur ideelle Bedeutung und keinen praktischen Wert.

Die Aufteilung des erforderlichen Querschnittes in mehrere Kabel hat einen unleugbaren Nachteil in der Unterhaltung des Kabels und in der Vorrichtung zum Anschluß der Hängestangen an das Kabel. Verschiedene an sich durchaus zweckmäßige Konstruktionen sind für den fraglichen Zweck ersonnen worden. Sie weisen aber alle den Nachteil vieler Einzelheiten auf, welche die Anordnung desto verwickelter machen, je größer die Zahl der Kabel ist. Sie sind daher kostspielig in der Anlage und bedürfen überdies einer besonders sorgfältigen Unterhaltung. Das gilt namentlich für solche Konstruktionen, die durch ein Wagebalkensystem die gleichmäßige Verteilung auf viele Kabel anstreben, weil hier ein Bruch in einem Punkt die Verbindung vollständig löst. Infolge ihrer Lage sind die Vorrichtungen überdies schlecht zugänglich, daher schwer zu prüfen und zu unterhalten. Aus diesem Grunde ist eine möglichst einfache Konstruktion, die keiner oder nur geringer Unterhaltung bedarf, unbedingt vorzuziehen. Beachtet man, daß die Gleichmäßigkeit der Spannung im Kabel keine praktische Bedeutung hat, so wird man um des angeführten Vorteiles willen einem einzigen Kabel den Vorzug geben. Das trifft namentlich bei Verwendung von Spiraldrahtkabeln zu, in denen die gleichmäßige Spannung ohnehin nicht erreicht werden kann. Die größere Einfachheit der Konstruktion hat auch beim Bau der Delaware-Brücke für die Wahl eines einzigen Kabels den Ausschlag gegeben. Beachtenswert ist, daß der Erbauer die Entscheidung auch mit der „Ausschaltung der Unsicherheit über die Belastung mehrerer Kabel“ anführt, wobei er allerdings hauptsächlich an die Lastverteilung durch Querträger denkt.

In der Frage: standfeste Pfeiler mit Rollen- oder Stelzenlagern der Kette oder Pendelpfeiler mit festen Lagern haben das Streben nach einheitlichem Baustoff, die Grenze der wirtschaftlichen Möglichkeit massiver Pfeiler und die Unterschiede in den Reibungswiderständen in den meisten Fällen den Ausschlag zugunsten der Pendelpfeiler gegeben. Der Reibungswiderstand der beweglichen Rollenlager ist bei der Größe der Auflagerkräfte beträchtlich. Bei der Brooklinbrücke, die bewegliche Lager auf standfesten Pfeilern hat, ist die Erfahrung gemacht worden, daß die Bewegung der Lager infolge des Reibungswiderstandes ruckweise vor sich geht. Das ist kaum zu vermeiden. Die Spannung im Kabel der Mittelöffnung muß erst so groß werden, daß der Unterschied der Kräfte in der Tragkette und Rückhaltkette den Reibungswiderstand überwindet.

Da dieser mit Eintritt der Bewegung abnimmt, kann die Verschiebung nicht gleichmäßig fortschreiten. Sie gelangt erst zum Stillstand, wenn wieder Gleichgewicht zwischen dem genannten Kraftunterschied und dem Reibungswiderstand eingertreten ist. Der entgegengesetzte Vorgang spielt sich ab, wenn die Spannung der Tragkette durch Entlastung der Brücke sinkt. Dabei werden Kette und Hängestangen in ungünstiger Weise durch Stöße beansprucht. Gleiche Belastung in wagerechter Richtung erfahren die Pfeiler. Massive Pfeiler müßten bei den erforderlichen Höhen so stark werden, daß sie aus Gründen der Schönheit wie der Kosten wegen abzulehnen sind. Pendelpfeiler aus Stahl vermeiden die nachteilige Beanspruchung der Kette. Hier wirkt der Reibungswiderstand in dem Zylinder- oder Kugelzapfen des Fußgelenkes, während die bewegende Kraft am Pfeilerkopf angreift. Das Moment der Kraft um den Drehpunkt ist also wesentlich größer als das des Reibungswiderstandes. Trotzdem gleitende Reibung auftritt, ist eine Hemmung der Bewegung kaum zu befürchten. Pendelpfeiler verdienen daher den Vorzug.

Die Erbauer der Manhattan- und Delawarebrücke fürchten auch den Reibungswiderstand der Pendelpfeiler. Standfeste Pfeiler mit Rollenlagern verwerfen sie infolge der oben erwähnten ungünstigen Erfahrungen bei der Brooklinbrücke. Aus diesen Gründen sind sie einen Schritt weitergegangen und haben standfeste Pfeiler aus Stahl mit festen Lagern der Kabel auf dem Pfeilerkopf gewählt.

Die notwendige Verschieblichkeit der Kabellager entsteht durch elastische Formänderung der im Fuß eingespannten Turmpfeiler. Die Horizontalzüge haben in Trag- und Rückhaltkabel nicht die gleiche Größe, sondern unterscheiden sich um den Wert der Kraft, die den Pfeiler verbiegt. Bei strenger Berechnung erhöht sich der Grad der statischen Unbestimmtheit um 2. Um die dadurch bedingten Biegungsspannungen möglichst niedrig zu halten, ist einerseits eine möglichst schlanke Form der Pfeiler und ein hochwertiges Material gewählt, anderseits die Länge des Rückhaltkabels so getroffen worden, daß der Pfeilerkopf der Delawarebrücke bei unbelasteter Brücke $15^1/_4$ Zoll nach dem Land, bei belasteter Brücke $24^1/_4$ Zoll nach dem Fluß ausschlägt.

Ein Vorzug der Bauart, der wohl auch in erster Linie für ihre Wahl bestimmend gewesen ist, ist der einfache Aufbau des standfesten Pfeilers. Welchen Einfluß der Wegfall der Fußgelenke einerseits und die stärkeren Pfeilerquerschnitte anderseits auf die Baukosten haben, ist bei der Delawarebrücke anscheinend nicht untersucht. Die Frage läßt sich ohne Durchrechnung nicht entscheiden. Wenn man jedoch die Abmessungen des Fußgelenkes bei mittleren Spannweiten beachtet, wird man der Meinung zuneigen, den standfesten Pfeiler bei großen Spannweiten für billiger zu halten. Es läßt sich auch nicht in Abrede stellen, daß die Bauart mit der elastischen Eigenart der Hängebrücke in gutem Einklang steht und jedenfalls für große Spannweiten wohl das Richtige trifft.

Die Gliederkette hängt in 2 Gelenken, in einem die Tragkette, im zweiten die Rückhaltkette, entweder auf dem beweglichen Lager oder auf dem Kopf eines Pendelpfeilers. Die Aufhängung der Kette der Hängebrücke Köln-Deutz ist in Abb. 300 dargestellt.

Beim Kabel sind 2 Anordnungen möglich. Man kann Tragkabel und Rückhaltkabel trennen und beide Enden in einem Lager aufhängen. Diese Lösung ist bei der von O. Franzius entworfenen, nach dem Kriege abgebrochenen Schwebefähre der Werft Kiel gewählt worden. Die zweite und häufigere Anordnung stellt Trag- und beide Rückhaltkabel aus einem Stück her und lagert das Kabel auf einem Sattel, dessen nach einem Kreisbogen gekrümmte Lagerfläche einen knickfreien Übergang bewirkt. Die Abb. 281 zeigt den Kabelsattel der Manhattanbrücke. Die Lagerfläche ist im Querschnitt nach dem des Kabels geformt und mit Rillen versehen, in die sich die einzelnen Litzen legen. Die

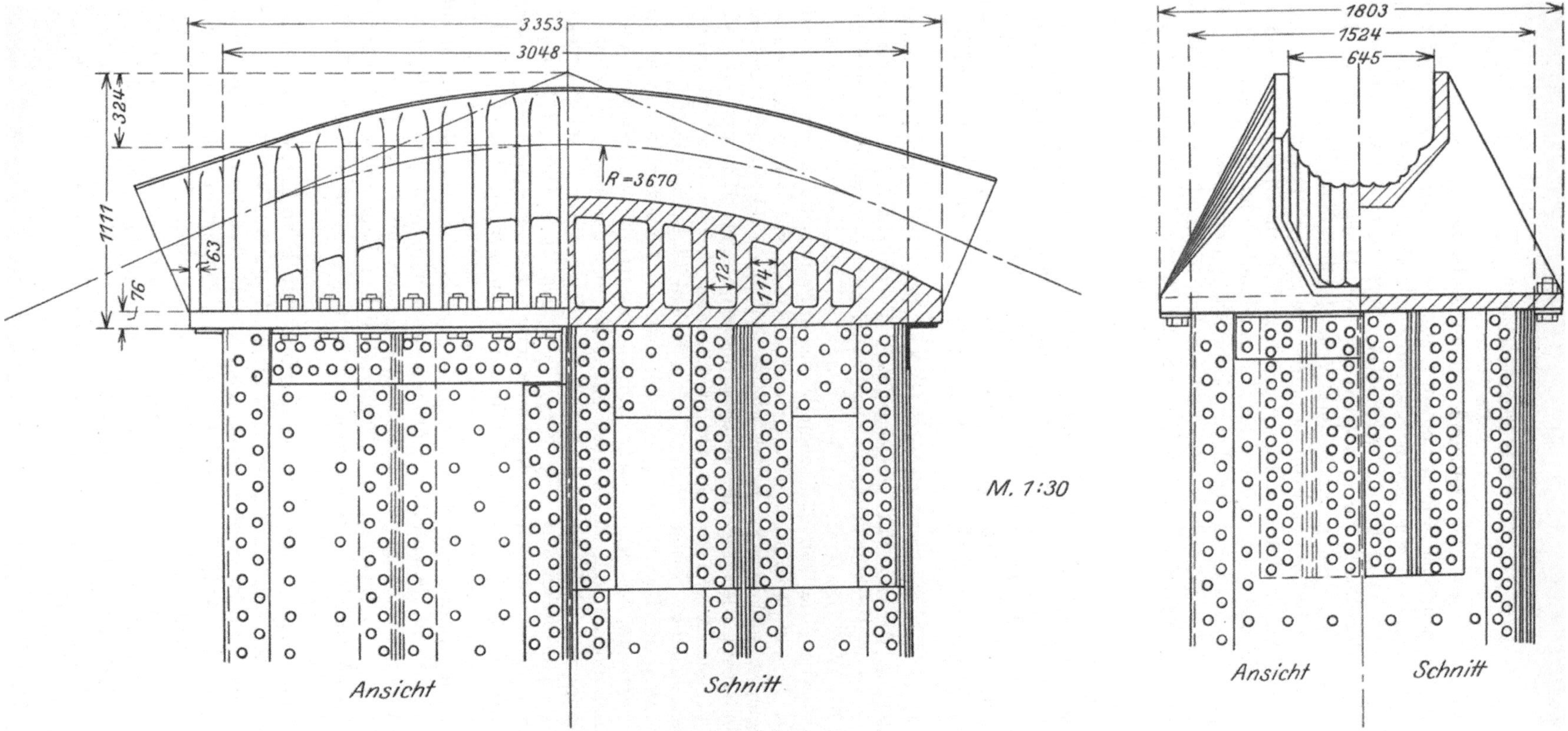

Abb. 281. Kabelsattel der Manhattan-Brücke.

Auflagerung der Kabel auf einem beweglichen Rollenlager, die bei der Schwebefähre in Rio de Janeiro (S. 367) ausgeführt ist, ist in Abb. 282a, b dargestellt.

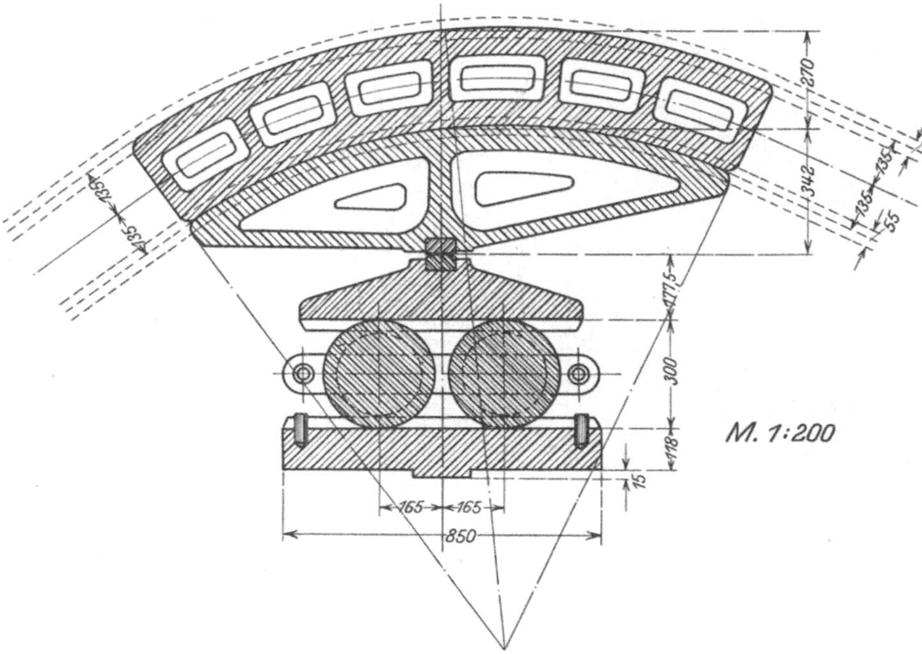

Abb. 282a. Schwebefähre in Rio de Janeiro. Kabellager.

Da je 2 Kabel übereinander liegen, ist der Lagersattel zweiteilig gestaltet. Gleiche Ausführung ist auch für die Flachbandkette zweckmäßig. Bei Herstellung der Kabel im Luftspinnverfahren ist nur die zweite Bauart möglich.

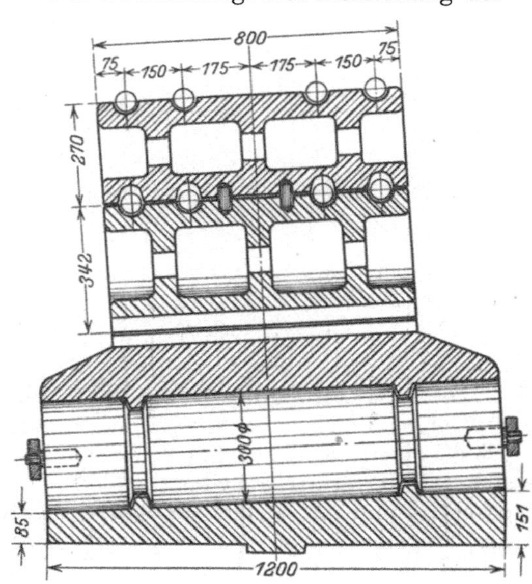

Abb. 282b.

Die Verankerung der Rückhaltkette erfordert die Überleitung der Kettenkraft in den massiven Körper des Widerlagers. Diese Aufgabe wird durch einen Balkenrost erfüllt, der, rechtwinklig zur Kette gestellt, sich gegen das Massivwerk stützt und die Kette in geeigneten Lagern hält. Um Zugspannungen im Massivwerk zu vermeiden, muß die Kette durch einen Schacht so tief in das Widerlager eingeführt werden, daß das über dem Balkenrost liegende Gewicht die lotrechte Seitenkraft der Kettenkraft mit genügender Sicherheit aufnimmt. Um die Länge des Schachtes einzuschränken, wird häufig die Rückhaltkette über einen Sattel in die lotrechte oder zumindestens in eine steile Richtung abgebogen. Dem entsprechend wird durch den Sattel die wagerechte Seitenkraft ganz oder zum Teil aufgenommen.

Die aus gewalztem Stahl bestehenden Stücke der Glieder- und Flachbandkette können infolge ihrer Querschnittform unmittelbar durch Lager von der auch für andere Zwecke üblichen Bauart gegen den Balkenrost gestützt werden. Abb. 283 und 284 zeigen solche Verankerungen, erstere die der Elisabethbrücke in Budapest, letztere die der Kaiser-Wilhelm-Brücke in Breslau[1].

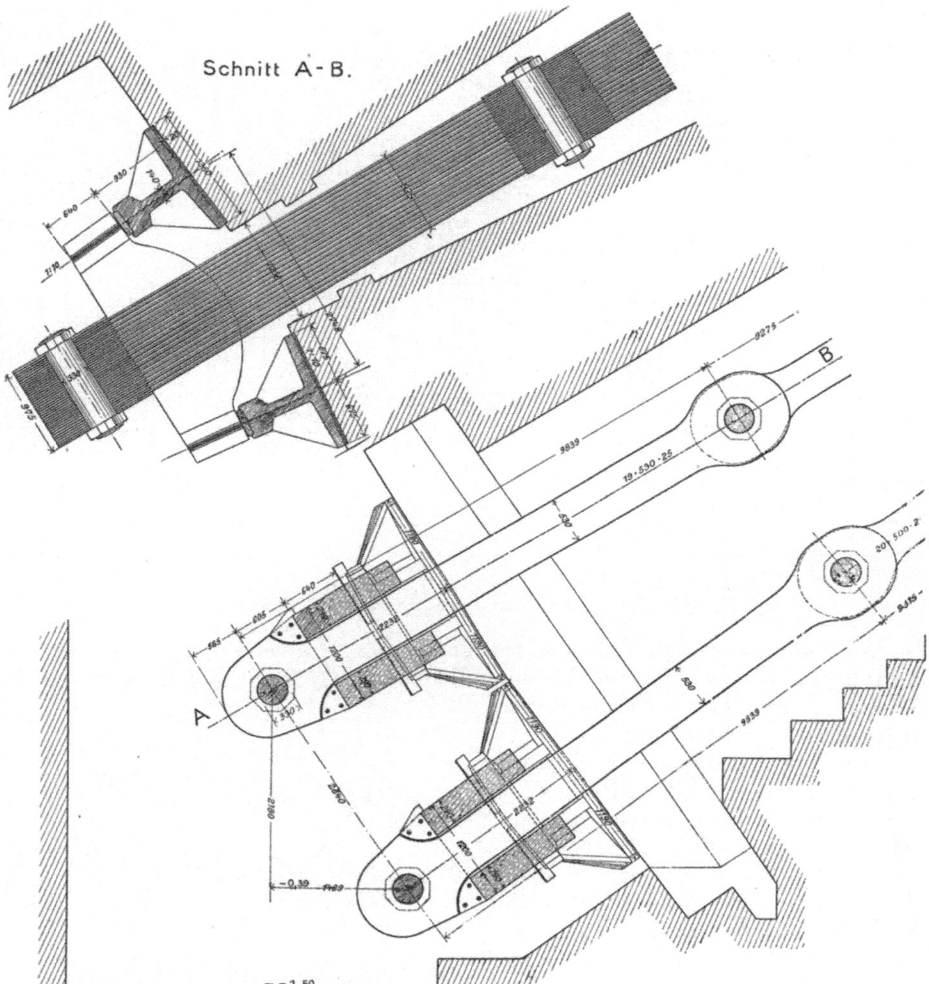

Abb. 283.

Die Verankerung des Kabels macht die Verankerung jeder Litze, mithin die Aufteilung in einzelne Stränge notwendig. Jede Litze eines Spiraldrahtkabels erhält einen durchbohrten Kopf aus geschmiedetem Stahl, dessen Bohrung sich trichterförmig erweitert. In dem Trichter werden die Drähte der Litze gespreizt und mit Metall vergossen. Die Köpfe stützen sich unmittelbar gegen den Trägerrost. Abb. 285[2] zeigt eine Anordnung der Art. Im Paralleldrahtkabel bilden die Drähte an jedem Ende eine Schleife, die den Kabelschuh umfaßt. Der Kabelschuh, eine Platte, in deren der Schlinge gleich gerundeten und rillen-

[1] Aus Bernhard: Eiserne Brücken.

[2] Entwurf „Freier Strom“ der A. G. Flender im Wettbewerb um die Rheinbrücke Köln-Mülheim.

artig vertieften Randfläche die Litze liegt, wird vermittels eines Bolzens von 2 Augenstäben gehalten, die entweder unmittelbar oder durch weitere Augen unterteilt, die Verbindung mit dem Balkenrost herstellen. Die Litzen und die Augenstäbe müssen dabei in der Höhe wie in der Breite ziemlich stark auseinandergezogen werden.

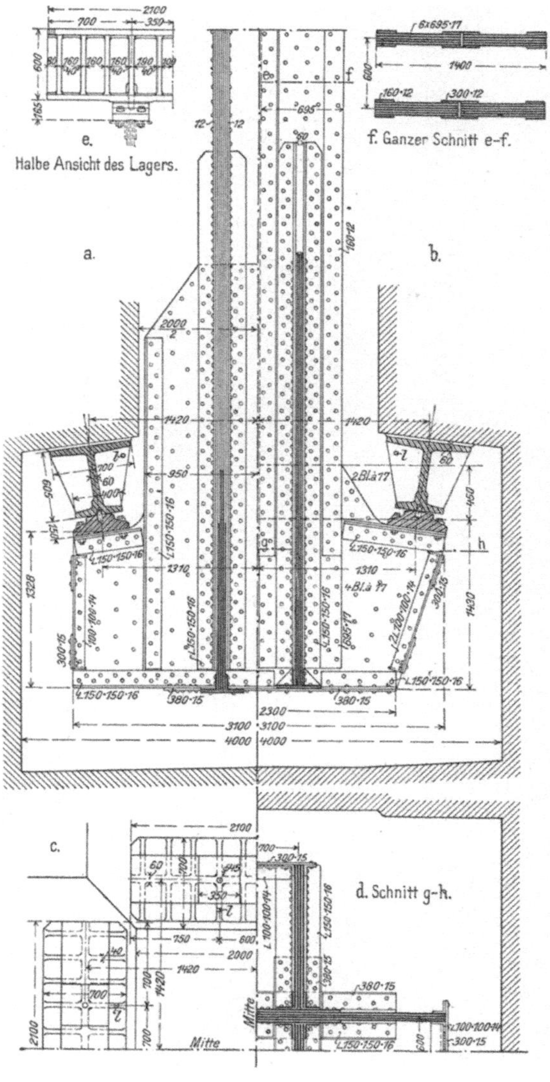

Abb. 284.

Beim Luftspinnverfahren wird der Draht eines Stranges von einer Trommel abgewickelt und in Schleifen durch das Spinnrad von Litzenschuh zu Litzenschuh über die Stützpunkte hinweggeführt. Der Litzenschuh ist auf den beiden Augenstäben, die zur Verankerung der Litze bestimmt sind, durch eine Litzenfuß genannte Vorrichtung behelfsmäßig befestigt (Abb. 286). Vor Beginn des Spinnens wird der Anfang des Drahtes um den Litzenschuh — *a* — gelegt und an geeigneter Stelle befestigt. Das vom Schuh zur Trommel führende Stück wird sodann zu einer Schleife ausgezogen und um das mit Rillenkranz versehene Spinnrad gelegt. Dieses hängt in lotrechter Ebene, um seine wagerechte Achse drehbar, fest an einem Seil ohne Ende, das auf jedem Ufer über eine Seilscheibe läuft und gleichzeitig als Triebseil dient. Beide Stränge des Seiles liegen in gleicher Höhe einige Meter über dem geplanten Kabel und in der Aufsicht beiderseits des Kabels. Nach Auflegung der Drahtschleife wird das Spinnrad durch das Triebseil zum andern Ufer gezogen und dabei der Draht durch Drehen der Trommel abgewickelt. Dadurch werden 2 Drähte ausgehängt. Das Stück zwischen Litzenschuh *a* und dem Spinnrad heißt toter Draht, das Stück zwischen Spinnrad und Trommel laufender Draht. Auf dem Ufer *b* ist ein zweiter Litzenschuh in gleicher Weise wie in *a* auf den Augenstäben befestigt. Ist das Spinnrad hier angekommen, so wird die Drahtschleife abgenommen und um den Litzenschuh *b* in gleichem Umlaufsinne wie in *a* gelegt. Ebenso wird das Ende des laufenden Drahtes um Schuh *a* gelegt. Sobald das Spinnrad nun zum Ufer *a* zurückgekehrt ist, wird der Draht zwischen dem Schuh *a* und der Trommel zu einer neuen Schleife ausgezogen und um das Spinnrad gelegt. Damit ist alles zum Aushängen des dritten und vierten Drahtes vorbereitet.

Der Rücklauf des Spinnrades von *b* nach *a* dient zum Spinnen einer zweiten Litze, deren Draht von einer in *b* stehenden Trommel abgewickelt wird. Die Herstellung vollzieht sich genau in der beschriebenen Weise. Beide Litzen liegen in der Aufsicht gesehen auf derselben Seite des Kabels.

Ein zweites Spinnrad hängt an dem zweiten Strang des Triebseiles. Es beginnt seinen Lauf in *b* und spinnt nach *a* laufend eine dritte Litze, deren Draht von einer zweiten Trommel in *b* abgewickelt wird. Der Rückweg von *a* nach *b* dient zur Herstellung einer vierten Litze von einer zweiten Trommel in *a*. Jedes Spinnrad hängt demnach bei jedem Umlauf 2 Paar Drähte aus, 2 tote und 2 laufende.

Die Herstellung der Litzen erfolgt nicht in der Lage, die sie im fertigen Kabel haben.

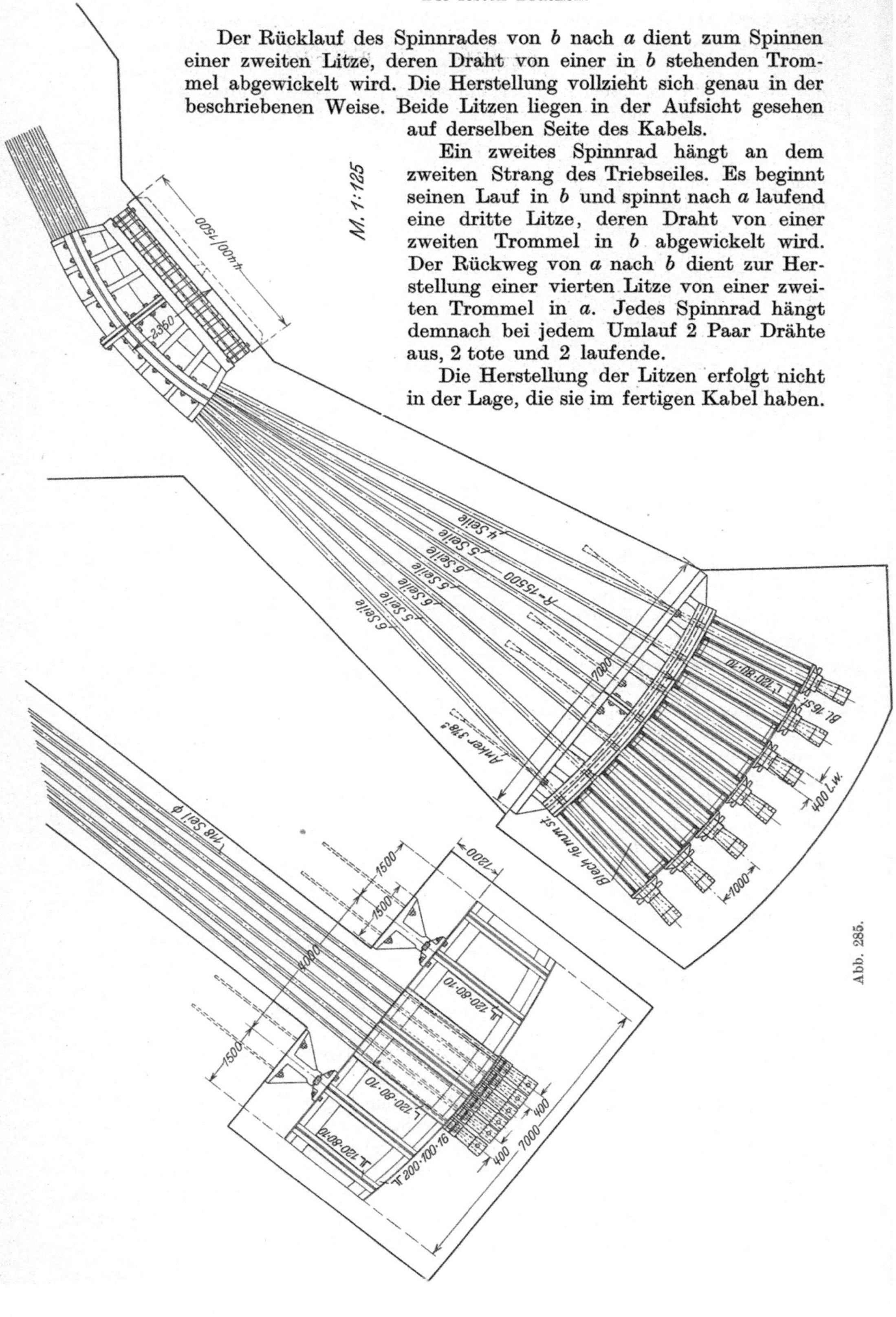

Abb. 285.

Vielmehr wird die Litze in einer Höhe gesponnen, die sich etwas über ihrer endgültigen Lage befindet. Zur Aufnahme der Drähte dienen Rollen in den Knickpunkten, die über dem Platz des fertigen Kabels hängen. In diese wird der tote Draht sofort eingelegt, sobald das Spinnrad den Punkt überschritten hat. Der laufende Draht wird jedoch im gleichen Querschnitt zunächst durch eine besondere Rolle geführt.

Damit jede Litze den berechneten Durchhang erhält und ihre Drähte genau parallel zueinander laufen, ist beim Spinnen eine Regelung der Höhenlage durch Verschieben des Drahtes in den Brechpunkten notwendig. Als Lehre dient ein Leitdraht, der vor dem Spinnen in genau richtigem, von der jeweiligen Temperatur abhängigen Durchhang ausgehängt und in der Mitte jedes Kabelschuhes an einem Haken befestigt wird. Die Regelung wird in der ersten Spannweite des toten Drahtes begonnen und durch Verschieben über dem ersten Pfeiler bewirkt. Sobald hier die vorgeschriebene Lage erreicht ist, wird der ausgehängte Draht durch Bindfaden mit dem Leitdraht in kurzen Abständen verbunden und eine Marke zur Feststellung etwaiger Verschiebungen im Knickpunkt angebracht. Es folgt die Regelung des Drahtes in der zweiten Spannweite durch Verschieben auf dem zweiten Pfeiler und schließlich in der dritten Spannweite durch Verschieben im Ankerschuh. Nunmehr wird der laufende Draht in der Reihenfolge dritte, zweite, erste Spannweite in gleicher Weise behandelt und dabei aus den Hilfsrollen in die Rollen gelegt, die zur Aufnahme der Litze bestimmt sind. Die Regelung schließt sich dem Aushängen unmittelbar in solchem Abstand an, daß das Spinnrad etwa eine Spannweite voreilt.

Abb. 286.

Sind alle Drähte einer Litze in der beschriebenen Weise ausgehängt und geregelt, so werden Anfang und Ende des Drahtes durch eine Muffe mit doppeltem Schraubengang verbunden und so weit angespannt, daß in beiden Endstücken die Spannung entsteht, die jeder Draht durch sein Eigengewicht hat. Die Bindfäden werden entfernt, und die Litze wird in kurzen Abständen fest mit einigen Drahtwicklungen gebunden. Meist ist hierzu runder Draht verwendet worden. Die Bänder müssen jedoch wieder entfernt werden, wenn die Litzen zum Kabel zusammengeschlossen werden. Da das beim Bau der Delawarebrücke infolge der großen Zahl von Litzen zu Schwierigkeiten geführt hat, sind zum Bündeln der Litzen dünne Flachbänder aus weichem Stahl von 0,256 mm

($^1/_{100}$ Zoll) Stärke verwendet worden, die der Vereinigung der Litzen zum Kabel nicht hinderlich waren. Auf ihre Beseitigung konnte verzichtet werden.

Die fertige Litze wird in ihre endgültige Lage gebracht. Dazu sind zuerst die Litzenschuhe zwischen die Augenstäbe einzubauen. Sie werden vom Litzenfuß gelöst und 90° um die Längsachse der Litze gedreht. Dabei wird die Litze durch die in Abb. 287 am vorletzten Strang von rechts wiedergegebene Vorrichtung gehalten. Zwei an den Enden verbolzte Flachstäbe umfassen beide Stränge der Schleife und ergreifen klammerartig den Litzenschuh. Vermittels einer Drahtseilschlinge wird die Klammer durch eine auf den Augenstäben befestigte hydraulische Presse (die in der Abbildung nicht sichtbar ist) gehalten und die Litze soweit erforderlich angezogen. Nach Einführung des Schuhes zwischen die Augenstäbe wird die Verbindung durch einen Bolzen geschlossen. Die Litzen in der Mitte der Abbildung zeigen die Schuhe zwischen die Augenstäbe eingebaut. Das Bolzen-

Abb. 287.

loch im Schuh hat längliche Form, um das Einlegen dünner Platten zu ermöglichen, die zur endgültigen Regelung der Länge dienen. Bis diese durchgeführt ist, bleibt die Litze im Halt der hydraulischen Presse. Zunächst wird die Litze in allen Knickpunkten durch geeignete Hebezeuge aus den Rollen genommen und in die ihr bestimmte Rille des Kabelsattels gelegt. Auch hierfür ist die Verwendung dünner Flachbänder, die nicht beseitigt werden müssen, zweckmäßig. Nunmehr wird die Regelung der genauen Lage der Litze vorgenommen. Sie beginnt in der mittleren Spannweite. Hier wird für die Litzen der untersten Schicht jedes Kabels der von der Temperatur der Litze abhängige Durchhang mit Hilfe von Nivellierinstrumenten durch Verschieben in den Sätteln genau eingestellt und sodann die Litze an den Sätteln festgeklemmt. Die gleiche Regelung wird danach in den Seitenöffnungen durch die oben erwähnten Platten im Litzenschuh durchgeführt. Die Regelung in der zweiten und den folgenden Schichten des Kabels geschieht nach den unteren Lagen so, daß jede Litze die unter ihr liegenden gerade berührt, ohne sich hart aufzusetzen. Dazu ist gleiche Temperatur in allen Litzen notwendig. Die Arbeit kann daher nicht mit Erfolg ausgeführt werden, wenn die Strahlen der Sonne die oben liegenden Litzen stärker erwärmen.

Sind alle Litzen eines Kabels fertiggestellt und in genauer Lage ausgehängt, so hat der Umriß des Kabelquerschnittes die Form des regelmäßigen Vieleckes.

Beim Bau der Delawarebrücke hat man die untere Hälfte des Querschnittes in gewissen Abständen durch hölzerne Lehren gefaßt. Das Kabel wird nun in die vorgesehene zylindrische Form gepreßt. Dazu dient die in Abb. 288 wiedergegebene Vorrichtung. Zwischen einen kräftigen, geschlossenen Ring von sechseckiger Form und einen solchen aus 6 kongruenten Stücken sind 6 hydraulische Pressen eingebaut. Der innere Ring legt sich mit Spiel zwischen den einzelnen Stücken um das eckige Kabel. Wenn er durch die Pressen bis zum dichten Schluß zwischen den Stücken zusammengedrückt ist, bildet sein innerer Mantel einen Kreiszylinder von dem Durchmesser, den das Kabel erhalten soll. Die Hohlräume im Kabel zwischen den Litzen werden durch den Druck der Pressen geschlossen. Das Kabel erhält vollen kreisrunden Querschnitt. An einem Versuchsstück ist der Durchmesser ermittelt worden, auf den die 61 Stränge des Kabels der Delawarebrücke zusammengepreßt werden konnten. Die vorherige

Abb. 288.

Kenntnis dieses Maßes ist zur Herstellung der Kabelschellen notwendig. Damit diese mit genügendem Druck auf das Kabel aufgepreßt werden können, müssen sie einen etwas kleineren inneren Durchmesser erhalten als der Kabelmantel.

Das gehörig gepreßte Kabel wird in kurzen Abständen — etwa 1,80 m im Falle der Delawarebrücke — mit verzinktem Draht fest umwickelt. Unter den Kabelschellen sind 2 solche Bänder in geringerem Abstand vorzusehen, die in entsprechende Nuten in der inneren Mantelfläche der Schellen passen.

Zur Ausführung aller Arbeiten dient ein Steg in geeigneter Tiefe unter dem Kabel. Er wird von 2 Hilfsseilen getragen, für die auf den Pfeilern und über den Knickpunkten an der Verankerung Auflagersättel auf beiden Seiten der Kabelsättel vorgesehen sind. Zur Sicherung gegen seitliche Schwankungen ist ein Netz von Spannseilen in der lotrechten Ebene jedes Tragseiles angeordnet. Auf den Türmen und über den Knickpunkten sind Portalstützen aufgestellt. Ihre Querbalken tragen die Rollen, auf denen das Triebseil und die Litzen beim Spinnen hängen. Eine Anzahl gleicher Stützen sind innerhalb der Stützweiten auf den Arbeitsstegen aufgestellt. Abb. 289 zeigt den Blick in den Arbeitssteg für 1 Kabel der Mittelöffnung der Delawarebrücke mit den ersten beiden fertigen Litzenpaaren. Man erkennt mehrere Portalstücken und beide Stränge des Triebseiles.

Das beschriebene Verfahren ist beim Bau der Delawarebrücke[1] zur Anwendung gekommen, mit nicht wesentlichen Änderungen auch bei der Manhattanbrücke und anderen Hängebrücken Amerikas.

Folgende Zusammenstellung gibt die Bauzeiten:

Brücke	Zahl der Kabel	Zahl der Drähte jedes Kabels	Gesamtgewicht	Bauzeit in Monaten: Arbeitsstege	Bauzeit in Monaten: Kabelspinnen	Größte Tagesleistung in t
Brooklin	4	5358	3175	10	21	17,6
Manhattan	4	9472	5715	4	4	118
Bear Manhattan. . .	4	7252	1724	1 ⅔	2 ½	69
Delaware	2	18666	5897	3 ⅓	5	91

Der Versteifungsbalken wird als Träger mit vollkommen oder nahezu parallelen Gurtungen ausgebildet. Die Obergurtung steigt gleichmäßig mit der

Abb. 289.

Straße vom Ufer nach der Mitte und geht in schwach gekrümmter Linie in die Fallende der Gegenseite über. Aus Gründen der Schönheit ist die Untergurtung mehrfach an den Ufern oder Mittelpfeilern in leichter Krümmung heruntergezogen worden.

Bei der meist für erforderlich gehaltenen Höhe des Balkens von $^1/_{40}$ bis $^1/_{60}$ der Spannweite kam nach früherer Auffassung nur der Fachwerkträger in Betracht. Lotrechte und einfache oder gekreuzte Schrägstäbe bildeten die Gliederung. Zum ersten Male entschloß man sich bei der Brücke Köln-Deutz zur Wahl des Vollwandträgers, vielleicht stärker beeinflußt durch die Forderungen des Systems als aus Erkenntnis von Vorzügen der Bauart. Der in künstlerischer Hinsicht vollkommene Erfolg des Bauwerks und die in den letzten Jahren mehr und mehr zunehmende Vorliebe für die vollwandige Bauweise haben ihr für den vorliegenden Zweck den Platz neben dem Fachwerk erstritten. Bei dem Wettbewerb Köln-Mülheim (1926/27) ist der Vollwandträger meist sogar als die schönere Lösung angesehen worden. Nur die Rücksicht auf die Höhe der Kosten

[1] J. Frankl. Inst. 1926, S. 735. Robinson, H. D.: Construction of the cables of the Delaware River Bridge.

hat ihn bei einzelnen Entwürfen an die Stelle der Nebenlösung gedrängt. Als Querschnittform des vollwandigen Trägers kommt infolge der großen Momente nur der oben gedeckte doppelwandige Kasten in Betracht.

Die Ansicht über die Höhe des Versteifungsbalkens entsprang mehr aus gefühlsmäßiger Meinung, denn begründeter Erkenntnis. Soweit sie aber begründet ist, beruht sie auf dem Rechnungsergebnis der Elastizitätstheorie. Die Lehren der genauen Theorie bringen sie zu Fall. Denn infolge der Durchbiegung nehmen die Momente im Versteifungsbalken mit abnehmendem Trägheitsmoment stark ab, weit stärker als die Elastizitätstheorie ausweist. Nach den Ausführungen auf S. 317 muß die Höhe ausgerechnet werden entweder mit dem Ziel größter Wirtschaftlichkeit oder aus der Forderung einer größten Durchbiegung. Meist wird die Rücksicht auf die Durchbiegung maßgebend sein müssen, deren Werte indessen wesentlich kleiner sind als die Elastizitätstheorie ergibt. Es ist offensichtlich, daß die Durchbiegung aus der Verkehrslast durch das Verhältnis $H_p : H_g$ stark beeinflußt wird. Nun ist p von der Länge unabhängig, während g mit der Länge zunimmt. Daraus folgt, daß das Verhältnis $h_t : l$ nicht konstant sein kann, sondern mit zunehmender Brückenlänge abnehmen muß. Die Durchbiegung der unversteiften Hängebrücke in $\frac{1}{4}\,l$ infolge einseitiger Belastung p beträgt

$$z = \frac{f}{4} \frac{p}{p + 2g}\,.$$

Damit $z \leqq \frac{l}{500}$ bleibt, ist beim Pfeil $f = \frac{1}{9}\,l$

$$g = p\,\frac{58}{9}$$

erforderlich. Mithin könnte, wenn nur die Durchbiegung in Betracht käme, bei $g = \sim 6 - 7\,p$ auf den Versteifungsbalken verzichtet worden. Diese Grenze dürfte bei einer Spannweite von 1500 m erreicht sein.

Die Frage, welche Durchbiegung zugelassen werden darf, ist freilich durchaus ungeklärt. Beim Wettbewerb um die Rheinbrücke Köln-Deutz sind Entwürfe

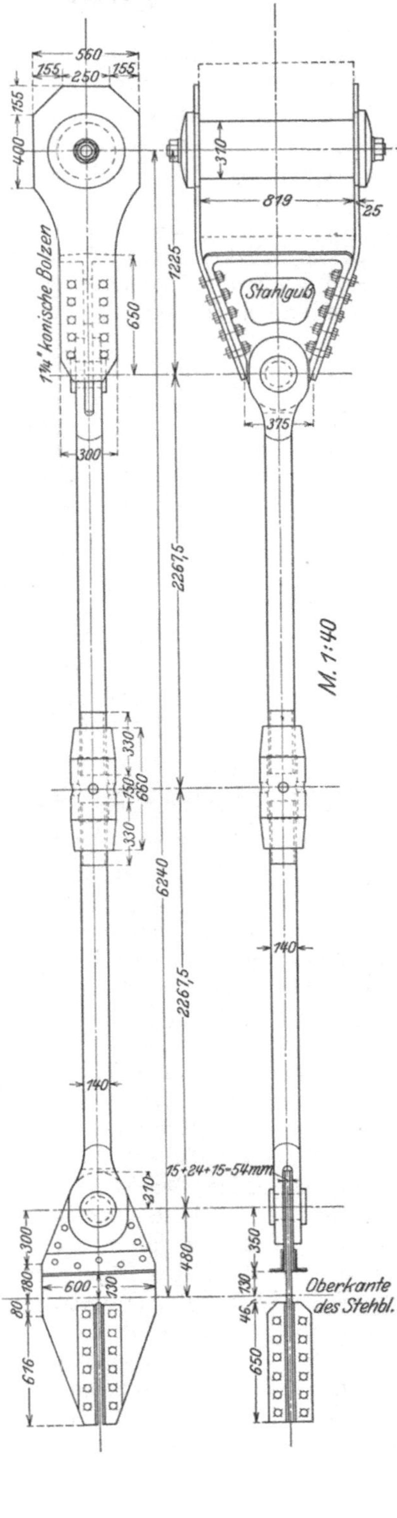

Abb. 290.

in Vorschlag gebracht worden, die 1,00 m und mehr bei 220 m Spannweite der Mittelöffnung vorsehen. Das Preisgericht hat dies Maß für unbedenklich erklärt. Die Durchbiegung des ausgeführten Entwurfes von rd. 0,40 m bei 184 m Stützweite hat sich als vollkommen einwandfrei erwiesen. Man hat daher beim Wettbewerb Köln-Mülheim 0,80 m bei 330 m Stützweite für unbedenklich gehalten. Die Erbauer der Delawarebrücke messen der Größe der Durchbiegung kein Gewicht bei, weil eine Belastung in solchem Umfang, daß die volle Durchbiegung erreicht wird, kaum vorkommt. Der Grund ist an sich wohl zutreffend, doch kann man dem Schluß nicht zustimmen, da die Größe der Durchbiegung als Maßstab der elastischen Schwingungen angesehen werden muß, die ein über die Brücke fahrender Lastenzug erzeugt. Eine Klärung der Frage kann erst die Lösung des Problems der elastischen Schwingungen bringen, die für den vorliegenden Fall noch nicht gelungen ist. Bis dahin muß man sich an die

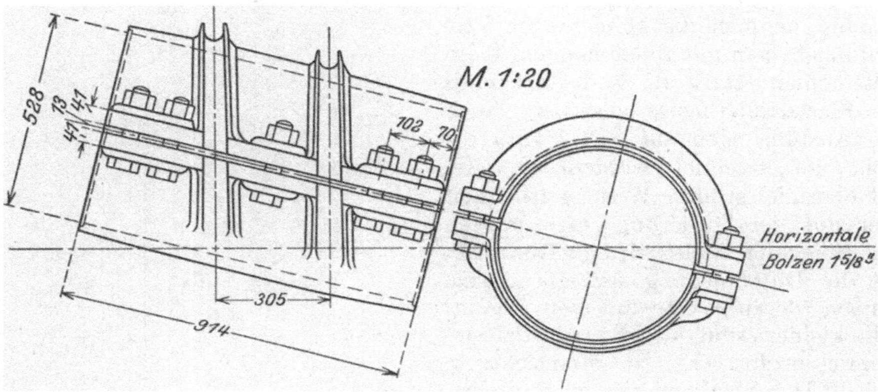

Abb. 291.

Erfahrung halten und daher den Bau einer Brücke, deren Durchbiegungen größer als $\frac{l}{400}$ sind, als ein Wagnis ansehen.

Für die Feldweite, den Abstand der Hängestangen, fordern Gründe der Konstruktion und der Wirtschaftlichkeit möglichst große Maße. Formelmäßige Abhängigkeiten bestehen hier jedoch nicht, obgleich es selbstverständlich ist, daß mit der Stützweite auch die Feldweite zunimmt. Entscheidend wird hier immer das Formgefühl des Konstrukteurs sein. Der Wettbewerb Köln-Mülheim hat gezeigt, daß die Meinungen in dieser Frage weit auseinandergehen. Die Feldweiten schwanken bei ungefähr gleichen Stützweiten zwischen 6,3 m und 13,5 m.

Versteifungsbalken und Kette in gleicher lotrechter Ebene ist die natürliche und am häufigsten gewählte Anordnung. Beide Bauteile können indessen auch in verschiedenen lotrechten Ebenen liegen. Schließlich ist auch Schrägstellung der Kettenebene möglich. In beiden letztgenannten Fällen liegen die Versteifungsbalken der Brücke zwischen den Kettenebenen. Die Hängestangen sind natürlich in die Kettenebene zu legen. Wenn Kette und Versteifungsbalken in eine Ebene fallen, verbinden die Hängestangen die Knotenpunkte beider unmittelbar. In Fällen verschiedener Ebenen vermitteln die Querträger die Aufhängung. Sie greifen mit kurzen Konsolen auf die äußere Seite des Versteifungsbalkens über und werden in den Konsolen von den Hängestangen erfaßt. Schräge Stellung der Kettenebene ist nur selten zur Ausführung gelangt, in Wettbewerbentwürfen jedoch mehrfach vorgeschlagen worden. Die Absicht der Anordnung ist bessere Aufnahme des Winddruckes auf die Kette. Sie wird jedoch nicht erreicht. Da in jedem Falle eine Kraftkomponente rechtwinklig zur Kettenebene besteht, ist eine Verschiebung in dieser

Richtung unvermeidlich. Sie ist infolge des Gewichtes der Kette sowie der durch sie bedingten Zusatzspannung in Kette und Hängestangen sehr klein. Eine nachteilige Wirkung des Winddruckes hat sich bei keiner Hängebrücke bemerkbar gemacht.

Die Hängestangen werden am zweckmäßigsten und einfachsten aus Rundeisen hergestellt. Daneben finden sich Ausführungen aus Flach- und Profileisen. Sie bedürfen einer Vorrichtung, welche die genaue Einstellung des Versteifungsbalkens zur Kette sowie etwaige nachträgliche Regelung ermöglicht. Rundeisenstangen werden zu diesem Zweck aus 2 durch ein Spannschloß verbundenen Stücken hergestellt (Abb. 290). Bei Flach- und Profileisen hat man Keile in den Anschluß der Hängestangen an den Versteifungsträger eingebaut.

Ein wichtiger Punkt der Konstruktion ist die Aufhängung der Hängestangen an der Kette. In Gliederketten, deren Stäbe durch Bolzengelenke verbunden sind, bietet der Bolzen günstige Anschlußmöglichkeiten. Abb. 290 zeigt die Anordnung der Köln-Deutzer Hängebrücke. Ein keilförmiges Stahlgußstück, welches im wagerechten Querschnitt die ⊢⊣-Form hat, hängt in Flachstahlbändern an dem Bolzen. Das Rundeisen der Hängestange ist zu einem gabelförmigen Auge ausgeschmiedet. Die Gabel umfaßt den Steg des Stahlgußstückes. Steg und Auge sind durch einen Bolzen verbunden. Durch die rechtwinklig sich kreuzenden Bolzen wird die Hängestange nach allen Richtungen drehbar. Ein gleiches gabelförmiges Auge faßt am unteren Ende ein Blech, welches die Verbindung mit dem Versteifungsbalken durch die gebräuchlichen Anschlußmittel herstellt. Die Vorrichtung ist um ihrer Einfachheit und Zweckmäßigkeit willen mustergültig.

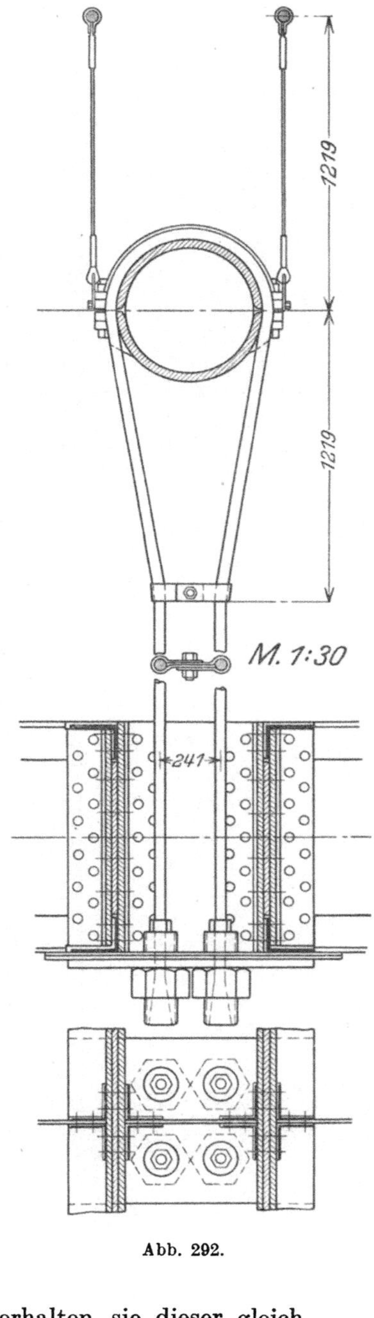

Abb. 292.

Wesentlich verwickelter gestaltet sich die Verbindung der Hängestangen mit einer Flachbandkette, namentlich wenn die Kette in mehrere Bänder aufgelöst ist. Die schon betonte Schwierigkeit der Unterhaltung infolge der schwer zugänglichen Lage läßt die in Fällen der Art ausgeführte Konstruktion nicht als empfehlenswert erscheinen. Zum Anschluß der Hängestangen an Kabel dienen immer Schellen aus Stahlguß, die das Kabel umschließen und durch Schraubenbolzen fest auf es aufgepreßt werden. Die durch die Richtung der Hängestange bedingte Kraftkomponente tangential zum Kabel muß durch Reibung übertragen werden. Die Schellen sind in der lotrechten Ebene oder in der Tangentenebene geteilt. Im letzteren Falle erhalten sie dieser gleichgerichtete Rippen, auf denen die Hängestangen vermittels Bolzen und Schraubenmutter aufsitzen. Sehr zweckmäßig und einfach ist die in Abb. 291 und 292 dargestellte Vorrichtung der Manhattanbrücke, die in im wesentlichen gleicher

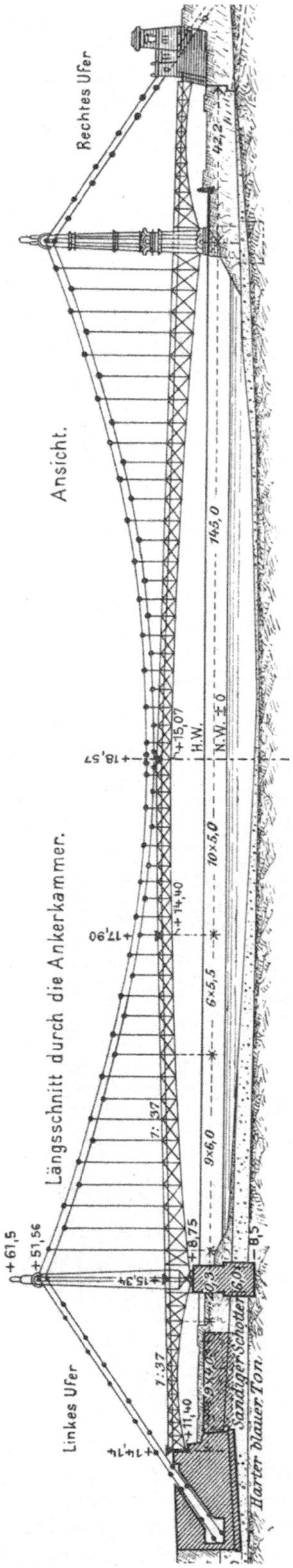

Abb. 293. Elisabeth-Brücke über die Donau in Budapest (aus Bernhard, Eiserne Brücken).

Ausführung jedoch mit lotrechter Teilung auch für die Delawarebrücke gewählt ist. Auf die Schellen sind 2 in ihrem Querschnitt rillenförmig gestaltete Rippen gegossen, die in jedem Punkt lotrecht laufen. In jeder Rille liegt eine Seilschlinge, die der Krümmung wegen als Spiraldrahtseil ausgeführt ist. Beide Enden der Schlinge greifen durch kurze Balkenstücke und endigen in Köpfen, auf die sich die Balken aufsetzen.

c) Ausführungen und Entwürfe.

Die Elisabeth-(Schwurplatz-)Brücke in Budapest — 1897 bis 1902 — ist die älteste der neuzeitlichen, bedeutenden Hängebrücken Europas. In einer Öffnung von 290 m überspannt sie den Strom, in 2 kleineren von 44,3 m die Uferstraßen. Der Abstand der Hauptträger mißt 18,4 m. Abb. 293 zeigt das Bauwerk. Zwei lotrecht übereinander liegende Gliederketten von 29 m Pfeil tragen den Versteifungsbalken. Die Hängestangen greifen abwechselnd an der oberen und unteren Kette an. Auch die Rückhaltketten bestehen aus 2 übereinanderliegenden Strängen. Die Pfeiler sind Pendelpfeiler, erscheinen jedoch durch eine Verkleidung standfest. Der Versteifungsbalken erstreckt sich als Balken auf 2 Stützen von Pfeiler zu Pfeiler. Gleichgestaltete Träger liegen über den Seitenöffnungen. Sie erscheinen als Fortsetzungen des Versteifungsbalkens, stehen aber mit ihm in keinem Zusammenhang. Das System ist einfach statisch unbestimmt.

Die Glieder der Trag- und Rückhaltkette bestehen aus Augenstäben, abwechselnd 19 und 20 hochkant gestellten Flacheisen 500·25, die durch Ausfräsen aus einem Stück hergestellt sind. Der Baustoff ist Flußstahl von 5000 bis 5500 kg/cm² Bruchfestigkeit und mindestens 20% Bruchdehnung. Er durfte mit 1400 kg/cm² beansprucht werden. Die Gelenkbolzen von 320 mm Durchmesser bestehen aus geschmiedetem Stahl, für den eine Scherbeanspruchung von 850 kg/cm² und ein Lochleibungsdruck von 2200 kg/cm² zugelassen ist. Die mit verhältnismäßig einfachen Mitteln bewirkte Verankerung im Widerlager ist in Abb. 283 dargestellt. Zur Regelung der Länge dienen Keile unter den Stahlgußbalken, welche die Augenstäbe abfangen.

Die Obergurtung des Versteifungsträgers folgt der Steigung der Straße und liegt mit ihrer Oberkante etwa 1,40 m über dem Fußweg, so daß die Aussicht von der Brücke offen bleibt. Die Untergurtungen steigen in leichter Krümmung aus den Pfeilern auf. Lotrechte und gekreuzte Schrägstäbe füllen die Wände. Die Balkenhöhe beträgt in der Mitte 4,40 m, d. i. $^1/_{66}$ der Spannweite.

Kette und Versteifungsbalken liegen in einer lotrechten Ebene. Beide werden von den zweiteilig gestalteten, aus Walzprofilen bestehenden Hängestangen umfaßt. Die Hängestangen greifen, am unteren Ende in 4 Rundeisen aufgelöst, durch Schraubenmuttern unter einen Querbalken, der durch die Lotrechten des Versteifungsbalkens gesteckt und mit ihnen vernietet ist. Genaue Einstellung der Höhenlage wird durch die Schraubenmuttern bewirkt.

Das Stahlgewicht beträgt: Ketten 4273 t, Pfeiler 2064 t, Versteifungsträger, Windverband und Fahrbahn 4065 t, Bolzen 143 t, Anker und Lagerteile 298 t.

Aus dem für den Bau der Brücke ausgeschriebenen Wettbewerb war eine Kabelhängebrücke von rd. 300 m Spannweite (Maschinenfabrik Eßlingen, J. Kübler) siegreich hervorgegangen. Das gesamte Gewicht der Kabel betrug 1428 t, der Preis 1080 M./t, der der Augenstäbe 565 M./t. Die Kabelbrücke erwies sich um 1 bis 1,5 Mill. M. billiger als die Kettenbrücke, sie war ihr also entschieden überlegen. Die Entscheidung zugunsten der Kettenbrücke ist durch Gründe herbeigeführt, die mit der Bauart in keinem Zusammenhang stehen, nämlich wohl in erster Linie Rücksichten auf die Eisenwerke des Landes.

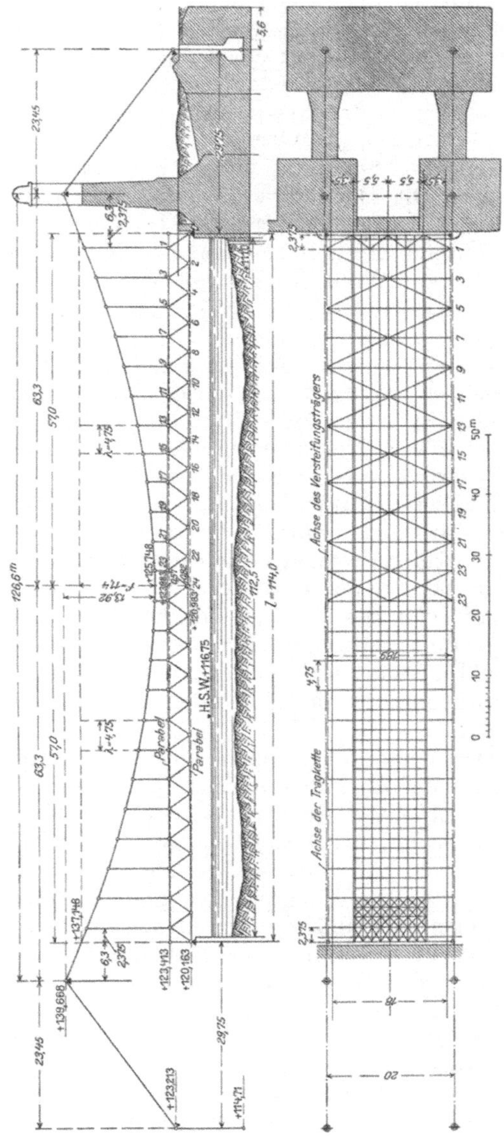

Abb. 294. Kaiserbrücke über die Oder in Breslau.

Die 1908/09 erbaute Kaiserbrücke in Breslau[1], deren System in Abb. 294 dargestellt ist, überbrückt den Strom mit einer Spannweite von 114 m. Der Pfeil der Kette beträgt $^1/_{10}$ der Spannweite. Die Pfeiler sind standfest in Stein ausgeführt, sie stehen in 126,60 m Abstand. Die Versteifung bewirkt ein Balken auf 2 Stützen, das System ist einfach statisch unbestimmt.

Die Kette ist eine Flachbandkette von 4 Bändern, je 2 übereinander in 0,646 m lotrechtem Abstand. Jedes Band besteht aus 6 Flacheisen 580·17. In der Rückhaltkette ist jedes Band durch 2 Flacheisen 250·17 verstärkt. Hier

[1] Trauer: Die Kaiserbrücke in Breslau. Eisenbau 1911.

sind die übereinander liegenden Bänder durch steigende und fallende Schrägstäbe verbunden. Die Anordnung ist der Absicht entsprungen, den Durchhang der Rückhaltkette unter ihrer Eigenlast, vor allem die dadurch entstehenden Nebenspannungen zu vermeiden. Diese hätten höchstens 250 kg/cm² betragen und durften auch nach der zur Zeit des Baues bestehenden Anschauung unbedenklich zugelassen werden. Jedes Band hat bei 592 cm² vollem Querschnitt infolge der Nietlöcher einen Nutzquerschnitt von nur 486 cm², also 18% Verlust. Wo in der Tragkette Nebenspannungen infolge der Durchbiegung des Versteifungsbalkens zu erwarten sind, sind die Bänder durch Flacheisen verstärkt worden. Man ist überhaupt in ängstlicher Weise bemüht gewesen, jede Überschreitung der zugelassenen Spannung trotz ihrer geringen Höhe von nur 1100 kg/cm² zu vermeiden. Die Bänder der Tragkette sind in jedem zweiten Knotenpunkt voll gestoßen, jedes Flacheisen durch eine unmittelbar aufgelegte Stoßlasche. Auch diese Stöße erfordern ziemlich viel Material. Es läßt sich nicht erkennen, welche Gründe zur Wahl des Flachbandes geführt haben. Ein Vorteil der Bauart ist nicht ersichtlich. Sie ist in späteren Fällen auch nicht wieder ernstlich in Erwägung gezogen worden.

Die Kette ruht über den standfesten Pfeilern auf dem Sattel eines Stelzenkipplagers, dessen Bauart der des Kabellagers in Abb. 282 ähnlich ist. Die Tragkette geht in stetiger Krümmung von 1,90 m Halbmesser in die Rückhaltkette über. Durch zweiteilige Ausbildung des Sattels wird unmittelbare Auflagerung aller Bänder erreicht. Über einem kippbaren Sattel ähnlicher Bauart ist die Rückhaltkette in Höhe der Oberkante des Widerlagers in die Lotrechte umgebogen. Die Verankerung im Widerlager ist in Abb. 283 dargestellt.

Die Hängestangen bestehen aus Winkeleisen. Zur gleichmäßigen Verteilung der Kraft auf die 4 Bänder ist die Aufhängung nach dem System der Abb. 280 ausgeführt. Bestimmend für die Wahl war die Erwägung, daß durch überwiegende Erwärmung der oberen Bänder der lotrechte Abstand verringert wird. Eine stärkere Belastung des unteren Bandes konnte daher nur durch eine Vorrichtung vermieden werden, die diese Änderung des Bandabstandes ausgleicht.

Der Versteifungsbalken, ein Parallelträger von 3,00 m Höhe in der Mitte und 3,25 m über den Auflagern, folgt in seiner Obergurtung der Straße. Die Oberkante liegt etwa in Geländerhöhe über dem Rande des Fußweges. Freie Anssicht von der Brücke ist gewahrt. Steigende und fallende Schrägstäbe in jedem Feld bilden die Gliederung der Wände. Der Balken steht 0,55 m seitlich der Kette. Die Hängestangen greifen daher an den Querträgern an, die mit Konsolen nach außen übergreifen. Keile zwischen Querträger und Hängestangen dienen zur Einstellung der Höhenlage.

Auf jeden Hauptträger entfallen: 6,14 t/m Stahlgewicht, 4,67 t/m Fahrbahndecke und Leitungen, 3,6 t/m Verkehrslast. Daraus ergibt sich $H_g = 1540$ t, $H_p = 501$ t, $H_t = 57$ t. Der Baustoff ist in allen Teilen Flußstahl St 37, die zugelassene Beanspruchung $\sigma = 1110$ bzw. 1320 kg/cm². Das gesamte Stahlgewicht der Brücke beträgt 1976 t Flußstahl, 290 t Stahlguß.

Für die Durchbiegung ergab die Rechnung in Brückenmitte 49 mm. Eine Probebelastung durch Straßenbahnwagen erzeugte hier 25 mm und in $^1/_4$ der Spannweite 31 mm. Diese für eine Hängebrücke außerordentlich niedrigen Maße sind der geringen Beanspruchung der Kette, in $\frac{1}{4}\,l$ auch der verhältnismäßig großen Höhe des Versteifungsbalkens zu verdanken. Die Konstruktion der Brücke ist sorgfältig durchdacht und weist manche bemerkenswerte Einzelheit auf. Es läßt sich jedoch nicht verkennen, daß wesentliche Punkte (Baustoff und Ausnutzung seiner Eigenschaften, Einfachheit der Bauglieder) nicht ganz auf der Höhe der Brückenbautechnik zur Zeit des Baues stehen.

Zu den hervorragendsten Leistungen des Brückenbaues gehört die 1913/14 erbaute Hängebrücke Köln-Deutz[1]. Die Abb. 295 zeigt das System. An einer Kette über 3 Öffnungen hängt der durchlaufende Versteifungsbalken, der durch Gelenke in den Endpunkten mit der Kette verbunden den Horizontalzug aufnimmt. Das System ist dreifach statisch unbestimmt. Hinsichtlich der Stützung ist es ein durchlaufendes Tragwerk auf 4 lotrechten Stützen. Die Mittelöffnung hat 184,46 m Spannweite, jede Seitenöffnung 92,23 m. Der Pfeil der Kette mißt in der Mittelöffnung 18,5 m, d. i. etwa $^1/_{10}$ der Spannweite, in jeder Seitenöffnung 4,62 m. Die Pfeiler sind Pendelpfeiler zwischen den Hauptträgern durch Portale verbunden. Die normale Feldweite beträgt 7,59 m, die Felder beiderseits der Pfeiler messen 8,74 m.

Der Versteifungsbalken ist als doppelwandiger Stehblechträger von 3,2 m Höhe in der Mitte und 3,3 m am Ende sowie 5,50 m über den Pfeilern ausgeführt. Seine Achse steigt vom Auflager über dem Landpfeiler in 7 Feldern gleichmäßig 1 : 40 mit der Straße und senkt sich in den folgenden 5 Feldern bis zum Auflager über dem Flußpfeiler. In der Mittelöffnung verläuft sie in schwach gekrümmter Parabel von 3,041 m Pfeil. Die Oberkante folgt dem Profil der Straße etwa 1,20 m über dem Fußweg liegend, steigt gleichmäßig 1 : 40 auf rd. 152 m Länge und geht in einer Parabel in die fallende der Gegenseite über. Die Unterkante steigt in den ersten 7 Feldern 1 : 40 und fällt sodann bis zum Auflager auf dem Flußpfeiler entsprechend der zunehmenden Trägerhöhe. In der Mittelöffnung erhält die Linie der Untergurtung durch die nach der Mitte abnehmende Trägerhöhe eine leichte Wölbung. Durch diese Linienführung gewinnt der Balken trotz seiner Höhe eine schlanke Form von guter Wirkung. Der Versteifungsbalken durchdringt die Pfosten der Pfeiler und findet in ihnen seine Auflager, das feste auf dem westlichen Pfeiler, auf dem östlichen wie auf den Landpfeilern bewegliche. Da in den Endpunkten negative Auflagerkräfte auftreten, ist lotrechte Verankerung im Massivwerk notwendig.

Kette und Versteifungsbalken sind aus Nickelstahl mit 0,8 bis 1,1% Nickel- und Chromzusatz hergestellt. Es war eine Bruchfestigkeit von 5500 bis 6500 kg/cm², Streckgrenze von 3600 kg/cm² und 18% Bruchdehnung verlangt. Für Bruchfestigkeit und Dehnung haben sich bei der Abnahme höhere Werte ergeben. Es ist zu vermuten, daß auch die wirkliche Streckgrenze höher liegt als die ver angte. Die zulässige Beanspruchung ist für die Kette auf 1750 kg/cm² aus Hauptkräften und 2160 kg/cm² aus Haupt- und Nebenkräften, für den Versteifungsbalken auf 1650 bzw. 2025 kg/cm² festgesetzt worden.

Die Kette ist eine Gliederkette aus Flacheisenstäben,

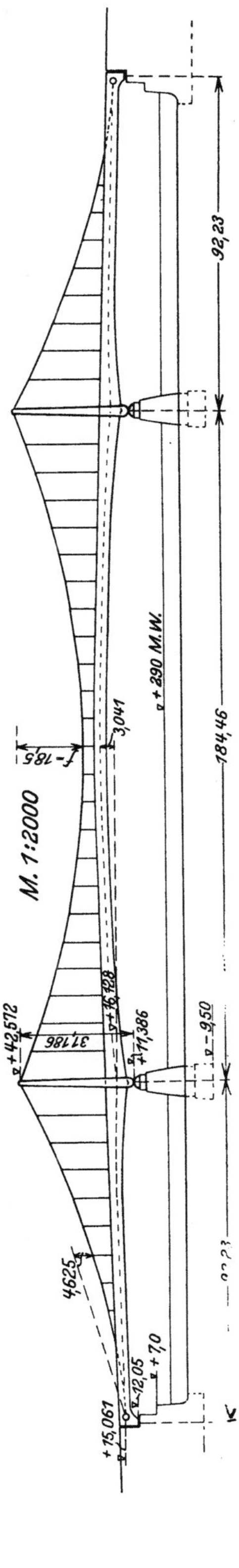

Abb. 295. Kettenbrücke über den Rhein Köln-Deutz.

[1] Entwurf und Ausführung: MAN Werk Gustavsburg.

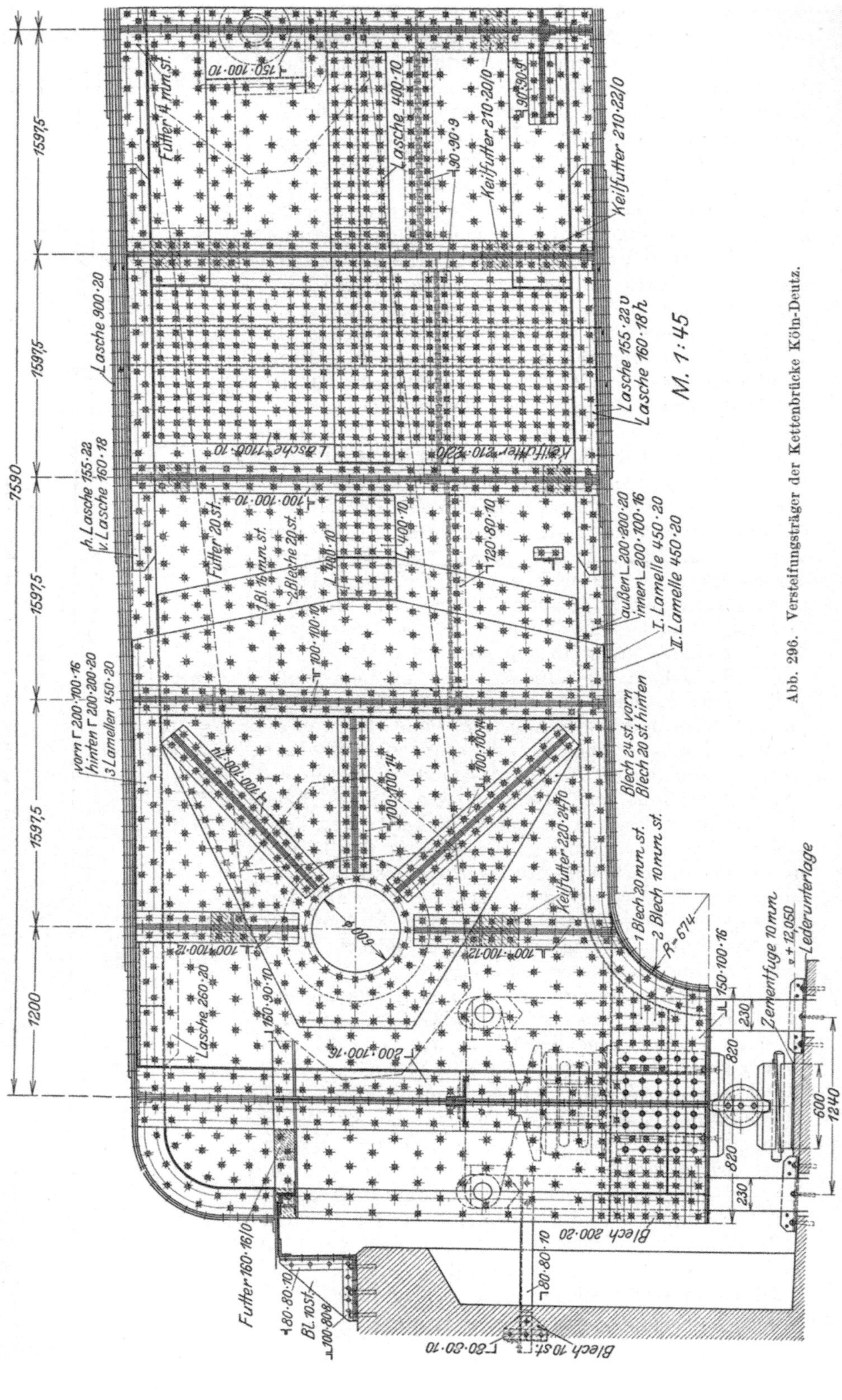

Abb. 296. Versteifungsträger der Kettenbrücke Köln-Deutz.

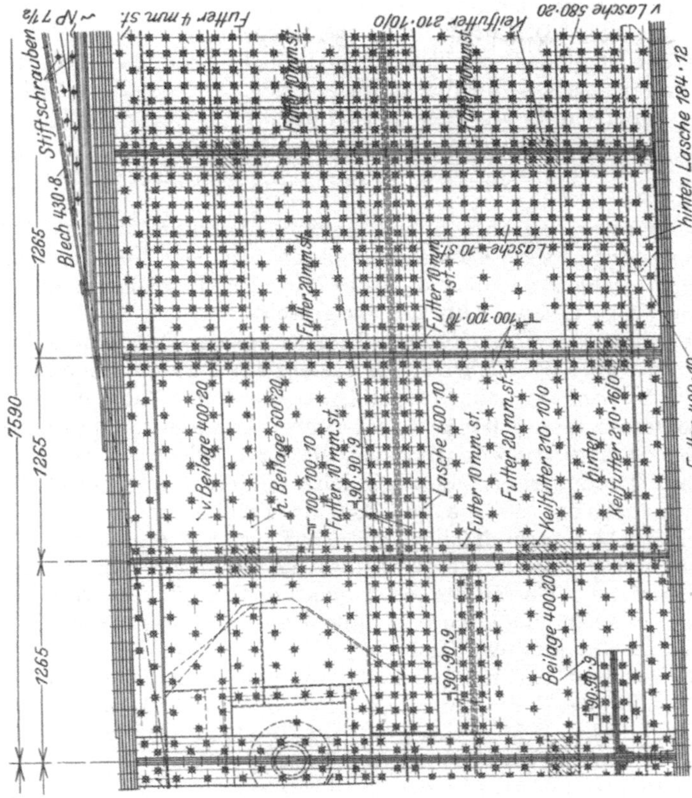

Abb. 296. Versteifungsträger der Kettenbrücke Köln-Deutz.

die an den Augen durch Beilagen verstärkt sind (Abb. 279). In der Hauptöffnung wechseln 12 Einzelstäbe, 10 900·24 und 2 900·12 mit 11 Einzelstäben 900·24. Entsprechend der vom Pfeiler nach der Mitte abnehmenden Kettenkraft vermindert sich die Blechstärke bis auf 20 mm. Die Ketten der Seitenöffnung bestehen im ersten Glied aus 10 900·25 und 2 900·13. Weiterhin findet der gleiche Wechsel der Stabzahl statt wie in der Mittelöffnung. Die Einführung der Kette in den Versteifungsbalken macht jedoch in den letzten Gliedern eine Einschränkung der Breite notwendig. Zu diesem Zweck ist die Zahl der Flacheisen nach und nach auf 6 verringert, die Breite auf 1500 mm erhöht worden. Das vom Gelenk erfaßte Glied besteht aus 5 1500·24 und 2 1500·12. Die Beibleche sind so bemessen, daß die gesamte Dicke des verstärkten Einzelstabes 39 mm beträgt. Der Durchmesser der Bolzen mißt 300 mm, der des Bolzens im Gelenk zwischen Kette und Versteifungsbalken 600 mm. Der nutzbare Querschnitt des ersten Kettenstabes in der Mittelöffnung ist

$$F_n = 11\,(90\cdot 2{,}4 - 2\cdot 2{,}4\cdot 2{,}6) = 2238\,\text{cm}^2\,,$$

der nutzbare Querschnitt im Auge

$$F = 10\cdot 60\cdot 3{,}9 + 2\cdot 60\cdot 2{,}7 = 2664\,\text{cm}^2\,.$$

Der größte Horizontalzug beträgt 3600 t, demnach die größte Kettenkraft $1{,}079\cdot 3600 = 3884$ t und die Spannung im Stabquerschnitt $\sigma = \frac{3884}{2238}\cdot 1000 = 1730\,\text{kg/cm}^2$. Im Augenquerschnitt entsteht die mittlere Spannung $\sigma = \frac{3884}{2664}\cdot 1000 = 1460\,\text{kg/cm}^2$. Wie auf S. 58 dargelegt, steigt jedoch die Spannung am inneren

Augenrand auf den 2,2- bis 2,5fachen Wert der mittleren. Es ist hier also mit einer Spannung von 3412 bis 3650 kg/cm² zu rechnen. Sie erreicht die Streckspannung, wodurch jedoch die Tragfähigkeit nicht beeinträchtigt wird. Da die mittlere Spannung 20% unter der zulässigen liegt, ist reichliche Sicherheit vorhanden. Der Querschnitt am Gelenk ist durch 14 Beilagen 1500·17 verstärkt. Er mißt

$$F = 5 \cdot 90 \cdot 5{,}8 + 2 \cdot 90 \cdot 4{,}6 = 3438\ \text{cm}^2\,.$$

Hier überschreitet die größte Spannung am Augenrande nicht 2600 kg/cm².

Die Hängestangen sind Rundeisen von 140 mm Durchmesser, deren Länge durch ein Spannschloß regelbar ist (Abb. 290). Die Aufhängung an den Bolzen der Kette ist dort und in Abb. 279 dargestellt.

Der Querschnitt des Versteifungsbalkens ist aus der Darstellung des Brückenquerschnitts in Abb. 142 ersichtlich. Er besteht aus 2 Stehblechen 320·20, ferner 4 Beiblechen, 4 Winkeln und Gurtplatten wechselnder Zahl in jeder Gurtung. Die Kopfplatten messen 900 mm in der Breite. Das gleiche Maß hat die Breite beider Gurtplatten des unteren Randes, sie sind jedoch so weit auseinandergerückt, daß der innere Raum zugänglich bleibt. Der Querschnitt hat mit 4 Gurtplatten 4290 cm² Fläche und 0,80 m⁴ Trägheitsmoment. Da die Querschnitte beider Gurtungen flächengleich sind, ist der Balkenquerschnitt symmetrisch zur Achse. Soweit die Werte der Kernmomente verschieden sind, ist eine unsymmetrische Gestaltung nach dem auf S. 49ff. Gesagten vorzuziehen. Schotte in 2,5 m Abstand steifen den Balken aus. Die Stehbleche sind in halber Höhe gestoßen. Gesamtstöße des Balkens liegen etwa in der Mitte jedes Feldes, jeder zweite Stoß ist ein Montagestoß. Auf dem den Pfeiler durchdringenden Stück ist die Breite des Querschnitts auf den äußeren Abstand der Stehbleche eingeschränkt. Infolge der großen Trägerhöhe genügen 2 Beibleche auf jedem Stehblech und 3 Platten in jeder Gurtung.

Das Endstück des Versteifungsbalkens, welches das Bolzengelenk trägt, ist in Abb. 296 dargestellt. Abb. 297 zeigt den Querschnitt durch das Gelenk. Da die Kettenkraft unmittelbar von den Stehblechen aufgenommen wird und auf den ganzen Querschnitt verteilt werden muß, war eine Verstärkung durch Platten und Aussteifung durch strahlenförmig laufende Winkel notwendig. Die punktiert gezeichneten Stücke, die Kette und die lotrechte Verankerung des Auflagers, liegen zwischen den Wänden.

Abb. 298 zeigt die Ansicht des Portales, Abb. 299 und 299a die Ausbildung des Fußes, Abb. 300 und 300a die des Kopfes der Pylone. 4 Wände parallel zur Brückenachse aus 16 mm starken Blechen, verbunden durch 4 Querwände aus Blechen gleicher Stärke und ausgesteift durch wagerechte Schotte in rd. 2,0 m Abstand bilden das tragende Gerippe der Pfosten, deren jeder 3200 t Druck aufnehmen muß. Der Kopf der Pfosten ist durch ein 10 mm starkes Blech und eine Platte von 40 mm abgedeckt. Die Platte trägt ein Paket aus 13 hochkant gestellten, 39 mm starken Blechen und 12 gleich starken Futtern, fest verschraubt durch Bolzen und durch Randwinkel auf sie aufgenietet. Eine durch Winkeleisen angeschlossene Kopfplatte überdeckt die Konstruktion. Zwischen den Blechen sind die Glieder der Ketten in 2 Bolzengelenken aufgehängt. Am Fuß des Pfostens sind die Querwände durchbrochen, um dem Versteifungsbalken Durchgang zu gewähren. Der hier zwischen den Versteifungsbalken eingebaute Querträger dringt durch eine Aussparung in den Längswänden der inneren Seite. Das Lager des Versteifungsbalkens ruht unmittelbar auf dem Lagersattel des Pylon.

Riegel am Kopf und Fuß verbinden die Pfosten zum geschlossenen Rahmen. Während der unter der Fahrbahn liegende Riegel ein einfacher Kastenträger ist, hat der obere Riegel aus Gründen der Schönheit eine reichere Form erhalten.

Wagerechte Obergurtung, bogenförmige Untergurtung, verbunden durch lotrechte Pfosten, schaffen ein Rahmenwerk, das vorzüglich auf die bauliche Eigenart der Brücke abgestimmt ist.

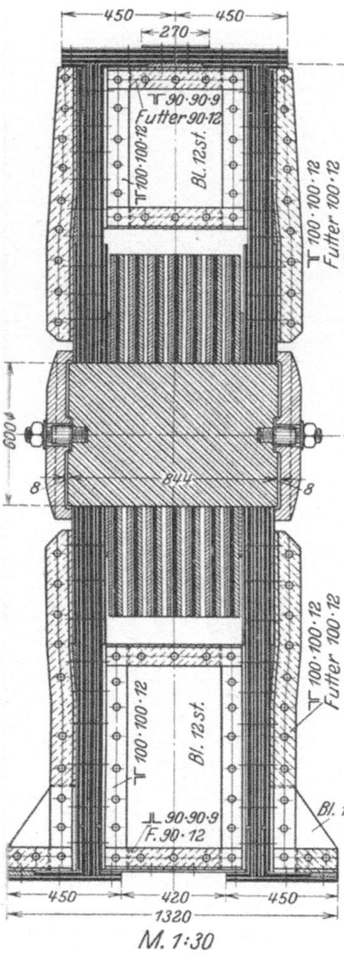

Abb. 297. Querschnitt durch das Gelenk.

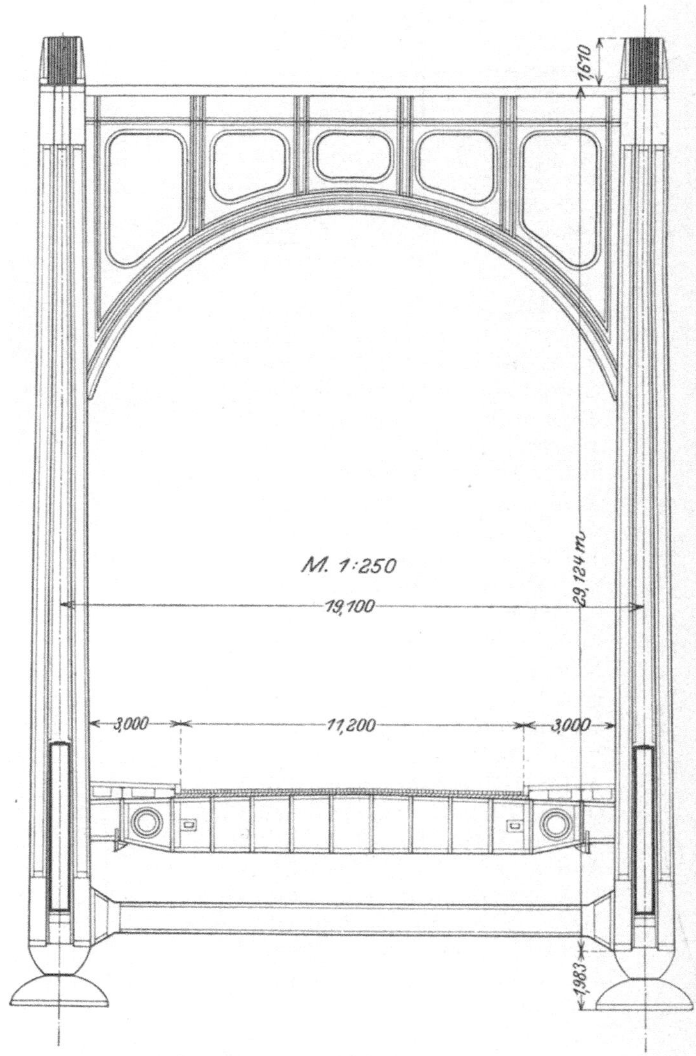

Abb. 298. Kettenbrücke Köln-Deutz. Portal.

Der Berechnung sind folgende Belastungen zugrunde gelegt:

an Stahl:	
Fahrbahn und Fußwege	2,067
Versteifungsbalken	4,100
Kette und Hängestangen	2,667
	8,834 t/m
Fahrbahndecke und Leitungen	4,266 t/m
gesamte Eigenlast für 1 Hauptträger	13,10 t/m
Verkehrslast	5,513 t/m.

Das gesamte Stahlgewicht der Brücke beträgt 8263 t. Die wichtigsten Anteile gibt nachstehende Zusammenstellung[1].

	St 37t t	Nickelstahl t	Stahlguß t
Versteifungsbalken	342	3036	—
Kette, Hängestangen, Pylone	772	1939	45
Fahrbahn, Windverband . . .	1263	586	—
Lager, Anker. .	48	9	206
	2425	5570	251

Maßgebend für die Ausführung der Kette in Nickelstahl ist in erster Linie die Forderung nach möglichster Einschränkung der Durchbiegung gewesen. Der Entwurf ist das Ergebnis von 2 Wettbewerben. Für den ersten Wettbewerb, in dem keine Uferpfeiler gestattet und die gesamte Stützweite rd. 80 m größer war, waren mehrere Entwürfe von Hängebrücken beider Bauarten aufgestellt worden. Die Durchbiegung der Kabelbrücken aus voller Belastung der Mittelöffnung bewegte sich zwischen 70 und 90 cm. Dazu kamen noch 30 cm infolge Änderung der Temperatur. Das Preisgericht hat diese Maße nicht für bedenklich gehalten. Die Stadt Köln als Bauherr hat sich jedoch der Ansicht nicht angeschlossen und im zweiten Wettbewerb eine wesentliche Einschränkung der Durchbiegung verlangt. Um das zu ermöglichen, wurde die Anordnung von Pfeilern zwischen Ufer und Uferstraße zugestanden. Die Durchbiegung der ausgeführten Brücke beträgt in der Mitte bei voller Belastung

[1] Dietz: Die zweite feste Straßenbrücke über den Rhein in Köln. Z. V. d. I. 1920.

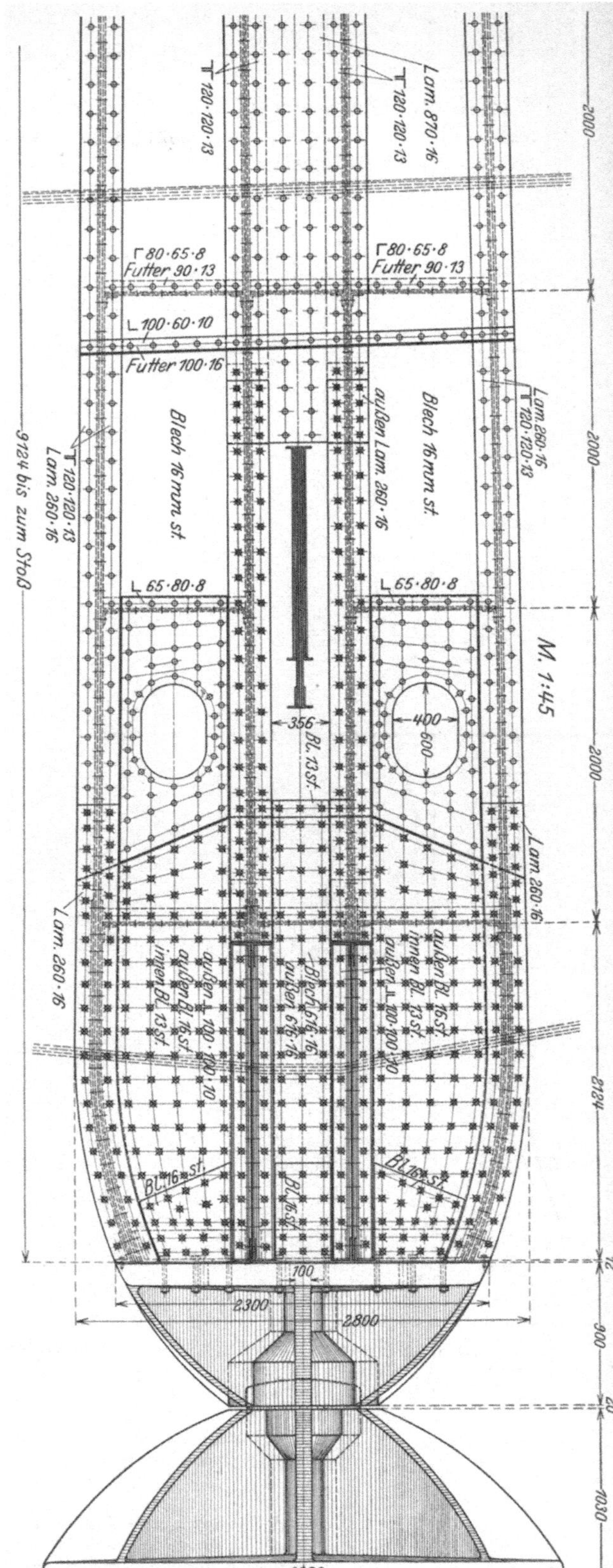

Abb. 299. Kettenbrücke bei Köln-Deutz.
Fuß der Pendelpfeiler. Ansicht.

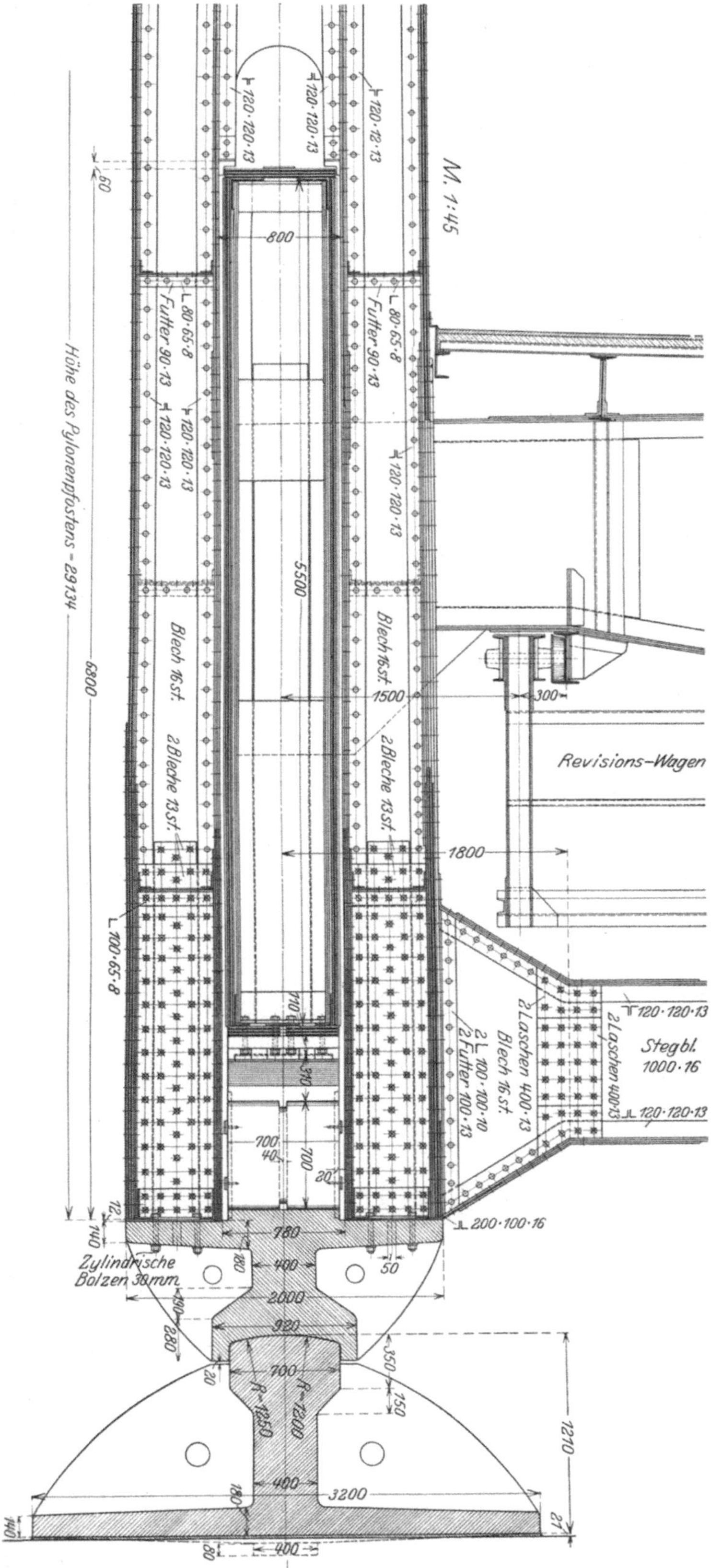

Abb. 299. Kettenbrücke Köln-Deutz.
Fuß der Pendelpfeiler. Schnitt durch Versteifungsträger und Lager.

aller Öffnungen mit 4,1 t/m 25 cm, bei gleicher Belastung der mittleren Öffnung allein 33,6 cm. Dazu treten noch 7 cm infolge Änderung der Temperatur mit $+ 10^0$ Unterschied in der Kette. Die Durchbiegung in $\frac{1}{4}\,l$, wo die absolut größten Werte bei einseitiger Belastung entstehen, ist nicht ermittelt.

Aus der gewaltigen Arbeit von 2 Wettbewerben ist hier ein Bauwerk entstanden, das in der konstruktiven Durchbildung mustergültig, durch seine edle, klare Form von hervorragender Schönheit ist und an monumentaler Wirkung einzig dasteht in der Welt. Trotzdem ist, wie auf S. 326 begründet, das gewählte System nicht das günstigste. Mit geringeren Baukosten konnte eine im Widerlager verankerte Hängebrücke mit einem um etwa 40 cm niedrigeren Versteifungsträger bei gleicher Durchbiegung in der Mitte errichtet werden.

Eine die Stadtteile von New York, Manhattan und Brooklin verbindende Kabelbrücke überspannt den Hudson in 3 Öffnungen, einer mittleren von 448,07 m und 2 auf beiden Seiten von je 221 m Weite. Vier Hauptträger, je 2 in 8,534 m Abstand verkuppelt tragen 2·2 Gleispaare für Schnell- und Straßenbahnen in 2 Stockwerken, den Straßendamm zwischen den mittleren, in 12,19 m Abstand gestellten Hauptträgern und 2 je 3,66 m breite Fußwege auf Konsolen. Abb. 301 zeigt Ansicht und Grundriß. Die Querträger laufen unter den Hauptträgern ohne Gelenke durch. Die mittleren Hauptträger werden daher etwas stärker belastet als die äußeren. Daß das bei der Berechnung anscheinend nicht berücksichtigt ist, ist unbedenklich.

Das Kabel trägt in jeder Öffnung einen Balken auf 2 Stützen. Das System ist demnach einfach statisch unbestimmt. Der Durchhang mißt in der Mittelöffnung 45,4 m, in den Seitenöffnungen 11,0 m. Das Kabel besteht aus 37 Litzen von je 256 parallel laufenden, 5 mm starken verzinkten Drähten und hat in Kreisquerschnitt gepreßt 54 cm Durchmesser. Bei Herstellung der Kabel im Luftspinnverfahren wurden die 7 Kernlitzen für sich zusammengepreßt und behelfsmäßig mit Drahtwicklungen gebunden. Diese Bänder sind beim Pressen des Kabels wieder entfernt.

Zur Aufhängung des Versteifungsbalkens dienen 2 Seilschlingen, die von einer auf das Kabelfest aufgepreßten Schelle getragen werden. Abb. 291, 292

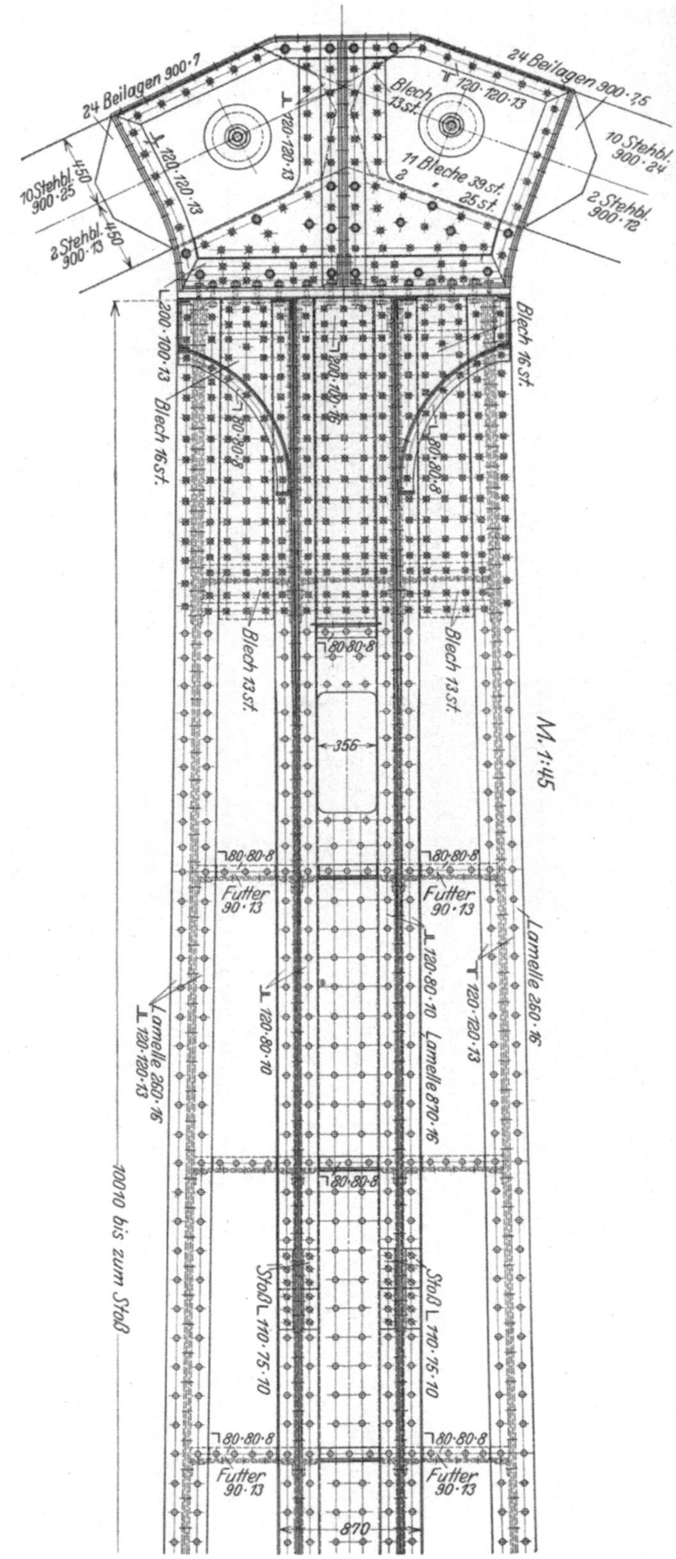

Abb. 300. Kettenbrücke Köln-Deutz. Kopf der Pendelpfeiler-Ansicht.

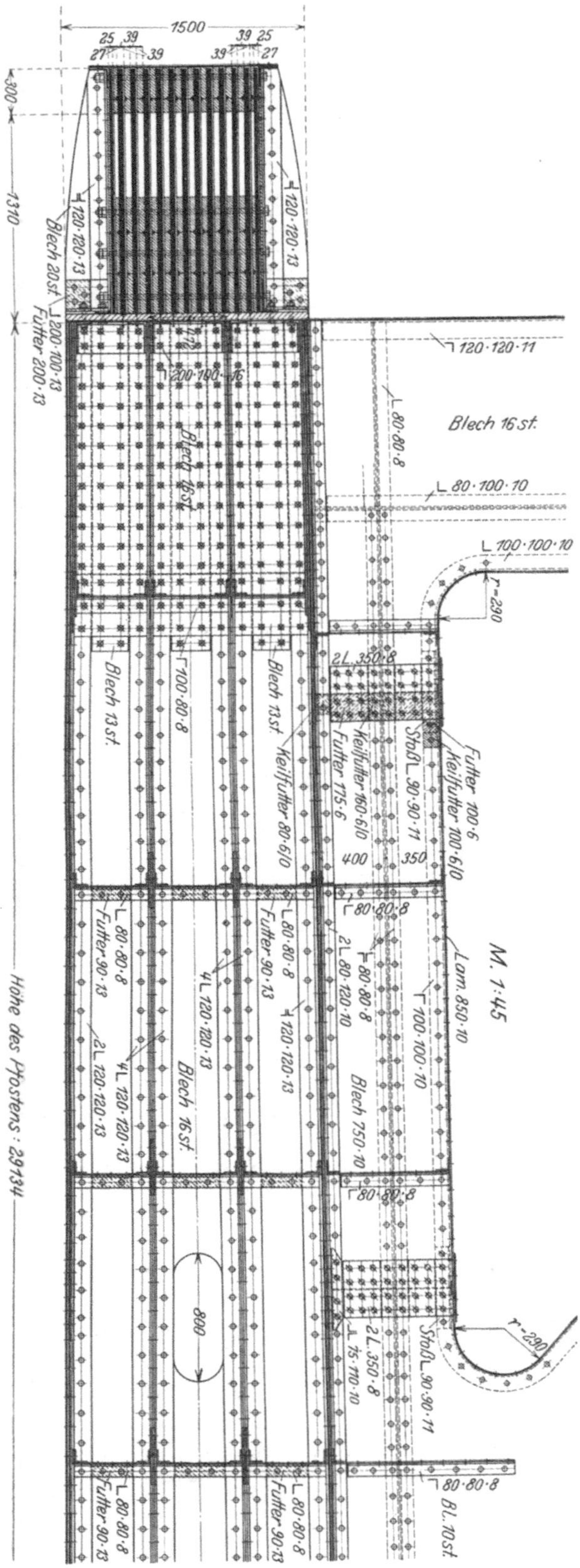

Abb. 300. Kettenbrücke Köln-Deutz. Kopf der Pendelpfeiler im Querschnitt.

zeigen die Anordnung. Das Seil, dessen Querschnitt 8,9 cm² beträgt, soll eine Bruchlast von 125 t besitzen. Probebelastungen ergaben 130 t. Auf die Enden der dicht unter dem Kabel durch ein Band in der Lotrechten gehaltenen Seile sind Köpfe aus Stahlguß von 133 mm äußerem Durchmesser aufgesetzt. Das obere Stück der Köpfe ist als Sechskant ausgebildet, auf das untere eine 133 mm hohe Mutter aufgeschraubt. Die Muttern tragen eine starke Platte, auf die sich die Untergurtung des Versteifungsbalkens aufsetzt. Die Befestigung des Seiles im Kopf ist durch Spreizen und Vergießen der Drähte mit Metall in der kegelförmig erweiterten Bohrung bewirkt. Beim Zerreißversuch traten im Gußmetall Risse auf, die auf Nachgeben der Drähte des Kernes schließen lassen.

Zwischen den Schellen ist das Kabel mit 3,8 mm starkem weichen Stahldraht umwickelt. Bei der Wicklung wurden die Drähte, mit denen das gehörig zusammengepreßte Kabel in Abständen gebündelt war, wieder entfernt und der Kabelmantel dick mit Mennige bestrichen.

Den Kabelsattel auf dem Turm zeigt Abb. 281. Die Sattelfläche ist nach einem Halbmesser von 3,67 m gewölbt und mit Rillen versehen, in die sich die Litzen des äußersten Ringes legen. Durch einen Sattel gleicher Bauart sind die Kabel über den Landwiderlagern in die Neigung 42° ungelenkt. Sie werden nach Aufteilung in die einzelnen Litzen von den aus je 2 Augenstäben bestehenden Ankern erfaßt. Die Anker, deren gesamte Länge von 33 m noch mehrmals unterteilt ist, liegen in 9 ebenen Gruppen von 5 Stück in der mittleren und je 4 Stück in den übrigen. Jede Gruppe

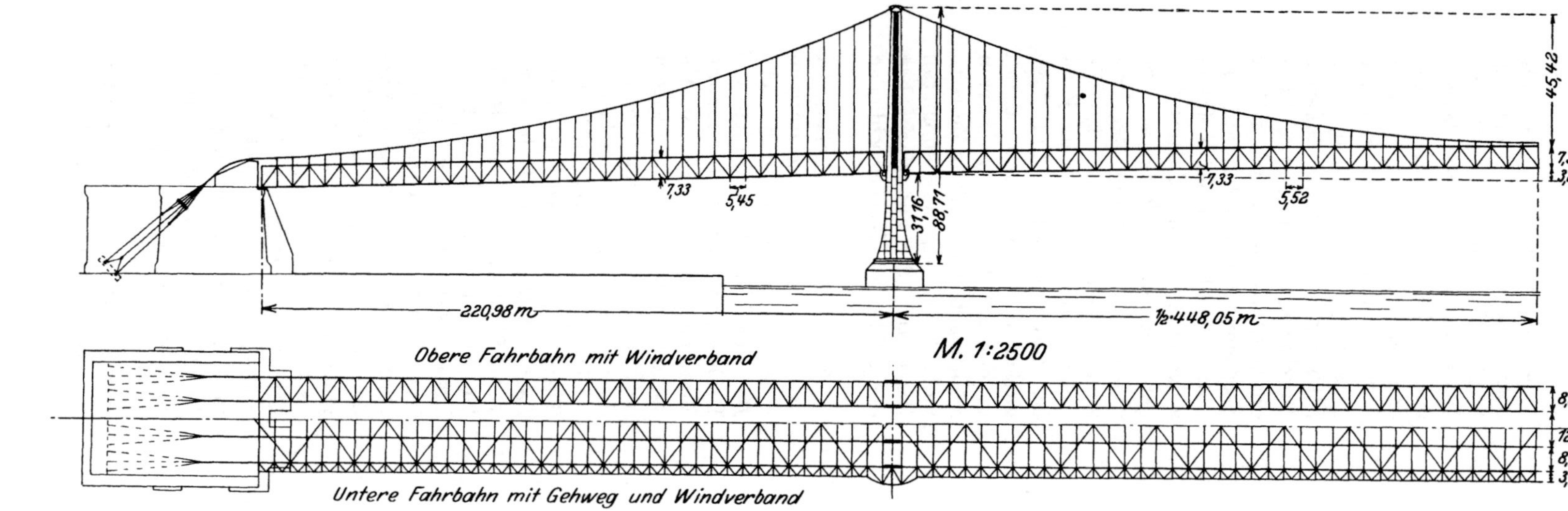

Abb. 301. Manhattan-Brücke über den Hudson in New York.

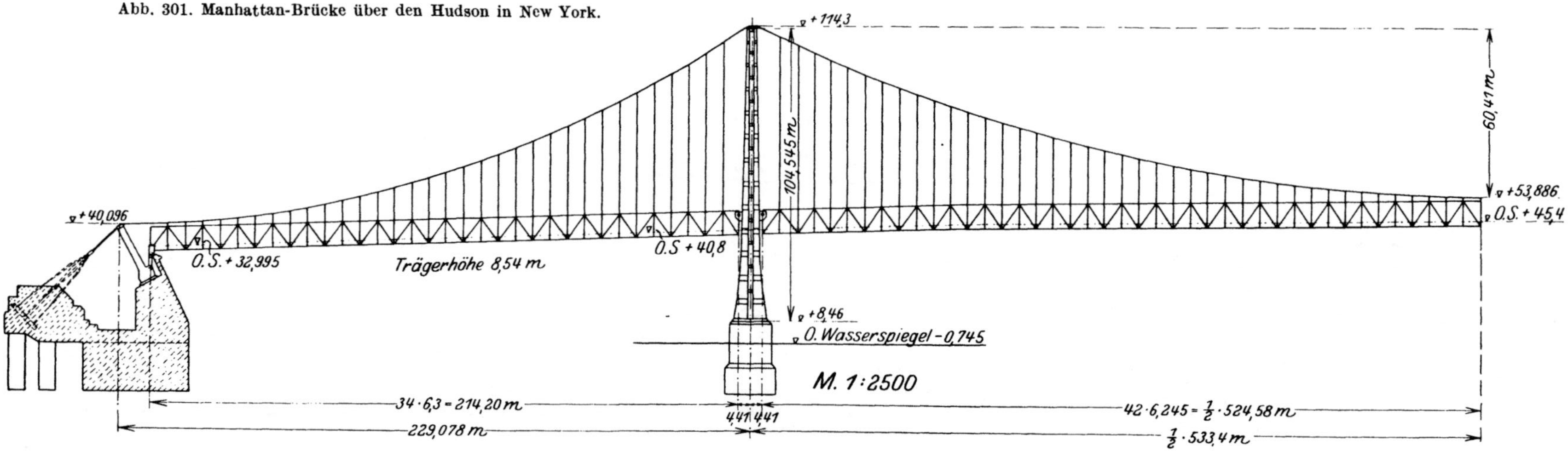

Abb. 302. Kabelbrücke über den Delaware in Philadelphia.

wird in 2 Punkten eines kastenförmigen Blechträgers von 7,6 m Länge und 1,2 m Höhe durch Bolzen gehalten. Litzen und Anker laufen, in der Aufsicht gesehen, aus dem Aufteilungspunkt des Kabels strahlenförmig auseinander.

Der Ankerpfeiler, der zur Durchführung einer Straße durchbrochen ist und verschiedene Aussparungen zu andern Zwecken aufweist, enthält bei 72 m Länge, 55,5 m Breite der Grundfläche und i. M. 30 m Höhe 88000 m³ Massivwerk. Der größte Kabelzug beträgt $4 \cdot 9485 = 37940$ t.

Die Pfeiler sind standfeste Türme aus Stahl, auf denen der Kabelsattel unverschieblich aufsitzt. Sie erfahren also unter der Belastung elastische Verschiebungen bis zu 20 cm nach der Mitte bei voller Belastung der Mittel- und der entlegenen Seitenöffnung. Die Türme messen von Oberkante des Auflagerquaders bis Oberkante des Kabelsattels 88,709 m, 31,159 m bis zum Auflagerpunkt des Versteifungsbalkens. Jeder Turm ruht auf einem Lagerkörper aus Stahlguß von 12,8 m Länge in Richtung der Brückenachse, 6,7 m Breite und 1,7 m Höhe, der aus 7 miteinander verschraubten Stücken hergestellt ist. Der Querschnitt der Pfeiler ist kreuzförmig gestaltet. Zwei parallel zur Brückenachse gestellte Blechwände, verbunden durch eine Anzahl von Querwänden, deren mittlere in Kreuzform vorspringend in den äußeren Kanten durch schmale Längswände geschlossen sind, bilden das Gerippe. Wagerechte Schotte, von Mannlöchern durchbrochen, steifen den Querschnitt aus. Im Fußstück ist der größeren Breite wegen eine dritte Längswand eingebaut. Über dem Versteifungsbalken sind die den Querbalken des Kreuzes schließenden Wände durch Gitterwerk ersetzt.

Aus dem Granitpfeiler aufsteigend verjüngt sich der Turm in hyperbolischen Linien. Die so geschaffene schlanke Form steht im Einklang mit der statischen Eigenart. Die beiden äußeren Turmpaare jedes Pfeilers sind durch Gitterwerk verbunden, soweit nicht das Profil der Brückenbahnen freigehalten werden mußte. Zwischen den beiden mittleren Türmen sind portalartig gestaltete Riegel eingebaut. Die Wirkung der Türme würde durch größere Einfachheit der Form u. a. durch Wegfall der Konsolen in Höhe der Versteifungsbalken und der Bekrönung über den Kabelsätteln erheblich gewinnen.

Die Versteifungsbalken sind Parallelträger von 7,318 m Höhe, 5,527 m Feldweite in der Mittelöffnung und 5,448 m in den Seitenöffnungen. Abwechselnd steigende und fallende Schrägstäbe bilden die Gliederung. Die Auflager auf den Türmen sind in ihnen verankert, auf den Landpfeilern im Mauerwerk verschieblich.

Das Eigengewicht der Mittelöffnung beträgt 33,7 t/m für die ganze Brücke. Davon entfallen 18% auf die Kabel, 30% auf den Versteifungsbalken. Die gewöhnliche Verkehrslast beträgt 11,6 t/m, die außerordentliche, die als „gedrängte" bezeichnet wird, 23,8 t/m.

Folgende Zusammenstellung gibt die verwendeten Baustoffe, ihre Zuschläge und Gütezahlen an. Die erste Spalte σ_{zul} gilt für Beanspruchungen aus Eigenlast, Temperaturänderungen und gewöhnliche Verkehrslast, die zweite für solche aus Eigenlast, Temperaturänderungen, außerordentliche Verkehrslast und Wind[1].

Baustoff	Bestandteile	σ_B	σ_S	ε_b	σ_{zul}	
Kabeldraht . . .	< 0,85 C · 0,55 Mn 0,2 Si	15200	—	2%	4220	5132
Nickelstahl . . .	3,25 Ni 0,6 Mn 0,1 Si	6000 bis 6700	3900	$\frac{112}{\sigma_B}$ %	—	2810
Kohlenstahl . .	0,6 Mn 0,1 Si	4200 bis 4800	2300	$\frac{112}{\sigma_B}$ %	1410	1760

Die bisher größte Hängebrücke der Welt überspannt den Delaware in 3 Weiten von 224,08 m, 533,4 m und 224,08 m. Für die Wahl der Hängebrücke

[1] Hauffe: Die Manhattan-Brücke. Eisenbau 1911, S. 157.

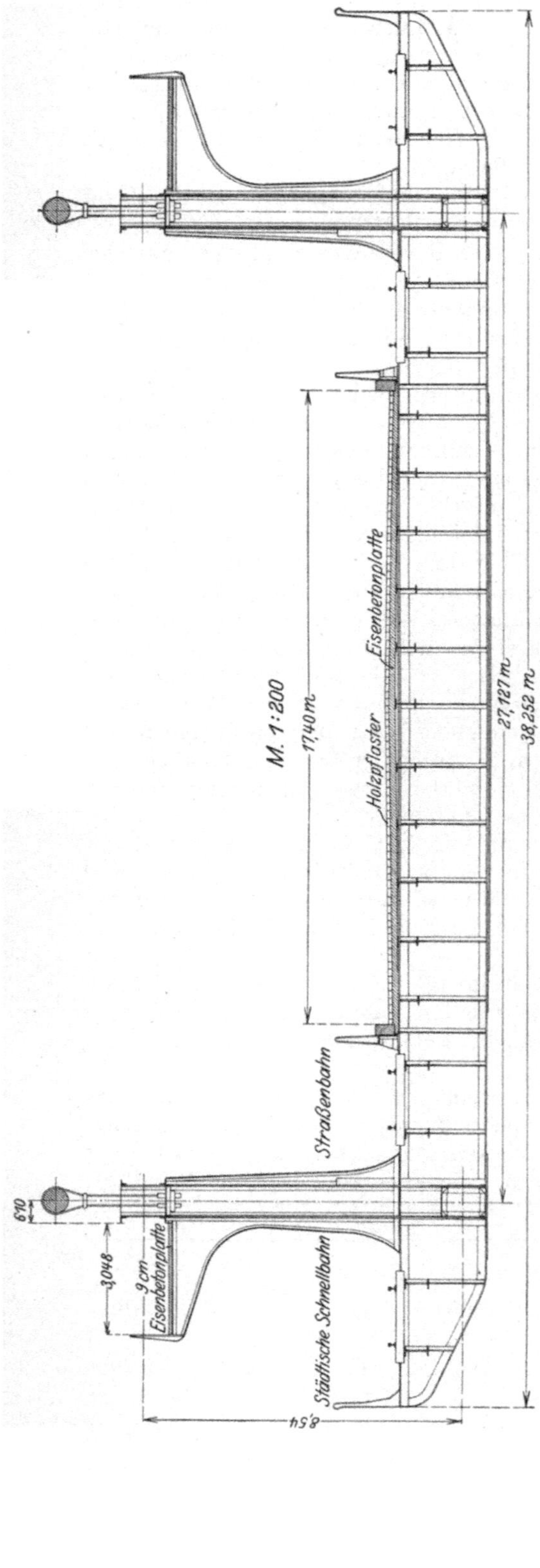

Abb. 303. Kabelbrücke über den Delaware. Querschnitt.

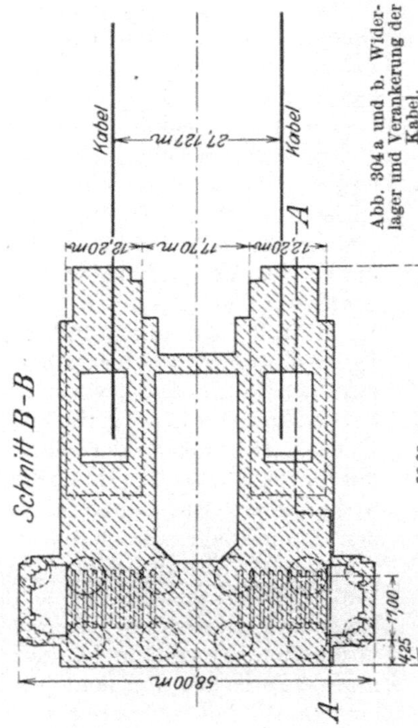

Abb. 304 b.

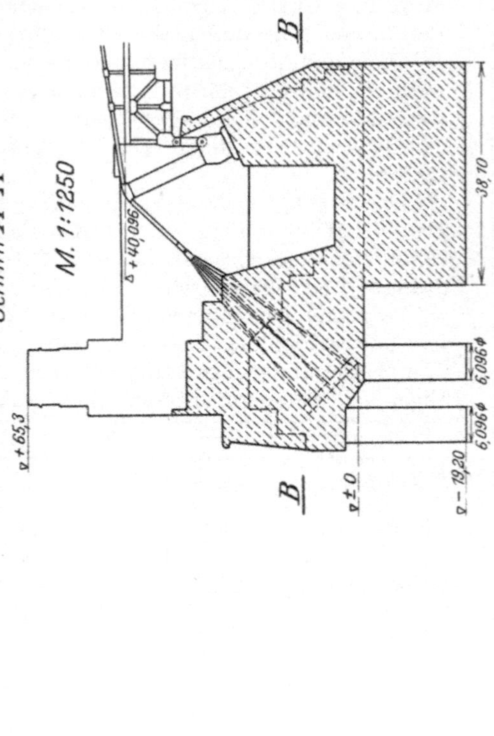

Abb. 304 a.

Abb. 304 a und b. Widerlager und Verankerung der Kabel.

werden vom Erbauer[1] in erster Linie wirtschaftliche Gründe angeführt. Vergleichende Entwürfe von Auslegerbrücken ergaben für sie um 13% höhere Kosten. Da die wirtschaftlichen Belange sich hier in glücklicher Weise mit der Forderung des Auges decken, konnte die Entscheidung nicht zweifelhaft sein. Zwei Hauptträger in 27,13 m Abstand tragen die Fahrbahn. Das System ist das gleiche wie das der Manhattanbrücke: Ein im Widerlager verankertes Kabel, in jeder Öffnung durch einen Balken auf 2 Stützen versteift. Abb. 302 zeigt die Ansicht, Abb. 303 den Querschnitt der Brücke. Der Pfeil des Kabels in der Mittelöffnung mißt 60,41 m, in jeder Seitenöffnung 11,28 m. Das Kabel besteht aus 61 Litzen, jede Litze aus 306 Drähten von 4,97 mm Durchmesser. Der tragende Querschnitt der 18666 Drähte beträgt 3626 cm², der Durchmesser nach Pressung des Kabels zur Kreisform 74 cm. Für den Baustoff war eine Bruchfestigkeit von 15116 kg/cm² verlangt worden, erreicht wurde bei der Abnahme i. M. 15678 kg/cm².

Der Berechnung ist eine Eigenlast von 38,69 t/m in der Mittelöffnung und 40,18 t/m in den Seitenöffnungen, sowie 8,93 t/m an gewöhnlichen, 17,86 t/m an außerordentlicher (gedrängter) Verkehrslast für die ganze Brücke zugrunde gelegt. Daraus ergab sich

$$\begin{array}{lrl} \text{aus Eigenlast} \; . \; . \; . & H_g & = 11200\,\text{t} \\ \text{aus Verkehrslast} \; . \; . & H_p & = \underline{4950\,\text{t}} \\ & H & = 16150\,\text{t}. \end{array}$$

Die größte mittlere Spannung (ohne Temperatureinflüsse) beträgt danach am Pfeiler

$$\sigma = \frac{16150 \cdot 1{,}127}{3626}\,1000 = 5020\ \text{kg/cm}^2\,.$$

Die Nebenspannungen sind nur für den Fall voller Belastung der Mitte berechnet. Hieraus entsteht, wenn der Kabelquerschnitt als zusammenhängend angesehen wird, eine größte Randspannung von 5522 kg/cm². In der Frage „ein oder mehrere Kabel" vertreten die Erbauer die zutreffende Ansicht, daß ein Kabel um der größeren Einfachheit der Konstruktion und der leichteren Unterhaltung willen den Vorzug verdient, sofern es nicht infolge des großen Durchmessers mit wesentlichen Nachteilen behaftet ist. Als mögliche Nachteile sind erwogen worden: ungleichmäßige Verteilung der Kettenkraft auf die Drähte, Höhe der Nebenspannungen, Höhe der Querspannungen über dem Sattel und Einfluß auf die Festigkeit, Rostgefahr. Zum ersten Punkt wird ausgeführt, daß Spannungsunterschiede nur insoweit auftreten können, als der Elastizitätsmodul in den einzelnen Drähten schwankt. Da diese Schwankungen 5% nicht übersteigen, liegen auch die möglichen Spannungsunterschiede in diesen Grenzen. Dabei wird vorausgesetzt, daß sowohl die einzelnen Drähte wie alle Litzen genau abgelängt sind. Diese Voraussetzung kann bei dem Einfluß, den Temperatur und Wind dabei haben, kaum exakt erfüllt sein. Die auf S. 333 angestellte Rechnung zeigt jedoch, daß die durch kleine Fehler in der Ablängung entstehenden Spannungsunterschiede vernachlässigbar klein sind. Schätzt man letztere hoch auf 3% und macht die ungünstige Annahme, daß beide Ursachen zusammentreffen, so ergeben sich Überschreitungen der mittleren Spannung um 4 bis 8%. Da die höheren Werte nur in wenig Drähten auftreten können, so kann von ungleichmäßiger Spannungsverteilung nicht die Rede sein. Die Höhe der wie oben angegeben berechneten Nebenspannungen wird als unbeachtlich bezeichnet. Wenn auch die Berechnung nicht den ungünstigsten Fall erfaßt, so muß aus den oben dargelegten Gründen doch auch hier zugestimmt werden. Im dritten Punkt hat man durch einen Versuch Klärung gesucht. Die Querbeanspruchung über dem Sattel ist rechnerisch zu 400 bis 500 kg/cm² ermittelt worden. Der Versuch mit einem in der Quere um 50% höher beanspruchten

[1] Modjeski: The Delaware River bridge between Philadelphia and Camden. Journ. of the Franklin institute 1922.

Draht hat eine Minderung der Bruchfestigkeit um 1 bis 2% ergeben. Mit Recht ist daher auch in dieser Hinsicht ein Nachteil verneint worden. In der Frage

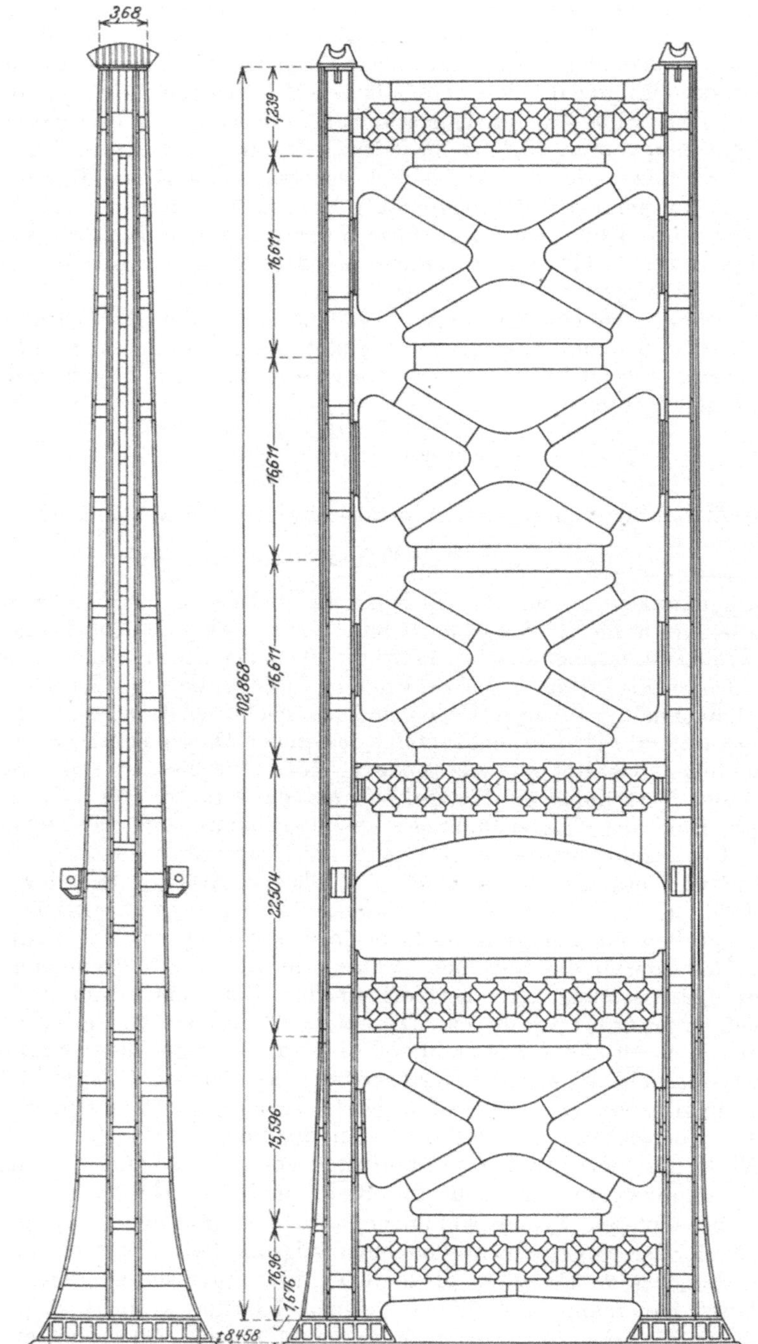

Abb. 305. Kabelbrücke über den Delaware. Turmpfeiler.

der Rostgefahr hat man sich auf die Tatsache gestützt, daß die Verzinkung der Kabel der Brooklinbrücke noch nach 48 Jahren völlig unversehrt gefunden wurde.

Die Konstruktion des Kabels in den Einzelheiten erhellt aus der Darstellung des Bauvorganges. Die Anordnung der Anker ist im wesentlichen die gleiche wie bei der Manhattanbrücke. 9 Gruppen von je 7 Ankern werden von ebenso vielen, 12,19 m langen Trägern gehalten. Das Widerlager hat bei 66,45 m Länge 57,91 m Breite und rd. 57 m Höhe ein Gewicht von 180000 t, d. i. das 5,6fache des größten Horizontalzuges.

Die Hängestäbe bestehen wie bei der Manhattanbrücke aus 2 Seilschleifen, die auf den Kabelschellen hängen und unter dem Kabel durch ein Band gehalten werden. Die Kabelschelle ist in der lotrechten Ebene geteilt, was zweckmäßiger ist. Auch im übrigen ist die gleiche Konstruktion der Aufhängung gewählt.

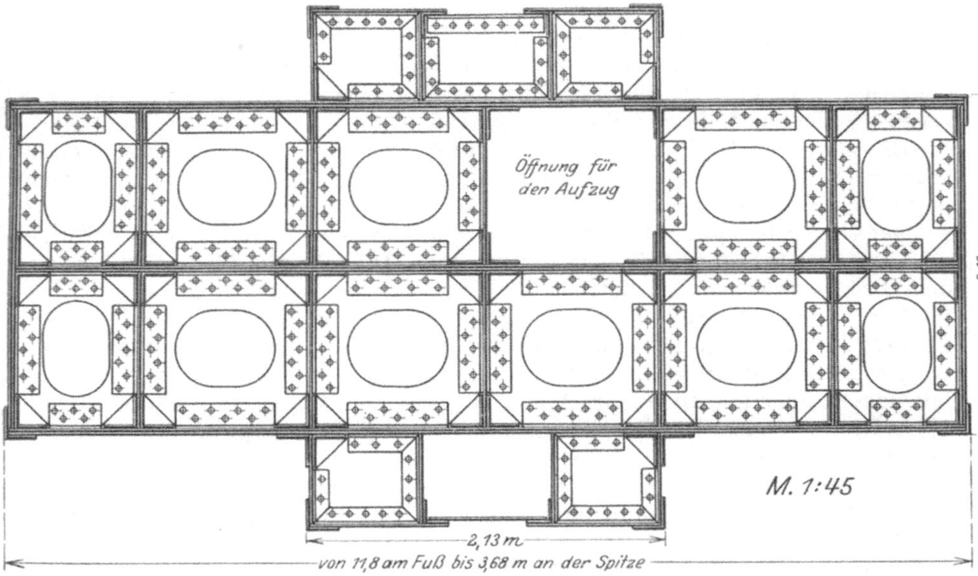

Abb. 306. Querschnitt des Turmpfeilers.

Der Seildurchmesser beträgt 5,72 cm, die Bruchlast des gekrümmten Seiles 267 t, die größte Belastung jedes Seilendes 70 t. Es ist also 3,8fache Sicherheit gegen Bruch vorhanden.

Die Türme stehen standfest auf dem Granit der Pfeiler (Abb. 305). Ihre Höhe mißt von Oberkante—Quader bis zum Kabelsattel 104,54 m. Der Querschnitt ist kreuzförmig gestaltet (Abb. 306). Drei Längswände, verbunden durch Querwände, deren mittlere den Querbalken des Kreuzes bilden, ausgesteift durch wagerechte Schotte. Die Stärke aller Bleche beträgt 19 mm, die Breite der freien Flächen zwischen den Winkeln ist aus Gründen der Knicksicherheit auf Grund von Versuchen nicht größer als 30 Blechstärken gewählt. Die Länge des Querschnitts mißt am Fuß 11,78 m und nimmt in hyperbolischen Linien bis auf 3,658 m am Kopf ab. Die Breite der Kreuzrippe ist 2,1 m.

Der Kabelsattel ruht unverschieblich auf dem Pfeilerkopf. Seine Grundfläche ist 4,06 m lang, 2,70 m breit. Die Lagerfläche wölbt sich in einem Kreisbogen von 4,88 m Halbmesser. Die wagerechten Verschiebungen des Kopfes unter der Belastung betragen 39,37 cm nach dem Land und 53,98 cm nach dem

Fluß zu. Bei der Montage wurden die Köpfe vor Aushängung der Kabel durch später wieder entfernte Rückhaltseile nach dem Land zu verschoben. Das Maß sollte so gewählt werden, daß unter Eigenlast und normaler Temperatur eine Verschiebung um 12,7 cm nach dem Land besteht. Der Baustoff ist Siliziumstahl mit 0,4% C, 1,0% Mn, 0,2 bis 0,45% Si. Seine Bruchfestigkeit beträgt 5600 bis 6700 kg/cm². Die Streckgrenze wird zu 3165 kg/cm² angegeben. Es darf jedoch vermutet werden, daß das die Höhe der Elastizitätsgrenze ist. Denn es war die ausgesprochene Absicht der Erbauer, einen Baustoff von möglichst hoher Elastizitätsgrenze zu verwenden. Da nämlich die wagerechten Verschiebungen gegebene, von den Abmessungen des Turmes fast unabhängige Größen sind, werden die zusätzlichen Spannungen aus den Biegungsmomenten desto kleiner, je geringer die Länge des Querschnittes ist. Es kam daher auf einen Baustoff mit hoher zulässiger Druckbeanspruchung, also mit hoher Elastizitätsgrenze an. Dabei ist natürlich durch die erforderliche Knicksicherheit, die ein bestimmtes Trägheitsmoment bedingt, eine Grenze gezogen. Als größte Druckbeanspruchung am Rande sind 1687 kg/cm² zugelassen. Da die Schlankheit sowohl für die volle Höhe wie die oberen Teilstücke kleiner als 50 ist, erscheint die Knicksicherheit genügend. Die in den grundsätzlichen Fragen ziemlich eingehenden Berichte sagen in diesem wichtigen Punkte nichts.

Die Türme beider Hauptträger sind durch Querriegel und gekreuzte Schrägstäbe verbunden. Die vom Straßenprofil beanspruchte Fläche wird durch einen bogenförmig gestalteten Portalrahmen frei gehalten. Der Querverband wirkt ruhiger als der der Manhattanbrücke, überhaupt ist in der Formgebung der Türme ein wesentlicher Fortschritt nicht zu verkennen. Die schlanke Pfeilerform kommt dem Brückenbild sehr zu statten.

Der Versteifungsbalken ist ein Parallelträger von 8,534 m Höhe, 6,245 m Feldweite in der Mittelöffnung und 6,3 m in den Seitenöffnungen. Beide Gurtungen steigen gleichmäßig mit der Fahrbahn. Abwechselnd steigende und fallende Schrägstäbe füllen die Wand. In den Gurtungen ist Nickelstahl mit 3,2% Ni verwendet. Die Bruchfestigkeit beträgt 6320 kg/cm², die Streckgrenze 3870 kg/cm². Die zulässige Beanspruchung hat man zu 2810 kg/cm² auf Zug und 2460 kg/cm² auf Druck gewählt. Die Wandstäbe sind gleich den Türmen aus Siliziumstahl hergestellt, für dessen Beanspruchung 2210 kg/cm² zugelassen wurde.

Bei der Montage sind die Versteifungsbalken durch die Hängestangen unmittelbar am Kabel aufgehängt worden. Um dabei die Belastung des Kabels möglichst gleichmäßig zu halten, hat man zuerst die untere Gurtung von beiden Pfeilern aus vorgestreckt, sodann die Schrägstäbe und schließlich die obere Gurtung eingebaut.

Das gesamte Stahlgewicht beträgt 30629, nachstehend ist die Verteilung nach Baugliedern und Stahlsorten angegeben[1].

			Pylone
Kabel	6150 t	Siliziumstahl	5870 t
Hängeseile	410 t	Kohlenstoffstahl	2880 t
Verankerung	2690 t	Stahlguß	146 t
	9248 t		8896 t

Versteifungsträger und Fahrbahn	
Nickelstahl	5125 t
Siliziumstahl	4128 t
Kohlenstoffstahl	7580 t
Verschiedenes	77 t
	16910 t

Die Kabelstützen zur Umlenkung der Kabel in die Anker enthalten 1515 t.

[1] Schachenmeier: Die Delaware-Brücke. Bautechnik 1926, S. 838.

Manhattan- und Delawarebrücke sind unter Berücksichtigung der Durchbiegung berechnet. Das danach ermittelte maßgebende Moment des Versteifungsbalkens ist zu 27700 tm ermittelt. Die Elastizitätstheorie ergibt dagegen 44800 tm. Über das Maß der Durchbiegung sind keine Angaben gemacht. Rechnet man entsprechend einem Gurtquerschnitt von 1400 cm² mit dem Trägheits-

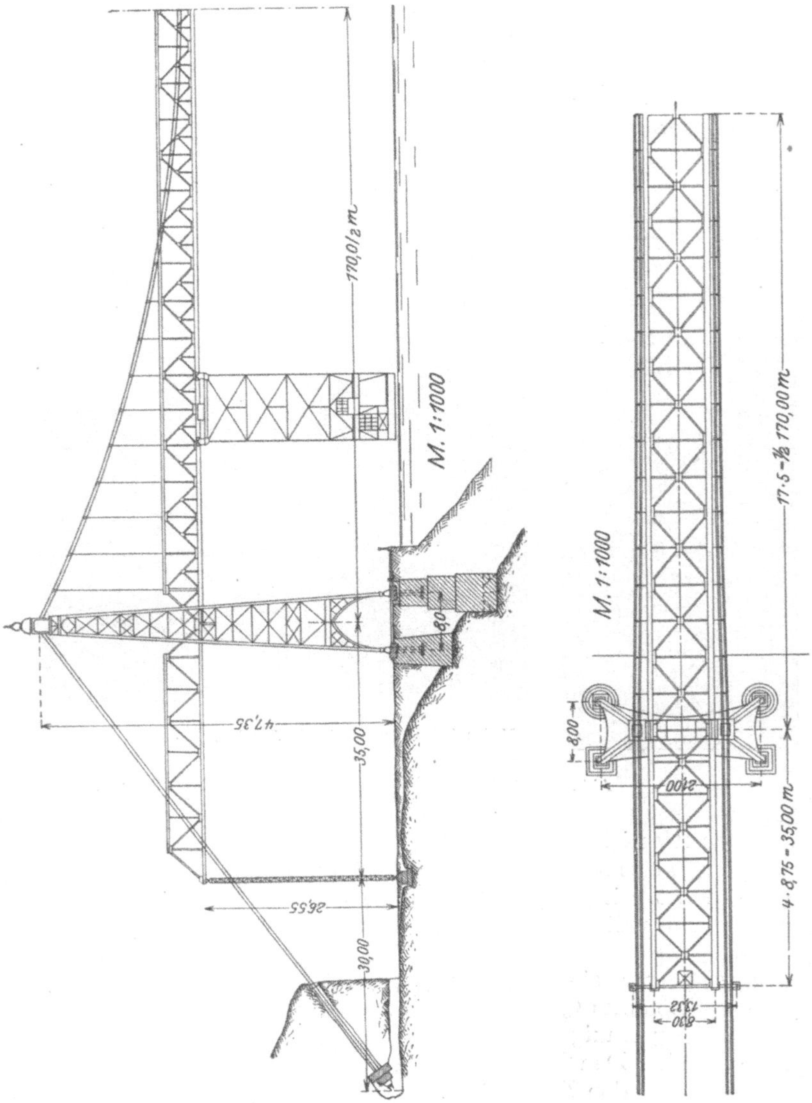

Abb. 307. Kabelbrücke im Hafen 1 von Rio de Janeiro.

moment $J = 5{,}0\ \mathrm{m}^4$, so ergibt sich für volle Belastung der Mittelöffnung durch gewöhnliche Verkehrslast max $f = 1{,}344$ m und außerordentliche Last max $f = 2{,}605$ m. Die Durchbiegung in $\frac{1}{4}\,l$ halten die Erbauer für unbeachtlich, da die sie erzeugende Laststellung bei einer Straßenbrücke kaum vorkommen könne.

Die im Hafen von Rio de Janeiro als Hängebrücke erbaute Schwebefähre zwischen dem Festland und der Insel Ilha das Cobras hat 170 m Spannweite,

20 m Pfeil und 8,3 m Abstand der Hauptträger. Abb. 307 zeigt das Bauwerk in Ansicht und Aufsicht. Abb. 308 die Hafeneinfahrt im Lichtbild[1]. Die Rückhaltketten sind in lotrechten Ebenen unter 36° Neigung geradlinig in den Felsen geführt und unmittelbar in ihm verankert. Die Ebenen der Tragkabel sind 5,5% schräg gegen die Lotrechte gestellt. Die Kette besteht aus 8 Seilen von Spiralkonstruktion. Maßgebend für die Anordnung war die Absicht, die Seile in der Werkstatt fertigzustellen und als Ganzes aufzuhängen. Jedes Seil enthält 61 Drähte von 6 mm Durchmesser. Der Seilquerschnitt beträgt 17,247 cm², der Durchmesser rd. 55 cm. Der Baustoff ist Tiegelgußstahl, dessen Festigkeit bei der Abnahme i. M. 15920 kg/cm² betrug, während 150000 kg/cm² verlangt waren. Die Bruchlast des Seiles wurde aus 4 Versuchen i. M. zu 256 t ermittelt (vgl. hierüber

Abb. 308. **Hafeneinfahrt von Rio de Janeiro.**

sowie über den Elastizitätsmodul die Angaben auf S. 331). In den Stoßstellen sind die Drähte in schrägen Schnittflächen verlötet. Jede Drahtlage ist zum Schutz gegen Rost reichlich mit Mennige umhüllt. Zur Befestigung der Seile in den Ankerplatten dienen Köpfe, die in der schon beschriebenen Weise aufgesetzt sind.

Die Hängestangen sind mit Spannschlössern versehene Rundeisen. Sie hängen in der Mitte eines Querbalkens, der in Mitte der beiderseits zu je 4 Stück gekuppelten Seile gelenkig gelagert ist. Die Vorrichtung bezweckt gleichmäßige Belastung der Seile. Den Versteifungsbalken fassen die Hängestangen in angenieteten Konsolen, den Endstücken der Querträger.

Der in Abb. 282 dargestellte Kabelsattel ruht auf einem Walzenkipplager. Um den Reibungswiderstand niedrig zu halten, ist der verhältnismäßig große Walzendurchmesser von 300 mm gewählt. Durch zweiteilige Ausbildung des Sattels ist unmittelbare Lagerung jedes Kabels erreicht. Die Krümmung hat i. M. 1,5 m Halbmesser.

Die Pfeiler sind standfest in Eisenfachwerk ausgeführt. Einfachheit der Aufstellung entschied für die standfeste Bauart. Die Gestaltung ist durch die Anforderungen bedingt, welche die Einfahrt der Fähre an den freien Raum stellt.

[1] Entwurf und Ausführung: Louis Eilers, Hannover.

Der Versteifungsbalken ist ein Parallelträger mit Strebenfachwerk von 4,8 m Höhe und 5,0 m Feldweite. Er trägt die Fahrschienen, je 2 in jedem Hauptträger, auf kurzen Querbalken, die an der Untergurtung hängen. Bestimmend für die Wahl der verhältnismäßig großen Höhe war die Rücksicht auf die Durchbiegung unter der Einzellast der Fähre von 140 t. Sie beträgt in Brückenmitte 32,8 cm. Auch die Spannweite der Voröffnung hat dabei mitgesprochen, die dem Brückenbild zuliebe durch einen Fachwerkträger gleicher Höhe überbrückt werden sollte.

Zum Zwecke der Kabelmontage wurde ein Laufseil und ein Zugseil ausgehängt und das erstere in den Widerlagern verankert. Das Laufseil trug eine Katze mit einer Rolle, über die das Zugseil lief. Das Kabel war, auf einer Haspel aufgewickelt, zwischen Ankerschacht und Turm aufgestellt. Über eine über dem Sattel aufgehängte Rolle wurde das Zugseil so tief heruntergezogen, daß sein Ende mit dem Kabel verbunden werden konnte. Sodann wurde das Kabel durch das Zugseil über die Türme hinweg bis zum Ankerschacht des anderen Ufers gezogen. Sobald der Kopf des Kabels in der Mitte der Spannweite angelangt war, wurde es am ersten Pfeiler über die Rolle einer zweiten Katze gelegt, die es auf dem weiteren Wege bis zur Mitte führte. Nachdem das Kabel auf den Sätteln aufgehängt war, wurden seine Enden mit Hilfe von Winden durch die Ankerschächte hindurch in die Anker eingeführt. Der Versteifungsbalken ist an den Kabeln hängend von den Pfeilern nach der Mitte zu vorgestreckt.

Sehr bemerkenswerte Vorschläge für Hängebrücken mit Spiraldrahtkabeln sind in dem Wettbewerb Köln-Mülheim gemacht worden. An erster Stelle ist hier der Entwurf „Weltstadt“[1] zu nennen. Er sieht eine Hauptöffnung von 336 m vor, in der das Kabel mit $\frac{1}{12}\,l$ Pfeil hängt. Die Rückhaltkabel werden ziemlich steil in die Widerlager geführt, in denen sie verankert sind. Die unter ihnen liegenden Seitenöffnungen messen 56,0 m Weite. Der Versteifungsbalken von 4,40 m Höhe ist vollwandig ausgebildet. Als Feldweite ist das ungewöhnlich große Maß von 15,0 m gewählt, wodurch das Brückenbild erheblich an Klarheit gewinnt.

Die Berechnung des Versteifungsbalkens ist nach genauer Theorie unter Berücksichtigung der Durchbiegung durchgeführt. Die größte Durchbiegung beträgt in Brückenmitte 75 cm unter der Verkehrslast, 42 cm aus Änderung der Temperatur um 35°. Das Kabel besteht aus 44 Litzen von je 105 mm Durchmesser der patentverschlossenen Bauart. Die in der Lotrechten geteilten Schellen zur Aufhängung der Hängestangen sollten auf das vorher gehörig zusammengepreßte Kabel fest aufgeschraubt werden. Die Ausbildung der Hängestangen war in Rundeisenform vorgesehen, je 2 Stück in jeder Stange, die vermittels eines Wagebalkens an Zapfen auf beiden Seiten der Schelle hängen.

Der Elastizitätsmodul des Kabels ist mit 1800 t/cm² angesetzt, ein Wert, der in Wirklichkeit nicht erreicht wird.

Ein Vorschlag gleicher Bauart ist der Entwurf „Wahrheit“[2] in der nach Erleichterung der Bedingungen aufgestellten Form. Das Kabel überspannt die Hauptöffnung von 329 m Weite und 36 m Pfeil, die Rückhaltketten hängen über Seitenöffnungen von 61 m Weite. Der Versteifungsbalken ist ein durchlaufender Balken von 5,0 m Höhe in der Mitte. Der Entwurf ist in 2 Abarten bearbeitet: im Widerlager verankerte Kette und aufgehobener Horizontalzug. Er gestattet, da die Verhältnisse im übrigen die gleichen sind, einen guten Vergleich. Der Baustoff des Versteifungsbalkens ist Siliziumstahl.

---

[1] Verfasser: A. G. Harkort, Duisburg.
[2] Verfasser: Vereinigte Stahlwerke, Dortmunder Union in Dortmund.

	Kette im Widerlager verankert	Aufgehobener Horizontalzug
Querschnitt der Kette	2720 cm^2	3230 cm^3
Gewicht der Kette	2,37 t/m	2,81 t/m
Querschnitt des Versteifungsbalkens		
in Brückenmitte	2820 cm^2	6440 cm^2
in $\frac{1}{4}l$	3700 cm^2	8300 cm^2
in Seitenöffnung	2780	6080 cm^2
Trägheitsmoment der Versteifungsbalken		
in Brückenmitte	1,02 m^4	2,43 m^4
in $\frac{1}{4}l$	1,96 m^4	4,10 m^4
Eigengewicht		
der Fahrbahn } für 1 Träger	11 tm	11 tm
des Hauptträgers } für 1 Träger	7 tm	11 tm

Stahlgewichte

a) Hauptöffnung		
Versteifungsbalken . .	2160	4820
Windverband	110	110
Pylonen	1500	1960
Fahrbahn	1755	1755
Anker	70	170
	5595 t	8815 t
b) Seitenöffnung		
Hauptträger	680	1690
Fahrbahn	860	860
	1540 t	2550 t
c) Kabel	2700	2810
Hängeseile	47	52
Stahlgußstücke	985	1144
	3732 t	4006 t
Gesamtes Stahlgewicht	12267 t	16771 t
Kosten der Stahlteile	9118460	11664780
Kosten der Gründungen	3952200	3125300
Gesamtkosten	13070660 M.	14790080 M.

Die erheblichen Mehrkosten der Hängebrücke mit aufgehobenem Horizontalzug bestätigen das auf S. 326 ausgesprochene Werturteil über beide Bauarten.

C. Die räumlichen Verbände.

1. Zweck und Anordnung.

Die Hauptträger sichern den Stand der Brücke in ihrer Ebene. Die Standsicherheit im Raum verlangt räumliche Verbände, die mit keinem Stab in die Ebenen der Hauptträger fallen. In einem ebenen Tragwerk von k Knotenpunkten ist die Stabilität in der Ebene an die Erfüllung von $2\,k$ Bedingungen gebunden und die innere Stabilität, d. h. die Unmöglichkeit gegenseitiger Verschiebungen an $2k-3$. Jedes Glied des Tragwerks erfüllt eine Stabilitätsbedingung. Ein zur erforderlichen Zahl in der Ebene hinzutretendes Glied kann für die Stabilität im Raum nichts leisten. Daher sind durch jedes ebene stabile Tragwerk von k Knotenpunkten $2k$ bzw. $2k-3$ Bedingungen erfüllt, auch wenn es mehr Glieder besitzt. Die räumliche innere Stabilität eines Systems von k_1 Knotenpunkten ist an die Erfüllung von $3k_1-6$ Bedingungen gebunden. Um aus 2 ebenen Tragwerken von je k Knotenpunkten ein im Raume innerlich stabiles System zu schaffen, müssen sie somit durch $3\cdot 2k-6-2\,(2k-3)=2k$ räumliche Glieder verbunden werden. Zur vollkommenen räumlichen Stabilität eines innerlich stabilen Systems sind 6 Stützen notwendig und bei richtiger Lage ausreichend.

Zwei kongruente Hauptträger von 2 Gurtungen, die auch in ihren Ebenen gegeneinander verschoben sein können, seien im Zuge beider Gurtungen durch die Stäbe der Verbände a—b und o—o', Abb. 309 verbunden. Ihre Zahl ist $2k-2$. Zur inneren Stabilität fehlen 2 Stäbe. Jeden derselben kann man zwischen einem beliebigen Obergurtknoten des einen und einem beliebigen Untergurtknoten des andern Trägers einbauen. Man wählt in den Ebenen der äußersten Wandstäbe der Hauptträger die Stäbe a und b. Hat jeder Hauptträger 1 festes und 1 bewegliches Auflager, so genügen die Stützen trotz ausreichender Zahl nicht. Das System hat eine Bewegungsfreiheit rechtwinklig zur Ebene der Hauptträger. Es muß also noch 1 Stütze dieser Richtung A' oder B' angeordnet werden. Dafür kann entweder eine der lotrechten Stützen oder ein Stab beseitigt werden. Eine wagerechte Stütze darf nicht beseitigt werden, da 3 erforderlich sind, um jede Drehung um eine lotrechte Achse zu verhindern. Wird z. B. Stab a beseitigt, so legen die Punkte o_1 und o_1', die durch die Hauptträger und den Stab b unverschieblich sind, den Verband $o - o_1$ in der wagerechten Ebene fest. Da das gleiche die Hauptträger in der Lotrechten leisten, ist räumliche Stabilität vorhanden. Schwieriger ist die Stabilität zu erkennen, wenn ein Stab des Verbandes $a - b$ beseitigt wird, z. B. der Schrägstab $1 - 2'$. Hier sind durch die Hauptträger und Stab a zunächst die Punkte o, o', weiter o_1, o_1' festgelegt. Durch Stab b erhalten die Punkte b, b' Unverschieblichkeit in der wagerechten Ebene. Der ebene Träger $a, a' - 1, 1'$ ist in a und a' unverschieblich in seiner Ebene. Die Stäbe $1-2$, $1'-2'$ und die wagerechte Unverschieblichkeit in b legen auch den ebenen Träger $2, 2' - b, b'$ fest. In ähnlicher Weise erkennt man die Stabilität bei Beseitigung eines Stabes des Hauptträgers. Wird die Stütze B' als achte hinzugefügt, so können 2 Stäbe beseitigt werden, aber nicht 2 Stäbe desselben ebenen Verbandes.

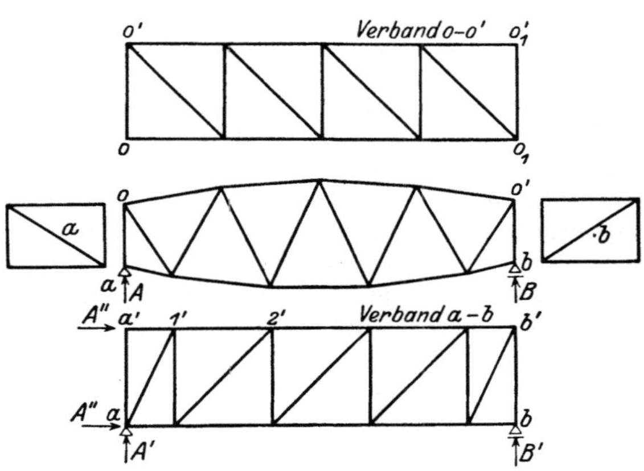

Abb. 309.

Die beschriebenen stabilen Systeme haben jedoch die Eigenschaft, daß bei gewissen Belastungen die meisten oder alle Stäbe beansprucht werden. Die Kräfte gehen auf Umwegen in die Widerlager, und die Folge sind große elastische Verschiebungen. Da diesem Nachteil keine Vorteile gegenüberstehen, liegt kein Grund vor, solche Systeme zu wählen. Man baut mit 1 oder mehreren überzähligen Gliedern, vernachlässigt aber die statische Unbestimmtheit.

Die erforderlichen Glieder einer Brücke werden in 3 Gruppen ebener Verbände zusammengefaßt: den lotrechten den Hauptträgern, den wagerechten den Windträgern und den Querverbänden oder Rahmen, wo das lichte Profil den Einbau von Stäben verbietet. Die Stäbe in den Schnittlinien der Ebenen werden beiden Verbänden zugerechnet, sie erfüllen eine zweifache Aufgabe. Die wagerechten Verbände werden Windträger genannt, weil ihre wichtigste Aufgabe die Aufnahme des Winddruckes ist. Sie können auch dann als ebene Träger behandelt werden, wenn die Gurtungen bogenförmig gekrümmt sind. Nur bei großer Bogenhöhe wird räumliche Behandlung notwendig. Der untere Windträger findet seine Stützung unmittelbar in den Lagern. Sind die Stützen A'' und A' oder B' vorhanden, so ist der Windträger ein Konsolträger, der in *a, a'* eingespannt ist. Da dies System große Spannkräfte bedingt, benutzt man beide Stützen *A'* und *B'* und vernachlässigt eine der in die Hauptträgerebene fallenden Stützen *A''*. Der obere Windverband findet die wagerechte Stützung in 2 Querverbänden.

Werden 2 kongruente Hauptträger von je 2 Gurtungen durch einen Windverband im Zuge einer Gurtung und Querverbände von je 2 Stäben durch jeden Knotenpunkt der zweiten Gurtung verkoppelt (Abb. 310), so sind $2k-1$ räumliche Glieder vorhanden. Das System besitzt also eine innere Bewegungsfreiheit. Wenn zwischen den Knotenpunkten der zweiten Gurtung kein Stab eingebaut werden kann, muß die räumliche Stabilität durch 7 Stützen erreicht werden, 1 rechtwinklig zur Ebene der Hauptträger gerichtete neben deren 6 Stützen in den Ebenen der Hauptträger. Auch hier werden aus dem oben angeführten Grunde 2 solcher Stützen angeordnet, so daß der Windträger ein Balken auf 2 Stützen ist. Man nennt eine Brücke der beschriebenen Art „auf einer Seite offen", die oben offene auch Trogbrücke. Als Querverbände der Trogbrücke dienen offene Halbrahme.

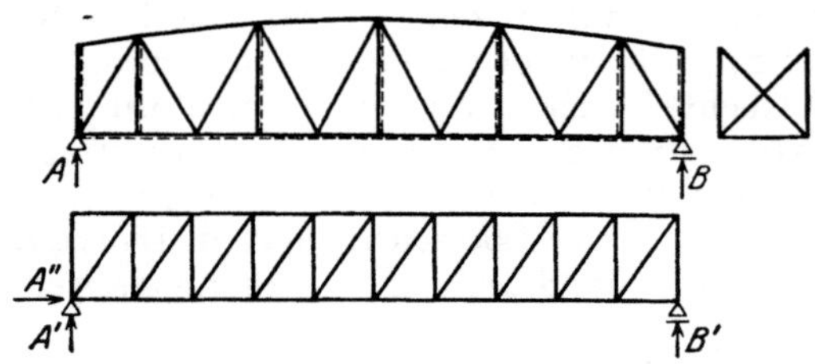

Abb. 310.

Eine dritte Bauart entsteht durch Verbindung der beschriebenen: Im Zuge der unteren Gurtung ein Windverband, der alle Knotenpunkte durchläuft, im Zuge der oberen Gurtung ein Windverband, der nur eine Anzahl, meist die mittleren Knotenpunkte, faßt, 2 Querverbände mit je einer Stabilitätsbedingung, die den oberen Windverband auf den unteren abstützen, und schließlich Querverbände mit je 2 Stabilitätsbedingungen durch alle noch freien Knotenpunkte der oberen Gurtung. Die Anordnung erfüllt $2k$ Bedingungen und besitzt

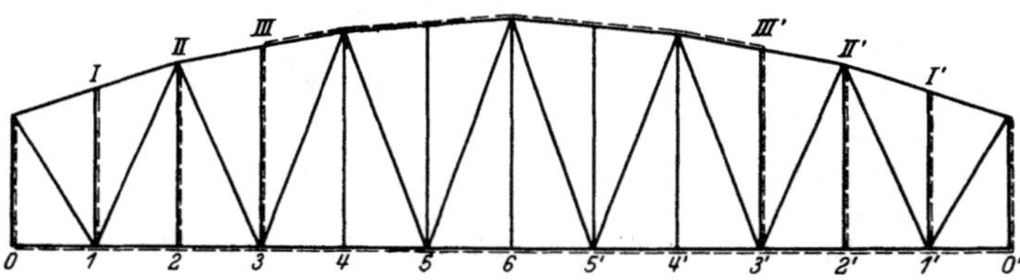

Abb. 311.

innere Stabilität. Abb. 311 zeigt die Bauart. Zwischen den Knoten *III—III'*, liegt ein Windverband, in den Ebenen *3—III*, *3'—III'* sind geschlossene Rahmen, in den Ebenen *0—0*, *1—I*, *2—II*, *2'—II'*, *1'—I'*, *0'—0'* offene Halbrahmen angeordnet. Der Windverband *III—III*, stützt sich als ebener Träger auf die Rahmen *3—III*, *3'—III'*, diese auf den unteren Windverband in wagerechter Richtung, auf die Hauptträger in der lotrechten. Der Winddruck auf den oberen Windverband erzeugt eine zusätzliche Belastung des leeseitigen und eine gleiche Entlastung des luvseitigen Hauptträgers durch je 2 Einzelkräfte.

Die erste Anordnung ist für hohe Fachwerkbalken mit oben liegender Fahrbahn zu wählen, ebenso bei tiefliegender Fahrbahn, sofern das lichte Profil den Raum freiläßt, der für den oberen Windverband benötigt wird. Wo das in Brückenmitte zutrifft, an den Enden aber nicht, ist die dritte Anordnung angebracht. Die zweite Bauart ist oben offen in allen Fällen tiefliegender Fahrbahn notwendig, in denen das lichte Profil den Einbau eines oberen Windverbandes verwehrt. Aus Gründen der Schönheit sollte sie für Straßenbrücken mit tiefliegender Fahrbahn immer gewählt werden, wenn die erforderlichen Abmessungen der Halbrahmen mit wirtschaftlichen Mitteln verwirklicht werden können. In der unten offenen Form ist die Bauart auch für niedrigere Brücken mit oben liegender Fahrbahn zweckmäßig, weil die Querverbände häufig einfacher und billiger werden als ein unterer Windverband. Für Blechträgerbrücken gilt das für alle Fälle oben liegender Fahrbahn.

Hauptträger mit 3 Gurtungen (Abb. 312) erhalten Windverbände im Zuge der beiden äußeren Gurtungen und 2 Querverbände oder Rahmen in den Ebenen der Endstäbe, außerdem aber Querverbände durch alle noch freien Knotenpunkte der dritten Gurtung. Da letztere 2 Stabilitätsbedingungen erfüllen, bestehen im ganzen $2k$. Bei der Trägerart der Abb. 312 lassen sich die Querverbände zur Stützung der dritten Gurtung meist am einfachsten an den Windverband in der oberen Gurtung anschließen, doch ist auch die Stützung auf beide Windverbände häufig zweckmäßig. Die erste Lösung ist die gegebene, wenn der Bogen vollwandig ausgebildet ist. Bei dem in Abb. 313 dargestellten Träger sind die Querverbände zur Stützung der dritten Gurtung an den unteren

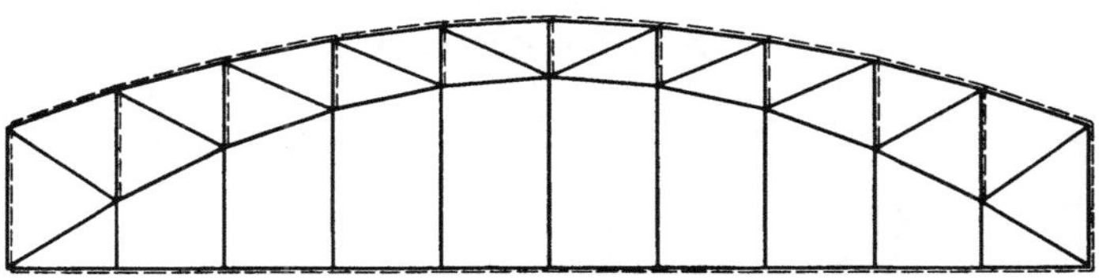

Abb. 312.

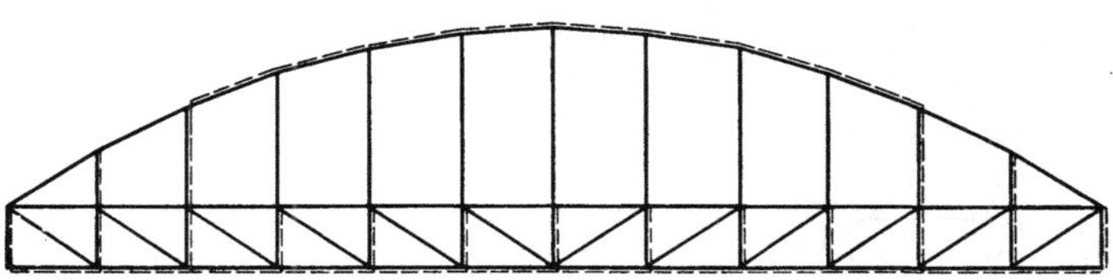

Abb. 313.

Windverband anzuschließen. Beide Bauarten können auch als Trogbrücken mit einem unteren Windverband ausgeführt werden. Halbrahmen müssen dann die obere und mittlere Gurtung in jedem Knotenpunkt stützen. Jeder Halbrahmen erfüllt 4 Stabilitätsbedingungen.

Im Kragträger eines Gerberträgers wird die Aufgabe für den Balken zwischen den Pfeilern in gleicher Weise gelöst wie für den Fachwerkbalken auf 2 Stützen. Falls ein oberer Windverband angeordnet wird, muß er durch Querverbände in der Ebene der Pfeiler gestützt werden. Die Windverbände werden in beiden Gurtungen bis zu den Gelenken fortgeführt. Sie bilden gleichfalls Kragträger. Der obere Windverband kann in den Kragarmen auch durch Querverbände ersetzt werden. Jeder Schwebeträger ist wie der Balken auf 2 Stützen zu behandeln. Der untere Windverband stützt sich in einem Gelenk auf den Windverband des Kragträgers. So entsteht ein wagerechter Gerberträger, der in der Lage der Stützen und Gelenke mit dem Hauptträger übereinstimmt. Wenn seine Ebene erheblich über oder unter den Achsen der Gelenke in den Hauptträgern liegt, muß das Gelenk im Windträger längsbeweglich gestaltet werden. Die gelenkfreie Ausbildung des unteren Windverbandes ist möglich und unbedenklich, wenn seine Ebene durch die Gelenkachsen gelegt werden kann, so daß die Drehung der Scheiben der Hauptträger nicht gehemmt wird. Ein oberer Windverband des Schwebeträgers wird meist durch einen Querverband in der lotrechten Gelenkebene auf den unteren Windverband gestützt. Dadurch entsteht hier eine Belastung des leeseitigen Hauptträgers sowie eine Entlastung des luvseitigen. Eine andere Lösung ist die Ausbildung des ganzen oberen Windver-

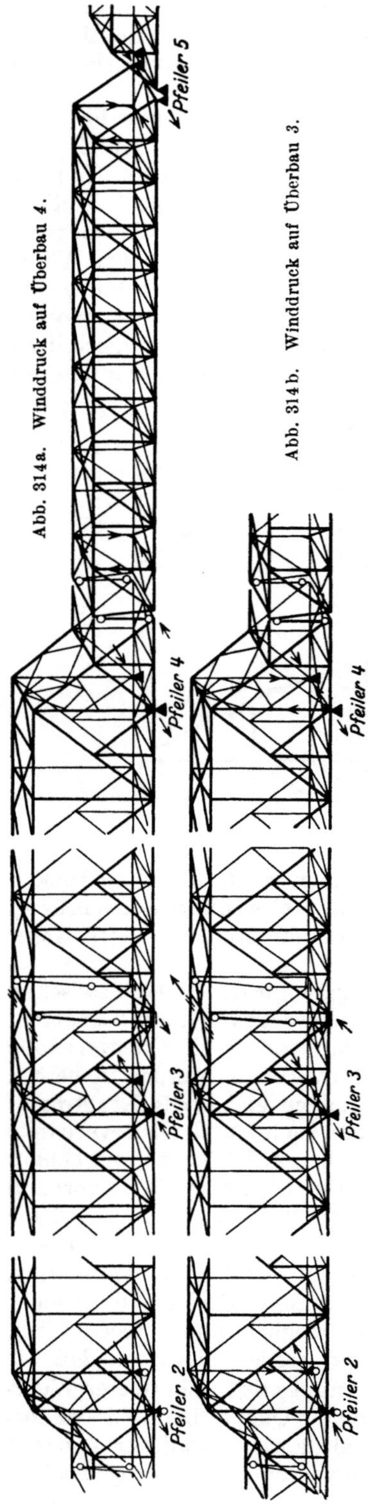

Abb. 314a. Winddruck auf Überbau 4.

Abb. 314b. Winddruck auf Überbau 3.

Abb. 314a und b. Wind- und Querverbände der Rheinbrücke Duisburg-Hochfeld.

bandes als Gelenkträger mit gleicher Stützung und gleicher Lage der Gelenke wie im unteren Verband. Die Gelenke müssen Längsbeweglichkeit erhalten. Da die Stützen der Querverbände über den Pfeilern stehen, werden zusätzliche Belastungen der Hauptträger vermieden.

Die Verbände der Rheinbrücke Duisburg-Hochfeld sind in Abb. 222 dargestellt. Sämtliche Überbauten haben Windverbände in beiden Gurtungen. Die der oberen sind über Pfeiler *2*, *3*, *4* durch Rahmen auf die Lager gestützt, in den Überbauten *1* und *4* in den Punkten *1* und *11* auf die unteren Windverbände. Beide Windverbände des Überbaues *2* sind Kragträger auf den Pfeilern *2* und *3* und stützen in den Punkten *32* die Verbände des Überbaues *3* in längsbeweglichen Gelenken. In Punkt *12* trägt der untere Windverband des Überbaues *2* längsbeweglich die Verbände des Überbau *1*, ebenso in Punkt *56* der untere Windverband des Überbaues *3* die Verbände des Überbaues *4*. Danach belastet Winddruck auf Überbau *1* den unteren Windverband im Überbau *2*, Winddruck auf Überbau *3* beide Windverbände im Überbau *2*, Winddruck auf Überbau *4* die unteren Verbände der Überbauten *2* und *3*. Nur der Winddruck auf Überbau *2* wird von dem Überbau allein aufgenommen. Zusätzliche Belastungen der Hauptträger auf der Leeseite aus dem Winddruck auf die oberen Verbände entstehen nur in den Überbauten *1* und *4*. In den Überbauten *2* und *3* gehen die lotrechten Kräfte unmittelbar in die Lager. Der Kraftfluß infolge der Windbelastung auf Überbau *3* und *4* ist in den Abb. 314a, b dargestellt.

Auf die Anordnung der Verbände einer Bogenbrücke hat die Höhenlage der Fahrbahn wesentlichen Einfluß. Liegt die Fahrbahn über den Bögen, so ist für kleinere Brücken ein Windverband nebst Querverbänden in den Ebenen aller Pfosten die zweckmäßigste Bauart. An sich sind beide Lagen des Windverbandes, im Zuge des Bogens oder dicht unter der Fahrbahn, möglich. Die erste Lage hat den Vorzug, daß der tragende Bauteil der Brücke in der wagerechten unmittelbar gehalten wird. Ein Vorteil, der allerdings erst bei größeren Brücken Bedeutung erlangt, liegt auch in der Einspannung des Windverbandes durch die Kämpfer. Da der Kämpferdruck des

Bogens stets größer ist als die durch das Einspannungsmoment des Verbandes bedingte Kraft gleicher Richtung, so ist vollkommene Einspannung vorhanden. Wenn die Fahrbahn aus Buckelplatten besteht, bildet sie selbst einen Verband genügender Stärke. Hier einen zweiten im Bogen anzuordnen, wäre

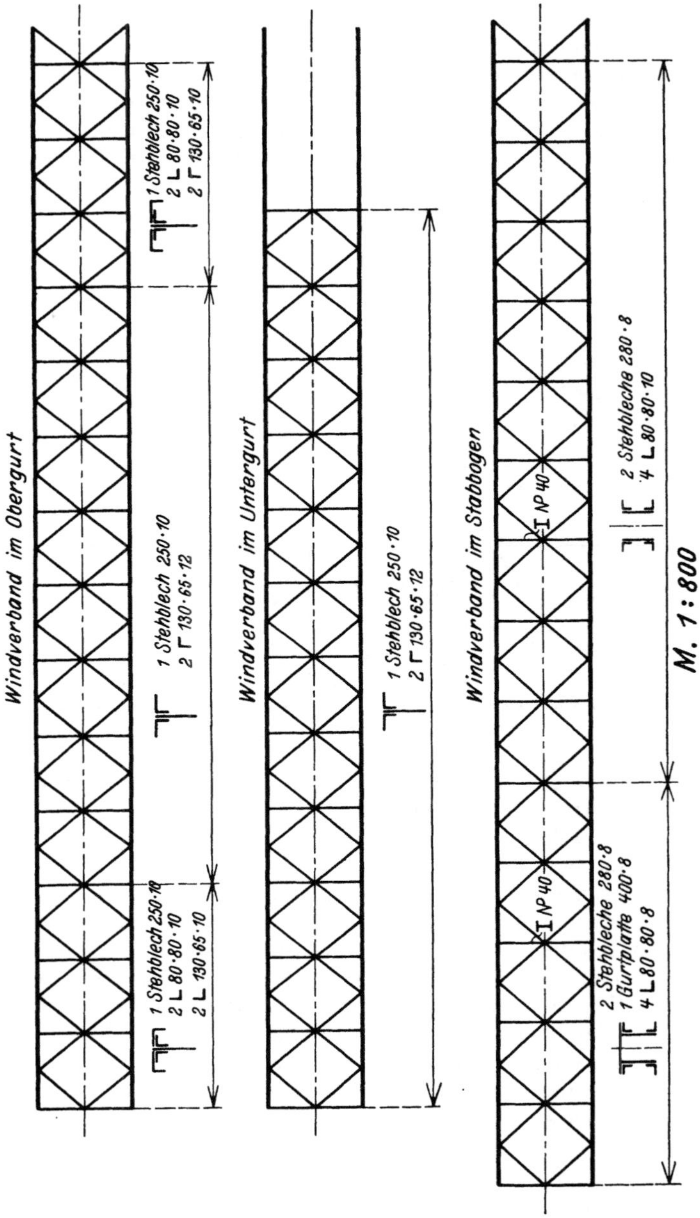

Abb. 315. Bogenbrücke über den Dnjepr. Entwurf.

unwirtschaftlich. Bei mittlerer und großer Spannweite macht die Standsicherheit des Bogens, die Sicherheit gegen Knicken aus der Bogenebene einen Windverband in seiner Achse notwendig. Wo die Fahrbahn hoch über dem Bogen liegt, ist ein zweiter Verband in der Fahrbahn angebracht, der sich in den Ebenen der Endpfosten durch Querverbände auf die Kämpfer und im Scheitel auf den unteren Windverband stützt. In solchen Fällen ist die Einspannung des Verbandes im Kämpfer von Bedeutung nicht nur für die Beanspruchung, sondern ganz besonders für die wagerechten Schwankungen der Brücke infolge der rollenden Lasten.

Die Verbände der 2 Fahrbahnen übereinander tragenden Bogenbrücke über den Dnjepr (S. 292) sind in Abb. 315 dargestellt. Im Bogen und der unteren Fahrbahn ist die vorstehend beschriebene Anordnung gewählt, doch ist der Verband in der Untergurtung 2 Felder vor dem Scheitel abgebrochen. Unter der oberen Fahrbahn liegt ein dritter Windverband, der durch hohe Rahmen in den Ebenen der Endpfosten auf die Kämpfer und einen niedrigen Rahmen im Scheitel auf den Windverband des Bogens gestützt ist. Die großen Querschnitte des Bogens und die Einspannung des Verbandes in den Kämpfern erhöhen die

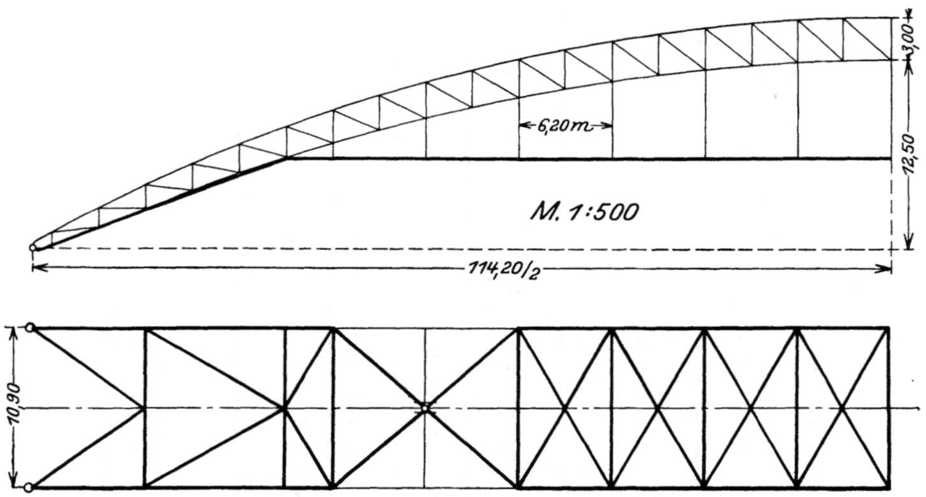

Abb. 316. Straßenbrücke über den Neckar in Mannheim. Entwurf.

Steifigkeit der Brücke. Die wagerechten Verschiebungen im Scheitel sind klein, bei stärkstem Winddruck nur wenige cm.

In den seltenen Fällen eines Fachwerkbogens mit 2 Gurtungen unter der Fahrbahn ist ein Windverband im Zuge der oberen Gurtung mit Querverbänden zum Halt der unteren die zweckmäßigste Lösung, während die Fahrbahn wie in den obenstehenden Fällen entweder durch Querverbände auf die Obergurtung abgestützt wird oder einen zweiten Windverband erhält. Meist steigt ein Bogen mit 2 Gurtungen über die Fahrbahn hinaus. In dem Brückenteil zwischen den Durchgängen des Bogens sind die Verbände so anzuordnen wie für Balkenträger mit 3 Gurtungen. Hier liegt stets ein Windverband unter der Fahrbahn, häufig ein zweiter im mittleren Stück der oberen Bogengurtung, der durch Vollrahmen auf den unteren Verband gestützt ist. Oben offene Halbrahmen sichern die obere Gurtung auf beiden Seiten der Vollrahmen, unten offene Halbrahmen die untere Gurtung des mittleren Stückes. Der unter der Fahrbahn liegende Windverband wird zweckmäßig im Zuge der unteren Gurtung bis zu den Kämpfern fortgeführt. Die Fahrbahn findet in den letzten Feldern durch Querverbände Halt, die in der Ebene jedes Pfostens auf den Bögen stehen.

Abb. 316 zeigt den Windverband einer Bogenbrücke von Sichelform (S. 288). Je eine durch die Kämpfer eingespannte Konsole trägt in ihrer lotrecht unter dem neunten Knotenpunkt des Bogens liegenden Spitze das als Parallelträger ausgebildete Mittelstück, in einem Punkte längsverschieblich. Im Knickpunkt zwischen der wagerechten Gurtung des Windverbandes und der Untergurtung

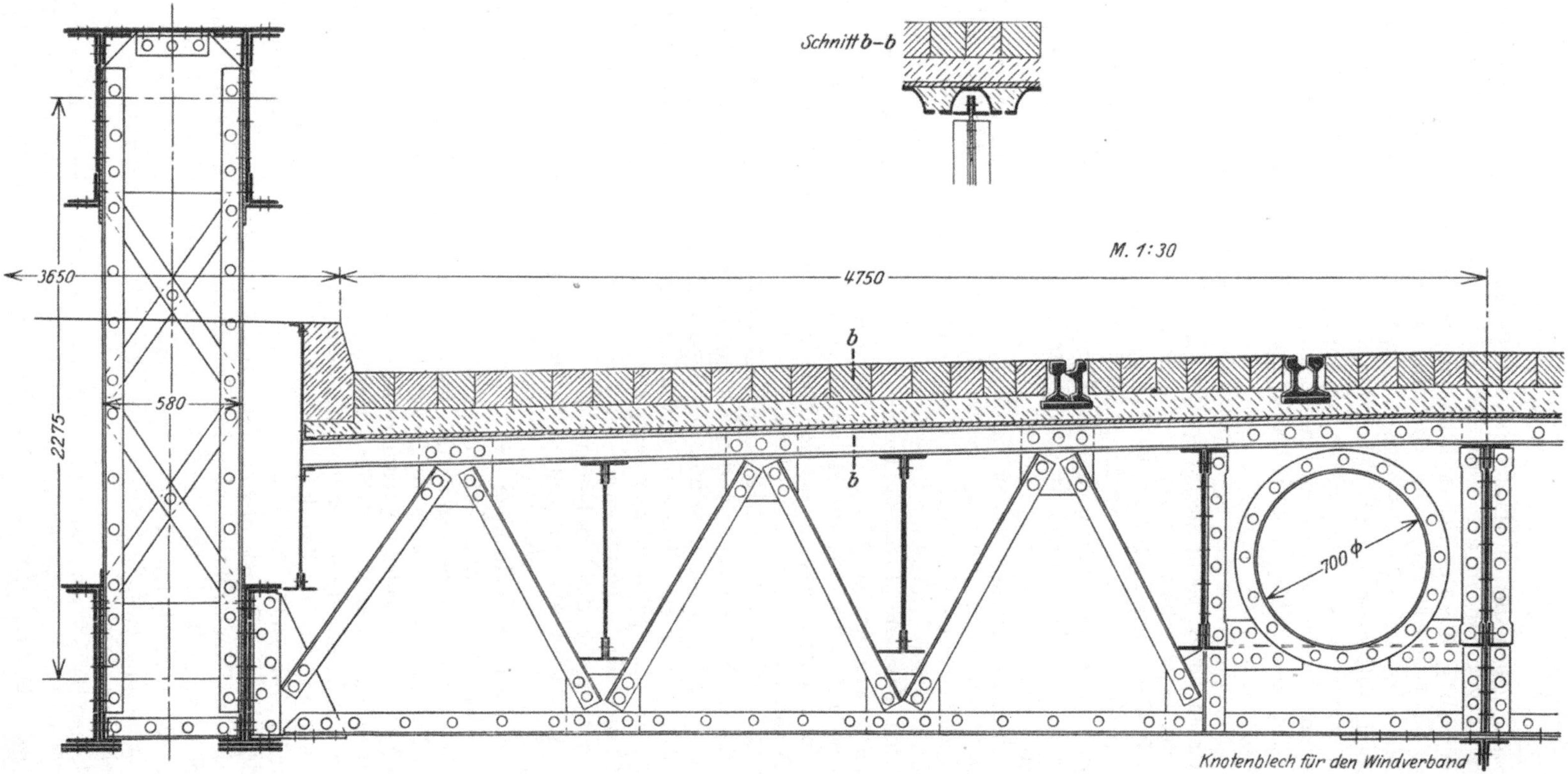
Schnitt b–b
M. 1:30
3650
4750
b
b
580
2275
700 ϕ
Knotenblech für den Windverband

Abb. 317.

des Bogens gehen die Gurtkräfte in den Bogen über. Der in Abb. 317 dargestellte Träger hält in der Mitte den Knotenpunkt des Windverbandes, in dem die Schrägstäbe des wagerechten und des fallenden Feldes durch ein geknicktes Knotenblech verbunden sind. Infolge des Knickes können nur solche Kräfte aus einem Feld in das andere übergehen, die in die wagerechte Knicklinie fallen. Mithin werden die Querkräfte des Windverbandes in der fallenden Konsole weitergeleitet. Die gleiche Lösung zeigt der in Abb. 253 dargestellte Entwurf des Bogens „Aus einem Guß".

Einfacher und richtiger ist die Anordnung der Konsolspitze im Knick zwischen Bogengurtung und Fahrbahn.

Als Lösung anderer Art ist zuweilen die Durchführung des Windverbandes unter der Fahrbahn bis an die Endpfosten gewählt worden. Zu seiner Stützung dienen hier Querverbände zwischen den Endpfosten oder besondere Windlager auf den Pfeilern. Die Endfelder des Bogens werden durch konsolartige, in den Kämpfern eingespannte Verbände gegen Knicken gesichert. Die erste Anordnung ist jedoch vorzuziehen, da die Kämpfer das denkbar beste Lager des Windverbandes bilden und man den Vorteil der Einspannung nicht grundlos aufgeben sollte.

Wo die Hauptträger Bögen in festen Kämpfern sind, hat man häufig die feste Verbindung des wagerechten Mittelstückes des Windverbandes mit den Bogengurtungen gescheut, weil dadurch ein Zugband im Bogen entsteht und die statische Unbestimmtheit um 1 zunimmt. Der Grund schlägt nicht durch. Die elastische Längenänderung der Bogensehne ist in geringer Höhe über den Kämpfern so klein, daß das Zugband nur unwesentliche Spannungen erfährt. Im Windverband kann man sie unbedenklich als Zusatzspannungen unbeachtet lassen. Im Hauptträger erzeugen sie kleine Ermäßigung der Spannungen.

Eine Folge der festen Verbindung sind jedoch Temperaturspannungen im Windverband. Sie betragen in den Gurtungen bei $\pm 35^0$ Temperaturwechsel höchstens ∓ 840 kg/cm². Dem muß bei der Bemessung der Querschnitte Rechnung getragen werden. Bleibende Formänderungen müssen vermieden werden. Deshalb darf die Spannung aus Temperaturänderung und größtem Winddruck die σ_P-Grenze nicht überschreiten. Die Forderung wird erfüllt, wenn der Querschnittsbestimmung des Windverbandes $\sigma_{zul} = 1200$ kg/cm² aus Winddruck zugrunde gelegt wird. Da gleichzeitige Wirkung größten Temperaturwechsels und größten Winddruckes ein kaum wahrscheinlicher Fall ist, würde auch $\sigma_{zul} = 1400$ kg/cm² unbedenklich sein.

Beim Bogen mit Zugband liegt es nahe, das Zugband als Gurtung des Windverbandes zu benutzen. Das bedingt feste Verbindung des Zugbandes mit dem Fahrbahnrost. Die Längsträger des Rostes müssen an den elastischen Dehnungen des Zugbandes teilnehmen. Es ist daher ratsam, in ihren Anschlüssen an die Querträger die Niete durch durchlaufende Platten zu entlasten. Häufig hat man die Trennung des Zugbandes vom Fahrbahnrost für notwendig gehalten und zu diesem Zweck das Zugband pendelnd an den Querträgern aufgehängt (Abb. 130). Dann kann das Zugband nicht als Gurtung des Windverbandes dienen. Es ist in der Fahrbahn ein besonderer Windverband erforderlich. Die Konstruktion ist jedoch in diesen Fällen meist nicht ganz einwandfrei durchgebildet. Die feste Verbindung zwischen Zugband und Fahrbahnrost ist vorzuziehen. Temperaturwechsel hat nur geringen Einfluß. Bei fester Verbindung entfällt auch die Notwendigkeit, eine Querfuge in der Fahrbahndecke anzuordnen.

Bei hohen Bauwerken geht man zwecks Einschränkung der seitlichen Schwankungen über die zur Stabilität erforderlichen Verbände hinaus. So hat die Bogenbrücke bei Müngsten (Abb. 266) durchlaufende Windverbände in einer Bogengurtung und den Gurtungen der Fahrbahnträger, ferner Querverbände zwischen den Bogengurtungen und zwischen den Pfosten, welche die Fahrbahn auf den Bogen abstützen, erhalten. Das gleiche gilt für die Hauptbrücke der Rendsburger Hochbrücke.

2. Ausbildung der Windverbände.

Die Gliederung der Windverbände wird in 4 Bauarten ausgeführt, die in den Abb. 318 dargestellt sind. Da die Stäbe ihr Eigengewicht selbst tragen müssen, müssen sie steife Querschnitte erhalten. Die gekreuzten Diagonalen können daher auf Zug und Druck in Anspruch genommen werden. Die Knicklänge ist infolge der festen Verbindung der Stäbe im Schnittpunkt gleich der halben Stablänge. Der gezogene Schrägstab verhindert ein Ausweichen des gedrückten in der Stabmitte. Im oberen Windverband sind aus Gründen der Schönheit möglichst weite Maschen anzustreben. In dieser Hinsicht besitzen die zweite und dritte Gliederung offenkundige Vorzüge. Die zweite ist allerdings mit dem Nachteil großer Stablängen verbunden, die zu kostspieligen Querschnitten nötigen. Sie kommt daher in erster Linie bei Brücken von kleinem Abstand der Hauptträger in Betracht. Bei der dritten Gliederung teilt der Querstab die Stäbe in Stücke günstiger Längen. Er wird kräftig ausgebildet, um gleichzeitig als Riegel der für die Stabilität nicht benötigten Zwischenrahmen zu dienen und bietet den Schrägstäben des Windverbandes eine gute Stütze. Die Gliederung ist daher für den oberen Windverband breiter Brücken günstig und wird heute mit Recht bevorzugt. Wo Querstäbe als Querträger oder Riegel vorhanden sind, hat das K-Fachwerk vor gekreuzten Diagonalen den Vorzug kleiner Stablängen. Die Kräfte und die Knicklängen sind allerdings etwas größer. Beides abwägend, muß man das K-Fachwerk der ersten Gliederung vorziehen, während es der dritten nicht gleichkommt. Zwischen hochansteigenden vollwandigen Bögen ist auch das Pfostensystem vorgeschlagen worden, das den Windverband in Rahmen teilt. Es besitzt hier durch den Einklang seiner Form mit der schweren Bauart der Bogen offensichtliche Vorzüge. Ein Nachteil liegt in der Schwierigkeit, die Stärken sicher zu bemessen. Der Winddruck allein gibt zu schwache Abmessungen. Als Grundlage der Rechnung muß größter Winddruck und volle Belastung der halben Fahrbahnbreite auf der Luvseite angenommen werden. Diese Voraussetzungen führen auf ein schwierig zu lösendes Knickproblem.

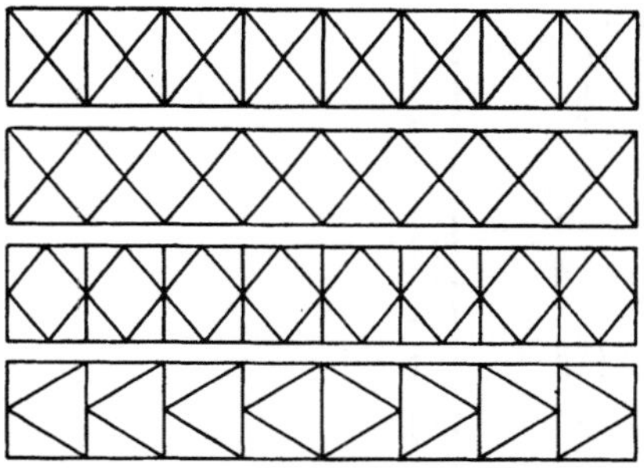

Abb. 318.

Die Gurtungen der Windverbände sind in den meisten Fällen Gurtungen der Hauptträger. Auf deren wagerechte Flansche, die unteren in der Untergurtung, die oberen in der Obergurtung, werden die Knotenbleche zum Anschluß der Wandstäbe der Verbände gelegt. Auf Lage der Stabachsen in der Verbandebene wird verzichtet, da der Einbau der Knotenbleche in der wagerechten Schwerachse der Gurtungen schwer ausführbar ist. Beim unteren Windverband spricht häufig die Rücksicht auf die Bauhöhe mit. Nicht selten wird auch auf Einführung der Achsen der Schrägstäbe in die geometrischen Knotenpunkte verzichtet, um zu große Knotenbleche zu vermeiden. Beide Mängel sind unbedenklich, da die Gurtungen durch die Belastung der Hauptträger weit stärker beansprucht werden als aus dem Windverband. Die Vorstellung, daß die Spannkraft des Windverbandes von einem abgetrennten geeigneten Teil des Quer-

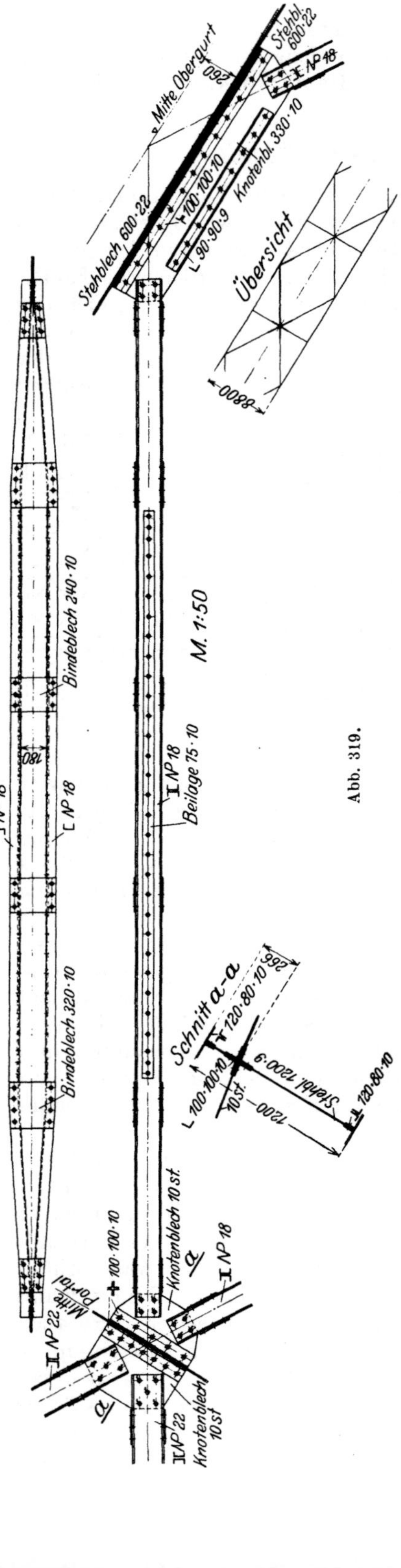

Abb. 319.

schnitts aufgenommen wird, beseitigt den Fehler.

Die Querstäbe des unteren Windverbandes sind die Querträger. Die Schrägstäbe werden an den Längsträgern der Fahrbahn aufgehängt, um sie vom Eigengewicht zu entlasten. Sie werden aus 2 oder 4 in Kreuzform gestellten Winkeleisen gebildet. Auch 2]-Eisen mit wagerecht liegenden Stegen sind geeignet. Die Anordnung von 2 Winkeleisen, die auf den Knotenblechen liegen, hat den Vorzug, daß die Bauhöhe nicht beeinträchtigt wird. Dagegen ist der einseitige Anschluß an die Knotenbleche ein Nachteil. Die Abb. 82 und 88 zeigen Anschlüsse der Schrägstäbe in Knotenpunkten der Untergurtung.

In den oberen Windverbänden, zuweilen auch in den unteren, fehlt die Möglichkeit der Aufhängung. Die Stäbe müssen so ausgebildet werden, daß sie sich frei tragen. Im Mittelstück gespreizte][-Eisen sind hier geeignet und gleichzeitig zur Aufnahme von Druckkräften befähigt. Einen Stab der Art mit seinen Anschlüssen zeigt Abb. 319. Geeignete Querschnitte erhält man in T-Form aus Stehblech und Winkeleisen und in T-Form aus I- und [-Eisen. Das Beispiel eines Knotenpunktes gibt die Abb. 62.

In den längsverschieblichen Gelenken des Windverbandes laufen stets 2 Schrägstäbe unter gleicher Neigung gegen die Bewegungsrichtung auf das Knotenblech auf. Bewegung und Drehung wird durch ein Pendel vermittelt, das, aus 2 geschmiedeten oder gegossenen Stücken bestehend, auf beide Flächen des Knotenbleches geschraubt ist. Die Kopfflächen sind Mantelflächen eines Kreiszylinders, dessen Achse in die Gelenkachse fällt. Sie stützen sich auf beiden Seiten gegen parallele Platten an der tragenden Scheibe. Abb. 320 zeigt im Lichtbild das Gelenk des oberen Windverbandes im Knotenpunkt *32* der Rheinbrücke Duisburg-Hochfeld. Eine andere Anordnung verzichtet auf Drehung und ermöglicht die geradlinige Verschiebung durch Gleiten des Knotenbleches in einer es umschließenden Fassung. Das Knotenblech endigt in einem Stück mit parallelen Kanten und greift in einen Schlitz, der im mittleren von 3 Blechen ausgespart ist. Diese Bleche bilden den

Endknoten der tragenden Scheibe. Abb. 321 zeigt im Lichtbild einen Querträger der Rheinbrücke Duisburg-Hochfeld, in dessen Mitte der beschriebene Schlitz zu erkennen ist. Die Schienenträger sind hier auf Walzen längsverschieblich gelagert.

3. Der Bremsträger.

Der Bremsträger der Eisenbahnbrücken steht in enger Verbindung mit dem Windverband unter der Fahrbahn. Sein Zweck ist, die beim Bremsen und Anfahren der Fahrzeuge entstehenden Kräfte aus den Schwellenträgern in die Gurtung der Hauptträger zu leiten, die sie auf das feste Auflager übertragen. Der Bremsträger ist demnach ein wagerechter, quer zur Brücke liegender Träger, der in den Schwellenträgern die Lasten aufnimmt. Wo das Gleis in der Bettung liegt, werden die Brems-

Abb. 320. Rheinbrücke Duisburg-Hochfeld. Oberer Windverband. Knotenpunkt *32*.

Abb. 321. Rheinbrücke Duisburg-Hochfeld. Querträger in Knotenpunkt *12*.

kräfte vom Bettungskörper und der Fahrbahntafel aufgenommen. Hier ist ein Bremsträger unnötig. Da mit der Möglichkeit gerechnet werden muß, daß alle Achsen gleichzeitig gebremst werden, ist die Bremskraft der Länge l_B des Schienenstranges, der an dem Bremsträger hängt, verhältnisgleich. Die Belastung beträgt mit der Reibungszahl $\mu = \frac{1}{7}$ $B = \frac{1}{7}\, p \cdot l_B$. Da die Bremskraft durch die Schienenträger zu den Bremsträgern gelangt, folgt daraus weiter, daß Abstand und Zahl der Bremsträger einer Brücke von der zusätzlichen Belastung abhängt, die man den Schienenträgern zumuten kann. Bei $l_B = 30$ m und dem schwersten Lastenzug der Deutschen Reichsbahn beträgt B etwa 30 t für jeden Schwellenträger. Bei Anordnung von Kontinuitätsplatten läßt sich die Strecke durch Verstärkung der Obergurtung der Schwellenträger leicht vergrößern. Wird nur ein Bremsträger angeordnet, so sind 2 Lagen möglich, über dem festen Auflager und in Brückenmitte. Im ersten Falle belasten die Bremskräfte die Gurtungen des Hauptträgers nicht. Da aber der ganze Schienenstrang an dem Bremsträger hängt, ist die Anordnung ohne Verstärkung der Schwellenträger nur bei kurzen Brücken möglich. Ein Bremsträger in Brückenmitte reicht ohne Verstärkung der Schwellenträger bis zur zweifachen Brückenlänge, belastet aber die Gurtungen in halber Länge.

Ferner ist zu beachten, daß bei den genannten Anordnungen die Querträger Biegungsbeanspruchungen erfahren. Sie sind eine Folge des Unterschiedes der Längenänderungen der Gurtungen und Schwellenträger, nehmen daher von Querträger zu Querträger mit dem Abstand des Bremsträgers zu. Wenn angenommen wird, daß die volle Verkehrsbelastung der Brücke die mittlere Spannung σ_0 in der unteren Gurtung erzeugt, erhält man mit den Bezeichnungen: F = Querschnitt eines Schwellenträgers, b_1 = Gurtbreite und J = Trägheitsmoment, l_1 = die Länge des Querträgers, a = Abstand der Gleismitte vom Ende, die größtmögliche Biegungsspannung der zweigleisigen Brücke angenähert

$$\sigma = \sigma_0 \frac{l \cdot b_1}{\frac{1}{3}\, a\,(3 l_1 - 4a) + \frac{l \cdot J}{a \cdot F}}\,.$$

Bei 30 m Länge erhält man

$$\sigma = \sigma_0 \frac{30 \cdot 0{,}4}{\frac{1}{3}\, 2{,}4 \cdot 15{,}3 + \frac{30}{24}\, 0{,}15} = 0{,}85\,\sigma_0\,.$$

also ziemlich beträchtliche Zusatzspannungen.

Sind 2 Bremsträger notwendig, so ist die Anordnung eines über dem festen Auflager ratsam, da er die Gurtung des Hauptträgers nicht belastet. Der zweite wird der Symmetrie zuliebe häufig über das bewegliche Auflager gelegt. Die Anordnung in der Mitte spart Material, da sie nur eine Hälfte der Gurtung gleich stark belastet wie jene die ganze Länge. Die Ersparnis wird jedoch durch die Herstellung verschiedener Gurtungsstäbe gemindert. Um die größte Brückenlänge durch 2 Bremsträger zu decken, ist die Lage in $\frac{1}{4}\, l$ und $\frac{3}{4}\, l$ zu wählen. An jedem hängt dann beiderseits $l_B = \frac{1}{4}\, l$ und jeder ist durch $B = \frac{1}{7}\, \frac{pl}{2}$ belastet. Bei geschlossenem Schwellenträgerzug zwischen 2 Bremsträgern zwingen sie den Längsträgern die gleiche Dehnung auf, die in den Gurtungen entsteht. Diese Beanspruchung darf den Anschlußnieten zwischen Längs- und Querträger nicht zugemutet werden. Deshalb wird der Schwellenträgerstrang in einem Querschnitt durch ein längsverschiebliches Auflager auf Konsolen am Querträger unterbrochen. Da hierbei die oben besprochenen zusätzlichen Biegungsspannungen in den Querträgern auftreten, ist wohl zu erwägen, ob die Entlastung der Anschlußniete durch Platten, welche die Schwellenträger in 2 nebeneinanderliegenden Feldern verbinden, nicht die richtigere Lösung ist. Daß dadurch die längsverschieblichen Auflager wegfallen, ist offenbar ein Vorzug.

Bei einem Gerberträger über 3 Öffnungen mit 3 festen Lagern nach Abb. 322 ist über jedes feste Lager ein Bremsträger zu legen und die etwa erforderlichen weiteren sind nach obigen Richtlinien möglichst günstig zu verteilen. Jeder Schwebeträger belastet dabei den Uferpfeiler, der Kragträger den Flußpfeiler, auf dem das feste Auflager ruht. Die Bremskräfte wirken als wagerechte Lasten am Pfeilerkopf und beeinflussen dadurch die Pfeilerstärke im Fundament.

322

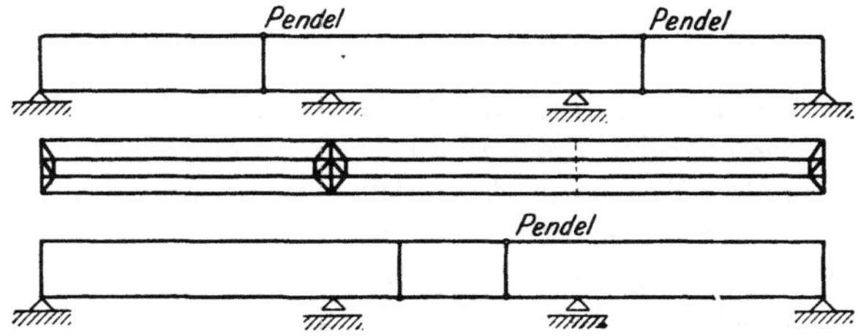

323

Abb. 322 und 323.

Beim System der Abb. 323 sind nur 2 feste Lager möglich. Eins derselben muß die Bremskräfte von einem Krag- und dem Schwebeträger aufnehmen. Hier wird dieser Pfeiler und die Gurtung stärker beansprucht als bei der ersten Anordnung, wenn es ein Uferpfeiler ist. Liegt das feste Auflager auf einem Flußpfeiler, dann sind die größten Lastlängen für 1 Gurtung ungefähr die gleichen wie bei der ersten Anordnung. Die Belastung des Pfeilers ist jedoch größer. Bei Entscheidung zwischen beiden Bauarten des Gerberträgers ist auch der Einfluß auf die Pfeiler zu berücksichtigen. Da der Flußpfeiler im allgemeinen tiefer gegründet werden muß, verursacht die Belastung durch die Bremskräfte hier höhere Kosten als beim Landpfeiler. Unter einem durchlaufenden Träger ist nur 1 festes Lager möglich. Von diesem muß die Bremskraft der ganzen Brücke aufgenommen werden. Wählt man den Landpfeiler, so steigt die Belastungsstrecke der Gurtung. Wählt man einen Flußpfeiler, so erhöhen sich die Kosten des Pfeilers. Nur eine vergleichende Rechnung kann entscheiden. In jedem Falle sind die durch die Bremskräfte verursachten Kosten höher als im Falle des Gerberträgers. Die Anordnung der Bremsträger der Rheinbrücke Duisburg-Hochfeld ist aus Abb. 222 ersichtlich. Der große Überbau *3* hat 3 Bremsträger in rd. 63 m Abstand. Sie führen die Bremskräfte durch die Untergurtung in das Lager auf Pfeiler *4*. 2 Bremsträger im Überbau *2* leiten die Kräfte in den Pfeiler *3*, gleich viele die der äußeren Schwebeträger in die Pfeiler *1* und *5*.

Bei Bogenbrücken unter der Fahrbahn ist ein Bremsverband im Scheitel, der die Kräfte hier an den Bogen abgibt, die nächstliegende Lösung. Reicht ein Bremsträger nicht aus, so muß der Streckgurt zum Anschluß an den Bogenscheitel benutzt werden. Wenn die Untergurtung des Bogens die Fahrbahn durchdringt, bilden die Punkte des Durchgangs günstige Bedingungen für die Stützung von 2 Bremsträgern. Eine Unterbrechung des Längsträgerstranges ist hier im Falle fester Kämpfer aus den auf S. 378 gegebenen Gründen entbehrlich, doch ist ratsam, die Anschlußniete von den durch negative Temperaturänderungen entstehenden Zugkräften zu entlasten. Im Bogen mit Zugband ist die Unterbrechung notwendig, wenn das Zugband pendelnd aufgehängt ist. Doch ist auch hier die feste Verbindung aller Glieder vorzuziehen.

Zur Konstruktion der Bremsträger werden die Schrägstäbe des Windverbandes benutzt. Das System schließt sich daher an dessen Gliederung an. Da die Knotenbleche des Windverbandes im allgemeinen bündig mit der Unterkante der Querträger liegen und alle Knotenbleche des Bremsverbandes in die gleiche Ebene fallen müssen, ist ein Ausgleich des etwaigen Höhenunterschiedes zwischen Schwellen- und Querträgern notwendig. Bei kleinem Unterschied wählt man im Felde des Bremsträgers höhere Schwellenträger. Im Falle größeren Unterschiedes führt man den Schwellenträger durch eine untergenietete Konsole auf den Verband hinunter. Da die Bremskräfte den Schwellenträger in seiner Oberkante belasten, entstehen aus dem Höhenunterschied zwischen der Oberkante und der Ebene des Bremsverbandes zusätzliche lotrechte Belastungen der beiden Querträger des Feldes.

4. Querverbände.

Wenn Raumbeschränkung nicht besteht, ist fachwerkartige Ausbildung des Querverbandes die einfachste und billigste. Sie ist daher für Brücken mit oben liegender Fahrbahn die natürliche Lösung. Nur wenn die Hauptträger niedrige Stehblechträger sind, ist der unten offene Halbrahmen vorzuziehen. Die lotrechten Stäbe des Hauptträgers als Pfosten, Querträger der Fahrbahn und Querstab des Windverbandes als Riegel sowie Schrägstäbe in den Diagonalen bilden den Fachwerkverband. Wenn ein unterer Windverband nicht vorhanden ist, kann der Riegel fortfallen. Die Schrägstäbe müssen dann rechtwinklig zur Verbandsebene in ganzer Länge knicksicher ausgebildet werden. Sie werden schwerer, erfordern aber im ganzen nicht mehr Material. Für die Schrägstäbe und den unteren Riegel werden 2 Winkeleisen oder auch 2 ⊐-Eisen verwendet. 4 Knotenbleche verbinden die Stäbe in den Ecken. Der Schnittpunkt der Schrägstäbe wird zweckmäßig auch als Knotenpunkt ausgebildet. Wenn die Querträger durch Eckbleche an die Pfosten der Hauptträger angeschlossen sind, zieht man die Bleche unter die Unterkante der Querträger herunter und führt die Schrägstäbe auf sie auf. Im andern Falle dienen Anschlußwinkel zur Verbindung der Knotenbleche des Querverbandes mit den unteren Flanschen der Querträger. Ein zweiteiliger Pfostenquerschnitt umfaßt die Knotenbleche, an die Flansche des ⊢⊣-förmigen werden sie durch Anschlußwinkel genietet.

Recht zweckmäßig ist der in Abb. 121 dargestellte Querverband der Eisenbahnbrücke über die Weser bei Wehrder. Die Anordnung kürzt die Längen der Schrägstäbe, erfordert allerdings größere Querschnitte als gekreuzte Schrägstäbe, da die Spannkräfte und Knicklängen etwas größer sind. Die Entscheidung zwischen beiden Gliederungen hängt vom Verhältnis von Höhe zu Breite des Rechtecks ab. Die Anordnung hat hier noch den Zweck, die Knotenpunkte des unteren Windverbandes zu tragen. Die Pfosten sind Breitflanschträger I P 50, die in der Mitte durch den Knotenpunkt der Schrägstäbe des Hauptträgers geteilt sind. Die Schrägstäbe und der Riegel sind aus Winkeleisen in Kreuzform gebildet. Doppelte Bindebleche schließen die Winkel zum einheitlichen Querschnitt zusammen. Ähnlich sind die in den Abb. 120 und 122 dargestellten Querverbände zwischen hohen Blechträgern. Bei dem ersteren ist infolge der Auflagerung des Querträgers ein oberer Riegel erforderlich.

Abb. 324 zeigt den Querverband einer vollwandigen Bogenbrücke unter der Fahrbahn. Hier handelt es sich um die gegenseitige Verbindung von 3 Punkten der Hauptträger: Oberkante und Unterkante des hohen Bogenquerschnittes sowie Fahrbahnrost. Zwischen den Bögen ist ein Halbrahmen eingebaut, der aus einem rund ausgeschnittenen und durch Winkeleisen gesäumten Blech besteht. In seinen lotrechten Kanten ist das Blech durch Winkeleisen auf die Stege des Bogens genietet. Die Konstruktion legt die Bogenquerschnitte in voller Höhe gegeneinander fest. Der Fahrbahnrost ist auf die Bögen durch Pfosten von 4 in Kreuzform gestellten Winkeleisen abgestützt. Den Querverband vollenden 2 gekreuzte Schrägstäbe. Sie bestehen aus einfachen Winkeleisen, die durch Anschlußlaschen zweischnittig mit den Eckblechen vernietet sind.

Kreuzförmige Verbände verkuppeln die 6 Hauptträger der Straßenbrücke über den Neckar, deren Querschnitt in Abb. 147 dargestellt ist. Der wesentliche Zweck des Verbandes ist hier nicht die Aufnahme wagerechter Kräfte, sondern die Verteilung großer Einzellasten des Verkehrs auf mehrere

Hauptträger. Möglichste Gleichmäßigkeit der Durchbiegung quer zur Brückenachse soll auch zum Vorteil der Fahrbahndecke erreicht werden. Die Gesamtheit der Hauptträger ist zu einem elastischen Rost verbunden, in dem die dynamischen Wirkungen der Stöße milder ausklingen als im einzelnen Träger. Ein Nachteil der sonst zweckmäßigen Anordnung ist die Erschwerung der Unterhaltung durch die große Zahl von Stäben. Der Zweck ist jedoch auch durch eine geringere Zahl kräftiger gestaltete Verbände zu erreichen. Dazu ist namentlich notwendig, daß die wagerechten Glieder benachbarter Felder durch Laschen, welche die Hauptträger durchdringen oder unterziehen, so miteinander verbunden werden, daß

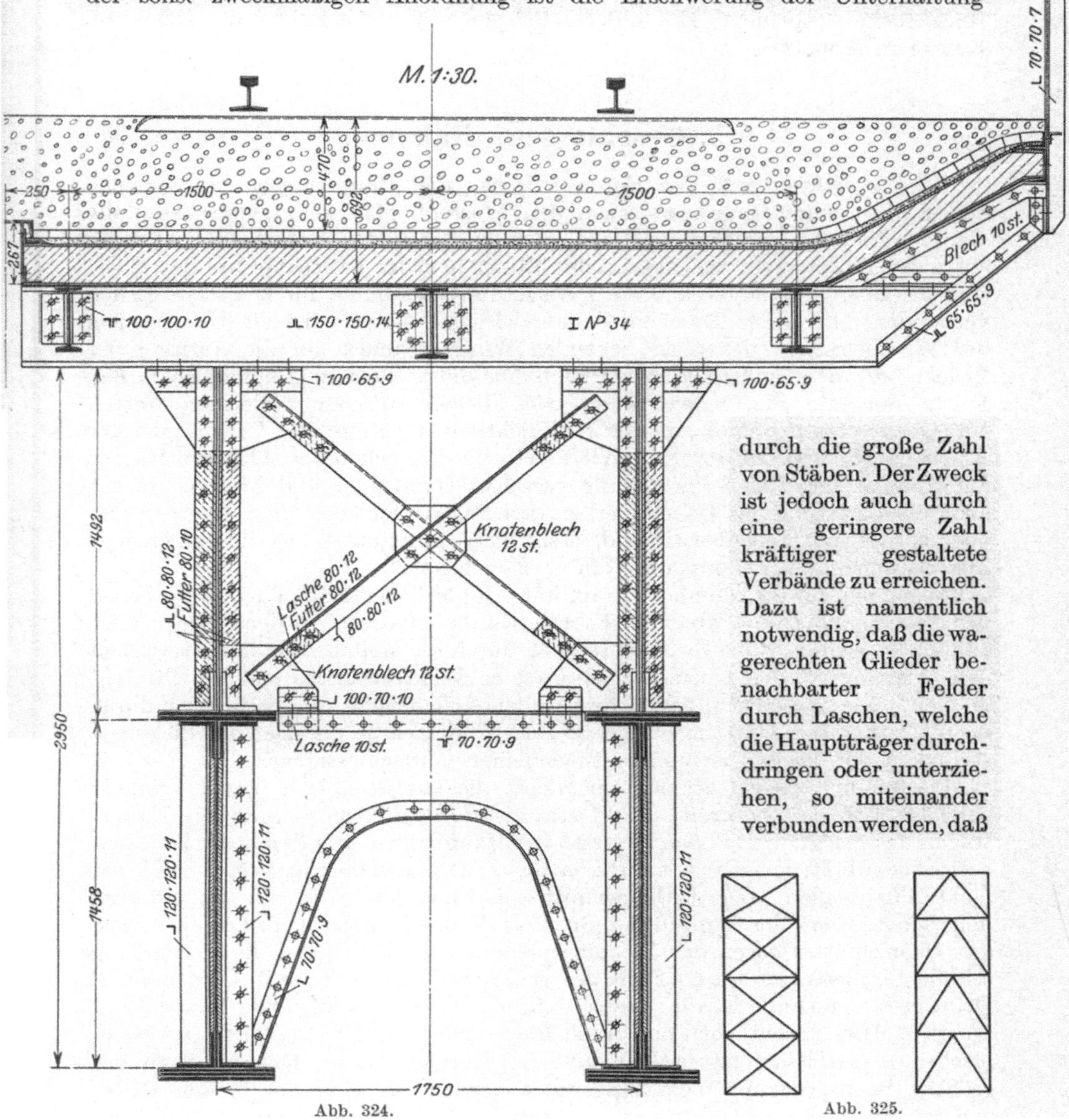

Abb. 324. Abb. 325.

die einzelnen Felder jedes Verbandes zu einem durchlaufenden Querträger zusammengeschlossen sind. Bei der hier vorliegenden Brückenlänge von 80 m und der Höhe der Hauptträger hätten 4 bis 5 Verbände zwischen den Pfeilern genügt. Die Berechnung von Einflußlinien für die Momente der Hauptträger in den Kreuzungspunkten ist vom Verf. in der „Statik des ebenen Tragwerks“ S. 614 dargestellt. Mit Hilfe der von Dr.-Ing. Witt berechneten Zahlentafeln ist die Rechnung mit mäßigem Zeitaufwand durchzuführen.

Bei großer Höhe eines Querverbandes ist die Aufteilung in Stockwerke nach den Abb. 325 angebracht. So erhalten die Schrägstäbe günstige Neigung und kurze Längen. Die Unterteilung verkürzt ferner die Knicklänge der auf Druck beanspruchten Pfosten in der Verbandebene. In solcher Bauart ist der in Abb. 243 dargestellte Verband zwischen den Pylonen der Rendsburger Hochbrücke ausgeführt. Ein anderes Beispiel zeigen die Pylone der Delaware-Brücke in Abb. 306.

5. Geschlossene Rahmen.

Wo das lichte Profil den Raum zwischen den Hauptträgern beansprucht, den Einbau eines Riegels zwischen den Pfostenköpfen aber zuläßt, sind die Querverbände als geschlossene Rahmen auszuführen. Die lotrechten Fachwerkstäbe der Hauptträger als Pfosten, der Querträger der Fahrbahn und der Querstab des oberen Windverbandes als Riegel, untereinander durch 4 steife Ecken verbunden, bilden den Rahmen. Seine wichtigste Aufgabe ist die Übertragung der Windbelastung des oben liegenden Windverbandes auf die Auflager der Brücke oder den unteren Windverband. Aus dieser Belastung entstehen in den Ecken Momente, die in den Enden jedes Riegels zwischen 2 gleichen Werten entgegengesetzten Sinnes mit der Windrichtung wechseln. Bei Pfosten gleicher Abmessungen tritt der absolut größere Wert in den Ecken des stärkeren Riegels auf. Infolge der steifen Verbindung zwischen Querträger und Pfosten erzeugt auch die Belastung des Querträgers in den Ecken Momente, die unten negativ, oben positiv sind. Das überwiegende Moment ist daher unten negativ und erzeugt Zugspannungen an der inneren Kante, oben positiv.

Neben den für die räumliche Stabilität erforderlichen Rahmen in den Ebenen der beiden äußersten lotrechten Fachwerkstäbe entstehen in den Ebenen aller andern lotrechten Stäbe Zwischenrahmen durch die steifen Anschlüsse zwischen den Querträgern, den Querstäben des oberen Windverbandes und den Pfosten. Momente aus Winddruck treten hier in den Ecken nicht auf, wohl aber durch die Belastung der Querträger. Sie sind desto kleiner, je geringer die Biegungssteifigkeit der Pfosten ist und im allgemeinen vernachlässigbar.

Pfosten und Riegel erhalten möglichst die aus Stehblech und 4 Winkeln gebildete I-Form. Die Breite des Pfostens ist durch die Querschnitte des Hauptträgers festgelegt. Da sie den Abstand der Hauptträger und damit die Brückenbreite beeinflußt, darf man aus wirtschaftlichen Gründen über jenes Maß möglichst nicht hinausgehen. Der I-Querschnitt mit Gurtplatten ist für den Pfosten ungeeignet, wenn der Einfluß der Spannkraft des Hauptträgers auf die Größe des Querschnittes gegen das Biegungsmoment zurücktritt und die Verbindung mit dem Querträger durch Stoß der scharfen Ecke hergestellt werden muß. Denn in diesem Falle ist die Übertragung des Momentes zwischen Pfosten und Querträger im wesentlichen nur durch Bleche möglich, die parallel zu den Stehblechen liegen. Gurtplatten können daher gerade in den Querschnitten der größten Beanspruchung nicht ausgenutzt werden. Sie sind nur in den Fällen angebracht, in denen der Pfosten als Stab des Hauptträgers eine große Druckkraft aufnehmen muß oder Verbindung durch ein gekrümmtes Zwischenstück möglich ist. Wenn bei der gegebenen Breite des Pfostens Winkel und höchstens eine Gurtplatte nicht ausreichen, ist die Wahl zweiwandiger Querschnitte für Pfosten und Querträger vorzuziehen. So ist bei der Eisenbahnbrücke über die Norderelbe (Abb. 80) sowie der Rheinbrücke Duisburg-Hochfeld (Abb. 107) die geschlossene Kastenform gewählt worden.

Öfters hat man das volle Stehblech im Pfosten und Riegel durch Gitterwerk ersetzt. Die Ersparnis an Material ist nicht beträchtlich, die Arbeit der Herstellung und Unterhaltung jedoch teurer. Die Bauart hat daher im Pfosten keine Vorzüge und wird heute kaum noch ausgeführt. Die Auflösung des Riegels in Fachwerk kann da begründet sein, wo durch Leichtigkeit der Form ein schönerer Einblick in die Brücke erzielt werden soll. Gründe der Festigkeit bedingen niemals eine solche Riegelhöhe, daß die volle Wand wirtschaftlich ungünstig würde. Aus Gründen der Schönheit hat man häufig die wagerechte Unterkante des vollwandigen Riegels im Kreisbogen in die Lotrechte des Pfostens geführt oder dem ganzen Linienzug die Form des Korbbogens gegeben. Die erzielte Wirkung ist nicht ungünstig. Da den Anforderungen der Sicherheit jedoch mit wesentlich einfacheren Mitteln genügt wird, täuscht die Anordnung einen Materialbedarf vor, wo er nicht besteht.

Bei älteren Brücken ist man in der Höhenabmessung des Riegels häufig weit über das notwendige Maß hinausgegangen, offenbar aus Unkenntnis über die Größe der auftretenden Momente. Allerdings spart das oben verwendete Material unten, aber die Ersparnis ist geringer als der Aufwand und deshalb nicht wirtschaftlich. Unten sollte man die vorhandenen Konstruktionsmöglichkeiten voll ausnutzen und den oberen Riegel nur zur Deckung der unten bleibenden Lücke heranziehen. Anders liegen die Bedingungen der Konstruktion, wenn große Höhe der Pfosten den Einbau von 2 Riegeln in größerem Abstand übereinander ermöglicht. Durch den Zwischenriegel werden die Momente in den Pfosten beträchtlich gemindert. Die Bauart erzielt mit verhältnismäßig geringem Material eine gute aussteifende Wirkung.

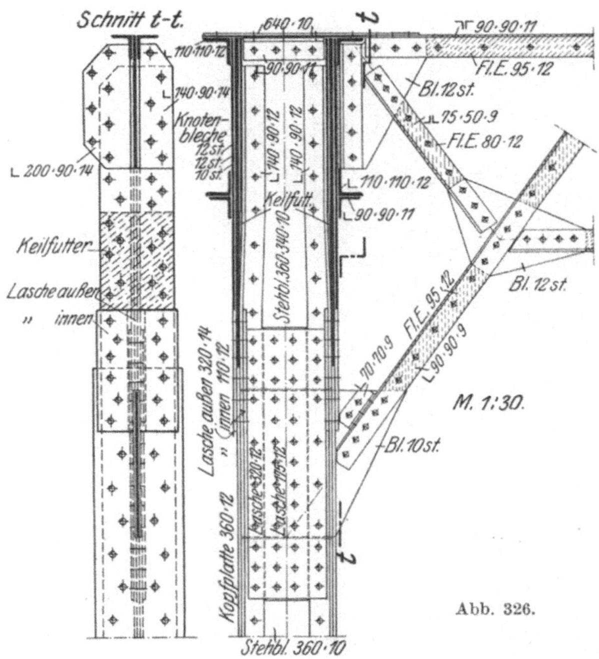

Abb. 326.

Der schwierigste Punkt der Rahmenkonstruktion ist die Eckverbindung zwischen Pfosten und Querträger. Die Lösung ist auf S. 125ff. behandelt. Die gleiche Aufgabe liegt in der oberen Ecke vor. Da die Momente hier meist wesentlich kleiner sind, ist sie leichter zu lösen. Am einfachsten ist die Aussteifung der Ecke durch eine kurze Strebe zu bewirken (Abb. 326). Der Eckpunkt zwischen Riegel und Pfosten kann dann als Gelenk behandelt werden, in dem nur Kräfte, keine Momente übertragen werden. Die Strebe, die auch nur eine Kraft aufzunehmen hat, läßt sich mit einfachen Mitteln an Pfosten und Riegel anschließen. Man kann im Anschluß an Stelle des Stehbleches ein Knotenblech einschieben, das über die Kante so weit übersteht als zur Aufnietung des Stabquerschnittes notwendig ist. Wenn ein Eckblech zur Ausbildung einer biegungsfesten Verbindung gewählt wird, ist Eingriff in den Pfostenquerschnitt durch einen Lappen zweckmäßig, aber nicht notwendig. Die Momente können hier meist auch durch Anschlußwinkel aufgenommen werden, die auf den Flanschen des Pfostenquerschnittes liegen. Bei Ausrundung der inneren Kante erhält man hohe und teuere Eckbleche, die man in die Pfosten einbinden sollte, um das aufgewendete

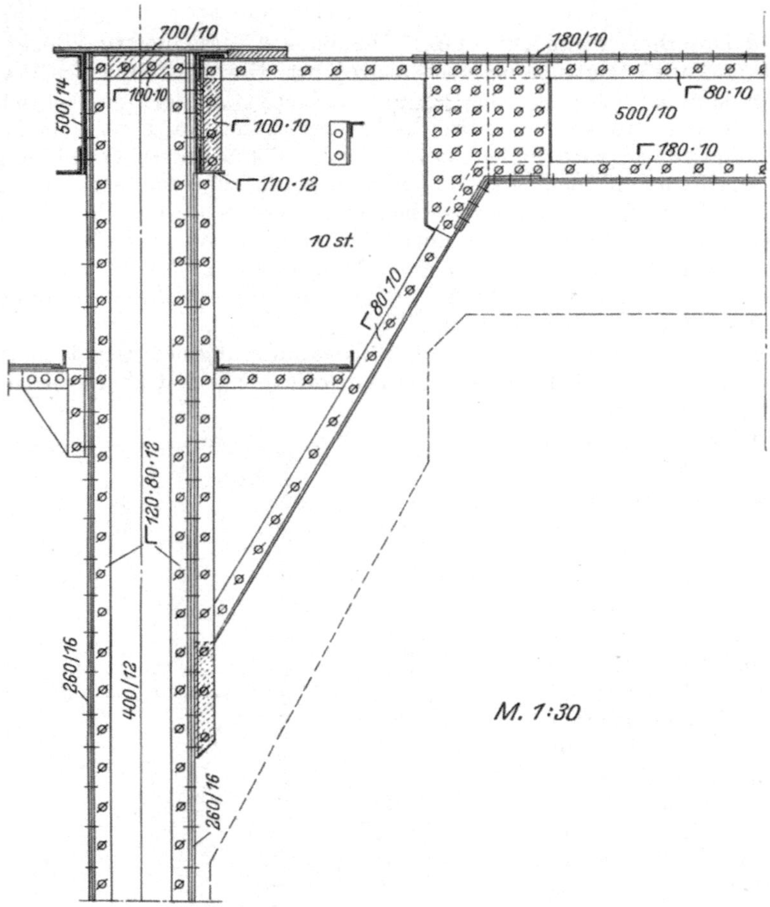
700/10
180/10
500/14
┌100·10
┌100·10
┌80·10
500/10
┌180·10
┌110·12
10 st.
┌80·10
┌120·80·12
260/16
400/12
M. 1:30
260/16

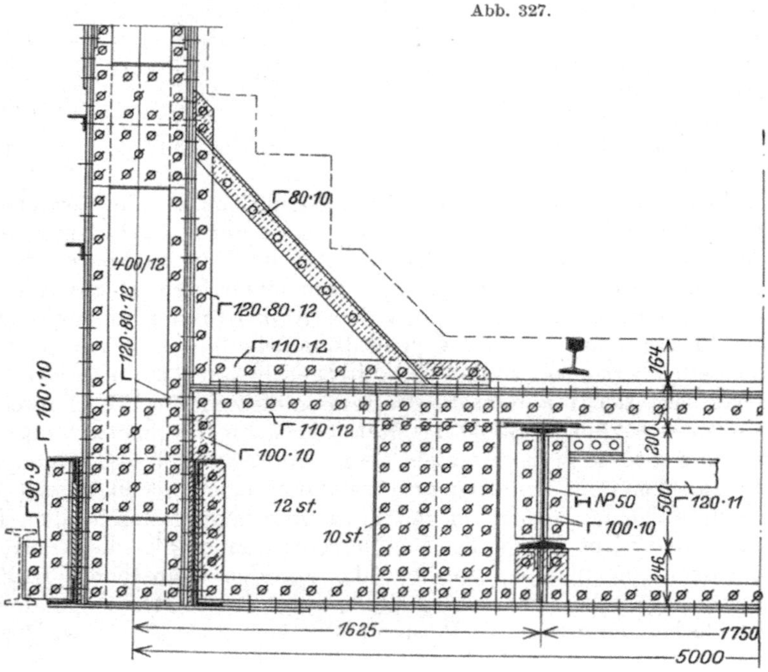
┌80·10
400/12
┌120·80·12
┌120·80·12
┌110·12
┌100·10
┌110·12
┌100·10
┌90·9
12 st.
10 st.
164
200
500
246
I NP50
┌120·11
┌100·10
1625
1750
5000

Abb. 327.

Material soweit als möglich auszunutzen. Die Kopfplatte der Obergurtung des Hauptträgers ist mit den oberen Gurtwinkeln des Riegels durch eine Lasche zu verbinden, falls nicht schon durch ein Knotenblech des oberen Windverbandes Verbindung besteht.

In den Zwischenrahmen ist in der unteren Ecke Eingriff des Eckbleches in den Pfosten wenn auch nicht notwendig, so doch erwünscht. Die Höhe des eingeschobenen Lappens kann gering bemessen werden. In der oberen Ecke genügen Anschlußwinkel, die den Steg des Riegels in voller Höhe fassen. Eckbleche sind entbehrlich.

Den Endrahmen einer eingleisigen Eisenbahnbrücke zeigt Abb. 327. Querträger, Pfosten und Riegel haben I-Querschnitt. Die Eckverbindung wird unten durch ein in den Pfosten eingreifendes Eckblech bewirkt. Oben ist das Eckblech durch Anschlußwinkel auf die abstehenden Winkelschenkel des Pfostens genietet. Wie schon gesagt, kann der Riegel bei gleicher Wirkung billiger hergestellt werden.

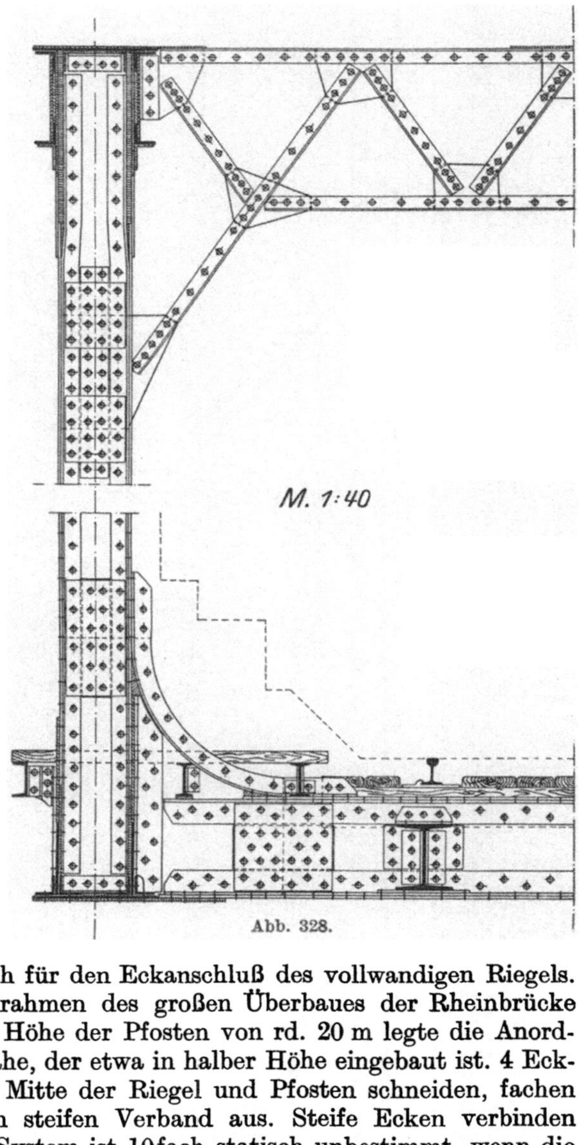

Abb. 328.

Eine andere Ausführung ist in Abb. 328 dargestellt. Die Vorzüge der Konstruktion der unteren Ecken sind schon auf S. 128 hervorgehoben. Das Fachwerk des Riegels wirkt leicht und ist durch das Verhältnis von Länge des Riegels zwischen den Streben zur Höhe wohl begründet. Gleiche Vorzüge, wie die untere, weist die Ausbildung der oberen Ecke auf. Sie bietet ein Vorbild auch für den Eckanschluß des vollwandigen Riegels.

Abb. 329 zeigt den Portalrahmen des großen Überbaues der Rheinbrücke Duisburg-Hochfeld. Die große Höhe der Pfosten von rd. 20 m legte die Anordnung eines Zwischenspiegels nahe, der etwa in halber Höhe eingebaut ist. 4 Eckstreben, deren Achsen sich in Mitte der Riegel und Pfosten schneiden, fachen das obere Rechteck zu einem steifen Verband aus. Steife Ecken verbinden Querträger und Pfosten. Das System ist 10fach statisch unbestimmt, wenn die Anschlüsse der Riegel an die Pfosten als steife Ecken behandelt werden. Da man sie jedoch als Gelenke ansehen kann, sinkt die Zahl der statisch Unbestimmten auf 6. Der Einbau des mittleren Riegels vermindert die Eckmomente aus dem am Rahmenkopf angreifenden Auflagerdruck des oberen Windverbandes erheblich, in der Ecke zwischen Pfosten und unterem Querträger etwa auf den halben Wert.

Der Rahmen ist in allen Stäben zweiwandig ausgebildet. Abb. 75 zeigt den Querschnitt der Pfosten. Er besteht aus 4 durch kreuzförmig gestellte Winkel

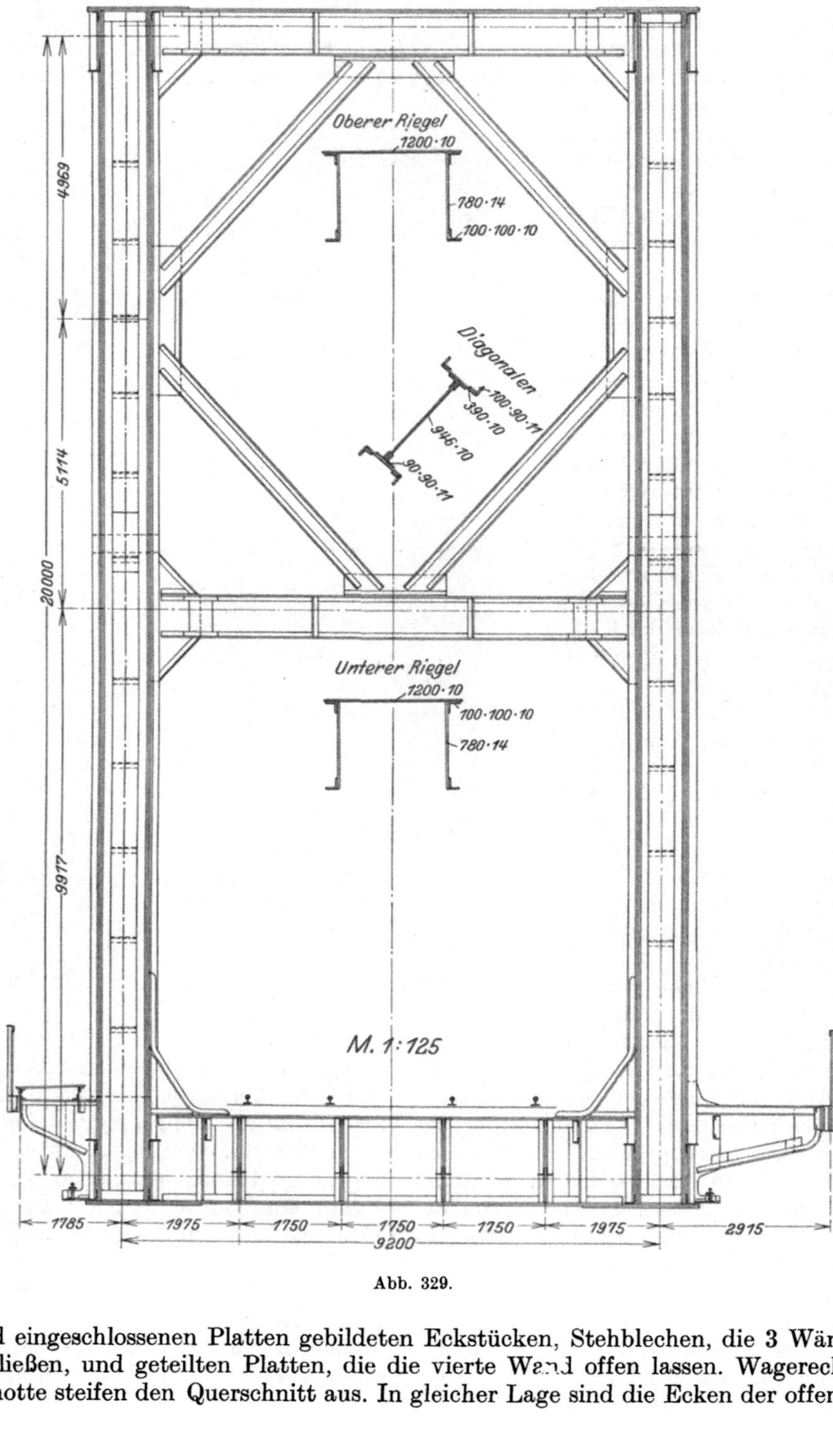

Abb. 329.

und eingeschlossenen Platten gebildeten Eckstücken, Stehblechen, die 3 Wände schließen, und geteilten Platten, die die vierte Wand offen lassen. Wagerechte Schotte steifen den Querschnitt aus. In gleicher Lage sind die Ecken der offenen und der ihr parallelen Wand durch Bindebleche verbunden. In der gleichen Ebene liegen die Knotenbleche. Die Lücken sind durch Futter ausgefüllt. Der Querschnitt beider Riegel des Rahmens hat die gedeckte Doppel-]-Form, die Streben I-Form, verstärkt durch außen aufgenietete Randwinkel. Der Querträger besteht aus 2 Stükken normaler Bauart. Senkrechte Schotte von I-Form, die oben mit einer über die Querträger durchlaufenden Platte abgedeckt sind, steifen die Stücke aus.

Die vorbildlich gestaltete Eckverbindung zwischen Querträger und Pfosten ist in Abb. 107 dargestellt. Abb. 330 zeigt die Ausbildung der oberen Ecke.

Eine bemerkenswerte Ausbildung zeigt der in Abb. 331 dargestellte Rahmen des Wettbewerbentwurfes für die Friedrich Ebert-Brücke in Mannheim. Die Stehbleche des Pfostens, des Querträgers und des ausgekragten Fußwegträgers stoßen in 3 Kanten gegen ein Eckblech. Die Gurtwinkel und Platten des Pfostens gehen in Kreisbögen in die oberen Gurtungen des Quer- und Fußwegträgers über, während die unteren Gurtungen beider Träger durchlaufen. Über Futterblechen zwischen den anliegenden Winkelschenkeln liegen auf beiden Seiten Deckbleche, die weit in die 3 anstoßenden Träger eingreifend, die Schenkel der Gurtwinkel fassen und der ganzen Verbindung sichern Halt geben. So vermitteln 5 aufeinanderliegende Blechstärken den Ausgleich zwischen

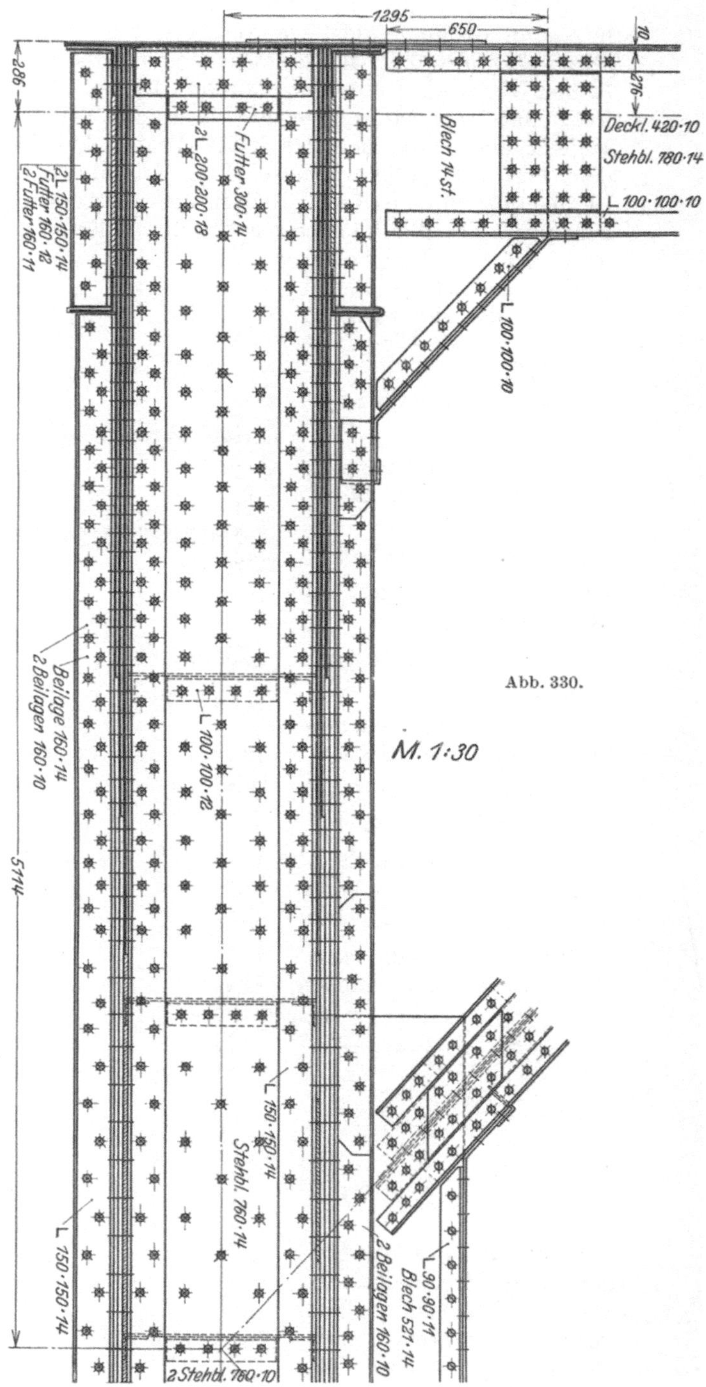

Abb. 330.

beträchtlichen Momenten wechselnden Sinnes. Die wichtigste Aufgabe des Rahmens ist hier die Sicherung des die Brücke tragenden Bogens gegen Knicken.

Bei Fachwerkbögen, deren untere Gurtung aus dem unter der Fahrbahn liegenden Kämpfer aufsteigt, während die obere Gurtung hoch über ihr ansetzt, erfordert die Lage des Querträgers zwischen den Gurtungen einen zweifachen Verband. Unter der Fahrbahn legen Streben mit einfachen Mitteln die Fußpunkte der Pfosten gegen den Querträger fest, über der Fahrbahn umschließt ein Vollrahmen das lichte Profil. Abb. 332 zeigt die Anordnung an dem Portal der Lindigobrücke. Vom Anschluß der Querträger an die Pfosten ist hier nur das aus seiner Belastung entstehende Einspannungsmoment aufzunehmen. Die Windmomente gehen durch den Pfosten in den Fachwerkverband über. In manchen Fällen gleicher Art ist ein Riegel zwischen den Pfostenfüßen eingebaut. Der Riegel ist entbehrlich.

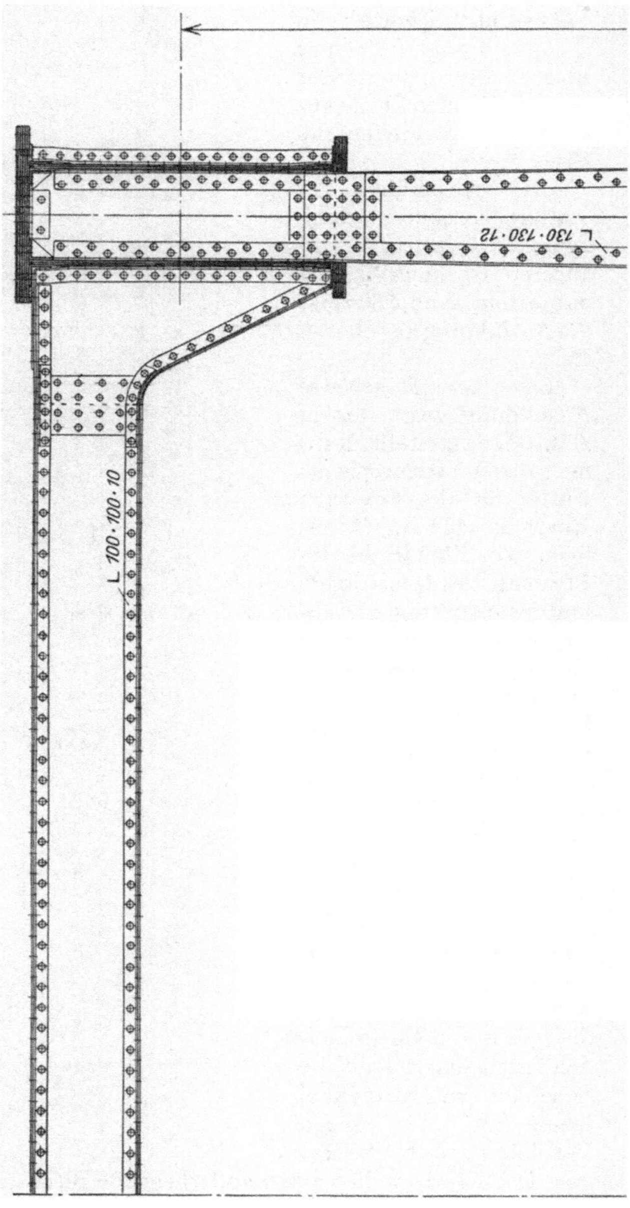

Berechnung. Es bezeichnet

J_u das Trägheitsmoment des Querträgers in der Mitte.

$\left.\begin{matrix} J_1 \\ J_2 \end{matrix}\right\}$ die Trägheitsmomente des Querträgers auf beiden Seiten.

l_m, l_1, l_2 die zugehörigen Längen.

J_h das konstante Trägheitsmoment der Pfosten.

J_o das konstante Trägheitsmoment des Riegels.

J_c ein konstantes Trägheitsmoment, dessen Wert meist $= J_u$ gewählt wird.

Weiter werden die reduzierten Stablängen benutzt

$$l'_u = l_m \frac{J_c}{J_u} + 2\, l_1 \frac{J_c}{J_1} + 2\, l_2 \frac{J_c}{J_2},$$

$$l'_o = l \frac{J_c}{J_o}, \quad h' = h \frac{J_c}{J_h}.$$

Belastung des Querträgers durch lotrechte Lasten. Die im einfachen Balken von der Stützweite l entstehenden Momente M_0 haben die Momentflächen

$$F_0 = \tfrac{1}{2} \sum P \cdot a \cdot b$$

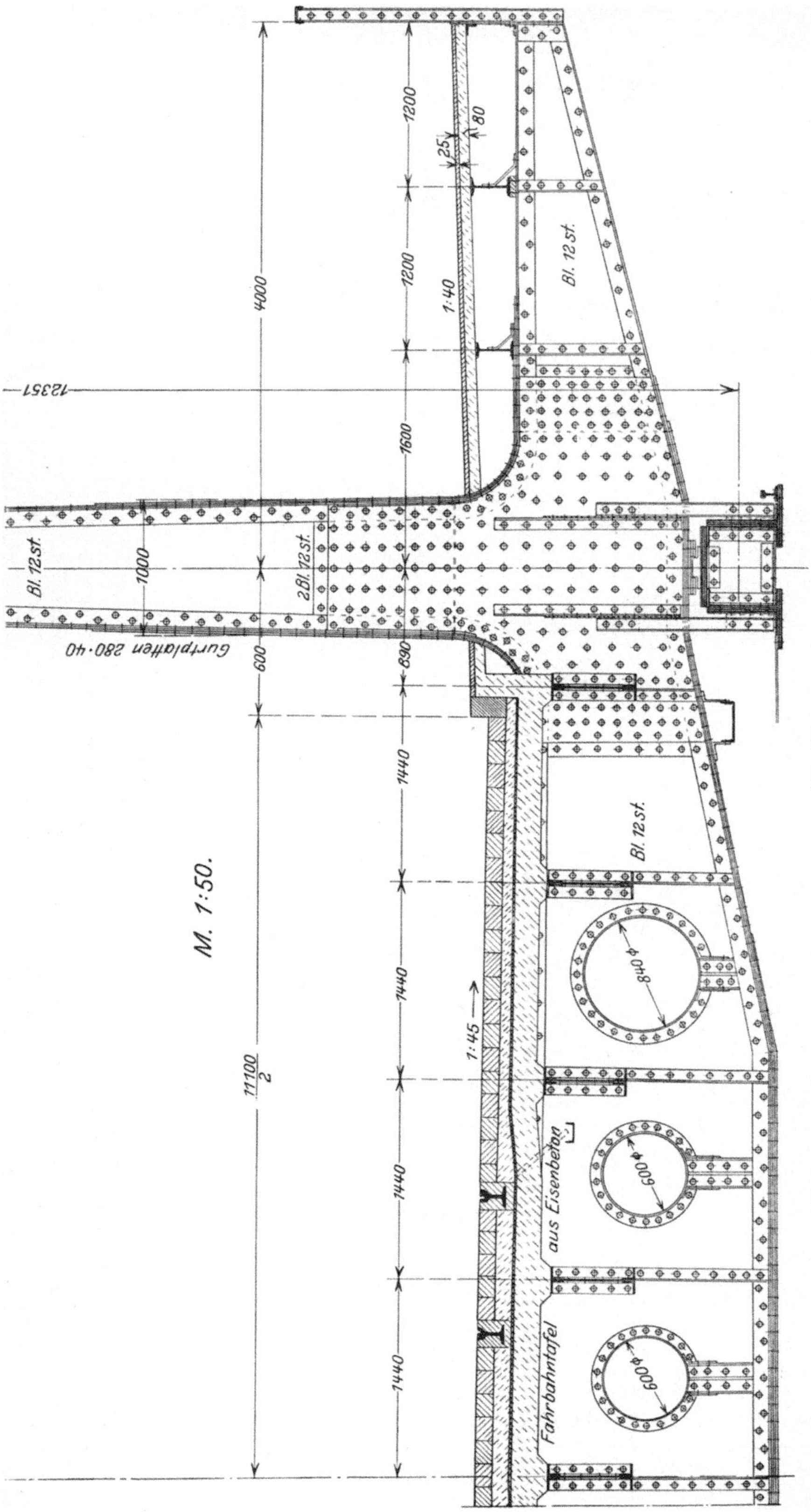
M. 1:50.
4000
1200
1200
1600
12351
25
80
1:40
Bl. 12 st.
Bl. 12 st.
1000
2 Bl. 12 st.
Gurtplatten 280·40
600
890
1440
1440
1440
1440
11100/2
1:45
Bl. 12 st.
840 ϕ
600 ϕ
600 ϕ
aus Eisenbeton
Fahrbahntafel

Abb. 331.

und die verzerrten Momentflächen

$$F_0' = \int_0 M_0 \frac{J_c}{J} \cdot dx\,,$$

$$F_0' = \frac{1}{2} \frac{J_c}{J_u} \sum P \cdot a\,b + \left(\frac{J_c}{J_1} - \frac{J_c}{J_u}\right) \int_0^{l_1} M_0\,dx + \left(\frac{J_c}{J} - \frac{J_c}{J_1}\right) \int_0^{l_2} M_0\,dx\,.$$

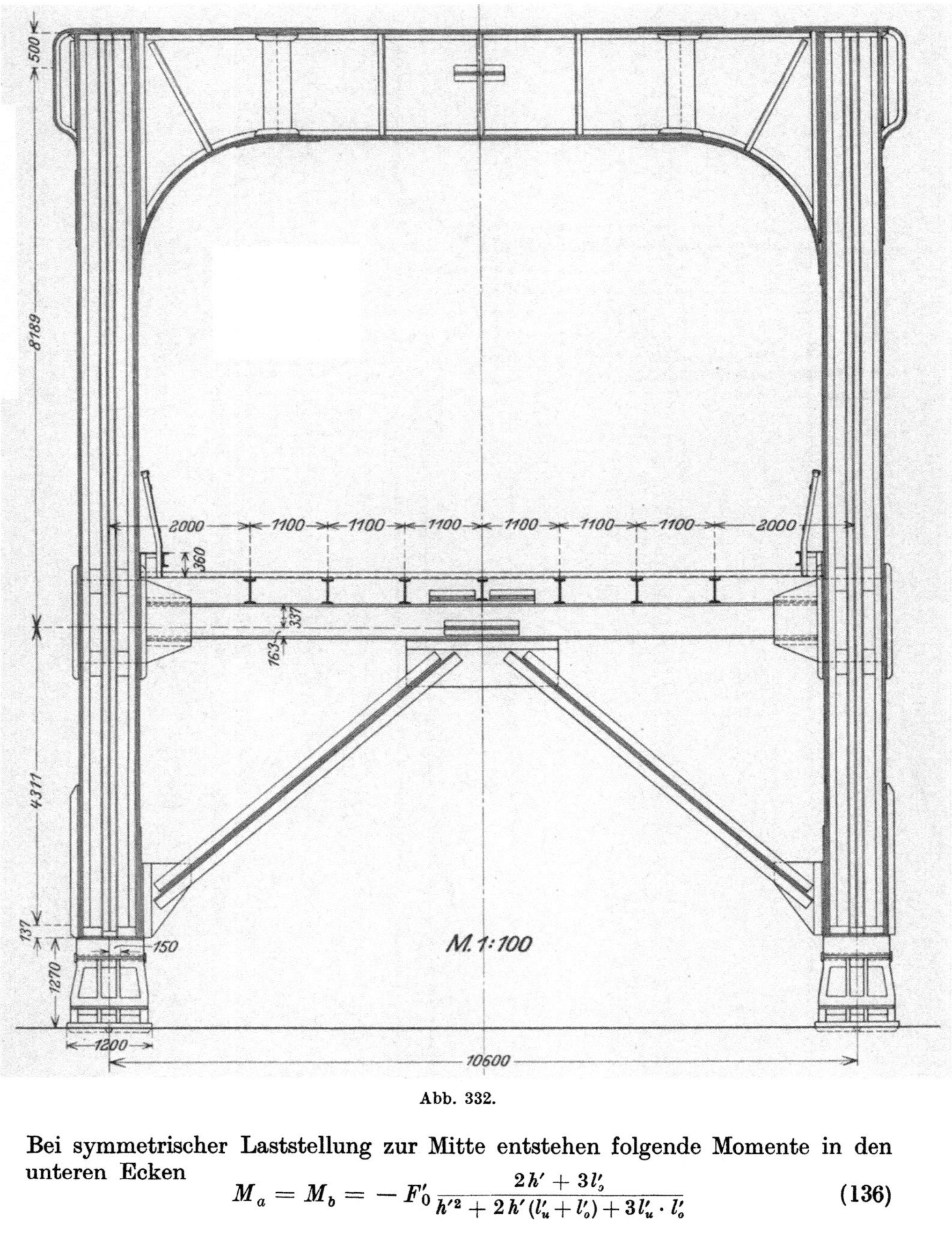

Abb. 332.

Bei symmetrischer Laststellung zur Mitte entstehen folgende Momente in den unteren Ecken

$$M_a = M_b = -F_0' \frac{2h' + 3l_o'}{h'^2 + 2h'(l_u' + l_o') + 3l_u' \cdot l_o'} \tag{136}$$

in den oberen Ecken

$$M_d = M_e = +F_0' \frac{h'}{h'^2 + 2h'(l_u' + l_o') + 3l_u' \cdot l_o'}. \tag{137}$$

Der Momentennullpunkt des Pfostens hat vom Riegel den Abstand

$$z_0 = \tfrac{1}{3} h \frac{h'}{h' + l_o'}.$$

Bei unsymmetrischer Laststellung ist der Schwerpunkt der verzerrten Momentenfläche zu bestimmen. Sein Abstand von der Mitte sei x_0 positiv nach der Ecke a gewählt. Zu den durch die Formeln (136) und (137) ausgedrückten Momenten treten hinzu

$$\left.\begin{aligned} M_a = M_d &= -F_0' \frac{6x_0}{l(6h' + l_o' + l_u')}, \\ M_b = M_e &= +F_0' \frac{6x_0}{l(6h' + l_o' + l_u')}, \end{aligned}\right\} \tag{138}$$

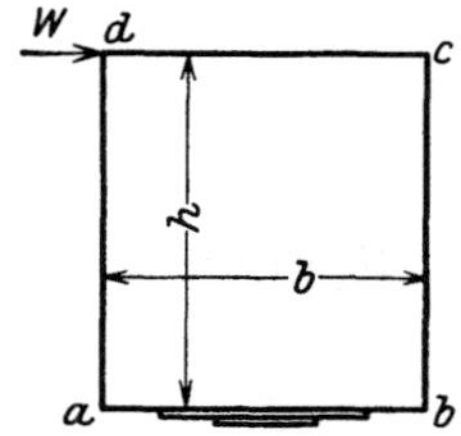

Abb. 333.

In den meisten Fällen genügt die Rechnung mit konstantem Trägheitsmoment des Querträgers. Dabei wird $J_c = J_u$ gewählt.

$$F_0' = \tfrac{1}{2} \sum P \cdot a \cdot b,$$

$$F_0' \cdot 6x_0 = \tfrac{1}{2} \sum P \cdot a \cdot b(l - 2a).$$

Die Belastung durch den Auflagerdruck W des oberen Windverbandes in der Riegelache, positiv in Richtung d—e, erzeugt die Momente

$$\left.\begin{aligned} M_a = -M_b &= \tfrac{1}{2} W \cdot h \frac{3h' + l_o'}{6h' + l_u' + l_o'}, \\ -M_d + + M_e &= \tfrac{1}{2} W \cdot h \frac{3h' + l_u'}{6h' + l_u' + l_o'}. \end{aligned}\right\} \tag{139}$$

Der Momentennullpunkt hat von Pfostenmitte den Abstand y_0, der über der Mitte positiv gezählt ist

$$y_0 = \tfrac{1}{2} h \frac{l_o' - l_u'}{6h' + l_o' + l_u'}.$$

Beispiel. Endrahmen einer zweigleisigen Eisenbahnbrücke $b = 9{,}0$ m, $h = 9{,}5$ m, Riegelbelastung durch P in den Anschlüssen der Längsträger

$$J_u = 3460000 \text{ cm}^4$$

$$F_0' = \tfrac{1}{2} P(1{,}9 \cdot 7{,}1 + 3{,}6 \cdot 5{,}4)\,2 = 32{,}93\,P \qquad J_h = 1116000 \text{ cm}^4$$

$$J_o = 865000 \text{ cm}^4$$

$$l_u' = 9{,}0\,, \quad l_o' = 9{,}0 \cdot 4{,}0 = 36{,}0 \cdot h' = 9{,}5 \cdot 3{,}0 = 28{,}5\,.$$

$$M_\alpha = -P \frac{32{,}93 \cdot (28{,}5 \cdot 2 + 3 \cdot 36{,}0)}{28{,}5^2 + 2 \cdot 28{,}5\,(9 + 36{,}0) + 9 \cdot 36{,}3},$$

$$M_a = -1{,}25\,P,$$

$$M_d = +1{,}25\,P \frac{28{,}5}{28{,}5 \cdot 2 + 3 \cdot 36{,}0} = +0{,}215\,P$$

mit $P = 46$ t entsteht, entsprechend Lastenzug N

$$\max M_0 = 46\,(2 \cdot 1{,}9 + 1{,}7) = 253 \text{ tm},$$

$$M_a = -1{,}25 \cdot 46 = -57{,}5 \text{ tm}, \qquad M_b = +0{,}215 \cdot 46 = 9{,}89 \text{ tm}.$$

Bei Belastung 1 Gleises entstehen erstens

$$M_a = M_b = -0{,}625\,P\,, \quad M_d = M_e = +0{,}108\,P,$$

ferner $$6\,F_0' \cdot x_0 = \tfrac{1}{2}\,P\,[1{,}9 \cdot 7{,}1 \cdot 5{,}2 + 3{,}6 \cdot 5{,}4 \cdot 1{,}8] = 52{,}57\,P,$$

$$M_a = M_d = -P\,\frac{52{,}57}{9\,(28{,}5 \cdot 6 + 36{,}0 + 9)} = -0{,}027\,P\,,$$

$$M_b = M_e = +0{,}027\,P\,.$$

Winddruck $W = 54$ t

$$M_a = -M_b = W\,\tfrac{1}{2}\,9\,\frac{3 \cdot 28{,}5 + 36}{28{,}5 \cdot 6 + 36 + 9} = 2{,}53\,W,$$

$$-M_d = M_e = W\,\tfrac{1}{2}\,9\,\frac{3 \cdot 28{,}5 + 9}{28{,}5 \cdot 6 + 36 + 9} = 1{,}97\,W,$$

$$M_a = 137\ \text{tm}\,, \quad M_b = -137\ \text{tm}\,, \quad M_d = -106\ \text{tm}\,, \quad M_e = +106\ \text{tm}\,.$$

6. Offene Rahmen.

Offene Rahmen der Trogbrücken bestehen aus Querträger und 2 Pfosten. Ihre Aufgabe ist die Sicherung der gedrückten Obergurtung gegen Knicken. Der Einfluß des Winddruckes tritt vollständig zurück. In der Zweckbestimmung liegt es begründet, daß die Rahmen eine bestimmte Biegungssteifigkeit haben müssen. Eine am Kopf angreifende wagerechte Kraft in der Rahmenebene darf nur eine beschränkte elastische Wirkung erzeugen. Die Größe der Kraft und daher auch die der auftretenden Momente ist klein, desto kleiner je größer der bezeichnete Widerstand gegen Biegung ist. Sie ist nur auf der Grundlage willkürlicher Annahmen bestimmbar. Dagegen läßt sich das Trägheitsmoment von Pfosten und Querträger ermitteln, das einen bestimmten Sicherheitsgrad gegen Knicken verbürgt. Die erforderliche Stärke der Verbindung zwischen Pfosten und Querträger kann man nicht angeben. Wenn man sie gleich dem Widerstandsmoment des Pfostenquerschnittes macht, konstruiert man sicher, überschreitet aber wohl das erforderliche Maß. Im Hinblick auf die vorliegende Unsicherheit muß der vorsichtige Konstrukteur trotzdem verfahren. Er genügt damit zugleich dem Ideal gleicher Sicherheit aller Teile.

Zu den oben offenen Rahmen sind die Bauglieder zu zählen, welche die Hauptträger einer Blechträgerbrücke bei tiefliegender Fahrbahn miteinander verbinden. Bei diesen Brücken liegt die Unterkante des Querträgers meist nahezu bündig mit der Unterkante der Hauptträger. Ein Beispiel zeigt die Abb. 133 des Querschnittes durch die Sternbrücke in Altona. Das Stehblech des Querträgers stößt stumpf gegen das Stehblech des Hauptträgers. Ein Blech mit schräg ansteigender Außenkante füllt die Ecke zwischen der oberen Gurtung des Querträgers und dem Hauptträger. Den Anschluß der Bleche an den Hauptträger bewirken 2 Winkeleisen, die auf den anliegenden Schenkeln der Gurtwinkel liegen und dazwischen mit Futterstücken unterlegt sind. Die Fuge zwischen Eckblech und Stehblech des Querträgers ist durch Laschen gedeckt, auf welche die oberen Gurtwinkel über Keilfutter auflaufen.

Die Ecklösung des offenen Rahmens einer Eisenbahnbrücke zeigt die Abb. 126. Den Pfosten bildet ein I D 18. Ein trapezförmiges Eckblech verbindet Querträger und Pfosten. Es ist durch Anschlußwinkel auf die Flansche des Pfostens genietet. Den Stoß gegen das Stehblech des Querträgers decken Laschen zwischen den auf das Eckblech auflaufenden Gurtwinkeln. Letztere werden in ihren wagerechten Schenkeln durch kurze Winkelstücke gefaßt, die nur dann notwendig sind, wenn die Niete im anliegenden Winkelschenkel nicht ausreichen. Das Knotenblech des Windverbandes verstärkt die Verbindung zwischen Querträger und Pfosten.

Den Halbrahmen einer Straßenbrücke zeigt die Abb. 146. Hier wäre Eingriff des Eckbleches, das auf der Obergurtung des Querträgers sitzt, in den Pfosten zweckmäßig gewesen. Die Anordnung bedarf im übrigen keiner Erläuterung.

Eine zweckmäßige und schöne Lösung der Aufgabe zeigt der in Abb. 140 dargestellte Querrahmen der Havelbrücke bei Pichelsdorf. Die Aufgabe war hier durch die große Breite des Fahrdammes von 15 m und die beschränkte Bauhöhe erschwert. Der Querträger ist gewissermaßen zu den Pfosten aufgebogen. Gurtwinkel und Platten gehen in Kreisbögen in die Stücke der Pfosten über. Im Einklang mit dem Zweck und zum Vorteil des Aussehens verjüngt sich die Pfostenbreite nach oben. Die fachwerkartige

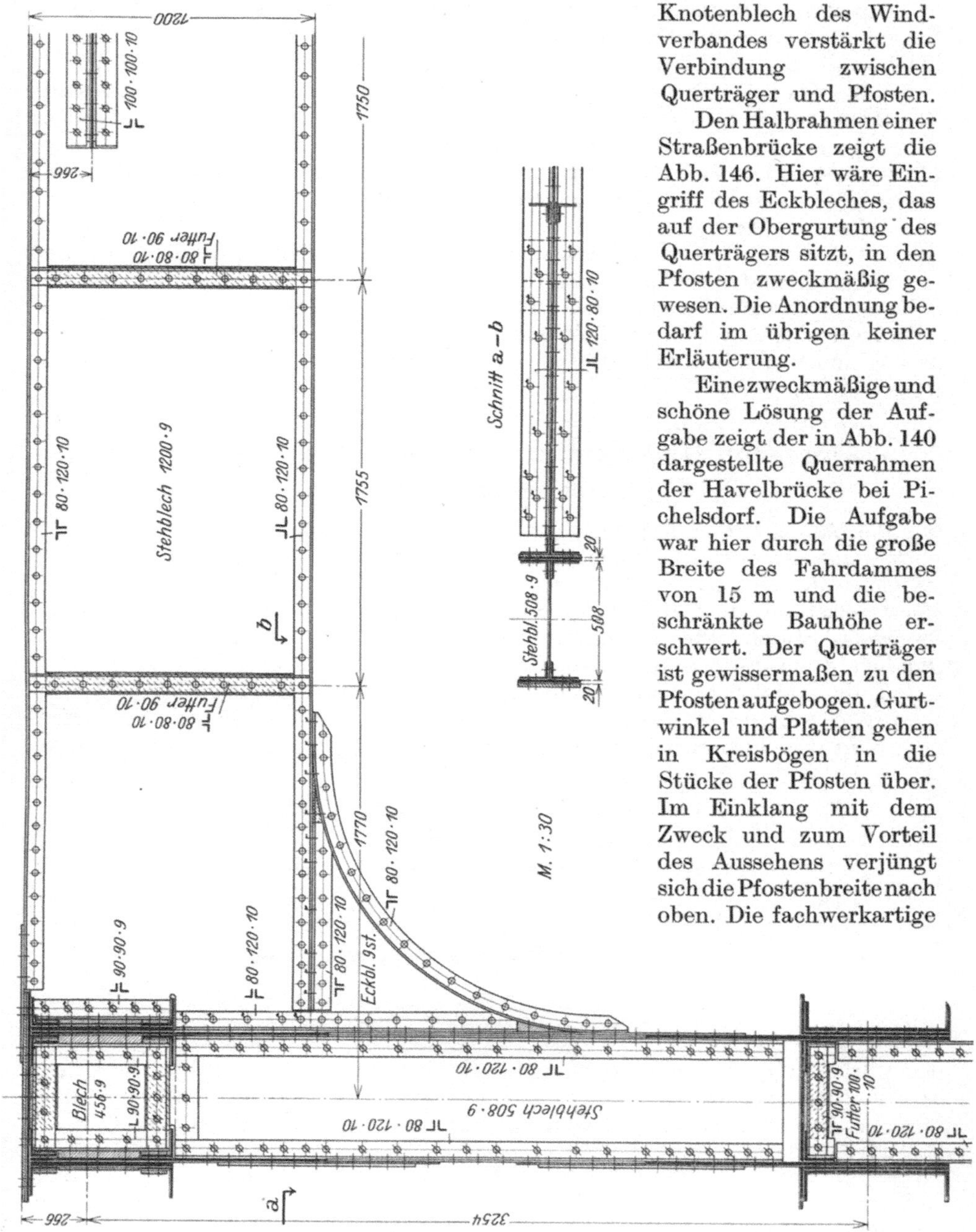

Abb. 334.

Gliederung des Pfostens widerspricht der heute vorherrschenden Richtung. Die Art der Lösung vereinigt gute Sicherheit mit geringem Materialaufwand. Sie ist trotz verhältnismäßig hoher Herstellungskosten durch Ausschneiden der runden Kanten des Eckbleches und das Krümmen der Gurtungen wirtschaftlich günstig. Da sie für die Durchführung einer Gurtung nur beschränkten Raum freiläßt, kann sie allerdings nur bei Bogenbrücken mit und ohne Zugband gewählt werden.

Den unten offenen Halbrahmen zur Sicherung der unteren Gurtung einer Bogenbrücke über der Fahrbahn zeigt Abb. 334, die den Querschnitt durch den Fachwerkbogen der Eisenbahnbrücke über die Norderelbe bei Hamburg (S. 227) darstellt. Ein hoher Riegel von I-Querschnitt, in gleicher Ebene mit den Pfosten des Bogens liegend, stößt stumpf gegen die obere Gurtung und die Knotenbleche. Ein an der inneren Kante kreisförmig ausgerundetes Eckblech versteift den Pfosten gegen den Riegel. Gekrümmte Saumwinkel fassen in ihren abstehenden Schenkeln einerseits die Untergurtwinkel des Riegels, anderseits die Winkel des Pfostens. Sie vermitteln so den Ausgleich zwischen lotrechten Normalspannungen im Pfosten und wagerechten im Riegel. Durch das Knotenblech des Windverbandes wird der Kopf des Pfostens mit den oberen Gurtwinkeln des Riegels verbunden. In Mitte der Brücke trägt der Riegel den Knotenpunkt des Windverbandes, in dem die Schrägstäbe sich kreuzen. Das volle Eckblech ist aus Gründen der Schönheit gewählt. Eckstreben wären bei gleicher Sicherheit etwas billiger.

7. Querschnittbestimmung der Rahmen zur Stützung einer Druckgurtung.

Die Lösung der vorliegenden Aufgabe beruht auf dem Problem des geraden, durch eine Druckkraft beanspruchten Stabes von unveränderlichem Trägheitsmoment J, der in Punkten gleichen Abstandes rechtwinklig zu seiner Achse elastisch gestützt ist. Die Stützkraft ist verhältnisgleich der Verschiebung des Stützpunktes aus einer bestimmten Lage, die im allgemeinen nicht mit der Stabachse zusammenfallen soll. Es bezeichne

R_n die Stützkraft, δ_n die Verschiebung im Punkte n, beide in gleicher Richtung positiv, c_n einen bestimmten, gegebenen Wert von δ_n, M_n das Moment der Kräfte R_n, positiv rechtsdrehend am Stabteil links von n, δ' eine elastische Konstante

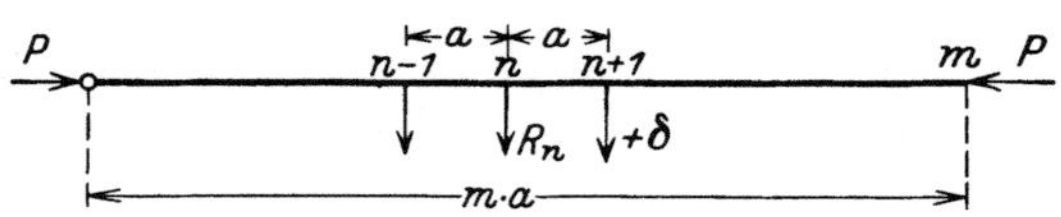

Abb. 335.

Die Bedingung der elastischen Stützung ist durch die Gleichung

$$R_n = -\frac{1}{\delta'}(\delta_n - c_n)$$

ausgedrückt. Die rechte Seite muß das negative Vorzeichen haben, da die Kraft der Verschiebung entgegengesetzt gerichtet ist. Die Gleichung setzt die Stützkraft verhältnisgleich der Verschiebung aus der Lage c_n. Mit

$$\Delta^2 M_n = M_{n-1} - 2\,M_n + M_{n+1} = -\,R_n \cdot a$$

erhält man für die Punkte 1 bis $m-1$ die Gleichungen

$$\Delta^2 M_n + = \frac{a}{\delta'}(\delta_n - c_n)\,. \tag{140}$$

Eine zweite Gleichung ergibt sich aus der Stetigkeit der elastischen Linie des Stabes im Stützpunkt. Sie lautet, wenn die c_n symmetrisch zur Stabmitte angenommen werden

$$\Delta^2 \delta_n + (\delta_n - \delta_0)\, 2\,\alpha + \Delta^2 M_n \frac{\beta}{P} + M_n \frac{2\,\alpha}{P} = 0^1\,, \tag{141}$$

$$\alpha = 1 - \cos \varkappa\, \alpha\,,$$

$$\beta = 1 - \frac{\sin \varkappa\, \alpha}{\varkappa\, \alpha}\,. \qquad \varkappa = \sqrt{\frac{P}{E J}}\,.$$

Die Gleichung hat dieselbe Bedeutung und Bauart wie die bekannte Clapeyronsche. Sie geht mit $P = 0$ in die Clapeyronsche über, wie man durch Reihenentwicklung der Winkelfunktionen leicht erkennen kann. Für jeden Punkt *1* bis $m - 1$ gilt eine Gleichung der Art.

Im allgemeinen Falle verschiedener Größen a, J, P gelten für jeden Stützpunkt 2 Gleichungen derselben Art, die sich in den Beiwerten der M_n und δ_n unterscheiden. Die Unbekannten sind die M_n und δ_n. Ihre Anzahl beträgt $2m + 2$. Da nur $2m - 2$ Gleichungen bestehen, bleiben 4 Unbekannte unbestimmt. Es treten jedoch noch folgende 4 Bedingungen hinzu

$$M_0 + P(\delta_0 - \delta_m) = 0\,, \quad M_m + P(\delta_m - \delta_0) = 0\,,$$

$$R_0 = \frac{M_1}{a} = -\frac{1}{\delta'}(\delta_0 - c_0)\,, \quad R_m = \frac{M_{m-1}}{a} = -\frac{1}{\delta'}(\delta_m - c_m)\,.$$

So erhöht sich die Zahl der Gleichungen auf die Zahl der Unbekannten. Das Problem ist eindeutig bestimmt. Die Stabilitätsbedingung wird, wie bekannt, aus dem Wert der Hauptdeterminante gewonnen.

Da im vorliegenden Falle die Beiwerte unveränderlich sind, können die Gleichungen (140) und (141) als Differenzengleichungen behandelt werden. Damit wird nur ein besonderer Weg der Lösung eingeschlagen, die Unbekannten werden als Funktionen von n dargestellt. Das Ergebnis bedeutet die Auflösung von $2m - 2$ Gleichungen nach $2m + 2$ Unbekannten. Es muß daher 4 willkürliche Konstante enthalten. Eine Teillösung der homogenen Form ist

$$M_n = C \cdot k^n\,, \quad \delta_n \frac{a}{\delta} = C \cdot \zeta \cdot k^n\,.$$

Sie wird in (140) und (141) eingeführt und dabei die Bezeichnung

$$w = \frac{(1-k)^2}{k}$$

benutzt. So entsteht aus (140)

$$C \cdot k^n \cdot w = C \cdot \zeta\, k^n \tag{142}$$

aus (141)

$$C \cdot k^n \left[\zeta \cdot w \frac{\delta'}{a} + 2\,\zeta\,\alpha \frac{\delta'}{a} + w \frac{\beta}{P} + \frac{2\,a}{P}\right] = 0\,. \tag{143}$$

Die Werte ζ und w, welche die Gleichungen (142) und (143) erfüllen, genügen also den Gleichungen (140) und (141) in der homogenen Form ($\delta_0 = 0$). Man erkennt, daß C jeden beliebigen Wert annehmen kann. Aus (142) und (143) ergibt sich für w die quadratische Gleichung

$$w^2 + w\, 2\left(\alpha + \frac{\beta \cdot a}{2\,P\,\delta'}\right) + \frac{2\,\alpha \cdot a}{P \cdot \delta'} = 0\,,$$

deren Wurzeln

$$w = -\,p \pm q_1$$

$$p = \alpha + \frac{\beta \cdot a}{2\,P\,\delta'} \quad q_1 = \sqrt{p^2 - \frac{2\,\alpha \cdot a}{P \cdot \delta'}}$$

---

[1] Grüning: Statik des ebenen Tragwerkes, S. 697 ff.

sind. Es ist der Fall: q_1 „imaginär" zu betrachten. Mit

$$q = \sqrt{\frac{2\,\alpha\,a}{P\,\delta'} - p^2}$$

$$w = -\,p \pm i\,q$$

ergeben sich nun für k 2 quadratische Gleichungen

$$k^2 - k\,(2 - p \pm i\,q) + 1 = 0\,.$$

Die Wurzeln der ersten (positives $i\,q$) seien k_1, k_2, die der zweiten k_3, k_4. Dann bestehen die Beziehungen

$$k_1 \cdot k_2 = 1\,,$$

$$k_3 \cdot k_4 = 1\,.$$

Daher lauten die Wurzeln in trigonometrischer Form

$$k_1 = r\,(\cos\varphi + i\sin\varphi)\,,\quad k_2 = \frac{1}{r}\,(\cos\varphi - i\sin\varphi)\,,$$

$$k_3 = r\,(\cos\varphi - i\sin\varphi)\,,\quad k_4 = \frac{1}{r}\,(\cos\varphi + i\sin\varphi)\,.$$

Setzt man sie in

$$\frac{(1-k)^2}{k} = -\,p \pm i\,q$$

ein

$$\frac{1}{r}\,(\cos\varphi \mp i\sin\varphi) - 2 + r\,(\cos\varphi \pm i\sin\varphi) = -\,p \pm i\,q$$

so erkennt man, daß

$$\left(r + \frac{1}{r}\right)\cos\varphi = 2 - p\,,\quad \left(r - \frac{1}{r}\right)\sin\varphi = q$$

ist. Daraus folgt, daß $r > 1$ ist, solange $q > 0$ ist. Zu jeder Wurzel k gehört eine willkürliche Konstante C. Da die Lösung 4 willkürliche Konstanten enthalten muß, ist sie durch 4 Wurzeln k vollständig gegeben. Sie lautet

$$M_n = (C_1\,r^n + C_2\,r^{-n})\cos n\,\varphi + (C_3\,r^n + C_4\,r^{-n})\sin n\,\varphi + f_1(n)\,,$$

$$\delta_n\,\frac{a}{\delta'} = -\,p \cdot M_n - q\,(C_1\,r^n - C_2\,r^{-n})\sin n\,\varphi + q\,(C_3\,r^n - C_4\,r^{-n})\cos n\,\varphi + f_2(n)$$

$f_1(n)$, $f_2(n)$ sind algebraische Funktionen, welche die Störungsglieder der Gleichungen (140) und (141) befriedigen, für das Folgende jedoch keine Bedeutung haben. Zur Bestimmung der 4 Konstanten dienen die Bedingungen

$$M_0 = 0\,,\qquad \delta_0 = \delta_0 \tag{144}$$

$$M_m = 0\,,\qquad \delta_m = \delta_0 \tag{145}$$

Dabei wird der Wert δ_0 zunächst als gegeben eingeführt. Sein Wert läßt sich aus

$$\sum_0^m R_n = 0$$

berechnen. Daraus folgt

$$\frac{1}{\delta'}\left[\sum_1^{m-1}(\delta_n - c_n) + 2\,(\delta_0 - c_0)\right] = 0\,,$$

$$\delta_0 - c_0 = -\,\frac{1}{2}\sum_1^{m-1}(\delta_n - c_n)\,.$$

Diese Rechnung ist jedoch hier ohne Belang. Die Bedingungen (144) lauten

$$O = C_1 + C_2 + f_1(0),$$

$$\delta_0 \frac{a}{\delta'} = q\,(C_3 - C_4) + f_2(0)$$

und ergeben

$$C_2 = -\,C_1 + f_1(0),$$

$$C_3 = \quad C_4 - \frac{1}{q}\left[f_2(0) - \delta_0 \frac{a}{\delta'}\right].$$

Nach Einführung dieser Werte lauten die Bedingungen (145)

$$O = \quad C_1\,(r^m - r^{-m}) \cos m\,\varphi + C_3 (r^m + r^{-m}) \sin m\,\varphi + Z_1,$$

$$O = -\,C_1\,q\,(r^m + r^{-m}) \sin m\,\varphi + C_3\,(r^m - r^{-m}) \cos m\,\varphi + Z_2.$$

wobei die von $C_1 C_3$ freien Glieder in Z_1 und Z_2 zusammengefaßt sind. Die Auflösung ergibt C_1 und C_3 in der Form

$$C_1 = \frac{Z_1\,\alpha_1 + Z_2\,\alpha_2}{N}, \qquad C_2 = \frac{Z_1\,\beta_1 + Z_2\,\beta_2}{N},$$

$$N = q\left[(r^m - r^{-m})^2 \cos^2 m\,\varphi + (r^m + r^{-m})^2 \sin^2 m\,\varphi\right]$$

$$N = q\,(r^m + r^{-m} + 2 \cos m\,\varphi)\,(r^m + r^{-m} - 2 \cos m\,\varphi).$$

Solange $q > 0$ ist, ist $r > 1$. Mithin kann der Nenner N nicht verschwinden. Die Auflösung ergibt für jeden bestimmten Wert der Glieder Z_1, Z_2 ganz bestimmte Werte der Konstanten C. Es besteht also eine und nur eine bestimmte Gleichgewichtslage. Das Gleichgewicht ist stabil.

Wird jedoch $q = 0$, so wird $N = 0$. Es wäre also der Schluß zu ziehen, daß mit $q = 0$ das stabile Gleichgewicht in labiles übergeht. Wie a. a. O. nachgewiesen ist, trifft der Schluß jedoch nicht zu. Labilität tritt erst ein, wenn einer der beiden trigonometrischen Faktoren verschwindet. Der kritische Punkt ist demnach von der Zahl der Felder abhängig. Der zugehörige Wert q_1 ist von 0 verschieden, jedoch verschwindend klein. Für alle praktischen Fälle darf daher $q = 0$ als Grenze des stabilen Gleichgewichts angesehen werden. Man rechnet damit einerseits sicher, anderseits durchaus wirtschaftlich. Die Unabhängigkeit der Bedingung von der Zahl der Felder hat noch folgenden Vorteil. In praktischen Fällen ist die Regelmäßigkeit nicht vorhanden, auf der vorstehende Rechnung beruht. Es werden aber meist 2 bis 4 vollkommen oder nahezu gleiche Felder in Brückenmitte liegen. Hier sind überdies die Knickbedingungen am ungünstigsten. Man kann daher den gegebenen Fall mit einem ideellen aus lauter regelmäßigen Feldern vergleichen, dessen Bedingungen die ungünstigsten des gegebenen sind. Die Grenze $q = 0$, welche für den ideellen Fall stabiles Gleichgewicht ohne Rücksicht auf die Zahl der Felder gewährleistet, verbürgt dies auch für den vorliegenden. Für den Konstrukteur kommt es nicht darauf an, den kritischen Punkt, in dem Labilität eintritt, mit mathematischer Schärfe zu bestimmen. Es genügt die Angabe eines Grenzwertes, der volle Sicherheit bietet, ohne sich von dem genauen Wert so weit zu entfernen, daß die Wirtschaftlichkeit beeinträchtigt wird. Das leistet die Bedingung $q = 0$. Wie a. a. O. nachgewiesen, bleibt der aus ihr abgeleitete Wert der Rahmensteifigkeit δ nur um wenige Bruchteile vom Hundert hinter dem kritischen zurück. Wenn in der Mitte nur 2 gleiche Felder liegen, muß hier daher nach Maßgabe der Bedingung $q = 0$ konstruiert werden. Gestalten sich die Bedingungen nach den Enden der Brücke zu wesentlich günstiger, so kann man auf Grund einer neuen

Rechnung mit entsprechend veränderten Größen entscheiden, ob auch eine Minderung der Rahmenabmessungen zweckmäßig ist.

Die Bedingung $q = 0$ ist nun weiter zu entwickeln. Sie lautet

$$\left(\alpha + \frac{\beta a}{2P\cdot\delta'}\right)^2 = \frac{2\alpha a}{P\cdot\delta'},$$

$$\left(\frac{P\delta'}{a}\right)^2 - \left(\frac{P\delta'}{a}\right)\frac{2-\beta}{\alpha} + \left(\frac{\beta}{2\alpha}\right)^2 = 0,$$

$$\frac{P\delta'}{a} = \frac{(1\pm\sqrt{1-\beta})^2}{2\alpha}.$$

Der größere der beiden Werte sei $P\delta_0'$ bezeichnet. Für $\delta' = \delta_0' - z$ ergibt sich

$$q^2 = \frac{z}{\delta_0' - z}\left[\frac{2\alpha\lambda}{P\delta_0'} - \left(\alpha + \frac{\beta a}{2P\delta_0'}\right)\frac{\beta\cdot a}{P\cdot\delta_0'}\right] - \left(\frac{\beta a}{2P\delta_0'}\right)^2\left(\frac{z}{\delta - z}\right)^2,$$

$$q^2 = \frac{z}{\delta_0' - z}\frac{\lambda}{P\delta_0'}\left[2\alpha\sqrt{1-\beta} - \frac{\beta^2 a}{4P\delta_0'}\frac{z}{\delta_0' - z}\right],$$

die rechte Seite ist positiv für alle Werte z, die kleiner sind als

$$z = \frac{2\sqrt{1-\beta}}{\alpha}.$$

Die Grenzen $\frac{1\pm\sqrt{1-\beta}}{\alpha}$ schließen daher die Werte δ' ein, welche eine reelle Wurzel q ergeben und somit Stabilität verbürgen. Die untere Grenze kommt nicht in Betracht. Es ist also

$$\delta_0' = \frac{a}{P}\frac{(1+\sqrt{1-\beta})^2}{2\alpha}$$

die Stabilitätsbedingung und in δ_0' durch die Elastizitätsbedingungen des vorliegenden Rahmens zu erfüllen. δ' ist die Verschiebung des Stützpunktes der

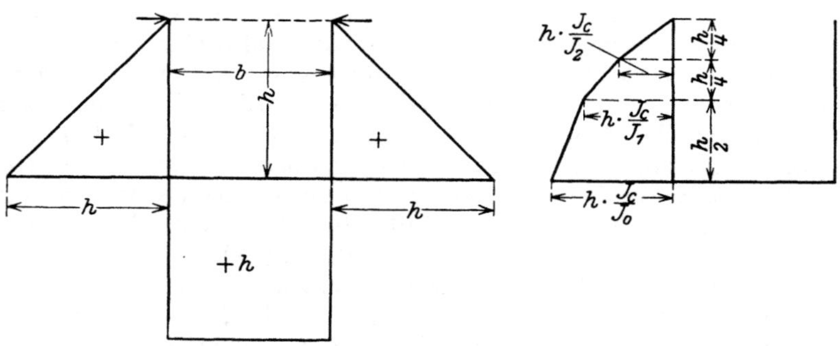

Abb. 336.

Gurtung, die im Rahmen durch die Last *1* entsteht. In Fällen, in denen diese Last den ganzen Rahmen verschiebt, umfaßt δ' auch diese Verschiebung. Sie ist jedoch fast immer verschwindend klein.

a) 2 Druckgurtungen gestützt in den Pfostenköpfen eines offenen Rahmens. Die Belastung *1* besteht in 2 Kräften *1*, die am Rahmen einander das Gleichgewicht halten. δ' ist die halbe gegenseitige Verschiebung beider Kräfte. Das Trägheitsmoment des Querträgers sei konstant J_q, das des Pfostens J_0 am Fuß, J_1 auf halber, J_2 auf $^3/_4$ der Pfostenhöhe. Die Arbeitsgleichung für die angenommene Doppelkraft *1* ergibt mit den aus der Abb. 336 ersichtlichen Bezeichnungen

$$\delta' = \frac{1}{2\,E\,J_c}\int y^2\frac{J_0}{J}\,ds\,.$$

Wird die verzerrte Momentenfläche $y\,\frac{J_c}{J}$ benutzt (Abb. 336), dann ist das Integral das statische Moment der verzerrten Momentenfläche, bezogen auf die Gerade 0—0. Aus der Abbildung ist also abzulesen, wenn $J_c = J_o$ gesetzt wird

$$\frac{1}{2}\int y^2\frac{J_0}{J}\,ds = \frac{J_0}{2\,J_q}\,b\,h^2 + \frac{h^3}{3} + \left(\frac{J_0}{J_1} - 1\right)\frac{h^3}{8} + \left(\frac{J_0}{J_2} - \frac{J_0}{J_1}\right)\frac{h^3}{64}\,,$$

$$\frac{1}{2}\int y^2\frac{J_0}{J}\,ds = \frac{J_0\,b\,h^2}{2\,J_q} + \frac{h^3}{3}\,\mu\,,$$

$$\mu = \frac{1}{8}\left(7 + \frac{7}{8}\frac{J_0}{J_1} + \frac{1}{8}\frac{J_0}{J_2}\right),$$

$$\delta' = \frac{b\,h^2}{2\,E\,J_q} + \frac{h^3}{3\,E\,J_0}\,\mu\,.$$

Mithin muß sein

$$\frac{b\,h^2}{2\,E\,J_q} + \frac{h^3}{3\,E\,J_0}\,\mu = \frac{a}{P}\,\frac{(1+\sqrt{1-\beta})^2}{2\,\alpha}\,.$$

Da P in den Winkelfunktionen enthalten ist, ist die Gleichung transzendent. Wenn n der Sicherheitsgrad und 0 die Druckkraft in der Gurtung bezeichnet, muß also die Rechnung mit $n \cdot 0$ durchgeführt werden. Die Auflösung nach n ist nicht möglich. Der Sicherheitsgrad für gegebene Werte J_q, J_0, 0 ist also nur durch Approximation zu berechnen. Für den Konstrukteur wichtiger ist jedoch die Berechnung des Trägheitsmomentes J_0, welches bei gegebenen Größen 0, J_q einen bestimmten Sicherheitsgrad bietet. Die Gleichung wird deshalb nach J_0 aufgelöst. Man erhält

$$\operatorname{erf} J_0 = \frac{\frac{2}{3}\,h^3}{\frac{a\cdot E}{n\cdot 0}\,\frac{(1+\sqrt{1-\beta})^2}{\alpha} - \frac{b\,h^2}{J_q}}\cdot\mu\,. \tag{146}$$

. . . .

Diese Formel ist für den Gebrauch bequem. Man berechnet das J_q nach der Querschnittsbestimmung des Querträgers, also $J_q = \operatorname{erf} W_q \cdot \frac{1}{2}\,h_q$, und kann, wenn es zweckmäßig sein sollte, J_q leicht erhöhen.

Die Formel

$$\frac{1}{\delta'} = \frac{P}{a}\,\frac{2\,(1-\cos\varkappa\,a)}{\left(1+\sqrt{\frac{\sin\varkappa\,a}{\varkappa\,a}}\right)^2}$$

stimmt mit der von Bleich[1] auf etwas anderm Wege abgeleiteten

$$\frac{1}{\delta'} = \frac{2\,P}{a}\left[3 - \left(\frac{\varkappa\,a}{\pi}\right)^2\right]\frac{\sqrt{\varkappa\,\alpha} - \sqrt{\sin\varkappa\,a}}{\sqrt{\varkappa\,a} + \sqrt{\sin\varkappa\,a}}$$

in den Zahlenwerten sehr genau überein. Die letztere kann zu

$$\frac{2\,P}{a}\left[3 - \left(\frac{\varkappa\,a}{\pi}\right)^2\right]\frac{1 - \frac{\sin\varkappa\,a}{\varkappa\,a}}{\left(1+\sqrt{\frac{\sin\varkappa\,a}{\varkappa\,a}}\right)^2}$$

[1] Bleich: Theorie und Berechnung der eisernen Brücken.

umgeformt werden. Durch Reihenentwicklung ist zu erkennen, daß

$$\left[3 - \left(\frac{\varkappa a}{\pi}\right)^2\right]\left(1 - \frac{\sin \varkappa a}{\varkappa a}\right) = \sim 1 - \cos \varkappa a$$

ist. Die hier gegebene Formel ist jedoch einfacher und deshalb vorzuziehen.

Die Schwierigkeit dieser, der Bleichschen und auch der Formel Engessers, liegt in der Veränderlichkeit des Modul E für die Gurtung. Da man mit $n \cdot 0$ rechnen muß, hat man es im allgemeinen mit der Streckspannung oder einer noch größeren zu tun. Sollte n durch Approximation berechnet werden, so wäre auch der Modul T in $\varkappa = \sqrt{\frac{n \cdot 0}{J \cdot T}}$ mit n zu ändern. Die Rechnung würde außerordentlich umständlich werden. Bei Benutzung der Formel zur Ermittlung des J_0 ist jedoch folgender Weg gangbar. Es besteht offenbar völlig genügende Sicherheit, wenn die Gurtung nicht früher seitlich ausweicht als der am stärksten beanspruchte Gurtstab in der Hauptträgerebene knickt. Da die Formel ein Trägheitsmoment J_0 ergibt, welches noch um ein geringes über dem des für den Eintritt der Labilität kritischen Wertes liegt, wird diese Forderung durch

$$n \cdot 0 = \sigma_\varkappa \cdot F_g$$

erfüllt, worin σ_k die Knickspannung des fraglichen Stabes ist. Für diese aber gilt

$$\sigma_\varkappa = \frac{T \cdot \pi^2}{\left(\frac{a}{i_1}\right)^2}, \quad i_1^2 = \frac{J_a}{F_g},$$

wenn J_a das Trägheitsmoment des Gurtquerschnittes in bezug auf die wagerechte Hauptachse bezeichnet. Der Modul T ist wegen $T = \frac{\partial \sigma}{\partial \varepsilon}$ nur von der Spannung abhängig. Mithin ist für die Biegung rechtwinklig zur Hauptträgerebene derselbe Wert maßgebend wie für Biegung in der Systemebene. Man erfüllt also die gestellte Forderung, wenn man

$$\frac{\sigma_\varkappa}{T} = \frac{\pi^2}{a^2} \frac{J_a}{F_g}$$

in $\varkappa$ einführt. Es sei J_b das Trägheitsmoment des Gurtungquerschnittes in bezug auf die lotrechte Hauptachse. Dann ergibt sich

$$\varkappa a = a \sqrt{\frac{\sigma_\varkappa}{T} \frac{F_g}{J_b}} = a \sqrt{\frac{\pi^2}{a^2} \frac{J_a}{F_g} \frac{F_g}{J_b}},$$

$$\varkappa a = \pi \nu, \tag{147}$$

$$\nu = \sqrt{\frac{J_a}{J_b}}.$$

Die Rechnung kann nun mit dem Funktionswert

$$\frac{(1 + \sqrt{1 - \beta})^2}{\alpha} = \frac{\left(1 + \sqrt{\frac{\sin \pi \nu}{\pi \nu}}\right)^2}{1 - \cos \pi \nu}$$

beginnend durchgeführt werden. Den gleichen Gedankengang hat schon L. Kulka[1] benutzt, um in der Formel Engessers die oben genannte Schwierigkeit zu beheben. So ergibt sich

$$\frac{1}{\delta'} = \frac{\pi^2}{4} \frac{n \cdot 0}{a} \frac{J_a}{J_b}. \tag{148}$$

[1] Kulka, L.: Zur Berechnung elastisch gestützter Druckgurte auf seitliches Ausknicken. Bautechnik 1926, S. 621.

Beispiel. Eine Straßenbrücke von 56 m Spannweite, 9 m Trägerabstand, 8 m Höhe und 5,6 m Fachweite erfahre die größte Druckkraft in der Obergurtung $O_p \cdot \varphi + O_g = 466$ t. Für den Querträger ist $M_p \cdot \varphi + M_g = 122$ tm. Gewählt wird ein Stehblechträger — Stehblech 1200·10, 4 Winkel 110·10, 2 Platten 280·10 — mit $J = 624774$ cm², $W_n = 9298$ cm³. Für die Gurtung wird der Querschnitt nach Abb. 337 gewählt. Es ist

2 Stehbleche	40 · 1,0 =	80
2 Beibleche	18 · 1,0 =	36
6 ∟ 100 · 12	=	136
1 Kopfplatte	80 · 0,9 =	144
	F_g =	396 cm²

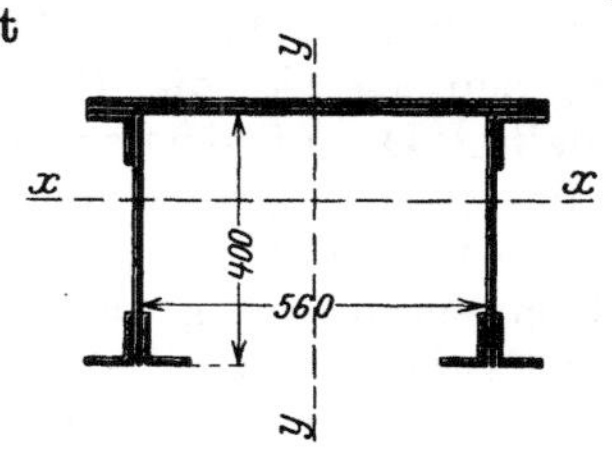

Abb. 337.

$J_x = 102000$ cm³, $J_y = 294000$ cm³,

$$\varkappa a = \pi \sqrt{\frac{102}{294}} = \pi \sqrt{0,349} = 1,855\,,$$

$$\varkappa a = 106^0\,20' \quad \sin \varkappa a = 0,95964\,, \quad \cos \varkappa a = -0,28123\,,$$

$$\sqrt{\frac{\sin \varkappa a}{\varkappa a}} = 0,719\,,$$

$$\frac{(1+\sqrt{1-\beta})^2}{\alpha} = \frac{1,719^2}{1,281} = 2,30,$$

$$\operatorname{erf} J_0 = \frac{\frac{2}{3}\,8^3 \cdot 100^3}{\frac{560 \cdot 2100}{2,4 \cdot 396}\,2,3 - \frac{9 \cdot 8^2 \cdot 100^3}{624774}}\,\mu = 177000\,\mu\,.$$

Das Trägheitsmoment des Pfostens nehme nach dem Kopf zu ab um $\frac{J_0}{J_1} = 2$, $\frac{J_0}{J_2} = 4$, dann ist $\mu = \frac{37}{32}$, also erf $J_0 = 204660$ cm⁴, gewählt wird 1 Stehblech 750·10, 4 110·10, 2 Platten 280·10 mit $J = 217506$ cm⁴.

Um den Einfluß der Steifigkeit der Gurtung zu zeigen, sei die Rechnung für denselben Querschnitt jedoch mit nur 46 cm lichter Weite und 2 Kopfplatten 720·20 durchgeführt. Es ist $J_y = 208400$ cm². J_x kann unverändert beibehalten werden

$$\varkappa a = \pi \sqrt{\frac{102}{208}} = \pi \cdot 0,700 = 2,1987\,,$$

$$\varkappa a = 126^0\,0' \quad \sin \varkappa a = 0,79864 \quad \cos \varkappa a = -0,60182\,,$$

$$\sqrt{\frac{\sin \varkappa a}{\varkappa a}} = 0,603\,,$$

$$\frac{(1+\sqrt{1-\beta})^2}{\alpha} = \frac{1,603^2}{1,6018} = 1,604\,,$$

$$\operatorname{erf} J_0 = \frac{\frac{2}{3}\,8^3 \cdot 100^3}{\frac{560 \cdot 2100}{2,4 \cdot 396}\,1,60 - \frac{9 \cdot 8^2 \cdot 100^3}{624774}}\,\mu\,,$$

$$J_0 = \frac{341 \cdot 100^3}{1980 - 922}\,\mu = 322306\,\mu\,,$$

$$\mu = \frac{37}{32}\,,$$

$$\operatorname{erf} J_0 = 372663 \text{ cm}^4,$$

Stegblech 960, 4 ∟ 100·10, 2 Platten 280·11

$$J \sim 373000 \text{ cm}^4.$$

Die Bestimmung des Pfostenquerschnittes auf eine Festigkeitsrechnung zu gründen, indem am Pfostenkopf eine wagerechte Kraft angesetzt wird, widerspricht vollständig dem Wesen der vorliegenden Aufgabe. Denn der Rahmen hat den Zweck, die Druckgurtung in einer stabilen Gleichgewichtslage zu erhalten. Dazu bedarf er einer gewissen Steifigkeit, deren Maß die oben benutzte Größe δ' ist. Dagegen sind die Beanspruchungen, die tatsächlich in dem Rahmen dadurch entstehen, daß die Knotenpunkte der Gurtung aus der lotrechten Ebene heraustreten, sehr gering. Es liegt also ein Problem der Stabilität, nicht der Festigkeit vor. Die Lösung kann daher nur durch Angabe eines Trägheitsmomentes, nicht aber eines Widerstandsmomentes gegeben werden. Wird der Pfostenkopf durch $^1/_{200}$ der beiden Gurtkräfte belastet, so erhält man als größtes Moment am Fuß $2 \cdot 0{,}01 \cdot 466 \cdot 8 = 75$ tm. Mithin $W_{\text{erf}} = 5350 \text{ cm}^3$. Dem genügt ein Querschnitt von 500 mm Stehblechhöhe mit 6 Platten oder von 800 mm Stehblechhöhe mit 2 Platten. Das Trägheitsmoment des ersteren Querschnittes beträgt nur 170000 cm^4, das des zweiten 251134 cm^4, beide bleiben weit hinter dem erforderlichen zurück, wenn der schmalere Querschnitt der Gurtung gewählt ist. Das Beispiel beweist, daß die Festigkeitsrechnung keineswegs immer ein sicheres Ergebnis liefert.

Die genaue Ermittlung der im Rahmen unter der größten Nutzlast auftretenden Spannungen führt auf eine sehr umständliche Rechnung. Man kann sich jedoch ein Bild von der Größenordnung dieser Spannungen durch gewisse Annahmen machen, die die Rechnung vereinfachen und auf der ungünstigen Seite liegen. Man nimmt zunächst eine Gurtkraft an, durch welche $\frac{\pi}{\varkappa a}$ eine ganze Zahl, etwa 3 oder 4, ist. Da die tatsächlich auftretende Druckspannung unter der Elastizitätsgrenze bleibt, ist in $\varkappa$ der Modul E einzusetzen. In vorstehendem Beispiel werde $4\varkappa a = \pi$ gewählt und der Gurtquerschnitt mit $J = 208400 \text{ cm}^4$. Dann ergibt sich $0 = -863$ t

$$\varkappa a = 560 \sqrt{\frac{863}{2100 \cdot 208406}} = 0{,}7856 = \frac{1}{4}\pi\,.$$

Die Pfostenköpfe der 3 mittleren Rahmen sollen durch Belastung der Querträger die wagerechten Verschiebungen c_1, c_0, c_1 erfahren, während auf den Querträgern 2 (von der Mitte gezählt) keine Belastungen auftreten. Da $\varkappa a = \frac{1}{4}\pi$ ist, kann in den Punkten *2* ein Wendepunkt der elastischen Linie angenommen werden. Daher lauten die Gleichungen (2) für den vorliegenden Fall

$$\delta_2 - 2\delta_1 + \delta_0 + \delta_1 2(1-\cos\varkappa a) - \frac{R_1 a}{0}\left(1 - \frac{\sin\varkappa a}{\varkappa a}\right)$$
$$+ \frac{\left(R_1 + \frac{1}{2} R_0\right)a}{0} 2(1-\cos\varkappa a) = 0\,,$$

$$\delta_1 - 2\delta_0 + \delta_1 + \delta_0 2(1-\cos\varkappa a) - \frac{R_0 a}{0}\left(1 - \frac{\sin\varkappa a}{\varkappa a}\right)$$
$$+ \frac{(R_1 + R_0)a}{0} 2(1-\cos\varkappa a) = 0\,.$$

In diese wird

$$\delta_1 = c_1 - R_1\delta'\,,$$
$$\delta_0 = c_0 - R_0\delta'\,,$$
$$\delta_2 = \left(R_1 + \frac{1}{2} R_0\right)\delta'$$

eingeführt. So entsteht nach Zusammenfassung der R_1 und R_0 enthaltenden Glieder

$$c_0 - 2\,c_1 \cos \varkappa a = -R_1\left[\delta'(1+2\cos\varkappa a) + \frac{a}{0}\left(1+\frac{\sin\varkappa a}{\varkappa a} - 2\cos\varkappa a\right)\right]$$
$$+ R_0\left[\delta'\,0{,}5 - \frac{a}{0}(1-\cos\varkappa a)\right],$$

$$2\,c_1 - 2\,c_0 \cos\varkappa a = -R_0\left[\delta'\,2\cos\varkappa a + \frac{a}{0}\left(1+\frac{\sin\varkappa a}{\varkappa a} - 2\cos\varkappa a\right)\right]$$
$$+ R_1\,2\left[\delta' - \frac{a}{0}(1-\cos\varkappa a)\right]$$

Die Auflösung ergibt den Nenner

$$N = -\left[\delta'\cdot 0{,}5 - \frac{a}{0}(1-\cos\varkappa a)\right]\left[2\,\delta' - \frac{2a}{0}(1-\cos\varkappa a)\right]$$
$$+\left[\delta'\cdot 2\cos\varkappa a + \frac{a}{0}\left(1+\frac{\sin\varkappa a}{\varkappa a} - 2\cos\varkappa a\right)\right]\left[\delta'(1+2\cos\varkappa a) + \frac{a}{0}\right.$$
$$\left.\left(1+\frac{\sin\varkappa a}{\varkappa a} - 2\cos\varkappa a\right)\right],$$

ferner

$$R_1 = \frac{2c_1}{N}\left[\delta'\left(2\cos^2\varkappa a - \frac{1}{2}\right) + \frac{a}{0}\left(1+\frac{\sin\varkappa a\cdot\cos\varkappa a}{\varkappa a} - 2\cos^2\varkappa a\right)\right]$$
$$-\frac{c_0}{N}\left[\frac{a}{0}\left(1+\frac{\sin\varkappa a}{\varkappa a} + 2\cos^2\varkappa a\right) + \delta'\cos\varkappa a\right].$$

$$R_0 = \frac{2c_0}{N}\left[\delta'(2\cos^2\varkappa a + \cos\varkappa a - 1) + \frac{a}{0}\left(1+\frac{\sin\varkappa a\cdot\cos\varkappa a}{\varkappa a} - 2\cos^2\varkappa a\right)\right]$$
$$-\frac{2\,c_1}{N}\left[\frac{a}{0}\left(1+\frac{\sin\varkappa a}{\varkappa a} - 2\cos^2\varkappa a\right) + \delta'\right].$$

Wird nun $\sin\varkappa a = \cos\varkappa a = \frac{1}{2}\sqrt{2}$ und $\varkappa a = \frac{\pi}{4}$ eingeführt, so ergibt sich

$$R_1 = \frac{-c_0\cdot 0{,}894 + c_1\cdot 1{,}264}{1{,}269},$$

$$R_0 = \frac{2\,c_0\cdot 0{,}723 - 2\,c_1\cdot 1{,}022}{1{,}269}.$$

R_0 ist größer als R_1, da c_1 mindernd wirkt, werden die Querträger *1* unbelastet angenommen. Der Einfachheit halber wird Querträger *0* durch eine Einzellast von 25 t belastet, dann ist

$$c_0 = \frac{1}{2}\,\frac{25\cdot 9}{4}\,\frac{9}{2}\,\frac{8\cdot 100^3}{2100\cdot 624\,000} = 0{,}74\ \text{cm},$$

$$\delta' = \frac{8^3\cdot 100^3}{3\cdot 2100\cdot 373\,000}\,\mu + \frac{9\cdot 8^2\cdot 100^3}{2\cdot 2100\cdot 624\,000} = 0{,}218 + 0{,}220 = 0{,}438\,,$$

$$R_0 = 0{,}842\,,\quad R_1 = -0{,}52\,\text{t},\quad R_2 = -0{,}11\,\text{t},$$

$$\delta_0 = 0{,}72 - 0{,}842\cdot 0{,}438 = +0{,}37\,,\ \delta_1 = +0{,}52\cdot 0{,}438 = +0{,}23\,,\ \delta_2 = -0{,}05.$$

Die Kräfte sind also trotz der angenommenen, fast doppelten Gurtkraft verschwindend klein. Es dürfte im allgemeinen zwecklos sein, die Beanspruchung des Rahmens durch die Kräfte aus der Verbiegung der Gurtung zu berechnen. Keinesfalls ist es begründet, die so aus einer lediglich geschätzten wagerechten Kraft am Pfostenkopf entstehenden Momente bei der Querschnittbestimmung des Querträgers in Betracht zu ziehen.

Im Falle des oben offenen Rahmens einer zweigleisigen Brücke muß, da die Gurtkräfte im allgemeinen nicht gleich sind, in Glied

$$\delta_{n1} = c_n - X_{n1}\,\delta' - X_{n2}\,\delta''$$

gesetzt werden, worin X_{n2} die X_{n1} entgegengesetzt gerichtete Kraft im Punkte n der zweiten Gurtung ist. Eine Gleichung gleicher Art gilt für die Verschiebungen δ_{n2} der zweiten Gurtung. Die Untersuchung wird verwickelt, da die beiden Gleichungssysteme miteinander verknüpft sind. Nun ist

$$\delta' = \frac{h^3}{3EJ_0}\mu + \frac{1}{3EJ_q}h'b\,,$$

$$\delta'' = \frac{1}{6EJ_q}h^2 b\,,$$

also ergibt sich als größter Wert der von den X abhängigen Verschiebung der des symmetrischen Falles. Der Fall gleichmäßiger Belastung beider Gleise ist der ungünstigere.

b) Geschlossener Rahmen, der in einem Zwischenpunkte der Pfosten je eine Druckgurtung stützt. Man kann Gelenke in den Ecken annehmen. Wie aus der Momentenfläche abzulesen ist, ist nach der Auswertungsformel[1]

$$EJ_0\,\delta' = \frac{h_o h_u}{h h_u}\cdot\frac{h_o h_u}{h}\,\frac{h_u}{2}\,\frac{2}{3}\,h_u + \frac{h_o h_u}{h h_o}\,\frac{h_o h_u}{h}\,\frac{h_o}{2}\,\frac{2}{3}\,h_o\,,$$

$$\delta' = \frac{h_o^2 h_u^2}{3hE\cdot J_v}\,. \tag{149}$$

Im Rahmen mit steifen Ecken entstehen die Eckmomente $+\eta_o\cdot\eta$ und $\eta_u\cdot\eta$

$$\eta_o = -\frac{\left(b_u' + \frac{1}{3}h\right) + \frac{2e}{3h}(b_u' + h)}{(b_o' + h)\left(b_u' + \frac{1}{3}h\right) + (b_u' + h)\left(b_o' + \frac{1}{3}h\right)}\,,$$

$$\eta_u = -\frac{\left(b_o' + \frac{1}{3}h\right) - \frac{2e}{3h}(b_o' + h)}{(b_o' + h)\left(b_u' + \frac{1}{3}h\right) + (b_u' + h)\left(b_o' + \frac{1}{3}h\right)}\,,$$

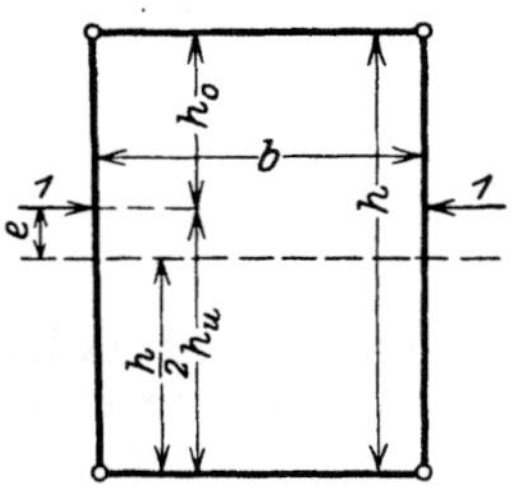

Abb. 338.

$$\eta = \left(\frac{h^2}{4} - e^2\right).$$

$$\mu_1 = 1 - \frac{1}{2}\left[\eta_o\left(3\,\frac{h}{2} + e\right) + \eta_u\left(3\,\frac{h}{2} - e\right)\right],$$

$$\delta' = \frac{\eta^2}{3hEJ}\mu_1 = \frac{a}{nO}\,\frac{(1+\sqrt{1-\beta})^2}{2\alpha}$$

$$\text{erf}J_v = \frac{2\left(\frac{h^2}{4} - e^2\right)^2\mu_1}{3ha\,.\,\frac{(1+\sqrt{1-\beta})^2}{\alpha}\,.\,\frac{nO}{E}}. \tag{150}$$

$\varkappa a$ ist ebenso zu berechnen wie im Falle des auf einer Seite offenen Rahmens.

c) Schließlich kann die Sicherung einer gedrückten Obergurtung auch durch geschlossene Rahmen bewirkt werden, wenn man zwar Riegel, aber keinen oberen Windverband einbauen will. Hier kommt ein Knicken beider Gurtungen in gleicher Richtung in Betracht. δ' ist, wenn die Elastizität des unteren Windverbandes vernachlässigt wird, die wagerechte Verschiebung des Pfostenkopfes gegen den Fuß, die durch eine wagerechte Kraft *1* am Kopf entsteht. Die Momente infolge dieser Kraft sind durch die Gleichungen (139) gegeben. Es sei das Moment in $a\,\eta_a$, in $d - \eta_d$ bezeichnet. Aus der Arbeitsgleichung für die Last *1* an dem statisch bestimmten System mit Gelenken in den Ecken b, d, e erhält man

$$\delta' = (2\eta_a - \eta_d)\,\frac{h^2}{6EJ} + \eta_a\,\frac{b^2}{6EJ_q}\,.$$

[1] Grüning: Die Statik des ebenen Tragwerks, Gleichung (11) S. 229.

Durch Einführung der Werte η_a, η_d entsteht

$$\delta' = \frac{h}{12E\,(6h' + b'_u + h'_o)}\left[(3h' + 2b'_o - b'_u)\,\frac{h^2}{J} + (3h' + b'_o)\,\frac{b^2}{J_q}\right]. \qquad (151)$$

Dieser Wert wird weiter wie im Falle a) benutzt.

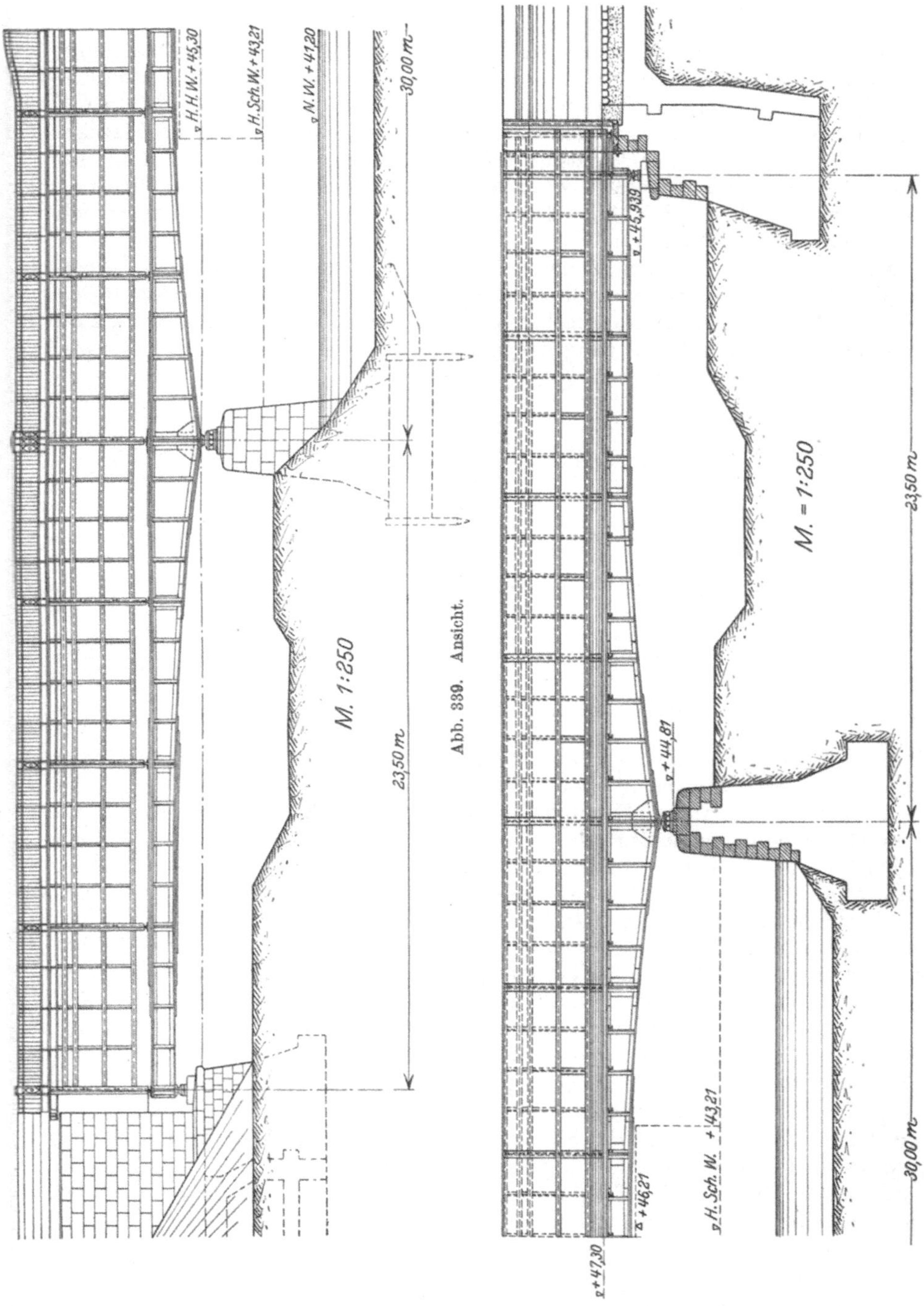

Abb. 339. Ansicht.

Abb. 340. Längsschnitt.

Abb. 339 und 340. Überführung des Mittellandkanales über die Leine.

D. Die Kanalbrücken.

Kanalbrücken überführen das Bett eines Kanales in einem Trog. Sie unterscheiden sich von Straßen- und Eisenbahnbrücken wesentlich in der Art der Beanspruchung. Die Belastung ist, abgesehen von den geringfügigen Lasten des Treidelsteges, nach Größe und Richtung unveränderlich. Es gibt keine Stöße der Verkehrslasten und keine Erfordernisse der Durchbiegung. Der Baustoff kann daher höher ausgenutzt werden. Auf der andern Seite sind unzulängliche Bauteile unvermeidbar. Sie erfordern einen Rostschutz, der für die voraussichtliche Lebensdauer des Bauwerks ohne Unterhaltung ausreicht.

Besondere Schwierigkeiten bietet der Anschluß des Troges an die Strecke. Hier sind Maßnahmen zur Dichtung erforderlich, die durch den Einfluß der Wärmeschwankungen erschwert werden. Da jedoch die Frage der Dichtung wasserbautechnischer Art ist und das Tragwerk der Brücke nicht berührt, soll sie hier unerörtert bleiben.

Der Trog besteht aus dem Boden und aus meist lotrecht stehenden Seitenwänden. Beide Teile werden aus Blechtafeln hergestellt, die in den Ecken durch viertelkreisförmig gekrümmte Bleche verbunden sind. Für das Tragwerk sind 2 Lösungen möglich. Zwei Hauptträger beiderseits der Wände des Troges,

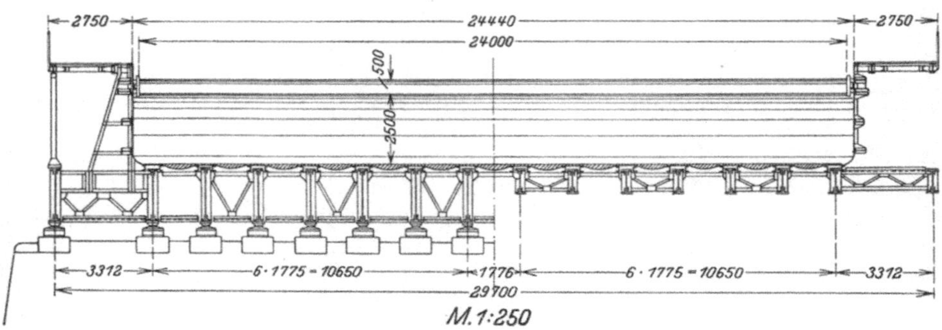

Abb. 341. Überführung des Mittellandkanales über die Leine. Querschnitt.

zwischen ihnen Querträger, die als offene Halbrahmen ausgebildet den Boden tragen und in den Pfosten die Seitenwände stützen. Die zweite Lösung besteht in einer größeren Zahl von Hauptträgern unter dem Boden, durch kurze Querträger verbunden, und je 1 Hauptträger seitlich jeder Seitenwand. Die Wände werden hier von Böcken gehalten, die auf Querträgern zwischen den äußeren Hauptträgern stehen. Meist steht für die Bauhöhe zwischen dem Boden des Troges und der Konstruktionsunterkante ein beschränktes Maß zur Verfügung. Infolgedessen und ebenso aus Gründen der Wirtschaftlichkeit ist für die Wahl der Lösung hauptsächlich das Verhältnis der Bettbreite zur Stützweite entscheidend. Dabei spricht auch die Zahl der Stützen der Hauptträger mit, weil die mittlere von 3 Öffnungen durch durchlaufende Balken leichter und mit geringerer Höhe überbrückt werden kann als eine einzige von gleicher Stützweite. Bei den älteren Kanalbrücken, die meist einschiffig gebaut sind und geringe Trogbreite haben, ist die erste Bauart die häufigste. Die große Steigerung der Schiffsgrößen und die Forderung nach ungehindertem Betrieb haben heute die Bedingungen wesentlich geändert. Es wird kaum noch eine Kanalbrücke unter 20 bis 25 m Trogbreite gebaut werden. Die zweite Bauart wird daher in Zukunft erheblich größere Bedeutung haben.

Eine Brücke dieser Art ist die Überführung des Mittellandkanales über die Leine bei Seelze[1]. Abb. 339 zeigt die Ansicht, Abb. 340 den Längsschnitt für die

[1] Entwurf und Ausführung: Werk Louis Eilers, Hannover.

halbe Brückenlänge, Abb. 341 die Querschnitte über dem Flußpfeiler und in Mitte der Brücke. Die zu überspannende Weite mißt 75 m in 3 Öffnungen. Daraus ergaben sich Stützweiten von 23,5 m, 30 m, 23,5 m, die die Wahl durchlaufender Träger nahe legten. Bei einer lichten Trogweite von 24 m war diese Bauart zweifellos vorzuziehen, namentlich da nur 1,09 cm Bauhöhe zur Verfügung stand. Nur durch die Vorzüge des durchlaufenden Trägers und enge Stellung der Hauptträger ist es gelungen, mit der geringen Bauhöhe auszukommen. 6 gekuppelte Trägerpaare in 1,775 m Abstand tragen den Boden. Abb. 342 zeigt die Durchbildung der Konstruktion. Die Hauptträger sind Stehblechträger mit wagerechter Oberkante und bogenförmig gekrümmter Unterkante. Die Trägerhöhe mißt in Mitte der Brücke nur etwa 0,85 m, über den

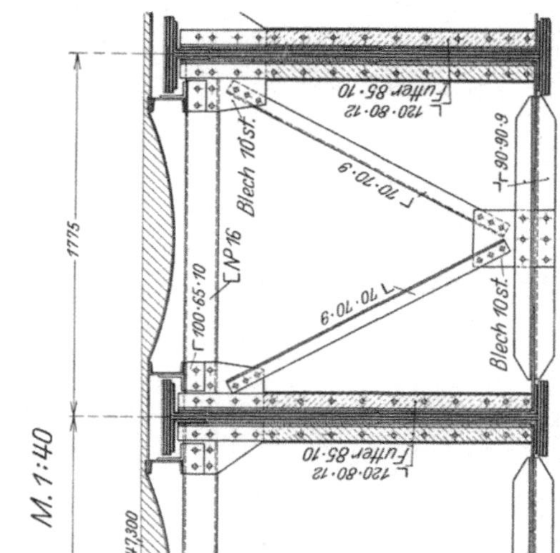
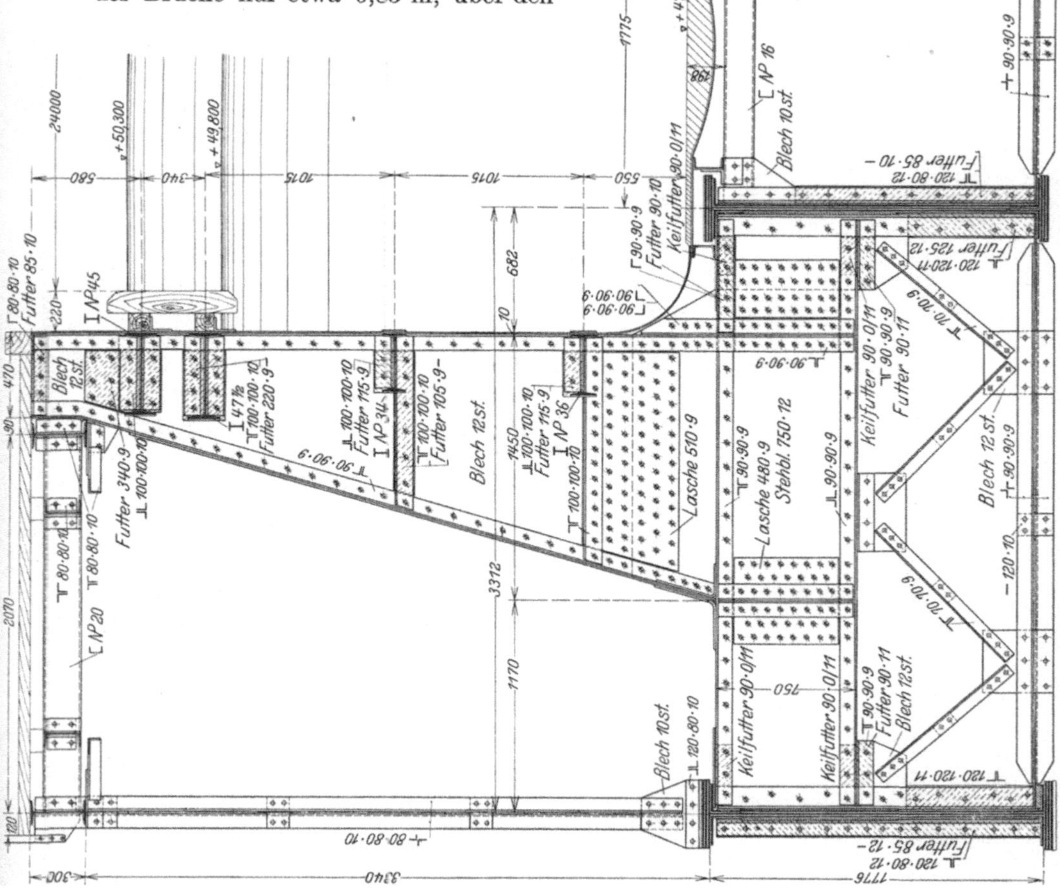

Abb. 342.

Flußpfeilern 1,80 m. Auf enggestellten Querträgern aus ⊐ 16 stehen dicht neben den Gurtplatten jedes Hauptträgers 2 Längsträger des gleichen Proiiles. Sie tragen die Blechhaut des Trogbodens, die über dem Hauptträger flach gespannt ist und im Felde zwischen 2 Hauptträgern in Form des Tonnenbleches durchhängt. Der ganze Boden ist mit einer in der Oberfläche ebenen Schicht aus Beton überdeckt. Die unter dem Trogboden unzugänglichen Gurtplatten der Hauptträger sind zum Schutz gegen Rost mit Asphalt umhüllt. Zur Stützung der Seitenwände dienen Böcke in 6,0 m Abstand (Abb. 342). Sie stehen auf Querträgern zwischen dem äußeren Hauptträgerpaare und stützen die Wand durch wagerecht liegende I-Träger, auf deren Flansche das Blech genietet ist. Lotrechte Winkel in 1,5 m Abstand steifen das Blech aus. Auf dem Kopf der Böcke und anderseits auf Pfosten über dem äußeren Hauptträger ruht der Treidelsteg. Windverbände sind unter dem Treidelsteg und zwischen den Obergurtungen der beiden äußeren Hauptträger angeordnet, ferner in jedem der 6 gekuppelten Trägerpaare. Die wagerechten Wasserdrücke auf die Wände konnten durch die quer durchlaufenden Verbände untereinander ausgeglichen werden. Anscheinend sollte jedoch der Druck jeder Wand durch den wagerechten Verband auf den Pfeiler übertragen werden. Zur Aufnahme des Winddruckes ist der Verband unnötig, hierfür hätte bei dem steifen Boden der Verband unter dem Treidelsteg durchaus genügt. Die Konstruktion ist im übrigen eine geschickte Lösung der durch die geringe Bauhöhe erschwerten Aufgabe.

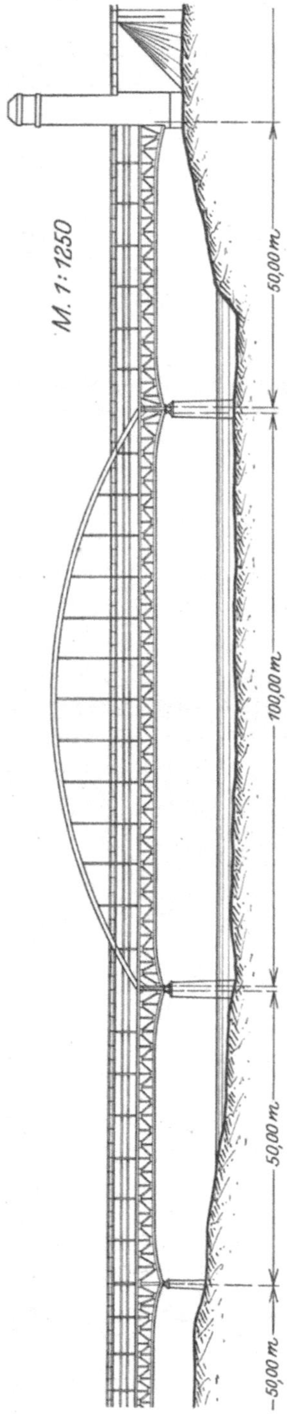

Abb. 343. Kanalbrücke über die Elbe (Entwurf).

Ein Entwurf der ersten Bauart ist in Abb. 343 dargestellt. Die Hauptöffnung von 100 m Stützweite wird durch 2 als Langersche Balken ausgebildete Hauptträger überspannt. Der Trog ruht auf fachwerkartig gestalteten Querträgern von 30 m Spannweite und 2,5 m Systemhöhe (Abb. 344). In den Seitenöffnungen von 50 m Spannweite konnten die Hauptträger unter dem Trog angeordnet werden. Die Konstruktion ist hier im wesentlichen die gleiche wie bei der oben besprochenen Kanalbrücke.

E. Die Lager

umfassen die Bauteile, die auf dem Pfeiler ruhend den eisernen Überbau tragen. Sie haben die Aufgabe, die im Auflagerdruck vereinigte Last der Brücke in das Massivwerk zu leiten und dabei die Bedingungen zu verwirklichen, welche die statische Eigenart des Tragwerks hinsichtlich Angriffspunkt und Richtung des Auflagerdruckes stellt. Dazu ist notwendig, daß die Lager einer Verschiebung des Auflagerknotens in der Kraftrichtung Widerstand leisten, jede Verschiebung in anderer Richtung und jede Drehung aber unbehindert zulassen. Die elastische Formänderung des Tragwerks verursacht eine Drehung des Auflagerknotens des ebenen Trägers in seiner Ebene und des räumlichen Tragwerks in einer mit der Laststellung veränderlichen Ebene. Jedes Lager eines Brückenträgers muß daher einer Drehung um die Normale zur Trägerebene durch den Auflagerpunkt fähig sein. Es legt dadurch den Angriffspunkt fest. Da die Hauptträger durch die Querträger zu einem räumlichen Tragwerk verbunden sind, muß das Lager die Drehung des Auflagerknotens auch um Achsen anderer Richtung ermöglichen, die sich im geometrischen Knotenpunkt schneiden. Es bindet dadurch den Auflagerpunkt an die Ebene der Hauptträger.

Drehung um eine unveränderliche Achse ermöglichen das Linienkipplager und das Zylinderzapfenlager, Drehung um Achsen beliebiger Richtung mit einem gemeinsamen Schnittpunkt gestatten das Punktkipplager und das Kugelzapfenlager. Linienkipplager und Punktkipplager ermöglichen die Drehung durch Wälzen des Lagersattels auf dem Lagerstuhl entweder in Kreiszylinderflächen, deren Erzeugende rechtwinklig zur Trägerebene gerichtet ist, oder in Kugelflächen. Beide Bauarten erfüllen die Forderung, den Angriffspunkt festzulegen, nicht exakt, da bei der Wälzbewegung die Berührungsgerade bzw. der Berührungspunkt wandert. Da der Winkel der elastischen Drehung jedoch klein ist, ist die Strecke der Wanderung so kurz, daß sie praktisch als Punkt angesehen werden darf. Bei beiden Arten des Zapfenlagers vermittelt ein Zapfen die Drehung des Lagersattels gegen den Lagerstuhl um die Achse bzw. den Mittelpunkt des Zapfens. Der Name des Lagers bezeichnet die Zapfenform.

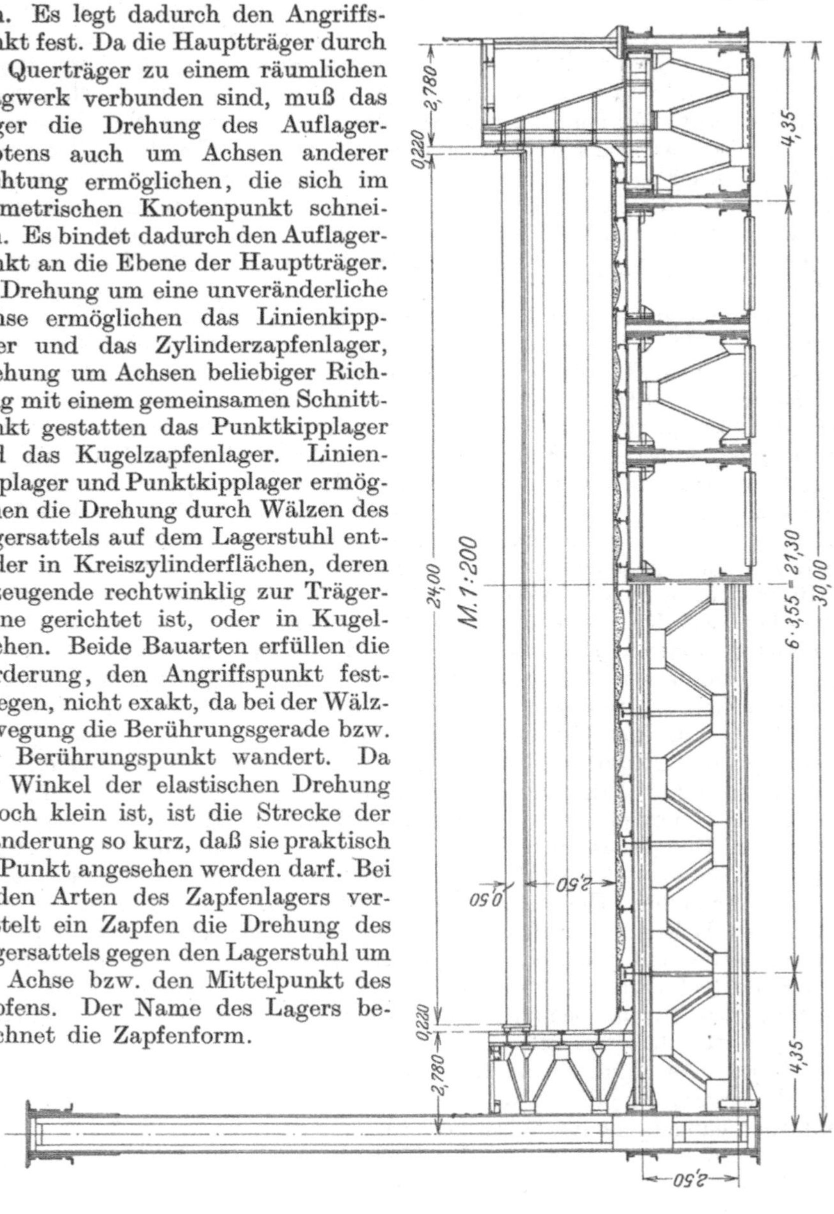

Abb. 344.

Für Brücken mittlerer Breite hat man meist auf Drehbarkeit nach allen Richtungen verzichtet und Linienkipplager oder Zylinderzapfenlager gewählt. Bei Belastung der Endquerträger oder bei Winddruck entsteht aus der elastischen Formänderung das Bestreben, den Lagersattel außen oder innen vom Lagerstuhl abzuheben, und damit eine Erhöhung der Pressung auf der Gegenseite. Je breiter der Lagersattel, desto stärker dieser Nachteil. Beide Lagerarten sind daher höchstens für mittlere Spannweiten unbedenklich. Bei großen Spannweiten ist das Punktkipplager oder Kugelzapfenlager vorzuziehen. Der Fuß einer Stütze ist stets nach allen Richtungen drehbar zu lagern.

In den Wälzlagern wird der Druck theoretisch durch eine Linie bzw. durch einen Punkt übertragen. Infolge der elastischen Formänderung des Werkstoffes bilden sich kleine Abplattungsflächen aus. Der spezifische Druck ist groß. Als Widerstand gegen die Drehung wirkt die rollende Reibung. In den Zapfenlagern wird der Druck durch die Flächen übertragen, in denen der Zapfen sich in Sattel und Stuhl einlegt. Der spezifische Druck kann daher beliebig niedrig gehalten werden. Dagegen wirkt als Widerstand gegen die Drehung die gleitende Reibung. Da die hohe Druckbeanspruchung sich als unschädlich erwiesen hat, obwohl sie rechnungsmäßig erheblich über die Zugfestigkeit des Werkstoffes hinausgeht, zieht man heute das Linienkipplager dem Zylinderzapfenlager vor.

Dagegen wird meist das Kugelzapfenlager, nur selten das Punktkipplager ausgeführt.

Verschieblichkeit in einer Richtung wird durch eine Walzenlage unter dem Lagerstuhl erreicht. Zuweilen ist hierzu auch eine Pendelstütze benutzt worden. Um Verschiebungen in beliebiger Richtung zu ermöglichen, müssen 2 Lagen übereinander angeordnet werden, deren Walzen sich rechtwinklig kreuzen. Nach Seite 371 müssen die Stützpunkte einer Brücke mit 2 Hauptträgern neben 4 lotrechten Stützdrücken 3 wagerechte Kräfte übertragen. Wenn statische Unbestimmtheit vermieden werden soll, müssen die 4 Lager in der wagerechten Ebene also 5 Bewegungsfreiheiten besitzen. Daraus ergeben sich folgende Möglichkeiten: 1. festes, 1 einseitig und 2 allseitig verschiebliche oder 3 einseitig und 1 allseitig verschiebliches Lager. Es liegt jedoch kaum jemals ein triftiger Grund vor, die statische Unbestimmtheit zu meiden, wenn das nur durch verwickeltere Konstruktionen zu erreichen ist. Die Bewegungsfreiheit in Richtung der Querträger kann man immer preisgeben. Denn der Ausgleich der Längenänderungen infolge der Temperatur erfordert ungünstigsten Falles in den dicht über dem Lager liegenden Querträgern Zusatzspannungen von 800 bis 900 kg/cm², die auf die Sicherheit ohne Einfluß sind. Das gilt unabhängig von der Brückenbreite auch für die Fälle einer größeren Zahl von Hauptträgern. Daraus folgt, daß es niemals nötig ist, ein Lager mit 2 Walzenlagen auszustatten. Anordnung 1 festen und 3 in Richtung der Hauptträgerachse beweglicher Lager erzielt statisch bestimmte Stützung des Windverbandes. Die gebräuchliche Anordnung von 2 festen Lagern auf einem Pfeiler spannt den Windverband ein. Daraus können für den Überbau nur Vorteile entstehen. Die Lager und die Pfeiler sind dem durch das Einspannungsmoment bedingten Kräftepaare immer ohne besondere Maßnahmen gewachsen. 1 festes und 1 einseitig bewegliches Lager für den einfachen Balken ist daher die technisch einwandfreie und wirtschaftlich günstige Lösung. Die sinngemäße Erweiterung bedeutet: Ausbildung der Lager nach den statischen Bedingungen der Hauptträger.

Das Lager übernimmt die Auflagerkraft durch Flächendruck und gibt sie an das Mauerwerk der Pfeiler durch Flächendruck ab. Die Abmessungen der Druckflächen hängen von der zulässigen Pressung des jeweils schwächeren Materials ab. Da die zulässige Pressung des Pfeilermaterials erheblich kleiner ist als die des Flußstahles oder Stahlgusses, müssen die Abmessungen des Lagerkörpers in Länge (Richtung der Hauptträger) und Breite von oben nach unten zunehmen, so daß ein pyramidenartiger Aufbau entsteht. Es ist ratsam, zuerst die erforderliche Grundfläche in der Lagerfuge aus

$$F_{\text{erf}} = \frac{A_{\max}}{p_{\text{zul}}}$$

zu berechnen. Die Deckfläche ist durch die Abmessungen des Überbaues im wesentlichen gegeben. Nachrechnung auf Flächendruck ist hier selten erforderlich. Zwischen diesen Grenzen ist der Lagerkörper so zu gestalten, daß genügende Ausstrahlung des Druckes in allen Teilen gewährleistet ist.

Bei kleinen Spannweiten und kleineren Auflagerdrücken genügt eine Lagerplatte für das feste wie bewegliche Auflager. Ihre Oberfläche erhält eine leichte Wölbung, auf die sich der Träger längs einer Linie aufsetzt (Abb. 345). Eine Stahlgußplatte am Träger ist entbehrlich, es genügt eine unter den Querschnitt genietete Platte aus gewalztem Stahl. Zur Verhinderung von Querverschiebungen dienen entweder Randleisten an der Lagerplatte, die die Lagerfläche überhöhen und die Fußplatte des Trägers umfassen oder ein Dorn in der Lagerplatte, der in eine Einklinkung in der Fußplatte eingreift. Auf dem festen Lager wird der Träger durch Zähne an den inneren Kanten der Randleisten oder den genannten Dorn verriegelt. An dem beweglichen Lager greift der Dorn in ein Langloch in der Fußplatte ein. Verschiebung kann erst nach Überwindung der gleitenden Reibung eintreten. Auf die Grundfläche der Lagerplatte ist eine Kreuzrippe, zuweilen auch nur eine querlaufende, aufgegossen, um die Platte durch Eingriff in den Stein festzulegen. Nach beendeter Aufstellung der Brücke wird die Lagerfuge mit Zementmörtel vergossen.

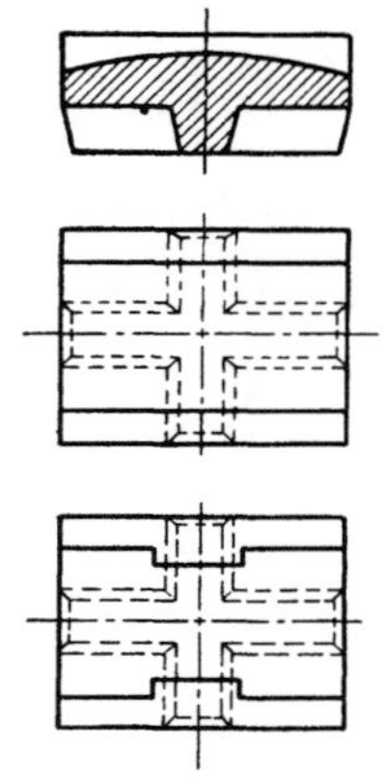

Abb. 345.

Die Lagerplatte soll die Einzelkraft in einen stetigen Druck auflösen, dessen Größe von der zulässigen Pressung des massiven Pfeilermaterials abhängt. Gleichmäßige Verteilung in der Grundfläche ist nicht möglich. Die Ausstrahlung der Einzelkraft in der eben begrenzten Platte folgt dem durch Gleichung (57) angegebenen Gesetz. Das bedingt, daß der Druck in der Grundfläche auf der Kraftlinie den Wert

$$p_0 = \frac{2P}{t \cdot b \cdot \pi}$$

hat, wenn t die Dicke und b die Breite der Platte ist. Für die Grundfläche gilt

$$b \cdot l = \frac{P}{p_{\text{zul}}}. \tag{152}$$

Als weitere Forderung muß gestellt werden, daß p_0 den mittleren Druck p_{zul} nicht zu erheblich übersteigt. Verlangt man $p_0 \leqq 2p_{\text{zul}}$, so erhält man die erforderliche Plattendicke

$$t = \frac{P}{b \cdot \pi \cdot p_{\text{zul}}}. \tag{153}$$

Häufig wird die Lagerplatte auf Biegung berechnet, indem die Annahme gleichmäßiger Druckverteilung in der Grundfläche gemacht wird. Da der Druck nicht gleichmäßig verteilt sein kann, liegt das Rechnungsergebnis in der Festigkeitsfrage auf der sicheren Seite. Trotzdem gewährleistet es ausreichende Gleichmäßigkeit des Druckes nicht.

Wenn der Auflagerdruck eine größere Plattendicke verlangt, ist die Form der Platte unzweckmäßig und unwirtschaftlich, weil sie den Werkstoff schlecht ausnutzt. Der Ausstrahlung der Einzelkraft in Form des gleichschenkligen Prisma, längs dessen Spitzenkante die Kraft wirkt, schmiegt sich der Lagerstuhl nach der Abb. 346 und 349 weit besser an. Aus der Platte erhebt sich ein Steg, der durch Querrippen gegen die Platte abgesteift ist. Der Kopf des Steges ist beim Linienkipplager entweder in der Oberfläche nach einem Kreiszylinder gewölbt (Abb. 346) oder verbreitert und zwecks Aufnahme eines rechteckigen Kernstückes trogartig ausgeschnitten. Hier erhält die Oberfläche des Kernstückes kreiszylindrische Krümmung. Auf der Wölbung ruht der Lagersattel in einer Hohlzylinderfläche, die durch ihre nach unten konkave Krümmung einer Verschiebung des Lagersattels in Richtung der Trägerachse entgegenwirkt. Der Lagersattel wurde früher gleich dem Lagerstuhl aus Platte, Steg und Querrippen hergestellt. Seine Breite ist gleich dem gleichgerichteten Maß des Stegkopfes des Stuhles bzw. des in diesem ruhenden Kernstückes. Länge und Höhe des Lagersattels sind jedoch infolge des Unterschiedes der zulässigen Pressung in der Deck- und Grundfläche wesentlich kleiner als die gleichen Abmessungen des Stuhles. Deshalb wählt man heute vielfach für den Lagersattel die volle Blockform (Abb. 350). Um Verschiebung des Lagersattels in beiden wagerechten Richtungen zu verhindern, umfaßt der Sattel den Stegkopf des Stuhles bzw. das Kernstück mit kleinem Spiel auf beiden Langseiten wie auf den Schmalseiten entweder durch einen nach unten vorstehenden geschlossenen Rand oder durch einzelne Nasen. In Abb. 346 sind die Rippen hierzu benutzt.

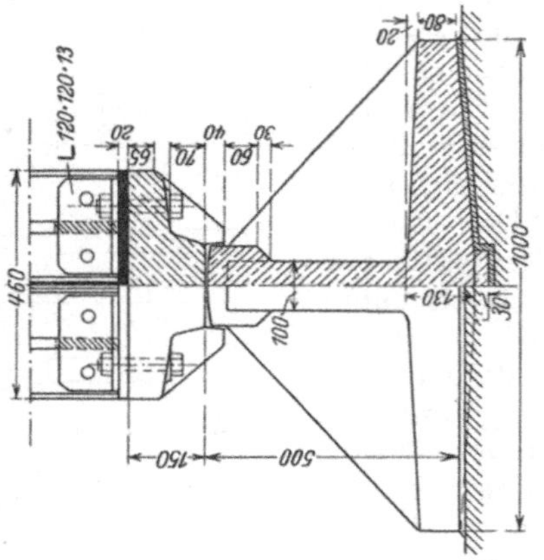

Abb. 346.

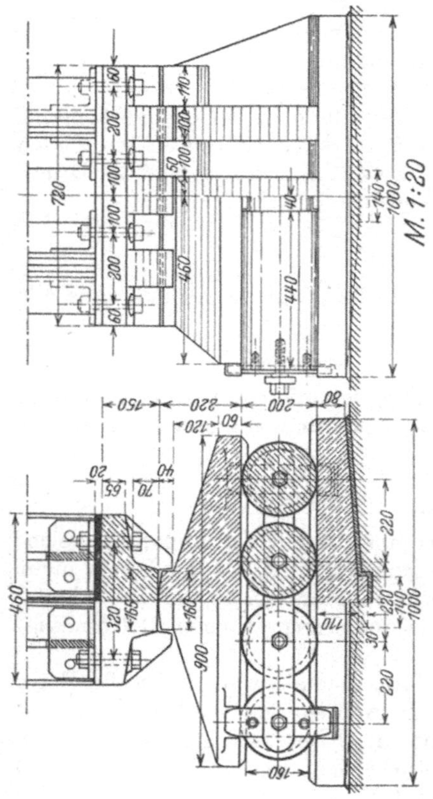

Abb. 347.

Beim Zylinderzapfenlager (Abb. 348, 349) ist der Stegkopf des Lagerstuhles zu einem Hohlzylindersegment ausgestaltet, in dem der Zapfen ruht. Auf ihm sitzt der Lagersattel in der gleichen Hohlzylinderfläche. Der Zapfen und die ihn umfassenden Flächen des Sattels und Stuhles müssen in ganzer Länge genau auf gleichen Durchmesser abgedreht werden. Auf beiden Stirnseiten trägt der Zapfen ringförmige Leisten, die Sattel und Stuhl umfassen und die Verschiebung des Stuhles quer zur Brückenachse verhindern. Da der Zapfen hinreichend tief in beiden Lagerteilen liegt, ist eine Verschiebung in Richtung der Trägerachse unmöglich.

Die Lagerfläche des Stuhles ist meist mit Kreuzrippen ausgestattet, die in den Auflagerquader eingreifen. Zuweilen hat man sich auch mit 4 kräftigen Nasen in den Ecken begnügt. Nach beendeter Ausftellung wird die Lagerfuge mit Zementmörtel vergossen. Bei großen Lagerflächen erscheint die Ausfüllung der Fuge zweifelhaft. Deshalb wird sie in solchen Fällen häufig mit Bleiplatten ausgelegt. Zum Festhalten des Überbaues auf dem Lagersattel dienen Schraubenbolzen, Randleisten am Sattel, oder niedrige Zapfen in der Mitte des Sattels. Beide letztgenannte Mittel werden durch Verschraubung des Sattels mit dem Überbau unterstützt, die den Zweck hat, den Eingriff mit der Fußplatte unter dem Träger zu sichern. Am einfachsten und sichersten ist ein Zapfen am Sattel nach Abb. 348, der in ein Lcch in der Fußplatte eingreift.

Kugelzapfenlager zeigen die Abb. 350, 352 und 353. Die konstruktive Durchbildung ist nach dem oben Gesagten ohne weiteres verständlich. Für den Lagerstuhl ist entweder quadratische Platte mit 8 Rippen (Abb. 352) oder kreisförmige mit 8 oder 12 Rippen die gegebene Lösung. Der Mittelstock muß natürlich verhältnismäßig stark ausgebildet werden. Der Kugelzapfen wird mit Rücksicht auf die Bearbeitung zweckmäßig aus einem besonderen Kernstück abgedreht. Da der Winkel der Drehung klein ist, genügt eine ziemlich niedrige Kugelkalotte. Um Verschiebungen des Lagersattels zu verhindern, umfaßt der Sattel das Kernstück durch eine Randleiste.

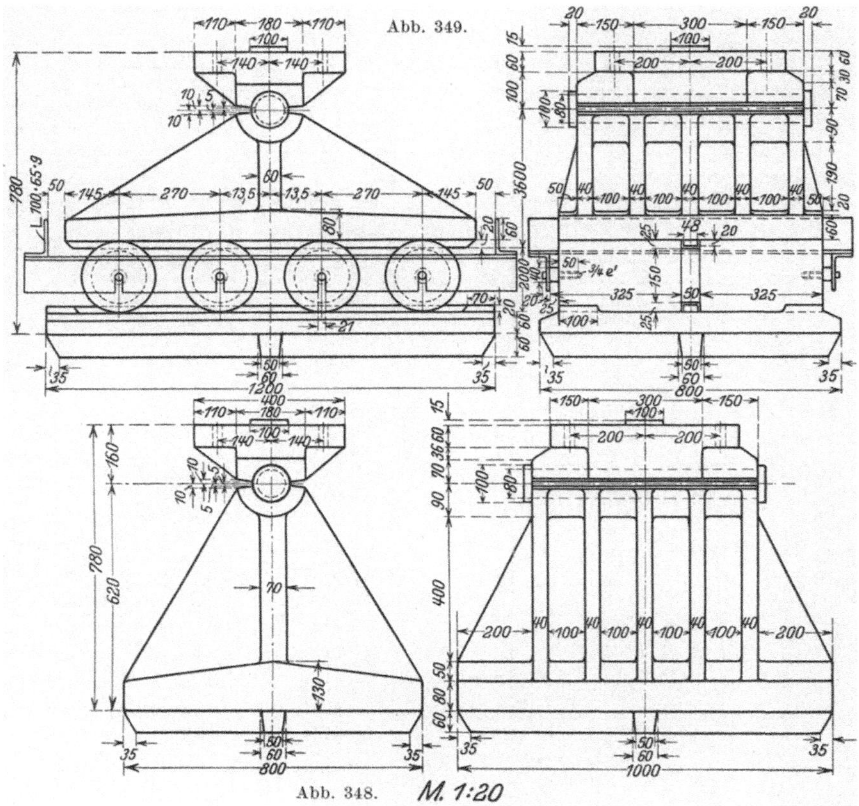

Abb. 348 und 349.

Die Abb. 352 zeigt das feste Lager der Rheinbrücke Duisburg—Hochheim. Hier war durch die große Breite des Lagers und die Höhe der Portale, mit der die elastische Neigung der Pfosten über dem Auflager infolge Winddruckes zunimmt, allseitige Drehbarkeit unbedingt geboten. Das gilt in verstärktem Maße für die Lager der Turmfüße der Hochbrücken über den Nord-Ostseekanal bei Rendsburg und Hochdonn, weil hier 4 Stäbe ziemlich steil aus jedem Lager aufsteigend einen räumlichen Knotenpunkt bilden (Abb. 353).

Den Sattel eines Lagers über dem Flußpfeiler für einen durchlaufenden Träger vom System der Treskowbrücke zeigt Abb. 351. Jeder der 3 im Auflagerknoten vereinigten Stäbe ist unmittelbar auf den Sattel gestellt. Die Konstruktion setzt voraus, daß die Stäbe ausschließlich durch Druckkräfte beansprucht werden. Sie ist jedoch auch in diesem Falle nicht empfehlenswert. Verbindung der Gurtungen miteinander ist vorzuziehen.

Das einseitig bewegliche Lager unterscheidet sich vom festen Lager in der Hauptsache durch die Maßnahmen, die durch die Walzenlage bedingt sind. Der Lagerstuhl steht auf den Walzen, die Walzen ruhen auf der Lagerplatte, die auf dem Pfeiler in gleicher Weise festgelegt ist wie der Lagerstuhl des festen Auflagers. Die 3 Stücke, Stuhl, Walzen und Platte haben häufig die gleiche Gesamthöhe wie der Lagerstuhl des festen Auflagers, ohne daß hierfür

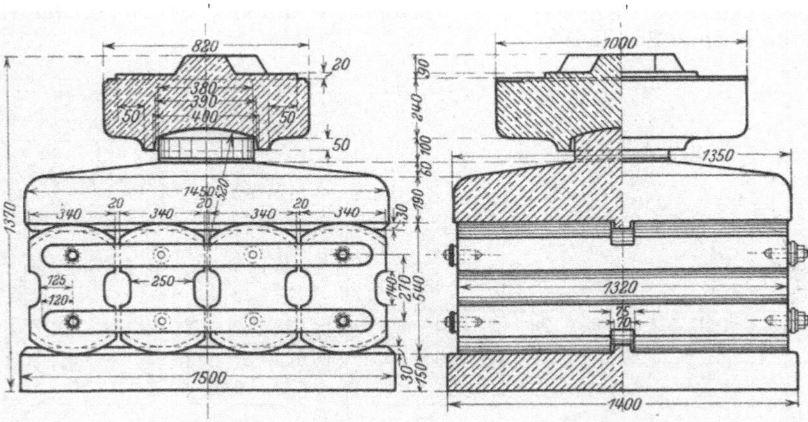

Abb. 350a.

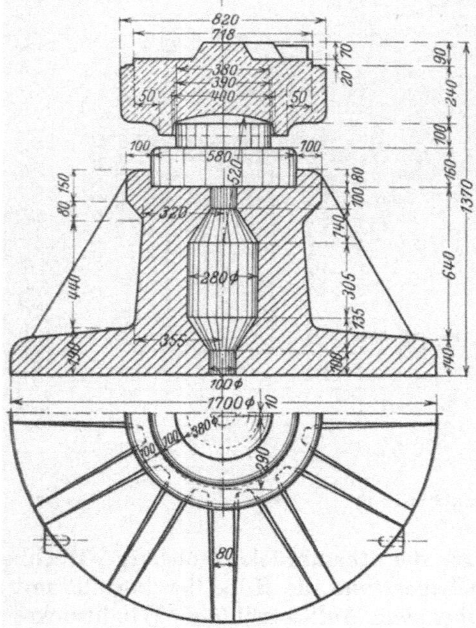

Abb. 350.

ein zwingender Grund besteht. Zur Festlegung des Lagers quer zur Trägerachse dienen eine in die Walzen in der Mitte eingeschnittene Nut und gleichprofilierte Leisten unter dem Lagerstuhl sowie auf der Lagerplatte. Die Walzen werden durch Rahmen, die aus 4 Winkeleisen oder auch nur aus 2 Flacheisen bestehen, in gleichen Abständen gehalten. Meist wird zwischen Lagerstuhl, Walzenlage und Platte eine zwangläufige Verbindung durch eine Verzahnung hergestellt. Flacheisen sind in lotrechter Stellung auf den Stirnflächen der Walzen durch 2 Stiftschrauben befestigt und greifen mit ihren zahnförmig geschnittenen Enden in entsprechende Einschnitte an Lagerstuhl und Platte. Es genügt, die beiden äußeren Walzen mit dieser Vorrichtung auszustatten, zuweilen findet sie sich an jeder Walze des beweglichen Lagers. Wo wie in Abb. 350 die zwangläufige Führung nicht vorhanden ist, muß die Lagerplatte erhöhte Ränder erhalten, um die Möglichkeit des Ablaufens der Walzen von der Platte auszuschließen. Die zwangläufige Verbindung sollte stets gewählt werden.

Da das Bewegungsspiel der beweglichen Auflager einige cm nicht überschreitet (bei 200 m Stützweite 9,0 cm nach beiden Seiten), so wird von den Walzen nur ein verhältnismäßig schmaler Streifen für die Wälzung benötigt, und es ist möglich, die Kreissegmente beiderseits des Streifens abzuschneiden. Natürlich muß die Breite des Streifens mit überreichlicher Sicherheit bemessen werden. Man gelangt so zu einer Lage von Stelzen, die sowohl in den Stelzen selbst, mehr noch in der Länge des Lagerstuhles und der Platte an Material spart. Abb. 350 zeigt ein Stelzenlager. Die lichten Abstände zwischen den Stelzen müssen so bemessen werden, daß die Stelzen sich bei der denkbar größten Verschiebung durch die damit verbundene Neigung der lotrechten Seitenflächen nicht gegeneinander legen. Die Stelzen müssen parallel zueinander geführt werden, die Lage muß daher durch 2 Rahmen gefaßt werden. Unbedingt ratsam ist zwangläufige Führung durch die oben beschriebene Maßnahme. Daß sie fehlt, muß als Mangel des in Abb. 350 dargestellten Lagers bezeichnet werden.

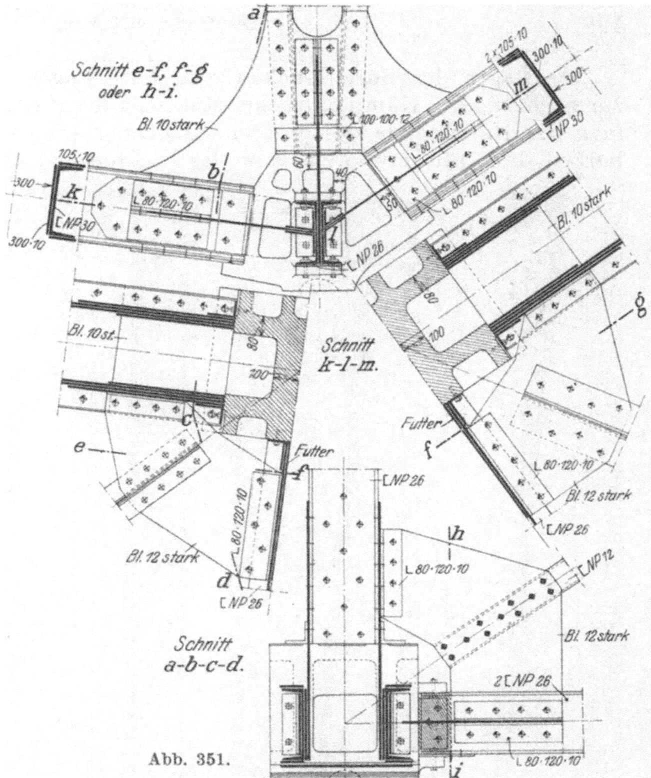

Abb. 351.

Die Zahl der Walzen und Stelzen ist mit Rücksicht auf die Gleichmäßigkeit der Beanspruchung tunlichst einzuschränken. Wie das Beispiel der Eisenbahnbrücke über die Norderelbe Abb. 80 zeigt, genügen 2 Walzen bis 100 m Spannweite. Keinesfalls darf eine ungerade Zahl gewählt werden, weil dabei die Überlastung der mittleren Walze nicht zu vermeiden ist. Wo 2 Walzen nicht ausreichen, sind daher 4 zu wählen. Bei kleinem Auflagerdruck ist das Einrollenlager zweckmäßig, das aus einer Walze zwischen 2 Platten besteht (Abb. 296). Um die Lage der Walze zu sichern, ist Verzahnung in beiden Platten notwendig.

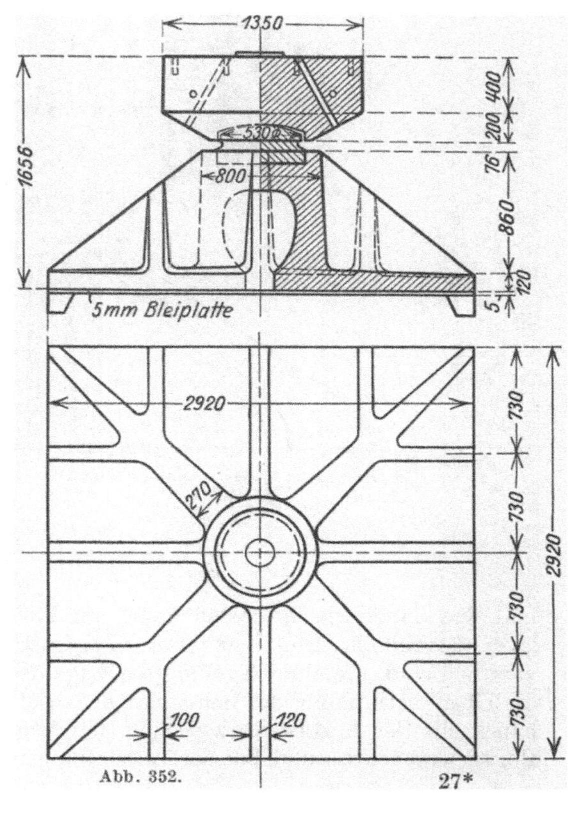

Abb. 352.

Die Lager der Bogenbrücken sind feste Lager, deren Grundfläche normal zur Richtung des Kämpferdruckes steht. Da die Richtung veränderlich ist, wählt man die Halbierende des größten Ausschlagwinkels. Die Lager müssen Drehbarkeit des Auflagerknotens bzw. des Endquerschnittes des Bogens ermöglichen

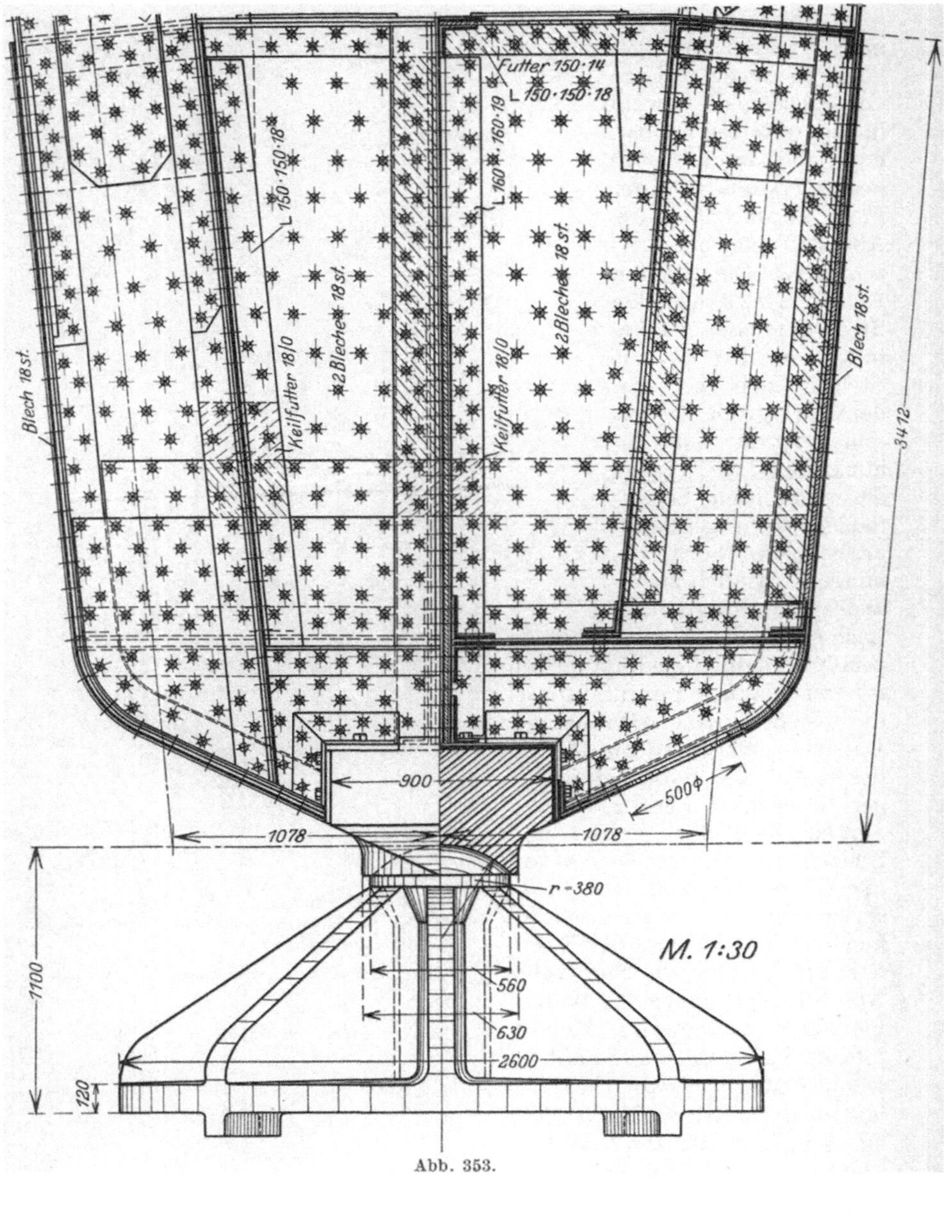

Abb. 353.

und sind daher wie die festen Lager der Balkenbrücken als Wälz- oder Zapfenlager auszubilden. Eine Eigenart der Lager ist, daß sie vielfach mit Vorrichtungen versehen sind, die eine Regelung der Lage des Kämpferpunktes ermöglichen. Da die Übereinstimmung der Sehnenlänge zwischen den Kämpferpunkten des Überbaues mit der Stützweite zwischen den Lagern für den Spannungszustand im Bogen wesentlich und bei der Aufstellung in unverschieblichen Lagern schwer erreichbar ist, wird das Kernstück zwischen Stuhl und Sattel auf Keile gestellt (Abb. 354). Sie ermöglichen eine kleine Verschiebung des Kämpferpunktes sowohl in Richtung des Kämpferdruckes wie normal dazu. Eine andere Anordnung zum gleichen Zweck zerlegt den Lagerstuhl in 2 Stücke, zwischen denen eine Lage von Keilen eingebaut ist (Abb. 355). Notwendig ist die Maßnahme nicht. Man kann die Übereinstimmung auch durch Einpassung des Schlußstückes des Bogens in die fest auf den Kämpfern sitzenden Bogenschenkel erreichen. So ist bei dem in Abb. 356 dargestellten Lager des Bogens „aus einem Guß" auf eine Vorrichtung zur Regelung der Kämpferlage verzichtet. Unterschiede in den Maßen haben übrigens für den Spannungszustand die gleiche Bedeutung wie eine Stützenverschiebung. Sie beeinflussen wohl die Spannungen nicht aber den Sicherheitsgrad. Mit Rücksicht auf die große erforderliche Grundfläche ist hier der Stuhl in 3 Stücke geteilt worden. Auf dem Widerlager sitzen 2 Stühle nebeneinander, und tragen auf den Köpfen den dritten, der den Lagersattel durch ein Kernstück stützt. Das Kämpfergelenk ist als Walzgelenk ausgebildet. In dem Lager der Abb. 355 setzt sich neben dem Bogen auch der erste Pfosten auf den Lagersattel. Die Anordnung ist notwendig, wenn der erste Pfosten lotrecht über dem Kämpfer stehen soll.

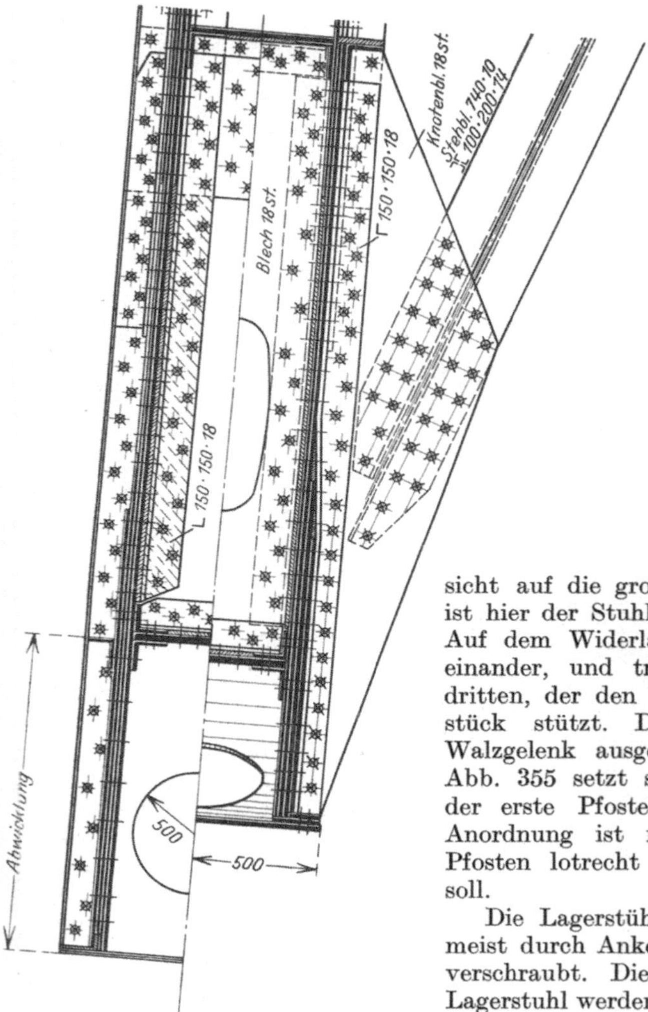

Abb. 353.

Die Lagerstühle der Bogenbrücken werden meist durch Ankerbolzen mit dem Widerlager verschraubt. Die Fugen zwischen Stein und Lagerstuhl werden mit Zementmörtel vergossen. Infolge der Neigung ist das Vergießen hier mit guter Gewähr für Ausfüllung der Fuge herzustellen. In Fällen besonders großer Auflagerdrücke ist bei Bogen wie Balkenbrücken die Anordnung von eisenbewehrten Betonblöcken unter den Lagern zweckmäßig.

Verankerung eines festen Lagers ist am einfachsten durch Verankerung des Querträgers über dem Lager oder eines zu diesem Zweck eingebauten Balkens zu bewirken (Abb. 160). Man kann auch den Hauptträger durch eine Konsole fassen, die über das Lager hinweggreift. Positiver und negativer Auflagerdruck fallen dann nicht in eine Lotrechte. Wenn das in der statischen Berechnung berücksichtigt wird, ist die Anordnung im übrigen unbedenklich. Die Verankerung eines beweglichen Auflagers zeigt Abb. 296 punktiert dargestellt. Hier ist immer eine Walzenlage notwendig, die den negativen Auflagerdruck überträgt. Eine vollkommen unnachgiebige Verankerung ist schwer zu erreichen. Die geformten

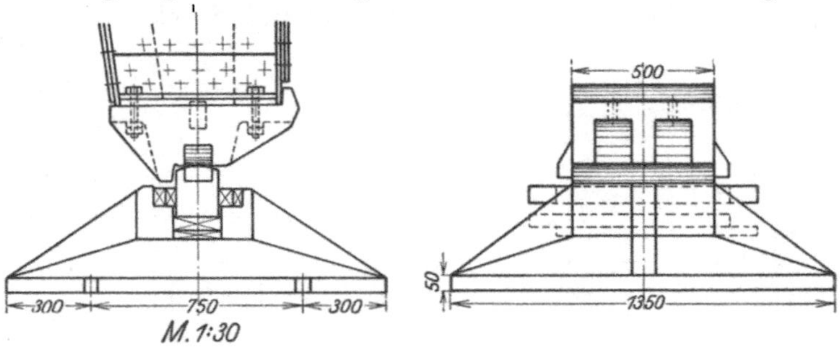

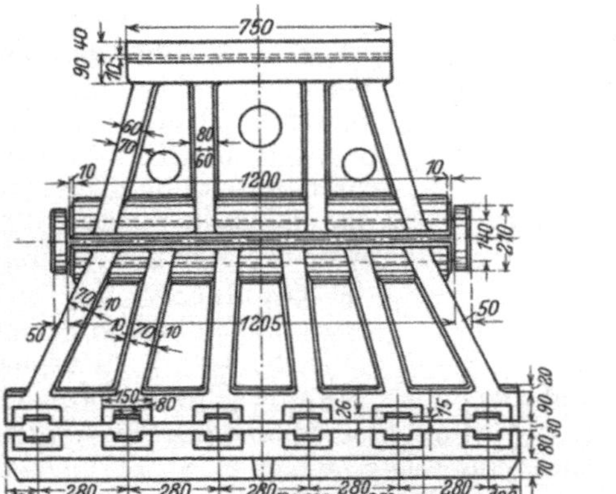

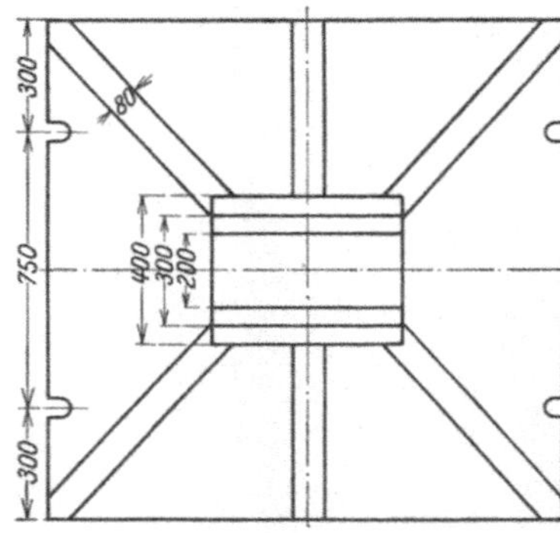

Abb. 354.

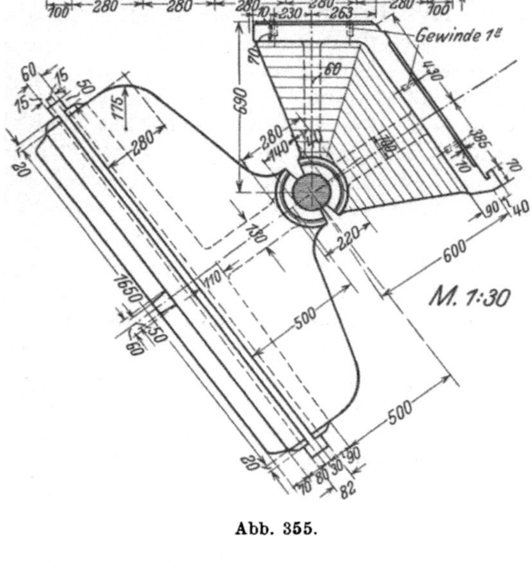

Abb. 355.

Teile der Lager werden aus Stahlguß hergestellt. Für Walzen, Zapfen und Kernstücke zwischen Sattel und Stuhl verwendet man Schmiedstahl.

Die Berechnung der Lager beschränkt sich auf einige Grundmaße. Die übrigen Abmessungen werden im Verhältnis zu den Grundmaßen nach dem Ermessen des Konstrukteurs gewählt. Wie schon gesagt, ist an erster Stelle die Grundfläche des Lagerstuhles des festen Auflagers und der Lagerplatte des beweglichen Auflagers aus dem größten Auflagerdruck und der zulässigen Pressung des Baustoffes zu berechnen, auf dem das Lager ruht. Für die Höhe des Lagerstuhles muß die Forderung maßgebend sein, daß die größte Pressung, die in der Kraftlinie liegt, ein bestimmtes mehrfaches von p_{zul} nicht überschreitet. Bezeichnet l die Länge, b die Breite der Grundfläche, h die Höhe zwischen Grundfläche und Linie der Kraftübertragung (Berührende der Wälzflächen bzw. Achse des Zylinderzapfens) gemessen und β den Winkel der Ausstrahlung $\left(\operatorname{tg}\frac{\beta}{2} = \frac{l}{2h}\right)$, so ist der größte Druck bei voller Form des Lagerstuhles

$$p_0 = \frac{2\,A_{\max}}{b \cdot h\,(\beta + \sin\beta)}\,, \qquad (154)$$

damit $p_0 \leqq n \cdot p_{\mathrm{zul}}$ ist, ist erforderlich

$$h\,(\beta + \sin\beta) = \frac{2\,A_{\max}}{b \cdot n \cdot p_{\mathrm{zul}}}$$

oder infolge

$$l = \frac{A_{\max}}{b \cdot p_{\mathrm{zul}}}\,. \quad h(\beta + \sin\beta) = \frac{2\,l}{n}\,.$$

Danach ergibt sich

$$\text{für } h = \tfrac{1}{3}\,l \quad n = 2{,}08\,,$$

$$\text{für } n = \tfrac{1}{4}\,l \quad n = 2{,}66\,.$$

Die Druckverteilung durch den in Platte, Steg und Rippen aufgelösten Lagerstuhl ist keinesfalls günstiger als durch volle Form. Da p_0 den zweifachen

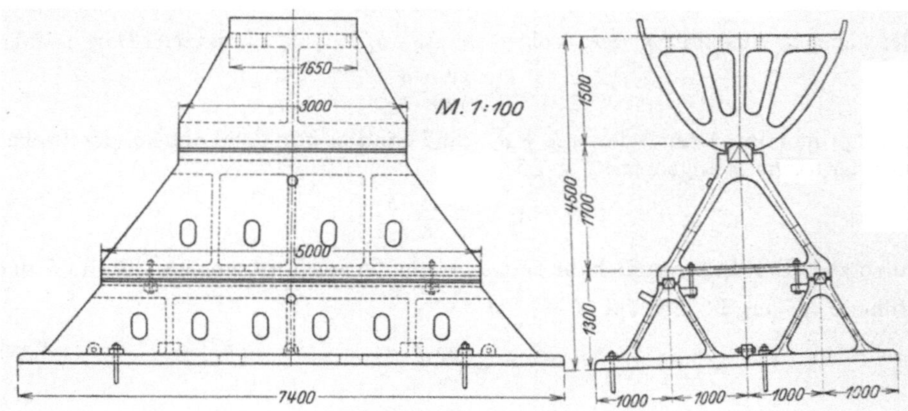

Abb. 356.

Wert p_{zul} keinesfalls erheblich überschreiten sollte, ist $h = \frac{1}{3}\,l$ ratsam. Die Dicke der Grundplatte wählt man zu 5 bis 12 cm, für die gesamte Stärke der Rippen etwa 0,33 bis 0,4 der Breite des Stuhles am Stegkopf.

Zuweilen wird der Lagerstuhl auf Biegung berechnet, unter der Annahme gleichmäßiger Druckverteilung in der Lagerfuge. Diese Rechnung ergibt eine geringere Höhe als $\frac{1}{3}\,l$. Im übrigen ist einzuwenden, daß die Normalspannungen in den schräg abfallenden Rippen parallel zum Rande verlaufen und nicht rechtwinklig zum wagerechten Querschnitt sind. Die Rechnung ist daher wenig zuverlässig und als Grundlage für die Wahl der Abmessungen nicht geeignet.

Der Lagersattel kann als Platte behandelt und seine Dicke t durch die Forderung bestimmt werden, daß der größte Druck zwischen Lager und Überbau eine bestimmte Grenze nicht überschreitet. Hierfür darf, da es sich um Stahlguß und Flußstahl handelt, unbedenklich $2 \cdot \sigma_{\mathrm{zul}}$ gewählt werden. Mithin erhält man die Plattendicke

$$t_{\mathrm{erf}} = \frac{A_{\max}}{b \cdot \pi \cdot \sigma_{\mathrm{zul}}}\,,$$

ein Maß, das aus praktischen Gründen der Konstruktion meist überschritten wird.

Für den Lagerstuhl auf 2 Walzen oder Stelzen ist die Berechnung auf Biegung angebracht, wenn die Form ungefähr balkenähnlich gewählt wird.

Da eine in der Kraftlinie des Auflagerdruckes liegende Walze erheblich stärker belastet wird als die übrigen, ist immer eine gerade Zahl von Walzen zu wählen. Bei mehr als zwei Walzen ist die Lastverteilung von der Durchbiegung des als Balken behandelten Lagerstuhles und der elastischen Formänderung der Walzen in der Druckrichtung abhängig. Wird eine bestimmte Verteilung angenommen, so läßt sich aus den Clapeyronschen Gleichungen die Beziehung zwischen dem Trägheitsmoment J des Balkens und der genannten Formänderung δ der Walzen berechnen. Für den skizzierten Fall

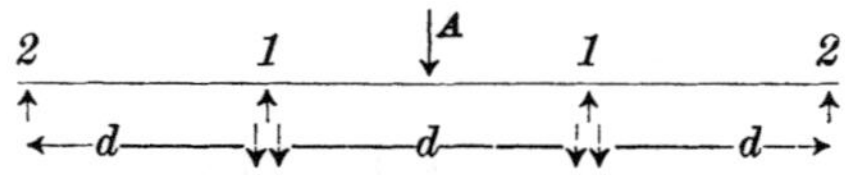

von 4 Walzen im gleichen Abstand d sei angenommen, daß die äußeren Walzen 2 die halbe Belastung der mittleren erfahren. Da dann das Moment $M_1 = \frac{1}{6} A \cdot d$ ist, besteht die Clapeyronsche Gleichung

$$\delta_1 - \delta_2 = \frac{29}{144} \frac{A \cdot d^3}{E J}.$$

Bei gleicher Ausbildung der Walzen ist $\delta_1 - \delta_2 = \frac{1}{2} \delta_1$ zu setzen. Daraus folgt

$$J = \frac{29}{72} \frac{A \cdot d^3}{E \cdot \delta_1}.$$

δ_1 ist proportional der Belastung $\frac{1}{3} A$. Sind Stelzen von der Länge b, der Dicke t und der Höhe h angeordnet, so ist

$$\delta_1 = \frac{1}{3} \frac{A}{E} \frac{h}{t \cdot b}$$

zu setzen. Der Lagerstuhl habe rechteckigen Querschnitt von der Breite b und Höhe x, so ergibt sich für $J' = \frac{1}{b} J$

$$J' = \frac{29}{24} \frac{d^3 \cdot t}{h},$$

$$\frac{x}{d} = \sqrt[3]{14{,}5 \frac{t}{h}}.$$

Das Belastungsverhältnis 0,6 : 1 erfordert

$$J' = 1{,}75 \frac{d^3 t}{h},$$

$$\frac{x}{d} = \sqrt[3]{21 \frac{t}{h}}.$$

Die Höhe des Lagerstuhles muß um 12% zunehmen, um die Verteilung von 0,5 : 1 auf 0,6 : 1 zu erhöhen. Aus den Formeln folgt: je kleiner δ_1 ist, desto größer muß J werden. Da die Form der Stelze einen größeren Wert δ_1 ergibt als die Walze, und die nach Abb. 351 ausgeschnittene Stelzenform einen größeren als die Stelze mit vollem Steg, so ist das Stelzenlager mit der bezeichneten Stelzenform am günstigsten. Noch günstiger ist die Wahl von Walzen für das äußere und Stelzen für das innere Paar, da dann $\delta_1 - \delta_2 > \frac{1}{2} \delta_1$ ist. Schließlich wird die Verteilung auch durch ungleichen Abstand der Walzen (Auseinanderrücken der inneren) verbessert. Die Rechnung zeigt, daß ohne derartige Maßnahmen eine günstigere Verteilung als 0,5 : 1 kaum erreichbar ist. Die analog durchzuführende Rechnung für 6 Walzen läßt erkennen, daß die beiden mittleren Walzen durch die erhöhte Zahl nicht nennenswert entlastet werden. Es ist daher zwecklos, über 4 Walzen hinauszugehen. Als Belastung der mittleren Walzen ist $\frac{1}{3} A$ anzunehmen und die Höhe des Lagerstuhles nach vorstehenden Gleichungen zu berechnen.

Die Dicke der Lagerplatte erhält man aus

$$t_p = \frac{A_{\max}}{n \cdot b \cdot \pi \cdot p_{\text{zul}}}, \tag{155}$$

worin $n = 2$ für 2 und $n = 3$ für 4 Walzen zu setzen ist.

Die Höhe des Lagerstuhles eines festen Punktkipp- oder Kugelzapfenlagers ergibt sich wieder aus der Forderung, daß der größte Druck in der Lagerfläche den 2fachen Wert des zulässigen nicht übersteigt. Wenn h die Höhe, gemessen zwischen Grundfläche und Berührungspunkt der Wälzflächen bzw. Mittelpunkt des Kugelzapfens, β den Winkel des Kegels an der Spitze und r den Halbmesser der Grundplatte bezeichnet, ist der größte Druck

$$p_0 = \frac{A_{\max}}{h^2 \cdot \pi \cdot \sin^2 \frac{\beta}{2}},$$

anderseits

$$r^2 \cdot \pi = \frac{A_{\max}}{p_{\text{zul}}}.$$

Aus $p_0 = 2 p_{\text{zul}}$ folgt somit

$$h^2 \sin^2 \frac{\beta}{2} = \frac{r^2}{2}.$$

Da $\operatorname{tg} \frac{\beta}{2} = \frac{r}{h}$ ist, wird die Gleichung durch

$$h = r$$

erfüllt. Für das bewegliche Auflager der gleichen Bauart ist die Höhe des Lagerstuhles ebenso zu berechnen wie für das Linienkipp- oder Zylinderzapfenlager.

Der Druck im Zylinderzapfen von der Länge b, dem Durchmesser d und Zentriwinkel β der Umfassung ist aus

$$A_{\max} = p \cdot d \cdot b \, \tfrac{1}{4} (\beta + \sin \beta)$$

zu berechnen. Daraus folgt

$$d \cdot b = \frac{4 A_{\max}}{p_{\text{zul}} (\beta + \sin \beta)} \tag{156}$$

und mit $\beta = \frac{2}{3} \pi$

$$d \cdot b = 1{,}35 \frac{A_{\max}}{p_{\text{zul}}}.$$

Ein kleinerer Winkel kommt praktisch nicht in Betracht.

Die Berechnung der Wälzlager und der Walzen beruht auf der von Hertz[1] gegebenen Theorie. Zwei elastisch isotrope Körper, die sich unter Druck in einem Punkte oder einer Linie berühren, platten sich ab. Wenn die Oberflächen an der Berührungsstelle Kugeln sind, geht der Punkt in einen sehr kleinen Kreis über. Sind die Oberflächen längs der Berührungslinie Kreiszylinder, so geht die Gerade in ein sehr schmales Rechteck über. Hertz berechnet aus den Gleichungen der mathematischen Elastizitätstheorie den Halbmesser ϱ des Abplattungskreises bzw. die Breite a des Rechtecks.

Es bezeichne r_1 den kleineren Halbmesser von 2 sich berührenden Kugeln, r_2 den größeren, positiv, wenn die Mittelpunkte auf derselben Seite des Berührungspunktes liegen, m die Poissonsche Konstante und

$$\vartheta = \frac{4 (m^2 - 1)}{E \cdot m^2}.$$

[1] Hertz über die Berührung fester elastischer Körper. J. reine u. angew. Mathem., 1882, S. 156ff.

Dann erhält man

$$\varrho = \sqrt[3]{\frac{3A}{8}\frac{\vartheta}{\frac{1}{r_1}-\frac{1}{r_2}}}$$

und die größte Pressung in der Kraftlinie

$$p = \frac{3A}{2\pi\cdot\varrho^2}.$$

Daraus ergibt sich

$$r_1 = \left(1-\frac{r_1}{r_2}\right)\frac{m^2}{\pi(m^2-1)}\sqrt{\frac{A}{p}\left(\frac{E}{p}\right)^2\frac{3}{2\pi}}. \tag{157}$$

Indem man $p = p_{zul}$ setzt und das Verhältnis der Halbmesser $\frac{r_1}{r_2}$ wählt, kann man r_1 berechnen.

Zwei Kreiszylnder von der Länge b, dem kleineren Halbmesser r_1 und dem größeren r_2, der wieder positiv ist, wenn die Achsen auf derselben Seite der Berührenden liegen, platten sich zum Rechteck von der Breite

$$a = 2\sqrt{\frac{2A}{\pi b}\frac{\vartheta}{\frac{1}{r_1}-\frac{2}{r_2}}}$$

ab. Der größte Druck in der Kraftlinie ist

$$p = \frac{4A}{\pi\cdot a\cdot b}.$$

Daraus ergibt sich

$$r_1 = \left(1-\frac{r_1}{r_2}\right)\frac{m^2}{2\pi(m^2-1)}\frac{A}{p\cdot b}\cdot\frac{E}{p}, \tag{158}$$

woraus r_1 zu berechnen ist, indem $p = p_{zul}$ gesetzt und das Verhältnis $\frac{r_1}{r_2}$ gewählt wird. Für Berechnung des Walzendurchmessers ist $r_2 = \infty$, $1 - \frac{r_1}{r_2} = 1$ zu setzen.

Die zulässigen Beanspruchungen betragen nach den Vorschriften der deutschen Reichsbahn

für Stahlguß $p_{zul} = 6{,}5$ t/cm²,

für Schmiedstahl $p_{zul} = 7{,}5$ t/cm².

Die Spannungen gehen also erheblich über die Steckgrenze hinaus. Daher ist die Voraussetzung der Theorie, homogenes, elastisch-isotropes Material, nicht mehr gültig. Die tatsächlich auftretenden Pressungen bleiben beträchtlich hinter den Werten p_{zul} zurück. Die Abplattungsflächen werden größer als die Formeln angeben. Die Anwendung der Formeln zur Bestimmung der Halbmesser r_1 kann nur mit der Erfahrungstatsache begründet werden, daß das Verfahren sich bisher bewährt hat. Nicht unbedenklich ist die Wahl gleich hoher Werte p_{zul} für Walzen und Linienkipplager wie für Punktkipplager, da bei ersteren durch Kanten des Lagersattels leicht eine Druckerhöhung auf der Seite entstehen kann, nach der sich der Sattel neigt.

F. Allgemeine Anordnung.

Die Gesamtanordnung einer Brücke hängt von der Stützweite, der Zahl der Öffnungen, der Bauhöhe, dem Baugrund und dem Zweck der Brücke ab. Diese Grundlagen sind dem Brückenbauer meist bestimmt gegeben, so daß hierin nur geringe Freiheit bleibt. Zuweilen ist ihm die Entscheidung anheimgestellt, ob er einen oder mehrere Zwischenpfeiler weglassen will. In solchen Fällen sind einerseits die Kosten der Pfeiler, anderseits die Mehrkosten der größeren Spannweiten maßgebend. Die Frage der Gründung ist zuweilen für die Wahl des Überbaues entscheidend.

An erster Stelle muß die Frage geprüft werden, ob Hauptträger unter der Fahrbahn möglich sind. Die Lage der Fahrbahn über den Hauptträgern schafft vollkommene Freiheit für den Verkehr auf der Brücke und gewährt unbehinderten Ausblick. Meist bietet sie dem Auge ein befriedigendes Brückenbild. Ihre konstruktiven und wirtschaftlichen Vorzüge sind offensichtlich. Sie vermindert die gesamte Breite der Brücke, sie macht Verbände entbehrlich, die nur zur Sicherung der Standfestigkeit der Hauptträger über der Brücke dienen und sie vereinfacht die Verbindung des Fahrbahnrostes mit den Hauptträgern. Da schließlich die Zahl und Stellung der Hauptträger keinen Beschränkungen unterworfen ist, kann die Anordnung so getroffen werden, daß die Kosten der Hauptträger und Fahrbahn den bei gegebener Spannweite und Brückenbreite möglichen Kleinstwert erreichen. Die Brücke mit oben liegender Fahrbahn ist daher die ideale Lösung. Sie verdient stets den Vorzug, wo sie möglich ist. Bei sehr beschränkter Bauhöhe liegt allerdings der Fall zuweilen so, daß die technische Möglichkeit wohl besteht, aber niedrige Querschnitte der Haupt- und Querträger erfordert und dadurch beträchtliche Erhöhung der Kosten verursacht.

1. Zahl und Stellung der Hauptträger im Querprofil.

Bei Eisenbahnbrücken auf Stehblechträgern unter der Fahrbahn ist eingleisiger Überbau die selbstverständliche Lösung. Der Abstand der Hauptträger ist 1,75 bis 2,20 m zu wählen. Wenn die Bettung nicht überführt wird, erspart unmittelbare Lagerung der Schwellen auf den Hauptträgern die Querträger. Die Möglichkeit der Lösung ist jedoch begrenzt. Da mit der Spannweite die Trägerhöhe zunimmt, wächst sowohl der Winddruck wie das Kippmoment. Die Grenze liegt wirtschaftlich da, wo die Spannkraft in der Gurtung des Windverbandes oder die lotrechte Zusatzbelastung aus dem Kippmoment bei dem ohne Querträger größtmöglichen Trägerabstand ein Mehrgewicht erfordert, welches das ersparte Gewicht der Querträger erreicht. Technisch ist sie durch die Forderung einer 1,3- bis 1,5fachen Sicherheit gegen Kippen der Brücke bestimmt. Als ungünstigster Fall muß dabei eine Belastung durch leere Güterwagen angenommen werden. Die Höhe des Windverbandes soll mindestens $^1/_{20}$ der Spannweite betragen. Diese Forderung ist hier stets erfüllt.

Wenn die Bettung zu überführen ist, wird die Fahrbahntafel zweckmäßig auf die Hauptträger genietet. Um gleiche Hauptträger, Querträger und Buckelplatten zu erhalten, ist gleicher Abstand der 4 Hauptträger einer zweigleisigen Brücke zu wählen, also bei 3,5 m Gleisabstand 1,75 m. Das gilt für Stehblechträger wie auch für Bögen unter der Fahrbahn. Wenn in solchen Fällen die Fahrbahntafel aus Tonnenblechen hergestellt wird, kann der Abstand der beiden Hauptträger jedes Gleises auch größer, bis etwa 2,25 m, gewählt werden. In Bahnhöfen, wo mehrere Gleise in 4,5 m Gleisabstand zu überführen sind, erhält man aus den angeführten Gründen 2,25 m Abstand der Hauptträger. Hier liegen jedoch zuweilen Weichen auf der Brücke oder es ist notwendig, Gleisverlegungen zu ermöglichen. Das bedingt solche Gestaltung des Überbaues, daß bei jeder Gleislage ein Hauptträger höchstens durch $^1/_2$ Achsdruck belastet wird. Daraus ergeben sich Hauptträger in 1,5 m Abstand. Bei 2,25 m Abstand müßte jeder Hauptträger, um ungünstigster Laststellung Rechnung zu tragen, für eine Belastung von $^2/_3$ Achsdruck berechnet würden. Die auf einen Streifen von 4,5 m Breite entfallenden 2 Hauptträger würden etwas leichter werden als 3 Hauptträger in 1,5 m Abstand, während die Fahrbahn schwerer wird. Da jedoch mit zunehmender Stützweite das Mehrgewicht von 3 Hauptträgern in 1,5 m Abstand für 1 m Länge steigt, während das Mindergewicht der Fahrbahn unverändert bleibt, ist der Wirtschaftlichkeit der Anordnung eine Grenze gesteckt. Unter Umständen muß eine vergleichende Rechnung zwischen beiden Möglichkeiten entscheiden.

Wenn der Abstand der Hauptträger so groß gewählt werden muß, daß Querträger erforderlich sind, ist die Entscheidung zwischen 2 eingleisigen Überbauten oder 1 zweigleisigen zu treffen. Die erste Anordnung bedingt schwerere Hauptträger, die zweite schwerere Fahrbahn. Da das Mehrgewicht der Fahrbahn für 1 m Brückenlänge mit zunehmender Spannweite unverändert bleibt, dagegen das der Hauptträger zunimmt, erhält der zweigleisige Überbau wirtschaftlich das Übergewicht, wenn eine bestimmte Spannweite überschritten wird. Die Grenze liegt verhältnismäßig niedrig, daher fällt die Entscheidung meist zugunsten des zweigleisigen Überbaues. Zwei eingleisige Überbauten haben den Vorteil, daß der Umbau unter Aufrechterhaltung eingleisigen Betriebes durchgeführt werden kann. Das hat mehrfach trotz höherer Baukosten zur Wahl eingleisiger Überbauten geführt. Der Bauvorgang hat jedoch an Bedeutung verloren, da die neuzeitlichen Montageverfahren den Einbau größerer Brücken in einer Betriebspause ermöglichen, nachdem sie neben ihrem Standort fertig gestellt sind — Sternbrücke in Altona (Abb. 165). Im zweigleisigen Überbau müssen die Hauptträger möglichst eng gestellt werden, damit die Querträger leicht werden. Wo die Bauhöhe ausreicht, um die Querträger auf die Gurtung der Hauptträger zu stellen, liegen die Hauptträger in dieser Hinsicht am günstigsten in den Gleisachsen. Die Rücksicht auf die Höhe des Windverbandes und der Einfluß des Kippmomentes macht jedoch bei größeren Spannweiten einen größeren Abstand vorteilhaft. Wenn die Querträger zwischen den Gurtungen liegen, muß der Abstand so gewählt werden, daß zwischen äußerem Schwellenträger und Gurtung genügend lichter Raum für Bauarbeiten und Unterhaltung verbleibt. Bei 3,5 m Gleis- und 1,75 m Abstand der Schwellenträger ist 5,80, zuzüglich 1 Breite der Obergurtung erforderlich.

Für Straßenbrücken mit oben liegender Fahrbahn müssen die Abstände der Hauptträger größer gewählt werden als für Eisenbahnbrücken. Da die Belastung die wirtschaftlich vorteilhafte Trägerhöhe nach der Beziehung

$$\max M = \frac{2}{3}\,\frac{h^3}{\alpha}\cdot\sigma_{\text{zul}},$$

bedingt, anderseits die Trägerhöhe aus Rücksicht auf die Durchbiegung nicht beliebig klein gewählt werden kann, so ist eine bestimmte Belastung notwendig, um bei der kleinsten zulässigen Trägerhöhe Material und Querschnitt auszunutzen. Wird der zulässigen Durchbiegung zuliebe $n \cdot h = l$ gesetzt, so ergibt sich

$$p + g = \frac{16 \cdot \sigma_{\text{zul}}}{3\,n^3 \cdot \alpha}\,l$$

Mit $\alpha = 100,\ n = 12\ \ \sigma_{\text{zul}} = 0{,}85 \cdot 1{,}4 \cdot 100^2\ \text{t/m}^2$

wird $p + g = 0{,}365\,l.$

Für dieselben Zahlen jedoch $n = 15$ ergibt sich

$$p + g = 0{,}187\,l.$$

Demnach ist bei 20 m Spannweite eine Belastung von 7,3 bzw. 3,7 t/m. erforderlich.

Beträgt die Belastung aus Verkehr und Eigenlast 1,2 t/m² so ergibt sich daraus ein Hauptträgerabstand von 6,0 bzw. 3,0 m, wenn die Trägerhöhe 1,67 m bzw. 1,33 m zugelassen wird. Bei 7,5 m Breite des Fahrdammes und 2 Fußstegen von je 2,25 m wird das Gewicht der Hauptträger am kleinsten, wenn nur 2 angeordnet werden. Da sie einen Abstand von 8,0 m erhalten müssen, wird das

Gewicht der Querträger jedoch größer als bei 4 Hauptträgern in etwa 3,0 m Abstand. Außerdem fallen dabei 2 Längsträger der Fahrbahn weg. Der Vergleich der Gewichte beider Lösungen läßt sich leicht darstellen. Er spricht unter den gemachten Annahmen für 4 Hauptträger. Das Gewicht allein ist jedoch nicht entscheidend. Vielmehr muß berücksichtigt werden, daß die Kosten der Herstellunng mit der Stückzahl zunehmen und die Kosten der Montage durch die doppelte Zahl der Querträgeranschlüsse steigen. Das Gewicht der Bauart mit 4 Hauptträgern muß daher mit einem höheren Einheitspreis angesetzt werden.

Die gleichen Werte: Gewicht der Hauptträger einerseits, der Fahrbahn anderseits, beide zu Einheitspreisen, welche den Unterschied der Herstellung und Montage berücksichtigen, ergeben die günstigste Zahl der Hauptträger für den Bogen unter der Fahrbahn. In städtischen Straßen mit starkem Verkehr ist häufig eine enge Stellung der Bögen gewählt worden. So weist die 1893/94 erbaute Ebertsbrücke in Berlin, die die Spree mit Bögen von 30 m Stützweite überspannt, unter dem 11,3 m breiten Fahrdamm Hauptträger in nur 2,30 m Abstand auf. Diese Stellung ist selbst für die damals zugelassene Spannung von 1000 kg/cm² zu eng. Die Bogenbrücke über den Neckar in Mannheim (Abb. 251) hat 4 Hauptträger in $\frac{1}{2}(3{,}4 + 4{,}0) = 3{,}7$ m mittlerem Abstand, was durch den geringen Stich von $\frac{1}{15{,}5}\,l$ und die Querschnitthöhe von $\frac{1}{72}\,l$ begründet sein dürfte. Wenn mehr als 2 Hauptträger gewählt werden, ist nach Möglichkeit die Lage im Querprofil so zu wählen, daß alle Träger gleiche Belastung erfahren, damit sie ohne Materialzugabe gleich ausgebildet werden können. Sind Unterschiede unvermeidbar, so wählt man trotzdem gleiche Ausbildung, solange die Materialzugabe nicht höhere Kosten verursacht als die Herstellung verschiedener Träger kleineren Gewichtes.

Bei Lage der Fahrbahn einer Eisenbahnbrücke zwischen den Hauptträgern ist der Abstand von dem Höhenunterschied Δh zwischen Träger- und Schienenoberkante abhängig, da man zwecks Ersparnis an Querträgergewicht die Aussparungen des lichten Raumprofiles ausnutzen muß. Für ein Gleis ist bei $\Delta h = 0{,}3$ m, $b = 3{,}6$ m, $\Delta h = 0{,}7$ m, $b = 3{,}4 +$ Gurtbreite, $\Delta h = 1{,}0$ m, $b = 4{,}0 +$ Gurtbreite, $\Delta h > 1{,}00$ m, $b = 4{,}4 +$ Gurtbreite erforderlich. Für 2 Gleise erhöhen sich die Maße um den Gleisabstand. Wo die Obergurtung in oder über der Abschrägung des Profiles an der oberen Ecke liegt, ist Gurtbreite durch Wanddicke zu ersetzen. Aus den angegebenen Zahlen erhellt, daß 2 eingleisige Überbauten eine Spurerweiterung erfordern. Da der lichte Abstand zwischen den mittleren Trägern so groß sein muß, daß die Unterhaltung möglich ist, beträgt die Spurerweiterung schon bei 0,3 m Höhenunterschied 0,6 bis 0,7 m. Ein Mittel, sie zu vermeiden, ist zuweilen die Anordnung von 3 Hauptträgern, deren mittlerer die 2fache Belastung aufnehmen muß und deshalb zweckmäßig höher gemacht oder als Kastenträger ausgebildet wird. Das Mittel ist jedoch nur im Falle $\Delta h = 0{,}3$ m möglich, bei $\Delta h < 1{,}0$ m erreicht es nur eine Verkleinerung der Spurerweiterung. Die Grenze der Bauwürdigkeit 2 eingleisiger Überbauten liegt hier daher weit tiefer als bei Lage der Fahrbahn über den Hauptträgern. Bei 20 m Spannweite erfordern 2 eingleisige Überbauten eine Spurerweiterung um 2,0 bis 2,20 m. Das wird meist zugunsten des zweigleisigen Überbaues entscheiden, wenn die Bauhöhe vorhanden ist.

Bei Straßenbrücken mit tiefliegender Fahrbahn sind 2 Stellungen der Hauptträger möglich: auf beiden Seiten der Straße oder zwischen Fahrdamm und Fußwegen. Im ersten Falle ist der Abstand der Hauptträger gleich Straßenbreite zuzüglich 1 Wanddicke oder Gurtbreite. Im 2. Falle muß Straßenbreite zuzüglich des zweifachen erforderlichen Abstandes zwischen Schrammkante und Träger und 1 Wanddicke gewählt werden. Die 2. Lösung wird meist vorgezogen, da sie erheblich leichtere Querträger ergibt. Auf der anderen Seite erhöht sie die Breite der Fahrbahntafel um 2·0,50 bis 2·0,60 m + 2 Wanddicken, im ganzen also mindestens um 1,80 bis 2,00 m. Daher ist nicht ohne weiteres zu entscheiden, welche Anordnung billiger ist.

2. Bauart und Form der Hauptträger.

a) Technische und wirtschaftliche Forderungen.

In Fällen beschränkter Bauhöhe kommen als Hauptträger unter der Fahrbahn nur vollwandige Bögen und Balken in Betracht. Der Bogen setzt voraus, daß das lichte Profil unter der Brücke durch seine obere Begrenzung und, wenn die Brücke über einen Fluß führt, der Stand des höchsten Hochwassers die notwendige tiefe Lage des Kämpfers gestattet. Weitere Voraussetzung ist eine nicht zu große Tiefe des tragfähigen Baugrundes unter dem Kämpfer. Der vollwandige Bogen, namentlich der Zweigelenkbogen, ist im Überbau erheblich leichter und billiger als der Balken. Die Aufnahme des geneigten Kämpferdruckes erfordert aber stärkere Widerlager als der Balken, der, abgesehen von Bremskräften nur lotrechte Auflagerdrucke ausübt. Da das Widerlager in der Vorderfläche nicht in der Richtung des Kämpferdruckes schräg ansteigend angelegt werden kann, sondern lotrecht hochgeführt werden muß, wird es desto stärker, je tiefer seine Sohle liegt. Die Dicke des Pfeilers einer Balkenbrücke nimmt dagegen mit der Tiefe nur wenig zu. Daher erfordert das Widerlager des Bogens stets höhere Kosten als der Pfeiler des Balkens. Je tiefer der tragfähige Baugrund, desto größer der Kostenunterschied.

Überdies ist nach der herrschenden Ansicht für die Gründung einer Bogenbrücke größere Tragfähigkeit des Baugrundes notwendig, da Nachgeben und Setzen der Widerlager den Spannungszustand des Bogens ändert, dagegen den des Balkens nicht beeinflußt. Diese Meinung hat in vielen Fällen, in denen man ein Nachgeben des Baugrundes für möglich hielt, gegen den Bogen entschieden. Die Meinung ist jedoch irrig. Wie oben nachgewiesen, wird die Sicherheit des Bogens durch Nachgeben der Widerlager nicht gemindert, wenn die wagerechten Verschiebungen der Kämpfer nicht solches Ausmaß annehmen, daß der statische Charakter des Bogens geändert wird. Da jede Brücke so gegründet werden muß, daß starkes Setzen der Pfeiler nicht eintritt, kann die genannte Möglichkeit an sich den Bogen nicht zu Falle bringen. In der Entscheidung über die Bauart der Rheinbrücke Köln—Mülheim ist die Meinung vertreten worden, daß der Ingenieur froh sei, wenn er schräge Belastung des Baugrundes vermeiden könne. Das trifft nicht zu. Der Ingenieur darf der Verantwortung nicht aus dem Wege gehen, die ihm die Frage auferlegt, ob und welche schräge Belastung dem Baugrund zugemutet werden kann. Denn er muß zum Nutzen des Bauwerks alle Vorteile wahrnehmen, die der Baugrund bietet. Daher können in der Frage: Bogen oder Balken nur die Kosten entscheidend sein, wenn die sonstigen Voraussetzungen des Bogens vorliegen.

Im Falle des vollwandigen Balkens ist die Spannweite durch die gegebene Bauhöhe begrenzt. Wo Zwischenstützen möglich sind, verschiebt sich die Grenze nach oben. So sind häufig zur Überführung einer Eisenbahn über städtische Straßen Hauptträger unter der Fahrbahn durch Stützen am Rande der Bürgersteige ermöglicht worden. Hier ist die Entscheidung zwischen dem Gelenkträger und dem durchlaufenden Balken zu treffen. Öfters hat die Befürchtung von Stützensenkungen zur Wahl des Gelenkträgers geführt. Auch hier mit Unrecht. Wo Senkungen in schädlichem Maße eingetreten sind, ist die Gründung der Stütze zu schwach gewesen. Die Senkungen sind nicht eine Folge der Bauart, denn die Unterschiede der Stützdrücke des durchlaufenden Trägers und des Gelenkträgers sind nicht erheblich und keinesfalls so beträchtlich, daß sie ein verschiedenes Verhalten des Baugrundes verursachen können. Wenn Senkungen eintreten, besitzt der durchlaufende Träger vor dem Gelenkträger den Vorzug abnehmender Stützdrücke. Aus der statischen Eigenart der Systeme müßte daher auf geringeres Ausmaß der Stützensenkungen beim durchlaufenden Träger geschlossen werden. Wenn aber beobachtete Stützensenkungen auf Stöße der Fahrzeuge zurückgeführt werden, gilt das für beide Bauarten in gleichem Maße. Man kann diese Stoßwirkung übrigens dadurch mildern, daß man die Querträger beiderseits der Stütze anordnet. Maßnahmen gegen das Abheben der Balkenenden von den Auflagern sind ebenfalls in beiden Fällen zu treffen, entweder durch Vorspannung der Anker oder durch Gegengewichte (Sternbrücke in Altona). Nachdem erkannt ist, daß Stützensenkungen die Sicherheit nicht mindern, kann die Entscheidung in Fällen der besprochenen Art nur zugunsten des durchlaufenden Trägers fallen, da er billiger ist.

Bei großer Bauhöhe treten wieder Bogen und Balken in Wettbewerb, ersterer mit voller oder gegliederter Wand, letzterer nur als Fachwerk. Auch hier gilt: Wo die Voraussetzungen des Bogens hinsichtlich der Begrenzung des Profiles und der Kämpferlage gegeben sind, ist der Bogen dem Balken so lange wirtschaftlich überlegen, als die Kosten der Gründung das Übergewicht nicht aufheben. Der Fachwerkbalken ist als Parallelträger oder mit gekrümmter Untergurtung auszuführen. Für mittlere Spannweiten ist der Paralltträger aus wirtschaftlichen Gründen vorzuziehen. Bei großer Spannweite erlangt die gekrümmte Untergurtung Überlegenheit. Die Weserbrücke bei Wehrden (Abb. 197) zeigt jedoch, daß der Parallelträger auch bei großer Spannweite durchaus vorteilhaft ist. Bei eingleisigen Eisenbahnbrücken spricht in der Frage auch das Kippmoment der wagerechten Kräfte mit, namentlich wenn die Brücke in der Krümmung liegt, so daß Fliehkräfte auftreten. Die höhere Lage der Auflager des Balkens mit gekrümmter Untergurtung vermindert das Kippmoment.

Wo mehrere Öffnungen unter den Voraussetzungen ausreichender Bauhöhe und oben liegender Fahrbahn zu überbrücken sind, treten in wirtschaftlicher Hinsicht Bögen mit dem durchlaufenden Balken oder dem Gelenkträger in Wettbewerb. Bisher sind Bögen in solchen Fällen nur selten ausgeführt, in der Hauptsache wohl infolge der Furcht vor dem Nachgeben der Widerlager. Sobald die Erkenntnis durchgedrungen ist, daß geringere wagerechte Verschiebungen unschädlich sind, müssen die Vorzüge der Bauart sie auch hier häufiger zum Siege führen. Gleiches gilt für den durchlaufenden Balken. Wirtschaftlich ist er dem Gelenkträger unstreitig überlegen, wenn nicht die Aufnahme der Bremskräfte durch einen Pfeiler bei großer Gesamtlänge zu hohe Kosten verursacht. Bei einer Straßenbrücke muß daher dem durchlaufenden Balken der Vorzug gegeben werden. Für die Eisenbahnbrücke ist eine allgemeine Beantwortung der Frage nicht möglich. Sie kann nur von Fall zu Fall durch vergleichende Entwürfe entschieden werden. Bei großer Länge der Brücke erfordern auch die Einwirkungen der Temperatur Beachtung. Je größer die Länge, desto größer die in der Fahrbahn oder den Gleisen erforderlichen Ausdehnungsfugen. Um sie in Grenzen zu halten, die für den Verkehr unschädlich sind, kann eine Teilung in mehreren Fugen notwendig sein. Daraus ergibt sich eine gleiche Teilung des Überbaues.

Geschwungene Linien der Untergurtung, die dem Laufe der Momente folgen, erzielen im allgemeinen keine oder keine nennenswerte Minderung der Kosten. Das gilt für den durchlaufenden Balken wie den Gelenkträger.

Verlangt die Bauhöhe Lage der Fahrbahn zwischen den Hauptträgern, so behauptet der Bogen wirtschaftliche Vorteile, wenn Kämpfer und Sohle der Widerlager in günstiger Höhe liegen. Die Kosten des Überbaues kommen jedoch denen des Balkens näher als bei oben liegender Fahrbahn, da sie durch die Quer- und Windverbände im mittleren Bogenstück erhöht werden. Der wirtschaftlichen Überlegenheit des Bogens sind daher hier engere Grenzen gesteckt. Trotzdem ist er häufiger zu wählen als bisher geschehen ist. Neben dem Sichelbogen kommt auch der Zwickelbogen in Betracht. Obwohl letzterer etwas teurer ist, wird er doch in den Fällen vorgezogen, in denen der Kämpfer nur wenig unter der Fahrbahn liegt. Die Wände des Zwickelbogens müssen immer fachwerkartig gegliedert werden. Bei mittleren und großen Stützweiten ist die gleiche Ausbildung auch beim Sichelbogen billiger als volle Wand. Der eingespannte Bogen ist unabhängig von der Lage der Fahrbahn nur da vorteilhaft, wo er unmittelbar auf Fels gegründet werden kann. Die verhältnismäßig niedrigen Kosten des Überbaues werden ohnehin durch die Kosten der Verankerung beträchtlich erhöht. Wenn Widerlager notwendig sind, müßten sie solche Abmessungen erhalten, daß jeder wirtschaftliche Vorteil der Bauart verschwindet.

Für den Fachwerkbalken ist bei kleineren und mittleren Spannweiten der Trapezträger zu wählen. Der Balken mit gekrümmter oder in 2 Punkten geknickter Obergurtung erlangt für große Spannweiten das Übergewicht. Die wirtschaftliche Grenze zwischen beiden Bauarten ist veränderlich, da sie von der Belastung und auch vom Baustoff abhängt. Die vorteilhafteste Wandgliederung bildet der Strebenzug, bei großen Spannweiten mit Zwischenstreben. Ihr ist die sägeförmige Gliederung durch die größere Zahl der Knotenpunkte unterlegen. Nicht unbeträchtlich teurer ist vor allem das Rautenfachwerk. Beide Arten können daher nicht in Betracht kommen, wo wirtschaftliche Erwägungen ausschlaggebend sind.

Der Bogen mit Zugband und der Langersche Träger sind häufig für Straßenbrücken gewählt worden, um ungehinderten Querverkehr zwischen Fahrdamm und Fußwegen zu ermöglichen. Heute legt man darauf keinen Wert mehr. Vereinzelt ist sogar die Verhinderung des Querverkehrs als wünschenswert bezeichnet worden. Beide Bauarten sind teurer als der Trapez- oder Halbparabelträger. Aus Gründen der Zweckmäßigkeit können sie daher in Zukunft nicht mehr in Betracht kommen. Der Bogen mit Zugband erfreute sich in Deutschland lange Zeit großer Beliebtheit, muß aber doch wohl als Bauart einer vorübergehenden Mode angesehen werden.

Bei mehreren Öffnungen mit beschränkter Bauhöhe stehen Bögen zu den Balkensystemen in wirtschaftlicher Hinsicht, ebenso wie bei einer Öffnung. Ob Bögen bauwürtig sind, hängt von den Kosten der Gründung ab. Wie im Falle unbeschränkter Bauhöhe ist der durchlaufende Balken dem Gelenkträger wirtschaftlich meist überlegen. Jedoch bestehen auch hier die dort angeführten Einschränkungen. Geschwungene Linienführung der Gurtungen mit Spitzen über den Pfeilern hat keinen nennenswerten Einfluß auf die Kosten. Die Abstufung der Höhe von Parallelträgern nach der Stützweite erzielt da einen wirtschaftlichen Vorteil wo die Seitenöffnungen wesentlich kleiner sind als die mittleren Öffnungen. Für mehrere Hauptöffnungen verschiedener Stützweiten besteht immer ein unverändertes Höhenmaß, das ein Minimum der Kosten bedingt. Um es zu finden, müssen vergleichende Rechnungen durchgeführt werden. Bei der Eisenbahnbrücke über den Rhein bei Duisburg-Hochfeld hat die Reichsbahndirektion Köln für 3 Überbauten eines Gelenkträgers aus St 48 von 187,08 m, 126,6 m, 104,04 m Spannweite folgende Gewichte ermittelt:

h in m	G in t
16,0	6300
18,0	6100
20,0	6000
22,0	6200

Die Ermäßigung der Höhe in dem Schwebeträger der kleinen Seitenöffnung, dessen Länge 74,14 m beträgt, auf 10 m, hat eine Kostenminderung des 3. Entwurfes um nur 90 t ergeben. Der ausgeführte Entwurf, in dem eine 4. Seitenöffnung von 104 m Spannweite hinzutritt (Abb. 222), erfordert 6300 t. Hier beträgt die Höhe des kleinsten Materialbedarfs 20 m[1].

Für die Bauarten, die aus dem System der Treskowbrücke entstanden sind, gilt das oben über den Bogen mit Zugband und den Langerschen Balken Gesagte.

[1] Tils, Dr. Ing.: Die neue Eisenbahnbrücke über den Rhein bei Duisburg-Hochfeld. Bautechnik 1926, S. 136.

Gründe der Zweckmäßigkeit sprechen nicht für ihre Wahl. Die Baukosten sind wohl immer höher als die der Balkensysteme mit 2 Gurtungen.

In Vorflutöffnungen neben einer Strombrücke ist Lage der Fahrbahn über den Hauptträgern anzustreben und in vielen Fällen ausführbar. Die gesamte lichte Weite ist dem Brückenbauer meist gegeben, dagegen hat er in der Zahl der Pfeiler häufig eine gewisse Freiheit. Entscheidend muß die Kostenfrage sein und hier fallen die Kosten der Pfeiler stark ins Gewicht. Es bezeichnet K die Kosten eines Pfeilers, l die Spannweite einer Öffnung. Die Kosten der Fahrbahn sind l verhältnisgleich, die der Hauptträger können verhältnisgleich l^2 gesetzt werden. Die Gesamtkosten einer Öffnung sind daher durch

$$k_1 \cdot l + k_2 l^2 + K$$

oder für 1 m Länge

$$k_1 + k_2 l + \frac{K}{l}$$

auszudrücken. Das Minimum entsteht mit

$$k_2 - \frac{K}{l^2} = 0,$$

$$K = k_2 l^2,$$

d. h. bei Gleichheit der Kosten eines Pfeilers und der Hauptträger. Führt das zu einer Spannweite, die eine Änderung in der Zahl oder Lage der Hauptträger bedingt, dann muß die Rechnung für die veränderten Verhältnisse wiederholt werden. Vergleich der Kosten beider Bauarten erzielt die Entscheidung.

Die Hängebrücke hat den Vorzug größtmöglicher Leichtigkeit der Bauglieder über der Fahrbahn, eine für den Verkehr auf einer Straßenbrücke wertvolle Eigenschaft. Dagegen besitzt sie den Nachteil großer Durchbiegungen. Entsprechend der höheren Beanspruchung ist die Durchbiegung bei Kabelbrücken größer als bei Kettenbrücken. Das Verhältnis der Durchbiegung zur Spannweite nimmt jedoch mit zunehmender Spannweite ab, da das Verhältnis der Verkehrslast zur Eigenlast sinkt.

Die Kettenbrücke ist daher vorwiegend für Straßenbrücken geeignet, zur Überführung einer Eisenbahn erst bei ganz großen Spannweiten.

Wirtschaftlich ist die Hängebrücke dem Bogen und auch dem Balken unterlegen. Doch nimmt der Unterschied der Baukosten ebenfalls mit der Spannweite ab und es scheint, daß bei sehr großen Spannweiten die Hängebrücke ein Übergewicht erhält. Im 2. Wettbewerb um die Rheinbrücke Köln—Deutz sind u. a. folgende Entwürfe aufgestellt worden[1]:

1. Im Widerlager verankerte Kabelbrücke
   a) Versteifungsträger aus hochwertigem Material . . . . . 5771 t
   davon 700 t Kabel
   b) Versteifungsträger aus St 37 . . . . 6932 t
   davon 835 t Kabel
2. In sich verankerte Kettenbrücke, Kette und Versteifungsbalken aus Nickelstahl . . . . 7600 t
   davon 4600 t Nickelstahl
3. Sichelbogen, in der Mittelöffnung über, in den Seitenöffnungen unter der Fahrbahn aus St 37. . . . . 5000 t
4. Durchlaufender Balken, in der Mittelöffnung an Stabbogen aufgehängt . . . . 6500 t
   davon 4500 t hochwertiges Material.

Bei der Brückenlänge von 368 m erwies sich demnach die Bauart des Bogens wesentlich billiger als die Hängebrücke. An zweiter Stelle steht die Kabelbrücke

[1] Mehrtens und Bleich: Wettbewerb um.... Eisenbau 1911, 1912.

mit hohem Fachwerkbalken aus Nickelstahl. Dagegen wird die Kabelbrücke mit Balken aus Flußeisen von dem Stabbogen übertroffen, da bei der Kabelbrücke der höhere Preis der Kabel berücksichtigt werden muß. Die größten Kosten erfordert die Hängebrücke mit verankerter Kette. Der Wettbewerb um die Rheinbrücke Köln—Mülheim hatte nach Umarbeitung der ersten Entwürfe für leichtere Belastung folgendes Ergebnis:

1. Im Widerlager verankerte Kabelbrücke, 13,1 Mill. M.,
2. durch Versteifungsbalken verankerte Kabelbrücke, 14,8 Mill. M.,
3. Bogenbrücke, 9,8 Mill. M.

Trotz der Gesamtlänge von mehr als 500 m mit einer Hauptöffnung von rund 330 m ist das Übergewicht des Bogens über die Hängebrücke und das der im Widerlager verankerten Bauart über die durch den Versteifungsbalken verankerte noch beträchtlicher als im ersten Falle.

Dagegen haben die Erbauer der Delawarebrücke, die eine gesamte Länge von

Abb. 357. Straßenbrücke über den Rhein Bonn—Beuel.

mehr als 1000 m bei 530 m Spannweite der Hauptöffnung hat, für den Gerberträger ein um 12% höheres Gewicht als das der ausgeführten Kabelbrücke gefunden.

b) Künstlerische Belange.

Der Brückenbauer schafft Werke, die dem Auge durch ihre Bedeutung und ihr Ausmaß auffallen. Nicht selten überragen sie die Umgebung so beträchtlich, daß sie sich nicht unterordnen können, sondern sie beherrschen und ihr die Prägung geben müssen. Sie dürfen daher nicht als reine Zweckbauten errichtet werden. Daß sie die Sehnsucht des Menschen nach Schönheit seiner Umwelt in gleichem Maße befriedigen, wie die Gebäude der Architekten und Städtebilder, ist eine zwingende Forderung der Kultur. Früher, als man die Brücken in Stein baute, selbstverständlich wurde das in den ersten Zeiten der eisernen Brücken vergessen. In der Hauptsache wohl, weil man mit dem neuen Baustoff künstlerisch nichts anfangen konnte. Die überlieferten Kunstformen waren infolge der Werkformen des Baustoffes hierzu durchaus ungeeignet. Die mit seinem Wesen übereinstimmende Form zu finden, gelang weder dem Ingenieur noch dem Architekten. Die Unfähigkeit, den Baustoff künstlerisch zu meistern, führte dazu, die Brücken mit Zutaten in Kunstformen auszuschmücken, die der Überlieferung entlehnt waren. So entstanden in Großstädten u. a. Brückengeländer in reicher Schmiedearbeit, die fast schwerer wirkten als die Brückenträger. Doch kaum geschaffen sah man den Fehler der Werke. Man erkannte, daß nur Schönheit der Brückenform das Auge befriedigt. Als einem der ersten Ingenieure in Deutschland kommt Bernhard das Verdienst dieser Erkenntnis zu. Vor ihm haben Konstrukteure, wie Krohn in der Rheinbrücke Bonn—Beuel (Abbildung 357) und Eiffel in dem Garabit-Viadukt Abb. 358[1] Werke geschaffen, die das Gesetz erfüllen.

Abb. 358. Garabit-Viadukt.

Worin besteht die schöne Brückenform? Man hat verlangt, daß die Brücke sich der Landschaft oder dem Städtebild einpasse. Das ist bei einer Brücke aus Stein oder Holz möglich, aber häufig bei einer eisernen Brücke nicht. Und das Verlangen ist unberechtigt. Wir müssen die Forderungen unserer Zeit erfüllen und die stehen vielfach im Widerspruch zu der von Menschenhand unberührten Landschaft oder einem Städtebild im Baustil vergangener Zeiten. Landschaft oder Städtebild dauernd zu erhalten, ist mit gesundem Fortschritt unvereinbar. Die Forderung ist aber auch durchaus keine künstlerische Notwendigkeit. Auch der Gegensatz kann Kunstwerte schaffen, namentlich wenn der Gegensatz der Form dem Unterschied der Aufgaben entspringt. Ein Beispiel dessen zeigt die Hängebrücke Köln—Deutz. Die tragende Kette ist ein durchaus neuzeitliches Motiv ohne Anklang an die Bauformen, die der Stadt die Prägung geben. Trotzdem wird die Schönheit des Stadtbildes durch das Bauwerk bereichert, dessen künstlerische Eigenart auf der Tagung des Deutschen Eisenbau-

[1] Abbildung aus Hartmann: Ästhetik im Brückenbau S. 68.

verbandes in Stuttgart von Dr. Erlinghagen mit den Worten Schillers

„Nicht der Masse qualvoll abgerungen,
frei und leicht wie aus dem Nichts entsprungen“

treffend geschildert wurde.

Man wollte die schöne Form aus der Zweckmäßigkeit ableiten. Das Zweckmäßige sei auch schön. So entwickelte man das Bauwerk aus statischen Notwendigkeiten und brachte das System in der Gestalt der Träger möglichst klar zum Ausdruck. Doch die Gesetze der hochentwickelten Statik haben mit dem ursprünglichen Formgefühl des Menschen nichts zu tun. In nicht wenig Fällen widerstreiten sie einander aufs schärfste. Daß das rein Zweckmäßige durchaus nicht immer schön ist, wenn man hier unter Zweckmäßigkeit die Erfüllung der gegebenen Aufgabe mit den günstigsten Mitteln der Technik versteht, konnte nicht verborgen bleiben. Wohl aber weckt das Werk ästhetische Befriedigung, wo die Form den Zweck in der überzeugenden Sprache der täglichen Erfahrung verkündet.

Der ästhetischen Forderung Vischers „Übereinstimmung von Form und Gehalt“ wird nur da genügt, wo die Form des Bauwerks aus den Bedingungen der Aufgabe die Form der Bauteile aus ihrer Bestimmung und den Eigenschaften des Baustoffes entspringt. Der vornehmste Zweck der Brücke ist Vermittlung des Verkehrs von Ufer zu Ufer. Ihm dient die Fahrbahn. Der stetige Linienzug der Fahrbahn muß daher das herrschende Motiv im Brückenbild sein. Das Tragwerk ist in seiner Aufgabe der Fahrbahn untergeordnet, denn sein Zweck ist sie zu stützen. Forderung der Wirtschaftlichkeit ist Erfüllung des Zweckes mit einfachen Mitteln. Damit im Tragwerk Form und Gehalt im Einklang sind, muß das Tragwerk die Belastung der Fahrbahn auf sicherstem und kürzestem Wege in den Baugrund führen. Drei Bauarten sind dazu vornehmlich befähigt: der Balken, der Bogen, die Kette. Wo sie in reiner Gestalt verwendet werden, geben sie schöne Lösungen. Die wichtigste Eisgenschaft des Stahles, seine Festigkeit, ermöglicht dünne Bauglieder, ihre Ausnutzung bedingt straffe Linienführung. Daraus entspringt Leichtigkeit und Schlankheit des Tragwerks als künstlerisches Motiv. Einfachheit der Form in Linienführung und Gliederung ist sinnfälliger Ausdruck geringen Aufwandes technischer Mittel. Häufig leider nicht immer paaren sich hierin Wirtschaftlichkeit und Schönheit.

Die Leichtigkeit des Tragwerks hängt von dem Verhältnis der Höhe zur Länge ab. Das gilt für den Balken wie den Bogen. Hier ist an erster Stelle sorgsames Abwägen notwendig. Das Streben nach Leichtigkeit führt jedoch nicht notwendig zum Fachwerk. Das einfache hat in sich Vorzüge vor dem Mannigfaltigen. Die Gliederung des Fachwerks erweckt durch die größere Stabzahl unter Umständen den Eindruck größeren Aufwandes technischer Mittel und erscheint dadurch schwerer als die vollwandige Bauweise. Wenn das Fachwerk leicht wirken soll, müssen die Flächen zwischen den Stäben groß sein im Verhältnis zur Stärke der Wandstäbe. Daher kann ein niedriger Balken, mehr noch ein niedriger Bogen in Fachwerkgliederung schwerer aussehen als der gleiche Träger mit voller Wand. Eine leichte Belebung erhält die Wandfläche durch die Aussteifungswinkel.

In der Frage der Linienführung der Balkengurtungen spricht Zahl der Öffnungen und Höhenlage der Fahrbahn ein gewichtiges Wort. Für den Balken über einer Öffnung ist bei obenliegender Fahrbahn der Parallelträger dem Fischbauchträger an Schönheit überlegen. Die Ausschwellung der Mitte durch die gekrümmte Untergurtung täuscht größere technische Mittel vor und wirkt schwerer. Überdies schlägt sie in der Kraftführung Umwege ein. Das statische Gefühl für die Zweckmäßigkeit größerer Balkenhöhe in der Mitte wird der Beschauer selten haben. Häufig würde es ja auch falsch sein, da die statisch günstige Form durchaus nicht stets die wirtschaftlich vorteilhaftere ist. Für den Balken über der Fahrbahn sind beide Linien der Obergurtung an Schönheit ungefähr gleichwertig. Bei kleineren und mittleren Stützweiten vereinigen sich im Trapezträger Wirtschaftlichkeit und Schönheit. Bei großen Spannweiten wird die wirtschaftliche Überlegenheit der gekrümmten Obergurtung immer entscheidend sein, da sie durch etwaige größere Schönheit des Parallelträgers keinesfalls ausgeglichen wird.

Im Falle mehrerer Öffnungen wirken parallele Gurtungen bei günstiger Schlankheit immer gut, wenn die Fahrbahn unten liegt. Leichte Spitzen über den Stützen können das Brückenbild durch rhythmische Teilung beleben und seine Schönheit heben. Dagegen bringt der Parallelträger den Zweck der Brücke reiner zum Ausdruck und erweckt den Eindruck geringerer technischer Mittel. Deshalb wird man ihm meist den Vorzug geben. Gleiche Balkenhöhe ist mindestens in den Stromöffnungen zu wählen. Abstufung führt leicht dazu, daß die Höhe entweder in großen Mittelöffnungen zu groß oder in den Seitenöffnungen zu klein wird. Sie mindert überdies die schlanke Form. Wie gut ein langer Parallelträger aussieht, zeigen die Eisenbahnbrücke über den Rhein bei Wesel (Abb. 224) und die Elbebrücke bei Meißen. Bei der Rheinbrücke Duisburg—Hochfeld ist die Stufenform infolge der überwiegenden Länge der beiden mittleren Öffnungen wohl vertretbar. Dagegen wirkt der hohe Balken in der Mittelöffnung der Elbebrücke bei Hämerten plump. Bei oben liegender Fahrbahn haben Spitzen der Untergurtung über den Pfeilern Vorzüge, weil sie die Aufgabe des Balkens und ihre Erfüllung sinnfällig betonen. Die Obergurtung darf hier nur wagerecht laufen oder der Steigung der Straße folgen. Ein schönes Beispiel zeigt der Entwurf der Straßenbrücke über den Rhein bei Wesel (Abb. 220). Die Gelenke eines Gerberträgers durch Unterbrechung der Gurtung kenntlich zu machen, ist nicht ratsam. Der Zweck der Bauart ist nur dem Fachmann bekannt. Nur die Sprache des ohne Einschnürung durchlaufenden Balkens ist dem Beschauer verständlich.

Nächst der Trägerhöhe ist die Höhe der Gurtungen einschließlich der Endstrebe für die Wirkung des Brückenbildes von Bedeutung. Die Gurtungen müssen sich in der Ansicht von den Wandstäben abheben und das Trägerbild kräftig umrahmen. Das deckt sich in den Druckstäben mit der Forderung der Konstruktion. Gleiche Stärke müssen Pfosten über Zwischenpfeilern erhalten. Über die Gliederung der Wandstäbe gehen die Ansichten auseinander. Vielfach wird der einfache Strebenzug als unschön empfunden und der Rautenform der Vorzug gegeben. Ja selbst die Wahl gekreuzter Schrägstäbe zwischen Pfosten ist mit Gründen der Schönheit belegt worden — Elbebrücke bei Meißen. Dagegen ist einzuwenden, daß der Balken durch die große Stabzahl beträchtlich an Einfachheit verliert und schwerer wirkt. Auch die Überschneidungen der Wandstäbe in der Schrägsicht, die bei keiner Bauart zu vermeiden sind, häufen sich. So entsteht ein Liniengewirr, das die Gliederung verwischt und bei einfachem Strebenzug nicht vorhanden ist. Natürlich müssen in diesem Zwischendiagonalen vermieden werden, wenn auf Schönheit der Brücke Wert gelegt wird. Die dadurch etwa verursachte Erhöhung der Kosten kommt den Mehrkosten des Rautenfachwerks nicht gleich. Aus diesen Gründen verdient der einfache Strebenzug den Vorzug. Notwendig ist hier nur ein günstiges Verhältnis zwischen Gurtungen und Streben in der Breite der Ansichtsflächen. In der Frage spricht wohl auch die Gewohnheit mit, der die Abneigung gegen die „gerüstartige“ Bauweise entspringt. Feinheit der Gliederung ist bei einem Bauwerk nicht am Platze, das vornehmlich durch große Züge wirken muß. Dem Strebenzug wird seine Einfachheit mit der Zeit höhere Einschätzung erobern.

Ungünstige Bedingungen für die künstlerische Gestaltung stellt die Überbrückung einer Öffnung, wenn die Bauhöhe für Hauptträger unter der Fahrbahn nicht ausreicht, der reine Bogen ausgeschlossen ist und Schönheitswerte verlangt werden, die der Fachwerkbalken nicht geben kann. Hier ist nur vom Bogen mit Zugband und dem Langerschen Balken eine bessere Wirkung zu erwarten. Beide

Bauarten sind Balken, erscheinen aber meist als Bogen und widersprechen dann schon in sich der Einheit von Form und Gehalt. Trotzdem sind solche Brücken errichtet worden, denen Schönheit nicht abgesprochen werden kann. Der Langersche Träger ist hier im Vorteil, wenn die Bauhöhe ausreicht, um den Versteifungsbalken unter die Fahrbahn zu legen. Infolge der dünnen Stäbe des Stabbogens ist die Bogenform weit weniger ausgeprägt als beim Bogen mit Zugband. Auch entfällt die bei letzterem unvermeidbare Schwierigkeit, einen befriedigenden Abschluß für das über die Fahrbahn ragende Endstück zu finden. Die Wirkung des Trägers hängt von der Pfeilhöhe des Bogens und namentlich der Höhe des Bogenquerschnittes ab. Leider widerstreiten hier einander die Ansicht der Brücke und das Bild vom Standpunkt auf der Fahrbahn. Der Träger muß den Eindruck eines Balkens mit steifen Knoten erwecken. Daher verlangt die Ansicht einen Bogen, der dem Einklang mit dem höheren Versteifungsbalken zuliebe genügende Stärke besitzt. Der Beschauer auf der Brücke wünscht jedoch größte Leichtigkeit des Bogens. Die Wahl muß daher danach getroffen werden, welche Rücksicht unter den gegebenen Verhältnissen überwiegt. Bei einer Eisenbahnbrücke ist im Einklang

Abb. 359. Treskowbrücke über die Spree.

mit der statischen Forderung der schwereren Belastung der Bogenquerschnitt höher auszubilden. Hier entfällt auch die Notwendigkeit, den Versteifungsbalken unter der Fahrbahn unterzubringen. Bei einer Straßenbrücke ist häufig der Standpunkt auf der Brücke der wichtigere. Der Leichtigkeit zuliebe sollten deshalb hier obere Verbände vermieden werden, die auch bei leichtester Gestaltung schwer und drückend wirken. Trotzdem dadurch der Bogenquerschnitt breiter wird, gewinnt das Tragwerk doch an Leichtigkeit.

Weit günstigere Bedingungen für schöne Gestaltung des Bauwerkes gewähren unter ähnlichen Höhenverhältnissen 3 Öffnungen verschiedener Spannweiten. Schon 3 Bögen mit Zugband wirken gut, wie die Kölner Südbrücke (Abb. 240) zeigt. Besonders reizvoll ist die von Bernhard im System der Treskowbrücke (Abb. 359) gefundene Lösung. Sie hat sich weiter entwickelt und dem Brückenbauer zu manchem glücklichen Wurf verholfen. Die Abwägung der Verhältnisse, auf die es hier ganz besonders ankommt, ist jedoch schwierig. Führt man den Balken in Bogenform über die Mittelöffnung und legt das Zugband bündig mit der Fahrbahnunterkante, so tritt die Bogenwirkung stark hervor. Der Bogen erscheint leicht zu schwer und das Auge vermißt den stützenden Kämpfer auf den Flußpfeilern. Wird jedoch der Balken in einer Linie durchgeführt und in der Mittelöffnung am Stabbogen aufgehängt, so wirkt es wiederum so leicht, daß dem Beschauer seine Bedeutung und Notwendigkeit nicht sinnfällig ist. Vielleicht gibt der mittlere Weg, die biegungsfeste Gestaltung beider Bauteile, des Balkens und

Bogens für manche Fälle die beste Lösung. Jedenfalls muß sicheres Formgefühl und sorgsames Abwägen der Verhältnisse der Konstrukteur leisten, wenn die Lösung glücken soll.

Bei einer Bogenbrücke ist ausreichende Tiefe des Kämpfers unter der Fahrbahn wichtige künstlerische Notwendigkeit. Lage des ganzen Bogens unter der Fahrbahn gewährt volle Befriedigung der wirtschaftlichen und künstlerischen Belange. Hier ist die vollwandige Bauart dem Fachwerk auch an Schönheit fast immer überlegen. Denn die geringe Höhe des Bogens macht eine engmaschige Gliederung notwendig, die Unruhe in das Brückenbild bringt und den Bogen nicht leichter erscheinen läßt. Erhebung des Bogens über die Fahrbahn steht bei günstigen Verhältnissen der ersten Lösung an Schönheit des Brückenbildes nicht nach. Erforderlich ist nur hinreichende Höhe des Scheitels und genügende Schlankheit des Bogens. Von der richtigen Wahl dieser Verhältnisse hängt die Wirkung beider Bauarten ab. Während jedoch der Stich des Bogens unter der Fahrbahn auch klein sein darf, ist beim Bogen über der Fahrbahn große Erhebung notwendig.

Abb. 360. Eisenbahn- und Straßenbrücke über den Dnjepr (Entwurf).

Die Kühnheit seiner Linien soll bestechen. Je höher und kühner der Bogen, desto stärker erweckt er die Bewunderung des Beschauers. Hier liegt seine künstlerische Stärke, die dem Bogen unter der Fahrbahn weit seltener eigen ist. Wo Kühnheit sich mit guter Schlankheit paart, steht der Bogen an Schönheit auch der Hängebrücke nicht nach.

Der Sichelbogen oder auch der Bogen mit parallelen Gurtungen ist für die Bauart, die sich über die Fahrbahn erhebt, besonders geeignet. Doch verlangen beide einen größeren Höhenunterschied zwischen Fahrbahn und Kämpfer als der Zwickelbogen, damit die schweren Bogenstücke der Kämpfer deutlich unter der Fahrbahn hervortreten. Die nicht voll befriedigende Wirkung des Sichelbogens der Bremer Weserbrücke beruht darauf, daß die Höhenverhältnisse am Kämpfer und im Scheitel nicht günstig getroffen sind. Dagegen zeigt die Hochbrücke über den Nord-Ostseekanal bei Grünenthal eine vorzügliche Lösung (Abb. 259).

Die Frage: volle Wand oder Gliederung ist wieder nach der Leichtigkeit der Form zu entscheiden, was nur durch gute Perspektiven möglich wird. Dabei kommt das absolute Höhenmaß nicht in Betracht. Das Brückenbild des Entwurfs „aus einem Guß“ für die Rheinbrücke Köln—Mülheim (Abb. 253) zeigt, daß selbst bei 6,5 m Höhe die Schlankheit der Form vorhanden sein kann, die zur Schönheit unerläßlich ist. Unter den verschiedenen Arten der Gliederung ist das Rahmensystem besonders ausgezeichnet. Seine Einfachheit wirkt hier klar, ruhig und daher überzeugend.

Die Bauart des Bogens über der Fahrbahn ist eine Errungenschaft des Baustoffes Stahl. Denn nur der dem Zug und Druck in gleicher Weise gewachsene Stahl macht die Aufhängung der Fahrbahn zur materialgerechten Konstruktion, die von dem durch die tägliche Erfahrung eingeprägten Gefühl für Sicherheit verstanden wird. Die Nachahmung in Eisenbeton ist immer verfehlt.

Hervorragende Lösungen gibt der Bogen für 3 Öffnungen nebeneinander. Bei gleichen Spannweiten wirkt jedoch nur der Bogen unter der Fahrbahn schön. Für die Höhenverhältnisse jedes einzelnen gilt das oben Gesagte. Die Rheinbrücke bei Worms (Abb. 262) zeigt ein Beispiel, ebenso der in Abb. 360 dargestellte Entwurf einer Brücke über den Dnjeper, die 2 Fahrbahnen über 3 Spannweiten von je 140 m führt. Das System ist zwar kein reiner Bogen, steht ihm aber durch die ausgeprägte Bogenform des tragenden Bauteiles und die Stützung in Kämpfern nahe. Besonders günstige Bedingungen stellen 1 große Mittel- und 2 kleine Seitenöffnungen, mag der Bogen in allen Öffnungen unter der Fahrbahn liegen oder in der Mittelöffnung sich über sie erheben. Ein Beispiel der ersten Art ist die in Abb. 251 dargestellte Straßenbrücke über den Neckar in Mannheim, auch wenn die massiven Gewölbe der Seitenöffnungen von der heutigen Meinung wohl abgelehnt werden. Es darf nicht vergessen werden, daß der herrschende Geschmack zur Zeit der Erbauung gerade den Gegensatz des Baustoffes in Fällen schätzte, in denen die mittlere Öffnung durch ihre Bedeutung eine Betonung verlangte. Wenn man heute Einheitlichkeit des Baustoffes vorzieht, so dürfte das doch keine künstlerische Notwendigkeit sein. Das Werk einer anderen Zeit kann daher nicht deshalb getadelt werden, weil es dem heutigen Geschmack nicht entspricht. Die hervorragende Wirkung einer Brücke der 2. Art zeigt die Rheinbrücke Bonn—Beuel. Der kühne Bogen der Mittelöffnung beherrscht das Brückenbild. Ihm dienen die Bogen unter der Fahrbahn der Seitenöffnung, die in Linienführung und Gliederung mit dem Hauptbogen im Einklang stehen. Das künstlerische Motiv entspringt aus den Bedingungen der Lage. Der Aufbau auf den Mittelpfeilern ist durch statische Notwendigkeiten wohl begründet und wird deshalb hier nicht als überflüssiger architektonischer Schmuck empfunden.

Höhere Schönheit als dem Bogen wird vielfach der Kette zugesprochen. Kette und Bogen teilen den Vorzug der klaren und sinnfälligen Lösung ihrer Aufgabe. In gleicher Weise wie die Stützlinie des Bogens spricht die hängende Kettenlinie das dem Menschen durch die tägliche Erfahrung eingeprägte Empfinden für Sicherheit an. Beide erscheinen als Erfüllung des Naturgesetzes. Aus der Zweckmäßigkeit der Linie und der Einfachheit des technischen Mittels entspringt hier die Schönheit der Form. Die versteifte Kette wirkt noch leichter als der Bogen, am leichtesten in Brückenmitte, wo der Bogen seine größte Schwere hat. Darin liegt unstreitig ein Vorzug, der höher noch als im Brückenbild vom Standpunkt des Beschauers auf der Brücke zu werten ist. Dagegen löst die Kette die Aufgabe weniger einfach als der Bogen. Die Lasten der Fahrbahn werden nicht nach unten sondern zunächst nach oben geleitet und gelangen erst durch mächtige Pylone in den Baugrund. Hier liegt der wirtschaftliche und schönheitliche Nachteil der Kette, der bei weitgespannten Brücken in der großen Mächtigkeit der Pfeiler offenbar wird.

Die Schönheit der Hängebrücke kommt nur unter gewissen Voraussetzungen voll zur Entfaltung. Das System verlangt zur eigenen Symmetrie symmetrische Lage zum Fluß. Die Hängebrücke muß ein freistehendes, in sich abgeschlossenes und vollendetes Bauwerk bilden. Dazu ist nötig, daß das Auge den Rückhaltketten bis zum Eintritt in den Ankerblock folgen kann. Die Brücke muß hier ihren Abschluß finden. Da die Kette nach Wesen und Form von den für kleine Spannweiten geeigneten Bauarten grundverschieden ist, besteht zwischen einer Rampenbrücke und der Hängebrücke stets ein schroffer Gegensatz. Der Übergang von den niedrigen Brücken unter der Fahrbahn zu den hohen Pylonen ist von einer Härte, die nicht ausgeglichen werden kann. Keinem der sonst schönen Entwürfe von Hängebrücken für den Wettbewerb um die Rheinbrücke Köln—Mülheim ist die Lösung des Überganges von der Rampe auf dem linken Ufer geglückt.

Schließlich sind 3 Öffnungen, eine große Hauptöffnung und 2 kleine Seitenöffnungen notwendig, damit die lange Rückhaltkette entweder wegfällt oder als notwendiges Bauglied der Brücke wirkt. Am günstigsten liegen die Bedingungen, wenn auf beiden Seiten der Hauptöffnung 2 Seitenöffnungen liegen, deren Spannweiten $^1/_3$ bis $^1/_2$ der Mittelöffnung messen. Hier führt die Länge der Seitenöffnungen von selbst zur Aufhängung der Fahrbahn. Bei kürzeren Spannweiten wird zwar die Kette besser als Rückhaltkette ausgebildet, die mit der Fahrbahn keinen organischen Zusammenhang hat, aber der Eintritt der Kette in den Ankerblock liegt doch unmittelbar am Ende der Brücke. Wo Seitenöffnungen nicht vorhanden sind, erscheint die Rückhaltkette von der Fahrbahn losgelöst, die Verlängerung des Bauwerkes ermangelt der inneren Begründung. Die genannten Voraussetzungen sind bei den meisten der ausgeführten Hängebrücken erfüllt. So bei der Elisabethbrücke in Budapest, der Rheinbrücke Köln—Deutz, der Manhattanbrücke und der Brücke über den Delaware.

Von den verschiedenen Bauarten der Hängebrücke bringt die Kette mit Versteifungsbalken ihr Wesen am reinsten und einfachsten zum Ausdruck. Ihr gebührt der Vorzug. Von wesentlicher Bedeutung für die Schönheit sind die Höhe des Versteifungsbalkens und Form wie Stärke der Pylone. Die Maße müssen der Leichtigkeit des Tragwerks zuliebe klein gewählt werden. Als Versteifungsbalken kommt nur der Parallelträger in Betracht. Die Gurtungen folgen der Steigung der Fahrbahn und gehen im Scheitel in flachem Bogen in die Gerade der Gegenseite über. Für die Stärke der Pylone ist eine untere Grenze durch seine Bestimmung gegeben. Die Stärke muß der Belastung durch die volle Brückenlast gewachsen erscheinen. Ein Pylon mit breitem Fuß, hyperbolisch nach oben verjüngt, wirkt meist günstiger als die ausgesprochene Form des Pendelpfeilers. Ob volle Wand oder Fachwerkgliederung bedarf für beide Bauteile sorgsamer Abwägung. Der unbestrittene Erfolg der Hängebrücke Köln—Deutz zeigt, daß die vollwandige Ausbildung ausgezeichnet zu dem Wesen der Bauart paßt. Da bei Hängebrücken von 500 m mit 6 bis 7 m Balkenhöhe auszukommen ist, wird erst bei sehr großen Spannweiten das Fachwerk notwendig werden. In solchen Fällen ist eine schöne Wirkung auch von der Wahl des Rahmenträgers zu erwarten, wenn in jedem Feld zwischen den Hängestangen 1 bis 2 Pfosten gestellt werden.

Es bedarf keiner Begründung, daß eine schöne Brücke nur der schaffen kann, der die statischen Gesetze kennt und die technischen Mittel der Konstruktion meistert, der Ingenieur. Bisher hat meist der Architekt bei der Formgebung maßgebend mitgewirkt. Nicht immer mit Glück. Daß der Ingenieur sich von der Mitwirkung des Architekten befreit, ist eine schon oft ausgesprochene Forderung Der Ingenieur muß lernen, die Kunstformen zu schaffen, die der Eigenart seiner Werke entspringen und ihnen die Prägung geben. In dem Brückenbauer der Zukunft künstlerisches Fühlen und Wollen zu erwecken, ist eine ebenso wichtige Aufgabe der technischen Hochschulen wie die Vermittlung statischer Kenntnisse und der Fähigkeit technischer Gestaltung.

GPSR Compliance

The European Union's (EU) General Product Safety Regulation (GPSR) is a set of rules that requires consumer products to be safe and our obligations to ensure this.

If you have any concerns about our products, you can contact us on ProductSafety@springernature.com

In case Publisher is established outside the EU, the EU authorized representative is:

Springer Nature Customer Service Center GmbH
Europaplatz 3
69115 Heidelberg, Germany

Batch number: 10683525

Printed by Printforce, the Netherlands